Windkraftanlagen

Erich Hau

Windkraftanlagen

Grundlagen, Technik, Einsatz, Wirtschaftlichkeit

5., neu bearbeitete Auflage

Erich Hau
Dipl.-Ing.
Krailling bei München
Deutschland

ISBN 978-3-642-28876-0 ISBN 978-3-642-28877-7 (eBook)
DOI 10.1007/978-3-642-28877-7

Die Deutsche Nationalbibliothek verzeichnet diese Publikation in der Deutschen Nationalbibliografie; detaillierte bibliografische Daten sind im Internet über http://dnb.d-nb.de abrufbar.

Springer Vieweg

Gedruckt auf säurefreiem und chlorfrei gebleichtem Papier

Springer Vieweg ist eine Marke von Springer DE. Springer DE ist Teil der Fachverlagsgruppe Springer Science+Business Media.
www.springer-vieweg.de

Vorwort zur fünften Auflage

Die erste Auflage dieses Buches ist im Jahre 1988 erschienen. Rückblickend wird deutlich welchen Aufschwung die Windenergienutzung in diesen fünfundzwanzig Jahren erfahren hat. Strom aus Windenergie leistet heute bereits in mehreren Ländern einen nennenswerten Beitrag zur Stromversorgung und ist damit ein fester Bestandteil der Energieversorgung. In Deutschland wird die Stromerzeugung mit Windkraftanlagen geradezu zu einem Eckpfeiler der Energiewende werden. Was sind, trotz mancher Widerstände, die Gründe für diesen Erfolg?

Natürlich tragen die sich ändernden Rahmenbedingungen für die Energieerzeugung im allgemeinen entscheidend dazu bei. Die zunehmende Skepsis was die Zukunft der Atomenergie betrifft, die Verschmutzung der Atmosphäre durch die Verbrennung fossiler Brennstoffe und nicht zuletzt Diskussionen über die Abhängigkeit von Energie-Importen dringen immer weiter ins öffentliche Bewusstsein und ebnen den Weg für die Akzeptanz der erneuerbaren Energien. Selbst vor dem Hintergrund, dass die Stromerzeugungskosten – in Deutschland vorwiegend für die privaten Stromverbraucher – dadurch vorübergehend steigen.

Die Weiterentwicklung der Windkraftanlagentechnik hat neben diesen energiewirtschaftlichen Faktoren ebenfalls zum Erfolg der Windenergienutzung beigetragen. Die Windkraftanlagen werden immer größer, effizienter und zuverlässiger im Betrieb. Damit kann, Strom aus Windenergie, nicht nur an entlegenen Standorten mit hohen Windgeschwindigkeiten, mit den Erzeugungskosten von konventionellen Kraftwerken konkurrieren. Selbst an Standorten im Binnenland sind die Stromerzeugungskosten mit Windkraftanlagen heute die billigste Art Strom zu erzeugen. Diese Entwicklung haben selbst die Enthusiasten, zu denen sich auch der Autor zählt, noch vor wenigen Jahren nicht zu hoffen gewagt.

Mit der fünften Auflage habe ich, wie in den vorangegangenen Auflagen, versucht die jüngsten technischen Entwicklungen möglichst umfassend aufzugreifen. Der Umfang des Buches hat dadurch wieder etwas zugenommen. Vor allem habe ich einige technische Aspekte und konstruktive Lösungen, die vorher nur gestreift wurden, detaillierter dargestellt. Dazu gehört die Variationsbreite der Triebstrangkonzeptionen, die bedingt durch die zunehmende Größe der Anlagen, eine größere Rolle spielt. Eine ähnliche Tendenz ist bei den Turmkonstruktionen zu beobachten. Mit dem Vordringen der Windkraftanlagen in die windschwächeren Gebiete des Binnenlandes werden die Türme immer höher und ihre Bauweise komplexer. Mit Blick auf die Wirtschaftlichkeit werden die Kosten und ihre Rahmenbedingungen für den Offshore-Einsatz von Windkraftanlagen zunehmend transparenter. Die Investitionskosten für die ersten kommerziellen Offshore-Windparks noch unverhältnismäßig hoch sind, deshalb kommt der Kostenanalyse im Hinblick auf die Erschließung des Kostensenkungspotentials für die Offshore-Aufstellung eine besondere Bedeutung zu.

Ich habe einer Reihe von Personen, die ich hier nicht alle namentlich erwähnen kann, für ihre Beiträge zu danken. Mein besonderer Dank gilt meinem langjährigen Freund und ehemaligem Arbeitskollegen Gerald Huß, der zahlreiche Diagramme neu berechnet, und sich der Mühe unterzogen hat die Ergänzungen für die fünfte Anlage Korrektur zu lesen. Frau Tanja Rüth hat wie in allen vorangegangenen Auflagen die Diagramme und Zeichnungen in bewährter Weise gestaltet. Dr. Hilmar Schlegel hat für diese Auflage den Computersatz druckfertig erstellt und zahlreiche Bildvorlagen so aufbereitet, daß sie mit bestmöglicher Qualität in Farbe gedruckt werden können.

Nicht zuletzt gilt mein Dank dem Springer-Verlag, insbesondere Herrn Thomas Lehnert, dem Leiter des Lektorat Engineering, für seine zahlreichen Hinweise und für die Bereitschaft das „1000 Seiten-Buch", dieses Mal sogar mit Farbdrucken, neu aufzulegen.

Krailling bei München im Juni 2014 Erich Hau

Aus dem Vorwort zur ersten Auflage

Einen Kommentar zur Energie- und Umweltkrise möchte ich den Lesern und mir ersparen. Zu diesem Thema ist schon so viel aus berufeneren Federn geflossen, daß mir dazu keine neuen oder gar bessere Argumente einfallen. Statt dessen stelle ich einige dem Leser dienliche Hinweise zum Gebrauch dieses Buches voran.

Das Buch trägt den Titel „Windkraftanlagen". Dieser mit Bedacht gewählte Titel soll ausdrücken, daß die technischen Anlagen, besser sollte man vielleicht sagen: die Maschinen, zur Wandlung der Windenergie in elektrische Energie den Gegenstand dieses Buches bilden.

Unter dem Begriff „Windkraftanlage" sind in diesem Zusammenhang industriell entwickelte und gefertigte Maschinen zu verstehen, die dazu bestimmt sind, elektrische Energie von allgemeiner Verwendbarkeit zu liefern. Wer in diesem Buch Bastelanleitungen zum Selbstbau von Windrädern sucht – so interessant dieses Hobby auch ist –, wird enttäuscht werden. An wen also richtet sich dieses Buch? Es wendet sich in erster Linie an Personen, die sich mit der Forschung, der Entwicklung, dem Bau und dem Betrieb von Windkraftanlagen beruflich zu befassen haben. Sei es, weil sie Entscheidungen auf diesem Gebiet treffen müssen, sei es, weil sie ihre eigene fachbezogene Tätigkeit in einem übergreifenden Zusammenhang einordnen wollen.

Meine Absicht ist es, mit diesem Buch einen Überblick über die Technik moderner Windkraftanlagen zu schaffen und die Orientierung in den damit verbundenen technischen und wirtschaftlichen Problemen zu erleichtern. Nach fast zwanzigjähriger, weltweiter Forschungs- und Entwicklungsarbeit auf diesem Gebiet und einer bereits beachtlichen Anwendungsbreite von Windkraftanlagen in einigen Ländern scheinen mir die Voraussetzungen für diesen Versuch gegeben zu sein.

Diesem erklärten Ziel dienen die inhaltliche Gliederung und die Art der Darstellung. Ich habe versucht, die Probleme und technischen Lösungswege phänomenologisch zu analysieren und zu beschreiben. Formeln habe ich soweit wie möglich vermieden. Nur an den Stellen, wo mir die mathematischen Lösungsansätze für das Verständnis nützlich erschienen, sind sie angedeutet.

Detaillierte Rechenanleitungen sind deshalb in diesem Buch nicht enthalten. Statt dessen habe ich am Schluß eines jeden Kapitels ausgewählte Literaturstellen angegeben, die den Einstieg in die rechnerische Behandlung der beschriebenen Problemkreise ermöglichen. Mir erschien diese Darstellungsform angesichts des angestrebten Zieles am besten geeignet zu sein. Wer Entscheidungen zu treffen oder die Zielrichtung technisch-wissenschaftlicher Arbeiten zu verantworten hat, kann sich im allgemeinen nicht selbst an den Computer setzen. Aber er muß den Stand der Technik überblicken, die Probleme verstehen und Entwicklungslinien einschätzen können.

Die Kapitel lassen sich – sofern man an der behandelten Problemstellung nicht im Detail interessiert ist – bis zu einem gewissen Grade „querlesen" oder überschlagen, ohne daß der Gesamtzusammenhang oder das Verständnis für das nächste Kapitel verloren geht. Wer das Buch jedoch als Arbeitsunterlage benutzt und ein Kapitel durcharbeitet, wird schnell feststellen, daß sich hinter den Diagrammen eine Menge Theorie verbirgt, die im Text nicht unmittelbar sichtbar wird.

Wichtig erschien mir angesichts des angestrebten Zieles auch die Vollständigkeit und Gleichgewichtigkeit des Inhaltes. Bücher, die in aller Ausführlichkeit auf die aerodynamische Berechnung des Rotors eingehen, aber das elektrische System oder die Auslegung des Turmes einer Windkraftanlage mit wenigen Sätzen abhandeln, mögen für den Aerodynamiker von Nutzen sein, für jemand, der das System „Windkraftanlage" ganzheitlich beurteilen muß, ist der Wert jedoch sehr eingeschränkt. Ich bin mir allerdings darüber im Klaren, daß der Versuch einer umfassenden Darstellung der Technik moderner Windkraftanlagen nur im Ansatz gelungen sein kann.

Ein Buch, das eine Reihe verschiedener Fachdisziplinen berührt, schreibt man nicht ohne fremde Hilfe. Ich habe deshalb einer Reihe von Personen zu danken, die mir dabei geholfen haben. Ohne ihre bereitwillige und sachkundige Mithilfe wäre das Buch nicht entstanden.

In erster Linie bin ich meinen ehemaligen Arbeitskollegen von der Firma MAN zu großem Dank verpflichtet. Vor allem mein langjähriger Freund und Arbeitskollege Gerald Huß, der in unserer Abteilung für das Gebiet „Aerodynamik" verantwortlich war, hat nicht nur zahlreiche fachliche Beiträge geliefert, sondern hat mit mir die mit dem Buch zusammenhängenden Fragen diskutiert und mich dabei oft auf den richtigen Weg gebracht. In diesem Zusammenhang möchte ich auch erwähnen, daß der Inhalt dieses Buches sich weitgehend auf Ergebnisse aus Forschungs- und Entwicklungsprojekten stützt, die vom Bundesministerium für Forschung und Technologie sowie von der Kommission der Europäischen Gemeinschaft gefördert wurden.

Auch dem Springer-Verlag sei an dieser Stelle für seine Bereitschaft gedankt, das Buch zu verlegen und es in dieser ansprechenden Form zu gestalten.

München, im Juli 1988 Erich Hau

Inhaltsverzeichnis

Häufig verwendete Symbole

v_W	Windgeschwindigkeit (m/s)
$\bar{v}_W$	mittlere Windgeschwindigkeit (m/s)
v_{WN}	Nennwindgeschwindigkeit (m/s)
v_r	resultierende Anströmgeschwindigkeit (m/s)
D	Rotordurchmesser (m)
R	Rotorradius (m)
A	Rotorkreisfläche (m^2)
H	Höhe (m)
n	Rotordrehzahl (U/min)
ω	Winkelgeschwindigkeit (rad/s)
r	Örtlicher Rotorradius (m)
u	Örtliche Umfangsgeschwindigkeit (m/s)
ψ	Rotorumlaufwinkel bei Rotordrehung (grad)
α	aerodynamischer Anstellwinkel (grad)
ϑ	Blatteinstellwinkel (grad) (auch: Polradwinkel)
λ	Schnellaufzahl
c	Rotorblattiefe/Profil-Sehnen-Länge (m)
F_A	aerodyn. Auftrieb (N)
F_W	aerodyn. Widerstand (N)
M_T	aerodyn. Torsionsmoment (Nm)
F_S	(Rotor-) Schub (N)
M	(Rotor-) Drehmoment (Nm)
P	Leistung (W)
c_{PR}	Rotor-Leistungsbeiwert
c_P	Anlagen-Leistungsbeiwert
c_A	aerodyn. Auftriebskoeffizient
c_{AA}	aerodyn. Auslegungs-Auftriebskoeffizient
c_W	Widerstandskoeffizient
c_{MT}	Torsionsmomenten-Koeffizient
c_{SR}	Rotor-Schubkoeffizient
c_M	Rotor-Drehmomentenkoeffizient
f	Netzfrequenz (Hz)
U	Spannung (V)
R	elektrischer Widerstand (Ω)

I	Stromstärke (A)
φ	elektrischer Phasenwinkel
n_{syn}	synchrone Drehzahl (U/min)
n_{mech}	mechanische Drehzahl (U/min)
s	Schlupf
η	Wirkungsgrad
Φ	Häufigkeitsverteilung der Windgeschwindigkeitsverteilung
A	Skalierungsparameter der Windgeschwindigkeitsverteilung
k	Formparameter der Windgeschwindigkeit
σ_0	Turbulenzintensität (%)
α	Hellmann-Exponent
p	Luftduck (mbar)
t	Temperatur (°C)
ϱ	Luftdichte (kg/m^3)
ν	kinematische Zähigkeit der Luft (m^2/s)

Kapitel 1

Windmühlen und Windräder

Die Nutzung der Windenergie ist keine neue Technologie, sie ist die Wiederentdeckung einer traditionsreichen Technik. Wie bedeutend die Windkrafttechnik in der Vergangenheit war, lassen die übriggebliebenen Reste der historischen „Windkraftanlagen" heute nicht mehr erkennen. So vollständig war der Siegeszug der billigen Energieträger Kohle und Öl und der bequemen Energieverteilung durch die Elektrizität, daß sich die Verlierer, die Windmühlen und Windräder, nur in unbedeutenden ökonomischen Nischen halten konnten. Nachdem die Energieerzeugung durch Verbrennung von Kohle und Öl oder Spaltung von Uranatomen auf zunehmende Widerstände stößt — was auch immer die unterschiedlichen Gründe dafür sein mögen — war die Wiederentdeckung der Windkraft eine nahezu zwangsläufige Folge.

Nun könnte man dagegen einwenden, daß Nostalgie alleine noch kein brauchbares Rezept sei, um die zukünftigen Energieprobleme zu lösen. Letzten Endes geht es nicht mehr um Getreidemahlen und Wasserschöpfen, sondern um den Energiebedarf moderner Industriegesellschaften. Der Blick zurück zeigt jedoch, daß die Windenergietechnik zu Beginn unseres Jahrhunderts den Anschluß an die Energieform „Elektrizität", zu der es heute keine Alternative mehr gibt, keineswegs verpaßt hatte oder dazu ungeeignet gewesen wäre. Gemessen an den bescheidenen Mitteln einiger Pioniere waren die Erfolge, mit Windkraft Strom zu erzeugen, beachtlich. In einigen Fällen ging die Stromerzeugung aus Windenergie bereits über das Experimentieren hinaus.

Eine Erinnerung an die historischen Wurzeln der Windkrafttechnik ist deshalb auch im Rahmen der Beschäftigung mit modernen Windkraftanlagen mehr als nur eine Feierabendlektüre. Die technischen Lösungen und die wirtschaftlichen Bedingungen, die in der Vergangenheit zu Erfolgen und Mißerfolgen führten, geben durchaus noch Hinweise für die heutige und zukünftige Entwicklung. Dieses Buch beginnt deshalb mit einem Rückblick in die Vergangenheit.

1.1 Über die Ursprünge der Windmühlen

Über die historischen Ursprünge der Windmühlen gibt es widersprüchliche Spekulationen. Manche Autoren wollen in Ägypten bei Alexandria die steinernen Überreste von Windmühlen entdeckt haben, die 3 000 Jahre alt sein sollen [1]. Wirklich beweiskräftige Belege, daß die Ägypter, Phönizier, Griechen oder Römer Windmühlen gekannt haben, gibt es nicht.

Die erste zuverlässige Kunde aus historischen Quellen von der Existenz einer Windmühle stammt aus dem Jahr 644 nach Christus [2]. Es wird von einer Windmühle aus dem persisch-afghanischen Grenzgebiet Seistan berichtet. Eine spätere Beschreibung mit einer Skizze datiert aus dem Jahr 945 und zeigt eine Windmühle mit vertikaler Drehachse. Sie wurde offensichtlich zum Getreidemahlen benutzt. Ähnliche, außerordentlich primitive Windmühlen sind bis in unsere Tage in Afghanistan erhalten geblieben (Bild 1.1).

Bild 1.1. Vertikalachsen-Windmühle zum Getreidemahlen aus Afghanistan (Foto Deutsches Museum)

Einige Jahrhunderte später kommen die ersten Hinweise nach Europa, daß auch in China Windräder zum Entwässern der Reisfelder benutzt werden. Ob die Chinesen die Windmühlen bereits vor den Persern gekannt haben und die europäischen Mühlen vielleicht nur ein Ableger einer chinesischen Erfindung waren, scheint heute nicht mehr feststellbar zu sein. Bemerkenswert ist, daß auch die chinesischen Windräder, einfache Konstruktion aus Bambusrohren und Stoffsegel, wie die Windmühle aus Afghanistan über eine vertikale Drehachse verfügten (Bild 1.2).

Bild 1.2. Chinesisches Windrad zum Wasserschöpfen (Foto Deutsches Museum)

Die Windmühle mit horizontaler Drehachse, also die klassische Windmühle, wurde wahrscheinlich unabhängig von den Vertikalachsen-Windrädern des Orients in Europa erfunden. Der erste belegbare Hinweis stammt aus dem Jahre 1180 aus dem damaligen Herzogtum Normandie. Danach soll dort eine sogenannte *Bockwindmühle* gestanden haben. Ähnliche Hinweise deuten auch auf die Provinz Brabant, wo 1119 bereits eine Bockwindmühle erbaut worden sein soll. Aus diesem nordwestlichen Gebiet von Europa verbreiteten sich die Windmühlen sehr schnell über ganz Nord- und Osteuropa bis nach Finnland und Rußland [3]. In Deutschland findet man die Bockwindmühlen im 13. Jahrhundert bereits in großer Zahl (Bild 1.3).

Ein oder zwei Jahrhunderte später treten neben den ganz aus Holz gebauten Bockwindmühlen sogenannte *Turmwindmühlen* auf. Das Windrad befindet sich bei dieser Bauart auf einem steinernen, runden Turm. Diese Mühlenart verbreitete sich vor allem von Südwest-Frankreich in den Mittelmeerraum und wird deshalb auch als mittelmeerischer Typus angesprochen.

Ob die ersten Bock- und Turmwindmühlen bereits nach der Windrichtung drehbar waren, ist nicht zuverlässig überliefert. Die Windrichtungsnachführung wurde jedoch bei der Bockwindmühle schnell üblich. Die Bockwindmühle hielt sich in ihrer einfachen und zweckmäßigen Form bis ins zwanzigste Jahrhundert.

In Holland setzten sich im sechzehnten Jahrhundert dann einige entscheidende Verbesserungen bei den Windmühlen durch, die zu einem neuen Mühlentyp, der *„Holländer-Mühle“*, führten. Ob hierfür die Bockwindmühle oder die in einigen Exemplaren auch im Norden verbreitete Turmwindmühle Pate gestanden hat, ist nicht bekannt. Mit dem feststehenden Mühlenbau der Holländer-Windmühlen, bei dem nur noch die Turmkappe

Bild 1.3. Deutsche Bockwindmühle im fünfzehnten Jahrhundert (Foto Deutsches Museum)

mit dem Windrad gedreht wurde, ließen sich sowohl die Dimensionen als auch die Anwendungsbreite der Windmühlen steigern. Die historische Windmühle fand damit gegen Mitte des neunzehnten Jahrhunderts ihre Vollendung.

1.2 Europäische Windmühlentypen

Die im Verlauf der geschichtlichen Entwicklung entstandenen Windmühlentypen haben sich interessanterweise in ihren ursprünglichen Formen bis in die Gegenwart nebeneinander behaupten können. Selbst die archaischen Vertikalachsen-Windräder des Orients sind nicht vollständig verschwunden. In Europa hat die leistungsfähigere Holländer-Mühle die einfachere Bockwindmühle nicht verdrängen können. Offensichtlich war die erheblich billigere Bockwindmühle, solange es nur um das Mahlen von Getreide in kleineren Mengen ging, die wirtschaftlichere Lösung. Vor diesem Hintergrund ist ein Blick in die Technik der verschiedenen Windmühlentypen durchaus lohnend.

Bockwindmühle

Das Charakteristikum der Bockwindmühle ist der Bock auf dem das ganze Mühlenhaus drehbar gelagert ist (Bild 1.4). Der Bock besteht aus einem zentralen Hausbaum oder Ständer, der mit vier diagonalen Kreuzstreben versteift ist. Er ragt bis etwa zur halben Höhe

Bild 1.4. Deutsche Bockwindmühle (Foto Fröde)

in das Mühlenhaus und ist dort mit dem sogenannten Mehlbalken, der das Mahlwerk trägt, verbunden (Bild 1.5). Der Mehlbalken teilt das Mühlenhaus in eine obere Etage, den Steinspeicher, und in ein unteres Stockwerk, den Mehlspeicher.

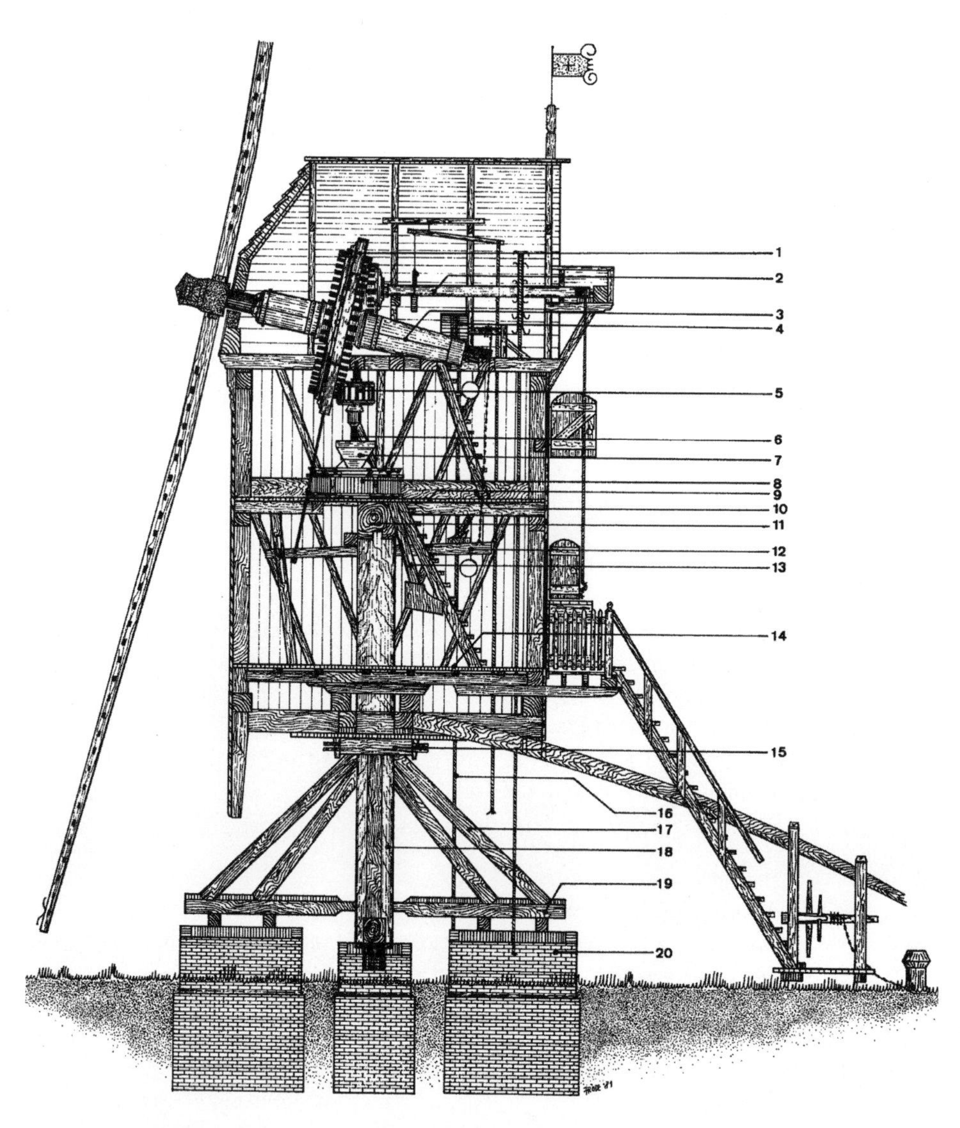

Bockwindmühle, Aufriß

1 Kammrad mit Backenbremse
2 Aufzug
3 Flügelwelle
4 Trommelbremse
5 Spindelrad
6 Spindel
7 Mahltrichter
8 Mahlwerk
9 Steinboden
10 Mehlleiste
11 Hammer oder Mehlbalken
12 Bremsbalken
13 Mehlrutsche
14 Mehlboden
15 Sattel
16 Bremsseil
17 Kreuzstrebe
18 Hausbaum oder Ständer
19 Kreuzschwelle
20 Steinsockel

Bild 1.5. Aufbau einer Bockwindmühle [2]

Das in der Regel vierflügelige Windrad ist im oberen Mühlenhaus gelagert. Die leicht geneigte Flügelwelle trägt das sogenannte Kammrad mit großem Durchmesser. Das Kammrad treibt über das waagrecht liegende kleinere Kronrad oder den Bunkler die vertikale Königswelle an. Die Königswelle ist mit dem Mahlstein verbunden. Die Flügel der Bockwindmühle sind in Mitteleuropa fast immer mit Tuch bespannt. Im Norden und Osten Europas waren auch holzbeschlagene Flügel üblich. Die Drehung des Mühlenhauses erfolgt mit Hilfe des sogenannten Sterz, der an der Rückwand befestigt ist und bis nahezu auf den Erdboden auskragt. Die Drehung wird mit einer Seilhaspel erleichtert, deren Seil um konzentrisch um die Mühle angeordnete Pflöcke geschlungen wird. Die Bockwindmühlen waren nahezu vollständig aus Holz gebaut und wurden ausschließlich zum Getreidemahlen verwendet. Die äußere Form weist zahlreiche regionale Unterschiede auf.

Wippmühle

In den Anfängen des 15. Jahrhunderts stellte man Versuche an, die Bockwindmühle zum Antrieb von Wasserschöpfwerken einzusetzen. Das drehbare Mühlenhaus bot jedoch keine geeigneten Voraussetzungen. So kam es in Holland zu einer Weiterentwicklung der Bockwindmühle, zur sogenannten *Wippmühle* (Bild 1.6). Bei dieser wurde ein feststehender, meist pyramidenförmiger Unterbau eingeführt, der den Antrieb des Schöpfwerkes oder später auch des Mahlwerkes aufnahm. Das drehbare Mühlenhäuschen enthielt nur noch die Lagerung des Windrades mit Kammrad und Bunkler. Eine Art Köcher, durch den die verlängerte Königswelle geführt wurde, bildete die Verbindung vom Mühlenhäuschen zum feststehenden Unterbau. Dieser Köcher gab der Wippmühle auch den Namen Köcher- oder Kokermühle. Wippmühlen wurden in Holland vorwiegend zur Entwässerung eingesetzt und später auch zum Getreidemahlen und Holzsägen.

Turmwindmühle

Die *Turmwindmühle*, deren Mühlenhaus aus einem steinernen Rundbau besteht, verbreitete sich hauptsächlich im Mittelmeerraum. Ursprünglich konnte das Windrad nicht nach der Windrichtung ausgerichtet werden. Später lagerte man die Flügelradwelle so, daß sie — ziemlich mühsam — in mehrere Lagerpositionen umgesteckt werden konnte und somit zumindest eine grobe Ausrichtung nach dem Wind möglich wurde. Die mittelalterlichen Turmwindmühlen wurden im östlichen Mittelmeerraum mit den charakteristischen Dreiecksegel-Windrädern gebaut (Bild 1.7). In anderen Regionen waren auch Segelgatterflügel üblich. Große Turmwindmühlen wurden viel später gebaut. Sie dürften eher als Varianten der Holländer-Mühlen anzusprechen sein und haben sich vermutlich unabhängig vom Mittelmeertypus entwickelt.

Holländer-Windmühle

Der Grundgedanke, der zur Konstruktion der Holländer-Windmühle führte, war der gleiche, der bereits die Weiterentwicklung der Bockwindmühle zur Wippmühle auslöste. Man war bestrebt, der Mühle einen festen Stand zu geben, um damit bessere Voraussetzungen

Bild 1.6. Wipp- oder Köchermühle

Bild 1.7. Griechische Turmwindmühle

Bild 1.8. Holländer-Windmühle (Galerietyp) (Foto TUI)

zum Antrieb der Arbeitsmaschinen zu schaffen. Der Gedanke lag nahe, das gesamte Mühlenhaus feststehend zu bauen und nur noch die Dachhaube mit dem Windrad drehbar zu lagern (Bild 1.8).

Mit dieser Bauweise konnte man erheblich größere und leistungsfähigere Mühlen bauen. Das voluminöse, feststehende Mühlenhaus besaß nun die Voraussetzungen, unterschiedliche Arbeitsmaschinen aufzunehmen (Bild 1.9). Neben Wasserschöpfwerken,

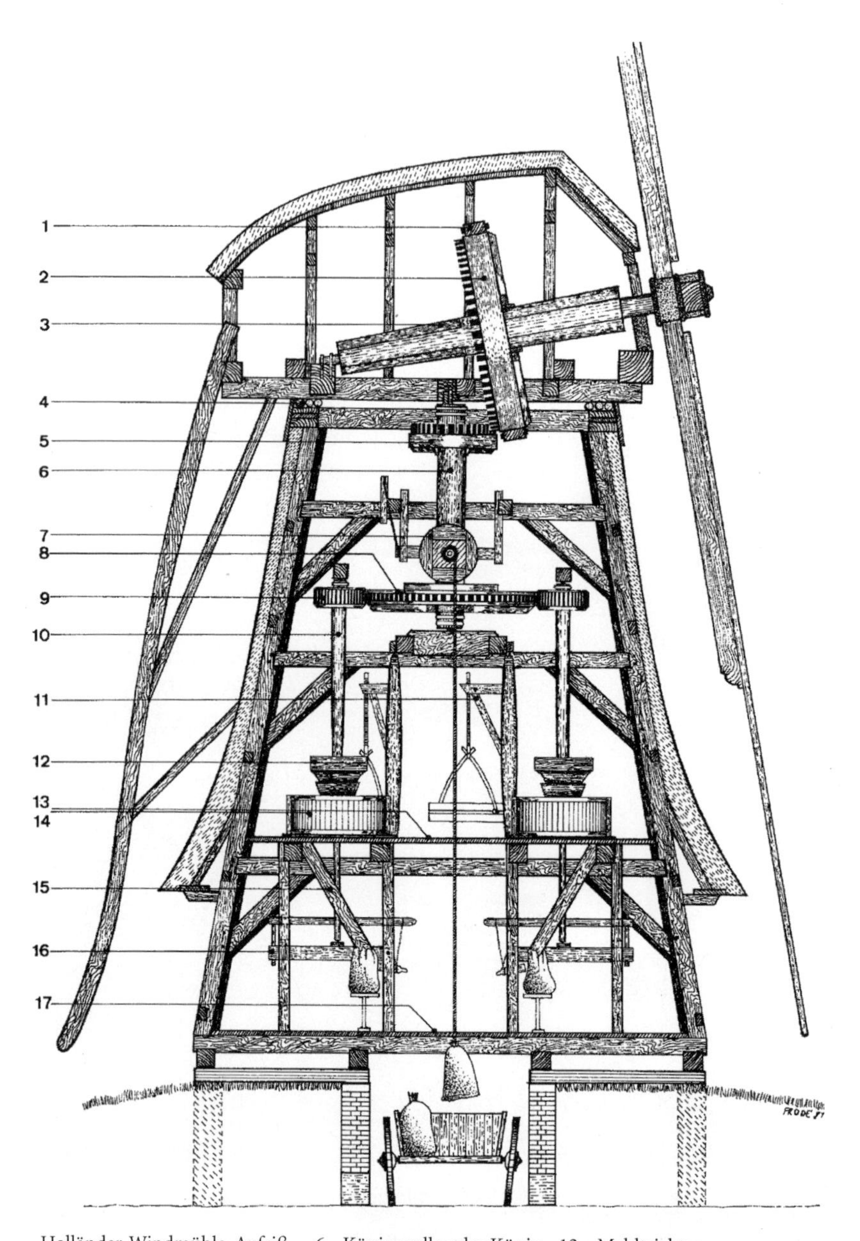

Holländer-Windmühle, Aufriß
1 Backenbremse
2 Kammrad
3 Flügelwelle
4 Rollenlager der Dachhaube
5 Bunkler oder Kronrad
6 Königswelle oder König
7 Sackaufzug
8 Stirnrad
9 Spindelrad
10 Spindel
11 Steinkran
12 Mahltrichter
13 Steinboden
14 Mahlgang
15 Mehlrutsche
16 Hebevorrichtung für den Läuferstein
17 Mehlboden

Bild 1.9. Holländer-Windmühle, schematisch [2]

Getreidemahlsteinen, schweren Kollergängen zum Mahlen von Farbstoffen und ähnlichem wurden Hammerwerke und Holzsägen angetrieben.

Die Holländer-Windmühlen entwickelten sich Mitte des 19. Jahrhunderts zu Kraftmaschinen mit einer bemerkenswerten Anwendungsbreite. Die äußere Form wurde jetzt auch nach aerodynamischen Gesichtspunkten verfeinert. In mehreren Bauformen, als „Erdholländer" oder „Galeriemühlen", wurden sie zum technisch und wirtschaftlich dominierenden Windmühlentyp.

Paltrock-Mühle

Die *Paltrock-Mühle*, weit weniger bekannt als die anderen Mühlentypen, stellt eine spezielle Bauart dar, die im 16. oder 17. Jahrhundert in Holland aufkam (Bild 1.10). Bei ihr ist das gesamte Mühlenhaus wie bei der Bockwindmühle drehbar. Die Lagerung besteht aus einem hölzernen, später eisernen Drehkranz, der in den Boden eingelassen ist oder sich auf einem gemauerten Sockel befindet. Das Mühlenhaus ist über zahlreiche Rollen oder kleine Räder drehbar. Paltrock-Mühlen wurden zunächst ausschließlich als Holzsägemühlen unmittelbar am Wasser gebaut. Die schweren Baustämme wurden von Schiffen direkt

Bild 1.10. Paltrock-Windmühle (Foto Fröde)

auf die herausragende Arbeitsplattform verladen. Später wurden Paltrock-Mühlen auch in geringerem Umfang zum Getreidemahlen eingesetzt.

1.3 Wirtschaftliche Bedeutung der Windmühlen

In Europa wurden die Windmühlen zunächst nur zum Getreidemahlen eingesetzt. Eine so lebenswichtige Sache wie das Mahlen von Getreide war den Landesherren eine willkommene Einnahmequelle. Nach dem Wasserrecht beanspruchten sie nun auch das Windrecht — ein sicherer Hinweis für die wirtschaftliche Bedeutung, welche die Windmühlen auf diesem Gebiet erreicht hatten. Die Folge war ein kompliziertes Mühlenrecht, dem der Bau und der Betrieb der Windmühlen unterlag. Begriffe wie „Mühlenzwang" oder „Mühlenbann" tauchen in vielen alten Chroniken auf.

Mühlenzwang bedeutete, daß die Bewohner eines bestimmten Gebietes nur in einer ihnen zugewiesenen Mühle mahlen lassen durften — gegen entsprechende Abgaben versteht sich. Diese Mühle war dann oft eine „landesherrliche" Mühle. Der „Mühlenbann" verhinderte, daß innerhalb eines festgelegten Gebietes mehr als eine Windmühle gebaut werden durfte. Häufig stand der Mühlenbann einer weiteren Verbreitung der Windmühlen im Wege. Das überkommene Mühlenrecht wurde in vielen Ländern erst mit dem Einzug napoleonischer Truppen um 1800 abgeschafft. Zusammen mit der Einführung der Gewerbefreiheit lösten diese Liberalisierungen einen neuen „Boom" im Windmühlenbau aus.

In keinem anderen Land konnten die Windmühlen eine so enorme Bedeutung erlangen wie in den Niederlanden. Neben dem Bedarf an Getreidemühlen entwickelte sich hier das zweite Anwendungsfeld: die Entwässerung. Im 15. Jahrhundert begannen die Niederländer mit der Eindeichung und Landgewinnung. Ohne den Einsatz von windgetriebenen Schöpfwerken, zunächst zur Trockenlegung und dann zur dauernden Entwässerung der immer wieder in die neugewonnenen Gebiete eindringenden Wassermassen, wären die Niederlande nicht das geworden, was sie im 16. und 17. Jahrhundert waren (Bild 1.11).

Im 17. Jahrhundert, dem goldenen Zeitalter der Niederlande, entwickelte sich die Wirtschaft des Landes zu einer auch im europäischen Maßstab unvergleichlichen Blüte. Holland wurde zu einem internationalen Warenumschlagplatz für Importe aller Art. Die Windmühlen wurden nun auch für andere industrielle Arbeitsgänge eingesetzt. Das Mahlen von Farbstoffen, Gewürzen, Öl und ähnlichen Produkten wurde von Windmühlen besorgt. Im Export von gesägtem Holz erreichte Holland durch den Einsatz großer Holzsägemühlen eine Monopolstellung. Um 1700 gab es in der Zaan-Gegend, nördlich von Amsterdam, ca. 1 200 Windmühlen, die ein regelrechtes Industriegebiet mit Antriebsenergie versorgten [2].

Die wirtschaftliche Bedeutung der Windmühlen nahm bis zur Mitte des 19. Jahrhunderts eher noch zu. Um die Mitte des Jahrhunderts standen in den Niederlanden über 9 000 Windmühlen, in Deutschland waren es mehr als 20 000. Im gesamten Europa wurde der Bestand auf ca. 200 000 geschätzt [2]. Dann aber kam der Niedergang. Die Dampfmaschine leitete das Mühlensterben ein. Wenn auch die Zahl der Windmühlen in der zweiten Hälfte des Jahrhunderts bereits deutlich rückläufig war, so konnten sie sich gegen ihre dampfgetriebene Konkurrenz noch ganz gut behaupten. Im Vergleich zu den industriell hergestellten, teuren und komplizierten Dampfmaschinen, bleiben die handwerklich gefertigten Windmühlen für viele Anwendungsfälle die wirtschaftlichere Lösung. Immerhin

Bild 1.11. Windmühlen in Holland zur Polderentwässerung

wurden die letzten Windmühlen noch bis über die Schwelle zum 20. Jahrhundert gebaut. Diese Tatsache ist insoweit von Bedeutung, als daran zu erkennen ist, daß auch die „unsichere“ Verfügbarkeit der Windkraft gegenüber der Dampfkraft offensichtlich nicht als ein so gravierender Nachteil empfunden wurde.

Der eigentliche Tod der Windmühlen setzte erst mit der Elektrifizierung der ländlichen Gebiete ein. Der Anschluß auch des letzten Gehöftes an eine „Überlandleitung“, oft mit nicht unerheblichem Druck der Elektrizitätsgesellschaften durchgesetzt, brachte die Windmühlen zum Verschwinden. Als die Energie aus der Steckdose kam, mochte sich niemand mehr mit der umständlichen Windmüllerei herumschlagen. Hinzu kamen die allgemeinen wirtschaftlichen und sozialen Veränderungen des Industriezeitalters. Die umständliche Bedienung und Wartung der hölzernen Windmühlen wurde zu einem Kostenfaktor. Der unreflektierte Fortschrittsglaube jener Zeit erklärte die Windmühlen zum Anachronismus.

Im Jahre 1943 wurden in Holland nur noch 1 400 Windmühlen gezählt. Ähnlich groß war der Rückgang in Deutschland. Der Gesamtbestand der heute noch einigermaßen erhaltenen Windmühlen beträgt in der Bundesrepublik knapp 400, in Holland etwa 1 000 und in Belgien 160 [2]. Mittlerweile steigen die Zahlen allerdings wieder an. Die historischen Windmühlen, heute als kulturhistorische Bauwerke zunehmend geschützt, werden vielerorts mit staatlicher Unterstützung wieder restauriert und gepflegt.

1.4 Wissenschaft und technische Entwicklung im Windmühlenbau

Die Entwicklung der verschiedenen Windmühlenbauarten vom Mittelalter bis ins 17. Jahrhundert wird man wohl kaum als das Ergebnis systematischer Forschungs- und Entwicklungsarbeit verstehen können. Mehr oder weniger zufällig gefundene Verbesserungen und eine empirisch begründete Evolution waren die Grundlage für die Weiterentwicklung und Diversifizierung des Windmühlenbaus.

In der Renaissance setzten die ersten grundsätzlichen Überlegungen zur Konstruktion von Windrädern ein. Aus Italien stammten zahlreiche Anregungen für neuartige Windradformen, obwohl der Windmühlenbau dort kaum eine Bedeutung hatte. Von Leonardo da Vinci sind Skizzen von Windmühlen bekannt. Veranzo schlug in seinem Buch „Machinae Novae" verschiedene interessante Bauformen für Vertikalachsen-Windräder vor [1]. Von großer praktischer Bedeutung waren diese Anregungen allerdings nicht. Dem Geist der Zeit entsprechend wurden solche Überlegungen zur Mechanik noch zu sehr unter spielerischen oder künstlerischen Gesichtspunkten angestellt.

Erst im 17. und 18. Jahrhundert, als das physikalisch-mathematische Denken immer mehr Platz griff, begann die systematische Beschäftigung mit der Windmühlentechnik. Zunächst nahm sich die entwickelnde Naturwissenschaft des Themas an. Kein geringerer als Gottfried Wilhelm Leibniz (1646 – 1716) beschäftigte sich intensiv damit. In einer Schrift über die „Windkünste" gab er zahlreiche Anregungen für den Bau von Windmühlen und schlug auch neue Bauformen vor. Daniel Bernoulli (1700 – 1782) wandte die von ihm gerade formulierten Grundgesetze der Strömungsmechanik auf die Berechnung von Windmüh-

Bild 1.12. Seitenrad oder Rosette zur selbsttätigen Windrichtungsnachführung bei einer Holländer-Windmühle

lenflügeln an. Die Verwindung der Flügel wurde zum ersten Mal von dem Mathematiker Leonhard Euler (1707–1783) richtig berechnet.

Wichtige technische Verbesserungen kamen aus England. Die Schotten Meikle und Lee erfanden um 1750 das Seitenrad, mit dessen Hilfe die Holländer-Mühle selbsttätig dem Wind nachgeführt werden konnte (Bild 1.12).

Bild 1.13. Windmühle (Erdholländer) mit Jalousieflügeln (Foto Fröde)

Etwas später (1792) baute Meikle die ersten Windmühlen mit sogenannten Jalousieflügeln (Bild 1.13). Statt der stoffbespannten Segelgatterflügel, die vom Windmüller bei starkem Wind mit der Hand gerefft wurden, konnten nun beweglich aufgehängte Lamellen, die durch eine Eisenstange miteinander verbunden waren, vergleichsweise einfach geöffnet und geschlossen werden. Die Lamellen bestanden zunächst aus Holz und später aus Blech. Einige Windmühlen wurden sogar mit selbstregelnden Jalousien, deren Lamellen an Stahlfedern befestigt waren, gebaut. Diese Neuerungen setzten sich vor allem in England durch.

Die Jalousieflügel ermöglichten zum ersten Mal eine gewisse Drehzahl- und Leistungsregelung der Windmühle. Zusammen mit der automatischen Windrichtungsnachführung durch das Seitenrad erreichte die Holländer-Mühle den Höhepunkt ihrer technischen Entwicklung und einen erstaunlichen Grad an Perfektion.

Der aerodynamische Wirkungsgrad der Jalousieflügel blieb allerdings hinter guten Segelgatterflügel zurück. Dieser Tatsache wurde man sich bewußt, nachdem der Physiker Charles Augustin de Coulomb 1821 mit systematischen aerodynamischen Versuchen an

Windmühlenflügeln begonnen hatte, und um 1890 der dänische Professor Poul La Cour die Aerodynamik der Windmühlenflügel und die Konstruktion der Windmühlen in umfassender Weise wissenschaftlich untersuchte. Poul La Cour gebührt das Verdienst, die wissenschaftlichen Grundlagen der Windmühlentechnik — wenn auch in einer Zeit, als dies schon fast als Nostalgie anzusehen war — umfassend analysiert und dargestellt zu haben. Daß seine Erkenntnisse keine praktischen Konsequenzen mehr für den Bau von Windmühlen haben würden, war ihm klar. Deshalb wandte er sich auch schnell seinen später beschriebenen Versuchen zu, elektrischen Strom mit Hilfe der Windkraft zu erzeugen (vergl. Kap. 2.1). In die zweite Hälfte des 19. Jahrhunderts fallen auch die Versuche, neue Materialien im Windmühlenbau einzusetzen. Bis dahin waren die Windmühlen nahezu vollständig aus Holz gebaut (Bild 1.14).

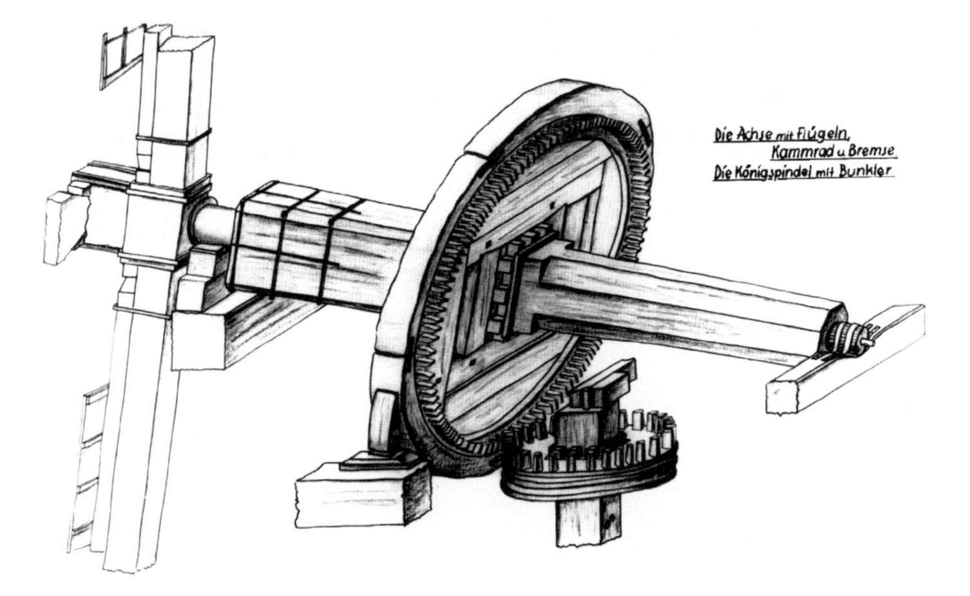

Bild 1.14. Hölzerne Flügelwelle mit Kammrad und Bunkler einer Holländer-Windmühle (Foto Deutsches Museum)

Vor allem die hochbelastete Flügelwelle wurde aus Gußeisen hergestellt (Bild 1.15). Es stellte sich jedoch schnell heraus, daß die herkömmliche, aus Eichenholz bestehende Flügelwelle aufgrund ihrer besseren Materialdämpfung und höheren Ermüdungsfestigkeit den Beanspruchungen mindestens ebenso gut gewachsen war.

Nachdem der Aerodynamiker Albert Betz um 1920 die modernen physikalischen Grundlagen der Windenergiewandlung formuliert hatte und darüber hinaus die modernen Tragflügelbauweisen im Flugzeugbau entwickelt wurden, wandte der Major Kurt Bilau diese Erkenntnisse auf die Konstruktion von Windmühlen an. Der von ihm in Zusammenarbeit mit Betz entwickelte Ventikantenflügel war wie ein Flugzeugtragflügel aus Aluminiumblech geformt und verfügte über einen verstellbaren Hilfsflügel, mit dem eine Leistungs- und Drehzahlregelung der Windmühle erreicht wurde (Bild 1.17).

Bild 1.15. Gußeiserne Flügelwelle einer Holländer-Windmühle

Bild 1.16. Windmühle mit nachträglich angebauten Ventikantenflügeln (Foto Fröde)

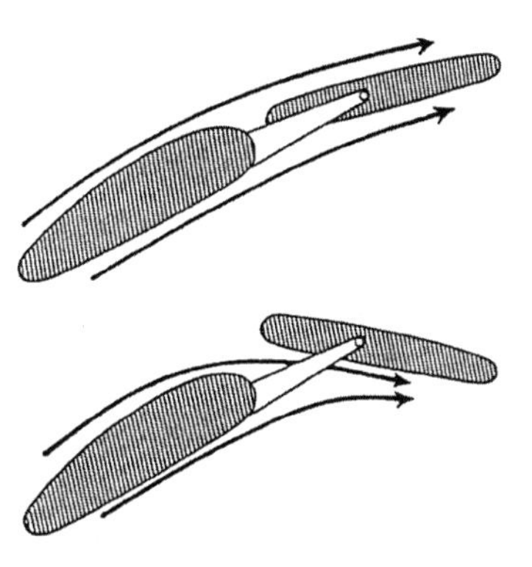

Bild 1.17. Wirkungsweise des Ventikantenflügels [2]

Bilau rüstete bis zum Jahre 1940 ca. 130 Windmühlen mit diesen Flügeln aus und erzielte damit eine erhebliche Leistungssteigerung. Der Blick auf eine solche Windmühle (Bild 1.16) offenbart aber, daß diese Technologie wohl doch über die klassische Windmühlentechnik hinausging, auch wenn sie einigen Exemplaren noch einen letzten Lebenshauch entlockte.

1.5 Die amerikanische Windturbine

Zu Beginn des 19. Jahrhunderts, als die Windmühlentechnik in Europa ihrem Höhepunkt zustrebte, wurden Windmühlen in größerer Zahl in der Neuen Welt errichtet, vor allem an der Ostküste, wo die Holländer und Engländer siedelten. Zur gleichen Zeit setzte in den USA der große Zug nach Westen ein. Die Siedler in den großen Ebenen des mittleren Westens brauchten, wenn sie sich dort niederlassen wollten, vor allem Wasser. Wo

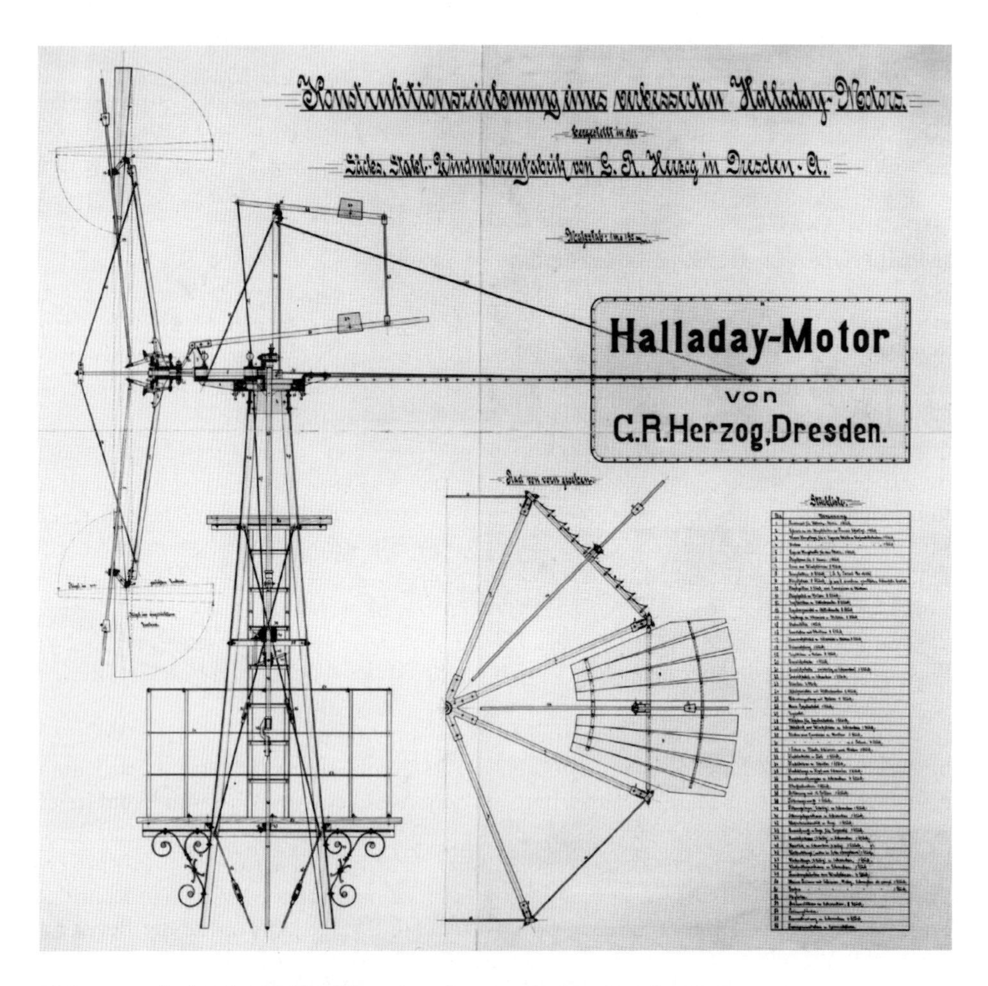

Bild 1.18. Halladaysche Windturbine, Lizenzbau von Herzog, Dresden 1904

keine natürlichen Oberflächengewässer vorhanden waren, mußte das Wasser aus Brunnen hochgepumpt werden. Die großen Windmühlen konnten ihnen dabei wenig helfen. Sie waren viel zu wenig mobil, als daß sie den Pionieren schnell genug hätten folgen können. Doch im Land der unbegrenzten Möglichkeiten wurden natürlich auch hierfür Lösungen gefunden.

Der Mechaniker Daniel Halladay aus Connecticut fand um das Jahr 1850 die erste. Halladay wurde, so wird berichtet, darauf angesprochen, daß die wenigen damals existierenden Windradpumpen, deren Flügelräder nach dem Vorbild der Windmühlen mit Segeltuch bespannt waren, eine rechte Plage für die Besitzer waren. Die schwer arbeitenden Siedler hatten einfach keine Zeit, ihre Windpumpen dauernd zu beaufsichtigen und bei drohender Gefahr, das heißt bei heraufziehendem Sturm, rechtzeitig die Segel zu reffen. Die Folge waren häufige Verluste. Auf die Klage eines Geschädigten soll Halladay geantwortet haben: *"I can invent a self-regulating windmill that will be safe from destruction in violent windstorms, but I don't know of a single man in the world who would want one"* [4]. Er sollte Unrecht behalten.

Halladay hatte bei den Dampfmaschinen Fliehkraftregler kennengelernt, die bei Überdrehzahl ein Sicherheitsventil öffneten. Von diesem Vorbild ausgehend, konstruierte er ein Windrad, dessen Flügelblätter nicht direkt mit der Welle verbunden, sondern an einem Ring beweglich aufgehängt waren. Mit einem zweiten verschiebbaren Ringkragen wurden die Blätter so verbunden, daß die Verschiebung des Ringes eine Veränderung ihres Einstellwinkels bewirkte. Die Bewegung des Ringes wurde durch Fliehkraftgewichte ausgelöst. Außerdem teilte er das Rad in sechs Sektoren ein. Bei schwachem Wind drehte sich das Windrad langsam, während die Fliehkraftregelung den Einstellwinkel der Flugblätter flach hielt. Mit zunehmender Windgeschwindigkeit und Drehzahl wurde der Einstellwinkel immer steiler, bis schließlich die sechs Flügelradsektoren völlig aus der Radebene schwenkten (Bild 1.18).

Zuerst verwendete Halladay nur wenige dünne Holzblätter, erhöhte aber deren Anzahl, bis die gesamte Radfläche wie eine Turbine mit Flügelblättern belegt war. Die Windrichtungsnachführung besorgte eine Windfahne. Die aerodynamische Charakteristik einer solchen „Windturbine" unterschied sich damit wesentlich von den bisher bekannten Windmühlenflügeln. Seine Windturbine lief bereits bei schwachem Wind an, drehte vergleichsweise langsam und entwickelte bei der geringen Drehzahl ein hohes Drehmoment. Genau das waren die richtigen Voraussetzungen für den Antrieb einer Kolbenwasserpumpe. Die Wasserpumpe wurde über einen Kurbeltrieb mit einem langen Stößel zum Fuße des Gittermastes angetrieben.

Halladay begann trotz seiner skeptischen Einstellung mit der Produktion der Windturbine und verkaufte alsbald größere Anlagen an die Eisenbahngesellschaften. Diese hatten einen zunehmenden Bedarf an Wasserpumpen zum Auffüllen ihrer Wassertanks auf freier Strecke (Bild 1.19).

Die Halladaysche Konstruktion war mit ihren vielen Gelenken und Bolzen ein vergleichsweise kompliziertes Gerät. Sie blieb, obwohl sie bis 1929 produziert wurde, in der Masse eher die Ausnahme. Eine einfachere Lösung fand einige Jahre später der Reverend Leonard R. Wheeler aus Wisconsin. Statt der Aufteilung des Windrades in Sektoren brachte Wheeler eine zusätzliche, quer zur Windrichtung stehende Windfahne an. Mit deren Hilfe das ganze Windrad aus der Windrichtung geschwenkt wurde. Die Fahne war mit einem

Bild 1.19. Halladaysche Windturbine zum Füllen der Wassertanks bei der Union Pacific Railroad in Laramie, 1868 [4]

Gewicht verbunden, so daß das Windrad bei nachlassendem Wind wieder in die Ausgangslage zurückschwenkte (Bild 1.20). Wheelers Konzeption ging unter dem Namen „Eclipse" in Produktion und wurde zur Standardbauweise der amerikanischen Windturbine.

Auf der Weltausstellung 1876 in Philadelphia wurden die beiden neuartigen Windturbinen der breiten Öffentlichkeit präsentiert. Das Interesse der Farmer an diesen vergleichsweise einfachen und billigen Geräten war groß. In den folgenden Jahren wurden Windturbinen in steigender Anzahl von einer ebenfalls zunehmenden Zahl von kleineren Firmen produziert. Vor allem die von Wheeler entwickelte Bauart wurde in zahlreichen Varianten gebaut.

1899 wurden bereits 77 *„windmill factories"* gezählt. Ihre Zahl stieg bis 1930 auf fast 100 Firmen an, die ca. 2 300 Personen beschäftigten [4]. Die Windturbinen wurden auch zu einem einträglichen Exportartikel und verbreiteten sich fast über die ganze Welt. In Europa konnten sie allerdings nicht mehr richtig Fuß fassen. Die Windkraftnutzung war schon zu sehr auf dem Rückzug. Einige deutsche Firmen wie Herkules oder Köster produzierten dennoch Windturbinen in bescheidenen Stückzahlen in Lizenz.

Bild 1.20. Amerikanische Windturbine der Bauart „Eclipse“ (Foto Deutsches Museum)

Von der amerikanischen Windturbine wurden bis etwa 1930 mehr als sechs Millionen Stück produziert. Die Nutzung der Windenergie stützte sich damit zum ersten Mal auf einen industriell hergestellten Massenartikel. Eine bemerkenswerte Tatsache, deren erstmaliges Auftreten in den USA wohl kaum als zufällig angesehen werden kann. Es wird berichtet, daß einige Farmer mit ihren Windturbinen experimentiert haben, um elektrische „Dynamos“ anzutreiben. Sie würden damit zu den ersten Stromerzeugern aus Windenergie gehören. Das "Rural Electrification Programme" in den dreißiger Jahren, mit dem die ländlichen Gebiete der USA elektrifiziert wurden, verdrängte dann allerdings auch in der Neuen Welt die Windturbinen. Ihre Zahl nahm schnell ab. Der übriggebliebene Bestand in den USA wird heute auf ca. 150 000 geschätzt. In den letzten Jahren haben einige Hersteller die Produktion wieder aufgenommen, so daß möglicherweise die Zahl wieder im Ansteigen begriffen ist.

Literatur

1. König, F. v.: Windenergie in praktischer Nutzung
   München: Udo Pfriemer Verlag 1978
2. Fröde, E. u. F.: Windmühlen
   Köln: Du Mont Buchverlag 1981
3. Notebaart, J. C.: Windmuehlen
   Den Haag: Mouton-Verlag 1972
4. Torrey, V.: Wind-Catchers
   Brattleboro, Vermont: The Stephen Greene Press 1976

Kapitel 2

Strom aus Wind – Die ersten Versuche

Die großtechnische Nutzung der Elektrizität begann mit dem Bau der ersten Kraftwerke. Das erste Kraftwerk der Welt lief 1882 in New York mit einer Leistung von 500 kW. In Deutschland nahm 1884 in Berlin das erste Kraftwerk seinen Betrieb auf [1]. Bereits 1891 wurde das erste Drehstromkraftwerk gebaut. Die weitere Entwicklung der Kraftwerktechnik verlief stürmisch zu immer höheren Leistungen. Anfang des zwanzigsten Jahrhunderts wurden fast alle großen Städte in den industrialisierten Ländern mit Strom versorgt.

Erheblich langsamer erfolgte die Elektrifizierung der ländlichen Gebiete. Der Verbundbetrieb verschiedenartiger Kraftwerke und der Bau weiträumiger Übertragungsnetze schufen erst die notwendigen Voraussetzungen. Während in Europa, vornehmlich in Deutschland, diese Entwicklung in den zwanziger Jahren schon fast das letzte Dorf erreichte, erforderte die Erschließung der ländlichen Gebiete in den großen Flächenstaaten enorme Anstrengungen. In den USA wurden erst ab 1932 im sogenannten „Rural Electrification Programme" die großen Gebiete des Westens mit elektrischem Strom versorgt.

In diese Zeit, als die großen Städte bereits mit elektrischer Energie versorgt wurden, an einen flächendeckenden Anschluß der Verbraucher in ländlichen Regionen aber noch nicht gedacht werden konnte, fallen die ersten Versuche, mit Hilfe der Windkraft elektrischen Strom zu erzeugen. Die Verbreitung der klassischen Windmühlen in Europa und der Windturbinen in Amerika war fast noch auf ihrem Höhepunkt. Vermutlich waren es findige Bastler in Amerika, die zum ersten Mal versuchten, elektrische „Dynamos" mit ihren an sich zum Wasserpumpen bestimmten Windturbinen anzutreiben. Die erste systematische Entwicklung, die Windkraft zur Stromerzeugung zu nutzen, fand aber in Dänemark statt.

2.1 Poul La Cour – Ein Pionier in Dänemark

Der Däne Poul La Cour markiert wie kein anderer den Weg von der historischen Windmühlentechnik zur modernen Technik der stromerzeugenden Windkraftanlage (Bild 2.17). Ihm gebührt nicht nur das Verdienst, mit den von ihm geschaffenen wissenschaftlichen Grundlagen ein Vollender der klassischen Windmühlentechnik zu sein, er war auch ein Pionier der Stromerzeugung mit Windkraft — und das bereits im neunzehnten Jahrhundert [2].

Poul La Cour war Professor an einer Volkshochschule in Askov. Angeregt durch die dänische Regierung, die nach Möglichkeiten suchte, auch die ländlichen Gebiete Dänemarks mit der neuentwickelten Energieform Elektrizität zu versorgen, baute La Cour 1891 eine Experimental-Windkraftanlage zum Antrieb eines Dynamos (Bild 2.1). Bemerkenswerterweise ging er auch sofort das Problem der Energiespeicherung an. Den erzeugten Gleichstrom seiner Windkraftanlage verwendete er für die Elektrolyse und speicherte das gewonnene Wasserstoffgas. Von 1885–1902 wurde das Schulgelände in Askov auf diese Weise mit Gaslampen beleuchtet.

Bild 2.1. Poul La Cours erste Windkraftanlage zur Erzeugung elektrischen Stroms in Askov, Dänemark, 1891 [2]

La Cours stromerzeugende Windkraftanlage war, was das Windrad anbetraf, noch ganz dem Vorbild der Windmühlen verhaftet. Obwohl er sich der Vorteile aerodynamisch gestalteter Windflügel durchaus bewußt war, verwendete er einen vierflügeligen Rotor mit Jalousieflügel. Er wußte, daß diese Technik auf dem Lande besser zu handhaben war (Bild 2.1).

In den folgenden Jahren baute La Cour seinen Wirkungskreis in Askov zu einer gut ausgerüsteten Versuchsanstalt für Windkraftanlagen aus. Er führte — möglicherweise auch als erster — Versuche in einem selbstgebauten Windkanal durch und errichtete 1897 eine zweite, größere Versuchsanlage. In seinem Buch „Forsøgsmøllen“, das 1900 in Kopenhagen erschien, berichtete er über diese Arbeiten [3]. 1903 gründete La Cour den Verband dänischer Windkrafttechniker (DVES), der unter anderem Ausbildungskurse für „Windelektriker“ veranstaltete.

Wie erfolgreich La Cour mit seinen Arbeiten war, zeigte sich, als die Firma Lykkegard an die industrielle Auswertung seiner Entwicklungsarbeiten ging. Nach dem Vorbild der Experimentalanlage von Askov baute sie bis 1908 bereits 72 stromerzeugende Windkraftanlagen zur Versorgung ländlicher Siedlungen. Die sprunghafte Verteuerung der Brennstoffe im ersten Weltkrieg beschleunigte diese Entwicklung nochmals, so daß 1918 etwa 120 Anlagen arbeiteten [4].

Eine wesentliche technische Voraussetzung für diesen Erfolg der Windkraftnutzung zur Stromerzeugung war allerdings der Umstand, daß in Dänemark noch bis nach dem zweiten Weltkrieg viele ländliche Gebiete mit Gleichstrom versorgt wurden. Der Parallelbetrieb einer Windkraftanlage mit den gleichstromerzeugenden Diesel- oder Gasmotorkraftstationen war technisch einfacher zu lösen als mit Wechselstrom.

Die La-Cour-Lykkegard-Anlagen wurden in verschiedenen Größen mit Leistungen von 10 - 35 kW gebaut. Der Rotor mit einem Durchmesser bis zu 20 m verfügte über vier Jalousieflügel, so daß ein bestimmter Drehzahlgrenzwert eingehalten werden konnte. Die Windrichtungsnachführung besorgten zwei Seitenräder. Der elektrische Generator befand sich am Fuß des Stahlgitterturmes und wurde durch eine lange Welle über ein Zwischengetriebe vom Rotor angetrieben. Die Stromeinspeisung erfolgt über eine Pufferbatterie in die kleinen Inselnetze (Bild 2.2).

Die Netze wurden von Diesel- oder Gasmotoraggregaten gespeist und versorgten größere Anwesen oder kleine Siedlungsgebiete. Der Gesamtwirkungsgrad der Windkraftanlagen wurde mit etwa 22 % angegeben. Die Jahresenergielieferung betrug an einem guten Standort etwa 50 000 kWh.

Im Auftrag der deutschen „Reichsarbeitsgemeinschaft Windkraft“ wurden die Betriebserfahrungen mit diesen Anlagen eingehend analysiert [4]. Es ergab sich, daß die Zuverlässigkeit in der Regel außerordentlich hoch war. Es wird von Anlagen dieses Typs berichtet, die von 1924 bis 1941 in Betrieb waren und deren Kugellager und Zahnräder erstmals nach etwa zwanzigjähriger Betriebszeit ausgewechselt werden mußten.

Nach dem Ersten Weltkrieg ließ das Interesse an der Stromerzeugung mit Windkraft in Dänemark nach. Der Dieseltreibstoff war in dieser Zeit vergleichsweise billig. Mit dem Ausbruch des Zweiten Weltkrieges änderte sich die Situation jedoch wieder. Die Preise für Treibstoffe schnellten in die Höhe und sofort erwachte wieder das Interesse an der Windkraft zur Stromerzeugung. Außer Dienst gestellte Lykkegard-Anlagen wurden wieder in Betrieb genommen und einige neue hinzugebaut.

Neben der nun doch etwas veralteten La Courschen Konzeption trat ein neuer Hersteller mit moderneren Konstruktionen hervor. Die Firma F. L. Smidth, ein Hersteller von Maschinen zur Zementherstellung, deren gesamter Exportmarkt durch die Kriegsereignisse verloren gegangen war, wandte sich dem Bau von Windkraftanlagen zu [5]. Unter dem Namen „Aeromotor“ entwickelte Smidth zunächst eine Anlage mit 17,5 m Rotordurch-

Bild 2.2. La-Cour-Lykkegard-Windkraftanlage in Dänemark Rotordurchmesser 18 m, Leistung ca. 30 kW bei 12 m/s Windgeschwindigkeit [1]

messer und einer Leistung von etwa 50 kW bei einer Windgeschwindigkeit von ca. 11 m/s. Die aerodynamische Auslegung des Rotors, mit zwei profilierten Rotorblättern in lamierter Holzbauweise, entsprach dem mittlerweile erreichten Stand der Technik. Der Zweiblattrotor war für eine Schnellaufzahl von ca. 9 ausgelegt. Die Rotorblätter waren unverwunden und nicht verstellbar. Die Drehzahlbegrenzung erfolgte über eine aerodynamische Bremsklappe. Von diesem Typ wurden 12 Anlagen gebaut, davon einige mit Stahlgitterturm (Bild 2.3), die Mehrzahl mit Betontürmen (Bild 2.4).

Probleme mit den dynamischen Eigenschaften des Zweiblattrotors veranlaßten die Firma, einen zweiten, größeren Typ mit drei Rotorblättern zu entwickeln (Bild 2.5). Der Rotordurchmesser betrug 24 m, die Leistungsabgabe ca. 70 kW bei einer Windgeschwindigkeit von etwa 10 m/s. Von diesem Typ wurden sieben Anlagen, alle mit Betontürmen, gebaut.

Bild 2.3. Smidth „Aeromotor", 1941 bis 1942. Rotordurchmesser 17,5 m, Nennleistung ca. 50 kW [5]

Bild 2.4. Smidth „Aeromotor" mit Betonturm, 1942. Rotordurchmesser 17,5 m, Nennleistung ca. 50 kW [5]

Bild 2.5. Smidth „Aeromotor“ mit Dreiblattrotor, 1942–1943. Rotordurchmesser 24 m, Nennleistung ca. 70 kW [5]

Die Smidth Aeromotoren waren bis auf eine Ausnahme noch alle mit Gleichstromgeneratoren ausgerüstet. Hinsichtlich ihrer aerodynamischen Auslegung und ihrer mechanischen Konstruktion sind sie bis auf den heutigen Tag in vielen Merkmalen richtungsweisend für die „dänische Linie“. Man wird mit Recht darauf hinweisen können, daß in der ersten Hälfte des 20. Jahrhunderts die Stromerzeugung aus Windkraft in Dänemark bereits mehr als nur ein Experiment war. Auch wenn der Anteil des „Windstroms“ an der gesamten Energieerzeugung sicher nur in kleinen Prozentbeträgen zu messen gewesen sein wird, Strom aus Wind war zumindest für einige Gebiete ein erster Nothelfer.

2.2 Windkraftwerke – Große Pläne in Deutschland

Die ersten Ansätze, die Windkraft in Deutschland zur Stromerzeugung zu nutzen, gehen auf die Zeit vor dem Ersten Weltkrieg zurück. Einige Firmen, unter anderem Köster und Hercules, fertigten amerikanische Windturbinen in Lizenz. Bis in die dreißiger Jahre wurden von etwa zehn Herstellern insgesamt 3 600 Anlagen in Deutschland gebaut. Die meisten wurden ihrer ursprünglichen Bestimmung gemäß, zum Wasserpumpen verwendet, einige Anlagen jedoch für die Stromerzeugung umgebaut.

Nach dem ersten Weltkrieg versuchte der Major Kurt Bilau stromerzeugende Windkraftanlagen mit modernerer Technik zu entwickeln. Bilau erkannte, daß der amerikanische Langsamläufer nicht die geeigneten Voraussetzungen besaß. Sein „Ventimotor", mit einem Vierblattrotor von höherer Schnellaufzahl, war einer seiner ersten Versuche. Bilau schilderte seine Ergebnisse in zwei Büchern und leistete damit einen nicht unbeträchtlichen Beitrag zu dem Gedanken, die Windkraft zur Stromerzeugung auch in Deutschland zu nutzen [6]. Mit der Physik stand er allerdings etwas auf Kriegsfuß (der Ausdruck sei bei einem ostpreußischen Major erlaubt). Noch in seinem 1942 erschienenen zweiten Buch versuchte er zu beweisen, daß sein Ventimotor mit „stromlinienförmigen" Flügeln eine höhere Leistungsziffer als den mittlerweile von Betz abgeleiteten Maximalwert von 0,593 erreichen könne [7].

Der entscheidende Impuls in Deutschland kam jedoch von der theoretischen Seite. Der Physiker Albert Betz, Leiter der Aerodynamischen Versuchsanstalt Göttingen, ging das Problem der Physik und Aerodynamik des Windrotors nunmehr vor dem Hintergrund der Luftfahrtaerodynamik streng wissenschaftlich an (Bild 2.17). In einem 1920 erschienenen Beitrag in der „Zeitschrift für das gesamte Turbinenwesen" wies er nach, daß das physikalisch mögliche Maximum der Ausnutzung des Windes durch einen scheibenförmigen, turbinenartigen Windenergiewandler auf 59,3 % der im Windstrom enthaltenen Leistung begrenzt ist [8]. In seinem Buch „Windenergie und ihre Ausnutzung durch Windmühlen" faßte er 1925 das Ergebnis seiner Arbeiten zusammen und formulierte eine bis heute gültige Theorie für die aerodynamische Formgebung der Blätter von Windrotoren [9]. Die theoretischen Grundlagen wurden kurz nach Erscheinen des Buches insbesondere von H. Glauert vervollständigt und verfeinert [10]. Auf dieser theoretischen Grundlage war nun die Berechnung von modernen schnellaufenden Windrotoren zuverlässig möglich. Neben den aerodynamischen Grundlagen wurden Ende der zwanziger Jahre auch die modernen Leichtbau-Konstruktionsprinzipien im Flugzeugbau geschaffen. Ebenfalls eine wichtige Voraussetzung für die Verwirklichung großer Rotoren.

Als einer der ersten griff der bekannte Stahlbauingenieur Hermann Honnef die neuen wissenschaftlichen Erkenntnisse auf und plante den Bau von geradezu gigantischen Windkraftwerken (Bild 2.6). Auf gewaltigen Gittertürmen sollten bis zu fünf Windrotoren von je 160 m Durchmesser und 20 000 kW Leistung angebracht werden. Die Windrotoren bestanden aus zwei konzentrisch in- und gegeneinander laufenden Rädern. Die sehr schlanken Rotorblätter waren im inneren Bereich als „Doppelspeichen" gestaltet, um die nötige Steifigkeit zu gewährleisten. Auf einem Durchmesser von 121 m trugen die beiden gegenläufigen

Rotoren je einen metallischen Ring. Diese beiden gegenläufigen Ringe bilden den sogenannten „Ringgenerator", wobei ein Ring als Polring, der andere als Ankerring ausgebildet sein sollte. Bei extremen Windgeschwindigkeiten sollte der obere Teil des Gitterturmes mit den Rotoren auf einer Drehstütze gelagert in eine schräge bis horizontale Lage klappen.

Bild 2.6. Vision eines großen Windkraftwerkes von Hermann Honnef, 1932: 5 Rotoren mit je 160 m Durchmesser und 20 000 kW Leistung; Turmhöhe 250 m

Rückblickend betrachtet wird man feststellen müssen, daß die Honnefschen Pläne durchaus auf rechnerischen und ingenieurmäßigen Grundlagen beruhten [11]. Ihre Realisierung hätte jedoch mit Sicherheit erheblich mehr Probleme verursacht, als Honnef sich dies 1932 vorgestellt hatte. An den Plänen von Hermann Honnef besticht denn auch weniger ihre technische Konzeption als vielmehr die Idee als solche. Honnef wollte die Nutzung der Windenergie im großtechnischen Maßstab durchsetzen. Nicht mehr die Absicht, abgelegene Gehöfte mit Strom zu versorgen, beflügelte seine Gedanken, sondern er wollte große „Windkraftwerke" bauen, die im Verbund mit den konventionellen Kraftwerken elektrischen Strom zu wirtschaftlichen Kosten erzeugen sollten. Insofern war Honnef ein Pionier der großen Windkraftanlagen.

In den Jahren 1930–1940 setzte in Deutschland eine rege theoretische und planerische Tätigkeit auf dem Gebiet der Windkrafttechnik ein. Eine Motivation bildeten dabei sicher die Bestrebungen des Deutschen Reiches nach Unabhängigkeit von Treibstoff- und Energieimporten. 1939 kam es zur Bildung der „Reichsarbeitsgemeinschaft Windkraft" (RAW), in der sich namhafte Wissenschaftler, Techniker und Industriefirmen zusammenfanden. Die RAW unterstützte zahlreiche Projekte und veröffentlichte in ihren „Denkschriften" die erarbeiteten Ergebnisse.

Ein Projekt, auf das sich die Arbeit der RAW unter anderem konzentrierte, verdient besondere Erwähnung. Der Ingenieur Franz Kleinhenz trat 1937 mit Plänen für eine große Windkraftanlage an die Öffentlichkeit [12]. Im Gegensatz zu Honnef verstand es Kleinhenz, die Mitarbeit von namhaften Wissenschaftlern und Industriefirmen zu gewinnen. Gemeinsam mit der Maschinenfabrik Augsburg-Nürnberg (MAN) in Gustavsburg konkretisierte er seine Pläne. Seine Konzeption wurde in mehreren Stufen von 1938–1942 konzeptionell und im Detail verfeinert (Bild 2.7).

Bild 2.7. Projekt MAN-Kleinhenz, 1942: Rotordurchmesser 130 m, Nennleistung 10 000 kW

Die technischen Merkmale des Projektes MAN-Kleinhenz muten auch heute noch modern an:

- Rotordurchmesser 130 m
- Blattzahl drei oder vier
- Nennleistung 10 000 kW
- Auslegungsschnellaufzahl 5
- Rotoranordnung leeseitig
- Nabenhöhe 250 m
- Generator direkt angetrieben mit einem Durchmesser von 28,5 m oder mehrere Generatoren über ein mechanisches Übersetzungsgetriebe
- Turmbauart abgespannter Stahlrohrturm, oberer Teil drehbar.

Das Projekt war 1942 bis zur Baureife gediehen, die Kriegsereignisse verhinderten jedoch die Realisierung.

Während man sich in den dreißiger Jahren in Deutschland vorwiegend mit Theorien und großen Plänen beschäftigte, schritten in einem anderen Land einige Pioniere zur Tat. In der UdSSR wurde bereits 1931 eine große Windkraftanlage in Balaklava, unweit von Jalta auf der Krim, gebaut (Bild 2.8). Die Anlage mit der Bezeichnung WIME D-30 verfügte über

Bild 2.8. Russische Windkraftanlage WIME D-30 in Balaklava auf der Krim, 1931: Rotordurchmesser 30 m, Nennleistung ca. 100 kW

einen Dreiblattrotor mit 30 m Durchmesser und einer Generatorleistung von 100 kW. Die Rotordrehzahl wurde mit Hilfe von Steuerklappen geregelt. Zur Windrichtungsnachführung wurde die ganze Anlage auf einer Schienenkreisbahn bewegt [13].

Die Anlage war von 1931 – 1942 in Betrieb und soll vergleichsweise zuverlässig gearbeitet haben. Die Energie wurde in ein kleines Netz, das von einem 20-MW-Dampfkraftwerk versorgt wurde, eingespeist. Eine zweite, ähnliche Anlage mit der Bezeichnung ZWEI D-30 wurde etwas später an der Eismeerküste installiert. Sie verfügte über einen konventionellen Turm und eine Windrichtungsnachführung mit zwei Seitenrädern.

Die offensichtlich guten Ergebnisse mit diesen Versuchsanlagen ermutigten die Erbauer, eine 5 000-kW-Anlage mit 100 m Rotordurchmesser zu konzipieren. Die Pläne wurden jedoch, ähnlich wie das Projekt MAN-Kleinhenz, ein Opfer des Krieges.

2.3 1 250 kW aus dem Wind – Die erste Großanlage in den USA

Ein Jahrzehnt bevor das ländliche Elektrifizierungsprogramm begann, setzten auch in den USA die ersten Bemühungen ein, moderne stromerzeugende Windkraftanlagen zu entwickeln. Da die Stromversorgung der privaten Verbraucher, die noch nicht an das Stromnetz angeschlossen waren, das erklärte Ziel war, konzentrierte man sich auf die Entwicklung kleiner Anlagen mit Leistungen von einigen Kilowatt. Diese unter dem Begriff „Windlader“ bekannt gewordenen Kleinanlagen wurden zum Aufladen von Batterien verwendet und ermöglichten auf diese Weise eine bescheidene Stromversorgung ländlicher Anwesen und abgelegener Wochenendhäuser.

Besondere Erwähnung verdienen in diesem Zusammenhang die Gebrüder Marcellus und Joseph Jacobs. Sie begannen 1922 mit der Entwicklung einer kleinen Windkraftanlage [14]. Nach anfänglichen Versuchen mit zweiblättrigen Flugzeugpropellern entwickelten sie einen Dreiblattrotor mit ca. 4 m Durchmesser, der einen relativ langsam laufenden Gleichstromgenerator direkt antrieb (Bild 2.9). Dieser Jacobs-Windlader erwies sich als richtungsweisende Konstruktion und als durchschlagender Verkaufserfolg. Von 1920 bis 1960 wurden Zehntausende dieser Anlagen in verschiedenen Ausführungen von 1,8 bis 3 kW Leistung produziert. Besonders ihre Zuverlässigkeit und Wartungsarmut wurden gerühmt. Eine Anlage, die der amerikanische Admiral Byrd 1932 mit auf seine Antarktis-Expedition nahm, arbeitete 22 Jahre bis 1955 ohne Wartung [14].

Nachdem die Stromversorgung der ländlichen Gebiete kein allgemeines Problem mehr darstellte, kam auch in den USA die Idee auf, große Windkraftanlagen im Verbundbetrieb mit den konventionellen Kraftwerken einzusetzen. Dem amerikanischen Ingenieur Palmer Cosslett Putnam (Bild 2.17) gebührt das Verdienst, als erster diese Pläne in die Tat umgesetzt zu haben. Mit seiner Idee und einigen Vorstellungen über die technische Konzeption einer großen stromerzeugenden Windkraftanlage trat er 1940 an die S. Morgan Smith Company, eine Firma für Wasserturbinen in York (Pennsylvania), heran. Morgan Smith schloß einen Vertrag mit der Central Vermont Public Service Company über die Aufstellung einer Windkraftanlage nach den Plänen von Putnam.

Palmer C. Putnam gewann bekannte Wissenschaftler und Techniker des Massachusetts Institute of Technology (MIT) für die Mitarbeit an dem Projekt. Unter anderem zeichnete Theodore von Kármán für die aerodynamische Auslegung des Rotors verantwortlich.

Bild 2.9. Jacobs Windlader, 1932: Rotordurchmesser ca. 4 m, Nennleistung 1,8 – 3 kW

Im Oktober 1941 wurde die Anlage auf dem Grandpa's Knob, einem Hügel im Staat Vermont, aufgestellt. Sie war die erste wirklich große Windkraftanlage der Welt (Bild 2.10). Die technischen Daten beweisen dies:

- Rotordurchmesser 53,3 m
- Nennleistung 1 250 kW
- Turmhöhe 35,6 m.

Der Zweiblattrotor mit Rotorblättern aus rostfreiem Stahl war im Lee des Gitterturmes angeordnet. Die Rotorblätter waren über sogenannte Schlaggelenke mit der Rotorwelle verbunden, um auf diese Weise die Belastungen aus den Windböen weicher abfangen zu können. Drehzahl und Leistung der Anlage wurden über eine hydraulische Blatteinstellwinkelverstellung geregelt. Die elektrische Energie erzeugte ein Synchrongenerator mit 1 250 kW Nennleistung.

Bild 2.10. Smith-Putnam-Anlage, 1941, in Vermont, USA: Rotordurchmesser 53,3 m, Nennleistung 1 250 kW [15]

Die Smith-Putnam-Anlage war etwa 4 Jahre in Betrieb und speiste etwa tausend Betriebsstunden lang Strom in das Netz der Central Vermont Public Service Company, bis am 26. März 1945 ein Rotorblattbruch den Betrieb unterbrach. Die konstruktive Schwachstelle an der Blattwurzel war zwar von den Technikern schon frühzeitig erkannt worden, eine vorsorgliche Reparatur unterblieb jedoch, da keine ausreichenden Mittel in dem Projekt mehr vorhanden waren. Aus demselben Grund wurde auch die nachträgliche Reparatur nicht mehr ausgeführt und die Anlage abgebrochen.

Putnam stellte bereits im Laufe des Projektes eingehende Untersuchungen für die spätere Serienfertigung seiner Anlage an, die er 1947 in seinem immer noch lesenswerten Buch „Power from the Wind" zusammenfaßte [15]. Er setzte sich aufgrund seiner gewonnenen Erfahrungen zunächst mit der Frage auseinander, welches die wirtschaftlich optimale Größe einer Windkraftanlage sei und kam zu folgenden Schlußfolgerungen:

- Rotordurchmesser 175 – 225 feet (53,3 – 68,5 m)
- Turmhöhe 150 – 175 feet (45,7 – 53,3 m)
- Generatorleistung 1 500 – 2 500 kW.

Bemerkenswerte Ergebnisse, die Putnam 1942 erzielte, wenn man sie mit den heute vorherrschenden Auffassungen vergleicht.

Putnam schlug der S. Morgan Smith Company ein Vorserienmodell mit einer Leistung von 1 500 kW bei einem Rotordurchmesser von 200 feet (60,96 m) vor. Die technische Konzeption entsprach weitgehend der Versuchsanlage. Die Konstruktion war jedoch in vielen Details verbessert, vor allen Dingen unter dem Gesichtspunkt einer Verringerung der Herstellkosten. Die Wirtschaftlichkeitsberechnungen ergaben spezifische Investitionskosten von 190 Dollar/kW (1945) basierend auf einer Serie von 6 bis 10 Anlagen. Das Elektrizitätsversorgungsunternehmen errechnete demgegenüber wirtschaftlich anlegbare spezifische Kosten von 125 Dollar/kW, ausgehend von den damaligen Stromerzeugungskosten von 0,6 Cent/kWh. Der Bau weiterer Anlagen wurde deshalb abgelehnt. Die Smith-Putnam-Anlage lag damit 1945 um den Faktor 1,5 neben der Wirtschaftlichkeit. Parallelen in den Anfängen der neueren Windenergietechnik Ende der achtziger Jahre drängen sich förmlich auf, auch wenn sie vielleicht nur zufällig sind.

2.4 Windkraftanlagen in den 50er Jahren – Vor der Energiekrise

Nach dem Zweiten Weltkrieg fielen die Preise für die Primärenergieträger Kohle und Öl wieder. Die Zeit der extrem billigen Erdölimporte begann. Die Verfügbarkeit von Energie zur Stromerzeugung war überhaupt kein Problem. Das Thema Umweltschutz war noch nicht entdeckt und wenn, dann jedenfalls nicht in Verbindung mit der Energieerzeugung. Trotzdem wurden in den fünfziger Jahren, nachdem der Mangel der ersten Nachkriegsjahre einigermaßen überwunden war, an einigen Orten die Versuche fortgesetzt, mit Windkraftanlagen elektrischen Strom zu erzeugen.

In England baute die John Brown Company 1950 für die North of Scotland Hydroelectric Board eine Versuchsanlage auf den Orkney Inseln (Bild 2.11). Die dreiblättrige Anlage mit einem Rotordurchmesser von 15 m und einer Nennleistung von 100 kW war allerdings ein Mißerfolg. Sie arbeitete nur wenige Monate im Verbund mit der auf den Orkney Inseln vorhandenen Dieselkraftstoffstation. Wahrscheinlich war die komplizierte Rotorkonstruktion mit Blättern, die über Schlag- und Schwenkgelenke mit der Welle verbunden waren, ein wesentlicher Grund für das Versagen.

Bild 2.11. Windkraftanlage der John Brown Company auf den Orkney Inseln, 1950. Rotordurchmesser 15 m, Nennleistung 100 kW [1]

Etwa zur gleichen Zeit baute in England die Enfield Cable Company ebenfalls eine 100-kW-Anlage nach den Plänen des französischen Ingenieurs Andreau (Bild 2.12). Die Andreau-Enfield-Anlage zeichnete sich durch eine bis heute einmalige technische Konzeption aus [16]. Statt der üblichen direkten mechanischen Verbindung des Rotors zum elektrischen Generator über ein mechanisches Getriebe ersann Andreau eine pneumatische Kraftübertragung. Luft, die am Fuß des hohlen Turmes angesaugt wurde, durchströmte den Turm und die hohlen Rotorblätter und trat an den Blattspitzen unter der Wirkung der Fliehkraft aus. Auf diese Weise wurde im Turm eine schnelle Strömung erzeugt, die über eine Luftturbine im Turm den Generator antrieb. Das Verfahren vermied zwar die problematische, drehzahlstarre Verbindung vom Rotor zum Generator, konnte jedoch im Gesamtwirkungsgrad nicht überzeugen.

Bild 2.12. Andreau-Enfield-Windkraftanlage in St. Albans (Herfordshire), 1956: Rotordurchmesser 24,4 m, Nennleistung 100 kW

Der Wirkungsgrad lag mit ca. 20 %, gemessen am Bauaufwand, unwirtschaftlich niedrig. Die Anlage wurde 1951 zunächst in St. Albans (Herfordshire) aufgebaut, wegen des ungünstigen Standortes jedoch wieder demontiert und 1957 noch einmal für kurze Zeit in Grand Vent (Algerien) aufgestellt.

Bild 2.13. Windkraftanlage von Best-Romani, Frankreich, 1958. Rotordurchmesser 30,1 m, Nennleistung 800 kW [16]

Außer dem Franzosen Andreau, der seine Ideen in England verwirklichte, beschäftigten sich in Frankreich eine Reihe anderer Ingenieure mit der Konstruktion von größeren Windkraftanlagen [16]. Mit Unterstützung des staatlichen Energieversorgungsunternehmens „Électricité de France“ (EdF) wurde 1958 von L. Romani in Nogent le Roi bei Paris eine große Versuchsanlage gebaut (Bild 2.13). Die Best-Romani-Anlage hatte einen Rotordurchmesser von 30,1 m und besaß einen Synchrongenerator mit 800 kW Nennleistung. Sie wurde bis 1963 erprobt. Nach einem Blattschaden wurde sie abgebrochen.

Parallel zu diesem Projekt entwickelte Louis Vadot zwei Anlagen, die in St. Remy des Landes an der Kanalküste installiert wurden. Zunächst baute Vadot eine kleinere Anlage mit einem Rotordurchmesser von 21,1 m und einer Leistung von 132 kW (Bild 2.14). Mit der gleichen technischen Konzeption folgte eine größere Anlage mit einem Durchmesser von

35 m mit einer installierten Generatorleistung von 1 000 kW. Beide Anlagen verfügten über Asynchrongeneratoren. Die Betriebserfahrungen mit den beiden Neypric-Vadot-Anlagen sollen vergleichsweise gut gewesen sein [16]. Jedoch wurden beide Anlagen 1964 bzw. 1966 abgerissen. Die EdF zeigte kein Interesse mehr an der Windkraftnutzung.

Bild 2.14. Neypric-Vadot-Anlagen in St. Remy des Landes, 1962–1964 [16]
Kleine Anlage: Rotordurchmesser 21,1 m, Nennleistung 800 kW; Große Anlage: Rotordurchmesser 35 m, Nennleistung 1 000 kW

Bei den Versuchsanlagen der fünfziger Jahre waren die Dänen natürlich auch vertreten. J. Juul erbaute nach dem technischen Vorbild der Aeromotoren 1957 in Gedser eine 200-kW-Anlage mit einem Rotordurchmesser von 24 m (Bild 2.15) [17]. Die sog. „Gedser-Anlage" lief von 1957 bis 1966, teilte dann jedoch das Schicksal aller anderen Anlagen in dieser Zeit und wurde stillgesetzt. Bemerkenswerterweise — oder vorsichtigerweise — wurde sie jedoch nicht abgerissen und erlebte deshalb als einzige der historischen Anlagen die Renaissance der Windkrafttechnik nach 1975. Im Rahmen eines Abkommens der amerikanischen NASA mit dänischen Stellen wurde die Gedser-Anlage 1977 wieder in Betrieb gesetzt und diente mehrere Jahre als Versuchsanlage. Die dabei gewonnenen Meßergebnisse bildeten zusammen mit den technischen Unterlagen der Hütterschen W34 einen Ausgangspunkt für die Entwicklungen der NASA auf dem Gebiet der Windkrafttechnik ab 1975.

In der Bundesrepublik Deutschland wurde 1949 die „Studiengesellschaft Windkraft e. V." gegründet. Maßgeblichen Anteil daran hatte Ulrich Hütter, der bereits 1942 mit theore-

Bild 2.15. Dänische Gedser-Anlage, 1957: Rotordurchmesser 24 m, Nennleistung 200 kW

tischen Arbeiten zur Theorie der Windkraftanlagen hervorgetreten war (Bild 2.17). U. Hütter entwarf im Auftrag der Allgaier Werkzeugbau GmbH in Uhingen zunächst eine kleine Windkraftanlage mit 10 m Rotordurchmesser und 8 bis 10 kW Leistung [18]. Die Anlage wurde in ca. 90 Exemplaren gebaut und bewährte sich recht gut. 1958 begann Hütter mit der Entwicklung einer größeren Anlage, die unter der Bezeichnung W34 einen Rotordurchmesser von 34 m und eine Nennleistung von 100 kW haben sollte. Die Anlage wurde 1958 in Stötten (heute Schnittlingen) auf der Schwäbischen Alb errichtet (Bild 2.16). Die technische Konzeption der Hütterschen W34 blieb bis in die heutige Zeit in zahlreichen Merkmalen richtungsweisend. Insbesondere die Konstrukteure der großen Versuchsanlagen, die nach 1975 die erste Phase der modernen Windenergietechnik prägten, folgten überwiegend den Hütterschen Vorstellungen und lehnten sich teilweise direkt an das technische Vorbild der W34 an.

Die Rotorblätter des aerodynamisch ausgefeilten, schnelläufigen Zweiblattrotors verwirklichte Hütter in moderner Glasfaser-Verbundbauweise, die später vor allem im Segel-

Bild 2.16. Windkraftanlage W34 von U. Hütter in Stötten (Schnittlingen) auf der Schwäbischen Alb, 1959–1968: Rotordurchmesser 34 m, Nennleistung 100 kW

Poul La Cour, Dänemark
1846 – 1908

Albert Betz, Deutschland
1885 – 1968

Palmer Cosslett Putnam, USA
1910 – 1986

Ulrich Hütter, Deutschland
1910 – 1989

Bild 2.17. Pioniere der Windkrafttechnik

flugzeugbau allgemeine Anwendung fand. Die Verbindung der Rotorblätter mit der Rotorwelle erfolgt über eine sogenannte Pendelnabe, die dem gesamten Rotor eine pendelnde Ausgleichsbewegung bei unsymmetrischer Luftkraftbelastung erlaubte. Die Pendelbewegung des Rotors wurde auf aerodynamischem Wege über eine mechanische Kopplung des Pendelwinkels mit dem Blatteinstellwinkel gedämpft. Mit dieser „Pendelnabe" fand Hütter einen eleganteren Weg als Putnam, der kompliziertere, individuelle Schlaggelenke für die Rotorblätter einführte und die Schlagbewegung in voller Härte mit hydraulischen Dämpfern abfangen mußte (vergl. Kap. 6.8.2).

Im Gegensatz zu den meisten anderen Anlagen dieser Zeit verfügte die W34, gemessen am Rotordurchmesser, nur über eine relativ geringe Generatornennleistung von 100 kW. Hütter zielte auf die Nutzung der vergleichsweise geringen durchschnittlichen Windgeschwindigkeiten im Binnenland ab. Außerdem legte er großen Wert auf den Leichtbau der Anlage. Diese Merkmale beeinflußten die Auslegung der späteren deutschen Anlagen nach 1980 erheblich.

Die W34 wurde von 1958 bis 1968 auf der schwäbischen Alb betrieben. Gemessen an dem Zeitraum von zehn Jahren war die Zahl der Betriebsstunden jedoch nicht sehr hoch. Auch waren die zur Verfügung stehenden Mittel in dem Projekt so knapp, daß ein systematisches Meß- und Versuchsprogramm nur in Ansätzen durchgeführt werden konnte [19]. Die Anlage mußte 1968 abgebrochen werden, da der Pachtvertrag für das Grundstück auslief.

Versucht man ein Resümee aus den Erfahrungen mit den ersten größeren Windkraftanlagen dieser Jahre zu ziehen, so wird man im wesentlichen zwei Gründe für den relativen Mißerfolg anführen müssen: Alle erwähnten Anlagen trugen mehr oder weniger die Zeichen der Improvisation. Sie zeigten im praktischen Betrieb zahlreiche Mängel, die nicht nur im technischen Bereich, sondern in einigen Fällen auch in der Organisation lagen. Diese Situation führte insgesamt zu relativ bescheidenen Werten für die Energielieferung, trotz teilweise langjähriger Existenz der Anlagen.

Der entscheidende Grund für den Abbruch der Entwicklungen lag aber in der energiewirtschaftlichen Gesamtsituation in diesen Jahren. Die extrem niedrigen Primärenergiepreise ließen dem Strom aus Wind keine wirtschaftliche Chance. Die Technologie konnte unter diesen Umständen nicht aus einer Außenseiterposition herauskommen, die den meisten Zeitgenossen wohl eher als skurril erschien. Die Motivation der Betreiber, neue Mittel zu investieren, um technische Schwierigkeiten zu überwinden, war entsprechend gering.

2.5 Nach der Energiekrise — Aufbruch in die moderne Windenergienutzung

Die Bilder von leeren Autobahnen und Straßen an den sog. „autofreien" Tagen des Jahres 1973 flimmern noch gelegentlich über die Bildschirme, wenn das Thema Energie diskutiert wird. Was war geschehen? Der Rohölpreis war innerhalb weniger Monate auf ein Mehrfaches angestiegen und nahezu schlagartig wurde den westlichen Industrieländern ihre Abhängigkeit von diesem für sie wirtschaftlich lebenswichtigen Rohstoff bewußt. Die „Energiekrise" war plötzlich in aller Munde.

Rückblickend weiß man, daß die Verfügbarkeit des Öls nicht das eigentliche Problem war, sondern seine höheren Kosten und vor allem das Bewußtsein um die Abhängigkeit von den Ölexportländern, deren politische Stabilität als unsicher angesehen wurde. In erster Linie wollte man deshalb die Abhängigkeit vom Rohstoff Öl verringern. Das Problem der Umweltbelastung durch die exzessive Verbrennung von Öl spielte 1973 in der öffentlichen Diskussion noch kaum eine Rolle. Energiewende und Umweltschutz wurden noch nicht wie heute in einem Atemzug genannt. Dieses Motiv trat erst gut zehn Jahre später in den Vordergrund.

Der „Ölpreisschock" von 1973 löste zunächst eine heftige öffentliche Debatte aus, wie die Abhängigkeit der westlichen Volkswirtschaften vom Ölimport verringert werden konnte. Neben Maßnahmen der Energieeinsparung, deren Popularität sich allen Beteuerungen zum Trotz bis heute in Grenzen hält, wurde die Suche nach anderen Energien zum politischen Programm. Vor allem die Nutzung der erneuerbaren Energiequellen — also der Sonnenenergie in den verschiedenen Formen — wurde in zahllosen Studien und Diskussionen erörtert — im Laufe der folgenden Jahre dann auch zunehmend unter dem Gesichtspunkt des Umweltschutzes.

In den Vereinigten Staaten, die noch mehr als die europäischen Länder vom Rohöl abhängig sind, wurde der nationalen Weltraumbehörde NASA die Aufgabe gestellt, Lösungswege zu entwickeln. Die NASA war nach dem Auslaufen des Mondprogramms an neuen Tätigkeitsfeldern interessiert und galt nach dem Erfolg der Mondlandung als technologisch höchst kompetent. Gleichzeitig wurden große Industriefirmen, in erster Linie die mit der NASA zusammenarbeitende Luft- und Raumfahrtindustrie, mit dem Thema beschäftigt.

Im Jahr 1973 wurde das *U.S. Federal Wind Energy Program* beschlossen. Das politische Management wurde dem *Department of Energy (DOE)* übertragen und ein Budget von ca. 200 Mio. US Dollar bewilligt. In den folgenden Jahren wurden neben zahlreichen theoretischen und experimentellen Studien, deren Ergebnisse auch heute noch von Bedeutung sind, mehrere große Experimental-Windkraftanlagen gebaut und intensiv erprobt [20]. Neben den staatlich geförderten Projekten gab es auch einige bemerkenswerte private Initiativen, die ohne große Fördermittel versuchten, moderne Windkraftanlagen zu entwickeln. Auch im Nachbarland Kanada beteiligte man sich an der Entwicklung der Windenergietechnik zur Stromerzeugung. Ähnlich wie in den USA ging die Initiative von staatlichen Forschungsinstitutionen aus [21].

In Europa setzte die Entwicklung der modernen Windenergietechnologie kurz danach ein. Insbesondere die Länder Dänemark, Schweden und die Bundesrepublik Deutschland führten die Entwicklung an. In Dänemark wurde 1974 von einer Expertenkommission erklärt, „daß es möglich sein müßte, 10 % des dänischen Strombedarfs aus Windenergie zu erzeugen, ohne daß es zu besonderen technischen Problemen im öffentlichen Stromnetz kommen werde". Die ersten Forschungsarbeiten konzentrierten sich auf die Wiederinbetriebnahme der von J. Juul 1957 gebauten 200-kW-Anlage bei Gedser. Gemeinsam mit der amerikanischen NASA wurde die Anlage, die seit 1967 außer Betrieb war, instandgesetzt und ein umfangreiches Meßprogramm durchgeführt. Als direkte Folge wurden dann zwei große Versuchsanlagen in Nibe bei Aalborg errichtet [22]. Neben der Entwicklung von großen Versuchsanlagen wurde gleichzeitig auch die private Nutzung von kleinen Anlagen gefördert. Anknüpfend an die Entwicklungen aus den vierziger Jahren konnten innerhalb kurzer Zeit die ersten kommerziell einsetzbaren Kleinanlagen mit Leistungen von 55 kW in größerer Zahl produziert und verkauft werden. Die Käufer dieser Anlagen erhielten anfänglich erhebliche Subventionen, die sich im Laufe der Jahre verringerten. Bis 1990 wurden über 2500 Anlagen mit Leistungen von 55 bis ca. 300 kW errichtet, insgesamt ca. 200 MW. Damit war der Grundstein für die dänische Windkraftanlagenindustrie gelegt.

Im Nachbarland Schweden wurde 1975 das *National Swedish Board for Energy Source Development (NE)* gegründet. In einem Zehnjahresprogramm wurden für die Entwicklung der Windenergie ca. 280 Mio. schwedische Kronen zur Verfügung gestellt. Neben theoretischen und experimentellen Forschungsarbeiten wurden zwei große Versuchsanlagen mit zwei bzw. drei Megawatt Nennleistung gebaut [23].

Die staatlich geförderten Arbeiten zur Entwicklung der Windenergie in der Bundesrepublik Deutschland gehen auf das Jahr 1974 zurück. Der Ausgangspunkt war eine Programmstudie, über die an dieser Stelle einiges gesagt werden muß, da sie für die erste Phase der Windenergietechnik in Deutschland bestimmend war. Das damalige *Bundesministerium für Forschung und Technologie (BMFT)* unter der Leitung von H. Matthöfer gab bei der *Kernforschungsanlage Jülich GmbH (KfA)* eine Studie unter dem Titel „Energiequellen für morgen?“ in Auftrag (pikanterweise mit einem Fragezeichen im Titel!).

Im Teil III der Studie wurden die Möglichkeiten und Grenzen der „Nutzung der Windenergie“ behandelt [24]. An der KfA-Studie war maßgeblich die *Deutsche Forschungs- und Versuchsanstalt für Luft- und Raumfahrt (heute: DLR)* und das *Forschungsinstitut für Windenergie (FWE),* eine Gründung von Professor U. Hütter sowie einer Reihe größerer Industriefirmen, beteiligt. Die Kernaussage der Studie war, daß mit der von U. Hütter in den fünfziger Jahren gebauten Versuchsanlage W-34 (vergl. Kap. 2.4) die geeignete Technologie für moderne Windkraftanlagen zur Stromerzeugung verfügbar sei und man diese technische Konzeption ohne größere technische Probleme auf eine Größe von bis etwa 110 m Rotordurchmesser und eine Nennleistung von 3 Megawatt übernehmen könne.

In einer ersten Kosten- und Wirtschaftlichkeitsabschätzung wurden zwei Größen näher untersucht, eine Variante mit 80 m Rotordurchmesser und 1 MW Leistung sowie eine größere Variante mit 113 m Durchmesser und 3 MW. Die für heutige Begriffe geringe Leistung im Verhältnis zum Rotordurchmesser erklärte sich aus der von Hütter favorisierten Leichtbauweise (H. Hütter war Flugzeugbauer) und seiner Absicht, die Windkraftanlagen auch im Binnenland bei schwächeren Windverhältnissen einzusetzen. Der größeren Variante mit 3 MW Leistung wurde eine etwas günstigere Wirtschaftlichkeit bescheinigt und deshalb die weitergehenden Beispielrechnungen für die Stromerzeugungskosten eines 100- bzw. 300-MW-Windparks mit dieser Variante durchgeführt. Das Resümee der Studie formulierten die Autoren wie folgt:

„Obwohl rein technisch gesehen die Verwirklichung einer 3 MW Anlage mit 72 m Rotornabenhöhe und 113 m Rotordurchmesser sofort möglich wäre, erscheint es zweckmäßig, im Rahmen einer gewissen Kontinuität einen kleineren Schritt vorwärts zu gehen, um so die Schwingungs- und Regelungsproblematik einer Großanlage zu erforschen. Deshalb sollte kurzfristig der Bau einer 1 MW Anlage mit etwa 52 m Turmhöhe und 80 m Rotordurchmesser durchgeführt werden. Die Anlagengröße eignet sich bereits für einen Energieverbund mit dem Netz, da die abgegebene Leistung eine nennenswerte Größe erreicht“.

Die politischen Auftraggeber der Studie, die der Öffentlichkeit schnell ein spektakuläres Ergebnis präsentieren wollten, überhörten diese Warnung und forderten das 3-MW-Projekt. Das Projekt „Große Windkraft Anlage“ (Growian) war geboren, das in den Folgejahren viele negative Schlagzeilen machen sollte. Zu dieser Geschichte gehört auch, daß die „Techniker“ zwar Bedenken äußerten aber dem Drängen der „Politiker“ keinen entscheidenden Widerstand entgegensetzten, sofort ein Projekt dieser Größe zu realisieren. Zu dieser Haltung muß sich auch der Autor dieses Buches bekennen, der 1978 bei der Erarbeitung der sog. „Baureifen Unterlagen für Growian“, mit der die Maschinenfabrik Augsburg Nürnberg AG (MAN) beauftragt wurde, zum ersten Mal mit dem Thema Windenergie in Berührung kam.

Die älteren Leser werden sich noch an die Schlagzeilen in der Presse erinnern, die mit dem Namen Growian verbunden waren. Alle technischen Schwierigkeiten — von denen es natürlich mehr als genug gab — wurden als Beweis dafür zitiert, daß die Stromerzeugung aus Windenergie ein Hirngespinst von rückwärtsgewandten grünen Ideologen sei. Manche hegten den Verdacht, man habe das Projekt Growian mit Absicht realisieren lassen, um die Nutzung der Windenergie von vornherein zu diskreditieren und vermuteten ein Komplott der Elektrizitätsversorgungsunternehmen mit der „Großindustrie“.

Der Erfolg der Windenergienutzung wurde in der Folgezeit allerdings nicht durch die technischen Probleme und die damit verbundenen negativen Schlagzeilen über Growian verhindert. Die erfolgreichen, kleineren Anlagen aus dänischer und später auch aus einheimischer Produktion, wurden immer zahlreicher, bis das sog. „Einspeisegesetz für Strom aus regenerativen Energien“ in Deutschland den Durchbruch brachte.

2.6 Die großen Versuchsanlagen der 80er Jahre

Die staatlich initiierten Förderprogramme zur Entwicklung der Windenergietechnologie waren in den achtziger Jahren in erster Linie auf den Bau von großen Versuchsanlagen ausgerichtet. Neben politischen Motiven gab es auch die anfangs vorherrschende Auffassung, daß die großen Energieversorgungsunternehmen die potentiellen Käufer dieser Anlagen sein sollten, ein entscheidendes Argument für diese aus heutiger Sicht viel zu frühe Konzentration auf die Entwicklung von Windkraftanlagen im Megawatt-Leistungsbereich.

Die großen Versuchsanlagen wurden fast ausschließlich von großen und bekannten Industriefirmen realisiert, da nur diese sozusagen „aus dem Stand heraus“ Projekte dieser Größe entwickeln und bauen konnten. Die Namen lesen sich wie aus dem „Who is who?“ eines Industrieführers: Boeing, General Electric und Westinghouse in den USA, MAN, MBB, Dornier, Voith in Deutschland oder Kvaerner in Schweden.

Die Entwicklung begann zunächst in den USA. Unter der Bezeichnung MOD-0 bis MOD-5 wurden von 1975 bis 1987 eine Reihe von großen Versuchsanlagen errichtet und getestet (Bild 2.18 bis 2.21). Von einigen Modellen wurden mehrere Exemplare gebaut, zum Beispiel von der MOD-0 und der MOD-2. Das größte Vorhaben war das Projekt 5A von General Electric mit einem Rotordurchmesser von 122 m und einer Nennleistung von 7 300 kW (Bild 2.22). Ein besonderes Merkmal war ein sog. „rudergesteuerter“ Zweiblattrotor (vergl. Kap. 5, Bild 5.59). Das Projekt wurde jedoch zugunsten der kleineren Anlage MOD-5(B) von Boeing aufgegeben. Es wurden aber auch unkonventionelle Konzepte, zum Beispiel mit hydrostatischer Leistungsübertragung erprobt (Bild 2.23).

In Dänemark markierte eine private Initiative den Anfang. 1975 wurde die „Tvind-Anlage“ in Ulfborg von einer Interessengemeinschaft an einer Schule für Erwachsenenbildung errichtet (Bild 2.24). Die Anlage wurde mit viel Idealismus realisiert, war jedoch

Bild 2.18. MOD-0 USA, (Rotordurchmesser 38 m, 200 kW), 1975

Bild 2.19. MOD-1 USA, (Rotordurchmesser 61 m, 2000 kW), 1979

Bild 2.20. MOD-2 USA, (Rotordurchmesser 91 m, 2500 kW), 1980

Bild 2.21. MOD-5 USA, (Rotordurchmesser 97 m, 3200 kW), 1987

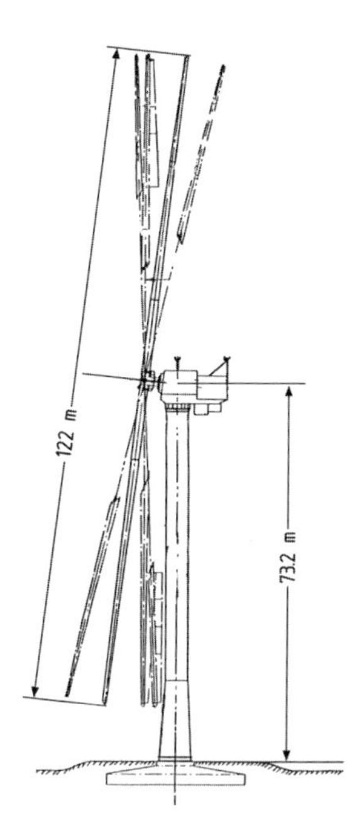

Bild 2.22. Projekt MOD-5A mit rudergesteuertem Rotor (Nennleistung 7,3 MW, Rotordurchmesser 122 m), General Electric, 1983

Bild 2.23. Bendix-Anlage mit hydrostatischer Leistungsübertragung (Nennleistung 3 MW, Rotordurchmesser 60 m), 1976–1980

in manchen Aspekten eher amateurhaft konstruiert. In der Folgezeit bauten die dänischen Stromerzeugungsunternehmen die Versuchsanlagen Nibe A und Nibe B (Bild 2.25).

In Deutschland bildete das Projekt Growian den Schwerpunkt des Programms (Bild 2.26). Daneben wurden aber auch innovative Konzeptionen wie die Voith WEC-520 (Bild 2.27) oder mehrere Exemplare der Einblattkonzeption „Monopteros" (Bild 2.28) gebaut. Einige Jahre später — sozusagen in einem zweiten Anlauf — folgten die Anlagen Aeolus II in Kooperation mit Schweden (2.27) und die WKA-60 auf der Insel Helgoland (2.28).

Im schwedischen Programm wurde die erste Versuchsanlage mit 2 MW Nennleistung und einem Rotordurchmesser von 75 m mit der Bezeichnung WTS-75 (später Aeolus I) 1982 auf der Insel Gotland errichtet (Bild 2.31). Wenige Monate später folgte eine weitere große Anlage mit 3 MW Leistung und 78 m Rotordurchmesser (Bild 2.32). Sie wurde in Südschweden in Marglarp unweit der Stadt Malmö errichtet. Die technische Konzeption der beiden Versuchsanlagen wurde bewußt unterschiedlich gewählt. Die Anlage auf Gotland vertrat die sog. „steife Linie" mit gelenkloser Rotornabe und steifem Spannbetonturm. Die WTS-3 in Marglarp verkörperte leichtere und flexiblere Konstruktionsprinzipien. Der Zweiblattrotor erhielt eine Pendelnabe. Der Turm war ein Stahlrohrturm mit schwingungstechnisch „weicher" Auslegung. Die beiden schwedischen Versuchsanlagen wurden jeweils in Kooperation mit einer amerikanischen Firma (WTS-3) und einer deutschen Firma (WTS-75) entwickelt. In den USA wurde von Hamilton-Standard das Schwestermodell WTS-4 gebaut, während in Deutschland und in Schweden — einige Jahre später — unter der Bezeichnung Aeolus II jeweils eine Weiterentwicklung der WTS-75 entstand (Bild 2.33).

Ein Entwicklungsprogramm mit einem speziellen technischen Schwerpunkt wurde in diesen Jahren von kanadischen staatlichen Forschungsinstituten initiiert. Unter der Leitung des *National Research Council (NRC)* konzentrierte man sich in Kanada auf die Entwicklung von Vertikalachsenanlagen der Darrieus-Bauart. Einige kleinere Versuchsanlagen wurden in entlegenen Gebieten in Verbindung mit Dieselstromaggregaten erprobt. Der Höhepunkt des Programms war 1985 der Bau des bis heute größten Darrieus-Rotors. Das Projekt „Eóle" hatte einen äquatorialen Durchmesser von 64 m, eine Höhe von 100 m und eine Generatorennleistung von 4 MW (Bild 2.35). Die Erfahrungen in der relativ kurzen Betriebzeit waren allerdings wenig ermutigend. Die Anlage wurde nach kurzer Betriebszeit demontiert und nur wenige Testergebnisse veröffentlicht. Das kanadische Entwicklungsprogramm wurde in der Folgezeit beendet, da mittlerweile offensichtlich war, daß die Vertikalachsenbauart keine wirtschaftlich gleichwertige Alternative zu den Horizontalachsenanlagen sein würde.

In einigen weiteren Ländern wurden in diesen Jahren ebenfalls Experimental-Windkraftanlagen mit staatlicher Förderung realisiert. Auf Sardinien wurde die Testanlage Gamma-60 errichtet (Bild 2.34). Aus Großbritannien sind die Versuchsanlagen, LS-1 mit 3 MW und die Anlage HWP-55 des schottischen Herstellers Howden zu erwähnen (Bild 2.36 bzw. 2.37). Die NEWECS-45 wurde in Holland erprobt (Bild 2.38). Im Rahmen einer deutsch-spanischen Kooperationsvereinbarung wurde in Nordwest-Spanien die Anlage AWEC-60 errichtet, die als Schwestermodell der WKA-60 gelten kann (Bild 2.39).

Eine weitere Generation von europäischen Versuchsanlagen, die Ende der achtziger Jahre in Betrieb ging, war hinsichtlich ihrer Abmessungen weniger ehrgeizig. Die Entwicklung wurde im Gegensatz zu den ersten Anlagen, die in nationalen Programmen entstanden,

Bild 2.24. Tvind Anlage bei Ulforg, Dänemark, (Rotordurchmesser 52 m, 2000 kW), 1978 (Foto Oelker)

Bild 2.25. Versuchsanlagen Nibe A und Nibe B, Dänemark, (Rotordurchmesser 40 m, 630 kW), 1979

Bild 2.26. Growian auf dem Kaiser-Wilhelm-Koog, Deutschland, (Rotordurchmesser 100 m, 3000 kW), 1982

in einem koordinierten Programm der EU entwickelt und erprobt. Die Kommission der EU förderte diese Anlagen in zwei großen Forschungs- und Demonstrationsprogrammen *(Joule* und *Thermie)* [25].

Mit dem ausdrücklichen Ziel die großen Windkraftanlagen im Megawatt-Leistungsbereich dem kommerziellen Einsatz näher zu bringen, wurden die Förderprogramme WEGA I und WEGA II aufgelegt. Die Erfahrungen mit den bestehenden Versuchsanlagen im Bereich der EU wurden von einer international besetzten Expertengruppe ausgewertet, und die Rahmenbedingungen für die Entwicklung neuer Anlagen formuliert. Den theoretischen Hintergrund bildete eine grundlegende Studie in der die Zusammenhänge von Anlagengröße, Herstellkosten und Wirtschaftlichkeit zuvor analysiert worden war [26]. Die europäischen Windkraftanlagenhersteller zögerten anfangs mit der Entwicklung von kommerziellen Anlagen in dieser Größe zu beginnen. Das Risiko wurde als sehr hoch eingeschätzt. Die „Growian-Erfahrung" spukte noch in den meisten Köpfen. Letztlich wurde die Initiative der EU aber dennoch aufgegriffen, so daß die im Programm WEGA geförderten Anlagen in einigen Fällen die unmittelbare Ausgangsbasis für die ersten kommerziellen Anlagen der Megawatt-Klasse waren.

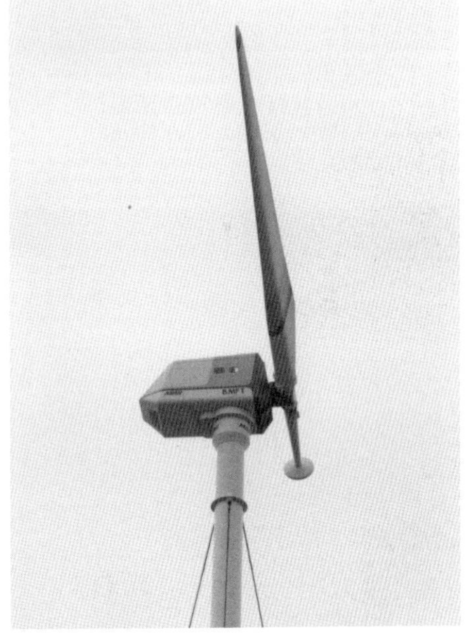

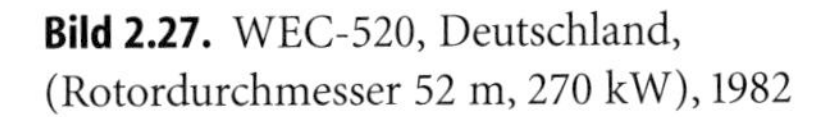

Bild 2.27. WEC-520, Deutschland, (Rotordurchmesser 52 m, 270 kW), 1982

Bild 2.28. Monopteros, Deutschland, (Rotordurchmesser 48 m, 600 kW), 1985

Zahlreiche staatliche und private Organisatoren waren an den Forschungsprogrammen, den Entwicklungsaufgaben und der Auswertung der Testergebnisse der großen Experimentalanlagen beteiligt. Eine besondere Rolle spielte auch die *Internationale Energie Agentur (IEA),* die in einem eigens für diesen Zweck ins Leben gerufenen Arbeitskreis einen internationalen Austausch der Ergebnisse über Europa hinaus organisierte.

Bild 2.29. Aeolus II in Wilhelmshaven, Deutschland, (Rotordurchmesser 80 m, 3000 kW), 1993

Bild 2.30. WKA-60 auf Helgoland, Deutschland, (Rotordurchmesser 60 m, 1200 kW), 1990

Bild 2.31. WTS-75 (Aeolus I), Schweden, (Rotordurchmesser 75 m, 2000 kW), 1983

Bild 2.32. WTS-3, Schweden, (Rotordurchmesser 78 m, 3000 kW), 1982

Bild 2.33. Aeolus II, Schweden, (Rotordurchmesser 80 m, 3000 kW), 1993

Bild 2.34. Gamma-60, Italien, (Rotordurchmesser 60 m, 1500 kW), 1987

Bild 2.35. Darrieus-Anlage Eóle mit 4 MW Nennleistung, Kanada, 1987

Bild 2.36. LS-1, England, (Rotordurchmesser 60 m, 3000 kW), 1988

Bild 2.37. HWP-55, England, (Rotordurchmesser 55 m, 1000 kW), 1989

Bild 2.38. NEWECS-45, Holland, (Rotordurchmesser 45 m, 1000 kW), 1985

Bild 2.39. AWEC-60, Spanien, (Rotordurchmesser 60 m, 1200 kW), 1989

Die großen Versuchsanlagen der ersten Generation wurden in den ersten Jahren ihrer Existenz intensiv getestet und dann mit längeren Stillstandszeiten noch etwa zehn Jahre betrieben. Will man den Erfolg an der Zahl der Betriebsstunden messen kann, so haben die „erfolgreichsten" Anlagen Betriebsstundenzahlen von „einigen tausend" erreicht, die am wenigsten erfolgreichen nur „einige hundert" Stunden [27]. Gemessen an den politisch motivierten Erwartungen war das eine Enttäuschung. Bei differenzierterem Hinsehen fällt das Urteil allerdings anders aus. Mit dieser ersten Generation von großen Versuchsanlagen wurden die technologischen Grundlagen für die moderne Windenergietechnik zum großen Teil erarbeitet, vor allem aber in systematischer Weise dokumentiert und veröffentlicht.

Zum ersten Mal wurde eine breite wissenschaftlich-technische Basis geschaffen, ausgehend von staatlichen Forschungseinrichtungen über die Industrie bis zu den Elektrizitätsversorgungsunternehmen, auf deren Grundlage die personellen und sachlichen Voraussetzungen entstehen konnten, um die Windkrafttechnologie auf das heutig Niveau zu bringen. Diese Einschätzung ignoriert keineswegs die individuellen Verdienste vieler einzelner „Pioniere", die bereits lange vorher mit viel Engagement Windkraftanlagen konstruiert und erfolgreich realisiert haben. Aber um eine dauerhaft erfolgreiche Windkraftanlagentechnologie und -industrie zu schaffen, bedurfte es dieser breit gefächerten und auf technisch-wissenschaftlichen Grundlagen beruhenden Ausgangsbasis. Die großen Versuchsanlagen der achtziger Jahre bildeten die Kristallisationspunkte für diese Entwicklung. Wie auch an zahlreichen anderen Beispielen in der Technik demonstriert werden kann, haben sie sich, indem sie dieser Aufgabe dienten, selbst dabei verzehrt.

2.7 Der erste Erfolg der kleinen Windkraftanlagen in Dänemark

Nach der Energiekrise im Jahre 1973 konnte man nur in Dänemark auf eine gewisse Tradition im erfolgreichen Betrieb von kleinen Windkraftanlagen zur Stromerzeugung zurückgreifen (vergl. Kap. 2.1). Das technische Grundkonzept war in den vierziger Jahren erprobt worden und hatte — wenn auch nach heutigen Maßstäben nur eine bescheidene — Anwendungsbreite gefunden.

Einige kleinere und mittelständische Unternehmen in Dänemark, die im Landmaschinenbau (Vestas) oder in einigen anderen Bereichen des einfachen Maschinen- und Anlagenbaus tätig waren, ergriffen die Chance und begannen nach dem traditionellen technischen Vorbild (Dreiblattrotoren mit netzgekoppelten Asynchrongeneratoren) kleinere Windkraftanlagen zu bauen und diese zunächst an private Eigentümer oder landwirtschaftliche Betriebe zu verkaufen.

Die ersten Windkraftanlagen, die in diesem Einsatzbereich eine zahlenmäßige Bedeutung erreichten, waren mit einer Leistung von 50 bis 60 kW und einem Rotordurchmesser von 15 bis 16 m gemessen an den heutigen kommerziellen Anlagen noch vergleichsweise klein (Bild 2.40). Der Beitrag zur dänischen Stromerzeugung der damit erzielt wurde, lag 1986 noch unter einem Prozent, stieg jedoch in den folgenden Jahren steil an. Die Windkraftanlagen wurden in Dänemark nicht nur von einzelnen Stromverbrauchern betrieben. Viele Anlagen wurden von Verbrauchergemeinschaften als sog. „Gemeinschaftsanlagen" gekauft und betrieben. Auf diese Weise war die Finanzierung und der Betrieb leichter zu organisieren. Die dänischen gesetzlichen Vorschriften behinderten diese Art der Selbstversorgung mit elektrischer Energie nicht.

Bild 2.40. Dezentraler Einsatz einer kleinen Windkraftanlage bei einem privaten Stromverbraucher in Dänemark, 1985 (Foto Rüth)

In Dänemark erhielten die Betreiber bis 1985 etwa 30 % des Anschaffungswertes der Anlagen als direkte Subvention vom Staat. Darüber hinaus wurde auf die Energielieferung der Windkraftanlagen keine Steuer erhoben. Die Energieversorgungsunternehmen konnten unter dieser Voraussetzung einen vergleichsweise günstigen Preis für die ins Netz eingespeiste Kilowattstunde bezahlen (1994 etwa 50 Øre, umgerechnet ca. 7 Cent/kWh). Eine weitere für den Betrieb von Windkraftanlagen günstige Voraussetzung war, daß bereits nach den damaligen Bestimmungen die Bildung von privaten Kooperativen für die Eigenerzeugung von Strom oder die Einspeisung in das Netz zulässig war. Die staatliche Subvention des Kaufpreises wurde ab 1986 stark reduziert und fiel später völlig weg. Dennoch kam die Aufstellung von Windkraftanlagen, die mittlerweile zu günstigeren Preisen angeboten wurden, keineswegs zum Erliegen.

Abgesehen von diesen wirtschaftlichen Rahmenbedingungen sind noch eine Reihe weiterer Faktoren zu nennen, die den erfolgreichen Einsatz von Windkraftanlagen in Dänemark begünstigten. Zum Beispiel beruhte die Genehmigungspraxis bereits sehr früh auf allgemein anerkannten Beurteilungskriterien. Die technische Tauglichkeit der Anlagen wird seit Beginn der achtziger Jahre mit einem Prüfzeugnis der Windkraftanlagen-Versuchsstationen in Risø nachgewiesen. Auch die meteorologischen und geographischen Voraussetzungen für den erfolgreichen Einsatz von Windkraftanlagen wurden vergleichsweise gut erforscht. Der dänische „Windatlas" gab darüber detaillierte Auskünfte. Eine nicht geringe Rolle spielte auch die ländliche dänische Siedlungsstruktur, die mit den vielen Einzelgehöften der dezentralen Aufstellung von Windkraftanlagen sehr entgegenkommt.

2.8 Die amerikanischen Windfarmen

Parallel zur staatlichen Förderung der Entwicklung von großen Windkraftanlagen ergriff der Bundesstaat Kalifornien eine andersartige Initiative nach der die Nutzung regenerativer Energiequellen durch indirekte Fördermaßnahmen bei den Anwendern unterstützt wurde. 1976 wurde vom Senat die Möglichkeit einer direkten Steuerabschreibung (tax credit) von 10 % der Kosten für Investitionen auf dem Gebiet der Solarenergienutzung beschlossen. Diese Steuerabschreibung konnte nur von privaten Investoren in Anspruch genommen werden. Zwei Jahre später zog auch die amerikanische Bundesregierung nach. 1978 wurden im Rahmen des „National Energy Act" weitere Steuervergünstigungen, für die an die Bundesregierung zu zahlenden Steuern, gewährt. Einige ergänzende Steuergesetze kamen im Laufe der Jahre hinzu, einschließlich einer beschleunigten Abschreibungsmöglichkeit für Investitionen der genannten Art. Bis Ende des Jahres 1985 akkumulierten sich die Steuervorteile für die Investoren auf maximal 50 % der Investitionskosten. Bei Berücksichtigung der beschleunigten Abschreibungsmöglichkeiten konnten sich in Einzelfällen sogar noch höhere Steuervorteile ergeben.

Von gleicher Bedeutung, wie die fiskalischen Maßnahmen, waren die Verkaufserlöse für den Strom. Im „Public Utilities Regulatory Policy Act" (PURPA) wurden die Stromversorgungsunternehmen verpflichtet, die Stromerzeugung aus regenerativen Energiequellen in ihre Netze aufzunehmen und nach der Formel „maximum avoided costs" zu bezahlen. Das heißt die höchsten bei den konventionellen Kraftwerken eingesparten Kosten mußten zugrunde gelegt werden. Die beiden großen kalifornischen Energieversorgungsunternehmen, die Pacific Gas and Electric Company (PG & E) und die Southern California Edison Company (SCE), zahlten 1984/85 abhängig von der Jahres- und Tageszeit umgerechnet bis zu 22 Pf/kWh für den eingespeisten Strom. Im Jahre 1986 wurden im Durchschnitt noch 7 bis 9 US-Cents bezahlt. Bei dem 1986 gültigen Wechselkurs von etwa zwei zu eins waren dies 15 bis 18 Pf/kWh.

Zur energiewirtschaftlichen Situation in Kalifornien gehört auch eine Bemerkung zu der Stromversorgungswirtschaft ganz allgemein. Seit Anfang der siebziger Jahre erlahmte der konventionelle Kraftwerkbau in geradezu dramatischer Weise. Immer schärfere Umweltauflagen behinderten den Bau von Kraftwerken. Viele Projekte für nukleare Kraftwerke scheiterten an dem immens gestiegenen Kapitalbedarf. In dieser Situation waren die Energieversorgungsunternehmen bereit, Strom einzukaufen, ohne dafür eigene Investitionen vornehmen zu müssen. Von dieser Bereitschaft profitierten die von privaten Investoren finanzierten Windfarmen.

Vor diesem wirtschaftlichen Hintergrund entstanden 1979 bis 1980 die ersten Windfarmen. „Developer" oder „Windfarmer", im deutschen Sprachgebrauch „Betreiber", schlossen Lieferverträge mit den genannten Stromversorgungsunternehmen, kauften oder pachteten geeignete Landflächen und ermunterten private Investoren — mit hohem Steueraufkommen versteht sich — zum Kauf von Windkraftanlagen, die auf ihren Feldern aufgestellt und betrieben wurden.

Die technische Basis der Windfarmen bestand zu Beginn aus kleineren Windkraftanlagen bis zu etwa 100 kW Leistung, die von US-Firmen entwickelt und schnell in Serie gebaut wurden. Anders als in Dänemark konnten diese Hersteller jedoch nicht auf bewährte technische Konzepte und Erfahrungen zurückgreifen. Die teilweise technisch durchaus innovativen Anlagen erwiesen sich als wenig zuverlässig, so daß ein zunehmender Bedarf an technisch ausgereiften Anlagen bestand. Die dänischen Hersteller hatten mittlerweile auf ihrem Heimatmarkt bereits einige Erfahrung sammeln können und ergriffen die Chance, ihre Produktion durch Exporte in die USA auszuweiten.

Nach zögerndem Beginn setzte ab 1981 eine geradezu dramatische Entwicklung ein. Es bildeten sich nahezu täglich neue Windfarmen, von denen viele so schnell wieder verschwanden wie sie gegründet wurden. Einige Regionen in Kalifornien wurden von einer wahren Goldrauschmentalität erfaßt — auch was die Geschäftspraktiken betraf.

Die kalifornischen Windfarmen konzentrierten sich im wesentlichen auf drei Regionen: das Gebiet des Altamont Passes östlich von San Francisco, die Tehachapi Berge unweit der Stadt Bakersfield und das Gebiet des San Gorgonio Passes, etwa vier Autostunden östlich von Los Angeles in der Nähe der Stadt Palm Springs (Bild 2.41). Daneben gibt es noch eine zunehmende Anzahl kleinerer Aufstellgebiete, die zahlenmäßig jedoch keine bedeutende Rolle spielen.

Die meteorologischen Voraussetzungen bedürfen einiger Erläuterungen, da sie bis zu einem gewissen Grade einzigartig sind. Die kalifornischen Windfarmen befinden sich auf den Höhen des Küstenvorgebirges, welches das zentrale Tiefland (Central Valley) nach Westen und Süden begrenzt. Im Landesinneren östlich der Sierra Nevada beginnen die Wüstengebiete des „großen Beckens", zum Beispiel die Mojave Wüste und das Death Valley. Während der warmen Jahreszeit, die in Kalifornien fast das ganze Jahr dauert, kommt es zu einer starken Erwärmung über den Wüstengebieten. Die aufsteigenden Luftmassen verursachen ein Gebiet geringen Druckes, in das die kühlere Luft des Pazifiks über das Küstenvorgebirge nachströmt. Vorzugsweise in der Umgebung der weiten Pässe des Küstengebirges kommt es zu hohen und beständigen Windgeschwindigkeiten. Es werden mittlere Jahreswindgeschwindigkeiten in exponierten Höhenlagen bis zu 9 m/s erreicht. Allerdings sind in dem gebirgigen Gelände die Windverhältnisse außerordentlich standortabhängig.

Dieser meteorologische Mechanismus ist auch für den besonderen Tagesgang der Windgeschwindigkeit verantwortlich. Die Erwärmung der Wüste erreicht erst in den Mittagsstunden ihr Maximum, so daß auch der Wind über den Gebirgen erst zu Mittag einsetzt und am Nachmittag und Abend bis etwa nach Mitternacht sehr beständig weht. Auch aus diesem Tagesgang ziehen die Windfarmen einen besonderen Vorteil. Das Maximum der Stromproduktion fällt sehr gut mit der Mittags- und Abendspitze des Bedarfs zusammen. Zu diesen Zeiten sind nach der Formel der „maximum avoided costs" die Vergütungspreise für den erzeugten Strom am höchsten.

Die Anzahl der Windkraftanlagen stieg bis 1985 rapide an. Ende 1985 stammten etwa 40 % aller Windkraftanlagen in Kalifornien aus Dänemark. Die dänische Windkraftanlagenindustrie, mit einer Jahresproduktion von mehr als 3000 Anlagen im Jahre 1985, wurde vor allem für die kalifornischen Windfarmen aufgebaut. Anfang 1987 waren auf den kalifornischen Windfarmen etwa 15 000 Anlagen mit einer Gesamtleistung von ca. 1400 MW installiert (Bilder 2.42 bis 2.45).

Die wirtschaftliche Situation der kalifornischen Windfarmen änderte sich in den Jahren 1986 und 1987 wesentlich. Zum einen liefen die hohen „tax credits" für die Investoren mit dem Jahre 1985 aus. Andererseits sanken die Stromerzeugungskosten, die in Kalifornien relativ stark an den Ölpreis gekoppelt sind. Die Energieversorgungsunternehmen

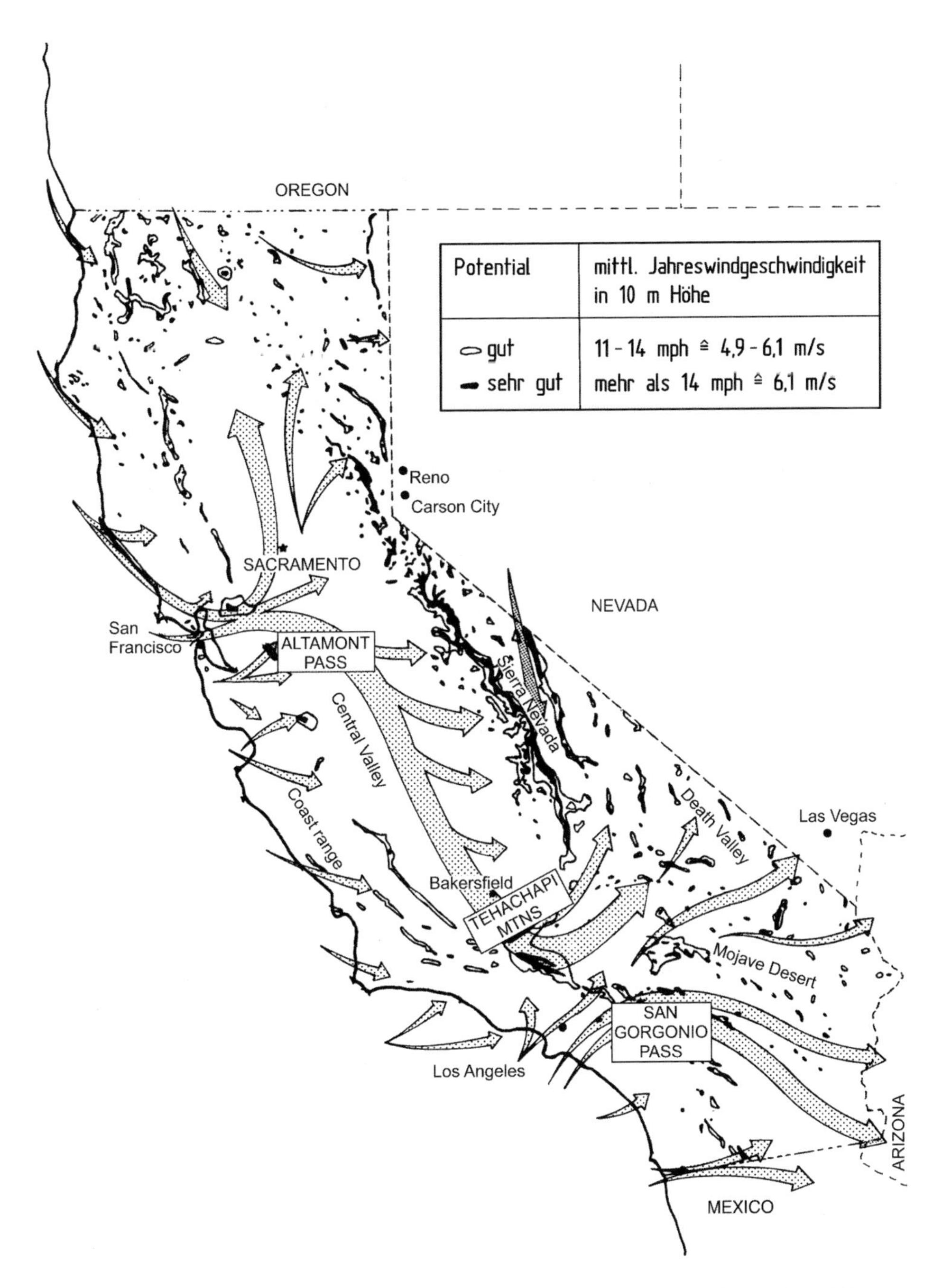

Bild 2.41. Die wichtigsten Aufstellgebiete und die Windverhältnisse der Windfarmen in Kalifornien

Bild 2.42. Windkraftanlagen von US-Windpower am Altamont Pass, 1985

Bild 2.43. Windfarm mit dänischen Micon-Anlagen am San Gorgornio Pass, 1985

Bild 2.44. Windfarm mit Aeroman-Anlagen auf den Tehachapi-Bergen, 1986

Bild 2.45. Flowind-Windfarm mit Darrieus-Anlagen auf den Tehachapi-Bergen, 1986

boten deshalb für neu abzuschließende Verträge wesentlich geringere Einspeisetarife an. Die Windfarmer gerieten somit von zwei Seiten unter Druck.

Dennoch haben die Pessimisten nicht Recht behalten. Das Wachstum der Windfarmen ging, wenn auch verlangsamt, weiter. Vor allem die einigermaßen situierten Unternehmen, die über langfristige Abnahmeverträge mit den Energieversorgungsunternehmen verfügten, überlebten den Wegfall der tax credits. Auch die Hersteller der Windkraftanlagen hatten ihren Anteil an dem Überleben der Windfarmen. Mit neuen, größeren Anlagen, die zu wesentlich niedrigeren spezifischen Kosten angeboten wurden als die ersten Serien, schufen sie die Voraussetzungen für Stromerzeugungskosten, die auch ohne Steuervorteile für die Investoren an die Wirtschaftlichkeit herankommen, so daß die gut organisierten Windfarmen überlebten.

Durch eine weitere Verschlechterung der wirtschaftlichen Rahmenbedingungen zu Beginn der neunziger Jahre kam die Entwicklung praktisch zum Stillstand. Neue Windfarmen wurden nicht mehr gebaut, die noch bestehenden veralteten hoffnungslos. Die Wende kam zu Beginn der zweitausender Jahre. Mit neuen größeren Windkraftanlagen aus Europa und dem Wiederaufleben von Steuervergünstigungen für die Investoren begann die zweite Phase der kommerziellen Windenergienutzung in den USA (vergl. Kap. 16.3.2).

Literatur

1. Golding, E.W.: The Generation Of Electricity By Wind Power, E. u. F. N. Spon LTD, New York, 1977
2. Hansen, H. C.: Forsøgsmøllen in Askov. Dansk Udysyns Forlag, 1981
3. La Cour, P.: Forsøgsmøllen. Det Nordiskke Forlag, Kopenhagen, 1900
4. Stein, D.: Windkraftanlagen in Dänemark, RAW-Denkschrift 4, Berlin, 1942
5. Westh, C.: Experiences with the F. L. Smidth Aeromotors, 6. IEA-Expert Meeting LS-WECS, Aalborg, 1981
6. Bilau, K.: Die Windkraft in Theorie und Praxis, Paul Parey Verlag, Berlin, 1927
7. Bilau, K.: Die Windausnutzung für die Krafterzeugung, 2. Aufl. 1942, Paul Parey Verlag, Leipzig, 1933
8. Betz, A.: Das Maximum der theoretisch möglichen Ausnutzung des Windes durch Windmotoren, Zeitschrift für das gesamte Turbinenwesen 20. Sept. 1920
9. Betz, A.: Windenergie und ihre Ausnutzung durch Windmühlen, Vandenhoekk and Rupprecht, Göttingen, 1926
10. Glauert, H.: Windmills and Fans, Durand, F. W. (Ed.) Aerodynamic Theory, Julius Springer, Berlin 1935
11. Honnef, H.: Windkraftwerke, Braunschweig: Friedr. Vieweg & Sohn, 1932
12. Kleinhenz, F.: Das Großwindkraftwerk MAN-Kleinhenz, Erweiterter Sonderdruck der RAW, 1941
13. Sektorov, V. R.: The Present State of Planning and Erection of Large Experimental Wind Power Stations, NASA TT F-15, 512, (Übersetzung aus dem Russischen), 1933
14. Jacobs, M.: Persönliche Mitteilung, 1983
15. Putnam, P. C.: Power from the Wind, Van Nostrand Reinold Company, New York, 1947
16. Bonnefille, R.: Les réalisations d'Électricité de France concernant l'énergie éolienne La Houille Blanche № 1 der EDF, 1975

17. Juul, J.: Wind Machines, UNESCO Konferenz Okt., Indien, 1954
18. Hütter, U.: Die Entwicklung von Windkraftanlagen zur Stromerzeugung in Deutschland Bd. 6, Nr. 7, BWK, 1954
19. Studiengesellschaft Windkraft e.V.: Betriebserfahrungen mit einer Windkraftanlage von 100 kW, DK 621.311.24, 1963
20. Goodmann Gr., F. R.; Vachon W. A.: United States Electric Utility Activities in Wind Power Forth International Symposium on Wind Energy Systems, Stockholm, Sweden, Sept. 21–24, 1982
21. Hydro-Québec: Project-Eóle, 4 MW Vertical-Axis Aerogenerator, Montreal, 1985
22. Ministry of Energy (Danish Energy Agency): Wind Energy in Denmark, Research and Technological Development, 1990
23. National Swedish Board for Energy Source Development (NE): The National Swedish Wind Energy Programme, 1995
24. Bundesministerium für Forschung und Technologie (BMFT): Energiequellen für morgen?, Teil III Nutzung der Windenergie, 1976
25. Hau E.; Langenbrinck J.; Palz W.: WEGA Large Wind Turbines, Springer, 1993
26. European Comission: WEGA II Large Wind Turbine Scientific Evaluation Project, EUR 193992000, 1993
27. Friis, P.; Large Scale Wind Turbines Operation Hours and Energy Production, Elsamproject A/S, Interner Report, 1993

Kapitel 3

Bauformen von Windkraftanlagen

Vorrichtungen, welche die kinetische Energie der Luftströmung in mechanische Arbeit umsetzen, sind in großer Vielfalt denkbar und in den skurrilsten Formen vorgeschlagen worden [1]. Die Museen und Patentämter sind voll von mehr oder weniger vielversprechenden Erfindungen dieser Art. Meistens bleibt die praktische Verwendbarkeit dieser „Windkraftanlagen" jedoch weit hinter den Erwartungen der Erfinder zurück.

Der Versuch, eine ordnende Systematik aufzustellen, ist sicher eine interessante, jedoch wenig lohnende Aufgabe, denn die praktische Verwendbarkeit schränkt die Anzahl der wichtigen Bauarten drastisch ein. Wenn von unterschiedlichen Bauarten der Windkraftanlagen die Rede ist, sollte man sich zunächst darüber im klaren sein, daß es in erster Linie um unterschiedliche Bauformen des Windenergiewandlers, des Windrotors, geht. Eine Windkraftanlage besteht jedoch keineswegs nur aus dem Windrotor. Die Komponenten zur mechanisch-elektrischen Energiewandlung wie Getriebe, Generator, Regelungssysteme und eine Vielzahl von Hilfsaggregaten und Ausrüstungsgegenständen sind ebenso notwendig, um aus der Drehbewegung des Windrotors wirklich brauchbaren elektrischen Strom zu produzieren. Diese Tatsache scheint vielen Erfindern neuartiger Windrotoren nicht gegenwärtig zu sein, wenn sie an ihre Erfindung die Hoffnung knüpfen, daß mit einer anderen Rotorbauart alles viel besser und billiger gehen werde.

Windenergiekonverter lassen sich einmal hinsichtlich ihrer aerodynamischen Wirkungsweise unterscheiden und zum anderen nach ihrer konstruktiven Bauweise einordnen. Für die aerodynamische Wirkungsweise ist die Tatsache kennzeichnend, ob der Windenergiewandler seine Leistung ausschließlich aus dem Luftwiderstand seiner im Luftstrom bewegten Flächen bezieht, oder ob er in der Lage ist, den aerodynamischen Auftrieb, der bei der Umströmung geeignet profilierter Flächen entsteht, zu nutzen. Man unterscheidet dementsprechend reine *Widerstandsläufer* und *auftriebsnutzende Windenergiekonverter*. Gelegentlich wird auch die sogenannte aerodynamische Schnelläufigkeit als Merkmal zur Kennzeichnung herangezogen und von „*Langsam-* und *Schnelläufern*" gesprochen (vergl. Kap. 5.2). Dieses Merkmal ist jedoch für moderne Windkraftanlagen wenig signifikant. Außer der amerikanischen Windturbine gehören nahezu alle heutigen Bauarten zu den Schnelläufern.

Eine Unterscheidung nach konstruktiven Gesichtspunkten ist aus verständlichen Gründen praktikabler und damit auch gebräuchlicher. Das augenscheinlichste Merkmal ist die

Lage der Drehachse des Windrotors. Man unterscheidet deshalb Rotoren mit vertikaler und horizontaler Drehachse.

3.1 Rotoren mit vertikaler Drehachse

Windrotoren mit vertikaler Drehachse stellen die älteste Bauform dar (Bild 3.1). Anfangs konnten sie jedoch nur als reine Widerstandsläufer gebaut werden. Bekannte Beispiele für Rotoren mit vertikaler Drehachse sind der sogenannte *Savonius-Rotor*, den man als Lüfterrad auf Eisenbahnwaggons oder Lieferwagen findet, oder das *Schalenkreuz*, das für Windgeschwindigkeitsmeßgeräte verwendet wird.

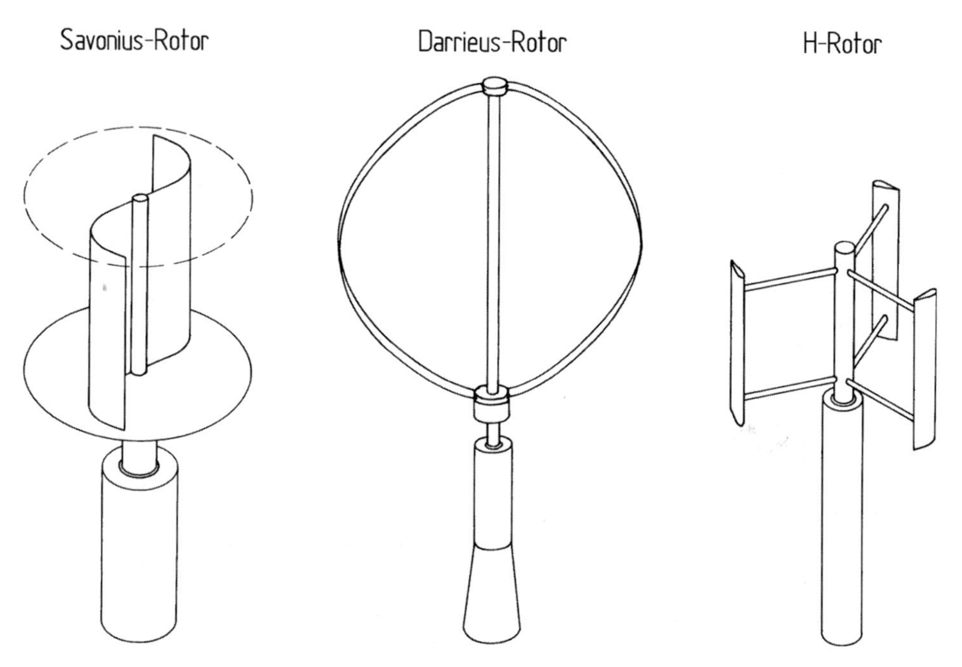

Bild 3.1. Rotorformen mit vertikaler Drehachse

Erst in neuerer Zeit gelang es, Bauformen mit vertikaler Drehachse zu entwickeln, die auch den aerodynamischen Auftrieb effektiv ausnutzen. Insbesondere die 1925 von dem Franzosen Darrieus vorgeschlagene Form erwies sich hierfür als geeignet und wird heute als entwicklungsfähige Konzeption für moderne Windkraftanlagen angesehen (Bild 3.2). Beim *Darrieus-Rotor* kreisen die Rotorblätter auf der Mantellinie einer geometrischen Rotationsfigur mit senkrechter Drehachse. Die geometrische Form der Rotorblätter ist dadurch kompliziert und demzufolge aufwendig in der Herstellung. Darrieus-Rotoren werden wie Horizontalachsen-Rotoren vorzugsweise mit zwei oder drei Rotorblättern gebaut.

Die spezifischen Vorteile sind die Windrichtungsunabhängigkeit und die prinzipiell einfache Bauart mit der Möglichkeit, die mechanischen und elektrischen Komponenten, Getriebe und Generator, am Boden anbringen zu können. Demgegenüber stehen die Nachteile wie die geringe Schnellaufzahl, die Unfähigkeit, von alleine anzulaufen, und die feh-

Bild 3.2. Darrieus-Windkraftanlagen der amerikanischen Firma Flowind: Rotordurchmesser 19 m, Nennleistung 170 kW, 1985

lende Möglichkeit, durch Verstellen der Rotorblätter die Leistungsabgabe bzw. die Drehzahl regeln zu können.

Eine Abwandlung des Darrieus-Rotors ist der sogenannte *H-Rotor*. Statt der gebogenen Rotorblätter werden gerade Blätter, die über Haltestreben mit der Rotorwelle verbunden sind, verwendet. Insbesondere in England, den USA und Deutschland hat man versucht diese Bauart bis zur kommerziellen Einsatzreife zu entwickeln. Nach den Plänen des Engländers Musgrove wurden auch H-Rotoren mit variabler Rotorgeometrie erprobt, um zumindest eine grobe Leistungs- und Drehzahlregelung zu ermöglichen [2]. Die Herstellungskosten dieser Anlagen liegen bis heute jedoch noch so hoch, daß sie mit Horizontalachsenrotoren nicht konkurrieren können (vergl. Kap. 5.7). H-Rotoren mit besonders einfachem Aufbau, bei denen der permanent erregte Generator ohne Zwischengetriebe direkt in die Rotorstruktur integriert ist, wurden bis Anfang der neunziger Jahre von einem deutschen Hersteller entwickelt [3] (Bild 3.3). Die Entwicklung wurde jedoch dann eingestellt, da ein wirtschaftlicher Erfolg nicht in Sichtweite war.

Bild 3.3. H-Rotor-Anlage, Rotordurchmesser 35 m, Nennleistung 300 kW, 1988 (Foto Heidelberg)

Für kleine, einfache Windrotoren, zum Beispiel für den mechanischen Antrieb von kleinen Wasserpumpen wird gelegentlich der Savonius-Rotor eingesetzt. Aufgrund der niedrigen Schnellaufzahl und des vergleichsweise geringen Leistungsbeiwertes kommt er für stromerzeugende Windkraftanlagen nicht in Frage. Bei optimaler Formgebung kann der Savonius-Rotor auch als auftriebsnutzender Rotor realisiert werden. Der maximale Leistungsbeiwert liegt dann in der Größenordnung von 0,25 (vergl. Kap. 4.2).

Darüber hinaus sind eine Reihe von Vorschlägen für Vertikalachsen-Rotoren mit unterschiedlichen Geometrien bekannt. Die Erfinder versprechen sich davon besonders einfache und billige Konstruktionen. Ob diese Hoffnung berechtigt ist, sei dahingestellt. Hinzu kommt noch, daß solche Rotorbauarten fast zwangsläufig einen schlechteren Leistungsbeiwert aufweisen, womit die Wirtschaftlichkeit selbst bei geringeren Baukosten in Frage gestellt ist.

Insgesamt gesehen kann man sagen, daß Windrotoren mit vertikaler Achse, in erster Linie der Darrieus-Rotor, mit Sicherheit noch über ein unausgeschöpftes Entwicklungspotential verfügen. Ob die prinzipiellen Vorzüge die Nachteile überwiegen und diese Bauart zu einem ernstzunehmenden Konkurrenten des Horizontalachsen-Rotors wird, läßt sich heute noch nicht absehen. In jedem Fall ist dazu noch eine längere Entwicklungszeit erforderlich (vergl. Kap. 5.8).

3.2 Horizontalachsen-Rotoren

Windenergiekonverter mit horizontaler Lage der Drehachse werden nahezu ausschließlich in der Propellerbauart verwirklicht (Bild 3.4). Diese Bauform, zu der die europäischen Windmühlen ebenso gehören wie die amerikanische Windturbine oder die modernen Windkraftanlagen, stellt das beherrschende Konstruktionsprinzip in der Windenergietechnik dar. Für die bis heute unangefochtene Überlegenheit dieser Bauart sprechen im wesentlichen folgende Merkmale:

- Beim Propellertyp kann durch Verstellen der Rotorblätter um ihre Längsachse (Blatteinstellwinkelregelung) die Rotordrehzahl und die Leistungsabgabe geregelt werden. Außerdem ist die Verstellung der Rotorblätter der wirksamste Schutz gegen Überdrehzahl und extreme Windgeschwindigkeiten, besonders für größere Anlagen.
- Die Form der Rotorblätter kann aerodynamisch optimal ausgelegt werden und erreicht bei maximaler Nutzung des aerodynamischen Auftriebsprinzips nachweislich den höchsten Wirkungsgrad.
- Nicht zuletzt ist der technologische Entwicklungsvorsprung der Propellerbauart ein entscheidendes Argument.

Diese Vorzüge haben dazu geführt, daß fast alle bis heute gebauten Windkraftanlagen dieser Bauart entsprechen.

Den schematischen Aufbau einer Horizontalachsen-Windkraftanlage zeigt Bild 3.5. Die darin bezeichneten Komponenten und ihre Anordnung sind typisch für eine größere Anlage. Von dieser Standardbauweise abweichende Konstruktionsmerkmale sind selbstverständlich auch möglich. Insbesondere bei kleinen Anlagen sind bauliche Vereinfachungen zu finden, so zum Beispiel die fehlende Möglichkeit, den Rotorblatteinstellwinkel zu verstellen.

Bild 3.4. Horizontalachsen-Windkraftanlage Vestas V-112, Rotordurchmesser 112 m, Nennleistung 3000 kW (Foto Vestas)

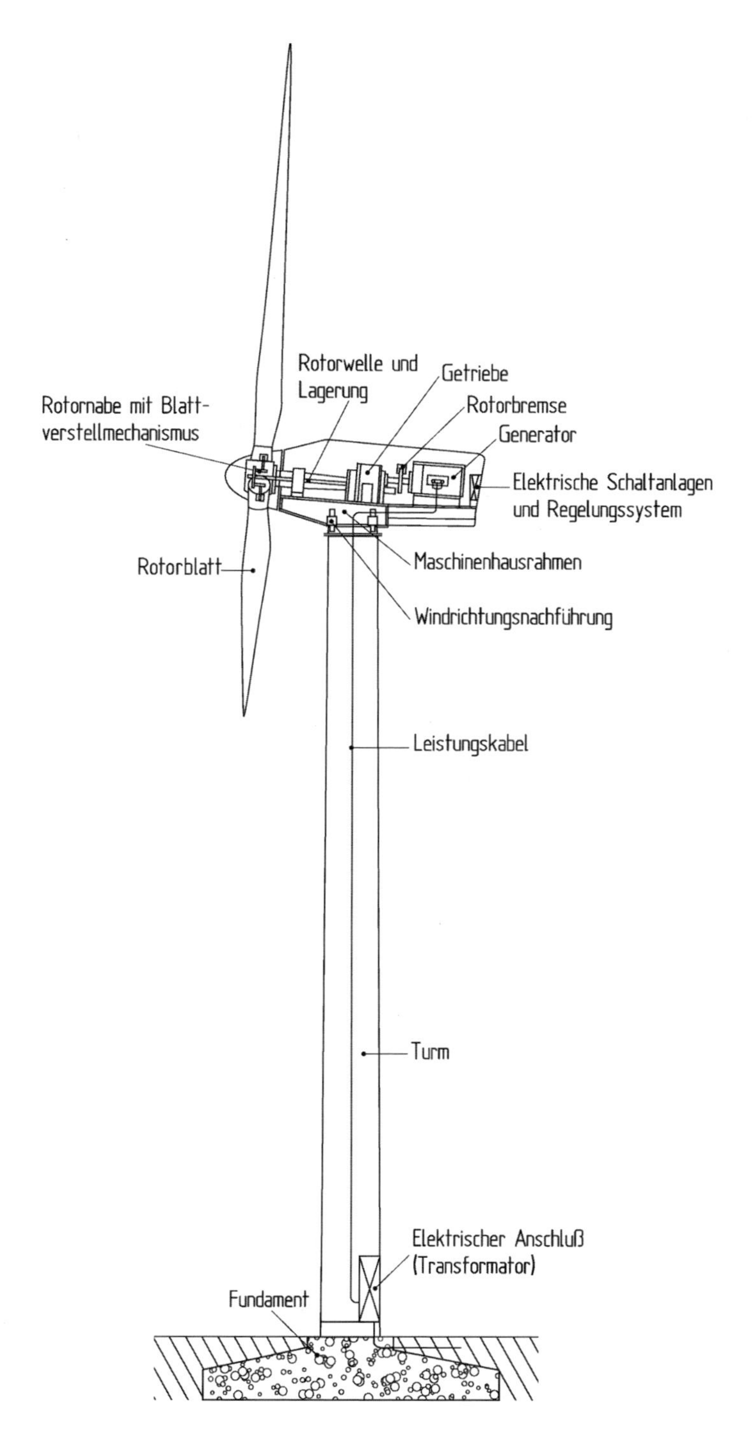

Bild 3.5. Horizontalachsen-Windkraftanlage, schematisch

3.3 Windenergie-Konzentratoren

Bevor auf die Technik des Propellertyps näher eingegangen wird, sollen einige Sonderformen erwähnt werden, da diese in der Diskussion eine Rolle spielen und zum Teil auch in Experimentalprogrammen erprobt wurden. Ob diese „Windkraftanlagen" allerdings jemals eine praktische Bedeutung erlangen werden, darf zumindest in einigen Fällen sehr bezweifelt werden. Eine individuelle Bewertung von Erfindungen auf dem Gebiet der Windenergie ist eine undankbare Aufgabe und unterbleibt deshalb in diesem Buch.

Der gemeinsame Grundgedanke dieser Vorschläge liegt darin, die Leistungsausbeute, bezogen auf die Rotorkreisfläche, zu vergrößern. Prinzipiell läßt sich dies durch statische, d.h. nicht rotierende Bauwerke erzielen, die eine Beschleunigung der Anströmungsgeschwindigkeit für den Rotor oder in einigen Fällen sogar eine konzentrierende Wirbelerzeugung bewirken (Bild 3.6). Man will auf diese Weise den eigentlichen Rotor stark verkleinern und hofft, daß der zusätzliche Bauaufwand für die „Vorkonzentration" der Windenergie nicht zu stark ins Gewicht fallen werde.

Mantelturbine

Die einfachste Methode zur Steigerung des Rotorwirkungsgrades ist die Ummantelung. Der Mantel verhindert die Einschnürung der Stromröhre vor dem Wandler, die beim freiumströmten Wandler unvermeidlich ist. Der erzielbare Leistungsbeiwert übertrifft den Betzschen Wert und liegt bei $c_P = 0{,}66$ [2]. Anstelle eines Vollmantels können auch mit Hilfe von „Endscheiben" an den Blattspitzen in geringerem Maße mantelstromähnliche Effekte bewirkt werden [4].

Turbine mit Diffusor-Mantel

Ein naheliegender Gedanke mit dem Ziel, „mehr Wind einzufangen", ist die Anwendung eines Trichters vor dem Rotor. Theoretische und experimentelle Untersuchungen haben allerdings gezeigt, daß damit praktisch keine Steigerung der Leistungsausbeute zu erreichen ist. Offensichtlich wird der Luftdurchsatz durch den Trichter von der kleineren Öffnung bestimmt, und außerdem wird eine dem Windstrom entgegengesetzt wirkende Zirkulationsströmung vom Trichter erzeugt.

Wirkungsvoller ist demgegenüber die Ummantelung des Rotors mit einem umgekehrten Trichter, einem *Diffusor*. Dieser bewirkt eine zusätzliche Zirkulationsströmung, deren Geschwindigkeitskomponenten im Diffusor gleichsinnig mit der Windströmung gerichtet sind und diese somit verstärkt. Der Leistungsbeiwert des Rotors steigt auf Werte von 2,0 bis 2,5, bezogen auf die Rotorfläche [5]. Fairerweise muß der Leistungsbeiwert jedoch jetzt auf die maximale Querschnittsfläche des Diffusors bezogen werden. Damit sinkt der Leistungsbeiwert auf ca. 0,75 ab, immerhin ein bescheidener Gewinn gegenüber dem freiumströmten Rotor.

Wirbelturm

Eine Steigerung der Windkonzentration läßt sich auch erreichen, indem man dem Windstrom einen stationären Wirbel überlagert, so daß dessen Geschwindigkeitsfeld antreibend auf den Rotor wirkt. Dieser Effekt läßt sich mit den verschiedenartigsten Konzentratoren erreichen. Eine Idee ist der sogenannte Wirbel- oder Tornadoturm [6].

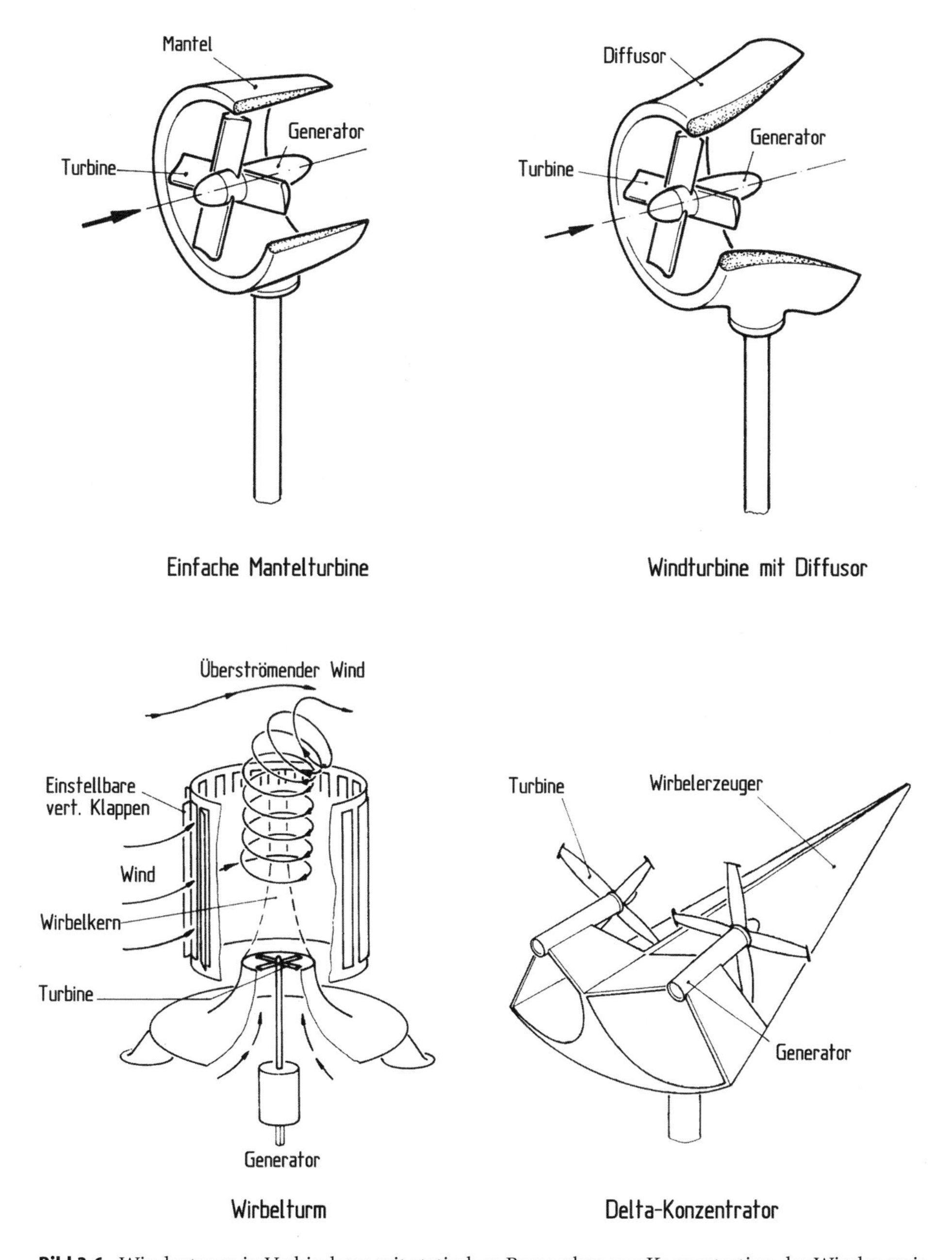

Bild 3.6. Windrotoren in Verbindung mit statischen Bauwerken zur Konzentration der Windenergie

In einem Turm mit am Zylindermantel angeordneten Klappen strömt der Wind tangential in das Innere und bildet dort einen tornadoähnlichen Luftwirbel. Durch den erheblichen Unterdruck im Wirbelkern wird vom Boden des Turmes Luft von außen mit hoher Geschwindigkeit angesaugt und treibt eine Turbine an, deren Durchmesser etwa ein Drittel so groß wie der Turmdurchmesser ist. Bisher wurde dieses Prinzip allerdings nur im Windkanal untersucht. Die Übertragung auf eine Großausführung dürfte mit erheblichen Problemen verbunden sein, zum Beispiel der Geräuschentwicklung. Theoretische Überlegungen kommen zu dem Ergebnis, daß der Leistungsbeiwert, bezogen auf die maximale Ansichtsfläche des gesamten Bauwerkes, nur Werte von 0,1 erreicht [5].

Wirbelkonzentration mit Hilfe eines „Deltaflügels"

Konzentrierte Luftwirbel treten als sogenannte Randwirbel bei der Umströmung eines Tragflügels auf. In besonders hohem Maß ist dies beim sog. *Deltaflügel* bei großem Anstellwinkel der Fall. Man hat versucht, diesen Effekt für die Windenergietechnik zu nutzen. Auf einem statischen Bauwerk in der Form eines Deltaflügels sind die Windrotoren so angeordnet, daß sie in den Randwirbeln des Deltaflügels arbeiten. Man erhoffte sich aufgrund theoretischer Abschätzungen — eine verläßliche Theorie für diesen komplexen Fall ist nicht verfügbar — eine Steigerung der Leistungsausbeute gegenüber dem konventionell angeströmten Rotor um den Faktor 10. Das Ergebnis von Modellmessungen im Windkanal war so enttäuschend, daß das Projekt aufgegeben wurde [7].

Konzentratorwindturbine

Unter dem Namen „Berwian" wurde von der Technischen Universität Berlin eine weitere Variante der Windkonzentration vorgeschlagen und experimentell untersucht (Bild 3.7).

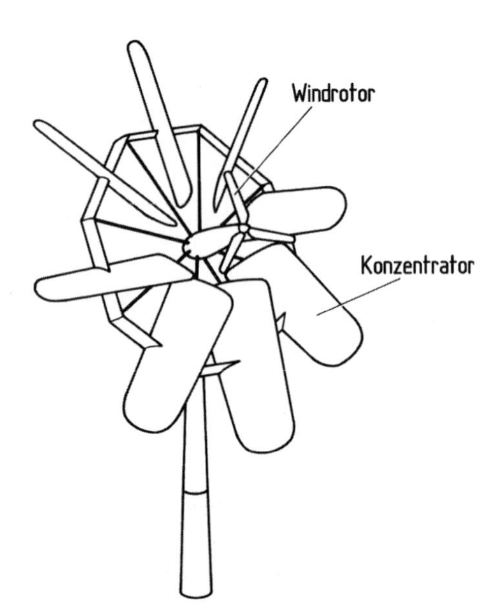

Bild 3.7. Konzentrator-Windturbine „Berwian" [8]

Mit Hilfe eines feststehenden Leitrades aus mehreren Schaufeln wurde im Zentrum des Konzentrators ein starker Wirbel erzeugt. Ein kleiner Windrotor im Zentrum des Leitapparates nutzte die um das Sechs- bis Achtfache verstärkte Windleistung aus. Es wurden mehrere Varianten dieser Konzeption in Windkanalversuchen und in freier Atmosphäre getestet und dabei die theoretisch vorhergesagten Konzentrationsfaktoren bestätigt [8]. Zumindest ein Problem ist die Sturmsicherheit des Leitapparates. Um die Windkraft nicht unvertretbar groß werden zu lassen, müssen die Leitschaufeln beweglich sein, damit sie aus dem Wind gedreht werden können. Der Bauaufwand für das statische Bauwerk wird deshalb auch hier beträchtlich.

Aufwindkraftwerk

Das sogenannte Aufwindkraftwerk basiert auf dem Grundgedanken, eine Luftströmung wie in der Natur durch Erwärmung, das heißt Unterschiede in der Luftdichte, herbeizuführen. In einem hohen Turm, der von einem die Solarstrahlung absorbierenden Vordach umgeben ist, wird eine aufwärtsgerichtete Luftströmung erzeugt, die eine Luftturbine antreibt (Bild 3.8).

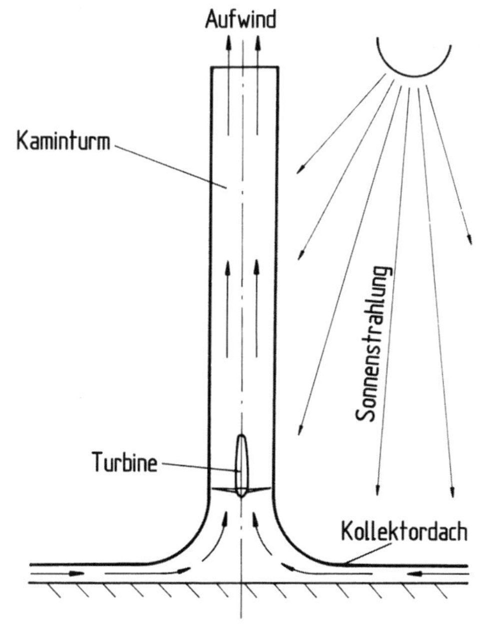

Bild 3.8. Aufwindkraftwerk, schematisch

Es handelt sich bei diesem Prinzip im eigentlichen Sinne nicht um eine Windkraftanlage, die den natürlichen Wind ausnutzt, sondern eher um eine Solaranlage zur Nutzung der Solarstrahlung. Ein Vorteil dieses Prinzipes ist allerdings seine Einsatzmöglichkeit in Gebieten, die der „normalen" Windkraftnutzung sonst nicht zugänglich sind. Eine Versuchsanlage mit einer projektierten 100-kW-Leistung wurde im Auftrag des Bundesministeriums für Forschung und Technologie in Spanien erprobt (Bild 3.9 und 3.10). Die in den Jahren 1982 und 1983 durchgeführten Versuche und Messungen erbrachten eine Leistungsausbeute von

Bild 3.9. Aufwind-Experimentalkraftwerk in Manzanares, Spanien, 1982 Turmhöhe 200 m, Turmdurchmesser 10 m, Durchmesser des Kollektordaches ca. 250 m, erreichte Leistung ca. 50 kW (Foto Schlaich & Partner)

Bild 3.10. Einbau der Windturbine im Aufwindkamin (Foto Schlaich & Partner)

ca. 50 kW. Die Erbauer weisen jedoch darauf hin, daß dieses Prinzip erst bei erheblich größeren Dimensionen den bestmöglichen Wirkungsgrad erreicht und darüber hinaus der Kostenvergleich nicht mit konventionellen Windkraftanlagen, sondern mit Anlagen zur direkten Nutzung der Solarstrahlung angestellt werden müsse [9].

3.4 Begriffe und Bezeichnungen

„Bevor Ihr Euch streitet, klärt die Begriffe" (Konfuzius 551 bis 479 v. Chr.). Den Rat des chinesischen Weisen zu befolgen dürfte bestimmt besser sein, als spätere Verwirrung mit wohlklingenden Zitaten wie „Namen sind Schall und Rauch" zu kaschieren. Klare und eindeutige Begriffsbestimmungen sind für eine systematische Arbeitsweise eine unabdingbare Voraussetzung. In der Windenergietechnik ist das nicht anders.

Zunächst zur Bezeichnung des Gegenstandes, mit dem sich dieses Buch beschäftigt. „Windkraftanlagen" steht im Titel dieses Buches. In der einschlägigen Literatur findet man eine Vielzahl ähnlicher, aber eben doch unterschiedlicher Bezeichnungen: Windmühle, Windrad, Windturbine, Windgenerator, Windenergiekonverter, Windenergieanlage, Windkraftwerk sind die gebräuchlichsten.

Daß die Bezeichnung Windmühle für eine Maschine zur Erzeugung von elektrischer Energie unpassend ist, liegt auf der Hand. Die Bezeichnung Windmühle war übrigens schon zu ihrer Zeit in vielen Fällen nicht korrekt, da die Windmühlen keineswegs ausschließlich zum Mahlen eingesetzt wurden.

Was die übrigen zur Auswahl stehenden Bezeichnungen angeht, so ist dies zugegebenermaßen Geschmackssache. Sie treffen den Gegenstand alle mehr oder weniger gut. Die Entscheidung für „Windkraftanlage" im Gegensatz zu „Windenergieanlage" erschien dem Autor insofern passender, als sie in Übereinstimmung mit der traditionellen Nomenklatur für stromerzeugende Anlagen steht. In der deutschen Sprache wird offensichtlich der Begriff „Krafterzeugung" synonym für die Erzeugung von elektrischer Energie in Verbindung mit Begriffen wie „Kraftwerk", „Wasserkraft" oder auch „Dieselkraftstation" gebraucht. Warum also nicht auch Windkraftanlage? Windkraftwerk erscheint angesichts der bescheidenen Leistung im Vergleich zu konventionellen Kraftwerken etwas anmaßend.

Die wesentlichen Komponenten einer Horizontalachsen-Windkraftanlage wurden bereits erwähnt (vergl. Bild 3.5). Die dabei verwendeten Bezeichnungen bedürfen auch einer gewissen Erläuterung und Begründung.

Der eigentliche Windenergiewandler, bei einer alten Windmühle Windrad oder Flügelrad genannt, wird bei einer modernen Windkraftanlage als „Rotor" bezeichnet. Der Rotor verfügt über mehr oder weniger „Rotorblätter". Die noch häufig verwendete Ausdrucksweise „Flügel" für die Blätter sollte man vermeiden. Fliegen sollten die Rotorblätter möglichst nicht!

Die Verbindung der Rotorblätter mit der Rotorwelle erfolgt über die „Nabe". Die Nabe enthält bei Anlagen mit „Blatteinstellwinkelregelung" die Blattlager und den „Blattverstellmechanismus". Viele kleinere Anlagen verzichten auf die Rotorblatteinstellwinkelregelung. Die Rotorblätter sind dann starr mit der Nabe verbunden.

Die Umwandlung der mechanischen Drehbewegung des Rotors in elektrische Energie geschieht im „Triebstrang" der Anlage. Der „Triebstrang" im engeren Sinne, wird nur für die mechanischen Komponenten ohne das elektrische System gebraucht. Hierzu gehören die Rotornabe mit dem Blattverstellmechanismus, die Rotorwelle, auch „langsame Welle" genannt, das Getriebe und die Generatorantriebswelle, die im Gegensatz zur Rotorwelle als „schnelle Welle" bezeichnet wird.

Die Komponenten des Triebstranges sind im „Maschinenhaus" oder der „Maschinengondel" untergebracht. Bei kleinen Anlagen dürfte „Maschinengondel" angemessener sein.

Die Ausrichtung des Maschinenhauses und des Rotors nach der Windrichtung übernimmt die „Windrichtungsnachführung" oder auch der „Azimutverstellantrieb". Das Ganze befindet sich schließlich auf der Spitze eines „Turmes" oder „Mastes". Die Bezeichnung Mast ist für Kleinanlagen angebrachter.

Neben diesen Begriffsbestimmungen werden in den verschiedenen Kapiteln noch eine Reihe weiterer feststehender Begriffe und Bezeichnungen verwendet. Diese sind jedoch nicht mit der Windkrafttechnik an sich verbunden, sondern in dem jeweiligen Fachgebiet verwurzelt, zum Beispiel der Aerodynamik, der Elektro- oder Kraftwerkstechnik. Es empfiehlt sich, auch diese Nomenklatur zu beachten und sie nicht deshalb willkürlich abzuändern, weil man in dem betreffenden Spezialgebiet nicht zu Hause ist. Der Verfasser hat sich jedenfalls darum bemüht. Gerade in einer Zeit, in der die Tendenz besteht, die Kommunikation von einer Fachdisziplin zur anderen durch den Dialog mit dem Bildschirm zu ersetzen, sind die Restbestände einer gemeinsam verstandenen, begrifflichen Sprache schützenswert.

Literatur

1. Molly, J. P.: Windenergie, Theorie, Anwendung, Praxis
   Karlsruhe: Verlag C. F. Müller, 2. Auflage, 1990
2. Mays, I. D.: The Development Programme for the Musgrove Wind Turbine
   London: Fourth International Conference on Energy Options 3 – 6 April, 1984
3. Heidelberg, D.; Kroemer, J.: Vertikalachsen-Rotor mit integriertem Magnetgenerator,
   BremTec: Windenergie '90, Bremen, 1990
4. De Vries, O.: Fluid Dynamic Aspects of Wind Energy Conversion
   AGARD-Bericht Nr. 243, 1979
5. Reents, H.: Windkonzentratoren
   München: Deutscher Physiker-Tag, 1985
6. Yen, J. T.: Tornado Type Wind Energy Systems: Basis Considerations
   BHRA Wind Energy Systems, Workshop, 1976
7. Greff, E.: Konzentration von Windenergie in Wirbelfeldern und deren Nutzung zur Erzeugung elektrischer Energie. Statusbericht Windenergie, VDI Verlag, 1980
8. Rechenberg, I.: Entwicklung, Bau und Betrieb einer neuartigen Windkraftanlage mit Wirbelschrauben-Konzentrator, Projekt „Berwian"
   Lübeck: BMFT-Statusreport Windenergie 1./2. März 1988
9. Schlaich, J.; Simon, M.; Mayr, G.: Baureife Planung und Erstellung einer Demonstrationsanlage eines atmosphären-thermischen Aufwindkraftwerkes im Leistungsbereich 50–100 kW. Technischer Bericht Phase I
   BMFT-Förderkennzeichen ET 4249 A, 1980

Kapitel 4

Physikalische Grundlagen der Windenergiewandlung

Die primäre Komponente einer Windkraftanlage ist ein Energiewandler, der die kinetische Energie der Luft, des Windes, in mechanische Arbeit umsetzt. Wie dieser Energiewandler im Detail beschaffen ist, ist zunächst noch gleichgültig. Der Vorgang des Entzuges von mechanischer Arbeit aus einem Luftstrom mit Hilfe eines scheibenförmigen, rotierenden Windenergiewandlers folgt einer eigenen grundsätzlichen Gesetzmäßigkeit. Diese wurden bereits im neunzehnten Jahrhundert zu den Physikern Froude und Rankin erkannt.

Das Verdienst diese Erkenntnisse zum ersten Male auf den Windrotor angewendet zu haben gebührt dem deutschen Physiker Albert Betz. In seinen 1922–1925 erschienenen Schriften konnte er durch die Anwendung elementarer physikalischer Gesetze zeigen, daß die entnehmbare mechanische Leistung aus einem Luftstrom, der durch eine vorgegebene Querschnittsfläche strömt, auf einen ganz bestimmten Wert im Verhältnis zu der im Luftstrom enthaltenen Leistung begrenzt ist [1]. Darüber hinaus erkannte Betz, daß der optimale Leistungsentzug nur bei einem bestimmten Verhältnis der Strömungsgeschwindigkeit vor und hinter dem Energiewandler möglich ist.

Obwohl die Betzsche Theorie, die einen verlustlos arbeitenden Energiewandler und reibungsfreie Strömung voraussetzt, Vereinfachungen enthält, sind die Ergebnisse durchaus für praktische Überschlagsberechnungen brauchbar. Ihre wahre Bedeutung liegt jedoch darin, daß sie eine gemeinsame physikalische Grundlage für das Verständnis und die Wirkungsweise von Windenergiewandlern unterschiedlicher Bauart bildet. Aus diesem Grund wird im folgenden eine kurzgefaßte mathematische Herleitung der elementaren „Impulstheorie" von Betz wiedergegeben. Der an mathematische Formeln weniger — oder nicht mehr — gewohnte Leser mag darüber hinweglesen. Die wichtigsten Ergebnisse sind auch im Text erläutert.

4.1 Die elementare Impulstheorie nach Betz

Die kinetische Energie einer Luftmasse m, die sich mit der Geschwindigkeit v bewegt, läßt sich ausdrücken als:

$$E = \frac{1}{2} m v^2 \qquad \text{(Nm)}$$

Betrachtet man eine bestimmte Querschnittsfläche A, die von der Luft mit der Geschwindigkeit v durchströmt wird, so ist das in einer Zeiteinheit durchfließende Volumen V der sogenannte Volumenstrom $\dot{V}$:

$$\dot{V} = vA \qquad (\mathrm{m^3/s})$$

und der Massenstrom mit der Luftdichte ϱ:

$$\dot{m} = \varrho \cdot v \cdot A \qquad (\mathrm{kg/s})$$

Aus dem Ansatz für die kinetische Energie der bewegten Luft und dem Massenstrom ergibt sich die durch den Querschnitt A hindurchfließende Energiemenge pro Zeit. Diese ist physikalisch mit der Leistung P identisch:

$$P = \frac{1}{2}\varrho v^3 A \qquad (\mathrm{W})$$

Das Problem besteht darin, herauszufinden, wieviel mechanische Leistung sich durch einen Energiewandler dem Luftstrom entziehen läßt. Da der Entzug von mechanischer Leistung nur auf Kosten der im Windstrom enthaltenen kinetischen Energie möglich ist, heißt dies bei unverändertem Massenstrom, daß die Geschwindigkeit hinter dem Windenergiewandler abnehmen muß. Die Verringerung der Geschwindigkeit bedeutet gleichzeitig eine Aufweitung des Querschnittes, da der gleiche Massenstrom hindurchtreten muß. Es ist also notwendig, die Zustände vor und hinter dem Wandler zu betrachten (Bild 4.1).

Hierbei soll v_1 die unverzögerte Luftgeschwindigkeit, die Windgeschwindigkeit vor dem Wandler sein, während v_2 die Strömungsgeschwindigkeit hinter dem Wandler ist.

Die mechanische Leistung, die der Wandler dem Luftstrom entzieht, entspricht der Leistungsdifferenz des Luftstromes vor und hinter dem Wandler:

$$P = \frac{1}{2}\varrho A_1 v_1^3 - \frac{1}{2}\varrho A_2 v_2^3 = \frac{1}{2}\varrho \left(A_1 v_1^3 - A_2 v_2^3\right) \qquad (\mathrm{W})$$

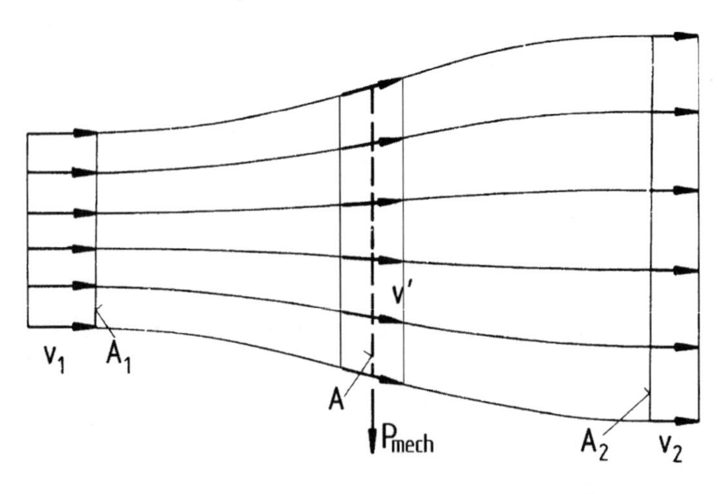

Bild 4.1. Strömungsverhältnisse beim Entzug von mechanischer Leistung aus einem Luftstrom nach der elementaren Impulstheorie

Die Erhaltung des Massenstromes (Kontinuitätsbeziehung) fordert:

$$\varrho v_1 A_1 = \varrho v_2 A_2 \qquad \text{(kg/s)}$$

Damit wird:

$$P = \frac{1}{2}\varrho v_1 A_1 \left(v_1^2 - v_2^2\right) \qquad \text{(W)}$$

oder:

$$P = \frac{1}{2}\dot{m}\left(v_1^2 - v_2^2\right) \qquad \text{(W)}$$

Aus dieser Beziehung folgt, daß rein formal die Leistung maximal sein müßte, wenn v_2 gleich Null ist, das heißt die Luft vollständig durch den Wandler abgebremst würde. Dieses Ergebnis ist aber physikalisch unsinnig. Wenn die Abströmgeschwindigkeit $v_2 = 0$ ist, muß auch die Zuströmgeschwindigkeit zu Null werden. Es fände überhaupt keine Strömung mehr statt. Das physikalisch sinnvolle Ergebnis besteht, wie zu erwarten, in einem bestimmten Zahlenverhältnis von v_2/v_1, bei dem die entziehbare Leistung maximal wird.

Hierzu bedarf es eines weiteren Ansatzes für die mechanische Leistung des Wandlers. Mit Hilfe des Impulssatzes kann die Kraft berechnet werden, welche die Luft auf den Wandler ausübt:

$$F = \dot{m}\,(v_1 - v_2) \qquad \text{(N)}$$

Dieser Kraft, dem Schub, muß nach dem Prinzip von „actio gleich reactio" eine gleich große Kraft vom Wandler auf den Luftstrom entgegenwirken. Der Schub verschiebt sozusagen die Luftmenge mit der Luftgeschwindigkeit v', die in der Strömungsebene des Wandlers herrscht. Die dazu erforderliche Leistung ist:

$$P = F v' = \dot{m}\,(v_1 - v_2)\,v' \qquad \text{(W)}$$

Die mechanische Leistung, die dem Luftstrom entzogen wird, kann also einmal aus der Energie- bzw. Leistungsdifferenz vor und hinter dem Wandler und zum anderen aus der Schubkraft und der Durchströmgeschwindigkeit abgeleitet werden. Durch Gleichsetzen dieser beiden Ansätze folgt die Beziehung für die Durchströmgeschwindigkeit v'

$$\frac{1}{2}\dot{m}\left(v_1^2 - v_2^2\right) = \dot{m}\,(v_1 - v_2)\,v' \qquad \text{(W)}$$

$$v' = \frac{1}{2}\,(v_1 - v_2) \qquad \text{(m/s)}$$

Die Durchströmgeschwindigkeit durch den Wandler beträgt also das arithmetische Mittel aus v_1 und v_2

$$v' = \frac{v_1 + v_2}{2} \qquad \text{(m/s)}$$

Der Massendurchsatz wird damit:

$$\dot{m} = \varrho A v' = \frac{1}{2}\varrho A\,(v_1 + v_2) \qquad \text{(kg/s)}$$

Die mechanische Leistung des Wandlers läßt sich ausdrücken:

$$P = \frac{1}{4}\varrho A \left(v_1^2 - v_2^2\right)(v_1 + v_2) \qquad \text{(W)}$$

Um einen Vergleichsmaßstab für diese Leistung zu haben, vergleicht man sie mit der Leistung des Luftstroms, der durch die gleiche Querschnittsfläche A strömt, ohne daß ihm dabei mechanische Leistung entzogen wird. Diese Leistung war:

$$P_0 = \frac{1}{2}\varrho v_1^3 A \qquad \text{(W)}$$

Das Verhältnis der mechanischen Leistung des Wandlers zu der des ungestörten Luftstromes, bezeichnet man als Leistungsbeiwert c_P:

$$c_\mathrm{P} = \frac{P}{P_0} = \frac{\frac{1}{4}\varrho A \left(v_1^2 - v_2^2\right)(v_1 + v_2)}{\frac{1}{2}\varrho A v_1^3} \qquad (-)$$

Durch einige Umformungen kann man den Leistungsbeiwert unmittelbar als Funktion des Geschwindigkeitsverhältnisses v_2/v_1 angeben.

$$c_\mathrm{p} = \frac{P}{P_0} = \frac{1}{2}\left|1 - \left(\frac{v_2}{v_1}\right)^2\right|\left|1 + \frac{v_2}{v_1}\right| \qquad (-)$$

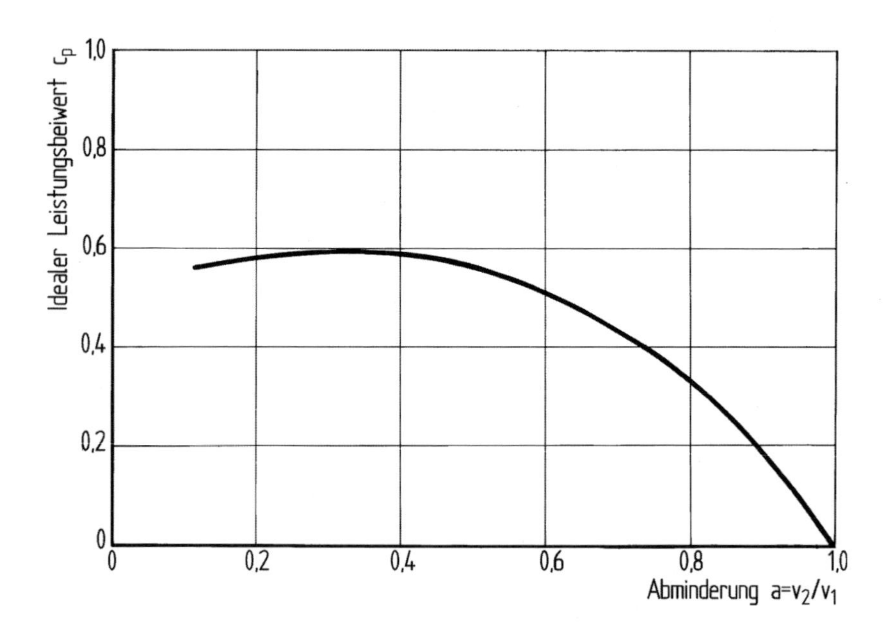

Bild 4.2. Verlauf des Leistungsbeiwertes über dem Geschwindigkeitsverhältnis vor und hinter dem Energiewandler

Der Leistungsbeiwert, das heißt das Verhältnis der entziehbaren mechanischen Leistung zu der im Luftstrom enthaltenen Leistung ist also nur noch vom Verhältnis der Luftgeschwindigkeit vor und hinter dem Wandler abhängig. Trägt man diesen Zusammenhang graphisch auf — eine analytische Lösung ist selbstverständlich auch einfach zu finden — so erkennt man, daß der Leistungsbeiwert bei einem bestimmten Geschwindigkeitsverhältnis ein Maximum hat (Bild 4.2).

Bei $v_2/v_1 = 1/3$ wird der sogenannte „ideale Leistungsbeiwert" c_P

$$c_\mathrm{P} = \frac{16}{27} = 0{,}593$$

Dieser wichtige Zahlenwert wurde zum ersten Mal von Betz abgeleitet und wird deshalb auch häufig als „Betz-Faktor" oder „Betzscher Wert" bezeichnet. Mit der Erkenntnis, daß der maximale, ideale Leistungsbeiwert bei $v_2/v_1 = 1/3$ erreicht wird, lassen sich auch die Durchströmgeschwindigkeit v':

$$v' = \frac{2}{3} v_1$$

und die dazu notwendige verringerte Geschwindigkeit hinter dem Wandler v_2 berechnen:

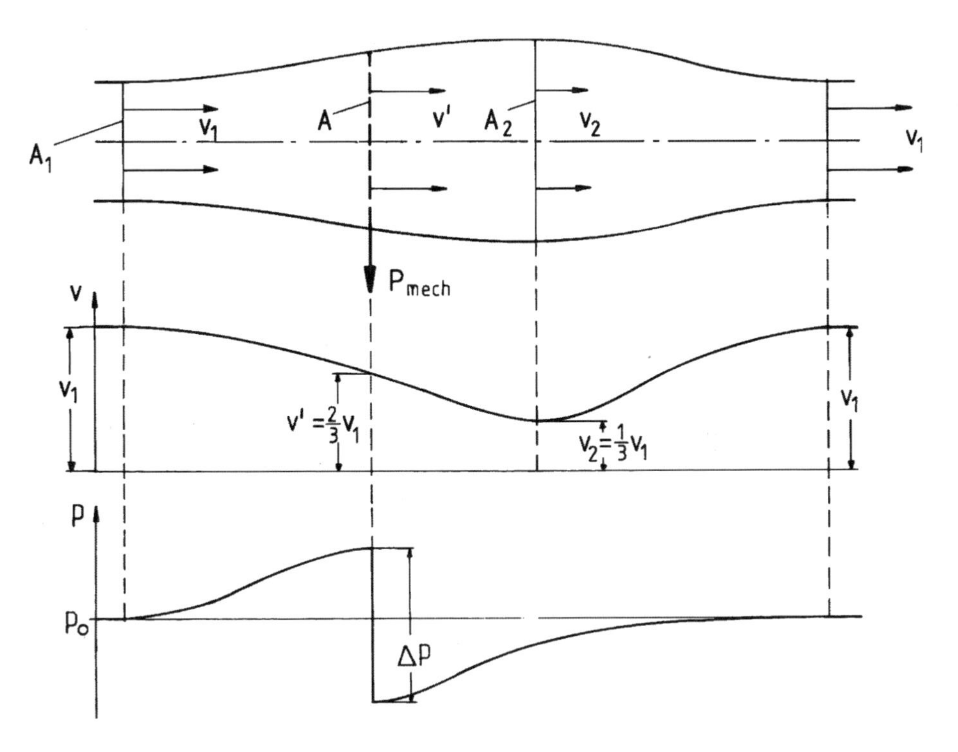

Bild 4.3. Strömungsverhältnisse bei der Durchströmung eines idealen Windenergiewandlers mit maximal möglichem Entzug an mechanischer Leistung

$$v_2 = \frac{1}{3} v_1$$

Bild 4.3 zeigt die Verhältnisse beim Durchströmen des Windenergiewandlers noch einmal etwas anschaulicher. Neben dem Stromlinienbild ist der Verlauf der zugehörigen Strömungsgeschwindigkeit und des statischen Druckes angedeutet. Die Luft wird bei Annäherung an die Wandlerebene verzögert, durchströmt diese und wird hinter der Turbine weiter bis auf einen Minimalwert abgebremst. Das Stromlinienbild zeigt eine Aufweitung der Stromröhre bis zu einem größten Durchmesser an der Stelle der minimalen Luftgeschwindigkeit. Der statische Druck steigt mit Annäherung an die Turbine, fällt in einem Drucksprung auf einen niedrigeren Wert ab, um sich dann hinter dem Wandler durch Druckausgleich wieder dem Umgebungswert anzugleichen. Die Strömungsgeschwindigkeit weit hinter dem Wandler nimmt dann ebenfalls wieder den Ausgangswert an. Die Aufweitung der Stromröhre verschwindet.

Es sei nochmals daran erinnert, daß diese Grundbeziehungen für einen idealen, verlustlosen Strömungsvorgang abgeleitet wurden und das Ergebnis offensichtlich ohne nähere Beschreibung des Windenergiewandlers gefunden wurde. Im realen Fall wird der Leistungsbeiwert immer kleiner als der Betzsche Idealwert sein. Die wesentlichen Erkenntnisse aus der Betzschen Theorie lassen sich in Worten wie folgt zusammenfassen:

- Die einem Windstrom durch einen Energiewandler entziehbare mechanische Leistung steigt mit der dritten Potenz der Windgeschwindigkeit.
- Die Leistung nimmt linear mit der Querschnittsfläche des durchströmten Wandlers zu, steigt also quadratisch mit seinem Durchmesser.
- Das Verhältnis von entziehbarer mechanischer Leistung zu der im Windstrom enthaltenen Leistung ist auch bei idealer Strömung und verlustloser Umwandlung auf den Zahlenwert 0,593 begrenzt. Es können also nur knapp 60 % der Windenergie eines bestimmten Querschnittes in mechanische Arbeit umgewandelt werden.
- Beim Höchstwert des idealen Leistungsbeiwertes $c_p = 0{,}593$ beträgt die Windgeschwindigkeit in der Durchströmebene des Wandlers zwei Drittel der ungestörten Windgeschwindigkeit und verringert sich auf ein Drittel hinter dem Wandler.

Gelegentlich wird die Gültigkeit des von Betz abgeleiteten maximalen Leistungsbeiwertes für bestimmte Rotorformen bezweifelt. Hierzu ist zu sagen, daß grundsätzlich Rotorbauarten denkbar sind, die so weit vom Betzschen Modell abweichen, zum Beispiel von der Annahme eines scheibenförmigen Wandlers, daß die Gültigkeit des Betzschen Ansatzes nicht automatisch gegeben ist. Bis heute hat aber noch niemand einen praktisch verwendbaren Windenergierotor gebaut, der den mit dem Betzschen Modell ermittelten maximalen Leistungsbeiwert übertrifft.

4.2 Widerstands- und auftriebsnutzende Windenergiewandler

Die Betzsche Impulstheorie gibt den physikalisch bedingten, idealen Grenzwert für den Entzug von mechanischer Leistung aus einem Windstrom unabhängig von der Bauart des Energiewandlers an. Die real erzielbare Leistung kann natürlich nicht völlig unabhängig von den Eigenschaften des Wandlers sein.

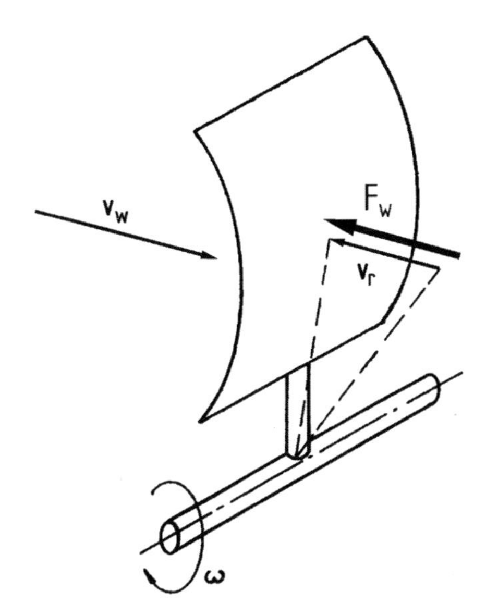

Bild 4.4. Strömungsverhältnisse und Luftkräfte bei einem Widerstandsläufer

Der erste grundlegende Unterschied mit erheblichem Einfluß auf die tatsächliche Leistung ergibt sich daraus, welche Luftkräfte zur Erzeugung der mechanischen Leistung herangezogen werden. Jeder angeströmte Körper erfährt eine Luftkraft, deren Komponenten in Strömungsrichtung definitionsgemäß als Luftwiderstand und senkrecht zur Anströmrichtung als aerodynamischer Auftrieb bezeichnet werden. Je nachdem, ob der Luftwiderstand oder die Auftriebskraft genutzt wird, ergeben sich sehr unterschiedliche reale Leistungsbeiwerte des Windenergiewandlers [2].

Widerstandsläufer

Die einfachste Art der Windenergieumwandlung ist mit Hilfe reiner Widerstandsflächen möglich (Abb. 4.4). Die Luft trifft mit der Geschwindigkeit v_W auf die Fläche A, deren Leistungsaufnahme P sich aus dem Luftwiderstand F_W, der Fläche und der Geschwindigkeit v_r, mit der sie sich bewegt, berechnet:

$$P = F_W v_r$$

Die Relativgeschwindigkeit v_W minus v_r, mit der die Widerstandsfläche effektiv angeströmt wird, ist maßgebend für ihren Luftwiderstand. Unter Benutzung des üblichen Luftwiderstandsbeiwertes c_W läßt sich der Luftwiderstand ausdrücken als:

$$F_W = c_W \frac{\varrho}{2} (v_W - v_r)^2 F$$

Die sich daraus ergebende Leistung ist:

$$P = \frac{\varrho}{2} c_W (v_W - v_r)^2 A v_r$$

Setzt man die Leistung wieder in Relation zu der im Luftstrom enthaltenen Leistung, so ergibt sich der Leistungsbeiwert

$$c_P = \frac{P}{P_0} = \frac{\frac{\varrho}{2} c_W A \, (v_W - v_r)^2 \, v_r}{\frac{\varrho}{2} v_W^3 A}$$

Ähnlich dem in Kap. 4.1 aufgezeigten Weg läßt sich zeigen, daß c_P bei einem Geschwindigkeitsverhältnis von $v_r / v_W = 1/3$ einen Maximalwert annimmt. Der Höchstwert beträgt dann:

$$c_{P_{max}} = \frac{4}{27} c_W$$

Die Größenordnung des Ergebnisses wird deutlich, wenn man berücksichtigt, daß der Luftwiderstandsbeiwert einer konkav zur Windrichtung gekrümmten Fläche kaum größer als 1,3 werden kann. Damit wird der maximale Leistungsbeiwert eines reinen Widerstandsläufers:

$$c_{P_{max}} \approx 0{,}2$$

Er erreicht somit nur ein Drittel des idealen Betzschen Wertes von $c_P = 0{,}593$. Es sei noch darauf hingewiesen, daß diese Ableitung streng genommen nur für eine translatorische Bewegung der Widerstandsfläche gilt. Um einen anschaulichen Bezug zum Windrotor zu finden, ist die Skizze nach Bild 4.4 für eine drehende Bewegung dargestellt.

Auftriebsnutzender Rotor

Ist die Form der Rotorblätter so gestaltet, daß der aerodynamische Auftrieb genutzt werden kann, lassen sich erheblich höhere Leistungsbeiwerte erzielen. Die Ausnutzung des aerodynamischen Auftriebes, analog den Verhältnissen an einem Flugzeugtragflügel, steigert den Wirkungsgrad beträchtlich (Bild 4.5).

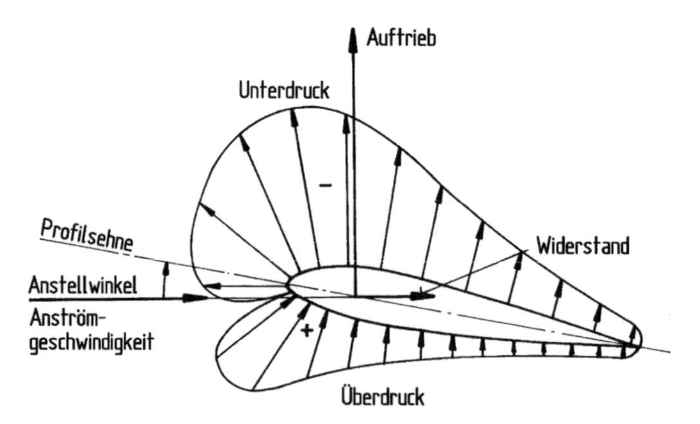

Bild 4.5. Luftkräfte an einem umströmten Tragflügelprofil

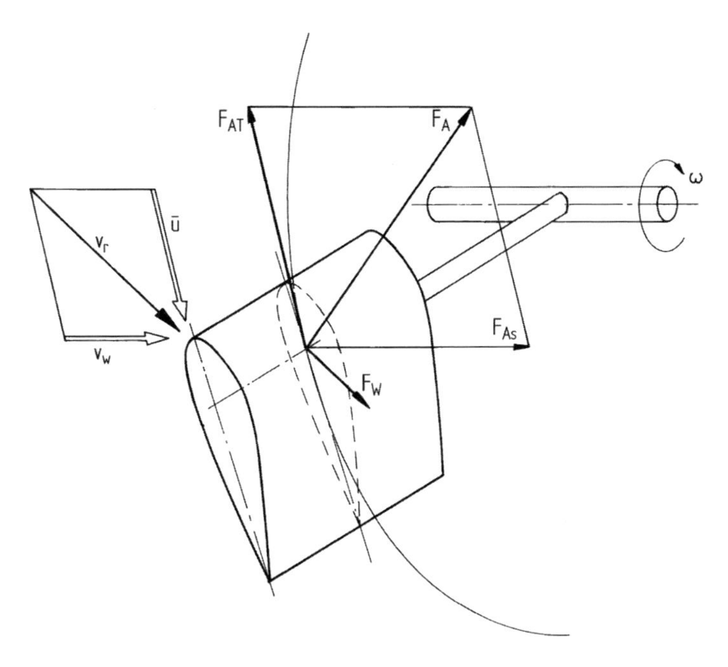

Bild 4.6. Anströmgeschwindigkeiten und Luftkräfte an einem propellerartigen, auftriebsnutzenden Rotor (Proportionen nicht realistisch)

Alle modernen Bauformen von Windrotoren zielen auf diesen Effekt ab. Am besten hierzu geeignet ist der sogenannte Propellertyp mit horizontaler Drehachse (Bild 4.6). Die Windgeschwindigkeit v_W überlagert sich vektoriell mit der Umfangsgeschwindigkeit u des Rotorblattes. Beim rotierenden Rotorblatt ist dies die Umfangsgeschwindigkeit an einem Blattquerschnitt in einem bestimmten Abstand zur Drehachse. Die sich ergebende Anströmgeschwindigkeit v_r bildet mit der Profilsehne den aerodynamischen Anstellwinkel. Die entstehende Luftkraft wird zerlegt in eine Komponente in Richtung der Anströmgeschwindigkeit, den Widerstand F_W und in eine Komponente senkrecht zur Anströmgeschwindigkeit, den Auftrieb F_A. Die Auftriebskraft F_A läßt sich wiederum zerlegen in eine Tangentialkomponente $F_{A\,T}$ in der Drehebene des Rotors und eine zweite senkrecht zur Drehebene. Die Komponente $F_{A\,T}$ bildet das Antriebsmoment des Rotors, während $F_{A\,S}$ für den Rotorschub verantwortlich ist.

Moderne Profile, die für Flugzeugtragflügel entwickelt wurden und ebenso Anwendung für Windrotoren finden, weisen ein extrem günstiges Verhältnis von Auftrieb zu Widerstand auf. Dieses Verhältnis, als Gleitzahl E bezeichnet, kann Werte bis zu 200 erreichen. Bereits aus dieser Tatsache läßt sich qualitativ erkennen, um wieviel günstiger die Nutzung des aerodynamischen Auftriebes als antreibende Kraft sein muß. Eine quantitative Berechnung der erzielbaren Leistungsbeiwerte ist bei auftriebsnutzenden Rotoren nicht mehr mit Hilfe elementarer physikalischer Beziehungen möglich. Hierzu sind aufwendigere theoretische Modellvorstellungen erforderlich, wie sie im nächsten Kapitel erörtert werden.

Literatur

1. Betz, A.: Windenergie und ihre Ausnutzung durch Windmühlen
   Göttingen: Vandenhoek und Rupprecht 1926; Vieweg 1946
2. Molly, J. P.: Windenergie in Theorie und Praxis
   Karlsruhe: C. F. Müller-Verlag 1978

Kapitel 5

Aerodynamik des Rotors

Der Rotor steht am Anfang der Wirkungskette einer Windkraftanlage. Seine aerodynamischen und dynamischen Eigenschaften sind deshalb in mehrfacher Hinsicht prägend für das gesamte System. Die Fähigkeit des Rotors, einen möglichst hohen Anteil der die Rotorkreisfläche durchströmenden Windenergie in mechanische Arbeit umzusetzen, ist offensichtlich eine direkte Folge seiner aerodynamischen Eigenschaften. Der damit weitgehend festgelegte Gesamtwirkungsgrad der Energiewandlung ist für die Windkraftanlage wie für jedes andere regenerative Energieerzeugungssystem von nicht zu unterschätzender Bedeutung im Hinblick auf die Wirtschaftlichkeit.

Weniger augenscheinlich, aber kaum weniger von Bedeutung, sind die aerodynamischen Eigenschaften des Rotors im Hinblick auf seine Fähigkeit, das unstete Energieangebot des Windes in ein möglichst gleichförmiges Drehmoment umzusetzen und dabei die unvermeidlichen dynamischen Belastungen für die Anlage so niedrig wie möglich zu halten. Je besser er dieser Aufgabe gerecht wird, umso unproblematischer ist die Belastungssituation für die nachgeordneten mechanischen und elektrischen Komponenten.

Weitere Gesichtspunkte, unter denen die aerodynamischen Rotoreigenschaften gesehen werden müssen, sind die Regelung und Betriebsführung der Windkraftanlage und das aerodynamisch bedingte Geräusch. Ein ungünstiges Drehmomentenverhalten oder ein kritisches Strömungsablöseverhalten der Rotorblätter können die Betriebsweise außerordentlich erschweren. Die Betriebsführung und Regelung der Anlage muß deshalb den aerodynamischen Qualitäten des Rotors angepaßt werden. Rotoren mit hohen Blattspitzengeschwindigkeiten verursachen aerodynamische Geräusch die an vielen Standorten nicht toleriert werden können.

Die Rotoraerodynamik erhält vor diesem Hintergrund ihre systemdurchdringende Bedeutung. Ohne ein Mindestmaß an Kenntnissen des aerodynamischen Verhaltens des Rotors ist ein Gesamtverständnis der Funktion einer Windkraftanlage nicht möglich. Hinzu kommt, daß der Rotor einer Windkraftanlage bis zu einem gewissen Grade die „windkraftanlagenspezifische" Komponente bildet und deshalb ohne Beispiel aus anderen Bereichen der Technik berechnet und konstruiert werden muß.

Aus den genannten Gründen räumt dieses Buch den aerodynamischen Eigenschaften des Rotors einen vergleichsweise breiten Raum ein. Die Absicht liegt dabei weniger in einer detaillierten Beschreibung der aerodynamischen Theorie, sondern vielmehr in der

Darstellung der Zusammenhänge der wesentlichen Auslegungsparameter des Rotors und seiner Eigenschaften als Energiewandler.

5.1 Physikalisch-mathematische Modelle und Berechnungsverfahren

Die aerodynamische Auslegung von Windrotoren verlangt mehr als die Kenntnis elementarer physikalischer Gesetzmäßigkeiten der Energiewandlung. Auf der einen Seite stellt sich das Problem, ausgehend von der konkreten Gestalt des Rotors, zum Beispiel der Anzahl der Form der Rotorblätter und des aerodynamischen Profils, die aerodynamischen Eigenschaften des Rotors zu finden.

Die „Entwurfsaerodynamik" ist noch komplexer, sie erfordert die Berücksichtigung zahlreicher weiterer Aspekte insbesondere der Festigkeit und Steifigkeit der Rotorblätter und der aerodynamisch bedingten Geräuscherzeugung des Rotors. Im praktischen Entwurfsverfahren geschieht dies, wie in den meisten technischen Entwurfsaufgaben, auf iterative Weise. Zu Beginn existiert die Vorstellung von einer Rotorform, die gewisse gewünschte Eigenschaften zu haben verspricht. Für diese Konfiguration wird eine Berechnung durchgeführt und geprüft, inwieweit das erwartete Ergebnis eintrifft. Im Regelfall werden die Ergebnisse im ersten Anlauf nicht voll befriedigen. Das physikalisch-mathematische Berechnungsmodell vermittelt die Einsichten, in welcher Weise die vorgegebenen Parameter des Rotorentwurfes das Endergebnis beeinflussen. Damit ist die Möglichkeit gegeben, durch entsprechend zielgerichtete Korrekturen den Entwurf zu verbessern. Die heute angewandten Berechnungsmodelle zur aerodynamischen Auslegung von Windrotoren zu beschreiben hieße, den Rahmen dieses Buches zu sprengen. Dennoch werden die wesentlichen Ansätze der aerodynamischen Rotortheorie erläutert, da sie für das Verständnis der Berechnungsergebnisse und damit der Gestalt von Windrotoren nützlich sind.

Das Verdienst, zum ersten Mal nicht nur die physikalischen Grundlagen der Energiewandlung, sondern auch eine geschlossene, wenn auch sehr einfache, Theorie des Windrotors formuliert zu haben, gebührt dem Strömungsmechaniker Albert Betz (vergl. Kap. 4.1). Die Betzsche Theorie wurde in der Folgezeit von zahlreichen anderen Autoren weiterentwickelt. Insbesondere die sich entwickelnde Luftfahrtaerodynamik hat die theoretische Behandlung des Windrotors befruchtet.

In den zwanziger Jahren dieses Jahrhunderts standen die Aerodynamiker vor der Aufgabe, den bis dahin eher empirisch arbeitenden Flugzeugkonstrukteuren zuverlässige und wissenschaftlich fundierte Berechnungshilfsmittel zur Verfügung zu stellen. Insbesondere das Problem des aerodynamisch optimalen Tragflügels war von zentraler Bedeutung für die Weiterentwicklung der Luftfahrt. Es entwickelte sich eine Sonderdisziplin der angewandten Strömungsmechanik, die sogenannte *Tragflügeltheorie*. Namen wie Prandtl, Glauert, Multhopp, Schlichting und Truckenbrodt sind hiermit verbunden.

Neben der Tragflügeltheorie bilden die in dieser Zeit entwickelten theoretischen Modelle der Propeller- und Turbinenberechnung einen Ausgangspunkt für die aerodynamische Berechnung der Windrotoren. Die Formulierung der *Propellertheorie*, insbesondere durch H. Glauert in den dreißiger Jahren hat das Verständnis der Aerodynamik von Windrotoren wesentlich gefördert [1]. U. Hütter und G. Schmitz und einige andere haben die Glauertsche Propellertheorie auf Windrotoren angewendet und verfeinert [2, 3].

In den letzten Jahrzehnten hat die intensive Beschäftigung mit Hubschrauberrotoren weitere Erkenntnisse gebracht. Die Amerikaner Wilson und Lissaman haben Berechnungsverfahren veröffentlicht, die besonders auf den Einsatz von EDV-Anlagen zugeschnitten sind [4].

5.1.1 Blattelementtheorie

Die einfache Impulstheorie nach Betz beruht auf der Modellvorstellung einer zweidimensionalen Durchströmung des Energiewandlers (vergl. Kap. 4). Die Luftgeschwindigkeit wird verlangsamt und die Stromlinien nur in einer Ebene ausgelenkt (Bild 5.1).

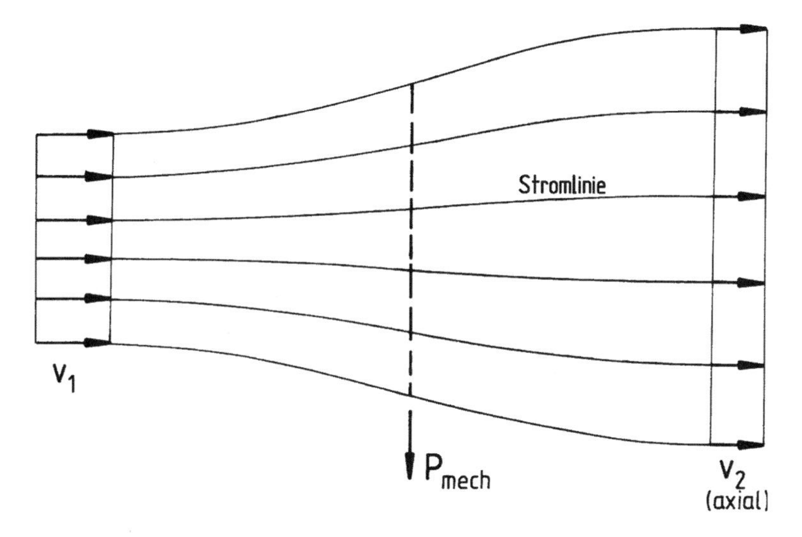

Bild 5.1. Strömungsmodell der Betzschen Impulstheorie

In der Realität wird ein rotierender Wandler, ein Rotor, die Luft jedoch zusätzlich noch in eine drehende Bewegung versetzen. Der sogenannte *Strömungsnachlauf,* das heißt der Abstrom hinter dem Rotor, erhält einen *Drall.* Aus Gründen der Drehimpulserhaltung muß ein dem Drehmoment des Rotors entgegengesetzter Drall in der Nachlaufströmung vorhanden sein.

Die darin enthaltene Energie vermindert den nutzbaren Anteil des Gesamtenergieinhaltes des Luftstromes zu Ungunsten der entziehbaren mechanischen Arbeit, so daß in der erweiterten Impulstheorie mit Berücksichtigung der Strömungsverdrehung der Leistungsbeiwert der Turbine kleiner als der Betzsche Wert ausfallen muß (Bild 5.2). Darüber hinaus wird der Leistungsbeiwert nun abhängig vom Verhältnis der Energieanteile aus der Drehbewegung und der translatorischen Bewegung des Luftstromes. Dieses Verhältnis wird geprägt durch die Umfangsgeschwindigkeit der Rotorblätter im Verhältnis zur Windgeschwindigkeit. Man bezeichnet dieses Verhältnis als *Schnellaufzahl* λ. Üblicherweise wird sie auf die Umfangsgeschwindigkeit der Rotorblattspitze bezogen.

$$\text{Schnellaufzahl } \lambda = \frac{u}{v_W} = \frac{\text{Umfangsgeschwindigkeit der Blattspitze}}{\text{Windgeschwindigkeit}}$$

Die Abhängigkeit des Leistungsbeiwertes von der Schnellaufzahl ist grundlegend für die Leistungscharakteristik eines Rotors, wie für jede andere turbinenartige Kraft- oder Arbeitsmaschine. Im konventionellen Turbinenbau und in der Propellertheorie wird die Schnellaufzahl als *Fortschrittsgrad* bezeichnet, der allerdings reziprok definiert ist.

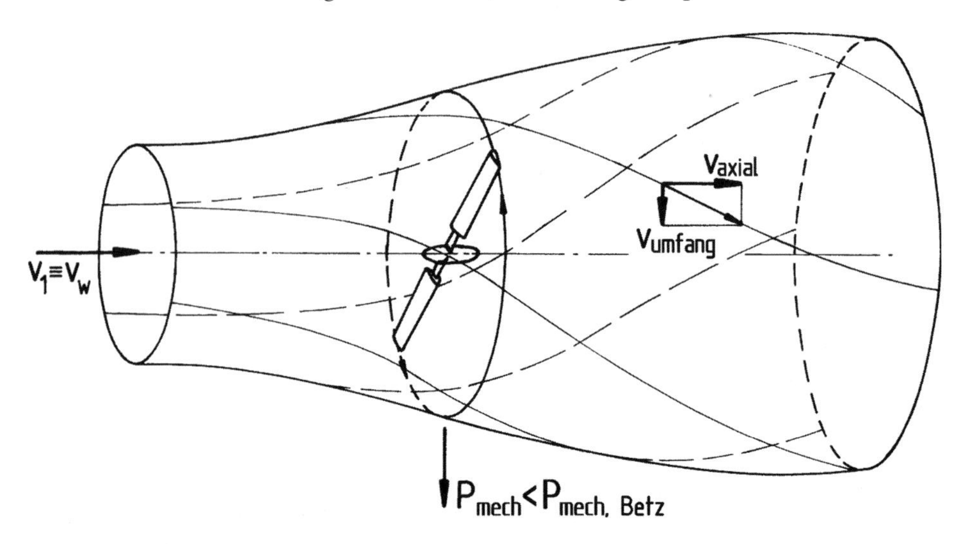

Bild 5.2. Erweiterte Impulstheorie mit Berücksichtigung des Strömungsdralles

Der entscheidende Schritt von der grundsätzlichen physikalischen Betrachtungsweise zur technischen Rotoraerodynamik besteht in der Einführung der Rotorblattgeometrie. Erst damit wird es möglich, den Zusammenhang zwischen der konkreten Gestalt des Rotors und den aerodynamischen Eigenschaften zu finden. Ein in der Windenergietechnik gebräuchliches Verfahren, das diesem Zweck dient, wird als *Blattelementtheorie* bezeichnet [4].

Bei diesem strömungsmechanischen Modell werden die Anströmverhältnisse und Luftkräfte an sog. Blattelementen bestimmt, die im Abstand r von der Rotorachse rotieren. Vereinfachend wird angenommen, daß sich die Luftkräfte in den konzentrischen Streifen der Blattelemente (deshalb engl. *strip theory*) nicht gegenseitig beeinflussen (Bild 5.3). Das Blattelement wird durch die örtliche Rotorblattiefe (aerodynamisches Profil) und die radiale Erstreckung des Elementes gebildet.

Der Rotorblattquerschnitt am Radius r ist mit dem örtlichen Blatteinstellwinkel ϑ gegenüber der Rotorebene eingestellt (Bild 5.4). Die axiale Anströmgeschwindigkeit v_a in der Rotorebene und die am Radius des Blattquerschnittes herrschende Umfangsgeschwindigkeit u setzen sich zu einer resultierenden Anströmgeschwindigkeit v_r zusammen. Diese bildet mit der Profilsehne den aerodynamischen *Anstellwinkel* α. An dieser Stelle sei für den nicht mit der Aerodynamik vertrauten Leser der Hinweis auf den Unterschied zwischen dem aerodynamischen *Anstellwinkel* α und dem *Blatteinstellwinkel* ϑ erlaubt. Der Anstellwinkel ist eine aerodynamische Größe, der Einstellwinkel ein konstruktiv festgelegter Parameter. Beide Winkel werden oft verwechselt und damit das Verständnis der aerodynamischen Zusammenhänge erschwert.

Aus der Verknüpfung der strömungsmechanischen Beziehungen für den Impuls der axialen Durchströmung und des Dralls für die Strömungsdrehung mit den Ansätzen für die Luftkräfte am Blattelement lassen sich die Strömungsverhältnisse am Blattelement be-

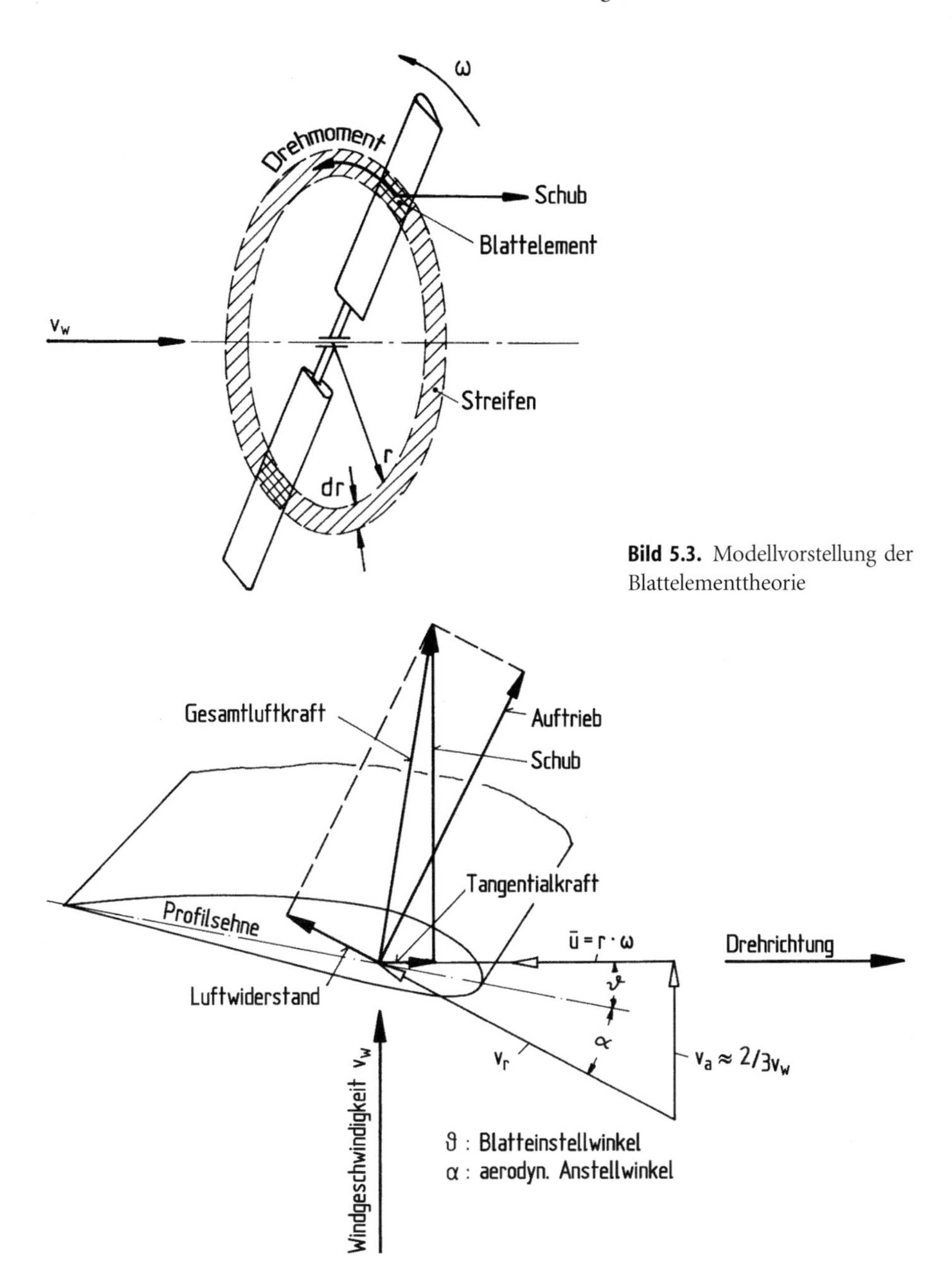

Bild 5.3. Modellvorstellung der Blattelementtheorie

Bild 5.4. Anströmverhältnisse und Luftkräfte am Profilquerschnitt eines Blattelementes

stimmen, so daß die dort wirksamen Luftkraftbeiwerte aus den *Profilpolaren* entnommen werden können (vergl. Kap. 5.4).

In die Kräftebilanz geht nicht nur der reine Profilwiderstand ein, sondern noch weitere Widerstandsanteile, die aus der räumlichen Umströmung des Rotorblattes resultieren. Insbesondere die Umströmung der Blattspitze infolge des Druckunterschiedes zwischen Unter- und Oberseite äußert sich in sogenannten *freien Randwirbeln*. Der daraus resultierende Widerstand wird als *induzierter Widerstand* bezeichnet. Dieser ist eine Funktion des örtlichen Auftriebsbeiwertes und der *Streckung* (Schlankheit der Rotorblätter). Je größer die Streckung, d. h. je schlanker die Rotorblätter sind, umso geringer ist der induzierte Widerstand (Segelflugzeug). Diese *Blattspitzenverluste* werden als zusätzliche Widerstandsanteile eingeführt, ebenso wie die sogenannten *Nabenverluste*, die von den Wirbelschleppen aus der Umströmung der Rotornabe herrühren. Sie werden aus einem komplexen *Wirbelmodell* der Rotorströmung abgeleitet (vergl. Kap. 5.1.2). Die Fachliteratur kennt mehrere halbempirische Ansätze für diese Wirbelverluste [4].

Die Blattelementtheorie liefert mit der Berechnung der örtlichen Luftkraftbeiwerte die Luftkraftverteilung über die Blattlänge. Üblicherweise wird diese in zwei Komponenten aufgeteilt: eine Komponente in der Rotordrehebene (Tangentialkraftverteilung) und eine Komponente senkrecht dazu (Schubkraftverteilung) (Bild 5.5). Aus der Integration des Tangentialkraftverlaufes erhält man das Antriebsmoment des Rotors und mit der Rotordrehzahl die Rotorleistung bzw. den Leistungsbeiwert. Die Aufsummierung des Schubkraftverlaufs ergibt den Rotorgesamtschub. Auf diese Weise liefert die Blattelementtheorie sowohl die Rotorleistung, als auch die stationäre Luftkraftbelastung für eine vorgegebene Gestalt des Rotors.

Am Beispiel der Rotorleistungskennlinie, also dem Verlauf des Leistungsbeiwertes über der Schnellaufzahl, läßt sich zurückblickend die Annäherung der theoretischen Modellvorstellungen an die Wirklichkeit verdeutlichen (Bild 5.6). Bezogen auf das Leistungsvermögen des Luftstromes liefert die einfache Betzsche Impulstheorie den idealen, von der Schnellaufzahl unabhängigen, konstanten Leistungsbeiwert von 0,593. Die Berücksichtigung des Strömungsdrehimpulses im Nachlauf des Rotors zeigt, daß der Leistungsbeiwert eine Funktion der Schnellaufzahl wird. Erst für unendlich große Schnellaufzahlen nähert sich der Leistungsbeiwert dem Betzschen Idealwert. Die Einführung der Luftkräfte an den Rotorblättern bewirkt eine weitere Absenkung des Leistungsbeiwertes; zudem zeigt der Leistungsbeiwert jetzt bei einer bestimmten Schnellaufzahl ein Optimum. Die reale Rotorleistungskennlinie wird damit durch die Blattelementtheorie mit guter Näherung dargestellt. Der Vorzug der Blattelementtheorie ist, daß mit einfachen mathematischen Beziehungen die Rotorleistungskennlinie und auch das Rotorleistungskennfeld ermittelt werden können. Das Modell eignet sich damit hervorragend für Entwurfsaufgaben.

Komplexere Strömungsvorgänge im Detail, die einen gewissen Einfluß auf die Leistungsabgabe und das Verhalten des Rotors in bestimmten Strömungs- und Betriebszuständen haben, können mit der Blattelementtheorie nicht ermittelt werden, weil:

- die räumliche Umströmung des Rotorblatts bzw. des gesamten Rotors nicht erfasst wird. Die Umströmung der Blattspitze und der Rotornabe werden über halbempirische Formeln für die Blattspitzen- und Rotornabenverluste nur sehr grob berücksichtigt (vergl. Kap. 5.1.2)

- eine radial nach außen gerichtete Komponente der Rotorblattumströmung die eine Folge der Zentrifugalkräfte in der Umströmung beim drehenden Rotor ist, bleibt unberücksichtigt
- instationäre Strömungsvorgänge bei schnellen Anstellwinkeländerungen, die sich im Hinblick auf die maximalen Auftriebsbeiwerte und der Strömungsablösung bei höheren Anstellwinkel äußern, werden mit der stationären Blattelementtheorie nicht erfaßt (vergl. Kap. 5.3.4)

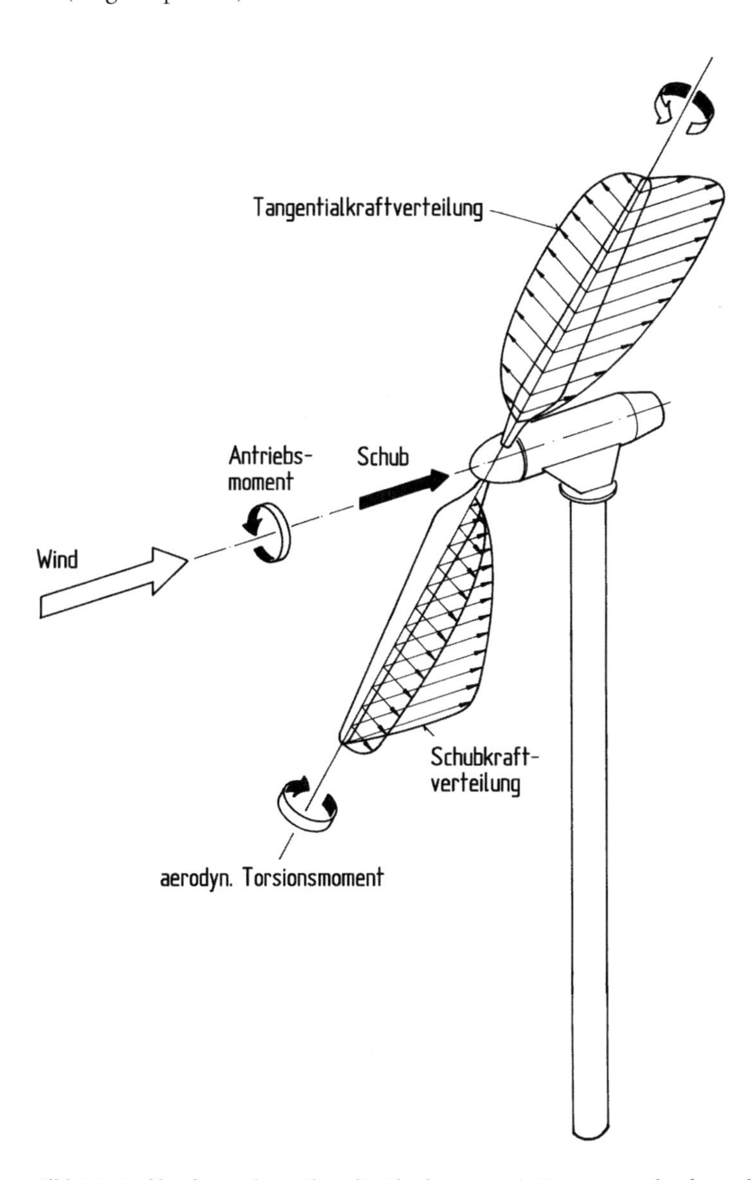

Bild 5.5. Luftkraftverteilung über die Blattlänge sowie Rotorgesamtkräfte und -momente

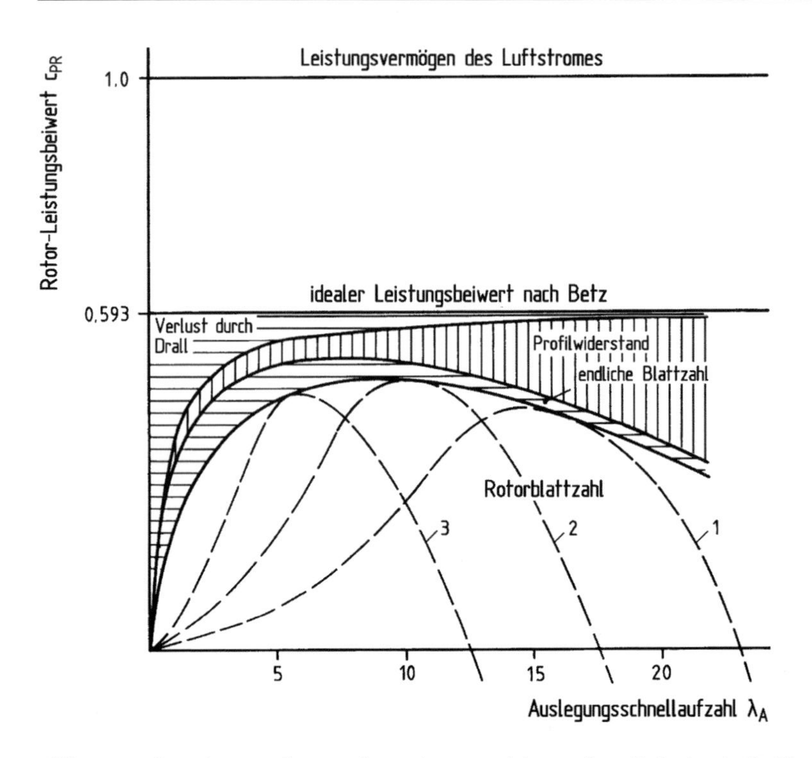

Bild 5.6. Stufenweise Annäherung der realen Rotorleistungskennlinie durch die Theorie [3]

Die Rotoraerodynamik muß sich komplexerer physikalisch-mathematischer Modelle bedienen, um Einsichten in diese Vorgänge zu bekommen. Aus der Luftfahrtaerodynamik stehen geeignete Verfahren grundsätzlich zur Verfügung, sie müssen jedoch auf die spezifischen Charakteristika des Windrotors angepaßt werden. Die Bedeutung dieser Verfahren liegt unter anderem auch darin, daß manche aerodynamischen Effekte meßtechnisch nur schwer zu erfassen sind, insbesondere instationäre Strömungseffekte. Deshalb bleibt in diesen Fällen nur die theoretische Analyse übrig. In den beiden folgenden Kapiteln werden zwei Verfahren skizziert, wovon das erste eine klassische Methode der Tragflächentheorie ist, während die numerische Strömungssimulation erst in neuerer Zeit mit moderner EDV möglich geworden ist.

5.1.2 Wirbelmodell der Rotorströmung

Im Rahmen der Tragflügelaerodynamik in der Luftfahrttechnik wurden in den dreißiger Jahren eine Reihe von strömungstechnischen Modellen entwickelt, die auch auf die Rotoraerodynamik übertragen wurden. Beim sog. *Singularitätenverfahren* wird ein System von „Quellen“ und „Senken“ so angeordnet, daß die Körperumströmung damit nachgebildet werden kann. Die Singularitäten sind mathematisch erfassbar und werden der Hauptströmung überlagert. Das Verfahren eignet sich besonders für zweidimensional zu betrachtende Strömungsvorgänge (Profiltheorie).

Die räumliche Umströmung eines Flügels (Tragflügeltheorie), oder auch eines Windrotors, kann durch ein System von Wirbeln dargestellt werden. Die Wirbel werden mathematisch zum Beispiel durch das Biot-Savart'sche Gesetz oder den Helmholtz'schen Wirbelsatz beschrieben und so angeordnet und überlagert, daß daraus die Gesamtströmung modelliert wird (Bild 5.7 und 5.8).

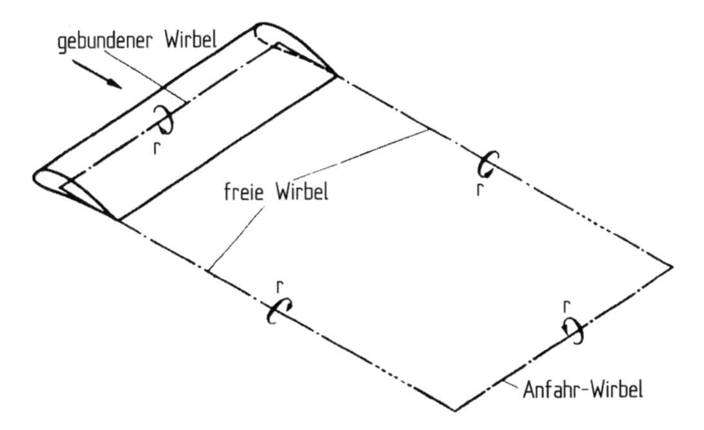

Bild 5.7. Einfachstes Wirbelmodell eines Tragflügels [5]

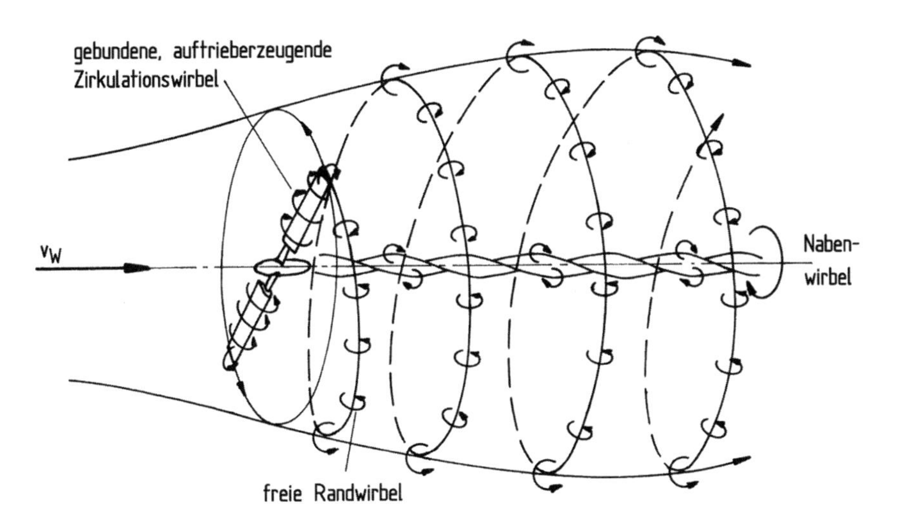

Bild 5.8. Wirbelmodell der Rotordurchströmung [4]

Der Auftrieb, wird durch einen sog. „gebundenen Wirbel", der den Tragflügel ersetzt, erzeugt. Der vom Auftrieb verursachte *induzierte Widerstand* äußert sich in den „freien Randwirbeln". Mit dieser Modellvorstellung lassen sich die Strömungsverhältnisse um einen Tragflügel oder ein Rotorblatt berechnen. Durch eine komplexere Wirbelbelegung, als in Bild 5.7 dargestellt, kann die Profilgeometrie und die Form des Tragflügels simuliert werden, sodaß wirklichkeitsnahe Ergebnisse erzielt werden. Dieses Modell läßt sich auch auf Propeller und Windrotoren übertragen.

Das Wirbelmodell des Rotors liefert für die wichtigsten Leistungs- und Belastungskennziffern nahezu die gleichen Ergebnisse wie die Blattelementtheorie. Darüberhinaus können aber weitere Details, insbesondere auch räumliche Strömungsvorgänge berechnet werden.

5.1.3 Numerische Strömungssimulation

In den letzten Jahrzehnten sind mit der Verfügbarkeit moderner elektronischer Rechenanlagen aufwendige numerische Verfahren der Strömungssimulation entwickelt worden. Sie werden heute in vielen Bereichen der Luftfahrt- und Fahrzeugaerodynamik und für die Berechnung von Strömungsmaschinen eingesetzt. Es liegt nahe die Verfahren auch auf Windrotoren anzuwenden.

Das Grundprinzip besteht darin, den gesamten Strömungsraum der Umströmung eines zu untersuchenden Objekts in kleine Volumenelemente einzuteilen und mit Hilfe der Finite-Elemente-Methode, die Strömungszustände in den einzelnen Elementen zu bestimmen und miteinander zu verbinden. Man könnte von einem „numerischen Strömungskanal" sprechen. [6]

Bei dieser numerischen Strömungssimulation, auch kurz CFD (Computational Fluid Dynamics) genannt, bilden die sog. Eulerschen Bewegungsgleichungen den als weitgehend reibungsfrei zu betrachtenden Strömungsbereich ab. Die sog. Navier-Stokesschen Gleichungen charakterisieren die reibungsbehaftete Strömung in der wandnahen Schicht des Körpers (Grenzschicht). Auf dieser mathematischen Grundlage werden in den Volumenelementen die physikalischen Grundgleichungen wie Kontinuitätsgleichung (Massenerhaltung), Impulssatz und Kräftegleichgewicht, u.s.w., in alle drei Raumrichtungen aufgestellt. Sie beschreiben den Zusammenhang zwischen Trägheits-, Reibungs- und Druckkräften, sowie äußere Krafteinwirkungen. Hieraus ergibt sich ein System von gekoppelten partiellen Differentialgleichungen, die iterativ gelöst werden können. Wichtig ist in diesem Zusammenhang, ob der Strömungszustand laminar oder turbulent ist. Insbesondere das gewählte Turbulenzmodell entscheidet darüber, welche Strömungseffekte erfaßt werden können.

Mit den CFD-Verfahren ist nicht nur die Berechnung der Strömungsgrößen (Geschwindigkeit, Druck, Temperatur, u.s.w.) möglich, sondern auch die Kräfteverteilung (Belastungen) kann durch entsprechende Integrationsverfahren ermittelt werden. Die Behandlung instationärer Strömungsvorgänge ist ebenfalls möglich, allerdings steigt der Rechenaufwand sehr stark an.

Grundsätzlich ist zur CFD-Technik festzustellen, daß diese aufwendigen Verfahren kein Instrument für den Entwurfsingenieur sind. Ihre Bedeutung liegt in der Analyse komplizierter Strömungsvorgänge im Detail und in der visuellen Darstellung von Strömungsvorgängen (Bild 5.9 und 5.10). Mit den dabei gewonnenen Erkenntnissen lassen sich Verbesserungen und Optimierungen des Grundentwurfes durchführen. Die Entwicklung und Handhabung von CFD-Verfahren ist in der Regel eine Sache von wissenschaftlichen Instituten. Einige Verfahren sind auch als Softwarepakete verfügbar. Im Rahmen eines europäischen Forschungsprogrammes unter dem Namen VISCWIND werden verschiedene Verfahren miteinander verglichen und ihre Spezialisierung auf die Rotoraerodynamik gefördert [7].

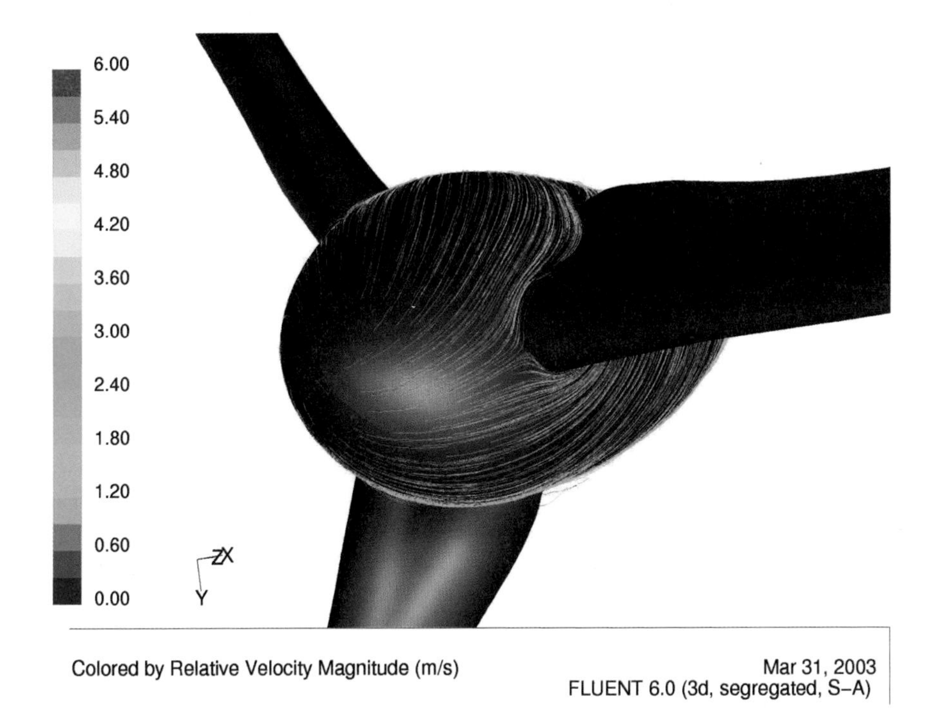

Bild 5.9. Ergebnisse einer numerischen Strömungssimulation [8] (Enercon)

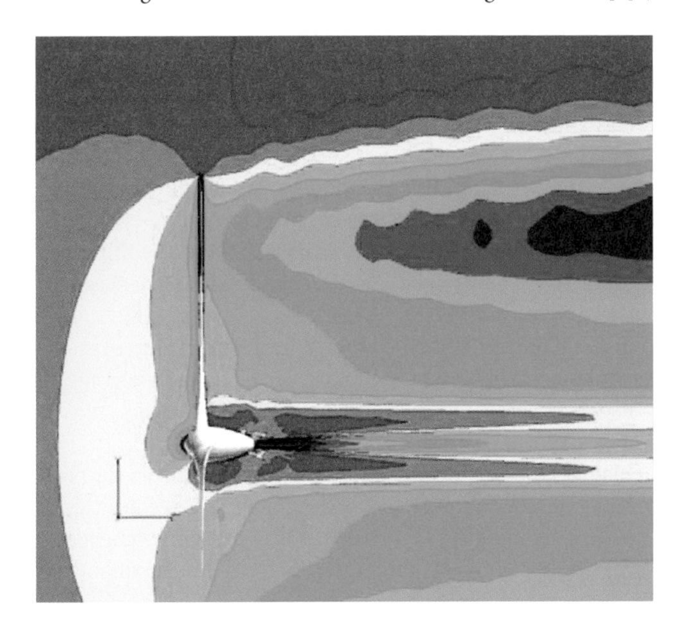

Bild 5.10. Visualisierung der Rotordurchströmung mit einer numerischen Strömungssimulation [9]. Rot 8 m/s, Blau 2 m/s

5.1.4 Rotornachlaufströmung

Die Beschäftigung mit der Rotoraerodynamik muß sich auch auf den aerodynamischen Zustand der Strömung hinter den Rotor erstrecken. In einem Windpark stehen die Windkraftanlagen räumlich so eng zusammen, daß die windabwärts gelegenen Anlagen von der Rotornachlaufströmung der vorderen Windkraftanlagen beeinflußt werden. Diese Beeinflussung hat mehrere Folgen, die von erheblicher Bedeutung sein können:

- Durch die verminderte Strömungsgeschwindigkeit im Nachlauf des Rotors verringert sich die Energielieferung der folgenden Windkraftanlagen.
- Die im Rotornachlauf unvermeidlich erhöhte Turbulenz vergrößert die Turbulenzbelastung der nachfolgenden Windkraftanlagen mit den entsprechenden Folgen für die Ermüdungsfestigkeit. Auf der anderen Seite wird ihr stationäres Belastungsniveau durch die Abnahme der mittleren Windgeschwindigkeit verringert.
- Bei ungünstigen Verhältnissen kann der Einfluß des Rotornachlaufs die Blatteinstellwinkelregelung der betroffenen Anlagen in nicht gewünschter Weise beeinflussen.

Die Behandlung der Rotornachlaufströmung erfordert zunächst eine physikalisch-mathematische Modellvorstellung der Nachlaufströmung des einzelnen Rotors. Diese wird dann für die Parkaufstellung von mehreren Anlagen in geeigneter Weise mit dem Strömungsnachlauf der übrigen Anlagen überlagert.

Die mathematische Modellierung des Rotornachlaufs ist in den letzten Jahren in zahlreichen Einzelbeiträgen zunehmend verfeinert worden. Das erste brauchbare Modell wurde 1977 von Lissaman im Zusammenhang mit seinen Arbeiten bei der Entwicklung der Blattelementtheorie und Impulstheorie veröffentlicht [9]. Lissaman ging von seinem Rotormodell (Blattelementtheorie) aus und berechnete die Geschwindigkeitsprofile hinter dem Rotor unter Zuhilfenahme von Erfahrungswerten aus Windkanalmessungen. Auf diese Weise entstand ein halbempirisches Berechnungsverfahren, das brauchbare Ergebnisse liefert. Lissaman entwickelte auch eine qualitative Vorstellung über die Entwicklung der *Nachlaufströmung* hinter dem Rotor (Bild 5.11).

Der Rotornah- oder -kernbereich wird durch den Druckausgleich unmittelbar hinter dem Rotor sowie durch die Wirbelschleppen aus der Rotorblattumströmung bestimmt. Durch den zunehmenden Druckausgleich weitet sich der Rotornachlauf aus. Die minimale Geschwindigkeit im Zentrum des Nachlaufes tritt in einer Entfernung zwischen einem und zwei Rotordurchmessern hinter dem Rotor auf.

Im Übergangsbereich wird in der Grenzschicht eine erhebliche Turbulenz erzeugt, die sich mit der Turbulenz und der höheren Windgeschwindigkeit der Umgebungsströmung vermischt. Das Geschwindigkeitsdefizit verringert sich mit größerer Entfernung zunehmend. Die Wirbel der Rotorblattumströmung verschwinden weitgehend.

Im weiteren Bereich des Nachlaufs (Fernbereich), in einer Entfernung von etwa fünf Rotordurchmessern, entwickelt sich das Geschwindigkeitsprofil des Nachlaufs zu einer Gaußschen Verteilung. Der Abbau des Geschwindigkeitsdefizits im Nachlauf wird weitgehend von der Vermischung mit der Umgebungsströmung, abhängig von der Turbulenzintensität der Umgebung, bestimmt.

Mit dem qualitativen Verständnis der Strömungsverhältnisse im Nachlauf waren auch die Voraussetzungen gegeben, verfeinerte Modelle zur Berechnung des Nachlaufs zu ent-

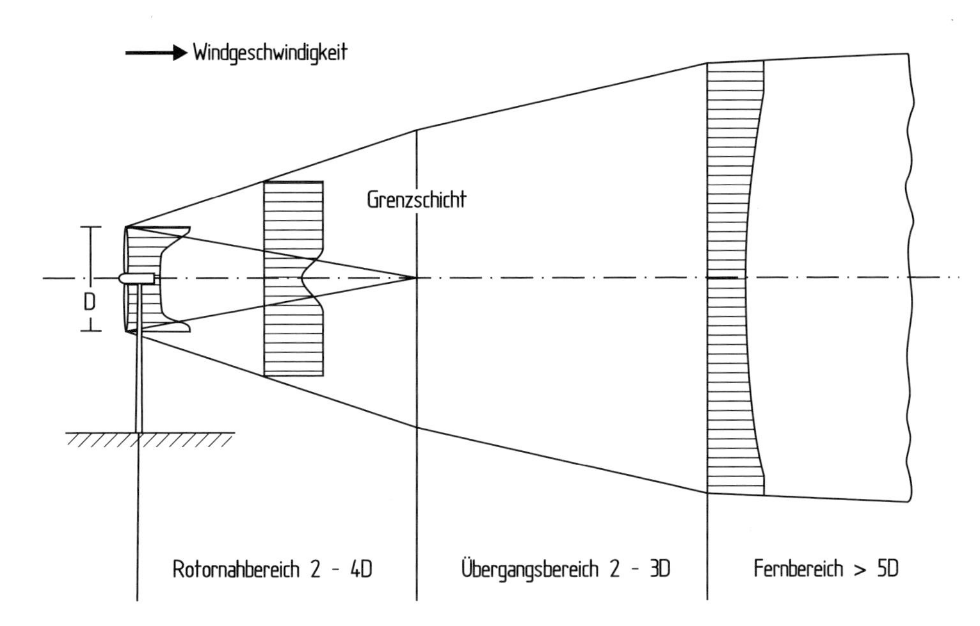

Bild 5.11. Modell der Rotornachlaufströmung [9]

wickeln. Ainslie stellte 1988 ein Modell vor, das auf der numerischen Lösung der Navier-Stokes Gleichungen für die turbulente Grenzschicht beruht und damit den physikalischen Gegebenheiten im Nachlauf schon sehr nahe kommt [10]. Den Einfluß der Umgebungsturbulenz führte Ainslie mit einem analytischen Ansatz für die Viskosität, das heißt für die von der Turbulenz übertragenen Schubkräfte, ein. Ein ähnliches Modell entwickelte Crespo, insbesondere unter der Zielsetzung, die im Rotornachlauf erzeugte zusätzliche Turbulenz zu bestimmen [11]. Dazu führte er ein genaueres Modell der Dissipation in der turbulenten Strömung ein.

Diese Berechnungsmodelle wurden mit zahlreichen Messungen an Windkraftanlagen bestätigt und verbessert. Als Beispiel dient eine Vermessung des Rotornachlaufs an einer kleinen Windkraftanlage, die mit den Ergebnissen des Modells von Ainslie verglichen wurde [12] (Bild 5.12).

Aus der theoretischen Behandlung des Rotornachlaufs lassen sich einige wichtige Erkenntnisse ableiten:

- Der Schubbeiwert des Rotors ist von entscheidender Bedeutung für den Impulsverlust der Strömung nach dem Rotor und damit das Ausmaß der Nachlaufströmung. Der Rotornachlauf ändert sich mit dem Betriebszustand der Anlage (Schnellaufzahl, Blatteinstellwinkel usw.). Rotoren mit unverstellbaren Rotorblättern erzeugen im Vollastbereich eine weitere ansteigende Schubkraft (vergl. Bild 5.23), entsprechend ausgeprägt ist die Rotornachlaufströmung.
- Der rotorferne Bereich der Nachlaufströmung, etwa ab 5 Rotordurchmessern, wird maßgeblich durch die Umgebungsturbulenz geprägt. Je höher die Turbulenzintensität der

Umgebung ist, umso schneller gleicht sich das Geschwindigkeitsdefizit im Nachlauf wieder aus.

- Im Rotornachlauf wird eine erhebliche Turbulenz erzeugt. Diese addiert sich für die im Nachlauf betroffenen Windkraftanlagen zu der Umgebungsturbulenz. Die überlagerte Turbulenzintensität liegt bei etwa 130 bis 150 % des Umgebungswertes. Dieser Effekt

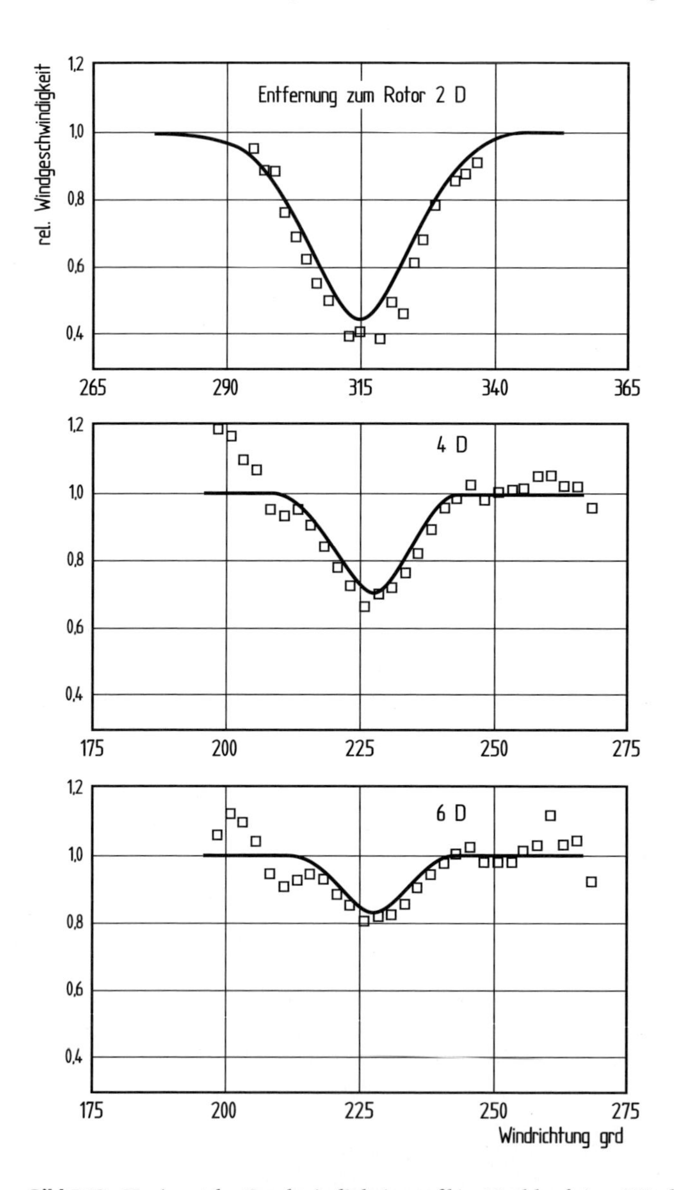

Bild 5.12. Horizontales Geschwindigkeitsprofil im Nachlauf einer Windkraftanlage vom Typ Enercon E-16, bezogen auf die Umgebungswindgeschwindigkeit [12]

kann für die Ermüdungsfestigkeit der betroffenen Windkraftanlagen von Bedeutung sein. Insbesondere bei der heute üblichen dichten Aufstellung von Windkraftanlagen mit Abständen von weniger als 3D muß nachgeprüft werden, ob die induzierte Turbulenzintensität noch innerhalb der Auslegungsgrenzen liegt (vergl. Kap. 6.4.1 und Kap. 18.3.1).

Die maximale Geschwindigkeitsverzögerung im Zentrum des Rotornachlaufs in bezug auf die Umgebungswindgeschwindigkeit ist beispielhaft aus Bild 5.12 zu ersehen. Der Geschwindigkeitsverlust beträgt relativ zum Rotor in einer einer Entfernung zum Rotor von:

2 D ca. 60 %

4 D ca. 30 %

6 D ca. 20 %

Diese Zahlenwerte für die Strömungsverzögerung können nicht unbedingt verallgemeinert werden. Der Schubbeiwert und die Umgebungsturbulenz spielen, wie oben erläutert, eine entscheidende Rolle. Das hier gezeigte Beispiel gilt für eine ältere Stall-Anlage, so daß die gemessenen Werte im oberen Bereich der Bandbreite liegen dürften. Neuere Anlagen mit Blatteinstellwinkelregelung erzeugen einen deutlich schwächeren Strömungsnachlauf.

Die Nachlaufströmung ist bei Offshore-Aufstellung besonders ausgeprägt. Durch die geringere Turbulenz der Umgebungsströmung im Vergleich zu Landaufstellung sind die Durchmischungseffekte verringert. Bild 5.13 zeigt die Rotornachlaufströmungen im Windpark Horns Rev. Spezielle meteorologische Bedingungen, sehr feuchte Luft und Temperaturen um den Gefrierpunkt führten zu sichtbarer Kondensation im Nachlauf.

Bild 5.13. Nachlaufströmung im Offshore-Windpark Horns Rev. (Foto: Steiness)

5.2 Leistungscharakteristik des Rotors

Die Leistungscharakteristik eines Windrotors wird in erster Linie durch den Verlauf der Rotorleistung über der Windgeschwindigkeit geprägt. Danach sind noch die Charakteristika des Drehmoments und des Rotorschubes von Bedeutung. Diese Größen sind für die Dimensionierung der Bauteile und der Strukturen der Windkraftanlage die entscheidenden Vorgaben. Die Leistungscharakteristik des Rotors wird üblicherweise in dimensionsloser Weise als Abhängigkeit des Rotorleistungsbeiwertes von der Schnellaufzahl dargestellt. Diese etwas abstrakte Darstellung eignet sich besser für die theoretische Behandlung im Rahmen der Rotoraerodynamik.

Die für den Benutzer einer Windkraftanlage wichtige *Leistungskennlinie* der Gesamtanlage zeigt dagegen den Verlauf der erzeugten elektrischen Leistung unmittelbar in Abhängigkeit von der Windgeschwindigkeit (vergl. Kap. 14.1).

5.2.1 Rotorleistungskennfeld und Drehmomentenkennfeld

Die einfache Impulstheorie lieferte bereits die Grundbeziehung für die mechanische Leistungsabgabe des Rotors. Die aerodynamische Rotortheorie, namentlich die Blattelementtheorie, vermittelt den Zusammenhang zwischen der geometrischen Gestalt einer realen Rotorkonfiguration und seiner Leistungscharakteristik. Mit Hilfe des Rotorleistungsbeiwertes c_{PR} berechnet sich die Rotorleistung in Abhängigkeit von der Windgeschwindigkeit nach folgender Beziehung:

$$P_{\mathrm{R}} = c_{\mathrm{PR}} \frac{\varrho}{2} v_{\mathrm{W}}^3 A$$

mit:

A Rotorkreisfläche (m²)
v_{W} Windgeschwindigkeit (m/s)
c_{PR} Rotorleistungsbeiwert (—)
ϱ Luftdichte (kg/m³); 1,23 kg/m³ bei NN
P_{R} Rotorleistung (W)

Der Leistungsbeiwert wird für ein bestimmtes Verhältnis von Rotordrehzahl und Windgeschwindigkeit, das heißt eine vorgegebene Schnellaufzahl, berechnet. Eine Wiederholung für mehrere Schnellaufzahlen ergibt den Verlauf des Leistungsbeiwertes über der Schnelllaufzahl. Daraus kann der Rotorleistungsbeiwert bei fester Rotordrehzahl für verschiedene Windgeschwindigkeiten oder bei einer Windgeschwindigkeit für unterschiedliche Rotordrehzahlen entnommen werden. Verfügt der Rotor über eine Blatteinstellwinkelregelung, so müssen die c_{P}-Kennlinien für jeden im Betrieb benutzten Blatteinstellwinkel berechnet werden. Aus einer c_{P}-Kennlinie für Rotoren mit unverstellbaren Blättern wird das *Rotorleistungskennfeld* für Rotoren mit Blatteinstellwinkelregelung (Bild 5.14).

Neben der Leistung des Rotors sind zur Charakterisierung der Rotorleistungsfähigkeit noch weitere Parameter von Bedeutung. Hierzu zählt in erster Linie das Drehmomentenverhalten (Bild 5.15). Das Rotordrehmoment kann analog zur Leistung ebenfalls unter Verwendung eines sogenannten Drehmomentenbeiwertes berechnet werden:

$$M_{\mathrm{R}} = c_{\mathrm{MR}} \frac{\varrho}{2} v_{\mathrm{W}}^2 \, A \, R$$

Die Bezugsgröße ist hierin der Rotorradius R.
Da das Drehmoment aus der Leistung durch Division durch die Drehzahl berechnet werden kann, ergibt sich zwischen Leistungs- und Drehmomentenbeiwert der einfache Zusammenhang:

$$c_{PR} = \lambda \, c_{MR}$$

Das Rotorleistungskennfeld und das Drehmomentenkennfeld sind kennzeichnend für jede Rotorkonfiguration. Sowohl die Höhe der Leistungsbeiwerte als auch die Form der Kennlinien zeigen deutliche Unterschiede. Die wesentlichen, das Kennlinienfeld dominierenden Parameter sind:

- Anzahl der Rotorblätter
- Tiefenverteilung der Rotorblätter (Grundriß)
- Aerodynamische Profileigenschaften
- Verwindungsverlauf der Rotorblätter

Die Leistungscharakteristik des Rotors ist die wichtigste Grundlage für das Leistungsvermögen einer Windkraftanlage. In welchem Ausmaß diese Größen die Rotorleistungscharakteristik und damit die Leistung der Windkraftanlage beeinflussen, wird in den folgenden Kapiteln näher erläutert (Bild 5.14).

Neben Leistungskennfeld ist für gewisse Anwendungen noch das Drehmomentkennfeld von Bedeutung (Bild 5.15). Zum Beispiel wenn es sich um kleinere Windkraftanlagen handelt, die zum direkten Antrieb von Arbeitsmaschinen, z. B. zum Antrieb von Pumpen eingesetzt werden (vergl. Kap. 16.1.3).

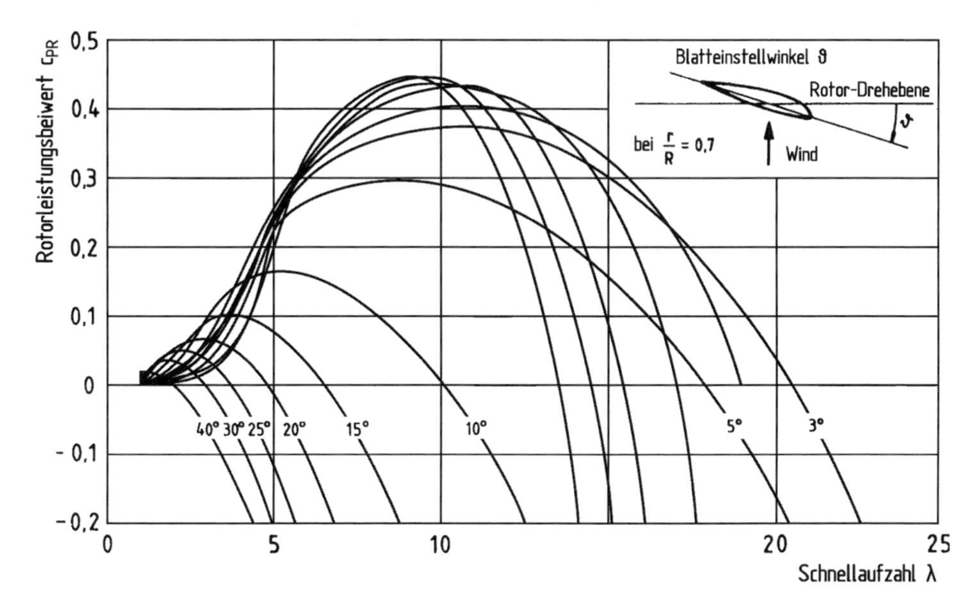

Bild 5.14. Rotorleistungskennfeld der Experimentalanlage WKA-60 (Rotorblattprofil NACA 4415)

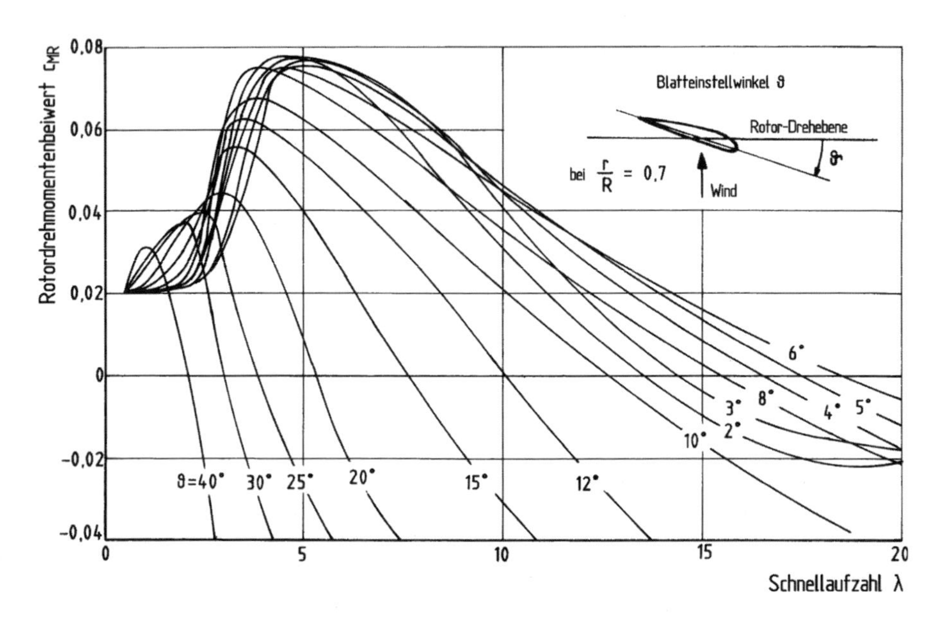

Bild 5.15. Drehmomentenkennfeld des Rotors der WKA-60

5.2.2 Leistungscharakteristiken verschiedener Rotorbauarten

Die qualitativen Unterschiede der Rotor-Leistungskennlinien (bei Rotoren mit Blattverstellung die Einhüllende des Leistungskennfeldes) von Rotoren unterschiedlicher Bauart zeigt Bild 5.16. Die historischen Windräder waren Widerstandsläufer auch Langsamläufer genannt. Die Leistung wurde durch den Luftwiderstand der vom Wind bewegten Flächen erzeugt. Die aerodynamischen Eigenschaften der Blätter selbst, insbesondere die Profileigenschaften spielten kaum eine Rolle (vergl. Kap. 4.2). Unter diesen Umständen erreichten die Leistungsbeiwerte nur eine bescheidene Größe von 0,2 bis 0,3. Erst mit schneller drehenden Rotoren, den Schnelläufern mit auftriebsnutzenden Rotorblättern konnten Leistungsbeiwerte um 0,5 erreicht werden. Rotoren mit der neuesten Rotorblatt-Generation erreichen maximale Rotorleistungsbeiwerte von deutlich über 0,5 also sehr nahe dem Betzschen Idealwert.

Eine Sonderstellung nehmen die Vertikalachsenrotoren ein. Obwohl ihre Rotorblätter auch den aerodynamischen Auftrieb nutzen bleiben die maximalen Leistungswerte im Vergleich zu den Horizontalachsenrotoren zurück. Die instationären Anströmverhältnisse, bei denen die Blätter über den Umlauf in bremsende Zustände kommen, sind dafür die Ursache (vergl. Kap. 5.8).

Ähnliche Unterschiede weisen auch die Drehmomentenkennlinien auf (Bild 5.17). Hier sind die Schnelläufer im Nachteil. Während die langsamlaufenden, vielblättrigen Rotoren über ein hohes Drehmoment verfügen, liegt das Drehmoment bei den schnellaufenden Rotoren mit geringer Blattflächendichte und Blattanzahl weit niedriger. Dies gilt besonders für das Anfahrdrehmoment. Der schnellaufende Zweiblattrotor liegt so ungünstig, daß er ohne Verstellung der Rotorblätter kaum anlaufen kann.

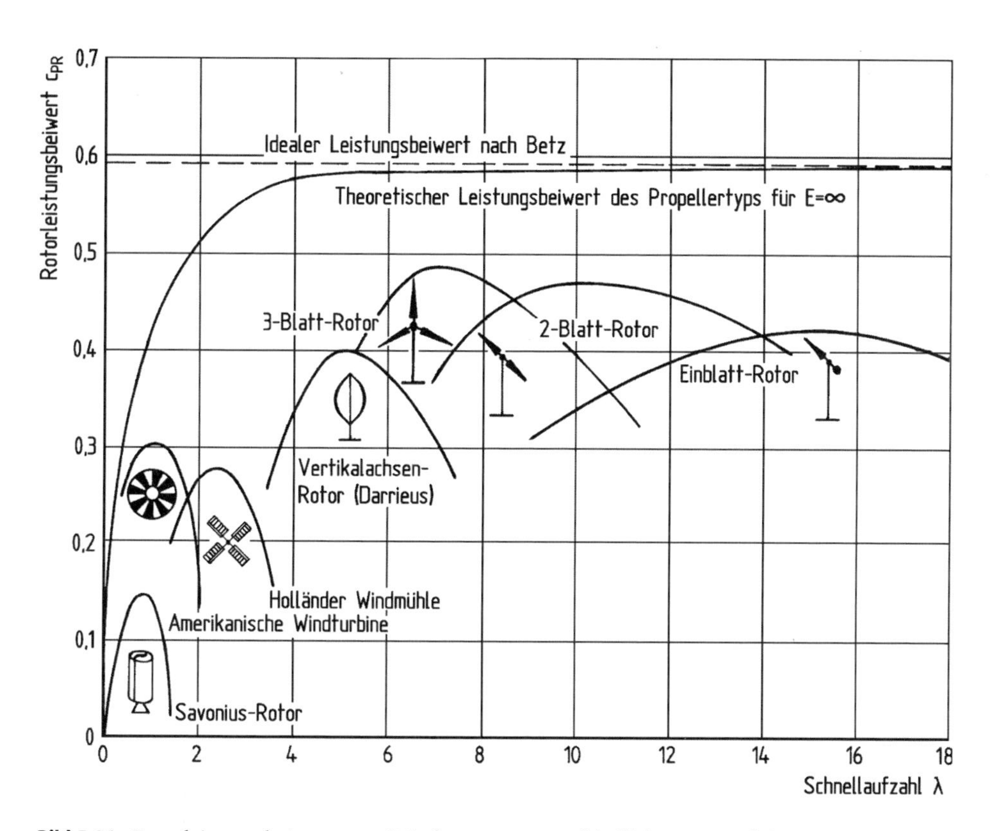

Bild 5.16. Rotorleistungsbeiwerte von Windrotoren unterschiedlicher Bauart [4]

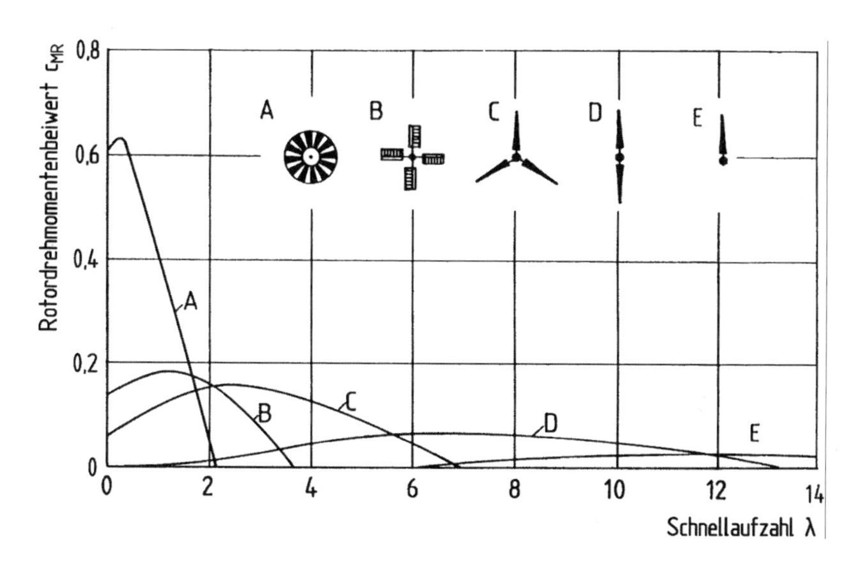

Bild 5.17. Drehmomentenbeiwerte von Rotoren unterschiedlicher Bauart [4]

5.3 Aerodynamische Leistungsregelung

Die mechanische Leistungsaufnahme des Rotors aus dem Wind übersteigt bei höheren Windgeschwindigkeiten bei weitem die Grenzen, die durch die festigkeitsmäßige Auslegung der Struktur gezogen sind. Dies gilt ganz besonders für große Anlagen, da mit zunehmender Größe die Sicherheitsabstände zu den Festigkeitsgrenzen der Bauteile kleiner werden. Darüber hinaus bildet die zulässige Generatorhöchstleistung eine Grenze für die Leistungsabgabe des Rotors. In welchem Maße die Leistungsaufnahme des Rotors ansteigt, wenn keine Regeleingriffe am Rotor vorgenommen werden, zeigt Bild 5.18 am Beispiel der Versuchsanlage WKA-60.

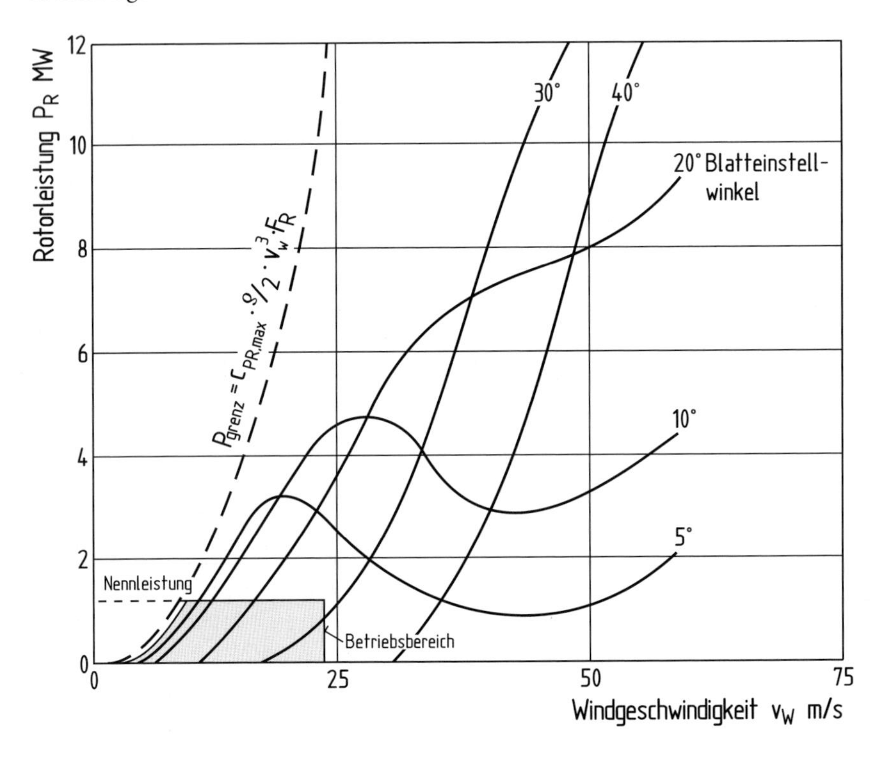

Bild 5.18. Aufgenommene Rotorleistung des WKA-60-Rotors bei verschiedenen festen Blatteinstellwinkeln und bei festgehaltener Rotordrehzahl

Neben der Begrenzung der Rotorleistung bei hohen Windgeschwindigkeiten stellt sich das Problem, die Rotordrehzahl auf einem konstanten Wert oder in vorgegebenen Grenzen zu halten. Die Drehzahlbegrenzung wird zur Überlebensfrage, wenn in einem Störfall, zum Beispiel bei einem Netzausfall, das Generatormoment plötzlich wegfällt. In einem solchen Fall steigt die Drehzahl des Rotors außerordentlich schnell an und führt mit Sicherheit zur Zerstörung der Anlage, wenn nicht sofort Gegenmaßnahmen ergriffen werden. Der Rotor einer Windkraftanlage muß aus diesem Grund über ein aerodynamisch wirksames Verfahren zur Leistungs- und Drehzahlbegrenzung verfügen.

Grundsätzlich können die antreibenden Luftkräfte über die Beeinflussung des aerodynamischen Anstellwinkels am Profil, durch Verkleinern der Rotorangriffsfläche oder durch eine Veränderung der effektiven Anströmgeschwindigkeit am Rotorblatt verringert werden. Die effektive Anströmgeschwindigkeit ändert sich, abgesehen von der nicht beeinflußbaren Windgeschwindigkeit, mit der Rotordrehzahl. Neben dem Rotorblatteinstellwinkel kann deshalb die Rotordrehzahl als Stellgröße zur Leistungsregelung herangezogen werden, sofern die Windkraftanlage eine drehzahlvariable Betriebsweise zuläßt. Die Leistungsbandbreite, die mit einer Veränderung der Rotordrehzahl realisiert werden kann, ist jedoch sehr begrenzt, so daß die Drehzahl nur als zusätzliche Stellgröße in Frage kommt. Die Verringerung der aerodynamisch wirksamen Rotorkreisfläche, das heißt das Drehen der Rotorkreisebene aus der Windrichtung ist nur bei sehr kleinen Rotoren praktikabel.

5.3.1 Blatteinstellwinkelregelung

Der bei weitem effektivste Weg, den aerodynamischen Anstellwinkel und damit die aufgenommene Leistung zu beeinflussen, ist die mechanische Verstellung des Rotorblatteinstellwinkels (Bild 5.19). Im allgemeinen wird dazu das Rotorblatt mit Hilfe aktiv geregelter Stellglieder um seine Längsachse gedreht. Daneben gibt es Versuche, bei drehzahlvariablen Rotoren eine passive, unter der Einwirkung der Fliehkräfte herbeigeführte Blattverstellung zu realisieren (vergl. Kap. 9.6.4).

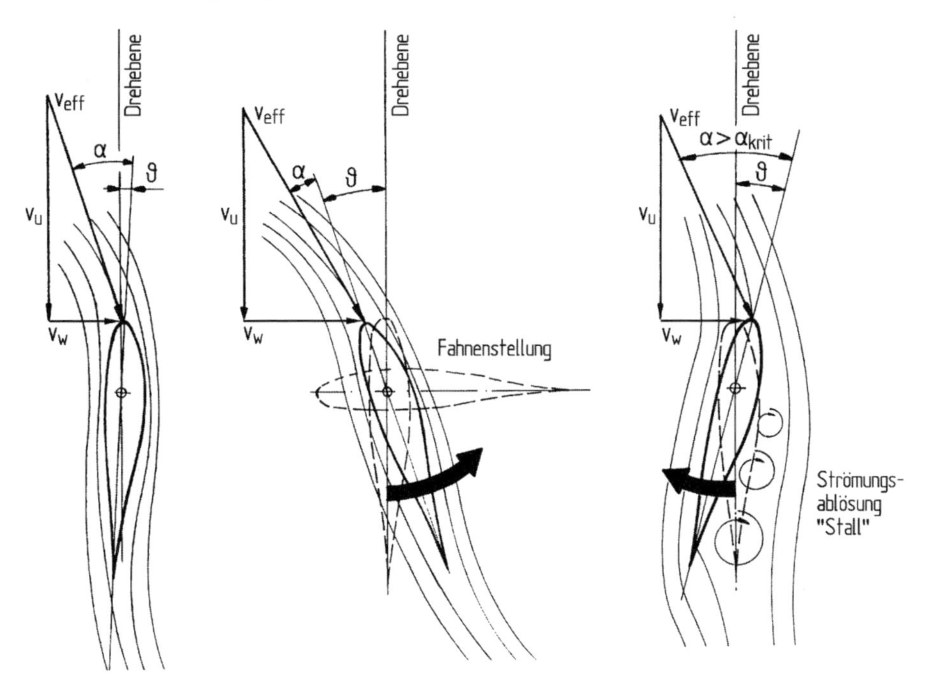

Bild 5.19. Regelung der Rotorleistungsaufnahme durch Verstellen des Blatteinstellwinkels: in Richtung „Fahnenstellung" oder in Richtung der Strömungsablösung (engl. „stall")

Die Leistungsbeeinflussung durch die Veränderung des aerodynamischen Anstellwinkels des Rotors ist prinzipiell auf zwei Wegen möglich. Der konventionelle Weg ist die Verstellung des Blatteinstellwinkels in Richtung kleinerer aerodynamischer Anstellwinkel, um die Leistungsaufnahme zu reduzieren. Eine Erhöhung der Leistungsaufnahme erfolgt umgekehrt durch Vergrößern des Anstellwinkels. Die andere Möglichkeit ist das Verstellen des Blatteinstellwinkels zu größeren Anstellwinkeln bis beim sogenannten kritischen aerodynamischen Anstellwinkel die Luftströmung an den Rotorblättern abreißt und die aerodynamische Leistungsaufnahme begrenzt. Es hat sich weithin eingebürgert, für diesen Strömungszustand den englischen Ausdruck *stall* zu verwenden. Der Vorteil dieses Verfahrens ist die Verstellung des Blatteinstellwinkels auf kürzerem Weg.

Bild 5.20. Rotor der Nibe A-Anlage mit verstellbaren äußeren Blattbereichen zur Leistungsbegrenzung durch die aerodynamische Strömungsablösung (engl. „stall")

Bild 5.21. Rotor der Nibe B-Anlage mit Regelung des Blatteinstellwinkels in Richtung Fahnenstellung (engl. „pitch" Regelung)

Diese beiden Verfahren der Leistungsbeeinflussung wurden zum Beispiel 1980 bei den dänischen Nibe-Versuchsanlagen demonstriert (Bild 5.20 und 5.21). Das Modell Nibe A verfügte über einen Rotor mit partiell verstellbaren Rotorblättern, deren Einstellwinkel im äußeren Blattbereich so gesetzt werden konnte, daß die Leistungsaufnahme durch die aerodynamische Strömungsablösung an den Rotorblättern begrenzt wurde. Die Rotorblätter verfügten über drei feste Stellungen, die in Abhängigkeit von der Windgeschwindigkeit eingestellt wurden. Die Leistungsbegrenzung durch den aerodynamischen Stall war nicht sehr präzise und zudem von hohen Belastungen für den Rotor und für die gesamte Anlage begleitet. Das Abreißen der Strömung an den Rotorblättern erfolgte immer bis zu einem gewissen Grad unregelmäßig, so daß es in bestimmten Betriebszuständen zu Flattererscheinungen an den Rotorblättern kommen konnte (vergl. Kap. 7.2).

Das Modell B arbeitete dagegen mit einer kontinuierlich geregelten Blatteinstellwinkelverstellung. Die Betriebserfahrungen mit den Nibe-Versuchsanlagen bestätigten, daß dieses auch bei früheren Anlagen bereits angewendete Verfahren (Smith-Putnam, Hütter W34 usw.) zu einer weit ruhigeren Betriebsweise führt. Nahezu alle größeren Windkraftanlagen verfügen deshalb über diese Art der Leistungsregelung. Die elektrische Abgabeleistung kann mit Hilfe der kontinuierlichen Blatteinstellwinkelregelung von der Nennwindgeschwindigkeit bis zur Abschaltwindgeschwindigkeit auf einem konstanten Niveau gehalten werden. Bild 5.22 zeigt den Verlauf der Leistungskennlinien der Nibe A- und Nibe B-Anlage.

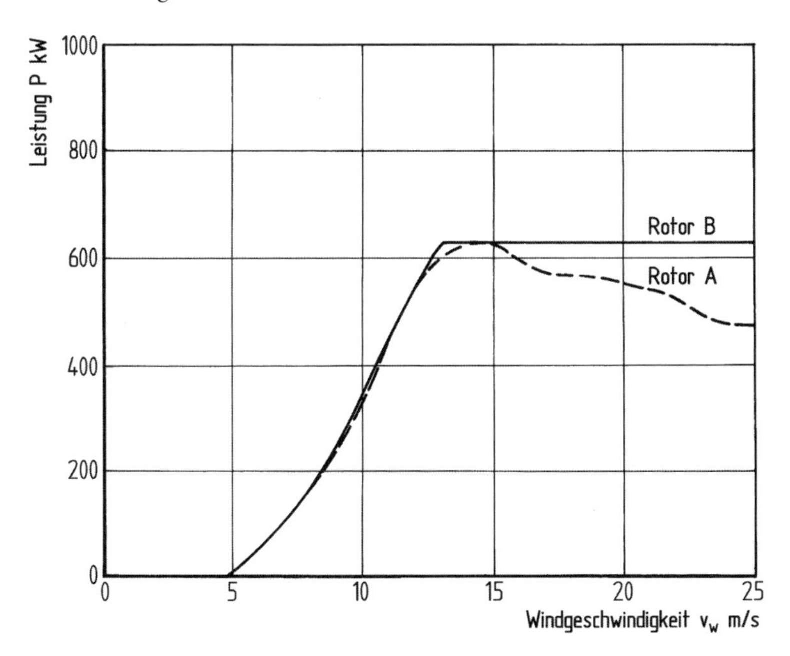

Bild 5.22. Verlauf der Leistungsabgabe über der Windgeschwindigkeit (Leistungskennlinie) von Nibe-A mit stallbegrenzter Leistungsaufnahme des Rotors und Nibe-B mit kontinuierlicher Blatteinstellwinkelregelung [13]

Die kontinuierliche Verstellung des Blatteinstellwinkels in Richtung *Fahnenstellung* ermöglicht über einen weiten Bereich der Windgeschwindigkeit eine wirksame und präzise Regelung der Abgabeleistung und falls erforderlich auch der Rotordrehzahl. Die Regelung der Rotordrehzahl ist dann wichtig, wenn der elektrische Generator nicht mit einem frequenzstarren Netz verbunden ist und damit die Drehzahlführung durch das Netz wegfällt. Diese Betriebsweise muß im sogenannten *Inselbetrieb* und beim Hochfahren des Rotors bis zur Synchronisierung mit der Netzfrequenz beherrscht werden (vergl. Kap. 11.4.3).

Die Verstellung des Blatteinstellwinkels in Richtung Fahnenstellung bietet noch weitere Vorteile. Der Rotorschub nimmt mit dem Einsetzen der Leistungsregelung oberhalb der Nennwindgeschwindigkeit stark ab, während dies bei stallbegrenzten Rotoren kaum der Fall ist (Bild 5.23). Außerdem können bei extremen Windgeschwindigkeiten die Rotorblätter vollständig in Fahnenstellung gedreht und damit die Windlasten auf die Rotorblätter und somit auf die gesamte Anlage erheblich verringert werden.

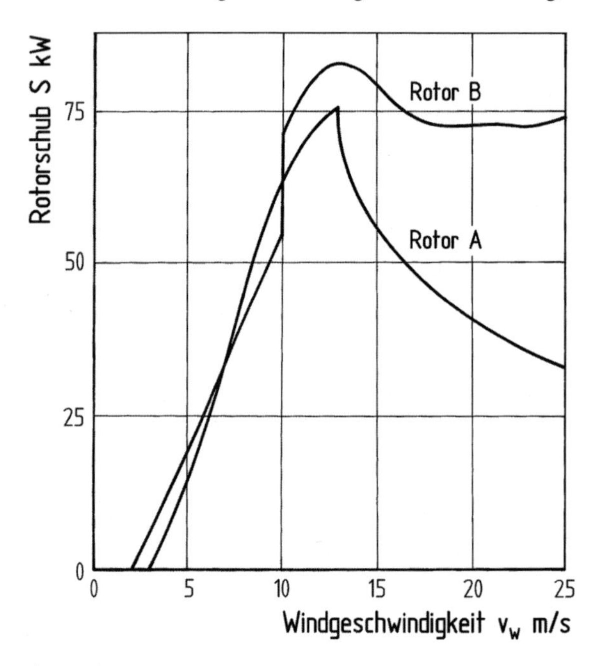

Bild 5.23. Verlauf des Rotorschubes über der Windgeschwindigkeit am Beispiel der Nibe-A und B, stallbegrenzter Rotor (A) und blatteinstellwinkelgeregelter Rotor (B)

Das Verstellen der Rotorblätter muß nicht unbedingt über der gesamten Länge erfolgen, wenngleich die aerodynamisch effektivste und sauberste Lösung die Verstellung des ganzen Rotorblattes, die *Ganzblattverstellung* ist. Angesichts der Tatsache, daß sich beim Rotor die Leistungserzeugung weitgehend auf den äußeren Blattbereich konzentriert, ist eine Verstellung von 25 bis 30 % der Blattlänge vom Standpunkt der aerodynamischen Wirksamkeit ausreichend. Diese Lösung wurde vor allem bei großen Zweiblattrotoren, zum Beispiel bei der amerikanischen MOD-2-Anlage angewendet (Bild 5.24). Der Rotor der MOD-2 verfügte über eine hydraulisch betätigte *Teilblattverstellung*, bei der 25 % der Blattlänge verstellt werden. Diese Konzeption erlaubt es, den Zweiblattrotor ohne Unterbrechung durch eine Rotornabe als durchgehendes Bauteil auszuführen — vom konstruktiven Standpunkt eine elegante Lösung (vergl. Kap. 8.3).

Bild 5.24. Teilblattverstellung bei der ehemaligen amerikanischen MOD-2-Versuchsanlage

Abgesehen von den konstruktiven Schwierigkeiten, einen zuverlässigen Blattverstellmechanismus im äußeren Blattbereich zu realisieren, dürfen allerdings einige aerodynamische Nachteile nicht übersehen werden. Die Luftkraftbelastungen werden im äußeren, verstellbaren Bereich des Rotors höher. Bei extremen Windgeschwindigkeiten können die Stillstandslasten wegen der fehlenden Möglichkeit, das gesamte Rotorblatt in die Fahnenstellung zu drehen, nicht so verringert werden, wie bei der Ganzblattverstellung. Die Teilblattverstellung erfordert außerdem einen größeren Blatteinstellwinkelbereich, um die gleiche Wirksamkeit wie eine Ganzblattverstellung zu erzielen. Wegen des größeren Blatteinstellwinkels im Außenbereich besteht die Gefahr, daß das Rotorblatt gerade im kritischen Außenbereich bei ungünstigen Anströmbedingungen in die Nähe der aerodynamischen Strömungsablösung gerät. Die MOD-2-Anlagen zeigten aus diesem Grund bei hoher Luftturbulenz eine gewisse Leistungsinstabilität. Diese ließ sich anfangs nur durch leistungsmindernde Kompromisse bei der Regelung beseitigen. Später wurden sogenannte *Vortex-Generatoren* im äußeren Blattbereich angebracht, die ein besseres Anliegen der Strömung bewirkten (vergl. Kap. 5.3.4). Ein weiterer Nachteil der Teilblattverstellung ist das ungünstigere Anfahrdrehmoment des Rotors. Die praktischen Erfahrungen mit der MOD-2 bestätigten, daß der Rotor vergleichsweise langsam hochdrehte.

Eine andere Form der Teilblattverstellung stellt der sogenannte rudergesteuerte Rotor dar. Der Gedanke liegt nahe, einen Windrotor in ähnlicher Weise zu regeln wie einen Flugzeugtragflügel, der mit dem Querruder gesteuert wird. Diese Konzeption wurde als Alternative zur Verstellung der Blattspitze besonders für sehr große Rotoren in Erwägung gezogen, zum Beispiel für das ehemalige MOD-5A-Projekt von General Electric [14]. Um mit dieser Charakteristik eine der Ganzblattverstellung vergleichbare Leistungsregelung zu gewährleisten, ist allerdings eine komplizierte Regelung mit positiven und negativen Ruderausschlägen notwendig. Praktische Erfahrungen mit rudergesteuerten Rotoren liegen noch nicht vor.

5.3.2 Leistungsbegrenzung durch Strömungsablösung (Stall)

Aus den Strömungsverhältnissen nach Bild 5.19 wird bereits klar, daß auch ohne Verstellung des Rotorblatteinstellwinkels bei zunehmender Windgeschwindigkeit und festgehaltener Umfangsgeschwindigkeit die Strömung zum Abreißen kommt. In diesem passiven Selbstregelungsmechanismus der Leistungsaufnahme des Rotors liegt die praktische Bedeutung der „Stallregelung", vor allem für kleine Anlagen. Die meisten kleinen Windkraftanlagen werden ohne Blatteinstellwinkelverstellung gebaut. Die Leistungsbegrenzung des Rotors wird nur durch das aerodynamische Abreißen der Strömung an den Rotorblättern bei höheren Windgeschwindigkeiten herbeigeführt (Bild 5.25).

Die Leistungskennlinie durch den Stalleffekt kann, anders als bei einer Blatteinstellwinkelregelung, nur mit einer relativ großen Streuung ermittelt werden. Kleine individuelle Unterschiede in der Geometrie der Rotorblätter oder Verschmutzungserscheinungen im Betrieb beeinflussen das Einsetzen des Stalls merklich. Dieser Nachteil kann bei kleinen Anlagen in Netzparallelbetrieb toleriert werden.

Die Anwendung dieser Art der Leistungsbegrenzung erfordert eine sorgfältig abgestimmte Auslegung der Rotorblattgeometrie und der gewählten Rotordrehzahl. Um zu gewährleisten, daß die Strömung bei einer bestimmten Windgeschwindigkeit tatsächlich so ablöst daß der Leistungsanstieg wirksam verhindert wird, muß der Rotor im allgemeinen mit einer Drehzahl unterhalb der aerodynamisch optimalen Drehzahl betrieben werden.

Windrotoren dieser Bauart sind in der Regel so ausgelegt, daß die aerodynamisch aufgenommene Leistung ab einer Windgeschwindigkeit von ca. 15 m/s wieder abfällt (Bild 5.26). Bei wesentlich höheren Windgeschwindigkeiten steigt die Leistung theoretisch wieder leicht an, die Anlagen werden jedoch bei diesen Windgeschwindigkeiten nicht mehr betrieben. Der Rotor wird festgebremst oder aus dem Wind gedreht und „trudelt" mit geringer Drehzahl ohne nennenswerte Leistungsaufnahme.

Die Praktikabilität dieser traditionellen „dänischen Bauart" ist allerdings an mehrere Voraussetzungen gebunden:

- Die Festigkeit und Steifigkeit des Rotors sowie der gesamten Anlage muß relativ groß sein, um den hohen aerodynamischen Belastungen gewachsen zu sein. Leichtbaukonstruktionen sind unter diesen Umständen problematisch.

- Die installierte Generatorleistung muß vergleichsweise hoch sein, damit der Generator bei starken Böen nicht vom Netz „kippt" (vergl. Kap. 10.1).
- Der Rotor muß über ein gutes Anlaufmoment verfügen, da es die Möglichkeit einer günstigen Anlaufstellung für den Blatteinstellwinkel nicht gibt. In der Regel ist dies nur bei Rotoren mit drei oder mehr Blättern gegeben. Zweiblattrotoren mit festem Blatteinstellwinkel müssen elektrisch „hochgefahren" werden.
- Der Einsatzbereich von Anlagen ohne Blattverstellregelung ist primär auf den Netzparallelbetrieb an einem frequenzstarren Netz beschränkt. Der Inselbetrieb erfordert zusätzliche technische Aufwendungen (vergl. Kap. 16.3.1).
- Nicht zuletzt muß der Rotor beim Wegfall des elektrischen Generatormomentes vor dem „Durchdrehen" geschützt werden. Neben einer mechanischen Rotorbremse sind dazu aus Sicherheitsgründen aerodynamisch wirkende Bremsen an den Rotorblättern erforderlich.

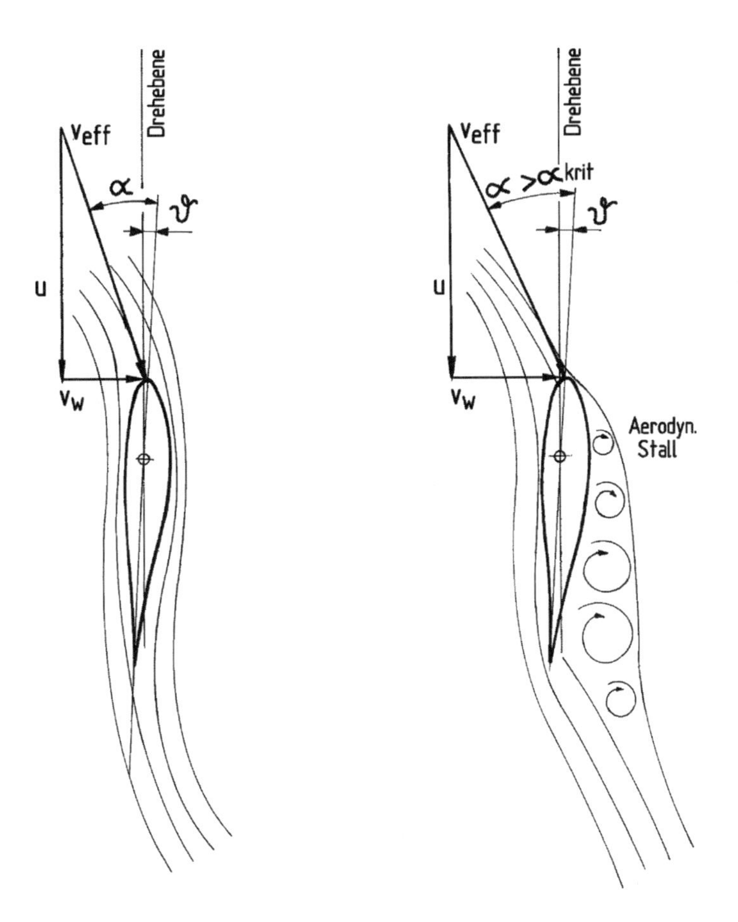

Bild 5.25. Ablösung der Strömung am Rotorblatt ohne Verstellung des Blatteinstellwinkels bei zunehmender Windgeschwindigkeit und festgehaltener Rotordrehzahl

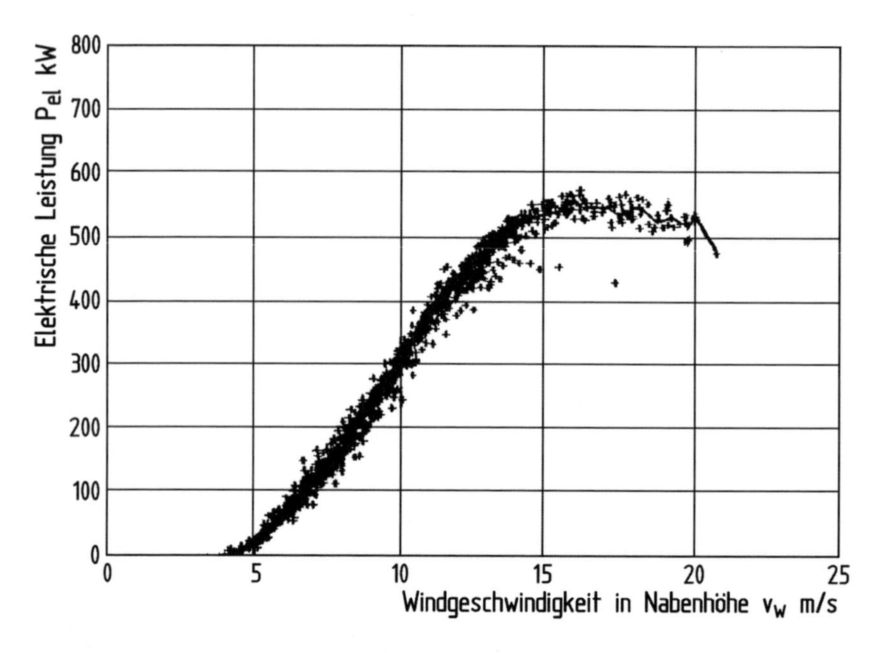

Bild 5.26. Gemessene, zehnminütige Mittelwerte der Leistungskennlinie einer Windkraftanlage ohne Blatteinstellwinkelverstellung mit Leistungsbegrenzung durch den aerodynamischen Stall, Messung Risø-Teststation an einer Nordtank NTK 37/500

Rotoren mit unverstellbaren Rotorblättern, deren Leistungsaufnahme bei einer bestimmten Windgeschwindigkeit durch den aerodynamischen Stall begrenzt wird, sind für kleinere Anlagen bis etwa 20 m Rotordurchmesser weitgehend üblich. Besonders die dänischen Hersteller haben diese Bauart perfektioniert (Bild 5.27). Der Dreiblattrotor mit festem Blatteinstellwinkel war lange Zeit kennzeichnend für die „dänische Linie". Rotoren dieser Bauart wurden in den Folgejahren bis zu einem Durchmesser von 60 m gebaut. Diese Anlagen waren für lange Zeit die ersten brauchbaren Windkraftanlagen, die in größeren Stückzahlen bei privaten Stromverbrauchern eingesetzt werden konnten (vergl. Kap. 2.7). Bei diesen Dimensionen traten allerdings die Nachteile des Stall-Prinzips zu Tage (vergl. Kap. 5.3.3).

Das Durchdrehen eines Rotors mit festen Rotorblättern läßt sich am wirksamsten durch aerodynamisches Abbremsen verhindern. Für größere Rotoren ist eine mechanische Bremsung über die Rotorwelle ohnehin nicht möglich (vergl. Kap. 9.8). Aus dem Flugzeugbau sind eine Vielzahl von aerodynamisch wirkenden Bremsklappen bekannt, die aus der Flügelkontur herausgefahren werden können. Bei Windkraftanlagen werden fast ausschließlich verstellbare Rotorblattspitzen (Bild 5.28) verwendet. Spoiler, die im eingeklappten Zustand in der Profilkontur verschwinden, findet man heute nicht mehr (Bild 5.29). Die Wirksamkeit ist weniger gut und der Bauaufwand mindestens gleich groß.

Grundsätzlich sind auch andere widerstandserhöhende Klappenbauarten geeignet. Bei einigen Versuchsanlagen wurden sogar Bremsfallschirme, die bei einer Notabschaltung aus den Blattspitzen ausgestoßen wurden, eingesetzt (NEWECS-45). Für kommerziell betriebene Anlagen kommen derartige Bremssysteme natürlich nicht in Frage. Die Bedienung wäre viel zu umständlich.

Bei den üblichen Stall-Rotoren mit verstellbaren Blattspitzen erfolgt die Auslösung der aerodynamischen Bremsstellung mit einem Fliehkraftschalter bei einer vorgegebenen zulässigen Überdrehzahl des Rotors. Bei älteren Anlagen mußten zum Wiederanfahren die aerodynamischen Bremsen (Rotorblattspitzen) von Hand wieder in die Betriebsstellung gebracht werden, bis man dazu überging die Bremsklappen hydraulisch zu betätigen, so daß auch das Einfahren der Klappen automatisch erfolgen konnte. Dies bedeutet für den erneuten Start eine wesentliche Bedienungserleichterung. Allerdings ist damit ein erheblicher konstruktiver Aufwand verbunden, der die prinzipielle Einfachheit eines Rotors mit festem Blatteinstellwinkel in Frage stellt.

Bei größeren Anlagen mit aktiver Stallregelung wird sogar das ganze Rotorblatt — wie bei einer Blatteinstellwinkelregelung — in die aerodynamische Bremsstellung gedreht (vergl. Kap. 5.3.3). Damit stellte sich die Frage, ob eine Blatteinstellwinkelregelung, die auch nicht mehr wesentlich komplexer ist, nicht doch die bessere Lösung darstellt.

Bild 5.27. Typische dänische Windkraftanlage mit Dreiblattrotor ohne Blatteinstellwinkelverstellung, Leistungsbegrenzung durch den aerodynamischen Stall

Bild 5.28. Verstellbare Rotorblattspitzen als aerodynamische Bremsen zur Drehzahlbegrenzung

Bild 5.29. Aerodynamische Bremsklappe beim Rotorblatt einer älteren dänischen Windkraftanlage (Rotorblattbauart LM)

5.3.3 Aktive Steuerung der Strömungsablösung

Viele dänische Hersteller von Windkraftanlagen haben zunächst versucht, ihre bewährte Bauart mit festem Blatteinstellwinkel auf die größeren Anlagen der Megawatt-Leistungsklasse zu übertragen. Sowohl bei der Konstruktion der Anlagen, wie auch im praktischen Betrieb zeigten sich jedoch sehr schnell erhebliche Nachteile.

Der Bauaufwand für die verstellbaren Rotorblattspitzen, die gerade bei großen Rotoren für das aerodynamische Abbremsen des Rotors unverzichtbar sind, wurde immer größer. Die im Blattaußenbereich im Bremsvorgang konzentriert angreifenden Lasten erwiesen sich als unangenehmer Lastfall. Darüber hinaus waren auch die Lasten bei Extremwindgeschwindigkeiten im Stillstand erheblich höher als bei den Anlagen mit Blatteinstellwinkelregelung, so daß daraus wirtschaftliche Nachteile im Hinblick auf die größere Dimensionierung des Turmes und des Fundamentes folgen. Nicht zuletzt erwies sich das Stallverhalten bei wachsender Rotorgröße auch in aerodynamischer Hinsicht als zunehmend schwierig zu berechnen und zuverlässig vorauszusagen (vergl. Kap. 5.3.4).

Auch im Betrieb zeigten sich mit zunehmender Größe der Anlagen die bekannten Nachteile von Rotoren mit festen Rotorblättern. Die großen Fluktuationen der Leistungsabgabe können bei Einspeiseleistungen im Megawattbereich bei einer zunehmenden Anzahl von Netzsituationen nicht mehr toleriert werden. Ein weiteres Problem war der Einfluß der Luftdichte bei unterschiedlichen Temperaturen (Sommer/Winter) und geographischen Höhenlagen auf das Einsetzen des Stalls. Um Verluste bei der Energielieferung zu vermeiden, muß bei geringerer Luftdichte ein anderer fester Blatteinstellwinkel gewählt und gegebenenfalls auch die Rotordrehzahl angepaßt werden (vergl. Kap. 14.3.2). Die Oberflächenrauhigkeit durch die im Betrieb auftretende Verschmutzung an den Rotorblättern hat ebenfalls einen spürbar negativen Einfluß auf die Leistungskennlinie, der in dieser Form bei Anlagen mit Blatteinstellwinkelregelung nicht auftritt.

Diese Probleme haben die Verfechter des konstruktiv einfacheren Stall-Prinzips veranlaßt, zu einer komplexeren Bauart überzugehen, die im allgemeinen als „Aktiv-Stall" bezeichnet wird. Nach dem Vorbild der Nibe-A-Versuchsanlage werden im Betrieb die Rotorblätter auf ihrer ganzen Länge verstellt und in mehreren Stufen ein der Windgeschwindigkeit und der Luftdichte angepaßter Blatteinstellwinkel gewählt der das Abreißen der Strömung bei der gewünschten Leistung auch bei unterschiedlichen Umgebungsbedingungen gewährleistet. Bei extremen Windgeschwindigkeiten werden die Rotorblätter im Stillstand mit der Hinterkante „nach vorne" in den Wind gedreht, um die Belastung zu verringern (Bild 5.30). Der Ausdruck „Stallregelung" ist auch bei diesem Verfahren an sich nicht gerechtfertigt. Es handelt sich nach wie vor um eine passive Leistungsbegrenzung durch Strömungsablösung an den Rotorblättern, ohne geschlossenen Regelkreis mit der Leistung als Führungsgröße.

Die generelle Erfahrung mit großen Anlagen, die über eine aktive „Stallregelung" verfügen, ist jedoch, daß der konstruktive Aufwand sich kaum noch von demjenigen für die Blatteinstellwinkelregelung unterscheidet. Die Rotorblätter sind in gleicher Weise über Wälzlager um ihre Längsachse drehbar mit der Rotornabe verbunden und die Verstellung des Blatteinstellwinkels erfordert im Prinzip die gleichen Stellglieder bzw. Stellantriebe (vergl. Kap. 9.6).

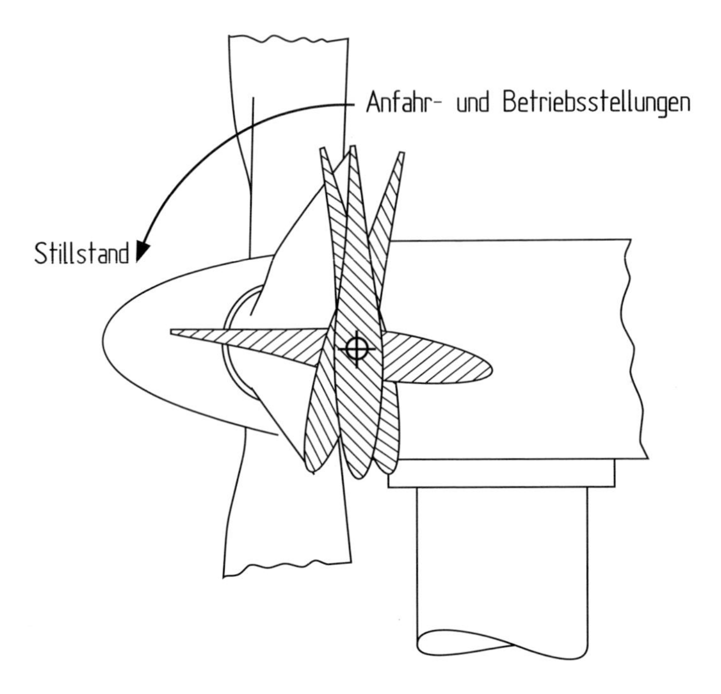

Bild 5.30. Aktive Steuerung der Strömungsablösung mit mehreren Blatteinstellwinkeln im Betrieb und im Stillstand (Aktiv-Stall)

Die Befürworter des Aktiv-Stallverfahrens weisen darauf hin, daß wegen der weniger häufigen Stellvorgänge auf kürzerem Weg im Vergleich zur konventionellen Blatteinstellwinkelregelung das Verschleißverhalten im Hinblick auf die Rotorlager günstiger ist. Auch heben sie hervor, daß der Einfluß der Windturbulenz durch den Stalleffekt besser abgefangen werden kann, so daß die Leistungs- und Belastungsspitzen — auch ohne aufwendige drehzahlvariable Generatorsysteme — geringer sind als bei Rotoren mit Blatteinstellwinkelregelung. Berechnungsmodelle wie auch einige experimentelle Untersuchungen bestätigen diese Vorteile im Prinzip. Dennoch gehen fast alle Hersteller seit einigen Jahren zur konventionellen Blatteinstellwinkelregelung in Verbindung mit variabler Rotordrehzahl über.

5.3.4 Instationäre Effekte und Grenzschichtbeeinflussung

Die Beschäftigung mit der Aerodynamik des Rotors führt immer wieder das Phänomen der Strömungsablösung an den Rotorblättern — dem Stall. Auch bei Rotoren mit konventioneller Blatteinstellwinkelregelung sind zumindest lokal, das heißt in begrenzten Bereichen der Blätter, Strömungsablösungen kaum zu vermeiden. Dies trifft mit Sicherheit in bestimmten Betriebszuständen,und im Bereich der dicken Profile an der Blattwurzel zu. Die Stalleigenschaften eines Rotors unter realen Bedingungen werden jedoch von zwei strömungstechnischen Phänomenen beeinflußt, die nicht mit den unter zweidimensionalen und stationären Bedingungen im Windkanal ermittelten Profilpolaren erfaßt werden. Die räumliche Umströmung des Rotors und instationäre Strömungsvorgänge bei schnellen

Anstellwinkeländerungen, die zum Beispiel durch Luftturbulenz verursacht werden, beeinflussen das Stallverhalten (vergl. Kap. 5.1.1).

Dreidimensionaler Stall

Die räumliche Umströmung der Rotorblätter im Bereich der Rotornabe und der Blattspitzen mehr noch die radiale Komponente der Strömung unter dem Einfluß der Zentrifugalkräfte in der Strömung beim drehenden Rotor verursachen das sog. „dreidimensionale Stall" Verhalten. Dieses ist bis heute kaum einer theoretischen Behandlung zugänglich und kann deshalb nur sehr ungenau voraus gesagt werden [15].

Instationärer Stall

Schnelle Anstellwinkeländerungen, durch Turbulenzen oder durch den Turmeinfluß, haben ein momentanes Überschwingen des maximalen Auftriebbeiwertes in der Nähe der Strömungsablösung sowie eine momentane Verschiebung des Ablösepunktes der Strömung zur Folge. Die Rückkehr zum Ausgangszustand erfolgt in Form einer Hysterese. Dieser Effekt beeinflußt das Einsetzen des Stalls in der realen Atmosphäre und wird als instationäres Stallverhalten bezeichnet [16].

Vortex-Generatoren

Wie in Kap. 5.4 noch ausführlicher erörtert werden wird, werden die Strömungsverhältnisse in hohem Maße durch die wandnahe Strömung eines umströmenden Körpers der sog. *Grenzschicht* beeinflußt. Maßnahmen zur Grenzschichtsteuerungströmung sind deshalb geeignete Mittel die Strömungsverhältnisse in Hinblick auf das Stallverhalten, in gewissen Fällen auch zur Verbesserung der Rotorleistung, zu beeinflußen. Die Möglichkeiten kommen insbesondere dann in Frage, wenn der aerodynamische Rotorentwurf nicht die gewünschten Eigenschaften aufweist, sei es durch Fehler bei der aerodynamischen Auslegung oder auch als Folge der zuvor erwähnten Strömungseffekte, die von den verwendeten Rechenmodellen nicht erfaßt wurden.

Die „Aufmischung" der Grenzschichtströmung und damit ein längeres Anliegen der Strömung kann auf einfache Weise durch kleine Störkörper, die im vorderen Bereich der Profiloberseite angebracht werden, erreicht werden. Es handelt sich dabei um quer zur Strömungsrichtung stehende Plättchen, die oft noch in einem gewissen Winkel zueinander stehen, um die gewünschte Wirbelbildung in bestimmter Weise zu erhöhen, sog. *Vortex-Generatoren* (Bild 5.31). Diese Vortex-Generatoren werden gelegentlich auch bei Flugzeugtragflügeln eingesetzt, insbesondere um die Strömung im Bereich der Querruder länger „festzuhalten". Mit derartigen Vortex-Generatoren läßt sich, insbesondere bei dicken Profilen, die im Blattinnenbereich zu finden sind, der Stall zu höheren Anstellwinkeln verschieben. In einigen Fällen wird durch eine Erhöhung der maximalen Auftriebsbeiwerte auch eine Leistungssteigerung erreicht. Allerdings verursachen die Störkörper bei anliegender Umströmung eine Widerstandserhöhung. Es gilt also sorgfältig abzuwägen, ob der positive Effekt des Herausschiebens des Stalls im inneren Bereich des Rotors ab einer bestimmten Windgeschwindigkeit nicht durch Leistungsverluste in anderen Betriebszuständen kompensiert oder sogar überkompensiert wird.

Bild 5.31. Vortex-Generatoren an der Rotorblattoberseite zur Verbesserung des Stallverhaltens

Die Anbringung von Vortex-Generatoren hat sich in einigen Fällen durchaus bewährt. So konnten die ungünstigen Strömungsverhältnisse bei den Rotoren der MOD-2 Versuchsanlagen im Bereich der verstellbaren äußeren Rotorblätter verbessert werden (vergl. Kap. 5.3.1). Untersuchungen an Darrieus-Rotoren haben gezeigt, daß auch hier der vorzeitige Stall der achsnahen Blattbereiche verzögert wurde und damit die Leistungskennlinie merklich verbessert werden konnte [17].

Stall Strips

Die maximale Leistungsaufnahme von Stallrotoren liegt im praktischen Betrieb nicht selten höher als vorgesehen. Um die zu hohe Leistungsaufnahme nachträglich zu reduzieren, werden sog. *Stall-Strips* an den Rotorblättern angebracht. Sie bewirken — wenn sie an den richtigen Stellen im Bereich der Profilnase eingesetzt werden — ein früheres Einsetzen der Strömungsablösung und damit eine Begrenzung der maximalen Leistungsaufnahme. Sie wirken also umgekehrt wie die Vortex-Generatoren. Der Nachteil liegt jedoch auch hier darin, daß die Leistungskennlinie im unteren Bereich verschlechtert wird.

Generell ist festzuhalten, daß die nachträgliche Anbringung von Vortex-Generatoren und Stall-Strips kein Patentrezept ist um die Rotorleistung zu steigern. Nur in Ausnahmefällen wird dies in eingeschränkten Betriebszuständen erreicht. Zur nachträglichen Korrektur des Stallverhaltens kann die Anbringung von Stall-strips sinnvoll sein. Im Grunde genommen sind derartige Hilfsmittel nur dort wirksam, wo die Strömungsverhältnisse von vornherein nicht optimal sind. Der bessere Weg sind aerodynamisch sorgfältig ausgelegte Rotorblätter.

5.3.5 Aus dem Wind drehen

Die Begrenzung der aerodynamischen Leistungsaufnahme des Rotors durch „aus dem Wind drehen" ist an sich das älteste Verfahren. Es wurde sowohl bei den historischen Windmühlen wie auch bei den amerikanischen Windturbinen angewandt. Auch bei den meisten Kleinwindrädern wird auch heute noch diese Art der Leistungsbegrenzung verwendet.

Die Schrägstellung des Rotors zur Windrichtung verringert die senkrecht auf die Rotorebene wirkende Komponente der Anströmgeschwindigkeit, oder anders gesagt, sie verkleinert die effektive Rotorkreisfläche in bezug auf die Windrichtung. Außerdem führt die Schrägstellung des Rotors bei größeren Schräganströmwinkeln zum vorzeitigen Abreißen der Strömung. Die Folge ist eine drastische Abnahme des Rotorleistungsbeiwertes (Bild 5.32). Beide Maßnahmen zusammen bewirken ab etwa 15 bis 20 Grad Schräganströmung eine effektive Verringerung der aerodynamischen Leistungsaufnahme des Rotors.

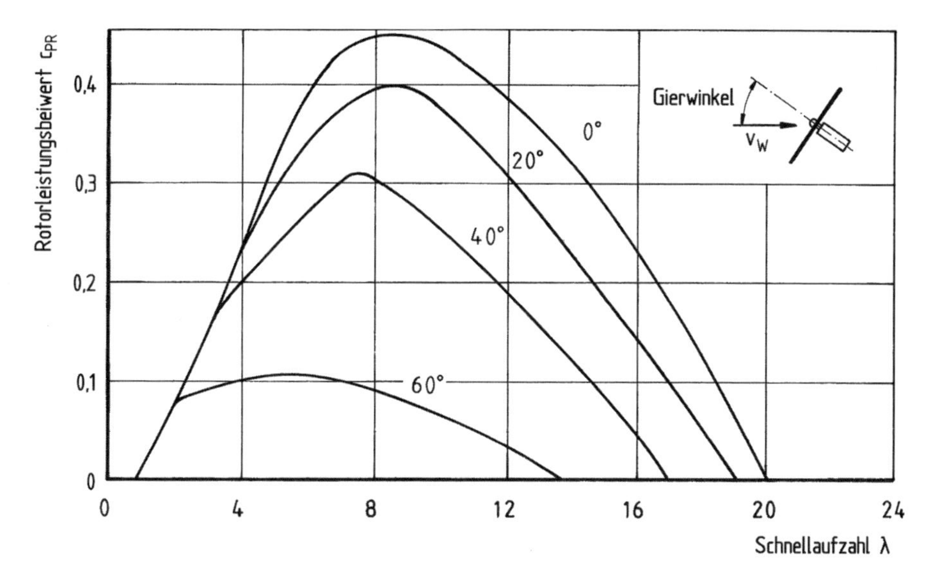

Bild 5.32. Verringerung des Rotorleistungsbeiwertes bei zunehmender Schräganströmung (Gierwinkel) [18]

Das Verfahren läßt sich gut zur groben Begrenzung der Leistungsaufnahme verwenden, ist jedoch für ein feinfühliges und schnelles Regeln kaum geeignet. Diese Art Leistungsbegrenzung wurde auch in Verbindung mit einem drehzahlvariablem Rotorbetrieb vorgeschlagen. Verfügt der Rotor über einen weiten Drehzahlbereich, so läßt sich die Leistungsaufnahme in einem begrenztem Betriebsbereich mit Hilfe der Drehzahlveränderung, zum Beispiel durch eine Regelung des elektrischen Generatormomentes, regeln. Lediglich bei hohen Windgeschwindigkeiten reicht die Drehzahlspanne nicht mehr aus, um eine wirksame Leistungsregelung zu ermöglichen. Der Rotor wird dann allmählich aus dem Wind gedreht. Von diesem Verfahren erhoffte man sich auch bei größeren Anlagen die Leistung ohne eine komplizierte Blatteinstellwinkelregelung regeln zu können. Bei der italienischen Versuchsanlage GAMMA-60 wurde das skizzierte Verfahren erprobt. Nach den publizierten Ergebnissen soll diese unkonventionelle Art der Leistungsregelung dort keine unüberwindlichen Probleme aufgeworfen haben. Von einer weiteren Entwicklung wurde dennoch abgesehen [19].

5.4 Das aerodynamische Profil

Die Leistungsfähigkeit schnellaufender Windrotoren werden in beträchtlichem Ausmaß durch die aerodynamischen Eigenschaften der verwendeten Rotorblattprofile geprägt. Die Auswahl des „richtigen" Profils und die Realisierung eines „sauberen" Rotorblattprofils ist deshalb sowohl mit Blick auf die Fertigung als auch in Hinblick auf die Wartung von großer Bedeutung. Diese in der Luftfahrttechnik selbstverständliche Erkenntnis hat sich in der Windenergietechnik erst bei den neueren Entwicklungen durchgesetzt. Die Folge sind spürbare Leistungsverbesserungen einiger neuerer Anlagen.

Neben dem Einfluß auf die Rotorleistung sind gewisse Profileigenschaften auch für das Regel- und Betriebsverhalten des Rotors von Bedeutung. Das Abreißverhalten des Profiles, das sich im steilen Abfall der Auftriebskurve nach Überschreiten des kritischen Anstellwinkels äußert, kann mehr oder weniger „abrupt" verlaufen. Da der Rotor in gewissen Betriebszuständen unvermeidlich in Anstellwinkelbereiche gerät, bei denen die Strömung abreißt, ist das „gutmütige" Abreißverhalten des aerodynamischen Profils wichtig.

5.4.1 Charakteristische Eigenschaften

Die wichtigste aerodynamische Eigenschaft des Profils ist das Verhältnis von Auftrieb zu Widerstand. Bei modernen Profilen ist der Auftrieb bis zu zweihundert mal höher als der Widerstand. Wie bereits in Kap. 4.2 erörtert, ist die Tatsache die Ursache für die leistungsmäßige Überlegenheit eines auftriebnutzenden Rotors. Das Auftrieb- zu Widerstandsverhältnis ausgedrückt in den Beiwerten:

$$\frac{c_A}{c_W} = E \qquad (-)$$

wird in der Luftfahrtaerodynamik als *Gleitzahl* bezeichnet. Ihr Einfluß auf den Rotorleistungsbeiwert läßt sich in allgemeiner Weise darstellen (Bild 5.33).

Bei relativ schlechten, das heißt kleinen, Gleitzahlen ist erwartungsgemäß auch der erreichbare Leistungsbeiwert geringer. Sein Optimum liegt bei niedrigen Auslegungsschnelllaufzahlen, während mit höheren Gleitzahlen ($E = 100$) und größerer Schnellaufzahl die erreichbaren Leistungsbeiwerte höher werden. Das Optimum verschiebt sich auch zu größeren Schnellaufzahlen. Der Einfluß der Zahl der Rotorblätter ist bei geringen Gleitzahlen offensichtlich größer als bei höheren Gleit- und Schnellauf zahlen. Mit anderen Worten: Langsamläufer brauchen viele Blätter, wobei die Profileigenschaften weniger wichtig sind. Schnelläufer kommen mit wenigen Blättern aus, dafür werden jedoch die Profileigenschaften zu einem entscheidenden Faktor für die Leistungserzeugung.

Die aerodynamischen Eigenschaften der Profile werden an Modellen im Windkanal vermessen. Der Verlauf des Auftriebs- und Widerstandsbeiwertes wird in Abhängigkeit vom Anstellwinkel bis zum sogenannten kritischen Anstellwinkel, bei dem sich die Strömung von der Profiloberseite ablöst, gemessen. Darüber hinaus wird noch der Momentenbeiwert

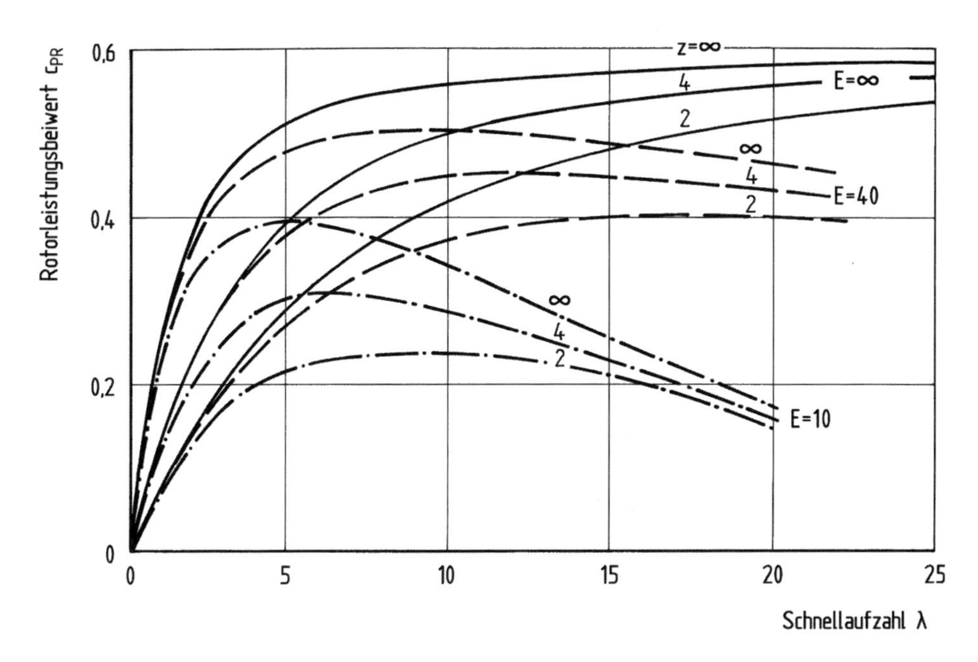

Bild 5.33. Einfluß der Profilgleitzahl und der Blattzahl auf den Rotorleistungsbeiwert [3]

der Luftkraft, bezogen auf den $t/4$-Punkt (25 % der Sehnenlänge, von der Profilnase aus gemessen), ermittelt. Die aerodynamischen Kraft- und Momentenbeiwerte werden in Form sogenannter *Profilpolaren* aufgetragen.

Zwei Polardarstellungen sind gebräuchlich: Die erste zeigt den Verlauf von c_a, c_w und c_m über dem Anstellwinkel. Diese aufgelöste Polare wird gelegentlich noch als „Lilienthalsche Polare" bezeichnet (Bild 5.34). Die zweite Form gibt die direkte gegenseitige Abhängigkeit der aerodynamischen Beiwerte voneinander wieder. Der Anstellwinkel erscheint in den Kurven als Parameter (Bild 5.35). Ein Vorzug dieser Darstellungsart ist die Möglichkeit, den optimalen Gleitwinkel bzw. die Gleitzahl als Tangente an die Kurve optisch erkennen zu können.

Der Verlauf der Profilpolaren wird neben der Profilgeometrie auch von strömungsmechanischen Parametern beeinflußt. Entscheidend für den Strömungszustand und seiner Wechselwirkung mit dem umströmten Körper ist der Einfluß der Flüssigkeitsreibung, der Viskosität. Sie verursacht letztlich sowohl den Widerstand als auch den Auftrieb und ist nach dem aerodynamischen Anstellwinkel entscheidend für die Auftriebs- und Widerstandscharakteristik des Profils — also den Verlauf der Profilpolaren. Deshalb sind in den gemessenen Profilpolaren in der Regel immer mehrere Kurven für verschiedene sog. Reynoldsche Zahlen angegeben (vergl. Bild 5.44).

Die Reynoldsche Zahl charakterisiert den Strömungszustand in Bezug auf den Einfluß der Reibungskräfte in der Strömung. Physikalisch kann sie als Verhältnis der Reibungs- zu den Trägheitskräften in der Strömung gedeutet werden. Sie kennzeichnet „ähnliche" Strömungsverhältnisse in Bezug auf diese beiden Einflüsse und wird deshalb als Kriterium für

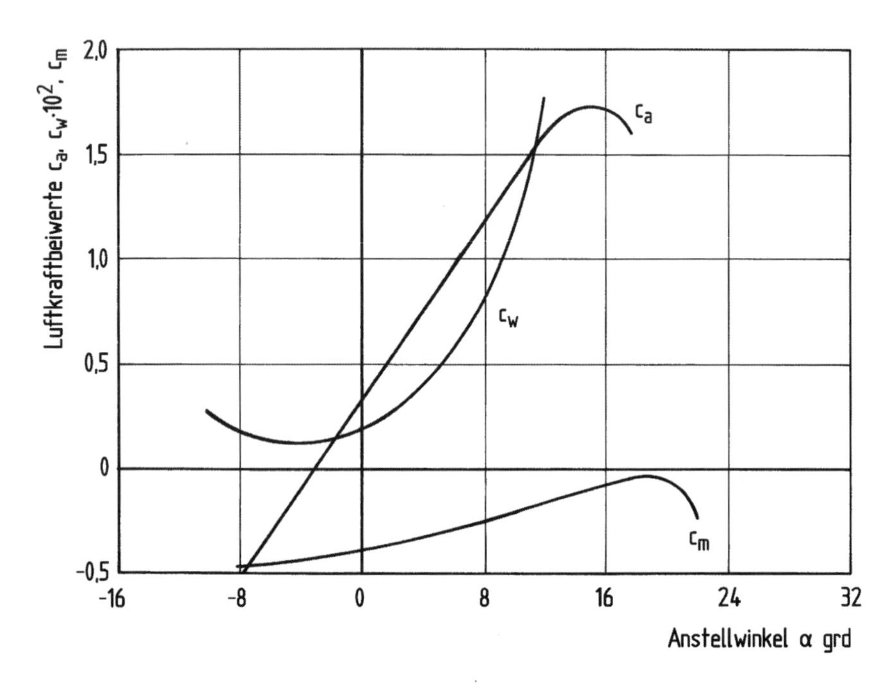

Bild 5.34. Aufgelöstes Polardiagramm (Lilienthalsche Polare)

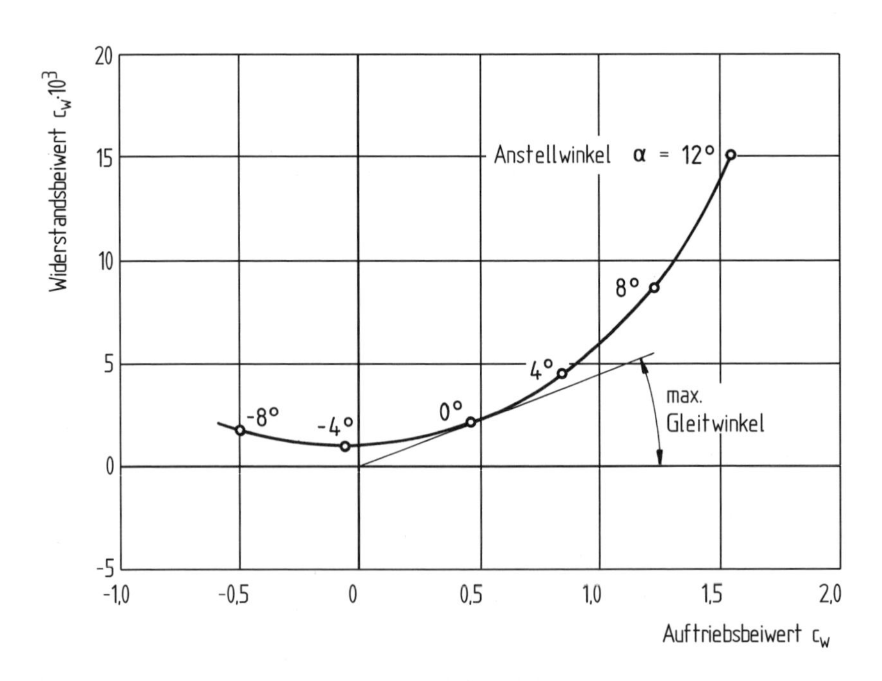

Bild 5.35. Polardiagramm, amerikanische Darstellung

die Übertragbarkeit von Modellmessungen im Windkanal auf das Originalobjekt benutzt. Die Reynolds-Zahl ist definiert:

$$Re = \frac{v\, l}{\nu}$$

mit:

v = Anströmgeschwindigkeit (m/s)
l = charakteristische Länge (Profiltiefe) (m)
ν = kinematische Zähigkeit der Luft bei NN: $\nu = 1{,}5 \cdot 10^{-5}$ (m²/s)

Die Reynoldsschen Zahlen von Windrotoren liegen an der Blattspitze im Bereich von 1 bis $8 \cdot 10^6$, je nach Größe der Rotoren und entsprechen damit den Werten, die auch für die Tragflügel von langsamer fliegenden Flugzeugen gültig sind. Deshalb werden bis heute die aerodynamischen Profile für die Rotorblätter von Windkraftanlagen aus der Luftfahrt „entliehen".

Mit Blick auf die Regelung des Rotors durch Verstellen des Blatteinstellwinkels muß auch das sogenannte Momentenverhalten des Profiles berücksichtigt werden. Manche stark gewölbten Profile zeigen eine unerwünscht große Änderung des aerodynamischen Momentes in Abhängigkeit vom Anstellwinkel. Sie sind nicht „druckpunktfest". Die aufzubringenden Verstellmomente um die Blattdrehachse werden dadurch beeinflußt.

5.4.2 Profilgeometrie und Systematik

Die gebräuchlichen aerodynamischen Profile aus der Luftfahrt sind in sogenannten Profilkatalogen zusammengefaßt [20]. Die Auswahl eines Profils erfordert zunächst die Kenntnis der Profilsystematik. Die ersten systematischen Profilentwicklungen für Flugzeuge wurden bereits 1923 bis 1927 an der Aerodynamischen Versuchsanstalt in Göttingen durchgeführt. Profile der Göttinger Profilsystematik sind heute kaum noch in Gebrauch. Sie wurden später durch die amerikanischen NACA-Profile ersetzt, die durch folgende Parameter gekennzeichnet werden (Bild 5.36):

- Profiltiefe t (oder c für engl. „chord length") als Länge der Sehne
- größte Wölbung f, als maximale Erhebung der Skelettlinie über der Sehne
- Wölbungsrücklage x_f
- größte Profildicke d, als größter Durchmesser der eingeschriebenen Kreise mit den Mittelpunkten auf der Skelettlinie
- Dickenrücklage x_d
- Nasenradius r_N
- Profilkoordinaten $z_o(x)$ und $z_u(x)$ der Ober- bzw. Unterseite

In den Profilkatalogen sind die Koordinaten der Kontur in Tabellenform enthalten. Die aerodynamischen Eigenschaften sind in Form der Profilpolaren für eine Reihe von Reynoldschen Zahlen dargestellt. Darüberhinaus enthalten die Kataloge noch zusätzlich Hinweise auf andere Eigenschaften der Profile und ihre Anwendung.

Die NACA-Profile sind durch eine mehrstellige Nummer gekennzeichnet, die Hinweise auf die Profilgeometrie und zum Teil auch auf gewisse aerodynamische Eigenschaften gibt.

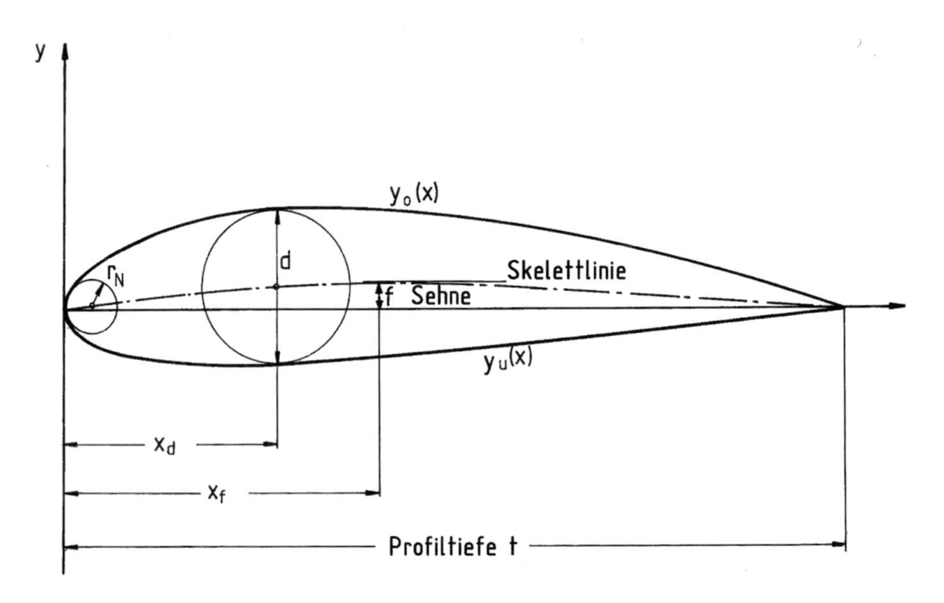

Bild 5.36. Geometrische Profilparameter von Profilen der NACA-Serie

Die wichtigsten Profilfamilien sind:

Vierziffrige NACA-Profile:

1. Ziffer:	Maximale Wölbung in Prozenten der Profiltiefe
2. Ziffer:	Wölbungsrücklage in Zehnteln der Tiefe
3./4. Ziffer:	Maximale Dicke in Prozent der Tiefe
Beispiel:	
NACA 4412	4 % Wölbung bei 40 % der Tiefe; maximale Dicke von 12 % der Tiefe. Die Dickenrücklage für alle vierziffrigen Profile liegt bei 30 %.

Fünfziffrige Profile:

1. Ziffer:	Maß für die Wölbungshöhe (sog. „stoßfreier“ Eintritt)
2. Ziffer:	Doppelter Wert der Wölbungsrücklage in Zehnteln der Profiltiefe
3. Ziffer:	Form der Skelettlinie (0 ohne Wendepunkt, 1 mit Wendepunkt)
4./5. Ziffer:	Dicke in Prozent der Profiltiefe
Beispiel:	
NACA 23018	$c_a^* = 0{,}3$ Wölbungsrücklage 15 %; Maximale Dicke 18 %

NACA-6er-Serie:

1. Ziffer:	Zugehörigkeit zur Serie 6
2. Ziffer:	Lage des Geschwindigkeitmaximums in Zehnteln der Profiltiefe
3. Ziffer:	Zehnfacher Betrag des Auftriebsbeiwertes bei stoßfreiem Eintritt (Wölbungshöhe)

4./5. Ziffer: Dicke in Prozent der Profiltiefe

Beispiel:

NACA 66_2-415 Profil der Serie 6; maximale Umströmungsgeschwindigkeit bei 60 % der Profiltiefe; Auftriebsbeiwert des stoßfreien Eintritts 0,4; Profildicke 15 %.

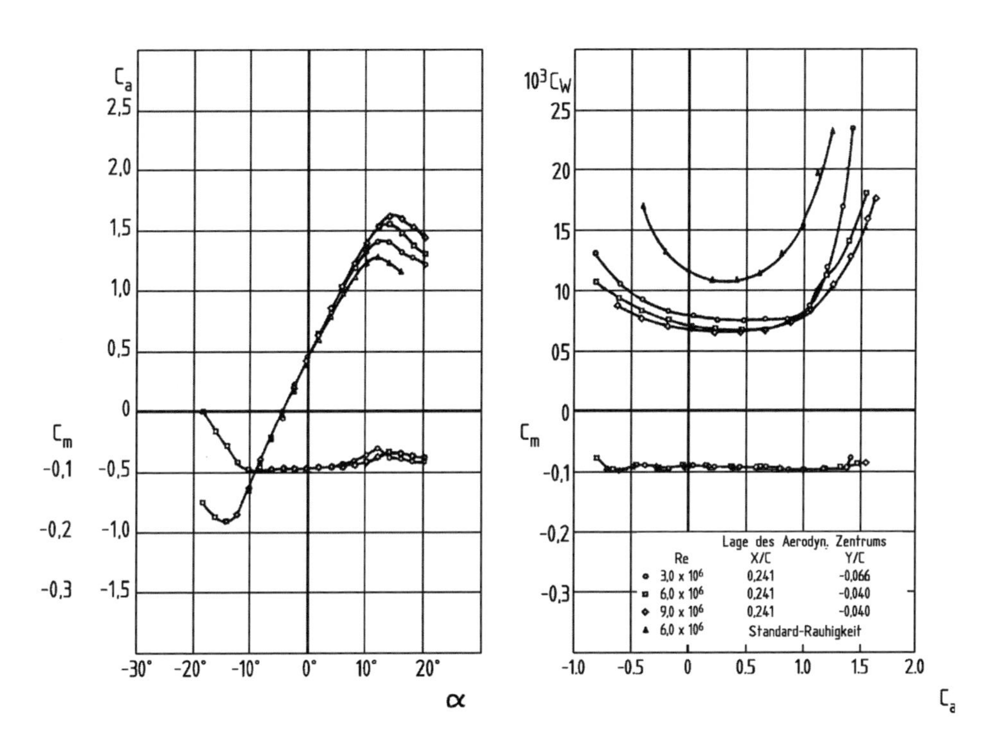

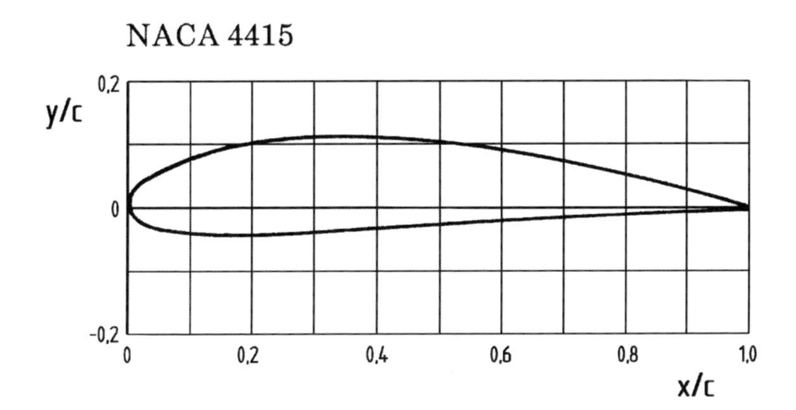

Bild 5.37. Geometrie und Polaren des Profiles NACA 4415 [20]

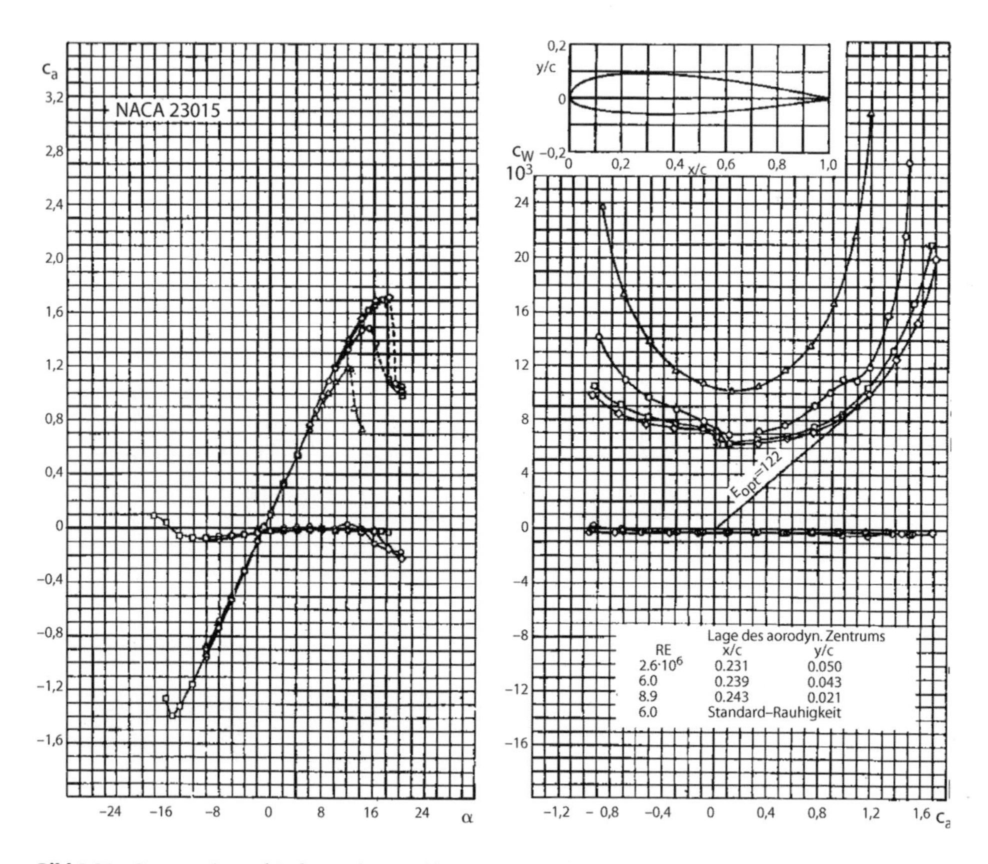

Bild 5.38. Geometrie und Polaren des Profils NACA 23015 [20]

Die NACA-Profilsystematik hat die verschiedensten Erweiterungen erfahren und wird noch laufend ergänzt. Die Diagramme 5.37, 5.38 und 5.39 zeigen die Polaren von drei typischen Profilen, die für Windkraftanlagen verwendet werden. Die Profile der Serie NACA 44 und 230 werden in der Regel mit etwa 15 % relativer Dicke im Rotoraußenblattbereich verwendet. Sie unterscheiden sich geringfügig in der Leistung. Die 44er Reihe hat eine etwas geringere Gleitzahl, ist dafür aber unempfindlicher bei Zunahme der Oberflächenrauhigkeit. Die Serie 230 ist eine neuere Profilfamilie mit etwas höherer Gleitzahl, aber auch empfindlicher in bezug auf die Oberflächenrauhigkeit. Außerdem läßt die Leistung bei zunehmender Profildicke stark nach. Unter den klassischen Flugzeugprofilen hat sich die Reihe NACA 63_2XX als noch am besten für Windrotoren geeignet herausgestellt (Bild 5.41). Insbesondere die Rauhigkeitsempfindlichkeit ist bei dieser Profilfamilie deutlich geringer.

Außer den NACA-Profilen sind noch die von F. X. Wortmann entwickelten Laminarprofile des „Stuttgarter Profilkatalogs" von Bedeutung. Diese Profile wurden in erster Linie für Segelflugzeuge entwickelt, eignen sich jedoch grundsätzlich auch für Windrotoren [22]. In den letzten Jahren wurden in den USA und in Schweden spezielle Profile für Windkraftanlagen entwickelt, zum Beispiel die Profile der Serien LS, FFW oder SERI.

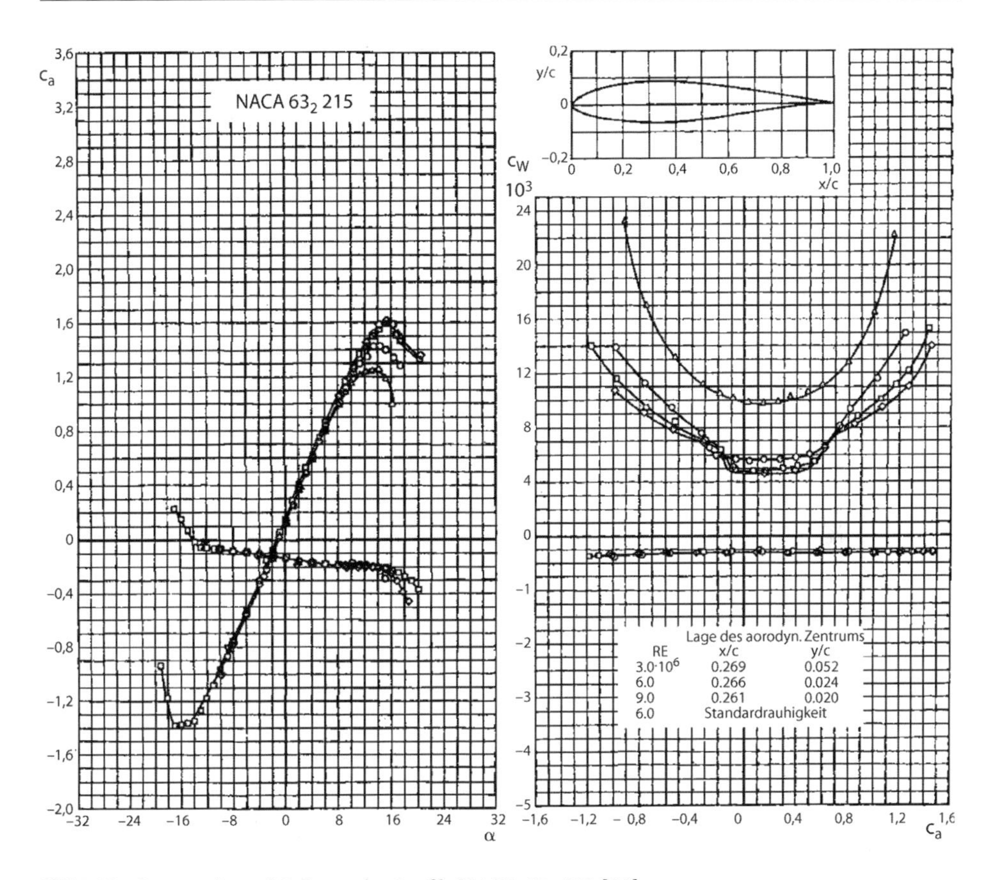

Bild 5.39. Geometrie und Polaren des Profils NACA 63_2-215 [20]

Die neueste Generation von aerodynamischen Profilen, die für Windkraftanlagen eingesetzt werden, wurden in den letzten Jahren von den führenden Windkraftanlagen- bzw. Rotorblattherstellern selbst entwickelt. Diese Profile sind nicht mehr nach den Kriterien und Anforderungen des Flugzeugbaus entwickelt worden, sondern ausschließlich im Hinblick auf die Optimierung des Energieertrages eines Windrotors (vergl. Kap. 14.2). Als wichtige Anforderungen an die Profile speziell für Windrotoren werden genannt [24]:

- möglichst geringer Leistungsabfall bei zunehmender Oberflächenrauhigkeit
- maximales Auftriebs- zu Widerstandsverhältnis
- stabiler Auftriebsbeiwert im Stall-Bereich und bei rauer Oberfläche
- in Hinblick auf die Belastungen begrenzter Auftriebsbeiwert im Außenbereich der Blätter um Leistungsspitzen bei Böen zu begrenzen

Einige Hersteller verwenden im Außenbereich der Rotorblätter Profile mit relativ großer Profildicke und Wölbung. Der Auftrieb und somit die Rotorleistung werden erhöht. Der damit verbundene größere Widerstand wird in Kauf genommen. Außerdem werden auch Profile ohne extreme Laminareigenschaften eingesetzt, die über einen weiten Anstellwinkelbereich bei turbulenter Luftströmung ihre gute Profilleistung beibehalten. Unter diesen

Aspekten sind die Anforderungen der Windenergietechnik an die aerodynamische Auslegung eben doch anders als im Flugzeugbau, wo die Minimierung des Widerstandes eine zentrale Rolle spielt.

5.4.3 Laminarprofile

Alle heute verwendeten Profile für schnellaufende Windrotoren gehören aerodynamisch gesehen zu den sog. *Laminarprofilen*. Die Profile zeichnen sich durch einen besonders geringen Profilwiderstand aus. Ihre hohe Leistungsfähigkeit ist jedoch an bestimmte Voraussetzungen gebunden insbesondere an eine geometrisch genaue und extrem glatte Profiloberfläche. Werden diese Bedingungen nicht erreicht, wird die Profilleistung schlechter als bei „normalen Profilen". Um die Eigenschaften der Laminarprofile und darüber hinaus auch die Wirkungsweise von Vortex-Generatoren oder auch die Umströmung von Türmen im Hinblick auf den Turmschatteneffekt zu verstehen ist ein kleiner Exkurs in einige Grundlagen der Strömungsmechanik notwendig. Die Umströmung eines Körpers in einem inkompressiblen reibungsbehafteten Medium (Luft) lässt sich in zwei Bereiche aufteilen, die von unterschiedlichen Kraftwirkungen dominiert werden.

In der unmittelbaren Nähe der Körperoberfläche spielen die Reibung (Viskosität) des Strömungsmediums und die Rauhigkeit der Körperoberfläche eine entscheidende Rolle (Bild 5.40). Die Strömungsgeschwindigkeit wird stark abgebremst und beträgt direkt an der Oberfläche Null. Dieser Bereich der Umströmung wird als Prandtlsche Grenzschicht oder einfach als *Grenzschicht* bezeichnet. Die Strömung in der Grenzschicht wird durch das *Reynoldsche Ähnlichkeitsgesetz* beherrscht. Die Reynoldsche Zahl gibt das Verhältnis der Reibungskräfte zu den Trägheitskräften der Strömung in der Strömung an.

Außerhalb der Grenzschicht verhält sich auch in realen Medien wie z. B. Luft, die Strömung nahezu reibungsfrei. Der Strömungsverlauf hinsichtlich der Strömungsgeschwindigkeit und der Druckverteilung wird von der Form des Körpers geprägt. Die Strömung folgt den Gesetzen der sog. „Potentialtheorie".

Der Widerstand den der Körper im strömenden Medium erfährt setzt sich zusammen aus *Reibungswiderstand* in der Grenzschicht und *Druckwiderstand* als Folge der Druckkräfte aus der Außenströmung auf den Körper. Die Bedeutung der Grenzschicht liegt darin, daß von hier aus die gesamte Umströmung des Körpers „gesteuert" werden kann. Der Strömungszustand in der Grenzschicht ist zuerst „laminar", d. h. in wohlgeordneten paral-

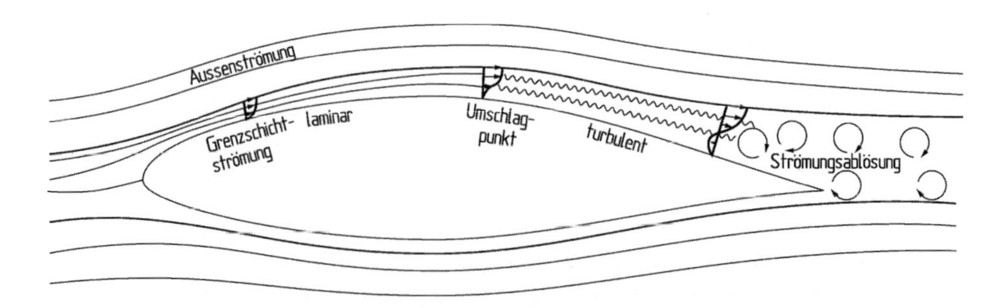

Bild 5.40. Grenzschichtströmung um ein aerodynamisches Profil (Grenzschichtdicke stark überhöht)

lelen Schichten. Ab einem gewissen Umschlagspunkt, anhängig von der Reynoldschen Zahl und der Rauhigkeit der Körperoberfläche geht er in einen „turbulenten" Zustand über. In diesem Zustand kommt es zu einer Ausbildung von Wirbeln und zu unregelmäßigen Querbewegungen in der Strömung, die eine Durchmischung mit den benachbarten Schichten verursachen.

Die Grenzschicht hat darüberhinaus die Eigenschaft mit zunehmender Lauflänge der Strömung über die Körperoberfläche immer dicker und damit auch turbulenter zu werden (Bild 5.40). Bei einer bestimmten Dicke löst sich die Grenzschicht von der Körperoberfläche ab und drängt die Außenströmung vom Körper ab. Es kommt zu einer „Strömungsablösung" mit einem turbulenten „Totwassergebiet" und einer damit verbundenen Änderung der Druckverteilung um den Körper. Die veränderte, unsymmetrische Druckverteilung um den Körper äußert sich als Druckwiderstand des Körpers. Die Reibung in der Grenzschicht ist somit letztlich auch die Ursache für den gesamten Strömungswiderstand bestehend aus dem Reibungswiderstand in der Grenzschicht und dem Druckwiderstand aus der äußeren Umströmung des Körpers. Auf der anderen Seite haftet eine turbulente Grenzschicht länger auf der Körperoberfläche, sodaß die Strömungsablösung über den größten Querschnitt des Körpers hinaus nach hinten verschoben wird und damit das Totwassergebiet kleiner wird. Dies ist bei stumpfen Körpern (Kugel oder Kreiszylinder) gegeben und verringert deren Druckwiderstand (vergl. Kap 6.3.5). Schlanke stromlinienförmige Körper (aerodynamische Profile) haben aufgrund ihrer Form ein äußerst geringes Totwassergebiet. Ihr Widerstand besteht deshalb fast ausschließlich aus dem Reibungswiderstand in der Grenzschicht. Unter diesen Umständen bewirkt das Turbulentwerden der Grenzschicht einen Widerstandsanstieg. Je länger die Grenzschicht laminar bleibt umso geringer ist der Widerstand.

Der Umschlagspunkt von laminarer zu turbulenter Grenzschichtströmung wird neben der Oberflächenreibung auch durch den Druckgradienten in der Strömung bestimmt. Bei beschleunigter Strömung, das heißt bei abfallendem Druck bleibt die Grenzschicht laminar und die Ablösung der Grenzschicht wird vermieden. Abfallender Druck, d. h. beschleunigte Strömung, ist normalerweise nur bis zum größten Körperquerschnitt gegeben. Bei zunehmenden Druck, das heißt bei verzögerter Strömungsgeschwindigkeit ist die Ablösung nahezu unvermeidlich.Diese Eigenschaft der Grenzschicht hat man sich in der Profilentwicklung zu Nutzen gemacht. Durch eine Rückverlagerung der maximalen Profildicke wird ein längerer Bereich beschleunigter Umströmung geschaffen mit der Folge, daß bei glatter Profiloberfläche die laminare Grenzschicht bis zu einer Lauflänge von 60 % der Profiltiefe erhalten bleibt („Laminarerhaltung durch Formgebung"). Der minimale Widerstand sinkt unter diesen Voraussetzungen auf etwa die Hälfte des Wertes von normalen Profilen, deren Dickenrücklage und damit der Bereich der laminaren Grenzschicht nur bei 25 bis 30 % der Profiltiefe liegt.

Wie bereits mehrfach erwähnt, wird dieser Laminareffekt jedoch nur dann erreicht, wenn die Profilgeometrie genauestens eingehalten wird und die Profiloberfläche extrem glatt ist. Außerdem ist der Bereich des minimalen Widerstands nur in einem begrenzten Anstellwinkelbereich vorhanden, der sog. *Laminardelle* (Bild 5.41). In diesem Bereich ist der Widerstandsbeiwert extrem niedrig und in einem weiten Bereich unabhängig vom Anstellwinkel. Wird der Bereich der Laminardelle verlassen ist der Anstieg des Widerstandes mit dem Anstellwinkel schärfer als bei normalen Profilen.

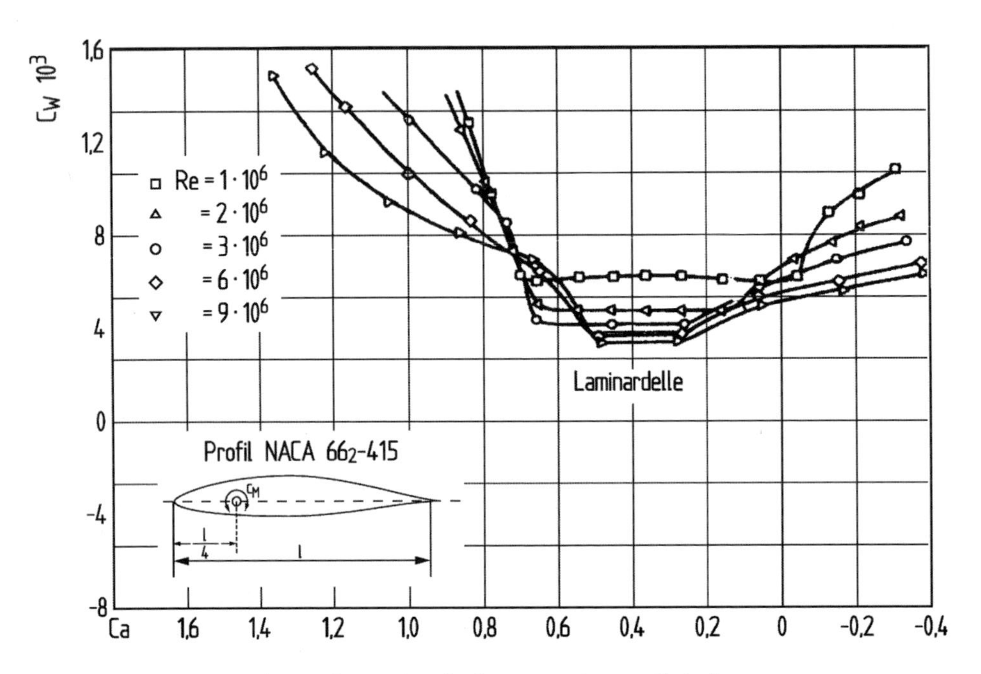

Bild 5.41. Charakteristischer Widerstandsverlauf eines Laminarprofils [21]

Auf eine Zunahme der Oberflächenrauhigkeit reagieren alle Laminarprofile — wenn auch in unterschiedlichem Maße — mit einer dramatischen Verschlechterung der Profilleistung, die älteren NACA-Profile der Serien 44 und 230 im besonderen Maße. Das modernere LS-1 Profil weist einen deutlich geringeren Leistungsabfall bei zunehmender Rauhigkeit auf (Bild 5.42).

Die Rotorblätter von Windkraftanlagen können aus Kostengründen nicht in beliebiger Oberflächengüte hergestellt werden. Die Auswahl eines geeigneten Profils ist somit unter Berücksichtigung der fertigungstechnisch möglichen Oberflächengüte zu treffen. In der Profiltheorie wird mit einer sogenannten Standard-Rauhigkeit, die entsprechend einer bestimmten „Rauhigkeitstiefe" definiert ist, gearbeitet [20]. Unter praktischen Gesichtspunkten stellt sich das Problem, reale Oberflächenrauhigkeiten auf diese idealisierten Verhältnisse zu übertragen. Hierzu ist ein großes Maß an Erfahrung nötig. Auch die Einhaltung der Profilgeometrie ist bei Laminarprofilen besonders wichtig. Dies gilt zum Beispiel für den Nasenradius oder die Welligkeit der Oberfläche.

Die Erfahrungen der letzten Jahre haben gezeigt, daß auf diesem Gebiet viel „gesündigt" wurde. Die enttäuschenden Leistungskennlinien vieler Windkraftanlagen haben hier ihre Ursache. Ganz offensichtlich fehlte anfangs einigen Rotorblattherstellern die luftfahrttechnische Erfahrung im fertigungstechnischen Umgang mit Laminarprofilen. In den letzten Jahren hat jedoch ein Umdenken eingesetzt. Die Windkraftanlagenhersteller haben die Bedeutung der Profilaerodynamik für das Leistungsvermögen einer Windkraftanlage zunehmend erkannt. Auch die Fertigungstechnik wurde im Hinblick auf die Anforderungen der Laminarprofile an die Oberflächengüte der Rotorblätter verbessert.

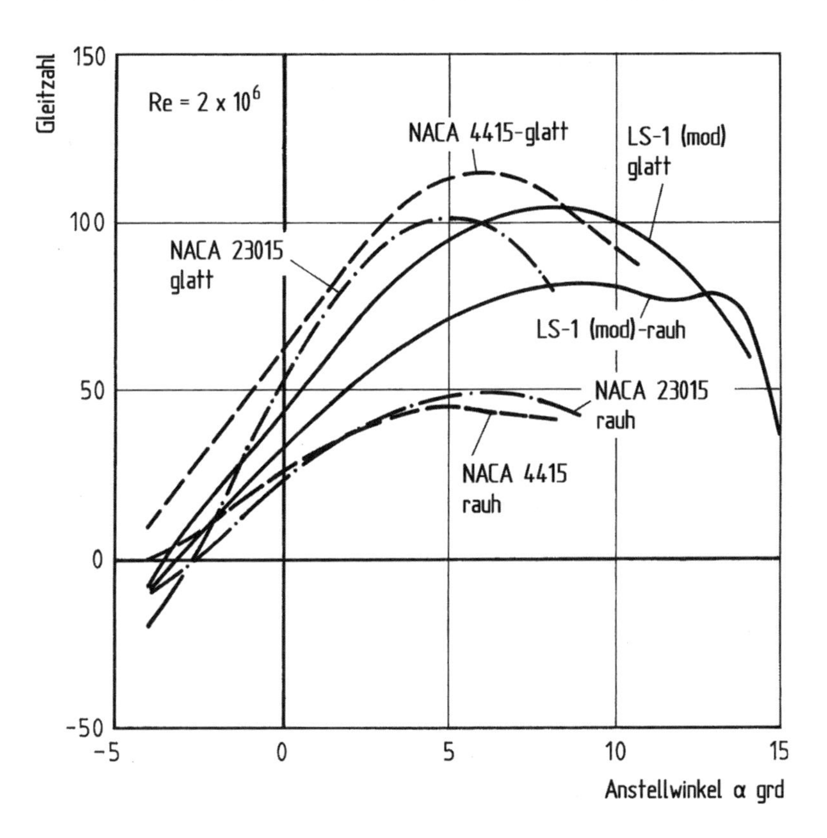

Bild 5.42. Gleitzahlen von verschiedenen Profilen bei glatter und rauher Oberfläche [23]

Während des Betriebes auftretende Verschmutzungen können auch die Ursache für eine rauhe Oberfläche sein. Der Schmutz besteht, ähnlich wie bei Segelflugzeugen, aus einer Mischung von toten Insekten und fest angebackenem Staub. Bei großen Rotoren mit Nabenhöhen über 80 m werden nur in geringem Maße leistungsmindernde Verschmutzungen der Rotorblätter festgestellt. Wesentlich gravierender ist das Problem bei kleineren Anlagen (Bild 5.43).

Besonders empfindlich reagieren stallgeregelte Rotoren auf eine Zunahme der Oberflächenrauhigkeit. Bei erhöhter Rauhigkeit ändert sich die Profilpolare besonders stark im Bereich des maximalen Auftriebsbeiwertes. Der Abreißpunkt wird zu kleineren Anstellwinkeln verschoben, so daß der aerodynamische Stall bereits bei niedrigen Windgeschwindigkeiten einsetzt. Erhebliche Leistungseinbußen sind die unmittelbare Folge (vergl. Kap. 14, Bild 14.21). Dieser Effekt tritt insbesondere im Sommer auf, wenn es wochenlang nicht geregnet hat und die zahlreichen Insekten die besonders empfindliche Profilvorderkante verschmutzen (vergl. Kap. 14.3.4). Rotoren mit Blatteinstellwinkelregelung haben das Problem des zu früh einsetzenden Stalls bei zunehmender Verschmutzung der Blätter nicht. Die aerodynamische Leistung läßt aber durch die erhöhte Oberflächenrauhigkeit ebenfalls merklich nach, ein Effekt, der sich im Teillastbereich bemerkbar macht.

Bild 5.43. Verschmutztes Rotorblatt der kleinen Windkraftanlage Aeroman nach einer Betriebszeit von nur wenigen Monaten auf den Tehachapi-Bergen in Kalifornien, USA

5.4.4 Einfluß auf den Rotorleistungsbeiwert

Der Einfluß des Profils auf den Rotorleistungsbeiwert erscheint zunächst relativ gering zu sein, solange es sich um die üblichen Standard-Profile aus der Luftfahrt handelt und die Profiloberfläche glatt ist (Bild 5.44). Dennoch sollte man auch diese Unterschiede nicht unterschätzen. Die Wahl eines hochwertigen Profils kostet nichts und der aerodynamische Wirkungsgrad des Rotors ist direkt proportional zur Energielieferung und damit letztlich zur Wirtschaftlichkeit der Anlage. Die Theorie, mehr noch die praktische Erfahrung der letzten Jahre, haben gezeigt, daß die klassischen Flugzeugprofile nicht unbedingt optimal für Windkraftanlagen geeignet sind.

Manche Hersteller verwenden modifizierte NACA-Profile, andere entwickeln völlig neue Profile nach ihren eigenen Vorstellungen (vergl. Kap. 5.4.2). Man legt weniger Wert auf hochgezüchtete Laminareigenschaften als vielmehr auf stabilere aerodynamische Leistungen bei ständig fluktuierendem Anstellwinkel und auf höhere Auftriebsbeiwerte. Diese ermöglichen schlankere Rotorblätter im Außenbereich und damit geringere aerodynamische Lasten in bestimmten Lastfällen. Der Erfolg dieser Bemühungen wird durch einige neuere Rotorblätter, zum Beispiel von Enercon dokumentiert. Die mit diesen Rotorblättern erzielten außerordentlich hohen Anlagenleistungsbeiwerte sind nicht nur der besseren Umströmung der Rotorblätter im Blattwurzelbereich, sondern auch den optimierten Rotorblattprofilen zu verdanken (vergl. Kap. 14.1.4). Aerodynamisch konsequent optimierte Dreiblattrotoren erreichen mit diesen Profilen maximale Leistungsbeiwerte von über 0,5 (Bild 5.45).

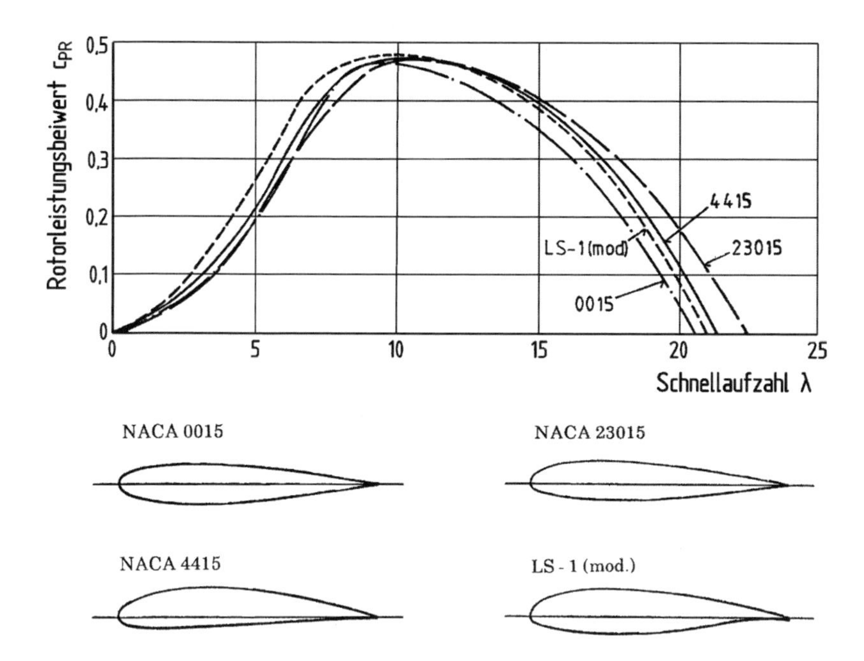

Bild 5.44. Einfluß verschiedener Profile auf den Rotorleistungsbeiwert eines Zweiblattrotors [25]

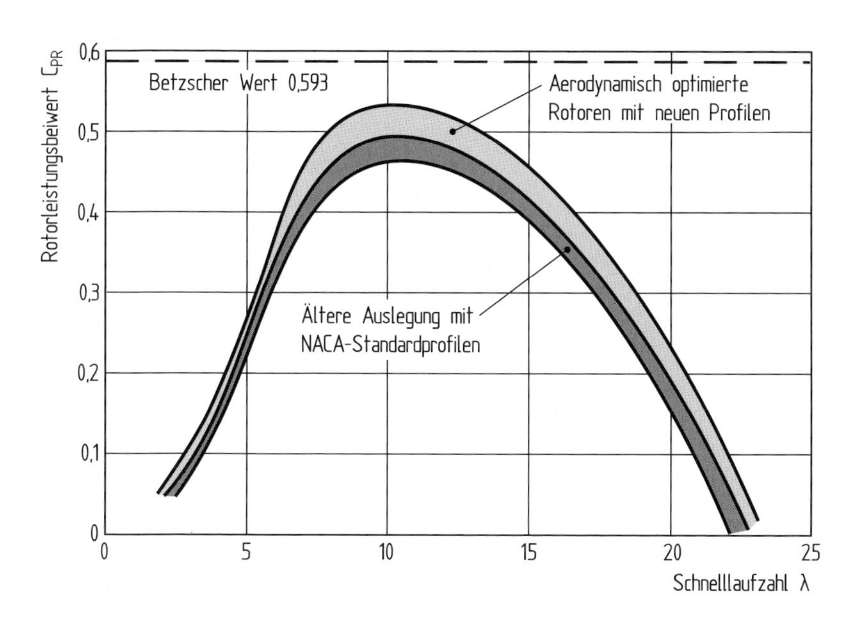

Bild 5.45. Erreichbare Leistungsbeiwerte von Dreiblattrotoren mit älterer und neuerer aerodynamischer Auslegung

5.5 Konzeptionelle Rotormerkmale und Leistungscharakteristik

Die aerodynamischen Eigenschaften und das dynamische Verhalten des Rotors von der Leistungserzeugung über die auftretenden Belastungen bis zur Geräuschemission sind von einigen wichtigen konzeptionellen Merkmalen geprägt. Dem Konstrukteur einer Windkraftanlage stellt sich das Problem zunächst diese konzeptionellen Merkmale festzulegen. Seine Aufgabe besteht darin, aufgrund selbstgewählter Zielvorstellungen und Prioritäten die bestmögliche Rotorkonzeption zu finden. Am Anfang dieser vielschichtigen Entwurfsaufgabe wird in der Regel eine Vorstellung über die Leistungsabgabe der Windkraftanlage bei einer bestimmten Windgeschwindigkeit stehen. Über eine grobe Schätzung des Rotorleistungsbeiwertes läßt sich daraus der erforderliche Rotordurchmesser ableiten. Mit dieser ersten Annahme des Rotordurchmessers beginnt im allgemeinen der aerodynamische Entwurf des Rotors. Wie alle Entwurfsaufgaben in der Technik ist auch der aerodynamische Rotorentwurf kein mathematisch lösbares Problem. Mathematisch lassen sich zwar unter bestimmten Voraussetzungen Optimalformen, etwa für die Gestalt der Rotorblätter, ableiten, diese setzen jedoch nur die Orientierungsmarken im Rahmen des Entwurfsprozesses. Die praktische Entwurfsaufgabe ist dadurch gekennzeichnet, daß die geometrische Gestalt des Rotors im Sinne des bestmöglichen Kompromisses aus der aerodynamischen Leistung, den festigkeitsmäßigen Notwendigkeiten und fertigungtechnischer Vereinfachungen festgelegt werden muß, um nur die wichtigsten Aspekte zu nennen. Dieses Ergebnis kann nur in einem iterativen Prozeß erzielt werden.

Unter dieser Voraussetzung besteht die Aufgabe der Rotorentwurfsaerodynamik darin, zunächst die Optimalform zu finden und dann bei den unvermeidlichen Kompromissen den Einfluß der geforderten Abweichungen von der aerodynamisch gewünschten Form zu quantifizieren. Die Optimierung wird zunächst mit Blick auf den Rotorleistungsbeiwert erfolgen. Letztlich ist jedoch der Einfluß auf die Energielieferung der Anlage maßgebend. Diese wird noch von anderen Auslegungsparametern der Windkraftanlage, wie zum Beispiel der installierten Generatorleistung und der Leistungsregelung des Rotors, mit beeinflußt. Unabhängig von diesen Einflüssen ist die Maximierung der Rotorleistung aber immer die erste Voraussetzung. Der Zusammenhang von Rotorleistungsbeiwert und Energielieferung läßt sich sehr genau berechnen (vergl. Kap. 14). Die aerodynamische Optimierung des Rotors wird deshalb zunächst mit Blick auf den Rotorleistungsbeiwert vorgenommen.

C. Rohrbach, H. Wainauski und R. Worobel haben den Einfluß der aerodynamischen Auslegungsparameter auf den Rotorleistungsbeiwert unter Verwendung der im vorigen Kapitel dargestellten Berechnungsverfahren in einer ausgezeichneten Untersuchung dargestellt [25]. Eine Reihe der in diesem Kapitel wiedergegebenen Diagramme sind dieser Arbeit entnommen. Die Ergebnisse, obgleich für eine ältere Zweiblatt-Rotorkonfiguration berechnet, können als weitgehend verallgemeinerbar für moderne Windrotoren angesehen werden.

5.5.1 Anzahl der Rotorblätter

Die Anzahl der Rotorblätter ist das augenfälligste Merkmal des Rotors. In der Darstellung der physikalischen Grundlagen wurde bereits darauf hingewiesen, daß die Berechnung der erzielbaren mechanischen Leistung aus einer vorhandenen Windleistung in einem bestimmten Durchströmquerschnitt ohne Kenntnis der Rotorkonfiguration, d.h. also auch ohne die Berücksichtigung der Anzahl der Rotorblätter, mit brauchbarer Näherung möglich ist. Damit ist bereits angedeutet, daß der Einfluß der Anzahl der Rotorblätter auf die Rotorleistung nicht sehr groß sein kann. Vereinfacht ausgedrückt: Rotoren mit geringerer Blattanzahl drehen schneller und gleichen so ihren Nachteil der kleineren physischen Blattfläche nahezu wieder aus.

Bild 5.46 zeigt den Einfluß der Blattanzahl auf die Einhüllende des Rotorleistungskennfeldes. Man erkennt sofort die immer geringeren Leistungszuwächse bei steigender Rotorblattzahl. Während der Leistungszuwachs beim Übergang von einem auf zwei Blätter noch beachtliche zehn Prozent beträgt, ist der Unterschied von zwei auf drei Blätter noch etwa drei bis vier Prozent. Das vierte Blatt bringt nur noch einen Leistungszuwachs von einem bis zwei Prozent.

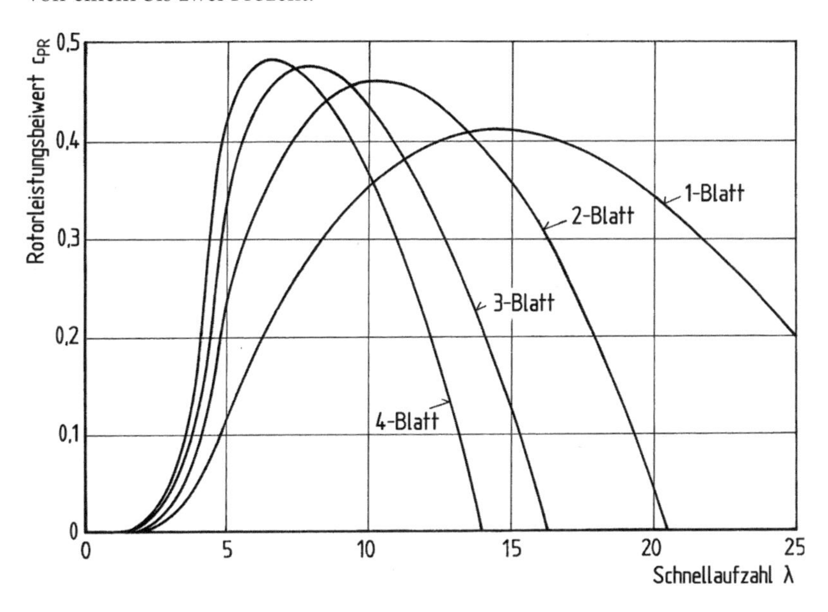

Bild 5.46. Einfluß der Rotorblattzahl auf den Verlauf des Rotorleistungsbeiwertes (Einhüllende) und die optimale Schnellaufzahl (berechnet für die Experimentalanlage WKA-60 mit dem aerodyn. Profil NACA 4415)

In der Theorie nimmt der Leistungsbeiwert mit zunehmender Blattzahl weiter zu. Rotoren mit sehr großer Blattzahl, zum Beispiel die amerikanische Windturbine, zeigen jedoch wieder einen abnehmenden Leistungsbeiwert. Bei großer Blattflächendichte ergeben sich komplizierte aerodynamische Strömungsverhältnisse (Gitterströmung), die mit den erläuterten theoretischen Modellvorstellungen nicht erfaßt werden.

Der Verlauf der c_{PR}-Kurven über der Schnellaufzahl zeigt auch, in welchem Bereich die optimale Schnellaufzahl für Rotoren mit unterschiedlicher Blattanzahl liegen muß. Während der Dreiblattrotor bei einer Auslegungsschnellaufzahl von 7 bis 8 sein Optimum hat, wird für einen Zweiblattrotor der maximale c_{PR}-Wert erst bei einer Schnellaufzahl von etwa 10 erreicht. Die optimale Schnellaufzahl für den Einblattrotor liegt bei 15. Die Lage der optimalen Schnellaufzahl ist geringfügig von der Wahl des aerodynamischen Profiles abhängig. Die Profileigenschaften verschieben jedoch im wesentlichen nur die Maximalwerte der c_{PR}-Kurven nach oben oder unten, so daß die Zusammenhänge von Blattzahl, Leistungsbeiwert und optimaler Schnellaufzahl von allgemeiner Gültigkeit für schnellaufende Rotoren sind.

Aus der Abhängigkeit des Leistungsbeiwertes von der Rotorblattzahl wird sofort verständlich, warum der Rotor mit geringer Blattanzahl, d. h. mit zwei oder drei Blättern, die bevorzugte Lösung für Windkraftanlagen darstellt. Der mögliche Gewinn an Leistung und Energielieferung von wenigen Prozenten reicht in der Regel nicht aus, um die Kosten für ein zusätzliches Rotorblatt zu rechtfertigen.

Diese Feststellung wäre völlig unumstritten, wenn nicht weitere Gesichtspunkte hinzu kämen. Das dynamische Verhalten eines Windrotors wird mit abnehmender Blattzahl immer ungünstiger. Insbesondere der Unterschied vom aerodynamisch symmetrischen Dreiblattrotor zum Zwei- oder gar Einblattrotor ist gravierend (siehe Kap. 6.8.1). Die hohe dynamische Belastung eines aerodynamisch unsymmetrischen Rotors erfordert zusätzliche Aufwendungen bei den übrigen Komponenten der Windkraftanlage. Hinzu kommt, daß Rotoren mit hoher Schnellaufzahl, also Zwei- oder Einblattrotoren, eine für die meisten Einsatzorte nicht akzeptable Geräuschemission verursachen. Auch die optische Wirkung eines drehenden Zwei- oder gar Einzelblattrotors wird im allgemeinen als „unruhig" im Vergleich zum Dreiblattrotor empfunden. Dies alles hat dazu geführt, daß sich heute der Dreiblattrotor bei kommerziellen Windkraftanlagen vollkommen durchgesetzt hat. Mit zunehmender Größe der Windkraftanlagen und der Erweiterung ihres Einsatzbereiches (Offshore) kann aber der Zweiblattrotor durchaus wieder attraktiv werden. Die optimale Anzahl der Rotorblätter ist deshalb nicht nur unter dem Aspekt der aerodynamischen Leistungsunterschiede zu sehen, sie erfordert vielmehr eine ganzheitliche Betrachtung der Windkraftanlage und ihrer Einsatzbedingungen.

5.5.2 Optimale Form des Blattumrisses

Die mechanische Leistungsaufnahme des Rotors aus dem Wind wird auch von der geometrischen Form der Rotorblätter beeinflußt. Die Ermittlung der aerodynamisch optimalen Blattform, oder der bestmöglichen Annäherung an diese, gehört mit zu den Entwurfsaufgaben. Mit Hilfe der Betzschen Impulstheorie und der Blattelementtheorie kann die theoretische Optimalform für den Blattumriß gefunden werden. Das entscheidende Kriterium in dieser Berechnung ist die Forderung, daß an jedem Blattradius die Windgeschwindigkeit in der Rotorebene auf zwei Drittel ihres ungestörten Wertes verzögert werden soll. Diese Forderung wird erfüllt, wenn das Produkt aus örtlichem Auftriebsbeiwert und örtlicher Blattiefe einen hyperbolischen Verlauf über dem Blattradius annimmt. Der örtliche Auftriebsbeiwert muß aus der Profilpolaren des gewählten Profils und unter Berücksichtigung des örtlichen Profileinstellwinkels, der Blattverwindung, ermittelt werden. Mit anderen Worten: Die aerodynamisch optimale Verteilung von Tiefe und Verwindung der Rotorblätter hängt von der Vorgabe eines bestimmten Auftriebsbeiwertes ab.

Den Auftriebsbeiwert wird man in der Regel so vorgeben, daß bei der gewählten Auslegungsschnellaufzahl des Rotors das Blatt mit der bestmöglichen Profilgleitzahl betrieben wird. Der dazugehörige Anstellwinkel liegt bei den üblichen Profilen um einige Grade vor dem maximalen Auftriebsbeiwert, so daß ein ausreichender Abstand zur Abreißgrenze gegeben ist. Für eine erste Näherung kann der *Auslegungsauftriebsbeiwert* mit 0,9 bis 1,1 angenommen werden. Im Ergebnis wird das Rotorleistungskennfeld bei der gewählten Auslegungsschnellaufzahl den besten c_{PR}-Verlauf aufweisen.

Unter gewissen Voraussetzungen, im wesentlichen unter Vernachlässigung des Profilwiderstandes und der Randwirbelverluste, läßt sich auch eine analytisch auflösbare Formel für die aerodynamisch optimale Tiefenverteilung angeben [3]:

$$t_{\mathrm{opt}} = \frac{2\pi}{z} \frac{8}{9 c_{\mathrm{A}}} \frac{v_{\mathrm{WA}}}{\lambda v_{\mathrm{r}} r}$$

mit:

t_{opt} = optimale örtliche Blattiefe (m)
v_{WA} = Auslegungswindgeschwindigkeit (m/s)
u = Umfangsgeschwindigkeit (m/s)
v_{r} = $\sqrt{v_{\mathrm{W}}^2 + u^2}$ örtliche resultierende Anströmgeschwindigkeit (m/s)
λ = örtliche Schnellaufzahl (–)
c_{A} = örtlicher Auftriebsbeiwert (–)
r = örtlicher Blattradius (m)
z = Blattzahl des Rotors (–)

Diese Formel liefert für eine näherungsweise Festlegung des Blattumrisses brauchbare Ergebnisse. Die optimale Tiefenverteilung ist eine hyperbolische Funktion der Blattlänge bzw. des Rotorradius.

Es muss allerdings darauf hingewiesen werden, daß diese Formel für die Blatttiefenverteilung nur für den Betz'schen idealen Leistungsbeiwert von $c_{\mathrm{P}} = 0{,}593$ gilt. Beim realen Windrotor, wo der c_{P}-Wert niedriger ist, wird auch der optimale Blattumriss etwas anders ausfallen. In den praktischen Entwurfsverfahren werden deshalb komplexere Auslegungsmethoden angewendet.

Bild 5.47 zeigt, welche konkrete Gestalt die Rotorblätter bei verschiedenen Schnelllaufzahlen für Rotoren mit einem, zwei, drei und vier Blättern annehmen. Man erkennt sofort, daß für große Auslegungsschnellaufzahlen ($\lambda = 15$) die Rotorblätter eines Drei- oder Vierblattrotors extrem schlank werden. Die Festigkeits- oder Steifigkeitsprobleme, die mit der Realisierung derart schlanker Blätter verbunden sind, liegen auf der Hand. Dieser Gesichtspunkt erzwingt für Schnelläufer eine geringe Anzahl der Rotorblätter. Einblattrotoren werden unter anderem auch damit begründet, Rotoren mit großer Schnellaufzahl bei noch vernünftiger Blattstreckung realisieren zu können.

Zur Charakterisierung der geometrischen Rotorblattform sind einige Kenngrößen eingeführt worden, die wie folgt definiert sind:

$$\text{Blattflächendichte} = \frac{\text{Gesamtfläche der Rotorblätter}}{\text{Rotorkreisfläche}} \quad (\%)$$

$$\text{Streckung (Schlankheit)} = \frac{(\text{Rotorradius})^2}{\text{Fläche eines Rotorblattes}} \quad (-)$$

$$\text{Zuspitzung} = \frac{\text{Blattiefe an der Spitze}}{\text{Blattiefe an der Wurzel}} \quad (-)$$

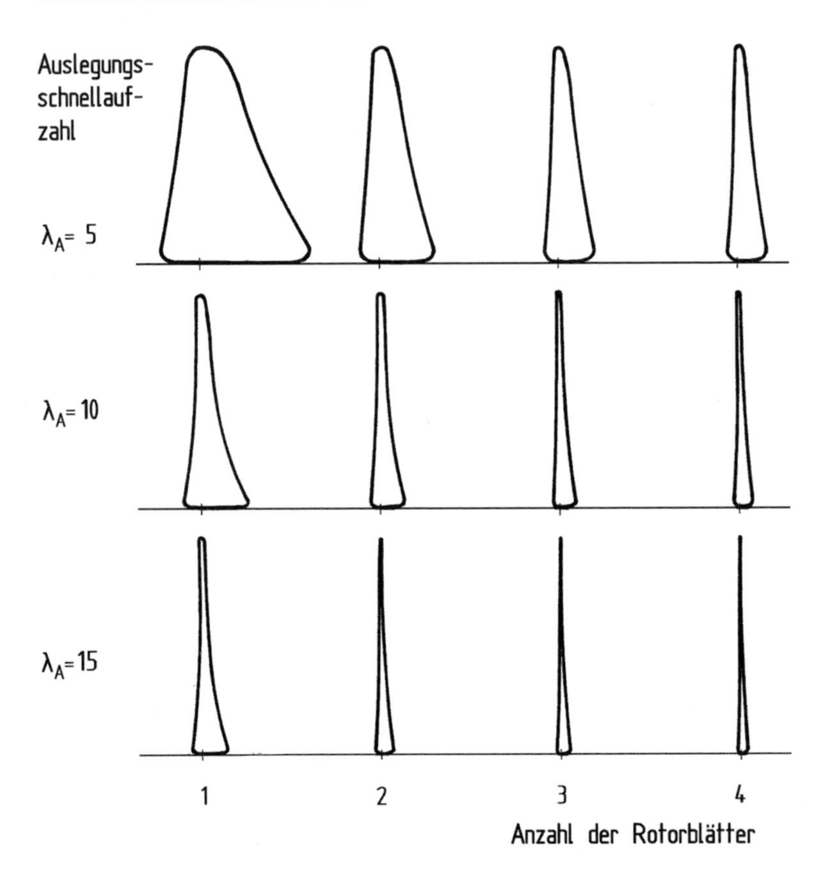

Bild 5.47. Aerodynamisch optimale Rotorblattformen für unterschiedliche Auslegungsschnelllaufzahlen und Rotorblattzahlen, gerechnet für das Profil NACA 4415 und Auslegungsauftriebsbeiwert $c_A = 0{,}9$

Eine Schwierigkeit dieser Definitionen ist die eindeutige Festlegung der Rotorblattfläche bzw. der Blatttiefe an der Spitze und der Wurzel. Man behilft sich mit der etwas vagen Festlegung auf die „aerodynamisch wirksame" Blattfläche bzw. Blattiefe.

Die hyperbolischen Konturen der theoretischen Optimalform sind für die Fertigung naturgemäß ein Hindernis. Vom Standpunkt einer kostengünstigen, rationellen Fertigung sind gradlinig begrenzte Rotorblattformen anzustreben. Bild 5.48 zeigt, in welchem Ausmaß Leistungseinbußen durch Abweichen von der aerodynamisch optimalen Form hingenommen werden müssen. Die gradlinig begrenzte Trapezform erweist sich als sehr gute Annäherung. Der maximale Leistungsbeiwert liegt nur geringfügig unter der optimalen, hyperbolisch begrenzten Form (Basisform C).

Der Blattinnenbereich ist für die Leistungserzeugung weniger von Bedeutung. Hier können aerodynamische Gesichtspunkte zugunsten höherer Festigkeit oder einfacherer Fertigung zurückgestellt werden. Dies gilt in erster Linie für die Profildicke, um genügend Bauhöhe für die Festigkeit und Steifigkeit bei geringem Gewicht zu ermöglichen. Der geringere Beitrag des Blattinnenbereiches zur Leistungserzeugung darf jedoch nicht zu der Fehleinschätzung führen, daß man auf diesen Bereich, um Gewicht oder Kosten zu sparen, ohne nennenswerte Folgen für die Leistung verzichten könne. Bild 5.49 zeigt den Einfluß

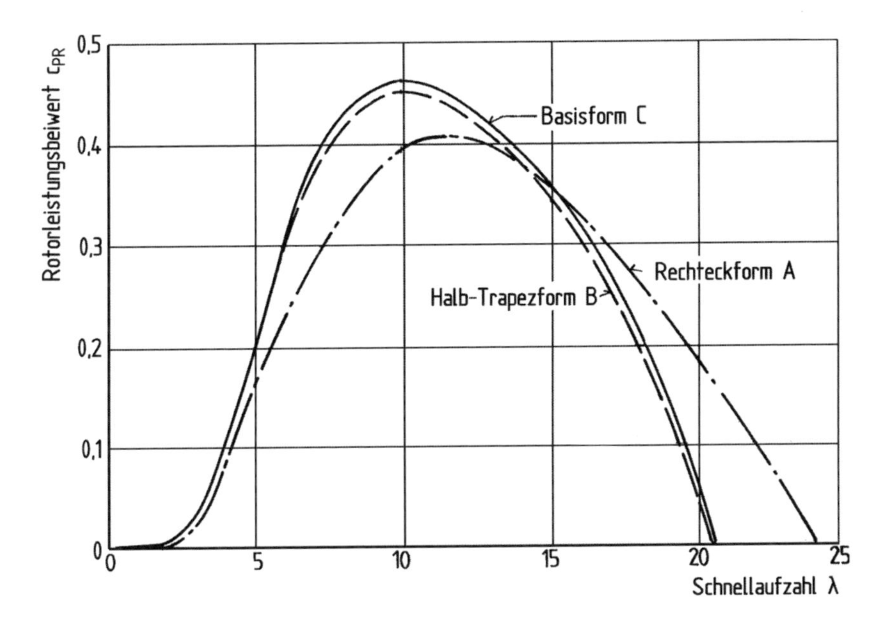

Bild 5.48. Einfluß unterschiedlicher Blattumrisse auf den Rotorleistungsbeiwert, berechnet für einen Zweiblattrotor [25]

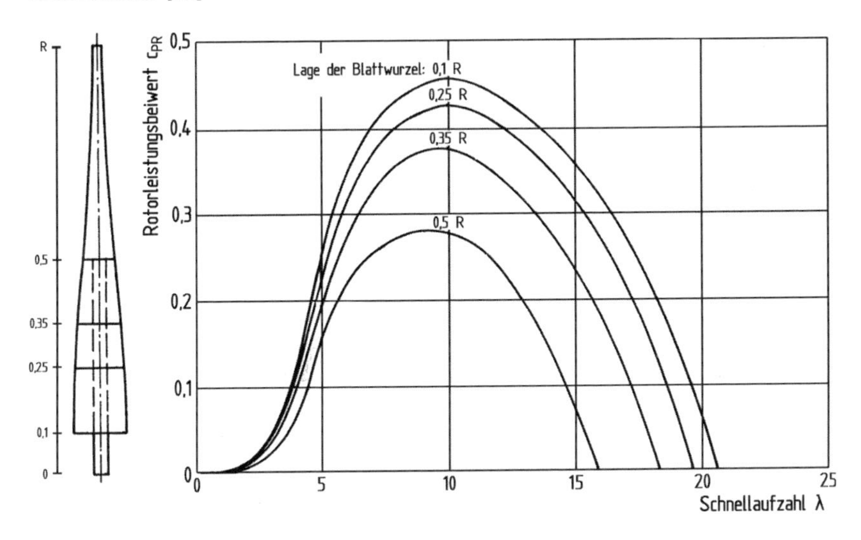

Bild 5.49. Einfluß des Weglassens von Teilen des Blattinnenbereiches auf den Rotorleistungsbeiwert [25]

auf den Leistungsbeiwert für unterschiedliches Weglassen des Blattwurzelbereichs, so wie er mit der Blattelementtheorie — das heißt der isolierten Betrachtung der Rotorblattaerodynamik — berechnet wird.

Eine ganzheitliche Betrachtung der Rotorblattaerodynamik im Innenbereich zusammen mit der Umströmung der Rotornabe bzw. des Maschinenhauses kann jedoch zu anderen Ergebnissen führen. Bei geeigneter Form der Rotornabe und des Maschinenhauses kann mit einer speziellen Blattform im Wurzelbereich spürbare Leistungsverbesserungen erreicht werden konnten. Bei den neueren Enercon-Anlagen werden Rotorblätter eingesetzt die im Blattwurzelbereich eine der Idealformen angenäherte Blatttiefe aufweisen. Die beschleunigte Umströmung des stromlinienförmigen Maschinenhauses beaufschlagt den Blattinnenbereich, sodaß damit ein deutlicher Gewinn in Bezug auf den maximalen Leistungsbeiwert erzielt werden konnte (Bild 5.50).

Bild 5.50. Blattwurzelbereiche und Maschinenhausform der Enercon E-70 E4

Der Blattaußenbereich hat dagegen beim Rotor aus aerodynamischer Sicht erhöhte Bedeutung. Die Profilauswahl und die Oberflächenqualität müssen sorgfältig beachtet werden. Die Tiefenverteilung im Außenbereich sollte sich möglichst eng an die theoretische Optimalform halten. Das gilt auch für die Gestaltung der äußeren Blattspitze, des sogenannten Randbogens (Bild 5.51). Die Form des Randbogens beeinflußt, analog den Verhältnissen am Flugzeugtragflügel, die abgehenden Randwirbel und damit den induzierten Widerstand. In Windkanaluntersuchungen konnten bei Windrotoren durch eine Variation der Randbogenform Leistungsverbesserungen nachgewiesen werden. Im praktischen Betrieb waren die Leistungsunterschiede jedoch kaum nachzuweisen. Dagegen hat die Form des Randbogens einen merklichen Einfluß auf die aerodynamische Geräuschentwicklung des Rotors.

Die sog. „Standardform“ ist bei älteren Rotorblättern zu finden. Sie hat den Vorteil vorzeitige Strömungsablösungen, wie sie an scharfen Ecken und Kanten entstehen, zu vermeiden. Diese Randbogenform hat sich besonders für stallgeregelte Windkraftanlagen bewährt. Die sog. „gerade Hinterkante“ hält das aerodynamische Moment (um die Blattlängsachse) über einen weiteren Anstellwinkel stabil, damit kann, falls erforderlich, ein günstiger Einfluß auf das Regelverhalten des Rotors bewirkt werden. Ein Randbogen mit spitz auslaufenden Blattende hat sich im Hinblick auf die Geräuschemission als günstig erwiesen.

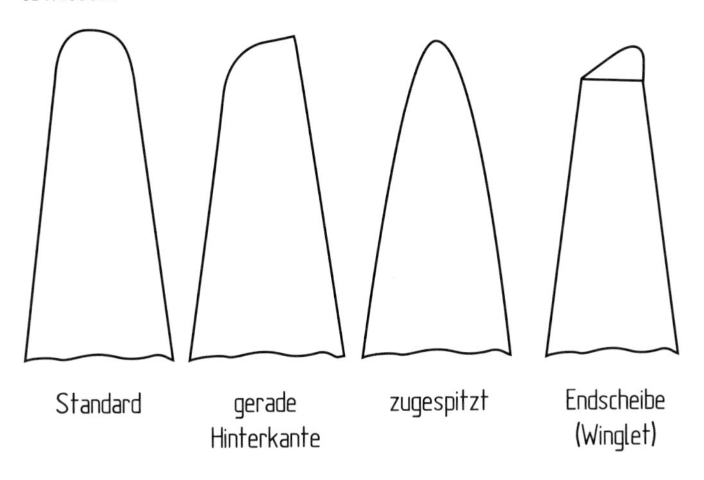

Bild 5.51. Randbogenformen und Winglet an der Rotorblattspitze

In die gleiche Richtung zielt auch die öfters vorgeschlagene Anbringung von Endscheiben an der Blattspitze. Vor einigen Jahren wurden vor allem am holländischen NLR (Nationales Luft- und Raumfahrt-Institut) umfangreiche Windkanalmessungen über die Wirksamkeit von Endscheiben (tip vanes) durchgeführt [26]. Die guten Ergebnisse aus den Windkanalmessungen ließen sich jedoch auch hier an Experimentalrotoren in der freien Atmosphäre nicht bestätigen. Offensichtlich wird die Wirksamkeit durch die inhomogene, turbulente Anströmung in der realen Atmosphäre stark herabgesetzt. Dafür sind bei einigen Rotorblättern abgeknickte Flügelenden, sog. „winglets“, zu finden (Bild 5.52).

Mit Hilfe derartiger Winglets können die Randwirbel am Ende des Rotorblattes beeinflußt und damit der Luftwiderstand verringert werden. Diese Wirkung wird insbesondere bei hohen Auftriebsbeiwerten erreicht. Aus dem gleichen Grund sind sie heute auch bei vielen Flugzeugtragflügeln zu finden. Die Winglets haben darüber hinaus auch eine gewisse „spannweitenvergößernde“ bzw. bei Windkraftanlagen eine „durchmesservergrößernde“ aerodynamische Wirkung.

Bild 5.52. Winglet beim Rotorblatt der Enercon E-70

5.5.3 Verwindung der Rotorblätter

Die zunehmende Anströmgeschwindigkeit der Rotorblätter von der Blattwurzel zur Spitze, bedingt durch die größer werdende Umfangskomponente der Anströmung, bewirkt eine erhebliche Veränderung des resultierenden Anströmverhaltens aus Umfangskomponente und Windgeschwindigkeit (Bild 5.53). Um gleiche Anströmverhältnisse in Bezug auf den aerodynamischen Anstellwinkel und somit auch die optimale Abminderung der Strömungsgeschwindigkeit über der ganzen Blattlänge, wird das Rotorblatt in sich verdreht, d. h. „verwunden". Der Verwindungswinkel wird definiert als Winkel zwischen der örtlichen Profilsehne und der Sehne bei 70 % Rotorradius oder auch der Profilsehne an der Blattspitze.

Die Festlegung der optimalen Blattverwindung kann nur für ein bestimmtes Verhältnis von Umfangsgeschwindigkeit zu Windgeschwindigkeit, das heißt für einen Rotorbetriebspunkt, erfolgen. In der Regel ist dies der Nennbetriebspunkt. Für alle anderen Windgeschwindigkeiten ist der Verwindungsverlauf nicht optimal, so daß Leistungseinbußen unvermeidlich sind. Die Auslegung der Blattverwindung für einen Betriebspunkt führt bei zunehmender Windgeschwindigkeit unvermeidlich zu einem örtlich begrenzten Abreißen der Strömung, vor allem im Blattinnenbereich. Der Blattinnenbereich wird aus fertigungstechnischen Gründen oft nicht so stark verwunden, wie es aus aerodynamischer Sicht wünschenswert wäre. Angesichts der geringen Anströmgeschwindigkeiten im inneren Bereich des Rotors sind hier Zugeständnisse auch möglich.

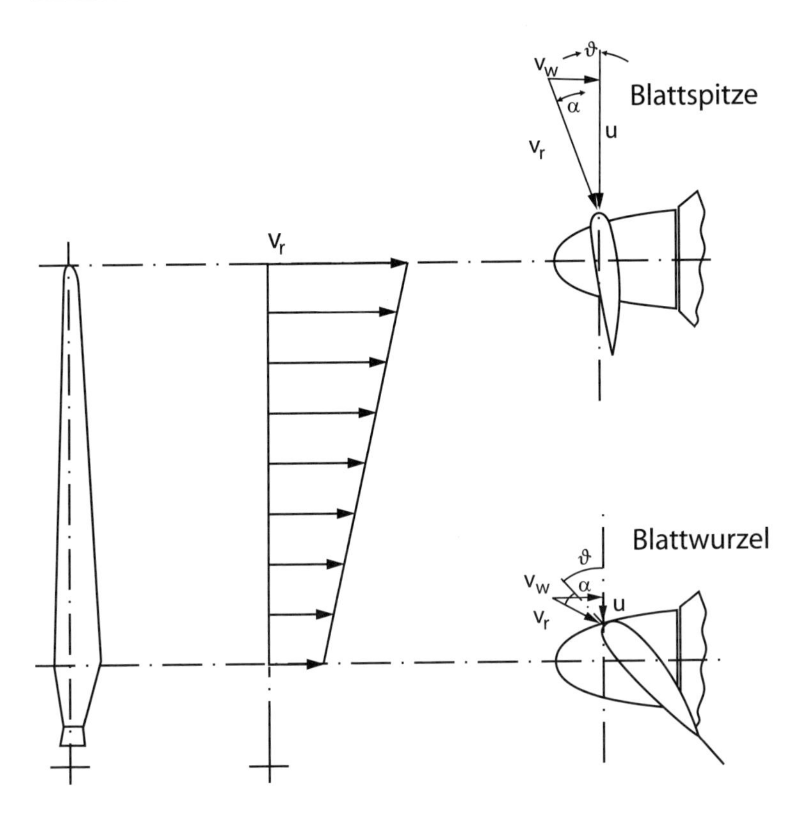

Bild 5.53. Verwindung des Rotorblattes (linearer Verlauf für Blatteinstellwinkelregelung)

Die Wahl des Verwindungsverlaufs wird im konkreten Auslegungsfall nicht nur vom Verlauf der effektiven Anströmgeschwindigkeit über die Blattlänge bestimmt. Insbesondere die Strömungsablösung bei einer bestimmten Windgeschwindigkeit, das Stallverhalten, kann über die Rotorblattverwindung beeinflußt werden. Rotorblätter mit festem Blatteinstellwinkel sind deshalb nicht linear verwunden. Sie sind im Blattinnenbereich stärker verwunden (bis zu 20 Grad), während der Blattaußenbereich nahezu unverwunden ist. Für diesen Verwindungsverlauf ist neben einem bestimmten Stallverhalten auch die Verbesserung des Anlaufmoments maßgebend, da die Rotorblätter nicht über die Verstellung des Blatteinstellwinkels in einen für das Anlaufverhalten günstigen Blatteinstellwinkel verstellt werden können.

Der Einfluß unterschiedlicher Verwindungsverläufe auf die Rotorleistung ist aus Bild 5.54 zu erkennen. Unter dem Aspekt einer Vereinfachung der Rotorblattherstellung stellt sich die Frage, ob ein völlig unverwundenes Blatt aerodynamisch akzeptabel ist. Der Verzicht auf jegliche Verwindung führt offensichtlich zu einer erheblichen Minderleistung. Für große Anlagen ist dies ein zu weit gehender Kompromiß in Richtung Fertigungsvereinfachung.

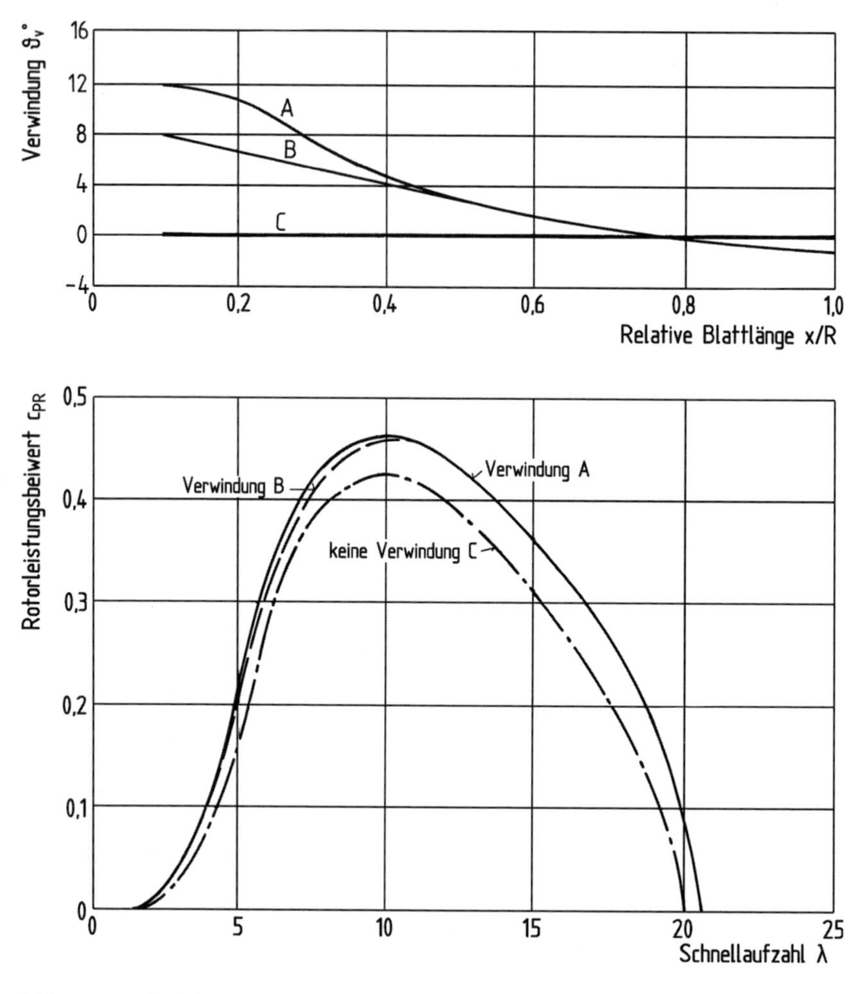

Bild 5.54. Einfluß des Verwindungsverlaufes auf den Rotorleistungsbeiwert [25]

5.5.4 Blattdicke

Die Dicke der Rotorblätter befindet sich im klassischen Konflikt zwischen Aerodynamik und Festigkeit. Der Aerodynamiker strebt nach möglichst dünnen Rotorblättern, um Profile mit hoher Leistung verwenden zu können. Demgegenüber verlangt die Strukturauslegung nach ausreichenden Querschnitten für die tragenden Bauelemente. Insbesondere die Bauhöhe, die mit der dritten Potenz in das Widerstandsmoment der Holme oder Holmkastenquerschnitte eingeht, ist der entscheidende Parameter, um die Festigkeits- und Steifigkeitsforderungen bei geringem Strukturgewicht erfüllen zu können. Diese beiden Forderungen nach guter Aerodynamik einerseits und ausreichender Festigkeit andererseits laufen gegeneinander. Ein Optimum existiert nur insofern, als die Kosten für das Strukturgewicht und die Fertigungstechnik den Unterschieden der erzielbaren Energieausbeute entgegengesetzt werden können. Aus diesem Grunde beschränkt sich die Aufgabe der Entwurfsaerodynamik darauf zu zeigen, welchen Einfluß die Dickenverteilung auf die Rotorleistung und Energielieferung hat (Bild 5.55).

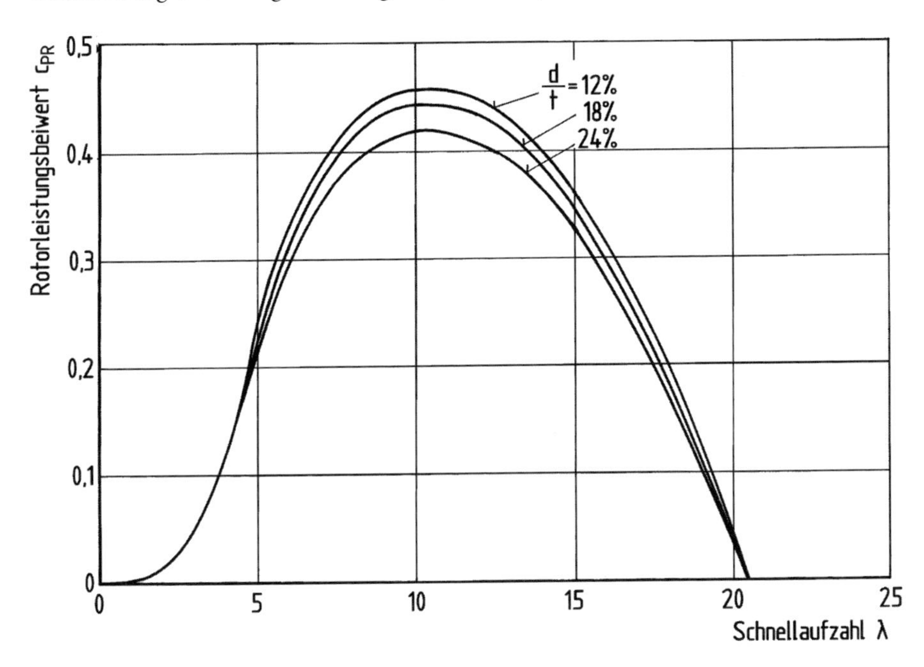

Bild 5.55. Einfluß der relativen Profildicke auf den Rotorleistungsbeiwert (Profil: NACA 230XX) [25]

5.5.5 Auslegungsschnellaufzahl

Die Schnellaufzahl des Rotors zieht sich wie ein roter Faden durch die Erörterung der Leistungsparameter und der aerodynamischen Kenngrößen. Viele Parameter zeigen eine starke Abhängigkeit von der Schnelläufigkeit des Rotors. Eine Frage drängt sich geradezu auf: Was ist die optimale Schnellaufzahl für einen Windrotor? Läßt sie sich mathematisch optimieren oder nach welchen Kriterien wird sie ausgewählt?

Um die zweite Frage vorweg zu beantworten: „Mathematisch" läßt sich die richtige Schnellaufzahl eines Rotors nicht finden. Sie ist vielmehr für die gesamte Windkraftanlage ein systembestimmender Parameter, dessen Einfluß über die Rotoraerodynamik hinausreicht. Um dieses deutlich zu machen, ist es nützlich, nach den Motiven für die vergleichsweise große Schnellaufzahl moderner Windrotoren zu fragen.

Am Anfang stand das Bemühen im Vordergrund, die Rotordrehzahl dem viel schneller drehenden elektrischen Generator soweit wie möglich anzunähern. Mechanische Übersetzungsgetriebe mit sehr hohen Übersetzungsverhältnissen waren teuer und auch in anderer Hinsicht problematisch. Heute stellen Getriebe, mit ausreichend großen Übersetzungsverhältnissen kein technisches Problem mehr dar. Außerdem wird durch den Einsatz von Frequenzumrichtern der drehzahlvariable Betrieb des Rotors ermöglicht. Damit besteht von dieser Seite aus kein allzu großer Druck mehr, hin zu hohen Schnellaufzahlen des Rotors zu gehen. Eine größere Auslegungsschnellaufzahl, die gleichbedeutend mit einer höheren Drehzahl des Rotors ist, bedeutet auch daß die gewünschte Leistung mit niedrigem Drehmoment erzeugt wird. Die Baumassen der Rotorwelle und des Getriebes werden damit verringert. Ein anderes Argument für eine hohe Schnellaufzahl ist, daß mit zunehmender Schnellaufzahl die notwendige Blattflächendichte zunächst schnell abnimmt (Bild 5.56). Weniger Blattflächendichte bedeutet aber weniger Materialeinsatz für die Rotorblätter und damit prinzipiell auch geringere Kosten.

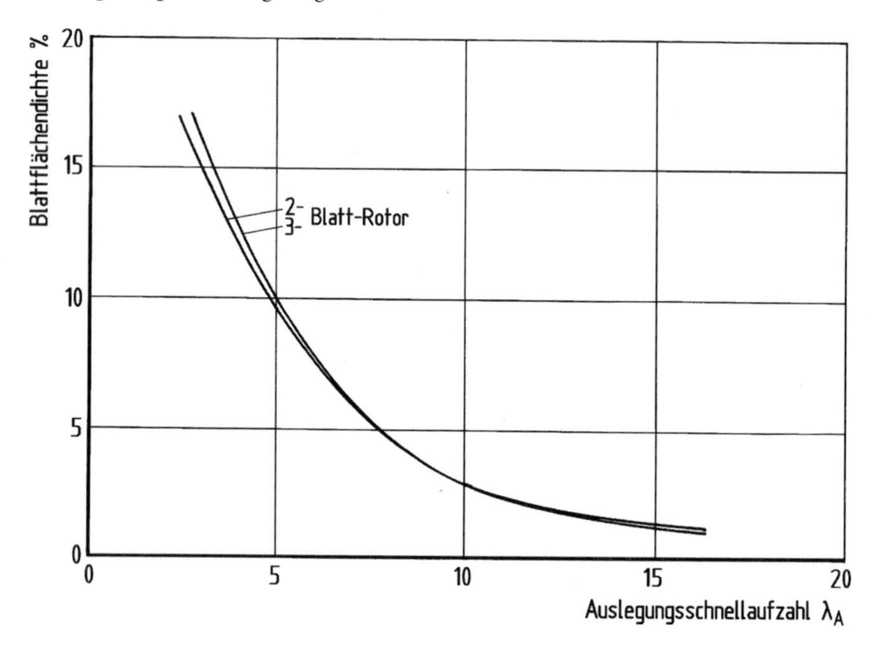

Bild 5.56. Abhängigkeit der Blattflächendichte von der Auslegungsschnellaufzahl, berechnet für das Profil NACA 4415, Auslegungsauftriebsbeiwert $c_{aA} = 1{,}0$

Auf der anderen Seite sind Rotoren mit sehr hohen Schnellaufzahlen und damit sehr schlanken Rotorblättern technisch schwierig zu beherrschen. Die Steifigkeitsanforderungen sind bei extremer Streckung nur noch durch den Einsatz sehr teurer Materialien zu erfüllen. Ein Beispiel für diese Probleme war die Versuchsanlage WEC-520 mit einer Auslegungsschnellaufzahl von 16. Die Rotorblätter waren vollständig aus Kohlefaserverbundmaterial hergestellt. Dennoch zeigten die extrem schlanken Rotorblätter ein so schwieriges aeroelastisches Verhalten, daß die Regelung des Rotors kaum zu beherrschen war (vergl. Bild 2.27). Einen gewissen Ausweg aus diesem Dilemma schien der Einblattrotor zu bieten, mit dessen Hilfe hohe Schnellaufzahlen bei einer noch beherrschbaren Blattstreckung und Blattdicke realisiert werden können. Die Versuchsanlage Monopteros verfügte bei etwa gleicher Auslegungsschnellaufzahl wie die WEC-520 über ein Rotorblatt mit üblicher Streckung und Blattdicke (vergl. Bild 2.28).

Ein wichtiger Aspekt bei der Wahl der Schnelläufigkeit ist die Geräuschentwicklung des Rotors. Mit zunehmender Schnellaufzahl nehmen die aerodynamisch bedingten Geräusche des Rotors zu. Dieser Gesichtspunkt ist heute von entscheidender Bedeutung für die Wahl der Auslegungsschnellaufzahl (vergl. Kap. 15.2).

Eine weitere Frage könnte sein, inwieweit sich die Auslegungsschnellaufzahl des Rotors auf den erreichbaren Leistungsbeiwert auswirkt. Bild 5.57 gibt darüber Aufschluß. Der maximale Leistungsbeiwert des Rotors ändert sich in dem für Schnelläufer üblichen Bereich von 5 bis 15 nur geringfügig. Erst bei Werten unter 5, also für Langsamläufer, fällt der c_{PR}-Wert schnell ab. Das Maximum liegt für den Zweiblattrotor bei etwa 10. Vom Standpunkt der Leistungsausbeute besteht also kein Grund, sehr hohe Schnellaufzahlen anzustreben.

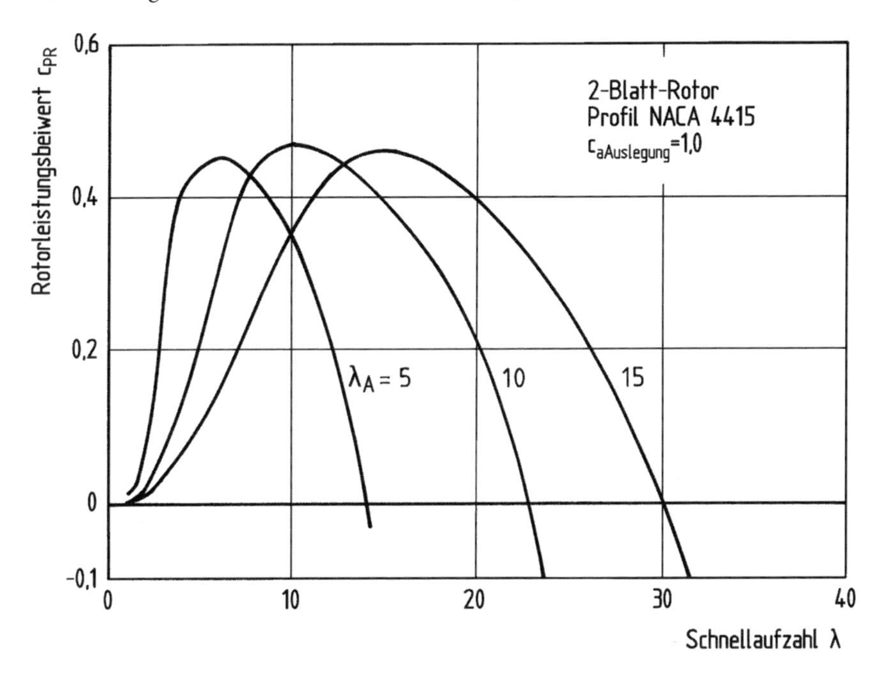

Bild 5.57. Verlauf des Leistungsbeiwertes über der Windgeschwindigkeit bei unterschiedlicher Auslegungsschnellaufzahl, berechnet für das Profil NACA 4415, $c_{aA} = 1{,}0$

Versucht man aus den dargestellten Zusammenhängen eine Schlußfolgerung im Hinblick auf die optimale Auslegungsschnellaufzahl zu ziehen, so wird man feststellen können, daß ein Trend zu extremen Schnellaufzahlen nicht mehr gerechtfertigt ist. Zumindest für die überschaubare Zukunft sind sehr hohe Schnellaufzahlen eher mit zusätzlichen Problemen verbunden, als daß ein eindeutiger Vorteil zu erkennen wäre. Auslegungsschnellaufzahlen von 9 bis 10 für Zweiblattrotoren und 7 bis 8 bei drei Blättern sind heute üblich und sollten auch nicht ohne schwerwiegende Gründe überschritten werden.

Eine andere Bewertung der optimalen Schnellaufzahl könnte der Offshore-Einsatz mit sich bringen. Da hier im allgemeinen die Geräuschemissionen weniger problematisch sind, und außerdem dynamische Probleme immer besser beherrscht werden, könnte man aus Kostengründen die Rotoren wieder auf höhere Schnellaufzahlen auslegen. Insbesondere Zweiblattrotoren, die für diesen Einsatz vorgeschlagen werden, laufen ohnehin mit höherer Schnellaufzahl.

5.6 Ausgeführte Rotorblätter

Die Rotorblätter der heutigen Windkraftanlagen spiegeln die Kompromisse aus der aerodynamischen Optimalform, den Erfordernissen der Festigkeitsauslegung und Zugeständnissen an die rationelle Herstellungstechnik wider (Bild 5.58 und 5.59). Für das Ergebnis ist natürlich auch die Blattbauweise von entscheidender Bedeutung. Mit einer laminierten Verbund-Bauweise lassen sich aerodynamische Optimalformen wesentlich besser annähern als mit einem Rotorblatt, das ganz aus Stahlblech gefertigt wurde, wie bei einigen früheren Versuchsanlagen.

Nahezu alle Rotorblätter weisen eine der aerodynamischen Optimalform mehr oder weniger angenäherte Trapezform auf. Bemerkenswert ist große Streckung. Bedingt durch diese extreme Schlankheit ergibt sich eine aerodynamisch optimale Blattdicke, mit der die Anforderungen nach ausreichender Festigkeit und Steifigkeit nicht erfüllt werden können. Die relative Dicke der verwendeten Profile muß deshalb auch unter Festigkeitsgesichtspunkten gewählt werden. Im aerodynamisch interessanten Außenbereich der Rotorblätter ist eine relative Blattdicke zwischen 15 und 18 % üblich. Im Innenbereich, in der Nähe der Blattwurzel, werden die Blätter „aufgedickt" um die für die Festigkeit und Steifigkeit erforderlichen Querschnitte zu erhalten. Die Profildicken liegen bei 20 % und darüber. Der Blattumriß d. h. die Profiltiefe, wird im Blattinnenbereich in den meisten Fällen im Vergleich zur Optimalform so „abgeschrägt", daß das aerodynamische Profil in den kreisförmigen Querschnitt des Anschlußflansches übergehen kann.

Die Zuspitzung der Rotorblätter weist sehr deutliche Unterschiede auf. Viele Hersteller weichen von der Zuspitzung, die sich aus der aerodynamischen Optimalform ergibt, stark ab. Eine weniger starke Zuspitzung, das heißt ein im Außenbereich breiteres Rotorblatt, verbessert den Verlauf des Rotorleistungsbeiwertes im Teillastbereich und vergrößert das Anfahrdrehmoment, erhöht jedoch die aerodynamischen Lasten. Der Gestaltung der Blattspitze, dem Randbogen, wird von vielen Herstellern zunehmend Beachtung geschenkt. Die neueren Rotorblätter verfügen ausnahmslos über aerodynamisch optimierte Blattspitzen.

Bei den Profilen der älteren Anlagen herrschen noch die bekannten NACA-Profile der Serien 230 und 44 vor. Die neueren Anlagen verwenden häufiger die weniger rauhigkeitsempfindlichen Profile der Serie 63. Einige Anlagen sind mit Wortmann-Profilen oder auch dem LS-1 Profil ausgerüstet. Für die jüngste Generation von Windkraftanlagen haben mehrere Hersteller spezielle für den Einsatz in Windkraftanlagen optimierte Profile entwickelt (vergl. Kap. 5.4.4).

Bei den Dreiblattrotoren fällt die vergleichsweise niedrige Auslegungsschnellaufzahl und dementsprechend die niedrigere Streckung der älteren dänischen Anlagen ins Auge (Bild 5.58). Die älteren stallgeregelten Rotoren verlangten steife Blätter, die offensichtlich bei dem verwendeten Material nur mit geringer Streckung zu realisieren waren. Die Rotorblätter der größeren Dreiblattrotoren verfügen über eine größere Streckung, die gewählte Schnellaufzahl liegt in den meisten Fällen im Bereich von etwa 7 bis 8, also übereinstimmend mit dem aerodynamischen Optimum.

Die großen Zweiblattrotoren der Versuchsanlagen aus den achtziger Jahren zeigten eine vergleichsweise große Bandbreite der Blattgeometrie (Bild 5.59). Die gewählte Schnellaufzahl lag zwischen 8 und 10, auch die Zuspitzung variierte stärker. Für die Blatteinstellwinkelverstellung wurden bei diesen Anlagen unterschiedliche Lösungen bevorzugt. Der

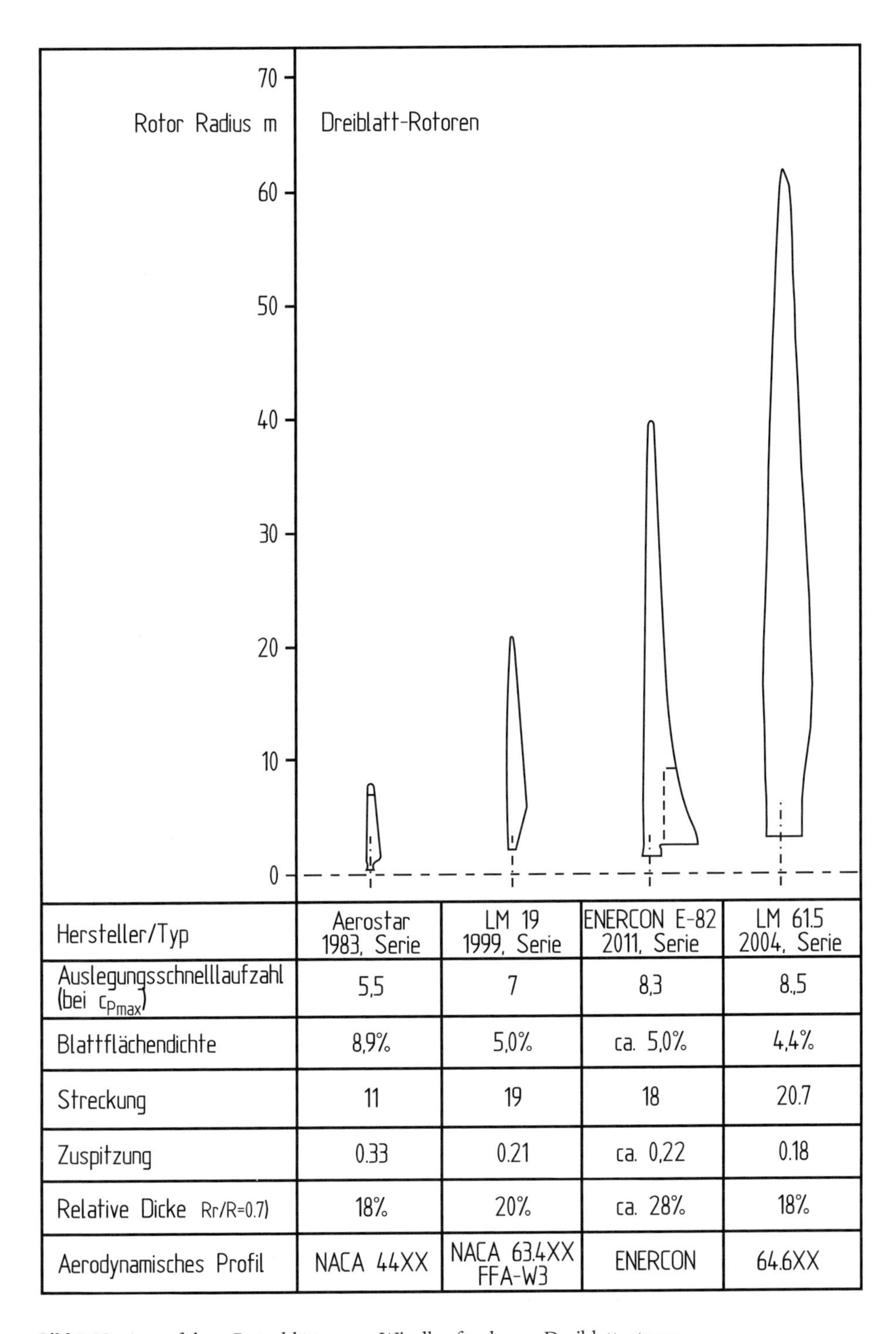

Hersteller/Typ	Aerostar 1983, Serie	LM 19 1999, Serie	ENERCON E-82 2011, Serie	LM 61.5 2004, Serie
Auslegungsschnelllaufzahl (bei c_{Pmax})	5,5	7	8,3	8.,5
Blattflächendichte	8,9%	5,0%	ca. 5,0%	4,4%
Streckung	11	19	18	20.7
Zuspitzung	0.33	0.21	ca. 0,22	0.18
Relative Dicke Rr/R=0.7)	18%	20%	ca. 28%	18%
Aerodynamisches Profil	NACA 44XX	NACA 63.4XX FFA-W3	ENERCON	64.6XX

Bild 5.58. Ausgeführte Rotorblätter von Windkraftanlagen, Dreiblattrotoren

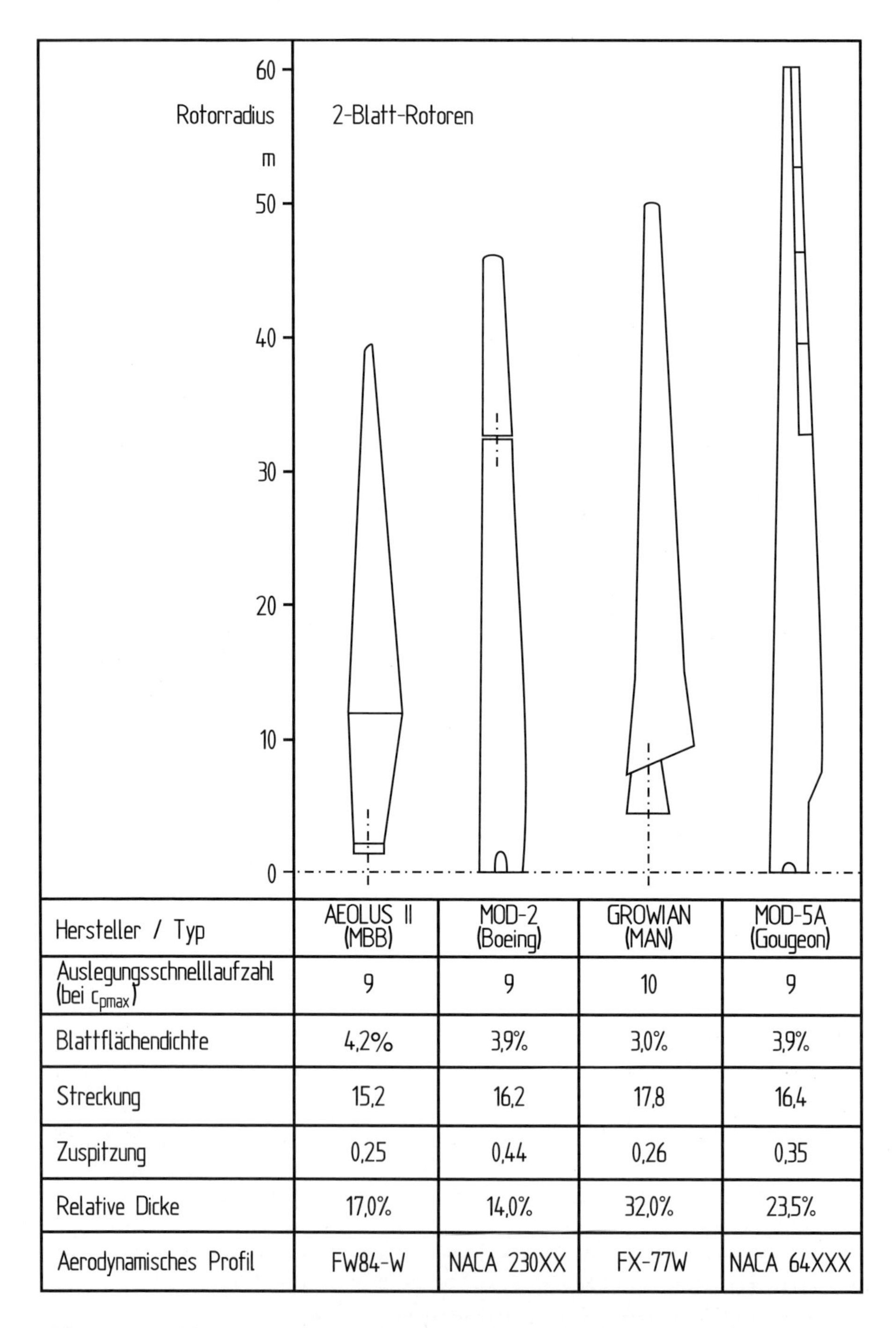

Hersteller / Typ	AEOLUS II (MBB)	MOD-2 (Boeing)	GROWIAN (MAN)	MOD-5A (Gougeon)
Auslegungsschnelllaufzahl (bei c_{pmax})	9	9	10	9
Blattflächendichte	4,2%	3,9%	3,0%	3,9%
Streckung	15,2	16,2	17,8	16,4
Zuspitzung	0,25	0,44	0,26	0,35
Relative Dicke	17,0%	14,0%	32,0%	23,5%
Aerodynamisches Profil	FW84-W	NACA 230XX	FX-77W	NACA 64XXX

Bild 5.59. Ausgeführte Rotorblätter von Windkraftanlagen, große Zweiblatt-Versuchsanlagen (1980–1990)

mit durchgehendem Mittelteil realisierte Rotor der MOD-2 begnügte sich mit einer Teilblattverstellung (vergl. auch Kap. 5.3.1). Für das nicht zur Ausführung gekommene Projekt MOD-5-A waren rudergesteuerte Rotorblätter vorgesehen.

5.7 Windrichtungsnachführung des Rotors

Die volle Leistungsaufnahme des Rotors aus dem Wind setzt voraus, daß der Rotor korrekt zur Windrichtung ausgerichtet ist. Ein „Schräganströmwinkel" oder „Gierwinkel", das heißt eine Winkelabweichung zwischen Rotorachse und Windrichtung, hat einen deutlichen Leistungsabfall zur Folge (vergl. Bild 5.32). Die Ausrichtung des Rotors nach der Windrichtung ist mit drei unterschiedlichen Verfahren möglich:

- Nachführung durch aerodynamische Hilfsmittel: Windfahnen oder sog. Seitenräder
- aktive Nachführung mit Hilfe eines motorischen Azimutantriebes
- selbständige Ausrichtung leeseitig angeordneter Rotoren

Die Windrichtungsnachführung mit Hilfe einer Windfahne ist die einfachste Methode. Bei kleinen Windrädern mit einigen Metern Durchmesser hat sie sich bewährt. Für größere Anlagen muß die Windfahne jedoch unwirtschaftlich große Dimensionen annehmen, um wirksam genug nachzuführen und zu stabilisieren. Dennoch haben gelegentlich einige Hersteller versucht, auch größere Anlagen mit Hilfe einer Windfahne nachzuführen (Bild 5.60).

Die Windrichtungsnachführung mit Hilfe eines Seitenrades, auch Rosette genannt, wurde schon bei den Holländer-Windmühlen mit Erfolg angewendet. Heute ist diese Technik noch bei einigen kleineren Anlagen zu finden (Bild 5.61). Sie hat jedoch auch erhebliche Nachteile. Seitenrad und Schneckengetriebe sind vergleichsweise teure Komponenten. Außerdem muß das Giermoment um die Rotorhochachse im Schneckengetriebe gehalten werden. Bei dem unvermeidlichen Spiel im Schneckenradgetriebe kann es zu spielbehafteten Schwingungen um die Azimutachse kommen (vergl. Kap. 7.4). Viele Ausfälle von älteren Anlagen mit Seitenrädern sind auf diesen Effekt zurückzuführen. Die einseitige Anbringung eines Seitenrades hat zudem noch den Nachteil eines nicht ganz symmetrischen Nachführverhaltens. Einige Anlagen verwenden aus diesem Grund zwei Seitenräder.

Windfahnen oder Seitenräder sind bei großen Anlagen nicht zu finden. Der Bauaufwand für diese Komponenten steigt unverhältnismäßig an, wenn sie wirksam — das heißt: groß genug — sein sollen, um Turmkopfmassen von mehreren zehn Tonnen zu bewegen und die aerodynamischen Giermomente eines Rotors mit mehr als 30 m Durchmesser zu überwinden. Dies gilt vor allen Dingen dann, wenn es sich um einen luvseitigen Rotor handelt.

Ein weiterer Nachteil einer aerodynamisch bewirkten Windrichtungsnachführung ist, daß ohne ausreichenden Wind die Azimutverstellung des Maschinenhauses nicht möglich ist. Diese ist jedoch bei Großanlagen für Wartungsarbeiten unerläßlich und auch dann notwendig, wenn zur Stromübertragung vom Maschinenhaus zum Boden flexible Kabel verwendet werden, die von Zeit zu Zeit „entdrillt" werden müssen. Nicht zuletzt aus diesem Grund werden auch bei kleinen Anlagen aktive motorische Windrichtungsnachführungen immer mehr bevorzugt.

Eine konsequentere Lösung, auf eine motorische Windrichtungsnachführung zu verzichten, ist dann schon der Versuch, die prinzipiell vorhandene Fähigkeit eines im Lee

Bild 5.60. Windfahne bei einer amerikanischen Wenco-Anlage (1980)

angeordneten Windrotors zur selbsttätigen Windrichtungsnachführung auszunutzen. Wo dies gelingt, können damit Herstellkosten eingespart werden. Diese Möglichkeit bedarf deshalb einer ausführlicheren Erörterung.

Bei der leeseitigen Rotoranordnung liegt der Angriffspunkt der Gesamtluftkraft des Rotors hinter der Drehachse des Turmkopfes, so daß die Luftkräfte in einem sehr weiten Winkelbereich ein rückstellendes Moment bei schräger Anströmung bewirken. Ob dieses aerodynamisch rückstellende Moment tatsächlich ausreicht, um eine Nachführung des Maschinenhauses mit der Windrichtung zu gewährleisten und die Position dann auch ausreichend stabil beibehalten werden kann, ist die Frage.

Zur Drehung des laufenden Rotors um die Hochachse sind eine Reihe verschiedener Widerstandsmomente zu überwinden. Hierzu gehören die Trägheits- und Kreiselmomente ebenso wie die Reibungsmomente im Turmkopflager. Darüber hinaus werden aerodynamische Kräfte und Momente durch die ungleichmäßige Anströmung des Rotors, zum Beispiel

Bild 5.61. Windrichtungsnachführung mit einem Seitenrad bei einer kleinen Windkraftanlage vom Typ Aeroman (1985)

als Folge der Windgeschwindigkeitszunahme mit der Höhe, wirksam, die sowohl unterstützend als auch hemmend im Sinne der Windrichtungsnachführung in die Momentenbilanz eingehen können. Hinzu kommen die nicht zu vermeidenden, periodisch wechselnden Rotormomente um die Turmhochachse, wie sie insbesondere der Zweiblattrotor aufweist. In dieser komplexen Kräfte- und Momentenbilanz sind einige konstruktive Parameter der Rotoranordnung wesentlich, die zumindest einen allgemeinen Hinweis auf eine ausreichende Windrichtungsstabilität erlauben:

- Ein wichtiges konstruktives Merkmal mit einem deutlichen Einfluß auf die Windrichtungsnachführung ist der *Konuswinkel* der Rotorblätter. In ähnlicher Weise wie durch eine V-Stellung der Tragflächen bei einem Flugzeug die Stabilität um die Flugzeuglängsachse verbessert wird, ist beim Windrotor die Stabilität um die Gierachse erhöht.
- Einen günstigen Einfluß auf die Windrichtungsnachführung hat die bei Pendelrotoren meistens vorhandene *Blattwinkelrücksteuerung* (Kap. 6.8.2). Mit ihrer Hilfe findet der asymmetrisch angeströmte Rotor sehr schnell wieder einen neuen Gleichgewichtszustand.

- Die Neigung der Rotorachse zur Horizontalen, die *Achsschrägneigung*, ist ebenfalls von Bedeutung. Viele Windkraftanlagen verfügen über eine geneigte Rotorachse, um ausreichend Freiraum der Rotorblätter gegenüber dem Turm zu schaffen. Damit entsteht jedoch eine Komponente des Rotordrehmomentes um die Hochachse. Dieses Moment versucht, den Turmkopf in eine bestimmte Richtung zu drehen.

Die Voraussetzungen für eine selbsttätige Windrichtungsnachführung einer Windkraftanlage sind somit: leeseitig angeordneter Rotor, möglichst ohne Achsneigung, aber mit Konuswinkel. Der Rotor sollte ein Zweiblattpendelrotor mit Blattwinkelrücksteuerung oder ein Dreiblattrotor sein.

Ein entscheidender Nachteil der freien Windrichtungsnachführung ist jedoch in jedem Fall zu beachten. Schnelle Windrichtungswechsel können zu sehr hohen Drehgeschwindigkeiten des Rotors um die Hochachse führen. Die Folge davon sind entsprechend hohe Kreiselmomente. Das Moment um die Rotornickachse verursacht hohe Biegemomente in den Rotorblättern. Dieser Zustand kann zum Bruchlastfall für die Rotorblätter werden. Um Schäden zu vermeiden, müssen die Rotorblätter entsprechend dimensioniert werden. Bei Anlagen, die mit einer freien Windrichtungsnachführung arbeiten, ist deshalb eine sorgfältig abgestimmte Dämpfung der Maschinenhausdrehung um die Hochachse unerläßlich.

Eine freie Windrichtungsnachführung wurde bei einigen amerikanischen Anlagen kleinerer und mittlerer Größe zum Teil mit Erfolg angewendet (US-Windpower, Carter, ESI u.a.). Die ESI-Anlagen verfügten über einen leeseitig angeordneten Pendelrotor mit deutlichem Konuswinkel. Die freie Windrichtungsnachführung mit zusätzlichen Dämpfern versehen funktionierte offensichtlich zufriedenstellend (Bild 5.62). Andere Anlagen, zum Beispiel von Carter, hatten eine Kombination von freier Windrichtungsnachführung bei starkem Wind und schwach dimensionierter motorischer Nachführung, die nur bei kleineren Windgeschwindigkeiten arbeitete.

Die Versuche, eine freie Windrichtungsnachführung auch bei großen Anlagen anzuwenden, führten bis heute zu keinem Erfolg. So hatte die WTS-3/-4-Anlage alle oben genannten Merkmale: Leeläufer, Pendelrotor mit Blattwinkelrücksteuerung ohne Achsschrägneigung. Für diese Anlage war ursprünglich keine motorische Windrichtungsnachführung vorgesehen. Bereits die ersten Versuche mit dem Prototyp zeigten jedoch, daß eine korrekte und stabile Windrichtungsausrichtung des Rotors nicht erreicht werden konnte, so daß nachträglich eine motorische Nachführung eingebaut werden mußte.

An der amerikanischen MOD-0-Experimentalanlage wurden umfangreiche Versuchsprogramme durchgeführt, mit dem Ziel, die selbsttätige Windrichtungsnachführung eines Rotors zu untersuchen [27]. Auch hier bestätigte sich, daß eine korrekte passive Windrichtungsausrichtung nicht zu erreichen war. Der Rotor nahm in einem Gierwinkelbereich von etwa $-30°$ bis $+30°$ mehrere instabile Stellungen ein. Die Autoren der veröffentlichten Untersuchungsergebnisse weisen darauf hin, daß die Gründe nicht restlos geklärt werden konnten. Möglicherweise war die ungleichmäßige Rotoranströmung aufgrund der Höhenzunahme der Windgeschwindigkeit ausschlaggebend. Auch diese Erfahrungen zeigen, daß man davon ausgehen muß, daß große Windkraftanlagen bis auf weiteres nicht auf eine motorische Windrichtungsnachführung verzichten können, abgesehen von der Tatsache, daß eine Rotoranordnung im Lee des Turmes aus anderen Gründen nicht mehr aktuell ist (Geräusch!).

Bild 5.62. Amerikanische ESI-Anlage mit freier Windrichtungsnachführung des leeseitigen Pendelrotors (1985)

5.8 Aerodynamik der Vertikalachsen-Rotoren

Obwohl sich dieses Buch dem derzeitigen Stand der Technik folgend vornehmlich mit Horizontalachsen-Rotoren beschäftigt, ist ein kleiner Exkurs in die Aerodynamik der Rotoren mit senkrechter Drehachse sicher von Interesse. Rotoren mit senkrechter Drehachse, die in zahlreichen Abwandlungen vorgeschlagen werden, haben aus aerodynamischer Sicht einiges gemeinsam, das sie vom Propellertyp unterscheidet.

Während der Propellertyp bei stetiger und gleichförmiger Anströmung stationäre Luftkräfte erzeugt (außer beim Einblattrotor), ist dies bei einem Rotor mit vertikaler Drehachse nicht der Fall. Die Rotorblätter rotieren bei einem Vertikalachsen-Rotor auf der Mantelfläche einer Rotationsfigur, deren Achse quer zur Windrichtung liegt (Bild 5.63). Der aerodynamische Blattanstellwinkel ändert sich somit laufend während des Umlaufes. Außerdem bewegt sich ein Blatt im Umlaufwinkelbereich von 180° bis 360° im Lee des anderen Blattes, so daß in diesem Bereich die Windgeschwindigkeit durch den Energieentzug der luvseitigen Blätter bereits verringert ist. Der Beitrag zur Leistungserzeugung fällt damit im leeseitigen Umlaufsektor geringer aus. Die Betrachtung der Anströmgeschwindigkeiten und Luftkräfte zeigt, daß auf diese Weise dennoch ein Drehmoment, hervorgerufen durch die Auftriebskräfte A_1 und A_2, zustande kommt. Das bremsende Moment der Widerstandskräfte W_1 und W_2 ist demgegenüber weit geringer.

Ein einzelnes Rotorblatt erzeugt über den Umlauf im Mittelwert ein positives Drehmoment, jedoch gibt es auch kurze Abschnitte mit negativem Drehmoment (Bild 5.64). Der berechnete Verlauf zeigt auch deutlich die Verringerung des positiven Drehmomentes auf der Leeseite. Das wechselnde Drehmoment über den Umlauf läßt sich erst mit drei

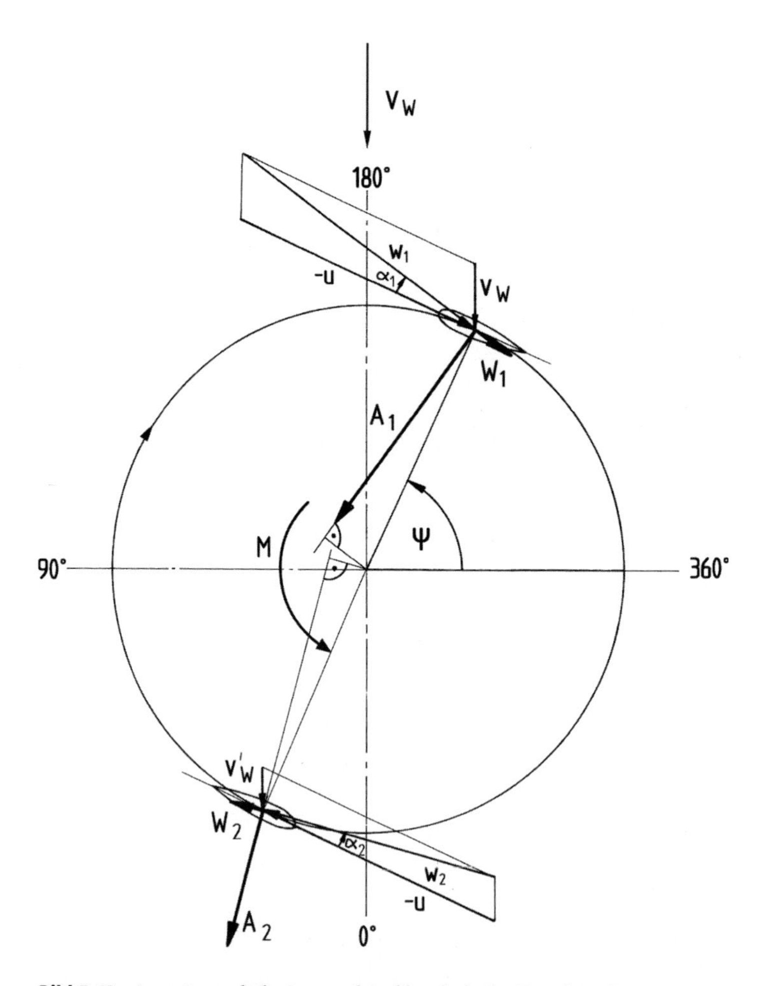

Bild 5.63. Anströmverhältnisse und Luftkräfte beim Darrieus-Rotor

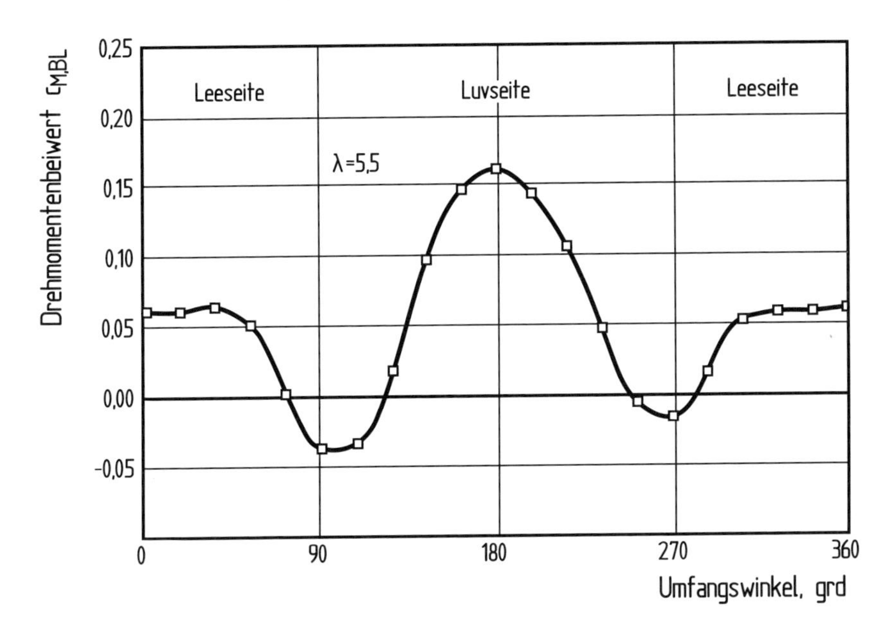

Bild 5.64. Drehmomentenverlauf eines einzelnen Rotorblattes eines Vertikalachsenrotors während eines Umlaufs [31]

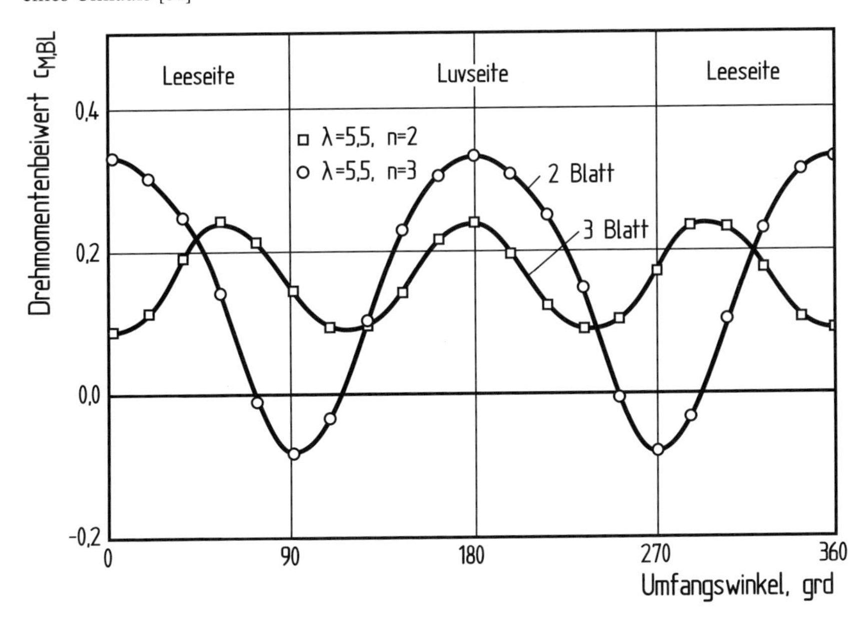

Bild 5.65. Verlauf des Rotor-Gesamtdrehmomentes eines Vertikalachsenrotors während eines Umlaufs mit 2 und 3 Rotorblättern [31]

Rotorblättern so weit ausgleichen, daß aus dem wechselnden Verlauf ein an- und abschwellendes Drehmoment wird, mit durchlaufend positivem Betrag (Bild 5.65). Ein Drehmoment entsteht jedoch beim Vertikalachsenrotor nur dann, wenn eine Umfangsgeschwindigkeit vorhanden ist. Mit anderen Worten: Der Rotor kann nicht aus eigener aerodynamischer Kraft anlaufen.

Die qualitative Erörterung der Strömungsverhältnisse am Rotor mit senkrechter Drehachse zeigt bereits, daß die rechnerische Behandlung komplexer sein muß, als beim Propellertyp. Dies hat zur Folge, daß die Bandbreite der physikalischen und mathematischen Modelle zur Berechnung der Leistungserzeugung und der Belastung ebenfalls größer ist. Verschiedene Ansätze mit unterschiedlicher Berücksichtigung der beteiligten Parameter sind in der Literatur veröffentlicht worden [28–32]. Die Ergebnisse weichen hinsichtlich der erzielbaren Leistungsbeiwerte etwas voneinander ab. Die meisten Autoren geben Werte von 0,40 bis 0,42 für den maximalen c_{PR}-Wert eines Darrieus-Rotors an. Er liegt damit etwas niedriger als derjenige des Horizontalachsen-Rotors mit vergleichbarer Schnellaufzahl und Blattzahl.

In den USA haben vor allem die Sandia Laboratories in Albuquerque umfangreiche Forschungsarbeiten auf dem Gebiet der Darrieus-Rotoren durchgeführt. Die gemessenen Leistungsbeiwerte bestätigten die theoretischen Berechnungen und lagen niedriger als bei vergleichbaren Horizontalachsen-Rotoren (Bild 5.66). In den letzten Jahren konnten allerdings auch c_{PR}-Werte von über 0,40 experimentell nachgewiesen werden [30].

Eine Variante des Darrieus-Rotors, der sogenannte H-Darrieus-Rotor (vergl. Kap. 3.1), erreicht theoretisch höhere Leistungsbeiwerte, da die Blattflächenelemente alle einen gleich großen Abstand zur Drehachse besitzen. Bis jetzt hat sich der prinzipiell höhere Leistungsbeiwert bei ausgeführten Anlagen nicht realisieren lassen. Die Halterungen und Verstrebungen für die Rotorblätter verursachten als „schädlicher Widerstand“ eine beträchtliche Leistungsminderung.

Die aerodynamische Leistungscharakteristik der Vertikalachsenrotoren zeigt im Vergleich zu den Horizontalachsenrotoren einen wesentlichen Unterschied. Der optimale Rotorleistungsbeiwert wird bei relativ niedrigen Schnellaufzahlen erreicht. Infolge der hohen Widerstandsanteile der Rotorblätter über den Umlauf, das heißt der schlechten Gleitzahl, wird das Optimum des Leistungsbeiwertes zu niedrigen Schnellaufzahlen verschoben (vergl. Kap. 5.2.2, Bild 5.33). Die optimale Schnellaufzahl bei einem zweiblättrigen Darrieus-Rotor ist mit einem Wert von etwa 5 nur etwa halb so hoch wie bei einem vergleichbaren Horizontalachsenrotor (Bild 5.67). Die Vertikalachsenrotoren drehen langsamer und müssen deshalb ihre Leistung mit höheren Drehmomenten erzeugen. Hierin liegt einer der Hauptgründe dafür, daß diese Rotoren ein relativ hohes Eigengewicht haben und daher entsprechend höhere Herstellkosten aufweisen.

Die bis heute nicht einheitliche Auffassung über die aerodynamische Leistungsfähigkeit der Vertikalachsen-Rotoren wirft ein Schlaglicht auf den Entwicklungsstand. So wie die aerodynamische Berechnung weisen auch andere Gebiete, sei es das Schwingungsverhalten oder die Regelung, noch erhebliche Rückstände gegenüber der Horizontalachsen-Bauart auf. Wenn sich der Rotor mit vertikaler Drehachse in Zukunft durchsetzen soll, so hat er — mit dem prinzipiellen Nachteil der Leistungserzeugung über hohe Drehmomente behaftet — zumindest noch eine längere Entwicklungszeit bis zur kommerziellen Einsatzreife vor sich.

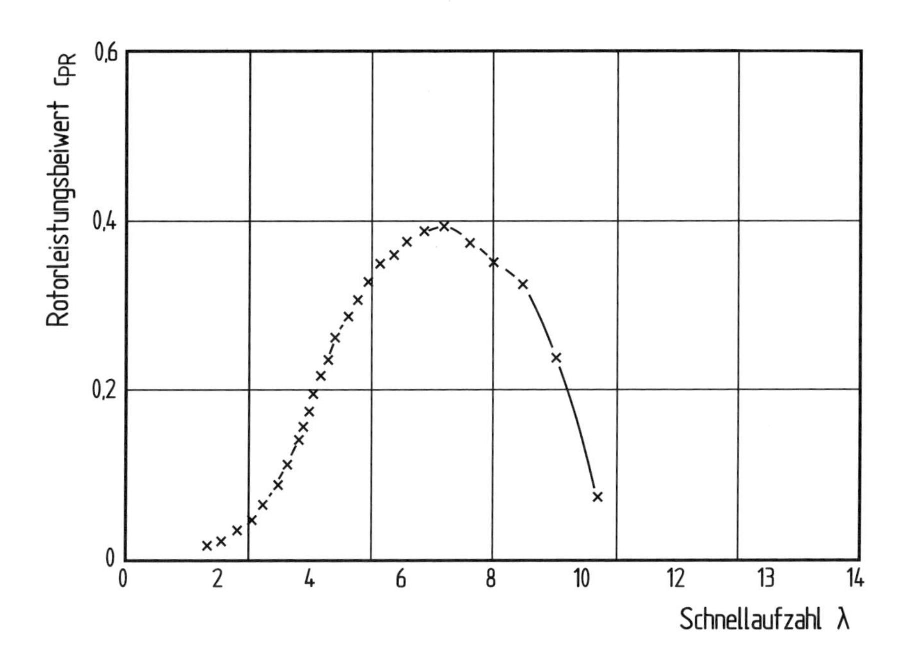

Bild 5.66. Gemessener Verlauf des Rotorleistungsbeiwertes über der Schnellaufzahl für einen Darrieus-Rotor [29]

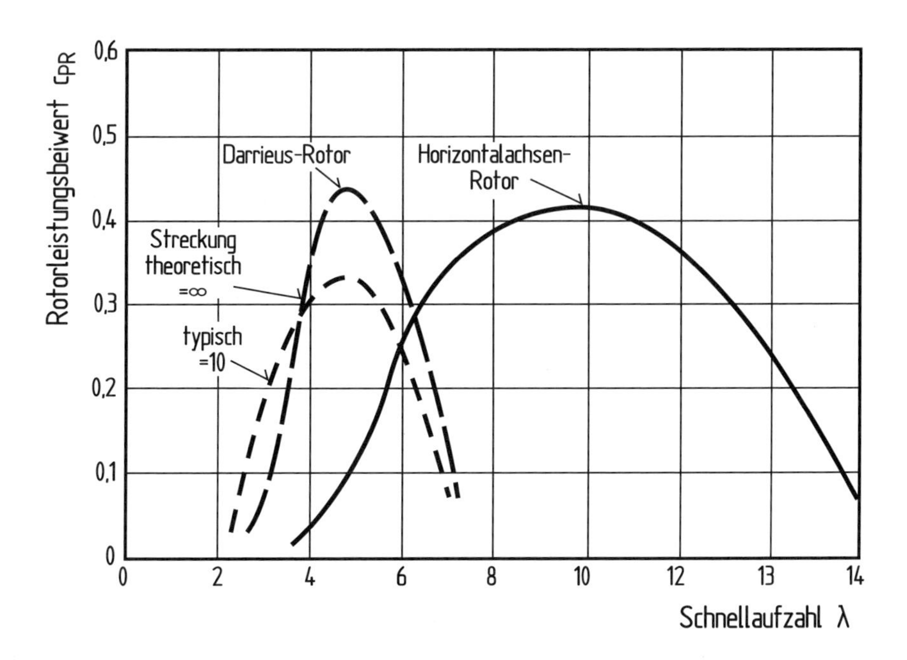

Bild 5.67. Verlauf des Rotorleistungsbeiwertes über der Schnellaufzahl für zweiblättrige Vertikal- und Horizontalachsenrotoren [28]

5.9 Experimentelle Rotoraerodynamik

Die bisherige Erörterung der aerodynamischen Rotorleistung und -belastung stützte sich ausnahmslos auf theoretische Modellvorstellungen und Berechnungsverfahren. Die Frage, wie genau diese Theorien die tatsächlichen Verhältnisse wiedergeben, blieb zunächst offen. Die Beantwortung dieser Frage hängt natürlich von den Möglichkeiten ab, theoretische Ergebnisse experimentell zu verifizieren.

Die unmittelbare Messung aerodynamischer Größen an Windkraftanlagen sind aus mehreren Gründen schwierig. Die Messungen sind ohne großen meßtechnischen Aufwand nur sehr indirekt möglich, zum Beispiel über die elektrische Leistungsabgabe. In der freien Atmosphäre existiert darüber hinaus keine eindeutige lokale Bezugswindgeschwindigkeit. Außerdem kommt hinzu, daß die passenden Anströmbedingungen nicht „auf Bestellung" hergestellt werden können. Der Wind weht — leider — wann und wie er will. Diese Schwierigkeiten legen den Gedanken nahe, sich nach dem Vorbild der Luftfahrttechnik eines Windkanals zu bedienen.

5.9.1 Modellmessungen im Windkanal

Das klassische Hilfsmittel der experimentellen Aerodynamik ist der Windkanal. Ohne die Meßtechnik im Windkanal wäre die Luftfahrtaerodynamik undenkbar. Die Durchführung von Windkanalmessungen an großen Windrotoren oder gar kompletten Windkraftanlagen ist jedoch aus mehreren Gründen mit besonderen Schwierigkeiten verbunden.

Messungen an Originalrotoren im Windkanal sind durch die Dimensionen der Windkraftanlagen unmöglich. Selbst die größten existierenden Windkanäle mit Meßquerschnitten von ca. 10 × 10 m sind hierfür zu klein. Modellmessungen sind nur in einem Maßstab möglich, der die Einhaltung einigermaßen brauchbarer Reynoldszahlen zumindest schwierig werden läßt. Darüber hinaus ist die gleichförmige und stetige Anströmung im Windkanal eine sehr starke Vereinfachung gegenüber der freien Atmosphäre. Trotz dieser Einschränkungen kann die Windkanalmeßtechnik auch in der Windenergietechnik nützliche Dienste leisten, sofern die Modellmessung im Windkanal mit den richtigen Mitteln zur Lösung spezieller Fragen eingesetzt wird. Zwei Aufgabenstellungen sind in diesem Rahmen zu unterscheiden: einmal die Messung der Rotorleistungscharakteristik und zum anderen die Simulation der dynamischen Reaktion des Rotors oder der ganzen Anlage bei instationären Anströmverhältnissen.

Die Leistungsmessung erfordert keine elastomechanische Ähnlichkeit des Modells und kann zudem bei stationären Anströmverhältnissen durchgeführt werden. Lediglich die Einhaltung einer Mindestgröße für die Reynoldszahl ist erforderlich, um die Übertragbarkeit auf das Original zu gewährleisten. Nach F. X. Wortmann lassen sich derartige Messungen mit guter Genauigkeit durchführen, wenn bei gleicher Blattspitzengeschwindigkeit der Modellmaßstab so gewählt wird, daß die Reynoldszahl, bezogen auf die Profiltiefe, mindestens 2×10^5 beträgt [33]. Dies bedeutet zum Beispiel für einen Rotor mit 100 m Durchmesser einen Modelldurchmesser von ca. 4 m. An einem Modell dieser Größe wurden im Niedergeschwindigkeitswindkanal der Deutschen Forschungs- und Versuchsanstalt für Luft- und Raumfahrt (DLR) in Göttingen Leistungsmessungen für den Rotor von Growian vorgenommen (Bild 5.68) [34]. Die Übereinstimmung der gemessenen Leistungsbeiwerte mit den theoretisch ermittelten Werten erwies sich als vergleichsweise gut (Bild 5.69). Während der Entwicklung der amerikanischen Anlagen MOD-2 und WTS-4 wurden ähnliche Messungen an Modellen im Windkanal durchgeführt.

Bild 5.68. Modellrotor von Growian im Maßstab 1:25 im Niedergeschwindigkeitswindkanal der DLR in Göttingen

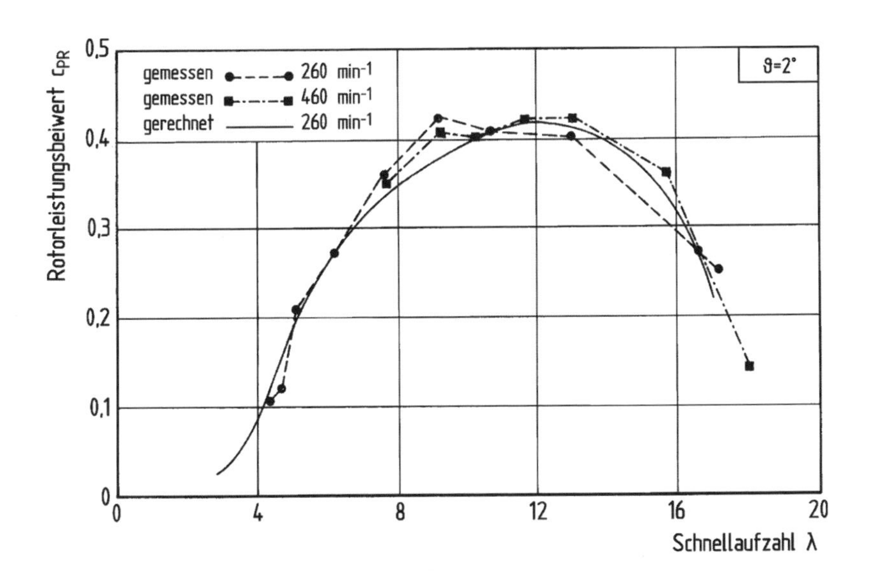

Bild 5.69. Im Windkanal gemessene und berechnete Leistungsbeiwerte des Modellrotors von Growian

Bild 5.70. Einblatt-Modellrotor „Flair" im Böenwindkanal der Universität Stuttgart

Die Simulation der dynamischen Reaktion von Windrotoren auf instationäre Anströmbedingungen erfordert ein spezielles Instrumentarium, sowohl von der Modellseite als auch vom Windkanal. F. X. Wortmann verwirklichte am Institut für Aero- und Gasdynamik der Universität Stuttgart einen speziellen „Böenwindkanal", mit dessen Hilfe außer Leistungsmessungen auch die dynamische Reaktion des Rotors auf vorgegebene Böen experimentell ermittelt werden sollte. In diesem Böenwindkanal wurden in den achtziger Jahren vor allem Forschungsarbeiten an verschiedenen Einblatt-Konfigurationen durchgeführt (Bild 5.70). Wortmann verfolgte mit seiner Einblatt-Konzeption „Flair" das Ziel eines flexiblen Rotors, der momentenfrei mit der Rotorwelle verbunden ist und sich unter dem Einfluß der Windturbulenz in seiner aerodynamischen Reaktion weitgehend selbst ausregelt. Die dynamischen Belastungen aus der Turbulenz sollten damit auf ein Minimum reduziert werden.

Die Flair-Bauart wurde neben den experimentellen Untersuchungen im Windkanal auch in einem Demonstrationsprojekt praktisch erprobt. Die Ergebnisse wurden für die Einblatt-Anlagen der Monopteros-Baureihe verwertet [35].

Während die experimentelle Rotoraerodynamik eher ein Thema der technischen Grundlagenforschung geblieben ist, sind Windkanalmessungen in der Entwicklung neuer

Rotorblätter heute unverzichtbar. Es hat lange Zeit gedauert bis die Hersteller von Rotorblättern den Windkanal „entdeckt" haben. Mittlerweile optimieren alle namhaften Rotorblatthersteller ihre neu entwickelten Rotorblätter im Windkanal. Die jüngsten Leistungssteigerungen zum Beispiel der Rotorblätter von Enercon sind auch das Ergebnis einer Optimierung im Windkanal.

5.9.2 Messungen an Originalanlagen

Eine meßtechnische Aufgabe, die bei jeder neuentwickelten Windkraftanlage im Vordergrund steht, ist die Messung der elektrischen Leistungsabgabe von der Windgeschwindigkeit (Leistungskennlinie) an der Originalanlage. Die Messung der Leistungskennlinie ist keineswegs unproblematisch, da weder die zum Zeitpunkt der Messung passenden Windgeschwindigkeiten, wie im Windkanal, vorhanden sind, noch die richtige Bezugswindgeschwindigkeit meßtechnisch einfach zu erfassen ist (vergl. Kap. 14.2.2). Noch wesentlich schwieriger ist die meßtechnische Analyse der aerodynamischen Eigenschaften eines Windrotors unter anderen ingenieurmäßigen Gesichtspunkten. Zum Beispiel die Messung der momentanen Leistungsabgabe des Rotors bei bestimmten Anströmverhältnissen, seine Reaktion auf Böen oder die Struktur der Nachlaufströmung.

Dennoch sind für bestimmte Fragestellungen Messungen an Originalanlagen unverzichtbar. Generell handelt es sich dabei um Effekte, die sehr stark von der Einhaltung der Modellgesetze in der Strömungsmechanik oder von der Turbulenz der realen Atmosphäre abhängen und damit nicht im Windkanal simuliert werden können, sowie um Phänomene, die einer theoretischen Behandlung deshalb unzugänglich sind, weil sie im Bereich abgelöster Strömungsverhältnisse stattfinden. Darüber hinaus kann auch der Einfluß der Umgebung auf die Strömungsverhältnisse nur mit Messungen an Originalanlagen zuverlässig bestimmt werden.

Ein besonders aufwendiges Meßprogramm wurde seinerzeit im Zusammenhang mit der großen Versuchsanlage Growian durchgeführt. Mit Hilfe von zwei 170 m hohen Masten wurde ein Meßgitter vor dem Rotor realisiert, anhand dessen die Windgeschwindigkeitsverteilung über die gesamte Rotorkreisfläche gemessen werden konnte. Damit wollte man Aufschlüsse über die Böenstruktur des Windes und die unmittelbar daraus folgenden Belastungen für den Rotor gewinnen (Bild 5.71). Gleichzeitig wurde versucht, über die Messung der aerodynamischen Druckverteilung an definierten Profilschnitten der Rotorblätter die aerodynamischen Kräfte direkt zu ermitteln. Auf diese Weise erhoffte man sich Aufschlüsse über die Zusammenhänge von Windstruktur und Rotorbelastungen. Die vorgesehenen Messungen konnten jedoch wegen der geringen Betriebszeit der Anlage nur in Ansätzen durchgeführt werden [36].

Feldmessungen sind auch zur Untersuchung der gegenseitigen Beeinflussung der Windkraftanlagen in einem Windpark unverzichtbar. In zahlreichen Forschungsvorhaben wurden die Strömungsverhältnisse im Nachlauf des Rotors und die dadurch hervorgerufenen Einflüsse auf die benachbarten Anlagen ermittelt. Dies gilt sowohl für die Leistungsverluste durch die gegenseitige Abschattung, als auch für die Strukturbelastungen, die aus der selbst erzeugten Turbulenz eines Anlagenfeldes resultieren [37] (vergl. Kap. 5.4).

Ein generelles Problem von Messungen an Originalanlagen ist die erforderliche Zeitdauer. Das „Warten auf den richtigen Wind" kann jede Zeit- und Kostenplanung ad absurdum führen. Zeitdauer und Kosten für Meßkampagnen unter realen Bedingungen sollten deshalb nicht unterschätzt werden. Eine erfolgversprechende Planung und Durchführung erfordert die Kenntnisse von erfahrenen Fachleuten. Die Ergebnisse von „Nebenbei-Messungen" im kommerziellen Betrieb von Windkraftanlagen sind in der Regel wenig aussagekräftig.

Bild 5.71. Windmeßgitter bei der Versuchsanlage Growian zur Erfassung der Windgeschwindigkeitsverteilung über die Rotorkreisfläche und der Wechselwirkung von Turbulenz und Rotorverhalten

Literatur

1. Glauert, H.: Windmills and Fans, Durand, F.W. (Hrsg); Aerodynamic Theory, Berlin, Julius Springer, 1935
2. Hütter, U.: Beitrag zur Schaffung von Gestaltungsgrundlagen für Windkraftwerk Weimar: Dissertation 1942
3. Schmitz, G.: Theorie und Entwurf von Windrädern optimaler Leistung, Wiss. Zeitschrift der Univ. Rostock, 5. Jahrgang, 1955/56
4. Wilson, R. E.; Lissaman, P. B. S.: Applied Aerodynamics of Wind Power Machines, Oregon State University, 1974
5. Schlichting, H., Truckenbrodt, E.: Aerodynamik des Flugzeuges, 1. Auflage, Springer, 1958
6. Gasch, R.; Twele, J.: Windkraftanlagen, Teubner, 2005
7. Sörensen, J. N. (Hrsg.): VISCWIND Viscous Effects on Wind Turbine Blades, Department of Engineering, Technical University of Denmark, 1999
8. Enercon: Firmen-Broschüre, 2006
9. Lissaman, P.B.S., Energy Effectiveness of Arbitrary, Array of Wind Turbines, AIAA paper 79-0114, 1979
10. Ainslie, J.F.: Calculating of Flow Field in the Wake of Wind Turbines, Journal of Wind Engineering and Industrial Aerodynamics, 27, 1988, Elsevier Science Publishers, B.V. Amsterdam
11. Crespo, A.; Fraga, E.; Hernandez, J.; Luken E.: Analysis of Wind Turbine Wakes, Euroforum New Energies, Saarbrücken 24–28 Okt. 1988
12. Albers, A.; Beyer, H.G.; Kroankowski, Th.; Schild M.: Results form a Joint Wake Interference Research Programm European Community Wind Energy Conference, Lübeck–Travemünde 8–12 Mai, 1993
13. Pedersen, M.B.; Nielsen, P.: Description of the two Danish 630 kW Wind Turbines Nibe A and Nibe B. Kopenhagen: 3. BHRA International Symposium on Wind Energy Systems 26–29 Aug., 1980
14. Miller, D.R.; Sirocky, P.J.: Summary of NASA/DOE Aileron-Control Development Program of Wind Turbines. Cleveland, Ohio: NASA Lewis Research Center
15. Wentz, W.H.; Calhoun, J.T.: Analytical Studies of New Airfoils for Wind Turbines. Wind Turbine Dynamics. Cleveland, Ohio: NASA Conference Publication 2185, 24–26 Feb., 1981
16. Björck, A.; Thor S.-E.: Dynamic Stall and 3D Effects, European Union Windenergy Conference 20–24 May 1996, Göteborg, Sweden
17. Spera, D.A. (Ed.): Wind Turbine Technology, ASME Press, New York, 1994
18. Divalentin, E.: The Application of Broad Range Variable Speed for Wind Turbine Enhancement, EWEA Conference, 7–9 Oct., 1986
19. Avolio, S.; Calo, C.; Foli, U.; Casale, C; Sesto, E.: GAMMA-60 1,5 MW Wind Turbine Generator, EUWEC 90, 10–14 Sept., 1990, Madrid
20. Abbott, I.H.: Theory of Wing Sections: Dover Publications Inc., New York, 1958
21. Schlichting, H., Truckenbrodt, E.: Aerodynamik des Flugzeuges, Neuauflage, Springer, 2001

22. Wortmann, F. X.: Tragflügelprofile für Windturbinen, Seminar und Statusreport Windenergie, KFA Jülich, 23–24 Oktober 1978
23. Gifford Technology: Comparison of Airfoil Performance. Southampton, Persönliche Mitteilung, 1986
24. McGhee, R. C.; Beasley, W. D.: Wind Tunnel Results for a Modified 17-Percent-Thick Low-Speed Airfoil Section. NASA Technical Paper 1919, 1981
25. Rohrbach, C.; Wainausky, I. H.; Worobel, R.: Aerodynamics of Wind Turbines, Hamilton Standard, 1977. ERDA Contract №E (11-1)-2615
26. De Vries, O.: Fluid Dynamic Aspects of Wind Energy Conversion. AGARD-AG-243, 1979
27. Corrigan, R. D.; Viterna, L. A.: Free Yaw Performance of the MOD-0 Large Horizontal Axis 100 kW Wind Turbine. Cleveland: Lewis Research Center, 44135, Ohio, 1981
28. Nebel, M.: Brechungsverfahren für Vertikalachsenrotoren, Zeitschrift für Flugwissenschaften und Weltraumforschung, 9 (1985), Heft 5
29. Strickland, J. H.; Webster, B. T.; Nguyen, T.: A Vortex Model of the Darrieus Turbine: An Analytical and Experimental Study. ASME Paper N° 79, 1979
30. Fallen, M.; Ziegler, J.: Leistungsberechnungen für einen Windenergiekonverter mit vertikaler Achse. Brennstoff-Wärme-Kraft, Nr. 2, 1981
31. Braasch, R. H.: The Design, Construction, Testing and Manufacturing of Vertical Axis Wind Turbines. Second International Symposium of Wind Energy Systems, Oct. 1978
32. McAnulty, K.: An Appraisal of Straight Bladed Vertical Axis and Horizontal Axis Windmills, BEWA Wind Energy Conference, Reading, 1983
33. Wortmann, F. X.: Erstellung eines Böengenerators für die Entwicklung von Windturbinen. Seminar und Statusreport Windenergie, KFA Jülich, 11–13 Oktober 1982
34. Pearson, G.; Gilhaus, A.: Wind Tunnel Measurement on a 1/25 Scale Model of the Growian Rotor. Interner MAN-Report, 1981
35. Mickeler, S.; Schultes, K.; Mayer, M.: A Consistent Shutdown Procedure and Parking Position for the Single Bladed Rotor: European Wind Energy Conference EWEC'86, Rom, 7–9 Okt. 1986
36. Körber, F.; Besel, G.: Meßprogramm Growian. BMFT-Forschungsvorhaben Nr. 03 E 45 12A3, 1988
37. Garrad, A. D.: Dynamic Loads in Wind Farms. EU-Forschungsvorhaben JOUR-0084-C, 1992

Kapitel 6

Belastungen und Strukturbeanspruchungen

Windkraftanlagen sind besonderen Belastungen ausgesetzt. Auf den ersten Blick scheint die Standfestigkeit bei schweren Stürmen und Orkanen das Hauptproblem zu sein. Die andauernden, wechselnden Belastungen — auch bei normalen Windverhältnissen — sind aber ebenso problematisch. Wechselnde Belastungen sind schwerer zu ertragen als statische Belastungen, sie „ermüden" das Material.

Ein weiteres Problem liegt in den Dimensionen der Bauteile. Die Luft ist als Arbeitsmedium von geringer Dichte, so daß die erforderlichen Flächen zur Energiewandlung groß sein müssen. Mit der Dimension des Rotors wächst auch die Größe der anderen Bauteile, zum Beispiel die Höhe des Turmes. Große Strukturen verhalten sich unvermeidlich elastisch. Unter der Einwirkung der wechselnden Belastung ergibt sich dadurch ein komplexes aeroelastisches Wechselspiel, das Schwingungen anregt und hohe dynamische Belastungsanteile erzeugen kann.

Die Strukturdimensionierung einer Windkraftanlage ist unter drei verschiedenen Aspekten zu sehen: Zunächst muß sichergestellt werden, daß die Bruchfestigkeit der Bauteile den Extrembelastungen gewachsen ist. Konkret heißt das, die Anlage und ihre wesentlichen Teile müssen den höchsten vorkommenden Windgeschwindigkeiten widerstehen. Die zweite Forderung verlangt, daß die Dauerfestigkeit der Bauteile für die Auslegungslebensdauer, in der Regel 20 bis 30 Jahre, gewährleistet sein muß. Während die Belastungen im Hinblick auf die Extremlasten vergleichsweise einfach zu übersehen sind, ist das Problem der „Ermüdungsfestigkeit" bei Windkraftanlagen geradezu der springende Punkt. Windkraftanlagen sind die perfekten „Materialermüdungsmaschinen". Der dritte Aspekt betrifft die Steifigkeit der Bauteile. Einerseits verringern sich elastisch verhaltende Strukturen die Materialermüdung, andererseits werden elastische Bauteile aber durch äußere Anregungen zu Schwingungen veranlaßt. Das Schwingungsverhalten einer Windkraftanlage ist nur unter Kontrolle zu bringen, wenn die Steifigkeiten der Bauteile sorgfältig aufeinander abgestimmt werden, um gefährliche Resonanzen zu vermeiden. Für manche Bauteile, zum Beispiel die Rotorblätter oder den Turm, ist neben einer ausreichenden Festigkeit die geforderte Steifigkeit ein dimensionierendes Kriterium.

Ein wichtiger Problemkreis, der sich noch vor der Berechnung der Strukturbeanspruchungen stellt, ist die Frage nach den anzusetzenden Lasten und den Situationen, in denen die strukturdimensionierenden Belastungen auftreten. Hierzu ist ein lückenloser Überblick über die äußeren Bedingungen, insbesondere die Windverhältnisse, sämtliche Betriebszustände und eventuelle Störfälle der Anlage notwendig. Davon ausgehend können die sog. *Lastfälle* definiert werden. Allerdings können die realen Lasten, denen die Windkraftanlage ausgesetzt ist, nie in ihrer gesamten Komplexität erfasst werden. Sie können deshalb immer nur in angenäherter, idealisierter Form als *Entwurfslasten* angesetzt werden. Die sog. *Lastannahmen*, das heißt die Lastfälle mit den darin anzusetzenden Lasten bilden eine wichtige Grundlage im Entwurfsprozeß.

Das rechnerische Instrumentarium zur Ermittlung der Belastungen und der Strukturbeanspruchungen gehört mit zu den aufwendigsten theoretischen Werkzeugen, die für die Entwicklung von Windkraftanlagen gebraucht werden. Die theoretischen Modelle sind im Prinzip nicht anders als auch in anderen Bereichen der Technik. Dennoch hat die Vorgehensweise im Zusammenhang mit der Strukturauslegung einer Windkraftanlage ihre eigene Problematik.

Der Ausgangspunkt für die gesamte Belastungssituation einer Windkraftanlage sind die Lasten, die auf den Rotor einwirken. Die Rotorlasten werden an die übrigen Bauteile weitergegeben und bestimmen weitgehend deren Belastungsniveau. Die von den nachgeordneten Komponenten selbst ausgehenden Belastungen sind zumindest im ersten Ansatz für Entwurfszwecke von untergeordneter Bedeutung. Die Erörterung der Belastungen einer Windkraftanlage kann sich deshalb im wesentlichen auf den Rotor konzentrieren und diesen als „pars pro toto“ behandeln.

6.1 Belastungsarten und ihre Wirkung auf die Windkraftanlage

Die Ursachen aller Kraftwirkungen auf den Rotor sind auf die Wirkungen von Luft-, Massen- und elastischen Kräften zurückzuführen. Die verschiedenartigen Belastungen lassen sich hinsichtlich ihrer zeitlichen Wirkung auf den drehenden Rotor unterscheiden (Bild 6.1):

- Die Luftkraftbelastungen bei konstanter, gleichmäßiger Windgeschwindigkeit und die Fliehkräfte erzeugen zeitunabhängige, stationäre Belastungen, sofern der Rotor mit konstanter Drehzahl läuft.
- Eine stationäre, aber räumlich ungleichmäßige Anströmung der Rotorkreisfläche bewirkt am drehenden Rotor umlaufperiodische Belastungsänderungen. Dazu gehören die ungleichförmige Anströmung des Rotors durch die Zunahme der Windgeschwindigkeit mit der Höhe, eine Schräganströmung des Rotors und die Störung durch die Turmumströmung.
- Die Massenkräfte aus dem Eigengewicht der Rotorblätter erzeugen ebenfalls umlaufperiodische und damit wechselnde Belastungen. Darüber hinaus zählen die Kreiselkräfte, die beim Nachführen des Rotors mit der Windrichtung entstehen, zu den umlaufperiodisch schwellenden oder wechselnden Belastungen.
- Neben den stationären und periodisch wechselnden Belastungen erfährt der Rotor nichtperiodische, stochastisch auftretende Belastungen aus der Turbulenz des Windes.

Die Unterscheidung nach der zeitlichen Wirkung der äußeren Kraftwirkungen ist für die Ermittlung der Strukturbeanspruchungen wichtig. Insbesondere im Hinblick auf die Ermüdungsfestigkeit der Struktur müssen schwellende und wechselnde Belastungen erkannt werden.

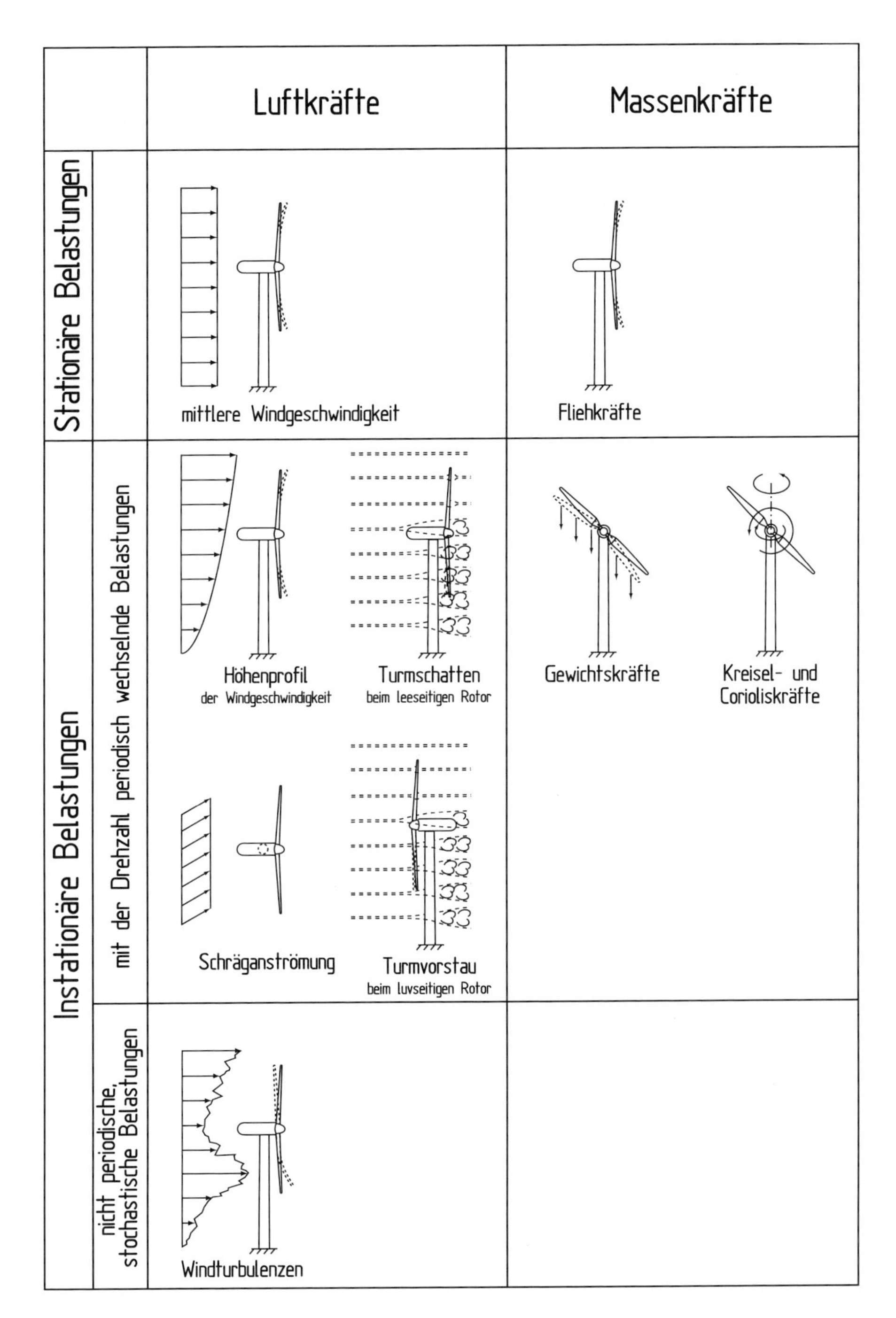

Bild 6.1. Wirkung von Luft- und Massenkräften auf den Rotor einer Horizontalachsen-Windkraftanlage

Im gesamten Belastungsspektrum ist von vornherein nicht zu entscheiden, welche Belastungseinflüsse dominieren. Je größer die Anlage ist, umso mehr nimmt die Bedeutung der Belastungen aus dem Eigengewicht zu — wie bei allen Bauwerken. Darüber hinaus spielen die Elastizität der Struktur und eventuelle Freiheitsgrade (Ausweichen) der belasteten Komponenten, zum Beispiel die Drehzahlvariabilität des Rotors oder Ausweichbewegungen der Rotorblätter, eine wichtige Rolle für die Frage, in welchem Umfang die äußeren Belastungen in Strukturbeanspruchungen umgesetzt werden. Mit anderen Worten: Neben den äußeren Lasten bestimmt auch die Konzeption der Windkraftanlage das Belastungsniveau. Generell gilt, je elastischer die Strukturen sind umso besser können wechselnde Belastungen aufgefangen werden und damit die Materialermüdung verringert werden. Auf der anderen Seite nehmen mit zunehmender Elastizität die Schwingungsprobleme zu und nicht zuletzt der rechnerische Aufwand bei der Strukturdimensionierung.

6.2 Koordinatensysteme und Bezeichnungen

Leider gibt es bis heute keine verbindliche Norm für die Lage und Orientierung der Koordinaten, in denen die Belastungsgrößen dargestellt werden. Dasselbe gilt auch für die zu verwendete Bezeichnung der Größen. Im englischen Sprachgebrauch haben sich die Festlegungen der IEC-Norm 61400-1 eingebürgert, ohne das sie verbindlich im Sinne einer Norm wären [1]. Im deutschen Sprachgebrauch sind noch viele andere Bezeichnungen üblich. Auch in der vorliegenden deutschen Ausgabe dieses Buches werden noch ältere deutsche Bezeichnungen verwendet und nur gelegentlich auf die englischen Entsprechungen hingewiesen. Es hat sich eingebürgert im wesentlichen drei Koordinatensysteme zu verwenden, je nachdem mit welcher Komponente man sich beschäftigt.

Die an den Rotorblättern angreifenden Kräfte und Momente werden in Bezug auf den örtlichen Rotorblattquerschnitt zerlegt. In Richtung der Profilsehne ergibt sich die Komponente „in Schwenkrichtung", senkrecht zur Profilsehne „in Schlagrichtung". Diese Zerlegung ist dann zweckmäßig, wenn es um die Belastungen der Rotorblätter selbst geht.

Die Darstellung der Kräfte und Momente auf den Gesamtrotor erfordert ein zweites Koordinatensystem im Rotormittelpunkt. In diesen Koordinaten werden die Rotorgesamtkräfte und -momente ausgedrückt, wenn sie als Belastungen auf die übrige Anlage weitergegeben werden. Die Zerlegung in Bezug auf die Rotordrehebene liefert die „Tangentialkraftkomponenten" in der Drehebene und die „Schubkraftkomponenten" senkrecht zur Drehebene. Beim Übergang von der Schwenk- und Schlagrichtung des Blattes auf die Tangential- und Schubrichtung des Rotors ist der örtliche Verwindungswinkel und der Blatteinstellwinkel zu beachten.

Ein drittes Koordinatensystem hat seinen Ursprung am Turmfuß. In diesem Koordinatensystem werden zumindest in Deutschland, nach den Richtlinien des Deutschen Instituts für Bautechnik (DIBt) die Kräfte und Momente auf den Turm und das Fundament dargestellt [2]. Das DIBt bemüht sich in den neueren Ausgaben seiner „Richtlinien" eine Angleichung zur IEC-Norm einzuführen.

Die verschiedenen Koordinatensysteme mit einigen typischen dazugehörigen Kräften und Freiheitsgraden sind in Bild 6.2 dargestellt.

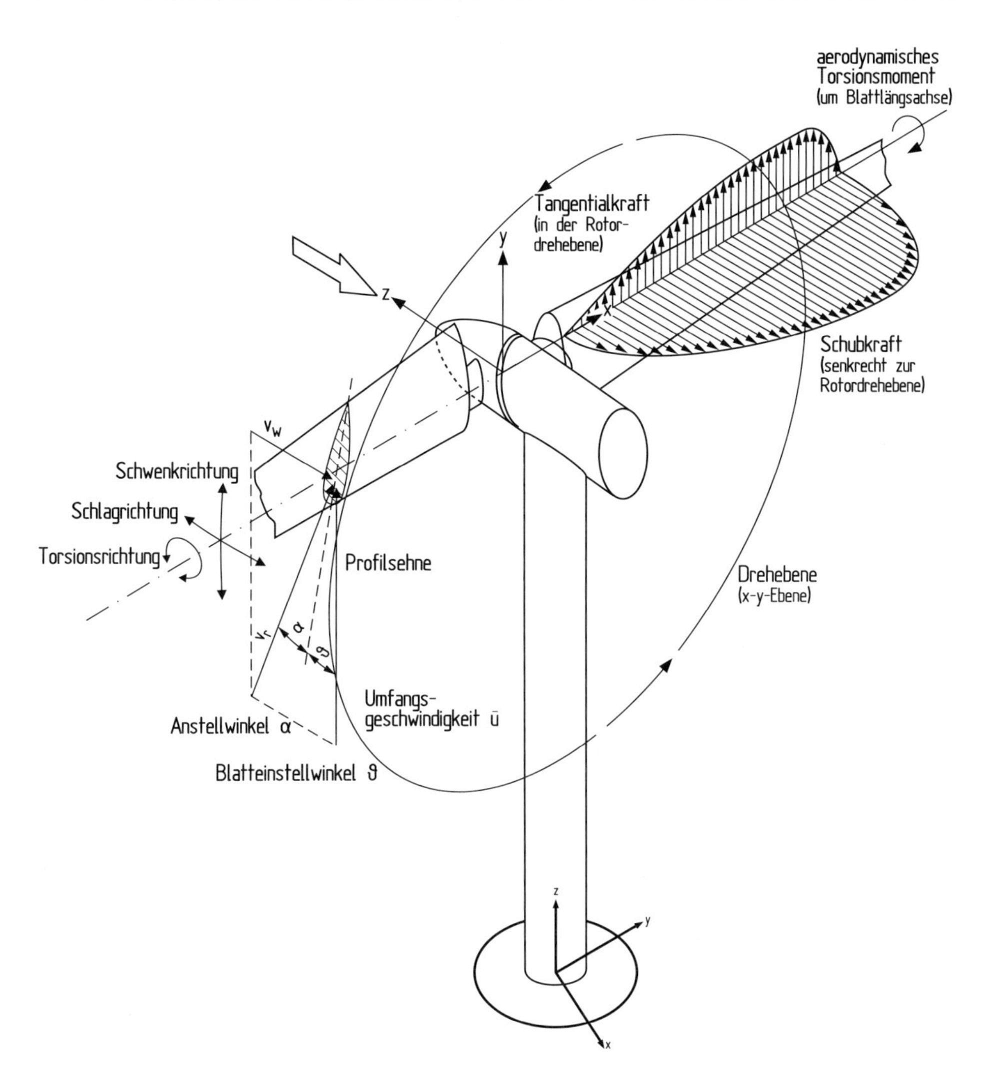

Bild 6.2. Koordinaten und Bezeichnungen zur Darstellung der Belastungen und Beanspruchungen am Rotor

6.3 Ursachen der Belastungen

Die komplexe Belastungssituation für den Rotor wie für die gesamte Windkraftanlage wird nur überschaubar, wenn man sich die Gesamtbelastung in voneinander unabhängige Ursachen zerlegt vorstellt. Dies gilt sowohl für die Belastungen aus den Luftkräften als auch für die Belastungen, die aus Massenkräften resultieren. In der Realität sind die Ursachen und ihre Auswirkungen naturgemäß nicht vollständig voneinander zu trennen. Die Wechselwirkungen sind jedoch in den meisten Fällen nicht so stark, sodaß eine isolierte Betrachtung dadurch sinnvoll ist.

6.3.1 Eigengewicht, Zentrifugal- und Kreiselkräfte

Während die Belastungen aus den Luftkräften nur mit erheblichem Aufwand zu berechnen sind, können die Lasten aus dem Eigengewicht der Bauteile und die Belastungen aus Zentrifugal- und Kreiselkräften vergleichsweise einfach ermittelt werden. Die einzige Schwierigkeit liegt darin, daß zu Beginn der Entwurfsphase die Massen der Bauteile nicht bekannt sind. Da die Masse nur als Folge der gesamten Belastung, also auch des Eigengewichts, berechnet werden kann, sind mehrere „Iterationsschleifen" bei der Strukturdimensionierung unvermeidlich. Die ersten Annahmen für das Gewicht entnimmt man am besten aus statistisch aufbereiteten Erfahrungswerten von ausgeführten Anlagen.

Gewichtskräfte

Belastungen aus dem Eigengewicht der Bauteile sind selbstverständlich für alle Komponenten der Anlage zu berücksichtigen. Von besonderer Bedeutung ist bei einer Windkraftanlage das Eigengewicht der Rotorblätter sowohl für die Blätter selbst als auch für die „nachfolgenden" Bauteile.

Das Eigengewicht der Rotorblätter erzeugt über den Rotorumlauf wechselnde Zug- und Druckkräfte in Blattlängsrichtung und große, wechselnde Biegemomente um die Schwenkachse in den Blättern. Die Bedeutung dieser Gewichtsbelastung nimmt von der Blattspitze zur Wurzel hin zu, gegenläufig zum Einfluß der aerodynamischen Lasten. Diese Wechselbeanspruchung, insbesondere die Biegewechselmomente um die Blattschwenkachse, wirken mit 10^7 bis 10^8 Zyklen während der Lebensdauer der Anlage, wenn man von einer Rotordrehzahl von 20 bis 50 U/min und einer Lebensdauer von 20 bis 30 Jahren ausgeht. Bereits nach ca. 1000 Stunden Betriebszeit wird eine Lastwechselzahl von 10^6 erreicht. Ab dieser Zyklenzahl darf zum Beispiel Stahl nur noch mit der zulässigen Dauerfestigkeitsspannung beansprucht werden.

Der Einfluß der Gewichtskräfte wird somit neben der Windturbulenz zum dominierenden Faktor für die Ermüdungsfestigkeit der Rotorblätter. Dies gilt umso mehr, je größer die Rotoren werden. Auch bei einer Windkraftanlage wird wie bei jeder anderen Konstruktion mit wachsenden Abmessungen letztlich das Eigengewicht zum Hauptfestigkeitsproblem (vergl. Kap. 19.1.2). Verschlimmert wird die Situation für den Horizontalachsen-Rotor noch dadurch, daß das Eigengewicht Wechsellasten erzeugt. Befürworter der Vertikalachsen-Bauart weisen deshalb zurecht darauf hin, daß die Vertikalachsen-Bauart gerade aus diesem Grund für extreme Abmessungen besser geeignet ist, weil die Wechsellasten aus dem Eigengewicht der Rotorblätter vermieden werden.

Einige Konstrukteure von Horizontalachsen-Rotoren haben in der Vergangenheit versucht, die wechselnden Biegemomente durch die Einführung von Schwenkgelenken an den Rotorblattwurzeln aufzufangen. Der praktische Erfolg blieb jedoch aus. Die komplizierte Mechanik ist einerseits zu teuer und andererseits mit zusätzlichen dynamischen Problemen verbunden. Bei sehr großem Rotordurchmesser dürfte dieses Unterfangen ohnehin aussichtslos sein.

Der bessere Weg bzw. der einzig mögliche Weg, ist die Verringerung des Eigengewichtes der Rotorblätter. Die Leichtbauweise, selbst unter Verwendung teurer Materialien wie der Kohlefaser, ist für sehr große Rotorblätter nahezu unverzichtbar.

Zentrifugalkräfte

Die Zentrifugalkräfte sind bei Windrotoren mit ihrer vergleichsweise niedrigen Drehzahl von geringer Bedeutung. Ganz im Gegensatz zu Hubschrauberrotoren, deren festigkeitsmäßige Auslegung und dynamisches Verhalten von den Zentrifugalkräften geprägt wird.

Mit einem besonderen Trick lassen sich die Zentrifugalkräfte sogar zur Entlastung der Rotorblätter heranziehen. Bei einigen Rotoren sind die Rotorblätter leicht V-förmig aus der Drehebene windabwärts herausgekippt. Dieser sog. *Konuswinkel* der Rotorblätter bewirkt, daß die Zentrifugalkräfte neben den Zugkräften auch eine Biegemomentenverteilung über der Blattlänge erzeugen, die den Biegemomenten aus der aerodynamischen Schubkraft entgegenwirkt. Die völlige Kompensation läßt sich jedoch nur für eine Drehzahl und eine Windgeschwindigkeit erreichen.

Wird der Rotor durch andere Anströmbedingungen beaufschlagt, so kann sich die Wirkung des Konuswinkels in das Gegenteil verkehren. Bei negativen aerodynamischen Anstellwinkeln, zum Beispiel bei plötzlich nachlassender Windgeschwindigkeit oder schnellem Verstellen des Blatteinstellwinkels (Notstopp des Rotors) kann es zu einer kurzzeitigen Umkehrung der Schubkraftrichtung kommen, so daß sich nun die Biegemomente aus Luftkräften und Zentrifugalkraft addieren. Ob ein Konuswinkel der Rotorblätter sinnvoll ist oder nicht, muß deshalb unter mehreren Gesichtspunkten entschieden werden. Der Trend geht bei den neueren Anlagen zu Rotoren ohne Konuswinkel.

Kreiselkräfte

Belastungen, die durch Kreiseleffekte hervorgerufen werden, treten auf, wenn der laufende Rotor dem Wind nachgeführt wird. Bei großer Azimutverstellgeschwindigkeit käme es zu entsprechend hohen Kreiselmomenten, die sich als Nickmomente auf die Rotorachse äußern. Bei den vergleichsweise langsamen Stellgeschwindigkeiten der Windrichtungsnachführung sind die praktischen Auswirkungen jedoch sehr gering oder besser gesagt, die Nachführgeschwindigkeit des Rotors muß so langsam sein, daß die Kreiselmomente keine Rolle spielen. Es wäre unwirtschaftlich, die Struktur nach den Kreiselkräften dimensionieren zu müssen (vergl. Kap. 7.4).

Die Versuche, Windkraftanlagen mit passiver Windrichtungsnachführung zu bauen, haben gezeigt, daß hier die Kreiselkräfte zu einem ernstzunehmenden Problem werden. Bei schnellen Windrichtungsänderungen wird unvermeidlich auch der Rotor mit hoher Geschwindigkeit nachgeführt. Unter diesen Bedingungen werden insbesondere die Rotorblätter außerordentlichen Biegebeanspruchungen durch die Kreiselkräfte ausgesetzt. Abrupte Windrichtungsänderungen sind vor allem bei niedrigen Windgeschwindigkeiten zu erwarten. Eine passive Windrichtungsnachführung, die ohnehin nur bei den heute nicht mehr üblichen Leeläufern realisierbar ist, ist auch aus diesem Grund mehr als problematisch (vergl. Kap. 5.7).

6.3.2 Gleichförmige, stationäre Rotoranströmung

Die Annahme einer gleichförmigen und stationären Anströmung ist natürlich eine Idealisierung, die in der freien Atmosphäre nicht auftritt. Trotzdem ist es zweckmäßig, das über einen längeren Zeitraum auftretende, mittlere Lastniveau mit dieser Vorstellung zu ermitteln. Unterstellt man eine stetige und symmetrische Anströmung der Rotorkreisfläche, so werden die Rotorblätter eines Horizontalachsen-Rotors durch stationäre Luftkräfte beaufschlagt. Diese Eigenschaft zeichnet den Horizontalachsen-Rotor gegenüber den Rotoren mit vertikaler Drehachse aus. Darrieus-Rotoren oder ähnliche Rotorformen erfahren unter diesen Bedingungen bereits zeitlich veränderliche Luftkraftbelastungen (vergl. Kap. 5.8). Die Luftkraftbeaufschlagung der Rotorblätter bei stationärer und symmetrischer Anströmung wird stark von der unterschiedlichen Anströmgeschwindigkeit von der Blattspitze bis zur Wurzel geprägt. Außerdem beeinflußt die geometrische Form der Rotorblätter die Verteilung der Last über die Blattlänge. Die Diagramme 6.3 und 6.4 vermitteln einen Eindruck über die Form der Luftkraftverteilung an den Rotorblättern.

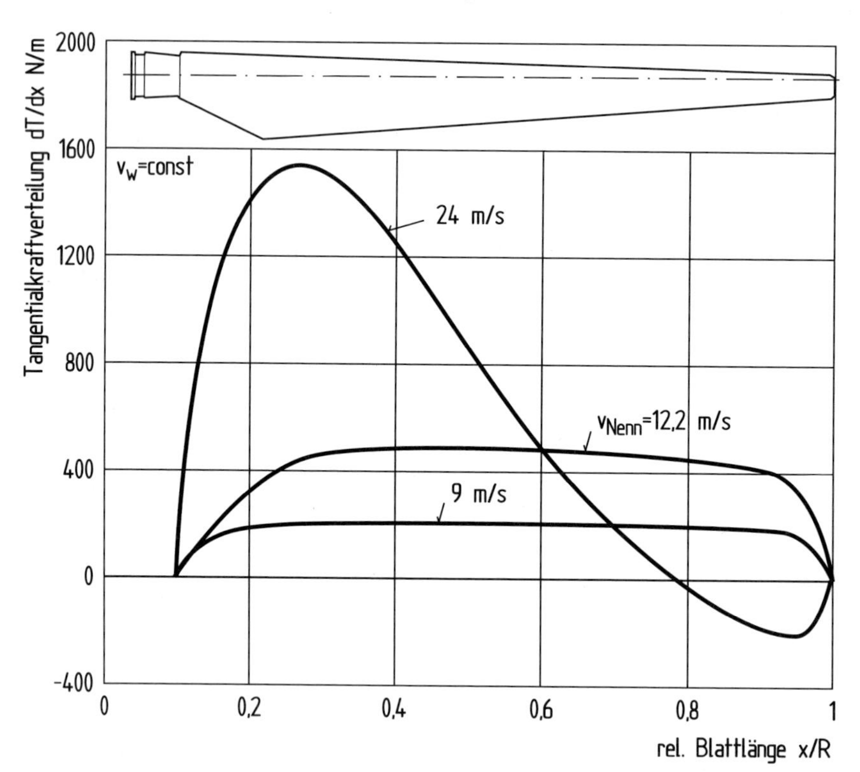

Bild 6.3. Verteilung der aerodynamischen Tangentialkraft über die Blattlänge am Beispiel der WKA-60

Aus der Tangentialkraftverteilung resultiert die Biegebelastung der Rotorblätter in Schwenkrichtung, während die Schubkraftverteilung für die Blattbiegemomente in Schlagrichtung verantwortlich ist. Die Form der Verteilung ändert sich deutlich von der Einschaltwindgeschwindigkeit bis zur Abschaltwindgeschwindigkeit. Neben dem Blatteinstellwinkel ist insbesondere die Verwindung der Rotorblätter hierfür verantwortlich. Sie ist nur für die Nennwindgeschwindigkeit optimal ausgelegt, so daß nur für diese

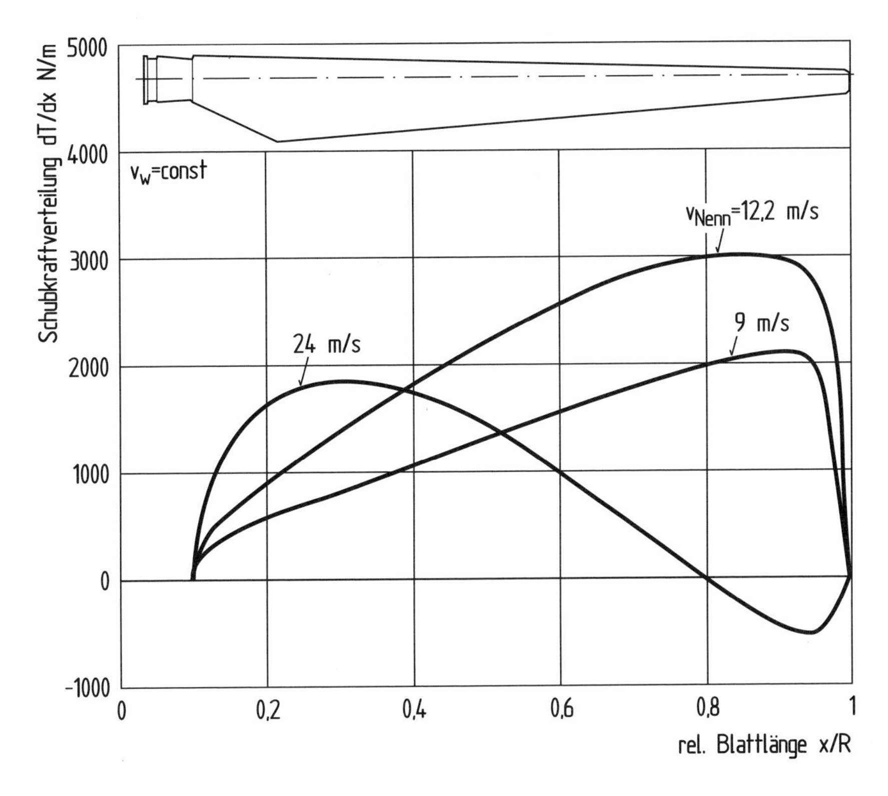

Bild 6.4. Verteilung der aerodynamischen Schubkraft über die Blattlänge am Beispiel der WKA-60

Windgeschwindigkeit die Form der Luftkraftverteilung annähernd dem theoretischem Optimum entspricht. Bei anderen Windgeschwindigkeiten, insbesondere bei höheren Windgeschwindigkeiten, reißt die Strömung im Blattinnenbereich ab. Die Form der aerodynamischen Lastverteilung ändert sich damit erheblich.

Die Integration der Lastverteilungen über die Rotorblattlänge ergibt die Gesamtrotorkräfte und -momente. Die Tangentialkraft liefert das Rotordrehmoment und die Schubkraftverteilung den Rotorgesamtschub (vergl. Kap. 5.1.1). Diese beiden Größen bestimmen im wesentlichen das stationäre Belastungsniveau für die Gesamtanlage. Bei Rotoren mit Blatteinstellwinkelregelung steigen Rotordrehmoment und Rotorschub stetig bis zu dem Punkt an, an dem die Regelung die Leistungsaufnahme des Rotors auf die vorgegebene Nennleistung begrenzt (Bild 6.5). Der Rotorschub ist im Nennleistungspunkt am größten und fällt dann wieder ab.

Rotoren ohne Blatteinstellwinkelregelung, deren Leistungsaufnahme nur durch den aerodynamischen Stall begrenzt wird, zeigen ein deutlich anderes Schubverhalten. Da nach der Strömungsablösung der Luftwiderstandsbeiwert des Rotorblattprofils hoch ist, bleibt der Rotorschub nach dem Erreichen der Nennleistung auf annähernd konstantem Niveau. Anlagen ohne Blatteinstellwinkelregelung sind aus diesem und aus einigen anderen Gründen höheren stationären Belastungen unterworfen (vergl. Kap. 5.3.2). Die höheren

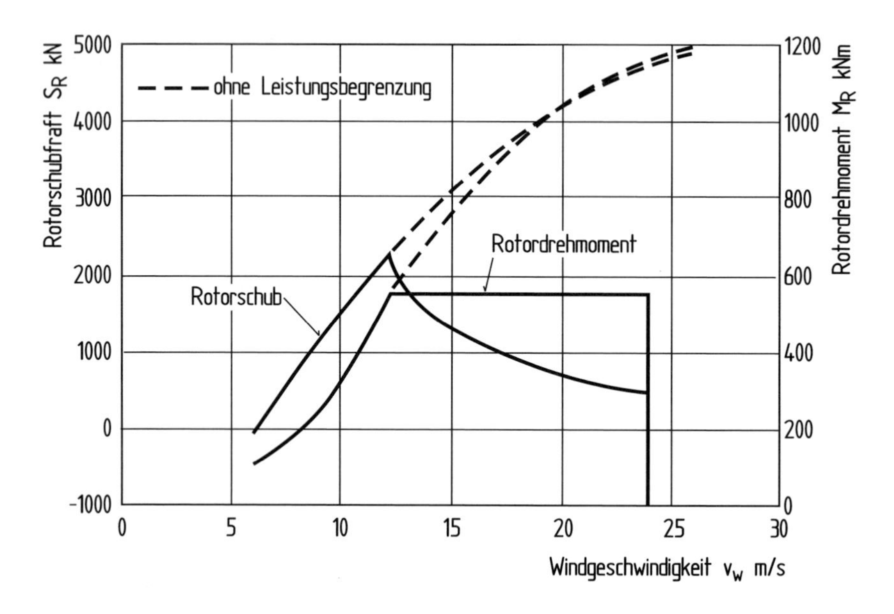

Bild 6.5. Aerodynamisches Drehmoment und Rotorschub bei stationärer Anströmung am Beispiel der WKA-60

Belastungen betreffen weniger die Dimensionierung der Rotorblätter selbst, als vielmehr den Turm und das Fundament der Windkraftanlage. Da die höheren Türme eher nach Steifigkeitsanforderungen dimensioniert werden, ist das höhere Kippmoment in erster Linie für das Fundament ausschlaggebend. Dieses wird damit entsprechend schwerer und teurer.

Die bisherigen Betrachtungen über die Belastungen der Rotorblätter beziehen sich lediglich auf die Verteilung der Lasten in Spannweitenrichtung längs des Blattes. Die hierbei sichtbare Linienlast ist in Wirklichkeit der Ersatz für ein dreidimensionales „Lastengebirge", das sich auch in Richtung der Blattiefe erstreckt. Die Kenntnis der Lastverteilung über die Blattiefe ist meistens von untergeordneter Bedeutung, aber für die Behandlung einiger Festigkeitsprobleme notwendig. Beispielsweise muß diese Lastverteilung bei der Dimensionierung der Außenschalen des Rotorblattes und der Rippen — sofern vorhanden — berücksichtigt werden, zumindest dann, wenn es sich um große Rotorblätter mit entsprechender Blattiefe handelt.

Der übliche Weg, die Form dieser Lastverteilung zu erhalten, ist die Ableitung aus Druckverteilungsmessungen, die im Windkanal an Modellprofilen vorgenommen wurden. Die Profilkataloge enthalten Angaben über die Druckverteilung der Profile. Sie sind für jedes Profil charakteristisch und variieren mit dem aerodynamischen Anstellwinkel. Die Lastverteilung muß deshalb für jeden Anstellwinkel, der in dem betrachteten Lastfall herrscht, berechnet werden (Bild 6.6). Außerdem wird die Druckverteilung, ähnlich wie die Form der Profilpolaren, von der Reynoldszahl beeinflußt. Die Übertragung der Windkanalmessungen auf die Profilquerschnitte des Original-Rotorblattes erfordert deshalb eine gewisse Sorgfalt.

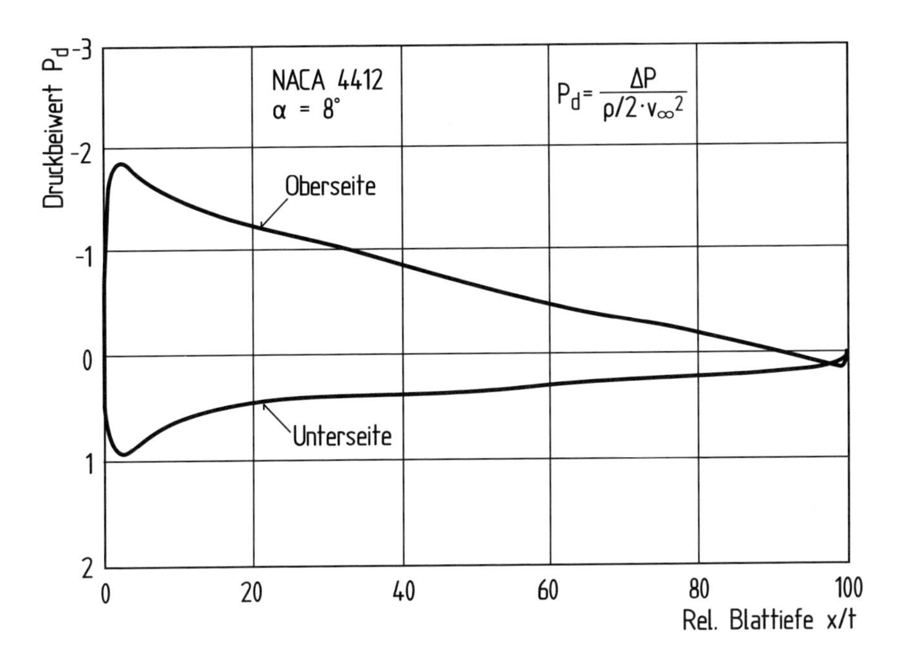

Bild 6.6. Aerodynamische Druckverteilung für das Profil NACA 4412 bei einem Anstellwinkel von 8° [3]

6.3.3 Höhenprofil der Windgeschwindigkeit

Instationäre, umlaufperiodische Wechsellasten werden durch den Wind verursacht, sobald die Anströmung des Rotors unsymmetrisch erfolgt. Eine unvermeidliche Unsymmetrie der Windanströmung entsteht durch die Zunahme der Windgeschwindigkeit mit der Höhe. Die Rotorblätter werden bei jedem Umlauf im oberen Umlaufsektor mit höherer Windgeschwindigkeit beaufschlagt und damit höher belastet als im erdnäheren Bereich.

Für die aerodynamische Lastverteilung über die Rotorblätter bedeutet der Höhenwindgradient eine umlaufperiodisch anschwellende und abnehmende Belastung. Gegenüber der Grundbelastung bei stetiger, symmetrischer Anströmung ergeben sich erhebliche Belastungsschwankungen (Bild 6.7). Das Höhenprofil der Windgeschwindigkeit ist jedoch nur als eine statistische Aussage über die mittlere Windgeschwindigkeit zu werten. Die momentane Windgeschwindigkeitsverteilung über der Höhe, bedingt durch die Windturbulenz oder auch durch Geländeeinflüsse kann durchaus abweichen oder sich sogar ins Gegenteil verkehren.

Die sich während eines Rotorumlaufs ändernde Luftkraftbeaufschlagung der Rotorblätter läßt natürlich auch die Rotorgesamtkräfte zu einer Wechsellast für die übrige Windkraftanlage werden. Insbesondere die schwellenden oder gar wechselnden Nick- und Giermomente stellen eine erhebliche Ermüdungsbelastung für die mechanischen Bauteile der Windrichtungsnachführung dar. Dies gilt in besonderem Maße für gelenklose Zweiblattrotoren. Bei den früheren gorßen Experimentalanlagen wurden deshalb die Zweiblattrotoren meistens in Verbindung mit einer sog. *Pendelnabe* realisiert, mit deren Hilfe die Wechselbelastungen weitgehend ausgeglichen werden (vergl. Kap. 6.8.2).

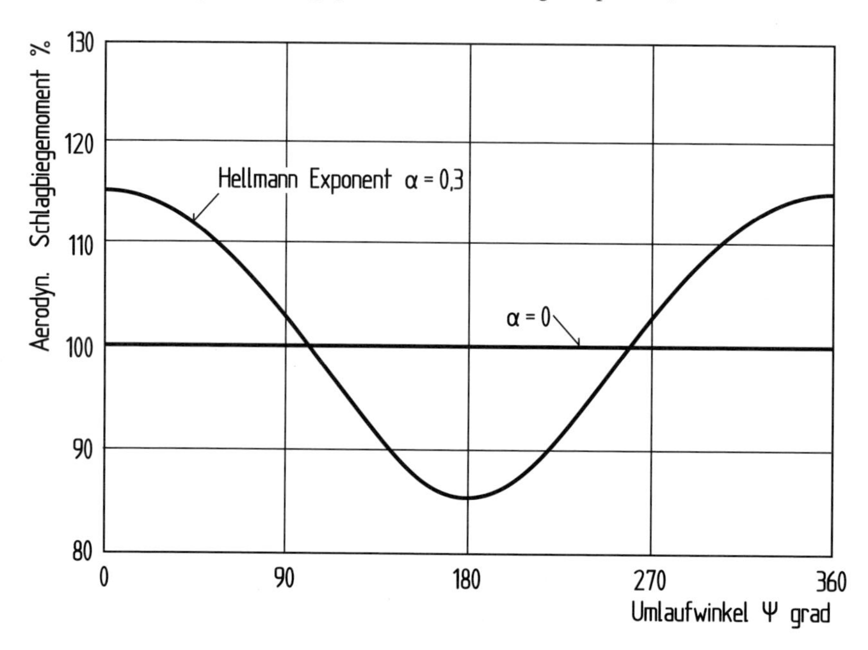

Bild 6.7. Umlaufperiodisch schwellendes aerodynamisches Schlagbiegemoment an der Blattwurzel als Folge des Höhengradienten am Beispiel der WKA-60

6.3.4 Schräganströmung des Rotors

Eine ähnliche Unsymmetrie der Rotoranströmung, wie durch den Anstieg der Windgeschwindigkeit mit der Höhe, entsteht durch die nie ganz zu vermeidende Schräganströmung des Rotors als Folge schneller Windrichtungsänderungen. Die relativ träge Windrichtungsnachführung kann diesen nur mit erheblicher Zeitverzögerung folgen, so daß zeitweise in Bezug auf die Rotorachse die Anströmung einen Gierwinkel aufweist. Unsymmetrische Anströmbedingungen für den Rotor können darüber hinaus durch abgelenkte Windströmungen bei topographisch komplexem Gelände, oder auch konstruktiv bedingt durch eine Achsschrägneigung des Rotors verursacht werden. Die Achsschrägneigung versucht man auch aus diesem Grund möglichst klein zu halten, andererseits ist sie bei sehr biegeweichen Rotorblättern erforderlich, um bei maximaler Durchbiegung noch genügend Freiraum der Blattspitzen zum Turm zu gewährleisten.

Die rechnerische Behandlung des schräg angeströmten Rotors im Hinblick auf die aerodynamischen Kräfte ist nicht einfach. Die Blattelementtheorie bietet hierfür einige brauchbare Ansätze, die jedoch nur bis zu bestimmten Gierwinkeln ihre Gültigkeit besitzen. Teilweise bessere Möglichkeiten sind mit dem Wirbelmodell des Rotors gegeben [4]. Das Ergebnis einer Messung an einer Experimentalanlage des holländischen ECN-Instituts zeigt Bild 6.8. Die Autoren weisen darauf hin, daß bis zu einem Gierwinkel von 20° die

Übereinstimmung mit den rechnerischen Ergebnissen noch akzeptabel ist, während bei einem Winkel von 30° die Theorie den gemessenen Effekt deutlich unterschätzt.

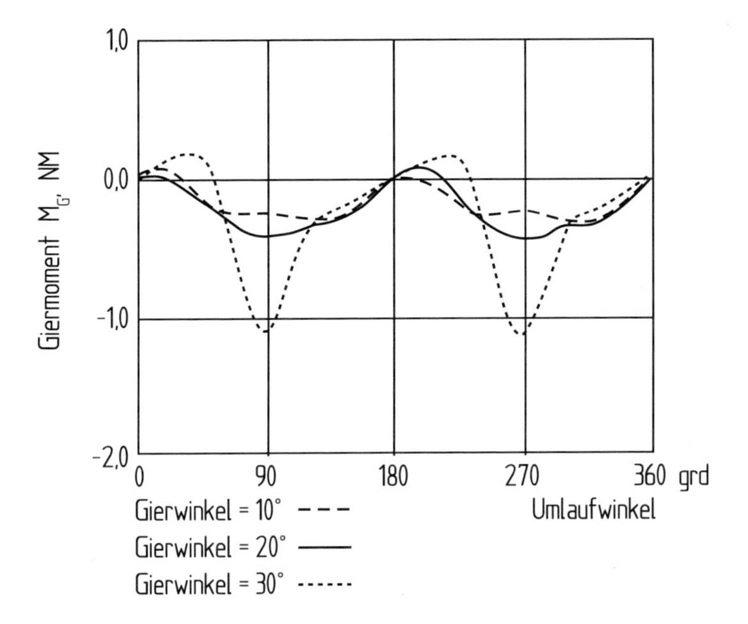

Bild 6.8. Gemessenes Giermoment des Rotors bei verschiedenen Schräganströmwinkeln an einem holländischen Zwei-Blatt-Versuchsrotor im Windkanal [5]

6.3.5 Turmumströmung

Der Rotor einer Horizontalachsen-Windkraftanlage dreht sich unvermeidlich in der Nähe des Turmes. Der Abstand der Rotordrehebene zum Turm wird im allgemeinen so klein wie möglich gehalten, um die Baulänge des Maschinenhauses zu begrenzen. Ein weit herausragendes Maschinenhaus bewirkt große Hebelarme der Rotorkräfte zur Turmhochachse. In jedem Fall ist jedoch der Abstand des Rotors vom Turm so klein, daß die Turmumströmung den Rotor beeinflußt.

Am geringsten ist der aerodynamische Einfluß der Turmumströmung auf den Rotor, wenn dieser in althergebrachter Weise auf der dem Wind zugewandten Luvseite des Turmes angeordnet ist. Der Luvläufer wird lediglich durch eine Verzögerung der Windgeschwindigkeit vor dem Turm, dem sog. *Turmvorstau,* beeinflußt. War dieser Vorstau bei den alten Windmühlen mit ihren Mühlhäusern durchaus noch ein wesentlicher Faktor, so ist der Vorstau bei den heutigen, schlanken Türmen sehr gering. Der Effekt ist zwar noch spürbar, die praktischen Auswirkungen auf die Belastung des Rotors sind jedoch gering, solange ein Mindestabstand des Rotorblattes zum Turm von etwa einem Turmdurchmesser gewährleistet ist (Bild 6.9). Der Turmvorstau ist allerdings im Hinblick auf die Schwingungsanregung des Turmes eine mögliche Gefahrenquelle, falls sich die Rotordrehzahl für längere Zeit im Resonanzbereich der Biegeeigenfrequenz des Turmes bewegt (vergl. Kap. 7.5).

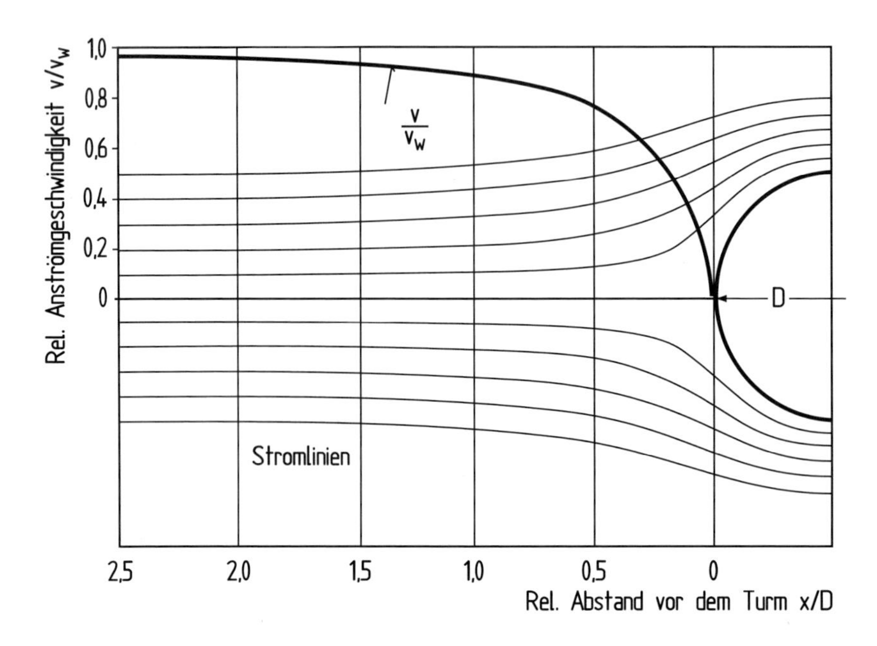

Bild 6.9. Geschwindigkeitsabminderung durch den Turmvorstau eines zylindrischen Turmes mit dem Durchmesser *D* (potentialtheoretische Abschätzung)

Völlig anders stellt sich das Problem, wenn der Rotor im Lee des Turmes angeordnet ist. Diese Bauart wurde in Verbindung mit den schlanken Türmen bei der ersten Generation der großen Versuchsanlagen als vorteilhaft angesehen. Man versprach sich bei einem Leeläufer eine einfachere Windrichtungsnachführung (vergl. Kap. 7.4). Auf der windabgewandten Seite des Turmes ist selbst über eine größere Entfernung noch eine Verringerung der Windgeschwindigkeit spürbar. Diesen Windschatten müssen die Rotorblätter bei jedem Umlauf passieren. Der Turmschatteneffekt stellt in mehrerer Hinsicht ein ernstzunehmendes Problem für die Windkraftanlage dar, so daß dieses Phänomen ausführlicher erörtert werden muß.

Da die modernen Anlagen fast ausnahmslos Türme von kreisförmigem Querschnitt haben, genügt es, die Umströmung des Kreiszylinders im Hinblick auf den Strömungsnachlauf zu betrachten. Die in einer realen Strömung unvermeidlich vorhandene Reibung, die innere Reibung des strömenden Mediums und die Wandreibung (Grenzschicht) am umströmten Körper, verursachen ein Gebiet abgelöster Strömung hinter dem Körper, den *Strömungsnachlauf* oder das *Totwassergebiet* (vergl. Kap. 5.1.4). Der Nachlauf eines umströmten Kreiszylinders besteht aus einem mehr oder weniger ausgedehnten Gebiet erhöhter Turbulenz mit einer erheblichen Abnahme der mittleren Strömungsgeschwindigkeit. Charakteristisch für den Nachlauf eines kreisförmigen Querschnitts sind alternierende, an beiden Seiten mit einer definierten Frequenz abgehende Wirbel (*Kármánsche Wirbelstraße*). In Abhängigkeit von der Reynoldszahl der Anströmung, die auf den Zylinderdurchmesser bezogen wird, lassen sich drei charakteristische Bereiche unterscheiden (Bild 6.10 und 6.11).

Unterkritischer Bereich

Bei einer Reynoldszahl unter etwa 3 bis 4 $\times$ 10^5, d. h. also bei geringer Anströmgeschwindigkeit, bleibt die Grenzschicht laminar. Die Ablösung der Umströmung erfolgt noch vor dem größten Querschnitt des Zylinders. Der Strömungsnachlauf ist relativ breit, die Kármánschen Wirbel treten in deutlich ausgebildeter Form periodisch auf. Der Luftwiderstandsbeiwert des Kreiszylinders ist unter diesen Bedingungen relativ hoch und liegt bei etwa 1,0.

Überkritischer Bereich

Bei einer bestimmten Anströmgeschwindigkeit, gekennzeichnet durch die sog. kritische Reynoldszahl, kommt es zu einem Umschlag der Grenzschichtströmung an der Zylinderwand vom laminaren in den turbulenten Zustand (vergl. Kap. 5.4.3). Dieser Effekt beeinflußt die Form des Strömungsnachlaufes erheblich. Die energiereichere turbulente Grenzschicht bewirkt ein längeres Anliegen der Umströmung, so daß der Strömungsnachlauf verengt wird. Die periodischen Kármánschen Wirbel verschwinden fast völlig. Der Widerstandsbeiwert verringert sich drastisch auf Werte zwischen 0,25 und 0,35. Der Umschlagpunkt wird, da er ein Grenzschichteffekt ist, von der Oberflächenrauhigkeit des umströmten Gegenstandes beeinflußt.

Transkritischer Bereich

Oberhalb der kritischen Reynoldszahl schließt sich zunächst ein gewisser „Übergangsbereich" an, in dem sich der Strömungsnachlauf wieder aufzuweiten beginnt. Im transkritischen Bereich steigt der Widerstandsbeiwert auf Werte um 0,5 an. Die Kármánschen Wirbel treten, wenn auch schwächer ausgebildet, wieder in periodischer Form auf.

Eine Abschätzung der Turmumströmung von großen Windkraftanlagen ergibt, daß bei Turmdurchmessern von mehreren Metern und Anströmwindgeschwindigkeiten zwischen 5 und 25 m/s die Reynoldszahlen so hoch liegen, daß immer mit einer turbulenten Umströmung gerechnet werden kann. In diesem Bereich läßt sich die maximale Geschwindigkeitsabminderung im Strömungsnachlauf mit folgender Formel abschätzen:

$$\frac{\Delta v_{\max}}{\bar{v}_W} = 1 - \sqrt{1 - c_W}$$

Welche Auswirkungen hat der Turmschatten auf die Aerodynamik des Rotors? Wesentlich für den Rotor ist in erster Linie die Verringerung der Anströmgeschwindigkeit der Rotorblätter beim Passieren des Turmnachlaufs. Mit der Verringerung der Windgeschwindigkeit geht eine Änderung des effektiven aerodynamischen Anstellwinkels einher. Beide Ursachen führen zu einem „Einbruch" in der Auftriebserzeugung am Rotorblatt. Sowohl die Luftkraftbelastungen als auch das erzeugte Antriebsmoment sind davon betroffen.

Der Vorgang ist entsprechend der Rotordrehzahl sehr kurzzeitig und stellt für das Rotorblatt eine impulshaft auftretende Störung dar. Vom aerodynamischen Standpunkt bedeutet dieser kurzzeitige Vorgang, daß instationäre Effekte eine Rolle spielen können. Das heißt zum Beispiel, daß der zeitliche Gradient der Anstellwinkeländerung einen nennenswerten Einfluß auf aerodynamische Kräfte und -momente ausüben kann. Die Behandlung

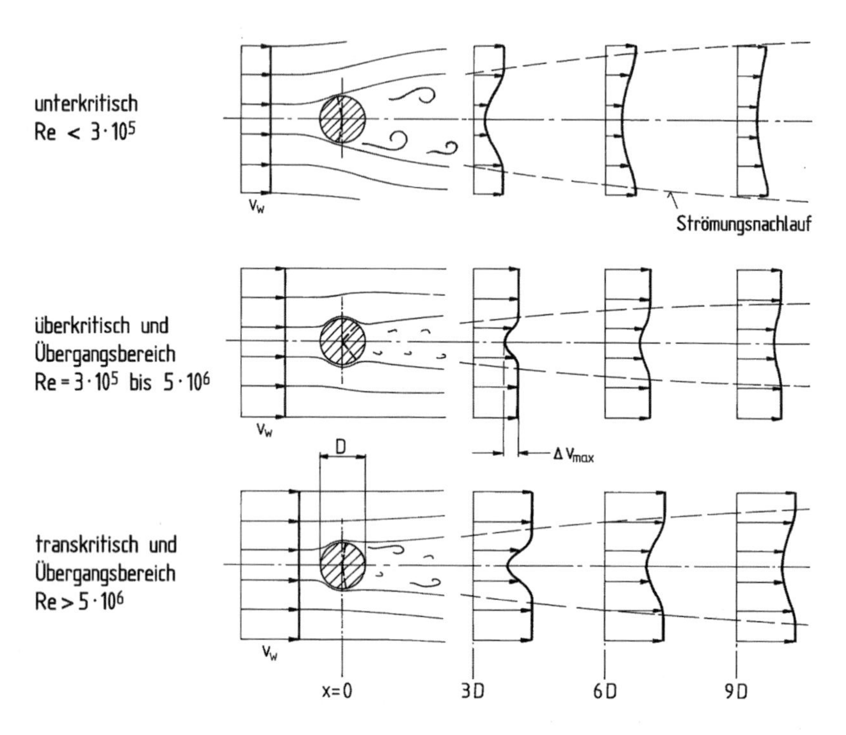

Bild 6.10. Umströmung eines Kreiszylinders in Abhängigkeit von der Reynoldszahl

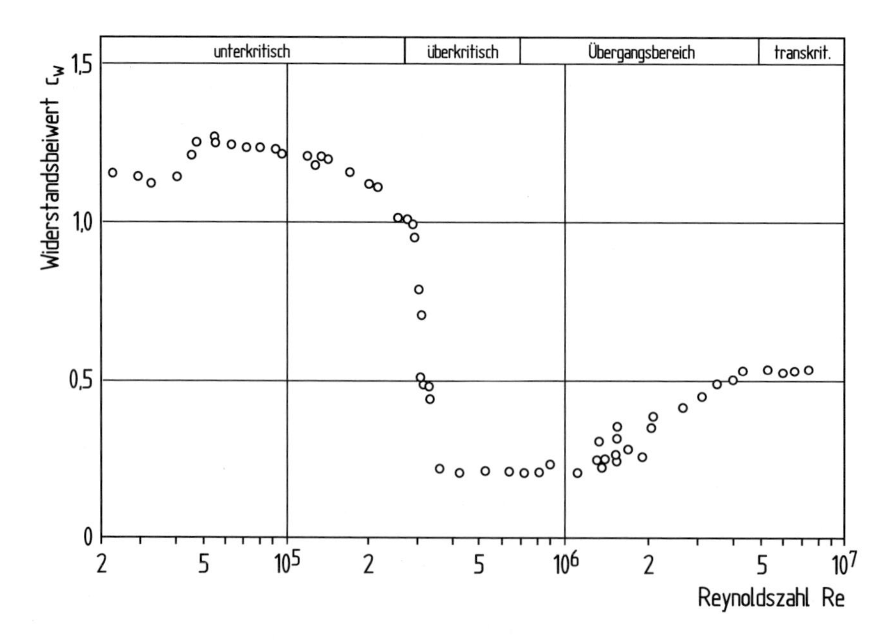

Bild 6.11. Luftwiderstandsbeiwert eines querangeströmten Kreiszylinders in Abhängigkeit von der Reynoldszahl [6]

instationärer aerodynamischer Probleme ist schwierig, kann jedoch beim Versuch einer theoretischen Behandlung der Turmschattenprobleme des Leeläufers notwendig werden. Andererseits ist die Störung durch den Turmnachlauf zeitlich lang genug, daß ein elastisches Ausweichen der Rotorblätter dämpfend wirken kann. Der Turmschatten ist damit auch ein Problem der Aeroelastik bzw. der dynamischen Antwortreaktion der Rotorblätter. Zwei Beispiele für die Auswirkungen des Turmschattens auf einen im Lee laufenden Rotor zeigen die Bilder 6.12 und 6.13.

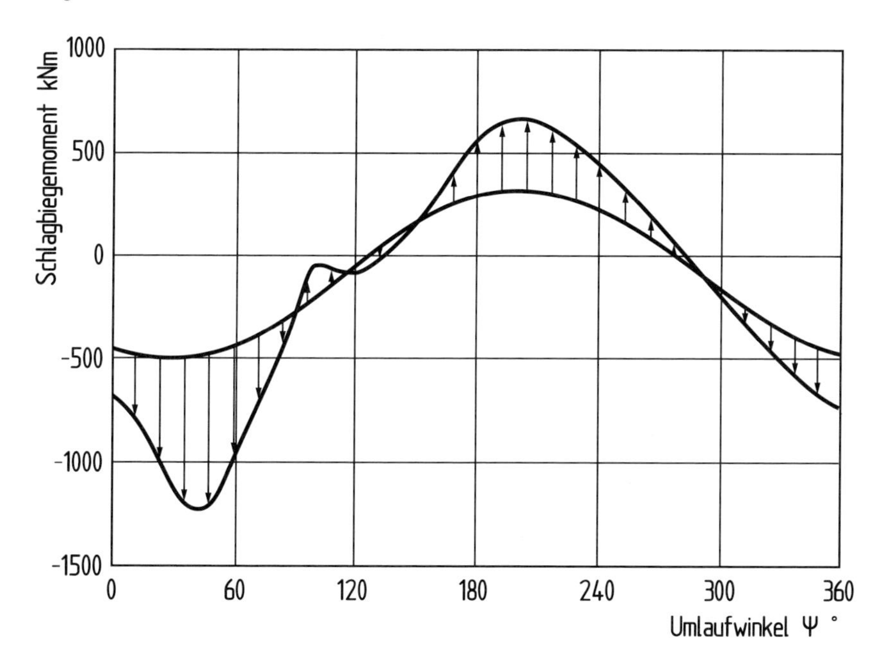

Bild 6.12. Rechnerisch ermittelte Vergrößerung des Schlagbiegemomentes an der Blattwurzel infolge des Turmschattens am Beispiel von Growian

Das Schlagbiegemoment ist für die Dimensionierung des Rotorblattes eine wesentliche Größe (Bild 6.12). Der Einfluß des Turmschattens ist dabei erheblich, insbesondere wegen der hohen Lastwechselzahl von 10^7 bis 10^8 während der Lebensdauer der Anlage. Der Turmschatteneffekt wird so für die Ermüdungsfestigkeit der Rotorblätter zu einem nicht zu vernachlässigenden Faktor. Auch die elektrische Leistungsabgabe von Leeläufern läßt den Einfluß der Turmschattenstörung deutlich erkennen. In extremen Fällen wurden Leistungseinbrüche bis zu 30 oder 40 % von der mittleren Leistung festgestellt (Bild 6.13). Die Frequenz der Turmschattenstörung liegt bei den üblichen Rotordrehzahlen in einem Bereich, in dem sich auch einige kritische Eigenfrequenzen der Anlage bewegen, insbesondere die des Triebstranges (vergl. Kap. 7.3). Nicht zuletzt muß noch auf den Einfluß des Turmschattens auf die Geräuscherzeugung der Windkraftanlage hingewiesen werden (vergl. Kap. 15.2.2). Dieser Effekt erwies sich bei den Versuchsanlagen der achtziger Jahre als so schwerwiegend, daß insbesondere aus diesem Grund die Leeläufer-Bauart bei den heutigen Windkraftanlagen praktisch verschwunden ist.

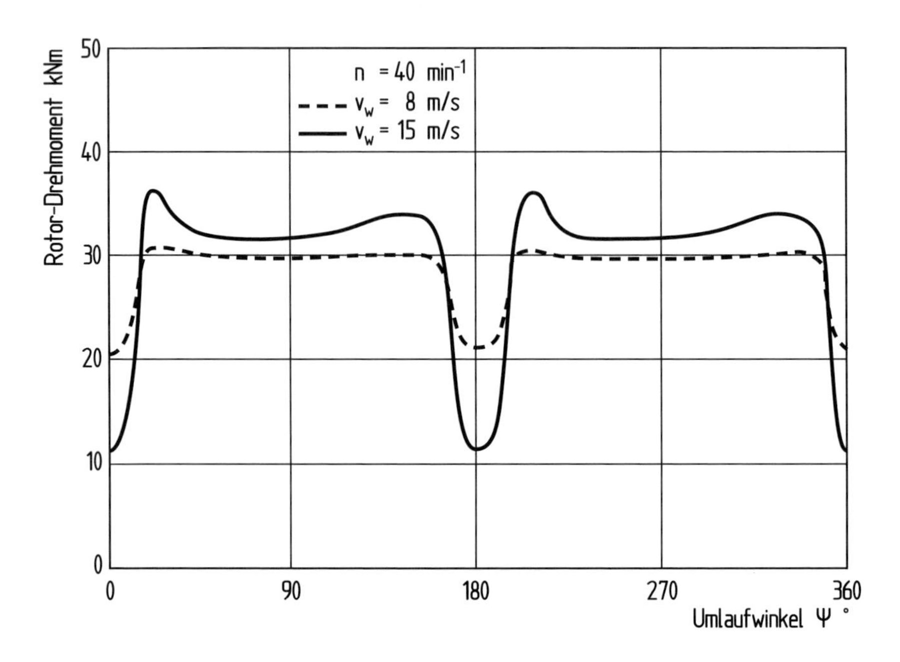

Bild 6.13. Rotordrehmoment der MOD-0-Versuchsanlage unter dem Einfluß des Turmschattens [7]

6.3.6 Windturbulenz und Böen

Während für die Leistungsabgabe und die Energielieferung einer Windkraftanlage die längerfristigen Schwankungen der Windgeschwindigkeit von Bedeutung sind, werden die Belastungen durch die kurzfristigen Fluktuationen, die Windturbulenz, geprägt. Die permanent vorhandene Windturbulenz liefert einen wesentlichen Beitrag zur Materialermüdung, insbesondere bei den Rotorblättern. Neben den höherfrequenten Fluktuationen lassen sich gelegentlich auftretende, „erhebliche" Abweichungen von der mittleren Windgeschwindigkeit im Bereich von einigen bis einigen zehn Sekunden feststellen. Diese Spitzen werden als *Böen* bezeichnet (vergl. Kap. 13.4.4). Die extremen Böen müssen ebenfalls bei der Berechnung der Ermüdungsfestigkeit berücksichtigt werden und können darüber hinaus die Belastungen bis zur Bruchgrenze steigern.

Die dem Wind innewohnende regellose Fluktuation stellt mit Blick auf die Belastungen das am schwierigsten zu lösende Problem dar. Es gibt eine Reihe von unterschiedlichen „Turbulenzmodellen", die sich auf zwei grundsätzliche Ansätze zurückführen lassen (vergl. Kap. 13).

Spektralmodell der Turbulenz

Der kontinuierliche Charakter der Windgeschwindigkeitsfluktuationen wird am besten mit einem statistischen Ansatz in Form eines Turbulenzspektrums abgebildet. Die spektrale Darstellung des Windes ist auch in der allgemeinen Meteorologie üblich. Hierzu sind die verschiedensten Turbulenzspektren entwickelt worden. Gebräuchliche Turbulenzspektren stammen von Davenport, Kaimal oder von Karman und können aus der einschlägigen Literatur entnommen werden (vergl. Kap. 13.4.4). Für Belastungsberechnungen wird die Turbulenz im allgemeinen nur als eindimensionale Fluktuation der Windgeschwindigkeit in Längsrichtung angenommen. In der Realität hat die Windgeschwindigkeitsfluktuation natürlich auch Querkomponenten. Der mathematische Umgang mit einem zweidimensionalen Turbulenzmodell ist jedoch sehr schwierig und im allgemeinen in der Windenergietechnik auch nicht erforderlich. Wichtiger für die Belastungen des Windrotors ist die räumliche Verteilung der Längsturbulenz über der Rotorkreisfläche.

Böenmodell

Während das Spektralmodell der Turbulenz statistischer Natur ist, kann im Gegensatz dazu auch eine deterministische Beschreibung angewendet werden. Der Grundgedanke besteht darin, bestimmte idealisierte Böenformen, dargestellt aus Anstieg und Abfall der Windgeschwindigkeit über der Zeit, zu definieren (vergl. Kap. 13.4.4). Die Böen werden dann als diskrete Einzelereignisse für die Belastungsberechnung vorgegeben. Es liegt auf der Hand, daß damit der kontinuierliche Charakter der Turbulenz verloren geht. Das Antwortverhalten der Struktur zeigt nur die Reaktion auf eine isoliert einwirkende Bö, ohne die Vorgeschichte und die unmittelbar darauffolgende Situation zu berücksichtigen. Aus diesem Grund ist das Böenmodell für die Berechnung der Ermüdungsfestigkeit nicht geeignet. Lediglich in der Anfangsphase der Windenergietechnik wurden Böenmodelle verwendet, bei denen aus unterschiedlichen Böenformen, versehen mit einer Auftretenswahrscheinlichkeit, ein Belastungsspektrum zusammengesetzt und als Vorgabe für die Ermüdungsrechnung verwendet wurde. Die heutigen Berechnungsverfahren beruhen ausnahmslos auf dem Spektralmodell der Turbulenz.

Die Bedeutung der *diskreten Böen* für die Belastungsberechnung liegt in erster Linie in der Ermittlung von Extrembelastungen. Dazu müssen aber auch gewisse charakteristische Eigenschaften der Böen bekannt sein. Die bisherige meteorologische Forschung hat diesem Spezialproblem nicht genügend Aufmerksamkeit gewidmet, so daß ausreichende Daten über Böenfaktoren, Anstiegs- und Abfallzeiten, räumliche Ausdehnung u. ä. nicht zur Verfügung stehen. Insbesondere Frost hat versucht, die heute für die Windenergietechnik nutzbaren Daten zusammenzufassen [8]. Aus derartigen Daten sind für die Berechnung von Windkraftanlagen idealisierte Böenformen abgeleitet worden (Bild 6.14).

Die Böenfaktoren gibt Frost in Abhängigkeit von der Böendauer an (Bild 6.15). Sie hängen darüber hinaus vom Niveau der mittleren Windgeschwindigkeit ab. Je höher diese liegt, umso kleinere Böenfaktoren sind noch zu erwarten. Die Auftretenshäufigkeit von Böen ist ebenfalls in Zusammenhang mit der mittleren Windgeschwindigkeit und dem Böenfaktor zu sehen (Bild 6.16).

Wie sich die Windturbulenz auf die dynamische Belastungssituation einer Windkraftanlage auswirkt, wird an einem Beispiel deutlich (Bild 6.17). Die Biegespannung in den Rotorblättern wurde zunächst ohne Berücksichtigung der Turbulenz nur unter dem Einfluß der umlaufperiodischen Störungen der Anströmung wie Höhenwindgradient, Turmeinfluß u. ä. berechnet. Mit Berücksichtigung des Turbulenzspektrums erhöhen sich die Spannungsausschläge um fast das Zweifache.

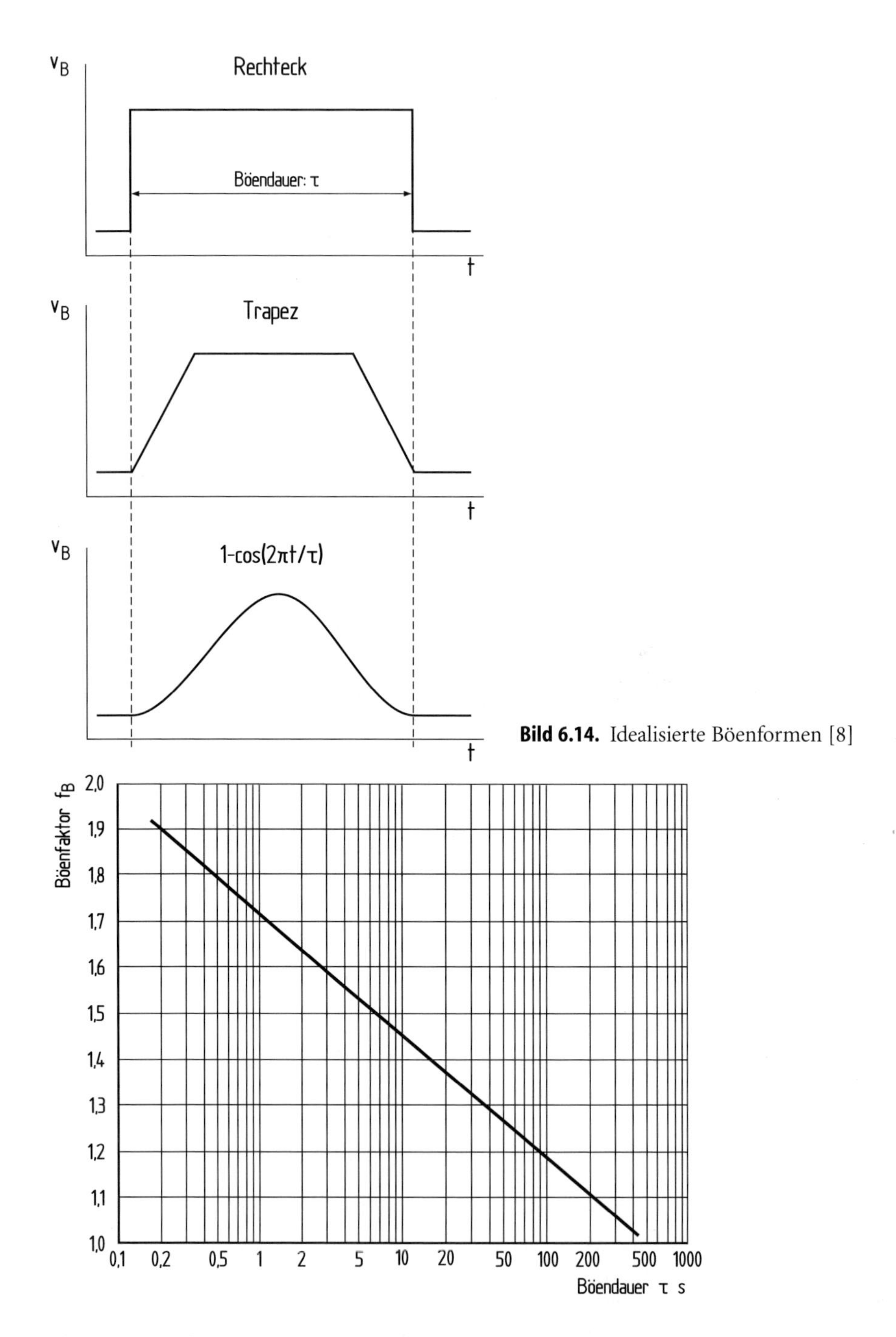

Bild 6.14. Idealisierte Böenformen [8]

Bild 6.15. Böenfaktoren in Abhängigkeit von der Böendauer [8]

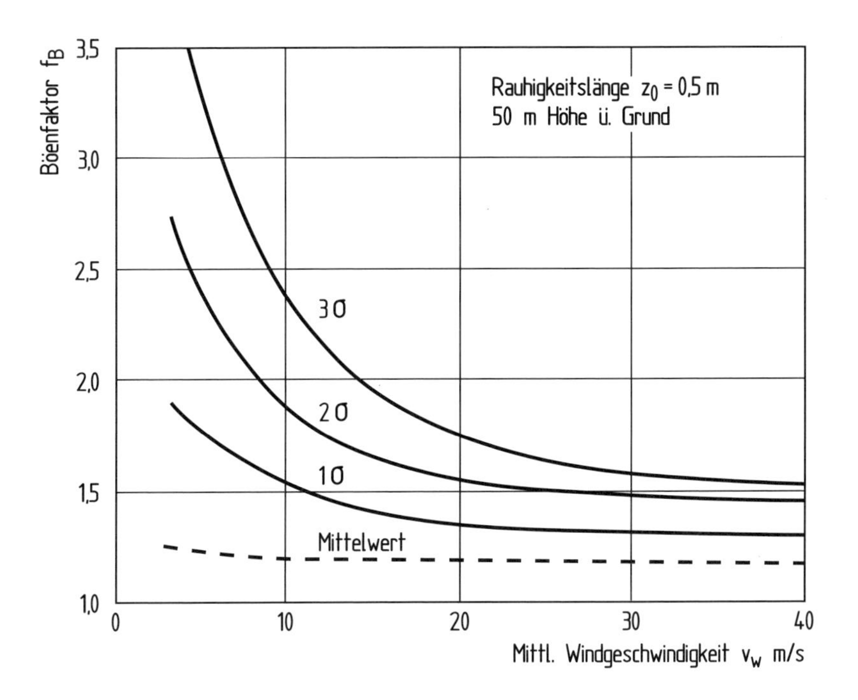

Bild 6.16. Böenfaktoren in Abhängigkeit von der mittleren Windgeschwindigkeit und der Auftretenswahrscheinlichkeit [8]

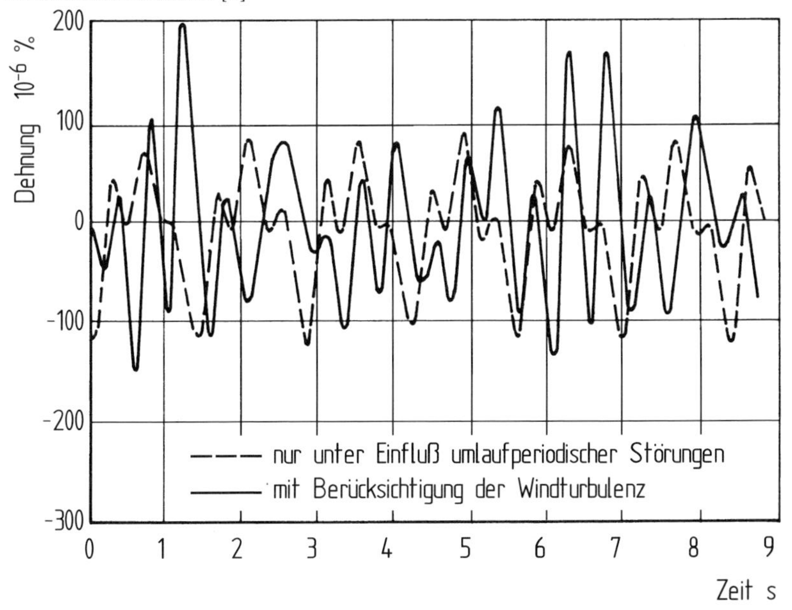

Bild 6.17. In Schlagrichtung gemessene Dehnung an den Rotorblättern [9]

6.4 Lastannahmen

Sind die Belastungsursachen bekannt, stellt sich das Problem, diejenigen Zustände zu erkennen, in denen die Windkraftanlage die entscheidenden Belastungen erfährt. Die Festschreibung dieser Zustände und der darin auftretenden Belastungen erfolgt in den sog. *Lastannahmen.* Darin müssen sowohl die äußeren Bedingungen für die Belastungsursachen, zum Beispiel die Windgeschwindigkeiten und die Turbulenz, als auch die korrespondierenden Kenngrößen des Anlagenzustandes, wie Rotordrehzahl oder der Rotorblatteinstellwinkel, festgelegt werden.

Von vornherein ist nicht zu erkennen in welchem Lastfall die dimensionierende Belastung der unterschiedlichen Art wie Bruch, Ermüdung oder Stabilitätsversagen auftritt. Die Definition und Systematik der Lastfälle muss deshalb so umfassend sein, daß aller Betriebszustände und darüberhinaus auch andere kritische Zustände im Lebenszyklus des Systems, die mit einer gewissen Wahrscheinlichkeit zu erwarten sind, erfasst werden. Damit ist ein weiteres Problem der Lastfallsystematik angesprochen: die Auftretenswahrscheinlichkeit. Wollte man alle nur denkbaren Kombinationen von Zuständen und externen Bedingungen, also vom Jahrhundertorkan bei einem gleichzeitig auftreten besonders ungünstigen Betriebszustand als Lastfall definieren, würde der Entwurfsprozeß ad absurdum geführt. Die dem Entwurf zu Grunde liegenden Lastfälle und damit natürlich auch das Versagen des Systems werden zu einer Frage von statistischen begründeten Wahrscheinlichkeiten. Das gilt natürlich nicht nur für Windkraftanlagen, sondern für alle technischen Systeme und Bauwerke.

Ein weiteres Problem besteht darin, daß die Festlegung von Lastfällen und die anzusetzenden Lasten immer mit einer gewissen Idealisierung und Vereinfachung eines realen Zustandes verbunden sind. Die rechnerisch ermittelten Lasten in den definierten Lastfällen sind deshalb Last-„Annahmen", die von den realen Lasten bis zu einem gewissen Grad abweichen. Diese Abweichung von der Wirklichkeit muß jedoch immer „zur sicheren Seite" vorgenommen werden. Mit anderen Worten: die für die Auslegung verwendeten Lastannahmen müssen immer höher liegen als die tatsächlich im Betrieb zu erwartenden Lasten.

Ihrer Zweckbestimmung nach sollten Lastannahmen möglichst allgemeingültig sein, damit sie allgemeingültige Vorgaben für die Auslegung eines Systems bilden. Aus diesen Ansprüchen leiten die im nächsten Kapitel beschriebenen „Normen" und „Standards" ihre Existenzberechtigung ab. Auf der anderen Seite bestimmt die technische Konzeption der Anlage in gewissem Umfang Art und Ausmaß der Belastung, so daß bestimmte Lastfälle nur bei bestimmten technischen Konzeptionen auftreten. Eine Mischung aus Allgemeingültigkeit und anlagenspezifischer Bedeutung ist deshalb bei den Lastannahmen kaum zu vermeiden.

Es sei noch darauf hingewiesen, daß die Begriffe „Lastfälle" und „Lastannahmen" in der Regel nicht genau voneinander abgegrenzt werden. Streng genommen bezeichnet der Begriff „Lastfall" die Situation, in der die Belastungen auftreten. Diese Situation wird einmal durch die äußeren Bedingungen und zum anderen durch den Maschinenstatus definiert (vergl. Kap. 6.5). Die Lastannahmen im eigentlichen Sinn sind die in den Lastfällen anzusetzenden idealisierten Lasten. Oft wird der Begriff Lastannahmen aber auch als Oberbegriff für die Gesamtheit der Entwurfslasten benutzt, die dann in einzelne Lastfälle gegliedert werden.

6.4.1 Internationale und nationale Normen

Im Zusammenhang mit dem Bau der großen Versuchsanlage in den achtziger Jahren wurden die ersten systematischen Versuche unternommen, Lastannahmen für moderne Windkraftanlagen zu entwickeln. Die Normen wurden zunächst auf nationaler Basis entwickelt, jedoch fand bereits in den frühen achtziger Jahren ein Erfahrungsaustausch, insbesondere im Rahmen der IEA (International Energy Agency) statt [10]. In der Bundesrepublik Deutschland wurde im Rahmen des Projektes Growian die erste umfassendere Lastfallsystematik erstellt [11]. Hierauf aufbauend entwickelte der Germanische Lloyd sein Regelwerk, das bis heute für viele Windkraftanlagenentwicklungen eine wichtige Grundlage darstellt [12]. Gleichzeitig entstanden in den USA, in Schweden und in Dänemark ähnliche Normen. Ab 1988 übernahm die IEC (International Electrotechnical Commission) die Aufgabe auf internationaler Basis. Die IEC-Standards haben heute die nationalen Vorschriften weitgehend abgelöst. Dennoch existieren die nationalen Normen immer noch, da die europäischen Normen in den Mitgliedsstaaten immer noch keine uneingeschränkte Rechtskraft haben. Vor diesem Hintergrund ist ein „Seitenblick" in die nationalen Bauvorschriften manchmal noch unumgänglich.

International Electrotechnical Comission (IEC)

Die Standards der IEC bilden heute in praktisch allen Ländern die Grundlage für die Entwicklung von Windkraftanlagen. Eine ständige Komission arbeitet laufend an der Weiterentwicklung und Ergänzung des Regelwerkes. Es ist deshalb notwendig sich immer wieder nach den jeweils gültigen und neuesten Stand zu erkundigen. Bis heute sind folgende Standards von der IEC veröffentlicht worden:

IEC 61400-1	Safety Requirements
IEC 61400-2	Safety Requirements of Small Wind Turbines
IEC 61400-3	Design Requirements for Offshore Wind Turbines
IEC 61400-11	Acoustic Noise Measurement Techniques
IEC 61400-12	Wind Turbine Performance Testing
IEC 61400-121	Power Performance Measurements of Grid Connected Wind Turbines
IEC 61400-13	Measurement of Mechanical Loads
IEC 61400-21	Measurement and Assessment of Power Quality Characteristics of Grid Connected Wind Turbines
IEC 61400-23	Full Scale Structural Testing of Rotor Blades
IEC 61400-24	Lightning Protection
IEC 61400-25	Communication Standard of Control and Monitoring of Wind-Power Plants

Im Hinblick auf die Lastannahmen ist die Norm 61400-1 „Safety Requirements“ das entscheidende Dokument. Die in den folgenden Kapiteln enthaltenen Ausführungen sind deshalb ein Exzerpt aus der IEC 64000-1.

Germanischer Lloyd

Die Richtlinien des Germanischen Lloyd (GL) sind insbesondere in Deutschland wichtig, aber auch einige andere europäische Länder arbeiten mit diesen Richtlinien oder bedienen sich der Zertifizierung durch den GL. Die Regeln sind in manchen Aspekten detaillierter als diejenigen der IEC und umfassen auch Regeln für die anzuwendenden Rechenverfahren. Inhaltlich gesehen sind einige Unterschiede zu beachten. Zum Beispiel ist die den Lastfällen zugrunde liegende, anzunehmende Turbulenzintensität unterschiedlich. Während die IEC von Turbulenzintensitäten von 15–18 % ausgeht, werden in den GL-Richtlinien pauschal 20 % gefordert. Die Angleichung dieser und einiger anderer kleinerer Abweichungen steht jedoch kurz bevor.

Det Norske Veritas

Det Norske Veritas (DNV) ist neben dem Germanischen Lloyd die zweite internationale Klassifizierungsgesellschaft, die aus dem Schiffbau kommt. Auch der DNV hat „Guidelines for Design of Wind Turbines“ herausgegeben. Im Prinzip gilt das Gleiche wie für die GL-Richtlinien, das heißt es gibt immer noch im Detail einige Abweichungen zur IEC 61400-1.

Holländische NVN-Richtlinie 1400-0

In den Niederlanden gibt es die NVN-Richtlinie für den Bau von Windkraftanlagen. Sie bezieht sich weitgehend auf die IEC 61400-1. Lediglich bei den anzusetzenden Sicherheitsfaktoren gibt es einige Abweichungen.

Dänischer Standard DS 472

In Dänemark gilt das nationale Regelwerk „Loads and Safety of Wind Turbine Construction“ (DS 472). Auch hier wurde die Angleichung an die IEC 61400-1 weitgehend durchgeführt. Unterschiede sind bei der Definition der Windgeschwindigkeitsklassen (vergl. Kap. 6.4.2) vorhanden. Außerdem gibt es spezielle, vereinfachte Vorschriften für den Bau von stallgeregelten Anlagen bis 25 m Rotordurchmesser.

Deutsche DIBt-Richtlinien

In Deutschland werden Windkraftanlagen rechtlich als „Bauwerke“ eingestuft. Die technische Typenprüfung wie auch die Baugenehmigung im Einzelfall fällt deshalb in die Zuständigkeit der zuständigen Baubehörden. Diese bedienen sich der Zertifizierungsgesellschaften, z. B. des GL, als Gutachter für den „maschinentechnischen Teil“ des Bauwerkes. Diese etwas skurril anmutende Vorgehensweise hat dazu geführt, daß das „Deutsche Institut für Bautechnik (DIBt)“ eigene Richtlinien für den Bau von Windkraftanlagen herausgegeben hat. Diese beziehen sich zwar in erster Linie auf den sog. „Standsicherheitsnachweis für

Turm und Gründung", sie enthalten jedoch viele Festlegungen welche die Windkraftanlage als Ganzes betreffen. Diese entsprechen zwar mittlerweile weitgehend der IEC-Norm, aber auch hier gibt es noch Unterschiede. In erster Linie sind dies die sog. „Windzonen", die nicht identisch sind mit den Windgeschwindigkeitswerten in den „Windkraftanlagenklassen" nach IEC (vergl. Kap 6.4.2).

Die angesprochenen Normen bilden nicht nur für den Konstrukteur einer Windkraftanlage die Grundlage für die Dimensionierung der Bauteile, sie sind auch — logischerweise — die Basis für die spätere Typenprüfung durch unabhängige Sachverständige oder Klassifizierungsgesellschaften wie den GL oder DNV. Die sog. „Zertifizierung" von Windkraftanlagen ist zu einem ausgedehnten Gewerbezweig geworden. Deshalb sind dazu einige kritische Bemerkungen angebracht, die nicht den Anspruch erheben, von jedermann Zustimmung zu erhalten.

Es ist völlig unbestritten, daß die unabhängige Verifizierung, das heißt Prüfung der Konstruktion im Hinblick auf Sicherheitsaspekte im öffentlichen Interesse liegt und deshalb ein „Muß" ist. Auch die Überprüfung der Leistungskennlinie durch herstellerunabhängige, neutrale Institute oder Gutachter ist durchaus sinnvoll. Diese Prüfung ist in Deutschland nicht Gegenstand der Typenprüfung. Der Käufer sollte sich dieser Tatsache bewußt sein und in seinem Interesse das Zertifikat für die Leistungskennlinie fordern.

Die neu erschlossenen Anwendungsbereiche der Windenergienutzung, wie zum Beispiel die Offshore-Aufstellung von Windkraftanlagen stellen völlig neue Anforderungen an die Auslegung und die technische Ausrüstung. Die Entwicklung der Auslegungsstandards, wie auch die Zertifizierung muß damit Schritt halten, so daß immer neue und umfangreichere Regelwerke nicht zu vermeiden sind.

Auf der anderen Seite dehnt sich das „Zertifizierungswesen" zunehmend auf nahezu alle Aspekte der Windenergienutzung aus. Es folgt damit einem Trend, jede Eigenschaft eines Produktes oder sogar einer damit im Zusammenhang stehenden Handlung, wie der Investition in einen Windpark, durch unabhängige Experten bestätigen zu lassen. Vor diesem Hintergrund hat sich ein umfangreiches „Prüfwesen" für Windkraftanlagen entwickelt, das sich in den verschiedensten Prüfzeugnissen (Zertifikaten) niederschlägt. Von den Umgebungsbedingungen über die Lastannahmen, die Konstruktion bis zur Vermessung von Windkraftanlagen sind alle diese Bereiche Gegenstand von Zertifizierungen. Ohne Anspruch auf Vollständigkeit sind dies:

- Produktionsverfahren
- Qualitätssicherung
- Testverfahren
- Transport
- Errichtung und Montage
- Inbetriebnahme
- Wartungs- und Instandhaltungsvorschriften
- Betriebsabläufe
- Qualität der Leistungsabgabe
- Elektrische Eigenschaften und Netzverträglichkeit
- usw.

Die meisten Organisationen, die Zertifizierungen anbieten, sind gewinnorientierte Wirtschaftsunternehmen. Sie versuchen deshalb, ihre Leistungen auf alle möglichen Bereiche auszudehnen. In vielen Bereichen ist es aber mehr als zweifelhaft ist, ob ein „Zertifikat" zum Beispiel für „Produktion" oder „Transport" einen objektiven Nutzen hat. Die Situation wird auch dadurch nicht besser, daß die Organisationen seit einigen Jahren mit sog. „Akkreditierungen" werben, die wiederum von privatwirtschaftlichen Organisationen ausgestellt werden. Das allgemeine Bedürfnis der Verbraucher nach immer mehr Absicherung, und weniger Eigenverantwortung, wird auch durch diese Praxis und durch die sich auf immer neue Bereiche ausdehnenden Normen der Behörden bedient.

Das nach wie vor entscheidende Kriterium für die Qualität des Produktes ist die technische Kompetenz des Herstellers und seine finanzielle Stabilität. Nur der Hersteller steht im Rahmen seiner Gewährleistung wirklich für sein Produkt gerade. Wenn Schäden auftreten, treffen die finanziellen Folgen den Hersteller und den Kunden, niemals die Zertifizierungsorganisationen. Noch so wohlklingende Zertifikate sind deshalb kein Ersatz für das Vertrauen in den Hersteller und sein Produkt.

6.4.2 Klassifizierung der Windkraftanlagen und Windzonen

Die strukturelle Dimensionierung einer Windkraftanlage wird in erheblichem Maße durch die Windverhältnisse am vorgesehenen Standort bestimmt. An Standorten mit relativ mäßigen Windgeschwindigkeiten und geringerer Turbulenz sind die Anforderungen an die Strukturfestigkeit deutlich geringer als an Standorten mit hohen Durchschnittswindgeschwindigkeiten und entsprechender Luftturbulenz. Die Turbulenz kann auch durch besondere Geländeformen erhöht werden (vergl. Kap. 13.5). Aus diesem Grund werden die Lastannahmen den unterschiedlichen Windverhältnissen angepaßt. Es wäre wirtschaftlich nicht sinnvoll die Strukturfestigkeit pauschal auf die höchsten vorkommenden Windgeschwindigkeiten und extreme Standortbedingungen auszulegen.

Die IEC 64 100-1 definiert vier verschiedene Klassen von Windverhältnissen, die als „Wind Turbine Generator System Classes" (WTGS Classes) bezeichnet werden. Die Windverhältnisse werden durch die anzunehmenden extremen Windgeschwindigkeiten und die mittlere Windgeschwindigkeit am Standort, sowie durch die Turbulenzintensität definiert. Die extremen Windgeschwindigkeiten zielen auf die Sicherstellung der Bruch- und Standfestigkeit ab, während das mittlere Windniveau und die Turbulenz für die Betriebsfestigkeit, das heißt für die Ermüdungsfestigkeit des Materials wichtig sind. Hierbei ist eine Entwurfs Lebensdauer von mindestens 20 Jahren zu Grunde zu legen.

Zur Kennzeichnung der unterschiedlichen Klassen wird eine so genannte *Referenzwindgeschwindigkeit* herangezogen. Diese ist die maximale Windgeschwindigkeit, die statistisch gesehen in 50 Jahren nur einmal überschritten wird und als zehnminütiger Mittelwert gemessen wird. Davon abgeleitet werden die kurzzeitigen Extremwindgeschwindigkeiten in einem 3 Sekunden Zeitraum, also die maximal zu erwartenden Böen. Die Windturbulenz wird in zwei Kategorien A und B angenommen (Tabelle 6.18). Neben diesen vier Klassen gibt es noch eine Sonderklasse S, für besondere Standortbedingungen. Die in dieser Klasse anzunehmenden Werte müssen individuell mit den Zulassungsorganisatoren abgesprochen werden. Außerdem hat der Germanischer Lloyd eine neue Klasse „Offshore" definiert, die von der IEC übernommen wurde [12].

Tabelle 6.18. WTGS-Klassen nach IEC 64100-1
(α=Parameter zur Ermittlung der Standardabweichung der longitudinalen Windgeschwindigkeitsänderung in den 10-Minuten-Mittelwerten)

WTGS class	**I**	**II**	**III**	**IV**	**0**	
v_{ref} (m/s)	50	42,5	37,5	30	40	50-Jahreswindgeschwindigkeit (10-Min-Mittelwert in Nabenhöhe)
v_{ave}(m/s)	10	8,5	7,5	6	8	1-Jahreswindgeschwindigkeit (10-Min-Mittelwert in Nabenhöhe)
A I_{15} (—)	0,18	0,18	0,18	0,18	0,20	Charakt. Turbulenzintensität hoch
α (—)	2	2	2	2	2	bei $V_w = 15$ m/s
B I_{15} (—)	0,16	0,16	0,16	0,16	0,18	Charakt. Turbulenzintensität niedrig
α (—)	3	3	3	3	3	bei $V_w = 15$ m/s

Es sei darauf hingewiesen, daß im Zusammenhang mit der IEC-Norm die dort definierten englischen Indices zur Kennzeichnung der Größen verwendet werden. Andernfalls müßten die älteren noch in Deutschland gebräuchlichen Indices, wie sie in den anderen Kapiteln benutzt werden, dauernd mit den Bezeichnungen der IEC-Norm verglichen werden. Damit wären Verwechslungen vorprogrammiert.

In Deutschland ist eine weitere Besonderheit zu beachten, die international keine Rolle spielt aber in Deutschland noch auf absehbare Zeit zu beachten ist. Das Deutsche Institut für Bautechnik hat im Rahmen seiner Richtlinien für Windenenergieanlagen, die den sog. *Standsicherheitsnachweis* für Turm und Fundament beinhalten, ebenfalls eine Klassifizierung eingeführt [2]. Die Windverhältnisse werden in sog. *Windzonen* eingeteilt. Im Rahmen der Baugenehmigung wird deshalb der Standsicherheitsnachweis entsprechend den definierten Windzonen geprüft. Andererseits legen die Hersteller von Windkraftanlagen nahezu ausschließlich die IEC-Klassen für den maschinentechnischen Teil zu Grunde. Deshalb stellt sich oft das Problem der Kompatibilität der DIBt-Windzonen mit den WTGS-Klassen nach IEC. Das DIBt definiert die folgenden Windzonen und gibt dafür die Referenzwindgeschwindigkeit in 10 m Höhe an (nicht in Nabenhöhe wie die IEC):

- Windzone I: Schwachwindgebiete (24,3 m /s)
- Windzone II: üblicher deutscher Binnenlandstandort (27,6 m/s)
- Windzone III: Typischer Küstenstandort (32,0 m/s)
- Windzone IV: Nordfriesische Inseln (36,8 m/s)

Die dem Entwurf von Windkraftanlagen zu Grunde liegende IEC-Klasse 1 entspricht in etwa der Windzone IV, die IEC-Klasse 2 der Windzone III und die IEC-Klasse 3 kann mit der Windzone II verglichen werden. Die genauen Unterschiede werden hier bewusst nicht angesprochen, da sie sich hoffentlich bald im Rahmen der laufenden Harmonisierung der Normen in Europa erledigt haben werden.

6.4.3 Normale Windbedingungen

Die sog. „normalen Windbedingungen" bilden die Windverhältnisse ab, die „häufig", das heißt häufig im Laufe eines Jahres, während des Betriebes einer Windkraftanlage auftreten.

Mittlerer Jahreswindgeschwindigkeit

Die mittlere Jahreswindgeschwindigkeit, gemessen als 10-Minuten-Mittelwert in Rotornabenhöhe, ist der wichtigste Parameter zur Kennzeichnung der Windbedingungen. Im Hinblick auf die Ermüdungsfestigkeit spielte nicht nur der Jahresmittelwert eine Rolle, sondern auch die längerfristigen Schwankungen des Mittelwertes. Diese längerfristigen Schwankungen der mittleren Windgeschwindigkeit sind, auch wenn die damit verbundenen Lastwechselzahlen um Größenordnungen niedriger liegen, dennoch von einem gewissen Einfluß auf die Ermüdungsfestigkeit. Im Gesamtkollektiv stellen sie sich als Übergänge von einer Windgeschwindigkeitsklasse zu einer anderen dar. Sie können als langwellige, periodische Schwingungen mit großer Amplitude aufgefasst werden.

Häufigkeitsverteilungen der Windgeschwindigkeiten

Die Häufigkeitsverteilung der Windgeschwindigkeiten wird als Rayleigh-Verteilung (Weibull-Verteilung mit dem Formfaktor $k = 2$) angesetzt.

Vertikales Windprofil

Das vertikale Windprofil zeigt die durchschnittliche Änderung der mittleren Windgeschwindigkeit mit der Höhe an. Es wird durch das Hellmann´sche Potenzgesetz mit dem Exponenten $\alpha = 0{,}2$ abgebildet. Das Höhenprofil der Windgeschwindigkeit ist zum Beispiel für das Schlagbiegemoment der Rotorblätter von erheblicher Bedeutung. Die hohen Lastwechselzahlen ergeben sich aus der Drehzahl des Rotors und sind bei einer anzusetzenden Entwurfslebensdauer von 20 Jahren entsprechend hoch.

Turbulenz

Neben den umlaufperiodischen Wechsellasten aus dem Eigengewicht der Bauteile und den unsymmetrischen Anströmungen des Rotors ist die Windturbulenz der zweite entscheidende Einfluß. Die im Betrieb unterstellte „normale Turbulenz" des Windes wird nach der IEC 64 100-1 mit der Standardabweichung

$$\sigma_1 = I_{15} \cdot (15\ \mathrm{m/s}\ + \alpha\ v_{\mathrm{hub}} (\alpha + 1))$$

beschrieben. Die Parameter sind in Tabelle 6.18 enthalten. Die wichtigste Kenngröße ist die Turbulenzintensität (vergl. Kap. 13).

6.4.4 Extreme Windbedingungen

Die „extremen Windbedingungen" sind anzusetzen um die maximalen Lasten auf die Windkraftanlage zu ermitteln. Sie umfassen die längerfristigen und kurzfristigen extremen

Windgeschwindigkeiten, außerdem die Lasten aus extremen Änderungen der Windrichtung und des Höhenwindprofiles der Windgeschwindigkeit, sowie bestimmter Kombinationen aus diesen Einflüssen. Der kontinuierliche Charakter der Turbulenz ist mit dem statistischen Ansatz der Turbulenz im Rahmen der normalen Windbedingungen erfasst, so daß die extremen Ereignisse in deterministische Weise als Einzelereignisse angenommen werden können.

Extreme Windgeschwindigkeiten und Böen

Die kurzzeitigen, über 3 Sekunden gemittelten, extremen Windgeschwindigkeiten (Böen) werden aus der Referenzwindgeschwindigkeit abgeleitet. Die sog. 50-Jahres-Böe ergibt sich aus:

$$v_{e50}(z) = 1{,}4 \cdot v_{ref} \cdot \left(\frac{z}{z_{hub}}\right)^{0{,}1}$$

Die Einjahresböe:

$$v_{e1}(z) = 0{,}75 \cdot v_{e50}(z)$$

Hierbei sollen kurzzeitige Abweichungen der Windrichtung von $\pm 15^\circ$ unterstellt werden. Böen die mit größerer Häufigkeit im Betrieb auftreten, werden als „extreme operating gusts" bezeichnet. Sie werden nach IEC 64 100-1 aus dem Turbulenzmodell in Abhängigkeit vom Rotordurchmesser berechnet.

Um der räumlich über der Rotorkreisfläche und ungleichmäßig verteilten Turbulenz Rechnung zu tragen, wird nach der IEC-Norm noch eine so genannte kohärente Turbulenzfunktion angesetzt. Die extreme kohärente Bö ist mit 15 m/s anzunehmen. Darüber hinaus ist diese mit einer gleichzeitigen Windrichtungsänderungen innerhalb von 10 Sekunden zu kombinieren.

In einigen älteren nationalen Normen, zum Beispiel beim Germanischen Lloyd, werden die Böen auch noch mit einem Böenfaktor berechnet. Die positive Böe wird mit:

$$v_B = k_b \bar{v}_W$$

während die sog. *Negativ-Böe* mit:

$$v_B = \frac{1}{k_b} \bar{v}_W$$

angesetzt wird.
Der Böenfaktor wird dabei mit dem Ansatz:

$$k_b = 1 + \frac{v_B}{\bar{v}_W}$$

berücksichtigt. Die Böenamplituden, die mit einer Wahrscheinlichkeit von einmal im Jahr überschritten werden („normale Böe im Betrieb"), werden mit 9 m/s angenommen, Böen, die nur einmal in 50 Jahren überschritten werden („extreme Böe im Betrieb"), mit einer Amplitude von 13 m/s.

Extreme Windrichtungsänderungen

Extreme Änderungen der Windrichtung im Sekundenbereich können außergewöhnliche Lasten verursachen. Nach IEC 64 100-1 werden extreme Windrichtungsänderungen innerhalb von 6 Sekunden in Abhängigkeit von der Standardabweichung der Turbulenz und vom Rotordurchmesser berechnet. Sie sind als Einjahres- und 50-Jahres Ereignisse anzusetzen.

Extreme Schräganströmung

Als 50-Jahres-Ereignis ist ein extremes Schräganströmungsprofil in den Lastannahmen zu berücksichtigen. Sowohl in vertikaler Richtung, (Höhenwindprofil) als auch in horizontaler Richtung ist eine unsymmetrische Rotoranströmung, die sich innerhalb eines Zeitraumes von 12 Sekunden ergibt, anzunehmen. Das anzunehmende Profil wird in Abhängigkeit von der Turbulenz, dem Rotordurchmesser und der Rotornabenhöhe berechnet.

6.4.5 Andere Umwelteinflüsse

Außer den Windbedingungen können auch andere klimatische Parameter und Umwelteinflüsse für die Belastungen einer Windkraftanlage von Bedeutung sein.

Temperaturbereich

Die Festigkeitsnachweise sind für einen Temperaturbereich von $-20\,°C$ bis $+50\,°C$ zu führen. Unter besonderen Einsatzbedingungen, zum Beispiel „arktisches Klima", müssen entsprechende individuelle Nachweise geführt werden.

Luftdichte

Für die Berechnung der aerodynamischen Belastungen wird die Luftdichte der Normalatmosphäre (Seehöhe) unterstellt:

$$\varrho = 1{,}25\ \mathrm{kg/m^3}$$

Sonneneinstrahlung

Die Sonneneinstrahlung wird mit 1000 W/m^2 (mitteleuropäische Bedingungen) angenommen.

Eisansatz

Zu den umweltbedingten Faktoren, die eventuell besondere Lasten verursachen können, zählt auch der Eisansatz an den Rotorblättern. In der Regel kann man davon ausgehen, daß auch eine starke Eisbildung an den Rotorblättern keine besonderen Belastungen hervorruft. Ähnlich wie beim Flugzeugtragflügel wird der aerodynamische Auftrieb verringert mit der Folge, daß die Rotorleistung und damit auch die aerodynamische Belastung abnimmt (vergl. Kap. 18.9.2). Die Lastannahmen unterscheiden zwischen rotierenden Teilen (Rotor) und nicht rotierenden Teilen. Für die nicht rotierenden Teile wird ein Eisansatz von

30 mm angenommen. Für die Rotorblätter wird eine nicht konstante Massenverteilung des Eisansatzes von der Blattwurzel bis zur Blattspitze angenommen und ein unterschiedlicher Eisansatz an den einzelnen Blättern [2].

Salzgehalt der Luft

Der Salzgehalt der Luft erfordert spezielle Konstruktionsmerkmale im Bereich der Kühlung und Lüftung und selbstverständlich besondere Verfahren der Oberflächenbehandlung von Stahlbauteilen. Dies gilt natürlich in besonderem Maße im Offshore-Bereich.

Vogelschlag

Ein zum Glück sehr seltener Belastungsfall kann dadurch entstehen, daß ein größerer Vogel mit dem laufenden Rotor kollidiert. Um auch diese Gefahr zu berücksichtigen, wurden in früheren schwedischen Lastannahmen hierfür einige Annahmen über die Auftreffgeschwindigkeit und das Vogelgewicht vorgeschlagen [13]. Der sich ergebende Stoß ist möglicherweise für die Dimensionierung der Rotorblattschale von Bedeutung.

Orographische Einflüsse

Der Einfluß orographischer Gegebenheiten auf die Windgeschwindigkeiten (Windströmung über Hügel und Berge) muß ab einer festgelegten Einflußgröße berücksichtigt werden.

Erdbeben

Für den Einsatz in Risikoregionen, wo Erdbeben erwartet werden müssen, wird auf die lokalen Bauvorschriften hinsichtlich des Erdbebenschutzes verwiesen.

6.4.6 Sonstige externe Bedingungen

Die Lastannahmen erfordern, um einen vollständigen Überblick über alle denkbaren Belastungen zu haben, die Berücksichtigung weiterer externer Bedingungen. Außerdem ist der gesamte Lebenszyklus vom Zusammenbau der Anlage über die Errichtung am Aufstellort bis zu Betriebs- und Reparaturzuständen zu berücksichtigen. Im Hinblick auf den Betrieb sind insbesondere die folgenden externen Bedingungen zu beachten:

Einwirkungen des Stromnetzes

Die IEC 64 100-1 nennt die wichtigsten elektrischen Parameter wie Spannung, Frequenz und Abschaltcharakteristik mit den dazugehörigen Toleranzen im Hinblick auf das Vorhandensein eventueller Lasten aus den Einwirkungen des Stromnetzes. Werden diese Toleranzen überschritten, sind besondere Belastungen die ihre Ursache im Stromnetz haben nicht auszuschließen. Im übrigen sei an dieser Stelle auf die Netzanschlußvorschriften der Versorgungsunternehmen hingewiesen (vergl. Kap. 11.4.2). Drehzahlvariable Anlagen, mit ihrer „weichen" Netzkopplung sind vor Belastungen aus dem Stromnetz weitgehend geschützt.

Einfluß benachbarter Windkraftanlagen

Die Turbulenzintensität wird in den Lastannahmen mit Werten von 16 bzw. 18 % in Rotornabenhöhe angenommen. In diesem Zusammenhang ist zu berücksichtigen, daß bei der Aufstellung von Windkraftanlagen in räumlicher Nähe zueinander, also im Windpark, eine Erhöhung der Turbulenzintensität im Feld verursacht wird (vergl. Kap. 18.3). Die IEC 64 100-1 enthält in der Ausgabe 02/1999 noch keine Vorgaben um diesen Einfluß zu berücksichtigen. Dagegen wird in der DIBt-Richtlinie ein entsprechender Ansatz vorgeschlagen. Danach entfällt die Notwendigkeit eines Nachweises, wenn der Abstand der Anlagen größer als der achtfache Rotordurchmesser ist. Ist der Abstand geringerer wie bei vielen Windparkaufstellungen, so wird ein Verfahren zur Berechnung der erhöhten Turbulenzintensität angegeben [2].

Die IEC 64 100-1, wie auch die DIBt-Richtlinie enthalten eine Reihe weiterer Hinweise für eventuelle zusätzliche Lasten, die unter bestimmten Bedingungen zu berücksichtigen sind. Beispielhaft — ohne Anspruch auf Vollständigkeit — seien genannt:

- Windlasten bei Montage und Reparatur
- Windlasten aus Eisansatz
- Lasten aus ungleichförmiger Massenverteilung (Rotor)
- Erd- und Sohlwasserdruck auf die Gründung
- bauliche Ungenauigkeiten bei Turm und Fundament

Zu diesen Punkten werden keine generell gültigen Normen vorgegeben, sondern auf die Notwendigkeit einer individuellen Betrachtung hingewiesen.

6.4.7 Sicherheitsfaktoren

Sicherheitsfaktoren sind dazu da um Ungenauigkeiten in den Lastannahmen und Berechnungsverfahren, bauliche Ungenauigkeiten und nicht zuletzt um Abweichungen der tatsächlichen Festigkeitswerte von den spezifizierten Materialeigenschaften zu kompensieren. Als Sicherheitsfaktor wird das Verhältnis des Entwurfswertes zu dem berechneten bzw. angegebenen Wert bezeichnet. In Bezug auf die Lasten ergibt sich der Entwurfswert aus der Multiplikation des berechneten Wertes mit dem anzunehmenden Sicherheitsfaktor. Hinsichtlich der Materialkennwerte wird der Entwurfswert aus dem angegebenen (spezifizierten) Wert durch Division mit dem Sicherheitsfaktor gebildet.

Die Festlegung sinnvoller Sicherheitsfaktoren erfordert zunächst eine Klassifizierung der Folgen, die ein Bauteilversagen nach sich ziehen kann. Nach der IEC 64 100-1 werden die Komponenten bezüglich ihrer „Teilsicherheitsfaktoren“ oder „potentieller Sicherheitsfaktoren“ in zwei Klassen eingeteilt:

- „Fail-safe“ Komponenten, deren Versagen durch ein Sicherheitssystem aufgefangen wird und zu keinen größeren Schäden an der Windkraftanlage führt
- „Non fail-safe“ Komponenten, deren Versagen zu einem schweren Schaden führt

Außerdem werden die Sicherheitsfaktoren für die Grenzlasten (Bruch, Stabilitätsversagen, kritische Verformungen) höher angesetzt als für Ermüdungslasten. Die nach IEC 64 100-1

Tabelle 6.19. Partielle Sicherheitsfaktoren für die Entwurfslasten nach IEC 64 100-1 (vereinfacht)

Ursache der Belastung	**Lastfälle**		
	Normal- und Extremlasten	**Techn. Störung**	**Transport und Errichtung**
Aerodynamik	1,35	1,1	1,5
Betrieb	1,35	1,1	1,5
Gewicht	1,1 (1,35*)	1,1	1,25
andere Massenlasten	1,25	1,1	1,3

* für den Fall daß die Massen nicht durch Wiegen bestimmt wurden

anzusetzenden Sicherheitsfaktoren für die Entwurfslasten sind in Tabelle 6.19 wiedergegeben.

Die Sicherheitsfaktoren für die Materialkennwerte hängen zum einen von der Art des Materials und zum anderen von der Belastungsart ab. Sie sind in engem Zusammenhang mit den Material-Normen festzulegen. Die nationalen Normen wie zum Beispiel die DIN 18 800 für Baustahl oder die DIN 1045-1 für Stahlbeton müssen beachtet werden. Generell empfiehlt die IEC 64 100-1 einen Wert von nicht unter 1,1 für die Hauptfestigkeitkennwerte. Für die Ermüdungfestigkeit sind jedoch auch Werte von 1,0 zulässig.

Im Zusammenhang mit der Festlegung der Sicherheitsfaktoren könnte man auf den Gedanken kommen, eine weniger genaue Berechnung durch hohe Sicherheitsfaktoren zu ersetzen. Nach allen bisherigen Erfahrungen führt diese Strategie allenfalls bei kleineren Anlagen zum Erfolg. Die größeren Anlagen müssen, wenn man die Baumassen auf ein erträgliches Maß begrenzen will, bis an die Grenzen der Materialfestigkeit oder der Bauteilsteifigkeit belastet werden. Hohe Baumassen setzen die Steifigkeiten herab und vergrößern die Massenkräfte. Der Versuch die damit verbundenen erhöhten Belastungen wiederum durch höhere Sicherheitsfaktoren kompensieren zu wollen erzeugt einen Teufelskreis an dessen Ende weniger Struktursicherheit statt mehr steht. Darüberhinaus sprechen natürlich auch wirtschaftliche Gründe gegen hohe Baumassen (vergl. Kap. 19). Bei dynamisch hochbeanspruchten Systemen, zu denen unzweifelhaft Windkraftanlagen gehören, ist die strukturelle Sicherheit letztlich nur mit einem immer besseren Verständnis der Belastungen und der Strukturdynamik zu erreichen (vergl. Kap. 6.7).

6.5 Maschinenstatus und Lastfälle

Für eine Maschine mit sich bewegenden Teilen ist der Zustand in dem sich das belastete System befindet ein entscheidendes Kriterium für die auftretende Beanspruchungen während der von außen einwirkenden Lasten. Die Lastfälle im engeren Sinne entstehen deshalb durch Verbindung der äußeren Bedingungen mit den Betriebszuständen der Windkraftanlage. In diesem Zusammenhang sind nicht nur die eigentlichen Betriebszustände zu beachten, sondern auch andere Zustände, die im gesamten Lebenzykluses des Produktes auftreten können. Beim Transport und der Montage, eventuell auch bei größeren Reparaturvorgängen können Zustände auftreten, die zu besonderen „Lastfällen" werden.

Auf der anderen Seite wäre es aber unsinning, derartige Zustände herbeizuführen, die dann für die Komponenten zum dimensionierenden Lastfall werden. Aus wirtschaftlichen Gründen sollten die Lastfälle auf die unbedingt notwendigen Fälle beschränkt werden. Dies sind die Betriebszustände und die mit einer gewissen Wahrscheinlichkeit zu erwartenden Störfälle.

Die grundsätzliche Struktur der Verbindung von äußeren Belastungen und Betriebszuständen mit den darin zu erwartenden Strukturbeanspruchungen wird in Bild 6.20 deutlich. Die Verbindung der Betriebszustände „Normaler Betrieb" und „Technische Störungen" mit den externen Bedingungen „normale" und „extreme Windbedingungen" verursachen bei pauschaler Betrachtung die beiden wichtigsten Belastungsarten: Grenzbelastung (ultimate or limit load) oder Dauerbelastung (fatigue). Die Kombination „Technische Störungen" mit gleichzeitig auftretenden extremen Windbedingungen wird nicht berücksichtigt. Hier liegt die Grenze der Strukturfestigkeit.

		Anlagenstatus	
		Normaler Betrieb	Techn. Störung
Windbedingungen	normal	Ermüdung	Grenzlasten
	extrem	Grenzlasten	X

Bild 6.20. Grundsätzliche Lastfallsystematik und Beanspruchungsarten bei Windkraftanlagen

6.5.1 Normaler Betrieb

Die Belastungen, denen die Windkraftanlage im „normalen" Betrieb ausgesetzt ist, wirken sich im wesentlichen auf die Ermüdungsfestigkeit aus. Die hohen Lastwechselzahlen des wechselnden Biegemoments aus dem Eigengewicht der Rotorblätter, die bei jeder Umdrehung des Rotors auftreten, die zyklisch über den Rotorumlauf einwirkenden asymmetrischen aerodynamischen Kräfte und die dauernd vorhandene Windturbulenz sind die Hauptursachen. Die Lastfälle im Normalbetrieb decken damit die Belastungen im Hinblick auf die Ermüdungsfestigkeit weitgehend ab. Die Unterscheidung der einzelnen Lastfälle orientiert sich am Betriebszyklus der Anlage. Der Ausgangspunkt für die Definition der Lastfälle ist die Häufigkeitsverteilung der Windgeschwindigkeit, die dem Entwurf zugrundegelegt wird, sowie der Betriebszyklus der Anlage.

Lastbetrieb

Der Windgeschwindigkeitsbereich, in dem die Anlage im Lastbetrieb läuft, wird in Klassen unterteilt, die jeweils durch eine charakteristische Referenzwindgeschwindigkeit charakterisiert sind:

- Einschaltwindgeschwindigkeit
- Teillastwindgeschwindigkeit
- Nennwindgeschwindigkeit
- Vollastwindgeschwindigkeit
- Abschaltwindgeschwindigkeit

Für diese Referenzwindgeschwindigkeit wird jeweils eine Lastfallgruppe gebildet. Die dazugehörigen Lastwechselzahlen ergeben sich aus den Zeitanteilen der Windgeschwindigkeitsklassen in der Häufigkeitsverteilung der Windgeschwindigkeiten und der Anzahl der Rotorumdrehungen in diesen Zeitanteilen. Vor dem Hintergrund der Auslegungslebensdauer der Anlage bedeutet dies zum Beispiel für die Biegebeanspruchung der Rotorblätter Lastwechselzahlen von 10^7 bis 10^8.

Diesem „Grundlastspektrum" werden die dynamischen Lasten aus den unsymmetrischen Anströmverhältnissen für den Rotor und aus den stochastischen Windgeschwindigkeitsfluktuationen sowie die Belastungen aus eventuellen technischen Störungen überlagert. In Bezug auf die Ermüdungsfestigkeit darf der Einfluß der Turmumströmung nicht vergessen werden. Der Belastungseinfluß der Turmumströmung tritt in bezug auf das einzelne Rotorblatt mit der Lastwechselzahl der Rotorumdrehungen in der Lebensdauer auf. Für die Gesamtrotorkraft multipliziert sich diese Zahl noch mit der Anzahl der Rotorblätter.

Anfahren und Abfahren des Rotors

Mit dem An- und Abfahren des Rotors sind spezielle Belastungszustände und Belastungsänderungen verbunden. Während der Lebensdauer der Anlage sind diese Vorgänge so häufig, daß hieraus ein Einfluß auf die Ermüdungsfestigkeit abgeleitet werden muß. An- und Abfahrvorgänge der Anlage sind insofern eigenständige Lastfälle. In der Praxis handelt es sich auch hier um eine Lastfallgruppe, da verschiedene Anfangsbedingungen hinsichtlich der Windgeschwindigkeit, der Rotordrehzahl oder auch des Blatteinstellwinkels angenommen werden müssen.

Zu Beginn des Rotorhochlaufs befindet sich bei Anlagen mit Blattverstellung der Rotorblatteinstellwinkel entweder in Fahnenstellung oder in der Startstellung. In beiden Fällen wirkt eine mehr oder weniger große Komponente des Biegemomentes aus dem Eigengewicht der Blätter um die weichere Schlagachse. Dieser besondere Belastungszustand kann mit der entsprechenden Häufigkeit durchaus von Bedeutung für das Ermüdungslastkollektiv sein.

Der normale Abfahrvorgang des Rotors wird bei größeren Anlagen mit Hilfe der Blatteinstellwinkelregelung im Drehzahlverlauf so geregelt, daß keine besonderen Belastungszustände damit verbunden sind. Lediglich bei schnellem Abbremsen, dem „Rotornotstopp", kommt es wegen der aerodynamischen Schubumkehr zu einer erhöhten Belastung.

Rotorstillstand bei extremen Windgeschwindigkeiten

Die höchste Windgeschwindigkeit, die *Überlebenswindgeschwindigkeit,* hat die Windkraftanlage im allgemeinen im Rotorstillstand zu verkraften. Für Anlagen mit Blattverstellung stellt sich die Frage, ob dabei unterstellt werden darf, daß die Rotorblätter in Fahnenstellung stehen und die Anlage in Windrichtung ausgerichtet ist. Das Belastungsniveau ist unter diesen Voraussetzungen bedeutend geringer als bei quer angeströmten Rotorblättern. Voraussetzung ist natürlich, daß beim Auftreten der Überlebenswindgeschwindigkeit die Windrichtungsnachführung und die Blattverstellung funktionsfähig sind.

Bei kleinen Anlagen mit unverstellbaren Rotorblättern stellt sich dieses Problem nicht. Die Festigkeit der Anlage muß bei querangeströmten Rotorblättern nachgewiesen werden. Von wesentlicher Bedeutung ist dabei die Annahme eines richtigen Widerstandsbeiwertes. Für ein quer angeströmtes Rotorblatt und unter Berücksichtigung der räumlichen Umströmung liegen die c_W-Werte im Bereich von 1,3 bis 1,8.

Bei einigen Anlagen, z. B. bei den Enercon-Anlagen, wird der Rotor bei extremen Windgeschwindigkeiten nicht stillgesetzt. Die Anlage läuft mit einem bestimmten Blatteinstellwinkel und reduzierter Drehzahl weiter. In diesem Zustand sind die Lasten nicht größer als bei blockiertem Rotor. Außerdem wird als Vorteil angegeben, daß die Anlage bei nachlassendem Wind ohne Energieverluste durch An- und Abschaltvorgänge wieder in kürzester Zeit mit voller Leistung weiterlaufen kann.

6.5.2 Technische Störungen

Technische Störungen an der Anlage können die Windkraftanlage zusätzlichen Belastungen unterwerfen, die durch die Lastfälle im Betrieb nicht abgedeckt sind. Man kann davon ausgehen, daß die meisten technischen Defekte, sofern sie für die Betriebssicherheit relevant sind, mit Hilfe der Sicherheitsschaltung zu einer Störabschaltung des Rotors führen, so daß derartige Störungen keine „besonderen" Lasten zur Folge haben. Dennoch sind einige Störfälle möglich, die vor dem Einsetzen der Rotorabschaltung außergewöhnliche Belastungen hervorrufen. Diese Ereignisse müssen erkannt und in der Lastfalldefinition berücksichtigt werden. Zumindest bei größeren Anlagen sollte deshalb für die sicherheitsrelevanten Funktionsbereiche wie die Blatteinstellwinkelregelung und die Rotorbremssysteme eine theoretische „Fehler- und Fehlerauswirkungsanalyse" durchgeführt werden.

Rotornotabschaltung

Die meisten technischen Defekte werden mit Hilfe der Sicherheitsschaltung einen Rotornotstopp auslösen. Das schnelle Abbremsen des Rotors bedeutet für die Windkraftanlage eine außergewöhnliche Belastungssituation. Unter besonderen Umständen kann dieser Fall bei großen Rotoren die Biegebeanspruchung der Rotorblätter bis zur Bruchgrenze steigern. Bei einer Störung, zum Beispiel dem Ausfall des elektrischen Systems (Generatorabwurf) oder einem Fehler in der Regelung, müssen die Rotorblätter sehr schnell in Richtung Fahnenstellung verstellt werden, um ein „Durchgehen" des Rotors zu verhindern. Der Blatteinstellwinkel wird dabei so schnell verstellt, daß die Rotorblätter für kurze Zeit mit negativen aerodynamischen Anstellwinkeln angeströmt werden. Die aerodynamische Schubkraft wirkt dann in die entgegengesetzte Richtung. Sind die Rotorblätter in einem

Konuswinkel zueinander angeordnet, kommt es zu einer gleichsinnigen Überlagerung des Biegemoments aus Schubkraft und Zentrifugalkraft. Statt sich wie im Normalbetrieb zu kompensieren, addieren sie sich nun mit der Folge eines extremen Biegemomentes für die Rotorblätter. Der Notstopp des Rotors erfordert unter diesen Voraussetzungen eine sehr sorgfältige rechnerische Analyse und eine Optimierung der Prozedur, um innerhalb der vorgegebenen Lastgrenzen zu bleiben.

Fehler im Regelungssystem

Ein Defekt im Regelungssystem kann bei Anlagen mit Blatteinstellwinkelregelung einen dem Betriebszustand und der Windgeschwindigkeit nicht angepaßten Blatteinstellwinkel hervorrufen. Damit sind unmittelbar besondere aerodynamische Belastungen verbunden. Mittelbar können andere Störungen, zum Beispiel eine Rotorüberdrehzahl, verursacht werden.

Eine Störung in der Regelung oder im Antrieb der Windrichtungsnachführung kann eine extreme Rotorschräganströmung zur Folge haben. Belastungen durch extreme Schräganströmwinkel sind deshalb nicht nur vor dem Hintergrund extremer meteorologischer Bedingungen zu sehen, sondern auch mit Blick auf technische Defekte.

Generatorkurzschluß

Ein Kurzschluß im elektrischen Generator bedeutet eine extreme Belastung für den Triebstrang. Das Generatorkurzschlußmoment kann bis zum Siebenfachen des Nennmoments betragen (vergl. Kap. 10.1). Die zwischen Getriebe und Generator vorhandene Kupplung begrenzt jedoch das maximale Moment auf einen niedrigen Wert, üblicherweise aus das 3- bis 4-fache des Nennmomentes (vergl. Kap. 9.10).

Überdrehzahl des Rotors

Defekte in der Blatteinstellwinkelregelung oder ein plötzlicher Wegfall der elektrischen Last, zum Beispiel bei einem Netzzusammenbruch, können dazu führen, daß die Betriebsdrehzahl des Rotors überschritten wird. Das „Durchgehen" des Rotors ist im Grunde genommen das entscheidende Sicherheitsproblem bei einer Windkraftanlage überhaupt (s. Kap. 18.9). Es muß deshalb ein ausreichender Sicherheitsabstand der „Bruchdrehzahl" von der zulässigen Betriebsdrehzahl vorhanden sein. Die Auslösung des Rotor-Notstops erfolgt bei großen Anlagen relativ knapp über der Nenndrehzahl bei etwa 120 %.

Außergewöhnliche Unwucht am Rotor

Für den Fall, daß die Rotorblätter beschädigt werden, größere Strukturteile wegbrechen oder sich Eis an den Rotorblättern bildet, ist mit einer Unwucht, bis der Rotor zum Stillstand kommt, zu rechnen. Es ist deshalb eine bestimmte Unwuchtmasse anzusetzen, deren Größe in Relation zur Rotordimension stehen muß. Die sich daraus ergebende Belastungssituation muß festigkeitsmäßig und im Hinblick auf eventuell vorhandene Schwingungsprobleme überprüft werden.

Sonstige Störungen

Außer den genannten Störfällen sind noch weitere Störungen denkbar, die bei ungünstigen Umständen besondere Belastungen verursachen können. Die IEC-Norm wie auch DIBt-Vorschriften geben dazu noch einige Hinweise.

6.6 Strukturbeanspruchung und Dimensionierung

Die auf ein System einwirkenden äußeren Lasten, eventuell auch innere Spannungszustände, werden über die Dimensionierung der Bauteile in Materialbeanspruchungen umgesetzt. Die zulässigen Materialkennwerte entscheiden dann über die erforderlichen, tragenden Materialquerschnitte.

In den vorherigen Kapiteln wurden die Belastungen und die Zustände in denen sie auftreten, erörtert. Die nächste Frage ist, welche Beanspruchungen, d.h. Spannungszustände, Deformationen oder Stabilitätsprobleme sie in den tragenden Strukturen und den Komponenten der Windkraftanlage verursachen. Wie bereits erwähnt, spielt die technische Konzeption der Windkraftanlage und die Flexibilität der Strukturbauteile eine nicht zu unterschätzende Rolle für die Strukturbeanspruchungen.

6.6.1 Beanspruchungsarten

Grundsätzlich müssen die Bauteile einer Windkraftanlage hinsichtlich ihrer Beanspruchung durch die einwirkenden Lasten nach den folgenden Kriterien bemessen werden:

- Grenzzustände der Tragfähigkeit
  Hierunter sind „Grenzlasten" zu verstehen die bei einmaligem Überschreiten zu einem Festigkeitsversagen der Struktur führen. In erster Linie sind dies Belastungen, die Zug-Druck-und Biegespannung auslösen. Daneben gibt es aber auch das sog. „Stabilitätsversagen" in Form von *Beulen*, zum Beispiel bei dünnwandigen Stahlrohrtürmen, und *Knicken* bei langen, schlanken mechanischen Übertragungselementen, und nicht zuletzt das *Kippen* des gesamten Systems.
- Materialermüdung
  Andauernde, wechselnde Beanspruchungen führen erst nach einem gewissen Zeitraum zum Materialbruch. Hier ist neben der Höhe der Belastung die Lastwechselzahl in einem vorgegebenen Zeitraum, der Entwurfslebensdauer, entscheidend. Der sog. *„Betriebsfestigkeitnachweis"* muss für diesen Zeitraum geführt werden.
- Grenzzustände der Gebrauchstauglichkeit
  Auch wenn es nicht zu einem Strukturversagen kommt können unzulässig große Verformungen der Bauteile die Gebrauchsfähigkeit des Systems einschränken oder unmöglich machen. Ein typisches Beispiel ist die Durchbiegungen der Rotorblätter, die so gross werden kann, daß die Blattspitzen keinen Freiraum mehr zum Turm haben.

Welche der genannten Anforderungen die Dimensionierung der verschiedenen Bauteile einer Windkraftanlage bestimmt, ist à priori offen. Dennoch gibt es Erfahrungen die als Anhaltswerte dienen können (Tabelle 6.21).

Tabelle 6.21. Dominierende Beanspruchungsarten der Hauptbauteile einer Windkraftanlage [14]

	dominierend		
Komponente	**Grenzlast**	**Ermüdung**	**Steifigkeit**
Rotor			
Blätter		•	•
Nabe		•	
Mech. Triebstrang			
Rotorwelle		•	
Getriebe		•	
Generatorantriebswelle	•		
Maschinenhaus			
Bodenplattform			•
Azimutverstellung	•		
Turm	•		•
Fundament	•		

Die rechnerische Behandlung der Strukturdimensionierung erfolgt bei Windkraftanlagen grundsätzlich mit den gleichen Methoden, die auch aus anderen Bereichen der Technik bekannt sind. Hinsichtlich der verwendeten Materialien gibt es auch keine Besonderheiten. Die Behandlung von hochbelasteten, faserverstärktem Verbundmaterialien, wie sie zum Beispiel für die Rotorblätter eingesetzt werden, ist heute „Stand der Technik".

Die Berechnung der Bruchfestigkeit oder der Stabilitätsgrenzen bei einmaliger Belastung sind klassische Festigkeitsaufgaben. Sie werden als quasistationäre Lastfälle betrachtet und sind deshalb mit vergleichsweise einfachen Berechnungsverfahren zu behandeln. Aus diesem Grund bedarf es hierzu in diesem Buch keiner weiteren Erläuterungen. Ein anderes Problem ist der gesamte Problemkreis der Ermüdungsfestigkeit. Seine Behandlung erfordert „windkraftanlagenspezifisches" Wissen und wird deshalb im folgenden Kapitel eingehender erörtert.

Das Problem der Materialermüdung durch andauernde, wechselnde Belastungen wird von zwei entscheidenden Faktoren bestimmt. Den auf das System einwirkenden äußeren Lasten, im vorgegebenen Lebenszyklus des Bauteils und dem sog. *dynamischen Antwortverhalten* der Struktur auf die wechselnden äußeren Belastungen. Die sich daraus ergebende *Strukturdynamik* hat großen Einfluß auf die Ermüdungsfestigkeit. Grundsätzlich gilt: In einem steifen System müssen alle instationären, das heißt insbesondere die zeitlich wechselnden Lasten, von der Struktur ertragen werden. Die Folge ist eine schnelle Materialermüdung. In einem weichen, elastischen System verursachen die Wechselbelastungen Bewegungen der Bauteile und werden auf diese Weise durch die Trägheitskräfte der beschleunigten Massen aufgefangen. Die Materialermüdung ist unter diesen Voraussetzungen erheblich geringer.

Die Berechnung der Ermüdungsfestigkeit stellt bei Windkraftanlagen aus zwei Gründen besondere Anforderungen:

Die wechselnden Belastungen, zum Beispiel die Biegewechselspannung in den Rotorblättern aus deren Eigengewicht bei der Drehung des Rotors, aber auch stochastische Wechselbelastungen aus der Turbulenz des Windes, führen bei einer Entwurfslebensdauer von 20 Jahren zu außergewöhnlich hohen Lastwechselzahlen. Diese liegen im Vergleich zu anderen Systemen an der oberen Grenze (Bild 6.22). Für einige Materialien, zum Beispiel für faserverstärkte Verbundmaterialien, aber auch für die Schweißnähte von Stahlkonstruktionen sind Lastwechselzahlen von 10^7 bis 10^8 an der Grenze des heutigen Erfahrungsbereiches. Diese Unsicherheiten müssen durch besonders ermüdungsfeste Konstruktionen oder durch hohe Sicherheitsfaktoren kompensiert werden.

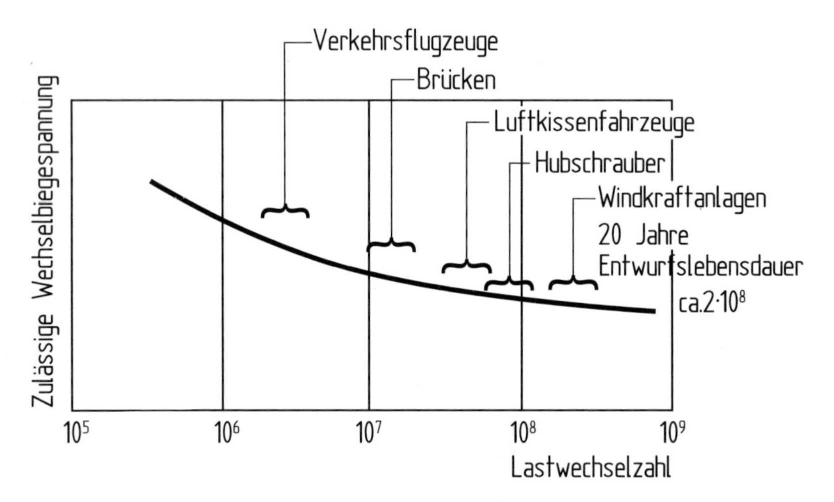

Bild 6.22. Zulässige Wechselspannungen und Lastwechselzahlen verschiedener Systeme [14]

Den zweiten Problemkreis bilden die wechselnden Belastungen aus der Windturbulenz. Diese mit einem geeigneten Turbulenzmodell richtig abzubilden, erfordert ein profundes Verständnis der Charakteristik des Windes. Hierzu gibt es aus anderen Bereichen der Technik keine umfassend geeigneten Vorbilder. Die Luftfahrttechnik oder die Gebäudeaerodynamik von hohen, schlanken Bauwerken kennen zwar auch den Einfluß der Windturbulenz auf die Materialermüdung, die Verhältnisse liegen jedoch in beiden Bereichen deutlich anders. Die hier entwickelten Methoden sind deshalb nur hinsichtlich der Grundansätze auf die Windenergietechnik übertragbar.

6.6.2 Lastkollektive

Bei einfacheren Festigkeitsaufgaben genügt es, die Strukturfestigkeit für einzelne Belastungssituationen oder Lastfälle getrennt zu berechnen. Wird bei wechselnder Beanspruchung Dauerfestigkeit gefordert, so geht die elementare Dauerfestigkeitstheorie davon aus, daß Spannungsausschläge mit konstanter Schwingbreite in der Lebensdauer des Bauteils auftreten. Liegen die Spannungsamplituden unterhalb der sog. *Dauerfestigkeit* des Materials, spielt die Lastwechselzahl keine Rolle mehr, das heißt, die Belastungsänderungen können beliebig oft ertragen werden. Sind die Spannungsamplituden höher als die Dauerfestigkeitsgrenze, kann nur eine bestimmte Anzahl von Lastspielen ertragen werden, das Material ist nur „zeitfest". Dieser Zusammenhang wird bei Stahl durch die bekannte Wöhler-Kurve dargestellt. Für „normale" Maschinenbauprobleme ist dieses Festigkeitsmodell bewährt und ausreichend.

Für die Festigkeitsauslegung dynamisch hoch beanspruchter Systeme, zum Beispiel Flugzeuge, Automobile und Windkraftanlagen reicht die elementare Theorie nicht mehr aus. Das Belastungsspektrum im Hinblick auf die Materialermüdung setzt sich aus periodischen und regellosen Wechselbeanspruchungen mit unterschiedlichen Mittelspannungen und Schwankungen zusammen. Die einzelnen Belastungssituationen können nicht mehr einzeln für sich betrachtet werden, sondern müssen in ihrer Gesamtheit bewertet werden. Man spricht von einem *Lastkollektiv.* Die Berechnung der *Betriebsfestigkeit* erfordert vor diesem Hintergrund komplexere Modelle, die auch unter dem Begriff der *Schadensakkumulation* zusammengefaßt werden.

Das Lastkollektiv faßt die Belastungssituation eines Bauteils über die gesamte Lebensdauer in einer idealisierten Form zusammen. Die Lastabfolge in einem Betriebszyklus, der in der Lebensdauer des Bauteils mit einer bestimmten Häufigkeit durchfahren wird, bildet die Ausgangsbasis. Das theoretische Modell verknüpft die einzelnen Lastabfolgen zu einem Lastkollektiv und bestimmt die Auswirkungen auf die Betriebsfestigkeit. Als Beispiel dient die Abfolge des Biegewechselmoments, das die Rotorblätter einer Windkraftanlage in den einzelnen Lastfällen erfahren (Bild 6.23).

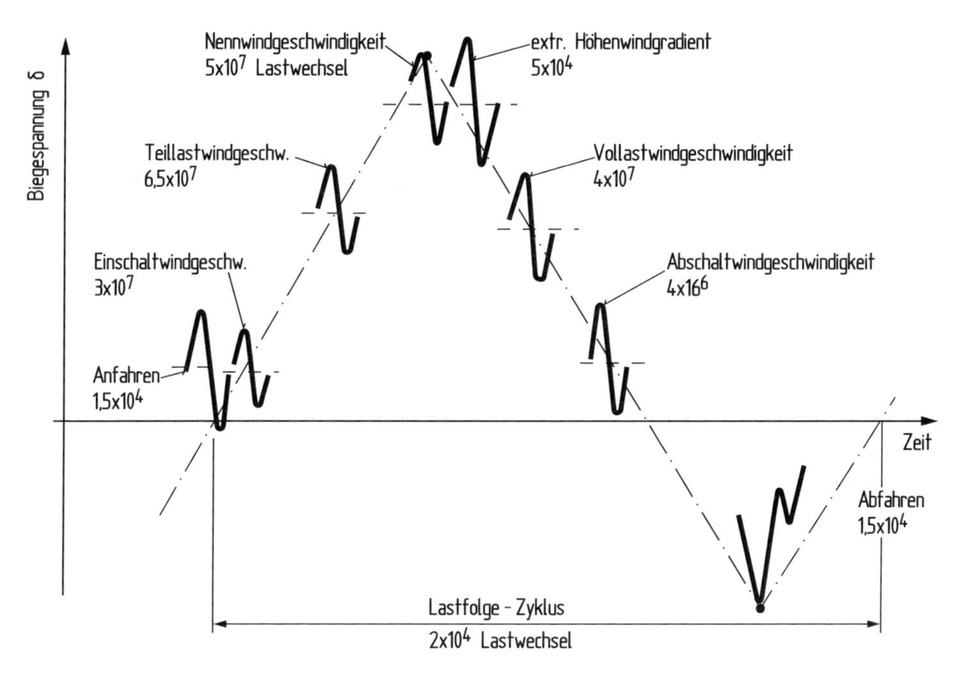

Bild 6.23. Idealisierte Abfolge der Belastungszustände in einem Betriebszyklus (Beispiel: Biegespannung in den Rotorblättern)

Der Lastbetrieb setzt sich entsprechend der Lastfalldefinition aus fünf Lastzuständen zusammen, die jeweils durch eine bestimmte Windgeschwindigkeit charakterisiert sind. Beim An- und Abfahrvorgang sind die Rotorblätter einer erhöhten Belastung ausgesetzt, da hier der Blatteinstellwinkel so eingestellt ist, daß das Eigengewicht um die Schlagachse biegt. Dieser Zustand ist mit einer bestimmten Häufigkeit in der Lebensdauer der Anlage angenommen worden.

Im Lastbetrieb werden die Amplituden des Biegemoments um die Schwenkachse primär durch das Eigengewicht der Rotorblätter geprägt. Der Einfluß des Höhenwindgradienten ist bei Nenngeschwindigkeit ebenfalls deutlich spürbar, wobei allerdings anzumerken ist, daß ein extremer Höhenwindgradient angenommen wurde. Die Auswirkungen der Windturbulenz zeigen sich im Schwenkbiegemoment nur wenig. In erster Linie wird davon das Schlagbiegemoment betroffen. Dabei spielt natürlich das Gewicht der Rotorblätter im Verhältnis zu den Luftkräften eine entscheidende Rolle.

Neben den Schwingungsamplituden in den einzelnen Lastzuständen spielen auch die Übergänge von einem zum anderen Lastzustand eine Rolle. Dadurch ergeben sich im Sinne des Lastkollektivs zusätzliche Spannungsamplituden. Die maximale Schwingbreite entsteht in diesem Beispiel offensichtlich durch den Übergang vom Nennlastbetrieb zum Abfahren.

Den Lastzuständen sind Lastwechselzahlen zugeordnet, die sich aus der Annahme der Häufigkeit des Betriebszyklus in der Lebensdauer und dem Zeitanteil der Lastzustände im Betriebsablauf ergeben. Sie reichen von etwa 10^4 für das Auftreten seltener Ereignisse, wie zum Beispiel einem extremen Höhengradienten der Windgeschwindigkeit, bis zu etwa 10^8 für die Biegewechselbelastung bei Teillastwindgeschwindigkeit.

Ein Beispiel für ein gemessenes Beanspruchungskollektiv und zugleich die übliche Darstellung für ein Last- bzw. Beanspruchungskollektiv zeigt Bild 6.24.

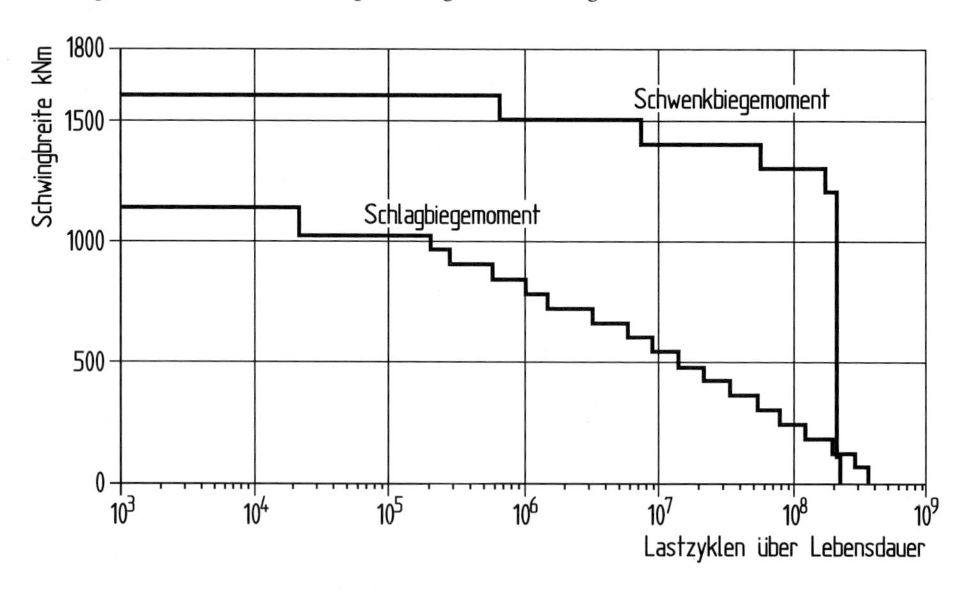

Bild 6.24. Gemessene Spannungsamplituden, ohne Mittelspannung, über die Lastwechselzahl (Lastkollektiv) an den Rotorblättern der WKA-60 [15]

Die gemessene Materialspannung in den Rotorblättern der WKA-60-Anlage ist der Lastwechselzahl nach geordnet aufgetragen. Die Grundlage für das sog. Lastkollektiv sind Mesungen in begrenzten Zeitabschnitten, z.B. einer Stunde. Diese müssen zur Beurteilung der Ermüdungssituation auf die Lebensdauer von 30 Jahren, entsprechend etwa 10^8 Lastzyklen, hochgerechnet werden. Aus den beiden Kurven für die Schlag- und Schwenkrichtung der Biegebeanspruchung ist deutlich zu erkennen, wie die Schwenkbiegung fast ausschließlich durch die gleichbleibende Schwingung des Eigengewichts geprägt wird, während die Biegung in Schlagrichtung durch die Luftkräfte bestimmt wird und deshalb unterschiedliche Schwingbreiten aufweist.

Derartige Last- oder Beanspruchungskollektive müssen theoretisch für jedes dynamisch belastete Bauteil erstellt werden. In jedem Fall für die Rotorblätter, das Getriebe und eventuell auch für die hochbeanspruchten Teile der Windrichtungsnachführung. Auf der anderen Seite muß der Rechenaufwand auf ein ökonomisch tragbares Maß begrenzt werden. Bei kleineren Anlagen wird man deshalb auf vereinfachte Verfahren zurückgreifen.

6.7 Strukturdynamik

Die Berechnung der Ermüdungsfestigkeit ist eng mit dem dynamischen Antwortverhalten der elastischen Struktur auf die Belastungen verbunden, wie bereits vorher daraufhingewiesen wurde. Die „Strukturdynamik" weist zwei Aspekte auf, die im Entwurf zu beachten sind.

Einmal können die elastischen Strukturbauteile durch äußere Kräfte zu Schwingungen angeregt werden. Deckt sich die anregende Frequenz mit der Eigenfrequenz der Bauteile kommt es zu Resonanzen. Der Schwingung wird laufend Energie zugeführt mit der Folge, daß sie sich „aufschaukelt". Dieser Effekt kann zur völligen Zerstörung der Struktur führen. Der Schwingungen entgegen wirkt nur die so genannte *Strukturdämpfung*, die in der Regel sehr klein ist, und gegebenenfalls eine äußere Dämpfung, wie z.B. die aerodynamische Dämpfung bei Rotorblattschwingungen in Schlagrichtung. Die Resonanzfreiheit ist somit ein wichtiges Kriterium beim Entwurf der Strukturen und Bauteile.

In Bezug auf die Ermüdungsfestigkeit steht die Aufnahme der äußeren Kräfte durch das „Ausweichen" der Strukturen und die Energieumsetzung in die trägen Massen der bewegten Bauteile im Vordergrund. Durch dieses Phänomen wird das Beanspruchungsniveau der Struktur, das heißt die Materialspannungen, erheblich verringert.

6.7.1 Mathematische Modellierung der Windkraftanlage

Ein Problem der Strukturdynamik besteht darin, daß die Berechnung der Materialbeanspruchung nur in einem zusammenhängenden mathematischen Modell ausgehend von der Anregung, zum Beispiel der Turbulenz, über das aerodynamische Verhalten des Rotors und der Leistungs- und Drehzahlregelung der Windkraftanlage bis hin zu den elastischen Eigenschaften der beanspruchten Bauteile möglich ist. Die Entwicklung eines solchen komplexen Modells, das sich aus mehreren Teilmodellen zusammensetzt, ist ein wichtiger Schritt bei der Berechnung der Ermüdungsfestigkeit. Allerdings liegen hier auch die ersten Gefahren. Die notwendigerweise in diesem Zusammenhang zutreffenden Vereinfachungen und Annahmen entscheiden wesentlich über die Qualität der Ergebnisse.

Aerodynamisches Modell des Rotors

Zur Berechnung der Luftkraftbelastungen, sowohl aus der stationären Anströmung des Rotors als auch aus der Windturbulenz, ist ein aerodynamisches Modell des Rotors notwendig. Für die Luftkraftbelastungen aus stationärer Anströmung ist die Blattelementtheorie, wie sie in Kap. 5 skizziert wurde, ein geeignetes Instrumentarium. Die Belastungen aus dem dynamischen Antwortverhalten der Struktur unter dem Einfluß der Windturbulenz können nur mit einem vereinfachten aerodynamischen Modell ermittelt werden. Man begnügt sich oft mit einem linearen, analytischen Ansatz für die Abhängigkeit der Luftkraftbeiwerte vom aerodynamischen Anstellwinkel.

Elastisches Strukturmodell

Theoretische Werkzeuge zur Berechnung von elastischen Strukturen sind heute in vielen Bereichen des Maschinen- und Fahrzeugbaus in Gebrauch. Sie basieren fast ausnahmslos auf der Finite-Elemente-Idealisierung, mit deren Hilfe die Eigenfrequenzen und die Eigenformen der Strukturbauteile berechnet werden können. Mit der Kenntnis der Eigenfrequenzen können dann die dynamischen Antwortreaktionen (Verformungen, Beschleunigungen, Kräfte) unter der Einwirkung von äußeren Kräften berechnet werden. Die darauf aufbauenden Computerprogramme sind auch auf Windkraftanlagen anwendbar.

Funktionsmodell der Regelung

Verfügt die Windkraftanlage über eine Blatteinstellwinkelregelung oder über eine variable Rotordrehzahl, so hat das damit verbundene funktionelle Verhalten einen Einfluß auf die Belastungen. Aus diesem Grund ist ein Algorithmus für die Blatteinstellwinkelregelung und das Drehzahlverhalten des Rotors für die Belastungsrechnung notwendig.

Es ist wenig hilfreich, von der im Prinzip richtigen Tatsache auszugehen, daß das dynamische Antwortverhalten und damit die Belastungen nur bei Berücksichtigung der elastischen Charakteristik der gesamten Anlage richtig zu erfassen ist. Ein elastisches Strukturmodell der gesamten Anlage führt unvermeidlich zu einem großen Rechenaufwand mit einer entsprechenden Datenmenge, bei der die Gefahr besteht, daß die wesentlichen Dinge untergehen. Es kommt deshalb darauf an, mit dem richtigen Gefühl oder besser noch mit einer entsprechenden Erfahrung, für die dynamische Kopplung der Komponenten Teilmodelle zu definieren, mit deren Hilfe die entscheidenden Belastungen berechnet werden können. In den meisten Fällen ist zum Beispiel eine isolierte Betrachtung der Rotorblattschwingung eventuell gekoppelt mit dem Verhalten des Triebstranges möglich. Das Rotor/Turm-Systems kann ebenfalls im Hinblick auf die Biegeschwingung des Turmes im allgemeinen isoliert betrachtet werden.

6.7.2 Modellierung der Windturbulenz

Die Erfassung der Windturbulenz mit einem theoretischen Ansatz ist prinzipiell auf zwei Wegen üblich. Einmal über das Energiespektrum der Turbulenz und zum anderen anhand eines realen Verlaufs der Windgeschwindigkeit über die Zeit (vergl. Kap. 13).

Unabhängig vom gewählten Verfahren darf ein Phänomen, das die Reaktion des Windrotors auf die Turbulenz betrifft, nicht übersehen werden. Die Windgeschwindigkeit und die Windturbulenz sind in der freien Atmosphäre immer räumlich ungleichmäßig über die Rotorkreisfläche verteilt. Viele Böen treffen den Rotor nicht im gesamten sondern nur einseitig oder nur partiell. Diese Tatsache ist für die Reaktion der Struktur in Anbetracht des sich drehenden Rotors von erheblicher Bedeutung. Die Rotorblätter „schlagen" mit ihrer Umfangsgeschwindigkeit in die räumlich begrenzten Windgeschwindigkeitsänderungen hinein. Für einen mitbewegten Beobachter auf dem Rotorblatt werden die Geschwindigkeitsänderungen wesentlich schärfer als im ortsfesten System. Darüber hinaus kann das Rotorblatt je nach der zeitlichen Dauer der Böe und der Drehzahl des Rotors mehrfach in dieselbe Böe hineinschlagen (Bild 6.25).

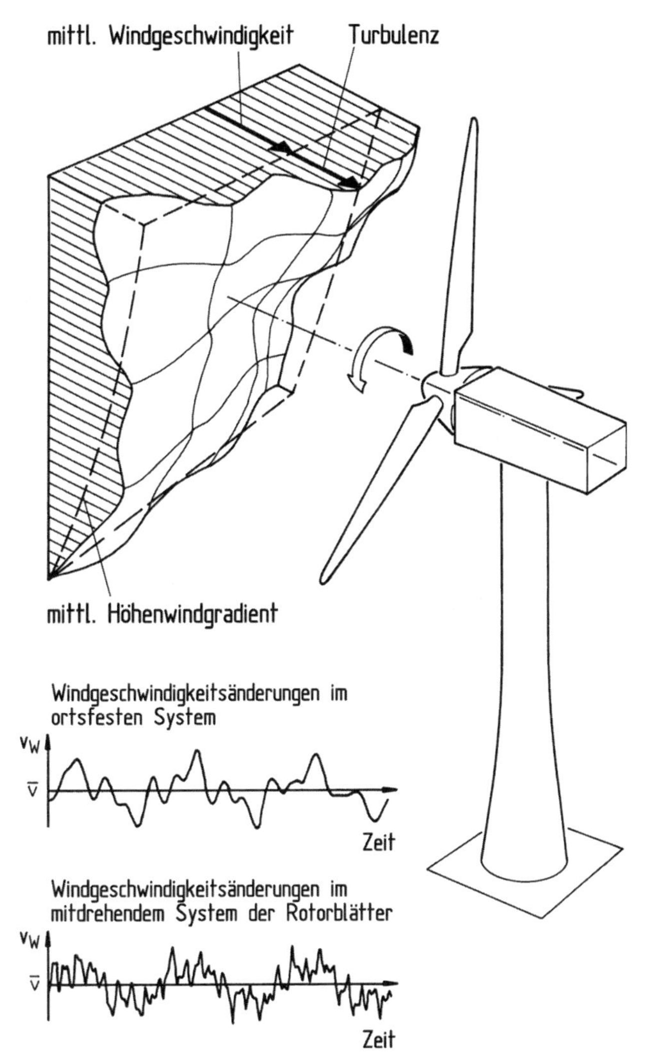

Bild 6.25. Wirkung einer räumlich ungleichmäßigen Windgeschwindigkeitsverteilung auf die resultierende Anströmgeschwindigkeit der drehenden Rotorblätter

Dieser Vorgang des „Böensammelns“ (*rotational sampling*) ist für die Einwirkung der Windturbulenz auf die Rotorblätter von erheblicher Bedeutung, vor allem für große Rotoren. Je nach den vorliegenden Verhältnissen kann die Ermüdungswirkung auf die Struktur bis zu 50 % vergrößert werden, verglichen mit einer nur zeitabhängigen Betrachtungsweise der Turbulenz in einem ortsfesten Bezugssystem.

Die methodische Vorgehensweise zum Nachweis der Ermüdungsfestigkeit beruht im wesentlichen auf zwei Verfahren. Die statistisch begründeten Verfahren unter den Begriffen „Zeitverlaufsmethode“ und „Spektralmethode“ (Bild 6.26) sind die wichtigsten. Eine deterministische Vorgehensweise, die auf der Vorgabe von Einzelereignissen beruht, tritt demgegenüber immer mehr in den Hintergrund.

Zeitverlaufsmethode

Ist der zeitliche Verlauf der einwirkenden Kraft bekannt, also zum Beispiel der Verlauf der Windgeschwindigkeit über die Zeit, so kann die hieraus folgende zeitliche Antwortreaktion der Struktur (Zeitantwort) berechnet werden. Hierzu ist ein aerodynamisches Modell des Rotors erforderlich, um aus dem Verlauf der Windgeschwindigkeit den Verlauf der aerodynamischen Kraft zu ermitteln. Mit Hilfe des elastischen Strukturmodells ergibt sich dann die Strukturantwort über die Zeit.

Dieses Verfahren hat den Vorzug, daß alle Größen zeitabhängig auftreten, eine Darstellungsform, die für viele Zwecke sehr vorteilhaft ist. Darüber hinaus können funktionelle Algorithmen, zum Beispiel für den Einfluß der Regelung, berücksichtigt werden. Auch die Einwirkung periodischer Kräfte, zum Beispiel durch den Höhenwindgradienten oder die Turmumströmung, ist mit der Zeitverlaufsmethode gut zu erfassen. Der gravierende Nachteil liegt jedoch in dem mehr oder weniger zufälligen „Ausschnitt“ der Windturbulenz, der als Ausgangsbasis verarbeitet wird. Man kann nicht davon ausgehen, daß damit ein umfassendes Bild gewonnen wird. Würde man dies versuchen, wäre der Rechenaufwand unerträglich hoch. Die Methode ist deshalb weniger für eine umfassende Strukturauslegung, als vielmehr für punktuelle Kontrollrechnungen geeignet.

Spektralmethode

Bei der sog. Spektralmethode werden statt der zeitlichen Verläufe von Kräften und Antwortreaktionen die frequenzabhängigen Darstellungen (Spektren) dieser Größen verarbeitet. Hierbei wird das statistische Turbulenzspektrum des Windes als Belastungsvorgabe verwendet (vergl. Kap. 13).

Die mathematische Darstellung der Struktur muß in Form linearer oder linearisierter Gleichungen möglich sein (lineare Systemtheorie). Das Erregerspektrum führt in den Eigenfrequenzbereichen der Struktur zu dynamischen Überhöhungen der Antwortreaktion. Die für die Dimensionierung der Struktur maßgebenden Extremwerte der gesuchten Größen (Deformationen, Kräfte u.a.) lassen sich damit grundsätzlich wie folgt darstellen:

$$x_{\max} = \bar{x} + K\sigma_x$$

Hierbei ist $\bar{x}$ der quasistatisch berechnete mittlere Wert, σ_x die Standardabweichung der dynamischen Ausschläge vom mittleren Wert und K der sog. Spitzenfaktor aufgrund statistischer Zuverlässigkeitsberechnungen. Die Verknüpfung des Erregerspektrums mit den

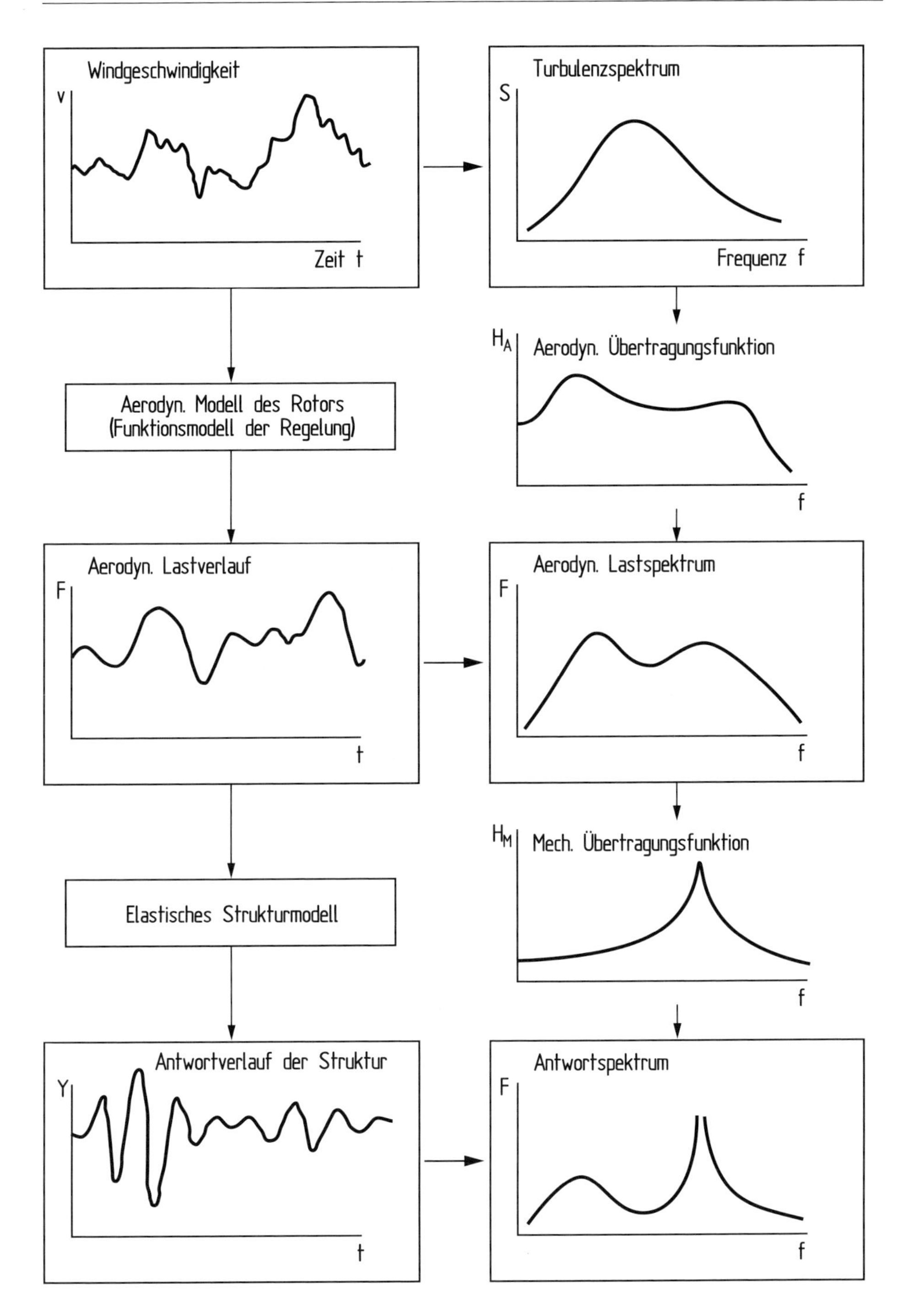

Bild 6.26. Berechnungsverfahren zur Ermittlung der dynamischen Antwortreaktion der Struktur auf die Windturbulenz nach der Zeitverlaufs- und der Spektralmethode

Spektren der Antwortreaktion wird über sog. Transferfunktionen hergestellt. Die „aerodynamische Admittanz" führt vom Windspektrum zu den aerodynamischen Kraftgrößen, die „mechanische Admittanz" stellt die Verbindung der einwirkenden Kräfte zu den Deformationen bzw. Lasten der Struktur dar.

Der entscheidende Vorzug der Spektralmethode liegt in der sicheren Erfassung des gesamten realen Belastungsspektrums durch die Luftkräfte. Diese Methode ist damit prädestiniert für die Ermüdungsberechnung der Struktur. Der Nachteil, daß die gesuchten Deformations- und Belastungsgrößen nur als frequenzabhängige Spektren und nicht als Verläufe der Antwortreaktion über die Zeit herauskommen, ist allerdings mit Blick auf einige technische Fragestellungen ein Nachteil. Zum Beispiel ist es schwierig, die funktionelle Charakteristik einer Windkraftanlage hinsichtlich des Einflusses der Regelung auf die Belastungen (Funktionsmodell) methodisch zu verarbeiten.

Deterministische Vorgehensweise

Im Gegensatz zu den skizzierten statistischen Verfahren kann man auch einen deterministischen Weg zur Ermittlung der dynamischen Strukturantworten verfolgen. Nach dem Vorbild der Zeitverlaufsmethode wird statt eines kontinuierlichen Verlaufs der Windgeschwindigkeit ein einzelnes Ereignis, zum Beispiel eine diskrete Bö, als Belastungseingang verwendet. Die daraus folgende Strukturantwort liefert Hinweise auf die zu erwartenden dynamischen Belastungsüberhöhungen. Aus den Ergebnissen lassen sich pauschale *dynamische Überhöhungsfaktoren* für die quasistatisch berechnete Belastung ableiten.

Der kontinuierliche Charakter der Windturbulenz und der Antwortreaktion der Struktur geht dabei natürlich verloren. Auch die Vollständigkeit der Belastungsvorgänge im Hinblick auf das gesamte Belastungskollektiv ist auf diese Weise nicht zu erfassen. Man kann sich zwar bis zu einem gewissen Grad damit behelfen, eine bestimmte Häufigkeit der unterschiedlichen Einzelereignisse (Böen) zu unterstellen, dennoch bleiben die Ergebnisse im Hinblick auf die Ermüdungsberechnung der Struktur fragwürdig (vergl. Kap. 6.3.6).

6.7.3 Analytische Ansätze und numerische Simulation

In der rechnerischen Strukturauslegung werden die skizzierten theoretischen Modelle und Verfahren miteinander verknüpft (Bild 6.27) [9]. Das Ergebnis sind die Strukturbelastungen in Form der sog. „Schnittgrößen" an definierten Schnittstellen der Strukturbauteile. Sie erscheinen entsprechend der gewählten Verfahrensweise entweder als Verläufe über die Zeit oder auch als Spektren in Abhängigkeit von der Frequenz. Die Belastungen in allen vorgegebenen Lastfällen bilden zusammengesetzt die Lastkollektive für die einzelnen Komponenten der Windkraftanlage.

Die berechneten Materialspannungen werden wie üblich mit den zulässigen Werten verglichen. Um die zulässigen Spannungen festzulegen, sind die Werkstoffeigenschaften und die anzuwendenden Bauvorschriften, zum Beispiel für die Schweißnähte, notwendig. Mit der Annahme von Sicherheitsfaktoren gegen Bruch oder gegen einen definierten anderen Grenzwert kann die Struktur dimensioniert werden bzw. bei festliegender Dimensionierung der Festigkeitsnachweis geführt werden.

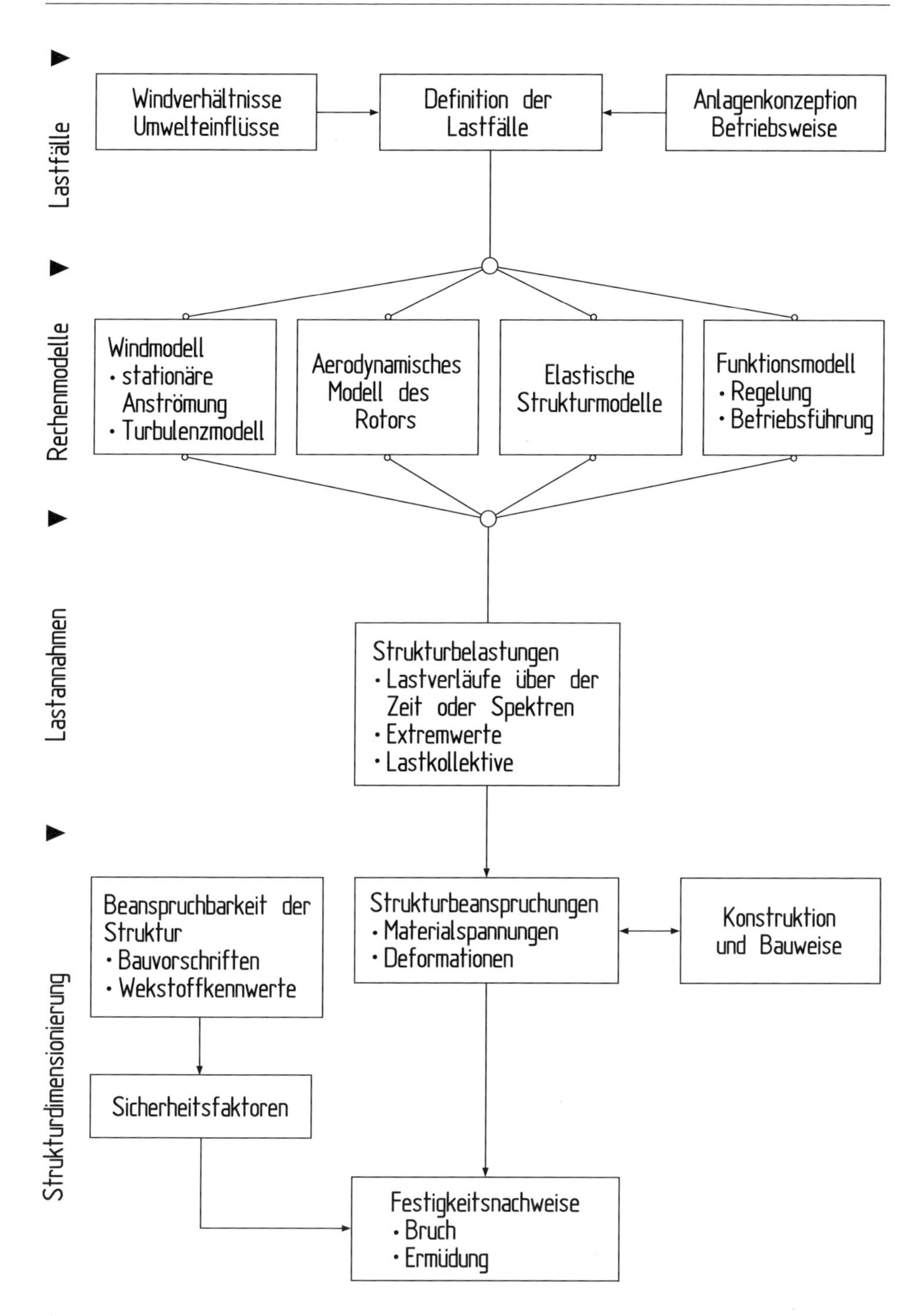

Bild 6.27. Rechenmodelle und Vorgehensweise bei der Berechnung der Belastungen und Dimensionierung der Struktur

Für geometrisch einfache Strukturanteile kann die strukturdynamische Berechnung mit Hilfe von analytischen Ansätzen durchgeführt werden, zum Beispiel für die Rotorblätter. Diese können, zum Beispiel beim Rotorblatt, durch ein einfaches Balkenmodell dargestellt werden. Der erste Schritt ist die Ermittlung der Eigenfrequenzen und Eigenschwingungsformel (Modalanalyse). Im einfachsten Fall sind diese ebenfalls aus analytischen Ansätzen berechenbar im praktischen Fall stehen heute Rechenprogram-me, die auf der Finite Element-Methode basieren zur Verfügung, so daß auch der komplexere Aufbau der Rotorblattstruktur berücksichtigt werden kann. Der nächste Schritt ist die Aufstellung der Bewegungsgleichungen für ein Blattelement und die Verbindung der Strukturelemente mit den gegebenen Randbedingungen, die sich aus dem Anschluß an Nachbarelemente ergeben. Die äußeren Kräfte und Momente ergeben sich aus dem Eigengewicht und den äußeren Belastungen. Die Bewegungsgleichungen werden in Zeitschritten gelöst und über Blattlänge integriert. Das Ergebnis sind die Lastverteilungen über die Blattlänge.

Mit der Verfügbarkeit neuer leistungsfähiger elektronischer Rechner haben die numerischen Simulationsprogramme für die dynamische Strukturauslegung an Bedeutung gewonnen und in der Praxis die analytischen Verfahren verdrängt, deren Anwendungsbereich, wie erwähnt, ohnehin sehr beschränkt ist. In den meisten Fällen basieren die numerischen Verfahren auf der Zeitverlaufsmethode. Diese ermöglicht es nichtlineare Effekte starke Verformungen (z. B. Durchbiegungen) oder instationäre Vorgänge,wie aerodynamische Effekte bei schnellen Anstellwinkeländerungen zu berücksichtigen.

Ein weiterer Vorteil der numerischen Simulationstechnik ist die Möglichkeit eine große Anzahl von Komponenten, deren struktureller Aufbau wiederum mit der Finiten-Element Technik modelliert werden kann einzuschließen (Multi Body Simulation) Im Extremfall kann die gesamte Windkraftanlage mit allen äußeren Belastungen simuliert werden, ungeachtet der Tatsachen ob das sinnvoll ist (vergl. Kap 11). Die Gesamtsimulation umfasst dann folgende Bereiche:

- Äußere Belastungen(Wind, Seegang bei Offshore)
- Rotoraerodynamik
- Strukturdynamik
- Elektrisches System mit Regelung

Durch die numerische Integration in kleinen Zeitschritten kann fast jede gewünschte numerische(!) Genauigkeit in den Rechenverfahren erreicht werden.

Heute stehen eine große Zahl von Rechenmodellen, die kommerziell angeboten werden zur Verfügung. Für die Rotorblattdynamik zum Beispiel unter dem Namen „Blade“ oder „Flex“. Es gibt aber auch universell einsetzbare Simulationsprogramme, die für alle dynamisch belasteten Systeme verwendet werden und auch mit Erfolg bei Windkraftanlagen eingesetzt werden, zum Beispiel „Sympac“ [16].

Eine kritische Bemerkung hinsichtlich der teilweise extrem komplexen Simulationsprogramme sei erlaubt. Diese Verfahren sind keine geeigneten Werkzeuge um die optimale technische Konzeption eines Systems zu finden. Diese Aufgabe bleibt dem Entwurfsingenieur, bzw. dem Entwurfsteam vorbehalten, denn sie fordert keine „unbegrenzte“ Rechenkapazität, sondern sie kann nur mit „Erfahrung“ und mit „Kreativität“ erfolgreich gelöst werden. Die numerischen Verfahren haben ihre Bedeutung in der Detailoptimierung von Strukturen und Komponenten.

6.8 Konzeptmerkmale und Strukturbeanspruchungen

Wie bereits mehrfach angesprochen bestimmt der Konstrukteur in bestimmten Grenzen mit der Wahl der technischen Konzeption die auftretenden Materialbeanspruchungen. Die generelle Zielrichtung muß dabei sein, das Belastungsniveau auf das Unvermeidliche zu beschränken. Unvermeidlich sind die Belastungen, die der Rotor und die Anlage bei stetigem, mittleren Wind erfahren und die durch das Eigengewicht der Bauteile gegeben sind. Bis zu einem gewissen Grad vermeidbar sind dagegen die Belastungen, die aus der Turbulenz des Windes resultieren. Die Verringerung dieser dynamischen Belastungen durch geeignete konstruktive Maßnahmen, die der Anlage eine „weichere“ dynamische Reaktion auf die Turbulenz ermöglichen, ist eine zentrale Problemstellung beim Entwurf des Rotors. Zwei Ziele werden dabei verfolgt:

Zunächst kann man versuchen, die hohen Wechselbelastungen der Rotorblätter in Schlagrichtung zu reduzieren. Insbesondere das Schlagbiegemoment im Wurzelbereich wird durch die dynamische Reaktion der Rotorblätter auf die Windturbulenz beeinflußt. Diese Belastung liefert einen entscheidenden Beitrag zur Ermüdungsbeanspruchung der Rotorblätter. Das wechselnde Biegemoment in Schwenkrichtung wird durch das Eigengewicht bestimmt. Um diese Belastungen zu verringern ist die Leichtbauweise der Rotorblätter wichtig.

Darüber hinaus — und dieser Aspekt ist ebenso wichtig — sollen die umlaufperiodisch wechselnden Rotorgesamtkräfte und -momente vergleichmäßigt werden. Diese Lasten werden an die übrigen Komponenten der Anlage weitergegeben und bestimmen das dynamische Lastniveau für den mechanischen Triebstrang, die Windrichtungsnachführung und den Turm der Anlage.

Die wichtigsten Systemmerkmale, die das dynamische Beanspruchungsniveau der Windkraftanlage bestimmen, sind die Anzahl der Rotorblätter, bei Zweiblattrotoren die Funktion der Rotornabe, die Art und die Qualität der Leistungsregelung und nicht zuletzt die Härte der elektrischen Kopplung an das frequenzstarre Netz.

Aus diesen dem Konstrukteur offenstehenden Möglichkeiten sind zwei Grundlinien zu erkennen. Auf der einen Seite wird immer noch nach dem alten englischen Spruch gehandelt: „Make it stiff and strong and you will never be wrong“. Die älteren stallgeregelten dänischen Windkraftanlagen folgten diesem Prinzip. Auf der anderen Seite steht das Bemühen, die dynamische Reaktion der Konstruktion und der Struktur so weich wie möglich zu gestalten, um dadurch die Materialbeanspruchungen zu verringern. Es versteht sich nahezu von selbst, daß dieser Weg für große Anlagen der erfolgversprechendere ist, auch wenn damit ein größerer Entwicklungsaufwand verbunden ist.

6.8.1 Anzahl der Rotorblätter

Betrachtet man die Rotorgesamtkräfte bei stationärer, aber unsymmetrischer Anströmung, so offenbaren sich gravierende Unterschiede in Abhängigkeit von der Blattzahl des Rotors. Am Beispiel des aerodynamischen Gier- und Antriebmomentes wird dies deutlich. Während der Einblatt- und der Zweiblattrotor erhebliche Wechsellasten in bezug auf das Rotorgiermoment und schwellende Belastungen im Hinblick auf das Antriebsmoment erzeugen, gleichen sich die Rotorgesamtmomente bei Rotoren mit mehr als zwei Blättern über den Umlauf nahezu aus (Bild 6.28). Der Einblattrotor fällt völlig aus dem Rahmen. Seine geometrische und damit auch aerodynamische Asymmetrie verursacht bereits bei symmetrischer Anströmung extreme wechselnde Rotorgesamtkräfte und Momente.

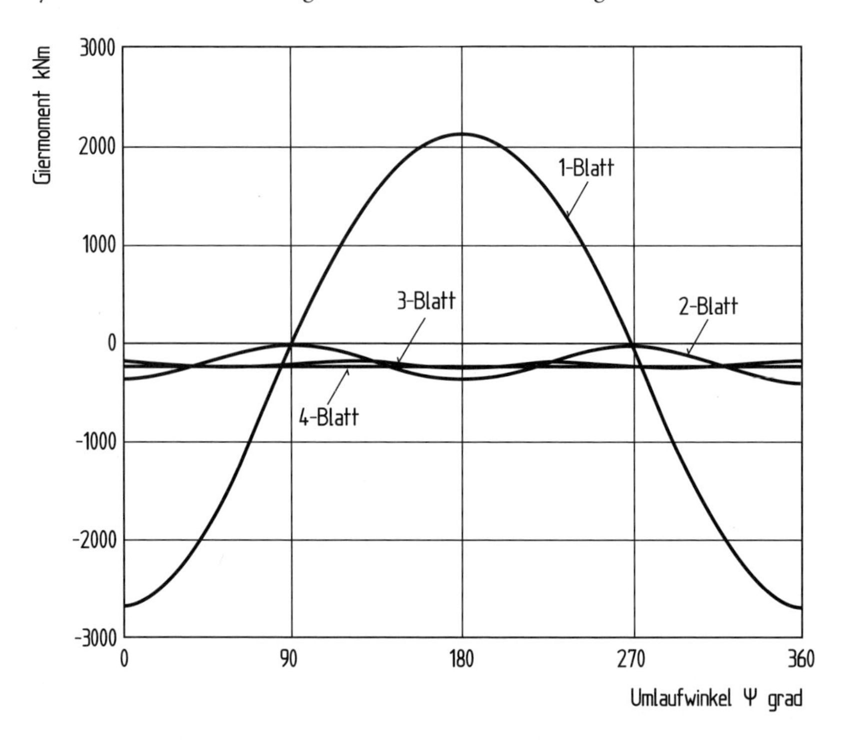

Bild 6.28. Aerodynamisches Giermoment eines Rotors mit unterschiedlicher Blattzahl bei unsymmetrischer Anströmung, berechnet am Beispiel der WKA-60 (gelenklose Rotornabe)

Der gravierende Einfluß der Blattzahl wird noch deutlicher, wenn man die dynamische Reaktion des sich elastisch verhaltenden Rotors in die Betrachtungen mit einbezieht. Dies gilt insbesondere für Rotoren mit weniger als drei Rotorblättern — eine Tatsache, die empirisch bereits lange bekannt ist. Die Verformungen, die ein Rotor unter dem Einfluß äußerer Kräfte erfährt, vornehmlich eine Durchbiegung der Blätter, verursachen Massenkräfte der beschleunigten Strukturmassen. Für die dynamische Reaktion des Rotors auf diese äußeren Lasten ist sein Massenträgheitsmoment um die momentane Bewegungsachse wichtig.

Beim drehenden Rotor ändert sich das Massenträgheitsmoment über den Umlauf, bezogen auf eine feststehende Achse, wenn der Rotor nur über zwei Rotorblätter verfügt, sich also wie ein drehender Stab verhält. Während sich Rotoren mit drei und mehr Rotorblättern in bezug auf das Trägheitsmoment wie eine Scheibe verhalten, also massensymmetrisch sind, ist der stabförmige Zweiblattrotor massenunsymmetrisch und zeigt einen schwellenden Verlauf des Trägheitsmomentes über den Umlauf. Je nachdem, ob die Rotorblätter senkrecht zu der betrachteten Achse stehen oder in Richtung dieser Achse liegen, variiert das Massenträgheitsmoment zwischen einem Maximal- und einem Minimalwert.

Dieses Phänomen hat in bezug auf die dynamische Reaktion des Rotors bei Auslenkungen aus seiner Normallage schwerwiegende Folgen. Wird durch eine asymmetrische Anströmung, zum Beispiel in der horizontalen Rotorstellung, eine Auslenkung der Rotorblätter bewirkt, so ist die sich ergebende Winkelgeschwindigkeit um die Hochachse vergleichsweise gering, da das Trägheitsmoment des Rotors in dieser Stellung um die Hochachse groß ist. Dreht der Rotor weiter zur Senkrechten, verringert sich das Trägheitsmoment um die Hochachse. Da aus physikalischen Gründen der Drehimpuls erhalten bleibt, wird die Winkelgeschwindigkeit um die Hochachse umso größer. Die Folge ist ein dynamisch verursachtes Giermoment um die Hochachse. Dieses dynamische Reaktionsmoment verstärkt das ohnehin bereits vorhandene aerodynamische Giermoment aus der Unsymmetrie der Anströmung. Das Nickmoment, das zum Beispiel durch die unsymmetrische Rotoranströmung aufgrund des Höhenprofils der Windgeschwindigkeit ausgelöst wird, verstärkt sich auf diese Weise bei einem Zweiblattrotor.

Windkraftanlagen mit Zweiblattrotoren sind deshalb besonders hohen dynamischen Beanspruchungen unterworfen, wenn die Rotorblätter starr mit der Rotorwelle verbunden sind. Um die negativen Konsequenzen für die Konstruktion der gesamten Anlage zu mildern, muß entweder die Festigkeit und Steifigkeit der Anlagenkomponenten für diese erhöhte Beanspruchung ausgelegt sein, oder der Zweiblattrotor muß konstruktiv so gestaltet werden, daß er durch kontrolliertes „Ausweichen“ die dynamischen Lasten weitgehend in sich selbst abbauen kann.

6.8.2 Rotornabengelenke beim Zweiblattrotor

Um die ungünstige dynamische Reaktion des Zweiblattrotors bei asymmetrischen Anströmverhältnissen zu mildern, ist eine Reihe konstruktiver Lösungen vorgeschlagen und zu einem großen Teil auch zumindest experimentell verwirklicht worden. Die bevorzugte Lösung bei den ersten großen Versuchsanlagen mit Zweiblattrotor war die Einführung von Gelenken, die den Rotorblättern oder den ganzen Rotor zusätzliche Freiheitsgrade der Bewegung ermöglichten, so daß die dynamischen Wechsellasten im Rotor selbst durch die Beschleunigung seiner eigenen Massen abgebaut werden können. Konstruktiv wird diese Nachgiebigkeit am einfachsten durch die Einführung von Gelenken zwischen den Rotorblättern und der Rotorwelle, das heißt in der Rotornabe, erreicht. Die prinzipiellen funktionellen Möglichkeiten für die Ausführung von Zweiblattrotoren zeigt Bild 6.29.

Gelenkloser Rotor

Der gelenklose Rotor, das heißt die starre Verbindung der Blätter mit der Rotorwelle, stellt die althergebrachte Bauweise dar. Der alte Windmühlenrotor war immer ein gelenkloser Rotor. Für Rotoren mit drei Rotorblättern ist diese einfache Bauart auch ausreichend. Aus Gründen der Einfachheit wurden auch Zweiblattrotoren mit starrer Nabe gebaut (WTS-75, AEOLUS II). Der Vorteil liegt in der einfachen Bauart der Rotornabe, der Nachteil in der Tatsache, daß die Windturbulenz, verbunden mit der die Wechselbelastung verstärkenden dynamischen Reaktion des Zweiblattrotors, voll von der Struktur getragen werden muß. Dies bedingt eine steife Anlagenauslegung mit entsprechendem Materialaufwand. In erster Linie ist die Windrichtungsnachführung und der Turm davon betroffen, aber auch

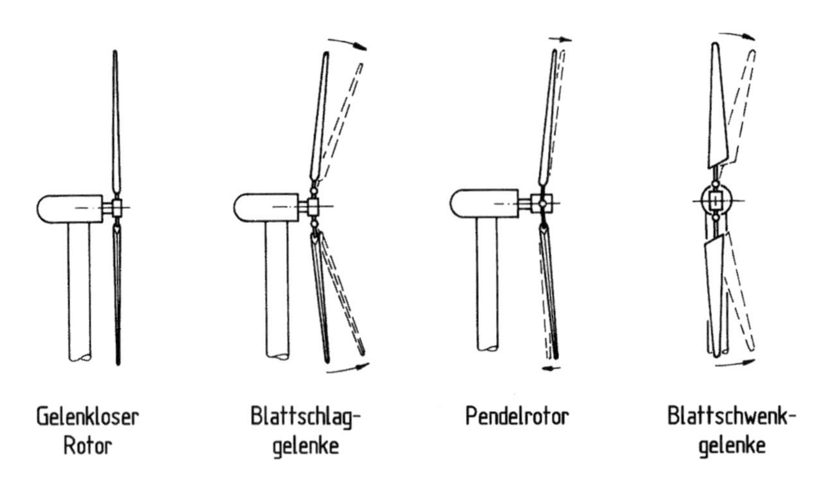

Bild 6.29. Gelenkloser Rotor und Rotornabengelenke bei Zweiblattrotoren

die Belastungen die Rotorblätter und Teile des mechanischen Triebstranges sind entsprechend hoch. Kommen noch Turmschatteneffekte hinzu, wird die Belastungssituation noch ungünstiger. Gelenklose Zweiblatt-Rotoren sollten deshalb nicht als Leeläufer angeordnet werden.

Blattschlaggelenke

Die Einführung von Gelenken, die eine begrenzte Schlagfreiheit der Rotorblätter zuließen, erfolgte bereits 1940 bei der Windkraftanlage von Smith-Putnam (vergl. Kap. 2.3) Der Hauptvorzug eines Rotors mit individuellen Blattschlaggelenken besteht darin, sowohl den symmetrischen, das heißt die gesamte Rotorfläche treffende Böen, als auch den asymmetrisch einwirkenden Böen ausweichen zu können.

Ein Nachteil der reinen Schlagbewegung zeigte sich bereits bei der erwähnten Anlage. Die relativ große Schlagbewegung der Rotorblätter brachte den Schwerpunkt näher zur Rotorachse. Als Folge der Beibehaltung des Drehimpulses versuchte das näher zur Drehachse liegende Blatt eine schnellere Drehbewegung um die Rotorachse auszuführen. Die Folge waren dynamisch bedingte Querkräfte und Momente auf die Rotorwelle. Der Lauf des Rotors mit reiner Blattschlagbewegung erwies sich deshalb im Betrieb als relativ rauh. Bei neueren Windkraftanlagen wurde ein Blattschlaggelenk nur in Verbindung mit Einblattrotoren verwendet.

Pendelrotor

Der mechanische Aufwand, der mit individuellen Blattschlaggelenken verbunden ist, läßt sich verringern, indem man den gesamten Rotor mit einem einzigen Gelenk mit der Rotorwelle verbindet. Der Rotor erhält damit die Freiheit, um die Rotorwelle pendelnde Bewegungen auszuführen. Eine derartige Pendelnabe wurde zum ersten Mal 1959 von Ulrich Hütter bei seiner W-34-Anlage verwendet (vergl. Kap. 2.4).

Der Pendelrotor reagiert auf symmetrische Belastungen wie ein gelenkloser Rotor. Die asymmetrischen Belastungen können jedoch ausgeglichen werden. Hinsichtlich der umlaufperiodischen Wechsellasten des Rotors bewirkt der Pendelrotor eine erhebliche Verbesserung. Die Gier- und Nickmomente verschwinden fast völlig. Insgesamt gesehen läßt sich beim Zweiblattrotor durch die Einführung eines Pendelgelenks eine dem Dreiblattrotor vergleichbare dynamische Charakteristik erzeugen. Ein Zweiblattrotor mit Pendelnabe oder ein Dreiblattrotor mit gelenkloser Nabe sind daher alternative Konzeptionen. Bei den großen Zweiblattrotoren war der Pendelrotor der ersten Generation der großen Versuchsanlagen die bevorzugte Bauart.

Blattwinkelrücksteuerung

Eine elegante Methode, die Schlag- oder Pendelbewegungen der Rotorblätter in Grenzen zu halten und ihre lastausgleichende Wirkung zu verstärken, ist die Kopplung der Schlag- bzw. Pendelbewegung mit einer Veränderung des Blatteinstellwinkels (Bild 6.30). Die Kopplung von Pendel- und Blattwinkelbewegung erfolgt entweder über ein mechanisches Gestänge oder durch eine geeignete Schrägstellung der Pendelachse in bezug auf die Rotorwelle. Letztere Methode wird — einem Terminus aus der Hubschraubertechnologie folgend — als δ_3-Kopplung bezeichnet.

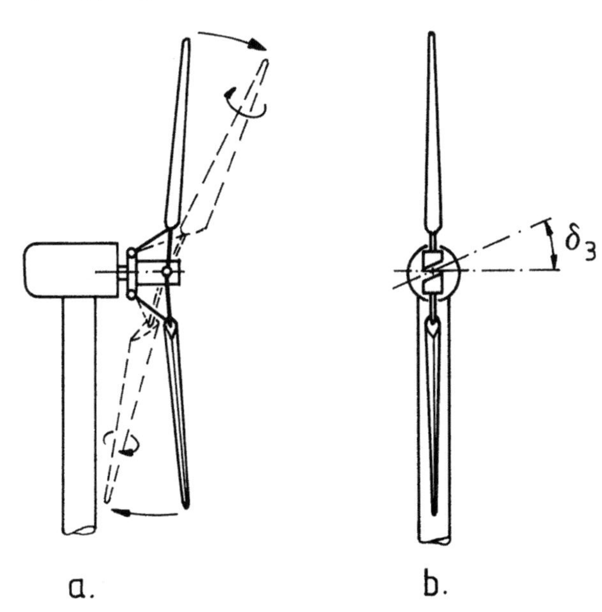

Bild 6.30. Blattwinkelrücksteuerung beim Pendelrotor
a) über ein mechanisches Gestänge
b) mit einer Schrägstellung der Pendelachse (δ_3-Winkel)

Pendel- und Blatteinstellwinkel werden in einem bestimmten Übersetzungsverhältnis gekoppelt. Bei einem Pendelausschlag bewirkt die Veränderung des Blatteinstellwinkels eine rückstellende Luftkraft. Auf diese Weise kann über den Bruchteil eines Rotorumlaufes bereits ein neuer Gleichgewichtszustand erreicht werden. Der Rotor verfügt damit über eine passive Selbstregelung in bezug auf eine unsymmetrische Anströmung. Er kann sich Windrichtungsänderungen besser anpassen, ohne große Giermomente zu erzeugen.

Die Kopplung des Pendelwinkels mit dem Blatteinstellwinkel über ein mechanisches Gestänge wurde, wie bereits erwähnt, bei der Hütterschen W-34 eingeführt und später auch für die Versuchsanlage Growian übernommen. Eine δ_3-Kopplung wurde bei den schwedisch-amerikanischen Versuchsanlagen WTS-3 und WTS-4 erprobt. Die Wirkung einer Blattwinkelrücksteuerung hängt allerdings sehr von der aerodynamischen Sensibilität des Rotors ab. Für schwere Rotoren wurde die Wirkung oft als zu schwach angesehen, um den Bauaufwand zu rechtfertigen (z. B. MOD-2). Auch einige kleinere Anlagen mit Pendelrotoren, zum Beispiel die amerikanischen ESI-Anlagen, verzichteten auf eine Blattwinkelrücksteuerung.

Blattschwenkgelenke

Die theoretisch weitestgehende dynamische Nachgiebigkeit des Rotors läßt sich mit der Einführung einer zusätzlichen Schwenkfreiheit der Rotorblätter erzielen. Hubschrauberrotoren besitzen bekanntlich Schlag- und Schwenkgelenke. Der mechanische Aufwand hierfür ist jedoch enorm. Außerdem besteht die Gefahr hochgradiger Instabilitäten, so daß Schlag- und Schwenkgelenke bei großen Windrotoren nicht zu finden sind. Einen Versuch in dieser Richtung unternahm 1955 John Brown mit seiner 100-kW-Windkraftanlage, überflüssigerweise auch noch bei einem Dreiblattrotor. Das Projekt war wohl auch aus anderen Gründen ein Mißerfolg. Die Schwenkfreiheit der Rotorblätter ist besser mit einer variablen Rotordrehzahl zu verwirklichen, die in diesem Sinne als „kollektive Schwenkbewegung" der Rotorblätter angesehen werden kann.

Insgesamt gesehen haben sich mechanische Gelenke zwischen Rotor und Rotorwelle bei großen Windkraftanlagen nicht bewährt. Alle Systeme zeigten, neben anderen Problemen, große Verschleißerscheinungen. Fortschritte in der Regelungstechnik eröffnen heute bessere Möglichkeiten. Eine individuelle Regelung des Blatteinstellwinkels hat eine ähnliche Wirkung wie die lastausgleichenden Gelenke zwischen den Rotorblättern und der Rotornabe. Damit kann periodisch über den Umlauf oder besser noch lastabhängig, der Blatteinstellwinkel jedes einzelnen Rotorblattes so geregelt werden, daß damit die wechselnde Belastung durch das Höhenprofil der Windgeschwindigkeit bzw. jede andere asymmetrische Rotorbelastung „ausgeregelt" werden kann (vergl. Kap. 6.8.4).

6.8.3 Steifigkeit der Rotorblätter

Die immer vorhandene Biegeelastizität der Rotorblätter gezielt dazu zu nutzen, die symmetrischen und unsymmetrischen äußeren Belastungen weicher aufzufangen, liegt auf der Hand. Diese Methode hat bei Hubschrauberrotoren erfolgreiche Vorbilder. Hier wird durch die Einführung elastischer Rotorblattwurzelanlenkungen die Schlagbewegung der Rotorblätter ermöglicht. Grundsätzlich kann eine entsprechend abgestimmte Biegeelastizität der Blätter den gleichen Effekt bewirken.

Die praktische Umsetzung dieser konstruktiven Lösung ist bei Windrotoren nicht einfach. Eine große Biegeelastizität in den Blättern ist ohne eine Kopplung mehrerer elastischer Freiheitsgrade der Biegung mit Torsion kaum zu realisieren. Die aeroelastischen Probleme, vor allem mit Blick auf die Regelung des Rotors, sind dann nur schwer zu beherrschen.

Außerdem kann die Durchbiegung bei voller Last so groß werden, daß der Freiraum der Blattspitzen zum Turm ein kritisches Entwurfskriterium wird.

Dennoch wird bei einigen neueren Anlagen die Biegeelastizität zunehmend als Mittel zur Verringerung der Belastungen eingesetzt. Zum Beispiel sind die Rotorblätter der großen Anlagen von Vestas relativ biegeelastisch. Mit dieser Auslegung werden die Belastungen weicher aufgefangen und ganz offensichtlich Gewicht bei den Rotorblättern gespart (Bild 6.31).

Bild 6.31. Vestas V80 bei voller Leistung mit stark durchgebogenen Rotorblättern (Foto Evergy)

6.8.4 Regelungssystem

Es liegt auf der Hand, daß die aerodynamische Leistungsregelung des Rotors nicht ohne Einfluß auf die Belastung sein kann. Die erste eher grundsätzliche Frage ist die Frage nach den Unterschieden, zwischen Blatteinstellwinkelregelung und Leistungsbegrenzung durch den aerodynamischen Stall. In früheren Jahren berührte dies fast schon eine Glaubensfrage der Windenergietechnik. Mittlerweile hat dieser Streit an Bedeutung verloren, seit fast alle größeren Anlagen über eine Blatteinstellwinkelregelung mit drehzahlvariabler Betriebsweise verfügen.

Es ist unzweifelhaft, daß Stallanlagen mit festen Rotorblättern höhere Grenzlasten aushalten müssen. Wie in Kap. 5.3.2 erläutert, fällt nach Erreichen der Nennleistung und damit verbunden dem Einsetzen des Stalls der Rotorschub nicht ab wie bei einer Blatteinstellwinkelregelung. Diese hohe Schubkraft des Rotors ist für den Turm und das Fundament, aber auch für die Rotorblätter selbst, eine vergleichsweise hohe Belastung. Noch bedeutsamer ist die Tatsache, daß es bei extremen Windgeschwindigkeiten keine Möglichkeit gibt die Rotorblätter in eine günstige Fahnenstellung zu bringen. Die Stillstandslasten werden deshalb extrem hoch. Da beim Turm und dem Fundament die Grenzlasten dimensionierend sind, führt dies zu größeren Baumassen und damit auch zu höheren Herstellkosten. Diese hohen Stillstandslasten lassen sich allerdings mit einer aktiven Stallregelung vermeiden (vergl. Kap. 5.3.3). Damit wird der grundsätzliche Vergleich zwischen Blatteinstellwinkelregelung und Stall schon schwieriger.

Was die Ermüdungsfestigkeit betrifft, ist die Situation etwas komplizierter. Die Reaktion auf eine Fluktuation der Windgeschwindigkeit ist bei beiden Regelungsprinzipien sehr unterschiedlich. Eine stallgeregelte Anlage läuft bei höheren Windgeschwindigkeiten im Bereich der Nennleistung und darüberhinaus immer „nahe am Stall". Eine kurzzeitige Erhöhung der Windgeschwindigkeit führt sofort tiefer in den Stallbereich, mit der Folge daß der Auftriebsbeiwert und damit auch die Belastung zurückgeht. Das Ermüdungslastkollektiv aus der Windturbulenz ist aus diesem Grund günstiger als bei Anlagen mit Blatteinstellwinkelregelung.

Rotoren mit Blatteinstellwinkelregelung und fester Rotordrehzahl sind aufgrund der Trägheit der Blattverstellung nicht in der Lage auf die kurzzeitigen Windenergieschwankungen zu reagieren. Die Ermüdungslasten aus der Windturbulenz werden deshalb höher. Mit Hilfe der Blatteinstellwinkelregelung können lediglich längerfristige Schwankungen der Windgeschwindigkeit beantwortet werden (Bild 6.32).

An dieser Stelle muss jedoch darauf hingewiesen werden, daß der Vergleich Stall mit Blatteinstellwinkelregelung bei fester Rotordrehzahl heute mehr oder weniger akademisch geworden ist. Bei nahezu allen neueren Anlagen wird die Blatteinstellwinkelregelung mit einer drehzahlvariablen Betriebsweise verbunden. Hier liegen die Verhältnisse völlig anders (vergl. Bild 6.35). Die Kombination der Baltteinstellwinkelregelung mit einer variablen Betriebsweise des Rotors bewirkt eine nahezu vollständige Glättung der Leistungsabgabe und damit auch eine Vergleichmäßigung der Belastung in Bezug auf das Drehmoment, das auf den mechanischen Triebstrang (Getriebe) einwirkt.

Die Blatteinstellwinkelregelung verfügt darüberhinaus über eine weitere Option die in Zukunft dazu beitragen kann das Belastungsniveau weiter zu senken. In den meisten Fällen wird heute für jedes Rotorblatt ein individueller elektrischer Verstellantrieb verwendet. Damit eröffnet sich die Möglichkeit den Einstellwinkel der Rotorblätter individuell, das heißt unabhängig voneinander, zu regeln. Mit einem derartigen Regelungsverfahren können asymmetrische Rotorlasten ausgeglichen werden. Zum Beispiel die umlaufperiodisch auftretende Wechselbelastung aus dem Höhenwindgradient ließen sich mit einer zyklischen Blatteinstellwinkelveränderung die der normalen Regelung überlagert würde ausgleichen. Allerdings würden mit einer zyklischen Veränderung des Blatteinstellwinkels andere stochastisch auftretende unsymmetrische Rotorenströmungen nicht ausgeglichen. Dies wäre nur mit einer lastabhängigen und vollständig unabhängigen Regelung für jedes einzelne Blatt zu erreichen.

Die führenden Hersteller wie Vestas oder General Electric haben in den letzten Jahren Versuche mit einer individuellen Blatteinstellwinkelregelung unternommen. Für die Vestas V90-Anlage war diese Art der Regelung vorgesehen, sie wurde jedoch nicht in die Serienproduktion übernommen, während einige andere Hersteller, zum Beispiel General

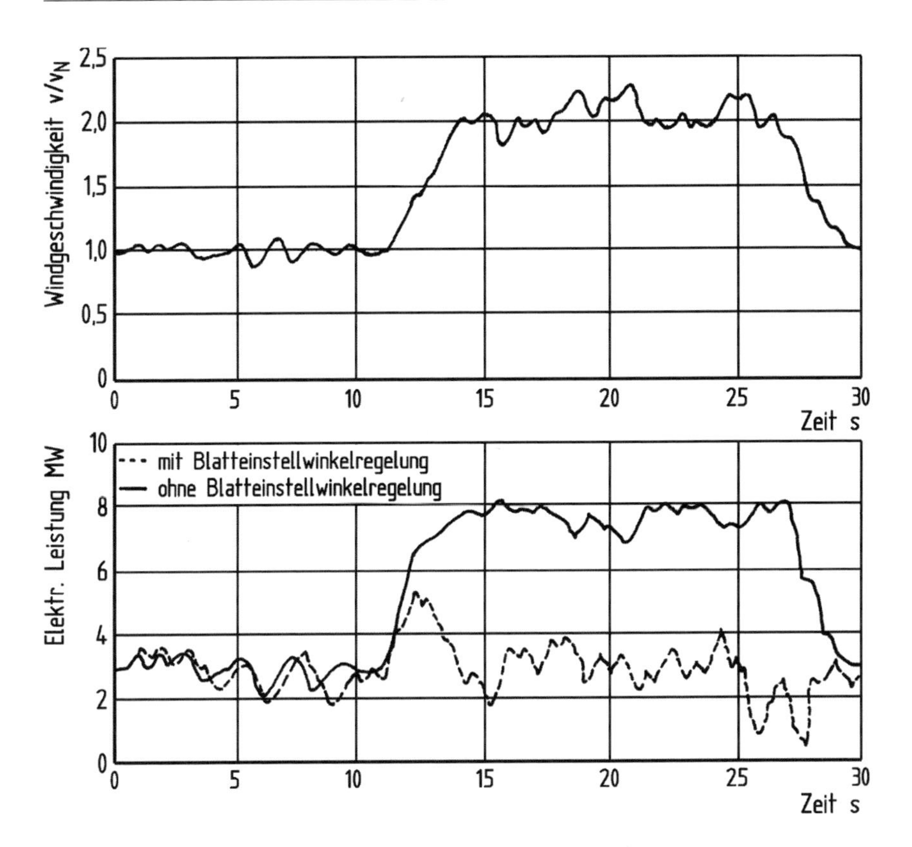

Bild 6.32. Einfluß der Blatteinstellwinkelregelung auf die Glättung der elektrischen Leistungsabgabe bei fester Rotordrehzahl

Electric zumindest einfachere Verfahren, die von der Biegespannung in der Rotorwelle ausgehen, benutzen. Wie bereits in Kap. 6.8.2 erläutert, wäre eine individuelle Blatteinstellwinkelregelung insbesondere für Zweiblattrotoren von besonderer Bedeutung. Große Zweiblattrotoren, wie sie in den frühen, großen Experimentalanlagen zu finden waren, könnten mit einer derartigen Regelung versehen werden und für besondere Anwendungsfälle, insbesondere für sehr große Offshore-Anlagen eine Renaissance erleben. Mit dieser Zielsetzung werden auch an verschiedenen Forschungsinstituten Grundlagenarbeiten für die individuelle Blatteinstellwinkelregelung durchgeführt [17].

Die Schwierigkeiten eine zuverlässige individuelle Blatteinstellwinkelregelung zu realisieren dürfen aber nicht übersehen werden. Das wesentliche Problem liegt in der Verfügbarkeit des richtigen Signals als Führungsgröße für die Regelung. Es bietet sich an unmittelbar die Biegebelastung der Rotorblätter mit Hilfe von Dehnmessstreifen zu messen und diese Signale zu benutzen. Die praktischen Schwierigkeiten liegen jedoch in vielen zu optimierenden Details, abgesehen von der Zuverlässigkeit der Sensoren. Insbesondere die dauernd wechselnde asymmetrische Windbelastung lässt bereits den Ort der Messung zum Problem werden. In jedem Fall muss der Rotorblattstellantrieb für diese Aufgabe die ausreichende Stellgeschwindigkeit bereitstellen können. Die dazu erforderlichen Blattverstellantriebe werden mit Sicherheit schwerer und teurer. Angesichts dieser vielfältigen Entwicklungsaufgaben bleibt die individuelle Blatteinstellwinkelregelung für kommerziell eingesetzte Windkraftanlagen wohl noch für einige Zeit eine Zukunftsoption.

6.8.5 Drehzahlelastizität und drehzahlvariable Betriebsweise

Eines der wichtigsten konzeptionellen Merkmale über die eine zunehmende Anzahl von Windkraftanlagen verfügt ist die variable Drehzahlführung des Rotors. Damit können gleichzeitig zwei Ziele erreicht werden.

Erstens kann der Rotor, sofern die Bandbreite der zur Verfügung stehenden Rotordrehzahl groß genug ist, in einem bestimmten Windgeschwindigkeitsbereich in seiner Drehzahl der Windgeschwindigkeit angepasst werden und mit seiner optimalen Schnellaufzahl, das heißt mit maximalem Leistungsbeiwert betrieben werden. Damit wird eine erhöhte Energielieferung im Vergleich zu einer Betriebsweise mit einer festen Rotordrehzahl erreicht (vergl. Kap. 14.6.3).

Der zweite Vorteil liegt darin, daß der Rotor kurzzeitige Leistungsänderungen aus der Fluktuation der Windgeschwindigkeit durch Ausweichen in die Drehzahl, das heißt durch Erhöhung oder Verringerung seiner kinetischen Energie speichern bzw. abgeben kann — wie ein Schwungrad. Mit dieser Fähigkeit werden die Abgabe der elektrischen Leistung und die dynamischen Belastungsänderungen in sehr effektiver Weise geglättet. Im Vergleich zum aerodynamisch windgeführten Betrieb, der eine relativ große Drehzahlspanne erfordert, genügt für eine spürbare Verringerung der dynamischen Belastungen eine vergleichsweise geringe Drehzahlnachgiebigkeit von wenigen Prozent. Die mechanischen und elektrischen Möglichkeiten für eine drehzahlnachgiebige oder drehzahlgeregelte Betriebsweise sind in den Kap. 9.11 und 10.4 erörtert. Mit Blick auf die Belastungen sind die zur Verfügung stehenden technischen Lösungen unterschiedlich zu bewerten.

Torsionselastizität im mechanischen Triebstrang

Windkraftanlagen, die mit direkt netzgekoppelten Synchrongeneratoren ausgerüstet sind, müssen über ein Mindestmaß an Torsionselastizität und Dämpfung im mechanischen Triebstrang verfügen. Entweder werden torsionselastische Glieder in die langsame oder schnelle Welle eingebaut oder das Übersetzungsgetriebe wird torsionselastisch aufgehängt. Die Wirkung derartiger Maßnahmen hängt naturgemäß sehr stark von der konstruktiven Ausführung ab. Um das Schwingungsverhalten unter Kontrolle zu halten, ist neben der Torsionselastizität auch eine ausreichende Dämpfung erforderlich. Torsionselastisch aufgehängte Getriebe wurden bei der ersten Generation in großen Versuchsanlagen eingesetzt (vergl. Kap. 9.11). Das Getriebe konnte als Reaktion auf eine momentane Drehmomentenspitze um etwa 20 bis 30 Grad torsionselastisch ausweichen und glättete somit die Belastungsspitzen. Bei den heutigen Anlagen werden die Getriebe, wesentlich einfacher und billiger, in elastischen Gummikörpern gelagert (vergl. Kap. 9.9.4 und Bild 9.60). Obwohl diese Lagerung in erster Linie zur Vermeidung der Körperschallübertragung und zur Entkopplung des Schwingungsverhaltens dient, werden auch — wenn auch nur in begrenztem Umfang — dynamische Belastungsspitzen abgebaut.

Hydrodynamischer Drehzahlschlupf

Eine noch effektivere, weil stärker gedämpfte, Torsionsnachgiebigkeit wird durch den Einbau einer hydraulischen Kupplung in den mechanischen Triebstrang erreicht. Derartige Kupplungen weisen im Regelfall einen Drehzahlschlupf von etwa 2 bis 3 % auf. Die Kombination von direkt netzgekoppelten Synchrongeneratoren und hydraulischer Kupplung im mechanischen Triebstrang wurde in der Vergangenheit bei mehreren Anlagentypen, zum Beispiel bei der Howden HWP 330, der Westinghouse WWG 0600 oder der MOD-0 (vergl. Kap. 9.11) eingesetzt. Bild 6.33 zeigt am Beispiel der MOD-0-Anlage die Wirkung einer hydraulischen Kupplung im Hinblick auf die Glättung der Leistungsabgabe. Die Kombination von Synchrongenerator und hydraulischer Kupplung ist bei neueren Anlagen kaum noch zu finden. Die elektrische Drehzahlvariabilität ist demgegenüber die überlegene technische Lösung.

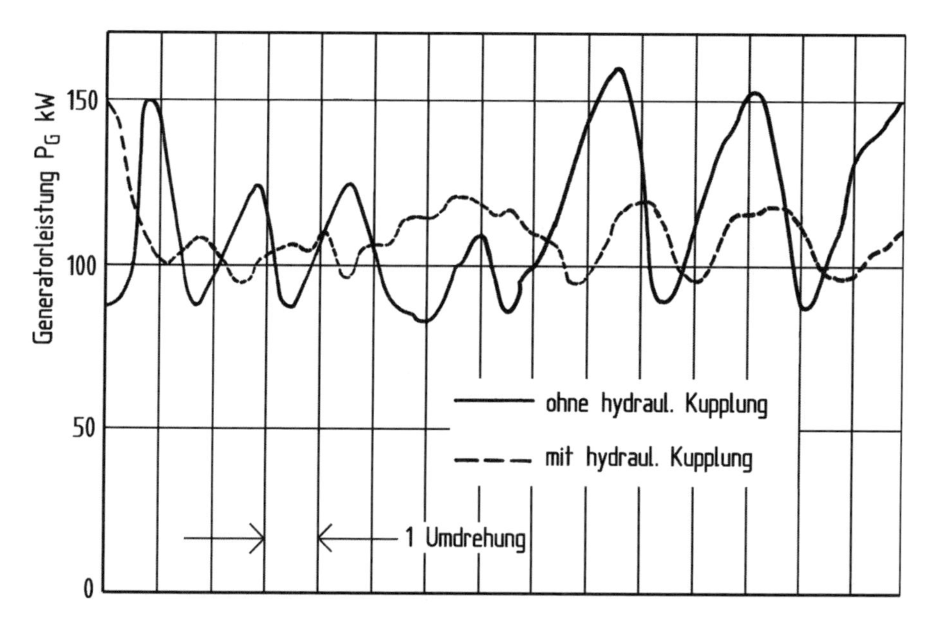

Bild 6.33. Glättung der Leistungsabgabe durch den Einbau einer hydraulischen Kupplung in den mechanischen Triebstrang am Beispiel der MOD-0 [18]

Elektrischer Drehzahlschlupf

Eine gewisse Glättung von Belastungsspitzen wird bei Windkraftanlagen mit Asynchrongenerator durch den elektrischen Schlupf des Generators erreicht (Bild 6.34).

Große Asynchrongeneratoren weisen in der serienmäßigen Ausführung allerdings nur geringe Schlupfwerte auf (vergl. Kap. 10.1). Erst mit einem Nennschlupf von 2–3 % wird eine deutliche Verbesserung des dynamischen Belastungsniveaus erreicht und außerdem werden unerwünschte Triebstrangschwingungen vermieden. Bei vielen, vor allem älteren

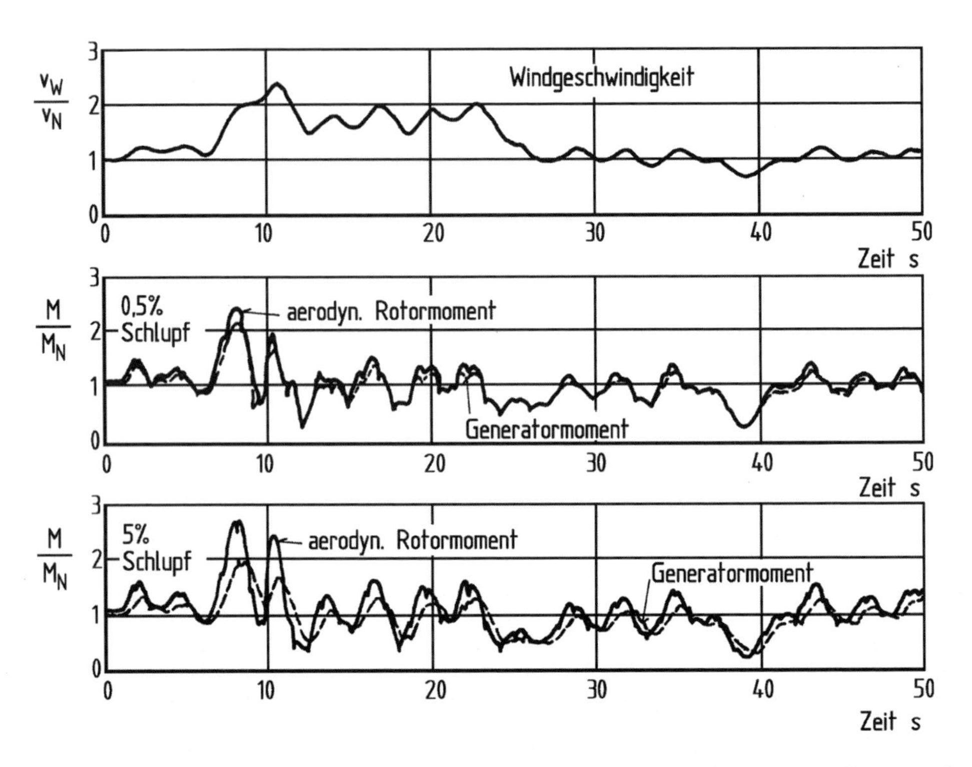

Bild 6.34. Glättung der Leistung und des Drehmoments mit einem Asynchrongenerator bei 0,5 und 5 % Nennschlupf [19]

Windkraftanlagen wird deshalb ein Asynchrongenerator verwendet, der speziell für größere Schlupfwerte, zu Lasten des Wirkungsgrades, ausgelegt ist.

Regelbare Drehzahlvariabilität

Eine nahezu vollständige Glättung der vom Rotor aufgenommenen Leistung wird nur mit einer drehzahlvariablegeregelten Betriebsführung des Rotors erreicht. Mit einem nachgeschaltenen Frequenzumrichter kann der elektrische Generator mit variabler Drehzahl betrieben werden (vergl. Kap. 10.4). Das Generatormoment kann bei dieser Anordnung in den vorgegebenen Drehzahlgrenzen unabhängig von der Drehzahl auf einen konstanten Wert geregelt werden. Die Folge ist eine vollständige Glättung der übertragenen Leistung und damit auch der Belastung innerhalb der vorgegebenen Drehzahlgrenzen (Bild 6.35).

Diese Fähigkeit wird allerdings durch die technisch realisierte Drehzahlspanne begrenzt, so daß größere Schwankungen der Windgeschwindigkeit nicht ausgeglichen werden können. Die wirksame Glättung größerer und länger andauernder Windböen und der damit verbundenen Leistungs- und Belastungsspitzen gelingt nur mit Hilfe der Blatteinstellwinkelregelung (vergl. Bild 6.32). Die Drehzahlvariabilität des Rotors und die Blatteinstellwinkelregelung sollten deshalb immer im Zusammenhang betrachtet werden, da sie

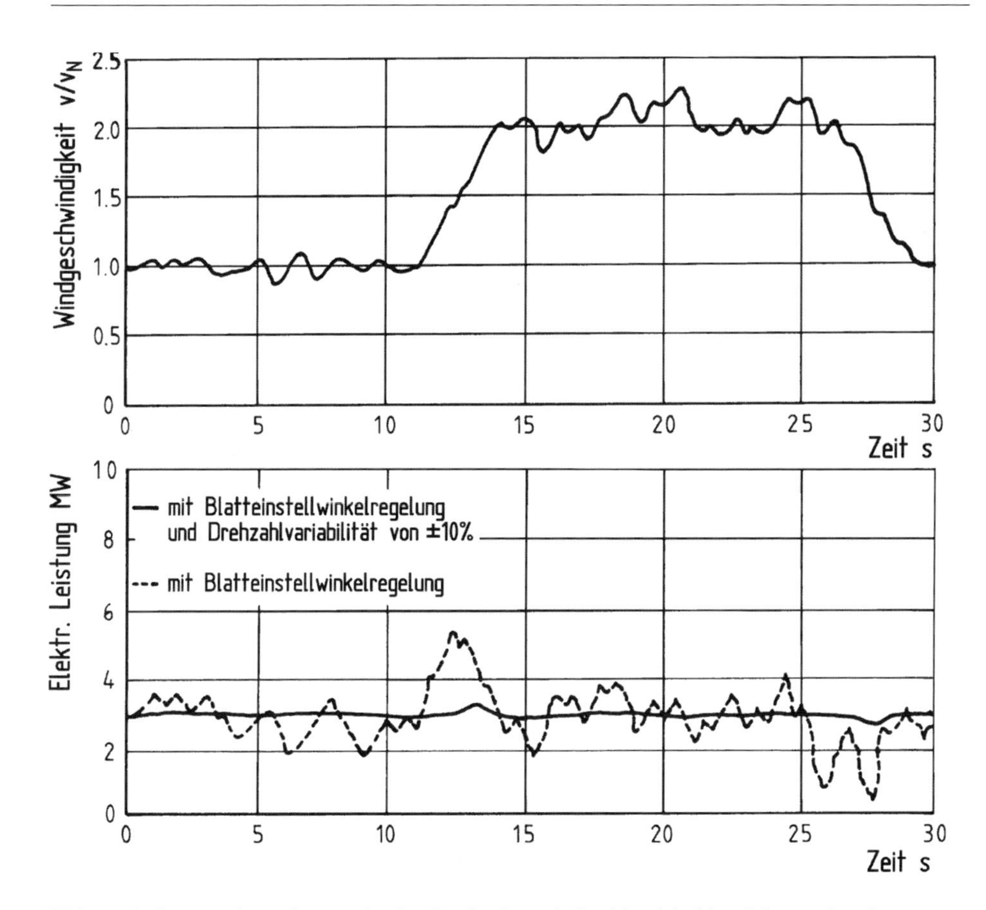

Bild 6.35. Glättung der Leistungsabgabe durch einen drehzahlvariabel betriebenen Synchrongenerator mit Frequenzumrichter am Beispiel von Growian

sich in ihrer Wirkungsweise ergänzen. Neuere Anlagen verfügen deshalb zunehmend über diese beiden Systemmerkmale.

Neben der heute üblichen elektrischen Drehzahvariabilität sind auch mechanische, drehzahlvariable Übertragungssysteme erprobt worden. In der Vergangenheit wurde mit derartigen Systemen vielfach experimentiert, allerdings ohne überzeugende Ergebnisse. Seit einigen Jahren bietet jedoch ein großer Getriebehersteller ein speziell für Windkraftanlagen entwickeltes regelbares, drehzahlvariables Getriebe an (siehe Kap. 9.11)

6.9 Meßtechnische Erfassung der Strukturbeanspruchungen

Die theoretische Ermittlung der Strukturbeanspruchungen, denen eine Windkraftanlage bei den unterschiedlichen Umgebungsbedingungen und in den verschiedenen Betriebszuständen ausgesetzt ist, hat trotz aufwendiger Rechenverfahren immer noch ihre Grenzen. In den letzten Jahren wurden zwar bedeutende Fortschritte auf diesem Gebiet erreicht, dennoch ist die Verfeinerung der Kenntnisse, insbesondere der im Langzeitbetrieb auftretenden Belastungen, eine entscheidende Voraussetzung für die Verringerung der Komponentengewichte und damit letztlich für eine weitere Senkung der Herstellkosten. Neben der Entwicklung von theoretischen Berechnungsmodellen stand viele Jahre deshalb die meßtechnische Erfassung der tatsächlich auftretenden Belastungen im Vordergrund von zahlreichen Forschungs- und Entwicklungsvorhaben. Einige der früheren Großanlagen wurden geradezu als Prüfstände zur Erforschung der Belastungen konzipiert. Auch heute werden bei neuentwickelten Anlagen derartige Messungen durchgeführt.

Zu den experimentellen Belastungsuntersuchungen gehören selbstverständlich auch Messungen und Versuche, die für einzelne Komponenten auf Prüfständen durchgeführt werden können. Tests auf Prüfständen verfügen über den unschätzbaren Vorteil, unter reproduzierbaren Bedingungen den Zusammenhang von vorgegebenen Lasten und Antwortreaktionen der Prüfobjekte zu vermitteln. Sie sind dann sinnvoll, wenn unbekannte Materialeigenschaften, das Zusammenwirken verschiedener Materialien in einer speziellen Bauweise, Unsicherheiten der Fertigungstechnik oder auch die Verifizierung von Berechnungsergebnissen überprüft werden sollen. Die Belastungen selbst müssen allerdings vorgegeben, das heißt, ihre Richtigkeit muß unterstellt werden.

Prüfstandtests für die großen mechanischen und elektrischen Komponenten, wie Getriebe oder Generatoren, werden in der Regel von der entsprechenden Zulieferindustrie durchgeführt. Bei den Windkraftanlagenherstellern sind Prüfstandsversuche für neuentwickelte Rotorblätter heute ein wichtiges Instrumentarium in der Entwicklung.

6.9.1 Prüfstandversuche mit Rotorblättern

Neu entwickelte Rotorhalter werden zur Verifizierung ihrer Festigkeitseigenschaften und dynamischen Kennwerte auf speziellen Prüfständen getestet. Zunächst wird die statische Belastbarkeit der Blätter experimentell überprüft und die vorausberechneten Spannungszustände in den tragenden Strukturelementen mit Hilfe von Dehnmeßstreifen ermittelt. Die gemessenen Durchbiegungen sind ein zusätzliches Kriterium um die konstruktiven Entwurfsannahmen zu überprüfen (Bild 6.36).

Die Simulation dynamischer Lastkollektive ist nur in sehr eingeschränktem Umfang möglich. Die sehr hohen Lastwechselzahlen in der Lebensdauer einer Windkraftanlage, verbunden mit den dazugehörigen Amplituden, könnten nur in aufwendigen Langzeitversuchsprogrammen dargestellt werden. Man beschränkt sich deshalb darauf, nur die kritischen Bereiche der Konstruktion, zum Beispiel die Krafteinleitungselemente der Rotorblattstruktur in die Nabe, in Form von kleineren Testobjekten einem dynamischen Lastkollektiv zu unterziehen. Auf diese Weise läßt sich die Gesamtkonstruktion zumindest „ausschnittweise" auf ihre Dauerfestigkeit überprüfen.

Eine weitere wichtige Aufgabenstellung ist die Ermittlung der wichtigsten Eigenfrequenzen. In sog. „Standschwingungsversuchen", bei denen das Rotorblatt frei auskragt und zu Schwingungen angeregt wird, können sowohl die Eigenfrequenzen als auch die Schwingungsformen sehr genau festgestellt werden. Die im Stand gemessenen Eigenfrequenzen entsprechen zwar nicht exakt den Eigenfrequenzen des drehenden Rotors, die Richtigkeit der Steifigkeitsauslegung läßt sich dennoch auf diese Weise nachweisen.

Bild 6.36. Rotorblatt-Prüfstand bei LM Glasfiber

6.9.2 Datenerfassungssysteme und Messungen an Originalanlagen

Die Erforschung der tatsächlich vorhandenen Belastungen und Strukturbeanspruchungen ist naturgemäß nur an der Windkraftanlage selbst möglich. Die übliche Verfahrensweise besteht darin, mittels Dehnmeßstreifen die Verformungen an den ausgewählten Bauteilen zu registrieren und auf die vorhandenen Materialspannungen zu schließen. Einen vollständigen Überblick über das gesamte Belastungsspektrum zu erhalten setzt jedoch langfristige Meßkampagnen voraus, deren Ergebnisse erst durch die statistische Verarbeitung einer großen Datenmenge überhaupt aussagekräftig werden.

Die Analyse der Ergebnisse kann im Detail sehr schwierig sein. Zum einen ist die Auflösung nach den Belastungsursachen nur sehr bedingt möglich, da die Strukturverformungen nur die Summe aus allen Belastungen widerspiegeln. Hieraus zum Beispiel auf die aerodynamisch bedingten Lasten zu schließen, fällt außerordentlich schwer. Ebenso problematisch ist die Zuordnung bestimmter Lastzustände zu den sie auslösenden Ereignissen, zum Beispiel einzelner Böen.

Eine der ersten systematischen Meßkampagnen führte die NASA in den Jahren 1977 bis 1979 im Rahmen eines schwedisch-amerikanischen Versuchsprogramms an der Gedser-Anlage durch [20]. Im amerikanischen Windenergieprogramm wurden an der Experimentalanlage MOD-0 umfassende Messungen vorgenommen [21]. Danach wurden vor allem Meßergebnisse, die an den großen Versuchsanlagen MOD-2, WTS-3/-4, WTS-75 und Growian ermittelt wurden, veröffentlicht [22, 23]. Hieraus zeigt Bild 6.37 ein Ergebnis. Offensichtlich korrelieren die mit den Computerprogrammen MOSTAB und GEM vorausgesagten dynamischen Wechselbelastungen an den Rotorblättern der MOD-2 im statistischen Mittelwert relativ gut mit den Meßergebnissen. Die Gewinnung derartiger

Meßdaten und die damit verbundene Verfeinerung der Rechenprogramme ist eine entscheidende Voraussetzung für die zuverlässige Strukturdimensionierung von fortschrittlichen Leichtbaukonzeptionen.

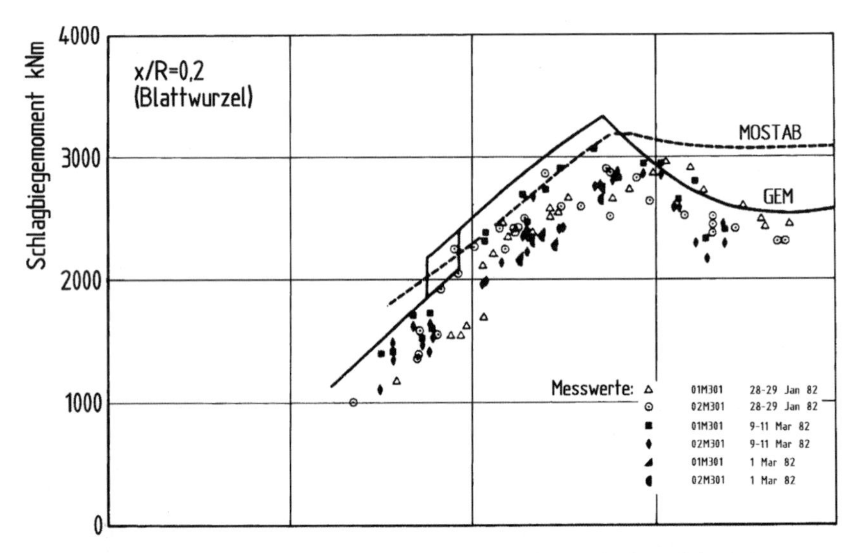

Bild 6.37. Gerechnete und gemessene Schlagbiegemomente bei einer MOD-2-Anlage [22]

Im Zusammenhang mit den Belastungsmessungen an Windkraftanlagen sind einige Anmerkungen zur Datenerfassung und Auswertung angebracht. Neu entwickelte Prototypen verfügen entsprechend ihrem Charakter als Versuchsobjekte über aufwendige meßtechnische Systeme. Der Aufbau und der Betrieb dieser Geräte nimmt in der Testphase einen breiten Raum in der Entwicklung ein. Dies gilt sowohl für die Bereitstellung der Hardware, als auch für die Erarbeitung der Software im Hinblick auf die Datenaufbereitung und Auswertung. Bild 6.38 zeigt den prinzipiellen Aufbau des Datenerfassungs- und Auswertungssystems am Beispiel des Prototyps der Enercon E-40.

Die Datenerfassung kann ca. 200 Meßstellen mit Hilfe verschiedenartiger Meßwertaufnehmer erfassen, wie zum Beispiel Dehnmeßstreifen, Beschleunigungsmessern, Kraft- und Wegaufnehmern, Windgeschwindigkeitsmeßgeräten oder Geräten zur Messung elektrischer Größen. Die Meßsignale werden verstärkt und über einen Multiplexer entsprechend einer vorgegebenen Rate abgetastet. Daran anschließend werden die analogen Signale digitalisiert und mit Hilfe der PCM-Technik (Pulse Code Modulation) in einen seriellen Datenfluß umgesetzt. Die Anwendung der PCM-Technik ist in der Regel erforderlich, um die zunächst parallel einlaufenden Daten von der Vielzahl der Meßstellen mit möglichst nur einer Signalleitung übertragen zu können. Die aufwendige statistische Verarbeitung der gewonnenen Belastungsdaten zur Verifizierung der Lastkollektive erfordert umfangreiche Rechnerprogramme. Als besonders hilfreich hat sich eine numerische Methode erwiesen, die unter dem Namen *Rainflow-Methode* diese Aufgabe erfüllt.

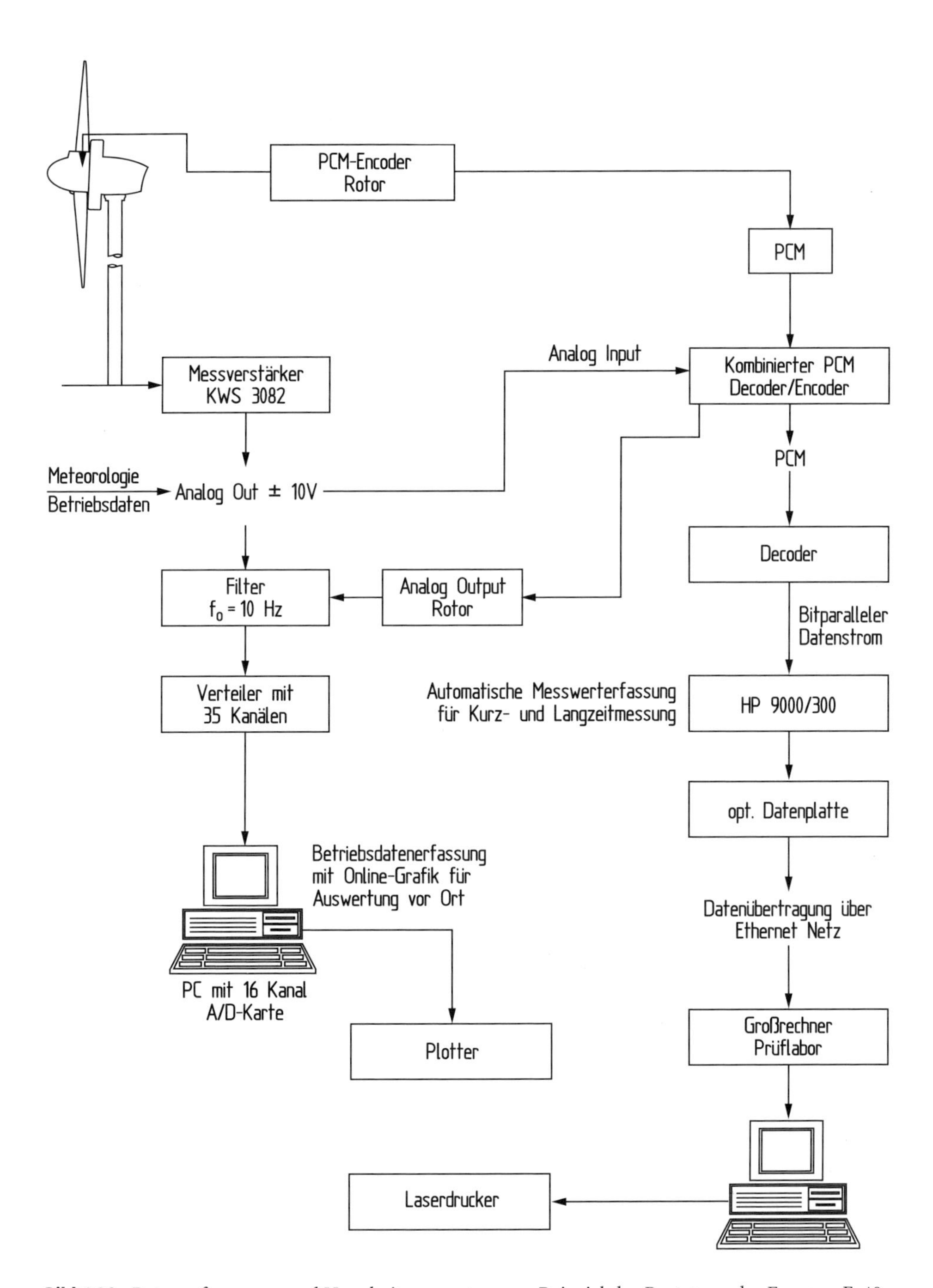

Bild 6.38. Datenerfassungs- und Verarbeitungssystem am Beispiel des Prototyps der Enercon E-40

Ein wichtiger Hinweis ist noch im Hinblick auf die Konzipierung der Datenerfassungs- und -verarbeitungsanlage angebracht. Das nur zu Versuchszwecken eingesetzte System sollte möglichst völlig unabhängig von der Datenverarbeitung des Betriebsführungssystems der Windkraftanlage arbeiten. Eine funktionelle Verknüpfung wäre aus sicherheitstechnischen Gründen sehr bedenklich.

Literatur

1. International Electrotechnical Comission (IEC): Wind Turbine Generator Systems, Part 1 Safety Requirements, IEC 61400-1, second edition, 1999
2. Deutsches Institut für Bautechnik (DIBt): Richtlinie für Windenergieanlagen: Einwirkungen und Standsicherheitsnachweise für Turm und Gründung, Fassung März 2004, Schriftenreihe B, Heft 8, Berlin, 2004
3. Abbott, I. H.; Von Doenhoff, A. E.: Theory of Wing Sections New York: Dover Publications Inc. 1958
4. Burton, T.; Sharpe, D.; Jenkins, N.; Bossanyi, E.: Wind Energy Handbook, John Wiley & Sons, Chichester, 2001
5. Schepers, J. G. und Snel, H.: Investigation of dynamic inflow effects and implementation of an engineering method, ECN-Report ECN-C-94-107, Petten, 1995
6. Schewe, G.: Untersuchung der aerodynamischen Kräfte, die auf stumpfe Profile bei großen Reynolds-Zahlen wirken. DFVLR-Mitteilungen 84-19
7. Snyder, M. H.: Wakes Produced by a Single Element and Multiple Element Wind Turbine Towers. Wind Energy Conversion Devices, Von-Kármán-Institut 1981
8. Frost, W.; Long, B. H.; Turner, R. E.: Engineering Handbook on the Atmospheric Environmental Guidelines for Use in Wind Turbine Generator Development. NASA Technical Paper 1359 1978
9. Garrad, A. D.; Hassan, U.: Taking the Guesswork out of Wind Turbine Design. Cambridge, Massachusetts, USA; AWEA National Conference 1986
10. IEA Expert Group Study: International Recommended Practices for Wind Energy Conversion Systems Testing 3. Fatigue Characteristics. 1. Edition 1984
11. Huß, G.; Hau, E.: Lastfalldefinition für WKA-60, Interner MAN-Bericht 1986
12. Germanischer Lloyd: Rules and Regulations IV — Non Marine Technology, Part 1 — Wind Energy, Regulations for the Certification of Wind Energy Conversion Systems, Clegster 1–10, 1993 mit laufenden Ergänzungen Nr. 1 (1994), Nr. 2 (1998)
13. Dahlroth, D.: Load Cases for Medium-Sized Wind Power Plants, Greenford, 9. IEA Meeting of Experts, Structural Design Criteria for LS-WECS, 1983
14. Spera, D.: Fatigue Design of Wind Turbines (Hrsg.): Wind Turbines Technology, ASME Press, New York, 1994
15. Langenbrinck, J.: Verifikation der Rotorlasten für die Windkraftanlage WKA-60 auf Helgoland, Diplomarbeit TU-München, Lehrstuhl für Leichtbau 1991
16. SIMPACK AG: Firmenmitteilungen, Gilching, 2011
17. Caselitz, P.: Individual Blade Pitch Control Design for Load Reduction on Large Wind Turbines, Mailand, EWEC 2007
18. Thomas R. L.; Richards T. R.: ERDA/NASA 100 kW MOD-0 Wind Turbine Cleveland, Ohio, NASA Lewis Research Center 1973

19. Cramer, G.: Entwicklung der Regelungsstruktur und Betriebsführung der Windenergieanlage AWEC-60, SMA Bericht (interner Bericht im Auftrag von MAN) Sept. 1987
20. Lundsager, P.; Christensen, C. J.; Fraudsen, St.: The Measurements on the Gedser Wind Mill 1977–79, Risø National Laboratory 1979
21. Linscott, B. S. et al.: Experimental Data and Theoretical Analysis of an Operating 100-kW Wind Turbine (MOD-0), DOE/NASA TM-73883 1977
22. MOD-2 Wind Turbine System Development, Final Report, NASA CR № 168007, 1982
23. Huß, G.: Meßprogramm an der Versuchsanlage WKA-60 auf Helgoland, BMFT-Forschungsvorhaben 0328508D, Abschlußbericht 1994

Kapitel 7

Schwingungsverhalten

Schwingungsprobleme sind bei Windrädern eine alte Erscheinung. Bereits die Bockwindmühle des Mittelalters wurde auch als „Wippmühle“ bezeichnet, weil die Lagerung des ganzen Mühlenhauses auf einem Bock zum „Wippen“ führte. Dieser Nachteil war dann auch der Ansatzpunkt für die Weiterentwicklung zur standfesteren und damit ruhiger laufenden Holländer-Mühle.

Moderne Windkraftanlagen sind schlank und elastisch gebaut, vor allem die Rotorblätter und der Turm. Sie stellen deshalb extrem schwingungsfähige Gebilde dar. Hinzu kommt, daß an schwingungsanregenden Einflüssen kein Mangel herrscht, wie die Erörterung der periodisch wechselnden Rotorkräfte gezeigt hat. Diese Kräfte können bestimmte Teilsysteme oder auch die gesamte Anlage zu gefährlichen Schwingungen anregen. Windkraftanlagen müssen deshalb bereits im Entwurfsstadium einer sorgfältigen Schwingungsanalyse unterzogen werden.

Das Ziel dieser Schwingungsanalyse besteht darin, den Nachweis der schwingungsmechanischen Stabilität und Resonanzfreiheit im zugelassenen Betriebsbereich zu führen. Instabile Drehzahlbereiche, zum Beispiel in bezug auf eine Biegeschwingung des Turms oder Resonanzen von Biege- oder Torsionsschwingungen anderer wesentlicher Bauteile, müssen zumindest in den stationären Betriebszuständen vermieden werden. Die Eigenfrequenzen der Bauteile Rotorblätter, Turm und mechanischer Triebstrang dürfen deshalb weder zu dicht beieinander liegen, noch darf ihr Abstand zu den anregenden Frequenzen zu klein sein.

Diese auf den schwingungstechnischen Stabilitätsnachweis gerichtete Zielsetzung sollte man nicht mit der Aufgabe verwechseln, die dynamischen Belastungserhöhungen aufgrund des elastischen Strukturantwortverhaltens zu ermitteln. Die Berechnungsansätze und -methoden sind zwar ähnlich, teilweise sogar identisch, aber die Fragestellung ist anders und damit auch die Vorgehensweise.

Die Schwingungsprobleme bei Windkraftanlagen konzentrieren sich im wesentlichen auf vier Bereiche:

- Die schlanken Rotorblätter unterliegen aeroelastischen Einflüssen. Um gefährliche Schwingungszustände zu vermeiden, müssen bestimmte Steifigkeitskriterien erfüllt sein.

- Der mechanisch-elektrische Triebstrang neigt zu Torsionsschwingungen, die sowohl durch aerodynamische als auch durch elektrische Einflüsse angeregt werden können.
- Die Windrichtungsnachführung hat ihre eigene Dynamik, die ebenfalls zu unerwünschtem Schwingungsverhalten führen kann.
- Nicht zuletzt kann die gesamte Windkraftanlage ins Schwingen geraten. Die Ursache hierfür ist die Resonanz der vom Rotor ausgehenden periodischen Kräfte mit der Biegeeigenfrequenz des Turmes.

Theoretisch sind diese vier Bereiche nicht unabhängig voneinander. Eine gemeinsame Behandlung mit einem umfassenden Rechenmodell wäre jedoch ebenso unpraktikabel wie unnötig. Die schwingungstechnische Kopplung dieser Vorgänge ist im allgemeinen so schwach, daß eine isolierte Behandlung möglich ist.

7.1 Anregenden Kräfte und Schwingungsfreiheitsgrade

Schwingungen der gesamten Windkraftanlage oder ihrer Teilsysteme werden im wesentlichen durch die periodisch wechselnden und stochastisch auftretenden aerodynamischen Kräfte ausgelöst. Grundsätzlich können auch Kraftwirkungen aus dem „Inneren" der Komponenten, z. B. aus dem Getriebe, oder aus dem Netz schwingungsanregend wirken. Derartige Erscheinungen spielen im allgemeinen jedoch eine untergeordnete Rolle. Entsprechend der Anzahl der Teilsysteme sind eine Vielzahl von Schwingungsfreiheitsgraden möglich, die sich außerdem noch wechselseitig beeinflussen können (Bild 7.1).

Man könnte angesichts dieser Situation annehmen, daß eine unübersehbare Anzahl der verschiedenartigsten Schwingungsformen auftritt. Theoretisch ist dies auch der Fall. Nur ist die schwingungstechnische Kopplung der einzelnen Freiheitsgrade im Gesamtsystem sehr unterschiedlich ausgeprägt, so daß nur einige Koppelschwingungen von praktischer Bedeutung sind, während die meisten anderen von eher akademischem Interesse sind.

Das Schwingungsverhalten der Windkraftanlage läßt sich unter praktischen Gesichtspunkten auf eine begrenzte Anzahl von typischen Schwingungszuständen mit bestimmten Freiheitsgraden reduzieren. Die periodischen Rotorkräfte regen in erster Linie die Turmbiegeschwingungen an. Bei den Rotorblättern ist die Schlag-, Schwenk- und Torsionsbewegung mit den entsprechenden Eigenfrequenzen von Bedeutung. Die erste Schlag-Biege-Eigenfrequenz der Blätter kann mit der Turmbiegung in Resonanz geraten, während die zweite Biegeeigenfrequenz der Blätter meistens so hoch liegt, daß sie nicht mehr stört. Die Schwenkbewegung, namentlich die antimetrische Schwenkbewegung der Blätter, ist im Zusammenhang mit dem Schwingungsverhalten des Triebstrangs zu sehen (vergl. Kap. 7.2).

Die Verhinderung von Resonanzen der anregenden Rotorkräfte mit den Eigenfrequenzen der Komponenten ist die erste und wichtigste Forderung, um das Schwingungsverhalten der Gesamtanlage unter Kontrolle zu halten. Aus diesem Grund müssen die wichtigsten Eigenfrequenzen der Komponenten in bezug auf die anregenden Rotorfrequenzen bereits im Entwurfsprozeß richtig platziert werden. Mit zunehmender Größe der Bauteile werden die Eigenfrequenzen niedriger, sodaß sich die Resonanzbereiche in Richtung der Anregenden, z. B. aus der Rotordrehfrequenz, verschieben.

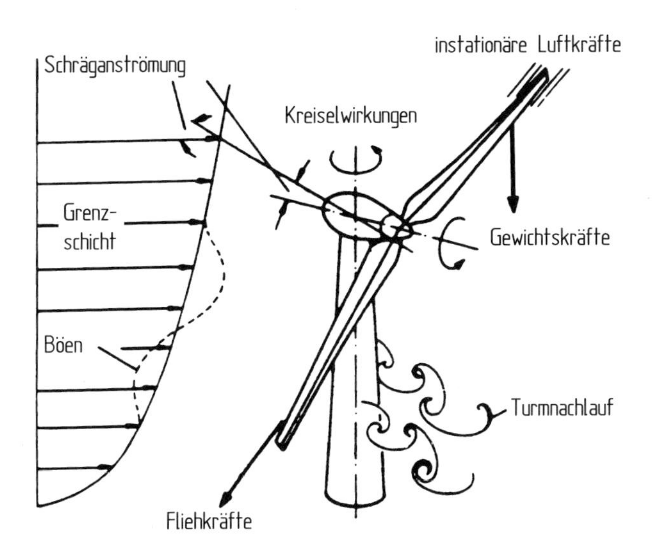

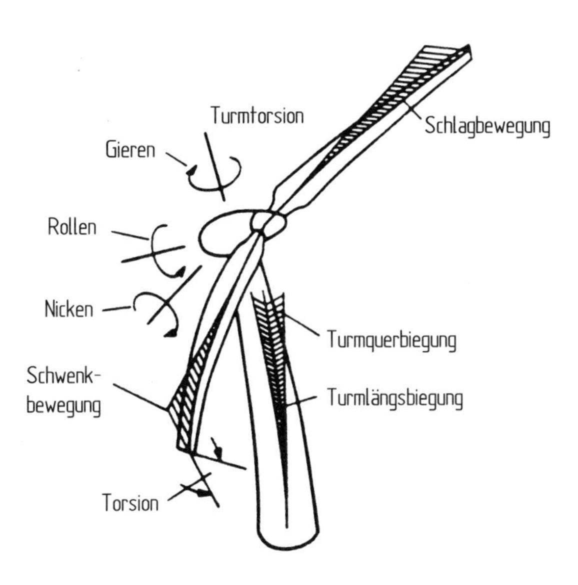

Bild 7.1. Anregende Kräfte und Schwingungsfreiheitsgrade einer Windkraftanlage [1]

Die anregenden Kräfte und Momente des Rotors lassen sich in zwei Kategorien einordnen:

- Anregende, die mit der einfachen Drehfrequenz des Rotors auftreten; dies sind in erster Linie Kräfte aus Massenunwuchten.

- Anregende, die mit der Drehfrequenz des Rotors, multipliziert mit der Anzahl der Rotorblätter, auftreten. Hierunter fallen die „aerodynamischen Unwuchten", also Kräfte, die durch eine unsymmetrische Anströmung des Rotors entstehen (Turmschatteneffekt, Höhenwindprofil).

Die aerodynamisch bedingten Anregenden sind, da sie im Gegensatz zu den Massenunwuchten nicht zu vermeiden sind, die kritischen. Die Lage der ersten Biegeeigenfrequenz des Turmes zu diesen anregenden Frequenzen kennzeichnet die schwingungstechnische Konzeption der Windkraftanlage. Je nach der Anzahl der Rotorblätter ergibt sich eine unterschiedliche Situation. Bei einer Windkraftanlage mit Zweiblattrotor tritt die aerodynamische Erregerfrequenz, das ist die Rotorblatt-Durchgangsfrequenz durch die höhere Windgeschwindigkeit im oberen Bereich des Umlaufes und das Passieren des Turmes, mit der zweifachen Rotordrehfrequenz (2P) auf. Die Erregerfrequenzen werden, der amerikanischen Literatur folgend, mit 1P, 2P und 3P (per revolution) bezeichnet. Sie liegen, über die Rotordrehzahl aufgetragen, auf geraden Linien (Bild 7.2). Für Windkraftanlagen mit Dreiblattrotor gelten die gleichen Überlegungen und Definitionen. Der wesentliche Unterschied ist, daß die kritische aerodynamische Rotoranregung hier statt bei 2P bei 3P liegt. Für die weiche Turmauslegung gibt es noch eine Option mehr, nämlich zwischen 3P und 2P, zwischen 2P und 1P und unterhalb von 1P.

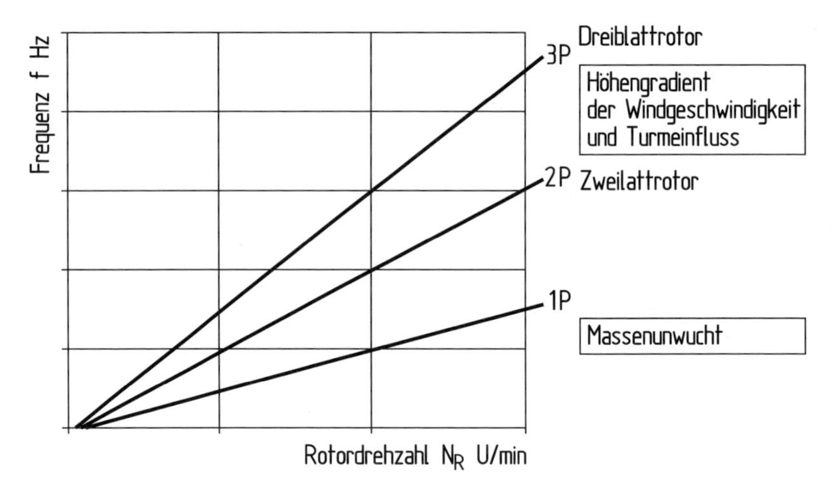

Bild 7.2. Anregende Frequenzen in Abhängigkeit von der Rotordrehzahl

Die Lage der Eigenfrequenzen der kritischen Bauteile einer Windkraftanlage zu diesem Anregenden ist grundsätzlich für das Schwingungsverhalten einer Windkraftanlage. Dies gilt im besonderen Maße für die Biegeeigenfrequenz des Turmes (vergl. Kap. 7.5).

7.2 Aeroelastisches Verhalten der Rotorblätter

Die aeroelastische Stabilitätder Rotorblätter ist eine der ersten Voraussetzungen, um unerwünschte Schwingungen oder ein Versagen der Struktur zu vermeiden. Aeroelastische Instabilitäten entstehen dann, wenn sich eine verstärkende Wechselwirkung zwischen den Bewegungen der elastischen Struktur und den dadurch ausgelösten Luftkräften einstellt. Insbesondere auftriebserzeugende Körper, zum Beispiel Flugzeugtragflügel, sind hierfür prädestiniert. Berechnungsmethoden zur Erkennung aeroelastischer Instabilitäten sind deshalb vor allem in der Luftfahrttechnik entwickelt worden und können unmittelbar auf die Rotorblätter angewendet werden [2]. Grundsätzlich gibt es die verschiedenartigsten aeroelastischen Instabilitätserscheinungen. In diesem Buch können nur die wichtigsten angesprochen werden.

7.2.1 Statische Divergenz

Ein bekanntes Phänomen aus dem Verhalten von Flugzeugtragflügeln ist die Torsionsinstabilität des Flügels bei einer bestimmten Fluggeschwindigkeit. Sie hängt von der relativen Lage der sog. elastischen Achse, das ist die gedachte Achse, um die der Flügel momentenfrei tordiert, und des aerodynamischen Zentrums ab. Das aerodynamische Zentrum, der Angriffspunkt der Auftriebskräfte, liegt bei fast allen Profilen bei etwa einem Viertel der Blatttiefe (Bild 7.3). Liegt das aerodynamische Zentrum vor der elastischen Achse, ruft die Auftriebskraft ein Torsionsmoment hervor, das den Anstellwinkel vergrößert. Dieses Moment wächst im Quadrat der Anströmgeschwindigkeit. Das rückdrehende Moment aus der Torsionssteifigkeit des Flügels ist dagegen unabhängig von der Geschwindigkeit, so daß es bei einer bestimmten Geschwindigkeit, der sog. Divergenzgeschwindigkeit, zu einer Instabilität der Torsion kommt.

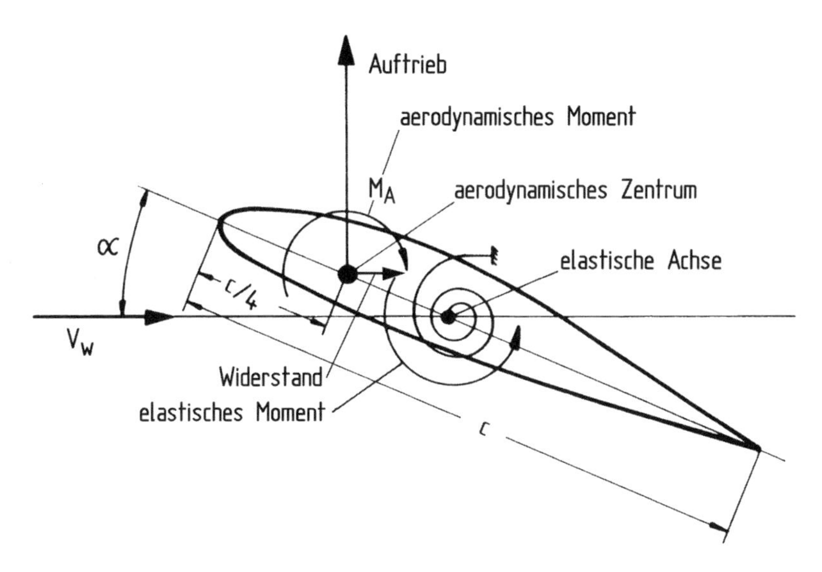

Bild 7.3. Aerodynamische und elastische Momente an einem Flügel- oder Rotorblattquerschnitt

Bei den meisten Rotorblättern von Windkraftanlagen ist die statische Divergenz kein Problem, da die Torsionssteifigkeit der heutigen Rotorblätter im allgemeinen sehr hoch ist. In Zukunft kann dies, bei zunehmender Flexibilität der Rotorblätter, jedoch anders werden und sollte in jedem konkreten Fall überprüft werden. Hierbei ist zu beachten, daß nicht nur die aerodynamische Auftriebskraft ein aufdrehendes Moment im Sinne größerer Anstellwinkel verursacht, sondern zusätzlich noch eine Komponente der Zentrifugalkraft, wenn das Rotorblatt aus der Drehebene herausgebogen wird oder der Rotor über einen Konuswinkel verfügt.

7.2.2 Eigenfrequenzen und Schwingungsformen

Zur Erkennung aeroelastischer Instabilitäten, die zu Schwingungen führen können, müssen als erstes die Eigenfrequenzen und Schwingungsformen des Rotorblattes ermittelt werden (Bild 7.4). Die rechnerische Ermittlung geht im allgemeinen von dem isolierten Modell eines stillstehenden, eingespannten Rotorblattes aus. Damit lassen sich die Eigenfrequenzen und Eigenformen mit ausreichender Genauigkeit ermitteln. Andere Einflüsse wie zum Beispiel die versteifende Wirkung der Fliehkraft bei drehendem Rotor sind vergleichsweise gering.

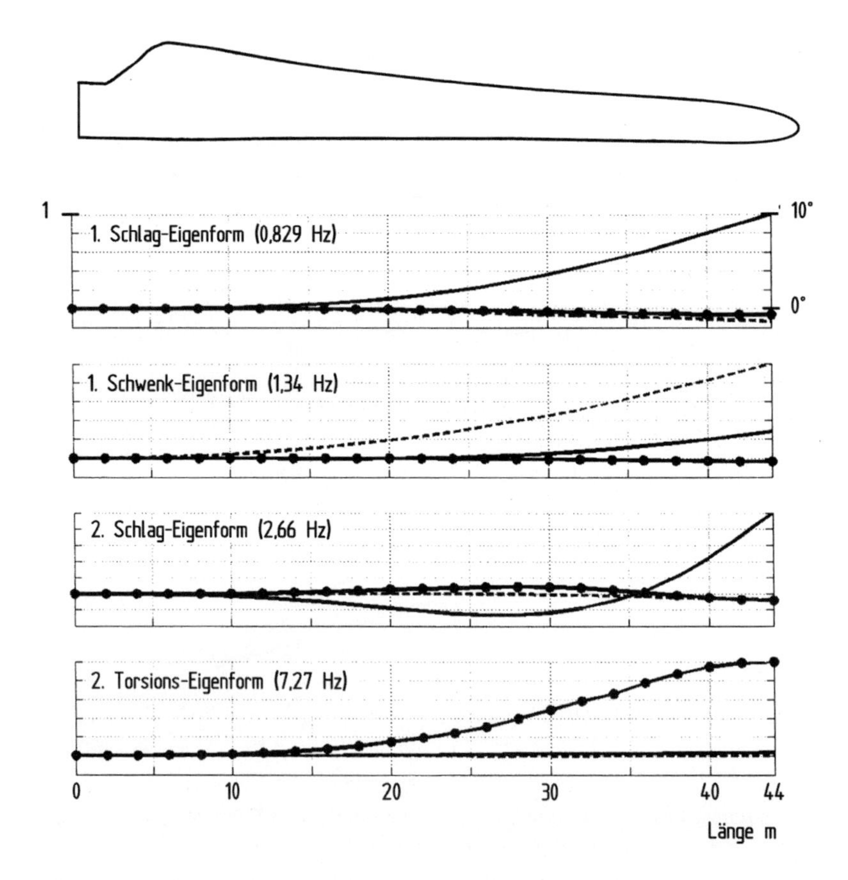

Bild 7.4. Eigenfrequenzen und Eigenformen eines Euros-Rotorblattes mit 44 m Länge [3]

Die niedrigste Eigenfrequenz ist im allgemeinen die erste Schlageigenfrequenz, gefolgt von der ersten Biegeeigenfrequenz in Schwenkrichtung. Wie bereits in Kapitel 7.2.1 erwähnt, liegt die erste Torsionseigenfrequenz vergleichsweise hoch, so daß die statische Divergenz kein Problem darstellt.

Wie sich die Eigenfrequenzen des Rotorblattes im Hinblick auf mögliche Schwingungsanregungen verhalten zeigt das Resonanzdiagramm (Bild 7.5). Die Windkraftanlage hat in diesem Beispiel eine Nenndrehzahl von 16 U/min im Vollastbereich. Bei dieser Drehzahl sind aus der Massenunwucht (1P-Anregung) und aus der aerodynamischen „Unwucht", dem Höhenwindgradient und dem Turmeinfluß (3P), keine Resonanzen mit der ersten Schlagfrequenz vorhanden. Eine Resonanz mit der 3P-Anregung wäre erst bei 18 U/min gegeben. Die anderen, höher harmonischen, Anregungen sind wenig energiereich und führen deshalb in der Regel nicht zu gefährlichen Resonanzerscheinungen. Betrachtet man den gesamten Drehzahlbereich, also auch den Teillastbereich in dem der Rotor drehzahlvariabel betrieben wird, sind mehrere Resonanzstellen mit den höheren Harmonischen vorhanden. Da die Anlage einerseits nicht sehr lange in einer bestimmten Drehzahl verharrt und außerdem diese Anregenden wenig energiereich sind, stellen diese Resonanzen keine Gefahr dar.

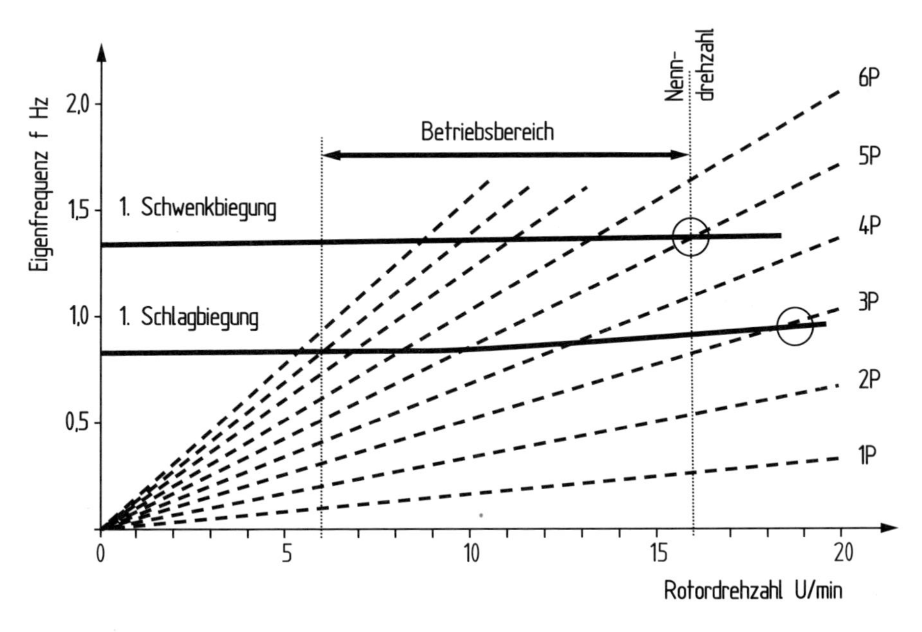

Bild 7.5. Eigenfrequenzen des Euros-Rotorblattes im Resonanzdiagramm einer Windkraftanlage [3]

Das Schwingungsverhalten der Rotorblätter muß gegebenenfalls, neben der Berücksichtigung der aeroelastischen Strukturinstabilitäten, noch unter einem zusätzlichen Aspekt betrachtet werden. Bei Rotorblättern, die um ihre Längsachse, das heißt im Einstellwinkel verstellt werden, ist nicht nur die Torsion des Blattes in sich, sondern auch die Torsionsmomente um die Blattdrehachse zu beachten. Die Lage der Drehachse, die meistens aus konstruktiven Gründen festgelegt ist, muß deshalb in diese Betrachtungen mit eingeschlossen werden. Auch die Blattverstellmechanik im Zusammenwirken mit der Regelung hat ihre eigene dynamische Charakteristik. Sie kann in Wechselwirkung mit dem strukturelastischen Torsionsverhalten der Rotorblätter zu Instabilitäten und Schwingungszuständen führen. Namentlich hydraulische Stellzylinder können eine elastische und damit schwingungsfähige Stelle bilden. Die heute üblichen, elektromotorischen Antriebe verhalten sich demgegenüber sehr steif, so daß hier die Modellvorstellung des fest eingespannten Rotorblattes ihre Berechtigung hat.

7.2.3 Typische Rotorblattschwingungen

Mit einer richtigen Platzierung der Eigenfrequenzen, das heißt mit der richtigen Steifigkeitsauslegung können unerwünschte Schwingungen der Rotorblätter weit gehend vermieden werden. Dennoch gibt es einige spezifische Schwingungen die weniger ihre Ursache im Gesamtschwingungsverhalten der Anlage haben, sondern vielmehr eine Folge der Steifigkeit der Rotorblätter und der aerodynamischen Auslegung des Rotors sind. Insbesondere bei großen Stall-Rotoren können diese Schwingungserscheinungen auftreten.

Flattern

Eine bestimmte dynamische Instabilität eines Tragflügels wird mit dem Begriff *Flattern* bezeichnet. Wird aus irgendeinem Grund der Tragflügel zu einer oszillierenden Bewegung angeregt, kann es zu einer gegenseitigen Anregung von Luftkräften, elastischen Kräften und Massenkräften kommen. Insbesondere eine kombinierte Biege-Torsionsschwingung, ist bei einem verwundenen Tragflügel bzw. Rotorblatt eine Gefahr und stellt den klassischen Fall des Flatterns dar. Da hierbei der aerodynamische Anstellwinkel und damit die Auftriebskräfte unmittelbar beteiligt sind, ist dieses Flattern besonders gefährlich und kann in kürzester Zeit zur Zerstörung führen.

Als Gegenkraft ist vor allem die *aerodynamische Dämpfung* wirksam. Unter der aerodynamischen Dämpfung versteht man die der Bewegungsrichtung entgegenwirkende, geschwindigkeitsproportionale Kraft aus der Änderung des Anstellwinkels. Sie ist proportional zur Geschwindigkeit der Schwingungsausschläge und nicht zu verwechseln mit dem Luftwiderstand in Anströmrichtung. Die Luftdämpfung ist in Blattschlagrichtung wesentlich größer als in Schwenkrichtung. Trotz vorhandener Luftdämpfung kann der Schwingungsmechanismus des Flatterns unter bestimmten Randbedingungen energieaufnehmend und damit gefährlich werden.

Ein Sonderfall des Flatterns ist das sog. *Abreißflattern oder Stall-Flattern,* das bei großen Anstellwinkeln in der Nähe des kritischen Anstellwinkels durch ein periodisches Abreißen und Wiederanliegen der Strömung am Profil hervorgerufen wird. Dieses Abreißflattern kann bei Rotoren ohne Blatteinstellwinkelregelung, die bei höheren Windgeschwindigkeiten gewollt in der Nähe des aerodynamischen Stall betrieben werden, eine Gefahr darstellen.

Über die Flatterneigung von Windrotorblättern entscheidet eine Vielzahl von Parametern. Die Eigenfrequenzen der Blätter bezüglich der Schlag-, Schwenk- und Torsionsrichtung, die Verwindung, die Lagen des aerodynamischen Zentrums und des Massenmittelpunktes sowie der elastischen Achse und der Drehachse zueinander sind die wichtigsten

Einflüsse. Auch ein eventuell vorhandener Konuswinkel der Rotorblätter beeinflußt die Flatterneigung. Ungeachtet dieser Vielzahl von Einflußgrößen ist die Flattergefahr bei den heutigen Windrotorblättern eher gering. Mit zunehmender Größe und Elastizität der Rotorblätter kann sich dies jedoch ändern. Einen Überblick über die Flatterneigung läßt sich mit Hilfe von sog. „Stabilitätsgrenzen" gewinnen (Bild 7.6). Hierbei wird die Torsionssteifigkeit des Blattes über dem Abstand der Schwerpunktachse zur elastischen Achse aufgetragen. Ein erstes Kriterium für die Flatterneigung ist der Zusammenhang der Torsionssteifigkeit mit dem Abstand der elastischen Achse zum Massenmittelpunkt. Damit lassen sich die sog. „Stabilitätsgrenzen" angeben (Bild 7.6).

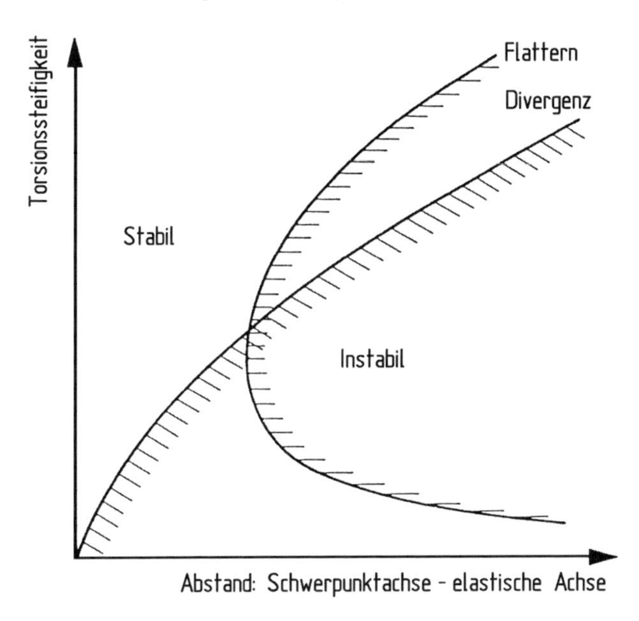

Bild 7.6. Stabilitätsgrenzen für die statische Divergenz und die Flatterneigung von Tragflügeln [2]

Schwenkschwingungen

Die Schwenkbewegung der Rotorblätter, das heißt die Bewegung der Blätter in Richtung der Profilsehne und damit bei normaler Betriebstellung in der Rotordrehebene, ist aerodynamisch wenig gedämpft im Gegensatz zur Schlagbewegung. In der Rotordrehebene wirkt das periodisch wechselnde Biegemoment aus dem Eigengewicht der Blätter. Außerdem steht die Schwenkbewegung der Rotorblätter in Verbindung mit der Dynamik des Triebstrangs (vergl. Kap. 7.3). Hinzukommen noch unregelmäßige und wechselnde Kräfte bei der Strömungsablösung wenn der Rotor im Stallbereich betrieben wird.

Insbesondere der letztgenannte Effekt kann eine Schwenkbiegeschwingung der Rotorblätter verursachen. Diese Erscheinung wurde insbesondere bei großen Stallrotoren beobachtet, wenn sie bei hohen Windgeschwindigkeiten, das heißt im Stallbereich, betrieben werden. Die Rotorblatthersteller haben versucht diese Schwingungen mit verschiedenen

Maßnahmen zu unterdrücken, zum Beispiel mit einer Veränderung der Strukturdämpfung, die jedoch ohnehin nur sehr gering ist oder mit aerodynamischen Hilfsmitteln wie Stall Strips (vergl. Kap. 5.3.4). Ein großer Blatthersteller (LM), hat für einige Blätter spezielle Flüssigkeitsdämpfer in den Blattspitzen vorgesehen, um die Schwenkschwingungen zu unterdrücken (Bild 7.7). Mittlerweile sind Schwenkschwingungen der Rotorblätter eine eher seltene Erscheinung geworden, da große Stall-Rotoren kaum noch gebaut werden, so daß sich das Problem auf diese Weise löst.

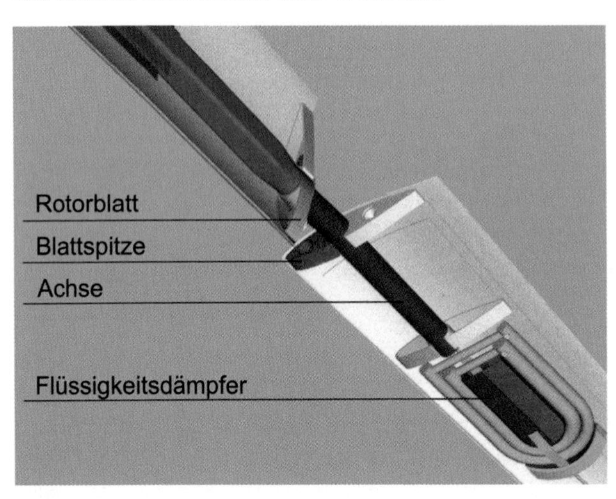

Bild 7.7. Flüssigkeitsdämpfer in der Rotorblattspitze zur Unterdrückung von Schwenkschwingungen (LM)

7.3 Torsionsschwingungen des Triebstrangs

Der Triebstrang einer Windkraftanlage, mit seiner Vielzahl von rotierenden Massen und drehelastischen Verbindungselementen, ist ein in sich schwingungsfähiges Gebilde. Hinzu kommen äußere Einflüsse auf beiden Seiten der Energieübertragungskette. Der Rotor erzeugt neben den regellosen Fluktuationen des Antriebsmomentes, hervorgerufen durch die Windturbulenz, auch umlaufperiodische Momentenschwankungen, die eine ideale Schwingungsanregung darstellen. Auf der anderen Seite steht der elektrische Generator mit seiner Kopplung an das Netz oder einen speziellen Verbraucher.

Vor diesem Hintergrund ist die Beschäftigung mit dem Phänomen *Triebstrangschwingungen* bei einer Windkraftanlage unerläßlich. Die wichtigsten Eigenfrequenzen und Schwingungsformen müssen analysiert und auf die möglichen anregenden Frequenzen so abgestimmt werden, daß Resonanzen vermieden werden. Schwingungsresonanzen im Triebstrang können einen erheblichen Einfluß auf die dynamische Belastung der Komponenten, die Qualität der Leistungsabgabe und sogar auf die mechanischen Geräusche ausüben.

Unter dem mechanisch-elektrischen Triebstrang versteht man normalerweise alle Glieder der Energieübertragungskette außer den Rotorblättern. Für dynamische Betrachtungen müssen jedoch die Rotorblätter mit berücksichtigt werden, da sie den weitaus größten Anteil an den rotierenden Massen haben und außerdem hinsichtlich ihres Biegeverhaltens in Schwenkrichtung das dynamische Verhalten entscheidend mitprägen.

Die hintereinander geschalteten Komponenten des Triebstrangs, wie Rotornabe, Rotorwelle, Getriebe, schnellaufende Welle, Bremse und eventuell vorhandene Kupplungen, sind in ihren Abmessungen, Massenverteilungen und Materialeigenschaften so unterschiedlich, daß einer exakten schwingungstechnischen Analyse Grenzen gesetzt sind. Die wichtigsten Größen lassen sich dennoch mit vergleichsweise einfachen mechanischen Ersatzmodellen berechnen.

7.3.1 Mechanisches Ersatzmodell

Die rechnerische Behandlung des Schwingungsverhaltens von rotierenden Mehrmassensystemen ist in der Technik eine weitverbreitete Aufgabenstellung, so daß hier nur die grundsätzlichen Ansätze in Erinnerung gerufen werden [4]. Zunächst berechnet man anhand eines schwingungsmechanischen Ersatzmodells die wichtigsten Eigenfrequenzen und Eigenschwingungsformen (Modalanalyse). In einem zweiten Schritt werden dann die Reaktionen des Triebstrangs auf schwingungsanregende Einflüsse untersucht und kritische Resonanzen ermittelt.

Nach einem auf Lagrangezurückgehenden Verfahren werden die kinetischen und potentiellen Energien des aus Drehmassen und drehelastischen Wellenstücken bestehenden Mehrmassen-Drehschwingers bilanziert und hieraus, durch Differentiation nach der Zeit, die Bewegungsgleichungen abgeleitet. Um diese Gleichungen zu lösen, werden alle mechanischen Kennwerte auf eine einheitliche Drehzahl „reduziert". Aus dem Mehrmassensystem mit unterschiedlichen Drehzahlen wird ein Ersatzsystem mit einheitlicher Drehzahl unter Beachtung der Forderung, daß die Gesamtenergie erhalten bleibt. Die Schwingungsgleichung für dieses Ersatzsystem kann gelöst werden. Die Lösungen der sog. „charakteristischen Gleichung" liefern die Eigenfrequenzen. Diese wiederum ergeben, in die allgemeine Lösung des Differentialgleichungssystems eingesetzt, die zugehörigen Eigenschwingungsfrequenzen.

Das Schwingungsverhalten eines Drehschwingungssystems wird von drei elastomechanischen Kennwerten bestimmt:

- dem polaren Trägheitsmoment der drehenden Massen
- den Torsionsfederkonstanten der elastischen Wellen
- der Torsionsdämpferkonstanten.

Diese drei Kennwerte müssen aus der Konstruktion und den Materialeigenschaften der beteiligten Triebstrangkomponenten ermittelt werden. Hiermit ist die Hauptschwierigkeit verbunden.

Neben der Torsionssteifigkeit des Triebstrangs selbst spielt, wie erwähnt, das Schwenkbiegeverhalten der Rotorblätter eine Rolle. Die antimetrische Schwenkbewegung der Rotorblätter steht in direktem Zusammenhang mit der Torsionsdynamik des Triebstrangs. Aus der Kenntnis der ersten Biegeeigenfrequenz der Blätter in Schwenkrichtung kann eine Ersatztorsionssteifigkeit berechnet werden.

Die Torsionsdämpferkonstanten der mechanischen Komponenten sind im allgemeinen gering. Dies gilt sowohl für die Strukturdämpfung als auch für die Dämpfung aus der Lagerreibung. Deshalb genügt ein Schwingungsersatzmodell ohne Dämpfung (konservatives System), sofern nicht spezielle Dämpfungsglieder zur Schwingungsdämpfung im Triebstrang eingesetzt werden. Der Triebstrang einer Horizontalachsen-Windkraftanlage wird im wesentlichen von zwei Massen beherrscht: dem Rotor und dem Generatorläufer. Ein „Zweimassenmodell" liefert deshalb schon einen ersten Überblick. Gelegentlich ist die Rotornabe in Verbindung mit den Blattwurzeln eine vergleichsweise „weiche" Stelle, so daß ein Dreimassenmodell, bestehend aus Rotorblättern, Nabe, Generatorläufer mit Getriebe und „Rest" ein geeignetes Ersatzmodell darstellt, mit dem die wichtigsten Eigenfrequenzen und Resonanzfälle zu erkennen sind. Die Anteile der Trägheitsmomente dieser Teilsysteme am Gesamtträgheitsmoment des Triebstrangs von Windkraftanlagen sehr unterschiedlicher Größe und technischer Konzeption werden aus der Tabelle 7.8 deutlich.

Tabelle 7.8. Anteile der Teilsysteme am Gesamtträgheitsmoment des drehenden Triebstranges von Windkraftanlagen unterschiedlicher Größe und technischer Konzeption

Anlage	Teilsystem			
	Blätter	Nabe	Generatorläufer	Rest
Aeroman	87 %	2 %	9 %	2 %
WKA-60	91 %	1 %	7 %	1 %
Growian	85 %	8 %	5 %	2 %

Im konkreten Fall geht die rechnerische Behandlung von einer idealisierten Vorstellung des Triebstrangs aus (Bild 7.9). Danach wird für alle an der Drehschwingung beteilig-

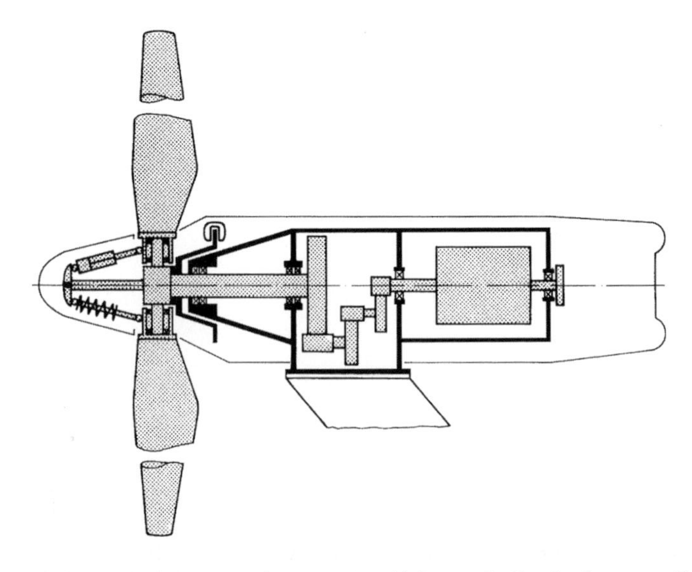

Bild 7.9. Idealisierter Triebstrang einer kleinen Windkraftanlage vom Typ Aeroman

ten Komponenten das polare Massenträgheitsmoment und die Torsionsfedersteifigkeit auf die gewählte „reduzierte Drehzahl" bezogen und längs des Triebstrangs in übersichtlicher Weise maßstabsgerecht aufgetragen (Bild 7.10). Man erhält auf diese Weise eine Vorstel-

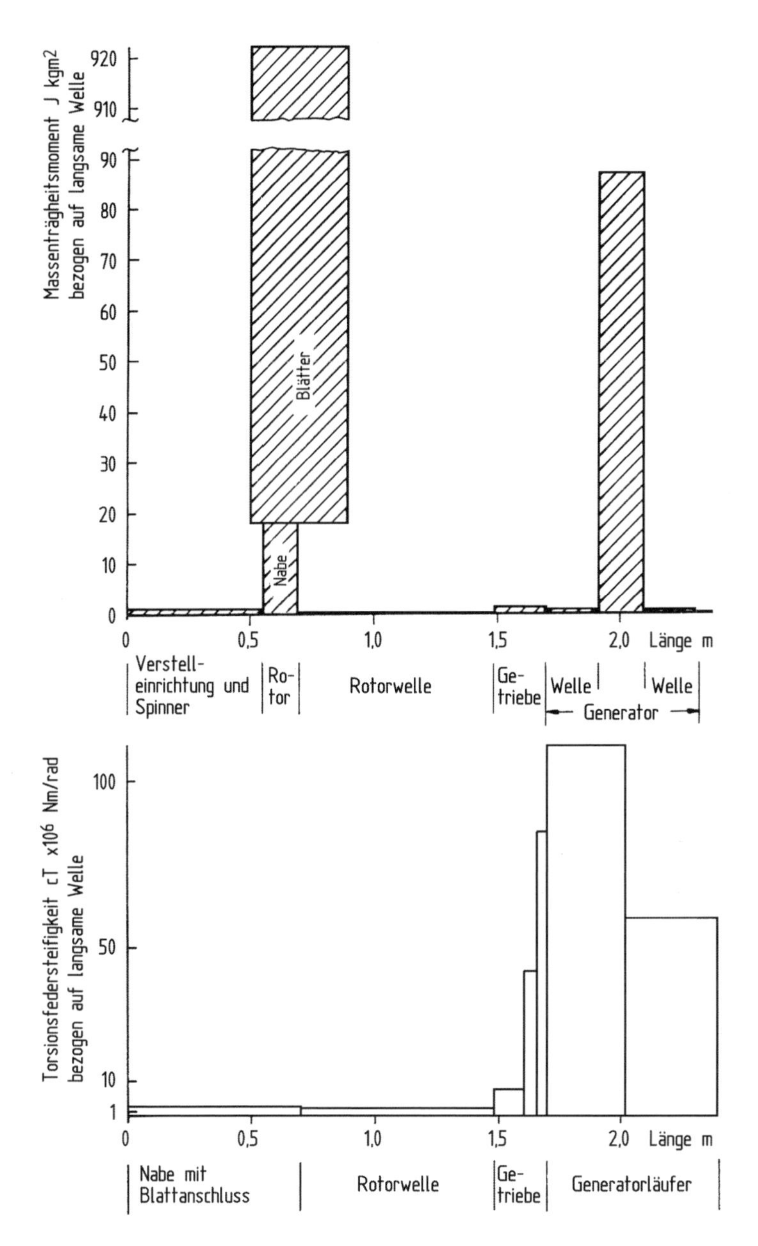

Bild 7.10. Verteilung der polaren Massenträgheitsmomente und Torsionsfedersteifigkeiten des Triebstrangs einer kleinen Windkraftanlage vom Typ Aeroman

lung der schwingungstechnischen Bedeutung der beteiligten Komponenten und kann für die Schwingungsrechnung das geeignete „Mehrmassenmodell" wählen.

7.3.2 Ersatzmodelle für die elektrische Netzkopplung

Neben den elastomechanischen Eigenschaften wird die Dynamik des Triebstrangs von der elektrischen Seite bestimmt. Bei der Erörterung der Generatoreigenschaften wurde darauf hingewiesen, daß sich die verschiedenen Generatorbauarten hinsichtlich ihrer dynamischen Netz- oder Verbraucherkopplung sehr unterschiedlich verhalten. Die elektrischen Eigenschaften lassen sich mit analogen mechanischen Ersatzmodellen wiedergeben (Bild 7.11). Diese Ersatzmodelle haben nur im Hinblick auf das Schwingungsverhalten, also für sehr kleine Ausschläge um einen stationären Betriebspunkt, ihre Gültigkeit. Eine eventuell vorhandene Drehzahlvariabilität spielt dabei keine Rolle.

Generatorart	Betriebsart	mechanisches Ersatzmodell
Synchrongenerator	Netz-Synchronbetrieb	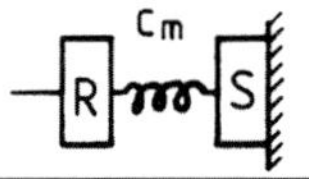 R, c_m, S
	Inselbetrieb	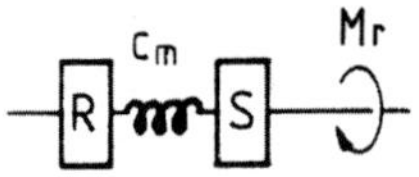 R, c_m, S, M_r
Asynchrongenerator	Netz-Synchronbetrieb	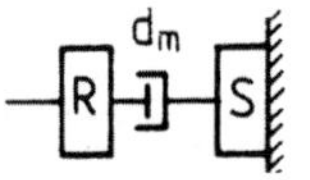 R, d_m, S
	Inselbetrieb	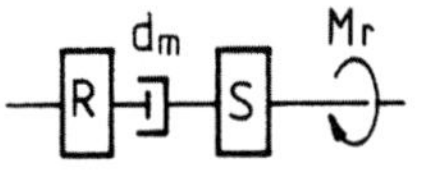 R, d_m, S, M_r

c_m: magn. Federsteifigkeit
d_m: magn. Dämpferkonstante
M_W: Widerstandsmoment des Verbrauchers
L: Läufer
S: Stator

Bild 7.11. Mechanische Ersatzmodelle für die elektrische Kopplung des Generators an das Netz oder den Verbraucher

Der Synchrongenerator zeichnet sich durch die Dominanz des drehelastischen Verhaltens aus. Die magnetische Kopplung zwischen Läufer und Ständer (Netz) läßt sich durch eine mechanische Torsionsfeder beschreiben. Die Dämpfung ist so gering, daß sie praktisch vernachlässigt werden kann. Arbeitet der Generator am frequenzstarren Netz, so ist die Torsionsfeder sozusagen an einer festen Wand eingespannt. Im Inselbetrieb wird die Netzfrequenz von der momentanen Drehzahl des Generators geprägt. Der Generator setzt dem Triebstrang nur das der abgenommenen Leistung entsprechende Widerstandsmoment entgegen. Im Leerlauf ist beim Synchrongenerator im Gegensatz zum Asynchrongenerator eine schwache magnetische Ankopplung durch die netzunabhängige Erregung des Läufers vorhanden.

Beim Asynchrongenerator drückt sich der unter Belastung vorhandene Schlupf zwischen Läufer und Stator in einer Torsionsdämpfung aus, während die Elastizität praktisch Null ist. Im Leerlauf oder beim Lastabwurf verschwindet die Kopplung zwischen Läufer und Stator vollständig.

Die mechanischen Ersatzmodelle für die elektrische Ankopplung des Triebstrangs an das Netz zeigen, daß neben der Generatorbauart auch der Betriebszustand zu berücksichtigen ist. Es ergeben sich je nach Lastzustand unterschiedliche Eigenfrequenzen und Eigenschwingungsformen.

7.3.3 Eigenfrequenzen und Eigenschwingungsformen

Mit Hilfe der skizzierten Modellvorstellung und des angedeuteten Berechnungsverfahrens erhält man als wichtigstes Ergebnis die Torsionseigenfrequenzen und damit auch die Schwingungsformen (Eigenformen) des Triebstrangs. Es ergeben sich abhängig von der Art der elektrischen Netzkopplung (bzw. im Inselbetrieb von der Art der Verbrauchercharakteristik) charakteristische Eigenschwingungsformen. Sie sind im folgenden anhand eines „Dreimassenmodells" dargestellt (Bild 7.12).

Die Schwingungsformen stehen in direktem Zusammenhang mit den elektrischen Eigenschaften des Generators und der Art der Netzkopplung.

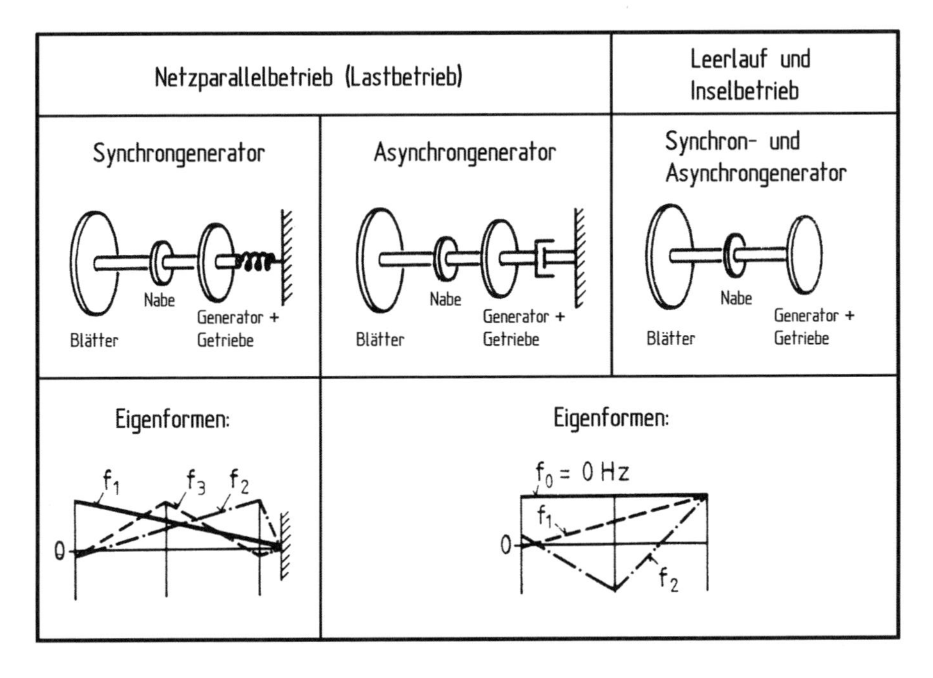

Bild 7.12. Eigenschwingungsformen des Triebstrangs bei unterschiedlicher elektrischer Netz- bzw. Verbraucherankopplung

Synchrongenerator im Netzparallelbetrieb

Die Drehzahl des Generatorläufers schwingt um die Netzfrequenz, die Triebstrangmassen schwingen gegeneinander. Es ergeben sich bei den üblichen Massenverhältnissen einer Horizontalachsen-Anlage folgende charakteristische Schwingungsformen:

- In der ersten Eigenfrequenz schwingt der gesamte Triebstrang gegen das frequenzstarre Netz.
- Die zweite Eigenform ist durch die Schwingung der zweitgrößten Teilmasse, des Generatorläufers, um den Rest des Triebstranges gekennzeichnet.
- In der dritten Eigenfrequenz schwingt die drittgrößte Teilmasse, die Nabe, zwischen den benachbarten größeren Massen.

Die magnetische Kopplung des Generatorläufers an die Netzfrequenz ist leistungsabhängig, deshalb hängen auch die Eigenfrequenzen von der Leistung ab. Am Beispiel der amerikanischen MOD-0-Versuchsanlage wird dies deutlich (Bild 7.13). Die Anlage war mit einem direkt netzgekoppelten Synchrongenerator ausgerüstet. Starke Schwingungsresonanzen im Triebstrang, unter anderem als Folge der Turmschattenanregung, machten den nachträglichen Einbau einer dämpfenden hydraulischen Kupplung in die schnelle Welle erforderlich, ohne daß damit die Probleme vollständig gelöst werden konnten (Bild 7.14). Windkraftanlagen mit direkt netzgekoppelten Synchrongeneratoren, die nur drehzahlfest betrieben werden können, werden deshalb heute nicht mehr gebaut.

Asynchrongenerator im Netzparallelbetrieb

Die schlupfbehaftete Netzkopplung des Asynchrongenerators bewirkt, daß das Netz keine rückdrehende Federkraft auf den Triebstrang ausübt, sondern nur eine hemmende Dämpfungskraft. Unter diesen Bedingungen ergibt sich als „nullte Eigenfrequenz" die Gesamtdrehung des Triebstranges entsprechend der Drehzahl des Generators mit der Schwingungsfrequenz Null. Die Eigenfrequenzen sind im Gegensatz zum direkt netzgekoppelten Synchrongenerator nicht oder nur geringfügig von der Leistung abhängig.

Synchron- und Asynchrongenerator im Leerlauf und Inselbetrieb

Im Leerlauf und im Inselbetrieb verhalten sich die beiden Generatortypen gleich. Die nullte Eigenfrequenz ist wiederum die Gesamtdrehung mit der Schwingungsfrequenz Null. In der ersten Eigenfrequenz schwingt der Triebstrang um seine größte Masse, die Rotorblätter, während die zweite Eigenform die Schwingung der nächstgrößeren Teilmasse beinhaltet.

Wie bereits in Kapitel 7.2.3 erwähnt, können die Eigenformen des Triebstranges vom Schwenkbiegeverhalten der Rotorblätter beeinflußt werden. Die erste Schwenkbiegeeigenfrequenz der Rotorblätter liegt bei sehr großen Anlagen oft in der Nähe der ersten Torsionseigenfrequenz des Triebstranges. Dadurch entsteht eine Kopplung, so daß eine isolierte Betrachtung des Triebstranges mit der Annahme starrer Rotorblätter nicht mehr zulässig ist. Die Berechnung des gekoppelten Schwingungsverhaltens wird dann deutlich komplizierter, da auch aerodynamische Charakteristika eine Rolle spielen.

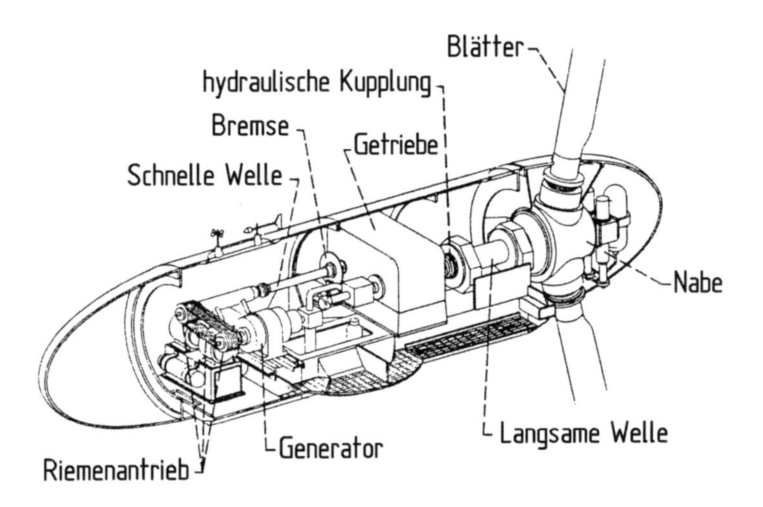

Bild 7.13. Triebstrang der MOD-0 [5]

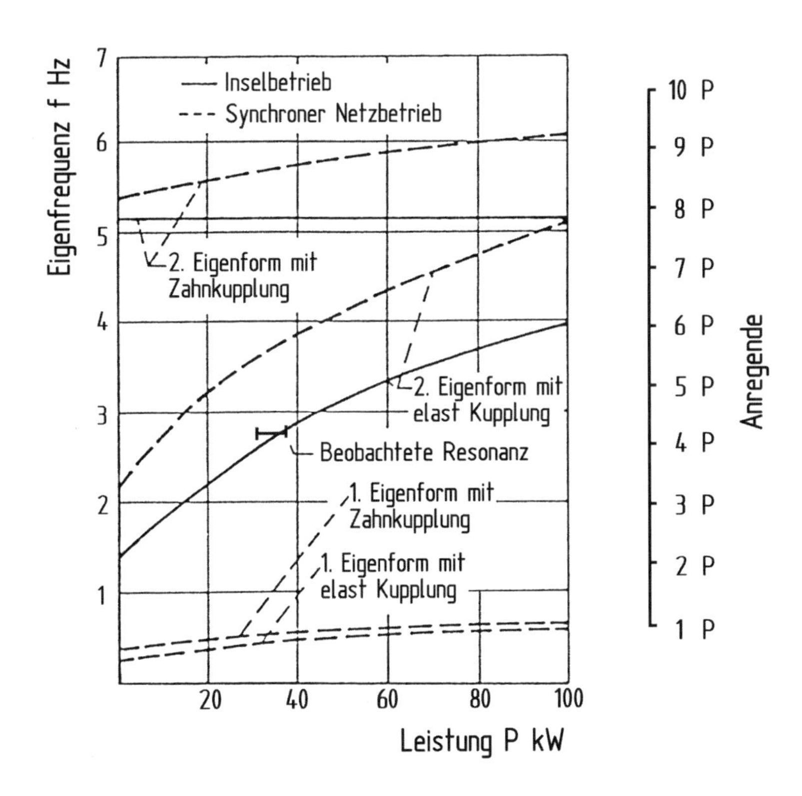

Bild 7.14. Eigenfrequenzen des Triebstranges der MOD-0 mit direkt netzgekoppeltem Synchrongenerator [5]

7.3.4 Schwingungsanregungen und Resonanzen

Aus der Kenntnis des Eigenschwingungsverhaltens können im zweiten Schritt der Schwingungsanalyse der Einfluß schwingungserregender Störungen untersucht und gefährliche Resonanzstellen identifiziert werden. Schwingungsanregungen des Triebstrangs einer Windkraftanlage können in verschiedenen Bereichen ihre Ursache haben: Äußere Anregungen können zunächst vom Rotor auf den Triebstrang einwirken. Hier sind es vor allem die umlaufperiodischen Störungen (vergl. Kap. 6.1):

- Turmwindschatten oder Turmvorstau
- Höhenprofil der Windgeschwindigkeit
- Rotorschräganströmung durch Gierwinkel oder Achsschrägneigung
- Massenunwuchten der Rotorblätter

Die äußeren Anregenden treten mit dem Vielfachen der Rotordrehzahl auf und werden deshalb mit 1P, 2P usw. charakterisiert (vergl. Kap. 7.1).
Auf der Generatorseite sind zu beachten:

- Regelungseinflüsse
- Schwingungen im Gleichstromzwischenkreis bei vorhandenem Frequenzumrichter
- elektrische Netzschwingungen bei sehr langen Netzzuleitungen
- Verbraucherrückkopplungen im Inselbetrieb

Neben diesen äußeren Einflüssen können die Triebstrangschwingungen auch von „innen" angeregt werden. Mögliche Ursachen sind „Massenunwuchten" der drehenden Teile und sog. „Zahneingriffsfrequenzen" des Getriebes. Welche der schwingungsanregenden Einflüsse tatsächlich zu gefährlichen Resonanzen führen, hängt natürlich von den konkreten Zahlenwerten der Eigenfrequenz und Anregenden ab. Kleine Anlagen mit relativ torsionssteifen Triebsträngen reagieren sensibel auf die inneren Anregenden (Bild 7.15). In dem gezeigten Beispiel regt die Zahneingriffsfrequenz der zweiten Getriebestufe die vierte Eigenfrequenz des Triebstrangs an. Diese vierte Eigenfrequenz ergibt sich in dem konkreten Beispiel aus der Schwingung des relativ großen mechanischen Fliehkraftschalters, der auf der schnellen Welle angebracht ist. Im Versuchsbetrieb zeigte sich hier eine starke Resonanzerscheinung.

Bei großen Windkraftanlagen sind die ersten Eigenfrequenzen des Triebstrangs fast um eine Größenordnung niedriger und bewegen sich bei „einigen Hertz". In diesem Bereich liegen die umlaufperiodischen aerodynamischen Anregenden des Rotors, zum Beispiel die Turmschattenstörungen oder der Einfluß des Höhenwindgradienten. Es besteht deshalb eine erhöhte Gefahr, daß die vom Rotor ausgehenden Anregungen in Resonanz mit der Triebstrangtorsion geraten, wie in Bild 7.16 deutlich wird. In dem gezeigten Beispiel regte am oberen Rand des Drehzahlbandes die Turmschattenstörung die erste Torsionseigenfrequenz des Triebstrangs an. Der vorgesehene Drehzahlbereich konnte deshalb nicht voll ausgefahren werden.

In neuerer Zeit wurden für große Windkraftanlagen sehr viel aufwendigere Mehrmassenmodelle zur Untersuchung der Triebstrangdynamik entwickelt [6]. Mit Hilfe dieser Modelle werden zum Beispiel auch die Einflüsse der elastischen Getriebe- und Generatorlagerung auf das Schwingungsverhalten optimiert. Auch ein eventueller Einfluß der

Generatorregelung kann mit aufwendigeren Modellen untersucht werden insbesondere wenn eine spezielle Dämpferwicklung im Läufer vorhanden ist (vergl. Kap. 10.1.1).

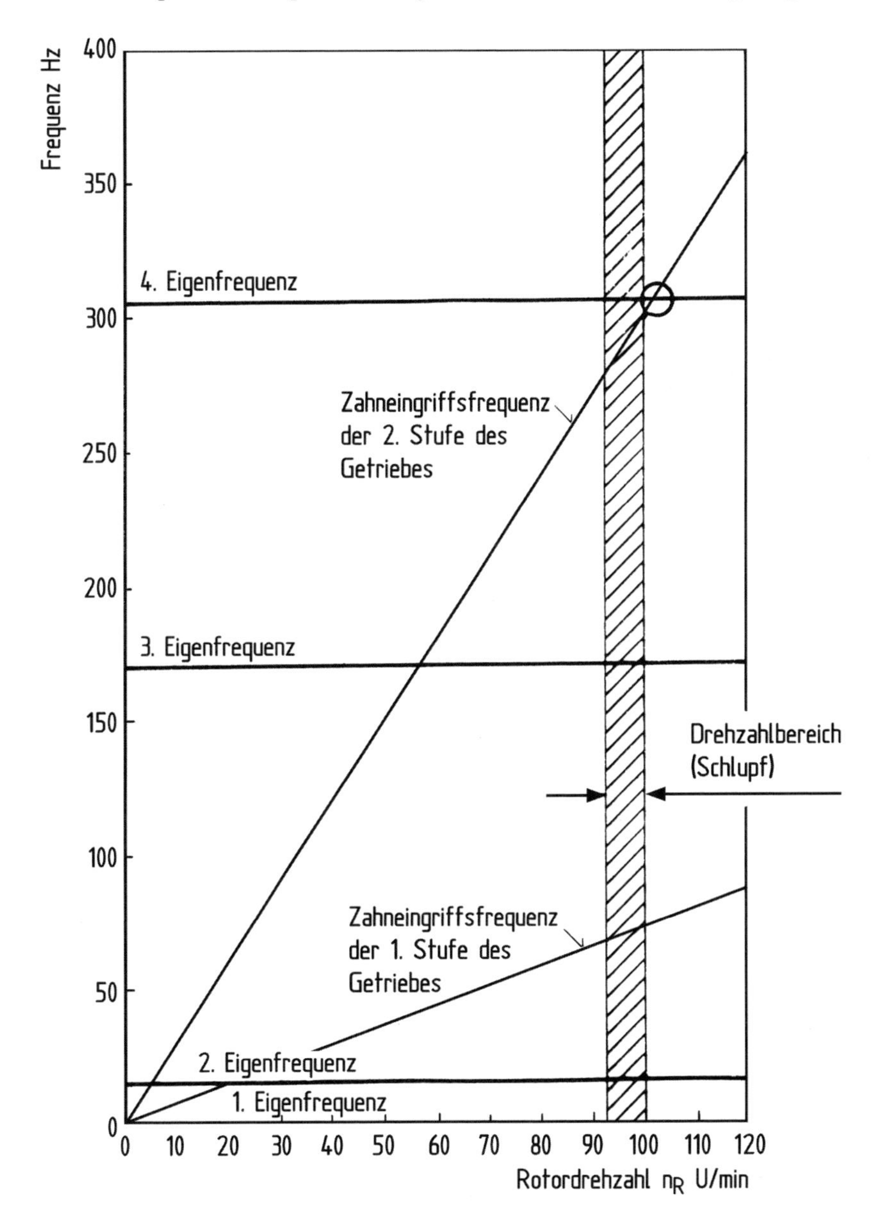

Bild 7.15. Resonanzschaubild des Triebstrangs von Aeroman mit einer Resonanzstelle der vierten Triebstrangeigenfrequenz mit der Zahneingriffsfrequenz der zweiten Getriebestufe in der Nähe des Betriebsdrehzahlbereichs

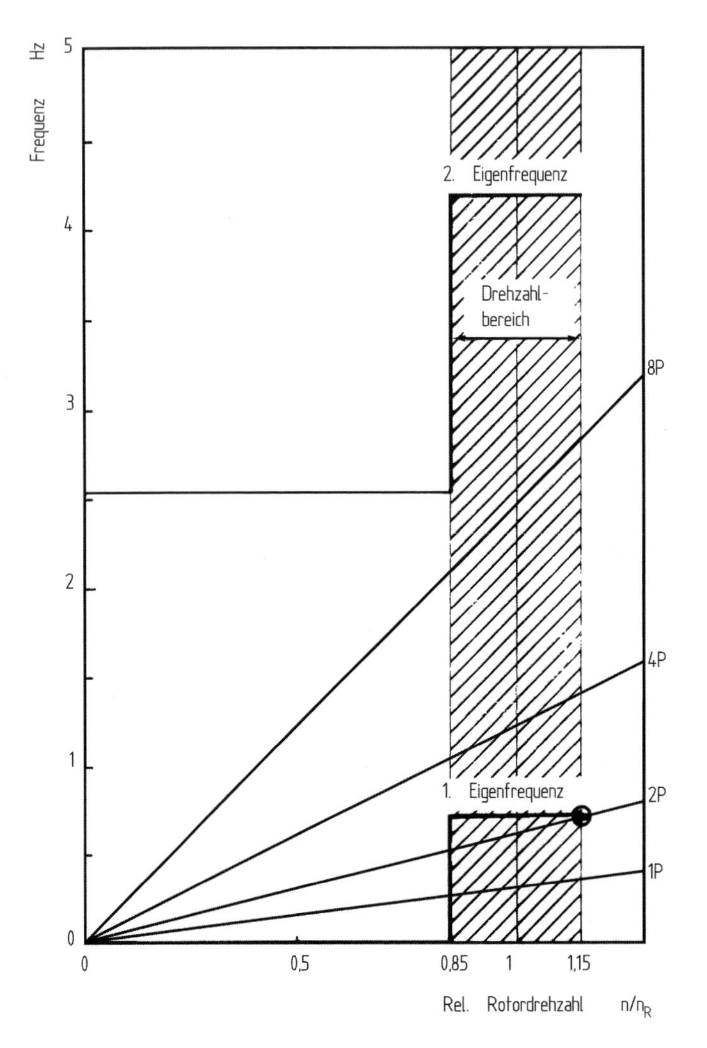

Bild 7.16. Resonanzschaubild für den Triebstrang von Growian. Resonanz der ersten Triebstrangeigenfrequenz mit der Turmschattenstörung (2P) bei einer Rotorüberdrehzahl von 115 %

7.4 Dynamik der Windrichtungsnachführung

Frühe Schadensstatistiken von Windkraftanlagen zeigten eine auffällige Häufung bei der Komponente „Windrichtungsnachführung". Vor allen Dingen die kleineren Anlagen hatten oft Probleme mit der Haltbarkeit des Azimutverstellsystems. Der Grund hierfür lag in der Unterschätzung der dynamischen Beanspruchung des Stellantriebs. Es ist deshalb unbedingt erforderlich, die dynamische Belastungssituation und die Schwingungsfähigkeit der Windrichtungsnachführung zu analysieren. Die Azimutverstellung hat ebenso wie der Triebstrang gewisse Eigenfrequenzen im Hinblick auf die Gierschwingung des Turmkopfes. Kommt es zu einer Resonanz mit den umlaufperiodischen Kräften des Rotors, ist eine Zerstörung der Komponenten nur noch eine Frage der Zeit.

7.4.1 Mechanisches Modell und Momente um die Hochachse

Das mechanische Ersatzmodell des Azimutverstellsystems ist prinzipiell sehr einfach aufgebaut (Bild 7.17). Wenn der Turm als torsionssteif betrachtet werden darf, genügt im einfachsten Fall ein „Einmassenmodell" mit einer Ersatzmasse für den Rotor und das Maschinenhaus. Für ältere, steif ausgelegte Stahlrohrtürme trifft in der Regel diese Annahme zu. Bei neueren, weich ausgelegten Türmen sind genauere Berechnungen erforderlich, welche die Torsionselastizität des Turms berücksichtigen.

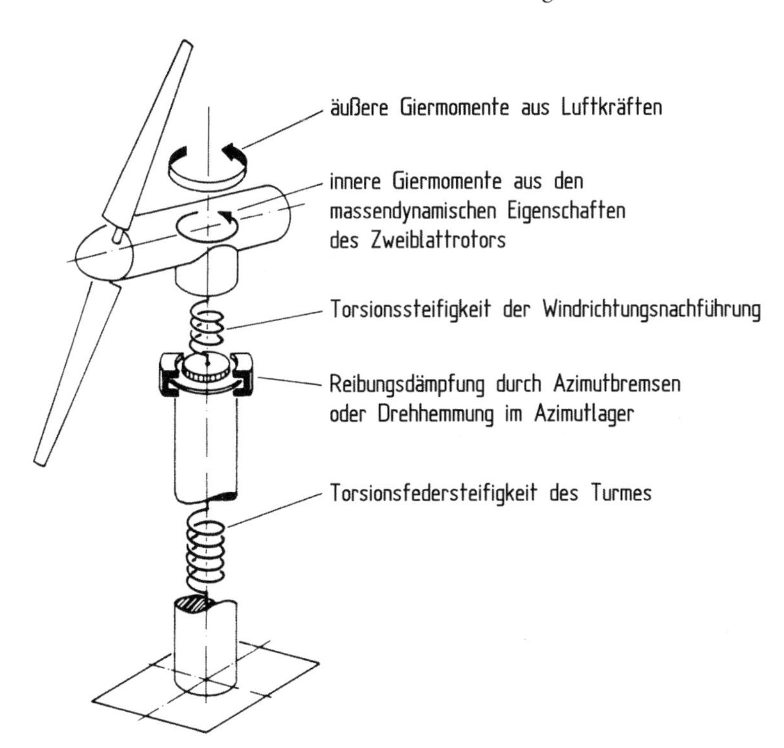

Bild 7.17. Mechanisches Ersatzmodell für das Schwingungsverhalten der Windrichtungsnachführung

Eine gewisse Schwierigkeit liegt in der Ermittlung der Torsionsfedersteifigkeit des Azimutverstellantriebs, ausgehend von einer konkreten konstruktiven Ausführung. Die dämpfenden Reibungsmomente sind dagegen einfacher zu ermitteln. Mit einiger Erfahrung gelingt es dennoch, die Zahlenwerte so zu bestimmen, daß die wichtigsten ersten Eigenfrequenzen der Gierschwingung berechnet werden können. Darauf aufbauend kann die Analyse des Schwingungsverhaltens unter Berücksichtigung der äußeren Anregenden durchgeführt werden.

Je nach den vorliegenden konzeptionellen Merkmalen der Windkraftanlage, wie Anzahl der Rotorblätter, Rotoranordnung zum Turm, Nabenbauart und Abstand der Rotorebene zur Turmachse, ergeben sich sehr unterschiedliche Belastungssituationen für die Azimutverstellung. In jedem Fall können die wechselnden Azimutmomente unerwünschte Torsionsschwingungen der Azimutverstellung auslösen. Das System muß deshalb ausreichend torsionssteif konstruiert sein. Außerdem müssen genügend große Reibungsdämpfungen während des Nachführvorgangs wirksam und bei festgehaltener Azimutverstellung entsprechende Haltekräfte vorhanden sein.

Die anregenden äußeren Kräfte und Momente sind, je nachdem, ob der Turmkopf stillsteht oder ein Nachführvorgang stattfindet, unterschiedlich. Bei drehendem Rotor und nachführendem Azimutverstellantrieb sind folgende um die Gierachse wirkende Momente zu berücksichtigen:

Aerodynamische Momente

Das aerodynamische Giermoment des Rotors wirkt je nachdem, ob es sich um einen Luv- oder Leeläufer handelt, unterstützend oder entgegendrehend. In beiden Fällen sind die aerodynamisch bedingten Momente um die Azimutachse insofern besonders unangenehm, als es sich um umlaufperiodisch sehr stark schwellende oder gar wechselnde Lasten handelt. Dies gilt in besonderem Maße für Zweiblattrotoren mit gelenkloser Nabe. Eine Pendelnabe löst dieses Problem nahezu vollständig.

Kreiselmomente

Die Nachführung des laufenden Rotors löst Kreiselmomente um die Nickachse des Maschinenhauses aus. Diese spielen bei motorisch nachgeführten Anlagen nur eine untergeordnete Rolle, da die Azimutverstellgeschwindigkeit in der Regel so gering ist, daß nur geringe Kreiselkräfte und -momente entstehen. Die Nachführgeschwindigkeit liegt bei großen Windkraftanlagen im Bereich von 0,5 °/s. Probleme entstehen eher bei kleineren Anlagen mit freier Windrichtungsnachführung (vergl. Kap. 5.7). Abrupte Windrichtungsänderungen können zerstörerische Kreiselmomente zur Folge haben.

Komponente des Rotorantriebsmomentes

Besitzt der Rotor eine Achsschrägneigung, so ergibt sich eine Komponente des Rotorantriebsmomentes um die Azimutverstellachse. Dieses Moment ist in der Momentenbilanz um die Rotorgierachse zu berücksichtigen.

Reibmoment des Azimutdrehlagers

Die Reibung im Turmkopflager geht selbstverständlich ebenfalls in die Momentenbilanz um die Azimutachse ein. Bei den üblichen Wälzlagern ist dieses Moment relativ klein. Einige Anlagen, die keine gesonderten Azimutbremsen besitzen, verfügen über stark reibungsbehaftete Gleitlager (sog. Gleitschuhe) oder über Wälzlager mit einer speziellen Drehhemmung (vergl. Kap. 9.14).

Reibmoment der Azimutbremsen

Größere Anlagen, die mehrere aktive Azimut-Haltebremsen besitzen, benützen in der Regel eine oder zwei Bremsen, die während des Nachführens im Eingriff sind, um unerwünschte Gierschwingungen zu unterbinden.

7.4.2 Schwingungsanregungen und Resonanzen

Die Gierschwingung des Rotors mit dem Maschinenhaus kann vor allem durch aerodynamische Kräfte und Momente angeregt werden. Die umlaufperiodisch schwellenden oder gar wechselnden Kraftwirkungen aus dem Höhenprofil der Windgeschwindigkeit oder dem Turmschatten sind die wesentlichen Ursachen. Vor allem in Verbindung mit den massendynamischen Effekten eines Zweiblattrotors mit gelenkloser Nabe bilden sie eine ideale Anregung für die Turmkopf-Gierschwingung. Das über den Umlauf in bezug auf die Nick- und Gierachse wechselnde Massenträgheitsmoment des Zweiblattrotors stellt eine zusätzliche sog. „parametrische Erregung" dar.

Das Eigenschwingungsverhalten der Windrichtungsnachführung weist eine Eigenart auf, die besondere Aufmerksamkeit erfordert. Der Verstellantrieb, sei es das Antriebsritzel, das auf einen Zahnkranz am Maschinenhaus oder Turm einwirkt, oder das Übersetzungsgetriebe des Stellmotors, ist immer spielbehaftet. Kommt dieses Spiel, etwa durch zu schwache Reibungsbremsen, zur Auswirkung, so hat dies erhebliche Auswirkungen auf die Eigenfrequenz des Systems. Die Behandlung spielbehafteter Schwingungen ist in der einschlägigen Fachliteratur beschrieben [4].

In besonderem Maß sind die in der Vergangenheit üblichen Nachführungssysteme mit aerodynamisch angetriebenen Seitenrädern dieser Gefahr ausgesetzt. Die kleine Windkraftanlage Aeroman war anfangs mit einer aerodynamischen Windrichtungsnachführung ausgerüstet. Mit Hilfe eines Seitenrades und eines Schneckengetriebes wurde die Anlage nachgeführt (vergl. Kap. 5.7). Um die Leichtgängigkeit des Schneckenradgetriebes zu gewährleisten, war ein gewisses Zahnradspiel unumgänglich, das sich zudem mit zunehmender Laufzeit vergrößerte. Hinzu kam noch die Konzeption der Anlage mit gelenklosem Zweiblattrotor und den damit verbundenen großen Giermomenten des Rotors um die Hochachse.

Im Resonanzdiagramm lag der Eigenfrequenzbereich ohne Berücksichtigung des Spiels im Getriebe außerhalb der kritischen Anregenden (Bild 7.18). Sobald das Getriebe merkliches Spiel aufwies, sank die Eigenfrequenz drastisch ab und es kam zu einer Resonanz mit den anregenden aerodynamischen Momenten des Rotors. Ohne eine erhebliche Reibungsdämpfung oder eine Haltebremse zerstört eine derartige Schwingung nach kurzer Zeit das Getriebe. Passive aerodynamische Windrichtungsnachführungen mit Seitenrädern ohne Drehhemmung oder Haltebremse werden deshalb heute kaum noch verwendet. Auch die kleine Anlage Aeroman mußte nachträglich mit einer motorischen Windrichtungsnachführung mit einer Drehhemmung im Azimutlager ausgerüstet werden.

Die großen Windkraftanlagen haben im allgemeinen weniger Probleme mit dem dynamischen Verhalten der Windrichtungsnachführung. Die motorische Azimutverstellung mit geregelten Antriebsmotoren und mehreren Azimutbremsen läßt sich sensibler regeln und ist vor allem im Stillstand durch die im Eingriff befindlichen Bremsen vor Resonanz-

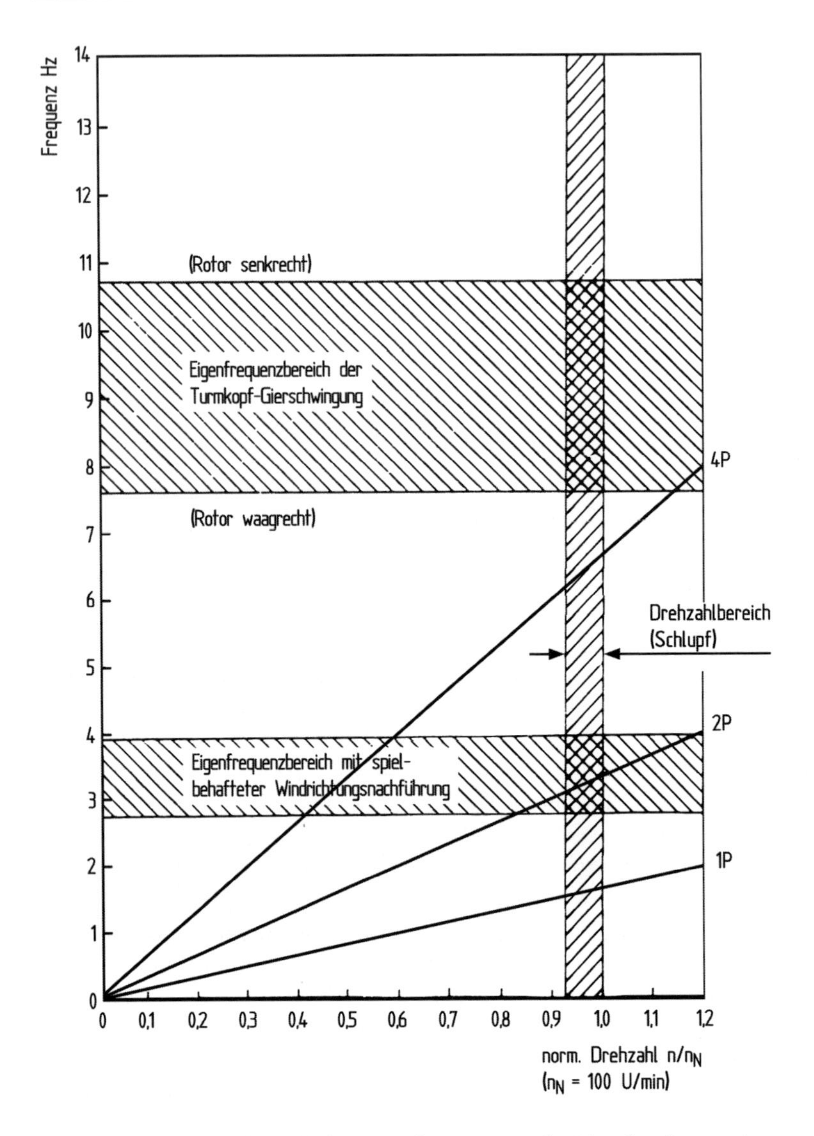

Bild 7.18. Resonanzschaubild der Gierschwingungen des Turmkopfes von Aeroman mit und ohne spielbehafteter Windrichtungsnachführung

erscheinungen geschützt. Die Resonanzgefahr beschränkt sich deshalb auf den Nachführvorgang. Während des Nachführens besteht allerdings auch hier die Gefahr einer unzulässigen Schwingung. Die Eigenfrequenzen der Windrichtungsnachführung müssen deshalb in diesem Zustand berücksichtigt werden. Kommt es zu unzulässigen Schwingungen während des Nachführvorganges, bleibt nicht viel anderes übrig, als die dämpfenden Reibungsmomente mit Hilfe der Azimutbremsen oder eventuell vorhandener Drehhemmungen im Azimutlager zu erhöhen (vergl. Kap. 9.14).

7.5 Schwingungen der Gesamtanlage

Wenn vom Schwingungsverhalten der Gesamtanlage die Rede ist, so sind damit in erster Linie Koppelschwingungen von Rotor und Turm gemeint. Das System „Rotor-Turm" ist ständig der Gefahr einer Selbstanregung ausgesetzt (vergl. Bild 7.11).

Die Turmeigenfrequenzen verstehen sich hierbei als Eigenfrequenzen von „Turm mit Kopfmasse". In erster Linie besteht bei den üblichen Turmauslegungen die Gefahr, daß die erste Biegeeigenfrequenz des Turmes in Resonanz mit den schwingungsanregenden Rotorkräften gerät. Ein entscheidendes Kriterium für das Schwingungsverhalten der Windkraftanlage ist deshalb die Lage der ersten Biegeeigenfrequenz des Turms in Relation zu den „Anregenden" des Rotors.

7.5.1 Turmsteifigkeit

Die erste Biegeeigenfrequenz des Turms darf auf keinen Fall mit den kritischen Anregenden zusammenfallen. Darüber hinaus wird man bemüht sein, auch zu den übrigen Vielfachen der Rotorfrequenz einen gewissen Abstand zu halten. Wie groß der Abstand sein muß, kann nicht allgemein festgelegt werden. Die Systemdämpfungen, sowohl hinsichtlich der Strukturdämpfung als auch in bezug auf die Luftdämpfung, entscheiden darüber, bei welchem Abstand der Frequenzen unzulässig große Schwingungsüberhöhungen auftreten. In Anlehnung an die bisher gebauten Anlagen ist ein Sicherheitsabstand von 5–10 % der Eigenfrequenzen zu den dominierenden Anregungsfrequenzen eine Orientierung.

Es hat sich eingebürgert, die Turmauslegung entsprechend der Lage der ersten Biegeeigenfrequenz des Turms zu der dominierenden Anregung als „steif" oder „weich" zu bezeichnen (Bild 7.19 und 7.20). Bei der steifen Turmauslegung wird die Turmeigenfrequenz beim Hochlaufen bzw. Abschalten des Rotors nicht durchlaufen, so daß die Resonanzgefahr ausgeschaltet wird. Die weiche Auslegung hat demgegenüber das „Durchfahrproblem" mit der Gefahr der Resonanz. Heute wird die Turmsteifigkeit noch unter die 1P-Anregende gelegt, um die Turmmasse aus wirtschaftlichen Gründen so gering wie möglich zu halten. Man spricht in diesem Fall gelegentlich von einer „doppelt weichen" Auslegung.

Die Turmtorsion darf jedoch nicht völlig außer acht gelassen werden, auch wenn die erste Torsionseigenfrequenz bei den meisten Türmen deutlich höher liegt als die erste Biegefrequenz. Vor allem das mehrfach erwähnte Giermoment des Zweiblattrotors kann eine Turmdrehschwingung anregen. Eine Anlage mit gelenklosem zweiblättrigen Rotor und weicher Turmauslegung wäre deshalb eine schwingungstechnisch äußerst gefährliche Konzeption. Der Pendelrotor entkoppelt weitgehend die Rotorgier- und -nickmomente von der Turmtorsion bzw. -biegung und ermöglicht deshalb die Verwirklichung einer weniger steifen und damit kostengünstigeren Turmbauart.

Die Türme der ersten Generation von Windkraftanlagen wurden in der Regel steif ausgelegt. Insbesondere die Gittertürme der dänischen Windkraftanlagen waren fast ausschließlich steife Türme. Man fürchtete die Resonanz beim Hochfahren des Rotors. Im weiteren Verlauf der Entwicklung gingen jedoch fast alle Hersteller auf eine zunehmend weichere Turmauslegung über. Die damit verbundene Einsparung an Material wurde aus wirtschaftlichen Gründen nahezu zwingend erforderlich (vergl. Kap. 12.4).

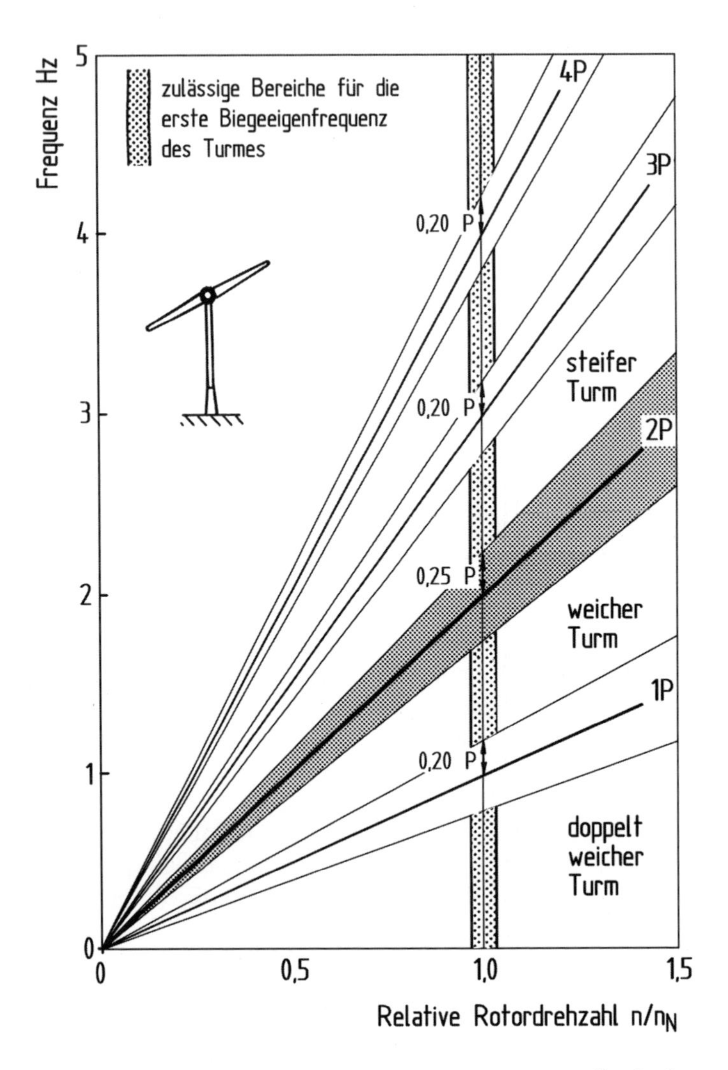

Bild 7.19. Turmsteifigkeit im Resonanzdiagramm einer Windkraftanlage mit Zweiblattrotor

Neben den Bezeichnungen „weich" und „steif" für die Turmauslegung wird in der Literatur gelegentlich von „überkritischer" und „unterkritischer" Auslegung gesprochen. Diese Bezeichnungen sind im Turbinenbau üblich, bei dem eine ähnliche Problematik vorliegt. Die Eigenfrequenz eines sich biegeelastisch verhaltenden Turbinenrades auf einer Welle (sog. Lavalläufer) hat einen „kritischen Wert" bei einer bestimmten Drehzahl. Turbinen die unterhalb der kritischen Drehzahl laufen werden als „unterkritische Läufer" bezeichnet; liegt ihre Drehzahl darüber, spricht man von einem „überkritischen" Läufer. Da diese Bezeichnungen jedoch weit weniger anschaulich sind und darüber hinaus oft nicht klar ist, welche Komponente gegenüber was über- oder unterkritisch ist, wird diese Kennzeichnung hier nicht verwendet [7].

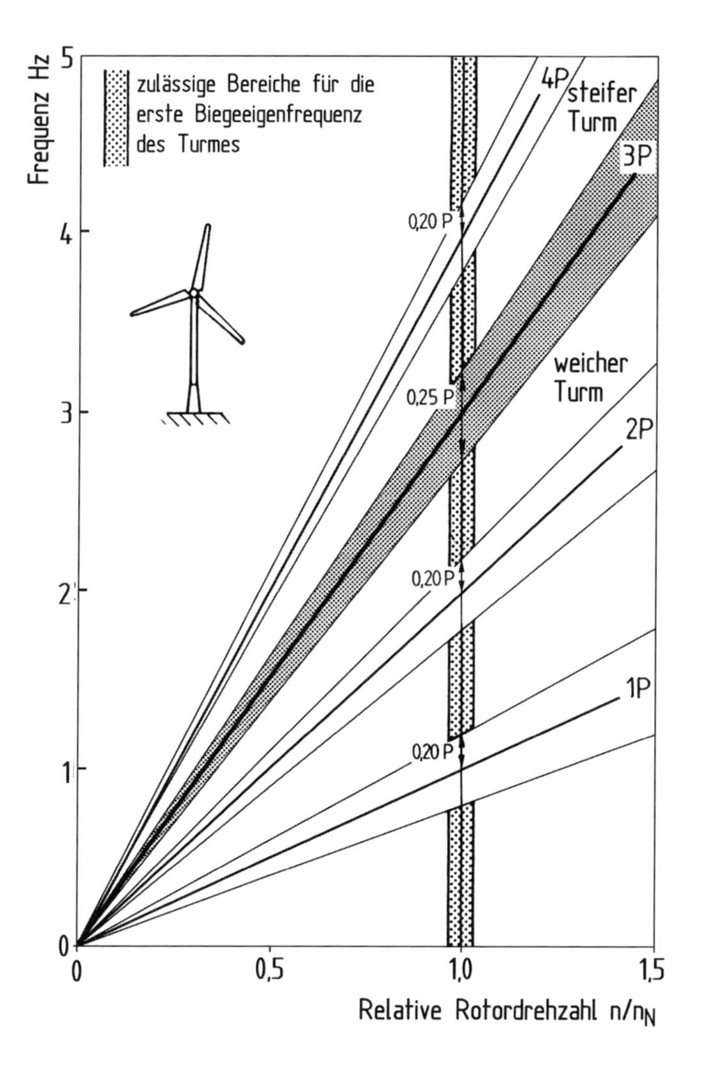

Bild 7.20. Turmsteifigkeit im Resonanzdiagramm einer Windkraftanlage mit Dreiblattrotor

7.5.2 Resonanzdiagramme ausgeführter Anlagen

Die Kontrolle des Schwingungsverhaltens von Windkraftanlagen wurde von den Konstrukteuren zunächst mit unterschiedlichen Auslegungen erreicht. Den Vertretern der steifen Auslegung standen die Befürworter der „weichen Linie" gegenüber. Erst im Laufe der Entwicklung wurde die schwierige und risikoreichere weiche Linie bevorzugt. Es zeigte sich, daß insbesondere mit zunehmender Größe der Anlagen die damit erreichbare Gewichtseinsparung beim Turm einen erheblichen wirtschaftlichen Vorteil darstellt. Seitdem wird die weiche Turmauslegung generell als die fortschrittlichere Bauweise angesehen und ist deshalb heute fast ausschließlich zu finden. Für Großanlagen ist eine weiche Turmauslegung aus diesen Gründen nahezu zwingend.

Die folgenden Resonanzdiagramme (in der englischen Literatur als *Campbell-Diagramme* bezeichnet) kann man als die „schwingungstechnischen Visitenkarten" der Windkraftanlagen bezeichnen. Die darin angegebenen Zahlenwerte können keinen Anspruch auf große Genauigkeit erheben. Dazu sind die von den einzelnen Herstellern veröffentlichten Daten zu lückenhaft und beruhen außerdem auf nicht ganz vergleichbaren Voraussetzungen. Teils dürfte es sich um rechnerische Ergebnisse aus dem Entwurfsstadium handeln, die einmal für isoliert betrachtete Komponenten (Rotorblätter), im anderen Fall für Teilsysteme (drehender Rotor) ermittelt wurden. Diesen Werten stehen Meßergebnisse an ausgeführten Anlagen gegenüber. Die Genauigkeit ist jedoch ausreichend, um sich einen Überblick über den schwingungstechnischen Charakter der einzelnen Anlagen zu verschaffen.

Die amerikanischen Anlagen der „ersten Generation" MOD-0 und MOD-1 (Bild 7.21) waren Vertreter der steifen Anlagenkonzeption [8]. Die erste Biegeeigenfrequenz des Turms lag erheblich über der 2P-Anregung des Rotors. Die Stahlgittertürme waren zudem außerordentlich torsionssteif, ein Merkmal, das angesichts der gelenklosen Zweiblattrotoren auch dringend geboten war. Mit der „zweiten Generation" MOD-2 (Bild 7.22) wurde der Übergang zur weichen Auslegung gewagt. Die erste Biegeeigenfrequenz des Turms wurde zwischen die 1P- und 2P-Anregung platziert.

Besonders interessant ist der Vergleich der großen schwedischen Anlagen WTS-75 und WTS-3 sowie des amerikanischen Schwestermodells WTS-4. Sie bildeten sozusagen die Eckpunkte der Bandbreite in der schwingungstechnischen Auslegung. Die WTS-75 vertrat die steife Konzeption (Bild 7.23). Die Konsequenzen waren allerdings nicht zu übersehen.

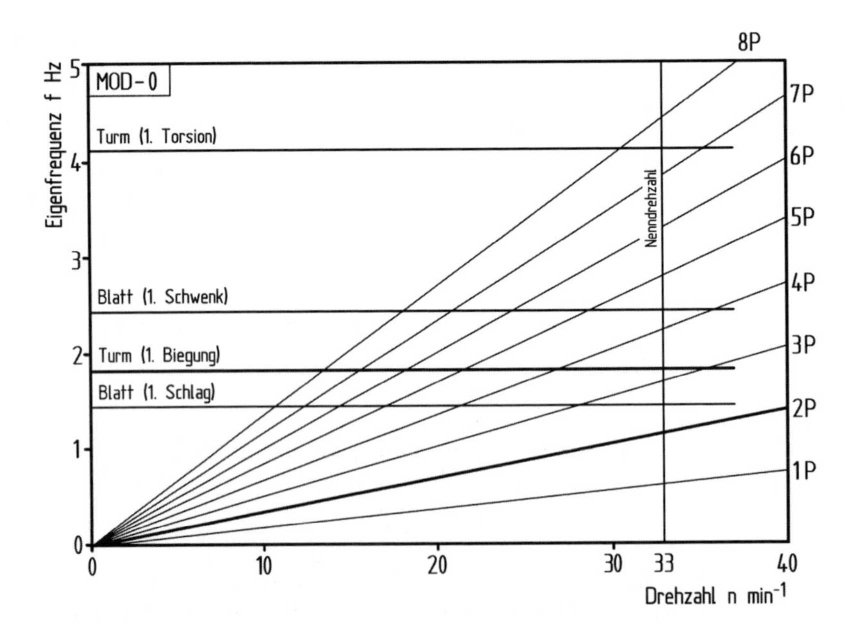

Bild 7.21. Resonanzdiagramm der MOD-0 mit gelenklosem Zweiblattrotor im Lee und steifer Turmauslegung [8]

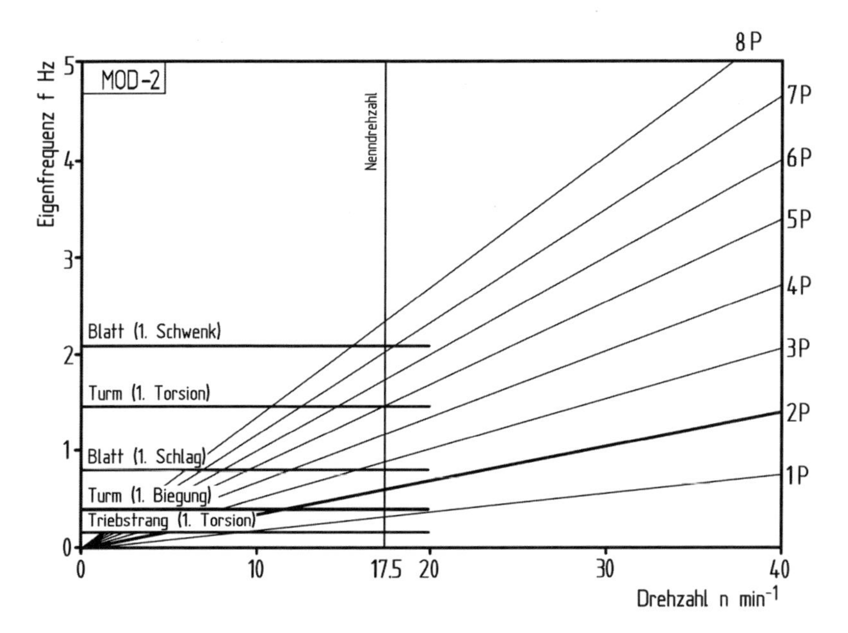

Bild 7.22. Resonanzdiagramm der MOD-2 mit Pendelrotor im Luv und weicher Turmauslegung [9]

Der Betonturm wog 1500 t! Das exakte Gegenteil stellte die WTS-3/-4 Konzeption dar. In Verbindung mit einem Zweiblattpendelrotor wurde für die schwedische WTS-3 eine weiche Turmauslegung zwischen 1P und 2P gewählt (Bild 7.24).

Die amerikanische Variante WTS-4 verfügte sogar über einen „doppelt weichen" Turm mit einer ersten Biegeeigenfrequenz unterhalb von 1P. Die Erfahrungen mit dem Schwingungsverhalten der WTS-4 haben jedoch gezeigt, daß die doppelt weiche Turmauslegung zumindest bei der gewählten Anlagenkonzeption mit Zweiblattrotor zu Schwierigkeiten führt. Die Schwingungsausschläge des Turmkopfs wurden als äußerst unangenehm beschrieben.

Anlagen mit Dreiblattrotor sind im Hinblick auf das Schwingungsverhalten unproblematischer. Vor allen Dingen entfällt die starke Anregung der Gierbewegung mit Blick auf die Turmtorsion, die für den Zweiblattrotor typisch ist. Als Beispiel für eine Anlage mit Dreiblattrotor kann die Tjaereborg-Versuchsanlagedienen (Bild 7.25). Sie vertritt die traditionelle dänische Linie. Der Betonturm ist in bezug auf die kritische 3P-Anregung „weich" ausgelegt, das heißt der Rotor durchfährt beim Hochlaufen die Turmresonanz.

Die neueren kommerziellen Dreiblattanlagen mit Stahlrohrtürmen verfügen durchweg über weich ausgelegte Türme mit einer Biegeeigenfrequenz zwischen 1P und 2P oder sogar unter 1P. Mit zunehmender Größe und der wirtschaftlichen Optimierung der Windkraftanlagen wird die damit erreichbare Masseneinsparung beim Turm offensichtlich zu einem nicht mehr zu vernachlässigenden Faktor. Außerdem wird das Schwingungsverhalten der Windkraftanlage zunehmend besser beherrscht, so daß man näher an die technischen Grenzen herangehen kann.

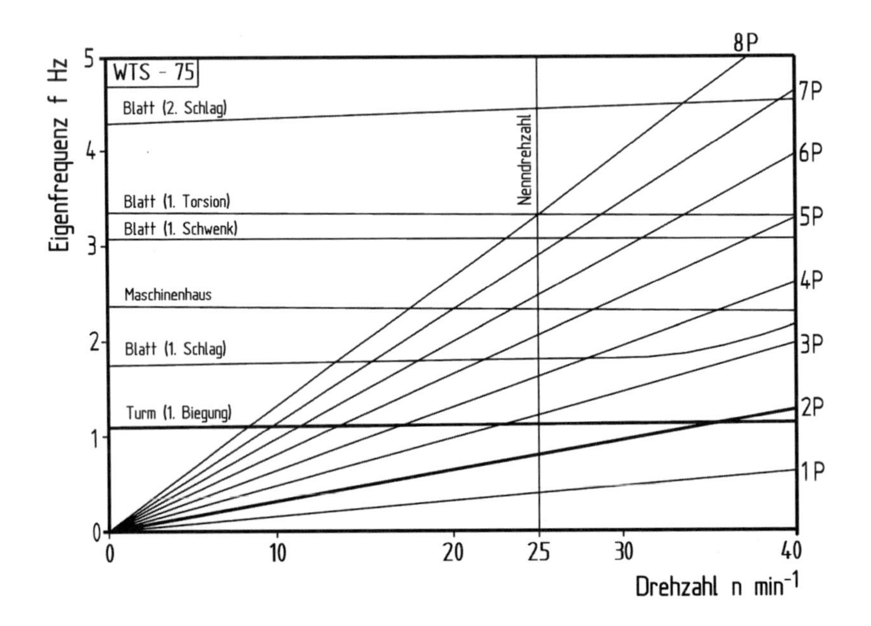

Bild 7.23. Resonanzdiagramm der WTS-75 mit gelenklosem Zweiblattrotor im Luv und steifem Betonturm [9]

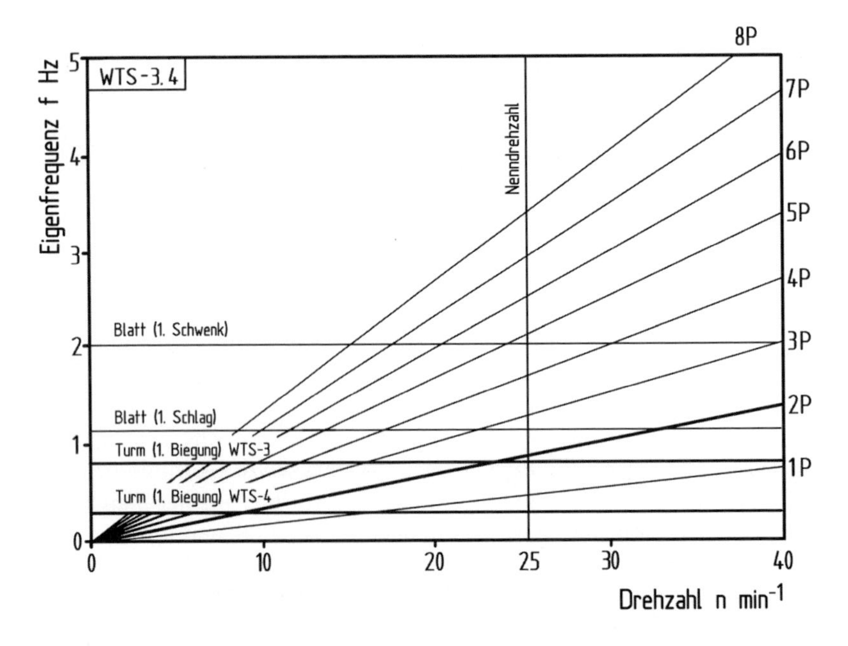

Bild 7.24. Resonanzdiagramm der WTS-3/-4 mit Zweiblattpendelrotor im Lee und weicher Turmauslegung (WTS-3) sowie doppelt weicher Turmauslegung (WTS-4)

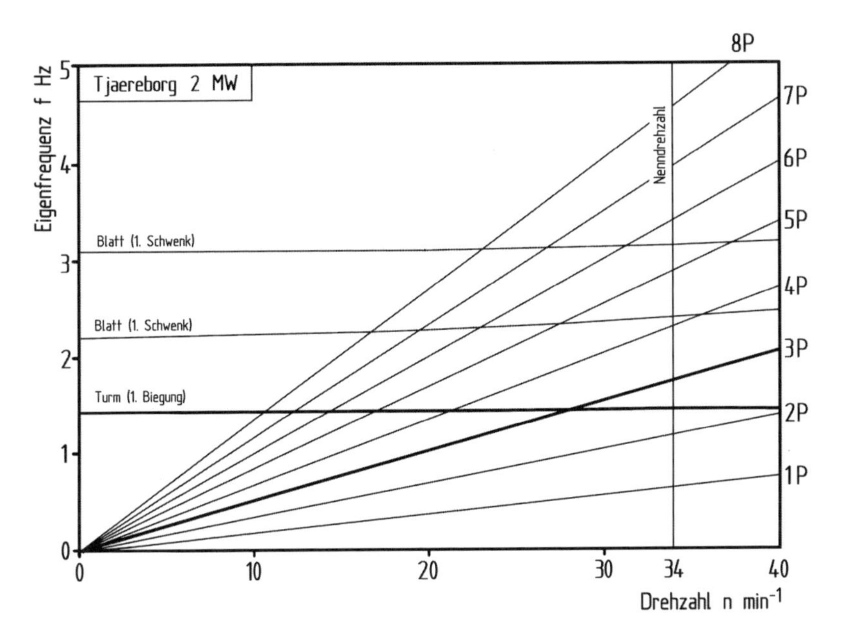

Bild 7.25. Resonanzdiagramm der Tjaereborg-Versuchsanlage mit Dreiblattrotor im Luv und weicher Turmauslegung (Betonturm)

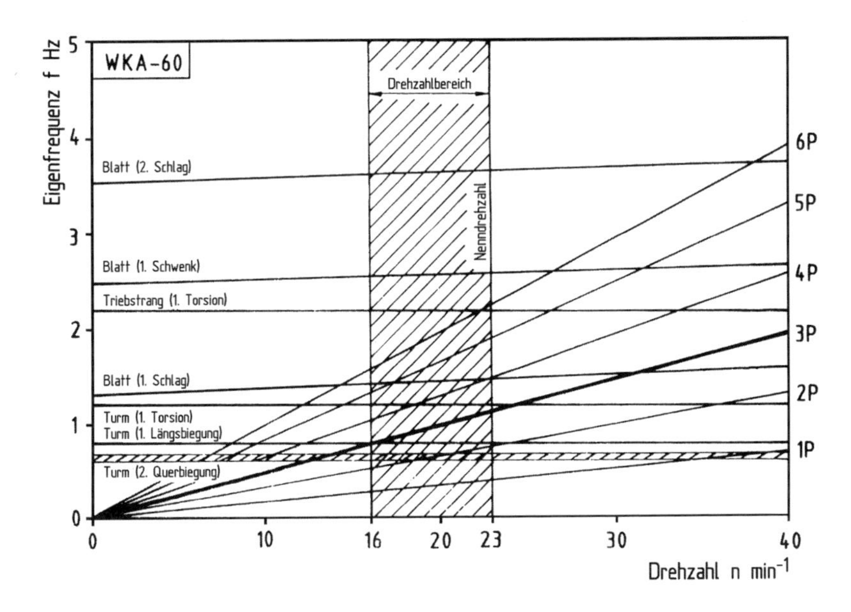

Bild 7.26. Resonanzdiagramm der Versuchsanlage WKA-60 mit drehzahlvariablen Dreiblattrotor und weicher Turmauslegung

Die Vermeidung von Resonanzen wird erheblich schwieriger, wenn der Rotor eine drehzahlvariable Betriebsweise aufweist. Entweder wird durch die Lage der zu beachtenden Eigenfrequenzen der Drehzahlbereich eingeschränkt, oder man ist gezwungen, durch die Betriebsführung einen kritischen Drehzahlbereich auszusparen, das heißt schnell zu durchfahren und nicht für den stationären Betrieb zuzulassen. Bei der Versuchsanlage WKA-60-Anlage hat man sich für den ersteren Weg entschlossen (Bild 7.26).

Die erste Biegeeigenfrequenz des Betonturms fiel bei dieser Anlage allerdings genau mit der 2P-Anregung bei Nenndrehzahl zusammen. Obwohl diese „Vielfachen" von 1P grundsätzlich als weniger kritisch einzustufen sind, zeigten sich im praktischen Betrieb doch unangenehme Resonanzen. Die sog. *Vergrößerungsfunktion,* das heißt das Verhältnis der maximalen Amplitude der Schwingungsantwort zur Amplitude der Anregung, zeigt wie sich die 2P-Anregung auf die Querschwingung des Turmes auswirkt (Bild 7.27). Die periodisch wechselnde Querkraft wird im Resonanzfall mit einem Vergrößerungsfaktor von 4 dynamisch überhöht. Diese Tatsache muß im Hinblick auf die Betriebsfestigkeit berücksichtigt werden. In diesem Zusammenhang ist eine Besonderheit der Betonbauweise von Türmen zu erwähnen. Die tatsächlichen Eigenfrequenzen weichen bei Betontürmen nicht selten erheblich von den berechneten Werten ab. Ungenauigkeiten beim Bau spielen hierfür offensichtlich eine gewisse Rolle.

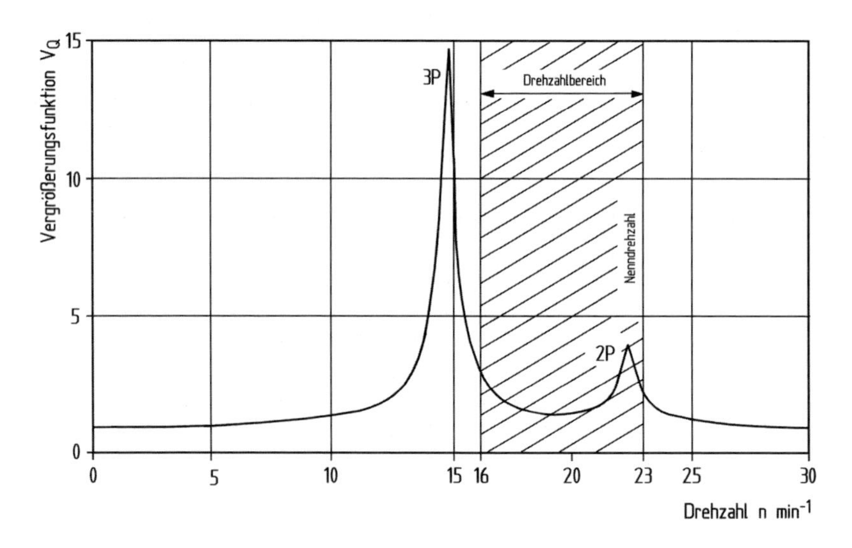

Bild 7.27. Überhöhung der periodisch wechselnden Querkraft auf den Turm der WKA-60 im Resonanzfall

Für das Schwingungsverhalten von Vertikalachsenrotoren gelten grundsätzlich die gleichen Überlegungen und Kriterien wie bei Horizontalachsenanlagen. Für die Analyse des Schwingungsverhaltens stehen angepaßte Berechnungsverfahren aus der veröffentlichten Literatur zur Verfügung [11]. Die Besonderheiten der Vertikalachsenrotoren beruhen einmal auf der Tatsache, daß Anströmgeschwindigkeit und Anstellwinkel der Rotorblätter über den Umlauf oszillieren und sich daraus spezielle Anregungssituationen für das Schwingungs-

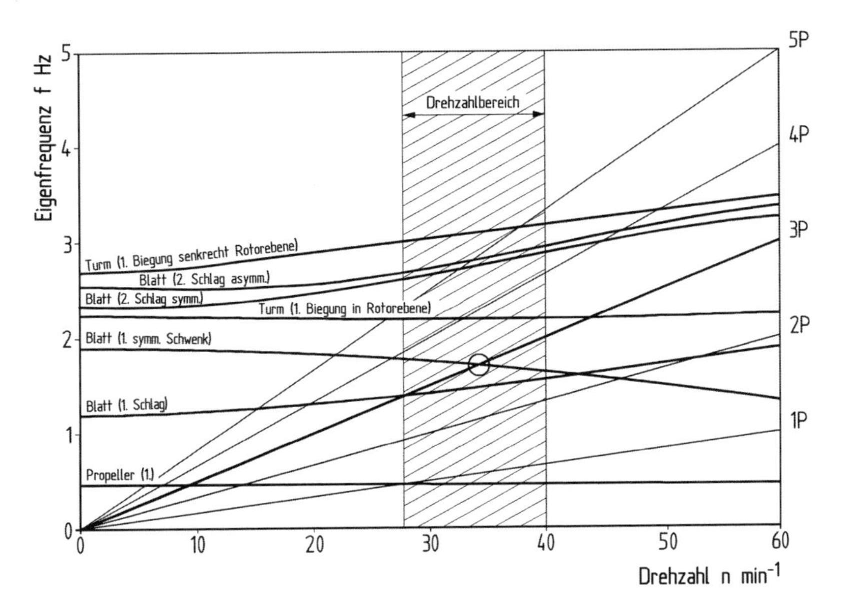

Bild 7.28. Resonanzdiagramm eines Darrieus-Rotors mit zwei Rotorblättern [10]

verhalten der Rotorblätter ergeben. Dieses wird vor allem durch die symmetrischen und antimetrischen Eigenformen in der Rotorebene (bei Zweiblattrotoren) geprägt (Bild 7.28).

7.6 Rechnerische Simulation des Schwingungsverhaltens

Das Schwingungsverhalten eines Systems mit einer Vielzahl von Freiheitsgraden ist streng genommen nur als Schwingungsgesamtsystem zu behandeln. Dies gilt vor allem dann, wenn die schwingungstechnische Kopplung der angeregten Freiheitsgrade so stark ist, daß sich komplexe Koppelschwingungsformen ergeben, deren Eigenfrequenzen merklich von den Eigenfrequenzen der beteiligten Komponenten abweichen. Bei Windkraftanlagen ist diese Situation grundsätzlich gegeben. Die Systemfrequenzen müssen außerdem noch unter Berücksichtigung der Aerodynamik, der Massenkräfte, der Struktur- und Luftdämpfung und nicht zuletzt auch noch des Regelungsverhaltens berechnet werden.

Bevor man sich jedoch auf die rechnerische Simulation eines solchen Gesamtsystems einläßt, ist es zweckmäßig, sich zunächst über den grundsätzlichen schwingungstechnischen Charakter der Anlage oder des Anlagenentwurfs soweit wie möglich Klarheit zu verschaffen, bzw. diesen so auszulegen, daß daraus die kritischen Schwingungsfälle zu erkennen sind. Dieses Ziel kann mit einer isolierten rechnerischen Behandlung der Komponenten oder eingegrenzter Teilsysteme der Anlage durchaus erreicht werden. Die ersten und einige höhere Eigenfrequenzen und Eigenformen der wichtigsten Komponenten werden dazu isoliert und im stillstehenden Zustand berechnet.

Die Eigenfrequenzen des Teilsystems „Turm mit Turmkopf" sind in jedem Fall mit ausreichender Genauigkeit unter Annahme eines stehenden Rotors zu berechnen. Der Einfluß des drehenden Rotors ist gering. Für die Rotorblätter gilt dies nur bedingt. Die drehenden Rotorblätter verhalten sich etwas anders als die stillstehenden. Die Fliehkraft übt einen „versteifenden“ Einfluß aus. Außerdem kann die Einspannsteifigkeit der Rotorblätter an der Nabe eine gewisse Rolle spielen. Die genaue Ermittlung der Rotorblatteigenfrequenzen erfordert deshalb eine rechnerische Simulation des drehenden Rotors unter Berücksichtigung der Freiheitsgrade und Steifigkeit der Nabenbauart. Das Resonanzdiagramm, auf dieser Basis ermittelt, gestattet für jeden vernünftigen Entwurf bereits eine zuverlässige Aussage über das Eigenschwingungsverhalten der „Gesamtanlage“ bestehend aus „drehendem Rotor und Turm“. Die Teilsysteme „Triebstrang“ und „Windrichtungsnachführen“ sind in den meisten Fällen soweit von der Gesamtanlage entkoppelt, daß eine isolierte Betrachtung möglich ist.

Wird das Schwingungsverhalten als besonders komplex oder gar kritisch eingeschätzt und ist eine Verschiebung der Komponenteneigenfrequenzen konstruktiv nicht mehr möglich, ist eine mathematische Simulation des Gesamtsystems unumgänglich. Angesichts der Tatsache, daß diese rechnerische Simulation des Schwingungsverhaltens zumindest bei großen Versuchsanlagen einen bedeutenden Platz in der Entwicklung einnimmt, wird die grundsätzliche Verfahrensweise der mathematischen Simulationstechnik kurz erläutert.

Im ersten Schritt werden, wie beschrieben, die Eigenfrequenzen der Hauptkomponenten ermittelt. Davon ausgehend werden die Teilsysteme „Turm mit Maschinenhaus- und Rotormasse“ mit dem Teilsystem „drehender Rotor“ unter Beachtung der kinematischen und kinetischen Zwangsbedingungen mathematisch gekoppelt. Die weitere Behandlung erfolgt, wie bei Mehrmassensystemen üblich, nach einem auf Lagrange zurückgehenden Formalismus (vergl. Kap. 7.3). Die kinetische und potentielle Energie sowie die Arbeit der äußeren Kräfte (Luftkräfte) werden für die Teilsysteme aufgestellt und nach einer modalen, d. h. die Schwingungsform betreffenden, Verträglichkeitsbedingung gekoppelt. Nach einer Differentiation der Energiegleichungen entstehen Differentialgleichungen (Bewegungsgleichungen) für den zeitlichen Verlauf der Schwingungen.

Diese Gleichungen sind für massensymmetrische Rotoren, das sind Rotoren mit drei und mehr Blättern, vergleichsweise einfach zu lösen. Wesentlich schwieriger ist die mathematische Behandlung für nicht massensymmetrische Rotoren mit zwei oder gar nur einem Rotorblatt. Infolge des über den Umlauf wechselnden Trägheitsmomentes bezogen auf das feststehende Achsensystem, treten in den Bewegungsgleichungen zeitabhängige periodische Koeffizienten auf, die zu sog. „parametererregten Schwingungen“ führen. Damit werden die zur Lösung angewandten Matrizenoperationen sehr aufwendig. Die Lösung erfolgt mit Hilfe der sog. Floquét-Theorie.

Im Ergebnis treten als Folge der periodischen Koeffizienten nichtsinusförmige Eigenschwingungen des Gesamtsystems mit höher harmonischen Anteilen auf. Jedem Freiheitsgrad können mehrere Eigenfrequenzen zugeordnet werden. In der Praxis ist fast immer eine Eigenfrequenz bzw. Eigenform eindeutig dominierend und liegt außerdem in der Regel dicht bei der Eigenfrequenz des isoliert betrachteten Teilsystems. Dies gilt zumindest solange kein Resonanzfall auftritt (Bild 7.29).

Die schwingungstechnische Simulation der Gesamtanlage kann neben den hier erörterten Erscheinungen noch eine Reihe weiterer aeroelastischer Effekte zu Tage fördern. Zum Beispiel die sog. *Gondel-Whirl-Schwingung*, bei der das Zentrum des Rotors eine elliptische Bewegung ausführt oder instabile *Turm-Gondel-Querschwingungen*. Axiale Turm-

Gondel-Schwingungen können die Blatteinstellwinkelregelung beeinflussen und sich als *Reglerschwingungen* äußern. In der Praxis spielen diese Effekte selten eine Rolle und werden deshalb hier nur erwähnt.

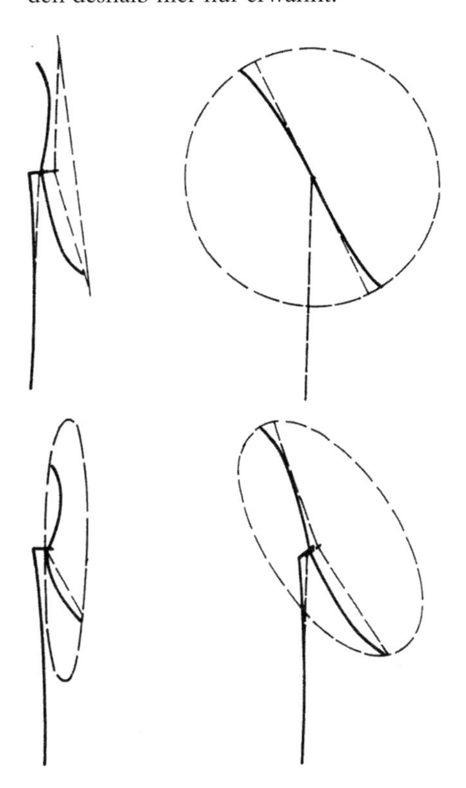

Bild 7.29. Bewegungsformen des gekoppelten Systems „Rotor-Turm" als Ergebnis einer rechnerischen Schwingungssimulation [1]

Eine der ersten Simulationstechniken des Schwingungsverhaltens und der dynamischen Belastungen von Windkraftanlagen mit horizontaler Rotorachse ist in den USA vom Paragon Pacific Institute unter der Bezeichnung MOSTAS (Modular Stability Derivative Program) entwickelt worden [12]. Diese aus mehreren Programmen bestehende Sammlung war ursprünglich zur Behandlung aeroelastischer Effekte von Flugzeugstrukturen und Hubschrauberrotoren entwickelt worden und wurde nun für die mathematische Behandlung des Schwingungsverhaltens von Windrotoren und Windkraftanlagen adaptiert. Die theoretischen Ergebnisse wurden vor allem an der MOD-0-Experimentalanlage der NASA verifiziert. Die Übereinstimmung mit den Meßergebnissen ist nach mehrfacher Weiterentwicklung der Theorie und der Rechenprogramme offensichtlich befriedigend. Im Zuge des Baues der großen Experimentalanlagen in den 1980er Jahren sind auch in der Bundesrepublik entwickelte Berechnungsverfahren veröffentlicht worden [11].

In den letzten Jahren sind umfangreiche sog. Mehrkörper-Simulationsmodelle (multi body simulation codes) entwickelt worden [12]. Mit der heute nahezu unbegrenzten Speicherfähigkeit der Rechner ist es theoretisch möglich die gesamte Anlage mit einer großen Anzahl von Details und Freiheitsgraden zu simulieren.

Zur mathematischen Simulation des Schwingungsverhaltens von Windkraftanlagen sind einige kritische Anmerkungen allerdings unerläßlich (vergl. Kap. 6.7.3). Unter dem Vorwand der umfassenden Simulation des Schwingungsverhaltens und daraus abzuleitender dynamischer Belastungen oder Instabilitäten können wahrhafte „Computerorgien" veranstaltet werden, deren praktischer Wert sich oft umgekehrt proportional zu der Anzahl der berücksichtigten Freiheitsgrade und der Koeffizienten in den Differentialgleichungen verhält.

Je komplexer die Simulationstechnik wird, desto mehr Eingabedaten sind erforderlich. Aber gerade daran fehlt es. Die detaillierten Steifigkeits- und Dämpfungsparameter der komplizierten maschinen- und stahlbautechnischen Konstruktionen sind im Entwurfsstadium fast nie zu beschaffen. Ohne verläßliche Eingabedaten wird die Simulation jedoch zum leeren Formalismus.

Darüber hinaus ist für jede vernünftige Konzeption die schwingungstechnische Kopplung der Teilsysteme nicht so dramatisch, wie man befürchten könnte, und wenn sie es ist, muß der Entwurf geändert werden. Ein schwingungstechnisch sicheres Gesamtkonzept, mit einer sinnvollen Platzierung der Eigenfrequenzen der kritischen Komponenten, ist die einzig entscheidende Voraussetzung zur Beherrschung des Schwingungsverhaltens einer Windkraftanlage. Die rechnerische Simulation hat als Kontrollaufgabe ihre Berechtigung, aber ein Ersatz für eine schwingungstechnisch sichere Konstruktion ist sie nicht.

Die bestehenden Unsicherheiten in der rechnerischen Simulation des Schwingungsverhaltens haben dazu geführt, daß gelegentlich der Versuch unternommen wurde, anhand von Modellversuchen im Windkanal das Schwingungsverhalten experimentell zu ermitteln. Diese Versuche stoßen jedoch auf fast unüberwindliche Schwierigkeiten in bezug auf die Einhaltung der notwendigen Ähnlichkeitsgesetze, die erforderlich ist, um die Übertragbarkeit der Modellergebnisse auf das Original zu gewährleisten. Die Schwierigkeit besteht darin, daß sowohl die aerodynamischen als auch die strukturelastischen Modellgesetze eingehalten werden müssen. Bei kleinen Modellmaßstäben in den zur Verfügung stehenden Windkanälen ist dies praktisch nicht möglich. Dennoch können solche experimentellen Untersuchungen, wenn sie unter dem Aspekt begrenzter Fragestellungen und mit richtiger Interpretation der Ergebnisse durchgeführt werden, sehr nützlich sein, da sie das grundsätzliche Verständnis der Zusammenhänge fördern.

Im Rahmen der Growian-Entwicklung wurden vom Institut für Aeroelastik der DLR in Göttingen an einem aeroelastischen Modell im Maßstab 1:66 qualitative Untersuchungen vorgenommen [1]. Ein ähnliches Meßprogramm wurde in den USA für die MOD-2-Anlage anhand eines Modells mit einem Rotordurchmesser von 3,8 m durchgeführt.

Literatur

1. Kießling, F.: Modellierung des aeroelastischen Gesamtsystems einer Windturbine mit Hilfe symbolischer Programmierung. DFVLR-Forschungsbericht, DFVLR-FB 84-10, 1984
2. Försching, H. W.: Grundlagen der Aeroelastik. Springer-Verlag, 1974

3. Gasch, R.; Twele, J.: Windkraftanlagen 4. Auflage, B. G. Teubner, Wiesbaden, 2005
4. Magnus, K.: Schwingungen; B. G. Teubner, Stuttgart, 1969
5. Sullivan, T. L.; Miller, D. R.; Spera, D. A.: Drive Train Normal Modes Analysis for the ERDA/NASA 100-Kilowatt Wind Turbine Generator, NASA TM-73718, 1977
6. Schlecht, B. et. al.: Analysen zu Schwingungen in Windenergieanlagen mittels Mehrkörpersimulationen und Finite-Elemente-Methode, Haus der Technik, Essen, 16.–17. März 2006
7. Gasch, R., Nordmann, R., Pfützmer, H.: Rotordynamik, Springer-Verlag, 2002
8. Bradford, S. L.; Glasgow, J.: Experimental Data and Theoretical Analysis of an Operating 100 kW Wind Turbine. NASA TM-73883, 1978
9. Boving-KMW Turbin AB. Wind Turbine System Näsudden, Firmenprospekt Kristineham, Schweden, 1985
10. Vollan, A.: Structural Dynamic Problems of Darrieus Rotors. Wind Resources and Darrieus Rotor, Paris, April 1986
11. Hoffmann, J. A.: Coupled Dynamics Analysis of Wind Energy Systems. NASA CR-135152, 1977
12. SIMPACK AG: Firmennachrichten, Gilching, 2011

Kapitel 8

Rotorblätter

Der Rotor einer Windkraftanlage umfaßt — vom Standpunkt des konstruktiven Aufbaus aus betrachtet — mehrere Teilsysteme. Ausgehend von der Definition, daß man unter dem Rotor alle drehenden Teile der Anlage außerhalb des Maschinenhauses versteht, sind dies die Rotorblätter, die Nabe und der Blattverstellmechanismus. Diese drei Teilsysteme sind hinsichtlich ihrer konstruktiven Auslegung, ihrer Funktion und der Fertigungstechnik weitgehend eigenständige Komponenten.

Die Rotornabe und der Blattverstellmechanismus sind klassische Maschinenbaukomponenten. Sie sind aus technologischer Sicht und in bezug auf ihre Funktion eng mit dem mechanischen Triebstrang der Anlage verbunden. Je nach konstruktiver Ausführung ist die Blattverstellmechanik und die dazugehörige Regelung nur zum Teil ein Bestandteil des Rotors. Ein Teil der Komponenten ist fast immer im Maschinenhaus untergebracht. In jedem Fall stellt die Baugruppe „Blattverstellmechanismus" den Übergang vom Rotor zum mechanischen Triebstrang der Windkraftanlage dar. Rotornabe und Blattverstellmechanismus werden deshalb im Zusammenhang mit dem mechanischen Triebstrang behandelt.

Die Technologie der Rotorblätter ist weniger dem Maschinenbau als vielmehr dem Leichtbau der Luftfahrttechnik verhaftet. Das gilt vor allem für die Entwicklung, nicht unbedingt für die Fertigungstechnik. Im Gegensatz zu den übrigen Komponenten der Windkraftanlage, die zum großen Teil aus anderen Bereichen des Maschinenbaus übernommen oder zumindest abgeleitet werden können, müssen die Rotorblätter neu entwickelt werden. Die Entwurfsprobleme gleichen den Aufgabenstellungen des Flugzeugbaus. Sowohl die anzusetzenden Lastkollektive im Hinblick auf die Ermüdungsfestigkeit als auch die Berechnungsmethoden zur Dimensionierung der dynamisch hochbelasteten Struktur sind ähnlich. Das ungewöhnlich harte Lastspektrum, dem die Rotorblätter ausgesetzt sind, ist ein wesentlicher Grund für die exponierte Stellung dieser Komponente. Bereits das Biegemoment aus dem Eigengewicht verursacht Lastwechselzahlen bis zu 10^8 in der Lebensdauer der Anlage. Hinzu kommen die regellosen Wechselbelastungen aus der Turbulenz des Windes und die Alterung des Materials aufgrund der Witterungseinflüsse. Die mit der Dauerfestigkeit verbundenen Probleme sind damit bei weitem schwieriger zu lösen als bei jeder anderen Komponente.

Was für die Entwicklungsprobleme gilt, trifft nicht unbedingt auf die Fertigungstechnik zu. Unter diesem Gesichtspunkt sind Anleihen aus dem Flugzeugbau nur bedingt möglich.

Der viel engere Kostenspielraum verbietet klassische Flugzeugbauweisen. Die Fertigungstechnik wird deshalb sehr häufig aus anderen Bereichen entlehnt. Zunächst kamen die Anleihen aus dem modernen Bootsbau, der schon längerer Zeit mit Glasfaserverbundwerkstoffen arbeitet. Die Rotorblätter der älteren dänischen Windkraftanlagen wurden vorzugsweise von Bootswerften hergestellt.

In der Vergangenheit stellte die Suche nach geeigneten Bauweisen für sehr große Rotorblätter ein besonderes Problem dar. In Ländern, in denen große Versuchsanlagen entwickelt wurden, gab es eigene Technologieprogramme zur Entwicklung geeigneter Bauweisen für große Rotorblätter. So wurden zum Beispiel in den USA an der Testanlage MOD-0 eine ganze Reihe unterschiedlicher Rotorblätter von verschiedenen Herstellern getestet. Von einigen Bauweisen, zum Beispiel der Stahl- oder der Aluminiumbauweise läßt sich heute sagen, daß sie nur eine Notlösung für die damaligen Versuchsanlagen waren. Die heutige Bauweise wird durch die Verwendung von Faserverbundmaterialen bestimmt.

Die Rotorblätter der kommerziellen Windkraftanlagen werden einerseits von spezialisierten Herstellerfirmen geliefert, so daß kleinere Hersteller von Windkraftanlagen die Möglichkeit haben, erprobte Rotorblätter als Zulieferteile kaufen zu können. Andererseits gehen die großen, führenden Hersteller von Windkraftanlagen zunehmend dazu über, die Rotorblätter für ihre Anlagen selbst zu entwickeln und zu fertigen. Die Rotorblätter werden als Schlüsselkomponente für die technische Weiterentwicklung der gesamten Windkraftanlage angesehen.

Auch wenn die Rotorblätter der heutigen Windkraftanlagen fast ausschließlich aus Glasfaserverbundmaterial hergestellt werden und damit die Bauweise weitgehend festliegt, werden im folgenden die grundsätzlichen Zusammenhänge und Erfahrungen aus der Realisierung anderer Bauweisen behandelt. Die schnell wachsende Größe der Windkraftanlagen, die heute bereits über Rotordurchmesser von 120 m und mehr verfügen, könnte ein Rückgriff auf Erfahrungen mit anderen Bauweisen wieder aktuell werden lassen.

8.1 Materialfragen

Ausgangspunkt der Überlegungen zur Rotorblattbauweise war in der Vergangenheit die Frage nach dem geeigneten Material. Die Eigenschaften des Materials bestimmen in weitem Umfang sowohl die konstruktive Bauweise als auch die Fertigungstechnik. Andererseits werden aber auch vom Konstruktionsprinzip bestimmte Anforderungen an die Materialien gestellt und damit Kriterien zur Materialauswahl gesetzt. Mit anderen Worten: Materialauswahl, Konstruktionsprinzip und Fertigungstechnik können im konkreten Fall nicht voneinander getrennt gesehen werden. Dennoch ist es sinnvoll, zunächst einmal die grundsätzlich in Frage kommenden Baumaterialien auf ihre Eignung für Windrotorblätter zu analysieren. Ausgehend von den Erfahrungen des Flugzeugbaus werden folgende Materialien grundsätzlich als geeignet angesehen:

- Aluminium
- Titan
- Stahl
- Faserverbundmaterial (Glas-, Kohle- und Aramidfaser)
- Holz

Die wichtigsten Materialkenngrößen, anhand derer ein erstes Urteil möglich ist, sind:

- das spezifische Gewicht (g/cm^3)
- die zulässige Bruchspannung (N/mm^2)
- der Elastizitätsmodul (kN/m^2)
- die auf das spezifische Gewicht bezogene Bruchfestigkeit, die sog. Reißlänge (km)
- der auf das spezifische Gewicht bezogene Elastizitätsmodul (10^3)
- die Dauerfestigkeit bei 10^7 bis 10^8 Lastwechseln (N/mm^2).

Darüber hinaus sind die Materialkosten, die Herstellungskosten und die damit verbundenen Entwicklungskosten von Bedeutung. Die beiden letzten Punkte können selbstverständlich nicht allein vom Material aus beurteilt werden, sondern stehen auch mit der gewählten Bauweise in Zusammenhang. Tabelle 8.1 vermittelt einen Überblick über die genannten Materialkennwerte.

Der klassische Flugzeugbauwerkstoff Aluminium verfügt zwar über geeignete Materialeigenschaften, die im Flugzeugbau üblichen Fertigungstechnologien sind jedoch zu teuer.

Tabelle 8.1. Festigkeits- und Steifigkeitskennwerte von Materialien, die grundsätzlich für Rotorblätter in Frage kommen

Kennwert / Material	spez. Gewicht γ g/cm^3	Bruch-festigkeit σ_B N/mm^2	Elastizi-tätsmodul E kN/mm^2	spez. Bruch-festigkeit σ_B/γ km	spez. E-Modul E/γ 10^3 km	Dauer festig-keit $\pm\sigma_A$ 10^7 N/mm^2
Baustahl St 52	7,85	520	210	6,6	2,7	60
Legierter Stahl 1.7735.4	7,85	680	210	8,7	2,7	70
Aluminium AlZnMgCu	2,7	480	70	18	2,6	40
Aluminium AlMg5 (schweißbar)	2,7	236	70	8,7	2,6	20
Titan-Legierung 3.7164.1	4,5	900	110	20	2,4	—
Glasfaser/Epoxy* (E-Glas)	1,7	420	15	24,7	0,9	35
Kohlefaser/Epoxy*	1,4	550	44	39	3,1	100
Aramidfaser/Epoxy*	1,25	450	24	36	1,9	-
Holz (Sitka Spruce)	0,38	ca. 65	ca. 8	ca. 17	ca. 2,1	ca. 20
Holz/Epoxy*	0,58	ca. 75	ca. 11	ca. 13	ca. 1,9	ca. 35

*EP-Matrix 40 Vol.%

Aluminium kommt nur dann in Frage, wenn die Rotorblätter aus maschinell gefertigten Halbzeugen hergestellt werden können. Titan als Baumaterial für Rotorblätter scheidet aus Kostengründen aus. Sowohl der Materialpreis, wie auch die Verarbeitungskosten sind extrem hoch. Kohlefaser ist zwar heute noch sehr teuer, jedoch kann ihre Verarbeitung bei entsprechender Bauweise kostengünstig gestaltet werden. Außerdem ist die geringe Baumasse, die mit der hochfesten Kohlefaser erreicht wird, zu berücksichtigen. Kohlefaserverstärktes Verbundmaterial ist deshalb der Werkstoff der Zukunft. Derzeit wird die Kohlefaser bei größeren Rotorblättern nur als Zumischung zur Glasfaser verwendet.

Titan und hochlegierte Stähle scheiden aus Kostengründen aus. Die Auswahl konzentriert sich auf Aluminium, Stahl, Glasfaserverbundmaterial, Glas- und Kohlefaser-Gemischtbauweise. Einige, wenige Hersteller verwenden auch Holz in der Form als Holz/Epoxid-Verbundbauweise.

8.2 Vorbild: Flugzeugtragflügel

Die Bauweisen der Rotorblätter sind, ungeachtet der andersartigen wirtschaftlichen Voraussetzungen in der Windenergietechnik, fast ausnahmslos Anleihen aus dem Flugzeugbau. Auch wenn das Gewicht nicht so stark im Vordergrund steht wie in der Luftfahrt, sprechen doch viele Gründe für eine Leichtbauweise ähnlich dem Flugzeugtragflügel. Schon allein die geometrischen Abmessungen der Rotorblätter von großen Anlagen lassen sich gar nicht anders konstruktiv umsetzen als mit Hilfe von Leichtbauprinzipien. Anhand der historischen Entwicklung des Flugzeugtragflügels sind die konstruktiven Grundmuster am einfachsten darzustellen.

Sieht man einmal von den ersten „Aeroplanen" ab, deren konstruktive Gestaltung oft wirr war und heute kaum noch nachvollziehbar ist, wird man feststellen, daß sich etwa 1915 die Dinge soweit geklärt hatten, daß systematische Konstruktionsprinzipien erkennbar wurden (Bild 8.2). Die verwendeten Werkstoffe waren vorwiegend Holz und Fachwerke aus Stahlrohr mit Stoffbespannung. Der Tragflügel verfügte über tragende Elemente in Spannweitenrichtung, die „*Holme*", und profilgebende Querversteifungen, die „*Rippen*". Die Stoffbespannung hatte zunächst keine statische Funktion. Die Stabilität wurde durch allerlei Streben und Verspannungen gewährleistet.

Im Zuge der Weiterentwicklung der Aerodynamik wurden freitragende Tragflächen notwendig. Man erkannte, daß die unzureichende Torsionsstabilität durch geschlossene Kastenstrukturen bedeutend verbessert werden konnte. Als erstes wurde der vordere Teil des Querschnitts zu einem torsionssteifen Nasenkasten ausgebildet. Der zunächst einfache, balkenartige Hauptholm wurde in eine kastenförmige Struktur mit „*Ober-*" und „*Untergurt*" zur Aufnahme der Zug- und Druckspannungen und mit senkrechten „*Stegen*" zur Aufnahme der Querkräfte verfeinert. Der hintere Teil des Querschnitts blieb stoffbespannt. Die Rippen wurden in fachwerkartige Strukturen aufgelöst. Diese Bauweise findet man bis in die Gegenwart bei Kleinflugzeugen.

Ab etwa 1930 wurde das sogenannte *Duraluminium* der vorherrschende Werkstoff für Großflugzeuge. Die Bauweise änderte sich damit radikal. Die nunmehr metallische Außenhaut wurde in das statische Konzept integriert. Die Funktion der Holme wurde mehr und mehr von ein- oder mehrzelligen Holmkästen, deren Ober- und Untergurte mit der Au-

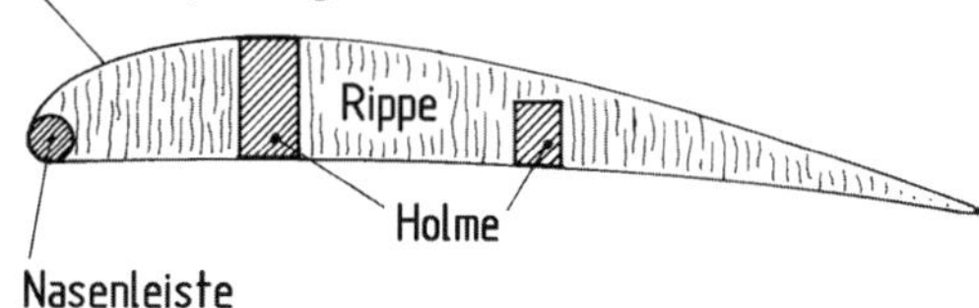

Holzbauweise mit Stoffbespannung, bis etwa 1915

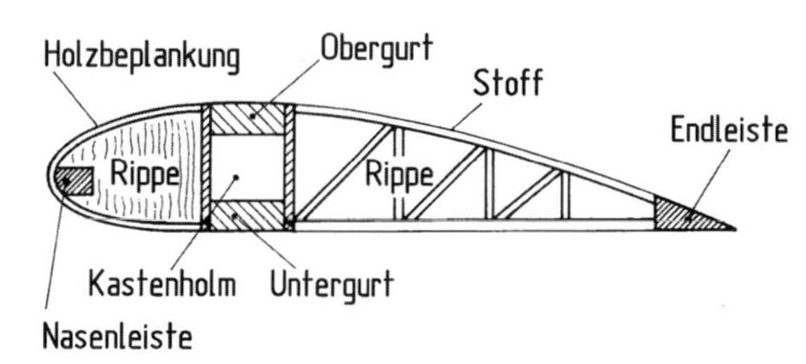

Holzbauweise (teilweise auch Stahlrohr); Kastenholm und torsionssteife Nase
bis etwa 1940 bei Leichtflugzeugen

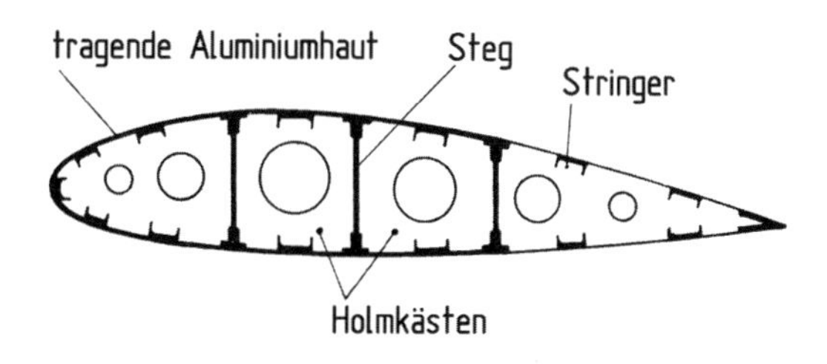

Genietete Schalenbauweise aus Duraluminium
ab etwa 1930, bis heute bei Groß- und Leichtflugzeugen

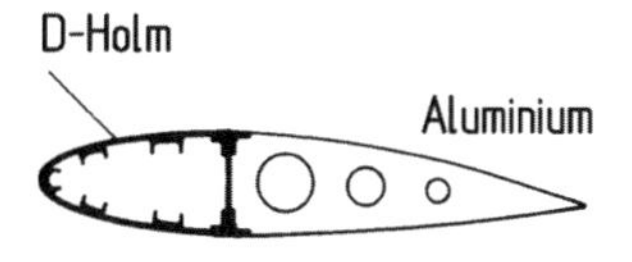

D-Holm-Bauweise bei Rotorblättern von Hubschraubern
ab etwa 1947

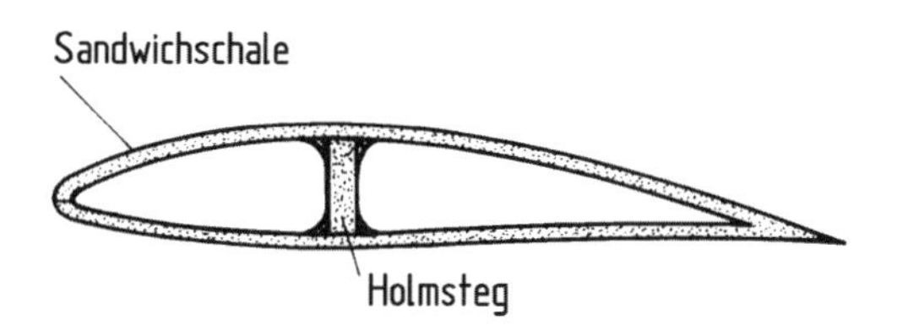

Sandwich-Schalenbauweise aus Glas- und Kohlefaserverbundmaterial bei modernen Segelflugzeugen und Leichtflugzeugen
ab etwa 1960

Bild 8.2. Historische Entwicklung der Bauweisen von Flugzeugtragflügeln

ßenhaut verschmolzen, übernommen. Lediglich die Holmstege blieben sichtbar übrig. Die genietete Aluminium-Schalenbauweise ist bis heute bei Großflugzeugen vorherrschend.

Die konstruktive Ausbildung der tragenden Elemente wird von verschiedenen Zielvorstellungen bestimmt. Zur Aufnahme des Biegemomentes werden große Bauhöhen gefordert, deshalb das Bestreben möglichst dicke Profile zu verwenden und die Holmkästen in den Bereich der größten Profildicke zu legen. Die Torsionssteifigkeit wächst mit der eingeschlossenen Fläche des tragenden Querschnitts. Aus diesem Grund wurden die Holmkästen in Richtung der Flügeltiefe ausgedehnt.

Nach den festigkeitsmäßigen Gesichtspunkten erkannte man die Bedeutung der *aeroelastischen Stabilität.* Je weiter der Massenmittelpunkt des Querschnittes nach hinten rückt, um so kritischer wird das Flatterverhalten, insbesondere bei vergleichsweise elastischen Flügeln bzw. Rotorblättern (vergl. Kap. 7.1). Dieser Gefahr versucht man mit einem nur den Nasenbereich umfassende Holmkasten — wegen seiner Form als D-Holm bezeichnet — zu begegnen. Der Massenmittelpunkt rückt bei dieser Bauweise soweit wie möglich nach vorne. Die sehr elastischen Rotorblätter von Hubschraubern sind in der Regel als D-Holm-Konstruktionen ausgelegt.

Die Entwicklung faserverstärkter Verbundmaterialien in den letzten Jahrzehnten setzte nochmals neue Impulse im Flugzeugbau. Besonders die Segelflugzeugkonstrukteure, die aus aerodynamischen Gründen Wert auf höchste Oberflächengüte und Profiltreue legen, griffen nach den neuen Werkstoffen. Darüber hinaus bot die Technik des Laminierens die Möglichkeit, auch ohne aufwendige Vorrichtungen zu fertigen. Glasfaser- und in zunehmendem Maße auch kohlefaserverstärkte Sandwichbauweisen sind heute im Segelflugzeugbau Stand der Technik. Im Großflugzeugbau beginnt gerade der Einzug der neuen Werkstoffe in die tragenden „Primärstrukturen".

Die skizzierte Entwicklungslinie und ihre Konstruktionsprinzipien umfassen keineswegs das gesamte Spektrum der Varianten. In den 30er Jahren, also zu Beginn des modernen Flugzeugbaus, gab es eine Vielfalt der verschiedenartigsten Bauweisen. Man erinnere sich an die Wellblechbauweise der legendären Junkers Ju 52 oder an die Rohrholmbauweise der Blohm + Voss Flugboote.

Für sehr kleine Rotorblätter von wenigen Metern Länge ist die Bauweise von Flugzeugtragflügeln nicht unbedingt das gültige Vorbild. In dieser Größe sind Profilhalbzeuge aus Aluminium oder Vollholzbauweisen nach dem Vorbild der Flugzeugpropeller anwendbar. Ein Sonderfall sind die Rotorblätter von Darrieus-Rotoren. Die relativ komplizierte Geometrie erschwert eine kostengünstige Bauweise. Bis zu einer Leistungsklasse von hundert oder zweihundert Kilowatt ist die Blattiefe noch vergleichsweise gering, so daß die Blätter aus stranggepreßten Aluminiumprofilen hergestellt werden konnten.

Bei langsam laufenden Kleinwindrädern, wie sie unter anderem zum Antrieb von Wasserpumpen verwendet werden, findet man darüber hinaus auch noch Rotorblätter nach historischen Vorbildern aus dem Windmühlenbau. Stoffbespannte Gerippe sowie vollständig aus Holz oder Blech gefertigte Blätter sind für diese Zwecke noch in Gebrauch. Derartige Konstruktionen werden oft auch mit dem Hinweis auf den Einsatz und die Fertigungsmöglichkeiten in Entwicklungsländern vorgeschlagen.

Die Bauweise der Rotorblätter für große Windkraftanlagen orientiert sich, wie erwähnt, insbesondere an den im Segelflugzeugbau entwickelten Glasfaserverbundbauweisen, wobei die Fertigungstechniken oft aus dem Bootsbau entlehnt wurden.

8.3 Frühere experimentelle Bauweisen von Rotorblättern

Die Suche nach einer geeigneten Rotorblattbauweise war ein zentrales Problem bei der Entwicklung und Erprobung der ersten großen Windkraftanlagen. Eine Vielzahl von Materialien und Bauweisen wurde erprobt. Obwohl sich die meisten experimentellen Bauweisen nicht bewährt haben, ist es nützlich einen Blick auf diese technischen Lösungen zu werfen. Wie so oft wird das Verständnis für die heutigen Lösungen erst erreicht, wenn man die Fehler — oder besser gesagt die Nachteile und Irrwege — in der Vergangenheit versteht.

8.3.1 Genietete Aluminiumkonstruktionen

Das im Flugzeugbau verwendete Duraluminium ist ein hochfester Werkstoff, mit dem ein Gewichtsvorteil von ca. 30 % gegenüber vergleichbar belasteten Stahlkonstruktionen erreicht werden kann (Bild 8.3). Vorteilhaft sind die guten Dauerfestigkeitswerte und die Korrosionsbeständigkeit. Für Leichtbau-Schalenkonstruktionen aus Duraluminium ist in der Regel die Beulsteifigkeit der Hautfelder das dimensionierende Kriterium. Der entscheidende Nachteil liegt in der teuren Fertigung. Bleche und Profilstäbe aus Duraluminium sind praktisch nicht schweißbar und müssen deshalb vernietet werden. Im Flugzeugbau, wo das Gewicht der alles dominierende Faktor ist, nimmt man die aufwendige Fertigungstechnik in Kauf. Für Rotorblätter von Windkraftanlagen wird sie als zu teuer angesehen. Rotorblätter aus Dural nach dem direkten Vorbild des Flugzeugbaus wurden dennoch bei einigen wenigen Versuchsanlagen erprobt (Bild 8.4).

Eine denkbare Alternative zur Verwendung von Duraluminium wäre eine Bauweise mit weniger festem aber schweißbarem Aluminium, z. B. AlMg5. Wegen der deutlich ge-

Bild 8.3. Flugzeugtragflügel in genieteter Duraluminium-Bauweise (Foto Dornier)

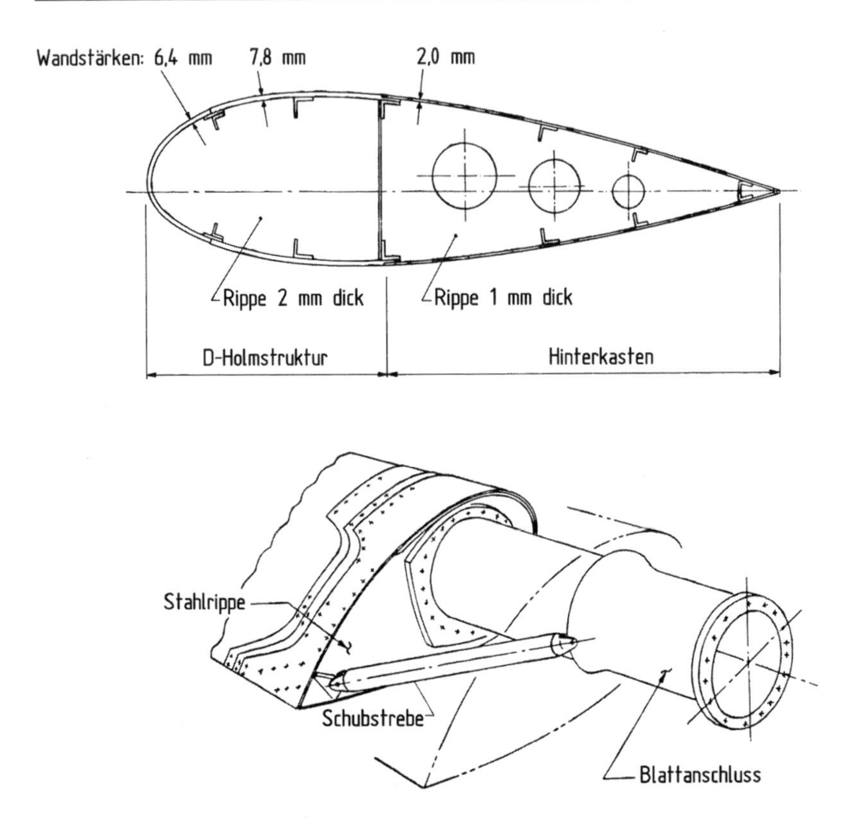

Bild 8.4. Rotorblattbauweise aus genietetem Duralaluminium bei der amerikanischen Versuchsanlage MOD-0 [1]

ringeren Dauerfestigkeit wird dann allerdings gegenüber Stahl kein Gewichtsvorteil mehr erzielt. Außerdem ist das Schutzgasschweißen von Aluminiumblechen aufwendig. Insgesamt gesehen ist zum gegenwärtigen Zeitpunkt die Aluminiumbauweise von Rotorblättern nicht erfolgversprechend. Dies könnte sich ändern, wenn die Produktion von Rotorblättern in sehr großen Stückzahlen abläuft und aufwendige Fertigungsvorrichtungen, die eine rationelle Massenfertigung erlauben, zur Anwendung kommen.

Im Gegensatz zu den Blättern der Horizontalachsen-Rotoren wurden die Blätter der bisherigen Vertikalachsen-Rotoren nach der Darrieus-Bauart bevorzugt aus Aluminium hergestellt. Die Blätter der Darrieus-Rotoren sind aufgrund ihrer Geometrie vergleichsweise aufwendig. Die Baulänge ist bei gleicher Rotorkreisfläche größer als beim Horizontalachsen-Rotor und die Herstellung der gebogenen Form schwierig. Um die Herstellkosten einigermaßen in Grenzen zu halten, ist eine mechanisierte Herstellung der Blätter eine fast unabdingbare Voraussetzung. Sofern die Blattiefe nicht allzu groß ist, können die Blätter auf Extrudermaschinen aus vorgefertigten Aluminiumprofilen in einem Arbeitsgang stranggepreßt werden. Darrieus-Rotorblätter aus extrudiertem Aluminium waren deshalb bei den meisten Darrieus-Anlagen, die in den achtziger Jahren gefertigt wurden, zu finden (Bild 8.5).

Bild 8.5. Rotorblätter aus extrudierten Aluminiumprofilen der Flowind-Darrieus-Rotoren (Bauart ALCOA)

8.3.2 Stahlbauweisen

Stahl war der vorherrschende Werkstoff für die Rotorblätter der großen Versuchsanlagen, die von 1982 bis 1985 gebaut wurden. Hierzu gehörten die Rotorblätter von Growian, der amerikanischen MOD-2-Anlage und der schwedischen Anlage WTS-75. Stahl besitzt außergewöhnlich gute Steifigkeitswerte, während die Reißlänge vergleichsweise niedrig liegt. Die zulässigen Dauerfestigkeitswerte liegen für 10^7 bis 10^8 Lastwechsel in der Größenordnung von 50 bis 60 N/mm^2. Für Stahlkonstruktionen wird damit die Ermüdungsfestigkeit zum dimensionierenden Faktor.

Für Stahl sprachen der relativ niedrige Materialpreis, sofern üblicher Baustahl St 52 verwendet wurde, die vergleichsweise niedrigen Fertigungskosten mit konventioneller Schweißtechnik und die gut bekannten Materialeigenschaften. Das Entwicklungsrisiko hinsichtlich der Fertigungstechnik blieb damit überschaubar. Problematisch im Hinblick auf die Herstellung ist die Verformbarkeit. Stahlbleche für Wandstärken bis zu 20 mm können nur mühsam in die verwundene Form der Rotorblätter mit den vorgegebenen aerodynamischen Profilquerschnitten gebracht werden. Entweder sind Abstriche an der gewünschten Profiltreue und Oberflächenqualität unvermeidlich oder es werden entsprechende Kompromisse bei der Profilauswahl und der Festlegung der Verwindung notwendig. Ungeachtet dieser Schwierigkeiten war der Rotor der MOD-2 in Ganzstahl-Schalenbauweise ausgeführt (Bild 8.6).

Der ca. 58 t schwere Rotor bestand aus drei Teilen: dem durchgehenden Naben-Mittelstück, den inneren Blattabschnitten und den verstellbaren äußeren Blattspitzen. Die Querschnittgestaltung entsprach weitgehend der D-Holm-Bauweise mit einem zusätzlichen Holmsteg im hinteren Querschnittsbereich (Bild 8.7).

Eine Variante war die Stahlholmbauweise, bei der nur der tragende Holm aus Stahl bestand. Obwohl es sich hierbei strenggenommen um eine Gemischtbauweise aus Stahl und Glasfaserverbundmaterial handelte, rechtfertigt die Konzentration der Belastungen auf den Stahlholm die Zuordnung zu den Stahlbauweisen. Ein Beispiel für eine solche Bauweise waren die Rotorblätter der schwedischen WTS-75-Anlage (AEOLUS I). Sie verfügten über einen im Horizontalschnitt zweigeteilten Stahlholm, dessen Ober- und Unterschale verschraubt wurden. Der Holmkasten nahm etwa 70 % der Blattiefe ein. Der stark gekrümmte

Bild 8.6. Ganzstahlrotor der amerikanischen MOD-2-Anlage

Nasenbereich und der kaum lasttragende hintere Bereich bestanden aus GFK-Schalen (Bild 8.8). Vertreter der Stahlholmbauweise waren auch die Rotorblätter von Growian. Hier

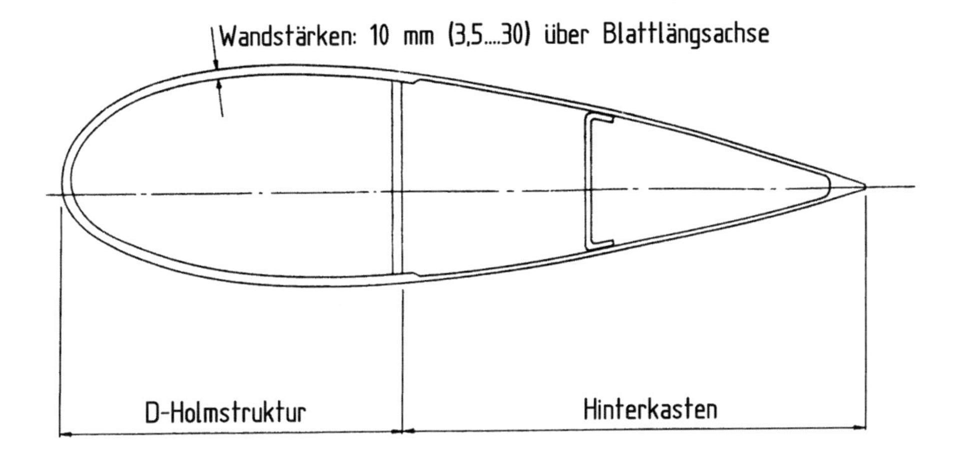

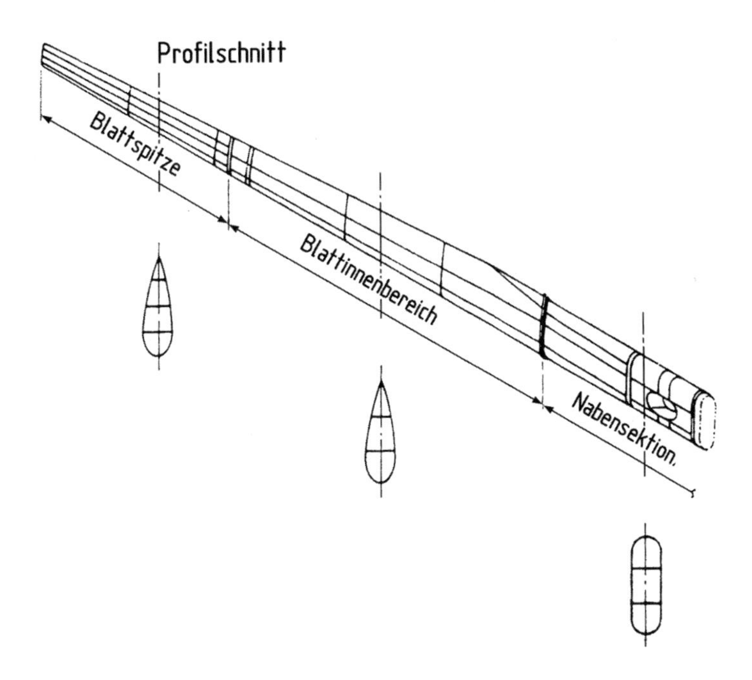

Bild 8.7. Rotorblattaufbau der MOD-2 [2]

lag der Stahlholm im Inneren des Profilquerschnitts (Bild 8.9). Sein Querschnitt variierte von einem Kreis an der Blattwurzel bis zu einem sich mehr und mehr abflachenden Sechseckquerschnitt. Die profilgebende Außenhaut der Blätter bestand aus handlaminiertem Glasfasersandwich von ca. 16 bis 18 mm Dicke. Die Fasern waren in Kreuzlagen so orientiert, daß die Dehnungseigenschaften der Außenhaut mit den Verformungen des Stahlholmes verträglich waren. Der hintere Bereich war durch GFK-Halbrippen ausgesteift.

Die Entwicklung bzw. Herstellung von Stahlrotorblättern warf trotz des konventionellen Werkstoffs zahlreiche Probleme auf. Die Gewährleistung einer einwandfreien Schweißqualität mit Blick auf die extremen Lastwechselzahlen ist keineswegs unproblematisch. Die

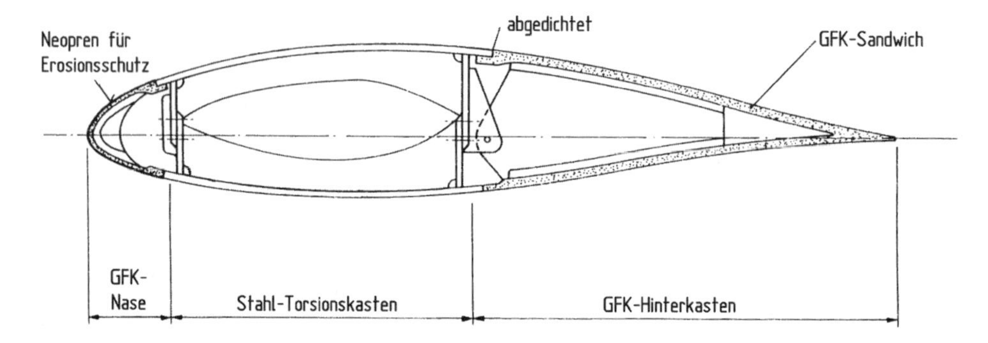

Bild 8.8. Rotorblatt der WTS-75-Anlage [3]

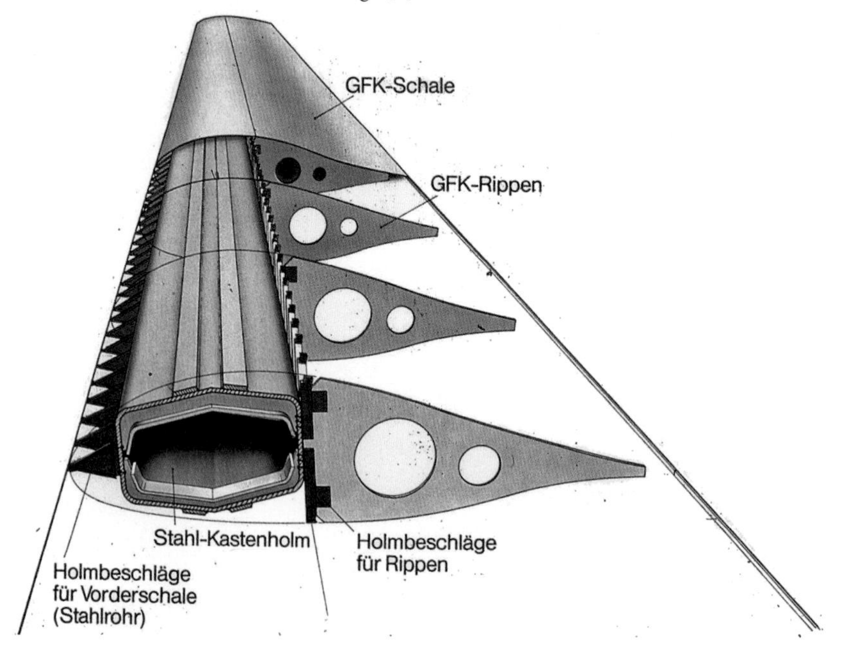

Bild 8.9. Rotorblattaufbau von Growian

zulässigen Festigkeitswerte für die Betriebsfestigkeit müssen in erster Linie auf die Festigkeit der Schweißnähte bezogen werden. Verbindliche Normen für Windkraftanlagen existierten nicht. Für Growian wurde die Norm DIN 15 018 — in leicht modifizierter Form — zugrundegelegt. Amerikanische Hersteller hielten sich in einigen Fällen an den AISI-Code. In Europa gibt es seit einiger Zeit eine Neuauflage der DIN-Normen in Form des sogenannten Eurocodes. Mit Blick auf die hohen Lastwechselzahlen von bis zu 10^8 sind dort die zulässigen Spannungswerte gegenüber den älteren Normen deutlich herabgesetzt [4].

Ein weiteres Problem bei Stahl ist der Korrosionsschutz. Insbesondere die nicht mehr zugänglichen Bereiche im Holm- oder Rotorblattinneren sind unter diesem Aspekt besonders problematisch. Die Korrosion fördert auch die Rißbildung, die besonders bei Stahl kritisch ist. Da ein unentdeckter Ermüdungsriß beim Rotorblatt verheerende Folgen nicht nur für die Windkraftanlage haben kann, ist eine laufende Überwachung unerläßlich. Bei Growian konnte der Zustand des Holmes im kritischen Innenbereich teilweise überwacht werden, weil der Rotorblattholm auf fast der halben Länge zugänglich war. Bei einigen anderen Stahlholmen war eine besondere Vorrichtung zur Rißwarnung vorgesehen. Der Holmkasten bzw. Rohrholm wurde dazu mit Gas unter leichten Druck gesetzt. Ein Druckabfall, bzw. die Messung der Durchflußgeschwindigkeit sollte das Vorhandensein eines Risses anzeigen.

Aus heutiger Sicht ist Stahl als Werkstoff für die Rotorblätter von Windkraftanlagen keine realistische Alternative mehr. Schon allein das hohe Gewicht spricht eindeutig dagegen. Die Verwendung von Stahl war eher eine Verlegenheitslösung für die ersten großen Versuchsanlagen.

Ungeachtet dieser Feststellung findet man gelegentlich auch heute noch Stahl als Werkstoff für Rotorblätter, zum Beispiel bei der Enercon E-112/126. Der innere Bereich der Rotorblätter, etwa 20 % der Blattlänge, besteht aus geschweißtem Stahlblech. Die ca. 60 t schweren Blattsegmente sind für das außerordentlich hohe Gewicht des Rotors verantwortlich. Eine derartige Bauweise kann auch hier nur als pragmatische Übergangslösung zur schnellen Realisierung des großen Rotors angesehen werden.

8.3.3 Traditionelle Holzbauweise

Obwohl Holz als Werkstoff im Windmühlenbau über eine jahrhundertelange Tradition verfügt, wurde seine Verwendung in der modernen Windenergietechnik eher als Rückschritt angesehen. Dennoch gab es einige Versuche, Rotorblätter in Holzbauweise zu realisieren. Für kleine Windräder mit wenigen Metern Durchmesser ist die Vollholzbauweise, nach dem Vorbild der Flugzeugpropeller, auch heute noch zu finden. Außerdem ist der Naturwerkstoff Holz im Hinblick auf die Ermüdungsfestigkeit nahezu unschlagbar. Diese Tatsache war den alten Windmühlenbauern bestens bekannt, aber wohl etwas in Vergessenheit geraten.

In Dänemark wurde 1980 die Nibe-B-Versuchsanlage mit Holzrotorblättern ausgerüstet (Bild 8.10). Die Konstruktion lehnte sich an traditionelle Holzbauweisen an. Die Erfahrungen im allerdings nur kurzen Versuchsbetrieb waren nicht allzu schlecht [5]. Die Entwicklung wurde dennoch nicht weiterverfolgt. Unter anderem wurde die Dauerbeständigkeit im Hinblick auf Fäulnis und der damit verbundene Erhaltungsaufwand als problematisch angesehen. Außerdem erschien die Holz/Epoxid-Verbundbauweise als die bessere Alternative (vergl. Kap. 8.3.5).

Bild 8.10. Rotorblatt der Nibe-B in traditioneller Holzbauweise [5]

8.3.4 Ältere Faserverbundbauweisen

Bauteile aus Faserverbundmaterial sind seit mehreren Jahrzehnten weit verbreitet. Bereits zu Beginn der modernen Windenergietechnik lag es deshalb nahe, dieses Material auch für den Bau von Rotorblättern einzusetzen.

Die Grundidee der Faserverbundtechnik besteht darin, die schon lange bekannten Kunstharzmaterialien durch die Einbettung von Fasern, die über bessere Festigkeitseigenschaften als das Basismaterial verfügen, so zu verstärken, daß die „billigen Kunststoffe" auch höheren Ansprüchen genügen. Die historische Entwicklung dieser Materialtechnologie und der damit verbundenen Bauweisen und Herstellungsverfahren erfolgte auf zwei unterschiedlichen Wegen.

In der Luftfahrt, später auch in der Raumfahrttechnik und im Fahrzeugbau, wurden Ende der fünfziger Jahre hochwertige Faserverbundmaterialien entwickelt. Insbesondere der existentielle Bedarf der Luft- und Raumfahrt nach leichten und hochfesten Materialien trieb diese Entwicklung ohne große Rücksicht auf die Kosten voran. Heute sind diese Materialien aus den genannten Bereichen nicht mehr wegzudenken.

In anderen Bereichen der Technik entdeckte man ebenfalls die Nützlichkeit dieser neuen Materialien. Vor allen Dingen die Möglichkeit, ohne teure Werkzeuge und Vorrichtungen formstabile Bauteile in nahezu beliebigen Formen herstellen zu können, wurde als großer Vorteil gegenüber klassischen Holz- oder Metallbauweisen angesehen. Höchste Festigkeitseigenschaften bei niedrigem Gewicht spielten weniger eine Rolle als die kostengünstige Fertigung. Unter diesen Voraussetzungen setzten sich faserverstärkte Materialien vor allem im Bootsbau und für die Herstellung von allen möglichen Behältern durch.

Die Entwicklung der Rotorblätter für Windkraftanlagen in Faserverbundtechnik knüpfte an beide Entwicklungslinien an. Auf der einen Seite waren die Forderungen nach Festigkeit und Steifigkeit ähnlich hoch wie in der Luftfahrttechnik, auf der anderen Seite spielte das Gewicht eine nicht so überragende Rolle, so daß auch die Vorteile von billigen Materialien und Verfahrensweisen aus dem Bootsbau übernommen werden konnten.

Das Verdienst, als einer der ersten die Rotorblätter einer Windkraftanlage in Verbundbauweise realisiert zu haben, gebührt U. Hütter. Für die W-34 entwarf Hütter bereits 1959 die 17 m langen Rotorblätter in Glasfaserverbundtechnik (Bild 8.11). Das Problem der Krafteinleitung in den Nabenanschlußflansch löste Hütter mit einem sog. Schlaufenanschluß. Die Rotorblätter bewährten sich gut und dienten, zumindest in Deutschland, als Vorbild für große Bauteile in hochwertiger Faserverbundtechnologie — nicht nur für die Rotorblätter von Windkraftanlagen.

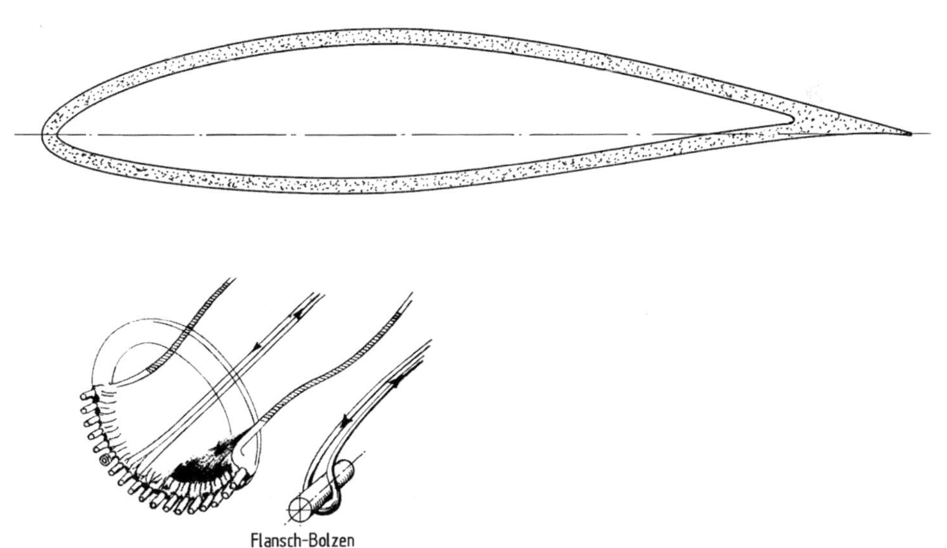

Bild 8.11. Rotorblattaufbau der Hütterschen W-34 aus laminiertem glasfaserverstärkten Verbundmaterial mit sog. Schlaufenanschluß an der Blattwurzel, 1958 [6]

Glasfaserverstärktes Verbundmaterial wurde in der Folgezeit der bevorzugte Werkstoff für die Rotorblätter von Windkraftanlagen. In der Anfangszeit wurden für die kleineren dänischen Anlagen Blätter mit gewickelten Holmen und laminierten äußeren Schalen hergestellt (Bild 8.12). Als Kunstharz wurde das billigere Polyester verwendet. Die ersten Rotorblätter für Windkraftanlagen wurden vorwiegend von kleineren Bootswerften hergestellt, die über Erfahrungen aus der Herstellung von Booten aus GFK verfügten. Gewickelte Holme aus Glasfasermaterial mit aufgeklebten äußeren Schalen waren lange Zeit typisch für die dänischen Windkraftanlagen (Bild 8.12 und 8.13). Die Bauweise wurde auch für große Rotorblätter weiterentwickelt. Die Rotorblätter der Tjaereborg-Versuchsanlage und der WKA 60 waren mit gewickelten Holmen ausgeführt. Das Gewicht war mit ca. 12 t allerdings mehr als doppelt so hoch wie bei heutigen Rotorblättern vergleichbarer Größe.

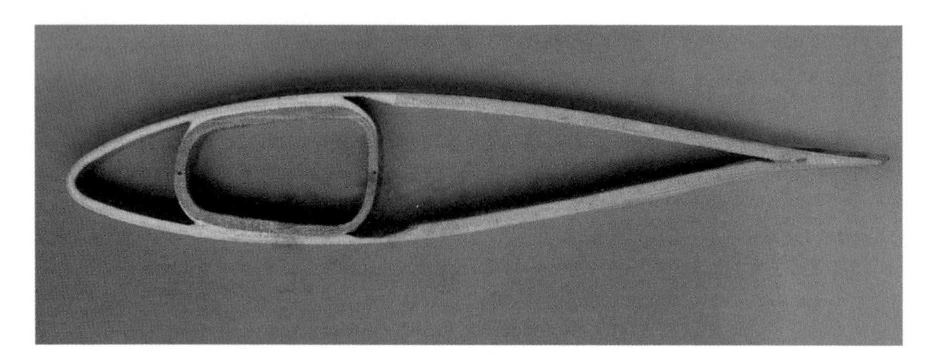

Bild 8.12. Querschnitt des Rotorblatts einer älteren dänischen Windkraftanlage mit gewickeltem Holm und laminierter Schale aus glasfaserverstärktem Verbundmaterial (1985) (Bauart Aerostar)

Bild 8.13. Wickeltn eines D-Holmes (Foto Muser)

Vollständig in Wickeltechnik wurden die Rotorblätter der schwedisch-amerikanischen Versuchsanlagen WTS-3 und WTS-4 hergestellt (Bild 8.14). Die Anschlußstruktur zur Nabe bestand aus einem inneren und äußeren Ringflansch, zwischen denen die Kompositstruktur eingeklebt und verschraubt war. Ein Rotorblatt mit 38 m Länge wog ca. 13 t, wobei ca. 4,5 t auf die metallische Anschlußstruktur entfielen.

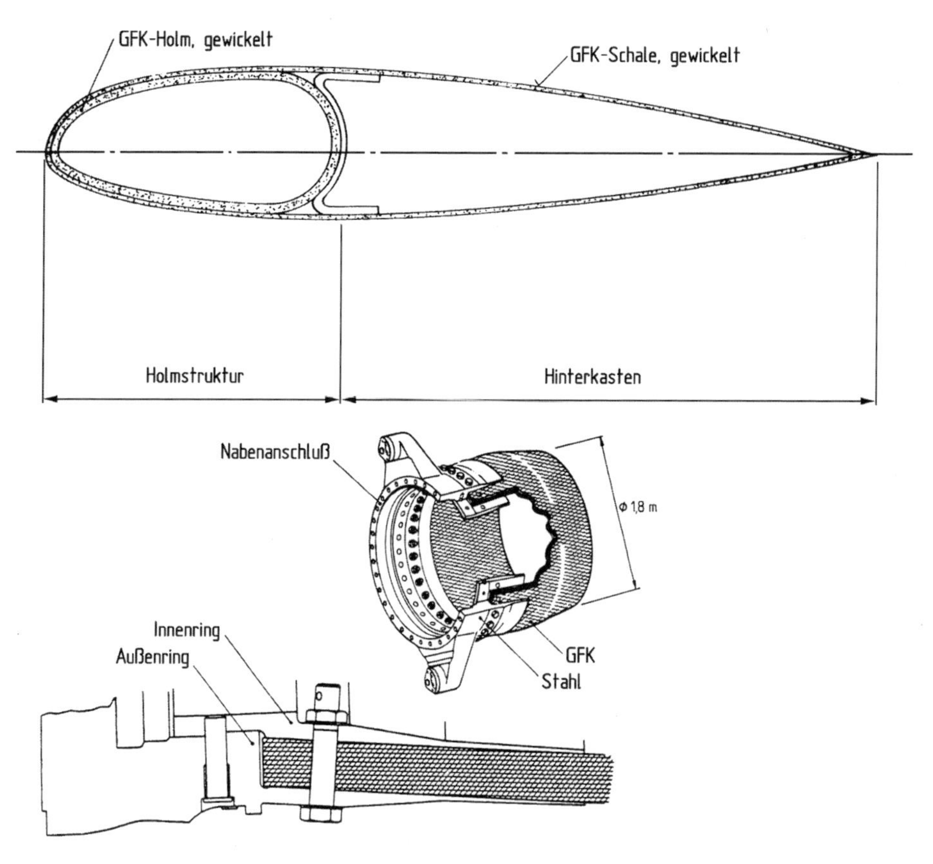

Bild 8.14. Rotorblattquerschnitt und Nabenanschlußstruktur (Blattflansch) der schwedischen Anlage WTS-3 [7]

Der vollmechanisierte Herstellungsprozeß begann mit dem Wickeln des D-Holmes (Bild 8.15 und 8.16). Danach wurde ein Kern in der geometrischen Form des hinteren Profilquerschnitts auf dem Holm positioniert, danach Holm und Kern wiederum umwickelt. Nach dem Aushärten wurde der Kern entfernt.

Diese Wickeltechnik wird für Rotorblätter in Glasfaserverbundbauweise heute nicht mehr in dieser Form angewendet. Der Vorteil, die Herstellung weitgehend mechanisieren zu können, wog den Nachteil, daß die Faserrichtungen nicht optimal nach der Spannungsrichtung orientiert werden können, nicht auf. Die Rotorblätter waren im Vergleich zur Laminiertechnik zu schwer.

Die Wickeltechnik für Rotorblätter wurde vor einigen Jahren dennoch von Vestas wieder in einer weiterentwickelten Form aufgegriffen. Der Holm der großen Vestas-Rotorblätter wird in ähnlicher Weise wie bei den Experimentalanlagen WTS-3/4 aus Glasfaser-Verbundmaterial gewickelt, allerdings werden longitudinale Lagen aus Kohlefaser mit ein-

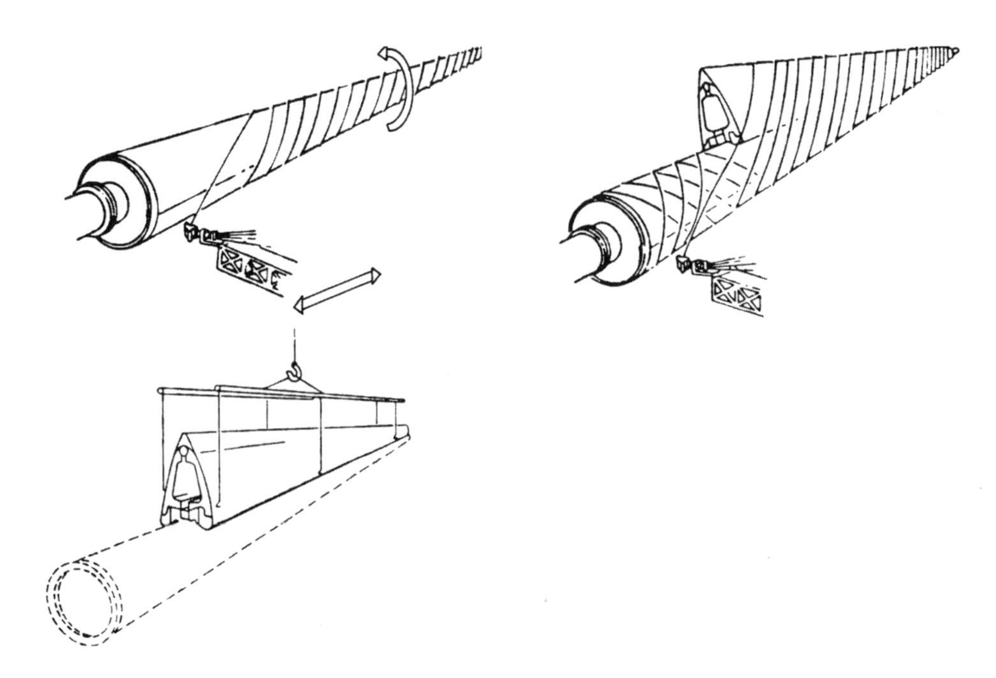

Bild 8.15. Vollmechanisierte Herstellung des Rotorblattes der WTS-3/-4 [7]
1. Wickeln des D-Holmes, 2. Aufsetzen der Kerne für den Hinterkasten, 3. Umwickeln des ganzen Blattes

Bild 8.16. Rotorblatt der WTS-3-Anlage auf der Wickelmaschine (Foto Hamilton Standard)

gebunden. Damit liegen die lastaufnehmenden Kohlefasern in der Hauptspannungsrichtung und geben dem Blatt die notwendige Steifigkeit. Die äußere Blattkontur wird durch zwei aufgeklebte laminierte Schalen gebildet.

8.3.5 Holz-Epoxid-Verbundbauweise

Zu den frühen Faserverbundbauweisen zählt auch eine spezielle Holzverbundbauweise, die in den achtziger und neunziger Jahren von einigen Herstellern favorisiert wurde. Der Anstoß für die Holzverbundbauweise kam aus dem Bootsbau. Bei dem Bemühen, das Holz seewasserbeständig zu machen, entwickelten die Bootsbauer eine Holzverbundbauweise, bei der das Holz, ähnlich wie das Fasermaterial Glas oder Kohle, vollständig in Epoxid-Harz eingebettet wurde. Damit konnte ein wesentlicher Nachteil der alten Holzbauweise ausgeschaltet und die guten Eigenschaften von Holz, insbesondere die Ermüdungsfestigkeit, weiterhin genutzt werden.

Rotorblätter dieser Bauart wurden bereits 1980 bei den amerikanischen Versuchsanlagen der MOD-0 Reihe mit Erfolg erprobt (Bild 8.17). Aufgrund dieses Erfolges wurden Rotorblätter in Holz-Epoxid-Bauweise bei zahlreichen Windkraftanlagen eingesetzt. So wurden zum Beispiel die englischen Anlagen des früheren Herstellers Wind Energy Group

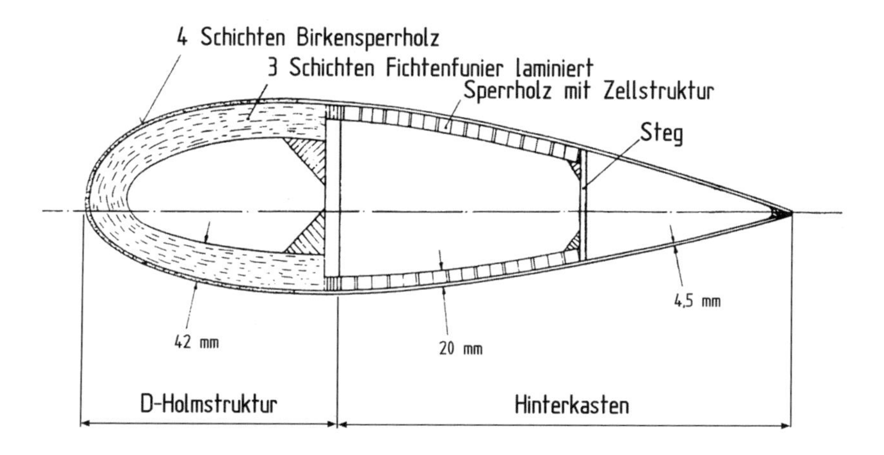

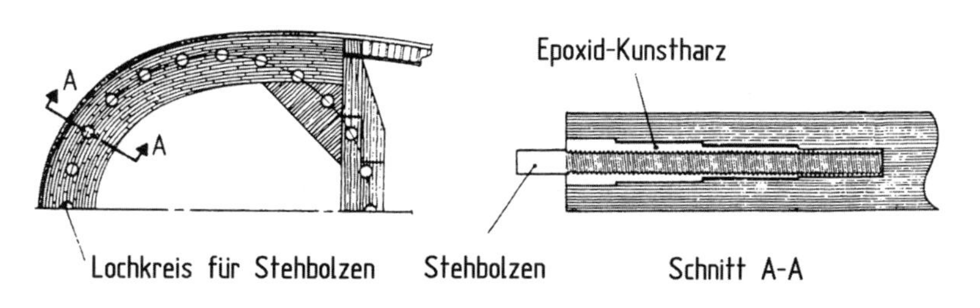

Bild 8.17. Rotorblatt in Holz-Epoxid-Verbundbauweise der MOD-0 (Bauart Gougeon) [8]

(WEG) mit Rotorblättern dieser Bauart ausgerüstet. Auch mehrere amerikanische Hersteller in den achtziger Jahren verwendeten diese Technologie für die Blätter ihrer Anlagen (ESI, Enertech, Westinghouse u.a.). Die genannten Hersteller sind heute nicht mehr am Markt vertreten, so daß aus diesem oder anderen Gründen auch der Blatthersteller Gougeon keine Rotorblätter dieser Bauart mehr liefert. In England hat die Firma Aerolaminates diese Technik aufgegriffen und stellte bis vor einigen Jahren große Rotorblätter für NEG Micon (heute Vestas) her.

Die Holzverbundbauweise wurde zeitweise als aussichtsreiche Alternative zur Glasfaserverbundbauweise angesehen. Ihre weitere Verbreitung wurde anfangs dadurch behindert, daß diese sehr spezielle Technologie nur von einigen wenigen Herstellern beherrscht wurde. Im weiteren Verlauf zeigte sich außerdem, daß die Holzverbundbauweise, zumindest was das Gewicht betrifft, nicht mit den neueren Glasfaser-Epoxid-Bauweisen konkurrieren kann. Offensichtlich war der Vorteil nur gegenüber älteren Bauarten auf der Basis von Glas-Polyester gegeben.

8.4 Moderne Rotorblätter in Faserverbundtechnik

Die Rotorblätter der heutigen Windkraftanlagen werden nahezu ausnahmslos in Faserverbundtechnik hergestellt. Das dominierende Fasermaterial ist die Glasfaser, Kohlefaser wird zunehmend als Verstärkungsmaterial an kritischen Stellen eingesetzt. Die Bauweisen und Herstellungsverfahren haben sich weitgehend angeglichen. Dennoch gibt es Unterschiede, die für die Qualität und die Kosten durchaus von Bedeutung sind. Allein aus diesem Grund ist ein Blick auf die heute verfügbaren Technologien und die eng damit verbundenen Herstellungsverfahren von Interesse.

8.4.1 Faserverbund-Technologie

Technologisch gesehen ist „faserverstärktes Verbundmaterial" ein Verbund aus Kunstharz und Fasern. Die Fasern nehmen im wesentlichen die Materialspannungen auf, während das Kunstharz die Einbettung der Fasern und die Formbildung übernimmt. Grundsätzlich gibt es eine Vielfalt von Kunstharzen und Fasern die sich kombinieren lassen. Für hochfeste Leichtbaustrukturen ist jedoch nur eine beschränkte Auswahl von Interesse. Die physikalischen Eigenschaften der Fasern bzw. des Kunstharzes sind dafür maßgebend.

Fasermaterial

Die Eigenschaften des Fasermaterials bestimmen weitgehend die Festigkeit und Steifigkeit des Materialverbundes. Drei verschiedene Fasermaterialien kommen derzeit in Frage:

- Glasfaser
- Kohlefaser
- Organische Aramidfasern (z. B. Kevlar)

Die Fasern werden in sehr unterschiedlichen Qualitäten angeboten, von hochwertiger Luft- und Raumfahrtqualität bis hin zu minderwertigem Fasermaterial für einfache Verkleidungsstrukturen. Entsprechend verhalten sich die Preise.

Organische Fasern wie Kevlar haben zwar sehr gute Festigkeitseigenschaften, vergleichbar mit der Kohlefaser, aber die sonstigen Eigenschaften sind teilweise problematisch im Hinblick auf die Verwendung für Rotorblätter. Sie sind hygroskopisch, d. h. feuchtigkeitsaufnehmend. Auch die Dauerfestigkeit ist wenig erprobt. Sie scheiden für Rotorblätter vorläufig noch aus.

Die am meisten verwendete Faser ist die Glasfaser. Ihre Festigkeitseigenschaften sind außerordentlich gut, weniger gut ist dagegen der spezifische Elastizitätsmodul. Das bedeutet, daß die Steifigkeit von Bauteilen aus Glasfaserverbund nicht sehr groß ist. Dies ist einer der Gründe, warum reine Glasfaserstrukturen nicht vorbehaltlos für sehr große Rotorblätter eingesetzt werden können.

Die Kohlefaser zeichnet sich sowohl durch die höchste Reißlänge, als auch durch einen hohen E-Modul aus. Die Steifigkeit von Kohlefaserbauteilen ist mit der von Stahlkonstruktionen vergleichbar. Die Dauerfestigkeitseigenschaften sind gut. Einzig der bis heute hohe Preis der Kohlefaser spricht gegen sie. Kohlefaser wird deshalb oft in Kombination mit Glasfasermaterial für die besonders beanspruchten Bereiche eingesetzt. Die Kohlefaser kennt praktisch keine Korrosionsprobleme, benötigt aber bei der Verwendung für Rotorblätter besondere Vorkehrungen für den Blitzschutz.

Kunstharze

Die Eigenschaften der verwendeten Kunstharze, des sog. Matrixmaterials, bestimmen weitgehend die Fertigungstechnik und die Dauerfestigkeitseigenschaften der Bauteile. Die Auswahl beschränkt sich unter praktischen Gesichtspunkten auf zwei Produkte: die sog. *Polyesterharze* und das sog. *Epoxidharz*. Die Harze werden in sehr unterschiedlichen Qualitäten angeboten. Bei der Auswahl der geeigneten Qualität müssen Eigenschaften wie Hydrolysefestigkeit, Wärmeformbeständigkeit, Schrumpfverhalten und Zeitstandverhalten beachtet werden.

Polyesterharze werden insbesondere im Bootsbau und in vergleichbaren Anwendungsgebieten verwendet. Sie sind preisgünstig und für mittlere Beanspruchungen durchaus geeignet. Früher wurden die meisten Rotorblätter, vor allem aus dänischer Produktion, auf der Basis von Polysterharzen hergestellt. Ein weiterer Vorteil des Polyesterharzes ist, daß es bei Raumtemperatur aushärtet und damit einfacher verarbeitet werden kann. Die wesentlichen Nachteile, im Vergleich zum Epoxidharz, sind die geringere Festigkeit und die relativ große Schrumpfung beim Trocknen (bis zu 8 %).

Eine zunehmende Anzahl von Rotorblattherstellern setzt auf die teuren und hochwertigen *Epoxidharze,* die im Flugzeugbau ausschließlich verwendet werden. Die Festigkeitseigenschaften sind sowohl im Hinblick auf das Fließverhalten bei hohen Punktlasten als auch auf die Dauerfestigkeit besser. Darüber hinaus zeigen sie kein Schrumpfverhalten, wie die Polyesterharze. Auch die adhäsiven Eigenschaften, das heißt diese Klebefähigkeit des Epoxid-Harzes ist besser als bei Polyester. Das Gewicht der Bauteile kann bei gleichen Beanspruchungen deutlich verringert werden.

Nachteilig ist, neben den höheren Kosten für das Material selbst, auch der Umstand, daß Epoxidharze nicht bei Raumtemperatur aushärten. Die Trocknung muß bei erhöhter Temperatur, bis ca. 150°C, vor sich gehen. Insgesamt gesehen ist die Verarbeitung deutlich aufwendiger.

Oberflächenschutz

Im Zusammenhang mit den Eigenschaften der Harze steht auch der Oberflächenschutz der Bauteile. Insbesondere bei Rotorblättern, die in besonderem Maße Umwelteinflüssen ausgesetzt sind, ist ein guter Oberflächenschutz wichtig. Üblich sind heute sog. *Gelcoates*, die ebenfalls auf Kunstharzbasis als oberste Schicht in die Herstellform eingebracht werden, so daß ohne weitere Lackierung eine glatte und beständige Oberfläche entsteht. Einen besonderen Schutz verlangt die Profilnase, da in diesem Bereich durch die Kollisionen mit kleinen Partikeln in der Luft Korrosionserscheinungen auftreten (vergl. Kap. 18.10.2).

8.4.2 Konstruktive Auslegung der Rotorblätter

Die konstruktive Auslegung der heutigen Rotorblätter folgt im wesentlichen den Vorbildern aus dem Flugzeugbau (vergl. Bild 8.2). Ähnlich wie beim Flugzeugtragflügel lassen sich zwei statische Muster erkennen. Einige Hersteller bevorzugen eine Bauweise bei der ein durchgehender Längsholm, mit kastenförmigen Querschnitt, so dimensioniert wird, daß er praktisch alle Lasten aufnimmt. Die untere und obere profilbildenden Schalen haben nur eine geringe tragende Funktion. Der Holm wird bei der Fertigung in die untere Schale eingelegt und verklebt, sodaß dann die obere Schale auf dem Holm befestigt werden kann (Bild 8.18).

Die andere statische Konzeption verlegt die Lasten weitgehend in die entsprechend dimensionierten äußeren Schalen. In diesem Falle besteht der Holm nur aus einem oder mehreren Holmstegen, die Querkräfte aufnehmen können und die Form der Schalen stabilisieren. Diese Bauweise ist an sich die fortschrittlichere, da die Zug- und Druckspannungen in weiterem Abstand von der „neutralen Faser" aufgenommen werden. Damit wird Material gespart und das Gewicht günstiger. In der Praxis werden die beiden statischen Grundmuster aber auch oft in einer Mischbauweise angewendet (Bild 8.19).

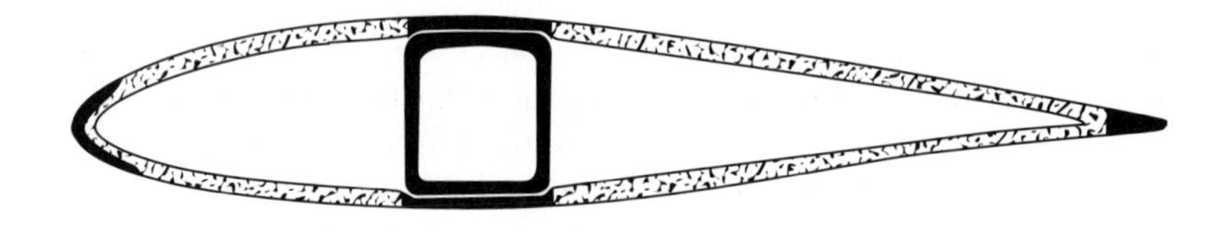

Bild 8.18. Statische Grundkonzeptionen von Rotorblättern

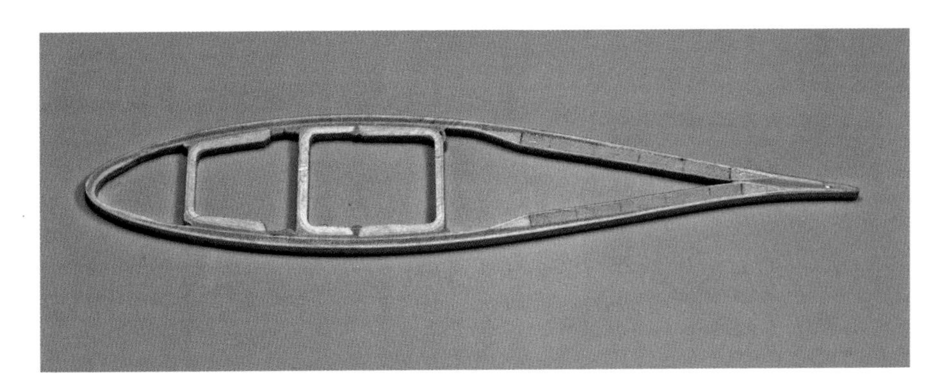

Bild 8.19. Rotorblattquerschnitt eines modernen Rotorblattes in laminierter Schalenbauweise und leichten Holmstegen bzw. Holmkasten (Bauart LM)

Nahezu alle Rotorblätter werden heute noch überwiegend aus Glasfaserverbundmaterial hergestellt. Das Epoxidharz als Matrixmaterial hat das Polyester weitgehend verdrängt. Für sehr große Rotorblätter gibt es zum Epoxidharz ohnehin keine Alternative. Kohlefaser wird in geringem Umfang bei den meisten Blättern punktuell als Verstärkungsmaterial eingesetzt.

Die Herstellung von Rotorblättern vollständig aus Kohlefaserverbundmaterial ist für kommerzielle Windkraftanlagen heute noch zu teuer, Kohlefaser wird deshalb nur an den hochbelasteten Stellen der Rotorblätter eingesetzt. Zum Beispiel werden die Holmgurte in Hauptspannungsrichtung bei vielen Blättern mit Kohlefaser verstärkt. Für extrem große Rotorblätter für Rotordurchmesser über 120 m ist der Einsatz von Kohlefaser nahezu unvermeidlich. Rotorblätter mit diesen Dimensionen werden in reiner Glasfasertechnik einfach zu schwer, vor allem durch die Forderung nach ausreichender Steifigkeit.

8.4.3 Fertigungsverfahren

Die Fertigungsverfahren zur Herstellung von Bauteilen aus Faserverbundmaterial sind eng mit der Materialauswahl, insbesondere mit dem eingesetzten Matrixmaterial verbunden. Die gebräuchlichste Art ist die *Laminiertechnik*. Hierbei wird in eine Negativform des Bauteiles das Fasermaterial in Mattenform schichtweise eingelegt und mit Kunstharz getränkt. Die auflaminierten Schichten härten dann bei Raumtemperatur (Polyesterharz) oder auch bei erhöhten Temperaturen von etwa 70 bis 80 °C (Epoxidharz) aus.

Die Fasern können je nach den gewünschten Festigkeitseigenschaften, in der Regel in Hauptspannungsrichtung, orientiert werden, so daß eine optimale Ausnutzung der Materialfestigkeit erreicht wird. Diese Anpassung des Materialaufbaus an die vorgegebene Belastung ist ein Hauptvorzug der laminierten Verbundbauweise. Das Gewichtsverhältnis der Fasern zum Matrixmaterial liegt im Regelfall bei etwa 1 : 1. Dickwandigere Strukturen werden als sogenannte Sandwichschalen hergestellt. Nur die äußeren, wenige Millimeter dicken Deckschichten bestehen aus laminiertem Fasermaterial, während eine innere, wesentlich dickere Schicht, aus leichtem Stützmaterial besteht und praktisch keine Belastung aufnimmt. Mit der Laminiertechnik können nahezu beliebig komplizierte Formen bei hoher Oberflächengüte hergestellt werden. Der Nachteil liegt allerdings in der Tatsache, daß überwiegend Handarbeit erforderlich ist.

Rotorblattform

Die unabdingbare Voraussetzung für die Laminier-Technik ist die Verfügbarkeit einer Negativform der äußeren Rotorblattkontur (Bild 8.20). Die Herstellung dieser Form ist eine nicht unerhebliche Investition für die Rotorblattherstellung. An die Genauigkeit und Steifigkeit werden hohe Anforderungen gestellt. Je nach dem Laminierverfahren und den verwendeten Harzen muss die Form auch noch geheizt werden können. Die Kosten für die Rotorblattform geht indirekt in die Herstellkosten der Rotorblätter ein, da sie über die produzierte Stückzahl amortisiert werden müssen.

Bild 8.20. Rotorblattform zur Herstellung von Rotorblättern nach dem Vakuum-Infusionsverfahren (LM)

Die Herstellung der Bauteile erfolgt im wesentlichen nach vier unterschiedlichen Verfahren:

Handauflegeverfahren

Dieses einfachste und älteste Verfahren eignet sich nur für kleinere Bauteile, die in geringen Stückzahlen gefertigt werden. Hierbei werden die Fasermatten manuell im Harz getränkt und schichtweise in die Form gelegt. Die Qualität hängt sehr vom Geschick und der Zuverlässigkeit der ausführenden Personen ab.

Vakuum-Infusionsverfahren

Ein Fertigungsverfahren, das sich heute weitgehend durchgesetzt hat ist das sog. Vakuum-Infusionsverfahren. Die Rotorblattform wird nach dem Einlegen der Fasermatten mit Kunststoff-Folien abgedichtet und dann evakuiert. Das Harz wird mit Hilfe einer „Pumpe" in die Form eingebracht und durch das Vakuum eingesaugt (Bild 8.21 und 8.22). Auf diese

Weise werden festigkeitsmindernde Lufteinschlüsse weitgehend verhindert. Außerdem werden die gesundheitsschädigenden Ausdünstungen des Harzes verringert. Das Vakuum-Infusionsverfahren hat sich bei den meisten Rotorblattherstellern heute durchgesetzt, vor allen Dingen aus Kostengründen.

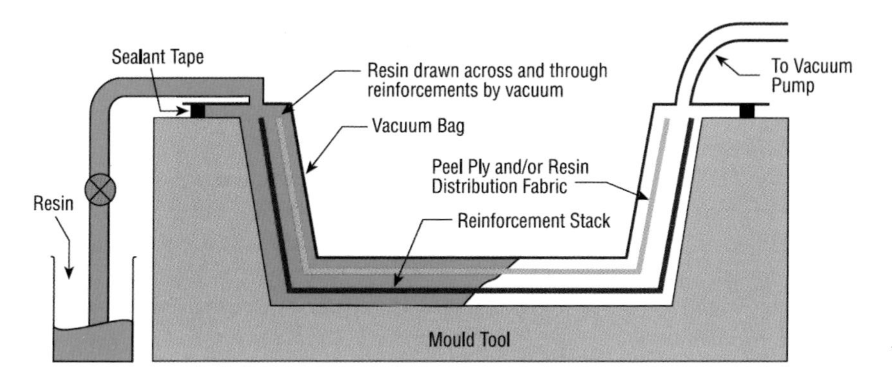

Bild 8.21. Vakuum-Infusionsverfahren schematisch (Gurit)

Bild 8.22. Rotorblattherstellung nach dem Vakuum-Infusionsverfahren (SINOI)

Normalerweise werden in der Form die untere und obere Schale der Rotorblätter getrennt hergestellt. Nach dem Einkleben der Holmstege oder des Kastenholmes in die untere Schale wird die obere Schale mit der unteren verklebt. Neuere Verfahren können auch beide Schalen, ohne Klebestelle, in einem Prozeß hergestellt werden (Siemens „Integral Blade").

Verwendung von Prepegs

Mit der Verwendung sog. *Prepregs*, das heißt vorgetränkter Fasermatten wird eine gewisse Mechanisierung und ein Schritt zu einer reproduzierbareren Qualität getan. Die Prepregs werden in Verbindung mit Epoxidharz als Halbzeuge geliefert. Sie werden in die Form gelegt und härten bei relativ hohen Temperaturen (100 bis 150 °C) aus. Dazu muß die Form geheizt werden. Auch dieses Verfahren ist arbeitsintensiv und relativ teuer. Dafür bietet es gute Voraussetzungen um eine hohe Qualität zu erreichen.

Die Verwendung von Prepregs bietet vor allen Dingen dann Vorteile, wenn die Bauteile aus Kohlefaser hergestellt werden. Die Rotorblatthersteller benutzen deshalb oft Prepregs an den entsprechenden Stellen für ihre Rotorblätter in Gemischtbauweise.

Zum Beispiel verwendet Vestas für seine Rotorblätter, die bis zu einem Rotordurchmesser von 112 Meter in Holmbauweise hergestellt werden, Kohlefaser-Prepregs bei der Herstellung des gewickelten Kastenholms (Bild 8.23). Die Prepregs werden als Zwischenlage mit einer Faserorientierung in Längsrichtung zwischen die gewickelten Glasfaserlagen eingebracht. Damit erhält der Holm die Festigkeit und vor allem die geforderte Steifigkeit.

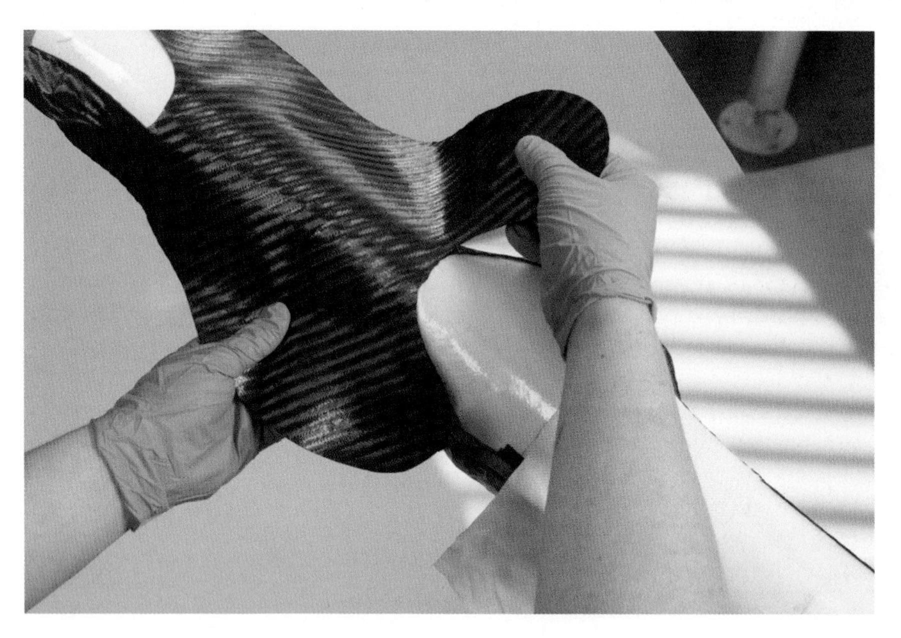

Bild 8.23. Prepreg aus Kohlefasern (Reinfored Plastics, Elesevier, Oxford, 2014)

Wickeltechnik

Die Wickeltechnik für Rotorblätter wurde mit zunehmender Größe der Blätter als nicht mehr vorteilhaft angesehen. Mittlerweile wird diese Technik jedoch wieder in bestimmten Bereichen der Rotorblätter eingesetzt. Zum Beispiel verwendet Vestas teilweise gewickelte Holme für seine Rotorblätter (vergl. Kap. 8.4.2). Die Wickeltechnik hat den Vorzug, daß der

Herstellungsprozeß weitgehend mechanisiert abläuft. Die Fasern durchlaufen beim Wickeln ein Bad aus Harz und werden auf diese Weise mit Matrixmaterial getränkt. Dieser Vorgang kann nahezu vollautomatisch ablaufen. Wickelmuster und Fadenspannung werden mit Hilfe eines Rechenprogramms numerisch gesteuert. Die Wickeltechnik wird mit überzeugendem Erfolg für die Herstellung rotationssymmetrischer Druckbehälter angewendet. Grundsätzlich ist das Wickeln auch für kompliziertere Formen anwendbar. Dort zeigen sich allerdings erhebliche Nachteile. Die Orientierung der Fasern kann nicht mehr ohne weiteres wie beim Laminieren der Beanspruchungsrichtung angepaßt werden. Die geometrische Form und der Ablauf des Wickelvorganges bestimmen die Orientierung. Die Folge ist, daß die Bauteile vergleichsweise schwer werden. Außerdem ist die Oberflächenqualität, bedingt durch die unvermeidlichen Rillen, relativ schlecht.

Qualitätskontrolle

Ein wichtiger Aspekt bei der Beurteilung der Fertigungsverfahren ist die Qualitätssicherung des Herstellungsprozesses. Die relativ komplexen Herstellungsverfahren, bei denen die Materialherstellung und die Bauteilfertigung unlösbar miteinander verknüpft sind, erfordern eine intensive Kontrolle. Geringfügige „Schlampereien", zum Beispiel Abweichungen von den Aushärtebedingungen oder Unsauberkeit der Klebeflächen, rächen sich sofort in einem drastischen Abfall der Festigkeitseigenschaften.

8.5 Blattanschluß an die Rotornabe

Die Qualität und das Gewicht der Rotorblätter werden neben der eigentlichen Rotorblattbauweise wesentlich durch die Konstruktion des Blattanschlußes an die Rotornabe bestimmt. Die konstruktive Gestaltung des Blattanschlußes gehört zu den anspruchsvollsten Aufgaben der Rotorblattentwicklung. Zum einen ist die Krafteinleitung von Faserverbundstrukturen in metallische Werkstoffe grundsätzlich schwierig. Die Materialeigenschaften des Faserverbundmaterials und der metallischen Anschlußstruktur sind sehr unterschiedlich. Hinzu kommt die Konzentration der Rotorkräfte auf die Blattwurzelbereiche und die Rotornabe bei extrem hoher Wechsellastbeanspruchung. Die Fortschritte der letzten Jahre, im Hinblick auf die Gewichtsoptimierung der Rotorblätter, wurden außer durch die Einführung von Epoxidharz und Kohlefaser auch durch wesentlich leichtere Blattanschlußkonstruktionen erzielt. Bei den derzeitigen Rotorblättern sind die folgenden Grundkonzeptionen für die Gestaltung des Blattanschlußes zu erkennen:

Stahlflanschverbindung

Bei älteren Rotorblättern mit Polyester als Harzmaterial sind schwere doppelseitige Stahlflansche üblich. Die Blattwurzel wird zwischen einem inneren und äußeren Flansch eingeklemmt und die beiden Flansche miteinander verschraubt (Bild 8.24). Die Verbindung mit der Rotornabe erfolgt über einen außenliegenden Flanschring mit hochbelastbaren Dehnschrauben. Rotorblattflansche dieser Bauart tragen oft bis zu einem Drittel zum Rotorblattgesamtgewicht bei. Entsprechend hoch ist auch der Kostenanteil an den Herstellkosten der Rotorblätter.

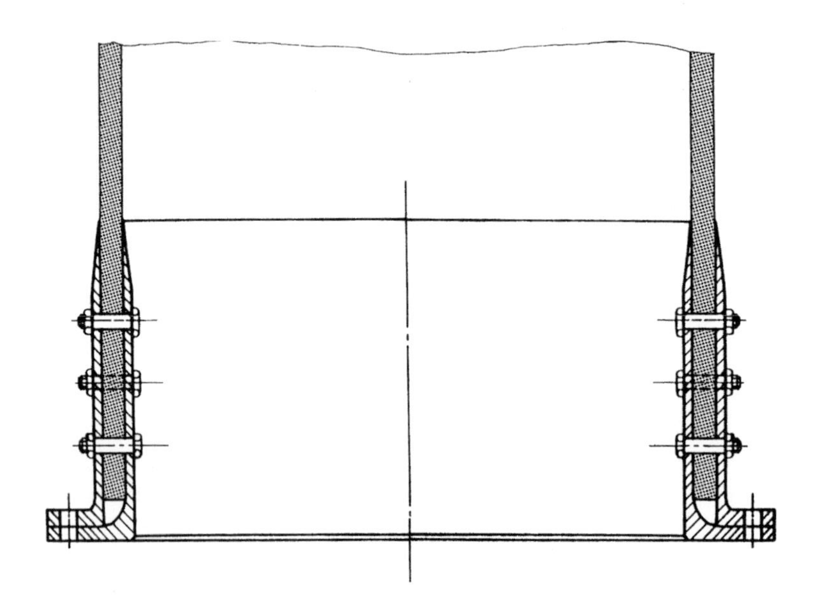

Bild 8.24. Schwerer doppelseitiger Stahlflansch bei Rotorblättern älterer Bauart (Bauart LM)

Querbolzenanschluß

Ein entscheidender Schritt zur Verringerung des Rotorblattgewichts — aber auch im Hinblick auf eine Senkung der Fertigungskosten — war die Einführung des sogenannten Querbolzenanschlußes bei Rotorblättern (Bild 8.25). Dieses Konstruktionsprinzip ist bei Hub-

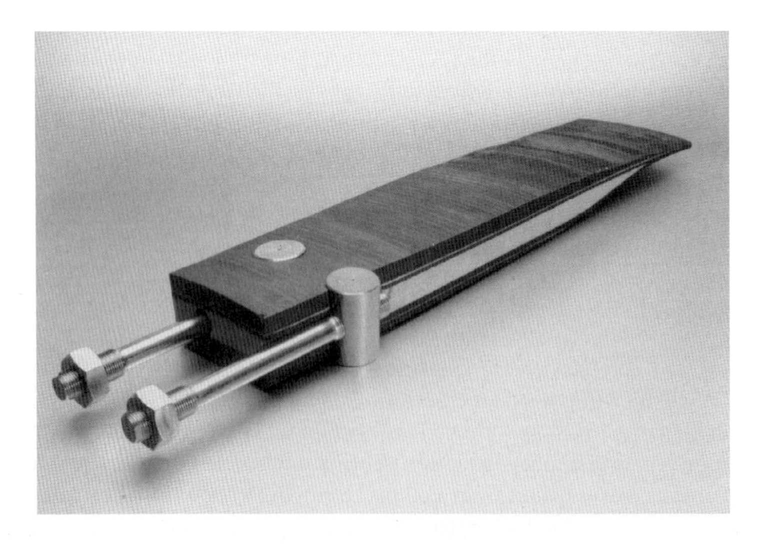

Bild 8.25. Blattanschluß mit Querbolzen (MBB)

schrauberrotoren seit langem üblich. Rotorblätter, die vom Luftfahrtkonzern MBB (heute EADS) für verschiedene Versuchsanlagen entwickelt wurden, verfügten zum ersten Mal über diese fortschrittliche Anschlußtechnik. Mittlerweile hat dieses Verfahren auch Eingang in die kommerzielle Rotorblattproduktion gefunden. Voraussetzung ist allerdings die Verwendung von Epoxidharz-Verbundmaterial, da Polyesterharz zum Fließen bei hoher punktförmiger Beanspruchung neigt.

Ein skandinavischer Möbelhersteller verwendet ein ähnliches Verbindungsverfahren für seine preiswerten Selbstbaumöbel, deshalb wird diese Anschlußtechnik gelegentlich auch als „IKEA-Anschluß" bezeichnet.

Einlaminierte Leichtbauflansche oder Befestigungshülsen

Eine Alternative zum Querbolzenanschluß ist ein von Vestas entwickelter Blattanschluß mit Aluminium-Leichtbauflanschen. Die Rotorblätter der älteren Vestas-Anlagen verfügten teilweise über extrem leichte Blattflansche aus hochfestem Aluminium, die in die Blattwurzelstruktur eingeklebt wurden (Bild 8.26 und 8.27). Bei den Rotorblättern der Vestas V-39 mit einem Rotordurchmesser von 39 m beträgt das Gewicht des Flansches weniger als 50 kg. Das Gesamtgewicht des Rotorblattes liegt bei 1100 kg. Für größere Rotorblätter hat sich dieser Blattanschluß offensichtlich nicht bewährt. Die neuen größeren Rotorblätter werden mit einlaminierten Hülsen, wie sie auch bei den Rotorblättern von LM Glasfiber zu finden sind, befestigt.

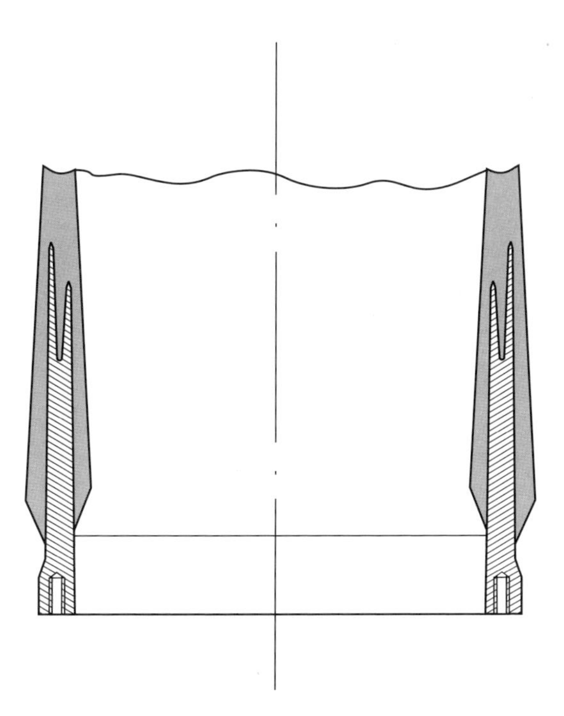

Bild 8.26. Eingeklebter Leichtbauflansch aus Aluminium beim Rotorblatt der Vestas V-39

Bild 8.27. Rotorblattanschluß zur Nabe beim Rotorblatt der Vestas V-39

Einlaminierte Hülsen

Eine weitere Variante eines leichten Blattanschlußes sind die einlaminierten Hülsen die in den Umfang des Blattanschlußringes verteilt sind.Die Hülsen nehmen die Blattanschlußbolzen auf und werden mit ihrer gewindeähnlichen Außenstruktur einzeln in das Laminat eingeklebt (Bild 8.28). Die Firma LM hat dieses System entwickelt und verwendet es für die meisten seiner Rotorblätter.

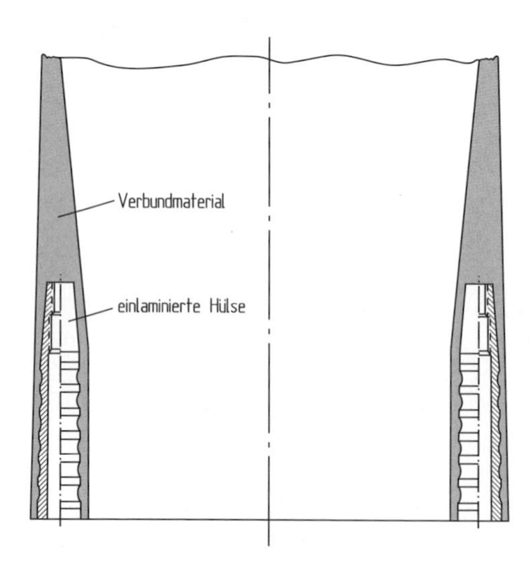

Bild 8.28. Einlaminierte Hülsen für den Blattanschluß (Bauart LM)

Direkt einlaminierte Blattanschlußbolzen

Die radikalste Lösung Gewicht einzusparen, ist das direkte Einkleben der Blattanschlußbolzen in das Laminat ohne weitere metallische Kraftübertragungselemente (vergl. Kap. 8.3.5, Bild 8.17). Die Konstruktion wird — zumindest heute noch — als zu riskant angesehen und ist deshalb bei seriengefertigten Rotorblättern für kommerziell eingesetzte Windkraftanlagen nicht zu finden.

8.6 Rotorblattbauweisen im Vergleich

Die Erörterung der verschiedenen Rotorblattbauweisen und Materialqualitäten führt zwangsläufig zu dem Versuch, sie miteinander zu vergleichen, um die „beste" herauszufinden. Wie immer in der Technik, gibt es *die* optimale Rotorblattbauweise nicht. Verschiedene Gesichtspunkte sind zu berücksichtigen, die für oder gegen eine bestimmte Bauweise sprechen. Vorhandene Erfahrungen, Entwicklungsaufwand und Entwicklungsrisiko, nutzbare Fertigungseinrichtungen sowie die technische Gesamtkonzeption der Windkraftanlage setzen unterschiedliche Prioritäten für die Wahl der Blattbauweise. Auf der anderen Seite hat sich nach mehr als zwanzig Jahren intensiver Entwicklungsarbeit und praktischer Bewährung gezeigt, daß einige Bauarten nicht geeignet sind, so daß sich heute die Bauweise der Rotorblätter stark angenähert hat.

Das Gewicht der Rotorblätter ist für das gesamte Turmkopfgewicht einer Windkraftanlage von entscheidender Bedeutung. Darüber hinaus ist die Masse der Rotorblätter natürlich auch für die Fertigungskosten der Rotorblätter selbst ein nicht zu unterschätzender Faktor, zumindest bei einer Fertigung in größeren Stückzahlen. Deshalb kann die Kenngröße „Blattgewicht" als ein objektives Kriterium bewertet werden.

Der Gewichtsvergleich darf neben dem Material und der Bauweise nicht den Einfluß der aerodynamischen Auslegung des Rotors, des Regelungsverfahrens, der Blattsteifigkeit und der Rotornabenbauart außer acht lassen. Dreiblattrotoren mit niedriger Auslegungsschnellaufzahl verfügen über breitere und schwerere Rotorblätter als Zweiblattrotoren mit höherer Schnellaufzahl. Bei Zweiblattrotoren spielt die Nabenbauart eine Rolle. Eine Pendelnabe verringert die Blattbiegemomente in den meisten Betriebszuständen.

Die Art der Leistungsregelung der Windkraftanlage beeinflußt das Lastspektrum für die Rotorblätter. Die Rotorblätter von Stall-Rotoren sind durch die fehlende Möglichkeit, die Belastung bei extremen Windgeschwindigkeiten durch Drehen der Rotorblätter in Fahnenstellung zu verringern, hohen Extremlasten ausgesetzt. Auf der anderen Seite können die Ermüdungslasten aus der Windturbulenz bei Rotoren mit Blatteinstellwinkelregelung ungünstiger sein. Es ist deshalb kein signifikanter Unterschied im Gewicht von Rotorblättern für Rotoren mit Stall- oder Blatteinstellwinkelregelung festzustellen. Ein Gewichtsvergleich wird außerdem noch dadurch erschwert, daß Rotoren mit festem Blatteinstellwinkel über aerodynamische Bremsklappen verfügen, die das Rotorblattgewicht um bis zu 20 % erhöhen können.

Ein weiteres nicht zu vernachlässigendes Kriterium für den Gewichtsvergleich ist die Biegeelastizität der Rotorblätter. Biegeelastische Rotorblätter fangen die Ermüdungslasten besser auf — ungeachtet anderweitiger Probleme, die mit elastischen Rotorblättern verbunden sind — und können deshalb leichter gebaut werden. Zum Beispiel sind die Rotorblätter der großen Vestas-Anlagen außerordentlich flexibel und deshalb im Vergleich auch gewichtsgünstiger. Eine derartige Auslegung erfordert allerdings eine besonders sorgfältige Schwingungsanalyse (vergl. Kap. 7).

Ungeachtet solcher Einflüsse auf die Rotorblattmasse zeigt sich dennoch ein dominierender Einfluß von Materialwahl und Bauweise auf das Blattgewicht (Bild 8.29). Die statistische Auswertung der Rotorblattmassen ausgeführter Windkraftanlagen zeigt zunächst, daß für jede Bauweise die spezifische Blattmasse pro Quadratmeter Rotorkreisfläche mit wachsendem Rotordurchmesser zunimmt. Die Rotorblätter werden nicht nur absolut,

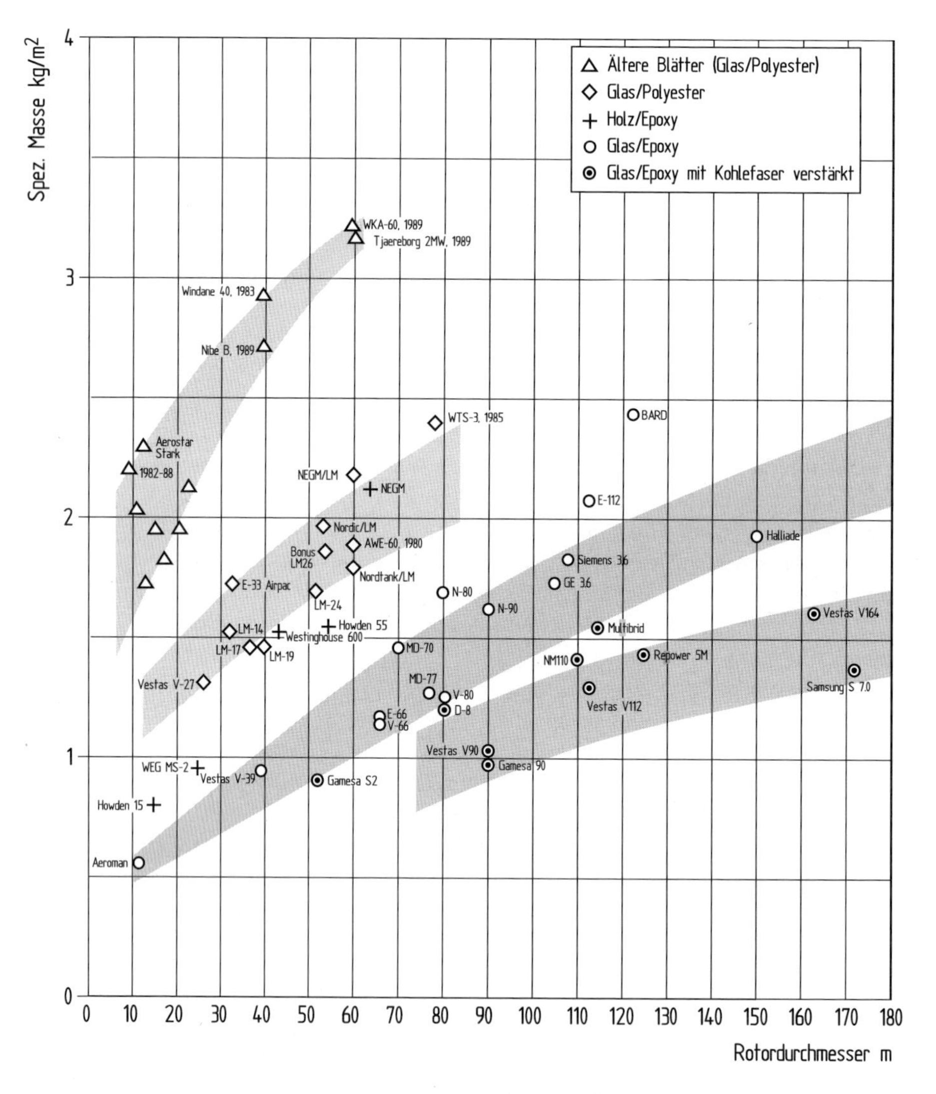

Bild 8.29. Spezifische Baumasse von Rotorblättern unterschiedlicher Bauart (Baumasse auf die Rotorfläche bezogen)

sondern auch relativ schwerer. Die physikalische Erklärung liegt in dem Umstand, daß theoretisch das Volumen und damit auch die Masse der Bauteile mit der dritten Potenz des Rotorradius anwachsen und zum anderen auch die wichtigsten Belastungsgrößen wie das Biegemoment aus den Luftkräften in etwa mit der dritten und die bei großen Durchmessern dominierenden Momente aus dem Eigengewicht sogar mit der vierten Potenz ansteigen. Andererseits werden mit zunehmender Größe die Wandstärken der Bauteile relativ günstiger, das heißt die Effektivität der Konstruktion, Belastungen aufnehmen zu können, wird besser (vergl. Kap. 19.1.2). Empirisch läßt sich der Anstieg der Blattmasse mit dem Rotordurchmesser durch den Exponenten 2,4–2,8 mit guter Näherung beschreiben. Der Anstieg der spezifischen Blattmasse pro Rotorkreisfläche enthält dann den Exponenten 0,4 bis 0,8:

$$\dot{m}_2 = \dot{m}_1 \left(\frac{D_2}{D_1}\right)^{0,4 \text{ bis } 0,8}$$

Der Exponent ändert sich mit der Bauart der Rotorblätter. Schwere Rotorblätter unterscheiden sich von leichteren Blättern hinsichtlich des Verhältnisses der Belastungen aus dem Eigengewicht und den Luftkräften, so daß der Wachstumsexponent etwas geringer wird. Rotorblätter, die nur aus Glasfaser-Verbundmaterial bestehen, werden mit zunehmender Größe relativ schwer. Entsprechend liegt der Wachstumsexponent bei etwa 0,8. Mit einem zunehmenden Anteil von Kohlefasern läßt sich der Gewichtsanstieg begrenzen, sodaß auch der Wachstumsexponent mit 0,4 bis 0,5 deutlich niedriger liegt

Unterscheidet man die heutigen Rotorblätter nach ihrer Bauweise, so lassen sich unterschiedliche Kategorien erkennen, die jeweils eine Gewichtsklasse repräsentieren. Der Einfluß des Blattflansches verfälscht das Bild allerdings in einigen Fällen. Vor allem dort, wo die Rotorblätter nur über einlaminierte Anschlußbolzen verfügen, scheinen die Blätter unverhältnismäßig leicht zu sein. Darüber hinaus ist bei Rotorblättern, die für stallgeregelte Anlagen Verwendung finden, das zusätzliche Gewicht der Bremsklappen bzw. der verstellbaren Blattspitzen zu berücksichtigen.

Glasfaser-Polyester-Bauweise mit gewickelten Holmen

Schwere Glasfaserrotorblätter findet man vorwiegend bei den älteren dänischen Windkraftanlagen. Sie bestehen aus einem gewickelten Holm und angeklebten laminierten Konturschalen. Als Matrixmaterial wird das billigere Polyesterharz verwendet. Beim Gewichtsvergleich muß allerdings berücksichtigt werden, daß diese Blätter meistens über eingebaute aerodynamische Bremsklappen verfügen und die Rotorblattgeometrie für relativ niedrige Schnellaufzahlen ausgelegt ist.

Laminierte Glasfaser-Polyester-Bauweise

Rotorblätter in vollständig laminierter Glasfaser-Verbundbauweise, ohne gewickelte Holme, mit Polyesterharz als Matrixmaterial sind bis heute noch weit verbreitet. Mit der Laminiertechnik können die Fasern in großer Länge nach der Hauptbeanspruchungsrichtung orientiert werden. Ihre hohe Zugfestigkeit kann somit voll ausgenutzt werden. Blätter dieser Bauart werden für kleinere und mittelgroße Anlagen eingesetzt. Die Blattgeometrie ist für mittlere bis hohe Schnellaufzahlen ausgelegt.

Glasfaser-Epoxid-Bauweise

Die aus der Tradition des Bootsbaues kommenden dänischen und holländischen Hersteller von Rotorblättern haben lange gezögert, das teurere und schwerer zu verarbeitende Epoxid-Harz für ihre Serienprodukte zu verwenden. Die neueren Rotorblätter für die großen Anlagen sind jedoch in fast ausnahmslos Glasfaser-Epoxid-Bauweise hergestellt. Die Verwendung des Epoxid-Harzes ermöglicht die Konstruktion eines gewichtsgünstigen Blattanschlußes an die Rotornabe, ohne schwere Flansche. Der erreichbare Gewichtsvorteil von bis zu 30 % gegenüber der Polyester-Bauweise ist mit zunehmender Größe der Rotoren zu wichtig, als beim billigeren Polyester zu bleiben. Die Glasfaser-Epoxid-Bauweise in Verbindung mit einer leichten Blattanschlußstruktur repräsentiert den „Stand der Technik". Das spezifische Gewicht dieser Rotorblätter bezogen auf die Rotorkreisfläche liegt zwischen 1,2 und 1,5 kg/m^2 für einen Rotordurchmesser von 80 m.

Glas- und Kohlefaser-Gemischtbauweise

Durch die Verwendung von Kohlefasern lassen sich Rotorblätter von extrem niedrigem Gewicht realisieren. Für einige Versuchsanlagen wurden Rotorblätter entwickelt, die überwiegend aus Kohlefaser bestehen. Später wurden die Rotorblätter nach dem Vorbild moderner Segelflugzeuge nur an den entscheidenden Stellen, das heißt in Spannweitenrichtung (Holmgurte) mit Kohlefaser verstärkt. Mit dieser Technik läßt sich eine spezifische Baumasse von etwas über 1 kg pro m^2 Rotorkreisfläche für den genannten Referenzrotor erreichen. Große Rotorblätter für Rotoren über 80 m Durchmesser werden heute fast immer unter Verwendung eines gewissen Anteils von Kohlefaser hergestellt. Die Steifigkeitsanforderungen sind mit einer reinen Glasfaserbauweise nur mit unverhältnismäßig hohem Gewicht zu erfüllen.

Holz-Epoxid-Verbundbauweise

Rotorblätter in laminierter Holz-Epoxid-Bauweise erwiesen sich bei ihrer Einführung im Vergleich zu älteren Rotorblättern in Glasfaser-Polyester-Bauweise als gewichtsgünstiger. Die hohe Steifigkeit von Holz wie auch seine hervorragende Ermüdungsfestigkeit bei niedrigem spezifischen Gewicht waren dafür verantwortlich. Die Holzverbund-Rotorblätter können sich jedoch hinsichtlich der Baumasse nicht mehr mit den Glasfaser-Epoxid-Blättern neuester Bauart messen. Die spezifische Baumasse lag bei ca. 1,5 kg/m^2.

Ausblick

Die Rotorblattechnologie wird auch in den nächsten Jahren einen entscheidenden Einfluß auf die weitere Entwicklung der Windkraftanlagen haben. Es ist nicht auszuschließen, daß für Rotoren mit über 150 m Durchmesser neue Wege gesucht werden müssen. Schon allein die Transport- und Montageprobleme stellen neue Anforderungen an die Konstrukteure. Die Blätter können ab einer gewissen Größe nicht mehr in einem Stück gefertigt und transportiert werden. Damit ergeben sich zum Beispiel neue Probleme in Bezug auf die Verbindungstechniken der einzelnen Blatteile.

8.7 Aerodynamische Bremsklappen

Rotoren mit festem Rotorblatteinstellwinkel und Leistungsbegrenzung durch den Stall müssen über eine aerodynamisch wirkende Einrichtung verfügen, bei Ausfall des Generatordrehmomentes, zum Beispiel im Fall einer Netzstörung, das „Durchdrehen" des Rotors zu verhindern. Die mechanische Rotorbremse auf der Rotorwelle ist, zumindest bei größeren Anlagen, dazu nicht in der Lage. Das Abbremsen des Rotors kann nur durch ausklappbare Widerstandsflächen an den Rotorblättern bewirkt werden (vergl. Kap. 5.3.2).

Die älteren Rotorblätter, meistens aus dänischer Fertigung, verfügen in der Regel über verstellbare Blattspitzen, die zum Abbremsen des Rotors um 90° gedreht werden (Bild 8.30). Die Blattspitzenverstellung wird durch ein Fliehkraftgewicht und eine vorgespannte Feder ausgelöst. Die Auslöseschwelle lag im Bereich von etwa 120 % der Rotornenndrehzahl.

Bild 8.30. Verstellbare Rotorblattspitze zur aerodynamischen Drehzahlbegrenzung

Bei den ersten Windkraftanlagen war dieses mechanische System ohne eine Möglichkeit der Rückstellung ausgeführt. Dies führte dazu, daß bei einem Netzausfall ein ganzer Windpark zum Stillstand gebracht wurde und dann jede Blattspitze manuell wieder in Normalposition zurückgestellt werden mußte. Um diese zeitraubende Wiederinbetriebsetzung der Windkraftanlagen zu vermeiden, sind die neueren Rotorblätter von stallgeregelten Anlagen mit einem hydraulischen Rückstellsystem ausgerüstet (Bild 8.31). Damit wird allerdings der konstruktive Aufwand für Rotoren mit festem Blatteinstellwinkel ähnlich groß wie der für Rotoren mit Blatteinstellwinkelregelung. Außerdem wird das Gewicht der Rotorblätter erhöht.

Die konstruktive Komplexität im kritischen Außenbereich des Rotorblattes verbunden mit dem ebenfalls ungünstigen Lastangriffspunkt im Bremsvorgang, läßt diese Bauart für sehr große Rotoren problematisch werden. In einigen Fällen haben sich infolge der hohen

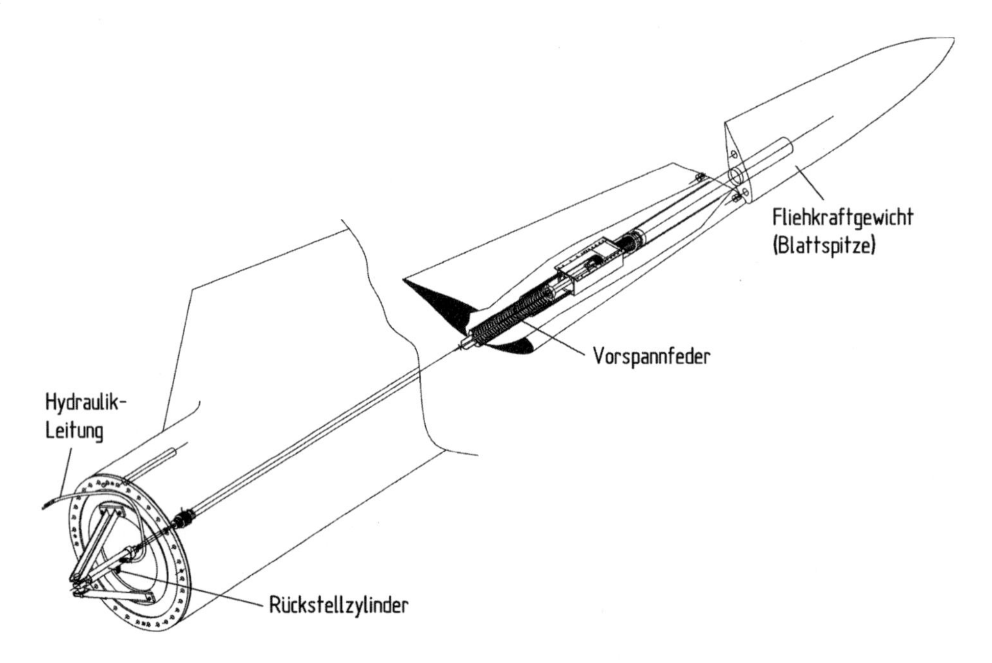

Bild 8.31. Verstellbare Rotorblattspitze mit hydraulischer Rückstellung (Bauart LM)

Belastungen auf die Blatttspitzen im Bremsfall erhebliche Probleme mit der Haltbarkeit der Lagerung der drehbaren Blattspitzen im übrigen Rotorblatt ergeben. Die Vertreter des Stallprinzips zur Leistungsbegrenzung sind deshalb bei ihren großen Anlagen zu einer aktiven Stallregelung, bei der das ganze Rotorblatt im Bremsfall verstellt werden kann (Bonus, NEG Micon) übergegangen. Hier stellt sich allerdings die Frage, ob dieser Aufwand im Vergleich zur Blatteinstellwinkelregelung noch Vorteile bringt (vergl. Kap. 5.3.3).

8.8 Blitzschutz

Blitzeinschläge sind bei allen größeren Windkraftanlagen unvermeidlich (vergl. Kap. 18.9.2). Die meisten Blitzeinschläge treffen die Rotorblätter insbesondere im Bereich der Blattspitze. Die Folge sind erhebliche Beschädigungen. Die anfängliche Auffassung, daß Rotorblätter aus nichtleitendem Glasfaserverbundmaterial auf ein Blitzschutzsystem verzichten könnten, hat sich im praktischen Betrieb nicht bewahrheitet. Deshalb wurden mit zunehmender Verbreitung und zunehmender Größe der Windkraftanlagen die Forderungen nach einem wirksamen Blitzschutz immer lauter — vor allen Dingen aus dem Bereich der Versicherer. Heute ist ein Blitzschutzsystem bei allen neueren Rotorblättern selbstverständlich (Bild 8.32).

Das Blitzschutzsystem besteht aus einem sog. *Rezeptor*, oder auch mehreren Rezeptoren, im Bereich der Blattspitze. Dieser ist im einfachsten Fall ein eingeschraubtes und damit leicht auswechselbares Metallteil. Im Inneren des Rotorblattes läuft ein dicker metallischer Draht als „Blitzableiter" bis zur Blattwurzel. Dort wird der Leiter mit flexiblen metallischen

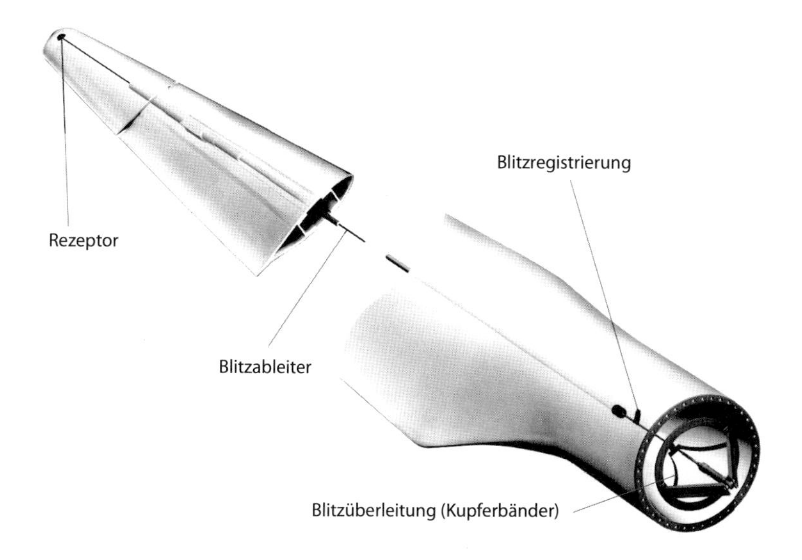

Bild 8.32. Blitzschutzsystem eines Rotorblattes (Bauart LM)

Bändern mit der Rotornabe und damit mit dem Erdungssystem der Windkraftanlage verbunden (vergl. Kap. 18.9).

8.9 Enteisung

An einigen Standorten besteht bei bestimmten Wetterlagen die Gefahr, daß sich Eis an den Rotorblättern ansetzt (vergl. Kap. 18.9.2). Aus diesem Grund bieten die Hersteller von Rotorblättern optional ein *Eiswarnsystem* an, das die Anlage bei bestimmten Wetterbedingungen vorbeugend abschaltet.

Wesentlich aufwendiger und problematischer ist ein *Enteisungssystem* nach dem Vorbild des Flugtragflügels. Elektrische Widerstandsheizungen in der Rotorblattvorderkante werden seit einigen Jahren von mehreren Herstellern erprobt und in Einzelfällen auch bereits eingesetzt (Bild 8.33). Es gibt jedoch erhebliche Probleme mit den einlaminierten Heizelementen. Abgesehen vom Energieverbrauch sind diese hohen Belastungen, allein durch die erheblichen Verformungen der Rotorblätter ausgesetzt. Die metallischen Elemente vergrößern zudem die Gefahr von beschädigenden Blitzeinschlägen. Neben der elektrischen Widerstandsheizung hat es auch Versuche gegeben, den Eisansatz mit speziellen Oberflächenbehandlungen der Rotorblätter zu verhindern oder zumindestens zu verringern.

Enercon hat in einigen Anwendungsfällen mit einem System das mit der Zufuhr von Warmluft aus einem elektrischen Heizlüfter und mit aufgeheizter Luft aus der Generatorkühlung (Bild 8.34) arbeitet, experimentiert. Die Warmluft wird in den Blattwurzelbereich geblasen und dürfte damit nur im inneren Blattbereich ihre Wirkung entfalten. Erfahrungen mit dieser Art der Enteisung, noch mit der elektrischen Widerstandsheizung wurden bis heute nicht veröffentlicht. Eine voll befriedigende Lösung für das Problem der Rotor-

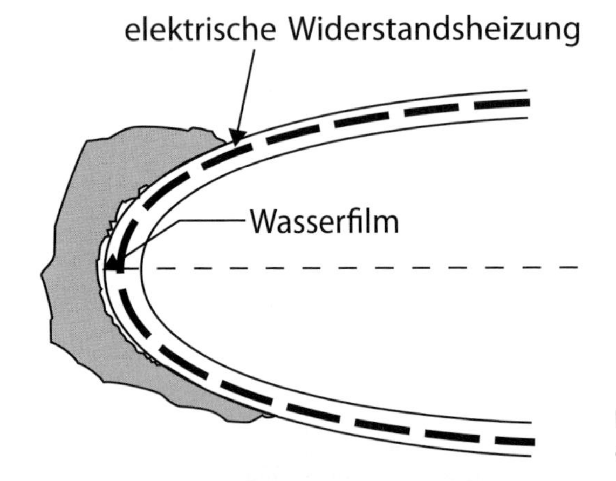

Bild 8.33. Heizelemente zur Rotorblatt-enteisung (Bauart LM)

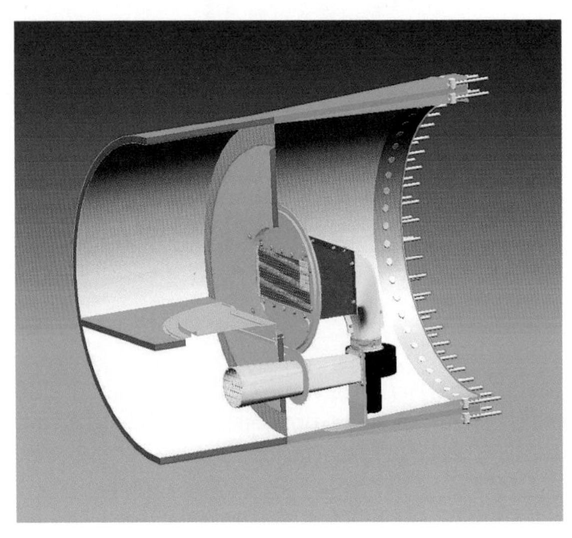

Bild 8.34. Rotorblattwurzelbereich mit integrierter Warmluftheizung (Enercon)

blattenteisung gibt es bis heute noch nicht. Die Frage ist auch ob sich der Aufwand wirklich lohnt, oder ob das Abschalten der Anlage durch ein Eiswarnsystem nicht wirtschaftlicher ist, auch wenn dies natürlich mit einem Verlust an Energieproduktion verbunden ist.

Literatur

1. Finnegan, P. M.: Review of DOE/NASA Large Wind Turbine Blade Projects Stockholm: 4. Expert Meeting of IEA-Group LS WECs 1980
2. Linscott, B. S.; Dennet, J. T.; Gordon, L. H.: The MOD-2 Wind Turbine Development Project. DOE/NASA 20 305-5, NASA TM-82 681 1981

3. Mets, V. und Hermansson, O.: Status and Experience with the 2 MW WTS 75 at Näsudden, Gotland. IEE Proceedings Vol. 130, Pt. A, № 9 Dec. 1983
4. Eurocode N° 3: Gemeinsame, einheitliche Regeln für Stahlbauten, Kommission der Europäischen Gemeinschaften, Bericht EUR 8849 DE, EN, FR 1984
5. Johnson, F.: Wooden Blades for the Danish Nibe-B Turbine, San Francisco Windpower '85, 27–30 Aug., 1985
6. Hütter, U.; Armbrust, A.: Betriebserfahrungen mit einer Windkraftanlage von 100 kW der Studiengesellschaft Windkraft. Brennstoff–Wärme–Kraft, Bd. 16, Nr. 7, 1964
7. Bussolari, R. J.: Fibreglass Composite Blades for the WTS-4 Wind Turbine Hamilton Standard Division of United Technologies, 1983
8. Faddoul, J. R.: Test Evaluation of a Laminated Wood Wind Turbine, Blade Concept, NASA TM-81719 1981

Kapitel 9

Mechanischer Triebstrang und Maschinenhaus

Die Wandlung der kinetischen Energie der strömenden Luft durch den Rotor wird von den Forderungen der Aerodynamik und des Leichtbaues geprägt. Assoziationen an den Flugzeugbau drängen sich auf und sind auch technologisch begründet. Ein völlig anderes Bild bietet sich dem Betrachter im Inneren des Maschinenhauses. Die Komponenten zur Wandlung der mechanischen in elektrische Energie repräsentieren sozusagen die konventionelle Kraftwerkstechnik. Man könnte daraus den Schluß ziehen, daß dieser Bereich „Stand der Technik" sei und deshalb keine besonderen Probleme aufwerfen könne. Diese Anschauung ist nur zu einem Teil richtig.

Richtig ist, daß die mechanische Leistungsübertragung, der „mechanische Triebstrang", aus konventionellen Maschinenbaukomponenten besteht, die auch in anderen Bereichen des Maschinenbaus eingesetzt werden. Aus diesem Grund können viele Komponenten aus vorhandenen Serienfertigungen vergleichsweise kostengünstig übernommen werden. Für den Hersteller der Windkraftanlage sind es Zulieferteile.

Auf der anderen Seite hat die mechanisch-elektrische Energiewandlung einer Windkraftanlage ihre eigenen Gesetze und spezifischen Probleme. Diese werden von der besonderen Charakteristik des Windrotors als Antriebsaggregat geprägt. Die Auslegung des mechanischen Triebstrangs ist deshalb keineswegs eine konventionelle Entwurfsaufgabe, sondern ein Musterbeispiel für eine Technologie, deren Innovation im systemtechnischen Bereich liegt.

Unter dem Begriff „mechanischer Triebstrang" werden alle drehenden Teile, angefangen von der Rotornabe bis zum elektrischen Generator, verstanden. Diese Komponenten bilden eine funktionelle Einheit und sollten deshalb im Zusammenhang betrachtet werden. Sie sind auch technologisch in dieselbe Kategorie „Maschinenbau" einzuordnen. Der elektrische Generator gehört nur insoweit dazu, als sein Einbau ein mechanisches Problem darstellt.

Der mechanische Triebstrang und das elektrische System sind im allgemeinen in einem geschlossenen Maschinenhaus untergebracht. Dieses hat zudem noch die Windrichtungsnachführung und die Turmkopflagerung aufzunehmen. Seine statische Konzeption steht in engem Zusammenhang mit der konstruktiven Anordnung der Triebstrangkomponenten, insbesondere mit der Ausführung der Rotorlagerung. Die tragende Struktur besteht heute in fast allen Fällen aus einem Maschinenträger aus Stahlguß während die Verkleidung aus leichtem Verbundmaterial hergestellt wird. Nicht zuletzt ist die formale Gestaltung des Maschinenhauses eine Aufgabe, die auch unter ästhetischen Gesichtspunkten zu sehen ist.

9.1 Grundsätzliche Überlegung zur Leistungsübertragung

Die Erzeugung von Wechselstrom mit konstanter Frequenz — in Europa im allgemeinen 50 Hertz — ist konventionelle Technik, sofern die Kraftmaschine, die den elektrischen Generator antreibt, zwei Voraussetzungen erfüllt:

- gute Gleichlaufeigenschaften mit Drehzahl- und Momentenschwankungen von nicht mehr als etwa einem Prozent
- ein Drehzahlniveau der Kraftmaschine, das mit demjenigen des Generators in etwa zusammenpaßt. Die üblichen Kraftwerksgeneratoren sind auf eine Drehzahl von 1500 U/min ausgelegt.

Diese Forderungen werden von Turbinen, und mit Einschränkungen auch von Dieselaggregaten, zumindest in dem besonders wichtigen ersten Punkt erfüllt — nicht jedoch von einem Windrotor. Dieser ist geradezu dadurch gekennzeichnet, daß seine Drehzahl und sein Drehmoment besonders hohen Schwankungen unterworfen sind. Hinzu kommt das völlig unterschiedliche Drehzahlniveau des Windrotors im Vergleich zur geforderten Generatordrehzahl. Die Problematik der mechanisch-elektrischen Energiewandlung in einer Windkraftanlage ist hiermit bereits umrissen. Es kommt darauf an, die ungünstige Charakteristik, die der Windrotor als antreibende Kraftmaschine nun einmal besitzt, im mechanischen Triebstrang zu verkraften und damit die Voraussetzungen für den Antrieb des elektrischen Generators, der elektrischen Strom mit einer vorgegebenen, konstanten Frequenz in das Stromnetz einspeisen soll, zu schaffen. Die technischen Lösungsmöglichkeiten zur Anbindung des elektrischen Generators an den Rotor wirft unter den skizzierten Voraussetzungen eine Reihe grundsätzlicher technischer Fragen auf. Die erste Frage stellt sich bereits mit der Anpassung der Rotordrehzahl an diejenige des elektrischen Generators.

Warum sollte man eigentlich nicht den Generator unmittelbar vom Rotor antreiben lassen? Eine einfache Rechnung zeigt, daß bei einer angenommenen Drehzahl eines großen Windrotors von 20 U/min ein mit gleicher Drehzahl laufender Generator 350 Polpaare haben müßte, um Wechselstrom mit einer Frequenz von 50 Hz zu liefern. Um eine solche Anzahl von Polen auf einem Generatorläufer unterzubringen, wäre ein Durchmesser von 10 bis 15 m erforderlich. Solche langsamlaufenden Vielpolgeneratoren werden in Kombination mit Wasserturbinen eingesetzt, eignen sich jedoch in dieser Dimension offensichtlich nicht für Windkraftanlagen.

Diese Situation hat sich jedoch in den letzten Jahren geändert. Fortschritte in der Frequenzumrichtertechnologie ermöglichen es heute, kostengünstige Kombinationen von frequenzvariabel betriebenen elektrischen Generatoren und nachgeschalteten Frequenzumrichtern zu realisieren und damit die erforderliche konstante Netzfrequenz zu erzeugen. Ein direkt vom Rotor angetriebener Generator braucht deshalb nicht mehr auf die Netzfrequenz ausgelegt zu werden, so daß sich die Überlegungen zur erforderlichen Zahl der Polpaare und dem daraus folgenden Durchmesser relativieren. Getriebelose Generatorsysteme mit nachgeschaltetem Frequenzumrichter sind deshalb zu einer echten Alternative zur klassischen Generator-Getriebe-Anordnung geworden (vergl. Kap. 10.5).

Ungeachtet dieser neueren Entwicklungen vertrauen die meisten Hersteller noch auf die herkömmliche Triebstrangkonstruktion mit Übersetzungsgetriebe zwischen Rotor und Generator. Welche Art von Übersetzungsgetriebe kommt dafür in Frage? Wünschenswert wäre eine Übersetzung mit variabler Drehzahl. Ein stufenloses Getriebe zwischen Rotor und elektrischem Generator hätte gleich mehrere Vorteile. Auf der einen Seite könnte der Rotor bei jeder Windgeschwindigkeit mit seiner optimalen Schnellaufzahl betrieben werden, womit sich die Energieausbeute steigern ließe. Außerdem wären die stoßhaften, dynamischen Momenten- und Drehzahlschwankungen vom Generator isoliert. Leider ist ein kostengünstiges, mit weitem Drehzahlbereich und hohem Wirkungsgrad arbeitendes, stufenloses Getriebe bis heute noch ein technologisches Wunschziel.

In den USA wurde Ende der 70er Jahre eine große Windkraftanlage mit einer stufenlosen hydrostatischen Getriebetechnik verwirklicht [1] (vergl. Kap. 2, Bild 2.23). Die Erfahrungen aus dem etwa zweijährigen Versuchsbetrieb waren jedoch schlecht. Weder der Wirkungsgrad, noch die Zuverlässigkeit und schon gar nicht die Herstellkosten der dort verwirklichten Konstruktion überzeugten. Die Anlage erwies sich als ausgesprochen unzuverlässig und wurde nach wenigen Betriebsstunden wieder demontiert. Die Mängel waren aber keineswegs nur auf die stufenlose Übertragungstechnik zurückzuführen, sondern lagen ebenso in der Gesamtkonzeption des Projekts. Das Prinzip der hydrostatischen Leistungsübertragung wurde in neuerer Zeit beim Prototypen der Samsung 7 MW-Anlage wieder aufgegriffen (vergl. Bild 9.14).

Einige neuere Ansätze auf diesem Gebiet gibt es allerdings [2]. Sogenannte drehzahlvariable Überlagerungsgetriebe mit elektrischen oder hydrostatischen Regelmaschinen werden in Sonderfahrzeugen und in bestimmten Bereichen der Antriebstechnik eingesetzt. Grundsätzlich kommen derartige Getriebe auch für Windkraftanlagen in Frage. Zumindest ein großer deutscher Getriebehersteller bietet ein stufenloses Überlagerungsgetriebe auch für Windkraftanlagen an (vergl. Kap. 9.11). Diese Getriebe sind jedoch relativ kompliziert und wartungsintensiv.

Windkraftanlagen mit Getriebe müssen beim heutigen Stand der Technik in der Regel mit einer festen Übersetzung zwischen Rotor und Generator auskommen. Die Bandbreite der praktikablen Möglichkeiten für eine mechanische Drehzahlübersetzung ist nicht groß. Für kleine Leistungen, bis einige hundert Kilowatt, kommen Riemen- oder Kettengetriebe in Frage. Obwohl deren Reibungswiderstände relativ hoch sind, werden sie gelegentlich bei kleinen Anlagen verwendet. Keilriemengetriebe haben außerdem den Vorzug, eine gewisse Elastizität in der Übertragung zu bieten. Für größere Leistungen sind jedoch Zahnradgetriebe die einzig praktikable Lösung.

Der Rotor einer Horizontalachsen-Windkraftanlage ist unvermeidlich auf einem Turm angebracht, der mindestens so hoch sein muß wie der halbe Rotordurchmesser. Dies bedeutet aber nicht, daß alle Komponenten des mechanischen Triebstrangs und der elektrische Generator zwangsläufig auch auf der Spitze des Turms angeordnet sein müssen. Das Bemühen, den Turm vom Gewicht dieser Bauteile zu entlasten und die Montage und Zugänglichkeit zu erleichtern, führt immer wieder zu Überlegungen, die mechanischen und elektrischen Komponenten „nach unten" zu verlagern. In der Tat gibt es eine Reihe überlegenswerter Alternativen, die zum Teil auch verwirklicht wurden (Bild 9.1).

Man erinnere sich in diesem Zusammenhang an die Entwicklung der alten Windmühlen. Bei der älteren Bockwindmühle waren alle Komponenten im drehbaren „Maschinenhaus“ untergebracht, das seinerseits auf einem Turm (Bock) gelagert war. Die Weiterentwicklung zur Holländer-Mühle verlagerte die Arbeitsmaschinen in ein feststehendes Mühlenhaus und erreichte damit eine bessere Zugänglichkeit und eine schwingungstechnisch stabilere Konstruktion. Diese historische Entwicklung aus dem Windmühlenbau findet zumindest im Bereich der experimentellen Konzeptionen bei moderner Windenergietechnik eine Entsprechung.

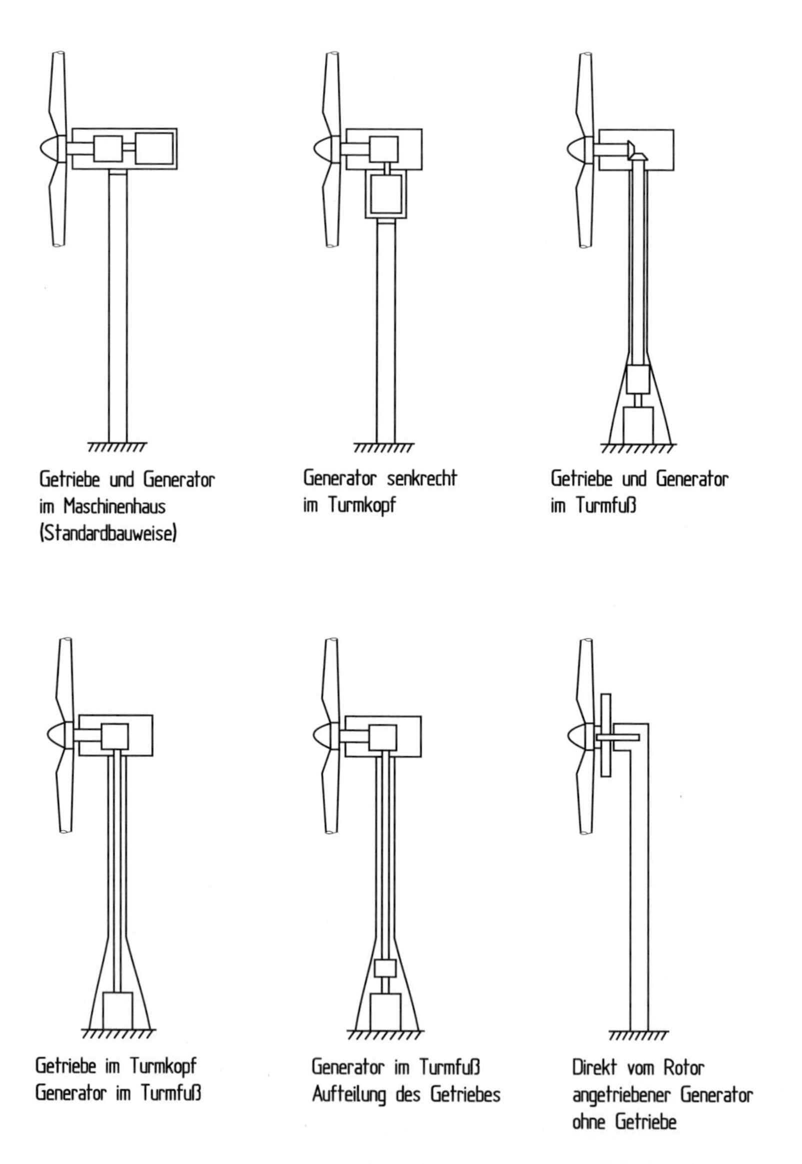

Bild 9.1. Grundsätzliche Möglichkeiten der räumlichen Anordnung des Triebstrangs einer Windkraftanlage

9.2 Triebstrang mit Übersetzungsgetriebe

So vielfältig die grundsätzlichen technischen Möglichkeiten der Leistungsübertragung vom Rotor zum elektrischen Generator auch sind, bei größeren Windkraftanlagen beschränkt sich die Realisierung unter praktischen Gesichtspunkten auf einige wenige Alternativen. Unter diesen befinden sich einige technische Konzeptionen, die in der Anfangsphase der modernen Windenergietechnik erprobt wurden.

9.2.1 Experimentelle Konzeptionen

Bei einigen experimentellen Anlagen hat man versucht, den Generator nicht im Maschinenhaus sondern im Turm unterzubringen. Diese Lösungen, obwohl sie einige unbestreitbare Vorteile haben, konnten sich jedoch bei kommerziellen Windkraftanlagen nicht durchsetzen. Es lohnt sich aber, einen Blick auf diese experimentellen Konzeptionen zu werfen. Es wäre nicht das erste Mal in der Technikgeschichte, wenn man später unter anderen technischen Voraussetzungen wieder auf diese Konzepte zurückkäme.

Generator im Turmfuß

Die konsequenteste Lösung im Sinne der Gewichtsverringerung des Turmkopfs ist das Anbringen der Triebstrangkomponenten im Turmfuß. Getriebe und Generator im Turmfuß bedeuteten aber, daß die langsame Rotorwelle mit ihrer hohen Drehmomentenbelastung durch den ganzen Turm geführt werden muß. Das Gewicht und die Kosten einer solchen Welle verbieten praktisch diese Lösung.

Realistischer ist es, die schnell drehende, weit weniger schwere Generatorantriebswelle zum Turmfuß zu führen. Hierzu muß das Übersetzungsgetriebe natürlich oben bleiben. Aber auch diese Lösung ist mit vielen Problemen behaftet. Die Kontrolle des Schwingungsverhaltens und die daraus resultierenden Lagerungsprobleme einer langen, elastischen Welle erfordern einen erheblichen konstruktiven Aufwand.

Die dynamischen Probleme lassen sich zumindest begrenzen, wenn man das Getriebe in zwei Übersetzungsstufen aufteilt und damit eine „mittelschnell“ drehende Übertragungswelle realisiert. Bei der Voith WEC-520 wurde diese Art der Triebstranganordnung verwirklicht (vergl. Bild 5.23). Auf dem Turmkopf — ein verkleidetes Maschinenhaus gab es nicht — befand sich nur ein Kegelradantrieb. Ein zweites Getriebe war oberhalb des Generators im Turmfuß vorhanden (Bild 9.2). Mit dieser Konstruktion konnte das Turmkopfgewicht sehr gering gehalten werden, so daß eine steife Turmkonzeption bei sehr geringer Baumasse möglich wurde. Das Gesamtgewicht der Anlage, bei einem Rotordurchmesser von 52 m und einer Nennleistung von 270 kW, betrug nur 34 t.

Der Entwurf der WEC-520 ging auf U. Hütter zurück. Die Anlage wurde 1982 von der im Wasserturbinenbau renommierten Firma Voith gebaut. Sie wurde von 1982 bis etwa 1985 auf dem Windkraftanlagen-Versuchsfeld Stötten auf der Schwäbischen Alb erprobt. Die Betriebserfahrungen waren nicht befriedigend. Die langen Übertragungswellen neigten trotz sorgfältiger Konstruktion zum Schwingen. Außerdem war die Geräuschentwicklung des Rotors, der für eine sehr hohe Schnellaufzahl ausgelegt war, nicht akzeptabel. Nachdem sich Voith aus der Windenergietechnik zurückgezogen hatte, wurde die Anlage wieder demontiert.

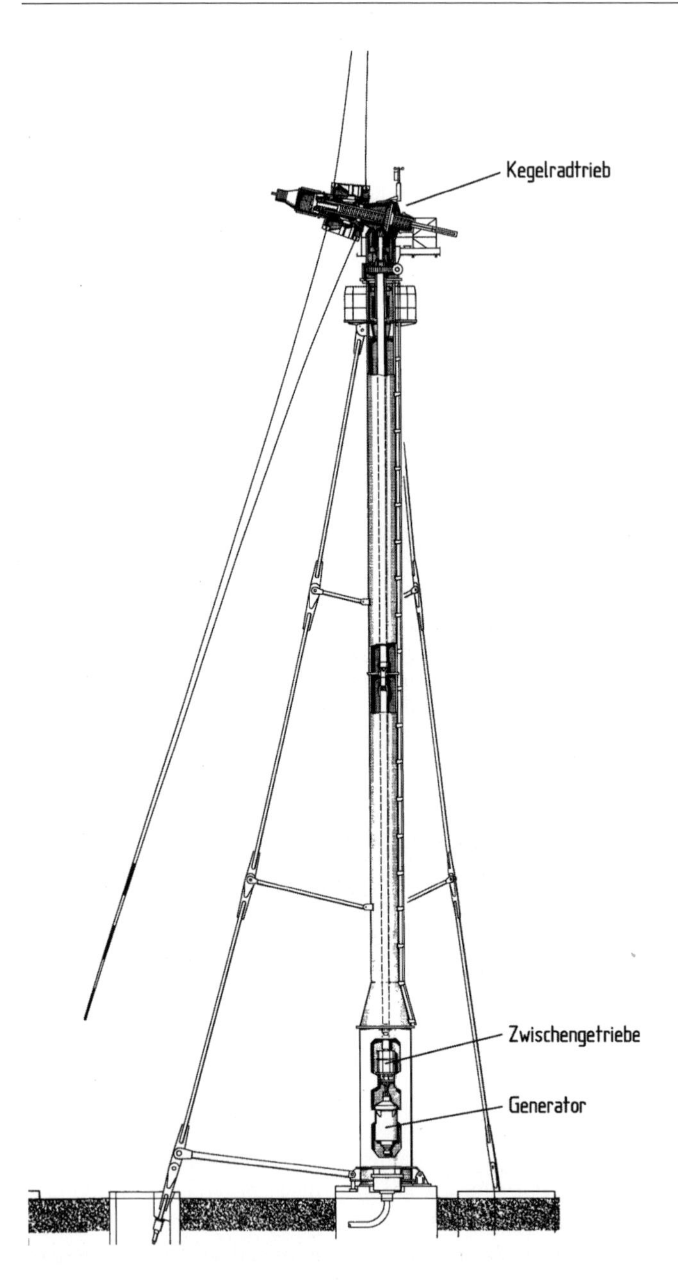

Bild 9.2. Räumliche Anordnung des Triebstrangs der Voith WEC-520 [3]

Insgesamt gesehen ist die Verlagerung des Generators an den Turmfuß für kleinere und mittlere Anlagen eine Überlegung wert und kann bei sachgerechter konstruktiver Ausführung die Aufstellung und den Betrieb der Windkraftanlage durchaus erleichtern.

Generator senkrecht im Turmkopf

Ein Schritt in die gleiche Richtung, aber weniger radikal, ist die Verlagerung des Generators in eine senkrechte Position in die feststehende Turmspitze (Bild 9.3). Die Stromübertragung vom Generator zum Turmfuß wird einfacher, möglicherweise auch die Zugänglichkeit. Dem stehen aber auch einige Nachteile gegenüber. Der Aufwand für das Getriebe steigt an. Außerdem äußert sich das Rotormoment als Moment um die Turmhochachse. Dies ist besonders beim schnellen Abbremsen des Rotors von Bedeutung. Die Konstruktion des Azimutantriebs bzw. seiner Arretierung muß diesen Effekt berücksichtigen.

Bild 9.3. Maschinenhaus der deutsch-schwedischen Anlage AEOLUS II mit senkrechter Anordnung des elektrischen Generators im Turmkopf (Zeichnung KaMeWa)

9.2.2 Heutige Bauweisen mit schnellaufendem Generator

Die Anordnung aller Triebstrangkomponenten im Maschinenhaus hat ohne Zweifel ihre Nachteile. Die Turmkonstruktion muß den Rotor und das Maschinenhaus tragen, mit entsprechenden Folgen für die Festigkeit und die Steifigkeit. Die Montage des Maschinenhauses ist kompliziert, und die Zugänglichkeit und Wartung der Aggregate wird aufwendiger. Dennoch hat sich die Anordnung der mechanischen und elektrischen Komponenten im Maschinenhaus als „Standardbauweise" durchgesetzt. Die mechanischen Übertragungswege sind so am kürzesten und die dynamischen Probleme am leichtesten beherrschbar. Fast alle heutigen Windkraftanlagen folgen dieser Bauweise. Die heute standardmäßig eingesetzten Komponenten sind in der Regel konventionell ausgelegte schnellaufende Generatoren und mehrstufige Übersetzungsgetriebe mit Planeten- und Stirnradstufen.

Die elektrischen Generatoren in der Leistungsklasse von einigen hundert Kilowatt bis einigen Megawatt haben zwei Polpaare und somit 4 Pole. Bei der in Europa vorhandenen Netzfrequenz von 50 Hz bedeutet das eine synchrone Drehzahl von 1500 U/min, in den USA bei 60 Hz entsprechend 1800 U/min. Bis vor einigen Jahren waren die meisten Windkraftanlagen mit diesen sog. „schnellaufenden" Generatoren ausgerüstet. Die Kosten, die vergleichsweise kompakte Bauweise, sowie die Tatsache, daß derartige Generatoren auch aus anderen Anwendungsbereichen zur Verfügung stehen, sprechen auch heute noch für diese Generatorbauart.

Der Nachteil liegt jedoch in der Notwendigkeit ein Übersetzungsgetriebe mit relativ großem Übersetzungsverhältnis zwischen Rotor und Generator einsetzen zu müssen. Bei einer Anlage von z. B. 3 MW mit einem Rotordurchmesser von 100 m beträgt die Rotordrehzahl nur etwa 15 U/min. Um auf die synchrone Drehzahl von 1500 Umdrehungen für den elektrischen Generator zu kommen, muss das Übersetzungsverhältnis 1:100 betragen. Dazu sind in der Regel drei Übersetzungsstufen erforderlich (vergl. Kap. 9.11). Derartige Getriebe sind bei den Einsatzbedingungen in einer Windkraftanlage relativ aufwendig insbesondere im Bereich der schnellen Stufen, wenn die geforderte Lebensdauer erreicht werden soll. In der Vergangenheit waren zahlreiche Getriebeprobleme die Folge. Nachdem diese weit gehend überwunden sind, bleiben aber immer noch das hohe Gewicht und die Kosten für ein derartiges Getriebe.

Während der elektrische Generator und das Getriebe, bis auf kleinere konstruktive Anpassungen an die Erfordernisse des Einsatzes in einer Windkraftanlage, im Prinzip Standardkomponenten darstellen, wird die Rotorlagerung sehr individuell ausgelegt und ist deshalb ein deutliches Unterscheidungsmerkmal.

Aufgelöste Bauweise

Bei den ersten kleineren Windkraftanlagen wurde der mechanische Triebstrang fast immer in einer sog. „aufgelösten" Bauweise realisiert. Auf einer tragenden Bodenplattform wurden die Triebstrang-Komponenten hintereinander angeordnet. Alle Komponenten waren gut zugänglich und im Reparaturfall ohne Demontage der Anlage einzeln austauschbar. Windkraftanlagen mit dieser Bauweise können weitgehend aus standardisierten Komponenten, die von der Zuliefererindustrie entwickelt werden, zusammengebaut werden.

Die relativ lange Rotorwelle ist in klassischer Weise mit Los- und Festlager gelagert (vergl. Kap. 9.7.2). Das Getriebe kann auf das Wellende „aufgesteckt" werden und braucht nur das Drehmoment übertragen. Die statischen Funktionen der Komponenten sind auf diese Weise getrennt. Die Befürworter dieser Bauweise weisen auf weitere Vorteile hin: Im Vergleich zum getriebelosen Triebstrang mit direkt angetriebenem Generator führt für die aufgelöste Bauweise zu einer ausgeglichenen Massenbilanz auf dem Turmkopf mit einer günstigen Schwerpunktlage. Dieser Vorzug wird besonders bei sehr großen Anlagen, bei denen das Eigengewicht der Komponenten eine immer größere Rolle spielt, wichtig (vergl. Kap. 9.4.2). Außerdem werden durch den Drehmomentenwandler, das Getriebe, nicht alle Komponenten durch das hohe Drehmoment des langsam laufenden Rotors belastet. Die aufgelöste Bauweise des Triebstrangs bedingt ein langes und voluminöses Maschinenhaus auf einer schweren Bodenplattform. Wegen der genannten Vorteile werden aber auch heute noch große Windkraftanlagen mit aufgelöstem Triebstrang gebaut (Bild 9.4).

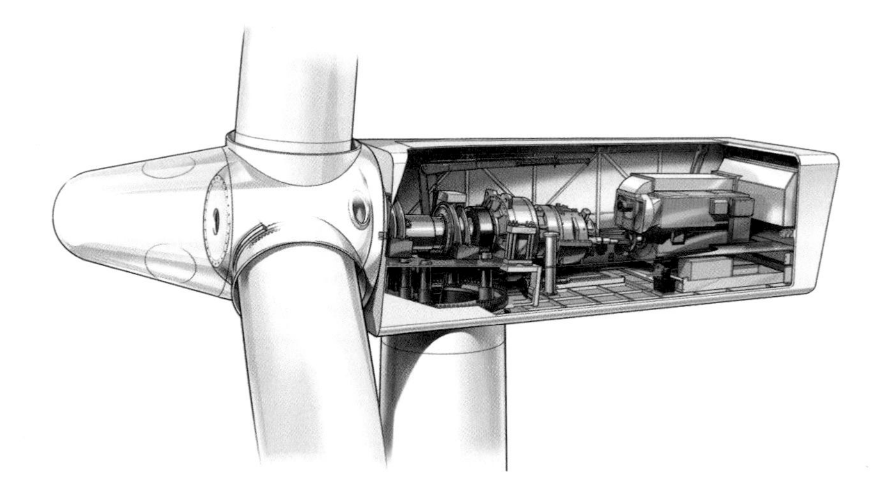

Bild 9.4. Aufgelöste Triebstrangbauweise bei der Siemens SWT 3,6-107

Dreipunktlagerung von Rotorwelle und Getriebe

Bei neueren Anlagen wird oft das hintere Loslager in das Getriebe integriert (Bild 9.5). Das Getriebe ist dann mit zwei seitlichen Lagern auf einer Bodenplattform abgestützt

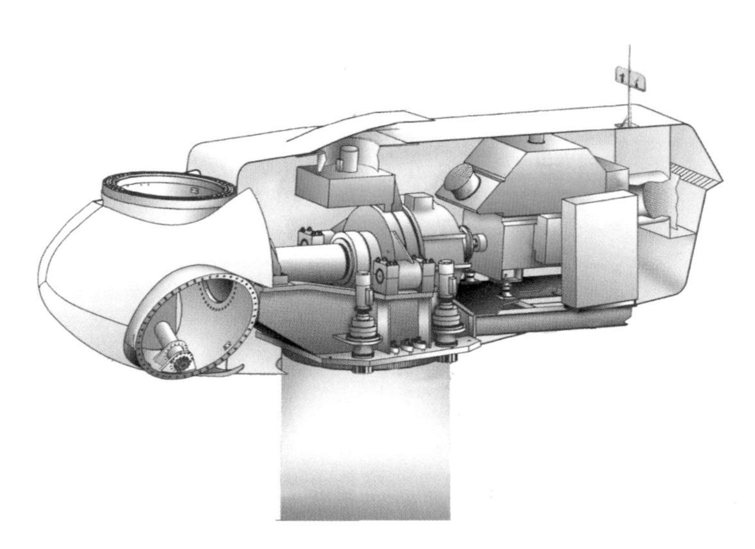

Bild 9.5. Triebstrang mit Dreipunktlagerung und Maschinenhaus der General Electric GE 1,5 ls

Zusammen mit dem vorderen Lager der Rotorwelle wird diese Anordnung als „Dreipunktlagerung" des mechanischen Triebstranges bezeichnet. Diese Bauart war lange Jahre eine bevorzugte Konzeption und ist auch heute noch bei vielen Anlagen, zum Beispiel bei der Vestas V112 oder bei den Anlagen von Repower, zu finden. Die Dreipunktlagerung des Triebstranges gilt als bewährtes Konzept, auch wenn das Getriebe nicht nur das Drehmoment sondern auch noch eventuelle Querkräfte aus der Verformung der Rotorwelle aufnehmen muss. Die neueren Getriebebauarten sind auf diese Belastungen hin ausgelegt.

Rotorlagerung im Getriebe

Ein weitergehender Schritt hin zu einer kompakteren Bauweise ist die Lagerung des Rotors unmittelbar am oder im Getriebe. Diese Lösung wurde zeitweise bei kleineren und mittleren Anlagen bevorzugt. Der Nachteil besteht darin, daß das Getriebe mit angeflanschter oder ganz integrierter Rotorlagerung nicht mehr als „Universalgetriebe" aus anderen Anwendungsbereichen übernommen werden kann. Das Getriebe muß speziell für die Windkraftanlage entworfen werden.

Die unvermeidlichen Verformungen des lasttragenden Gehäuses und die Biegung der Rotorwelle dürfen die Getriebefunktion nicht beeinträchtigen. Klemmende Zahnräder oder verschleißfördernde Axialverschiebungen der Zahnräder und Lager müssen vermieden werden. Die Getriebehersteller bieten derartige Getriebe für kleinere bis mittlere Anlagen serienmäßig an (Bild 9.6).

Bild 9.6. Rotorlagerung in das Getriebe integriert (Nordex)

Die tragende Bodenplattform des Maschinenhauses kann bei dieser Konzeption erheblich verkleinert werden. Einige kleinere Anlagen verzichten völlig auf eine tragende Bodenplattform. Der elektrische Generator und alle Nebenaggregate werden wie der Rotor an das Getriebe angeflanscht. Das direkt mit dem Turm verbundene Getriebegehäuse übernimmt vollständig die Rolle der tragenden Maschinenhausstruktur.

Bei größeren Anlagen im Megawatt-Leistungsbereich ist die Lagerung des Rotors auf der Getriebewelle nicht mehr „so einfach" möglich. Hier sind andere Lager-Konzeptionen erforderlich, wenn man die Rotorlagerung unmittelbar mit dem Getriebe verbinden will (vergl. Kap. 9.7.4).

9.2.3 Mittelschnellaufende Triebstrangauslegung

Bedenken hinsichtlich der Lebensdauer der komplexen, dreistufigen Getriebe einerseits und die hohen Kosten für einen direkt angetriebenen Generator andererseits, haben eine zunehmende Anzahl von Herstellern dazu bewogen, eine Kompromißlösung zwischen beiden Extremen zu suchen. Diese besteht in einer sog. „mittelschnellaufenden" Kombination von Getriebe und Generator.

Diese Konzeption vermeidet den Einbau eines dreistufigen Getriebes. Der elektrische Generator wird über ein leichteres und einfacheres, zwei- oder einstufiges Getriebe angetrieben. Allerdings läuft dann der Generator mit einer niedrigeren Drehzahl als der synchronen Drehzahl für das Netz und muss entsprechend auch mit einem höheren Drehmoment ausgelegt werden. Das Drehzahlniveau für den Generator beträgt in der Regel 400 bis 500 U/min bei einem zweistufigen und bei ca. 150 U/min bei einem einstufigen Getriebe. Der Generator wird allerdings schwerer und teurer als ein schnellaufender Generator. Ungeachtet dessen kann die Kombination von leichterem Getriebe und schwererem Generator Vorteile gegenüber der klassischen Bauweise haben.

Grundsätzlich läßt sich diese Idee mit allen vorher beschriebenen Triebstrang-Konzeptionen verbinden. Durch die geringeren Abmessungen und die leichtere Bauweise des Getriebes werden jedoch bessere Voraussetzungen geschaffen, das Getriebe und den Generator in kompakter Weise zusammenzubauen oder sogar in einem gemeinsamen Gehäuse unterzubringen. Deshalb wird ein mittelschnellaufender Triebstrang fast immer mit einer weitgehenden Integration der Komponenten verbunden sein.

Ein Beispiel für diese Anordnung des Triebstranges ist die Multibrid 5000 (heute Areva), die von Aerodyn entwickelt und im Jahre 2005 als Prototyp zum ersten Mal gebaut wurde. Der Generator ist zusammen mit einem einstufigen Getriebe in einem gemeinsamen Gehäuse untergebracht (Bild 9.7). Das Rotorlager ist als Momentenlager ins Getriebe integriert (vergl. Kap. 9.8). Mit der vollständigen Kapselung der Komponenten in einem gemeinsamen Gehäuse ist die Anlage insbesondere für den Offshore-Einsatz vorgesehen. Darüber hinaus konnte durch die weitgehende Integration der Triebstrang-Komponenten auf kleinstem Raum ein besonders günstiges Turmkopfgewicht erreicht werden (vergl. Kap. 19.1.3). Auf der anderen Seite sind die Reparaturmöglichkeiten, ohne die Demontage des Maschinenhauses, natürlich sehr begrenzt. Ob das ein wirklicher Nachteil im langfristigen Betrieb ist, wird die Erfahrung zeigen.

Basierend auf den Erfahrungen der Multibrid-Konzeption hat Aerodyn gemeinsam mit der chinesischen Firma Mingyang einen modular aufgebauten, kompakten Triebstrang für

Bild 9.7. Multibrid 5000: Vollständig integrierter Triebstrang mit einstufigem Getriebe und mittelschnellaufendem Permanentmagnet-Generator (Nenndrehzahl 150 U/min)

eine 3 MW Zweiblatt-Anlage entwickelt (vergl. Kap. 19.1.2) Der unter der Bezeichnung SCD (Super Compact Drivetrain) entwickelte Triebstrang besteht aus einem zweistufigen Planetengetriebe mit einem Übersetzungsverhältnis von 1:24 und einem mittelschnellaufenden Synchrongenerator mit einer Nenndrehzahl von 410 U/min (Bild 9.8). Das Rotorlager ist

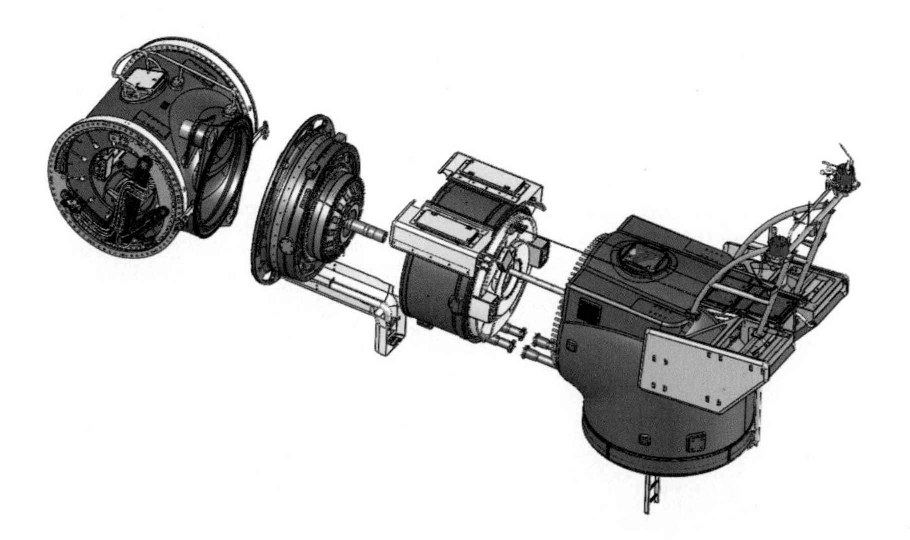

Bild 9.8. SCD-Triebstrang von Aerodyn für eine Nennleistung von 3 MW

als Momentenlager mit dem Getriebe verbunden. Das Gewicht des gesamten Triebstranges wird mit 40 bis 45 t für eine Leistung von 3 MW angegeben.

Unter dem Namen „HybridDrive“ bietet zum Beispiel Winergy eine Getriebe/Generator-Einheit an. Das zweistufige Getriebe für eine Nennleistung von 3 MW wiegt ca. 22 t. Der angeflanschte Permanentmagnet-Generator läuft auf einem Drehzahlniveau von 430 bis 470 U/min und wiegt ca. 13 t. Die Baumasse des gesamten Triebstrangs inklusive der Rotorlagerung mit einem Momentenlager und einer Übergangstruktur liegt damit bei ca. 45 t. Moventas gibt für seine Konzeption „FusionDrive“ eine Baumasse von 35 bis 45 t für eine Leistung von 3 MW an. Für eine Nennleistung von 7 MW wird die Baumasse mit 85 bis 95 t angegeben.

9.3 Getriebelose Bauart

Die Idee den elektrischen Generator ohne Übersetzungsgetriebe direkt vom Rotor antreiben zu lassen ist nicht neu. Honnef hat um das Jahr 1930 seine Projekte für große Windkraftanlagen mit sog. „Ringgeneratoren“ konzipiert. Der Generator sollte in die Rotorstruktur integriert werden, womit seine Drehzahl derjenigen des Rotors entsprach. Allerdings wurden die Honnefschen Pläne nie verwirklicht (vergl. Kap. 2).

Das Hauptargument, das für diese Bauart spricht, ist der Wegfall der mechanisch komplexesten Komponente einer Windkraftanlage, des Getriebes. Auch wenn damit, wegen des großen und aufwendigen Generators, die Herstellkosten der Anlage nicht verringert werden können, fällt im Betrieb „der Ärger“ mit dem Getriebe weg. Dieses Argument wiegt schwer, auch wenn die Befürworter der klassischen Bauweise zu Recht darauf hinweisen, daß bei sachgemäßer Auslegung und Wartung mechanische Übersetzungsgetriebe heute durchaus die gestellten Anforderungen hinsichtlich Zuverlässigkeit und Lebensdauer erfüllen können.

9.3.1 Ringgenerator mit elektrischer Erregung

Moderne Windkraftanlagen mit getriebelosen Triebstranganordnungen werden seit etwa 1995 vom deutschen Hersteller Enercon in Serie gebaut und haben sich im Einsatz hervorragend bewährt (Bild 9.9). Die getriebelose Bauart wurde auch von anderen Herstellern übernommen und hat sich als zweite „Standardbauweise“ etabliert.

Die Enercon-Anlagen verfügen über einen direkt vom Rotor angetriebenen „Vielpol-“ oder „Ringgenerator“ mit konventioneller elektrischer Erregung. Der Synchrongenerator wird mit einem nachgeschalteten Frequenzumrichter, der einen Gleichstrom-Zwischenkreis enthält, mit dem Netz verbunden. Damit braucht der Generator nicht auf die Netzfrequenz von 50 Hz ausgelegt werden, so daß die erforderliche Polzahl und damit der Durchmesser des Generatorsystems in erträglichen Grenzen bleibt.

Die Nachteile, speziell dieser getriebelosen Bauart mit elektrischem erregten Ringgenerator, sind aber nicht zu übersehen. Der elektrische Generator ist eine aufwendige Sonderentwicklung. Sein hohes Gewicht und der vergleichsweise große Durchmesser führen insgesamt zu Anlagengewichten, die deutlich höher liegen als bei konventionellen Getriebeanlagen.

Bild 9.9. Enercon E-70, mit direkt vom Rotor angetriebenem elektrisch erregtem Generator (Zeichnung Enercon)

9.3.2 Permanentmagnet-Generator

Die getriebelose Bauart hat in den letzten Jahren durch den Einsatz von Generatoren mit Permanentmagnet-Erregung weiteren Vorschub bekommen. Generatoren mit Permanentmagneten sind heute kostengünstiger als noch vor Jahren und wesentlich kompakter in ihren Abmessungen als der elektrisch erregte Ringgenerator. Viele Hersteller setzen bei ihren Neuentwicklungen auf diese Bauart. In Deutschland hat die Firma Vensys (heute Teil der chinesischen Goldwind-Gruppe) als einer der ersten diese Technik für ihre getriebelos konzipierten Anlagen aufgegriffen (Bild 9.10).

Obwohl diese Generatoren im Vergleich zu den elektrische erregten Vielpolgeneratoren wesentlich kompakter in ihren Abmessungen und deutlich leichter sind, war die erste Generation dieser Anlage noch vergleichsweise schwer. Mit der neuesten Generation liegt das Turmkopfgewicht aber nicht mehr viel höher als bei den meisten Getriebeanlagen (vergl. Kap. 9.5). Hierzu trägt auch die weiterentwickelte Rotorlagerung bei. Der Rotor ist mit einem Momentenlager direkt mit dem Läufer des Generators verbunden. Mit dieser Konstruktion wird ein kurzer und geradliniger Kraftfluß durch den Triebstrang erreicht. Eine ähnliche Konzeption ist zum Beispiel auch bei den neueren Siemens-Anlagen mit permanent erregten, direktgetriebenen Generatoren zu finden.

Bei dem Bestreben, eine immer kompaktere Bauweise zu realisieren, dürfen die Probleme mit der Kühlung des Generators nicht übersehen werden. Je effektiver die Kühlung arbeitet, sei es indirekt mit einem Wasserkreislauf oder direkt durch die Luft, umso größer kann die Leistungsdichte werden.

Bild 9.10. Vensys 62 mit direkt angetriebenem Permanentmagnet-Generator

9.4 Triebstrangkonzeptionen im Vergleich

Die im voherigen Kapitel gezeigte Bandbreite der Triebstrangkonzeptionen fordert geradezu einen Vergleich heraus. Der letztgültige Maßstab ist natürlich die Wirtschaftlichkeit unter Einbeziehung aller wirtschaftlichen Faktoren, der Herstellungskosten, der Lebensdauer und der Wartungskosten. Dessen ungeachtet gibt die isolierte Betrachtung des Triebstranges aber durchaus wichtige Hinweise auf die Gesamtwirtschaftlichkeit einer Windkraftanlage. Der wichtigste Ausgangspunkt sind die Herstellkosten, die sehr eng mit der Baumasse verbunden sind, auch wenn die Unterschiede in den Baumassen bei den Herstellkosten etwas nivelliert werden, da die leichteren und komplexeren Lösungen etwas höhere spezifische Herstellkosten (Euro/kg) haben (vergl. Kap. 19).

9.4.1 Triebstrangkonzeption und Baumasse

Die Alternativen für die Konstruktion des Triebstranges der heutigen Windkraftanlagen lassen sich in ihrer Bandbreite an den typischen Beispielen in Tabelle 9.11 übersehen. Selbstverständlich gibt es Unterschiede in der konstruktiven Umsetzung — auch Zwischenlösungen sind bekannt. In dem hier dargestellten Zusammenhang ist nur der Einfluß auf die zu erwartende Baumasse von Interesse. In der Tabelle sind die zu erwartenden Baumassen bei durchschnittlicher Konstruktion am Beispiel einer 3 MW Anlage mit 100 m Rotordurchmesser angegeben. Das Gewicht des Rotors ist für alle Varianten gleich hoch angenommen worden.

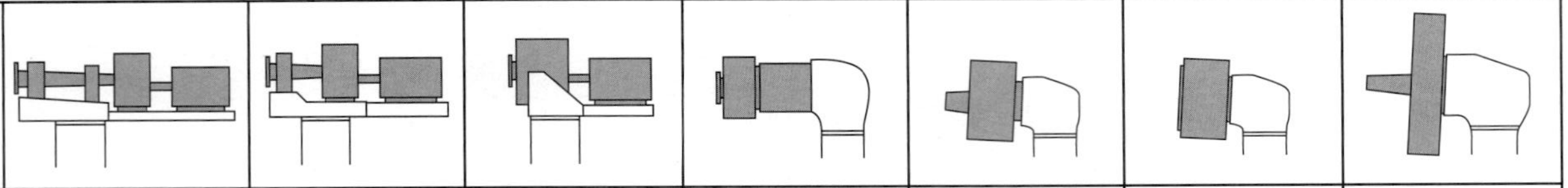

	Varianten mit Getriebe				Getriebelose Bauart		
Merkmale	• Rotorwelle mit zwei separaten Lagern • dreistufiges Getriebe • schnelllaufender Generator	• hinteres Rotorlager im Getriebe • dreistufiges Getriebe • schnelllaufender Generator	• ein Rotorlager (Momentenlager) am Getriebe • dreistufiges Getriebe • schnelllaufender Generator	• ein Rotorlager (Momentenlager) im Getriebe • zweistufiges Getriebe • mittelschnelllaufender Generator	• Generatorläufer mit Rotor auf feststehender Achse gelagert • Permanent-Magnet-Generator	• Generatorläufer mit einem Lager (Momenten-Lager) am Maschinenträger gelagert • Permanent-Magnet-Generator	• Generatorläufer mit Rotor auf feststehender Achse gelagert • elektrisch erregter Generator
Beispiele	Vestas V66 Repower 5 M Siemens SWT 3.6/107	Repower 3XM Vestas V112 GE 103/2.5	Vestas V90	Multibrid 5000 Aerodyn/Mingyang	Vensys 15/77 Zephyros 2.0	Vensys 25/100 Siemens SWT 3.0	Enercon E101
Rotor	60	60	60	60	60	60	60
Mechanischer Triebstrang	48	42	30	25	15	10	20
Elektr. System	15	15	15	15	55	55	85
Maschinenhaus	47	43	20	30	35	15	40
Turmkopf	170	160	125	130	165	140	205

Bild 9.11. Baumassen (t) verschiedener Triebstrangkonfigurationen am Beispiel einer 3 MW-Anlage

Aufgelöste Bauweise mit langer Rotorwelle

Diese Bauart erfordert durch die hintereinanderliegende „aufgelöste" Anordnung der Komponenten auf einer tragenden Bodenplattform das größte Bauvolumen, insbesondere in Bezug auf die Baulänge. Die Baumasse des Triebstranges wird durch die Abmessungen, aber mehr noch durch die Lagerung des Rotors mit einer langen, schweren Welle und separaten Lagern, entsprechend hoch. Das zu erwartende Turmkopfgewicht der Windkraftanlage ist bei mittelgroßen Anlagen noch nicht so groß, daß dadurch ein wirklicher Wettbewerbsnachteil gegenüber konkurrierenden Lösungen entsteht.

Dreipunktlagerung des Triebstranges

Die weitverbreitete Bauart kann auch noch als „aufgelöster Triebstrang" angesprochen werden. Die Integration des hinteren Rotorlagers verkürzt aber die Baulänge, und das hintere Rotorlagergehäuse entfällt. Die Gewichtsersparnis ist relativ gering, aber die Montage des Triebstranges wird erleichtert.

Rotorlagerung am Getriebe

Diese Bauart war in der Vergangenheit bei kleinen Anlagen öfters zu finden (vergl. Bild 9.6). Die Getriebeantriebswelle diente gleichzeitig als Rotorwelle. Vestas hat bei der V-90 Anlage, einer konsequent mit dem Ziel „Leichtbau" konstruierten Anlage, den 90 m Rotor mit einem großen Momentenlager direkt an dem dreistufigen Planetengetriebe angebracht. Das Turmkopfgewicht von anfangs 110 t, später etwa 130 t, war mit einem spezifischen Wert von unter 20 kg pro Quadratmeter Rotorkreisfläche außerordentlich niedrig. Leider war die an sich sehr fortschrittliche Konzeption mit konstruktiven Mängeln behaftet, sodaß Vestas beim Nachfolgemodell V112 wieder auf die konventionellere Dreipunktlagerung umgeschwenkt ist.

Mittelschnellaufende Kombinationen von Getriebe und Generator

Wie bereits erwähnt bevorzugt eine zunehmende Anzahl von Herstellern dieses Konzept bei ihren neueren Anlagen. Die Getriebehersteller bieten heute Getriebe mit angeflanschten Generatoren dieser Bauart serienmäßig an. Zum Beispiel unter dem Namen „Hybrid Drive" von Winergy oder „Fusion Drive" von Moventas/Switch. In der Leistungsstufe von 3 MW liegt das gemeinsame Gewicht von Getriebe und Generator bei 35 bis 40 t. Diese Anlagen können mit einem Turmkopfgewicht von ca. 150 t in der 3 MW-Klasse gebaut werden.

Direkt angetriebener Generator mit elektrischer Erregung

Die von Enercon zur Perfektion entwickelte Bauart hat sich zwar sehr gut im Hinblick auf ihre Zuverlässigkeit bewährt, der Preis ist jedoch ein außerordentlich hohes Gewicht des Generator, und daraus resultierend, ein ebenso herausragendes Turmkopfgewicht der Enercon-Anlagen. Für die Referenzanlage von 3 MW liegt das Turmkopfgewicht bei 200 t. Bei der Enercon E-101 mit 3 MW beträgt das Turmkopfgewicht sogar 250 t, weil der Rotor mit ca. 115 t überdurchschnittlich schwer ist.

Direkt angetriebener Generator mit Permanentmagnet-Erregung

Das große Volumen und das hohe Gewicht eines elektrisch erregten Ringgenerator lässt sich mit dem Einsatz von Permanentmagneten deutlich verringern. Werden der Rotor und Generator in konventioneller Weise gelagert, zum Beispiel auf einer Hohlachse mit zwei separaten Lagern, liegt die Baumasse im Bereich der heutigen Getriebeanlagen. Die neueren Anlagen verfügen über eine Ein-Lager-Konzeption. Damit werden spezifische Turmkopfmassen erreicht, die sich mit den leichtesten Getriebe-Anlagen messen können.

9.4.2 Perspektiven bei zunehmender Anlagengröße

Die Unterschiede in den Baumassen liegen am Beispiel der 3 MW-Anlage in Tabelle 9.11 noch in wirtschaftlich vertretbaren Grenzen. Die Gesamtwirtschaftlichkeit wird bei diesen Unterschieden unter Berücksichtigung der Kosten für Wartung und Instandsetzung noch nicht so beeinflußt, daß die verschiedenen Konzepte nicht nebeneinander bestehen könnten.

Die größten heute in Serie hergestellten Anlagen haben einen Rotordurchmesser von 120–130 m und eine Nennleistung von 5–7 MW. Hier werden die Unterschiede schon deutlicher. Die Vertreter der schweren Getriebebauweise liegen bei Turmkopfgewichten von ca. 400 t, während die Enercon E-126 Anlage, mit etwa dem gleichen Rotordurchmesser, ein Kopfgewicht von über 700 t aufweist. Demgegenüber können die leichteren Bauweisen, die mittelschnellaufenden Getriebeanlagen, aber auch die direkt getriebenen Konzepte mit Permanentmagnet-Generatoren, mit Turmkopfgewichten von 300 bis 350 t realisiert werden. Die neuesten Prototypen für den Offshore-Einsatz liegen bereits bei Rotordurchmessern von 160–170 m und Nennleistungen bis zu 8 MW (Bild 9.12 bis Bild 9.14).

Bild 9.12. Rotornabe und Triebstrang der Vestas V164 mit 8 MW Nennleistung

Bild 9.13. Vestas V164 mit 164 m Rotordurchmesser und 8 MW Nennleistung (Vestas)

Bild 9.14. Samsung S 7.0–171 mit 171 m Rotordurchmesser und 7 MW Nennleistung (Foto Jan Oelker)

Die Entwicklung zu noch größeren Anlagen wird — zumindest in der überschaubaren Zeit — weitergehen. Alle namhaften Hersteller beschäftigen sich mit der 10-MW Klasse. Diese Anlagen werden je nach Einsatzgebiet einen Rotordurchmesser von 170 bis 180 m haben. Die Frage ist, welche Triebstrangkonzepte sich hier durchsetzen werden. Hierbei ist zu berücksichtigen, daß mit zunehmender Größe nicht nur die absoluten Baumassen — eine Selbstverständlichkeit — ansteigen, sondern auch die spezifische Masse pro Quadratmeter Rotorkreisfläche oder pro Kilowatt Nennleistung immer ungünstiger werden (vergl. Kap. 19). Mit anderen Worten: aus physikalischen Gründen muss deshalb die Schere zwischen Baumasse, und damit auch den Herstellkosten, und der Energielieferung zu Ungunsten der Wirtschaftlichkeit aufgehen. Es bedarf deshalb großer Anstrengungen mit einer durchgehenden Optimierung der Konzeption, wie auch der Strukturdimensionierung, den Anstieg der Baumasse zu begrenzen.

Anlagen mit Getriebe

Die Verwendung eines Übersetzungsgetriebes zwischen Rotor und Generator bietet immer noch die günstigsten Voraussetzungen den Anstieg der Baumasse mit zunehmender Größe in Grenzen zu halten. Bei Verwendung eines schnellaufenden Generators wird das Getriebe aber immer komplexer. Es müssen Getriebe mit mindestens vier Übersetzungsstufen eingesetzt werden. Um das zu vermeiden, setzten die Hersteller zunehmend auf die mittelschnellaufende Auslegung des Triebstranges (z. B. Vestas V164 und Samsung 7.0). Damit sind bei einer Nennleistung von 10 MW und einem Rotordurchmesser von etwa 180 m Turmkopfgewichte von 600 bis 750 t zu erwarten (Bild 9.16). Gemessen an der Energielieferung eines 180 Meter-Rotors dürften die Anlagen noch wirtschaftlich konkurrenzfähig werden.

Getriebelose Anlagen

Getriebelose Anlagen mit permanenterregten Generatoren erreichen heute bei neueren Konstruktionen vergleichbare Turmkopfgewichte wie die leichtesten Getriebe-Anlagen. Allerdings wird bei zunehmender Größe die heute so erfolgreich eingesetzte Ein-Lagerkonzeption fraglich. Das Gewicht des Rotors und des schweren Generators vor der Turmhochachse führt zu einer sehr einseitigen Massenverteilung auf dem Turmkopf. Siemens aber auch General Electric gehen deshalb bereits bei der 5 bis 6 MW-Klasse auf eine Art aufgelöster Bauweise über. Hierbei werden Rotor und Generator mit einer konventionellen Welle gelagert, aber jeweils auf der gegenüberliegenden Seite des Turmes angeordnet. Bei einem Rotorgewicht von ca. 140 t und einem etwa ebenso hohen Generatorgewicht wird damit eine sehr ausgeglichene Massenbilanz auf dem Turmkopf erreicht. Das gesamte Turmkopfgewicht der Siemens SWT 6.0 mit 154 m Rotordurchmesser beträgt ca. 360 t und liegt damit in dieser Klasse durchaus günstig (Bild 9.15).

Das Kopfgewicht einer Anlage mit elektrisch erregtem direkt angetriebenen Generator würde auf der Basis der jetzigen Bauart deutlich über 1000 Tonnen liegen. Ganz abgesehen von den Kosten, werden bei diesen Dimensionen auch die Montage und die gesamte Logistik zu einem Problem. Die Entwicklung der nächsten Jahre wird zeigen, ob das Konzept des elektrisch erregten Ringgenerators unter wirtschaftlichen Vorzeichen bis zu dieser

Größe weiter entwickelt werden kann. Neue Technologien, wie zum Beispiel Generatoren mit supraleitenden Eigenschaften könnten den Gewichtsanstieg auf ein erträgliches Maß begrenzen. Das Turmkopfgewicht der leichteren Konzepte ist mit 600 bis 700 t in der kommenden 10 MW Klasse noch im Bereich des heute Vorstellbaren.

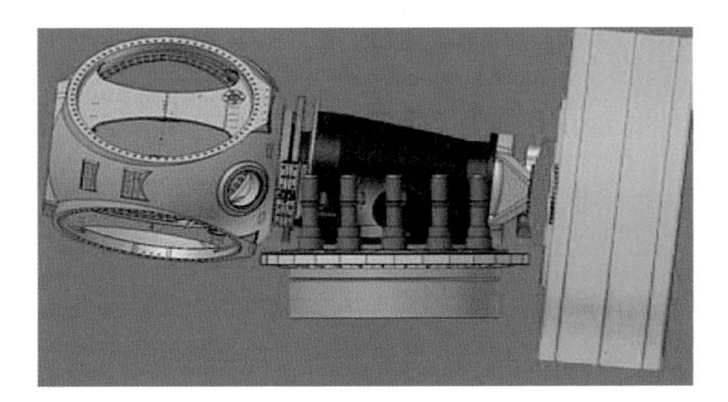

Bild 9.15. Triebstrang der Siemens SWT 6.0 mit direkt angetriebenem Generator

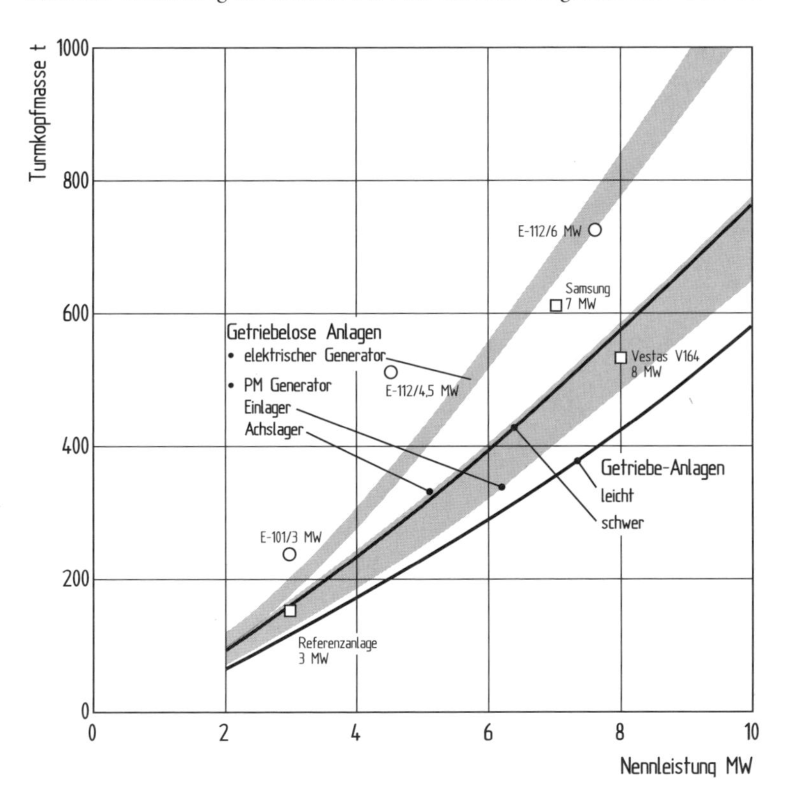

Bild 9.16. Entwicklung des Turmkopfgewichts mit zunehmender Größe für unterschiedliche Triebstrangkonzeptionen

9.5 Rotornabe

Die Rotornabe ist die erste Komponente des mechanischen Triebstrangs. Obwohl ein Teil des Rotors, ist sie aus konstruktiver und funktionaler Sicht eng mit dem mechanischen Triebstrang verknüpft. Das gilt insbesondere für Windkraftanlagen mit Blatteinstellwinkelregelung, bei denen die Komponenten für den Blattverstellmechanismus in der Rotornabe angeordnet sind.

Die Rotornabe ist eines der höchstbelasteten Bauteile der Windkraftanlage. In ihr konzentrieren sich die gesamten Rotorkräfte und Momente nahezu punktförmig. Die Auswahl des Materials im Hinblick auf die Ermüdungsfestigkeit muß deshalb mit größter Sorgfalt getroffen werden. Das bedeutet unter anderem für die Festigkeitsberechnung und die konstruktive Gestaltung ein außergewöhnliches Maß an Detailarbeit, um lokale Spannungsspitzen zu vermeiden. Für die Materialauswahl und die damit verbundene Bauausführung stehen im wesentlichen drei Lösungen zur Diskussion: Geschweißte Stahlblechkonstruktionen, Schmiedeteile und Stahlgußkörper.

9.5.1 Ältere Nabenbauarten

In der Vergangenheit waren alle drei Bauarten bei Windkraftanlagen zu finden. Erst im Laufe der Zeit hat sich die Stahlgußnabe allgemein durchgesetzt.

Geschweißte Stahlblechkonstruktionen

Schweißkonstruktionen besitzen den Vorteil, ohne große Investitionen in die Fertigungsmittel hergestellt werden zu können. Aus diesem Grund werden sie bei Einzelanfertigungen und geringen Stückzahlen bevorzugt. Zahlreiche Versuchsanlagen und Windkraftanlagen der ersten Generation verfügen über geschweißte Rotornaben (Bild 9.17).

Bild 9.17. Rotornabe aus geschweißtem Stahlblech bei einer älteren, kleinen Windkraftanlage (Windmaster 300), 1985

Geschweißte Nabenkonstruktionen haben jedoch einen entscheidenden Nachteil. Wie bei der Stahlbauweise der Rotorblätter müssen auch hier die Schweißnähte besonders sorgfältig kontrolliert werden und aus Sicherheitsgründen die zulässigen Materialspannungen extrem niedrig angesetzt werden. Die Folgen sind hohe Gewichte und bei Serienfertigung hohe Fertigungskosten. Geschweißte Rotornaben sind deshalb nur noch bei kleineren Windkraftanlagen älterer Bauart zu finden.

Schmiedeteile

Im Gesenk oder freiformgeschmiedete Bauteile weisen die höchsten Festigkeitswerte auf. Diese allgemein bekannte Tatsache legt den Schluß nahe, die Rotornaben von Windkraftanlagen zu schmieden. Vom Standpunkt der Festigkeitswerte sind geschmiedete Nabenkörper in der Tat die ideale Lösung.

Beim Schmieden wird das Material verdichtet und damit auch verfestigt. Darüber hinaus kann der Schmiedevorgang so gestaltet werden, daß die Kristalle gemäß dem Verlauf der Beanspruchungsrichtung gestreckt werden. Auf diese Weise erreicht man hochfeste Bauteile, die bei gleicher Beanspruchung erheblich leichter als geschweißte oder gegossene Bauteile sind.

Diesen Vorzügen stehen allerdings die hohen Kosten gegenüber. Vor allem bei größeren Bauteilen sind die Fertigungskosten extrem hoch. Aus diesem Grund wurde zum Beispiel die Pendelnabe bei der schwedischen WTS-3/-4-Versuchsanlage aus einer Kombination aus Schmiede- und Stahlgußkomponenten realisiert (Bild 9.18). Für große Serien, wenn die Herstellung von Gesenkformen lohnt, können die Stückkosten für geschmiedete Naben allerdings bedeutend gesenkt werden.

Bild 9.18. Geschmiedete Rotorwelle mit Nabenstück der schwedischen Experimentalanlage WTS-3, 1982 (Thyssen Krupp)

Unter den heutigen Voraussetzungen sind geschmiedete Rotornaben aus wirtschaftlichen Gründen keine Option mehr. Dagegen sprechen auch die Dimensionen der immer größer werdenden Anlagen. Schmiedeteile in den Abmessungen wie die Rotornaben von Windkraftanlagen der Megawatt-Klasse stoßen an die Grenzen der Fertigungstechnik.

9.5.2 Gegossene Rotornaben für Dreiblattrotoren

Gußbauteile für dynamisch hoch beanspruchte Maschinenbauteile wurden vor einigen Jahrzehnten noch mit großem Mißtrauen betrachtet. Die Technologie der Gußwerkstoffe hat jedoch erhebliche Fortschritte gemacht. Heute werden auch für derartige Bauteile, zum Beispiel im Wasserturbinenbau, Laufräder aus Stahlguß eingesetzt. Dieser technische Fortschritt hat sich auch im Windkraftanlagenbau niedergeschlagen (Bild 9.19).

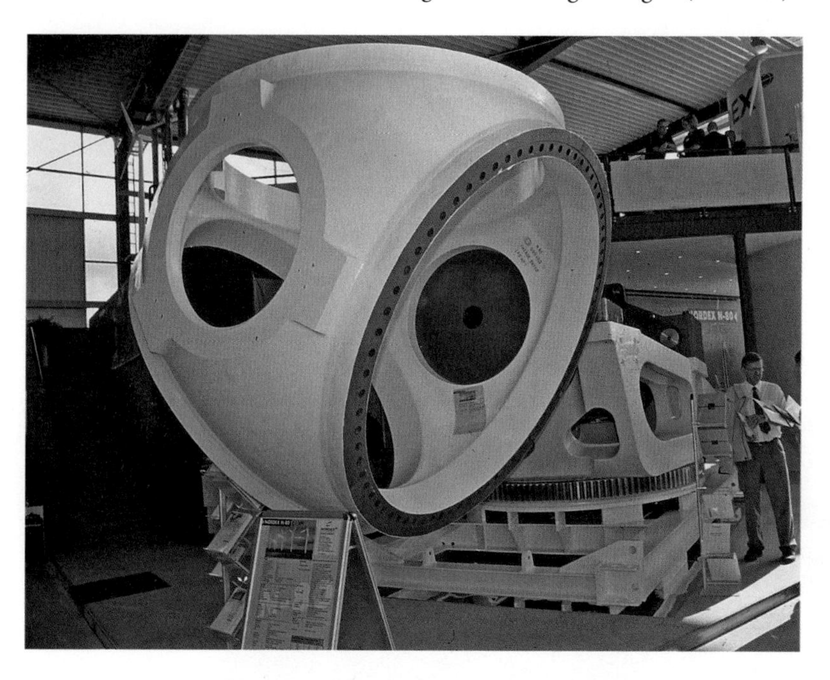

Bild 9.19. Gegossene Rotornabe der Nordex N-80-Windkraftanlage

Es versteht sich von selbst, daß hierfür kein „gewöhnlicher“ Stahlguß zur Anwendung kommt. Sogenannter *Kugelgraphit-* oder *Sphäroguß* hat sich als geeigneter Werkstoff für Bauteile mit dynamischem Belastungsspektrum erwiesen. Bei diesem Gußwerkstoff ist der Kohlenstoff in Kugelform in die Kristallstruktur eingelagert. Damit wird die Sprödigkeit und die Anrißempfindlichkeit des normalen Graugußes erheblich verringert. Die Technologie des Gießens dieser Bauteile stellt deutlich höhere Anforderungen als bei üblichen Gußteilen. Insbesondere in Deutschland haben sich verschiedene Gießereien darauf spezialisiert und liefern Rotornaben und zunehmend auch andere Bauteile für Windkraftanlagen (Rotorachsen, tragende Maschinenhausplattformen u.a.) in hoher Qualität. Die gegossenen Naben lassen sich belastungsgerecht mit weichen Konturübergängen gestalten. Lokale

Spannungsspitzen als Folge von Ecken und Sprüngen im Wandstärkeverlauf werden vermieden. Nachteilig sind die Kosten für die notwendigen Gußformen. Diese lassen sich unter wirtschaftlichen Gesichtspunkten nur bei größeren Stückzahlen rechtfertigen. Gegossene Naben sind deshalb bei Windkraftanlagen, die in Serie gefertigt werden, heute üblich.

Bei großen Windkraftanlagen werden die Gußkörper der Rotornabe durch die Gewichtsoptimierung relativ dünnwandig. Dadurch kann es bei hohen Belastungen zu Verformungen kommen. Die Rotorlager, mit Durchmessern von 2,5 m und mehr, reagieren auf Deformationen mit Klemmen oder zumindest mit höherem Verschleiß. Einige Hersteller (Enercon) verwenden spezielle steife „Blattadapter" um die Rotorlager aufzunehmen, oder stabilisieren die Blattlager mit Aussteifungen aus Stahlblech (Vestas V-112).

9.5.3 Rotornabenbauarten für Zweiblattrotoren

Die Konstrukteure der großen Versuchsanlagen aus den achtziger Jahren, die fast ausnahmslos über Zweiblattrotoren verfügten, haben viel Mühe darauf verwendet, durch eine geeignete Bauart der Rotornabe die ungünstige Lastreaktion des Zweiblattrotors zu kompensieren. Zahlreiche Funktionskonzepte und Bauarten wurden erprobt. Die dabei gewonnenen Erkenntnisse werden dann wieder Bedeutung erlangen, wenn mit weiter zunehmender Größe der Windkraftanlagen, zum Beispiel im Offshore-Einsatz, der Zweiblattrotor wieder als technische Lösung attraktiv werden sollte.

Gelenklose Nabe

Für große Zweiblattrotoren ist die gelenklose Nabe eher die Ausnahme. Ein typischer Vertreter der großen Anlagen war die deutsch-schwedische Versuchsanlage AEOLUS II. Die starre Nabe der AEOLUS II zeigt Bild 9.20. Sie ist aus Stahlblech geschweißt und wiegt

Bild 9.20. Gelenklose Zweiblattnabe aus geschweißtem Stahlblech der AEOLUS-II-Versuchsanlage

ca. 30 Tonnen. Ihr einfacher Aufbau muß mit einem außergewöhnlich steifen und damit schweren Aufbau der gesamten Windkraftanlage bezahlt werden. Insbesondere das Giermoment um die Hochachse wird als Folge der ungleichförmigen Anströmung des Rotors ungedämpft auf die Anlage übertragen, insbesondere auf die Windrichtungsnachführung und den Turm (vergl. Kap. 7.4). Ungeachtet dieser Probleme wurden in den achtziger Jahren Zweiblattanlagen mit starren Rotornaben gebaut, insbesondere Kleinanlagen wie die Aeroman-Anlagen von MAN.

Pendelnabe

Eine Pendelnabe, in diesem Fall verbunden mit einer sog. Blattwinkelrücksteuerung, wurde 1959 zum ersten Male von U. Hütter verwirklicht (Bild 9.21). Die Rückstellung des Blatteinstellwinkels erfolgte über einen Hebelmechanismus im Verhältnis 1:3 zum Pendelwinkel. Diese Nabenkonzeption war das Vorbild für viele weitere Windkraftanlagen mit Zweiblattrotoren. In direkter Anlehnung an die Hüttersche Pendelnabe entstand die Pendelnabe der großen Windkraftanlage Growian. Die Blattwinkelrücksteuerung erfolgte nach dem Vorbild der W 34 mit Hilfe eines Gestänges. Das Rücksteuerungsverhältnis zwischen Pendelwinkel und Blatteinstellwinkel variierte je nach gewähltem Blatteinstellwinkel zwischen dem Faktor 1 und 2,5.

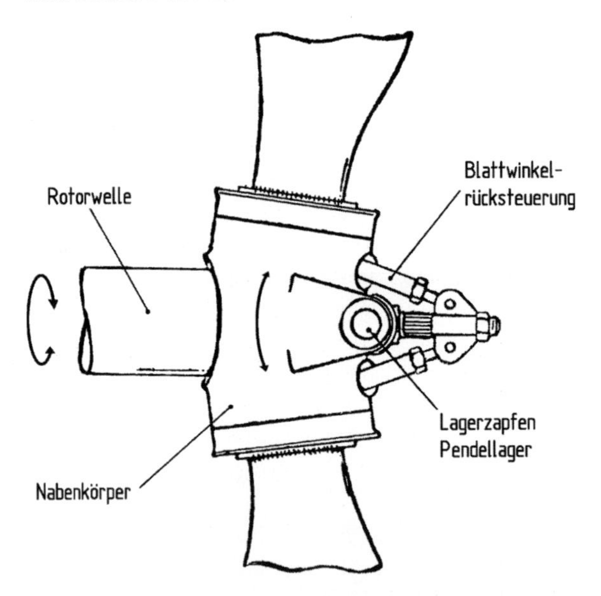

Bild 9.21. Pendelnabe mit Blattwinkelrücksteuerung der Hütterschen W-34, 1959

Die geschweißte Stahlblechkonstruktion der Growian-Pendelnabe erwies sich im Versuchsbetrieb als äußerst problematisch (Bild 9.22). Das komplizierte räumliche Fachwerk des Pendelrahmens zeigte bereits nach weniger als hundert Betriebsstunden Materialrisse. Nachberechnungen und Spannungsmessungen deckten lokale Spannungsspitzen auf, die erheblich über den zulässigen Festigkeitswerten lagen. Trotz mehrfacher Verstärkungen

Bild 9.22. Pendelrahmen mit Rotorblattwurzelstücken von Growian, 1982

konnte die Nabe nicht dauerfest nachgebessert werden. Diese konstruktiv mißglückte Nabenkonstruktion war die Hauptursache für die kurze Lebenszeit von Growian.

Die Kopplung des Blatteinstellwinkels an die Pendelbewegung des Rotors läßt sich auch in sehr einfacher Weise durch eine geeignete Schrägeinstellung der Pendelachse zur Rotorachse verwirklichen (δ_3-Kopplung). Aus geometrischen Gründen ist damit die Pendelbewegung zwangsläufig mit einer Änderung des aerodynamischen Blattanstellwinkels verbunden, ohne daß der Blatteinstellwinkel verstellt werden muß (vergl. Kap. 6.8.2). Die schwedisch-amerikanische Anlage WTS-3/-4 war mit einer derartigen Pendelnabe ausgerüstet (Bild 9.23).

Diese elegante Lösung ist sehr einfach, weist jedoch einige Nachteile auf. Der Rückstellungsfaktor wird vom Pendelausschlag abhängig und ist nicht mehr konstant. Außerdem ist die Wahl des geeigneten Übersetzungsverhältnisses zwischen Pendelwinkel und aerodynamischem Blattanstellwinkel an die Geometrie der Achsschrägstellung gebunden. Die Pendelstabilisierung bei niedrigen Rotordrehzahlen erfolgte bei der WTS-3-Pendelnabe über eine Pendelblockierung bis etwa zur halben Nenndrehzahl beim Hochlaufen und Abfahren des Rotors.

Eine einfache Pendelnabe ohne Blattwinkelrücksteuerung war bei den amerikanischen MOD-2-Versuchsanlagen vorhanden. Für den schweren und aerodynamisch wenig sensiblen Rotor in Ganzstahlbauweise wurde offensichtlich die Blattwinkelrücksteuerung als nicht effektiv genug angesehen. Vom konstruktiven Standpunkt aus betrachtet wies die MOD-2-Pendelnabe einen vergleichsweise einfachen Aufbau auf (Bild 9.24). Die Rotorkonzeption mit durchgehendem Rotormittelstück und dem Blattverstellmechanismus in den Blattspitzen entlastete die Nabe völlig von der Blattverstellmechanik und lieferte somit die Voraussetzung für diese sehr einfache Nabenkonzeption. Das Pendellager bestand

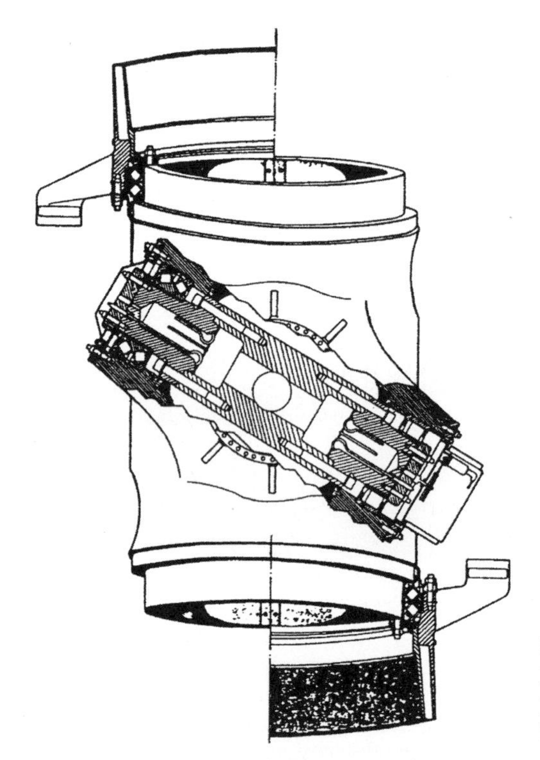

Bild 9.23. Pendelnabe der WTS-3/-4 mit Kopplung des Blatteinstellwinkels an den Pendelwinkel über die Schrägstellung der Pendelachse [4]

Bild 9.24. Pendelgelenk der MOD-2 im Nabenstück des Ganzstahlrotors

aus einem gummiartigen, elastomeren Material, das in konzentrischen Ringen mit dazwischenliegenden Stahlblechringen eingeklebt war. Bei geringen Rotordrehzahlen wurde der Pendelrotor mit einer Pendelbremse festgehalten. Zusätzlich waren mechanische Pendelanschläge vorhanden.

Rückblickend ist festzustellen, daß alle hier gezeigten Pendelnaben in ihrer Funktionsweise nicht voll befriedigten. Unter anderem konnte das Problem der Pendelwinkelbegrenzung nicht zufriedenstellend gelöst werden. Bei niedrigeren Rotordrehzahlen, zum Beispiel beim An- und Abfahren des Rotors, ist die aerodynamische Dämpfung und Stabilisierung der Rotorpendelbewegung unzureichend, so daß die Gefahr einer instabilen Pendelung des Rotors mit zu großen Ausschlägen besteht. Um dies zu verhindern, muß die Pendelnabe entweder über eine Pendelbremse, die im unteren Drehzahlbereich die Pendelbewegung festhält, oder über hydraulische Pendeldämpfer verfügen. Beide Lösungen haben sich in der Praxis als problematisch erwiesen. Die Pendelrotoren schlugen bei niedrigen Drehzahlen, und auch bei stark böigem Wind, gegen die Pendelanschläge. Vorzeitiger Verschleiß der hydraulischen Dämpfer oder der mechanischen Anschläge war die Folge.

Die ungünstige dynamische Reaktion des Zweiblattrotors, die man in der Vergangenheit mit Hilfe der beschriebenen Nabenkonfiguration versucht hatte auszugleichen, läßt sich prinzipiell noch auf anderem Weg beseitigen. Diese Möglichkeit soll an dieser Stelle nicht unerwähnt bleiben. Die heute fortgeschrittene Regelungstechnik bietet grundsätzlich die Möglichkeit, die Rotorblätter bei jedem Umlauf zyklisch und individuell völlig unabhängig voneinander hinsichtlich des Blattanstellwinkels zu regeln. Damit ließe sich die asymmetrische Belastung des Zweiblattrotors „ausregeln". Die Anwendung des Zweiblattrotors, zum Beispiel bei extrem großen Offshore-Anlagen, könnte damit wieder eine Alternative zum heutigen Dreiblattrotor werden (vergl. Kap. 6.8.4).

9.6 Blattverstellmechanismus

Die größeren Windkraftanlagen verfügen heute ausnahmslos über Rotoren mit Blatteinstellwinkelregelung. Der dazu notwendige Blatteinstellwinkelmechanismus hat grundsätzlich zwei Aufgaben zu erfüllen: Die primäre Aufgabe ist die Verstellung des Blatteinstellwinkels zur Leistungs- und Drehzahlregelung des Rotors. Hierzu genügt ein Stellbereich von etwa 20 bis 25 Grad. Neben dieser Hauptfunktion gibt es aber noch eine zweite Aufgabe, die einen wesentlichen Einfluß auf die Auslegung der Blattverstellmechanik hat. Um den Rotor zum Stillstand zu bringen, müssen die Rotorblätter bis zur Fahnenstellung verstellt werden können. Damit erhöht sich der Stellbereich bis auf etwa 90°.

In den Anfangsjahren der modernen Windenergietechnik gab es zahlreiche sehr unterschiedliche konstruktive Lösungen für den Blatteinstellwinkelmechanismus. Bei neueren Anlagen hat sich die Realisierung jedoch auf sehr ähnliche konstruktive Konzeptionen reduziert. Unabhängig von der Ausführung läßt sich die Funktion der Blatteinstellwinkelverstellung in die wesentlichen Bereiche aufgliedern:

Rotorblattlagerung

Die Drehbarkeit der Rotorblätter um ihre Längsachse ist die notwendige Voraussetzung für die Realisierung einer Blatteinstellwinkelregelung. Obwohl der erforderliche Drehwinkelbereich und die Drehgeschwindigkeiten nur relativ klein sind, werden die Rotorblätter fast ausschließlich über Wälzlager an der Blattwurzel gelagert.

Aus aerodynamischen Gründen ist es nicht unbedingt notwendig das ganze Rotorblatt zu verstellen. Aus diesem Grund werden bei einigen älteren Anlagen, insbesondere bei den früheren Zweiblattanlagen (z. B. MOD-2), nur der äußere Blattbereich verstellt (vergl. Kap. 5.3.1). In diesem Fall muß die Lagerung und der Blattverstellantrieb in den Blattaußenbereich verlegt werden. Damit stellen sich jedoch zusätzliche konstruktive Probleme im Hinblick auf die räumlichen Verhältnisse und das Gewicht an einer ungünstigen Stelle im Blattaußenbereich. Auch bei Dreiblattrotoren wurden einige Anlagen mit einer sog. Teilblattverstellung realisiert (vergl. Kap. 9.6.2). Nachteilig dabei ist, daß der innere Blattbereich bei extremen Windlasten nicht in die Fahnenstellung verstellt werden kann. Die Stillstandslasten werden damit höher.

Blattverstellantrieb und Stellglieder

Die Art des Antriebs bildet ein wesentliches Unterscheidungsmerkmal der Blattverstellsysteme. Hydraulische Antriebe sind bei älteren Windkraftanlagen in der Überzahl. Die Alternative zu den hydraulischen Antriebsaggregaten sind elektromotorische Antriebe. Sie sind bei den neueren Anlagen immer häufiger zu finden. Der Grund liegt in den erweiterten Regelungsmöglichkeiten und der Präzision der neueren, elektronisch gesteuerten Verstellmotoren und in der Vermeidung von Dichtigkeitsproblemen bei den hydraulischen Aggregaten.

Die Bauart der Stellglieder hängt zum einen von der Art der gewählten Antriebsaggregate und zum anderen von der räumlichen Anordnung des Blattverstellantriebs im Maschinenhaus oder in der Rotornabe ab. Direkt auf die Blätter wirkende, hydraulische Stellzylinder sind insofern die einfachste Lösung, als sie Antriebsaggregate und Stellglieder zugleich sind. Werden statt direkt wirkenden Stellzylindern andere Verstellantriebe eingesetzt, ergibt sich die Notwendigkeit, über mechanische Stellglieder die Drehbewegung der Rotorblätter um ihre Längsachse herbeizuführen. Drehspindeln, Zahnradgetriebe oder alle nur denkbaren Gestänge können diese Aufgabe übernehmen. Bei den heute üblichen elektrischen Stellantrieben, die unmittelbar auf die Rotorlager wirken, werden diese Stellglieder überflüssig.

Energieversorgung

Der Blattverstellantrieb muß mit Energie versorgt werden. In den meisten Fällen ist das Energieversorgungssystem des Blattverstellantriebs stationär im Maschinenhaus untergebracht. Die Anbindung der Stellantriebe oder Stellzylinder in der rotierenden Rotornabe erfordert bei elektrischen Systemen eine *Schleifringübertragung* des elektrischen Stroms in die Nabe, bei hydraulischen Systemen ist eine sog. *Drehdurchführung* der Versorgungsleitung notwendig.

Wird neben der Energieversorgung auch der Stellantrieb stationär in das Maschinenhaus verlegt, so kann die Verbindung zur drehenden Nabe mit mechanischen Bauteilen bewerkstelligt werden. Schubstangen oder Drehwellen durch die hohle Rotorwelle kommen dafür in Frage. Diese Konstruktionen haben den Vorzug, daß alle wartungsintensiven

Komponenten des Blattverstellsystems im Maschinenhaus untergebracht sind. Bei kleinen Anlagen ist diese Bauart vorteilhaft.

Notverstellsystem

Größere Windkraftanlagen, die über eine Blatteinstellwinkelregelung verfügen, können im allgemeinen den Rotor durch Verstellung der Rotorblätter in die Fahnenstellung bremsen. Wenn der Rotor bei „Generatorabwurf" plötzlich lastlos wird, muß die Verstellung der Rotorblätter in Richtung Fahne mit erheblicher Stellgeschwindigkeit erfolgen, um das Durchgehen des Rotors zu verhindern. Die sichere Funktion des Rotornotstopps ist von erheblicher Bedeutung für die Konzipierung des Blattverstellmechanismus. Die meisten Anlagen verfügen deshalb über einen zusätzlichen Notantrieb für die Blattverstellung, dessen Funktion mehr oder weniger unabhängig von der normalen Blattverstellung ist.

Die Aufzählung der Hauptkomponenten des Blatteinstellwinkelmechanismus zeigt, daß es sich um ein komplexes System handelt. Der Rotor wie auch der mechanische Triebstrang werden davon berührt. Das Blattverstellsystem gehört deshalb zu den „systemdurchdringenden" Komponenten einer Windkraftanlage, die nur im Rahmen des Gesamtentwurfs der Anlage konzipiert werden können.

9.6.1 Rotorblattlagerung

Die vergleichsweise geringfügige Drehung der Rotorblätter erfordert im Grunde genommen keine aufwendige Lagerung. Bei einigen kleineren Anlagen wurde deshalb gelegentlich der Versuch unternommen, mit relativ einfachen Scharnierlagern auszukommen. Bei größeren Anlagen muß allerdings darauf geachtet werden, daß die Lagerreibungsmomente möglichst gering bleiben, um die Verstellkräfte nicht unnötig anwachsen zu lassen. Aus diesem Grund sind die Rotorblätter in der Regel mit üblichen Wälzlagern an der Rotornabe gelagert.

Die Belastungssituation der Rotorblattlagerung ist für Wälzlager vergleichsweise ungünstig. Die Lager sind bei nur geringen Drehbewegungen hohen statischen Belastungen ausgesetzt. Darüber hinaus sind ständige Verformungen der Lagereinbindung nahezu unvermeidlich. Unter diesen Voraussetzungen müssen die Wälzlager auf die Kriterien „Riffelbildung" und „Reibkorrosion" ausgelegt werden. Die übliche Lebensdauerauslegung hinsichtlich der Anzahl der Überrollungen spielt bei den Wälzlagern der Rotorblattlagerung demgegenüber nur eine untergeordnete Rolle. Generell gilt für die Rotorblattlager das, was für alle Lager im mechanischen Triebstrang gilt: Die Wälzlager in Windkraftanlagen sind ganz besonderen Bedingungen unterworfen, deshalb erfordert die Lagerauslegung wie auch die Wartung besondere Aufmerksamkeit (vergl. Kap. 9.7.1)

Die konstruktive Gestaltung der Rotorblattlagerung erfolgt heute nahezu ausschließlich als sog. *Momentenlagerung*. Die Wälzkörper werden hierbei auf kurzer Distanz praktisch in einer Ebene angeordnet. Bei älteren Windkraftanlagen wurden dazu sog. *Drehkranzlager* mit Zylinderrollen, die in senkrecht zueinander stehenden Ebenen angeordnet waren, verwendet (Bild 9.25). Diese Bauart ist vergleichsweise aufwendig und entsprechend teuer. Einfacher sind zweireihige „Schrägzylinder" oder „Kreuzrollenlager", aber auch diese Wälzlagertypen werden heute für die Rotorblattlagerung praktisch nicht mehr verwendet.

In neuerer Zeit werden fast ausschließlich sogenannte *Vierpunktlager* oder *Kugeldrehverbindungen* eingesetzt (Bild 9.26). Diese Lager sind wenig empfindlich gegenüber Deformationen der Lagerkörper. Die unter diesen Umständen bei Zylinder-Wälzkörpern auftretenden punktförmigen Spitzenbelastungen werden vermieden. Bei kleineren Rotorblättern genügt eine einreihige Anordnung, während für größere Rotorblätter zweireihige Vierpunktlagerungen erforderlich sind (Bild 9.27).

In den letzten Jahren wurden auch neue Gleitlager entwickelt, die sich prinzipiell auch für den Einsatz als Rotorblattlager eignen [5]. Die unter dem Handelsnamen ELGOGLIDE angebotenen Lager sind keine üblichen Gleitlager mit hydrodynamischer Ölschmierung

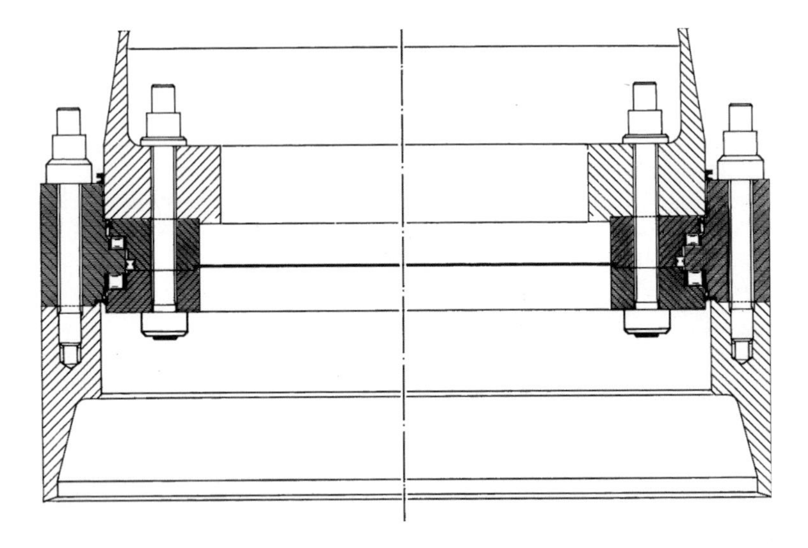

Bild 9.25. Ältere Rotorblattlagerung mit einer dreiteiligen Rollen-Drehverbindung bei der schwedischen WTS-75 (Lagerkonzeption: Rothe Erde)

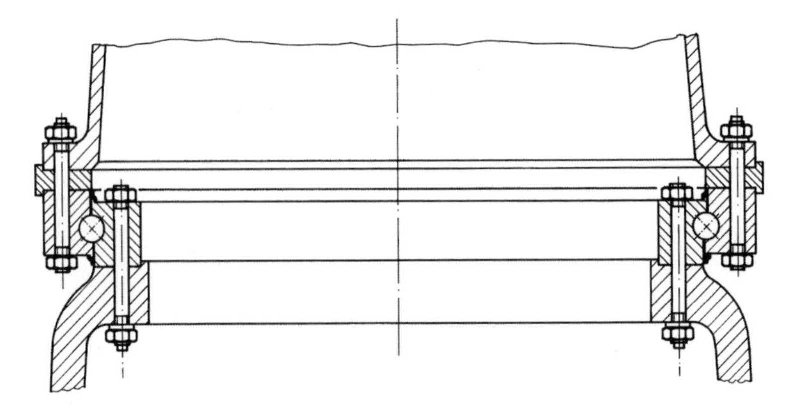

Bild 9.26. Rotorblattlagerung mit einreihiger Vierpunkt-Kugeldrehverbindung bei der WKA-60 (Lagerkonzeption: Rothe Erde)

sondern verwenden Kunststoffgleitbahnen, deren Abrieb als Schmierung dient. Nach einer gewissen Einlaufphase verringert sich der Abrieb und die Lager gleiten mit geringem Verschleiß ohne jegliche Wartung. Lager dieser Bauart werden bereits für langsame Drehbewegungen bei Komponenten mit kleinerem Durchmesser eingesetzt. Prinzipiell eignen sie sich auch für Rotorblatt- und Turmkopflager.

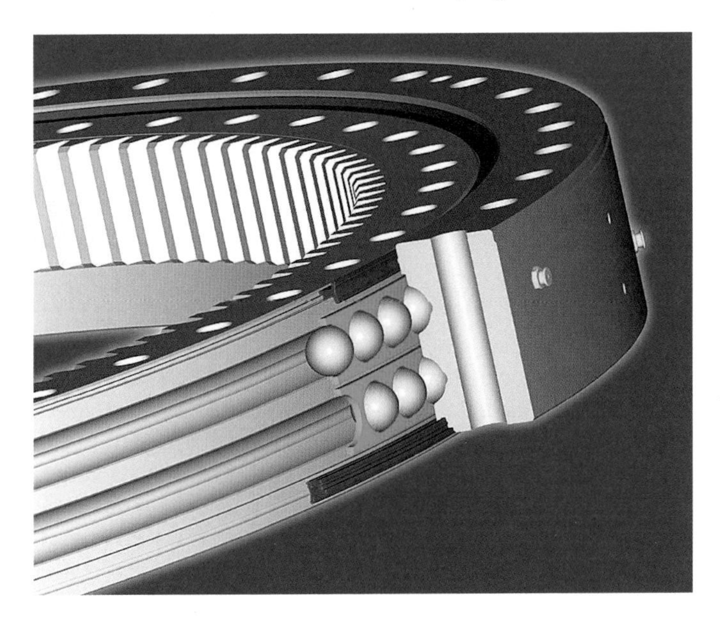

Bild 9.27. Zweireihige Kugeldrehverbindung mit Innenverzahnung (Rothe Erde)

9.6.2 Blattverstellsysteme mit hydraulischem Antrieb

Rotorblattverstellsysteme mit hydraulischem Antrieb haben die längste Tradition im Bau von Windkraftanlagen. Sie waren in den Anfangsjahren leichter zu realisieren, da sich regelbare, elektrische Stellmotoren mit den erforderlichen Frequenzumrichtern oder geeignete Gleichstrommotoren noch auf einem vergleichsweise geringen Entwicklungsstand befanden und zudem deutlich teurer waren.

Ältere Bauarten

Die Rotorblattverstellsysteme der älteren Windkraftanlagen arbeiteten mit hydraulischen Stellzylindern, die entweder direkt oder über Umlenkhebel die Drehbewegung der Blätter herbeiführen. Die hydraulische Energieversorgung für die Stellzylinder befand sich stationär im Maschinenhaus, so daß die Versorgungsleitungen durch das Getriebe und die hohle Rotorwelle in die Nabe geführt werden. Um vom feststehenden Maschinenhaus in die drehende Nabe zu gelangen, war eine hydraulische Drehdurchführung erforderlich. Die Stellzylinder mussten bei der damaligen Größe der Anlagen außerhalb der Rotornabe angebracht werden und waren deshalb vergleichsweise lang und instabil (Bild 9.28).

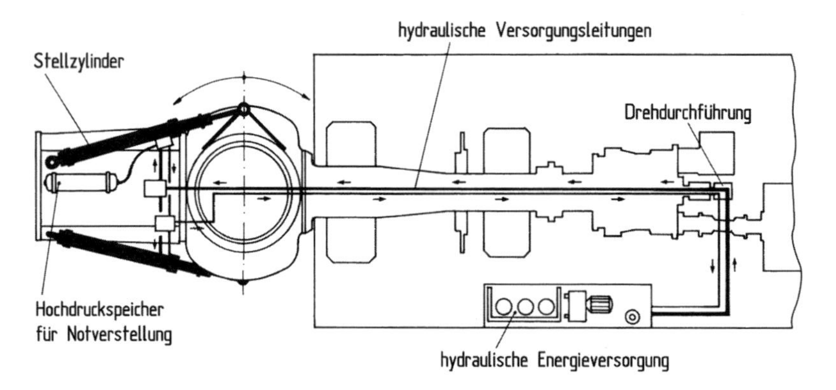

Bild 9.28. Blattverstellsystem der WKA-60 mit hydraulischem Antrieb und direkt wirkenden Stellzylindern in der Rotornabe

In dem gezeigten Beispiel sind drei hydraulische Stellzylinder außerhalb der Rotornabe angeordnet. Die hydraulischen Zu- und Rückleitungen für die Stellzylinder werden durch die hohle Rotorwelle und das Getriebe in den rückwärtigen Teil des Maschinenhauses zur Energieversorgung, bestehend aus Pumpenaggregat und Druckspeichern, geführt. Die hydraulische Drehdurchführung befindet sich an gut zugänglicher Stelle, unmittelbar hinter dem Getriebe. Die zentrale Durchführung der Leitungen durch das Getriebe wird durch eine hintere Stirnradstufe, die zu einem Versatz von An- und Abtriebswelle führt, erleichtert. Die Regelung der Stellzylinder erfolgt mit Hilfe von Steuerventilen über eine Änderung des Massenstromes oder des Steuerdrucks.

Will man die Drehdurchführung der hydraulischen Versorgungsleitungen vermeiden, so bieten sich zwei Möglichkeiten an: Entweder wird das gesamte hydraulische System in die drehende Nabe verlegt, oder die Stellzylinder werden stationär im Maschinenhaus angebracht. Im ersteren Fall müsste die gesamte hydraulische Energieversorgungseinheit in der Rotornabe eingebaut werden. Diese Lösung war bei den damaligen Größen der Windkraftanlagen schon aus Platzgründen nicht möglich. Die Alternative ist, einen gemeinsamen Stellzylinder für die Rotorblätter im Maschinenhaus unterzubringen und die Stellbewegung mit mechanischen Übertragungsgliedern, z. B. einer Schubstange, in die drehende Nabe zu übertragen (Bild 9.29). Der hydraulische Stellzylinder arbeitet gegen eine starke Feder, die so dimensioniert ist, daß im Versagensfall, wenn das System drucklos ist, die Rotorblätter durch die Feder in Fahnenstellung gedrückt werden und den Rotorstop bewirken. Die Blattverstellung mit einem im Maschinenhaus angebrachten Stellzylinder hat sich besser bewährt als die älteren Systeme mit langen Stellzylindern außerhalb der Rotornabe. Stellzylinder im Maschinenhaus war längere Zeit bei den kleineren und mittleren Vestas Anlagen zu finden.

Bei einigen älteren Anlagen wurde nur der äußere Teil der Rotorblätter, entweder zur Leistungsregelung oder im einfacheren Fall nur als aerodynamische Bremse, verstellt (vergl. Kap. 5.3.1) Diese Teilbattverstellung stellt besondere Anforderungen an die Realisierung des Blattverstellantriebes, da dieser vollständig in den äußeren Blattbereich verlegt werden muss (Bild 9.30).

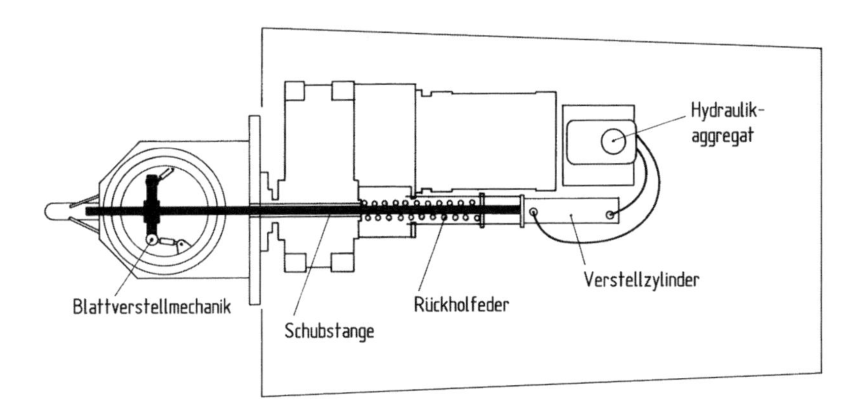

Bild 9.29. Blattverstellsystem einer älteren Windmaster-Anlage mit hydraulischem Stellzylinder im Maschinenhaus und Schubstange in die Rotornabe

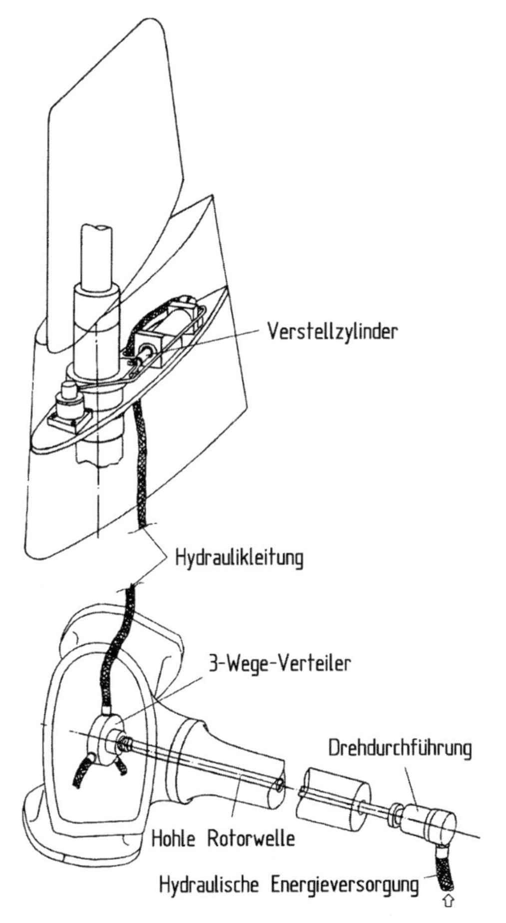

Bild 9.30. Teilblattverstellung der Howden HWP-1000 [6]

Durch die geringe Bauhöhe des Rotorblattquerschnittes im äußeren Drittel der Rotorblätter ist eine sehr kompakte Bauweise des Blattverstellantriebs erforderlich. Darüber hinaus übt das zusätzliche Gewicht an dieser Stelle im Rotorblatt einen negativen Einfluß auf die Blattsteifigkeit aus. Dieser Effekt kann im Zusammenhang mit den dynamischen Eigenschaften des Rotors sehr unerwünscht sein.

Ein weiterer Nachteil ist die Energieversorgung, mit langen Versorgungsleitungen durch die Rotorblätter und einer Drehdurchführung im Bereich der Rotornabe. Insgesamt gesehen wird die Entlastung der Rotornabe vom zentralen Blattverstellmechanismus und der Blattlagerung durch andere Erschwernisse erkauft. Ein überzeugender Vorteil ergibt sich nur bei Zweiblattrotoren, da die Teilblattverstellung eine durchgehende Rotorbauweise im Bereich der Nabe ermöglicht (vergl. Bild 9.24).

Bei den heute üblichen Dreiblatt-Rotoren ist eine Teilblattverstellung nicht mehr üblich. Die Situation könnte sich aber mit weiter zunehmender Größe der Rotoren ändern. Bei Rotordurchmessern über 150 m und Rotorblattgewichten von mehr als 30 t werden die erforderlichen Stellkräfte immer höher und die Reaktionszeit des Stellvorganges immer länger. Dieser Nachteil fällt besonders bei den angestrebten intelligenten Blatteinstellwinkelregelungen, die den Einstellwinkel lastabhängig mit schneller Reaktionszeit verstellen sollen. Die Verstellung nur des äußeren Blattbereiches könnte unter diesen Umständen ein Ausweg sein. Die gewünschte aerodynamische Wirkung in Bezug auf die Leistungsregelung läßt sich auch mit einer Teilblattverstellung erreichen (vergl. Kap. 5.3.1).

Moderne hydraulische Blattverstellsysteme

Ungeachtet der Fortschritte bei den elektrischen Stellantrieben halten einige Hersteller, vor allem Vestas, an hydraulischen Stellantrieben fest. Die Konstruktion der hydraulischen Antriebe, vor allem die Zuverlässigkeit, hat in den letzten Jahren erhebliche Fortschritte gemacht. Die früheren Dichtigkeitsprobleme konnten weitgehend beseitigt werden. Außerdem wurden die Stellzylinder immer kompakter, sodaß sie heute — auch angesichts der Größe der Anlagen — im Inneren der Rotornabe untergebracht werden können. Die Befürworter der hydraulischen Stellantriebe nennen folgende Vorteile:

- kompakte Bauweise im Vergleich zu elektrischen Antrieben
- kostengünstiger
- größere Stellkräfte möglich
- schnellere Reaktion bei Verstellvorgängen und schnellere Wiederinbetriebnahme bei Notabschaltung
- keine Wartungs- und Lebensdauer-Probleme für die Batterien
- kein Verschleiß von Stellgetrieben (Zahnradritzel) wie bei den elektrischen Stellmotoren

Abgesehen von den Dichtigkeitsproblemen, die heute als beherrschbar angesehen werden dürfen, verbleiben aber einige Nachteile, oder besser gesagt Gefahren, die nur mit einer sehr sorgfältigen Auslegung der Komponenten vermieden werden können. Hydraulische Systeme und Leitungen stellen bis zu einem gewissen Grad „weiche" Elemente in Bezug auf das Schwingungsverhalten dar — trotz der Inkompressibilität der Flüssigkeit. Es können deshalb unerwünschte Schwingungen im Blattverstellsystem entstehen, die sich auf die

Rotorblätter und den Triebstrang übertragen und unerwünschte Resonanzen hervorrufen können.

Die modernen Blattverstellsysteme fügen für jedes Rotorblatt über einen eigenen Stellantrieb bestehend aus dem eigentlichen Stellzylinder und einem sog. „Steuerblock", in dem sich die mechanische Ventilsteuerung und teilweise auch die elektronische Steuerung befindet (Bild 9.31 und 9.32).

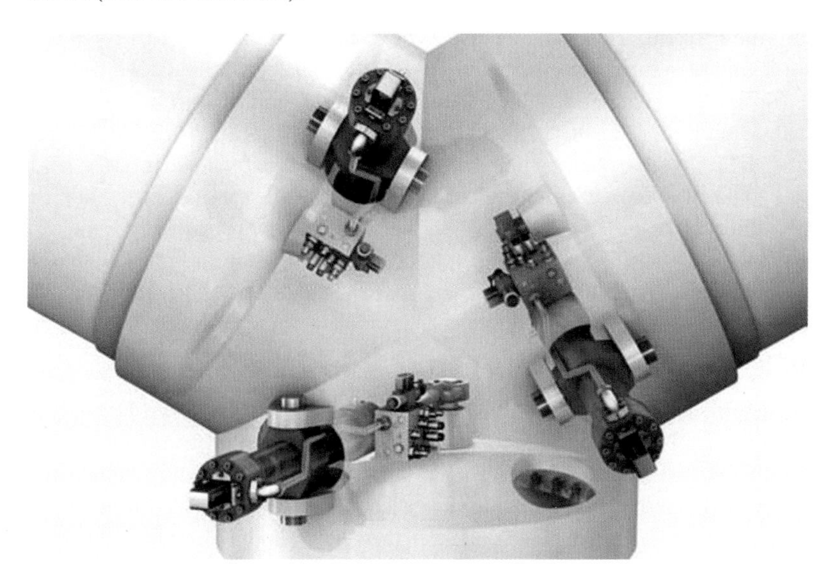

Bild 9.31. Hydraulische Blattverstellung im Inneren der Rotornabe (Rexroth)

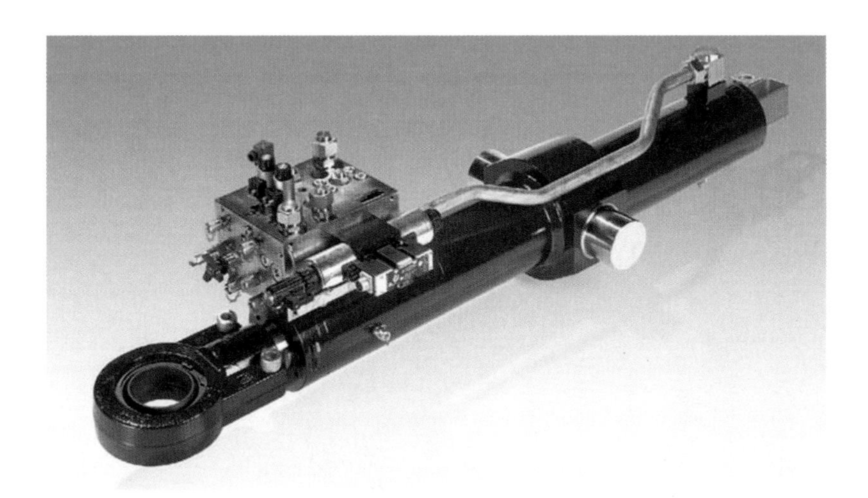

Bild 9.32. Hydraulischer Stellzylinder mit Ventilblock (Rexroth)

9.6.3 Elektromotorische Blattverstellung

Die elektromotorische Blattverstellung war anfangs die Ausnahme bei Windkraftanlagen. Die Regelbarkeit ist bei elektrischen Stellantrieben prinzipiell aufwendiger zu realisieren. Die üblichen Elektromotoren können praktisch nur über Frequenzumrichter drehzahl- und momentengeregelt betrieben werden, oder es müssen sehr teure Gleichstromaggregate eingesetzt werden. Die Regelung der Blattverstellgeschwindigkeit ist für große Anlagen unabdingbar, um die Belastungen für die Rotorblätter zu begrenzen.

Vorreiter für die Anwendung der modernen elektrischen Blattverstellantriebe war die Firma Enercon, die ihre Anlagen der mittleren Baureihe (E-40) frühzeitig mit individuellen elektrischen Stellmotoren für jedes Rotorblatt ausgerüstet hat.

In den letzten Jahren sind auf dem Gebiet der elektrischen Blattverstellantriebe und deren Regelung bedeutsame Fortschritte erreicht worden. Die Zuliefererindustrie hat sich darauf eingestellt und liefert die Komponenten aus serienmäßiger Produktion. Das elektrische Blattverstellsystem arbeitet weitgehend autonom und übernimmt eine Reihe von Funktionen, die von vitaler Bedeutung für die Betriebssicherheit der Anlage sind.

Blattverstellantrieb

Der eigentliche elektrische Blattverstellantrieb besteht aus einem so genannten *Drehwerkgetriebe*, einer kompakten Einheit aus einem elektrischen Antriebsmotor und einem angeflanschtem hochübersetzten Planetengetriebe (Bild 9.33). Es werden sowohl Drehstrom- wie auch Gleichstrommotoren verwendet. Derartige Drehwerkgetriebe werden auch für zahlreiche andere Anwendungen im Maschinenbau verwendet, sodaß sie relativ kostengünstig verfügbar sind.

Bild 9.33. Drehwerkgetriebe in koaxialer Bauweise als elektrischer Blattverstellantrieb (Bauart Rexroth)

Energieversorgung und Regelung

Die Energieversorgung und die Regelung der Verstellantriebe übernimmt ein modular aufgebautes System, dessen Komponenten von der Zuliefererindustrie in einbaufertigem Zustand geliefert werden. Die wesentlichen Module, die in der Rotornabe untergebracht werden, sind:

Zentral-Modul
In dieser Einheit sind die Energieverteilung, die Steuerung für das Laden der Batterien und die Schalt- und Schutzeinrichtungen für Überspannungen und Blitzschlag untergebracht.

Blatt-Module
Für jedes Rotorblatt ist ein sogenanntes Blatt-Modul vorhanden, in dem sich ein eigener Servo-Regler bzw. Servo-Umrichter befindet (Bild 9.34). Damit erfolgt die eigentliche Regelung des Blattverstellantriebes entsprechend den Sollwerten des zentralen Rechners der Windkraftanlage und den Istwerten der Meßwertaufnehmer für den Rotorblatteinstellwinkel. Oft werden auch noch verschiedene Netzparameter berücksichtig, um die Regelung der Anlage nach den Vorgaben der Netzbetreiber durchführen zu können. Außerdem wird von hier aus bei Bedarf die Rotorblatt-Notverstellung ausgelöst und gesteuert.

Bild 9.34. Blatt-Modul (Pitch Box) zur Regelung und Überwachung des Rotorblatteinstellwinkels (Bauart LTi)

Akkumulator-Module
Für die Energieversorgung im Notfall ist, ebenfalls für jedes Rotorblatt, eine Batterieeinheit vorhanden. Alternativ zu konventionellen Blei-Akkumulatoren oder Lithium-Ionen-

Batterien werden auch so genannte Ultra-Kondensatoren eingesetzt. Diese sind auch in der Lage die notwendige Energie für einen Not-Verstellvorgang zu speichern.

Qualität

An die Komponenten des Blattverstellsystems werden hohe Anforderungen im Hinblick auf die Zuverlässigkeit und die Redundanz gestellt. Die Bauelemente sind in klimatisierten Gehäusen, die bei Bedarf auch beheizt werden können, untergebracht und müssen den Fliehkräften im rotierenden Betrieb widerstehen. Von besonderer Bedeutung sind auch die Meßwertaufnehmer zur Erfassung des Rotorblatteinstellwinkels. Sie müssen für die Rotornotverstellung redundant ausgeführt oder redundant vorhanden sein. Die kompakte Bauweise der Antriebs- und Regelungskomponenten ermöglicht es, den elektrischen Blattverstellantrieb bei größeren Anlagen vollständig in das Innere der Rotornabe zu verlegen (Bild 9.35).

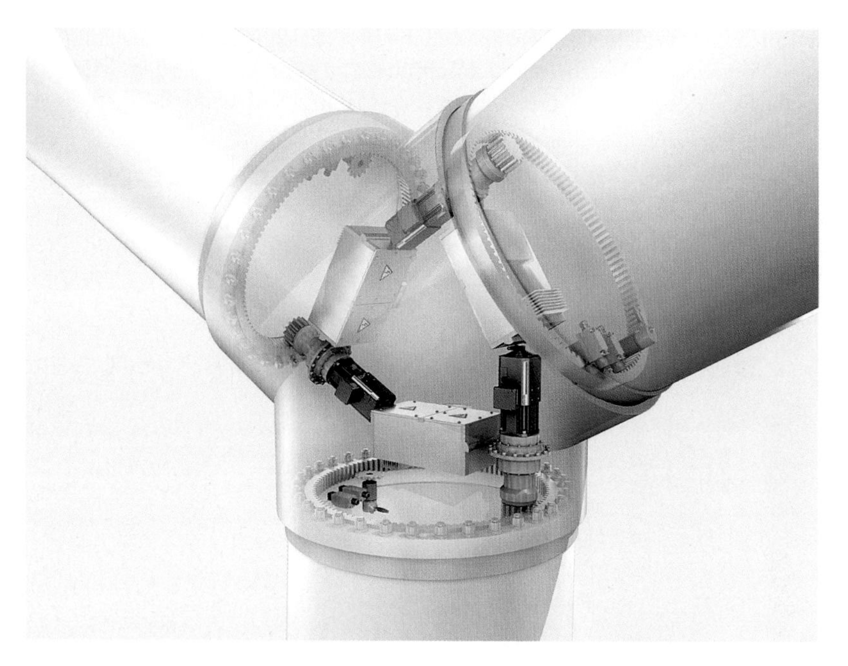

Bild 9.35. Elektrisches Blattverstellsystem im Inneren der Rotornabe (Rexroth)

9.6.4 Passive Blattverstellung

Der Gedanke, die auf die Rotorblätter einwirkenden Luft- oder Massenkräfte zu benutzen, um die gewünschte Blatteinstellwinkelverstellung zu bewirken, ist nicht neu. Bei mehreren Versuchsanlagen und Prototypen wurde in der Vergangenheit versucht, das aerodynamische Moment um die Blattlängsachse oder den Rotorschub als antreibende und von der Windgeschwindigkeit abhängige Kraftwirkung zur Verstellung des Blatteinstellwinkels zu verwenden. Es zeigte sich jedoch, daß damit keine zuverlässige „passive" Blatteinstellwinkelregelung zu erreichen war. Die Zuordnung der Verstellkräfte zur Windgeschwindigkeit beziehungsweise zur gewünschten Rotordrehzahl und -leistung war nicht eindeutig genug, um eine definierte Blatteinstellwinkelregelung zu erzielen.

Nur bei einigen kleineren Anlagen gelang es, eine brauchbare passive Blattverstellung zu realisieren. Der Schlüssel zum Erfolg war der drehzahlvariable Betrieb des Rotors. Damit ist eine eindeutige Beziehung zwischen der Rotordrehzahl bzw. der daraus resultierenden Fliehkraft und der gewünschten Leistungsabgabe gegeben. Die älteren Anlagen des holländischen Herstellers Lagerwey verfügen zum Beispiel über eine passive Blattverstellung. Die Rotorblätter des Zweiblattrotors der älteren Lagerwey-Anlagen sind mit individuellen Schlaggelenken mit der Rotornabe verbunden. Die Verstellung des Blatteinstellwinkels mit zunehmender Windgeschwindigkeit erfolgt mit der ebenfalls zunehmenden Rotordrehzahl passiv gegen einen Federmechanismus. Das Verfahren hat sich bei den kleineren Lagerwey-Anlagen mit einem Rotordurchmesser von etwa 15 bis 20 m bewährt (Bild 9.36).

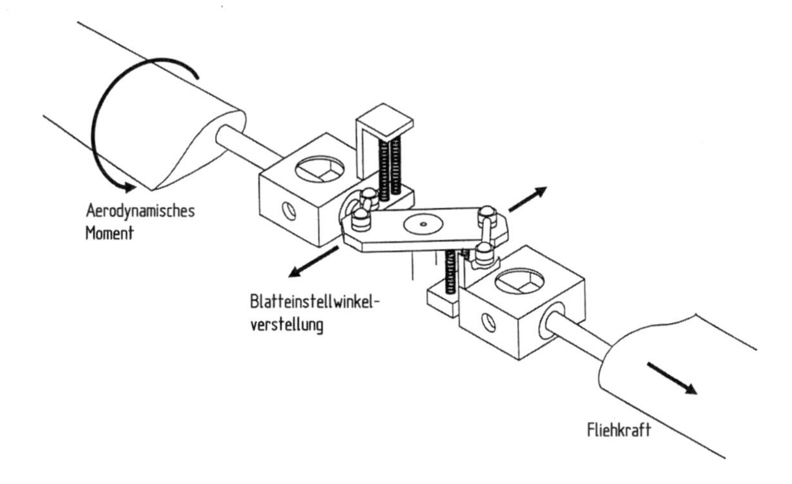

Bild 9.36. Passive Blattverstellung der Lagerwey LW-18/80 kW

Die passive Blattverstellung und damit der Wegfall der hydraulischen oder elektrischen Stellelemente und der elektronischen Leistungs- und Drehzahlregelung stellt ohne Zweifel eine wünschenswerte Vereinfachung dar. Das Verfahren wurde deshalb auch für größere Windkraftanlagen in Erwägung gezogen. Allerdings fällt hier der Verzicht auf eine aktive Regelung, zum Beispiel für den Anfahrvorgang oder die Rotornotabschaltung, wesentlich schwerer ins Gewicht fallen, so daß es zweifelhaft ist, ob eine passive Blatteinstellwinkelregelung für größere Windkraftanlagen ein praktikables Verfahren sein kann.

9.6.5 Redundanz- und Sicherheitsfragen

Die größeren Windkraftanlagen können den Rotor nur über die Verstellung der Rotorblätter abbremsen, um beim Lastabwurf des Generators das Durchdrehen des Rotors zu verhindern (vergl. auch Kap. 18.9). Die Funktionssicherheit des Blattverstellmechanismus ist deshalb, neben der Strukturfestigkeit, das zweite, vitale Sicherheitsmerkmal einer Windkraftanlage. Vor diesem Hintergrund ist die Forderung nach Redundanz der an der Rotorblattverstellung beteiligten Komponenten und Schaltvorgänge unverzichtbar. Eine sorgfältige „Zuverlässigkeits- und Fehleranalyse" für den Blattverstellmechanismus ist deshalb für jede Windkraftanlage von besonderer Bedeutung.

Zur Beurteilung der Redundanz der Blattverstellung im Notfall sind drei verschiedene Funktionsbereiche zu unterscheiden:

- Auslösung
- Stellglieder
- Energieversorgung

Eine mehrfach redundante Auslösung über elektrische Schaltkreise und mechanische Schalter, zum Beispiel Fliehkraftschalter und Schütteldekoder, läßt sich ohne größeren Bauaufwand realisieren. Schwieriger ist die Redundanz der Energieversorgung zu lösen. Bei hydraulischen Systemen kann dies noch relativ einfach mit zusätzlichen hydraulischen Druckspeichern geschehen. Für elektrische Antriebe sind Batterien als Notenergieversorgung erforderlich.

Der größte Bauaufwand im Hinblick auf die angestrebte Redundanz ist für die Stellglieder notwendig. Eine zweite Garnitur von Stellzylindern oder Stellmotoren ist zwar denkbar, wäre jedoch keine vollständige Lösung. Im Falle eines festsitzenden Rotorblattlagers würde keine zusätzliche Sicherheit erreicht. Die Redundanz in diesem Bereich ist praktisch nur dadurch möglich, daß die Verstellung von einem oder zwei Rotorblättern ausreicht, um das Durchdrehen des Rotors zu verhindern. Folglich muß darauf geachtet werden, daß die Rotorblätter im Notfall unabhängig voneinander verstellt werden können.

Die Sicherheitsphilosophie für das hydraulische Blattverstellsystem wird aus der schematischen Darstellung deutlich (Bild 9.37). Jedes Rotorblatt verfügt über einen eigenen unabhängigen Stellzylinder mit einem Druckspeicher. Dieser enthält genügend Energie,

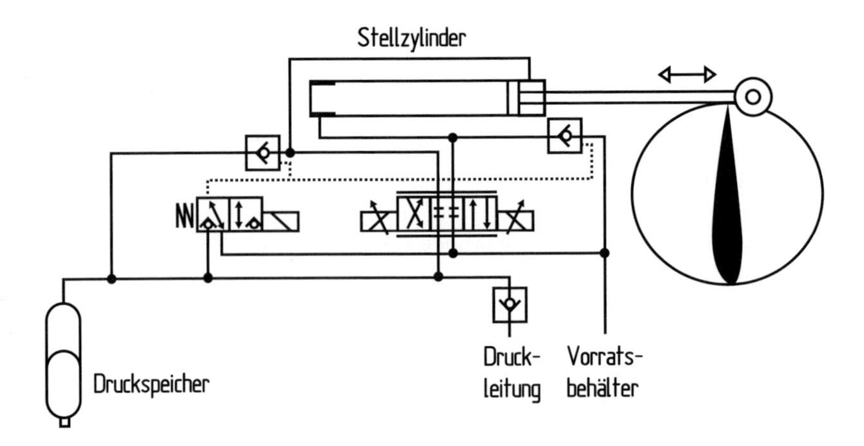

Bild 9.37. Notverstellsystem mit Druckspeicher einer hydraulischen Blattverstellung in der Rotornabe (nach AVN Energy)

um im Falle des Versagens der hydraulischen Energieversorgung im Maschinenhaus das Rotorblatt in Fahnenstellung zu drehen. Die Bremswirkung eines Rotorblattes in dieser Stellung reicht aus, um den Rotor aerodynamisch abzubremsen.

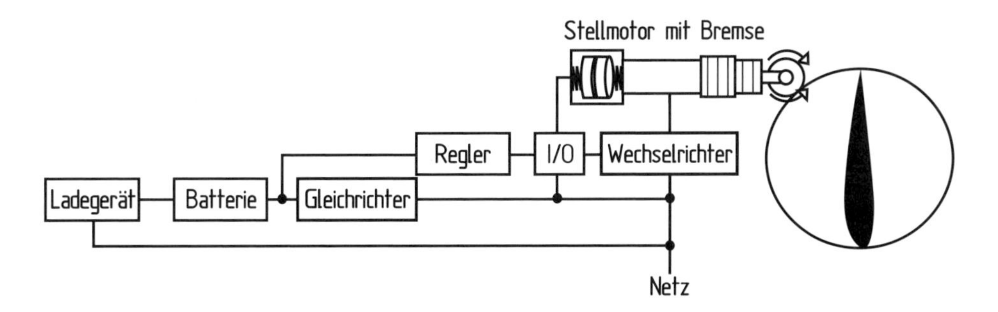

Bild 9.38. Notverstellsystem mit Batterien bei elektrischer Blattverstellung (nach AVN Energy)

Bei den elektrischen Verstellsystemen wird im Notfall die Energieversorgung durch Batterien gewährleistet. Blei- oder Lithium-Batterien erfordern allerdings eine ständige Überwachung und häufigere Wartung. Bei neueren Anlagen werden deshalb auch sog. Kondensator-Batterien eingesetzt. Die damit gespeicherte elektrische Energie reicht aus, um zumindest einen Verstellvorgang zu ermöglichen.

Die Auslösung der Rotorabschaltung bzw. der Notabschaltung erfolgt mit einer „fail-safe"-Schaltung, entweder auf Grund einer Störungsmeldung des elektrischen Überwachungssystems oder einer zusätzlichen Überwachung, die mit einem Fliehkraftschalter eine Überdrehzahl des Rotors registriert. Diese mehrfach redundanten Auslöseschaltungen werden in der Drehzahl gestuft angeordnet. Die elektrische Auslösung erfolgt bei 115 bis 118 % Überdrehzahl. Falls diese versagt, kommt das Auslösesignal des Fliehkraftschalters bei 120 % Überdrehzahl.

9.7 Rotorlagerung

Die Gestaltung der Rotorlagerung und ihre Integration in den Triebstrang und das Maschinenhaus ist von entscheidendem Einfluß auf die Bauweise des Maschinenhauses. Die konstruktive Auslegung des Triebstrangs und die statische Konzeption des Maschinenhauses werden damit praktisch festgelegt. Die unmittelbare Folge ist ein erheblicher Einfluß auf die Turmkopfmasse der Windkraftanlage.

Die Bandbreite der konstruktiven Lösungen wird von zwei grundsätzlichen Fragen beherrscht: Wie werden die Wege des Kraftflusses vom Rotor zum Turm am kürzesten, und damit die Bauweise möglichst kompakt? Die andere Frage ist, inwieweit die Integration der Komponenten, im Hinblick auf die Zugänglichkeit unter den Aspekten Wartung und Reparatur, noch zu vertreten ist. Mit anderen Worten: Der Tendenz nach weitgehender Integration der Komponenten und einer möglichst kompakten Bauweise steht die Alternative einer mehr aufgelösten Bauweise mit guter Zugänglichkeit und Wartungsfreundlichkeit gegenüber.

9.7.1 Lagerprobleme

Die Lagerstellen im mechanischen Triebstrang einer Windkraftanlage haben sich — obwohl sie vordergründig konventionelle konstruktive Lageraufgaben zu sein scheinen — als keineswegs unproblematisch herausgestellt. Die Erfahrungen von fast zwei Jahrzehnten kommerzieller Windenergietechnik haben gezeigt, das ausnahmslos alle Lager im mechanischen Triebstrang einschließlich der Rotorblattlager ausgesprochene Schwachstellen im Hinblick auf die Lebensdauer bilden. Aus diesem Grund sind einige generelle Bemerkungen über Auslegung der Wälzlager in einer Windkraftanlage angebracht. Sie betreffen die Rotorblattlagerung, die Rotorlager, die Lager im Getriebe, die Lagerung des Generatorläufers und schließlich das Azimutlager des Maschinenhauses.

Lebensdauerauslegung

Zunächst ist festzuhalten, daß die Anzahl der sog. „Überrollungen" für die Rotorlager bedingt durch die hohe Betriebsstundenanzahl der kalkulierten Lebensdauer von mindestens zwanzig Jahren außerordentlich hoch ist. Für die Rotorblattlager und das Azimutlager des Maschinenhauses trifft dies nicht zu, hier ist die große statische Belastung ein Problem. Ein weiterer im Hinblick auf die Lebensdauer der Wälzlager ungünstige Faktor sind die in nahezu allen Strukturbereichen einer Windkraftanlage unvermeidlichen Verformungen und Schwingungen. Die geeignete Bauart der Lager, auch die Abdichtung der Lagergehäuse, muß diese Bedingungen berücksichtigen. Ungeachtet dieser offensichtlich schwierigen Einsatzbedingungen für die Wälzlager muß auch gesehen werden, daß konstruktive Mängel oder Störungen in der Gesamtkonstruktion sich sehr oft als Lagerschäden bemerkbar machen. Das vorzeitige Versagen von Wälzlagern hat deshalb keineswegs immer seine Ursache in einer unzulänglichen Ausführung der Lager selbst, sondern ist sehr oft ein Hinweis auf anderweitige Mängel. Die sog. *nominelle Lebensdauer* von Wälzlagern wird nach DIN ISO 281 berechnet:

$$L_\mathrm{h} = \frac{10^6}{n\,60}\left(\frac{C}{P}\right)^p$$

mit:

L_h = nominelle Lebensdauer (h)
n = Drehzahl (U/min)
C = dynamische Tragzahl (kN)
P = dynamisch, äquivalente Belastung (kN)
p = Lebensdauerexponent (—)

Der sog. Lebensdauerexponent p enthält die *dynamische Kennzahl*

$$f_\mathrm{L} = 10\,\sqrt{L_\mathrm{h}/500}$$

Diese dynamische Kennzahl wird aus Erfahrungswerten abgeleitet. Sie liegt zwischen 2,0 und 5,0. Die größeren Werte gelten für Maschinen im Dauerbetrieb mit einer nominellen Lebensdauer von bis zu 100 000 Stunden. Für Windkraftanlagen wird zum Beispiel eine Lebensdauer von mehr als 130 000 Stunden bei einer Ausfallwahrscheinlichkeit von 10 %

gefordert. Die dynamische Kennzahl berücksichtigt allerdings nur die Belastungsart (Lastkollektiv) und setzt Materialermüdung als Ausfallursache voraus. Ungünstige Betriebsbedingungen müssen zusätzlich mit bestimmten Faktoren berücksichtigt werden.

Um erschwerten Betriebsbedingungen Rechnung zu tragen, wurde nach DIN ISO 281 die *erreichbare (modifizierte) Lebensdauer* eingeführt [7]. Die Schwierigkeit besteht jedoch darin, für die unterschiedlichen Betriebsbedingungen wiederum entsprechende Einflußfaktoren zu ermitteln. Bis jetzt wird dieses Problem von den Lagerherstellern noch uneinheitlich gehandhabt. Neben der DIN-Norm werden für die Lebensdauerauslegung von Wälzlagern auch internationale Richtlinien wie die AGMA 6006-A°3 herangezogen.

Lagerbauarten

Für die Hauptlagerstellen in einer Windkraftanlage werden heute nahezu ausschließlich Wälzlager eingesetzt. Die häufigste Bauart der Rotorlager sind doppelreihige Pendelrollenlager, da diese Bauart die Biegeverformung der Welle am besten aufnehmen kann. Die aus der Biegung resultierenden axialen Verschiebungen der Rotorwelle können zu vorzeitigem Verschleiß führen. Die Lagerauswahl und die Konstruktion der Lagergehäuse müssen diesem Effekt Rechnung tragen. Für die langsam drehenden Rotorblatt- und Turmkopflager sind sog. *Kugeldrehverbindungen* besser geeignet, da diese hohe statische Lasten aufnehmen können.

Abgesehen von der üblichen Wälzlagerung gibt es immer wieder Überlegungen, insbesondere im Zusammenhang mit der zunehmenden Größe der Windkraftanlagen auch Gleitlager, wie zum Beispiel bei großen Turbinen, einzusetzen. Gleitlager zeichnen sich durch äußerst geringen Verschleiß aus, sie sind jedoch teuer und erfordern eine aufwendige Schmierung. Außerdem reagieren sie empfindlich auf dynamische Lastspitzen und Verformungen. Die Befürworter weisen jedoch darauf hin, daß moderne Gleitlager so ausgelegt werden können, daß sie den gestellten Anforderungen für die Rotorlager und auch für den Einsatz in Getrieben gerecht werden. Für das Turmkopflager ist eine Gleitlagerung heute bereits eine Alternative (vergl. Kap. 9.14). Auch für die Rotorblattlager kommen neuartige Gleitlager infrage (vergl. Kap. 9.6.1). Bis heute werden jedoch für die Blattlager noch keine Gleitlager eingesetzt.

Schmierung

Die Erfahrungen der letzten Jahre haben gezeigt, daß gerade bei Windkraftanlagen die Betriebsbedingungen, insbesondere die Reinheit und die Temperatur des Schmierstoffs, eine entscheidende Rolle spielen.

Die Schmierung mit Lagerfett ist für viele Einsatzzwecke ausreichend. Das Schmierfett wird beim Zusammenbau der Lager eingebracht und kann unter Umständen über die ganze Lebenszeit in den Lagern bleiben. Der wesentliche Nachteil, daß die Lagertemperatur nicht mit der Schmierung beeinflußt werden kann, ist bei entsprechender Dimensionierung der Lager hinnehmbar. Fast alle kleineren Windkraftanlagen und auch einige große Anlagen verwenden deshalb fettgeschmierte Rotorlager. Bei neueren Anlagen wird mit Hilfe sog. „Schmierstoffgeber" in vorgegebenen Zeitintervallen frisches Wälzlagerfett automatisch zugefügt. Damit wird allerdings das Schmierstoffsystem deutlich aufwendiger.

Die wirksamste Art ist die Druckölschmierung mit Hilfe eines externen Ölversorgungssystems. Diese Art der Schmierung hat einige Vorteile. Die Lagertemperatur kann über die Durchflußmenge des Schmieröls beeinflußt werden, außerdem werden Verschmutzungen und metallischer Abrieb aus den Lagern ausgeschwemmt. Demgegenüber steht ein relativ komplexes System mit Pumpen, Behältern, Ventilen und Rohrleitungen. Zahlreiche Dichtungsprobleme an den Komponenten und den Lagern selbst sind damit verbunden. Aus diesem Grund ist man bestrebt, wenn irgend möglich, auf die einfachere Fettschmierung auszuweichen.

Elektrischer Stromdurchgang

Die Wälzlager müssen gegen den Durchfluß hoher elektrischer Ströme abgesichert werden. Durch einen Blitzeinschlag können sonst sehr teure Lagerschäden, insbesondere an den Blattlagern und im Turmkopflager entstehen. Von besonderer Bedeutung ist diese Maßnahme für die Generatorlagerung. Im Falle eines Kurzschlusses besteht hier die Gefahr, daß die Wälzlager durch sog. „Schmelzkrater" und „Riffelbildung" unbrauchbar werden [8].

Zustandsüberwachung

Angesichts der großen Beanspruchungen, denen die Wälzlager in einer Windkraftanlage ausgesetzt sind und vor allen Dingen, um teure Reparaturen — die nicht selten die Demontage der gesamten Anlage erforderlich machen — zu vermeiden, ist eine permanente Zustandsüberwachung der Wälzlager heute üblich geworden (vergl. Kap. 18.8.3). Die großen Lagerhersteller haben spezielle Überwachungssysteme für diesen Zweck entwickelt und übernehmen diese Aufgabe im Rahmen von Serviceverträgen für ihre Kunden. Die Überwachung bezieht sich vor allem auf die Messung von Schwingungen, Temperaturen und die Ölqualität. Die Versicherungsgesellschaften honorieren derartige Maßnahmen mit niedrigeren Prämien, so daß sich der Aufwand auch wirtschaftlich lohnen kann.

9.7.2 Rotorwelle mit separaten Lagern

Die klassische Lösung für die Rotorlagerung ist die „fliegende Welle" auf einer lasttragenden Bodenplattform mit zwei separaten Lagern. Die Rotorkräfte werden über die Plattform, die in der Regel als geschweißte Rahmenkonstruktion mit Längs- und Querträgern ausgeführt ist, in den Turm eingeleitet. Das Getriebe ist bei dieser Bauart meistens als sogenanntes „Aufsteckgetriebe" angeordnet und braucht außer dem Drehmoment keine Rotorlasten aufnehmen (Bild 9.39). Die Demontage des Getriebes ist ohne großen Aufwand möglich, da der Rotor durch die Welle gehalten wird. Dieser Vorzug wird von einigen Herstellern für große Anlagen als besonders wichtig angesehen.

Wird die Welle in zwei Einzellagern gelagert, werden in der Regel sowohl für das Festlager — in der Regel das vordere Lager — als auch für das Loslager Pendelrollenlager verwendet, um die Biegeverformungen der Welle auffangen zu können. Für eine Lagerkonzeption auf kürzerer Distanz in einem gemeinsamen Gehäuse genügt auf der Loslagerseite auch ein einfacheres Zylinderrollenlager (Bild 9.40).

Die Rotorwelle ist bei großen Anlagen mit aufgelöster Bauweise des Triebstranges ein vergleichsweise schweres und teures Bauteil. Aus Festigkeitsgründen kommen in erster

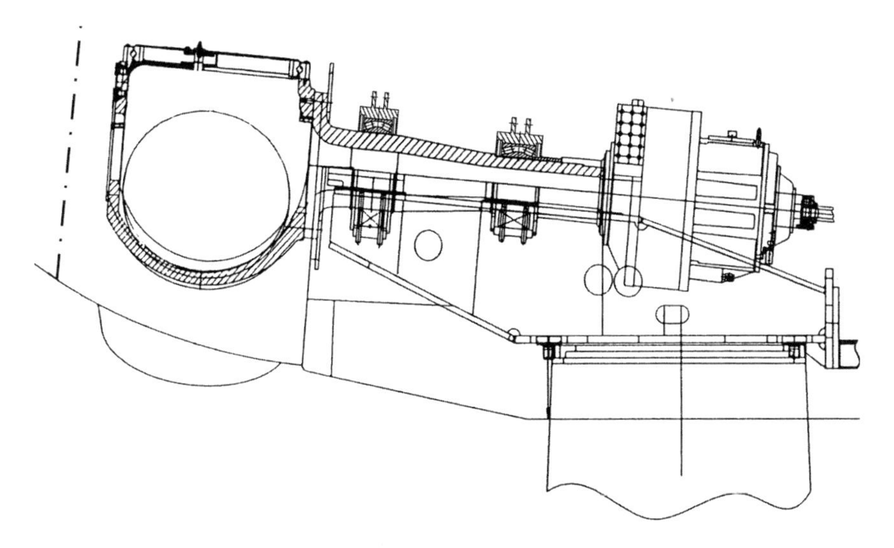

Bild 9.39. Rotorwelle mit zwei separaten Lagern bei der Vestas V-66

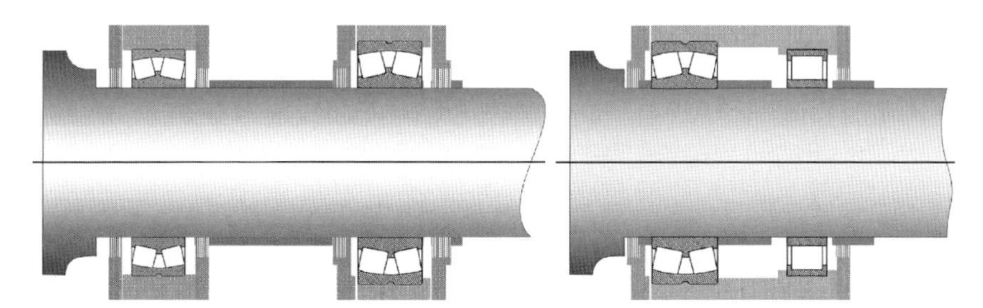

Bild 9.40. Lagerkonzeptionen für die klassische Wellenlagerung: Zwei Einzellager und Lagerung im Rohrgehäuse (Schäffler KG)

Linie geschmiedete Wellen in Frage. Seit einiger Zeit werden zunehmend gegossene Rotorwellen eingesetzt. Damit werden Kosten, aber kein Gewicht gespart. Die spanabhebende Bearbeitung ist ebenfalls aufwendig, da die Rotorwelle fast immer über ein gewisses „Innenleben" verfügt. Die hydraulischen und elektrischen Versorgungsleitungen und in einigen Fällen auch mechanische Stellglieder für die Blattverstellung werden durch die hohle Rotorwelle geführt.

Die „aufgelöste" Bauweise der Rotorlagerung führt zu großer Baulänge und damit auch zu einer entsprechend hohen Baumasse des lasttragenden Maschinenhausträgers. Bei großen Stückzahlen, wenn der Materialaufwand zum entscheidenden Kostenfaktor wird, ist diese Bauweise unter Kostengesichtspunkten im Nachteil. Die Vorteile der Konzeption — einfacher und übersichtlicher Aufbau auf einer Maschinenhausplattform, Verwendung serienmäßiger Getriebe, Lager und Lagergehäuse, einfache Montage und Zugänglichkeit — gleichen zumindest bei kleinen Stückzahlen den Nachteil der größeren Baumasse aus.

9.7.3 Dreipunkt-Lagerung von Rotorwelle und Getriebe

Eine Lagerkonzeption, die sich in den letzten Jahren weitgehend bei größeren Windkraftanlagen durchgesetzt hat, ist durch die Integration des hinteren Rotorwellenlagers in das Getriebe gekennzeichnet. Rotorwelle und Getriebe werden in dieser Konfiguration von drei Punkten unterstützt: Dem vorderen Rotorlager und den beiden seitlichen Getriebeauflagern. Diese Konzeption wird deshalb als *Dreipunkt-Lagerung* bezeichnet (Bild 9.41 und 9.42).

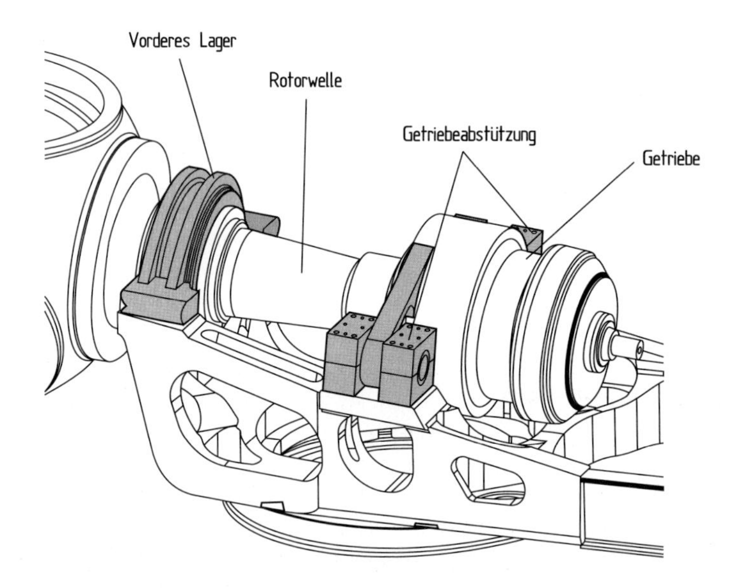

Bild 9.41. Dreipunkt-Lagerung von Rotorwelle und Getriebe bei der Nordex N-80

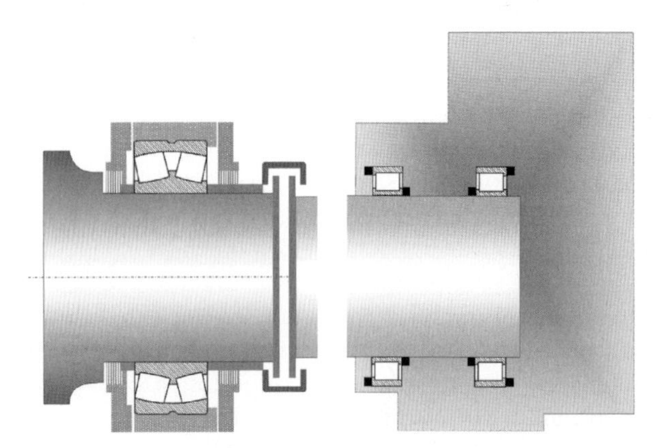

Bild 9.42. Dreipunktlagerung: Vorne Einzellager, hinten Lagerung im Getriebe (Schäffler KG)

Die Vorteile sind eine Verkürzung der Rotorwelle und damit auch der lasttragenden Struktur des Maschinenhauses. Außerdem kann die Baugruppe „Rotorwelle mit Lagerung und Getriebe" vormontiert und gemeinsam eingebaut werden. Der rationelle Zusammenbau des Maschinenhauses wird damit erleichtert.

Andererseits muß das Getriebe nicht nur das Drehmoment aufnehmen, sondern auch noch die Biegemomente der Rotorwelle. Darüber hinaus kann das Getriebe nicht mehr ohne weiteres demontiert werden. Die Rotorwelle muß in diesem Fall durch ein aufwendiges Lagergeschirr gehalten werden.

9.7.4 „Einlager"-Konzeption

Eine Alternative zur Lagerung des Rotors mit einer Welle ist die Verwendung eines sog. „Momentenlagers". Der Rotor wird dabei von einem einzigen Wälzlager gehalten, das zusätzlich zu den Radial- und Axialhälften auch die Kippmomente („Momentenlager") aufnehmen kann.

Momentenlager

Die Momentenlager wurden anfangs als dreireihige Zylinderrollenlager ausgeführt, wie sie auch für das Azimutlager oder teilweise auch für die Rotorbattlager verwendet wurden (vergl. Bild 9.25). Besser bewährt für diese Aufgabe, und auch kostengünstiger, sind jedoch zweireihige Kegelrollenlager (Bild 9.43). Die Momentenlager müssen allerdings über einen relativ großen Durchmesser verfügen. Bei Anlagen der 3 bis 5 MW-Klasse werden die Lager so groß, daß nur noch wenige Lagerhersteller als Lieferanten infrage kommen. Entsprechend hoch sind auch die Kosten, sodaß viele Hersteller von Windkraftanlagen auf diese fortschrittliche Art der Rotorlagerung bis heute verzichten.

Außerdem sind diese Lager aufgrund ihres großen Durchmessers empfindlich gegen Verformungen, die den Verschleiß erhöhen. Der Lagersitz mit der Umgebungsstruktur muss deshalb besonders sorgfältig und steif ausgeführt werden. Ein weiteres Problem sind die komplizierten Dichtungen bei den großen Durchmessern. Für noch größere Anlagen als die 5 MW-Klasse stößt die Anwendbarkeit von Momentenlagern wahrscheinlich an ihre Grenzen.

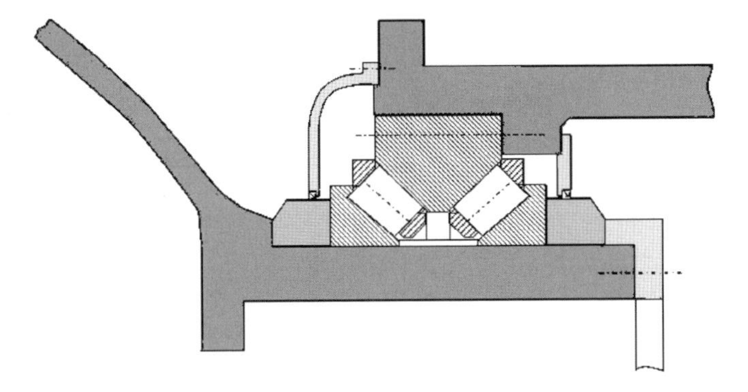

Bild 9.43. Zweireihiges Kegelrollenlager als Momentenlagerung für den Rotor (Schäffler KG)

Lagerung im Maschinenträger

Die Forderung nach einer steifen Umgebungsstruktur für das Momentenlager kann am einfachsten mit einem entsprechend ausgelegten gegossenen Maschinenträger erfüllt werden. In dem Beispiel nach Bild 9.44 ist das Momentenlager in den 80 t schweren Maschinenträger eingebunden. Als Lagertyp mit ein zweireihiges Kegelrollenlager mit einem Durchmesser von ca. 3 m eingesetzt.

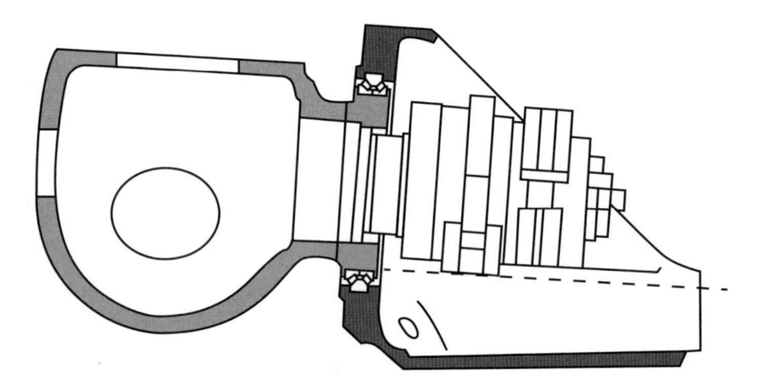

Bild 9.44. Rotorlagerung mit einem einzigen Momentenlager bei der BARD 5 MW-Anlage

Lagerung am Getriebe

Eine besonders kompakte Rotorlagerung wurde für die Vestas V90-Anlage entwickelt. Das Momentenlager ist unmittelbar mit dem Hohlrad des Getriebe verbunden (Bild 9.45). Die Rotorlasten müssen deshalb über das Getriebegehäuse geleitet werden. Diese Konstruktion senkte die spezifische Turmkopfmasse der Vestas V90-3,0 MW auf einen außerordentlich günstigen Wert in dieser Klasse von unter 20 kg/m^2. Allerdings traten bei nicht wenigen Anlagen dieser Baureihe schon nach kurzer Zeit Getriebeschäden auf. Nach Angaben

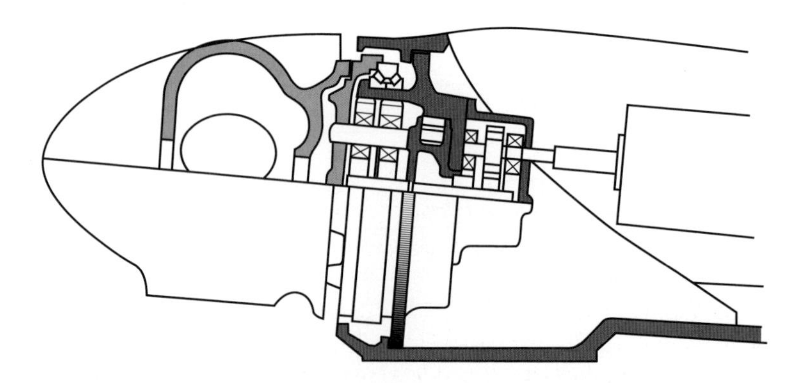

Bild 9.45. Rotorlagerung am Getriebe mit einem Momentenlager bei der Vestas V-90

des Herstellers waren Konstruktionsfehler bei der Einbindung des Momentenlagers in das Getriebe dafür verantwortlich. Viele Anlagen mussten nachgebessert werden. Beim Nachfolgemodell V112 ging Vestas wieder auf die bewährtere Dreipunktlagerung zurück.

Momentenlagerung bei getriebelosen Triebsträngen

Die Hersteller der Windkraftanlagen mit direkt angetriebenen Permanentmagnet-Generatoren vertrauen mehrheitlich noch eher auf eine konventionelle Lagerung mit zwei Lagern auf einer feststehenden Achse oder einer Rotor/Generator-Welle (vergl. Bild 9.10) [8]. Eine Momentenlagerung des Rotors ist erst bei der zweiten Generation dieser Anlagen zu finden, z. B. bei der Vensys 2,5 MW oder der Siemens SWT 3.0 (Bild 9.46). Die für das Drehmoment verantwortlichen Tangentialkräfte greifen beim direktgetriebenen Generator mit großem Durchmesser relativ weit außen an und können deshalb bei Verwendung eines Momentenlagers mit ähnlich großem Durchmesser auf kurzem Weg weitergeleitet werden. Der Kraftfluß im Triebstrang erfolgt damit auf sehr kurzem Weg, womit Material gespart wird. Die neueren Windkraftanlagen mit dieser Bauart erreichen spezifische Turmkopfmassen, die mit den leichtesten Getriebeanlagen vergleichbar sind.

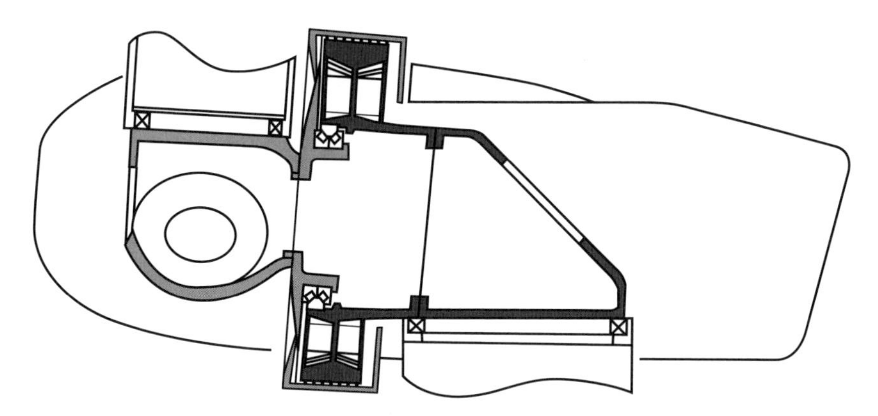

Bild 9.46. Getriebeloser Triebstrang der Vensys 2,5 MW mit Momentenlager für Rotor und Generator

9.7.5 Rotorlagerung auf einer feststehenden Achse

Die hohen Biegewechselbeanspruchungen in der Rotorwelle lassen sich nur mit einem teuren und schweren Bauteil auffangen. Diesen Nachteil versucht eine Konzeption zu vermeiden, die bei einigen neueren Anlagen zu finden ist. Hier ist der Rotor auf einem feststehenden Achsträger gelagert, der keinen Biegewechselbeanspruchungen, sondern nur einer statischen Biegelast unterworfen ist.

Bei konventionellen Windkraftanlagen mit Getriebe wurde das Prinzip der feststehenden Achse als Rotorlagerung ebenfalls erprobt, z. B. bei der Bonus MK V. Die Drehmomentenübertragung vom Rotor zum Getriebe erfolgte mit einer leichten Torsionswelle durch den hohlen Achsträger (Bild 9.47). Bei den späteren Modellen wurde die feststehende Rotorachse allerdings zugunsten der Dreipunktlagerung von Motor und Getriebe wieder aufgegeben.

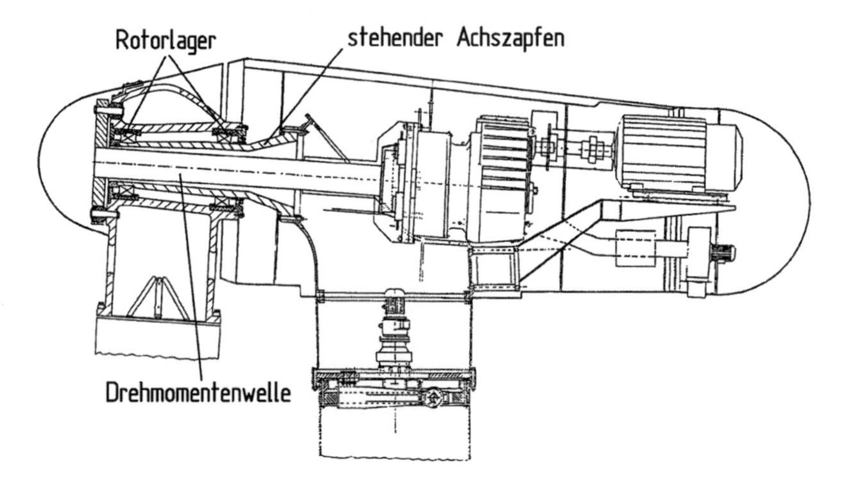

Bild 9.47. Rotorlagerung auf einem feststehenden Achsträger bei der Bonus Mk V (1996)

Feststehende Achsen eignen sich besonders für getriebelose Triebstrangkonzepte, da hier keine Drehmomentenübertragung vom Rotor über das Getriebe zum elektrischen Generator erforderlich ist. Die getriebelosen Anlagen von Enercon, Lagerwey und anderen Herstellern verfügen deshalb über einen Lagerzapfen, auf dem der Rotor und der direktgetriebene Generator gelagert sind (Bild 9.48).

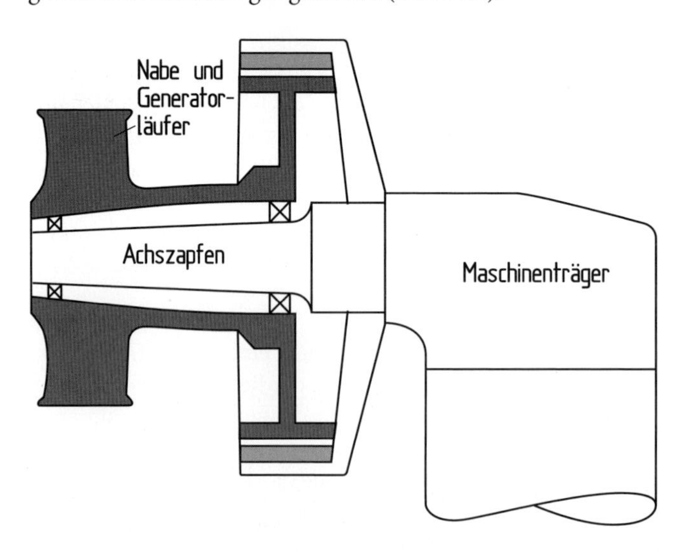

Bild 9.48. Rotorlagerung auf einem feststehenden Achszapfen bei den Enercon-Anlagen

Der Lagerzapfen, wie auch der auf dem Turm befestigte Maschinenträger, sind gegossen (Bild 9.49). Andere Hersteller von getriebelosen Anlagen setzen auch Hohlachsen mit größerem Durchmesser ein. Diese erlauben einen Durchgang durch die hohle Achse in die Rotornabe für das Wartungspersonal (z. B. Vensys 100).

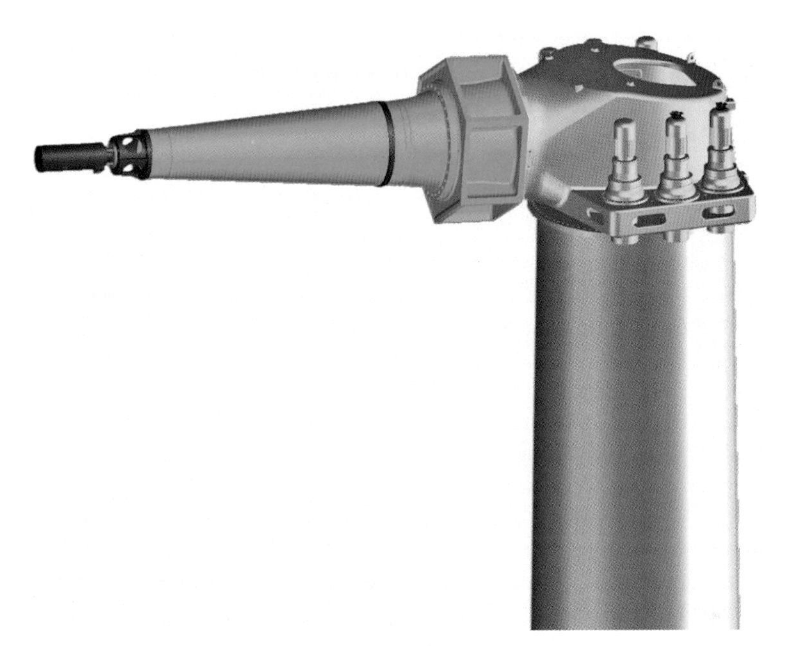

Bild 9.49. Gegossene Rotorachse mit Maschinenträger der Enercon E-40

Die zitierten Beispiele der Rotorlagerung zeigen die wichtigsten der heute realisierten Konstruktionen. Die ganze Bandbreite der technischen Lösungen und ihrer Varianten und Zwischenlösungen ist jedoch größer. Mit zunehmender Größe der Windkraftanlagen werden neue Überlegungen notwendig. Ab einer bestimmten Größe müssen die Maschinenhäuser in Teilen am Aufstellort montiert und errichtet werden. Auch der Offshore-Einsatz von großen Anlagen mit ihren besonderen Anforderungen an die Wartung und die Reparaturfreundlichkeit wird neue Anforderungen stellen.

9.8 Rotorbremse

Der Rotor einer Windkraftanlage muß im Stillstand in seiner Position gehalten werden können. Für Wartungs- und Reparaturarbeiten ist das Festbremsen des Rotors unerläßlich und im allgemeinen auch während der normalen Stillstandszeiten üblich. Zur Überbrückung längerer Stillstandszeiten und zur Durchführung der Wartungs- und Reparaturarbeiten ist darüber hinaus meistens noch eine formschlüssige Arretierung, zum Beispiel Haltebolzen zwischen Rotornabe und Maschinenhaus, vorhanden. Damit kann der Rotor in einer oder mehreren Positionen festgehalten werden.

Die Rotorbremsen werden fast ausschließlich als Scheibenbremsen ausgeführt. Geeignete Scheibenbremsen können oft aus Serienfertigungen, die für andere Maschinen oder Fahrzeuge bestimmt sind, kostengünstig übernommen werden. Die Bauart der Rotorbremse ist vor diesem Hintergrund vergleichsweise unproblematisch. Dennoch stellt die Rotorbremse den Konstrukteur einer Windkraftanlage vor einige Fragen, deren Beantwortung Konsequenzen für das Gesamtsystem hat.

Die erste und wichtigste Frage ist, welche Aufgabe die Rotorbremse in der Betriebsführung übernehmen soll. Im einfachsten Fall wird ihre Rolle auf die reine Haltefunktion im Rotorstillstand beschränkt. Die Bremse muß in diesem Fall auf das erforderliche Haltemoment des Rotors im Stillstand ausgelegt werden. Dieses bemißt sich nach den aerodynamischen Kräften, die entsprechend den zugrundegelegten maximalen Windgeschwindigkeiten berechnet werden (vergl. Kap. 6.4).

Über die Funktion als reine Haltebremse hinaus kann die Rotorbremse grundsätzlich auch als Betriebsbremse ausgelegt werden. Sofern das Bremsmoment und die Bremsleistung (thermische Beanspruchung) ausreichen, ist die mechanische Rotorbremse dann als zweites, unabhängiges Bremssystem neben der aerodynamischen Bremsung des Rotors einsetzbar. Die Betriebssicherheit der Windkraftanlage wird dadurch bedeutend erhöht. Bei kleinen Windkraftanlagen hat sich eine mechanische Rotorbremse, die im Notfall den Rotor vor dem Durchgehen bewahrt, außerordentlich gut bewährt und ist weitgehend üblich.

Mit zunehmender Größe der Windkraftanlage ist diese Forderung allerdings immer schwieriger zu erfüllen. Für eine Anlage mit 60 oder 80 m Rotordurchmesser nimmt die Rotorbremse fast untragbare Ausmaße an, wenn sie das Rotormoment und die Rotorleistung bei Vollast abbremsen soll. Aus diesem Grund ist die Aufgabe der Rotorbremse bei großen Anlagen auf die Funktion als reine Haltebremse beschränkt.

Neben der Aufgabe der Rotorbremse in der Betriebsführung stellt sich die Frage, an welcher Stelle im Triebstrang die Rotorbremse anzubringen ist. Die Rotorbremse auf der „langsamen" oder der „schnellen" Seite ist die Alternative. Das Bestreben, den Bremsscheibendurchmesser möglichst klein zu halten, ist der Grund dafür, daß die Rotorbremse fast immer auf der schnellen Welle, also zwischen Getriebe und Generator, angebracht ist (Bild 9.50). Wegen der höheren Drehzahl ist das Drehmoment, entsprechend der Getriebeübersetzung, um eine oder gar zwei Größenordnungen geringer als auf der langsameren Rotorwelle.

Die Anbringung der Bremse auf der schnellen Welle hat allerdings mindestens zwei Nachteile. Sie ist aus sicherheitstechnischen Erwägungen weniger vorteilhaft, da bei einem Bruch der langsamen Welle oder des Getriebes die Bremsfunktion ausfällt. Außerdem muß im Stillstand der Rotor durch das Getriebe gehalten werden. Zahnradgetriebe reagieren auf kleine oszillierende Bewegungen, die bei einer Windkraftanlage im Stillstand wegen der Luftturbulenz unvermeidlich sind, mit erhöhtem Verschleiß der Zahnflanken. Bei einigen Anlagen versucht man dieses Problem dadurch zu lösen, daß man den Rotor nicht mehr im Stillstand festbremst, sondern mit langsamer Drehzahl „trudeln" läßt.

Um diese Nachteile zu vermeiden, wurde bei einigen älteren Anlagen die Rotorbremse auf der langsamen Seite, das heißt auf der Rotorwelle, angebracht. Bei kleinen Windkraftanlagen ist eine voll wirksame Betriebsbremse auch auf der langsamen Seite konstruktiv noch mit vertretbarem Aufwand zu realisieren, sofern die Ausführung der Rotorwellenlagerung dem nicht entgegensteht. Die Anbringung der Rotorbremse auf der langsamen Seite ist bei

Bild 9.50. Rotorhaltebremse auf der „schnellen Welle" bei der Nordex N-80

Bild 9.51. Rotorhaltebremse auf der „langsamen Welle" unmittelbar hinter der Nabe bei einem älteren Prototyp (HWP-1000)

großen Anlagen jedoch problematisch. Selbst eine Haltebremse nimmt bereits erhebliche Dimensionen an (Bild 9.51). Bei den heutigen großen Anlagen sind deshalb Rotorbremsen auf der langsamen Welle nicht mehr zu finden.

9.9 Übersetzungsgetriebe

Die große Drehzahlübersetzung vom Rotor auf den Generator hat den Konstrukteuren der ersten Windkraftanlagen großes Kopfzerbrechen bereitet. Aufwendige Generatorbauarten mit geringer Drehzahl sowie hydraulische oder pneumatische Übertragungswege zum Generator entstanden in dieser Situation (vergl. Kap. 9.1). Die Aerodynamiker waren deshalb anfangs bemüht, die Rotordrehzahl so hoch wie möglich zu treiben, um das Übersetzungsverhältnis des Getriebes zu senken. Man vermutete stark anwachsende Kosten mit steigender Getriebeübersetzung und forcierte die Entwicklung von Rotoren mit extremer Schnelläufigkeit.

Fortschritte in der Getriebetechnik haben diese Situation geändert. Heute stehen leistungsfähige Getriebe mit Übersetzungsverhältnissen von 1:100 und mehr zur Verfügung. In vielen Bereichen des Maschinenbaus werden Getriebe verwendet, die hinsichtlich der technischen Konzeption, des Wirkungsgrades und mit gewissen Einschränkungen hinsichtlich der Lebensdauer für den Einsatz in Windkraftanlagen geeignet sind. Das Getriebe ist eine „Zulieferkomponente“ für die Windkraftanlage geworden, die mit konstruktiven Anpassungen im Detail aus der Serienproduktion übernommen werden kann.

Ungeachtet dieser günstigen Situation war und ist das Getriebe bei vielen Windkraftanlagen eine Quelle von Ausfällen und Defekten. Die Ursache für diese „Getriebeprobleme“ ist weniger das Getriebe selbst, als die richtige Bemessung des Getriebes vor dem Hintergrund des Lastkollektivs. Bei Windkraftanlagen besteht eine große Gefahr, die hohen dynamischen Belastungen, denen das Getriebe in einer Windkraftanlage ausgesetzt ist, zu unterschätzen. Insbesondere in der Anfangsphase fand man deshalb bei vielen Anlagen zu schwach dimensionierte Getriebe. Die erfolgreichen Hersteller haben — meist durch viele schlechte Erfahrungen klüger geworden — ihre Anlagen Zug um Zug mit immer stärkeren Getrieben ausgerüstet und so im Laufe der Entwicklung die Getriebeprobleme weitgehend in den Griff bekommen.

9.9.1 Getriebebauarten

Zahnradgetriebe werden in zwei unterschiedlichen Bauarten hergestellt. Einmal als *Stirnradgetriebe* und zum anderen technisch aufwendiger als *Planetengetriebe*. Die Übersetzungsstufe pro Zahnradpaarung ist begrenzt, damit das Durchmesserverhältnis vom kleinen zum großen Zahnrad nicht zu ungünstig wird. Stirnradstufen werden mit einem Übersetzungsverhältnis bis 1:5, Planetenstufen bis 1:12 gebaut. Für Windkraftanlagen ist im allgemeinen mehr als eine Übersetzungsstufe erforderlich. Bild 9.52 zeigt, wie sich verschiedene Bauarten auf die Baugröße, die Masse und auf die relativen Kosten auswirken [9].

Die dreistufige Planetenbauart weist nur ein Bruchteil der Baumasse eines vergleichbaren Stirnradgetriebes auf. Die relativen Kosten reduzieren sich auf etwa die Hälfte. Das mehrstufige Planetengetriebe ist deshalb in der Megawatt-Leistungsklasse eindeutig überlegen. Obwohl Getriebe mit drei Planetenstufen das geringste Gewicht aufweisen, wird eine Bauart mit zwei Planetenstufen und einer Stirnradstufe aus konstruktiven Gründen meistens vorgezogen. Bei geringeren Leistungen fällt der Vergleich nicht so eindeutig aus. Im Bereich bis etwa 500 kW wird die Stirnradbauart oft aus Kostengründen vorgezogen.

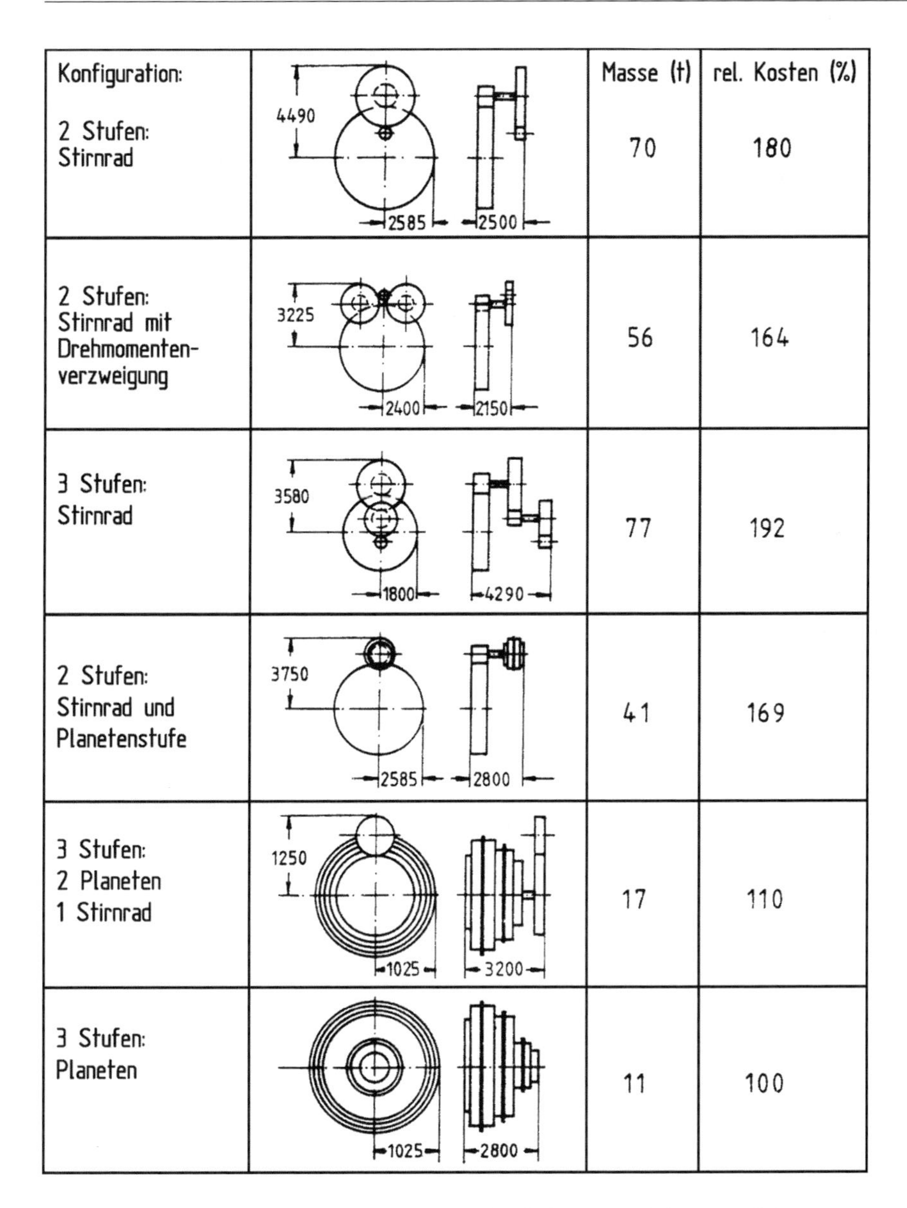

Konfiguration:		Masse (t)	rel. Kosten (%)
2 Stufen: Stirnrad	4490 / 2585 / 2500	70	180
2 Stufen: Stirnrad mit Drehmomentenverzweigung	3225 / 2400 / 2150	56	164
3 Stufen: Stirnrad	3580 / 1800 / 4290	77	192
2 Stufen: Stirnrad und Planetenstufe	3750 / 2585 / 2800	41	169
3 Stufen: 2 Planeten 1 Stirnrad	1250 / 1025 / 3200	17	110
3 Stufen: Planeten	1025 / 2800	11	100

Bild 9.52. Baumasse und relative Kosten unterschiedlicher Getriebebauarten [9]
Annahmen: Nennleistung der Windkraftanlage 2500 kW, Rotordrehzahl 25 U/min, Generatordrehzahl 1500 U/min, Servicefaktor des Getriebes 1,6

Kleine Windkraftanlagen bis zu einer Leistung von etwa 100 kW sind in der Regel mit Stirnradgetrieben ausgerüstet. Vorherrschend sind zweistufige Stirnradgetriebe, die von zahlreichen Herstellern in Form modifizierter Universalgetriebe angeboten werden (Bild 9.53).

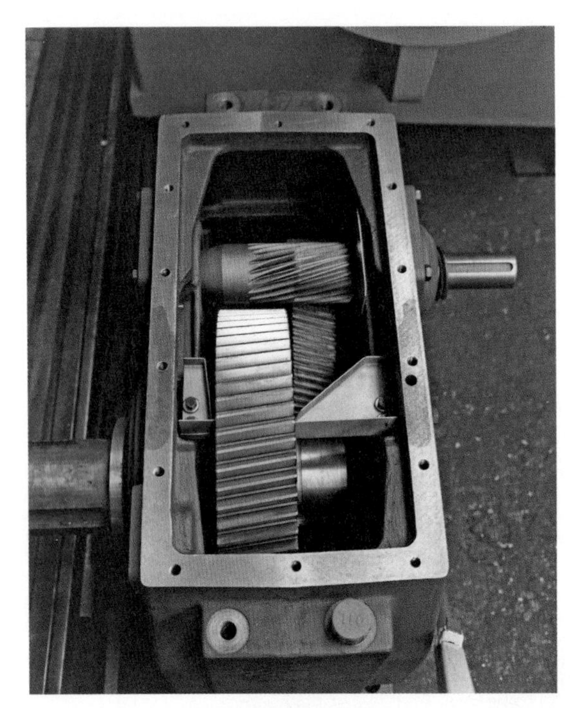

Bild 9.53. Zweistufiges Stirnradgetriebe für Windkraftanlagen der Leistungsklasse 200 bis 500 kW (Bauart Hansen)

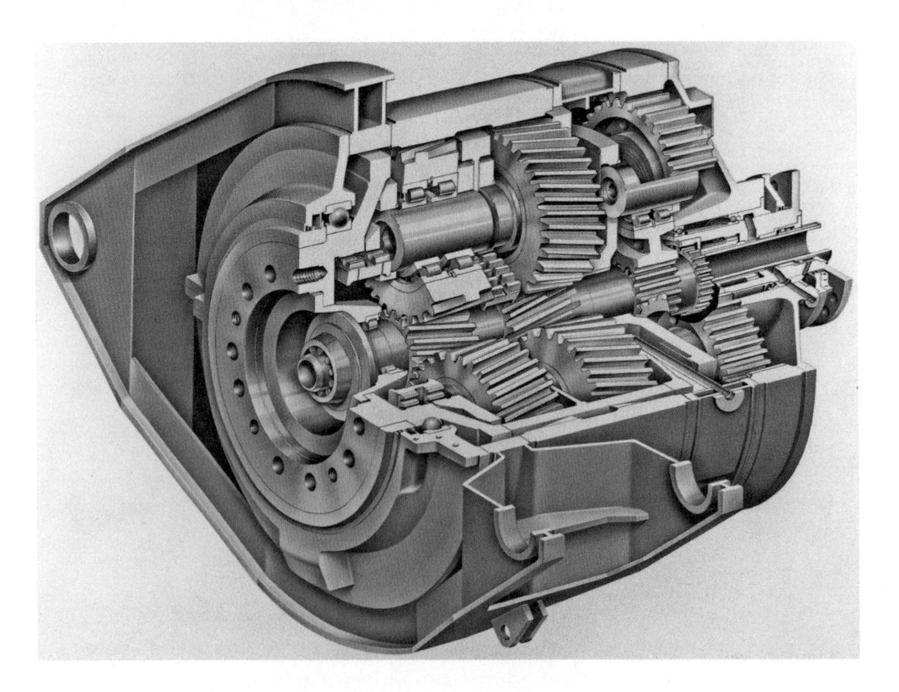

Bild 9.54. Dreistufiges Planetengetriebe der Leistungsklasse 2 bis 3 MW (Bauart Thyssen)

Bei größeren Windkraftanlagen herrscht eindeutig die Planetenbauart vor. Für Leistungen von einigen Megawatt werden zwei- oder dreistufige Ausführungen gewählt (Bild 9.54). Große Planetengetriebe werden zum Beispiel im Schiffsbau und in einigen Bereichen des Maschinenbaus eingesetzt, so daß aus dieser Produktion passende Getriebe für große Windkraftanlagen abgeleitet werden können.

Für viele neuere Anlagen in der Leistungsklasse bis 2 MW werden Getriebe mit einer Planetenstufe und zwei zusätzlichen Stirnradstufen gewählt (Bild 9.55). Mit dem Hinzufügen der Stirnradstufe liegen An- und Abtriebswelle nicht mehr koaxial. Dies hat den Vorteil, daß in der Getriebemittelachse leichter eine durchgehende Hohlwelle von der Antriebs- zur Abtriebsseite verwirklicht werden kann. Die Energieversorgung des Blattverstellantriebs, sowie alle Meß- und Steuersignale für den Rotor können auf diese Weise durch das Getriebe durchgeführt werden.

Bei größeren Getrieben ist oft noch ein sogenannter Rotorstellantrieb an das Getriebegehäuse angeflanscht. Mit Hilfe dieses Elektromotors kann der Rotor langsam gedreht

Bild 9.55. Standardgetriebe für große Windkraftanlagen mit zwei Planetenstufen und einer Stirnradstufe (Schema Eickhoff)

werden. Zur Durchführung von Montage- und Wartungsarbeiten an großen Rotoren ist ein derartiger Hilfsantrieb unverzichtbar.

Die Schmierung der Getriebe erfolgt meistens über eine zentrale Ölversorgung im Maschinenhaus. Diese enthält in der Regel auch einen Ölkühler und einen Filter.

9.9.2 Äußere Belastungsvorgaben für die Getriebeauslegung

Die Auslegung eines Getriebes ist unter zwei Aspekten zu sehen. Zunächst geht es darum, die äußere Belastungssituation des Getriebes richtig einzuschätzen. Die Vorgabe der äußeren Lasten und der Belastungskriterien liegt beim Systemingenieur der Windkraftanlage. Aus diesem Grund muß diese Problematik hier ausführlicher erörtert werden.

Der zweite Aspekt betrifft die „innere" Getriebeauslegung. Diese Aufgabe stellt sich in erster Linie für den Getriebehersteller. Der Hersteller kann sie aber nur lösen, wenn er entsprechend den Einsatzbedingungen die richtigen „äußeren" Lasten vorgegeben bekommt.

Die wichtigste äußere Belastungsgröße ist das zu übertragende Drehmoment. Das Drehmoment, bzw. das Rotorantriebsmoment, ist bei einer Windkraftanlage natürlich keine konstante Größe, sondern je nach technischer Konzeption mehr oder weniger großen Schwankungen unterworfen. Das Lastkollektiv beinhaltet die über die gesamte Lebenszeit auftretenden Drehmomentenschwankungen nach Größe und Häufigkeit. Das Getriebe wird auf der Basis dieses Lastkollektivs vom Hersteller so dimensioniert, daß die sogenannte Belastbarkeitslinie (Wöhlerlinie) mit einem ausreichenden Sicherheitsabstand über dem Lastkollektiv liegt (Bild 9.56).

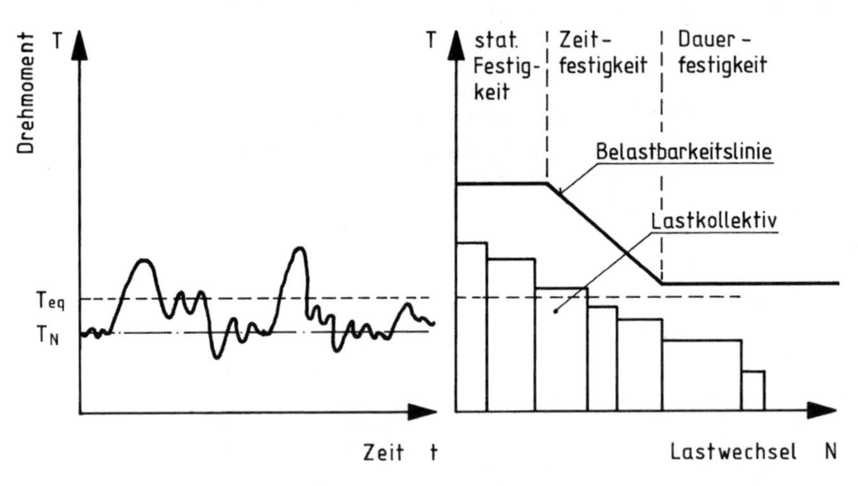

Bild 9.56. Drehmomentencharakteristik und Lage des resultierenden Lastkollektivs zur Belastbarkeitslinie eines Getriebes (gezeigt ist eine dauerfeste Auslegung)

In der Entwurfspraxis ist dieses ideale Verfahren nicht immer durchführbar, da ein vollständiges und zuverlässiges Lastkollektiv für das Getriebe nur in den seltensten Fällen vorliegt. Man bedient sich deshalb einer vereinfachten und empirisch gestützten Methode zur Definition der äußeren Belastungssituation.

Der Ausgangspunkt ist das vom Getriebe zu übertragende Nennmoment des Rotors T_N. Bei Rotoren, die mit konstanter Drehzahl betrieben werden, ergibt sich das Nennmoment sehr einfach aus der Division der mechanischen Rotornennleistung durch die Rotordrehzahl. Nach DIN 3990 kann ein sogenanntes „äquivalentes konstantes Drehmoment" T_{eq} definiert werden, das in seiner Wirkung auf die Getriebedimensionierung dem dynamischen Lastkollektiv entspricht [10]. Mit anderen Worten: Wenn das Getriebe diesem äquivalenten Drehmoment aus einer angenommenen konstanten Dauerbelastung unterworfen wird, erleidet es die gleichen Beanspruchungen, als ob es dem entsprechenden Wechsellastkollektiv unterworfen würde. Aus der Sicht der Getriebefestigkeit entspricht das so definierte äquivalente Drehmoment dem „maximal übertragbaren Dauermoment" des Getriebes. Der Quotient aus dem äquivalenten Drehmoment T_{eq} und dem Nennmoment wird nach DIN 3990 als sogenannter *Anwendungsfaktor* K_A definiert.

$$K_A = \frac{T_{eq}}{T_N}$$

Der Anwendungsfaktor ist somit eine anwendungsbezogene Bemessungsgröße für das Getriebe. Er beinhaltet alle dynamischen Kräfte, die über das konstante Drehmoment bei Nennleistung von außen in das Getriebe eingeleitet werden. Die getriebeinternen Sicherheiten sind damit noch nicht abgedeckt. Sie müssen zusätzlich vom Getriebehersteller berücksichtigt werden. Steht kein Lastkollektiv zur Verfügung, so muß der Anwendungsfaktor K_A, und damit das äquivalente Drehmoment, aus Vergleichen mit ähnlichen Einsatzfällen empirisch bestimmt werden (Tabelle 9.57).

Tabelle 9.57. Anwendungsfaktoren für Getriebe [10]

Arbeitsweise der Antriebsmaschine	Arbeitsweise der getriebenen Maschine: gleichmäßig (uniform)	mäßige Stöße (moderate)	mittl. Stöße	starke Stöße (heavy)
gleichmäßig (uniform)	1,00	1,25	1,50	1,75
leichte Stöße	1,10	1,35	1,60	1,85
mäßige Stöße (moderate)	1,25	1,50	1,75	2,0 oder höher
starke Stöße (heavy)	1,50	1,75	2,0	2,25 oder höher

Die Kernfrage lautet natürlich: Welche Anwendungsfaktoren sind für Windkraftanlagen vorzusehen? Es versteht sich nahezu von selbst, daß die technische Konzeption der Windkraftanlage für die Beantwortung dieser Frage eine Rolle spielt. Antriebsseitig sind für das Getriebe wichtig:

- Zahl der Rotorblätter
- Art der Rotorleistungsregelung (Blatteinstellwinkel- oder Stallregelung)
- Funktion der Rotornabe bei Zweiblattrotoren

Auf der Getriebeabtriebsseite sind zu berücksichtigen:

- elastische und dämpfende Glieder in der schnellen Welle
- Härte bzw. Weichheit der elektrischen Netzkopplung (Generatorbauart)

Darüber hinaus spielt die Lage der mechanischen Rotorbremse, die sowohl auf der Getriebeantriebsseite (langsame Welle) wie auch auf der Getriebeabtriebsseite (schnelle Welle) vorhanden sein kann, eine gewisse Rolle. Bis heute gibt es noch keine allgemein anerkannte quantitative Zuordnung dieser technischen Merkmale einer Windkraftanlage zu dem zu wählenden Anwendungsfaktor für das Getriebe. Pauschale Empfehlungen für „Windkraftanlagen mit Dreiblattrotoren" sind eindeutig zu grob [11].

Für die Getriebe von älteren stallgeregelten Dreiblattanlagen mit direkt netzgekoppelten Asynchrongeneratoren wurden Anwendungsfaktoren um 2,0 angesetzt. Für neuere Stall-Anlagen werden niedrigere Faktoren gewählt (ca. 1,6), allerdings in Verbindung mit konstruktiv wesentlich verbesserten Getrieben. Windkraftanlagen, die über eine Blatteinstellwinkelregelung verfügen, kommen mit niedrigeren Anwendungsfaktoren für die Getriebe aus, sofern sie drehzahlvariabel betrieben werden können. Für diese Konzeption liegen allerdings noch sehr wenige systematische Auswertungen der Getriebelastkollektive vor. Im Vergleich zu den drehzahlfesten Anlagen sollten Anwendungsfaktoren unter 1,5 genügen.

Zur Kennzeichnung der äußeren Belastungssituationen für das Getriebe sind in der Getriebetechnik neben dem Anwendungsfaktor noch mindestens zwei andere Faktoren im Gebrauch. Der *Betriebsfaktor* nach VDI 2151 ist prinzipiell genauso definiert wie der Anwendungsfaktor [12]. Er enthält jedoch auch getriebeinterne Sicherheitsfaktoren und liegt damit immer etwa 5 bis 10 % höher als der Anwendungsfaktor. Die Definition des Betriebsfaktors ist durch diese Verknüpfung von äußeren Belastungskriterien und getriebeinternen Sicherheitsfaktoren weniger eindeutig. Er sollte deshalb zunehmend durch den Anwendungsfaktor ersetzt werden.

Im englischsprachigen Raum wird der sogenannte *service factor* benutzt. Er ist in der AGMA-Norm (American Gear Manufacturers Association) ähnlich wie der Anwendungsfaktor definiert, berücksichtigt jedoch eine vorgegebene statistische Ausfallwahrscheinlichkeit des Getriebes. Der Servicefaktor liegt zahlenmäßig etwa 10 bis 20 % über dem Anwendungsfaktor [13].

Einige Getriebehersteller geben zur Kennzeichnung ihrer Getriebe statt der genannten Faktoren die Auslegungsleistung des Getriebes nach der AGMA-Norm an. Der Quotient aus der AGMA-Leistung und der Nennleistung der Windkraftanlage entspricht praktisch — wenn auch nicht definitionsgemäß — dem Anwendungsfaktor.

Angesichts der zahlreichen Definitionen ist es für den Systementwickler der Windkraftanlage unerläßlich, eine klare Übereinkunft mit dem Getriebehersteller hinsichtlich der anzuwendenden Bemessungsfaktoren zu treffen. Es wäre zu wünschen, daß sich der Anwendungsfaktor allgemein als Kenngröße durchsetzt.

Eine abschließende Bemerkung zur Dimensionierung des Getriebes betrifft die sog. „äußere" Bruchfestigkeit. Dynamisch belastete Getriebe, die mit Anwendungsfaktoren in der Größenordnung von 2 im Hinblick auf die Dauerfestigkeit ausgelegt werden, verfügen in der Regel über eine Bruchfestigkeit, die mindestens beim Dreifachen des Nennmomentes liegt. Im normalen Betrieb einer Windkraftanlage wird dieses Bruchmoment nicht erreicht.

Lediglich der Störfall „Generatorkurzschluß" kann wesentlich höhere Drehmomente im Triebstrang verursachen. Um das Getriebe und die Rotorwelle davor zu schützen, werden deshalb in den meisten Fällen Überlastungskupplungen in die schnelle Welle eingebaut (vergl. Kap. 9.10).

9.9.3 Innere Getriebedimensionierung und konstruktive Auslegung

Die Entwicklung und Konstruktion von großen, hochbelasteten Getrieben ist generell ein äußerst anspruchsvolles Spezialgebiet des Maschinenbaus. Darüber hinaus hat der immer noch nicht ganz ausgestandene „Ärger mit den Getrieben" in Windkraftanlagen neue windanlagengerechte Anforderungen deutlich werden lassen. Erst seit den letzten Jahren stehen den Getriebeherstellern ausreichende Erfahrungen und Daten zur Verfügung, um windkraftanlagenspezifische Getriebe entwickeln zu können. Auch der enorme Aufschwung der Windenergienutzung und damit die entsprechenden Stückzahlen haben für die Hersteller die wirtschaftlichen Voraussetzungen geschaffen, um diese Entwicklungsarbeit leisten zu können. An dieser Stelle können nur einige allgemeine Hinweise auf die interne Getriebeauslegung gegeben werden.

Verzahnungsauslegung

Die wichtigsten internen Sicherheitsfaktoren für die Getriebeverzahnung beinhalten die Faktoren:

$s_H > 1,1$ gegen Grübchenbildung
$s_H > 1,5$ gegen Zahnbruch.

Darüber hinaus gibt es zahlreiche weitere Kriterien für die Verzahnungsberechnung und die Verzahnungsgeometrie. Hierzu muß auf die Fachliteratur hingewiesen werden.

Lagerberechnung

Generell gilt für die Auslegung der Lager, was bereits allgemein zu den Wälzlagern gesagt wurde. Besonders wichtig ist die Frage welche Ursachen zu Lagerschäden führen können, auf die schon in Kap. 9.7.1 hingewiesen wurde. Die Wälzlager im Getriebe sind mehr noch als bei anderen Lageraufgaben das Bindeglied zwischen Wellen, Verzahnung und Gehäuse, deshalb bilden sich viele Störungen an diesen Komponenten als Lagerschäden ab.

Wellenberechnung

Die Wellen in Getrieben müssen auf Gewaltbruch und Dauerfestigkeit ausgelegt werden. Insbesondere Deformationen und Kerbwirkungen sind dabei zu berücksichtigen. Die DIN 743 enthält die Grundlagen für die Auslegung der Getriebewellen.

Gehäusedeformationen

Auch die noch so stabil aussehenden Getriebegehäuse sind nicht unendlich steif. Gehäusedeformationen, vor allem wenn das Getriebe die Rotorlasten aufzunehmen hat, sind die

Ursache vieler Ausfälle. Die Finite-Element-Berechnung der Gehäusesteifigkeit ist in diesem Bereich ein unverzichtbares Hilfsmittel in der Getriebeentwicklung.

Betriebserfahrungen

Im Hinblick auf die Getriebekonstruktion haben die vielen negativen Erfahrungen der letzten Jahre einige wichtige allgemeine Hinweise gegeben:

- Der Laufruhe der Verzahnung muß besondere Aufmerksamkeit gewidmet werden. Besonders hervortretende Zahneingriffsfrequenzen können die Quelle von Resonanzen im Triebstrang sein. „Billiggetriebe" mit einfacher Verzahnung sind für Windkraftanlagen ungeeignet.
- Die Öldichtigkeit des Getriebes ist oft ein Problem. Standfester als schleifende Dichtungen haben sich Labyrinthdichtungen erwiesen. Auch die Gehäuseflansche zeigten in vielen Fällen nach einiger Zeit Undichtigkeiten. Für kleinere Getriebe ist die Kastenbauart mit Deckelflansch offensichtlich vorteilhafter als Getriebegehäuse mit an- und abtriebsseitigen Flanschen.
- Die Qualität der Schmierung hat sich als entscheidender Faktor für die Lebensdauer der Getriebe herausgestellt. Zu hohe Öltemperaturen sind genauso schädlich wie Verschmutzungen im Öl. Ölkühler und Filter sind für größere Getriebe unverzichtbar, ebenso so wie die sorgfältige Einhaltung der Ölwechselintervalle.

In den neueren Getrieben sind diese Erfahrungen berücksichtigt worden. Außerdem werden seit einiger Zeit fortschrittliche Konstruktionsprinzipien, wie zum Beispiel die sog. „Flexpin-Lagerung" der Getriebewellen angewendet. Damit können die inneren Verspannungen besser ausgeglichen werden. Die Lebensdauer der Getriebe hat deshalb deutlich zugenommen und sollte im Regelfall die Auslegungsdauer der anderen Hauptkomponenten der Windkraftanlage erreichen.

9.9.4 Wirkungsgrad und Geräuschentwicklung

Moderne Zahnradgetriebe verursachen nur noch vergleichsweise geringe Leistungsverluste. Dennoch sollte man gerade bei einer Windkraftanlage den Getriebewirkungsgrad nicht völlig außer acht lassen. Die Verluste im Getriebe haben ihre Ursache im wesentlichen in der Zahnflankenreibung und den sog. „Planschverlusten" im Schmieröl. Sie äußern sich als Wärmeabgabe und — zu einem sehr viel kleineren Anteil — als Schallemission. Die Wärmeabfuhr kann vor allem bei sehr kompakt gebauten Planetengetrieben ein Problem werden, so daß außer der ohnehin vorhandenen Oberflächenkühlung zusätzliche Kühlmaßnahmen notwendig werden.

Der Wirkungsgrad hängt im wesentlichen vom Übersetzungsverhältnis, der Getriebebauart und der Viskosität des Schmiermittels ab. Es gelten folgende Richtwerte:

- Stirnradgetriebe: ca. 2 % Verlustleistung pro Stufe
- Planetengetriebe: ca. 1 % Verlustleistung pro Stufe

Größere Getriebe (im Megawatt-Leistungsbereich) haben im allgemeinen wegen des höheren konstruktiven Aufwands einen etwas besseren Wirkungsgrad als kleine Getriebe. Einen

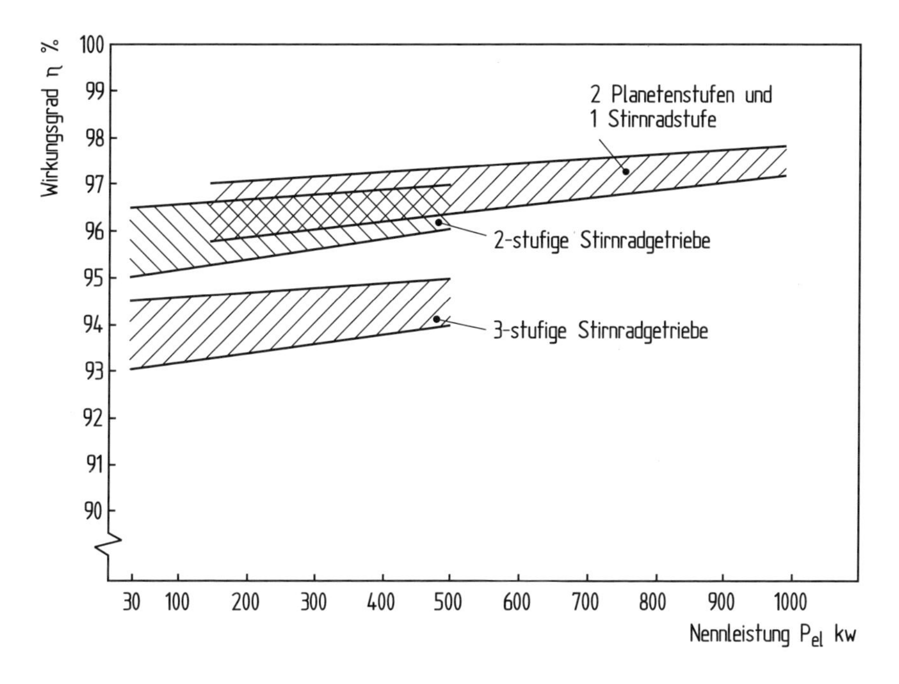

Bild 9.58. Bereiche der zu erwartenden Wirkungsgrade in Abhängigkeit von der Bauart des Getriebes und der Auslegungsleistung der Windkraftanlage

Überblick über die zu erwartenden Getriebewirkungsgrade vermittelt Bild 9.58. Wegen der Abhängigkeit des Wirkungsgrades von der Anzahl der Übersetzungsstufen versucht man bei kleineren und mittleren Windkraftanlagen, mit zweistufigen Getrieben auszukommen. Ein zweistufiges Getriebe in Verbindung mit einem etwas teureren, langsamer laufenden, mehrpoligen Generator kann unter Umständen eine effektivere Kombination sein, als ein dreistufiges Getriebe mit zweipoligem Generator.

Der Wirkungsgrad eines Zahnradgetriebes ist außer vom Übersetzungsverhältnis noch von der übertragenen Leistung abhängig. Die Getriebehersteller veröffentlichen jedoch nur sehr zurückhaltend Informationen über den Verlauf des Wirkungsgrades über der Last, so daß man meistens auf Näherungswerte im Hinblick auf den Teillastwirkungsgrad angewiesen ist. Bei Planetengetrieben kann man davon ausgehen, daß etwa 50 % der Verlustleistung nahezu konstant sind, während 50 % sich linear mit der übertragenen Leistung ändern [14]. Ein nennenswerter Abfall des Wirkungsgrades wird jedoch erst bei sehr geringer Last erkennbar (Bild 9.59). Es genügt deshalb im allgemeinen, für Leistungsberechnungen einen konstanten Getriebewirkungsgrad anzunehmen.

Auch wenn nur ein sehr kleiner Teil der Verlustleistung als Schall abgegeben wird, darf man die Geräuschemission des Getriebes nicht unterschätzen. In manchen Fällen, in denen es Beschwerden der Anwohner über unzumutbare Geräusche einer Windkraftanlage gibt, erweist sich das Getriebegeräusch als die Ursache der Belästigung. Der Einsatz von geräuscharmen Getrieben oder gegebenenfalls entsprechende Schalldämmaßnahmen sind für die öffentliche Akzeptanz der Windkraftnutzung von erheblicher Bedeutung. Die Geräuschentwicklung eines Getriebes hängt von der Qualität und natürlich von der Größe ab. Insbesondere die unterschiedliche Qualität von Konstruktion und Ausführung ist für die erhebliche Bandbreite der Schalleistungspegel verantwortlich. Die Getriebehersteller geben meist den A-bewerteten Schalldruckpegel an, gemessen nach DIN in 1 m Abstand bei Prüfstandsbedingungen. Folgende Richtwerte sind zu erwarten:

- Kleinere Stirnradgetriebe bis etwa 100 kW: 75–80 dB(A)
- Mittlere Stirnradgetriebe bis 1 000 kW: 80–85 dB(A)
- Große Planetengetriebe ca. 3 000 kW: 100–105 dB(A)

Es ist klar, daß Schallquellen dieser Intensität nicht ohne schützende Schalldämmmaßnahmen belassen werden dürfen. Um die Geräusche nach außen abzuschirmen, muß die Luftschallübertragung durch eine schalldämmende Maschinenhausverkleidung weitgehend gedämpft werden.

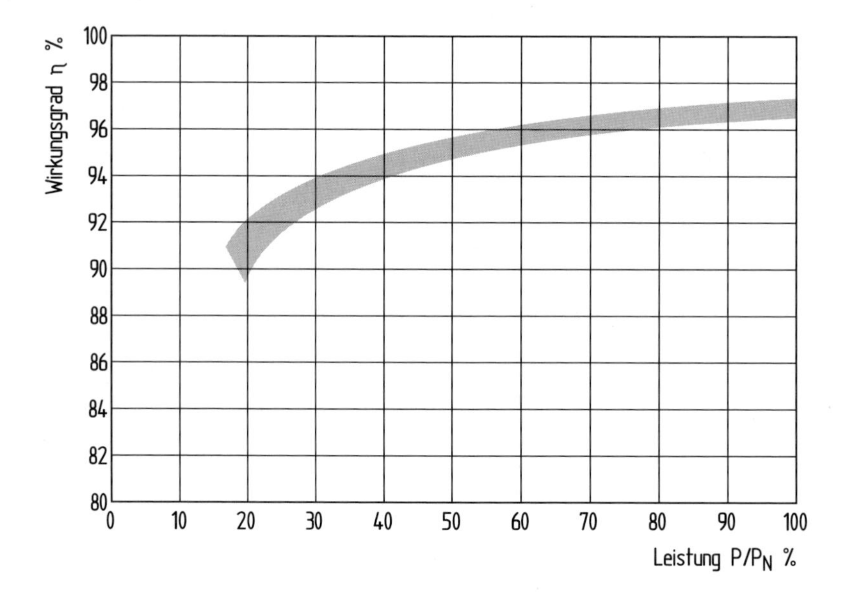

Bild 9.59. Angenäherter Verlauf des Wirkungsgrades über der Leistung für ein dreistufiges Planetengetriebe mit einer Auslegungsleistung von ca. 1500 kW

Um eine Körperschallübertragung vom Getriebe auf das Maschinenhaus und den Turm zu verhindern, werden die Getriebe mit speziellen Lagern aus elastischem Material montiert (Bild 9.60). Diese Art der Lagerung verhindert auch Verspannungen im mechanischen Triebstrang bei den unvermeidlichen Verformungen der tragenden Maschinenhausstruktur. Schwingungen und kleinere Drehmomentenspitzen vom Rotor werden bis zu einem gewissen Grad durch die, wenn auch kleinen, elastischen Torsionsbewegung des Getriebes gedämpft.

Bild 9.60. Elastische Getriebelagerung bei einer GE 1.5 s

9.10 Drehzahlvariable Überlagerungsgetriebe

Der drehzahlvariable Betrieb des Rotors hat mehrere entscheidende Vorteile (vergl. Kap. 14.6.3). Heute werden die großen Windkraftanlagen fast ausnahmslos mit drehzahlvariablen Generatoren und Frequenzumrichtern ausgerüstet, um den drehzahlvariablen Rotorbetrieb zu ermöglichen. Neben dieser „elektrischen Lösung" gibt es grundsätzlich auch die Alternative, drehzahlvariable mechanische Übersetzungsgetriebe zu realisieren. Ob diese Konzepte sich gegenüber der elektrischen Lösung durchsetzen können, bleibt dahingestellt. Die mechanischen Konzeptionen verdienen jedoch mindestens eine gewisse Beachtung, da auch sie einige Vorteile aufweisen.

Die Grundidee zur Realisierung eines modernen drehzahlvariablen Getriebe besteht in der Verwendung eines Planetengetriebes, das über drei Wellen verfügt, ein drehbar gelagertes Hohlrad, den sog. Planetenradträger und das Sonnenrad. Wird einer der Wellen eine von außen aufgeprägte Drehzahl überlagert, kommt es zu einer sich ändernden Drehzahldifferenz zwischen den beiden anderen Wellen. Mit einem regelbaren äußeren Drehzahlstellmotor kann auf diese Weise eine drehzahlvariable Übersetzung zwischen der An- und Abtriebswelle erreicht werden. Vom Standpunkt des Kraftflusses wird die Hauptleistung formschlüssig über die Zahnräder des Planetensatzes mit hohem Wirkungsgrad übertragen. Nur die Regelleistung ist stärker verlustbehaftet (Leistungsverzweigung). Die Optimierungsaufgabe besteht darin, bei möglichst breitem Drehzahlband die Regelleistung zu minimieren. Der Gesamtwirkungsgrad der Übertragung bleibt damit auf hohem Niveau. Als Regelantriebe können regelbare elektrische Antriebe aber auch zum Beispiel hydrostatische Axialkolbenaggregate oder hydrodynamische Wandler eingesetzt werden. Die hydrostatischen Regelmotoren haben den Nachteil der erheblichen Geräuscherzeugung aber sie sind kompakt und vergleichsweise kostengünstig.

Bereits unter den großen Experimentalanlagen der achtziger Jahre gab es eine Versuchsanlage mit einem drehzahlvariablen, mechanischen Übersetzungsgetriebe. Die britische Versuchsanlage LS-1 wurde mit einem drehzahlvariablen Getriebe ausgerüstet (Bild 9.61). Bei diesem Übersetzungsgetriebe wurde das Sonnenrad des Planetengetriebes mit einem regelbaren Elektromotor lastabhängig in Drehung versetzt. Damit ergab sich eine stufenlose Drehzahlübersetzung zwischen der Getriebeantriebs- und -abtriebswelle. Die übertragene Leistung verzweigte sich in einen mechanischen und einen elektrischen Fluß. Der elektrische Anteil betrug jedoch nur etwa 10 bis 20 %. Um den technischen Aufwand für die Regeleinheit nicht zu groß werden zu lassen, war der Drehzahlbereich mit ±5 % nur sehr klein gewählt worden.

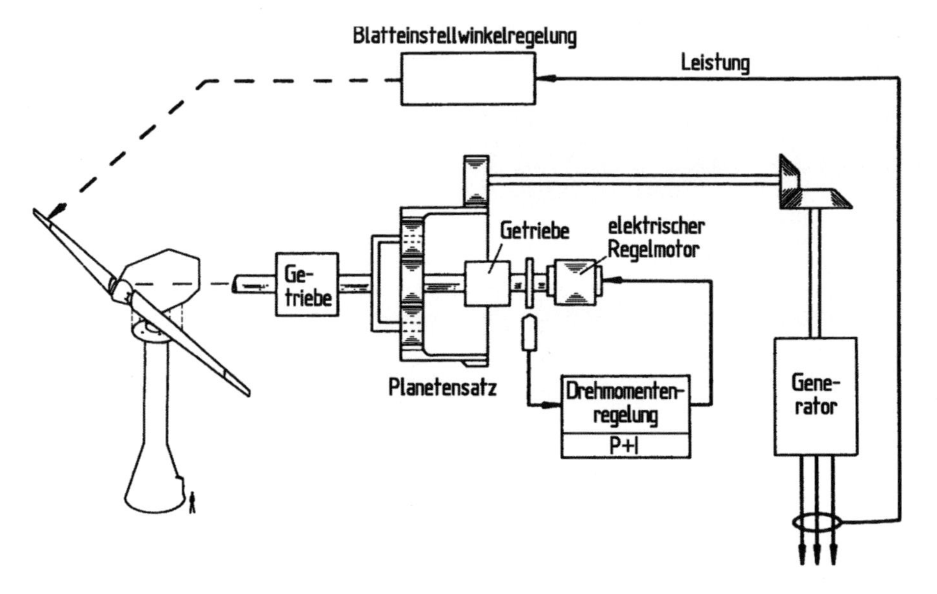

Bild 9.61. Triebstrang der britischen LS-1 Anlage mit drehzahlvariablem mechanisch-elektrischen Überlagerungsgetriebe [15]

Ein modernes drehzahlvariables Überlagerungsgetriebe wurde in den letzten Jahren von der Firma Voith entwickelt (Bild 9.62). Das Getriebe basiert wie üblich auf einem Planetengetriebe, das hier mit einem hydrodynamischen Wandler gekoppelt ist, der als Regelaggregat und darüber hinaus auch noch als Dämpfer wirkt. Die Kombination mit einem hydrodynamischen Wandler hat den besonderen Vorzug, daß die dynamischen Lastspitzen nicht nur durch die Drehzahlvariabilität, sondern auch im Wandler selbst geglättet werden. Darin soll das drehzahlvariable Getriebe der Kombination Generator mit Frequenzumrichter überlegen sein. Auch das Gewicht des Triebstranges soll deutlich geringer ausfallen. Da nur etwa 3 % der Leistung über den hydrodynamischen Wandler fließt, bleibt der Wirkungsgrad des Getriebes günstig. Voith vergleicht dieses unter dem Namen „WinDrive“ angebotene Getriebe in Verbindung mit einem Synchrongenerator mit der elektrischen Alternative „Generator mit Umrichter“. Sowohl hinsichtlich des Gewichtes als auch des Bauvolumens soll die Kombination, Generator mit mechanischen Überlagerungsgetriebe, günstiger ausfallen [16].

Das Voith-Getriebe wird zur Zeit in einer neu entwickelten Windkraftanlagen erprobt. Die Bewährung in der Großserie steht allerdings noch aus.

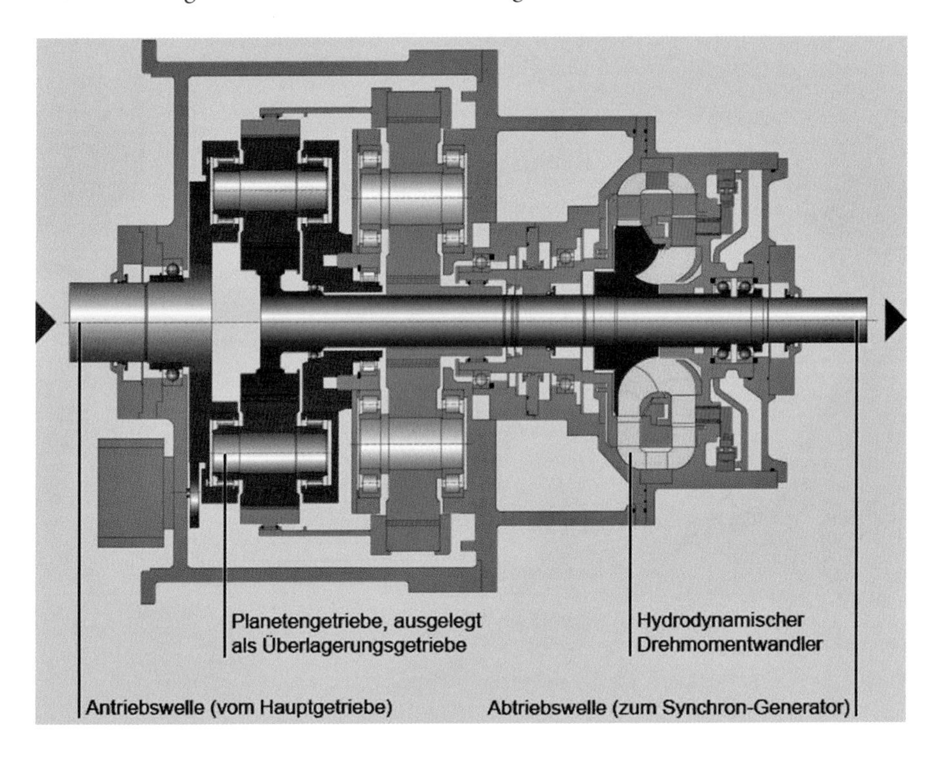

Bild 9.62. Überlagerungsgetriebe mit Planetengetriebe und hydrodynamischen Wandler (Voith)

9.11 Torsionselastizität im mechanischen Triebstrang

Den drehzahlvariablen Betrieb des Rotors mit Hilfe mechanischer Getriebe zu erreichen, bedeutet auf jeden Fall eine vergleichsweise technisch komplizierte und damit potentiell auch störanfällige Technik verwenden zu müssen. Weniger anspruchsvoll ist das Ziel, im mechanischen Teil des Triebstrangs nur die dynamischen Lastspitzen zu eleminieren. Damit sind zumindest die Voraussetzungen geschaffen, auch konventionelle Synchrongeneratoren zu verwenden (vergl. Kap. 10.1.1). Die ersten Versuche in dieser Richtung gehen auf die achtziger Jahre zurück. Verschiedene Konzepte wurden bei den damaligen Experimentalanlagen erprobt.

Torsionselastische Rotorwelle

Die amerikanischen MOD-2-Anlagen waren mit direkt netzgekoppelten Synchrongeneratoren ausgerüstet und verfügten über eine torisionselastische Rotorwelle (Bild 9.63). Im Inneren der tragenden Rotorhohlwelle wurde eine als „Quillshaft" bezeichnete torsionselastische Antriebswelle zum Getriebe eingebaut. Der Verdrehwinkel unter Last erreichte eine Größenordnung, die einer Drehzahlnachgiebigkeit auf der Generatorseite von etwa 5 % entsprach. Ein schwerwiegender Nachteil war allerdings die fehlende Dämpfung. Deshalb gab es bei diesen Anlagen erhebliche Probleme mit der Triebstrangdynamik. Für das weiterentwickelte Modell MOD-5 wurde deshalb statt der torsionselastischen Welle ein drehzahlvariables Generatorsystem verwendet.

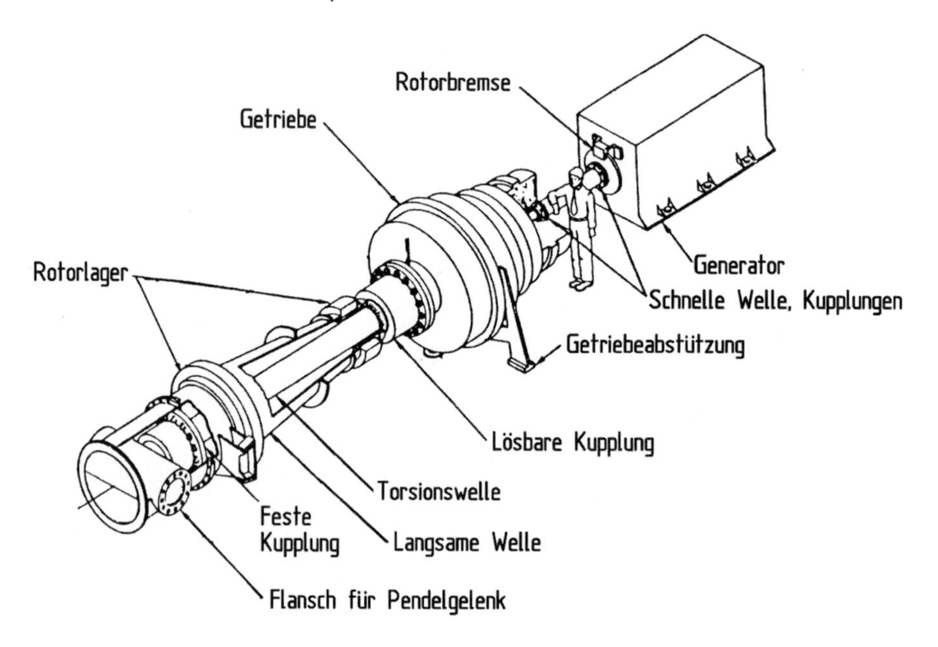

Bild 9.63. Rotorwelle der MOD-2 mit innenliegender drehzahlelastischer Getriebeantriebswelle [17]

Torsionselastische Getriebeaufhängung

Eine andere Möglichkeit, die erforderliche Torsionselastizität im mechanischen Triebstrang zu erreichen, ist die elastische Aufhängung des Getriebes. Bei der schwedisch-amerikanischen WTS-3/-4 Anlage hing das Getriebe in großen Portalstützen und wurde über Tellerfederpakete und hydraulische Dämpfer gehalten. Der maximale Verdrehwinkel unter Last als Folge heftiger Windböen betrug etwa 30°. Der technische Aufwand für diese Art der Getriebeaufhängung war nicht unbeträchtlich, wie die Skizze nach Bild 9.64 zeigt. Die Anlage war wie die amerikanische MOD-2 mit einem direkt netzgekoppelten Synchrongenerator ausgerüstet.

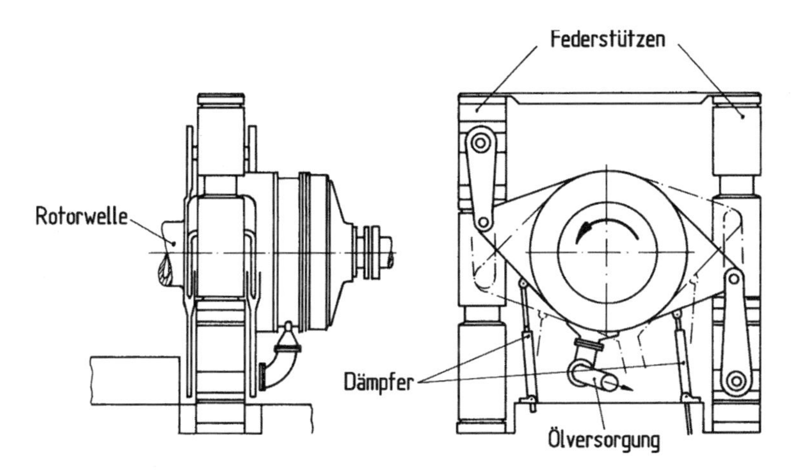

Bild 9.64. Torsionselastisch aufgehängtes Getriebe der WTS-3 [4]

Hydrodynamische Kupplung

Der Einbau einer hydrodynamischen Kupplung zwischen Getriebe und Generator ist eine sehr effektive Möglichkeit, unerwünschte dynamische Schwingungen und Belastungsspitzen im Triebstrang zu dämpfen. Die Kombination von Synchrongenerator mit hydrodynamischer Kupplung im mechanischen Triebstrang wurde in der Vergangenheit mehrfach erprobt. Zum Beispiel die Westinghouse WWG-0600 und die Howden HWP-300, die mit direkt netzgekoppelten Synchrongeneratoren ausgerüstet waren, verfügten über hydraulische Kupplungen im Triebstrang (Bild 9.65).

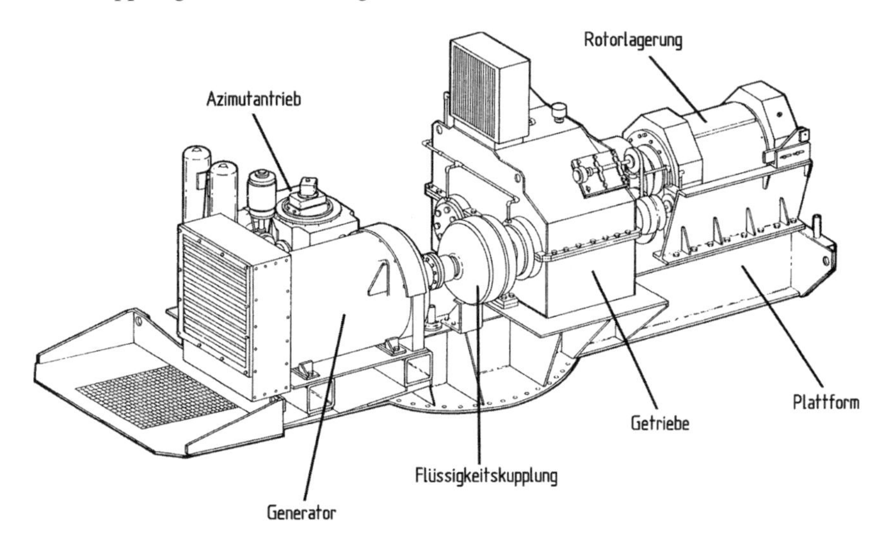

Bild 9.65. Hydrodynamische Kupplung in der schnellen Welle bei der Westinghouse WWG-0600 [18]

Bei der amerikanischen Experimentalanlage MOD-0A, die mit einem Synchrongenerator ausgerüstet war, wurde nachträglich eine Flüssigkeitskupplung in die schnelle Welle eingebaut. Die anfangs aufgetretenen Lastspitzen im Triebstrang, hervorgerufen durch den starken Turmschatteneffekt, erschwerten die Netzsynchronisierung des elektrischen Synchrongenerators in unerträglicher Weise. Die hydrodynamische Kupplung dämpfte das Schwingungsverhalten des Synchrongenerators und glättete die Leistungsabgabe wie auch die dynamische Belastung des Triebstrangs (vergl. Kap. 7.3.3). Der Einsatz einer hydrodynamischen Kupplung ist allerdings mit spürbaren Leistungsverlusten verbunden. Nach Information des Herstellers soll bei der Howden HWP-300 der Leistungsverlust bei Vollast etwa 2 bis 3 % betragen haben.

9.12 Einbau des elektrischen Generators

Der Einbau des elektrischen Generators und sein mechanischer Antrieb stellt ein maschinenbauliches Problem im Rahmen der Triebstrangauslegung dar. Die Verbindungswelle vom Getriebeausgang zum elektrischen Generator, die „schnelle Welle", dreht mit der Generatornenndrehzahl (in der Regel 1500 U/min). In einigen Fällen werden auch Generatoren mit mehr als zwei Polpaaren verwendet, so daß die erforderliche Antriebsdrehzahl auch zum Beispiel 750 U/min betragen kann. In jedem Fall ist, im Vergleich zur langsameren Rotorwelle, das zu übertragende Moment um das Übersetzungsverhältnis des Getriebes zum Generator wesentlich kleiner, so daß die konstruktive Ausführung der schnellen Welle bei den vorherrschenden Belastungen unproblematisch ist. Dennoch sind im Zusammenhang mit dem Einbau der schnellen Welle einige für eine Windkraftanlage spezifische Probleme zu lösen.

Grundsätzlich kann der Generator direkt an das Getriebe angeflanscht werden, so daß eine längere Antriebswelle entbehrlich wird (vergl. Kap. 9.9). Einige kleinere Windkraftanlagen machen von dieser Möglichkeit Gebrauch. Die starre Verbindung vom Getriebe zum Generator ist jedoch nicht unproblematisch. Die Triebstrangkette ist immer gewissen Verformungen unterworfen. Diese Eigenschaft macht flexible Verbindungselemente zwischen den Komponenten fast unentbehrlich, wenn man nicht Verspannungen und damit zusätzliche Belastungen im Triebstrang riskieren will. Auch die Montage und die Wartung werden wesentlich erleichtert, wenn kleine Ausrichtungsfehler zwischen Generator und Getriebe zugelassen werden können, die durch eine flexible Kupplung ausgeglichen werden. Außerdem sollte die Zugänglichkeit der Getrieberückseite bzw. Generatorvorderseite durch einen gewissen Abstand voneinander gewährleistet sein. Aus diesen Gründen werden in der Regel lösbare und flexible Verbindungskupplungen in die schnelle Welle eingebaut.

Die unterschiedlichsten Kupplungsbauarten erfüllen die Forderungen nach lösbarer Verbindung und Flexibilität. Sie werden im allgemeinen Maschinenbau in zahllosen Ausführungen und Größen eingesetzt. Hier einen systematischen Überblick zu vermitteln, kann nicht Aufgabe dieses Buches sein. Für den Konstrukteur einer Windkraftanlage stellt sich das Problem, die Anforderung an die Kupplungsfunktion möglichst exakt zu definieren und sich dann von den Herstellerfirmen bei der Auswahl der am besten geeigneten Bauart beraten zu lassen (Bild 9.66).

Für kleinere Windkraftanlagen wurden in der Vergangenheit oft einfache Kupplungen aus elastischem Material zwischen Getriebe und Generator verwendet (Bild 9.67). An-

Bild 9.66. Flexible Kupplung zwischen Getriebe und Generator bei einer GE 1.5 s

Bild 9.67. Flexible Kupplung aus elastischem Material zwischen Getriebe und Generator bei einer älteren kleinen Bonus-Windkraftanlage

stelle einer Generatorantriebswelle sind bei kleineren Anlagen auch Keilriemenantriebe üblich. Vor allem Kleinanlagen dänischer Herkunft verfügen gelegentlich über Keilriemen zum Antrieb der Generatoren. Der Keilriemenantrieb hat den Vorteil, daß er sowohl die wünschenswerte flexible Verbindung zum Getriebe als auch den Überlastschutz in sich vereinigt. Sein Nachteil liegt im Verschleiß und im schlechteren Wirkungsgrad (Schlupf), der bei größeren Leistungen ins Gewicht fällt.

Die Kupplungen in der schnellen Welle können über die Verbindungs- und Ausgleichsfunktionen hinaus noch eine weitere wichtige Aufgabe übernehmen. Im mechanischen Triebstrang einer Windkraftanlage treten bei Störfällen extreme Belastungen auf, die es aus Sicherheitsgründen geraten erscheinen lassen, eine Sollbruchstelle einzuführen. Vor allem das Generatorkurzschlußmoment kann das 5- bis 6-fache des Nennmomentes erreichen (vergl. Kap. 10.1). Aus wirtschaftlichen Gründen wäre es nicht sinnvoll, die gesamte Triebstrangkette für diese Belastung auszulegen. Mit Hilfe von Überlastkupplungen in der schnellen Welle kann das maximal übertragbare Drehmoment begrenzt werden. Zum Beispiel kann eine sogenannte Brechringkupplung, die auf das dreifache Nennmoment des Getriebes ausgelegt ist, diese Aufgabe erfüllen.

Die Befestigung des Generators auf der tragenden Maschinenhausplattform erfolgt, ähnlich wie beim Getriebe, mit elastischen Lagern (Bild 9.68). Die flexible Befestigung gewährleistet, daß bei Vorformungen der Struktur keine Spannungen im mechanischen Triebstrang entstehen und verhindert außerdem die Körperschallübertragung.

Bild 9.68. Flexible Generatorbefestigung auf der Maschinenhausplattform bei der GE 1.5 s

Beim Einbau des elektrischen Generators muß neben dem mechanischen Antrieb noch die Generatorkühlung in Betracht gezogen werden. Die Standorte von Windkraftanlagen befinden sich in vielen Fällen in Seenähe. Direkt luftgekühlte Generatoren — wie auch Umrichter und andere elektrische Systeme — setzen erhebliche Luftmengen im Kühlsystem um. Erfolgt dies mit salzhaltiger Seeluft, sind Salzablagerungen mit den bekannten Folgen unvermeidlich. Vor diesem Hintergrund muß die Schutzart des elektrischen Generators sorgfältig überlegt und das Kühlsystem entsprechend ausgelegt werden. Die heute übliche Schutzklasse für den elektrischen Generator beträgt nach der VDE-Norm IP 54.

Immer mehr große Windkraftanlagen, vor allem Dingen für den Offshore-Einsatz sind mit geschlossenen Luft-, teilweise auch Wasserkühlkreisläufen für den elektrischen Generator ausgerüstet. Der Bauaufwand für diese Kühlsysteme ist natürlich erheblich größer (vergl. Kap. 17.1.1)

9.13 Maschinenhaus

Die Komponenten des mechanischen Triebstrangs, der elektrische Generator und darüber hinaus noch zahlreiche Hilfsaggregate sind bei fast allen Anlagen in einem geschlossenen Maschinenhaus untergebracht. Unbedingt notwendig ist eine vollständige Verkleidung des Triebstrangs nicht. Bei einigen kleineren Anlagen verzichtet man darauf. Außerdem könnte im Zuge einer weitgehenden Integration der Triebstrangkomponenten, zum Beispiel der direkten Lagerung des Rotors am Getriebe, eine umfassende Verkleidung entbehrlich werden. Immerhin stellt das Maschinenhaus in der heute üblichen Form einen erheblichen Kostenfaktor dar. Auf der anderen Seite sprechen viele praktische Gründe für ein geschlossenes Maschinenhaus, insbesondere bei großen Anlagen. Bis auf weiteres dürfte das geschlossene Maschinenhaus deshalb beibehalten werden.

9.13.1 Bauweise und statische Konzeption

Bauweise und statische Konzeption des Maschinenhauses stehen, wie in Kap. 9.7 erörtert, in engem Zusammenhang mit der Anordnung des Triebstrangs. Insbesondere die Konzeption der Rotorlagerung bestimmt weitgehend die Bauweise der tragenden Maschinenhausstruktur. Darüber hinaus sind Montage- und Kostenerwägungen mitbestimmend.

Die bei älteren Anlagen am weitesten verbreitete Bauart besteht aus einer tragenden Bodenplattform mit einer aufgesetzten nichttragenden Verkleidung. Die Maschinenhausplattform, war üblicherweise eine Schweißkonstruktion (Bild 9.69). Die Plattform muß im vorderen Teil die gesamten Rotorkräfte über die Azimutlagerung auf den Turm übertragen. Angesichts der Steifigkeitsforderungen im Hinblick auf die Lagerung der Triebstrangkomponenten wird das Gewicht entsprechend hoch. Der hintere Teil dient nur zur Aufnahme des elektrischen Generators und kann deshalb leichter ausgeführt werden.

Bei neueren Windkraftanlagen findet man zunehmend gegossene Maschinenträger im vorderen Bereich des Maschinenhauses. Diese tragende Struktur nimmt die gesamten Rotorlasten und das Eigengewicht des Maschinenhauses auf und leitet sie auf den Turm weiter. Im hinteren Bereich wird eine leichte geschweißte oder genietete Stahlblechplattform verwendet, die nur zur Aufnahme des Generators und der im hinteren Bereich befindlichen Hilfsaggregate und sonstigen Einbauten dient (Bild 9.70).

Die Rotorlager werden mit einem Lagergehäuse als sog. „Stehlager" auf die tragende Gußstruktur aufgesetzt. Bei der Dreipunktlagerung des Triebstranges stützt sich das Getriebe mit dem hinteren Rotorlager auf dem Maschinenträger ab (vergl. Bild 9.41). In einigen Fällen sind die Rotorlager auch direkt in einen zweiteiligen Maschinenträger integriert (General Electric 2.5 MW). Die Bauweise wird damit kompakter. Die getriebelosen Triebstrangkonzeptionen verfügen über einen gegossenen Maschinenträger, der direkt auf den Turm aufgeschraubt wird.

Bild 9.69. Geschweißte Maschinenhausplattform der Versuchsanlage GAMMA-60

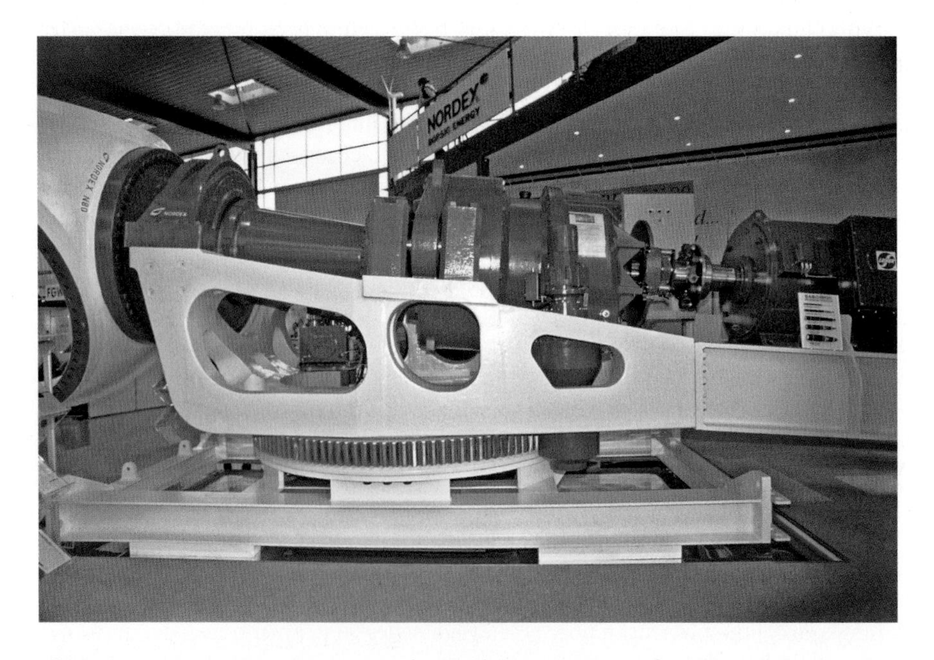

Bild 9.70. Gegossener Maschinenträger der Nordex N-80 mit angeflanschtem Generatorträger

9.13.2 Hilfsaggregate und sonstige Einbauten

Außer den Hauptkomponenten des mechanischen Triebstranges und dem elektrischen Generator müssten im Maschinenhaus noch einer Reihe von Hilfsaggregaten und Einbauten untergebracht werden. Hierzu zählen die Systeme zur Versorgung der Aggregate mit Schmierung und Kühlluft sowie einer Reihe von Ausrüstungsgegenständen um die betrieblichen Funktionen der Windkraftanlage zu gewährleisten und nicht zuletzt um die Wartungs- und Reparaturarbeiten zu erleichtern. Diese Einbauten beanspruchten Platz und müssen gut zugänglich sein. Auch die Wege und Standflächen für das Wartungspersonal gehören deshalb mit dazu.

Kühlsysteme

In erster Linie beansprucht das Kühlsystem für den elektrischen Generator erheblichen Raum. Eine Ausnahme sind kleinere Anlagen, bis etwa 1000 kW, die oft noch mit einer einfachen Oberflächenkühlung des Generators auskommen. Für größere Leistungen sind aufwendigere Kühler erforderlich, die nicht selten größer sind als der Generator selbst. Die neueren Anlagen verfügen über geschlossene Kühlkreisläufe mit entsprechenden Luft/Luft-Wärmetauschern und in einigen Fällen auch über eine geschlossene Wasserkühlung. Für den Offshore-Einsatz erhält ein geschlossenes Kühlsystem eine besondere Bedeutung. Teilweise wird eine komplette Luftaufbereitungsanlage mit der Abscheidung von festen Wasser- und Salzpartikeln vorgesehen. Die aufbereitete Luft wird in das Maschinenhaus, eventuell auch in Teile des Turmes, geleitet. Mit einem leichten Überdruck in den klimatisierten Räumen wird gewährleistet, daß keine andere Luft von außen eindringen kann. Außer der Generatorkühlung ist bei größeren Anlagen ein Ölkühler für das Getriebe notwendig, der in den Ölkreislauf integriert wird.

Bei neueren Anlagen werden für den Einsatz an Land sog. passive Kühler eingesetzt. Die Kühlung erfolgt nur durch den natürlichen Wind ohne zusätzliche Ventilatoren. Der Wärmetauscher muß dazu unmittelbar vom Wind angeströmt werden und wird relativ groß (Bild 9.71). Mit dem Einsatz von passiven Kühlsystemen wird Energie gespart und eventuelle Geräusche, die durch die Ventilatoren verursacht werden, vermieden.

Bild 9.71. Passiver Kühler bei der Vestas V 112

Ölversorgung

Die teilweise schlechten Erfahrungen mit der Lebensdauer der Getriebe haben dazu geführt, daß heute die Getriebe über einem aktiven Ölkreislauf versorgt werden, der neben den Pumpen auch eine Filterung und einen Ölkühler enthält. Die anderen Lagerstellen wie Rotorblattlager, Azimutlager und die Generatorlager werden teilweise über externe und automatisch arbeitende Fettschmierpumpen versorgt.

Hydraulikversorgung

Die Versorgung mit Hydraulikflüssigkeit ist in jedem Fall für die Bremsen notwendig, da diese in der Regel hydraulisch betätigt werden. Windkraftanlagen die außerdem noch über eine hydraulische Rotorblattverstellung verfügen werden in der Regel über ein zentrales Hydrauliksystem, das die notwendigen Pumpen, Speicherventile usw. in einer kompakten Einheit enthält, versorgt.

Heizung

Wenn nach längeren Stillstandszeiten, insbesondere in den Wintermonaten, die Öltemperatur des Getriebes sehr niedrig ist, muss vor dem Anlaufen der Anlage das Öl erwärmt werden. Eine gewisse Heizung ist außerdem für bestimmte Sensoren und Meßgeräte zum Beispiel für das Windmeßsystem auf dem Maschinenhausdach erforderlich.

Elektrische Schalter und Regelsysteme

Die Elektroverteilung für die Hilfsaggregate ist immer im Maschinenhaus untergebracht. Dazu kommen noch bestimmte Schalt und Überwachungseinrichtungen, die für Wartungsarbeiten im Maschinenhaus benötigt werden. Auch die Regelsysteme für die Steuerung der Hilfsaggregate befinden sich im Maschinenhaus. In jedem Fall muss im Maschinenhaus Platz für einige „Schaltschränke“ sein (vergl. Kap. 10.5).

Frequenzumrichter

Bei den meisten Anlagen ist der Frequenzumrichter meistens im Turmfuß untergebracht. Die Tendenz geht jedoch dahin den Frequenzumrichter und den Transformator im Maschinenhaus zu installieren. Diese Anordnung wird vor allem bei großen Anlagen, die auch für den Offshore-Einsatz vorgesehen sind, bevorzugt.

Transformator

Nach deutschen Vorschriften (Brandschutz) muss ein ölgekühlter Transformator im Turmfuß oder in einem separaten Container außerhalb des Turmes untergebracht werden. In neuerer Zeit werden für die meisten Standorte sog. Trockentransformatoren (Gießharz-Transformatoren) verwendet. Diese können auch im Maschinenhaus installiert werden (Bild 9.72). In Gebieten mit hohen Temperaturen wird die Kühlung der Transformatoren problematisch, sodaß sie nicht überall eingesetzt werden können.

Bild 9.72. Trockentransformator für die Vensys 1,5 MW

Datenerfassungssysteme

Die heute übliche Zustandsüberwachung (condition monitoring) erfordert eine Vielzahl von Sensoren und Datenspeichergeräte (vergl. Kap. 18.8.3). Auch diese kleineren Einbauten müssen bei der räumlichen Konzeption des Maschinenhauses berücksichtigt werden.

Brandmeldeanlage

In den letzten Jahren hat es unerwartet viele Brände bei Windkraftanlagen gegeben, die, obwohl oft auf banale Ursachen zurückzuführen waren, in einigen Fällen zum Totalverlust der Anlage geführt haben. Deshalb ist heute eine Brandmeldeanlage mehr als empfehlenswert. In Zukunft werden möglicherweise auch umfangreichere Brandschutzanlagen in das Maschinenhaus eingebaut.

Hebezeuge

Eine Seilwinde, um kleinere Ersatzteile, die auch schon mehrere hundert Kilogramm wiegen können, zu bewegen, gehört heute zur Standardausrüstung in jedem Maschinenhaus. Dazu kommt oft noch eine Luke im Boden des Maschinenhauses, durch welche die Teile hochgezogen bzw. heruntergelassen werden können. Einige große Anlagen verfügen über massive Bordkräne, um Reparaturen zu erleichtern und weitgehend unabhängig von externen Kränen zu sein.

Sicherheitsausrüstung für das Wartungspersonal

Im Falle eines Feuerausbruchs, oder eines anderen lebensbedrohenden Ereignisses im Maschinenhaus, muss die Rettung des Wartungspersonals gewährleistet sein. Der Aufzug kann ebenfalls defekt sein oder darf nicht mehr benutzt werden. Das Personal muss dennoch in kürzester Zeit das Maschinenhaus verlassen können. Dazu werden gebremste Falleinen verwendet mit der eine oder zwei Personen abgeseilt werden können. Die vorgeschriebene Ausrüstung und die Handhabung sind in den nationalen Sicherheitsvorschriften zum Beispiel der EN 341 festgelegt.

Maschinenhausverkleidung

Für die nichttragende Verkleidungsstruktur werden unterschiedliche Materialien verwendet. Durch Profilstäbe versteifte Aluminium- oder Stahlblechstrukturen, oder laminierte Schalen aus glasfaserverstärktem Verbundmaterial, sind üblich (Bild 9.73). Ein Gesichtspunkt, der bei der Auswahl des Materials und der Bauweise beachtet werden sollte, ist die Isolierung gegen Schall und Temperatur. Die Schallisolierung des Maschinenhauses ist zur Abschirmung von Getriebegeräuschen fast immer notwendig. Die Komponenten des elektronischen Regelungssystems erfordern zumindest für einen abgeschlossenen Teilbereich des Maschinenhauses eine gewisse Temperatur- und Feuchtigkeitsisolierung. Aus diesen Gründen kann die Verwendung von aufwendigem Verkleidungsmaterial, das diese Eigenschaften mitbringt, wirtschaftlicher sein als die Isolierung der einzelnen Aggregate.

Die im Fahrzeug- und Flugzeugbau übliche und dort bis zur Perfektion entwickelte Bauweise zur Verringerung der Baumasse ist die Einbeziehung der Verkleidung in die tragende Struktur. Mit dieser selbsttragenden Schalenbauweise läßt sich prinzipiell das günstigste Gewicht bei gleichzeitig hoher Steifigkeit erzielen. Schwierigkeiten treten allerdings bei der Fertigung auf. Zweifach gekrümmte Schalen aus Stahlblech sind kaum noch mit vertretbarem Aufwand herzustellen. Selbsttragende Maschinenhausstrukturen aus geschweißtem Stahlblech sind deshalb heute kaum noch bei Windkraftanlagen zu finden.

Neben der Bauweise spielt die Dimension des Maschinenhauses eine nicht zu unterschätzende Rolle für die Herstellkosten. Eine möglichst kompakte Bauweise mit „kurzen Wegen" für die Kraftüberleitungen vom Rotor zum Turm senkt das Turmkopfgewicht und damit die Kosten erheblich. Die neueren großen Windkraftanlagen zeichnen sich deshalb, verglichen mit älteren Versuchsanlagen, durch wesentlich kleinere Maschinenhäuser aus.

Bild 9.73. Maschinenhausverkleidung einer Nordex N-60

9.13.3 Äußere Form – ästhetische Gesichtspunkte

Das Erscheinungsbild einer Windkraftanlage wird in erheblichem Ausmaß von der äußeren Form des Maschinenhauses bestimmt. Die Formgebung des Rotors folgt aerodynamischen Gesetzmäßigkeiten und steht deshalb unter ästhetischen Gesichtspunkten nicht zur Disposition. Neben dem Turm konzentriert sich das gestalterische Potential auf die Form des Maschinenhauses.

Funktionale Zwänge für die formale Gestaltung des Maschinenhauses gibt es nur in begrenztem Umfang, und die bestehenden können mit einer ästhetischen Gestaltung in Einklang gebracht werden, wie einige gute Beispiele zeigen. Eine aerodynamische Formgebung ist aus Gründen des Luftwiderstandes, wie beim Flugzeug, nicht erforderlich. Die Störung der Rotorströmung durch die Umströmung des Maschinenhauses ist gering und außerdem noch im aerodynamisch weniger interessanten Nabenbereich des Rotors. Die Umströmung des Maschinenhauses ist jedoch im Zusammenhang mit der Positionierung des Windmeßgerätes zu berücksichtigen. Dieses lokale Strömungsproblem kann durch eine entsprechende Anbringung des Meßgerätes ohne große Schwierigkeiten gelöst werden.

Die letzten Entwicklungen bei Enercon haben allerdings — ungeachtet der vorherigen Feststellungen — gezeigt, daß die Gestaltung des Maschinenhauses, wenn sie mit der Formgebung der Rotorblattwurzelbereiche gemeinsam aerodynamisch optimiert wird, einen spürbar positiven Effekt auf das Leistungsverhalten des Rotors haben kann. Auch wenn, wie erwähnt, eine aerodynamische Formgebung des Maschinenhauses wegen des Luftwiderstands nicht erforderlich ist, im Rahmen einer ganzheitlichen Leistungsoptimierung der Windkraftanlage ist die aerodynamische Formgebung des Maschinenhauses offensichtlich nicht ganz ohne Bedeutung (vergl. Kap 5, Bild 5.9).

Kostenargumenten bei der Gestaltung des Maschinenhauses sollte man mit Entschiedenheit entgegentreten. Die ästhetische Gestaltung großer Bauwerke — und dazu gehören auch Windkraftanlagen — muß ein „paar Euro“ wert sein. Ganz abgesehen davon, daß eine gute oder schlechte Form in den meisten Fällen nicht eine Frage des Geldes, sondern meistens Gedankenlosigkeit und in wenigen Fällen schlechter Geschmack ist. Die formale Gestaltung des Maschinenhauses bleibt somit eine Aufgabenstellung für den Designer.

Die Hersteller haben anfangs wenig Wert auf die ästhetische Gestaltung der Maschinenhäuser gelegt. Die Beherrschung der Funktion stand in den ersten Jahren so im Vordergrund, daß designerische Aufgaben noch keinen Stellenwert hatten. Mit der zunehmenden Verbreitung und der damit auch verbundenen Diskussion um die optische Wirkung der Windkraftanlagen in ihrer Umgebung, änderte sich die Haltung. Außerdem gilt auch beim Marketing von Windkraftanlagen der bekannte Grundsatz: „Häßlichkeit verkauft sich schlecht“. Mittlerweile bemühen sich die Hersteller von Windkraftanlagen, renommierte Designer für die Gestaltung der Maschinenhäuser zu gewinnen.

Zur ästhetischen Gestaltung des Maschinenhauses, wie der Windkraftanlage überhaupt, gehört auch ein überlegter Farbanstrich. Die optische Wirkung der Anlage in der Landschaft wird dadurch erheblich beeinflußt. Ob die Farbe die Anlage optisch „verstecken“ oder hervorheben soll, ist im Einzelfall zu überlegen. Für und gegen beide Lösungen gibt es gute Argumente. Die Bilder 9.74 bis 9.77 zeigen einige Beispiele. Die Kommentierung gibt selbstverständlich nur den subjektiven Eindruck auf den Verfasser wieder und erhebt keinen Anspruch auf allgemeine Zustimmung.

Bild 9.74. Repower 5M „groß und mächtig“ (Foto Oelker)

Bild 9.75. Vestas V-80: „Funktionelle Eleganz mit Familienähnlichkeit“

Bild 9.76. Enercon E-82: „Den großen Generator gut verpackt“

Bild 9.77. Nordex N100: Ohne Nabenverkleidung weniger formvollendet? (Foto Nordex/Oelker)

9.14 Windrichtungsnachführung

Die motorische Windrichtungsnachführung des Maschinenhauses, das Azimutverstellsystem, hat die Aufgabe, den Rotor und das Maschinenhaus automatisch nach der Windrichtung auszurichten. Funktionell gesehen ist die Windrichtungsnachführung eine selbständige Baugruppe. Vom konstruktiven Standpunkt aus betrachtet bildet sie den Übergang des Maschinenhauses zum Turmkopf. Ihre Komponenten sind teils in das Maschinenhaus, teils in den Turmkopf integriert. Die Anordnung des hydraulischen oder elektrischen Stellantriebs wird vielfach so gewählt, daß er vom Maschinenhaus zugänglich ist (Bild 9.78). Das Gesamtsystem besteht aus folgenden Komponenten:

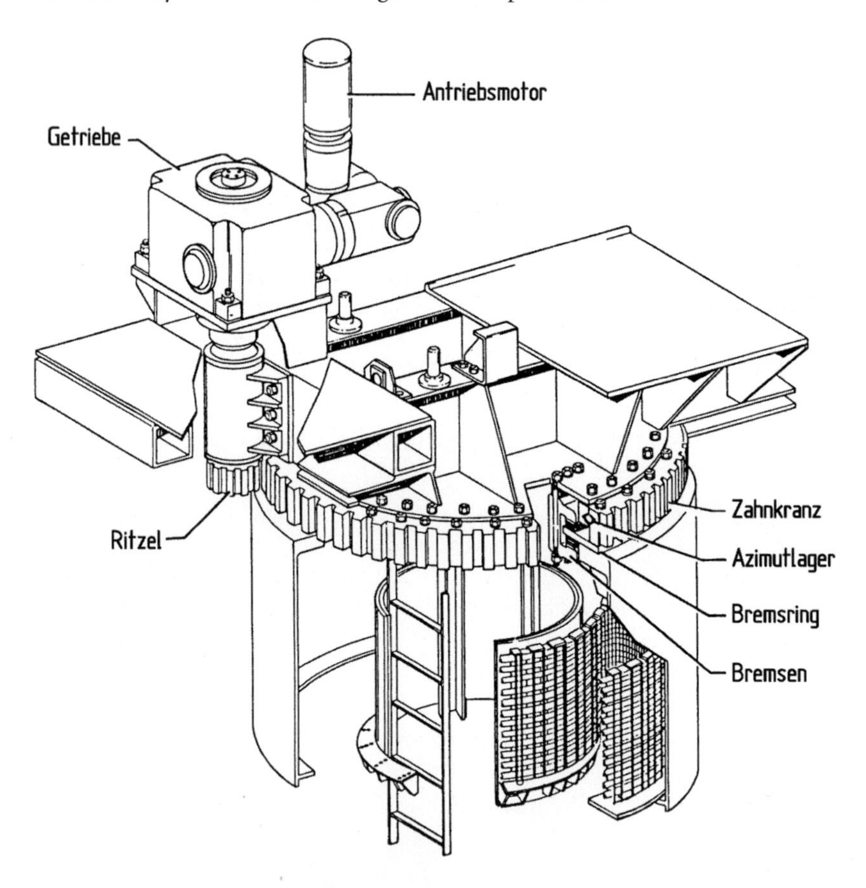

Bild 9.78. Windrichtungsnachführung mit Wälzlagerung und elektrischem Stellantrieb der Westinghouse WTG-0600 [18]

Azimutlager

An das Azimut- oder Turmkopflager werden sich widersprechende Anforderungen gestellt. Einerseits soll es eine möglichst leichtgängige Windrichtungsnachführung und eine lange Lebensdauer gewährleisten, andererseits ist eine schwingungsgedämpfte Drehhemmung während des Verstellvorgangs erwünscht, um unerwünschte Gierschwingungen zu vermeiden (vergl. Kap. 7.4). Die Lagerung des Maschinenhauses erfolgt auf einem großen Drehkranzlager (Momentenlager), bei neueren Anlagen in der Regel ein Vierpunktkugellager. Teilweise werden auch Wälzlager mit einer speziellen Drehhemmung eingesetzt (vorgespannte Lager).

Bild 9.79. Azimutlager des Maschinenhauses (Vierpunkt-Drehverbindung) (Rothe Erde)

Eine alternative Konzeption ist die Lagerung des Maschinenhauses auf einer sog. Gleitbahn. Hierbei ist der Maschinenhausflansch auf Kunststoffkörpern gelagert. Diese anfangs nur bei kleinen Anlagen übliche Konzeption hat sich mittlerweile auch bei größeren Anlagen bewährt, z. B. bei der Vestas V-66 oder NEG Micon NM 52 (Bild 9.80 und 9.81). Der Vorteil der Gleitlagerung besteht darin, daß aufwendige Azimutbremsen und Bremsringe, wie in dem Beispiel nach Bild 9.78 nicht erforderlich sind. In den meisten Fällen genügt eine in die elektrischen Verstellmotoren integrierte Bremse. Ob diese einfachere Azimutlagerung auch für sehr große Anlagen anwendbar ist bleibt vorläufig noch offen.

Stellantrieb

Für den Stellantrieb gibt es, ähnlich wie für den Rotorblattverstellantrieb, die Alternative hydraulisch oder elektrisch. Beide Ausführungen sind bei Windkraftanlagen üblich. Kleine Anlagen verfügen meistens über ungeregelte elektrische Stellmotore. Bei großen Anlagen waren zunächst die hydraulischen Stellantriebe in der Mehrzahl. Die Befürworter dieser Bauart nennen als Vorzüge geringere Kosten, kleinere Baugröße und ein höheres Drehmoment bei vergleichbarem Bauaufwand. Dem gegenüber stehen unter Umständen Probleme mit der Steifigkeit, die eine sorgfältige Analyse der dynamischen Eigenschaften erfordern (vergl. Kap. 7.4). Ein Vorteil der hydraulischen Stellmotoren ist ihre einfachere Regelbarkeit im Vergleich zu elektrischen Antrieben. Die Leistung der Antriebsmotoren richtet sich nach der geforderten Stellgeschwindigkeit (vergl. Kap. 11.3).

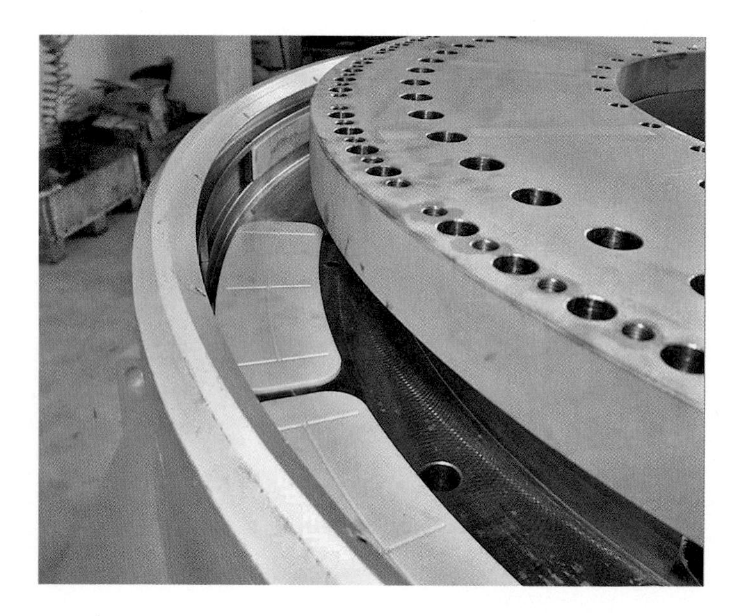

Bild 9.80. Azimut-Gleitlagerung der NEG Micon NM 52

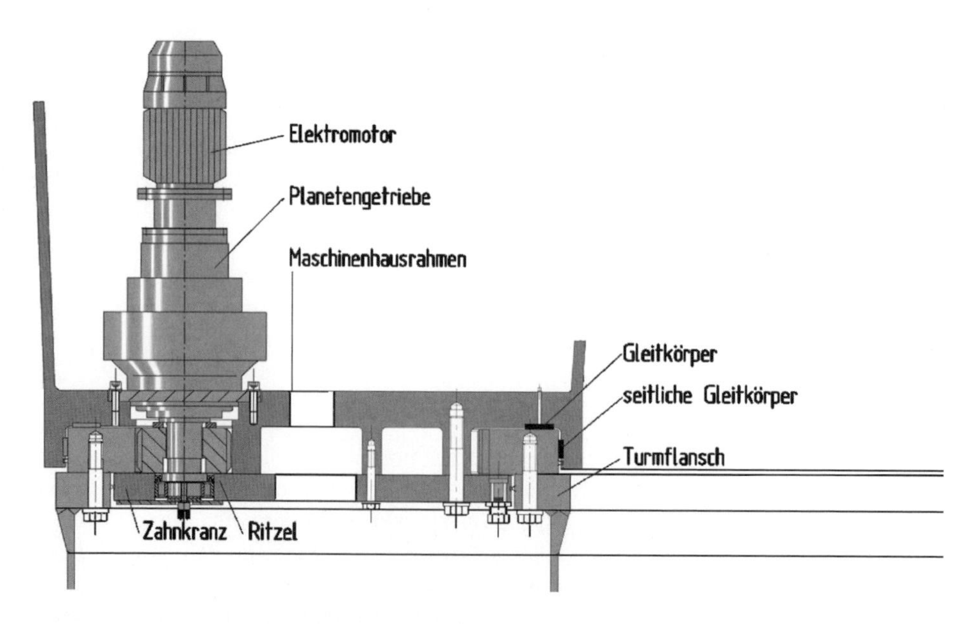

Bild 9.81. Verstellsystem der NEG Micon NM 52

In letzter Zeit ist bei den Azimut-Stellantrieben eine ähnliche Tendenz zu beobachten wie bei den Blattverstellantrieben. Die regelbaren elektrischen Stellmotoren, sog. Drehwerkgetriebe, verdrängen die hydraulischen Antriebe (vergl. Kap. 9.6.3). Sie werden als komplette Einheiten von der Zulieferindustrie angeboten (Bild 9.82). Einige Hersteller verwenden elektrische Stellantriebe mit integrierter Bremse, so daß keine Azimutbremsen mehr erforderlich sind (z. B. Enercon E-40). Unter dem Namen „Soft Yaw Drive" werden auch regelbare Stellantriebe mit einer dämpfenden hydraulischen Kupplung vorgeschlagen [19].

Bild 9.82. Elektrisches Drehwerkgetriebe für die Azimutverstellung (Multibrid)

Haltebremsen

Um zu vermeiden, daß das Giermoment um die Drehachse nach erfolgter Nachführung von den Antriebsmotoren aufgenommen werden muß, sind mehrere auf den Umfang verteilte Gierbremsen erforderlich, sofern keine speziellen Stellmotoren mit integrierter Bremsfunktion verwendet werden. Andernfalls wäre die geforderte Lebensdauer der Antriebsaggregate oder der vorgeschalteten Getriebe kaum zu gewährleisten.

Bei größeren Anlagen sind mehrere Azimutbremsen üblich, die auf einen Bremsring an der Turminnenseite oder umgekehrt auf einen Ring am Maschinenhaus eingreifen. Während des Nachführvorgangs sind eine oder zwei Azimutbremsen im Eingriff, um die erforderliche Dämpfung der Verstelldynamik zu gewährleisten. Der Stellantrieb muß so ausgelegt werden, daß er gegen diese Reibungsdämpfung nachführen kann.

Verriegelungseinrichtung

Zur Überbrückung längerer Stillstandszeiten, zum Beispiel für Wartungsarbeiten, wird die Azimutverstellung bei größeren Anlagen in der Regel formschlüssig verriegelt. Diese Aufgabe übernehmen ein oder mehrere Haltebolzen.

Regelungssystem

Die Nachführung des Maschinenhauses mit der Windrichtung erfordert eine spezielle Regelungs- und Betriebsführungslogik. Die Regelung der Windrichtungsnachführung wird in Kap. 11.3 ausführlicher erörtert.

9.15 Funktionsprüfung und Serienfertigung

Eine spezielle Frage ist, inwieweit der Triebstrang mit dem Maschinenhaus nach dem Zusammenbau einer Funktionsprüfung im Werk unterzogen werden kann. Bei großen Anlagen sind dieser Möglichkeit enge Grenzen gesetzt. Allein die Lösung der Antriebsfrage eines derartigen Prüfstandes erfordert große Investitionen. Zunächst begnügte man sich deshalb mit der Vormontage und Funktionsprüfung von Teilsystemen. Diese waren vor allem aus wirtschaftlichen Gründen sehr vorteilhaft. Auf der „Baustelle" sind komplexe Montagevorgänge, zum Beispiel die Ausrichtung des Triebstranges und des Generators, besonders bei der aufgelösten Bauweise zeitraubend und teuer.

In den letzten Jahren hat jedoch ein Umdenken stattgefunden. Die Funktionsprüfung des kompletten Triebstrangs im Werk wird zunehmend für unverzichtbar angesehen Ebenso wie die Verfügbarkeit einer Testeinrichtung im Rahmen der Entwicklung von neuen Konzepten. Mittlerweile sind bei fast allen großen Herstellern und darüber hinaus auch bei einigen unabhängigen Instituten große Prüfstände entstanden (Bild 9.83). Die Antriebsleistung der Prüfstände erreicht Werte bis zu 20 MW.

Die heutige Produktion von Windkraftanlagen ist durch eine Serienfertigung mit Stückzahlen von einigen hundert Anlagen im Jahr gekennzeichnet. Unter dieser Voraussetzung erfolgt der Zusammenbau noch als konventionelle „Los- oder Taktfertigung" (Bild 9.84). Erst bei noch größeren Stückzahlen käme eine Fließbandfertigung in Frage bei der dann auch ein wesentlich höherer Automatisierungsgrad zum Zuge käme. Ob eine derartige Produktionstechnik für Windkraftanlagen sinnvoll ist, wird die Zukunft zeigen müssen.

Automatische Fertigungsverfahren, zum Beispiel für Schweißarbeiten oder die Anbringung sehr genauer Bohrungen sind aber auch bei der heutigen Taktfertigung üblich. Die moderne Fertigungstechnik erlaubt es, auch ohne Fließbandfertigung, viele Produktionsvorgänge zu automatisieren und damit auch zu rationalisieren.

Bild 9.83. Prüfstand für die Triebstrangentwicklung und Funktionsprüfung bei Areva (Foto Areva Wind/Oelker)

Bild 9.84. Serienfertigung von Windkraftanlagen bei Siemens

Literatur

1. Rybak, S. C.: Description of the 3 MW SWT-3 Wind Turbine at San Gorgonio Pass, California. Englewood, Colorado; Bendix Corporation Energy, Environment and Technology Office, 1981
2. Schoo, A.: Überlagerungsgetriebe zur stufenlosen Drehzahlregelung im praktischen Einsatz. Thyssen Getriebe-Werk Kassel, 1988
3. Hofmann, H. et al.: Status der Voith-Windkraftanlage WEC-520, Jülich: KFA-Statusseminar, Dezember 1981
4. Natural Swedish Board for Energy Source Development: The National Swedish Wind Energy Program, 1982
5. Weidmann, A. et. al.: EL60GLIDE wartungsfreie Hochleistungslager mit Teflongewebe-Gleitschicht für den Einsatz in Windenergieanlagen, Windkraft Journal 5/2004
6. Central Electricity Generating Board (CEGB): The Richborough 1 MW Wind Turbine. Design report, 1988
7. Bauer, E.: Windenergieanlagen-Schadenbetrachtungen, Allianz Zentrum für Technik GmbH, Allianz Report 2/2001
8. Klinger, F.: State of the Art and New Technologies of Direct Drive Wind Turbines, IRENEC, Istanbul, 2012
9. Thörnblad, P.: Gears for Wind Power Plants Amsterdam: Second International Symposium on Wind Energy Systems, 3.–6. Oct. 1978
10. Niemann, G.: Maschinenelemente Bd. II, Berlin/Göttingen/Heidelberg, Springer-Verlag, 1961
11. Germanischer Lloyd: Vorschriften und Richtlinien, IV – Nichtmaritime Technik, Teil I – Windenergie, Richtlinie für die Zertifizierung von Windkraftanlagen, 1993
12. DIN 3990 Teil 1–4: Grundlagen für die Tragfähigkeitsberechnung von Gerad- und Schrägstirnrädern, Entwurf März 1980
13. AGMA 218.01: For Rating the Pitting Resistance and Bending Strength of Spur and Helical Involute Gear Teeth, Dec. 1982
14. Hersmeier, J.; Gödekce, G.; Assmann, Ch.; Gold, P. W.: Untersuchung der Leerlaufverluste in einem Planetengetriebe für Windkraftanlagen mit mineralölbasischen und biologisch schnell abbaubaren Schmierstoffen, VDI-Bericht, Nr. 1460, 1999
15. Lindley, D.: The 250 kW and 3 MW Wind Turbines on Burgar Hill, Orkney Proc Instn Mech Engrs, Vol. 198A, № 9, 1984
16. Voith: WinDrive, Firmenprospekt, Voith Turbo GmbH, Crailsheim, 2005
17. Boeing Engeneering and Construction: MOD-2 Wind Turbine System Development, Final Report, Seattle, Washington, 1988
18. Westinghouse: Technical Description WWG-0600 Wind Turbine, Pittsburg, PA, 1985
19. Engström, St.: Soft Yaw Drive For Wind Turbines, Ägir Consult AB, Schwedische Patentschrift Nr. 9601743-9, 1996

Kapitel 10

Elektrisches System

Das elektrische System einer Windkraftanlage umfaßt alle Komponenten zur Wandlung der mechanischen Energie in elektrischen Strom sowie die elektrischen Hilfsaggregate und die gesamte Leittechnik. Neben dem Rotor und dem mechanischen Triebstrang bildet das elektrische System somit den dritten wesentlichen Funktionsbereich einer Windkraftanlage.

Der eigentliche mechanisch-elektrische Energiewandler, der Generator, ist in einer Windkraftanlage genauso wie in einem konventionellen Kraftwerk der Zielpunkt der Wirkungskette, auf den sich alle vorangeschalteten Komponenten zwangsläufig konzentrieren (Bild 10.1). Seine charakteristischen Eigenschaften sind für eine Windkraftanlage umso wichtiger, da der Antrieb durch den Windrotor mit seinem unsteten Antriebsmoment vielerlei Probleme aufwirft.

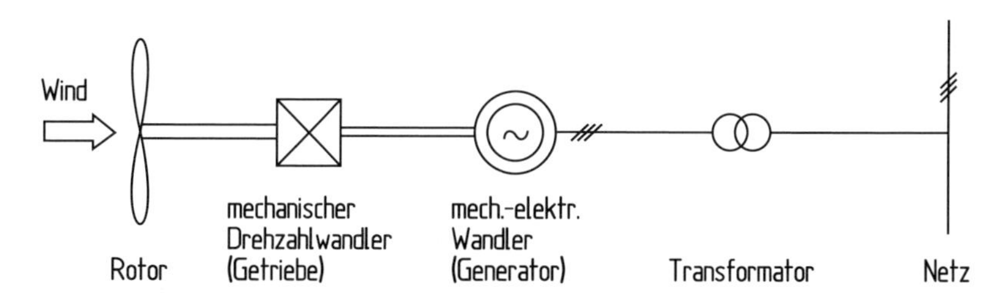

Bild 10.1. Mechanisch-elektrische Wirkungskette einer Windkraftanlage

Grundsätzlich kann eine Windkraftanlage zur Stromerzeugung mit einem Generator beliebiger Bauart ausgerüstet werden. Die Forderung nach netzverträglichem elektrischen Strom kann heute mit Hilfe nachgeschalteter Frequenzumrichter erfüllt werden, auch wenn der Generator zunächst Wechselstrom von unzureichender Qualität liefert oder Gleichstrom erzeugt.

Gleichstromerzeugende Generatoren haben den Vorteil, mit variabler Drehzahl betrieben werden zu können. Auf der anderen Seite sind Gleichstromgeneratoren größerer Leistung heute nicht mehr üblich. Eine Reihe weiterer Gründe spricht gegen Gleichstromgeneratoren. Sie verfügen über einen wartungsintensiven Kommutator und sind vergleichsweise teuer. Bei sehr kleinen Windkraftanlagen, die nur zum Batterieaufladen eingesetzt werden sind Gleichstromgeneratoren auch heute noch im Einsatz. Für größere Windkraftanlagen kommen sie praktisch nicht in Betracht. Die heutigen Windkraftanlagen verfügen über wechselstromerzeugende Drehstromgeneratoren, wie sie auch in konventionellen Kraftwerken üblich sind.

Ein wichtiger Gesichtspunkt im Zusammenhang mit der Konzeption des elektrischen System ist die Leistungsregelung der Windkraftanlage. Die regelungstechnischen Eigenschaften der Windkraftanlage, insbesondere die Blatteinstellwinkelregelung oder die Stallcharakteristik des Rotors, müssen immer gemeinsam mit der Regelung des elektrischen Generators betrachtet werden. Sie bilden eine untrennbare funktionelle Einheit (vergl. Kap. 11).

Nicht zuletzt wird mit der Wahl und Ausführung des elektrischen Systems die Art und Qualität der Energieübergabe an das öffentliche Versorgungsnetz festgelegt. Die Anforderungen die vom Netz gestellt werden hinsichtlich der zulässigen Leistungs- und Spannungsschwankungen oder die Unterdrückung von Oberwellen sind wichtige Kriterien für die Wahl des elektrischen Systems beziehungsweise das Einsatzprofil der Windkraftanlage [1].

Das elektrotechnische System einer Windkraftanlage beschränkt sich, wie erwähnt, keineswegs nur auf den elektrischen Generator. Der Generator bildet nur das Herzstück eines umfassenden elektrischen und elektronischen Gesamtsystems. Hierzu gehört auch die elektrische Ausrüstung zur Stromverteilung, Netzanbindung, Überwachung und Regelung. Windkraftanlagen sind stromerzeugende Kraftanlagen, die genauso wie andere konventionelle Kraftanlagen vergleichbarer Leistung den Forderungen nach automatischem Betrieb, Überwachung und Sicherheit genügen müssen. Diese Tatsache wird gelegentlich übersehen und deshalb die Komplexität — und die Kosten — der elektrischen Ausrüstung unterschätzt.

10.1 Generatorbauarten

Es kann nicht die Aufgabe dieses Buches sein, eine allgemeine Einführung in die elektrische Generatortechnik zu geben. Dazu ist die Standardliteratur des Fachgebiets besser geeignet [2]. Dennoch werden im folgenden einige grundlegende Eigenschaften der beiden wichtigsten Bauarten von Drehstromgeneratoren zusammenfassend dargestellt. Ihre Kenntnis ist wesentlich für das Verständnis des Funktionsverhaltens einer Windkraftanlage. Aufbauend auf der allgemeinen Charakteristik des Synchron- und Asynchrongenerators werden dann die wichtigsten elektrischen Konzeptionen der heutigen Windkraftanlagen erörtert.

Elektrische Drehstrommaschinen können, von der physikalisch-elektrischen Wirkungsweise aus betrachtet, als Synchron- oder Asynchronläufer gebaut werden. Beide Maschinen besitzen denselben prinzipiellen Aufbau, was die Drehstromwicklung des Ständers betrifft. Der Unterschied liegt in der Art und Weise, wie im rotierenden Läufer das elektrische Feld erzeugt wird.

10.1.1 Synchrongenerator

Elektrische Synchronmaschinen besitzen einen *Läufer* (Polrad), der über Schleifringe mit Gleichstrom erregt wird (Bild 10.2). In der Ständerwicklung wird eine Wechselspannung erzeugt (Generatorbetrieb) oder angelegt (Motorbetrieb). Die in der Ständerwicklung fließenden Ströme mit der Frequenz f erzeugen das sogenannte Ankerfeld. Die gleichstromdurchflossene Läuferwicklung erzeugt das mit synchroner Drehzahl umlaufende Erregerfeld. Die Drehzahl der Synchronmaschine ist durch die Frequenz des Drehfeldes und die Polpaarzahl des Läufers festgelegt. Die Läuferdrehzahl n einer Synchronmaschine ist:

$$n = \frac{f}{p}$$

mit:

f = Frequenz des Drehfeldes (Netzfrequenz) in (Hz)
p = Polpaarzahl (—)
n = Drehzahl (1/s)

Für die europäische Netzfrequenz von 50 Hz ergibt sich bei zwei Polpaaren eine Drehzahl von 1500 U/min.

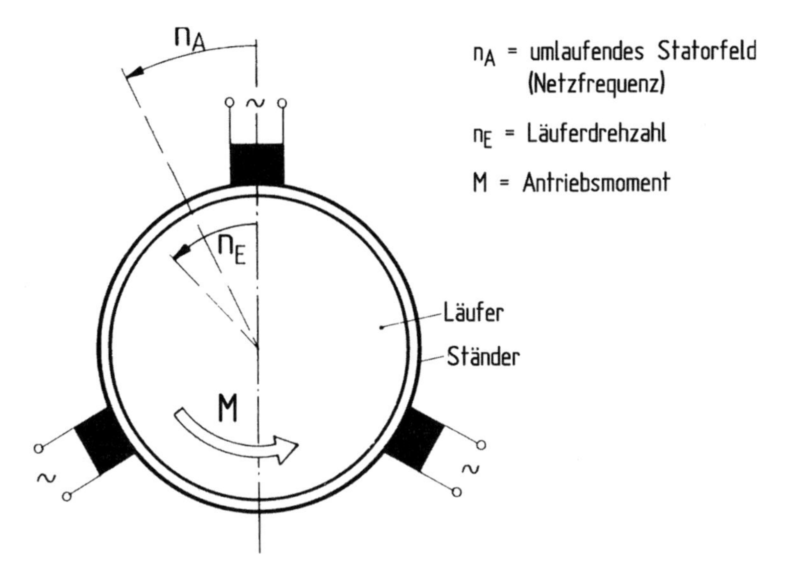

Bild 10.2. Synchrongenerator (schematisch)

Hinsichtlich der Läuferbauart unterscheidet man Vollpol- und Schenkelpolmaschinen. Vollpolmaschinen mit wenigen Polpaaren und kleinem Durchmesser des Läufers sind für hohe Drehzahlen geeignet. In großen Kraftwerken werden sie als Turbogeneratoren mit einem Drehzahlniveau von 1000 bis 3000 U/min von Dampfturbinen angetrieben. Die Schenkelpolmaschinen mit einer größeren Polpaarzahl und entsprechend größerem Durchmesser werden in Verbindung mit Wasserturbinen bei 60 bis 750 U/min eingesetzt. Bei einer Drehzahl von beispielsweise 75 U/min sind hierzu 40 Polpaare erforderlich. Für Horizontalachsen-Windkraftanlagen kommen in der Regel Schenkelpolmaschinen zum Einsatz (Bild 10.3).

Die Drehrichtung und die Drehzahl des Läufers einer Synchronmaschine erfolgt immer synchron mit der Drehung des umlaufenden Statorfeldes. Es gibt also keine Relativbewe-

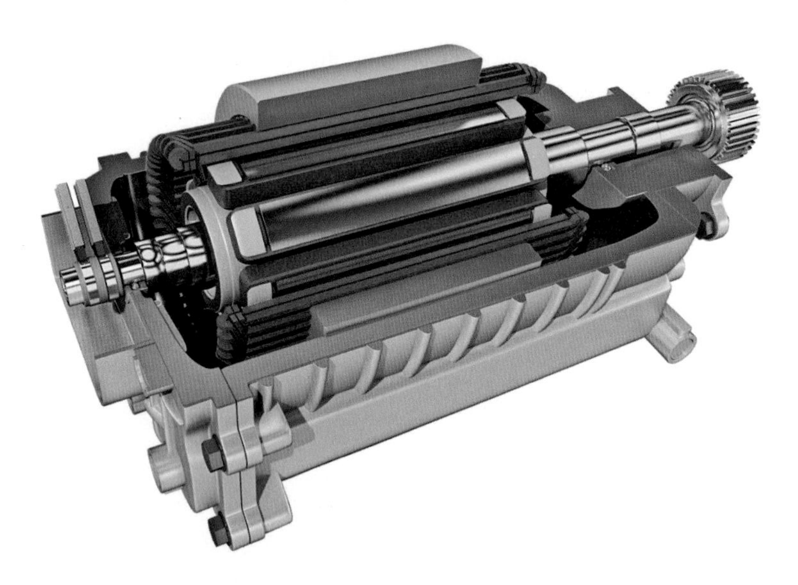

Bild 10.3. Synchrongenerator (Schema Continental)

gung *(Schlupf)* zwischen Läuferdrehzahl und synchroner Drehzahl des umlaufenden Statorfeldes. Stattdessen wird bei Zufuhr bzw. Abnahme der mechanischen Leistung der Läufer um den sog. *Polradwinkel* gegenüber der Leerlauflage vor- bzw. zurückgedreht (Bild 10.4). Die Größe des Polradwinkels ist ein Maß für die Höhe der Belastung. Er ist Null bei Leerlauf, nimmt einen positiven Wert bei Energieabgabe (Generatorbetrieb) und einen negativen

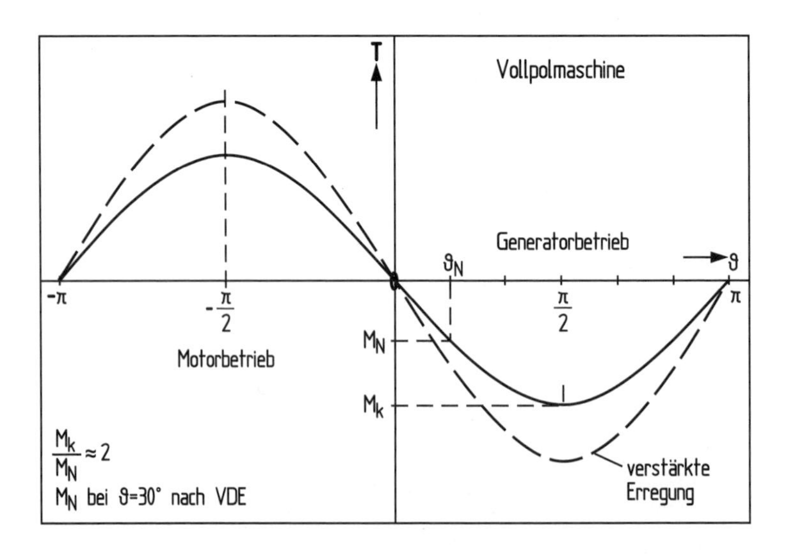

Bild 10.4. Drehmomentenverlauf über den Polradwinkel einer Synchronmaschine [2]

Wert bei Energieaufnahme (Motorbetrieb) an. Der Polradwinkel ist gleichbedeutend mit der zeitlichen Verschiebung der Klemmenspannung gegenüber der Polradspannung.

Die Drehmomentencharakteristik einer Synchronmaschine wird in Abhängigkeit vom Polradwinkel dargestellt. Ein statisch stabiler Betriebspunkt ist nur in Bereich von $\vartheta = -180°$ bis $+180°$ möglich. Das höchste Drehmoment (*Kippmoment*) wird bei $\vartheta = 90°$ erreicht. Der Nennbetriebspunkt soll nach VDE-Norm bei $\vartheta = 30°$ liegen. Das Kippmoment liegt üblicherweise beim Zweifachen des Nennmoments. Die Drehmomentencharakteristik läßt sich über eine Änderung der Erregerspannung des Polrads in gewissen Grenzen beeinflussen.

Der Wirkungsgrad von Synchronmaschinen ist grundsätzlich höher als bei vergleichbaren Asynchronmaschinen. In der Praxis ist dieser Unterschied zumindest bei größeren Maschinen relativ klein (ca. 1 %). Wie bei anderen Maschinen steigt der Wirkungsgrad mit zunehmender Nennleistung an. Gerade im Hinblick auf den Einsatz in Windkraftanlagen ist der Wirkungsgradverlauf in Abhängigkeit vom Lastzustand von Interesse (Bild 10.5). Kleinere Generatoren liegen nicht nur im Nennwirkungsgrad bei Vollast niedriger, sondern weisen auch einen stärkeren Abfall des Wirkungsgrades bei Teillast auf.

Für den Konstrukteur einer Windkraftanlage ist neben dem Wirkungsgrad die Generatormasse wichtig, insbesondere für Horizontalachsen-Windkraftanlagen, wo der Generator im Turmkopf untergebracht wird. Die Generatormasse wird bei gegebener Nennleistung erheblich vom Drehzahlniveau beeinflußt (Bild 10.6). Je schneller der Generator dreht, umso leichter und in der Regel kostengünstiger wird er. Das bedeutet im Hinblick auf den Einsatz in einer Windkraftanlage aber nicht, daß ein möglichst schnell drehender Generator die wirtschaftlichste Lösung ist. Mit zunehmender Generatordrehzahl steigt der Aufwand für

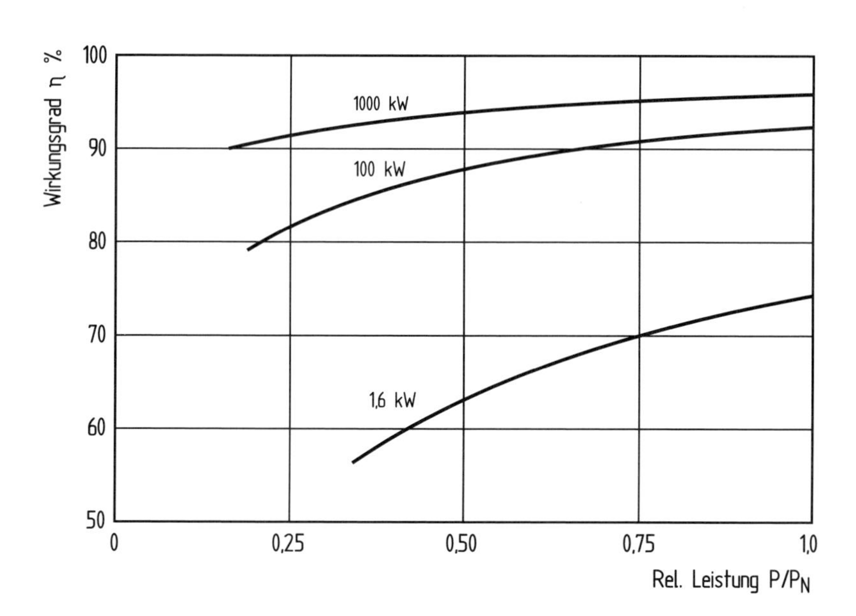

Bild 10.5. Wirkungsgrad von Synchrongeneratoren mit unterschiedlicher Nennleistung in Abhängigkeit vom Lastzustand [3]

das Übersetzungsgetriebe. Es kommt darauf an, die optimale Kombination von Generatordrehzahlniveau und Übersetzungsverhältnis zu finden.

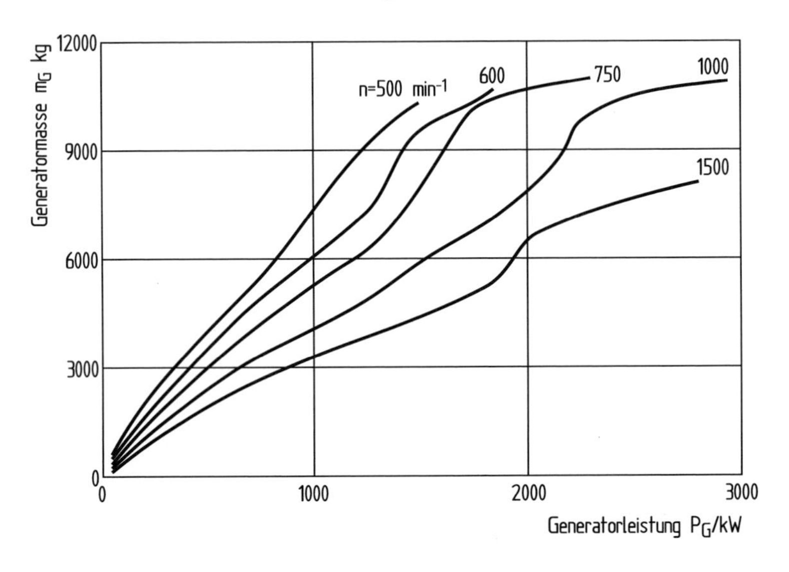

Bild 10.6. Generatormasse von Synchrongeneratoren bei unterschiedlicher Nenndrehzahl [3]

10.1.2 Asynchrongenerator

Bei der Asynchronmaschine wird durch eine Relativbewegung (Schlupf) zwischen Läufer und umlaufendem Statorfeld ein elektrisches Feld induziert und auf diese Weise eine Spannung in der Läuferwicklung hervorgerufen. Das damit verbundene magnetische Feld des Läufers ergibt in Wechselwirkung mit dem Feld des Stators die Kraftwirkung auf den Läufer (Bild 10.7).

Der Läufer einer Asynchronmaschine kann als sogenannter *Kurzschlußläufer* (*Käfigläufer*) oder, mit zusätzlichen Schleifringen versehen, als sogenannter *Schleifringläufer* ausgeführt werden (Bild 10.8). Der Schleifringläufer bietet die Möglichkeit, die elektrische Charakteristik des Läufers von außen zu beeinflussen. Auf diese Weise kann über eine Änderung des elektrischen Widerstandes im Läuferstromkreis ein höherer Schlupf und damit eine Drehzahlnachgiebigkeit bei direkter Kopplung mit einem frequenzstarren Netz erreicht werden. Mit Hilfe eines Frequenzumrichters im Läuferstromkreis kann ein drehzahlvariabler Betrieb im Netzparallelbetrieb realisiert werden.

Asynchronmaschinen können — wie auch Synchronmaschinen — sowohl motorisch als auch generatorisch betrieben werden. Weit verbreitet ist die Asynchronbauart unter den elektrischen Motoren. Nahezu alle gängigen Elektromotoren sind Asynchronmaschinen. Insbesondere in der Ausführung als Käfigläufer sind diese Maschinen von beispielloser Robustheit und Wartungsarmut. Außer den Lagern des Läufers besitzen sie praktisch keine Verschleißteile. Darüber hinaus ist das Preis-Leistungsverhältnis ausgesprochen günstig.

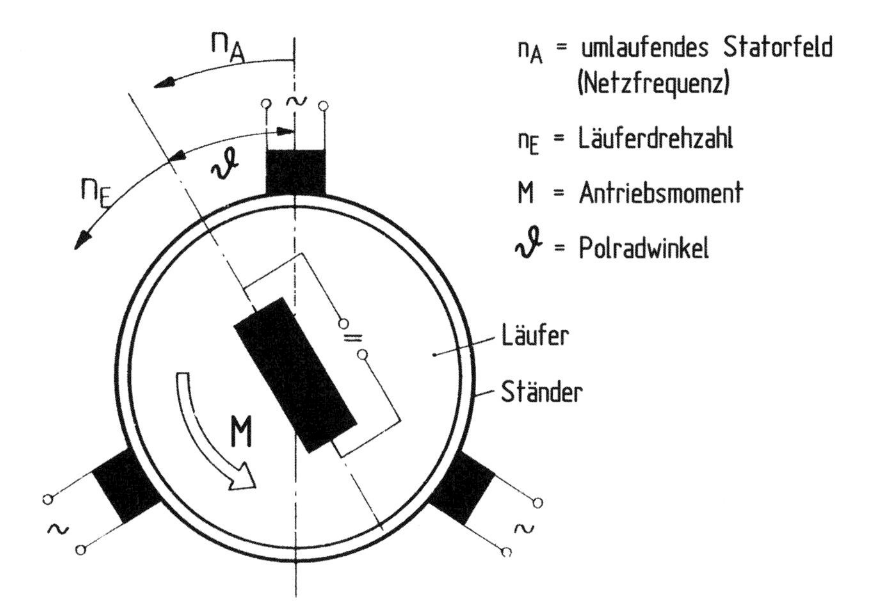

Bild 10.7. Asynchrongenerator (schematisch)

1 Lagerschild – Antriebsseite
2 Lagerschild – Nichtantriebsseite
3 Statorwicklung
4 Statorblechpaket
5 Gehäuse
6 Rotor
7 Innenlüfter
9 Klemmenplatte
10 Klemmenkasten
11 Äuß. Lagerdeckel
12 Inn. Lagerdeckel
13 Wälzlager

Bild 10.8. Asynchrongenerator mit Käfigläufer, Bauart AEG

In der Generatortechnik spielt die Asynchronbauart heute keine große Rolle mehr. Die großen Kraftwerksgeneratoren sind Synchrongeneratoren. Lediglich bei kleineren Wasserkraftwerken werden gelegentlich Asynchrongeneratoren verwendet. Für Windkraftanlagen ist der Asynchrongenerator aus Gründen, die später noch erörtert werden, eine geeignete

Generatorbauart. Die Beschäftigung mit seinen wesentlichen charakteristischen Eigenschaften ist deshalb unerläßlich.

Für den Generatorbetrieb einer Asynchronmaschine ist zunächst die Tatsache wichtig, daß dem Läufer zur Erzeugung und Aufrechterhaltung des Magnetfeldes ein Magnetisierungsstrom zugeführt werden muß. Dieser sogenannte *Blindstrombedarf* ist leistungsabhängig. Im Netzparallelbetrieb kann der Blindstrom dem Netz entnommen werden. Im Inselbetrieb muß eine zusätzliche *Blindstromkompensation* in Form von Kondensatoren oder eines rotierenden *Phasenschiebers,* das heißt einer mitlaufende Synchronmaschine, vorhanden sein. Die synchrone Drehzahl des Läufers einer Asynchronmaschine hängt von der Netzfrequenz und der Polpaarzahl ab:

$$n_{\text{syn}} = \frac{f}{p}$$

mit:

f = Netzfrequenz in (Hz)
p = Polpaarzahl (—)
n = Drehzahl (1/s)

Bei den häufig verwendeten zwei Polpaaren ergibt dies bei $f = 50$ Hz eine synchrone Drehzahl von 1500 U/min. Die mechanische Läuferdrehzahl liegt bei Motorbetrieb entsprechend dem Schlupf um einige Prozent darunter bzw. bei Generatorbetrieb darüber. Der Schlupf s ist:

$$s = \frac{n_{\text{syn}} - n_{\text{mech}}}{n_{\text{syn}}}$$

Damit wird die mechanische Läuferdrehzahl:

$$n_{\text{mech}} = n_{\text{syn}}(1 - s)$$

Das Drehmoment der Asynchronmaschine ist eine Funktion des Schlupfes. Dementsprechend wird seine Drehmomentcharakteristik in Abhängigkeit vom Schlupf angegeben (Bild 10.9).

Beim Schlupf $s = 0$ und $s = \infty$ entwickelt die Maschine kein Drehmoment bzw. kann kein Drehmoment aufnehmen. Dazwischen weist der Drehmomentenverlauf ein Maximum auf, das sog. Kippmoment. Nach VDE 0530 muß im Netzbetrieb das Verhältnis zwischen Kippmoment M_K und Nennmoment M_N mindestens 1,6 betragen.

Die elektrischen Wirkungsgrade von Asynchrongeneratoren sind vom Nennschlupf abhängig. Bei größeren Einheiten im Megawatt-Leistungsbereich liegt der Nennschlupf unter 1 % (Bild 10.10). Der damit verbundene Wirkungsgrad von ca. 96 bis 97 % liegt kaum niedriger als bei einem vergleichbaren Synchrongenerator. Der *Leistungsfaktor* $\cos\varphi$ ist durch die Aufnahme des Blindstromes aus dem Netz vergleichsweise schlecht und liegt bei ca. 0,87. Kleinere Asynchrongeneratoren im Kilowatt-Leistungsbereich weisen erheblich geringere Wirkungsgrade und entsprechend höhere Werte für den Nennschlupf auf.

Eine Drehzahländerung ist bei einer Asynchronmaschine im Gegensatz zu einer Gleichstrommaschine nur schwierig zu realisieren. In engen Grenzen kann die Drehzahl über eine

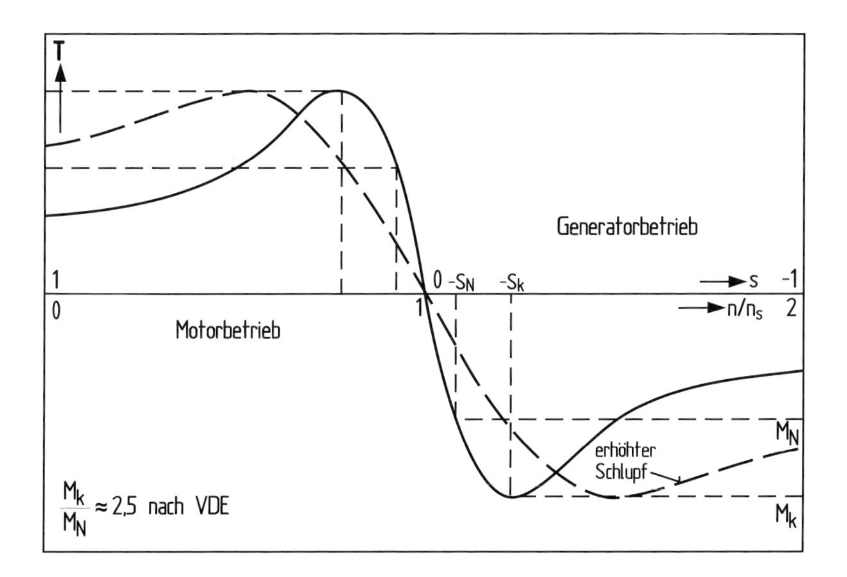

Bild 10.9. Drehmomentencharakteristik eines Asynchrongenerators [4]

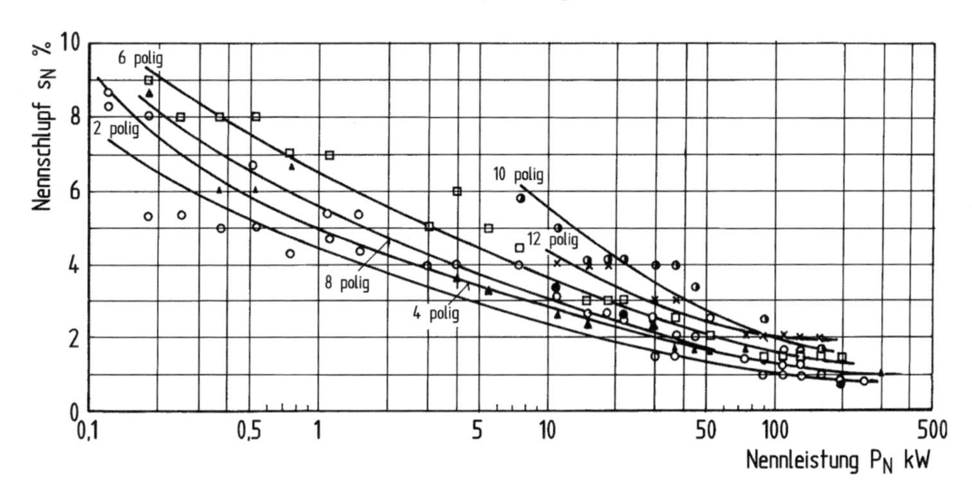

Bild 10.10. Nennschlupf von Asynchrongeneratoren mit unterschiedlicher Nennleistung und Polzahl [3]

Erhöhung der Klemmenspannung beeinflußt werden. Durch Zuschalten äußerer Widerstände im Läuferkreis kann durch eine Schlupferhöhung die Drehzahl zumindest einseitig variiert werden. Dies erfordert allerdings einen Schleifringläufer. Ein Käfigläufer kann mit Hilfe der sog. *Polumschaltung* stufenweise in seiner Drehzahl verändert werden. Dazu müssen in der Ständerwicklung zwei getrennte Wicklungen mit unterschiedlicher Polzahl liegen. Von dieser Möglichkeit wird bei Asynchrongeneratoren gelegentlich Gebrauch gemacht (vergl. Kap. 10.3.4).

10.1.3 Permanentmagnet-Generatoren

Statt der üblichen Erregung des Generatorläufers durch stromdurchflossene Spulen können auch Dauer- oder Permanentmagnete im Läufer diese Aufgabe übernehmen. In der Antriebstechnik sind permanenterregte Motoren im kleinen Leistungsbereich schon lange üblich. Für größere Leistungen im Megawatt-Leistungsbereich hat sich diese Bauart erst in den letzten zehn oder zwanzig Jahren durchgesetzt. Die spezifischen Nachteile der Erregung durch Permanentmagnete, vor allem die hohen Kosten für das Magnetmaterial, haben sich relativiert. Die schlechtere Regelbarkeit, da die Ausgangspannung nicht über die Erregerfrequenz geregelt werden kann, führt dazu, daß die Leerlaufspannung 30 bis 40 % unter den Nennspannung liegt. Wenn die Generatoren in Verbindung mit einem Frequenzumrichter betrieben werden, spielt dieser Nachteil keine große Rolle mehr [5].

Permanentmagnete

Eine Schlüsselrolle für die Anwendung der Permanentemagnettechnik nehmen die Verfügbarkeit und die Kosten für das Magnetmaterial ein. Grundsätzlich gibt es eine Vielfalt von Materialien die für Dauermagnete geeignet sind. Die wichtigsten sind:

- Neodym-Eisen-Bor (Neodym), Nd Fe B
- Samarium-Cobalt
- Aluminium-Nickel-Cobalt Legierungen
- Ferrite, z. B. Barium-Ferrit

Auswahlkriterien sind in erster Linie die Energiedichte, genauer gesagt die magnetische Flußdichte, die Temperaturempfindlichkeit und nicht zuletzt die Kosten. Die Ferrite sind kostengünstig aber wenig leistungsfähig. Samarium-Kobalt-Legierungen verfügen über eine hohe Leistungsdichte, sind aber extrem teuer. Der heute beste Kompromiss ist das Neondym-Material. Es wird zur Zeit praktisch ausschließlich verwendet.

Die Verfügbarkeit und die Kosten für das Neodym waren und sind Anlass für kontroverse Diskussionen. Das zu den seltenen Erden gehörenden Material wird bis heute zu fast 90 % in China gewonnen. Das chinesische Monopol hat in den letzten Jahren zu zeitweise großen Preissprüngen auf dem Markt geführt, die allerdings nur von kurzer Dauer waren. Der langfristige Durchschnittspreis lag in den letzten zehn Jahren bei etwa 100 US-Dollar pro Kilogramm. Langfristig wird sich das chinesische Monopol auflösen, da mehrere internationale Konzerne die Produktion angekündigt haben. Außerdem wird auch die Entwicklung von Ersatzmaterialien vorangetrieben. Permanentmagnete sind unverzichtbare Komponenten unter anderem für die Antriebsmotoren von Elektroautomobilen.

Schnell- und mittelschnellaufende Generatoren mit Permanentmagnet-Erregung

Der Vorzug der kompakten Bauweise und der hohe Wirkungsgrad, durch den Wegfall der Erregerleistung, hat dazu geführt daß auch die Hersteller der konventionellen schnellaufenden Generatoren zunehmend Permanentmagnete einsetzen (Bild 10.11). Der Wirkungsgrad dieser Generatoren erreicht im Maximum 98 % (Bild 10.12). Besonders wichtig für den Einsatz in Windkraftanlagen ist der deutlich besserer Teillastwirkungsgrad (vergl. Kap. 10.5.2).

Bild 10.11. Permanentmagnet-Generator (Schnellläufer), Nennleistung 2,5 MW (ABB)

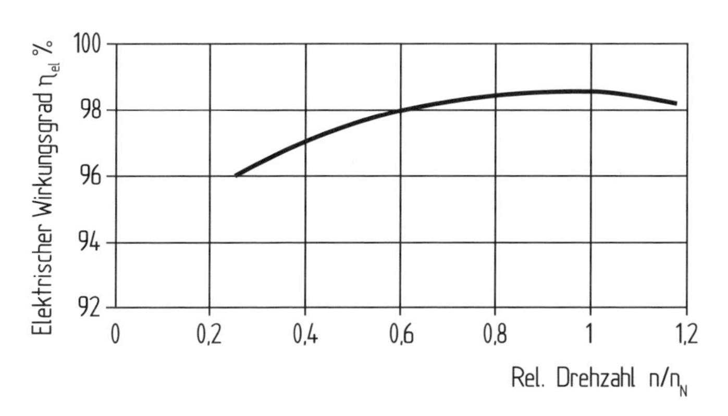

Bild 10.12. Verlauf des elektrischen Wirkungsgrades über der Drehzahl für einen schnellaufenden Permanentmagnet-Generator, Nennleistung 2,5 MW [6]

Permanentmagnete werden auch bei sog. „mittelschnell" laufenden Generatoren in Verbindung mit zwei- oder einstufigen Getrieben eingesetzt. Die kompakte Bauweise eignet sich für derartige Triebstrangkonzepte besonders gut (vergl. Kap. 9.2.3). Die Befürworter weisen darauf hin, daß bei einem 24-poligen Generator mit einem Drehzahlbereich von 400 bis 500 U/min der Bedarf an Magnetmaterial nur etwa 20 % im Vergleich zu einem direkt vom Rotor angetriebenen langsamlaufenden Generator bei einer 3 MW-Windkraftanlage beträgt. Die üblichen vierpolige n Generatoren mit der synchronen Drehzahl von 1500 U/min bei 50 Hz benötigen nur etwa 30 bis 40 kg Magnetmaterial pro Megawatt, das heißt die Magnetmasse liegt im Vergleich zu einem Langsamläufer bei weniger als 10 %.

10.2 Beurteilungskriterien für den Einsatz elektrischer Generatoren in Windkraftanlagen

Die kurze Darstellung der grundlegenden Eigenschaften von Synchron- und Asynchrongenerator läßt bereits erkennen, daß beide Bauarten im Grunde genommen nur in Verbindung mit einer Antriebsmaschine, die ein stetiges Antriebsmoment bei fester Drehzahl liefert, problemlos eingesetzt werden können. Gerade dies ist aber bei einer Windkraftanlage nicht der Fall. Aus diesem Grund werden neben einfachen Synchron- oder Asynchrongeneratoren zunehmend drehzahlvariable Generatorsysteme mit Frequenzumformern für Windkraftanlagen verwendet. Diese Systeme sind auf der Basis beider Generatorbauarten realisierbar.

Bevor aber die verschiedenen elektrischen Systeme näher erörtert werden, ist es zweckmäßig, sich einen „Katalog" von Beurteilungskriterien zusammenzustellen, anhand dessen die verschiedenen Generatorsysteme vor dem Hintergrund der unterschiedlichen Einsatzbedingungen — zum Beispiel Betrieb am frequenzstarren Netz oder Inselbetrieb — bewertet werden können. Wie üblich zeigt sich auch hier, daß es nicht *die* Lösung gibt, sondern daß je nach dem Stellenwert, den man den einzelnen Eigenschaften zumißt, unterschiedliche Generatorsysteme vorteilhaft sind. Die wichtigsten Beurteilungskriterien, die an den elektrischen Generator oder das Generatorsystem im Hinblick auf ihre Eignung für den Einsatz in Windkraftanlagen anzulegen sind, lassen sich mit den folgenden Eigenschaften beschreiben.

Dynamisches Verhalten am frequenzstarren Netz

Die direkte Kopplung des Generators an das starre Netz zwingt dem Generator eine konstante Drehzahl auf. Auf der anderen Seite will der Windrotor den Schwankungen der Windgeschwindigkeit folgen. Dazwischen liegt der mechanische Triebstrang der Windkraftanlage. Die Folge sind hohe dynamische Belastungen der mechanischen Komponenten und starke Schwankungen der elektrischen Leistungsabgabe.

Der Abbau der dynamischen Belastungen ist nur über eine bestimmte Drehzahlfreiheit des Windrotors gegenüber der Netzfrequenz zu erreichen, wie immer diese auch — mechanisch oder elektrisch — realisiert wird. Eine entscheidende Frage ist, welches Maß an Drehzahlelastizität erforderlich ist, um das dynamische Belastungsniveau entscheidend zu senken. Die Antwort darauf erfordert die Einbeziehung einer ganzen Reihe von Systemeigenschaften der Windkraftanlage, wie der aerodynamischen Rotorkonzeption, der Verstellgeschwindigkeit, der Blatteinstellwinkelregelung und der Generatorregelung, um nur die wichtigsten zu nennen. Rechnerische Simulationen, aber auch Erfahrungswerte aus dem praktischen Betrieb, lassen den Schluß zu, daß eine Drehzahlelastizität von 1,5 bis 2 % bereits ausreicht, um eine Verbesserung zu erzielen [4]. Eine Drehzahlelastizität in dieser Größenordnung läßt sich bereits mit dem Schlupf des Asynchrongenerators realisieren.

Neben der Drehzahlankopplung wird das dynamische Verhalten am Netz von der Dämpfung einer eventuellen Generatordrehzahlschwankung um die Netzfrequenz geprägt. Asynchrongeneratoren zeigen ein wesentlich besseres Dämpfungsverhalten als Synchrongeneratoren. Sie verhalten sich deshalb, abgesehen vom Drehzahlschlupf, auch hinsichtlich des Schwingungsverhaltens dynamisch unproblematischer.

Drehzahlbereich

Eine gewisse Drehzahlnachgiebigkeit reicht zwar aus, um die dynamischen Belastungen deutlich zu verringern, ist jedoch für eine Drehzahlvariabilität im Sinne eines windgeführten Betriebs des Rotors unzureichend. Nach den in Kap. 14 erörterten Zusammenhängen ist für einen voll windgeführten Betrieb eine Drehzahlspanne von etwa 40 bis 100 % der Nenndrehzahl erforderlich. Ein solcher Drehzahlbereich ist nur mit einem drehzahlvariablen Generator in Kombination mit einem Frequenzumrichter zu realisieren. Die Kosten für den Umrichter und der abnehmende Wirkungsgrad stehen allerdings im Konflikt mit der Ausweitung des Drehzahlbereichs.

Regelbarkeit

Während bei kleineren Anlagen mit Blatteinstellwinkelregelung die Leistungsabgabe nur über die Blattverstellung geregelt wird, sind bei großen Anlagen auch Regelmöglichkeiten auf der elektrischen Seite wünschenswert. Wenn das Moment des Generators beeinflußbar ist, kann eine drehzahlvariable Betriebsweise des Rotors im Netzparallelbetrieb realisiert werden. Dadurch wird die vergleichsweise träge aerodynamische Blatteinstellwinkelregelung entlastet und die gesamte Regelbarkeit der Anlage verbessert. Die regelbaren, drehzahlvariablen Generator/Umrichter-Systeme glätten die elektrische Leistungsabgabe in den vorgegebenen Drehzahlgrenzen nahezu vollständig (vergl. Kap. 6.8.5).

Blindleistungsverhalten

Der Blindleistungsbedarf des Generatorsystems ist in erster Linie im Inselbetrieb eine zentrale Frage, die in der Regel den Einsatz eines Asynchrongenerators verhindert. Aber auch im Netzparallelbetrieb kann zumindest bei großen Anlagen oder einer größeren Anzahl von Anlagen das Blindleistungsverhalten nicht unberücksichtigt bleiben. Die Elektrizitätsversorgungsunternehmen lassen sich den Bezug von Blindleistung aus dem Netz vergleichsweise teuer bezahlen. Beim Asynchrongenerator muß der Blindleistungsbedarf durch Aufschalten von Kondensatoren kompensiert werden. Synchrongeneratoren können über die Regelung der Klemmenspannung den *Leistungsfaktor* $\cos\varphi$, das heißt die Blindleistung, regeln. Bei Generatorsystemen mit Frequenzumrichter auf Thyristorbasis ist der Blindleistungsbedarf des Umrichters zu berücksichtigen. Moderne IGBT-Wechselrichter sind in der Lage den $\cos\varphi$ zu regeln, so daß keine Blindleistung aus dem Netz entnommen werden muß.

Netzrückwirkungen

Bereits der Bezug von Blindleistung aus dem Netz stellt eine unerwünschte Netzrückwirkung dar. Daneben sind noch andere Rückwirkungen auf das Netz zu beachten. Hierzu gehören hohe Anlaufströme beim Zuschalten eines Asynchrongenerators oder Oberwellen des eingespeisten Stromes. Solche Oberwellen können in geringem Maße vom Generator selbst ausgehen, in weit größerem Umfang sind sie jedoch mit dem Einsatz von Stromrichtern verbunden. Die höherfrequenten Wellen können die Rundsteueranlagen der Verbundnetze stören. Sie lassen sich jedoch besser ausfiltern als die niederfrequenten Schwingungen.

Die Oberwellenbelastung für das Netz ist zumindest für drehzahlvariable Generatorsysteme mit älteren Frequenzumrichtern ein Bewertungskriterium. Moderne Frequenzumrichter erzeugen einen fast oberwellenfreien, sinusförmigen Wechselstrom. In Deutschland ist seit einigen Jahren eine Prüfung der *Netzverträglichkeit* für neuentwickelte Windkraftanlagen nach einheitlichen Kriterien üblich (vergl. Kap. 18.3.2).

Synchronisierung

Die Synchronisierung des Generators mit dem Netz ist ein für die beiden Generatorprinzipien völlig unterschiedliches Problem. Die Netzsynchronisierung eines Synchrongenerators gestaltet sich bei einer Windkraftanlage außerordentlich schwierig. Sie ist praktisch nur mit einem zusätzlichen Frequenzumrichter oder einer Drehzahlelastizität und Dämpfung im mechanischen Triebstrang möglich. Dennoch werden auch Asynchrongeneratoren über eine sog. „Sanftaufschaltung" mit Hilfe von Thyristoren, das heißt eines kurzzeitigen Wechselrichterbetriebes, auf das Netz geschaltet. Man will damit den sog. „Einschaltstoß" mit dem momentan hohen Leistungsbezug aus dem Netz verringern (vergl. Kap. 10.3.2). Asynchrongeneratoren lassen sich damit wesentlich einfacher auf das Netz aufschalten.

Verhalten bei Lastabwurf

Der plötzliche Lastabwurf, etwa bei einem Netzausfall oder einem elektrischen Defekt, ist für eine Windkraftanlage ein kritischer Moment. Der Wegfall des Generatormomentes erfordert das sofortige Eingreifen der Rotorbremssysteme, um das „Durchdrehen" des Rotors zu verhindern. Wünschenswert ist deshalb ein Generatorverhalten, das auch nach dem Netzausfall das elektrische Generatormoment für eine gewisse Zeit aufrechterhält. Vergleichsweise einfach ist dieses „elektrische Bremsen" bei einem Synchrongenerator zu bewerkstelligen. Hierzu muß nach dem Ausfall des Netzes lediglich auf einen ohmschen Bremswiderstand umgeschaltet werden. Beim Asynchrongenerator ist dies prinzipiell auch möglich, jedoch muß dann der Magnetisierungsstrom für den Läufer, zum Beispiel durch Läuferrückspeisung, aufrechterhalten werden. Der Aufwand hierfür ist erheblich größer. Seit einigen Jahren haben Netzbetreiber in Deutschland spezielle Vorschriften für das Verhalten der Windkraftanlagen beim Lastabwurf erlassen (vergl. Kap. 11.8).

Wirkungsgrad

Die elektrischen Wirkungsgradunterschiede von Synchron- und Asynchrongeneratoren sind zumindest dann, wenn es sich um Asynchrongeneratoren mit niedrigem Nennschlupf handelt, gering. Die Diskussion um den elektrischen Wirkungsgrad konzentriert sich deshalb auf die Frage, in welcher Relation der Wirkungsgrad der drehzahlvariablen Generator-Umrichter-Systeme zur direkten Netzanbindung des Generators steht.

Noch vor nicht allzu langer Zeit konnten Umrichter-Systeme nur mit relativ schlechtem Wirkungsgrad realisiert werden. Die moderne Leistungselektronik hat jedoch dieses Bild in den letzten zehn Jahren verändert. Heute liegt, auch unter Berücksichtigung der Umrichter, der elektrische Gesamtwirkungsgrad nur noch um einige wenige Prozent unter dem Niveau eines drehzahlfesten Generators. Berücksichtigt man dann noch den höheren aerodynamischen Rotorwirkungsgrad, der durch den drehzahlvariablen Betrieb ermöglicht wird, so ergibt sich ein höherer Gesamtwirkungsgrad von Windrotor und Generatorsystem. Langfristig werden die höheren Investitionskosten damit wieder kompensiert. Vor diesem Hintergrund sind die Wirkungsgradunterschiede der elektrischen Generatorsysteme keine besonders gravierenden Entscheidungskriterien mehr.

Kosten

Neben dem dynamischen Verhalten am Netz sind die Investitionskosten das zweite entscheidende Kriterium für die Beurteilung der Generatorsysteme. Die Kostenunterschiede der verschiedenen Generatortypen werden bei ausgeführten Anlagen jedoch von den Kosten der elektrischen Gesamtausrüstung überlagert. Ein exakter Kostenvergleich der verschiedenen Generatorsysteme ist deshalb schwierig und nur auf Basis des elektrischen Gesamtsystems möglich (vergl. Bild 10.46). Den höheren Investitionskosten für ein Generatorsystem mit Frequenzumrichter steht eine höhere Energielieferung durch den drehzahlvariablen Betrieb gegenüber. Die Wirtschaftlichkeit muß deshalb nicht schlechter sein. Auch andere elektrische Eigenschaften im Hinblick auf die Netzverträglichkeit haben einen indirekten Einfluß auf die wirtschaftliche Beurteilung des elektrischen Systems.

Wartung und Zuverlässigkeit

Der Wartungsaufwand ist für die verschiedenen Systeme unterschiedlich. Die größeren regelbaren Generatoren verfügen über Schleifringläufer und erfordern deshalb einen etwas höheren Wartungsaufwand als kleinere Asynchrongeneratoren mit Kurzschlußläufer. Auch die Schaltelemente der Stromrichter und die Schleifringe der Stromübertragung sind relativ wartungsintensive Komponenten. Insgesamt gesehen wird der Wartungsaufwand für das Generatorsystem im Vergleich zu den mechanischen Komponenten der Windkraftanlage aber weniger ins Gewicht fallen und somit kein primäres Entscheidungskriterium darstellen.

Diese Bewertung sollte jedoch nicht zu dem Schluß führen, daß die elektrische und elektronische Ausrüstung einer Windkraftanlage insgesamt gesehen unter dem Aspekt der Wartung und Zuverlässigkeit völlig unproblematisch sei. Die Erfahrungen der letzten Jahre zeigen — zumindest vorläufig noch — ein anderes Bild. Unverhältnismäßig viele Ausfälle gehen eindeutig auf das Konto der Elektronik (vergl. Kap. 18.10). Auch die mechanischen Komponenten, zum Beispiel die Generatorlager sind nicht selten die Ursache für erhöhte Wartung und Reparaturen (vergl. Kap. 9.7.1 und 18.10).

10.3 Drehzahlfeste Generatoren mit direkter Netzkopplung

Die Mehrzahl der kleineren, älteren Windkraftanlagen ist mit direkt netzgekoppelten Generatoren ausgerüstet. Trotz erheblicher Nachteile für die aerodynamische Betriebsweise des Rotors und die dynamischen Belastungen der mechanischen Triebstrangkomponenten führten Kostenüberlegungen in den meisten Fällen zu dieser Konzeption. Erst in den letzten Jahren haben bedeutsame Fortschritte in der Umrichtertechnik die indirekte Netzanbindung mit dem Vorteil einer drehzahlvariablen Betriebsweise zur bevorzugten Lösung werden lassen.

10.3.1 Synchrongenerator mit direkter Netzkopplung

Die direkte Ankopplung eines Synchrongenerators an ein frequenzstarres Netz stellt vom Standpunkt des dynamischen Verhaltens am Netz den „härtesten" Fall dar und ist insofern ein Extremfall unter den technischen Möglichkeiten (Bild 10.13).

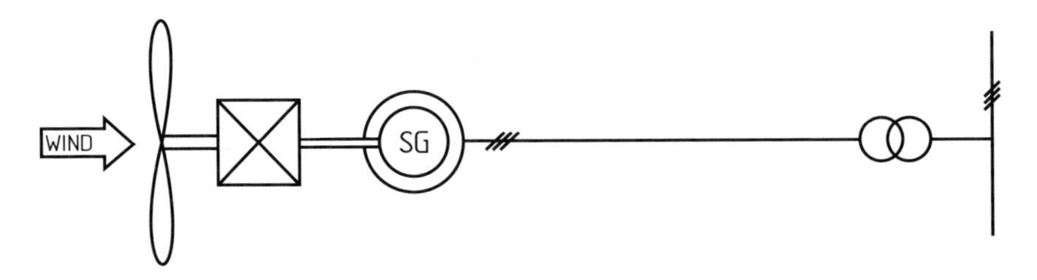

Bild 10.13. Synchrongenerator mit direkter Netzkopplung

Die Vorteile dieser Lösung liegen in ihrer Einfachheit und der Verträglichkeit mit der heute üblichen Generatortechnik für die Speisung von Drehstromnetzen. Darüber hinaus kann über die Gleichstromerregung des Läufers die Blindleistung sehr einfach geregelt werden. Der Inselbetrieb eines Synchrongenerators ist ohne zusätzliche Einrichtungen (Kompensation) möglich. Diesen Vorzügen stehen jedoch eine Reihe schwerwiegender Nachteile gegenüber. Zum Ausgleich der dynamischen Belastungen des Generators durch den Windrotor sind nur sehr geringe Polradwinkel möglich. Bei großen Laststößen, etwa durch starke Windböen, besteht die Gefahr des Kippens. Als Reaktion selbst auf kleinere Lastspitzen (z. B. Turmschatten beim Leeläufer oder auch Netzfrequenzschwankungen) neigt der Synchrongenerator zu Schwingungen, die nur sehr schwach gedämpft sind.

Im Schwingungsverhalten der Anlage müssen die Eigenfrequenzen „Generator-Netz" unbedingt berücksichtigt werden (vergl. Kap. 7.3). Darüber hinaus ergeben sich Schwierigkeiten bei der Netzsynchronisierung, so daß aufwendige automatische Synchronisierungseinrichtungen erforderlich sind. Die Härte der direkten Netzkopplung bedingt eine stark ungleichmäßige Leistungsabgabe der Windkraftanlage. Jede Schwankung der vom Rotor aufgenommenen Windleistung wird ungeglättet in das Netz weitergegeben.

Neben dem schwierigen Betriebsverhalten äußert sich die direkte Netzkopplung eines Synchrongenerators in hohen dynamischen Belastungen für den mechanischen Triebstrang. Die amerikanischen Windkraftanlagen der ersten und zweiten Generation (MOD-0, MOD-1 und MOD-2) zum Beispiel verfügten über direkt mit dem Netz gekoppelte Synchrongeneratoren. Bei den MOD-0 Anlagen wurden — teilweise nachträglich — hydrodynamische Kupplungen in den mechanischen Triebstrang eingebaut, um eine bessere Dämpfung und Leistungsglättung zu erreichen (vergl. Kap. 9.11). Auch die torsionselastische, allerdings ungedämpfte Rotorwelle der MOD-2 erwies sich als nicht ausreichend, um die dynamischen Probleme vollständig zu beherrschen.

Der Einsatz eines Synchrongenerators ist deshalb nur mit einer konstruktiv aufwendigen Elastizität und Dämpfung im mechanischen Triebstrang erfolgreich zu verwirklichen. Torsionselastisch aufgehängte Getriebe oder besser noch hydrodynamische Kupplungen sind dazu erforderlich. Angesichts der Fortschritte der drehzahlvariablen Generatorsysteme ist die direkte Netzkopplung eines Synchrongenerators heute keine ernsthafte technische Alternative mehr.

10.3.2 Asynchrongenerator mit direkter Netzkopplung

Direkt auf das Netz geschaltete Asynchrongeneratoren werden in Windkraftanlagen seit Jahrzehnten mit Erfolg eingesetzt (Bild 10.14). Insbesondere in Verbindung mit den stallgeregelten Dreiblattrotoren der dänischen Windkraftanlagen stellten sie anfangs die bei weitem gebräuchlichste elektrische Konzeption dar. Die bei den kleineren Anlagen verwendeten Asynchron-Käfigläufer sind relativ preiswert und wartungsarm. Eine komplizierte Blatteinstellwinkelregelung ist nicht erforderlich.

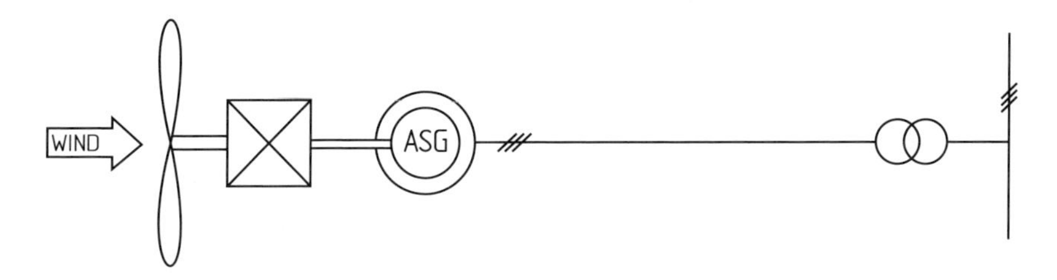

Bild 10.14. Asynchrongenerator mit direkter Netzkopplung

Kleine Asynchrongeneratoren verfügen über vergleichsweise hohe Nennschlupfwerte, womit die Härte der Netzankopplung gemildert wird. Ein Asynchrongenerator mit kleiner Leistung kann deshalb ohne aufwendige Synchronisierungsmaßnahmen im Bereich seiner Synchrondrehzahl unerregt auf das Netz geschaltet werden.

Bei größeren Asynchrongeneratoren ohne besondere Vorrichtungen ist der „Netzaufschaltstoß" jedoch in den meisten Fällen unerwünscht. Die neueren Anlagen verfügen deshalb über eine sog. *Sanftaufschaltung*. Nach Erreichen der Synchrondrehzahl des Generators wird dieser zunächst über einen Thyristorsteller mit einer *Phasenanschnittsteuerung* zugeschaltet. Diese begrenzt den Anlaufstrom auf etwa das 1,5-fache des Nennstroms. Erst nach 1 bis 2 Sekunden wird der Thyristorsteller durch das Netzschütz überbrückt. Die Phasenanschnittsteuerung verursacht allerdings kurzzeitig eine relativ starke Oberwelle der 5. Ordnung.

Der Blindleistungsbedarf eines Asynchrongenerators ist leistungsabhängig. Von einem für den Leerlauf notwendigen Magnetisierungsstrom steigt der Blindstrom mit zunehmender Wirkleistung an. Entsprechend den Erfordernissen sind deshalb verschiedene Stufen für eine mehr oder weniger vollständige Blindleistungskompensation notwendig. Die fest angeschlossenen Grunderregerkapazitäten (Kondensatoren) können nur eine statische Kompensation für einen oder mehrere Betriebspunkte leisten. Die Differenzbeträge müssen aus dem Netz bezogen werden.

Soll der Blindleistungsbedarf so gering wie möglich gehalten werden, können mit einer sogenannten Leerlaufkompensation weitere Verbesserungen erzielt werden. In besonderen Fällen (Inselbetrieb) ist der Einsatz eines rotierenden Phasenschiebers — einer Synchronmaschine mit Spannungs- bzw. Blindleistungsregelung — möglich.

Die Verwendung von direkt netzgekoppelten Asynchrongeneratoren ist bei großen Anlagen im Megawatt-Leistungsbereich heute nicht mehr üblich. Große Asynchrongeneratoren werden zugunsten eines hohen Wirkungsgrades für geringen Nennschlupf ausgelegt. Ein solcher Generator verhält sich hinsichtlich seiner Netzankoppelung nicht viel anders als ein Synchrongenerator. Windleistungsschwankungen werden fast genauso ungeglättet an das Netz weitergegeben wie beim Synchrongenerator. Das Schwingungsverhalten ist zwar unproblematischer, die dynamischen Belastungen für die Windkraftanlage sind jedoch ebenfalls hoch.

Eine Verbesserung ist nur über einen höheren Nennschlupf zu erreichen. Dieser steht allerdings im Konflikt zum Wirkungsgrad, dem Generatorgewicht und den Kosten. Dennoch steht der Nennschlupf des Asynchrongenerators bis zu einem gewissen Maß zur technischen Disposition. Eine Vergrößerung des Schlupfes ist auf verschiedenen Wegen möglich. Die naheliegende Möglichkeit ist die Auslegung des Läufers auf höhere Schlupfwerte. Am Beispiel eines Asynchrongenerators mit 1200 kW Nennleistung wird deutlich, in welchem Ausmaß der Wirkungsgrad davon betroffen wird (Bild 10.15). Die Baumasse des Generators steigt ebenfalls mit zunehmendem Nennschlupf an (Bild 10.16). Der Anstieg der Kosten bis zu einem Nennschlupf von wenigen Prozent ist, eingedenk der Tatsache, daß der Generator selbst nur einen kleinen Teil der Kosten des gesamten elektrischen Systems ausmacht, nicht so gravierend.

Ein Nachteil von Asynchrongeneratoren mit höherem Schlupf, der nicht übersehen werden darf, ist das Problem der Wärmeabfuhr. Die Generatorkühlung und damit die gesamte Kühlluftführung im Maschinenhaus muß auf einen höheren Luftdurchsatz ausgelegt werden.

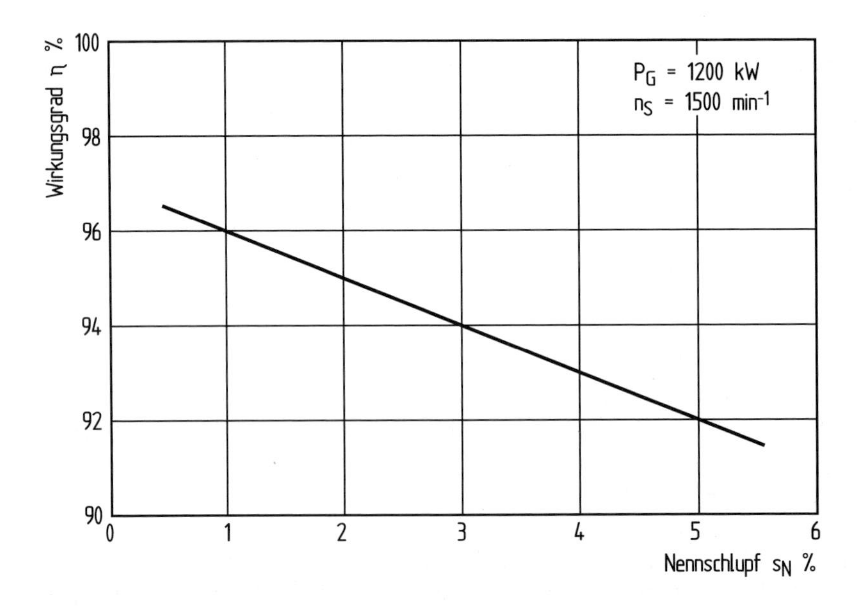

Bild 10.15. Wirkungsgrad eines Asynchrongenerators in Abhängigkeit vom Nennschlupf [7]

Insgesamt gesehen dürfte eine Generatorauslegung mit einem Nennschlupf von 2 bis 3 % einen gangbaren Kompromiß darstellen, um ein Mindestmaß an Drehzahlweichheit bei vertretbarem zusätzlichen Aufwand und Wirkungsgradeinbuße zu gewährleisten.

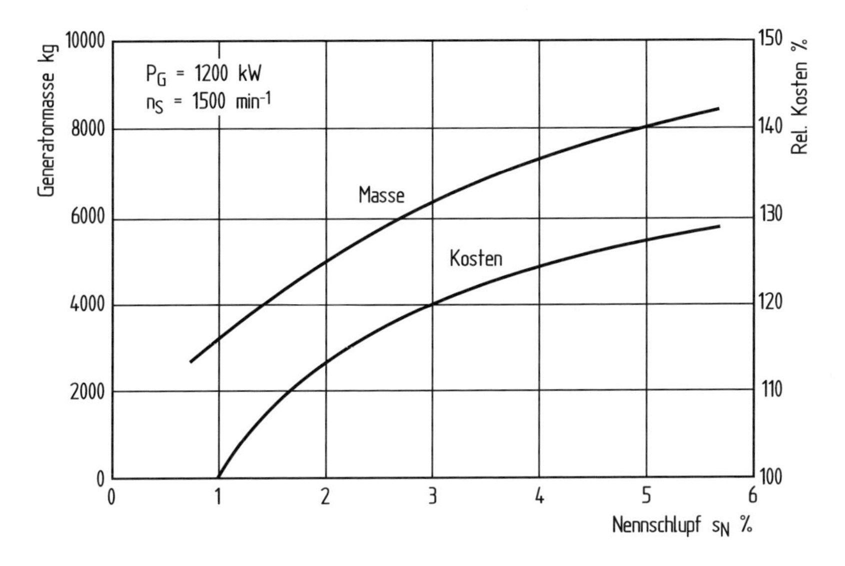

Bild 10.16. Baumasse und relative Kosten eines Asynchrongenerators in Abhängigkeit vom Nennschlupf [7]

10.3.3 Asynchrongenerator mit variablem Schlupf

Der Schlupf des Asynchrongenerators bietet auch die Möglichkeit, eine größere Drehzahlnachgiebigkeit zu realisieren. Dazu werden externe Widerstände in den Läuferstromkreis geschaltet. Normalerweise ist hierzu ein Schleifringläufer notwendig. Die externen Widerstände werden nur bei höherer Belastung der Windkraftanlage zugeschaltet, um den gewünschten Schlupf zu bewirken. Die Verwendung von externen Widerständen schafft außerdem etwas einfachere Verhältnisse für die Generatorkühlung.

Die neueren Anlagen der Firma Vestas verfügen zum Beispiel über eine derartige dynamische Schlupfregelung, die unter der Bezeichnung „Optislip" angeboten wird (Bild 10.17). In den Läuferkreis des Asynchrongenerators werden die Widerstände „sanft" aufgeschaltet und so bei turbulenten Windverhältnissen eine Drehzahlnachgiebigkeit erreicht (ca. 10 %). Als Besonderheit werden mitrotierende Rotorwiderstände einschließlich der Regeleinheit auf der Welle des Generators eingesetzt. Auf diese Weise entfällt die Notwendigkeit eines Schleifringläufers (Bauart Weier).

Ganz allgemein stellt sich bei diesen Lösungen jedoch die Frage, ob der hiermit verbundene Bauaufwand nicht so groß wird, daß der Einsatz eines drehzahlvariablen Generators mit Frequenzumrichter die wirtschaftlichere Lösung darstellt. Außerdem ist der Leistungsverlust zu beachten. Der durchschnittliche elektrische Wirkungsgradverlust im Betrieb ist zwar deutlich geringer als im Maximalpunkt, aber dennoch im Bereich von durchschnittlich 2 bis 3 %.

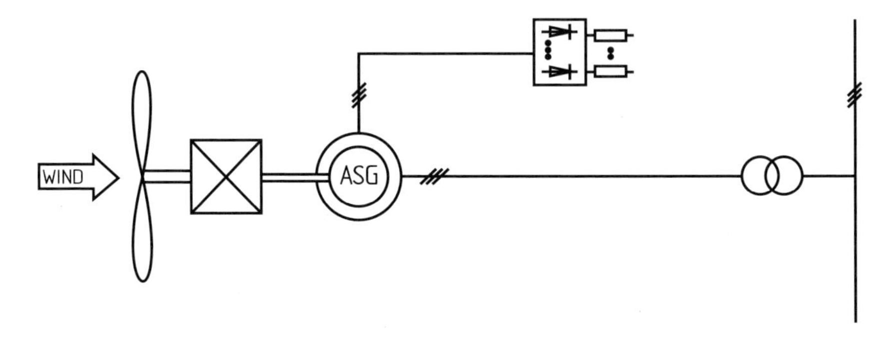

Bild 10.17. Netzgekoppelter Asynchrongenerator mit externen Widerständen im Läuferkreis zur Schlupfsteuerung

10.3.4 Drehzahlgestufte Generatorsysteme

Zur besseren Anpassung der Rotordrehzahl an die Windgeschwindigkeit kann die Abstufung der Rotordrehzahl ins Auge gefaßt werden. Im allgemeinen wird man zwei feste Drehzahlen wählen, von denen die niedrigere bei Teillastzuständen, also bei geringeren Windgeschwindigkeiten gefahren wird. Diese Drehzahlstufung ist zwar kein Ersatz für eine Drehzahlvariablität, da sie im Gegensatz zu dieser keine Verbesserung der dynamischen Eigenschaften einschließt. Andererseits kann die Energielieferung des Rotors auch mit zwei festen Drehzahlen etwas erhöht und die Geräuschemission im Teillastbetrieb verringert werden. Zur Realisierung einer abgestuften Rotordrehzahl stehen auf der elektrischen Seite verschiedene Möglichkeiten offen.

Doppelgenerator

Viele ältere dänische Windkraftanlagen sind mit zwei Generatoren ausgerüstet, von denen der kleinere mit niedrigerer Drehzahl bei geringeren Windgeschwindigkeiten zum Einsatz kommt. Man erreicht damit neben der günstigeren Rotordrehzahl eine Verbesserung des elektrischen Wirkungsgrades bei Teillast und einen günstigeren Leistungsfaktor aufgrund des geringeren Blindleistungsbedarfs des kleineren Generators (Bild 10.18 und 10.19). Die Anlagen besitzen meistens einen Dreiblattrotor ohne Blattverstellung. Der stallgeregelte Rotor setzt einen relativ großzügig dimensionierten Generator voraus, da der Rotor nur mit dem Generatormoment am Netz gehalten wird. Um den schlechten Wirkungsgrad des vergleichsweise großen Generators bei Teillast nicht hinnehmen zu müssen, wird ein zweiter, kleinerer Generator hinzugefügt.

Nachteilig ist natürlich der höhere Aufwand, nicht nur für die zwei Generatoren und das aufwendigere Getriebe, sondern auch im Hinblick auf Regelung und Betriebsführung. Für größere aerodynamisch regelbare Anlagen ist der Einsatz von zwei Generatoren allenfalls zu rechtfertigen, wenn schwierige Inselnetzsituationen zu bewältigen sind. Bei Anlagen im

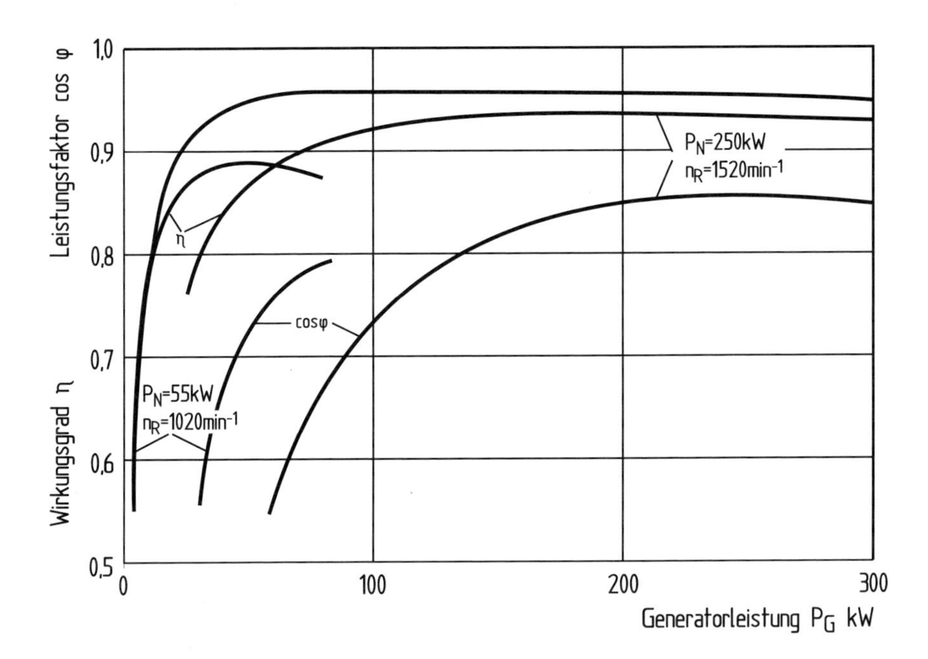

Bild 10.18. Elektrischer Wirkungsgrad und Leistungsfaktor beim Prototyp einer Volund-Windkraftanlage mit zwei Asynchrongeneratoren [8]

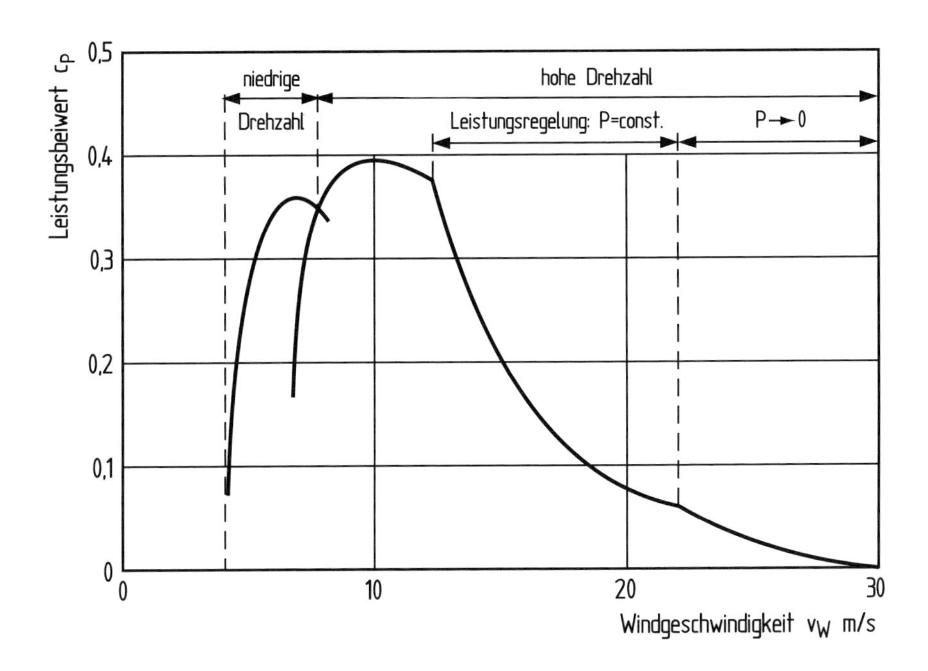

Bild 10.19. Verlauf des Rotorleistungsbeiwertes der Volund-Anlage [8]

Megawatt-Leistungsbereich ist weder der Abfall des Teillastwirkungsgrades so gravierend noch der Blindleistungsbedarf im Verhältnis so ungünstig, daß sich der Aufwand für einen Doppelgenerator lohnen dürfte.

Polumschaltbarer Generator

Eine prinzipiell einfache Lösung ist die Verwendung eines polumschaltbaren Asynchrongenerators. Diese Generatoren besitzen zwei elektrisch voneinander getrennte Wicklungen im Stator mit unterschiedlichen Polzahlen. Üblich sind Paarungen von 4 und 6 Polen oder 6 und 8 Polen. Entsprechend verhält sich die Drehzahlstufung 66,66 % zu 100 % oder 75 % zu 100 %. Diese Generatoren sind deutlich teurer, außerdem liegt der Wirkungsgrad im Betrieb mit der niedrigeren Drehzahl etwas niedriger (Bild 10.20). Die Vorteile eines drehzahlgestuften Betriebs sind deshalb auch mit polumschaltbaren Generatoren nicht in jedem Fall überzeugend, am ehesten noch in Gebieten mit schwächeren Windverhältnissen.

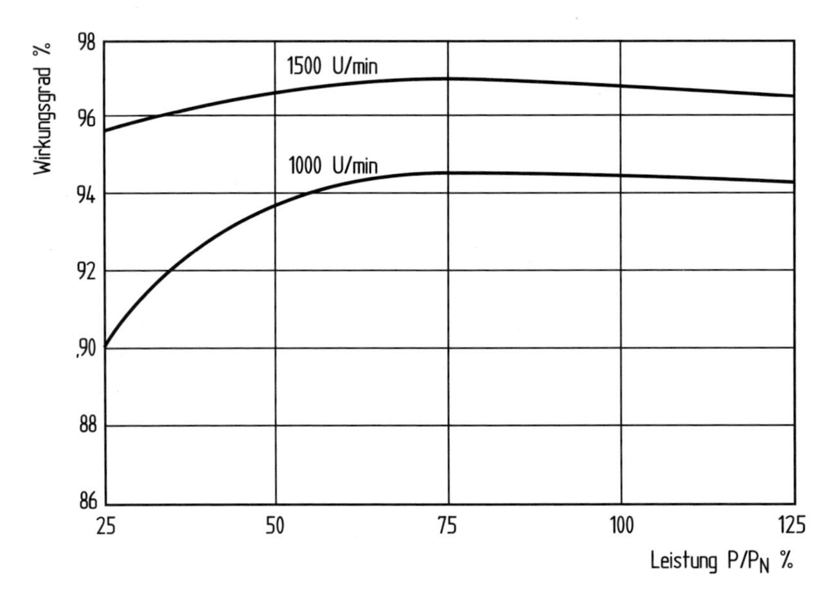

Bild 10.20. Elektrischer Wirkungsgradverlauf eines polumschaltbaren Asynchrongenerators (Nennleistung 750 kW) [9]

10.4 Drehzahlvariable Generatorsysteme mit Frequenzumrichter

Ein regelbarer, drehzahlvariabler Betrieb eines Windrotors ist nur mit einem elektrischen Generator möglich, der mit einem nachgeschalteten Frequenzumrichter betrieben wird. Ein Wechselstromgenerator, der mit variabler Drehzahl läuft, erzeugt zwangsläufig Wechselstrom von veränderlicher Frequenz. Diese kann nur über einen Frequenzumrichter auf die geforderte konstante Netzfrequenz gebracht werden. Die Konzeption drehzahlvariabler Generator mit Umrichter ermöglicht neben einer erheblichen Verringerung der dynamischen

Belastungen eine Betriebsführung des Windrotors, die dessen spezifischen Eigenarten besser gerecht wird als der drehzahlfeste Betrieb. Für den Einsatz in Windkraftanlagen sind deshalb Generator-Umrichter-Systeme grundsätzlich attraktiv und werden in zunehmendem Maße verwendet.

Die konventionelle Generatortechnik liefert hierfür wenige Vorbilder. Der Antrieb durch Dampfturbinen oder Dieselmotoren erfordert keine drehzahlvariablen Generatoren. Lediglich für einige besondere Anwendungsfälle sind drehzahlvariable Generatorsysteme in Gebrauch. Auf großen Seeschiffen werden seit etwa einem Jahrzehnt drehzahlvariable Synchrongeneratoren, die von der Schiffswelle angetrieben werden, mit Frequenzumformern eingesetzt [10]. Die Verwendung dieser „Wellengeneratoren" auf Schiffen hat vor allem wirtschaftliche Gründe. Wird der Generator von der Schiffswelle und somit vom Hauptdieselmotor des Schiffs angetrieben, so wird die elektrische Energie durch billiges Schweröl erzeugt. Die Drehzahl der Schiffswelle ist aber, vor allem bei Schiffen ohne Verstellschraube, Schwankungen unterworfen, so daß der erzeugte Drehstrom mit variabler Frequenz über einen Frequenzumrichter auf eine konstante Frequenz zur Speisung des Bordnetzes gebracht werden muß.

In der elektrischen Antriebstechnik werden dagegen für vielerlei Zwecke drehzahlvariable regelbare Antriebsmotoren benötigt, die ohne Umrichtertechnik nicht realisierbar sind. Diese Konzeption bildete in einigen Fällen den Ausgangspunkt zur Entwicklung der drehzahlvariablen Generatorsysteme für Windkraftanlagen.

Die Realisierung eines drehzahlvariablen Generatorsystems ist sowohl auf der Basis eines Synchrongenerators als auch unter Verwendung eines Asynchrongenerators möglich. Während beim Synchrongenerator der gesamte erzeugte Strom mit einem sog. Vollumrichter umgerichtet werden muß, bietet der Asynchrongenerator neben der Vollumrichtung auch den den Schlupf als Ansatzpunkt. Bei gewollt großem Schlupf kann die Verlustenergie (Schlupfleistung) über geeignete Umrichter wieder dem Leistungsfluß aus dem Stator zugeführt bzw. überlagert werden. Damit braucht nur ein Teil der erzeugten elektrischen Leistung über den Frequenzumrichter geschickt werden. Die Realisierung erfordert allerdings einen Schleifringläufer, der mit höheren Kosten und Wartungsaufwand verbunden ist.

Drehzahlvariable Generatorsysteme sind heute für große Windkraftanlagen die bevorzugte Konzeption. Der Frequenzumrichter wird damit für eine Windkraftanlage mit variabler Rotordrehzahl zu einer wesentlichen, systembestimmenden Komponente. Aus diesem Grund ist die Beschäftigung mit einigen grundlegenden Begriffen der Stromrichtertechnik sowie den Eigenschaften der verschiedenen Bauarten von Frequenzumrichtern unerläßlich.

10.4.1 Frequenzumrichter

Wie bereits im Kap. 10.1 darauf hingewiesen, kann es nicht Aufgabe dieses Buches sein weder eine grundlegende Einführung in die Generatortechnik noch in die Stromrichtertechnik zu geben. Hierzu muß auf die einschlägige Fachliteratur verwiesen werden [11]. Dennoch werden an dieser Stelle einige Begriffe aus der Stromrichtertechnik widergegeben und die wichtigsten Merkmale der heute verwendeten Frequenzumrichter erläutert, soweit diese im Zusammenhang mit der Technik der Windkraftanlagen eine Rolle spielen.

Technologie

Die moderne Umrichtertechnik beruht auf der Verwendung von Halbleiterbauelementen. Diese werden als sogenannte *Stromrichterventile* benutzt, die den elektrischen Strom nur in einer Richtung durchlassen. Sie werden periodisch abwechselnd in den elektrisch leitenden und nicht leitenden Zustand versetzt und haben daher auch die Funktion von Schaltern. Die Schaltvorgänge laufen sehr schnell, im Mikrosekunden Bereich ab, da keine mechanischen Vorgänge dazu nötig sind. Im einfachsten Fall erfüllen Dioden die Funktionen eines Stromrichterventiles. Sie sind in einer Richtung dauernd leitfähig und sperren den Strom in der Gegenrichtung. Sie können aber nicht von außen gesteuert werden. Umrichter auf der Basis von einfachen Dioden kommen für größere Leistungen nicht infrage und spielen deshalb in der Leistungselektronik für Windkraftanlagen keine Rolle.

Bei steuerbaren Stromrichterventilen, sog. *Thyristoren*, kann der Zeitpunkt der Leitfähigkeit bestimmt werden. Dieser Vorgang wird als „Zündung" bezeichnet. Thyristoren werden in verschiedenen Bauformen, die über unterschiedliche Steuerungsmöglichkeiten verfügen hergestellt, zum Beispiel als sog. Gate-Turn-Off (GTO) oder Integrated-Gate-Commutated-Transistors (IGCT). Mit der Einführung der Thyristor-Technologie kam der Durchbruch der Umrichtertechnik in der Leistungselektronik für viele Anwendungsbereiche. Auch im Megawatt-Leistungsbereich wurde die Frequenzumrichtung ohne große Verluste möglich.

Die Umrichter der älteren Windkraftanlagen wurden auf Thyristorbasis verwirklicht. Diese Umrichter benötigen Blindstrom aus dem Netz, so daß entsprechende Kompensationseinrichtungen erforderlich wurden. Auch die erzeugten Oberwellen mussten mit relativ aufwendigen Filtern so weit als möglich unterdrückt werden um die Netzeinspeisung ohne allzu große Probleme zu ermöglichen. Das Problem der Oberwellen bestand insbesondere bei älteren Wechselrichtern, die noch mit einer 6-pulsigen Betriebsweise arbeiteten. Die sog. Pulszahl wird durch die Stromübergänge (Kommutierungen) von einem auf ein anderes Stromrichterventil innerhalb einer Periode bestimmt. Sie ist eine wesentliche Kenngröße von Stromrichterschaltungen. Moderne Umrichter arbeiten mit einer 12-pulsigen Schaltung bei Drehstromsystemen. Damit wird eine wesentlich bessere Annäherung an die Sinusform des Wechselstroms erreicht und Oberwellen werden weitgehend vermieden.

Die jüngste Entwicklungsstufe der Stromrichtertechnik ist durch die Verwendung von Transistoren gekennzeichnet. Transistoren benötigen praktisch keine Blindleistung und verfügen über noch bessere Schaltmöglichkeiten. Als sog. *Insulated-Gate-Bipolar-Transistors*, IGBT-Umrichter, repräsentieren sie den heutigen „Stand der Technik". Diese Umrichter haben die GTO-Umrichter praktisch schon verdrängt und sind deshalb auch bei Windkraftanlagen zunehmend zu finden.

Bauarten

Umrichter werden unabhängig von den verwendeten Halbleiterbauelementen in verschiedenen Bauformen realisiert (Bild 10.21). Sog. *Direktumrichter* wählen mit Hilfe von Stromrichterventilen bestimmte Spannungabschnitte aus den drei Phasen aus und setzen diese neu zusammen, so daß daraus eine neue Frequenz entsteht. Diese Bauart ist nur bis zu einem begrenzten Frequenzverhältnis anwendbar und erfordert einen hohen Aufwand an

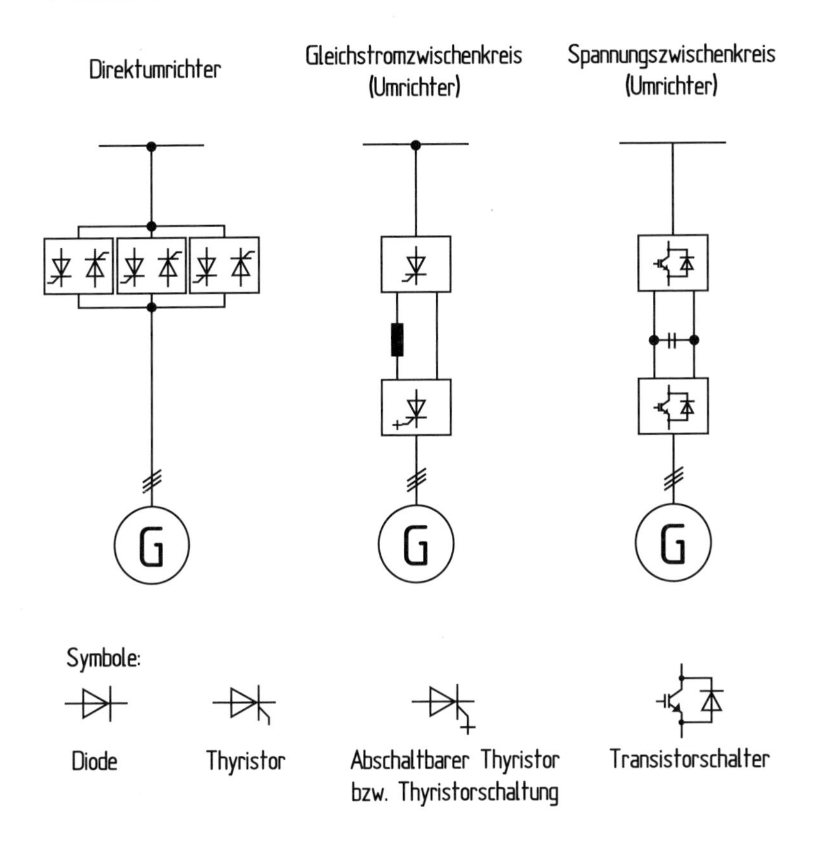

Bild 10.21. Bauarten von Umrichtersystemen [12]

Halbleiterelementen und Steuerungstechnik. Diese Umrichter spielen heute keine Rolle mehr in der Windenergietechnik.

Umrichter mit einem *Gleichstromzwischenkreis* bestehen aus einem Gleichrichter, der die eingespeiste Frequenz im Gleichstrom umwandelt und einem Wechselrichter der die gewünschte Frequenz erzeugt. Die Frequenzregelung der Wechselrichter auf der Netzseite erfolgt durch die vorgegebene Netzfrequenz (netzgeführte Frequenzumrichter). Im elektrischen Inselbetrieb sind selbstgeführte Frequenzumrichter erforderlich, die allerdings erheblich aufwendiger und teurer sind. Diese Zwischenkreis-Umrichter sind vielfach regelbar und entkoppeln die vom Generator erzeugte Frequenz vollständig von der Netzfrequenz. Für Windkraftanlagen werden deshalb heute fast ausschließlich Umrichter-Systeme mit Gleichstrom- oder Spannungszwischenkreis eingesetzt. Die Frequenzumrichter auf Transistorbasis werden mit einem Spannungszwischenkreis realisiert. Außerdem arbeiten sie mit einem Pulsmodulationsverfahren, namentlich der *Pulsweitenmodulation* (PWM), womit eine nahezu perfekte Annäherung an die ideale Sinusform der umgeformten Frequenz erreicht wird. IGBT-Umrichter mit Pulsweitenmodulation in 12-pulsiger Ausführung stellen somit die vorläufig letzte Stufe der Umrichtertechnik dar. Im Regelfall werden die Umrichter mit ihrem doch erheblichen Platzbedarf im Turmfuß untergebracht (Bild 10.28).

Bild 10.22. IGBT-Umrichter (Nennleistung 2 MW) im Turm einer Enercon-Anlage (Enercon)

10.4.2 Generator mit Vollumrichter

Die konsequenteste Lösung für ein drehzahlvariables Generatorsystem ist die Frequenzumrichtung des gesamten vom Generator erzeugten Stroms mit einem sog. „Vollumrichter". Dieser arbeitet, wie im vorigen Kapitel dargestellt, in der Regel mit einem Gleichstromzwischenkreis das heißt mit einer Hintereinanderschaltung von Gleich- und Wechselrichter (Bild 10.23).

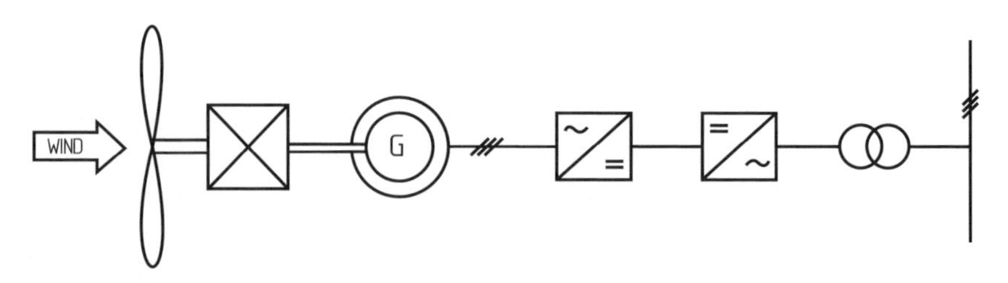

Bild 10.23. Generator mit Vollumrichter

Mit dieser Konzeption wird ein großer Drehzahlbereich möglich, da der Gleichstromzwischenkreis eine völlige Entkopplung der Rotor- und damit der Generatordrehzahl von der Netzfrequenz bewirkt. Der große Drehzahlbereich gestattet einen effektiven windgeführten Betrieb des Rotors, so daß bei entsprechender Auslegung eine spürbare Erhöhung seiner aerodynamisch bedingten Energielieferung erreicht werden kann. Grundsätzlich kann diese Konzeption mit jeder Art von Generator realisiert werden, das heißt mit einem Synchron- oder Asynchrongenerator oder auch mit einem Generator mit elektrischer oder Permanentmagnet-Erregung.

Der wesentliche Einwand gegen das System „Generator mit Vollumrichter" war anfangs, neben den hohen Kosten, der schlechte elektrische Gesamtwirkungsgrad. Weil die gesamte elektrische Leistung über den Umrichter fließt, war der Wirkungsgrad deutlich geringer als bei direkt netzgekoppelten Generatoren. Die moderne Umrichter-Technik hat diesen Einwand jedoch weitgehend gegenstandslos werden lassen. Heute werden Umrichter verwendet, deren Verluste außerordentlich gering sind, sodaß der Gesamtwirkungsgrad kaum geringer ausfällt als z. B. beim doppelt gespeisten Asynchrongenerator. Auch sind die bei älteren Wechselrichtern störenden Oberwellen mit den pulsweitenmodulierten Wechselrichtern heute fast vollständig eliminiert.

Die Verwendung von Vollumrichtern wird auch durch die in den letzten Jahren gestellten technischen Anforderungen für den Netzparallel im Verbundnetz favorisiert. Insbesondere in Deutschland, mit einer relativ großen Anzahl von Windkraftanlagen im Verbundnetz, steigen die Anforderungen an die Regelbarkeit der Windkraftanlagen, zum Beispiel in Bezug auf den $\cos \varphi$, stetig an.

Ein gewisser Nachteil ist jedoch bis heute die höheren Kosten. Da der Umrichter auf die volle Leistung ausgelegt werden muss, im Gegensatz zum „Teilumrichter" beim doppelt gespeisten Asynchrongenerator, ist ein Generatorsystem mit Vollumrichter teurer.

Synchrongenerator mit Vollumrichter

In den meisten Fällen wird heute ein Synchrongenerator mit einem Vollumrichter kombiniert, insbesondere wenn es sich um einen direkt angetriebenen Generator handelt. Die gute Regelbarkeit des Synchrongenerators bietet auch in der Kombination mit einem Umrichter einige Vorteile, während die problematischen dynamischen Eigenschaften des Synchrongenerators bei direkter Netzkopplung vollständig eliminiert werden.

Die Regelung des Generatormoments erfolgt über die Steuerung des Gleichstromzwischenkreises. Hierbei kann es allerdings zu unerwünschten niederfrequenten Schwebungen im Gleichstromzwischenkreis kommenden. Manche Generatoren, zum Beispiel auch die Wellengeneratoren auf Schiffen, verfügen deshalb über Synchrongeneratoren ohne Dämpferwicklung um eine trägheitsärmere Regelung des Systems zu ermöglichen.

Eine besonders aufwendige, inselbetriebsfähige Entwicklung auf diesem Gebiet war das 1985 auf der Insel Helgoland realisierte elektrische System der Windkraftanlage WKA-60 (Bild 10.24). Hier kam ein Synchrongenerator mit Frequenzumrichter zum Einsatz, der unmittelbar aus einem Schiffs-Wellengenerator abgeleitet wurde. Zum ersten Mal wurde eine große Windkraftanlagen mit einer Nennleistung von 1200 kW in einem vergleichsweise kleinen Inselnetz mit einer maximalen Last von 3000 kW betrieben. Die Hauptstromerzeuger in diesem Netz waren zwei Dieselaggregate mit je 1800 kW Leistung [10]. Außerdem wurde neben der Windkraftanlage ein sog. „rotierender Phasenschieber" betrieben, der eine vollständige Blindleistungskompensation in jedem Leistungspunkt ermöglichte. Der technische Aufwand für ein derartiges drehzahlvariables und inselbetriebsfähiges Generatorsystem war somit erheblich.

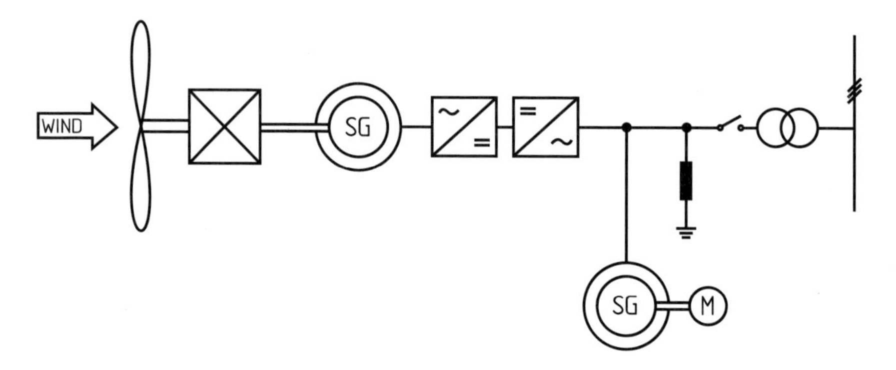

Bild 10.24. Elektrisches Generatorsystem der Windkraftanlage WKA-60 mit Synchrongenerator und Vollumrichter sowie rotierendem Phasenschieber für den Einsatz im Inselnetz auf Helgoland, 1985

Asynchrongenerator mit Vollumrichter

In den letzten Jahren setzen einige Hersteller auch Asynchrongeneratoren in Verbindung mit einem Vollumrichter ein (Siemens SWT 2,3 und Vestas V 112/3,3 MW). Ein Asynchrongenerator ist kostengünstiger und gilt im Betrieb als besonders robust. Die etwas eingeschränkten Regelungsmöglichkeiten können durch eine entsprechende Auslegung des Umrichters ausgeglichen werden, sodaß die heutigen Netzanforderungen auch damit erfüllbar sind. Allerdings muss der Asynchrongenerator über eine spezielle Vorrichtung verfügen um seine Erregung zu ermöglichen, da er nicht mehr direkt mit dem Netz verbunden ist.

10.4.3 Asynchrongenerator mit übersynchroner Stromrichterkaskade

Eine andere Möglichkeit der Realisierung eines drehzahlvariablen Generators ist, wie bereits erwähnt, die Beeinflussung des Schlupfes beim Asynchrongenerator. Gelingt es, die normalerweise verlorene Schlupfleistung des Läufers zu nutzen, so kann ein relativ großer Drehzahlbereich ohne wesentliche Verluste gefahren werden. Zur Rückspeisung ist ein einfacher Zwischenkreis, bestehend aus einem ungesteuerten Gleichrichter und einem netzgeführten Wechselrichter, erforderlich (Bild 10.25). Mit diesem Verfahren kann allerdings nur Leistung vom Läufer über die Stromrichter an das Netz abgegeben werden, ein umgekehrter Leistungsfluß ist wegen der ungesteuerten Gleichrichter nicht möglich. Der Generator kann deshalb nur im übersynchronen Bereich betrieben werden. Über die Vorgabe des Zwischenkreisstroms kann das elektrische Moment beeinflußt werden. Diese Bauart ist in der elektrischen Antriebstechnik als untersynchrone Stromrichterkaskade bekannt und wird für drehzahlgeregelte Antriebsmotoren eingesetzt. In der Bauart als Generator ergibt sich eine *übersynchrone Kaskade.*

Ein wesentlicher Nachteil der bisher realisierten übersynchronen Stromrichterkaskade war der hohe Blindleistungsbedarf. Der Blindleistungsbedarf des Wechselrichters kann durch die Einschränkung des Drehzahlbereichs begrenzt werden. Der wirtschaftliche Drehzahlbereich schränkte sich somit auf etwa 100 bis 130 % der Nenndrehzahl ein. Ein weiterer Nachteil der älteren bisher ausgeführten Systeme waren die relativ großen Anteile unerwünschter Oberschwingungen, die in das Netz weitergegeben wurden.

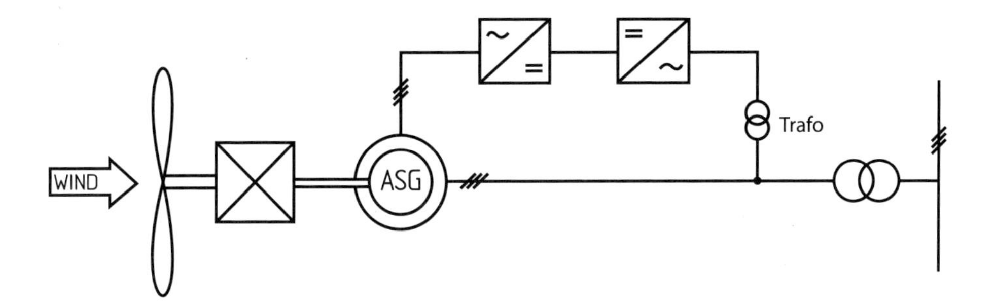

Bild 10.25. Übersynchrone Stromrichterkaskade für den drehzahlvariablen Betrieb eines Asynchrongenerators

Für die übersynchrone Stromrichterkaskade gilt natürlich das Gleiche wie für die Konzeption Synchrongenerator mit Frequenzumrichter. Mit moderner Umrichtertechnik lassen sich diese Nachteile vermeiden. Bis heute wurden aber nur wenige größere Windkraftanlagen mit übersynchroner Stromrichterkaskade ausgerüstet, zum Beispiel die spanische Anlage AWEC-60, die von der deutschen Anlage WKA-60 abgeleitet wurde [13].

10.4.4 Doppeltgespeister Asynchrongenerator

Der sog. *doppeltgespeiste Asynchrongenerator* als drehzahlvariables System wurde zum ersten Mal bei der großen Versuchsanlage Growian verwirklicht (Bild 10.26). Im Gegensatz zur übersynchronen Stromrichterkaskade wurde die Schlupfleistung des Asynchrongenerators nicht nur in das Netz gespeist, sondern auch umgekehrt der Läufer vom Netz aus gespeist. Auf diese Weise war sowohl über- wie auch ein untersynchroner Betrieb des Generators möglich.

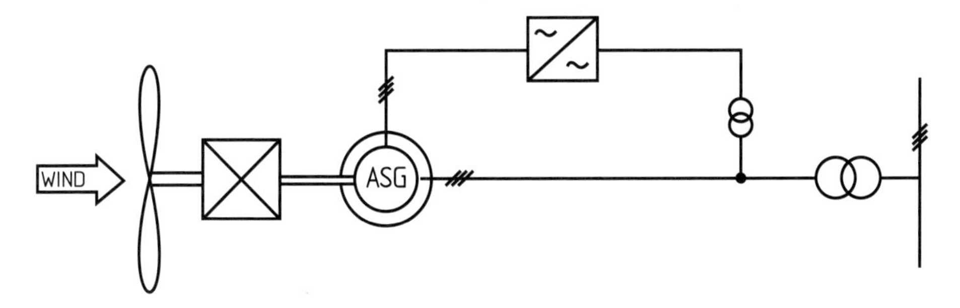

Bild 10.26. Doppeltgespeister Asynchrongenerator mit Direktumrichter von Growian (1982)

Mit Hilfe einer geeigneten Regelung wurde die vom Umrichter erzeugte Frequenz der Frequenz des Läuferdrehfeldes überlagert, so daß die abgegebene überlagerte Frequenz unabhängig von der Läuferdrehzahl konstant blieb. Der Drehzahlbereich wurde durch die Frequenz bestimmt, die den Läufer speiste. Da bei Growian als Frequenzwandler ein Direktumrichter eingesetzt wurde, war der Frequenzhub auf ca. $\pm 40\,\%$ der Nenndrehzahl begrenzt. Da außerdem die Umrichterleistung mit dem Drehzahlbereich steigt, wurde bei Growian ein wesentlich kleinerer Bereich gewählt. Der gewählte Drehzahlbereich von ± 15 % war in erster Linie als „Drehzahlelastizität" gedacht, um die dynamischen Maschinenbeanspruchungen zu verringern.

Der doppeltgespeiste Asynchrongenerator konnte im über- oder untersynchronen Drehzahlbereich sowohl motorisch als auch generatorisch betrieben werden (Bild 10.27). Im normalen Betriebsbereich verhielt er sich wie eine Synchronmaschine. Durch Steuern des Wechselstroms im Läuferkreis nach Betrag und Phase konnte jeder beliebige Blind- und Wirkstrom eingestellt werden, das heißt, der Generator konnte mit beliebigem Leistungsfaktor betrieben werden.

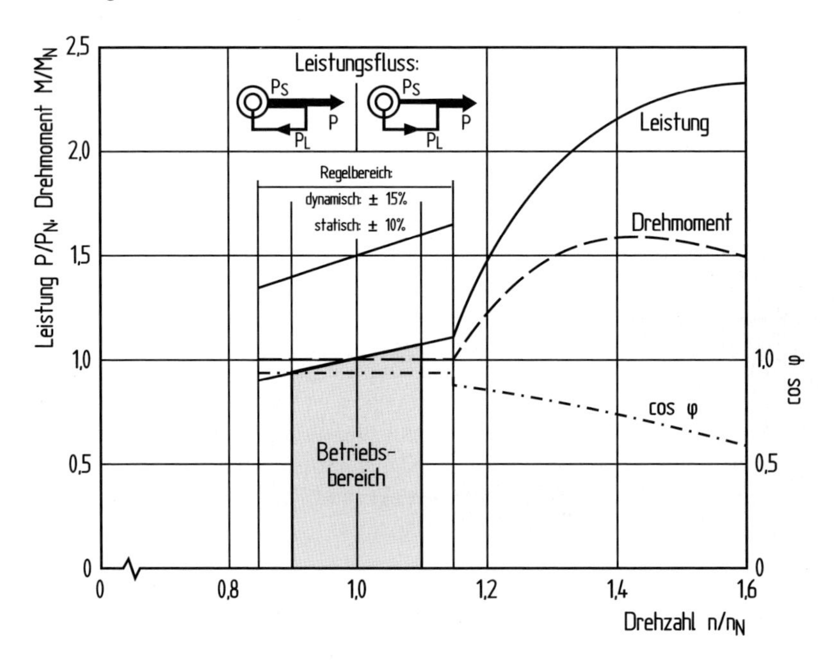

Bild 10.27. Betriebskennlinien des doppeltgespeisten Asynchrongenerators der Versuchsanlage Growian [14]

Aus den dargestellten Zusammenhängen wird deutlich, daß diese Generatorkonzeption einen besonderen Regelungsaufwand erfordert. Dieser schlägt sich insbesondere beim Schalt- und Regelungsaufwand für den Frequenzumrichter nieder. Auf der anderen Seite vereinigt der geregelte doppeltgespeiste Asynchrongenerator in sich die betrieblichen Vorteile der Synchron- und Asynchronmaschine. Er bietet neben dem drehzahlvariablen Betrieb den besonderen Vorteil einer getrennten Wirk- und Blindleistungsregelung. Ein weiterer Vorteil des doppeltgespeisten Generators ist damit verbunden, daß nur etwa ein Drittel der Generatornennleistung über den Läuferstromkreis fließt, das heißt über den Frequenzumformer. Der Umrichter wird damit wesentlich kleiner als zum Beispiel beim drehzahlvariablen Synchrongenerator mit der Umrichtung der gesamten Leistung. Auf diese Weise verringern sich die Kosten und der Wirkungsgradverlust durch den Umrichter.

Auf der anderen Seite bedeutet die „Teilumrichtung" der erzeugten Leistung aber auch eine Beschränkung hinsichtlich der geforderten Netzparameter. Der cos φ kann nur in engen Grenzen geregelt werden, ohne einen wirtschaftlich nachteiligen technischen Aufwand in Kauf nehmen zu müssen. Windkraftanlagen mit doppeltgespeistem Asynchrongenerator haben deshalb — zumindestens in Deutschland — unter gewissen Netzbedingungen Probleme diese zu erfüllen.

Der doppelt gespeiste Asynchrongenerator wurde in den letzten Jahren weiterentwickelt und vereinfacht. Er wird heute von nahezu allen namhaften Herstellern als serienfertiges Generatorsystem angeboten und in vielen großen Windkraftanlagen eingesetzt (Bild 10.28). Anstelle des Direktumrichters wird heute ein sog. Kaskadenumrichter mit Gleichstromzwischenkreis verwendet, der hinsichtlich der Regelbarkeit und in bezug auf den Drehzahlbereich einem Direktumrichter überlegen ist (Bild 10.29).

Bild 10.28. Doppeltgespeister Ansynchrongenerator mit 1,5 MW Nennleistung (Bauart Loher)

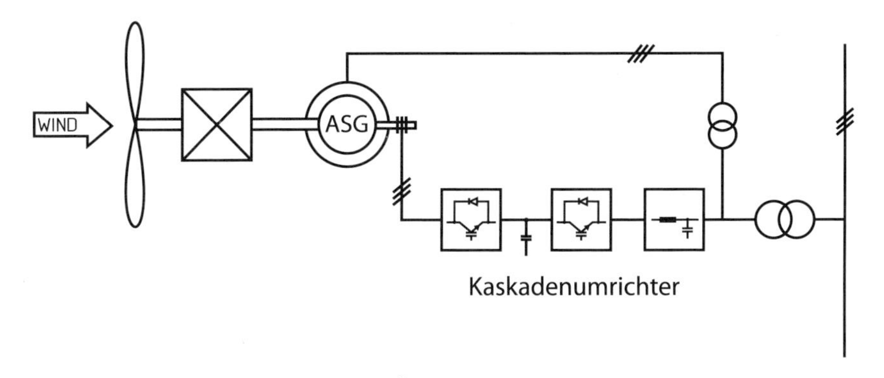

Bild 10.29. Doppeltgespeister Asynchrongenerator mit Kaskadenumrichter (Bauart Loher) [15]

10.5 Direkt vom Rotor angetriebene drehzahlvariable Generatoren

Direkt vom Rotor — ohne Übersetzungsgetriebe — angetriebene Generatoren gewinnen bei Windkraftanlagen eine zunehmende Bedeutung. Der „getriebelose“ Triebstrang genießt bei vielen Herstellern und Betreibern im Hinblick auf die Zuverlässigkeit ein besonderes Vertrauen. Die Einfachheit des Triebstranges ist in der Tat bestechend.

Andererseits stellt der langsam laufende Generator eine sehr spezielle Bauart dar, die sehr eng mit der Gesamtkonzeption des mechanischen Triebstranges nicht nur verbunden ist, sondern ein integraler Bestandteil des Triebstranges und der statischen Konzeption des Maschinenhauses bildet. Elektrische Generatoren aus serienmäßiger Produktion, die auch in anderen Anwendungsbereichen eingesetzt werden, stehen deshalb nicht zur Verfügung.

Vor diesem Hintergrund ist eine eingehendere Beschäftigung mit der Bauart des direktgetriebenen Generators und seiner Funktion unerlässlich. Vom funktionellen, elektrischen Standpunkt ausgesehen, stellt der langsam laufende Generator keine eigenständige Konzeption dar. Grundsätzlich kann er als Synchron- oder Asynchrongenerator gebaut werden und drehzahlfest oder auch drehzahlvariabel betrieben werden. Der drehzahlfeste Betrieb würde jedoch bei großen Anlagen und damit bei niedrigerer Roterdrehzahl zu einer großen Anzahl von Polen und damit zu einem extrem großen Durchmesser führen, um die synchrone Netzfrequenz von 50 Hz zu erreichen (vergl. Kap. 9.1). Die heute eingesetzten direktgetriebenen Generatorsysteme sind deshalb nahezu ausnahmslos drehzahlvariable Synchrongeneratoren mit Vollumrichter (Bild 10.30).

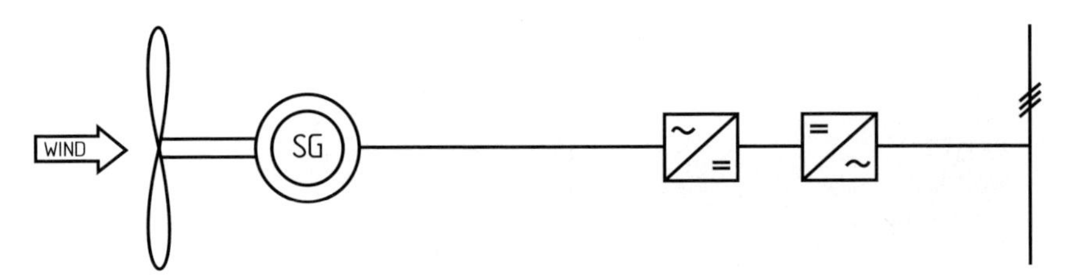

Bild 10.30. Direkt vom Rotor angetriebener, drehzahlvariabler Synchrongenerator mit nachgeschaltetem Frequenzumrichter

10.5.1 Synchrongenerator mit elektrischer Erregung

Das Verdienst, als erster die Konzeption eines direkt angetriebenen Generators mit Frequenzumrichter erfolgreich umgesetzt zu haben, gebührt dem deutschen Hersteller Enercon.

Direktgetriebene Generatoren dieser Konzeption werden mittlerweile bei allen Enercon-Anlagen bis zu einer Leistung von 7,5 MW eingesetzt und haben sich hervorragend bewährt (Bild 10.31). Auch einige andere Hersteller, z. B. Lagerwey oder Torres in Spanien, haben diese elektrische Konzeption zeitweise für einige Anlagentypen übernommen. Sie sind jedoch später auf Generatoren mit Permanentmagnet-Erregung umgeschwenkt.

Die Nachteile dieser aufwendigen Technik dürfen nicht übersehen werden (Bild 10.32). Das hohe Gewicht, die großen Dimensionen und die daraus resultierenden Kosten haben

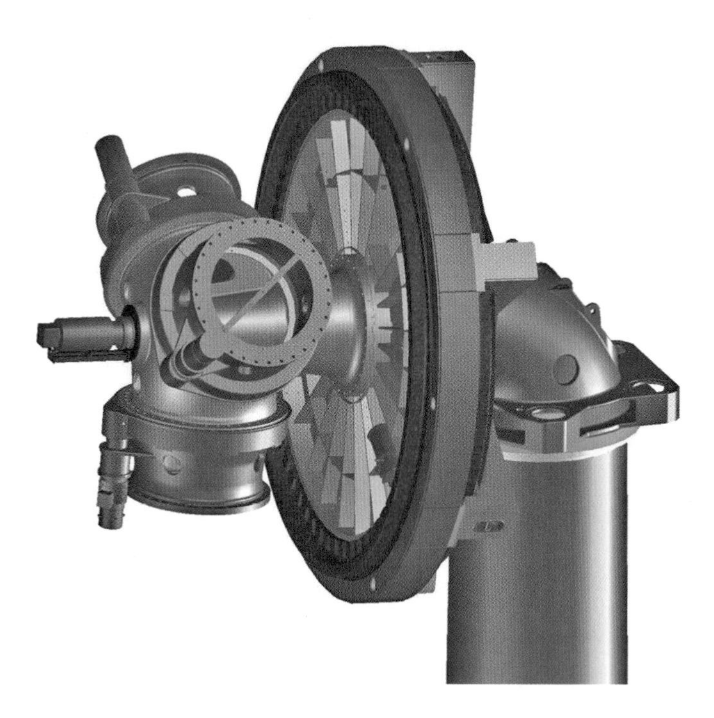

Bild 10.31. Direkt vom Rotor angetriebener Vielpol-Synchrongenerator einer Enercon-Anlage

Bild 10.32. Fertigung von Synchron-Vielpolgeneratoren bei Enercon

weitere Nachahmer abgeschreckt. Das hohe Gewicht ist nicht nur ein Problem für den Generator selbst, sondern hat auch negative Konsequenzen für die gesamte Windkraftanlage (vergl. Kap. 9.4).

Im Hinblick auf die Herstellkosten sind der Materialeinsatz und die Gewichtsanteile der Hauptkomponenten von Bedeutung. Die langsam laufenden Generatoren mit elektrischer Erregung benötigen sehr viel Kupfer für die gewickelten Pole, die etwa ein Drittel der Baumasse darstellen (Bild 10.33). Bei dem 2013 herrschenden Kupferpreis fallen etwa 50 bis 60 % der Herstellkosten auf die Kupferwicklungen im Läufer und im Ständer (Bild 10.34). Kupfer, wie alle derartigen Rohstoffe, unterliegen permanenten Preisschwankungen mit einer generellen Tendenz nach oben, so daß auch unter diesem Aspekt die Herstellkosten überproportional steigen können.

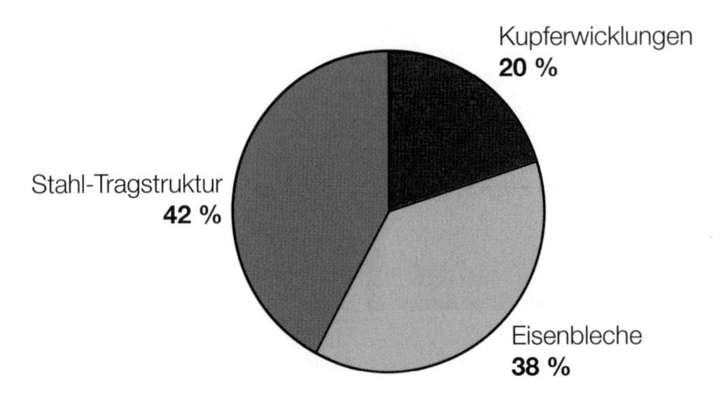

Bild 10.33. Gewichtsanteile beim direktgetriebenen elektrisch erregten Synchrongenerator

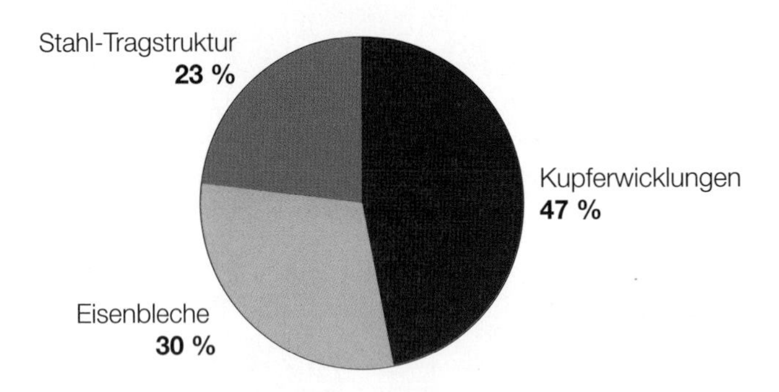

Bild 10.34. Anteile an den Herstellkosten beim direktgetriebenen elektrisch erregten Synchrongenerator

Das Gewicht wird mit zunehmender Größe der Anlagen zu einem besonderen Problem. Bei einer Anlagengröße bis etwa 2 bis 3 MW bleibt das Generatorgewicht mit dem daraus sich ergebenden Turmkopfgewicht im Vergleich zu anderen Konzeptionen noch in vertretbaren Grenzen. Auch die Fertigungsprobleme und Montageverfahren hinsichtlich der Einhaltung eines möglichst geringen Luftspaltes oder der Realisierung eines effektiven Kühlsystems sind noch beherrschbar. Bei den Anlagen der 5 bis 7 MW-Klasse, wie sie vor allem im Offshorebereich eingesetzt werden, sind die Probleme aber bereits deutlich größer. Bei dieser Anlagengröße drängt sich bereits die Frage auf, ob eine Anlage mit elektrischem erregten Ringgenerator noch zu wettbewerbsfähigen Kosten im Vergleich zu konkurrierenden Konzeptionen hergestellt werden kann.

Noch gravierender werden die Unterschiede wenn man die kommende 10 MW-Klasse ins Auge fasst (Bild 10.35). Das Turmkopfgewicht einer Anlage mit elektrisch erregtem direkt angetriebenen Generator würde bei Fortschreibung der jetzigen Bauart deutlich über 1000 t liegen. Ganz abgesehen von den Kosten werden bei diesen Dimensionen auch die Montage und die gesamte Logistik zu einem Problem. Die Entwicklung der nächsten

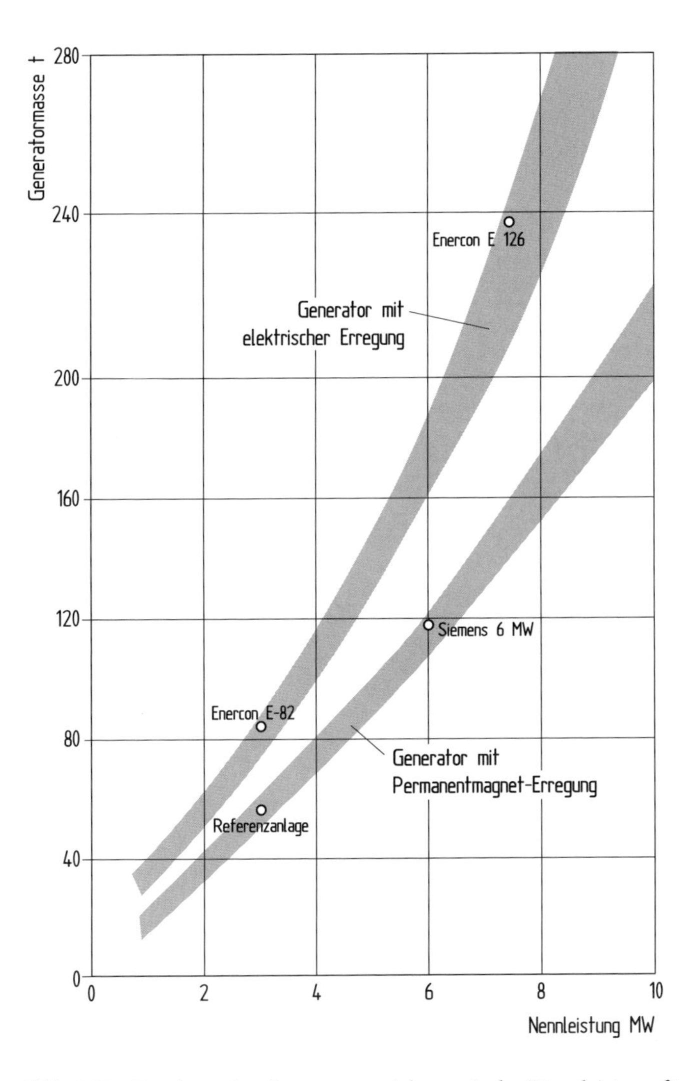

Bild 10.35. Zunahme des Generatorgewichtes mit der Nennleistung für direktgetriebene elektrisch erregte und permanenterregte Generatoren

Jahre wird zeigen, ob das Konzept des elektrisch erregten Ringgenerators diesen Weg im Wettbewerb mitgehen kann. Theoretisch können neue Technologien, wie zum Beispiel Generatoren mit supraleitenden Eigenschaften, den Gewichtsanstieg auf ein vertretbares Maß begrenzen.

10.5.2 Generator mit Permanentmagnet-Erregung

Der Erfolg des von Enercon entwickelten getriebelosen Triebstrangkonzeptes hat die Entwickler der Permanentmagnettechnik für elektrische Generatoren seit einigen Jahren angespornt Generatoren dieser Bauart für die getriebelose Bauweise einzusetzen. Die Befürworter weisen zu Recht darauf hin, daß der Nachteil der elektrisch erregten Vielpol-Generatoren, ihre voluminöse Bauweise, mit der Permanentmagnet-Bauweise weitgehend vermieden werden kann. Die Vorteile der Permanentmagnettechnik liegen unbezweifelbar darin, daß auf engstem Raum hohe Leistungsdichten realisiert werden können und somit die Generatoren deutlich kompakter werden.

In den letzten Jahren sind zahlreiche Neuentwicklungen ohne Getriebe mit Permanentmagnet-Generatoren auf dem Markt erschienen. Einige Hersteller wie Vensys (Goldwind) produzieren diese Anlage bereits in beträchtlichen Stückzahlen, in diesem Fall vor allem für den chinesischen Markt. Die erste Generation dieser Anlagen war noch durch eine vergleichsweise schwere Bauweise gekennzeichnet und konnte hinsichtlich der Herstellkosten noch nicht mit den konventionellen Getriebeanlagen konkurrieren (vergl. Kap. 19). Die Gründe lagen weniger in den spezifischen Kosten der Permanentmagnettechnik als vielmehr in der noch nicht optimalen mechanisch und statischen Konzeption von Generator und tragender Maschinenhausstruktur. Mit der jüngsten Generation konnte die Baumasse so verringert werden, daß sie heute hinsichtlich ihres Turmkopfgewichtes mit den leichte-

Bild 10.36. Vensys 100 Anlage mit Permanentmagnet-Generator

sten Getriebe anlagen konkurrieren. Zum Beispiel die Vensys 100 mit 2,5 MW (Bild 10.36) oder die Siemens SWT 3.0 mit 3,0 MW Nennleistung (Bild 10.37 und 10.38).

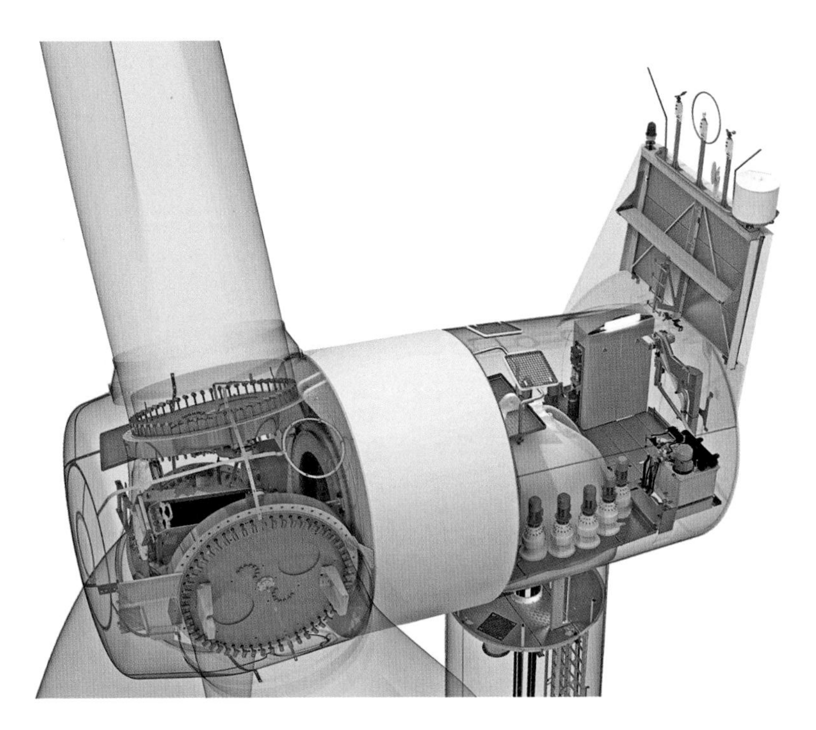

Bild 10.37. Siemens SWT 3.0 mit direkt angetriebenen Permanentmagnet-Generator (Siemens)

Bild 10.38. Langsam laufender Permanentmagnet-Generator mit 3 MW Nennleistung (Siemens)

Langsam laufende Generatoren mit Permanentmagneten werden als sog. Innen- und Außenläufer gebaut. Im ersten Fall sind die Magnete wie üblich an einem innen laufenden Läufer angebracht. Wegen des geringen Platzbedarfs der Magnete können diese aber auch auf ein einem außenlaufenden Rotor (Läufer), der üblicherweise den Stator darstellt, befestigt werden (Bild 10.39). Die Befürworter der Außenläufer-Bauart, z. B. Vensys, weisen daraufhin, daß damit der Durchmesser geringer wird.

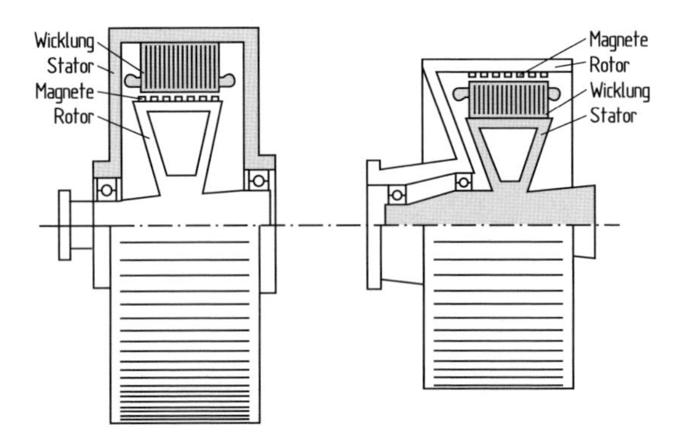

Bild 10.39. Langsam laufender Permanentmagnet-Generator Innenläufer (links) und Außenläufer (rechts)

Der elektrische Wirkungsgrad der langsam laufenden Generatoren ist bauartbedingt etwas geringer als bei schnellaufenden Generatoren (Bild 10.40). Darüberhinaus ist eine größere Bandbreite zu beobachten, abhängig von den konstruktiven Details. Die Unterschiede sind im Vollastgebiet im Vergleich zu den konventionellen Generatoren vergleichsweise klein. Im Teillastgebiet sind aber alle permanent erregten Generatoren den elektrisch

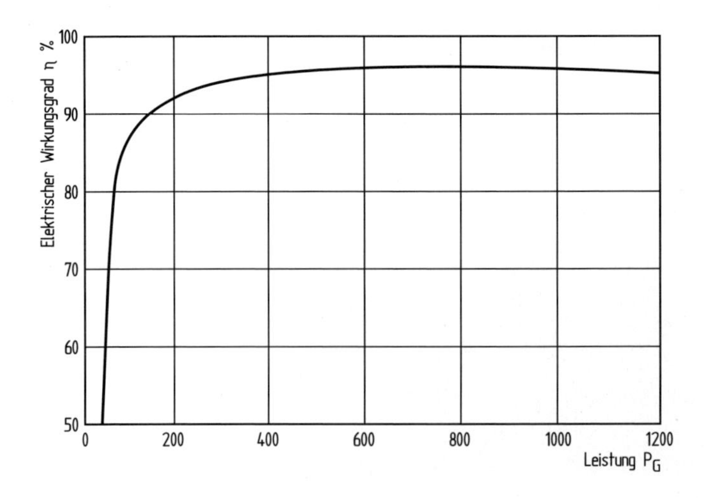

Bild 10.40. Gemessener elektrischer Wirkungsgrad eines langsam laufenden Permanentmagnetgenerators mit 1,5 MW Nennleistung [5]

erregten deutlich überlegen (vergl. Kap. 10.6). Allerdings hat auch der elektrisch erregte Ringgenerator von Enercon einen relativ hohen Teillastwirkungsgrad, da die Erregerleistung lastabhängig geregelt wird.

Die Frage nach dem Materialeinsatz wird bei den Permanentmagnet-Generatoren von der Menge des benötigten Magnetmaterials beherrscht. Der Bedarf läßt sich bei einer Anlage der 3 MW-Klasse mit einer Rotordrehzahl von etwa 15 U/min mit einer spezifischen Kennzahl von 0,6 bis 0,7 kg/kW Nennleistung abschätzen. In Bezug auf die gesamte Masse des Generators nehmen die Permanentmagnete etwa 4 % der Baumasse ein (Bild 10.41). Bei schneller laufenden Generatoren nimmt der spezifische Verbrauch pro Kilowatt Nennleistung schnell ab (vergl. Kap. 10.1.3)

Der Kostenanteil der Permanentmagnete liegt mit den 2013 herrschenden Preisen für das Magnetmaterial (70€/kg) bei etwa einem Drittel der Herstellkosten des Generators. Die Herstellkosten sind damit — ähnlich wie bei den elektrisch erregten Generatoren von den Kupferpreisen — vom Preis für das Material der Permanentmagnete stark abhängig (Bild 10.42). Wie bereits in Kapitel 10.1.3 darauf hingewiesen, ist damit zu rechnen, daß die Preise für das Magnetmaterial in der Zukunft geringer werden könnten.

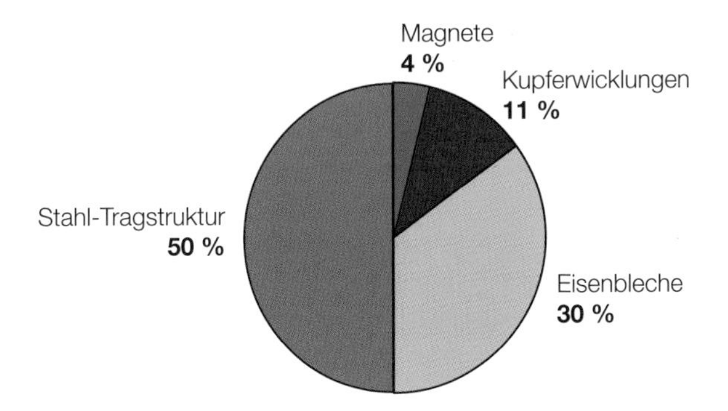

Bild 10.41. Gewichtsanteile beim direktangetriebenen Permanentmagnet-Generator

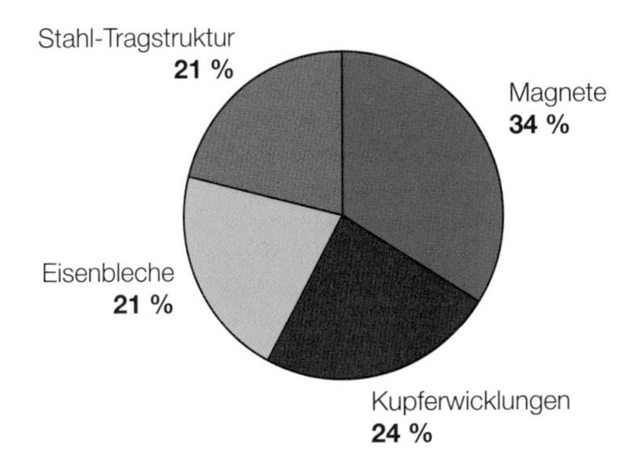

Bild 10.42. Anteile an den Herstellkosten beim direktangetriebenen Permanentmagnet-Generator

10.6 Elektrische Gesamtausrüstung der Windkraftanlage

Windkraftanlagen sind, vom elektrotechnischen Standpunkt aus betrachtet, elektrizitätserzeugende Kraftanlagen wie Wasser- oder Dieselkraftanlagen. Die elektrotechnische Ausrüstung ist ähnlich und muß den üblichen Standards für Systeme, die mit dem öffentlichen Versorgungsnetz verbunden sind, entsprechen. Diese Forderung betrifft vor allem den elektrotechnischen Aufwand zur Überwachung, Sicherung und Ansteuerung. Außerdem muß die gesamte leittechnische Ausrüstung für vollautomatischen Betrieb ausgelegt sein.

Heute sind vor allem die technischen Anforderungen, welche die Netzbetreiber an die Windkraftanlagen stellen, von Bedeutung. Mit der zunehmenden Anzahl von Windkraftanlagen, die in das Verbundnetz einspeisen, werden immer strengere Anschlußbedingungen für den Netzparallelbetrieb gestellt. Seit 2003 sind in Deutschland insbesondere die von E-on herausgegebenen Netzanschlußregeln zu beachten [1] (vergl. Kap. 11.8). Speziell dieses Regelwerk, das auch von anderen Staaten in der EU übernommen wird, bestimmt in zahlreichen Punkten die elektrische Ausrüstung der heutigen Windkraftanlagen.

10.6.1 Große Anlagen

Die Komplexität und der Umfang der elektrischen Ausrüstung ist bis zu einem gewissen Grad von der Wahl des Generatorsystems und den Einsatzbedingungen abhängig. Eine Anlage mit einem einfachen, drehzahlfesten Asynchrongenerator im Netzparallelbetrieb stellt geringere Ansprüche an die elektrische Ausrüstung als zum Beispiel eine Anlage mit drehzahlvariablem Generator und Frequenzumformer, die den Forderungen des Inselnetzbetriebs genügen soll. Ungeachtet dieser Unterschiede existiert eine gewisse elektrotechnische Grundausstattung, wie am Beispiel einer mittelgroßen Anlage, die für den drehzahlvariablen Betrieb ausgelegt wurde, deutlich wird (Bild 10.43).

Generator

In dem gewählten Beispiel wird ein serienmäßiger Synchron-Wechselstromgenerator mit einer Ausgangsspannung von 690 Volt gewählt. Als 4-poliger Generator liegt die Nenndrehzahl bei 1500 U/min.

Frequenzumrichter

Der Frequenzumrichter mit Gleichstromzwischenkreis besteht ebenfalls aus serienmäßigen Komponenten, wird jedoch für den speziellen Anwendungsfall „konfektioniert". Der Gleichrichter ist in diesem Fall im Maschinenhaus untergebracht, der Wechselrichter im Turmfuß.

Regelungs- und Betriebsüberwachungssystem

Die Regelungsfunktionen für die Leistungs- und Drehzahlregelung, sowie die Steuerung und Überwachung des Betriebsablaufs sind in einer zentralen Regel- und Steuereinheit zusammengefaßt (vergl. Kap. 11). Darüber hinaus verfügt das Generator/Umrichter-System über eine interne Regelung, die im Frequenzumrichter integriert ist.

Steuerspannungsanlage

Für die leit- und regelungstechnischen Funktionen wird eine Steuerspannung mit 24 V Gleichstrom benötigt. Eventuell kommt für die Generatorregelung noch eine 230 V Wechselstromverteilung hinzu.

Mittelspannungsverteilung für die elektrischen Hilfsantriebe

Die elektrische Versorgung der Hilfsantriebe, wie Pumpen, Stellmotoren usw. erfordert ein eigenes Versorgungssystem auf Niederspannungsebene, in der Regel mit 230/400 V.

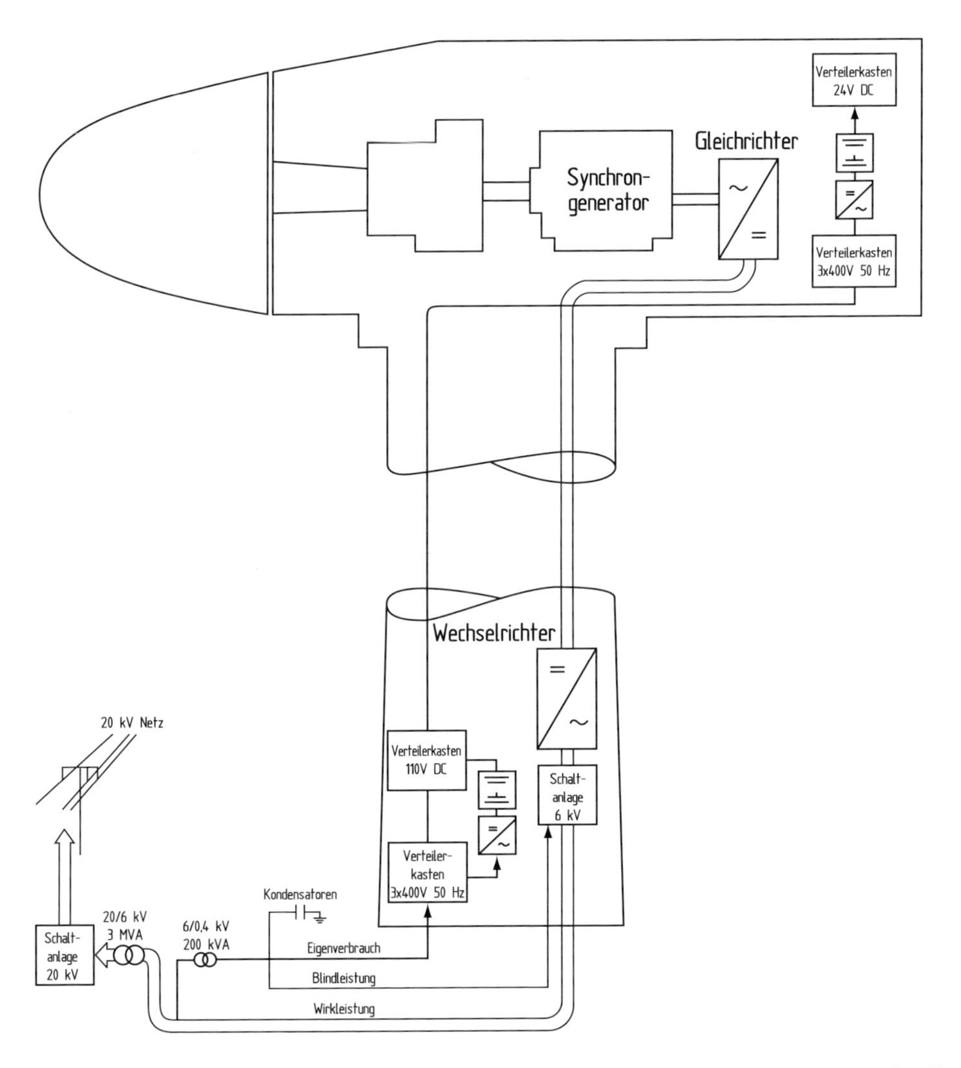

Bild 10.43. Elektrische Ausrüstung einer großen Windkraftanlage mit Synchrongenerator und Vollumrichter

Stromübertragung

Bei den heutigen Anlagen werden im oberen Turmbereich frei hängende, torsionsflexible Kabel verwendet. Bei entsprechender Länge und Befestigung können Verdrehwinkel bis zu 500 oder 600 Grad zugelassen werden. Aus Sicherheitsgründen ist jedoch eine automatische „Entdrehschaltung“ bei Erreichen des zulässigen Grenzwinkels notwendig (vergl. Kap. 12.4.3).

Transformator

Die meisten kommerziellen Windkraftanlagen verfügen über einen maschineneigenen Transformator, der die Generatorausgangsspannung von 690 Volt oder 6 kV auf Mittelspannungsniveau von 20 kV hochspannt. Ein Merkmal, das für den Einbau in die Windkraftanlage wichtig ist, ist die Kühlung des Generators (vergl. Kap. 9.13.2). Ältere Generatoren werden meistens mit einem speziellen Öl gekühlt. Diese ölgekühlten Generatoren gelten im Hinblick auf die Brandsicherheit als sensibel und dürfen deshalb — zumindest nach deutschen Vorschriften — nicht in das Maschinenhaus eingebaut werden. Sie sind meistens in einem separaten Kontainer neben dem Turm untergebracht.

Mittlerweile werden jedoch immer mehr trockengekühlte Transformatoren verwendet, deren Wicklungen in Gießharz eingegossen sind. Die Bauart ist kompakter und weniger brandgefährdet. Die Gießharzgeneratoren werden heute bei vielen Anlagen entweder im hinteren Teil des Maschinenhauses (z. B. Vestas) oder im Turmfuß (z. B. Enercon) eingebaut. Die Kühlung der Gießharztransformatoren ist jedoch bei hohen Umgebungstemperaturen nicht unproblematisch, so daß sie für einige Aufstellgebiete nicht verwendbar sind.

Blindstromkompensation

Windkraftanlagen mit Asynchrongeneratoren müssen entsprechend den Forderungen der Netzbetreiber blindstromkompensiert werden. Dazu müssen entsprechende Kondensatoren im elektrischen System vorgesehen werden. Auch vom Frequenzumrichter gehen Oberwellen aus, die ausgefiltert werden müssen.

Elektrische Sicherheitseinrichtungen

Die elektrischen Sicherheitseinrichtungen umfassen in erster Linie die Blitzschutzanlage, aber auch die Flugsicherungsbefeuerung und die Brandmeldeanlage. Eine umfassende Blitzschutzanlage hat sich mit der zunehmenden Größe der Windkraftanlage als unverzichtbar herausgestellt, so daß damit ein nennenswerter elektrischer Aufwand verbunden ist. Die Flugsicherungsbefeuerung für die Tages- und Nachtkennzeichnung verursacht ebenfalls einen gewissen Kostenaufwand. Je nach Standort kann noch eine Warnvorrichtung für die Vereisungsgefahr oder sogar eine elektrische Widerstandsheizung für die Enteisung der Rotorblätter erforderlich werden (vergl. Kap. 18.9).

10.6.2 Kleine und mittlere Anlagen

Die elektrotechnische Ausstattung von kleinen Windkraftanlagen muß prinzipiell den gleichen Anforderungen genügen, die auch für große Anlagen gelten, sofern sie für die Netzeinspeisung eingesetzt werden. Andererseits sind für Leistungen von einigen zehn oder auch hundert Kilowatt elektrotechnische Lösungen üblich, die insgesamt zu erheblich einfacheren Systemen führen. Die schematische Darstellung der elektrischen Ausrüstung einer kleinen Anlage vom Typ Aeroman zeigt Bild 10.44. Vor allen Dingen die bei kleinen Anlagen mögliche räumliche Zusammenfassung der elektro- und leittechnischen Ausrüstung in einem „Schaltkasten" schafft günstige Bedingungen für die Integration der Komponenten (Bild 10.45).

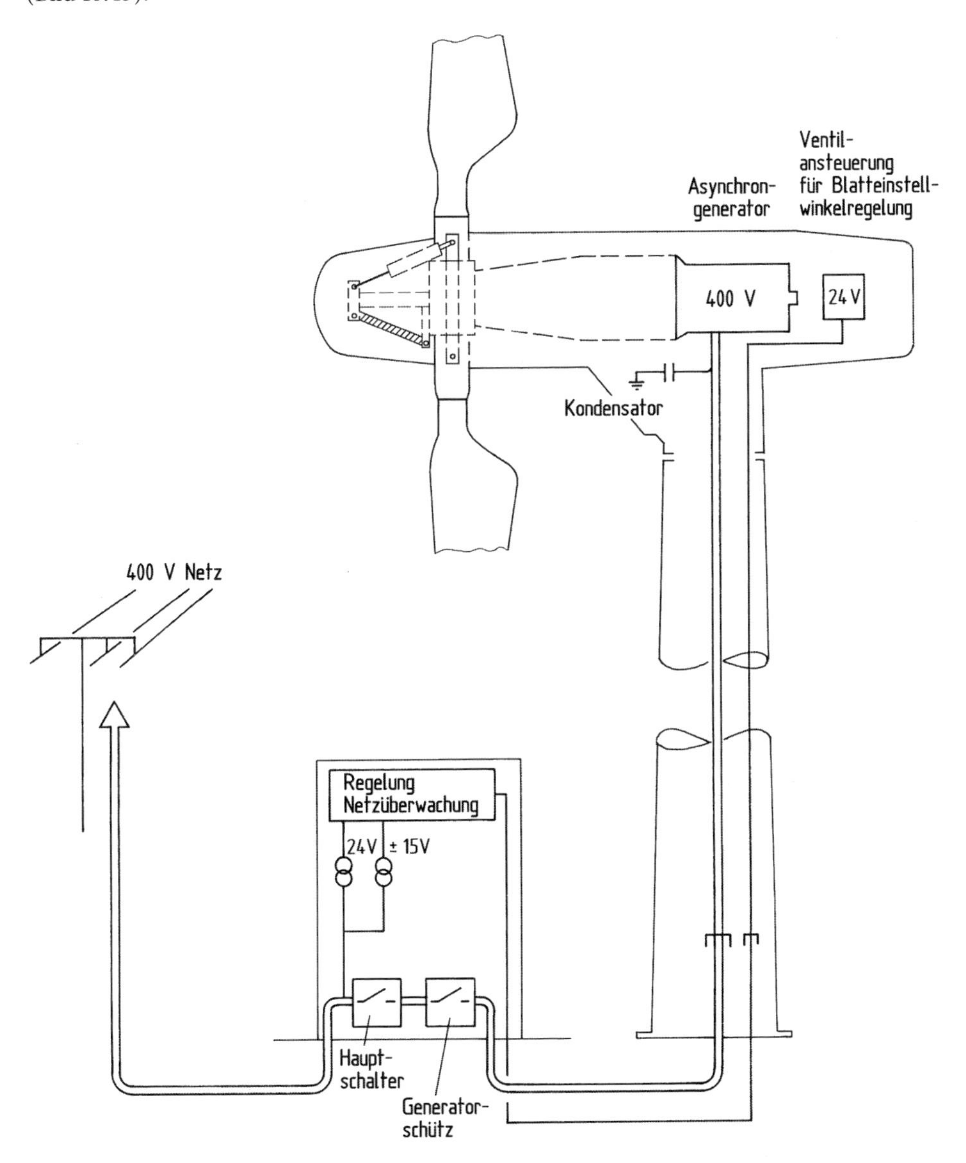

Bild 10.44. Elektrotechnische Ausrüstung einer kleinen Windkraftanlage vom Typ Aeroman

Die Zusammenfassung der allgemeinen elektrischen Ausrüstung und der elektronischen Leittechnik in kompakter Form verbilligt sowohl die Herstellung der Komponenten als auch die Montage des elektrischen Systems, die bei Großanlagen einen erheblichen Kostenfaktor darstellt. Der Schaltkasten ist am Fuß des Turms oder auch freistehend neben der Anlage angebracht.

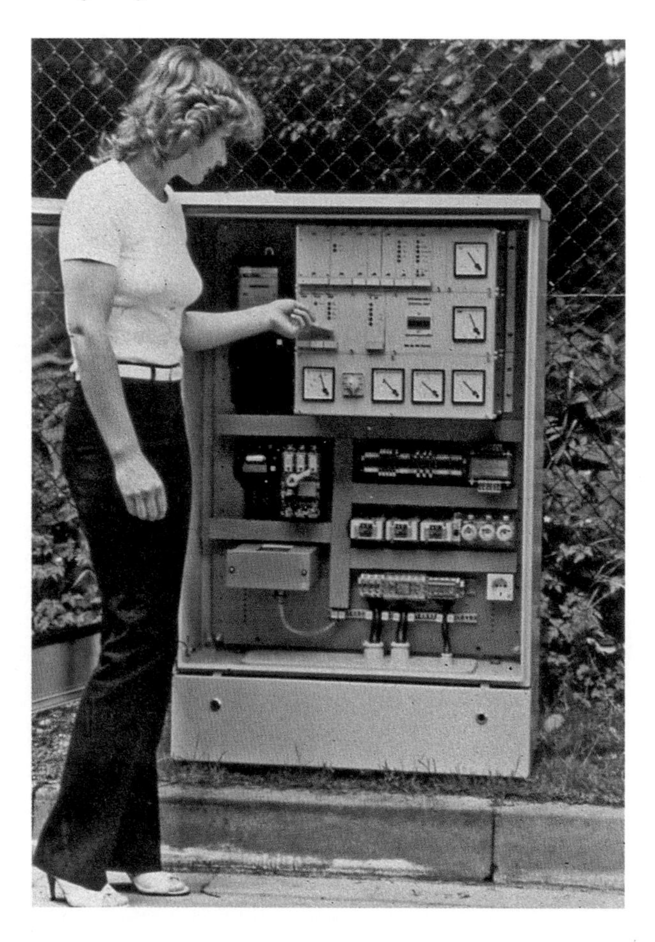

Bild 10.45. Schaltkasten einer älteren kleinen Windkraftanlage vom Typ Aeroman

10.7 Elektrotechnische Konzeptionen im Vergleich

Die unterschiedlichen elektrotechnischen Konzeptionen für Windkraftanlagen fordern geradezu einen Vergleich. Ein quantitativer Vergleich ist aber aus mehreren Gründen nicht einfach. Zum einen sind die Vor- und Nachteile der elektrotechnischen Konzeptionen nur im Rahmen des Gesamtbildes „Windkraftanlage mit ihren Einsatzbedingungen über die gesamte Lebensdauer" zu bewerten. Eine aufwendige elektrotechnische Konzeption kann durchaus zu einer kostengünstigeren Gesamtlösung führen, wenn mit ihr Vorteile auf der mechanischen oder betrieblichen Seite verbunden sind. Auf der anderen Seite hängt das Ergebnis eines Vergleichs von konkreten technischen Ausführungen einer bestimmten Leistungsklasse ab. Ungeachtet dieser Schwierigkeiten und auf die Gefahr hin, berechtigten Widerspruch entgegennehmen zu müssen, sind in Tabelle 10.46 einige wesentliche Daten im Sinne einer vergleichenden Übersicht zusammengefaßt. Die Problematik eines solchen Vergleiches erfordert allerdings einige erläuternde Anmerkungen.

Tabelle 10.46. Elektrische Wirkungsgrade und annähernde Kostenrelation von elektrischen Systemen für Windkraftanlagen (Leistungsbereich 1–5 MW)

System	Typischer Drehzahl-bereich	Max. Wir-kungsgrad (Generator/ Umrichter)	Ungefähre spez. Kosten
Asynchrongenerator (Kurzschlußläufer) (drehzahlfest)	100 ± 0,5 %	0,965	100 % ca. 50
Polumschaltbarer Asynchrongenerator mit zwei festen Drehzahlen	100 ± 0,5 % 66 ⅔± 0,5 %	0,965 0,945	ca. 60
Asynchrongenerator mit übersynchroner Stromrichterkaskade (drehzahlvariabel)	100 + 30 %	0,95	70–80
Doppeltgespeister Asynchrongenerator mit Teilumrichter (drehzahlvariabel)	100 ± 50 %	0,955	80–90
Synchrongenerator mit Vollumrichter	100 ± 50 %	0,95	120–130
Direkt vom Rotor angetriebener, elektrisch erregter Synchrongenerator mit Vollumrichter (drehzahlvariabel)	100 ± 50 %	0,94	250–300
Direkt vom Rotor angetriebener Synchrongenerator (Permanenterregung) (drehzahlvariabel)	100 ± 50 %	0,96	200–230

Dem Vergleich liegt eine Nennleistung von ca. 3000 kW zugrunde. Die Kostenwerte beziehen sich auf das Gesamtsystem einschließlich der Nebenaggregate wie Regelungs- und Schaltanlagen. Die Zahlenwerte dürften in einem Bereich von etwa einem bis zu einigen Megawatt ihre Gültigkeit behalten. Die Übertragbarkeit auf kleine Leistungen (weniger als 500 kW) ist dagegen nicht gegeben. Vor allem die elektrischen Wirkungsgrade liegen bei kleinen Leistungen niedriger.

Die Bewertung des elektrischen Wirkungsgrades erfordert noch aus anderen Gründen eine differenzierte Betrachtungsweise. Es ist wenig aufschlußreich, den Wirkungsgrad der elektrischen Generatoren — isoliert aus dem Katalog — miteinander zu vergleichen. Die wirklichen Unterschiede zeigen sich erst im elektrischen Gesamtsystem „auf der Basis" der gewählten Generatorbauart, unter Berücksichtigung des gesamten elektrischen Systems.

Das elektrische Gesamtsystem wird gekennzeichnet durch die Wirkungsgradkette vom Generator bis zum Netztransformator. Der Wirkungsgrad des Transformators (ca. 98 %) ist ausgeklammert. Darüber hinaus sind die Wirkungsgradverluste durch eine eventuell notwendige Blindleistungskompensation und Oberwellenfilterung zu berücksichtigen. Beide

Einrichtungen verschlechtern den Gesamtwirkungsgrad, falls sie erforderlich sind. Als Anhaltswerte können folgende Wirkungsgradverluste angenommen werden:

- Statische Blindleistungskompensation 0,8–1,0 %
- Oberwellenfilter ca. 0,5 %

Von erheblichem Einfluß auf den elektrischen Wirkungsgrad und die Kosten ist der Drehzahlbereich der Generatorsysteme. In dem Vergleich wurde ein „wirtschaftlicher", der jeweiligen Konzeption angepaßter Drehzahlbereich angenommen. Ohne Rücksicht auf den Wirkungsgrad und die Kosten kann der Drehzahlbereich auch größer gewählt werden. Der in der Tabelle angegebene Wirkungsgrad versteht sich bei Nennlast. Im Teillastgebiet fällt der Wirkungsgrad je nach System unterschiedlich stark ab. Die Unterschiede sind in der Regel nicht sehr groß, sollten aber beachtet werden (Bild 10.47).

Die angegebene Kostenrelation bezieht sich auf die komplette elektrotechnische Ausrüstung einer Windkraftanlage auf der Basis des gewählten Generatorsystems. Die Kostenunterschiede der Generatorsysteme selbst werden dadurch stark ausgeglichen. Genau dies soll in dem Vergleich deutlich werden.

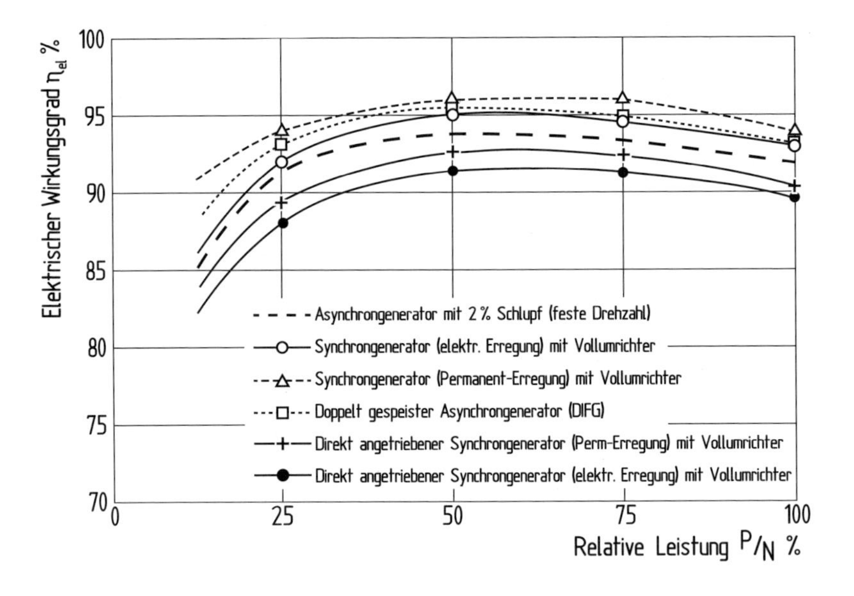

Bild 10.47. Verlauf des elektrischen Wirkungsgrades über die Leistung für verschiedene Generator/Umrichter-Systeme

Literatur

1. E-on Netz GmbH: Netzanschlußregeln für den Hoch- und Höchstspannungsbereich, Bayreuth, Stand: 1.7.2005
2. Bödefeld, Th.: Sequenz, H.: Elektrische Maschinen. Wien: Springer-Verlag 1952

3. Molly, J. P.: Windenergie, Theorie, Anwendung, Messung, Karlsruhe: C. F. Müller Verlag, 1990
4. Heier, S.: Windkraftanlagen im Netzbetrieb. Stuttgart: B. G. Teubner 1994
5. Jöckel, S.: Calculation of Different Generator Systems for Wind Turbines with Particular Reference to low-speed Permanent-Magnet Machines, Dissertation Univ. Darmstadt, Shaker Verlag, 2002
6. ABB: Firmenprospekt, 2006
7. Schorch AG: Firmenunterlagen über Asynchrongeneratoren
8. Petersen, H.: The 29.3 m-Diameter Danish Wind Turbine for Two-Speed Operation, Rated at 265/60 kW: Fourth International Symposium on Wind Energy Systems21.–24. September 1982, Stockholm
9. Weier Electric GmbH: Generator Systems for Wind Turbines, Firmenprospekt 2001
10. Feustel, J.: A Medium Large Wind Power Plant for the New Diesel-Powered Energy Supply System of Helgoland.: European Wind Energy Conference Oct., Hamburg, 1984
11. Giersch, H.-U.; Vogelsang, N.; Harthus, H.: Elektrische Maschinen, Teubner, 2003
12. Schörner, J. et. al.: Stand und Entwicklung des Antriebstranges von Windkraftanlagen, Windkraft Journal, 6/2001
13. Avia, F.: AWEC-60 An Advanced Wind Energy Converter, Windpower '87, San Francisco, 1987
14. Mühlöcker, H.: Elektrische Ausrüstung einer großen Windkraftanlage SiemensEnergietechnik, Heft 12, 1979
15. Loher AG: Generatorsysteme für Windkraftanlagen, Firmenprospekt, 2001

Kapitel 11

Regelung und Betriebsführung

Die Regelung und Betriebsführung einer Windkraftanlage muß in erster Linie den vollautomatischen Betrieb der Anlage sicherstellen. Jede andere Verfahrensweise, die irgendwelche Bedienvorgänge von Hand im normalen Betriebsablauf erfordert, wäre vom wirtschaftlichen Standpunkt aus betrachtet völlig inakzeptabel. Die Wirtschaftlichkeit verlangt darüber hinaus von der Regelung, daß in jedem Betriebszustand ein möglichst hoher Wirkungsgrad erzielt wird. Dieser Gesichtspunkt ist keineswegs selbstverständlich, sondern erfordert ein „intelligentes" Regelungssystem. Das Regelungssystem soll darüber hinaus einen Beitrag dazu leisten, die mechanischen Belastungen für die Windkraftanlage so gering wie möglich zu halten.

Über diese von der Betriebswirtschaftlichkeit diktierten Forderungen hinaus gibt es weitere Aufgaben, die vom Regelungs- und Betriebsführungssystem übernommen werden müssen. Hierzu zählt vor allem die Betriebssicherheit. Technische Störungen und umweltbedingte Gefahrenzustände müssen erkannt und die vorhandenen Sicherheitsschaltungen ausgelöst werden.

Nicht zuletzt wird von der Betriebsführung und Regelung erwartet, daß sie flexibel genug ist, die Betriebsweise der Anlage ohne größere technische Modifikationen an unterschiedliche Einsatzbedingungen anzupassen. Die moderne digitale Steuerungstechnologie bietet die Voraussetzung, diese Anpassung weitgehend nur mit einer Änderung der Software zu ermöglichen. Die Begriffe „Regelung" und „Betriebsführung" sind zwar im konkreten Fall nicht exakt voneinander zu trennen, sie charakterisieren jedoch unterschiedliche Aufgabenstellungen. Außerdem hat das sog. „Sicherheitssystem" noch eine gesonderte Stellung im Rahmen der Regelung und Betriebsführung (Bild 11.1).

Das Betriebsführungssystem empfängt externe Vorgaben, entsprechend den Einsatzbedingungen. Vor allem die Windverhältnisse und gelegentlich auch die Wünsche des Betreibers werden zu Sollwerten für das Regelungssystem verarbeitet. Darüber hinaus werden Betriebszustände und Funktionsabläufe überwacht und aufgrund logischer Verknüpfungen Entscheidungen für den Betriebsablauf getroffen. Die technische Umsetzung besteht in der Regel aus einem oder mehreren programmierbaren Prozeßrechnern und den damit verbundenen Datenerfassungssystemen.

Das Regelungssystem übernimmt die internen Steuervorgänge der Anlage. Es stellt gewissermaßen das Bindeglied zwischen dem Betriebsführungssystem und den mechani-

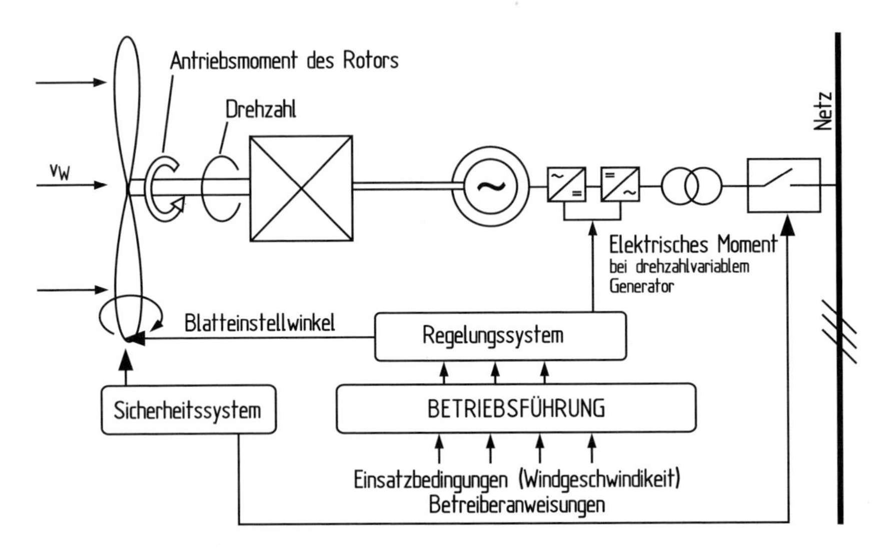

Bild 11.1. Struktur des Betriebsführungs- und Regelungssystems einer Windkraftanlage mit drehzahlvariablem Generator/Umrichter-System

schen und elektrischen Komponenten der Anlage dar. Aus diesem Grund muß das Regelungssystem auf die funktionelle Charakteristik und die festigkeitsmäßigen Grenzen der Anlage abgestimmt sein.

Grundsätzlich haben die Regelungssysteme einer Windkraftanlage folgende Aufgaben zu erfüllen:

- Windrichtungsnachführung des Rotors mit Maschinenhaus
- Leistungsregelung
- Drehzahlregelung in gewissen Betriebszuständen
- Steuerung des Betriebsablaufs

Für die Leistungs- und Drehzahlregelung stehen zweijährige Eingriffe zur Verfügung:

- Verstellung des Rotorblatteinstellwinkels
- Regelung des Generatormomentes bei drehzahlvariablen Systemen

Die grundsätzliche Problematik der Leistungsregelung einer Windkraftanlage wird besonders augenscheinlich, wenn man die Regelungsaufgabe mit derjenigen eines konventionellen Dampfkraftwerkes vergleicht (Bild 11.2). In einem Dampfkraftwerk wird der Brennstoff, oder allgemeiner der Primärenergieträger, dem Dampferzeuger dosiert zugeführt (Eingriff A). Der Dampfstrom wird dann über ein regelbares Einlaßventil in die Turbine geleitet (Eingriff B). Die Turbine treibt den elektrischen Generator an, dessen Spannung und Blindleistung sich über die Erregung beeinflussen lassen (Eingriff C). Zur Regelung des gesamten Systems stehen damit drei Regeleingriffe zur Verfügung.

Beim Vergleich mit einer Windkraftanlage wird sofort klar, daß der erste Regeleingriff, die Dosierung des Primärenergieträgers, fehlt. Die „Windturbine" muß mit den zufälligen

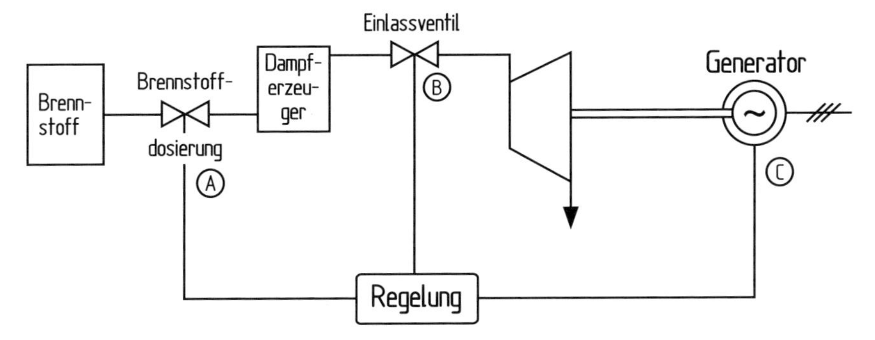

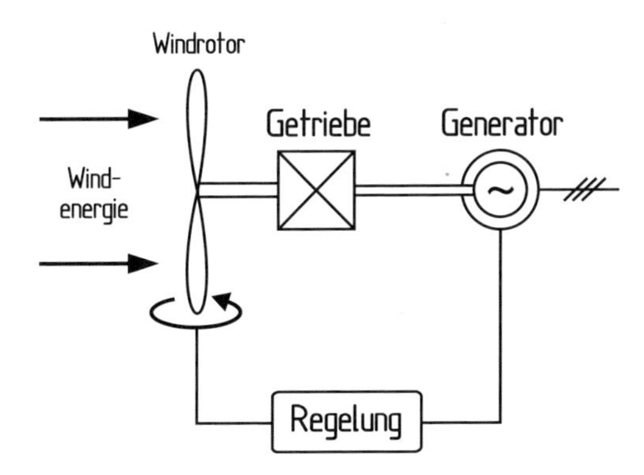

Bild 11.2. Vergleich der Regelungsaufgabe bei einem Dampfkraftwerk und bei einer Windkraftanlage [1]

Schwankungen des Primärenergieangebotes „Wind" fertig werden. Nur über die Veränderung des Blatteinstellwinkels kann der Primärenergieumsatz des Rotors geregelt werden. Dieser Regeleingriff ist am ehesten mit dem Dampfeinlaß der Turbine zu vergleichen. Die Regelung des Generatormoments und der Blindleistung ist mit einem entsprechenden elektrischen System auch bei der Windkraftanlage möglich. Das Hauptproblem der Regelung einer Windkraftanlage ist das schwankende Primärangebot. Die Schwankungen des Primärangebotes sind, je nachdem, in welchen Zeitabständen sie wirksam werden, mehr oder weniger bedeutsam für das Regelungsverhalten.

Extrem kurzzeitige Fluktuationen (Windturbulenzen und Böen) unterhalb des Sekundenbereichs können von der Regelung nicht beantwortet werden. Die Massenträgheit der Rotorblätter steht dem entgegen. Da die Regelung nicht in diesen Zeiträumen reagieren kann, müssen die daraus resultierenden Belastungen von der Anlage ausgehalten und die Leistungsschwankungen hingenommen werden.

Veränderungen der Windgeschwindigkeit im „Mehrere-Sekunden-Bereich" werden von der Regelung beantwortet. Hier liegt die eigentliche Aufgabe des Regelungssystems. Über die beiden Stelleingriffe „Blatteinstellwinkel" und gegebenenfalls „Generatormoment" kann das Regelungssystem der Windkraftanlage reagieren.

Längerfristige Schwankungen der Windgeschwindigkeit können durch das Regelungssystem nicht beantwortet werden. Sie beeinflussen eventuell die Betriebsführung der Anlage im „Minutenbereich". Die noch längerfristigen Schwankungen „über Stunden" bis hin zu jahreszeitlichen Veränderungen werfen Verfügbarkeitsfragen auf oder führen zum Problem der Energiespeicherung.

Mit den beiden Stellgrößen, dem Blatteinstellwinkel und gegebenenfalls dem Generatormoment, werden zwei Führungsgrößen der Windkraftanlagen geregelt: die Rotordrehzahl und die Abgabeleistung. Die Drehzahlregelung ist dann notwendig, wenn es keine Drehzahlführung durch die Netzfrequenz gibt. Dies ist immer im Inselbetrieb der Fall. Aber auch beim Netzparallelbetrieb ist im Leerlauf (Hochlauf und Abfahren des Rotors) und bei nicht direkt mit dem Netz gekoppelten Generator eine Drehzahlregelung notwendig.

Die Leistungsregelung ist erforderlich, um die Anlage vor Überlastung zu schützen oder weil die Leistungsaufnahme des Verbrauchers dies erfordert. Große Windkraftanlagen sind deshalb mit einer kombinierten Drehzahl-Leistungsregelung ausgerüstet. Das Zusammenspiel der Drehzahl- und Leistungsregelung — die Regelungsstruktur — hängt von der Art des Generatorsystems und der gewünschten Betriebsführung ab.

Kleinere Anlagen werden vielfach ohne Blatteinstellwinkelregelung gebaut. In diesem Fall entfällt die aktive Drehzahl- und Leistungsregelung. An ihre Stelle tritt die passive, aerodynamische Leistungsbegrenzung, der Stall, und die Drehzahlführung durch das Netz. Aber auch bei dieser einfacheren Bauart geht es nicht ohne ein leittechnisches System für die Betriebsüberwachung und die Steuerung des Betriebsablaufs.

Das „Sicherheitssystem" hat die Aufgabe die Windkraftanlage im Falle einer sicherheitsrelevanten Störung automatisch abzuschalten, das heißt vor allem den Rotor zum Stillstand zu bringen. Dieser Vorgang muß, unabhängig von der Funktion der Regelung und Betriebsführung, durch den direkten Zugriff auf die Rotorbremseinrichtung und die damit verbundenen elektrischen Schaltungen gewährleistet sein.

Die nachfolgende Behandlung der Regelungsprobleme von Windkraftanlagen erfolgt unter den gleichen Voraussetzungen wie die Darstellung der elektrischen Generatorsysteme. Die Grundlagen der Regelung von elektrischen Maschinen müssen bekannt sein oder aus der Standardliteratur entnommen werden.

11.1 Betriebsdatenerfassung

Die skizzierten Regelungs- und Betriebsführungsaufgaben in einer Windkraftanlage erfordern bestimmte Eingangssignale, deren Erfassung zusammen mit der anschließenden Meßwertaufbereitung in erheblichem Maße über die Qualität der Regelungsfunktionen entscheidet. Jedes Regelungssystem kann nur so gut wie seine Eingangssignale sein.

Vereinfachend gesagt ist die Windgeschwindigkeit die wesentliche Größe zur Steuerung des Betriebsablaufes. Darüber hinaus greifen aber auch bestimmte Vorgaben aus dem Netz in die Betriebsführung ein. Die Leistungsregelung beruht auf der unmittelbaren Messung der erzeugten elektrischen Leistung. Die Rotordrehzahl bei drehzahlvariablen Rotoren und der Drehzahlverlauf beim Hochfahren und Abfahren des Rotors werden nach vorgegebenen Drehzahl- und Drehmomentenvorgaben gesteuert. Das Sicherheitssystem erfasst eine ganze Reihe von Zustandsgröße, deren Grenzwerte Anlass für eine Sicherheitsabschaltung der einen Anlage sein können.

11.1.1 Betriebswindmeßsystem

Zur Steuerung des Betriebsablaufs und zur Windrichtungsnachführung des Rotors ist die Messung der Windgeschwindigkeit und Windrichtung erforderlich. Die Windgeschwindigkeit wird als Schaltsignal zur Ansteuerung der verschiedenen Betriebszustände benötigt, die motorische Windrichtungsnachführung benötigt Informationen über die Windrichtung. Kleinanlagen können unter Umständen auf die Messung beider Größen verzichten. Voraussetzung dafür ist eine passive, aerodynamische Windrichtungsnachführung und eine Betriebsweise, welche die erzeugte elektrische Leistung als Indikator für die Windgeschwindigkeit benutzt.

Die Wahl des Ortes der Windmessung erfordert einige Aufmerksamkeit, da die Luftströmung in der Umgebung der Windkraftanlage durch den laufenden Rotor erheblich beeinflußt wird. Nur bei Stillstand des Rotors kann „wahre" Windgeschwindigkeit von einem Meßgeber in der Nähe der Rotorebene korrekt gemessen werden. Wenn aufgrund dieses Signals die Anlage zu früh angefahren wird, verzögert der laufende Rotor die Windgeschwindigkeit und die Betriebsführung schaltet die Anlage wieder ab, sofern die verzögerte Windgeschwindigkeit dann wieder unterhalb der Einschaltgeschwindigkeit liegt. Bei einer Windgeschwindigkeit knapp über der Einschaltgeschwindigkeit kann sich dieser Vorgang beliebig oft wiederholen.

Fordert man eine vom Rotor unbeeinflußte Windmessung nach Geschwindigkeit und Richtung, so müßte ein Meßort hinter der Rotorebene mehr als zehn Rotordurchmesser entfernt sein. Abgesehen von der Tatsache, daß hierzu ein eigener Windmeßmast aufgestellt werden müßte, würde damit keineswegs eine wirklich genauere Windmessung erreicht werden. Ein einzelner Meßpunkt, zudem noch in erheblicher Entfernung von der Anlage, liefert auch keinen für den Rotorkreis aerodynamisch repräsentativen Wert. Eine Windmessung vor der Rotorebene löst das Problem ebenfalls nicht. Die Verzögerung der Luftströmung durch den Windrotor „windaufwärts" ist zwar nicht so weit spürbar wie im Nachlauf, aber dennoch groß genug, um in unmittelbarer Umgebung das Ergebnis zu verfälschen.

Vor diesem Hintergrund ist es verständlich, warum die Windmessung in der Regel, ungeachtet der Verfälschung, in unmittelbarer Nähe der Rotorebene, auf dem Dach des Maschinenhauses erfolgt (Bild 11.3). Eine genaue Messung der Windgeschwindigkeit ist so oder so nicht realisierbar. Für den praktischen Betrieb ist sie allerdings auch nicht erforderlich, sofern man den „Fehlbetrag" bei laufendem Rotor einigermaßen genau kennt.

Es stellt sich deshalb die Frage, in welchem Ausmaß die Meßwerte durch die Rotorströmung beeinflußt werden. Zwei gegenläufige Einflüsse sind zu berücksichtigen. Nach dem Betzschen Ansatz wird bei einer idealen Windturbine die Anströmgeschwindigkeit in der Rotorebene auf knapp zwei Drittel des ungestörten Wertes verringert. Dies gilt jedoch nur für den idealen Leistungsbeiwert von 0,593. Der reale Windrotor mit einem deutlich niedrigen Leistungsbeiwert verzögert auch die Luftströmung weniger.

Man kann davon ausgehen, daß ein moderner Schnelläufer mit einem maximalen Rotorleistungsbeiwert von ca. 0,50 die Windgeschwindigkeit in der Rotorebene im Nennbetrieb um etwa 25 % verzögert. Eine Windgeschwindigkeitsmessung hinter dem Rotor wird deshalb bei einer Nenngeschwindigkeit von etwa 12 m/s einen Fehlbetrag von 2 bis 3 m/s aufweisen. Berücksichtigt man diesen Fehlbetrag in der Meßwertverteilung, so liefert die Windgeschwindigkeitsmessung auf dem Maschinenhaus Ergebnisse mit ausreichender Genauigkeit für die Betriebsführung der Anlage.

Eine weitere Beeinflussung der Windmessung kann durch die Umströmung des Maschinenhauses verursacht werden. Wenn die äußere Form völlig ohne Rücksicht auf die Aerodynamik gestaltet ist, muß der Meßaufnehmer aus der verwirbelten Nahumströmung des Maschinenhauses herausgehalten werden. Bei schräger Anströmung kann der einseitige Abschattungseffekt des Maschinenhauses die Windgeschwindigkeits- und Windrichtungsmessung verfälschen. Aus diesem Grund und auch aus Gründen der Redundanz werden bei großen Anlagen manchmal zwei Windmeßgeräte angebracht.

Das Betriebswindmeßsystem besteht aus zwei Hauptkomponenten, dem Meßwertaufnehmer und der Meßwertverarbeitung. Meßgeräte für die kombinierte Messung von Windgeschwindigkeit und Windrichtung sind in zahlreichen Ausführungsformen erhältlich. Die Windgeschwindigkeit wird in der Regel mit einem Schalenkreuzanemometer oder einem kleinen Propeller erfaßt (Bild 11.4). Die Windrichtung wird mit Hilfe einer kleinen Windfahne ermittelt. Die Drehzahl des Schalenkreuzes und die Stellung der Windfahne werden meistens optoelektronisch abgetastet.

Die Meßwertverarbeitung erfolgt in der Regel auf elektronischem Wege, vor allem, wenn bereits das Abtastverfahren elektronisch arbeitet. Die Signalverarbeitung richtet sich nach

Bild 11.3. Betriebswindmeßsystem auf dem Maschinenhaus einer Windkraftanlage (Vestas)

Bild 11.4. Kombinierter Meßwertaufnehmer zur Messung von Windgeschwindigkeit und Windrichtung (Bauart Ultimeter)

den Erfordernissen der Betriebsführung (vergl. Kap. 11.6.2). Vor allem sind die geeigneten Mittelwertbildungen wichtig, die als Schaltsignal für die Windrichtungsnachführung und das Einschalten der Anlage benutzt werden. Oft ist eine Anpassung nach einer gewissen Betriebserfahrung notwendig. Zu diesem Zweck sind programmierbare Geräte zur Meßwertverarbeitung sehr hilfreich, die auf die Charakteristik der Anlage und Besonderheiten der örtlichen Windverhältnisse ohne größeren Aufwand abgestimmt werden können.

Gelegentlich werden Versuche unternommen mit Hilfe des Betriebswindmeßsystems die Leistungskennlinie der Anlage zu vermessen (vergl. Kap. 14.2.2). Grundsätzlich kann man eine Eichung des Betriebswindmeßsystems mit einem von der Anlage nicht beeinflußten, weiter entfernt stehenden, Windmeßmast durchzuführen. Auf diese Weise läßt sich die Leistungskennlinie, je nach Genauigkeit der Eichkurve, zumindest näherungsweise über längere Zeiträume beobachten.

11.1.2 Elektrische Leistungsmessung

Die Leistungs- und Drehzahlregelung erfolgt bei großen Anlagen ohne direkte Messung der Windgeschwindigkeit. Der Versuch, die Windgeschwindigkeit zu messen und sie als direkten Eingabewert für die Regelung zu verwenden, würde erhebliche Probleme verursachen. An welchem Ort die Windgeschwindigkeit auch gemessen wird, ein punktueller Wert ist nie repräsentativ für die Leistungserzeugung eines großen Windrotors, der eine Fläche von mehreren tausend Quadratmetern überstreicht. Fehlreaktionen der Rotordrehzahl- oder Leistungsregelung wären unvermeidlich. Um diesen Schwierigkeiten aus dem Weg zu gehen, ist es besser, die Windgeschwindigkeit indirekt über die elektrische Abgabeleistung zu messen. Der Windrotor selbst ist das einzig repräsentative „Windmeßgerät" einer Windkraftanlage.

Die Messung der elektrischen Leistung wird an der elektrischen Schnittstelle der Windkraftanlage zum Netz vorgenommen, so daß der Eigenverbrauch der Windkraftanlage bereits abgezogen ist. Diese ins Netz abgegebene Wirkleistung ist das Eingangssignale für die Leistungsregelung. Allerdings kann je nach Lage des Netztransformators eine Information erforderlich sein, ob die Leistung vor oder hinter dem Transformator die Bezugsgröße ist.

Die Leistungsmessung soll Strom und Spannung für jede Phase des Drehstroms erfassen (Bild 11.5). Der Meßumfang soll eine Bandbreite von 50 bis 200 % der Nennleistung aufweisen, um auch Leistungsspitzen erfassen zu können [3]. Das Meßinstrumentarium besteht aus einem handelsüblichen dreiphasigen Wirkleistungsmeßumformer für die Leistungsmessung und Stromwandlern zur Messung des elektrischen Stromes. Nach IEC ist für beide Instrumente eine Genauigkeitsklasse von mindestens 0,5 vorgegeben (vergl. auch Kap. 14.2.2).

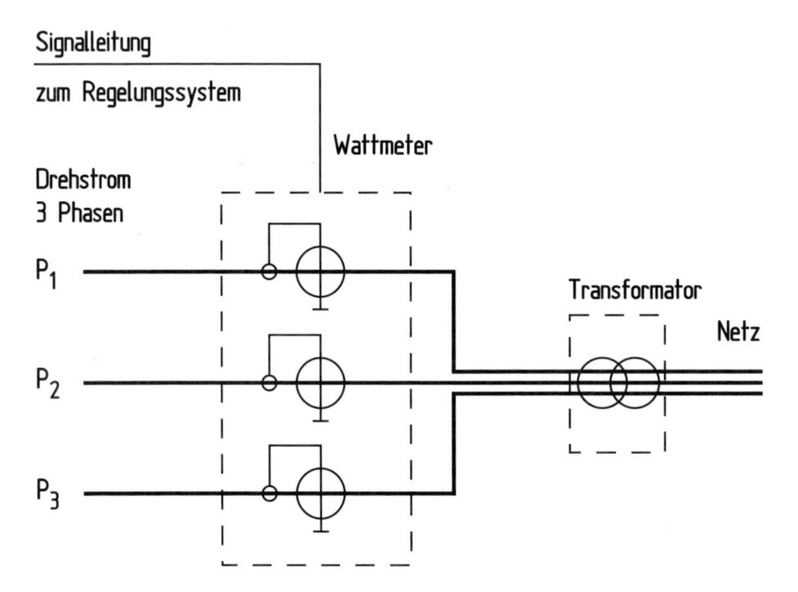

Bild 11.5. Elektrische Leistungsmessung, schematisch

11.1.3 Sonstige Betriebsdaten

Mit zunehmender Größe der Windkraftanlagen werden an die Regelung, insbesondere die Blatteinstellwinkelregelung, immer höhere Anforderungen gestellt. Zum einen soll die Leistungsabgabe optimiert werden und zum anderen liegen die Grenzwerte für die Strukturfestigkeit immer dichter an den Betriebszuständen. Komplexere Regelungsverfahren und Betriebsführungsabläufe erfordern neben der Messung der Windgeschwindigkeit und der Leistungsmessung weitere Eingabeparameter. Eine optimierte Blatteinstellwinkelregelung ist zum Beispiel ohne die Erfassung der Rotordrehzahl und der momentanen Stellung des Blatteinstellwinkels nicht möglich. Nur mit diesen Informationen können die Verstellgeschwindigkeiten hinsichtlich der Gradienten und der Endwerte optimiert werden.

Darüber hinaus erfordert auch das Sicherheitssystem, wenn es erhöhten Anforderungen gerecht werden soll, eine umfangreichere Datenerfassung (vergl. Kap. 11.6.2).

Die höchsten Anforderungen an die Blatteinstellwinkelregelung werden dann gestellt, wenn eine sogenannte individuelle Blatteinstellwinkelregelung erreicht werden soll (vergl. Kap. 5.3). Das Ziel besteht darin, den Einstellwinkel individuell für jedes Rotorblatt entsprechend der momentanen Belastung zu regeln. Eine derartige Regelung erfordert zusätzliche Sensoren am Rotorblatt, eventuell auch an einer nachgeordeneten Komponente wie der Rotorwelle, welche die Belastung registrieren. Hierbei besteht aber das Problem, daß aufgrund der unvermeidlichen Trägheit der Blatteinstellwinkelregelung der Verstellvorgang dem Belastungsereignis zu stark hinterherhinkt. Das gewünschte Ergebnis im Hinblick auf die Minimierung der Rotorblattbelastung kann sich im ungünstigsten Fall ins Gegenteil verkehren. Neuere Ideen sehen deshalb vor, die Windgeschwindigkeit, das heißt die Böen, die eine erhöhte Belastung verursachen, im Vorfeld des Rotors mit ultraschall- oder lasergestützten Meßverfahren zu erfassen, um genügend Zeit für die entsprechenden Regelvorgänge zu gewinnen.

11.2 Technologie und Charakteristik der Regler

Die elektronische Funktionsweise der Regelungssysteme ist heute selbstverständlich. Mechanisch arbeitende Regelungssysteme kommen allenfalls für Kleinanlagen in Frage, obwohl auch hier die Elektronik mit ihren vielfältigen Möglichkeiten die mechanischen Regler verdrängen wird.

Die ältere Bauweise stützt sich auf eine weitgehend dezentrale Anordnung der Regelungssysteme für die einzelnen Funktionsbereiche. Meistens wurden die Regelalgorithmen analog dargestellt und in entsprechenden Platinen fest verdrahtet. Der Vorteil der dezentralen Anordnung analog arbeitender Einzelregler liegt vor allem darin, daß serienmäßig erprobte Einzelkomponenten eingesetzt werden können und damit der Entwicklungsaufwand begrenzt werden kann. Die Regler wurden als universell einsetzbare, eigenständige Komponenten zugekauft. Die Nachteile sind jedoch nicht zu übersehen. Durch das Aneinanderfügen vieler Komponenten wächst das Bauvolumen und die Komplexität der „Hardware" sehr stark an. Darüber hinaus sind Änderungen des Regelverhaltens nur mit einer Modifikation der Hardware zu bewerkstelligen. Regelungs- und Betriebsführungssysteme dieser Bauart waren typisch für die älteren großen Versuchsanlagen, bei denen der Aufbau des Gesamtsystems auf der Basis vorhandener Komponenten im Vordergrund stand.

Heute faßt man möglichst viele Regelalgorithmen in einer oder mehreren Zentraleinheiten zusammen und verarbeitet sie digital in einem Prozessor (Bild 11.6). So wird der Bedarf an Hardware erheblich reduziert und damit die Herstellkosten gesenkt. Änderungen der Regelcharakteristik erfordern nur eine Änderung der Software, das heißt der Computerprogramme. Die Hardware bleibt universell einsetzbar. Der einzige Nachteil hierbei besteht in dem höheren Entwicklungsaufwand. Für serienmäßig hergestellte Anlagen ist diese Bauart heute selbstverständlich.

Der zentrale Rechner des Regelungssystem fragt die Signale der verschiedenen Sensoren im Kiloherz-Takt ab. Um nicht von der Information einzelner Stützwerte, die eventuell falsch oder untypisch sein können, abhängig zu sein, werden die verarbeitenden Signale aus mehreren Stützwerten nach der sog. *Least-Square-Technik* gemittelt und gewichtet.

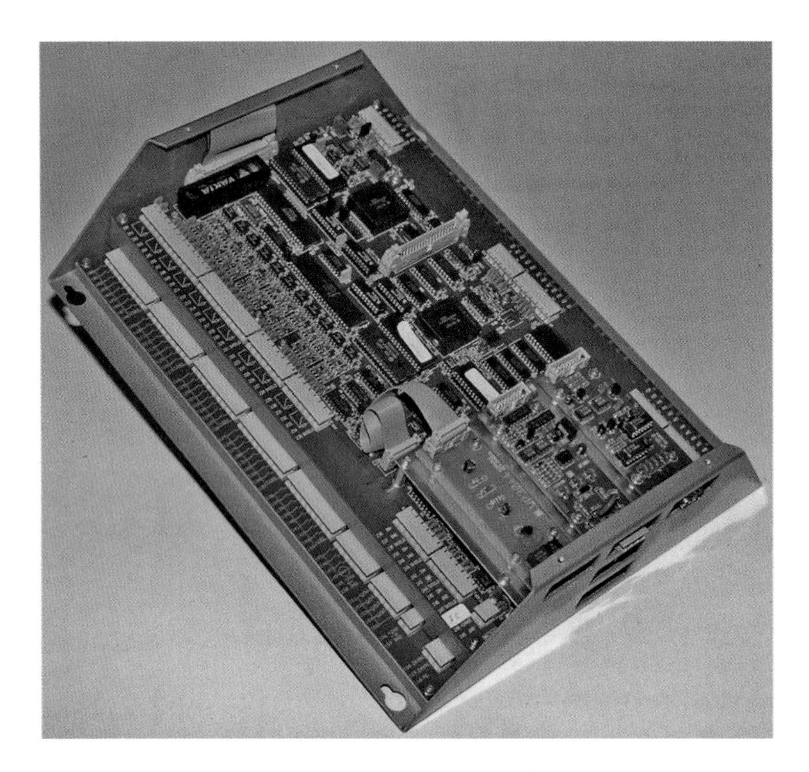

Bild 11.6. Zentrale Steuerungseinheit für eine Windkraftanlage (Mita)

Die Realisierung des Regelsystems kann zum einen auf der Basis universell einsetzbarer sog. *„Speicherprogrammierbarer Steuerungen"* erfolgen, wie sie von der einschlägigen Zuliefererindustrie angeboten werden. Der Windkraftanlagenhersteller braucht „nur" noch die Programme selbst zu entwickeln. Heute ist die Programmierung auf die gängigen PC-Programme abgestimmt und vergleichsweise einfach. Die großen Hersteller wie Enercon und Vestas sind jedoch seit geraumer Zeit dazu übergegangen ihre Regelungssysteme vollständig selbst zu entwickeln. Die genau an die Bedürfnisse ihres Einsatzes in der Windkraftanlage angepassten Systeme sind kompakter und in der Serienfertigung kostengünstiger.

Die prinzipielle Funktionsweise der eigentlichen Regler, beziehungsweise der entsprechenden digitalen Regelalgorithmen, die in einer Windkraftanlage benutzt werden, verfügen über die aus der allgemeinen Regelungstechnik bekannten Charakteristika.

Die reine proportionale Rückführung (*P*-Regler) reicht im Prinzip für die einfacheren Regelungsaufgaben, wie z. B. für die Windrichtungsnachführung, aus. Da diese Charakteristik jedoch dazu neigt, kleine Endabweichungen vom Sollwert zuzulassen, werden die Regler mit einem Integralteil in der Rückführung versehen (*PI-Regler*). Diese fahren die Endabweichung langsam zu Null. Für einen schnelleren Regeleingriff, zum Beispiel für die Blatteinstellwinkelregelung, kommt noch ein sog. Differenzialanteil hinzu (*PID-Regler*). Eine gewisse Verzögerung im Antwortverhalten muß hierbei allerdings in Kauf genommen werden.

11.3 Windrichtungsnachführung

Die Regelung der Windrichtungsnachführung wird von einem Zielkonflikt beherrscht. Auf der einen Seite soll die Windrichtungsabweichung des Rotors, der Gierwinkel, so gering wie möglich sein, um Leistungsverluste zu vermeiden. Andererseits darf die Nachführung nicht zu sensibel reagieren, um zu vermeiden, daß permanente kleine Regelvorgänge die Lebensdauer der mechanischen Komponenten herabsetzen. Den praktikablen Kompromiß zu finden, ist die gestellte Aufgabe. Eine allgemeine Regel aufzustellen ist kaum möglich. Sowohl anlagenspezifische Eigenschaften als auch die örtlichen Windverhältnisse bestimmen das Ergebnis.

Als Beispiel, wenn auch nicht unbedingt als im Detail repräsentatives Vorbild, seien die Gegebenheiten bei der WKA-60-Versuchsanlage erwähnt. Das Betriebswindmeßsystem liefert einen Mittelwert der Windrichtung über zehn Sekunden. Dieser wird alle zwei Sekunden mit der momentanen Azimutposition des Maschinenhauses verglichen. Bei Abweichungen unter 3 Grad erfolgt keine Nachführung. Liegt der festgestellte Gierwinkel darüber, so wird nach einer vorprogrammierten Funktion die Zeit bis zur Korrektur bestimmt. Bei kleinen Gierwinkeln, zum Beispiel 10 Grad, wird innerhalb von 60 Sekunden nachgeführt, bei größeren Abweichungen, zum Beispiel 20 Grad, erfolgt die Nachführung innerhalb der nächsten 20 Sekunden. Übersteigt der ermittelte Gierwinkel einen Wert von 50 Grad, so wird die Anlage ohne jede Verzögerung nachgeführt. Das Betriebsdiagramm gibt Aufschluß darüber, in welchen Bereichen die Windrichtungsnachführung arbeitet (Bild 11.7).

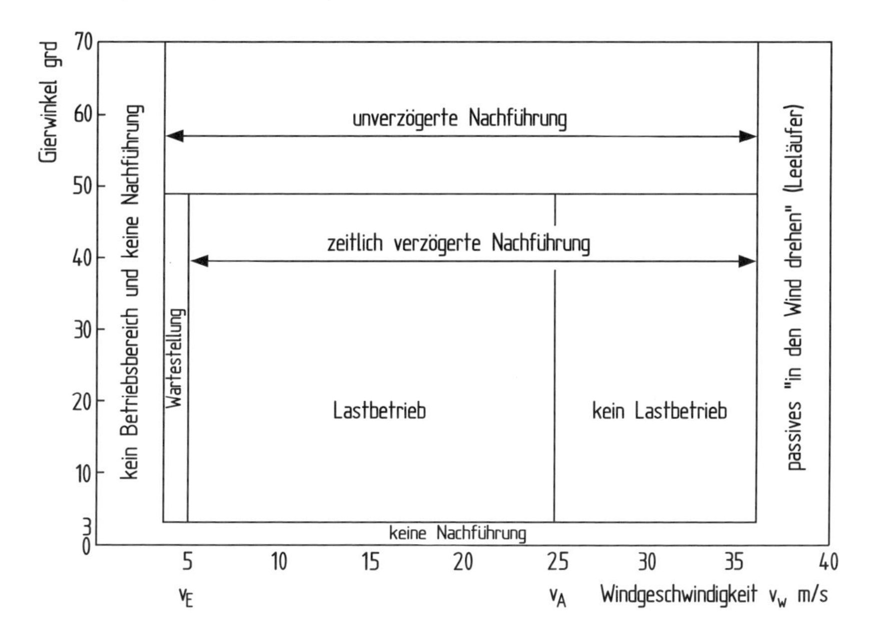

Bild 11.7. Betriebsdiagramm der Windrichtungsnachführung der WKA-60

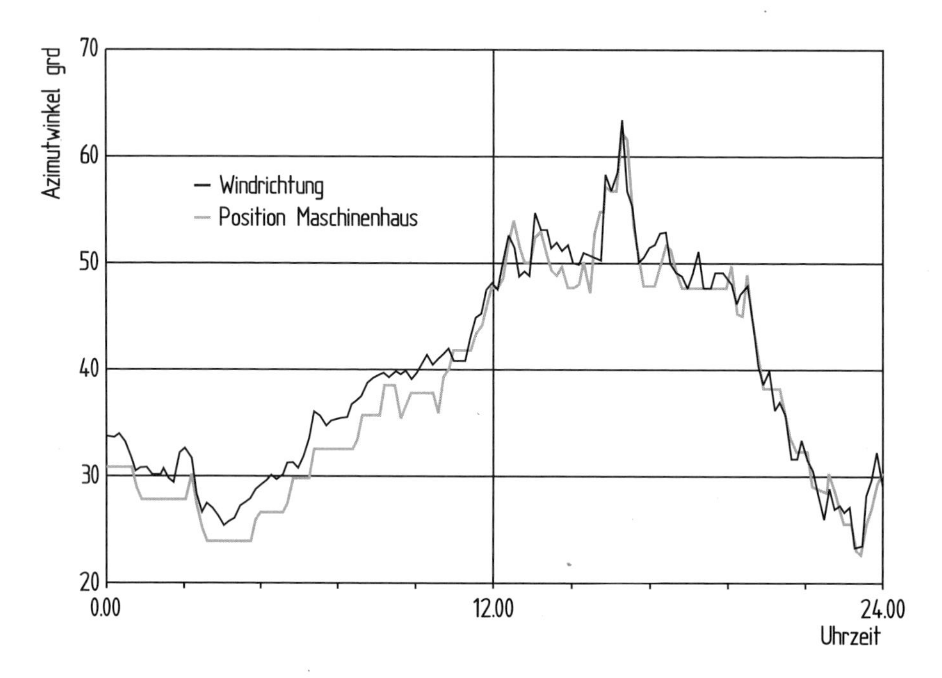

Bild 11.8. Gemessener Azimutwinkel des Maschinenhauses und Windrichtung während des Betriebs der WKA-60 [4]

Die Nachführung beginnt bei stehendem Rotor bei einer Windgeschwindigkeit von etwa 4 m/s, das heißt 1 m/s unterhalb der Einschaltwindgeschwindigkeit. Oberhalb einer Windgeschwindigkeit von 36 m/s wird die Anlage nicht mehr nachgeführt. Treten bei diesen extremen Windgeschwindigkeiten an der stillstehenden Anlage extreme Gierwinkel auf, so rutschen die Azimutbremsen durch, so daß die Luftkräfte den dann im Lee befindlichen Rotor passiv nachführen. Die am Beispiel der WKA-60 skizzierte Regelung und Betriebsführung der Windrichtungsnachführung ist für große Anlagen typisch. Bei kleineren Anlagen sind einfachere Verfahren üblich.

Wie auch immer die Betriebsführung der Windrichtungsnachführung im Detail festgelegt wird und die Regelungscharakteristik beschaffen ist, momentane Abweichungen der Windrichtung vom Azimutwinkel des Rotors sind nicht ganz zu vermeiden. Einen Eindruck über die Größe der auftretenden Gierwinkel vermittelt eine Meßaufzeichnung (Bild 11.8). Der durchschnittliche Gierwinkel liegt in der Größenordnung von etwa 5 Grad. Damit ist ein gewisser Leistungsverlust des Rotors verbunden. Da sich dieser jedoch nur im Teillastbereich bemerkbar macht, bleibt der Verlust mit etwa 1 bis 2 % der jährlichen Energielieferung in erträglichen Grenzen [4].

Die Nachführgeschwindigkeit des Rotors wird außer vom Bemühen, den durchschnittlichen Gierwinkel möglichst klein zu halten, noch von der Rücksicht auf die Kreiselmomente bestimmt. Die heute üblichen Azimutverstellgeschwindigkeiten liegen bei 0,5 Grad pro Sekunde. Bei höheren Stellgeschwindigkeiten wird der Einfluß der Kreiselmomente zu groß (vergl. Kap. 6.3.1).

11.4 Leistungsregelung mit Blatteinstellwinkelregelung

Nahezu alle modernen, größeren Windkraftanlagen verfügen über eine Blatteinstellwinkelregelung. Nicht nur aus diesem Grund bildet der Komplex „Regelung und Betriebsführung" einen der wichtigsten Bereiche der Entwicklung von Windkraftanlagen. Über die Eigenschaften des elektrischen Systems hinaus werden nahezu alle funktionellen Charakteristika der aerodynamischen und mechanischen Auslegung berührt. Die Beherrschung dieses Problemkreises beinhaltet deshalb einen großen Teil des systemspezifischen Wissens.

11.4.1 Mathematische Modellierung

Die regelungstechnische Struktur einer Windkraftanlage muß auf die Wirkungskette der mechanisch-elektrischen Energiewandlung abgestimmt werden. In dieser Kette lassen sich mehrere Bereiche unterscheiden. Diese Bereiche können als Teil-Regelstrecken der gesamten Regelungsstruktur aufgefaßt werden (Bild 11.9). Die wichtigsten *Regelstrecken* sind:

- Aerodynamisches Antriebsmoment des Rotors
- Blattverstelldynamik mit Blattverstellmechanismus
- Dynamik des mechanischen Triebstrangs
- Elektrische Charakteristik des Generators
- Regelung des Frequenzumrichters

Unter schwierigen Einsatzbedingungen, bei Inselbetrieb oder Betrieb an einem nicht frequenzstarren Netz kommt noch die Charakteristik der Verbraucher oder der Netzanbindung hinzu. Bei der Modellbildung erfordert das Problem der Linearisierung im Bereich der Aerodynamik und Elektromechanik, ohne die geschlossene mathematische Zusammenhänge nicht formuliert werden können, erfordert viel Erfahrung. In bezug auf die aerodynamische Modellbildung bedeutet dies zum Beispiel, daß mit Annäherung an den Stall das Modell seine Gültigkeit verliert. Dies sog. „Post-Stall"-Verhalten einer Windkraftanlage muß deshalb, wenn es als kritisch eingeschätzt wird, gesondert behandelt werden.

Aerodynamisches Antriebsmoment des Rotors

Das stationär berechnete Leistungskennfeld des Rotors (c_p-λ- und c_m-λ-Kennfeld) bildet auch für die rechnerische Simulation der Regelung die Grundlage (vergl. Kap. 5). Nichtlineare Abhängigkeiten der c_p- und c_m-Werte von der Windgeschwindigkeit, bzw. dem Blatteinstellwinkel und der Rotordrehzahl, müssen in gewissen Teilbereichen linearisiert werden. Mit dem Blatteinstellwinkel als Stellgröße ergibt sich das aerodynamische Antriebsmoment des Rotors. Das Ergebnis dieser „Regelstrecke" ist das Leistungs- und das Momentenkennfeld des Rotors (vergl. Kap. 5.2). Zu berücksichtigen sind unter Umständen auch instationäre Effekte beim Aufbau des aerodynamischen Rotormomentes. Diese können dann auftreten, wenn die Blattverstellgeschwindigkeiten relativ groß sind.

Blattverstelldynamik und Blattverstellmechanismus

Die Größe des Stellmomentes um die Blattlängsachse, das von der Blattverstellmechanik aufzubringen ist, wird von einem komplexen Kräfte- und Momentenspiel bestimmt. Neben den Torsionsmomenten aus der Massenträgheit der Blätter und der Reibung in der Blattlagerung sind es vor allem die Luftkraftmomente, die je nach Betriebszustand sehr unterschiedlich wirksam werden. Auch die aeroelastisch bedingten Kräfte und Momente sind für die Regelbarkeit von nicht zu unterschätzender Bedeutung. Die Durchbiegung der Rotorblätter ist fast nie von einer Torsionsbewegung zu entkoppeln, so daß elastische Verformungen der Rotorblätter einen direkten Einfluß auf den aerodynamischen Anstellwinkel haben. Schlanke und damit meistens auch biegeelastische Rotorblätter mögen aus der Sicht der Aerodynamik mit Vorteilen verbunden sein, regelungstechnisch sind sie schwer zu beherrschen. Schwierigkeiten mit dem Regelungssystem einer Windkraftanlage stellen sich bei näherer Betrachtung gerade mit Blick auf die Aeroelastizität der Rotorblätter oft als Probleme der „Regelbarkeit" heraus.

Die Blattverstelleinrichtung zur Regelung des Blatteinstellwinkels ist Stellglied, aber aufgrund der komplexen Mechanik zugleich auch eine Teilregelstrecke, deren physikalische Eigenschaften von erheblicher Bedeutung für das Regelverhalten sind. Die regelungstechnischen Eigenschaften sind je nach dem Konstruktionsprinzip sehr unterschiedlich. Ein elektromechanischer Verstellantrieb unterscheidet sich hinsichtlich seiner mechanischen Trägheit und seiner Feder-Dämpfungseigenschaften deutlich von den verschiedenen hydraulisch betätigten Blattverstellmechanismen. Im allgemeinen verhalten sich die heute üblichen elektromotorischen Blattverstellantriebe wesentlich steifer.

Die Beschreibung der Rotorblattverstelldynamik wird in der Regel ebenfalls durch ein linearisiertes Modell erfolgen. Das mechanische Modell des Triebstanges kann davon unabhängig gebildet werden. Eine Koppelung mit der Blattverstelldynamik wird nur dann relevant, wenn außergewöhnliche Triebstrangschwingungen ausgelöst werden.

Dynamik des mechanischen Triebstrangs

Dem aerodynamischen Antriebsmoment des Rotors steht das Widerstandsmoment des elektrischen Generators entgegen. Dazwischen liegt der mechanische Triebstrang. Die Trägheit dieser rotierenden Massen, einschließlich des Generatorläufers, die Steifigkeiten und das Dämpfungsverhalten, aber auch das Getriebe- oder Kupplungsspiel haben einen Einfluß auf die Dynamik der Übertragungskette und sind insofern als Teilregelstrecke aufzufassen. In Kap. 7.3 sind die wesentlichen Parameter unter dem Gesichtspunkt des Schwingungsverhaltens erörtert. Für die regelungstechnische Behandlung des Problems sind Vereinfachungen zulässig, viele Vorgänge können im Kurzzeitbereich in linearisierter Form behandelt werden.

Elektrische Charakteristik des Generators und des Frequenzumrichters

Den Endpunkt der regelungstechnischen Wirkungskette stellt der widerstandsmomentbildende elektrische Teil des Generators dar. Je nach Generatorart ergibt sich eine unterschiedliche Momentencharakteristik, auf welche die Regelungsstruktur der Windkraftanlage angepaßt werden muß. Für die Auslegung der Regelungssysteme ist von Bedeutung, daß die elektrischen Vorgänge im Generator, die zur Bildung des Widerstandsmomentes führen, um Größenordnungen schneller ablaufen, als die mechanischen Regelvorgänge in der Blatteinstellwinkelverstellung. Die interne Regelung des Generators bzw. des Generators mit Umrichter kann deshalb isoliert betrachtet werden. Im Rahmen der Gesamtregelungsstruktur tritt die Widerstandscharakteristik des Generators, ähnlich wie das Rotorkennfeld, als stationäre Kennlinie oder — bei komplizierteren Generatorsystemen — als Kennfeld in Erscheinung. Die Charakteristik des Generators ist für die zu wählende Regelungsstruktur deshalb von besonderer Bedeutung.

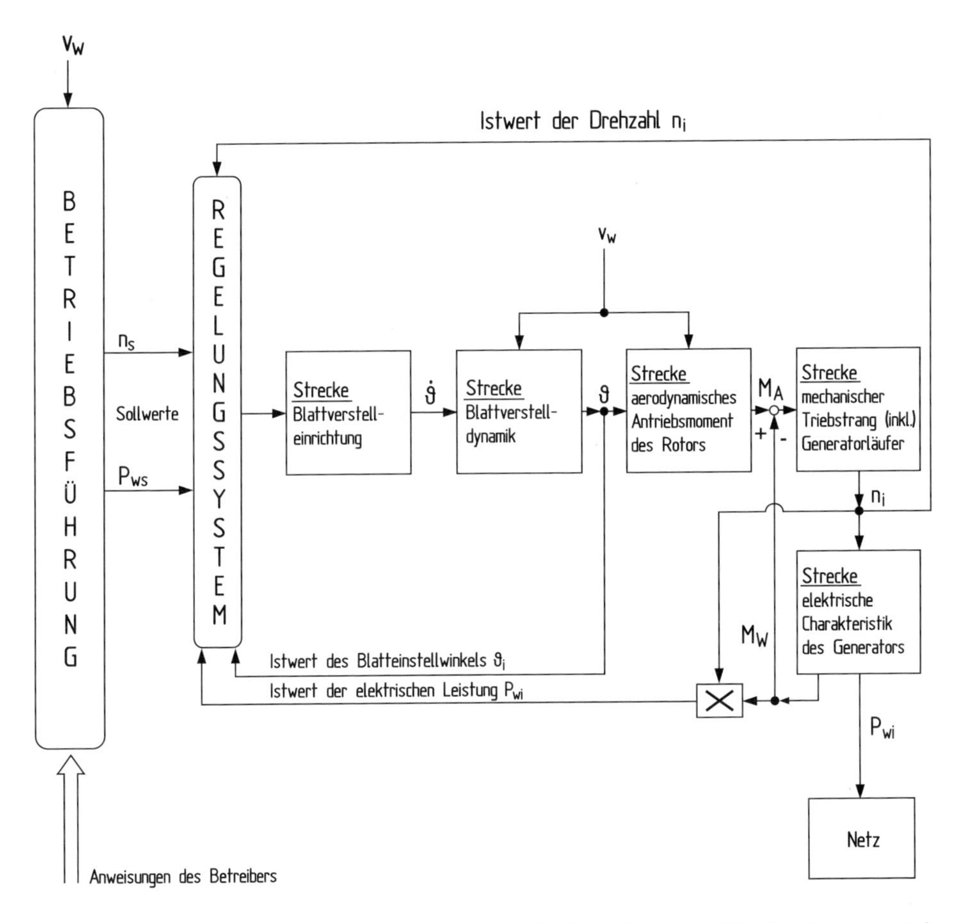

Bild 11.9. Prinzipielle Struktur der Leistungs- und Drehzahlregelung einer Windkraftanlage mit den wichtigsten Regelstrecken [1]

Die Eigenschaften der skizzierten Regelungsstrukturen können im konkreten Fall durchaus unterschiedlich ausfallen. Die aerodynamischen und mechanischen Systemeigenschaften der Windkraftanlage weisen eine beträchtliche Variationsbreite auf. Auch werden an die Regelung einer Großanlage andere Anforderungen gestellt als an diejenige einer 50-kW-Anlage. In den letzten Jahren sind noch die Anforderungen der Netzbetreiber hinzugekommen, die einen Einfluß auf die Regelungsfähigkeit der Winkdkraftanlage haben. Dennoch sind bestimmte Grundmuster signifikant für die verschiedenen Generatorsysteme und Einsatzbedingungen.

11.4.2 Drehzahlfeste Generatoren im Netzparallelbetrieb

Der Betrieb einer Windkraftanlage an einem frequenzstarren Netz stellt vom regelungstechnischen Standpunkt aus betrachtet den einfachsten Fall dar. Die Drehzahl des elektrischen Generators und damit auch des Rotors wird im Lastbetrieb von der unveränderlichen Netzfrequenz geführt, wenn der Generator mit seiner Statorwicklung elektrisch direkt mit dem Netz gekoppelt ist. In Bezug auf eine Windkraftanlage sind die öffentlichen Verbundnetze im allgemeinen als „frequenzstarr" zu betrachten. Die Laständerungen durch die Einspeisung einer Windkraftanlage sind in den meisten Einspeisepunkten des Verbundnetzes im Vergleich zur Gesamtlast zu gering, als daß hiervon ein meßbarer Einfluß auf die Frequenz ausgeht. An schwachen Netzausläufern kann die Situation anders sein.

Die technischen Voraussetzungen für den Netzparallelbetrieb sind je nach Generatorbauart unterschiedlich. Diese Unterschiede fallen umso mehr ins Gewicht, als der praktische Einsatz sich nicht nur auf den synchronisierten Lastbetrieb am Netz beschränkt, sondern weitere Betriebszustände wie Anlaufen, Synchronisieren mit der Netzfrequenz und Rotorbremsvorgänge einschließt.

Asynchrongenerator

Die Verwendung eines Asynchrongenerators bedeutet für Anlagen mit Blatteinstellwinkelregelung eine Vereinfachung der regelungstechnischen Aufgabe. Die, wenn auch nur geringfügig, leistungsabhängige Drehzahlnachgiebigkeit durch den Generatorschlupf ermöglicht es, Drehzahl- und Leistungsregler zu kombinieren. In der dargestellten, typischen Regelungsstruktur sind die Regler getrennt in einer Weise angeordnet, so daß der Drehzahlregler begrenzend auf den Ausgang des Leistungsreglers wirkt (Bild 11.10).

Im Normalbetrieb wird der Drehzahlsollwert n_s einige Prozent höher als der entsprechende Wert der Netzfrequenz gelegt. Abgesehen von An- und Abfahrvorgängen greift die Drehzahlregelung dann nur bei Störungen (z. B. Netzausfall) ein. Zum An- und Abfahren und zum Herstellen der Netzaufschaltbedingungen kann der Drehzahlsollwert verändert werden. Die gewählte Anordnung ermöglicht, daß der Drehzahlregler auf den Leerlauf und der Leistungsregler auf den Netzbetrieb abgestimmt werden kann. Außerdem ist zur Verbesserung von Stabilität und Dynamik der Blatteinstellwinkelregelung noch eine Blattverstellgeschwindigkeitsregelung unterlagert worden (P I D-Regler). Das bedeutet, daß die Blattverstellgeschwindigkeit vom Sollwert der Rotordrehzahl geregelt wird, abhängig vom Gradienten der Istabweichung. Die Berücksichtigung dieses Parameters ergibt eine weichere Blattverstellung, die besonders bei großen Anlagen wünschenswert ist.

Die Istwerterfassung des Blatteinstellwinkels und der Blattverstellgeschwindigkeit erfordert eine Signalübertragung vom drehenden Rotor. Bei kleineren Anlagen können gegebenenfalls die beiden inneren Regelkreise wegfallen. Der Leistungsregler wirkt dann unmittelbar auf die Blattverstelleinrichtung, ohne daß eine Information über den Blatteinstellwinkel notwendig ist (Bild 11.11). Mit dieser einfacheren Struktur ist ein ausreichend stabiles Regelverhalten gegeben, wenngleich die Abstimmung der Regler mit Blick auf die Stabilität im gesamten Windgeschwindigkeitsbereich nicht unproblematisch ist. Insbesondere bei höheren Windgeschwindigkeiten kann es zu Leistunginstabilitäten kommen.

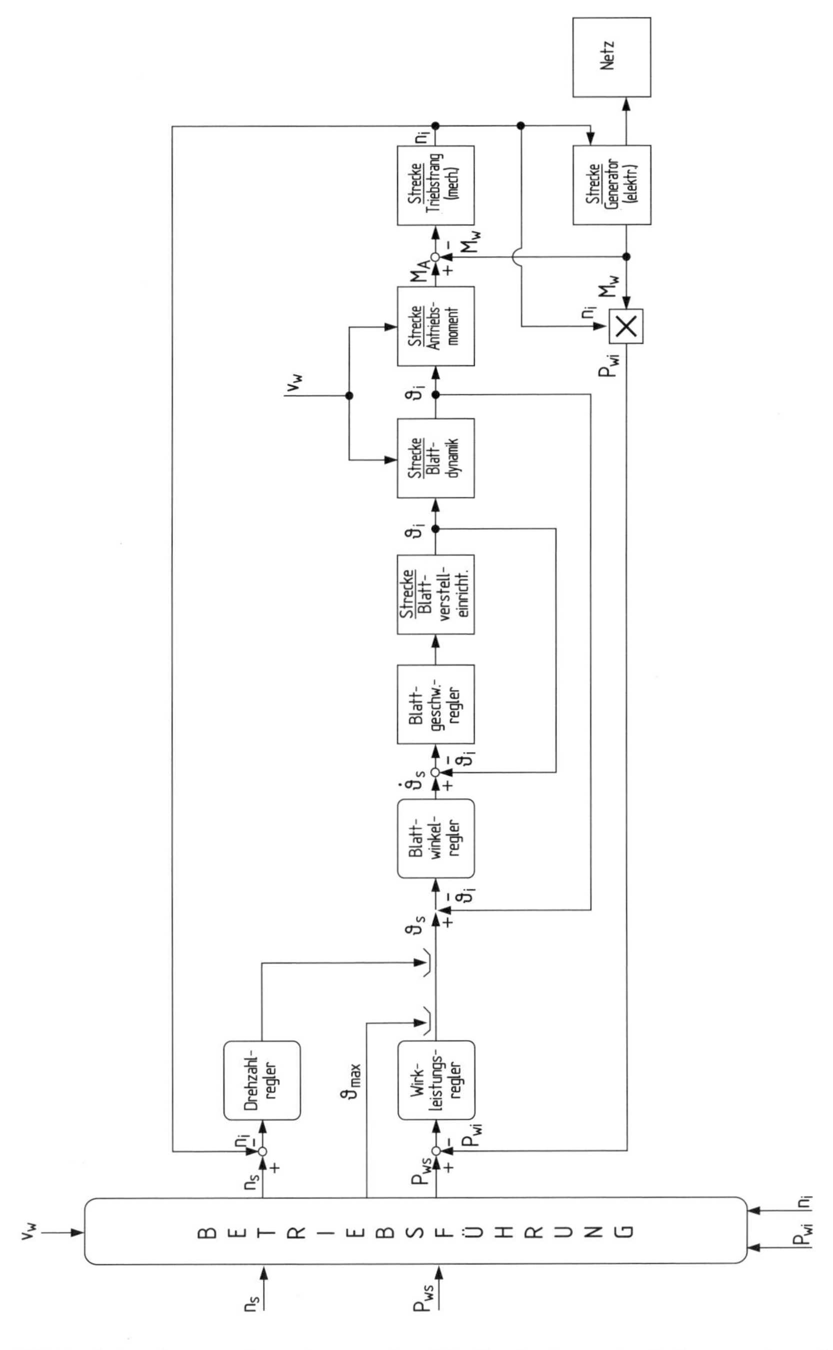

Bild 11.10. Regelungsstruktur einer großen Windkraftanlage mit direkt netzgekoppeltem Asynchrongenerator [1]

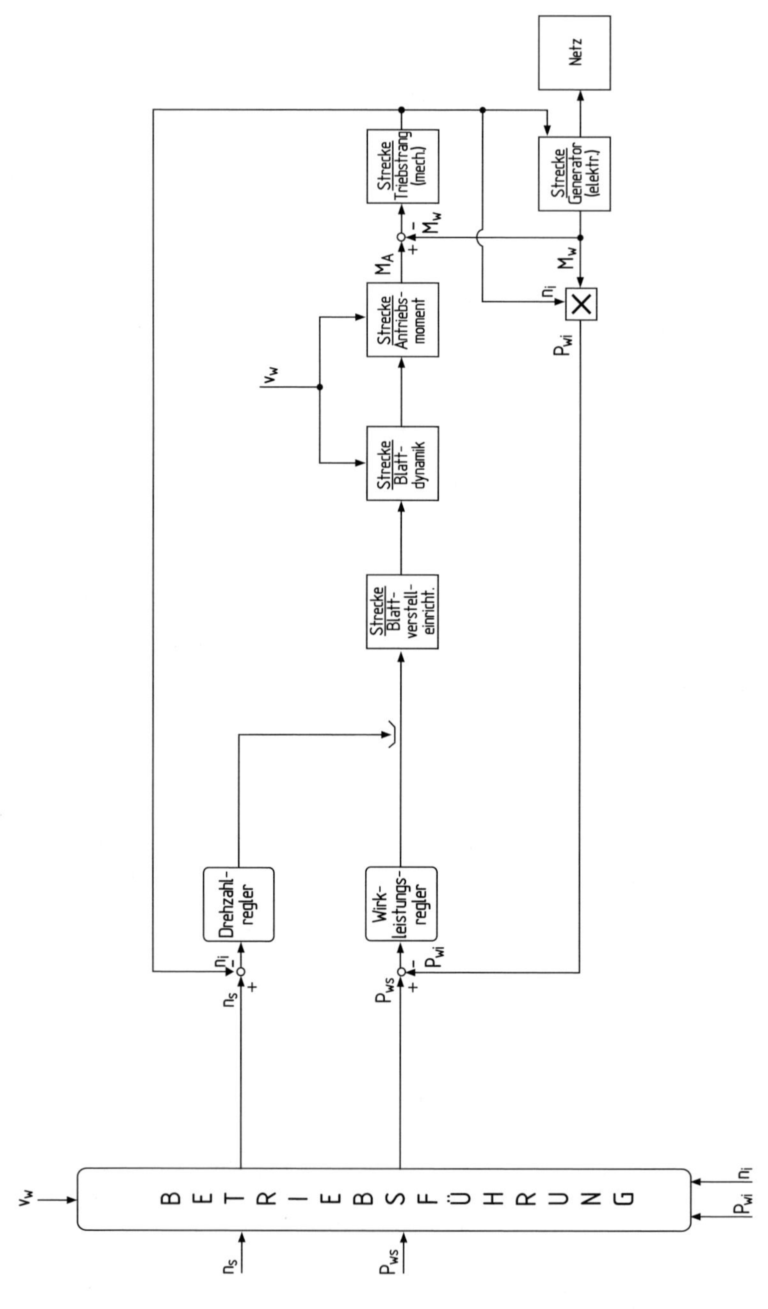

Bild 11.11. Vereinfachte Regelungsstruktur der kleinen Windkraftanlage Aeroman mit direkt netzgekoppeltem Asynchrongenerator ohne Istwerterfassung des Blatteinstellwinkels und ohne Regelung der Blattverstellgeschwindigkeit [1]

Synchrongenerator

Beim Einsatz eines Synchrongenerators bestimmt die absolut starre Drehzahlankopplung an die Netzfrequenz das dynamische Verhalten. Die vom Wind aufgenommene Leistung muß direkt vom Generator verarbeitet werden und ruft je nach Erregungszustand einen bestimmten Polradwinkel hervor. Übersteigt der Polradwinkel seinen maximalen Wert von ca. 90 Grad, so „kippt" der Generator und muß vom Netz genommen werden. Das ungedämpfte Verhalten des Synchrongenerators führt außerdem dazu, daß die Schwingungsfähigkeit des Systems zum Problem werden kann.

Aus Stabilitätsgründen muß deshalb sichergestellt sein, daß im stationären Zustand das mechanische Antriebsmoment des Generators einen ausreichenden Sicherheitsabstand zum elektrischen Kippmoment aufweist. Zusätzlich kann das Kippmoment durch eine Erhöhung der Erregerspannung vergrößert und damit auch die Stabilität verbessert werden. Eine Spannungs- und Blindleistungsregelung ist zumindest für große Windkraftanlagen mit Synchrongenerator zweckmäßig, wenn nicht sogar erforderlich. Die Regelungsstruktur einer Windkraftanlage mit Synchrongenerator, die sowohl die Erfordernisse des Netzparallelbetriebes als auch des Inselbetriebes erfüllt, zeigt Bild 11.12.

Der obere Teil des Bildes stellt die Drehzahl-Wirkleistungsregelung mit dem Blatteinstellwinkel als Stellgröße dar. Im unteren Teil ist die Spannungs- bzw. Blindleistungsregelung mit der Erregerspannung als Stellgröße zu sehen. Da im elektrischen System die Regelvorgänge wesentlich schneller ablaufen als die mechanischen Stellvorgänge, können die beiden Regelungssysteme für eine dynamische Betrachtungsweise weitgehend als entkoppelt angesehen werden.

Die gesamte Struktur zur Drehzahl-Wirkleistungsregelung besteht aus einem Drehzahlregelkreis mit unterlagertem Wirkleistungs-, Blatteinstellwinkel- und Blattwinkelgeschwindigkeitsregelkreis. Der Drehzahlregler, dessen Sollwert n_s einige Prozent über der Netzfrequenz f_N beim Leerlaufwert n_L liegt, kommt nur beim Inselbetrieb zum Eingriff.

Bei Netzbetrieb wird der Generator vom Netz geführt, die Ist-Drehzahl n_i bleibt konstant, und weil $n_i < n_s$ gehalten wird, läuft der Ausgang des integral wirkenden Drehzahlreglers zur oberen Begrenzung. Diese entspricht der maximal gewünschten und als Grenzwert von der Betriebsführung vorgegebenen Wirkleistung P_{Ws} als Führungsgröße und wird bei ausreichend großer Windgeschwindigkeit mit Hilfe der Blattverstellung eingeregelt. Bei zu geringer Windgeschwindigkeit wird der Sollwert des Einstellwinkels auf den gewählten konstanten Teillast-Blatteinstellwinkel gesetzt. Im Leerlauf, d.h. ohne Netzführung, läuft die Anlage bis zur Drehzahl n_s hoch und der Drehzahlregler kommt zusätzlich zum Eingriff. Durch das Einfügen einer Leistungsstatik kann eine von der Netzfrequenz abhängige Leistungsabgabe entsprechend der üblichen Kraftwerksregelung erreicht werden.

Trotz der kritischen Stabilitätseigenschaften des Synchrongenerators im Netzparallelbetrieb ist die Regelung einer Windkraftanlage mit starrer Netzkopplung des Synchrongenerators technisch durchführbar. Voraussetzung ist allerdings eine Torsionselastizität und Dämpfung im mechanischen Triebstrang (vergl. Kap. 9.11). Darüber hinaus wird auch vorgeschlagen, mit einer speziellen Dämpferwicklung im Synchrongenerator zumindest das kritische Schwingungsverhalten zu verbessern [5]. Ungeachtet dieser Möglichkeiten ist die direkte Netzkopplung eines Synchrongenerators für Windkraftanlagen heute nicht mehr „Stand der Technik" (vergl. Kap. 10.3.1).

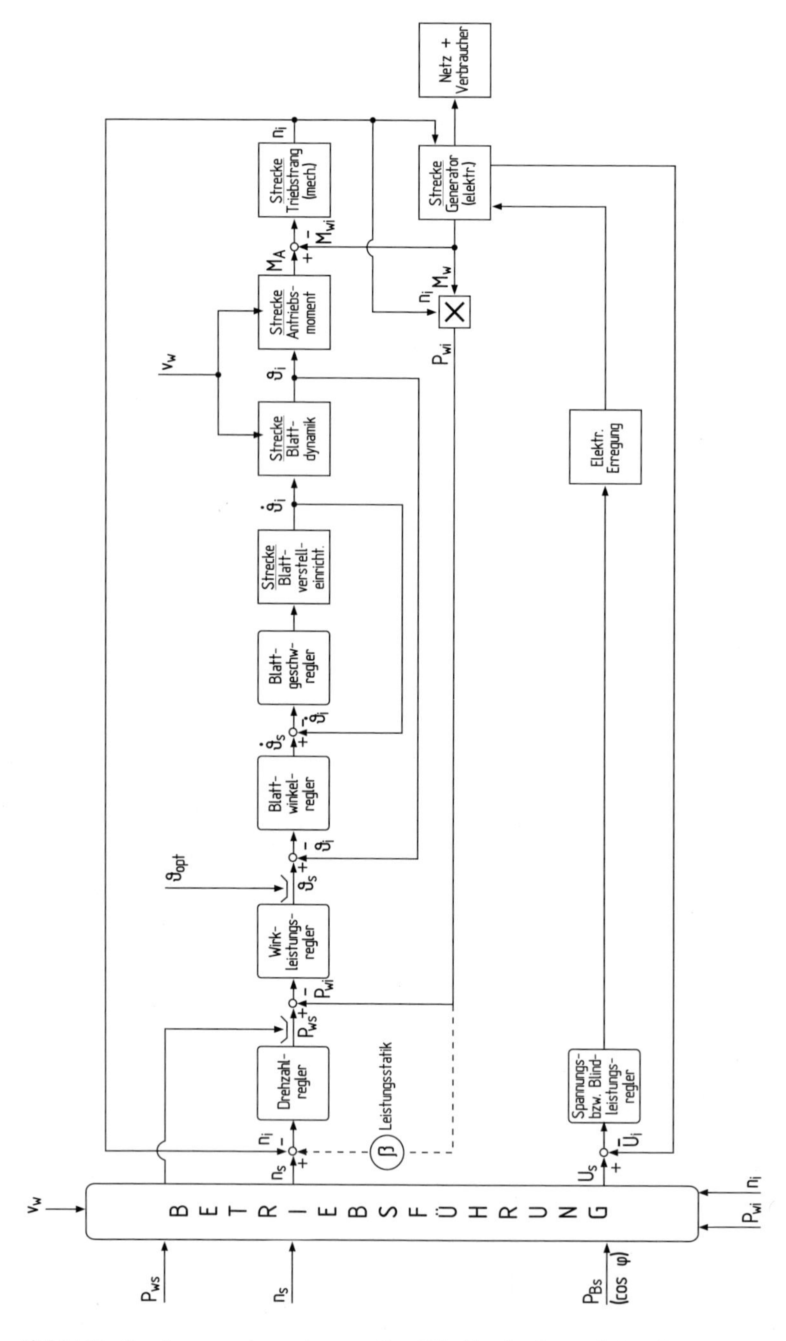

Bild 11.12. Regelungsstruktur einer großen Windkraftanlage mit Synchrongenerator für Netzparallel- und Inselbetrieb [1]

11.4.3 Netzparallelbetrieb mit drehzahlvariablen Generatorsystemen

Mit dem Einsatz eines Frequenzumrichters zwischen Generator und Netz wird der drehzahlvariable Betrieb des Generators bzw. des Rotors ermöglicht. Neben den aerodynamischen Vorteilen werden die dynamischen Belastungen für den mechanischen Triebstrang verringert und die elektrische Abgabeleistung geglättet (vergl. Kap. 6.8.5 und 14.6.3). Vom regelungstechnischen Standpunkt verfügt die Windkraftanlage damit über mehrere Stellgrößen:

- Blatteinstellwinkel zur Regelung der aerodynamisch aufgenommenen Leistung
- Generatormoment zur Veränderung der elektrischen Abgabeleistung unabhängig von der Rotordrehzahl
- Variation der Rotordrehzahl

In der Regel wird die grobe Leistungsregelung auf der aerodynamischen Seite mit Hilfe der Blatteinstellwinkelregelung vorgenommen, während kleine Variationen von der elektrischen Regelung — allerdings nur in den Grenzen des zulässigen Drehzahlbereichs — übernommen werden. Die mechanische Blattverstellregelung wird auf diese Weise entlastet. Mit diesen beiden Regelungsmöglichkeiten kann die momentane elektrische Abgabeleistung unabhängig von der aerodynamisch aufgenommenen Rotorleistung geregelt werden.

Die Regelungsstruktur nach Bild 11.13 ist in der skizzierten Form prinzipiell für alle drehzahlvariablen Generatorsysteme anwendbar. Besonderheiten im Detail sind selbstverständlich vorhanden, je nachdem, ob es sich um einen Synchrongenerator mit Frequenzumrichter oder um einen doppelt gespeisten Asynchrongenerator handelt.

Im Vollastbetrieb ist die Blattwinkelverstellung aktiv, so daß Drehzahl und Leistung sich auf die Sollwerte einregeln lassen. Zur Verringerung der Anzahl von Blattverstellvorgängen kann der Drehzahlregler mit einem Unempfindlichkeitsbereich ausgestattet werden.

Bei Teillast wird die Regelung der Leistungsabgabe und der Drehzahl des Rotors nur über eine Veränderung des Generatormomentes vorgenommen. Es finden keine Regelvorgänge mehr über den Blatteinstellwinkel statt. Bei nachlassender Windgeschwindigkeit wird die Rotordrehzahl verringert, um die optimale Schnellaufzahl des Rotors zu halten (windgeführter Betrieb). Der drehzahlvariable Betrieb des Rotors im Teillastgebiet wirft das Problem auf, die Rotordrehzahl in Abhängigkeit von der Windgeschwindigkeit so zu regeln, daß der optimale Rotorleistungsbeiwert erzielt wird. Da auch hierfür eine gemessene Windgeschwindigkeit als Eingangsgröße mehr als problematisch ist, erfolgt die Drehzahlregelung auf Grund einer vorgegebenen Drehmomenten-Drehzahlkennlinie. Das Drehmomenten-Kennfeld des Rotors liefert dazu die Grundlage (Bild 11.14). Grundsätzlich sind im Teillastbereich auch andere Regelungsstrategien möglich, zum Beispiel das auch bei anderen Systemen angewandte sog. „MPP-Verfahren" (Maximum Power Point Tracking). Hierbei wird in Form eines Suchvorgangs durch schrittweise Drehzahländerung der Einstellpunkt für das Leistungsmaximum ermittelt.

Bei einigen Anlagen wurde versucht, die Rotorleistung im gesamten Windgeschwindigkeitsbereich also auch oberhalb der Nennleistung nur über die Rotordrehzahl, d. h. über das Generatormoment eines drehzahlvariablen Generatorsystems, zu regeln. Die aerodynamisch aufgenommene Rotorleistung kann damit jedoch nur in viel engeren Grenzen geregelt werden als dies mit Hilfe einer Blatteinstellwinkelverstellung möglich ist. Grundsätzlich

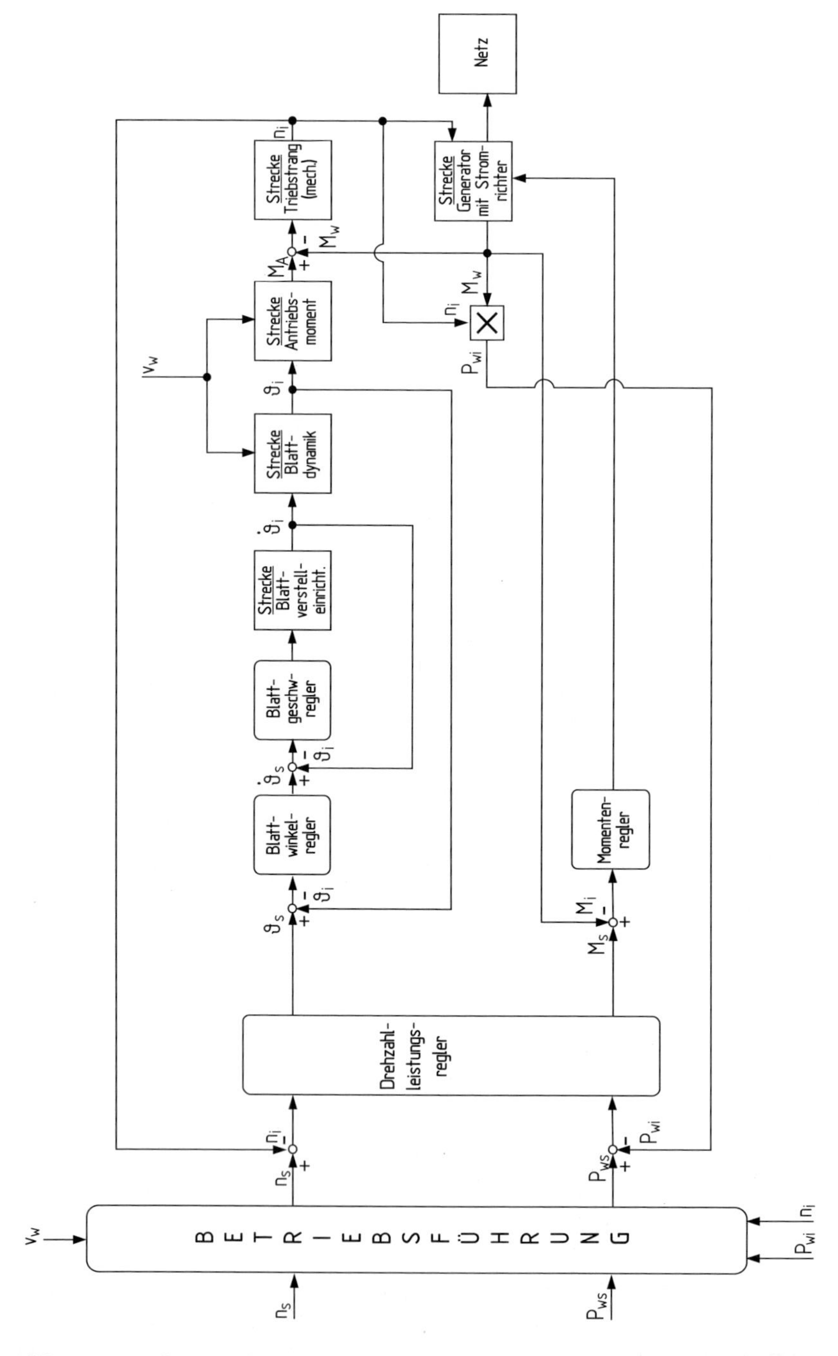

Bild 11.13. Regelungsstruktur einer Windkraftanlage für drehzahlvariablen Betrieb mit Generator und Frequenzumrichter [1]

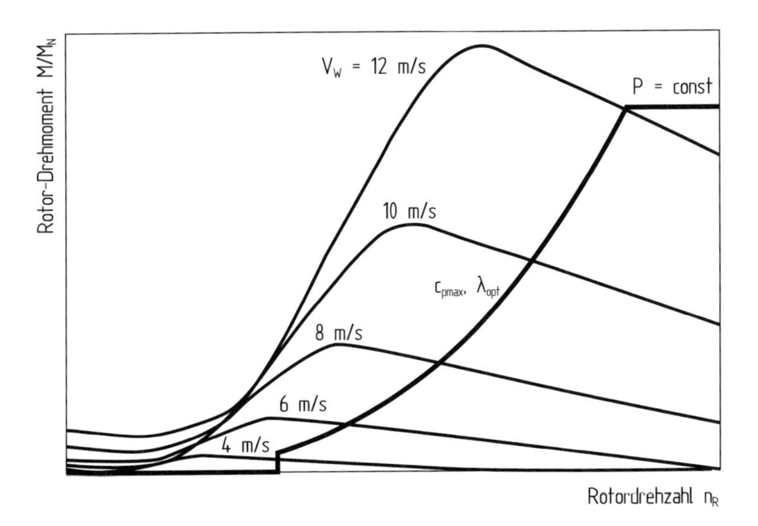

Bild 11.14. Kennlinie für den windgeführten Betrieb im Drehmomenten-Drehzahl Kennfeld des Rotors [6]

ist dieses Verfahren eine Option für Rotoren ohne Blattwinkelverstellung. Die praktische Verwirklichung im Hinblick auf ein stabiles Regelverhalten stößt nach den vorliegenden Erfahrungen jedoch auf erhebliche Schwierigkeiten. Eine befriedigende Leistungsbegrenzung durch den aerodynamischen Stall ist mit einer variablen Rotordrehzahl kaum zu erreichen.

11.4.4 Inselbetrieb ohne Drehzahlführung durch das Netz

Der Inselbetrieb einer Windkraftanlage hat einen energieversorgungstechnischen und einen regelungstechnischen Aspekt (vergl. Kap. 16.1). Vom regelungstechnischen Gesichtspunkt aus betrachtet kann man den Inselbetrieb spiegelbildlich zum Netzparallelbetrieb wie folgt definieren:

- Die Drehzahlführung des Generators durch ein frequenzstarres Netz entfällt.
- Die momentane Leistungsabgabe der Windkraftanlage ist nicht mehr beliebig, sie muß im Zusammenhang mit der momentanen Leistungsaufnahme des Verbrauchers gesehen und geregelt werden.

Diese Bedingungen werden im realen Einsatz mehr oder weniger zutreffen. In vielen Fällen wird statt eines völlig isolierten Inselbetriebes ein schwaches Inselnetz vorhanden sein. An die Windkraftanlage wird dann die Forderung gestellt, die Netzfrequenz „mitzuhalten“ und ihre Leistungsabgabe bestimmten Lastzuständen des Netzes anzupassen.
Die Drehzahlregelung über die Verstellung des Blatteinstellwinkels ist nur dann möglich, wenn die vom Wind angebotene Leistung größer als die vom Verbraucher abgenommene Leistung ist. Im Inselbetrieb sind deshalb zwei Betriebsbereiche zu unterscheiden:

- Im Vollastbereich können die Drehzahl und Leistungsaufnahme durch die Veränderung des Rotorblatteinstellwinkels angepaßt und geregelt werden.

- Ist die Windleistung kleiner als die vom Verbraucher geforderte Leistung, wird der Rotor normalerweise mit einem festen Blatteinstellwinkel betrieben (Teillastbereich). Dann muß dafür Sorge getragen werden, daß die vom Verbraucher abgenommene Leistung entsprechend reduziert wird. Hierzu dient eine sog. „Verbrauchersteuerung", von der die zu versorgenden Verbraucher zu- und abgeschaltet werden.

Eine wirksame Verbrauchersteuerung läßt sich im allgemeinen dann gut organisieren, wenn mehrere Verbraucher angeschlossen und auf eine Anzahl von Lastkreisen verteilt werden können (Bild 11.15). Nach einer festgelegten Priorität werden diese in Abhängigkeit von der Frequenz zu- und abgeschaltet. In Verbindung mit der Blatteinstellwinkelregelung ergibt sich auf diese Weise eine Stromqualität, die auch für elektrisch anspruchsvollere Verbraucher ausreicht [7]. Die elektrische Ausrüstung der Windkraftanlage in einem autonomen Inselbetrieb wird im allgemeinen einen Synchrongenerator beinhalten, da die Bereitstellung des Erregerstroms für eine Asynchronmaschine Schwierigkeiten bereitet.

Der Inselbetrieb mit kleinen Windkraftanlagen hat über den hier erörterten allgemeinen Fall hinaus je nach den Anforderungen der angeschlossenen Verbraucher eine Reihe der verschiedenartigsten regelungstechnischen Besonderheiten. Als Beispiele seien der Einsatz von Windkraftanlagen zur Heizstromerzeugung oder der Antrieb elektrischer Wasserpumpen erwähnt. Bei diesen Anwendungen wird keine konstante Frequenz gefordert, so daß die Regelungstechnik in diesem Punkt vereinfacht wird. Dafür müssen jedoch die Arbeitskennlinien der Verbraucher (Leistungsaufnahme oder Antriebsmoment in Abhängigkeit von der Drehzahl) bei der Regelung der Windkraftanlage berücksichtigt werden. Die Auslegung des Regelungssystems muß unter diesen Bedingungen individuell auf das Gesamtsystem

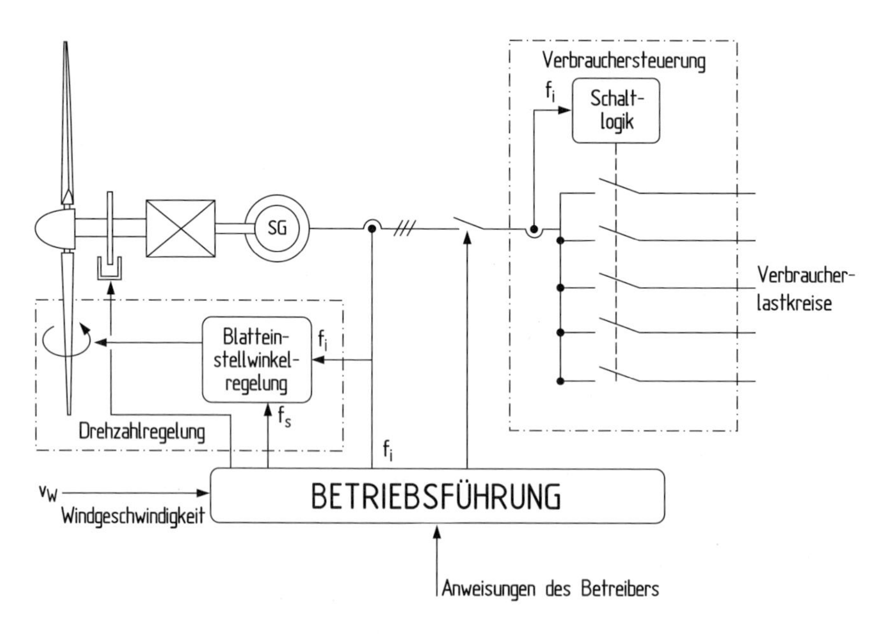

Bild 11.15. Verbrauchersteuerung für eine Windkraftanlage mit Blatteinstellwinkelregelung im Inselbetrieb

„Windkraftanlage mit Verbraucher" abgestimmt werden. Allerdings kann das zeitliche Zusammenspiel der wechselnden Verbraucherlast mit der von der Unstetigkeit des Windes geprägten Leistungsabgabe der Windkraftanlage bei nicht optimaler Regelung zu erheblichen Leistungsverlusten führen.

Der drehzahlvariable Betrieb eines Generators mit nachgeschaltetem Frequenzumrichter bietet die besten regelungstechnischen Voraussetzungen, auch für den Inselbetrieb. Für den Inselbetrieb ist aber der Einsatz eines netzunabhängigen selbstgeführten Wechselrichters erforderlich. Derartige Wechselrichter sind jedoch erheblich teurer als die netzgeführten Ausführungen.

11.5 Leistungsbegrenzung durch den aerodynamischen Stall

Bei vielen kleineren Windkraftanlagen verzichtet man auf die Regelung des Rotorblatteinstellwinkels. Die regelungstechnischen Möglichkeiten sind ohne Blatteinstellwinkelverstellung sehr eingeschränkt. Zwar können bei geeigneter Wahl des Generatorsystems die Anforderungen des Netzparallelbetriebs ohne wesentliche Schwierigkeiten erfüllt werden, der Inselbetrieb ist ohne Blatteinstellwinkelregelung jedoch erheblich schwieriger zu beherrschen. Die Tatsache, daß Windkraftanlagen ohne Blatteinstellwinkelregelung über keine aktive Drehzahl- und Leistungsregelung verfügen, sollte nicht zu dem Trugschluß führen, daß damit jede Art von Leittechnik überflüssig wäre. Selbst im Netzparallelbetrieb ist für die erforderliche Überwachung wichtiger Funktionen, wie die Auslösung der Sicherheitsschaltungen und die Synchronisierung mit dem Netz, ein beträchtlicher Aufwand an elektronischen Leittechnikkomponenten erforderlich.

Der Betrieb mit nur einem festen Blatteinstellwinkel hat sich für größere Anlagen nicht bewährt. Aus diesem Grund wird bei größeren Stall-Anlagen der Blatteinstellwinkel abhängig von der Windgeschwindigkeit und anderen Umgebungsparametern, wie der Luftdichte, auf mehrere Stellungen gesetzt. Die Leistungsbegrenzung erfolgt jedoch nach wie vor durch den aerodynamischen Stall. Diese „aktive Stallregelung" kann man als Regelung verstehen, obwohl im eigentlichen Sinne kein geschlossener Leistungsregelkreis existiert (vergl. Kap. 5.3.3).

11.5.1 Netzparallelbetrieb mit festem Blatteinstellwinkel

Der Netzparallelbetrieb ist der Hauptanwendungsbereich für Windkraftanlagen ohne Blatteinstellwinkelregelung. Die Anlagen werden für diesen Einsatzfall ausschließlich mit Asynchrongeneratoren ausgerüstet. Die kleineren Anlagen besitzen in der Regel einen Rotor mit unverstellbarem Blatteinstellwinkel und aerodynamischen Blattspitzenbremsen. Ein aktives Drehzahl-Leistungsregelungssystem ist für den Netzparallelbetrieb nicht erforderlich (Bild 11.16).

Die Betriebsführung beschränkt sich auf die Windrichtungsnachführung und die Schaltsignale zur Steuerung des Betriebsablaufs in Abhängigkeit von der Windgeschwindigkeit und vom Anlagenzustand. Bei ausreichendem Wind wird die mechanische Rotorbremse gelöst und der Rotor dreht bis zur Synchrondrehzahl hoch. Die Synchronisierungsautomatik schaltet den Generator auf das Netz und der Lastbetrieb beginnt. Überschreitet die Windgeschwindigkeit die zulässige Betriebswindgeschwindigkeit, wird der Rotor mechanisch abgebremst und meist gleichzeitig aus dem Wind gedreht. In dieser Stellung überdauert die Anlage extreme Windgeschwindigkeiten. Im Fall eines Netzausfalls wird das Durchgehen des Rotors durch die aerodynamischen Bremsklappen oder die Verstellung der Rotorblätter verhindert (vergl. Kap. 5.3.2). Zu den Aufgaben des Betriebsführungssystems gehört außer der Steuerung des skizzierten Betriebszyklus noch die Überwachung sicherheitsrelevanter elektrischer und mechanischer Kenngrößen, unter anderem der Netzspannung und -frequenz, Generator- und Getriebeöltemperatur sowie unzulässiger Schwingungsausschläge.

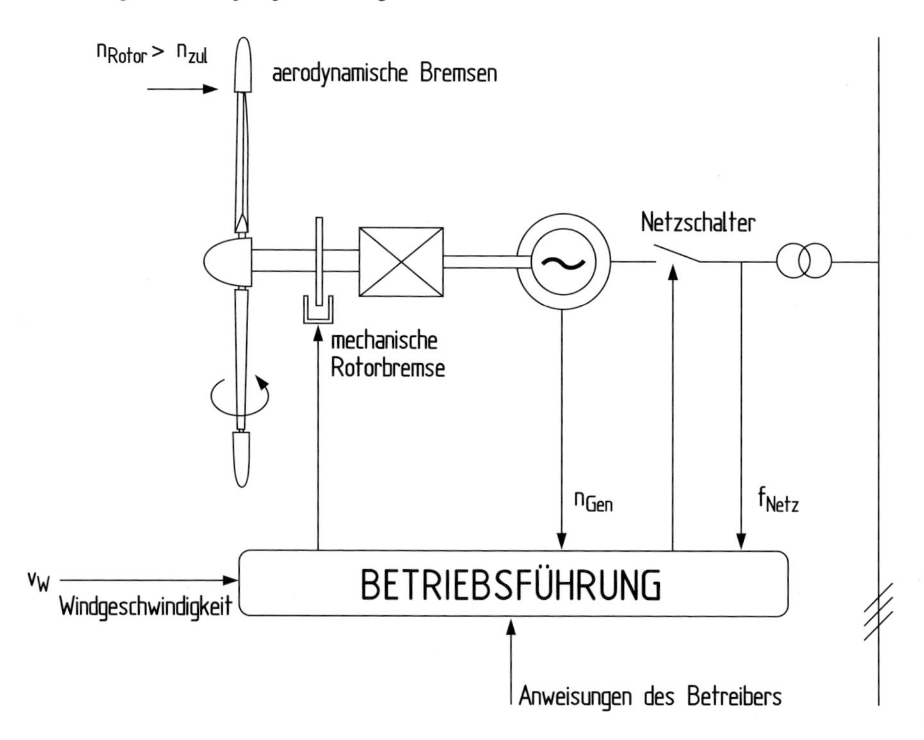

Bild 11.16. Betriebsführungssystem einer Windkraftanlage mit festem Blatteinstellwinkel im Netzparallelbetrieb

11.5.2 Inselbetrieb mit festem Blatteinstellwinkel

Windkraftanlagen ohne Blatteinstellwinkelregelung sind mit einigem technischen Aufwand auch inselbetriebsfähig. Da die Leistungsaufnahme des Rotors nicht beeinflußt werden kann, ist eine Drehzahl- bzw. Frequenzregelung nur durch eine Änderung der Generatorbelastung möglich. Soweit möglich werden dazu die angeschlossenen Verbraucher auf verschiedene sog. Lastkreise gelegt. Die Verbraucherlastkreise reichen jedoch als schaltbare Laststufen für die Drehzahlregelung nicht aus, so daß zusätzliche Regelungswiderstände notwendig sind. Eine Regelung mit hoher Frequenzkonstanz erfordert eine genaue und schnelle Anpassung der Last an die Windleistungsfluktuationen. Hierzu eignen sich gestufte, schnell schaltbare Widerstände (engl. *dump loads*). Wegen der großen Schalthäufigkeiten werden bevorzugt Halbleiterschaltelemente eingesetzt (Bild 11.17). Falls mit Betriebszuständen gerechnet werden muß, in denen die Verbraucherlastkreise nicht zu Regelungszwecken mit herangezogen werden können, müssen die Regelungswiderstände auf die maximale Leistungsabgabe der Windkraftanlage ausgelegt sein.

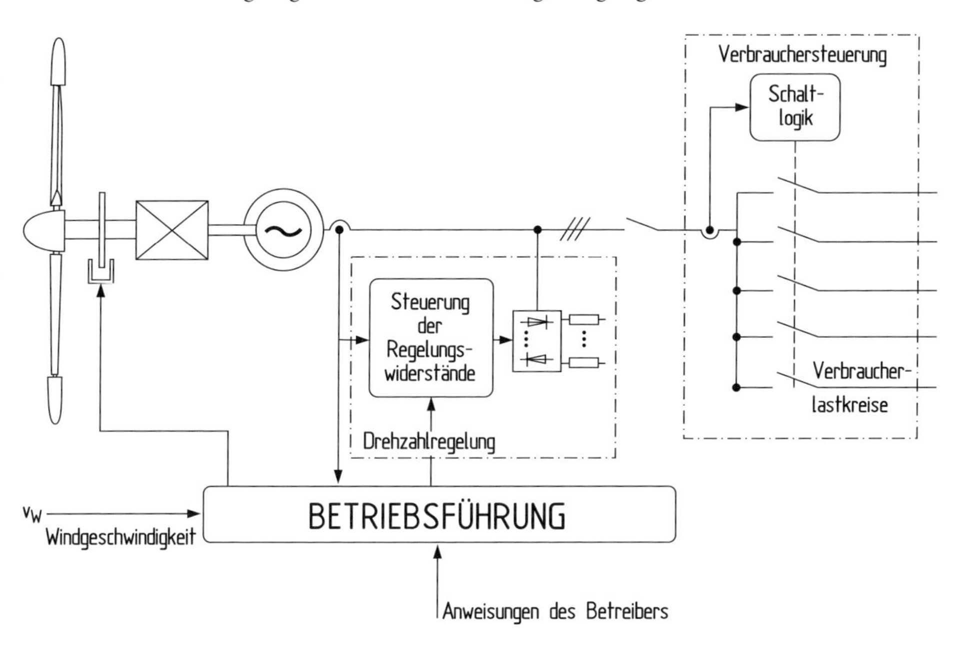

Bild 11.17. Drehzahlregelung und Verbrauchersteuerung für eine Windkraftanlage mit festem Blatteinstellwinkel im Inselbetrieb

Der Einsatz eines Frequenzumrichters erweitert grundsätzlich auch in Verbindung mit Stall-Anlagen die Regelungsmöglichkeiten im Inselbetrieb. Neben den hohen Kosten für einen selbstgeführten Wechselrichter stößt die Realisierung jedoch auch auf erhebliche technische Probleme.

Der drehzahlvariable Betrieb eines Rotos, dessen Leistung durch den aerodynamischen Stall begrenzt wird, ist außerordentlich schwierig, da die momentane Drehzahl jeweils andere Bedingungen für das Einsetzen des aerodynamischen Stalls schafft. Dieses Verhalten regelungstechnisch zu beherrschen is nicht einfach. Angesichts dieser Schwierigkeiten sind erfolgreiche Anwendungsfälle von stallgeregelten Windkraftanlagen mit nachgeschaltetem Frequenzumrichter weder im Netzparallelbetrieb noch im Inselbetrieb bis heute bekannt.

11.5.3 Stall-Regelung mit verstellbarem Blatteinstellwinkel

Bei Rotoren mit einer sog. „aktiven Stall-Regelung“ wird der Blatteinstellwinkel im Betrieb eingestellt, um bei den jeweils herrschenden Umgebungsbedingungen die Strömungsablösung an den Rotorblättern in der gewünschten Weise zu gewährleisten (vergl. Kap. 5.3.3). Dazu müssen die Rotorblätter wie bei der Blatteinstellwinkelregelung um ihre Längsachse verstellbar sein. Der Blatteinstellwinkel wird in Abhängigkeit von verschiedenen Eingangsgrößen verstellt:

- Windgeschwindigkeit
- Temperatur (Luftdichte)
- Aufstellhöhe über Meereshöhe (Luftdichte)
- Zustand der Rotorblätter (Verschmutzung)

In diesen Stellungen verharrt der Blatteinstellwinkel und die Leistungsregelung erfolgt durch Strömungsablösung an den Rotorblättern, den Stall.

Die Befürworter des Verfahrens weisen darauf hin, daß der erforderliche Stellbereich der Blatteinstellwinkels der Rotorblätter zur Konstanthaltung der Leistung deutlich kleiner als bei der üblichen Blatteinstellwinkelregelung ist (Bild 11.18). Selbst die Verstellung in die aerodynamische Bremsposition erfolgt mit einem Verstellbereich von etwa 20 bis 30° auf relativ kurzem Weg. Außerdem ist, wie in Kap. 6.8.4 erörtert, das Lastkollektiv aus der Luftturbulenz günstiger; zumindest im Vergleich mit einem Rotor mit Blatteinstellwinkelregelung und fester Rotordrehzahl.

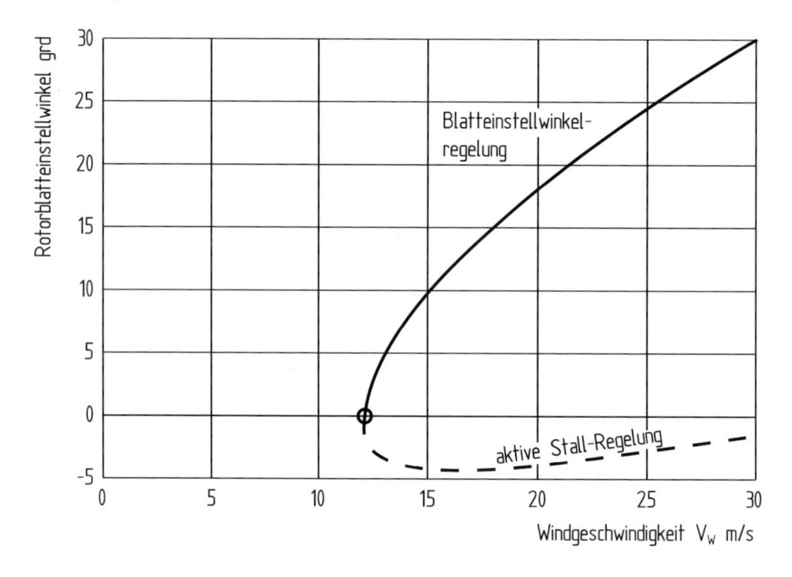

Bild 11.18. Erforderlicher Stellbereich des Blatteinstellwinkels zur Leistungsregelung bei Blatteinstellwinkelregelung und bei aktiver Stallregelung

Das Anfahren der verschiedenen Blatteinstellwinkelstellungen führt in der Praxis zu einer relativ komplexen Regelungsstruktur, die in dem gezeigten Beispiel aus mehreren Regelkreisen besteht, da sich die genannten Einflußgrößen überlagern. In dem in Bild 11.19 gezeigten Beispiel werden zu diesem Zweck drei verschiedene Regelungskreise benutzt:

- ein langsamer Regelkreis, der die Leistungen oberhalb der Nennwindgeschwindigkeit begrenzt. Über einen Zeitraum von 30 Sekunden wird die mittlere Leistung gemessen und der Blatteinstellwinkel so eingestellt, daß der 10-Minuten-Mittelwert die vorgegebene Nennleistung nicht überschreitet.

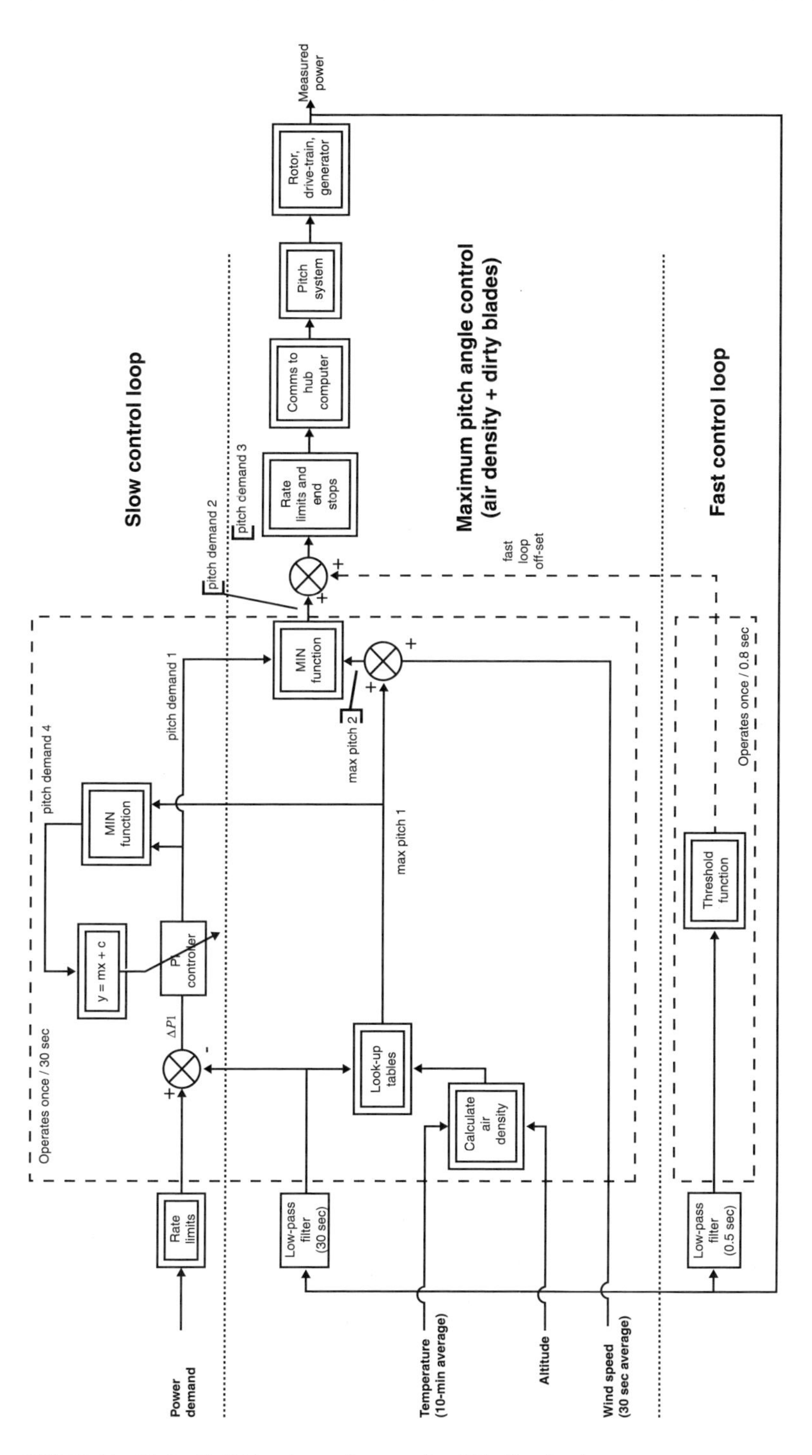

Bild 11.19. Aktive Stall-Regelung einer großen Windkraftanlage (NEG Micon)

- ein schnellerer Regelkreis kann den Blatteinstellwinkel im Bedarfsfall verstellen, wenn der 30-Sekunden-Wert einen bestimmten Spitzenwert überschreitet. In diesem Regelkreis wird der Einfluß der Luftdichte und der Rotorblattverschmutzung (hauptsächlich im Sommer) unmittelbar eingegeben.
- der dritte, schnelle Regelkreis wird für die Notabschaltung eingesetzt. Der Blatteinstellwinkel wird mit einer Verstellgeschwindigkeit von 3 Grad/Sek in die Stop-Position gefahren, wenn der 0,5-Sekunden-Mittelwert der Leistung das 1,27-fache der Nennleistung überschreitet.

Letztlich werden in allen drei Regelkreisen werden die oben genannten Eingangsparameter berücksichtigt. Es ist offensichtlich, daß diese Regelungsstruktur, zumindestens in dem gezeigten Beispiel, die ursprüngliche Einfachheit des Stall-Prinzips verlässt.

11.6 Betriebszyklus und Sicherheitssystem

Die Aufgabe des Betriebsführungssystems einer Windkraftanlage läßt sich wie folgt umreißen: Das Betriebsführungssystem muß den vollautomatischen Betrieb ermöglichen, Gefahrenzustände erkennen und die entsprechenden Sicherheitssysteme aktivieren, sowie spezielle Anweisungen des Betreibers ausführen können. Es stellt insoweit den Ersatz für das nicht vorhandene Bedienungspersonal dar. In diesem Rahmen nimmt das „Sicherheitssystem" noch einen gesonderten Platz ein. Seine Funktion ist autonom, es ist deshalb streng genommen kein Teil des Betriebsführungssystems.

Die Erfüllung dieser Aufgabe erfordert ein systemdurchdringendes Informations-, Überwachungs- und Steuerungssystem, das eine Vielzahl von Berührungspunkten mit fast allen Komponenten der Anlage selbst und ihren peripheren technischen Einrichtungen hat. Die wichtigsten Teilaufgaben lassen sich wie folgt beschreiben:

- Erfassung der notwendigen Eingabedaten für die Steuerung des Betriebsablaufs. Hierzu gehören Windgeschwindigkeit und Windrichtung, unter Umständen auch Informationen über den Zustand des zu speisenden Netzes, zum Beispiel die momentan zulässige Einspeiseleistung. Im Inselbetrieb ist anstelle der Netzeinspeisung die Laststeuerung durch Zu- oder Abschalten von Verbrauchern (Verbrauchersteuerung) erforderlich.
- Steuerung des Betriebsablaufs im automatischen Betrieb und bei Wartungsarbeiten auch im Handbetrieb. Bedienungsorgane und Überwachungsanzeigen gehören zu diesem Aufgabenbereich.
- Ansteuerung des Regelungssystems mit den vom automatischen Betriebsablauf oder den Anweisungen des Betreibers vorgegebenen Sollwerten. Diese Aufgabe bedeutet eine sehr enge Verflechtung mit dem Regelungssystem der Anlage. In der Praxis lassen sich deshalb oft keine oder nur willkürliche Grenzen zwischen Betriebsführung und Regelung ziehen.
- Anpassung an die Einsatzbedingung. Nicht zuletzt soll die Betriebsführung einer Windkraftanlage einen gewissen Spielraum für die Anpassung an unterschiedliche Einsatzbedingungen haben. Der Netzparallelbetrieb z. B. stellt andere Anforderungen als der Inselbetrieb.
- Aktivierung der Sicherheits- und Notsysteme. Im Vordergrund steht hier die Auslösung der Notabschaltung des Rotors. Die Betriebsführung sollte gewährleisten, daß die

„letzten" Sicherheitssysteme ohne das elektronische Regelungssystem auf kurzem Wege eingreifen.

Der technische Aufwand für das Betriebsführungssystem wird von der Größe der Anlage bestimmt. Eine 100-kW-Anlage mit einfachem Asynchrongenerator für den Netzparallelbetrieb ist hinsichtlich der Betriebsführung nicht mit einer Megawatt-Anlage zu vergleichen. Dies gilt besonders für das Bedienungs- und Überwachungsinstrumentarium. Der eigentliche Betriebsablauf oder -zyklus ist jedoch für jede größere Anlage ähnlich.

11.6.1 Betriebszustände

Im Rahmen der Betriebsführung werden unterschiedliche „Betriebszustände" definiert, die durch vorgegebene Parameter gekennzeichnet sind. Die Struktur des automatischen Betriebsablaufes („Betriebszyklus") unterscheidet im allgemeinen folgende Betriebszustände:

- Stillstand
- Anlagenüberprüfung
- Windrichtungsnachführung
- Anfahren
- Hochfahren
- Lastbetrieb
- Überlastbetrieb
- Abfahren
- Stillsetzen

Die Betriebszustände „Stillstand" und „Lastbetrieb" sind stationäre Zustände. Alle anderen bilden innerhalb eines Betriebszyklus Übergänge zwischen den stationären Zuständen. Diese Unterscheidung ist auch im Hinblick auf das Schwingungsverhalten der Anlage wichtig. In den stationären Betriebszuständen, insbesondere im Lastbetrieb, dürfen keine Schwingungresonanzen vorhanden sein.

Stillstand

Die Anlage ist betriebsbereit, aber nicht in Betrieb.

Anlagenüberprüfung

Der Betriebszyklus beginnt mit der Überprüfung des technischen Zustands der wichtigsten Systeme. Die Position des Rotors wird ermittelt und, soweit erforderlich, korrigiert. Werden im Betriebszustand „Anlagenüberprüfung" keine Störungen gemeldet, kündigt ein Signal die Bereitschaft der Anlage für den weiteren Betriebsablauf an.

Windrichtungsnachführung

Nach positiv verlaufener Anlagenüberprüfung wird bei festgebremstem Rotor die Windrichtungsnachführung in Betrieb gesetzt. Die Anlage wird innerhalb der zulässigen Grenzwerte nach der Windrichtung ausgerichtet und es wird festgestellt, ob die Windgeschwindigkeit im Betriebsgeschwindigkeitsbereich zum Beispiel von 5 bis 25 m/s liegt.

Anfahren

Der Anfahrvorgang beginnt mit dem Verstellen der Rotorblätter in die Anfahrposition (Blatteinstellwinkel ca. 60 Grad). Anschließend wird die mechanische Rotorbremse gelöst. Der Rotor beginnt zu drehen.

Hochfahren

Beim Hochfahren wird die Rotordrehzahl bis auf die Synchronisationsdrehzahl des Generators, entsprechend 90 % der Nenndrehzahl, gesteigert. Der Blatteinstellwinkel wird nach einer Solldrehzahlvorgabe geregelt. Die Synchronisierung des Generators mit der Netzfrequenz erfolgt im Drehzahlbereich von 85 % bis 95 % der Nenndrehzahl.

Lastbetrieb

Ist die Netzankoppelung des Generators erfolgt, beginnt die Leistungsabgabe der Anlage an das Stromnetz. Je nach vorliegender Windgeschwindigkeit wird zwischen Teil- und Vollast unterschieden.

Die Anlage befindet sich im Teillastbereich, wenn die Windgeschwindigkeit unterhalb der Nenngeschwindigkeit, üblicherweise 12 bis 15 m/s, liegt. Unter diesen Bedingungen wird der Blatteinstellwinkel auf einen festen Wert eingestellt. Dem Wind wird soviel Leistung entzogen, wie dies auf Grund des Rotorleistungskennfeldes bei dem eingestellten festen Blatteinstellwinkel, der nahe am Optimum für diesen Windgeschwindigkeitsbereich liegt, möglich ist (vergl. Kap. 14.1.1). Neuere Regelungssysteme arbeiten auch im Teillastbereich mit mehreren Blatteinstellwinkel.

Übersteigt die Windgeschwindigkeit die Nennwindgeschwindigkeit, so kann die Anlage mit voller Leistung arbeiten. Der Blatteinstellwinkel wird dann so geregelt, daß die Nennleistung, die gleichzeitig die höchstzulässige Dauerleistung des Generators ist, nicht überschritten wird. Die Übergänge zwischen Teil- und Vollastbetrieb und die damit verbundenen anderen Regelungsvorhaben werden von der Betriebsführung automatisch durchgeführt und erfordern keine Eingriffe von außen.

Abfahren

Sinkt die Windgeschwindigkeit unter die minimale Betriebswindgeschwindigkeit oder soll der Lastbetrieb unterbrochen werden, wird der Rotor wieder auf „Stillstandstellung" abgefahren. Während des Abfahrvorgangs wird der Rotorblatteinstellwinkel entsprechend einem Solldrehzahlverlauf verstellt. Beim Abfahren aus dem Lastbetrieb muß der Generator vom Netz getrennt werden. Dies erfolgt in einem Drehzahlbereich von 95 % bis 90 % der Nenndrehzahl.

Stillsetzen

Reicht die Windgeschwindigkeit nicht mehr zur Aufrechterhaltung des Betriebs aus oder soll der Betrieb für längere Zeit unterbrochen werden, fährt die Anlage in die Stillstandsposition zurück. Der Rotorstillstand wird erreicht, indem die Drehzahlsollvorgabe auf Null gesetzt wird. Die Rotorblätter verstellen bis zu einem konstruktiv bedingten Grenzwinkel von ca. 80 bis 90 Grad. Damit wird der Rotor bis auf eine geringe Restdrehzahl aerodynamisch abgebremst. Der vollständige Stillstand wird durch den Eingriff der mechanischen Rotorbremse erreicht. Mit dem Erreichen des Betriebszustandes „Stillstand“ ist die Anlage für einen neuen Betriebszyklus bereit.

Der hier skizzierte Ablauf des Betriebszyklus kann nicht den Anspruch erheben, im Detail repräsentativ zu sein. Bei kleineren Anlagen kann die Differenzierung der Betriebszustände und der Ablauf des Betriebszyklus einfacher sein. Die wesentlichen Betriebszustände und Ablaufabfolgen sind jedoch in ähnlicher Weise vorhanden, soweit es sich um Anlagen mit Blatteinstellwinkelregelung handelt. Natürlich wird der Betriebszyklus bei Rotoren mit festem Blatteinstellwinkel wesentlich einfacher.

11.6.2 Sicherheitssystem

Das Sicherheitssystem muss gewährleisten, daß die Anlage bei potentiellen Gefahrenzuständen schnell und zuverlässig still gesetzt wird. Dazu muß es unabhängig vom Regelungs- und Betriebsführungssystem organisiert sein. Entsprechend unabhängig — und so weit als möglich auch redundant — müssen eine Vielzahl von sicherheitsrelevanten Daten erfasst werden. Diese betreffen die Betriebszustände der Anlage aber auch den Zustand von bestimmten Komponenten. Die wichtigsten Daten sind:

- Rotorüberdrehzahl
- zu hohe Generatorleistung bzw. Drehmoment
- außergewöhnliche Schwingungen an kritischen Bauteilen
- Überschreitung zulässiger Betriebstemperaturen von kritischen Komponenten
- Grenzwerte elektrischer Größen im Zusammenhang mit der Netzeinspeisung
- Fehlfunktion der Leistungs- und Drehzahlregelung
- Unzulässige Kabelverdrehung

Das Sicherheitssystem beruht auf sog. Fail-safe Schaltungen, das heißt bei einer Störung fallen die offenen Schalter automatisch in eine Sicherheitsposition und lösen die entsprechenden Sicherheitssysteme aus. Außerdem müssten neben den automatischen Schaltungen noch manuell betätigte „Notaus-Schalter“ an allen wichtigen Arbeitsplätzen für das Wartungspersonal vorhanden sein. In der IEC-Norm 61400-1 sind einige weitere Hinweise und Anforderungen für die Auslegung des Sicherheitssystems („protection system“) enthalten. Zum Beispiel soll nach einem Notstopp der Anlage kein Wiederanlaufen mehr möglich sein, ohne daß eine Überprüfung stattgefunden hat und eine operationelle Freigabe des Betriebes erfolgt ist. Außerdem wird gefordert, daß im Falle eines Konflikts mit den Anweisungen des Regelungssystems das Sicherheitssystem in jedem Fall Vorrang hat („shall overrule the control function“).

Das Sicherheitssystem aktiviert in erster Linie die Bremssysteme für den Rotornotstopp. Bei großen Anlagen kann dieser nur durch eine aerodynamisch wirksame Maßnahme am Rotor erfolgen. Daneben werden die anderen Sicherheitsmaßnahmen, wie die elektrische Trennung vom Netz und die Aktivierung der mechanischen Rotorbremse, miteinbezogen (vergl. Kap. 9.6.5 und 18.9.1).

11.7 Bauliche Realisierung des Regelungssystems

Das Regelungssystem einer Windkraftanlage umfasst eine Reihe von verschiedenen Funktionsbereichen, deren Regler weitgehend autonom funktionieren. Sie sind mit dem übergeordneten zentralen Rechner nur über einen Informationsaustausch verbunden. Dementsprechend sind eine Vielzahl von dezentralen angeordneten Sensoren und Prozessoren mit den entsprechenden Kabelverbindungen vorhanden. Darüber hinaus verfügen einige Komponenten, zum Beispiel der Frequenzumichter, aber auch Hilfsaggregate, wie Lüftung und Heizungssysteme, über eigene interne Regler (Bild 11.20)

Üblicherweise ist der übergeornete zentrale Rechner für die Regelung und Betriebsführung im Turmfuß der Windkraftanlage installiert. Er arbeitet im sog. Master/Slave-

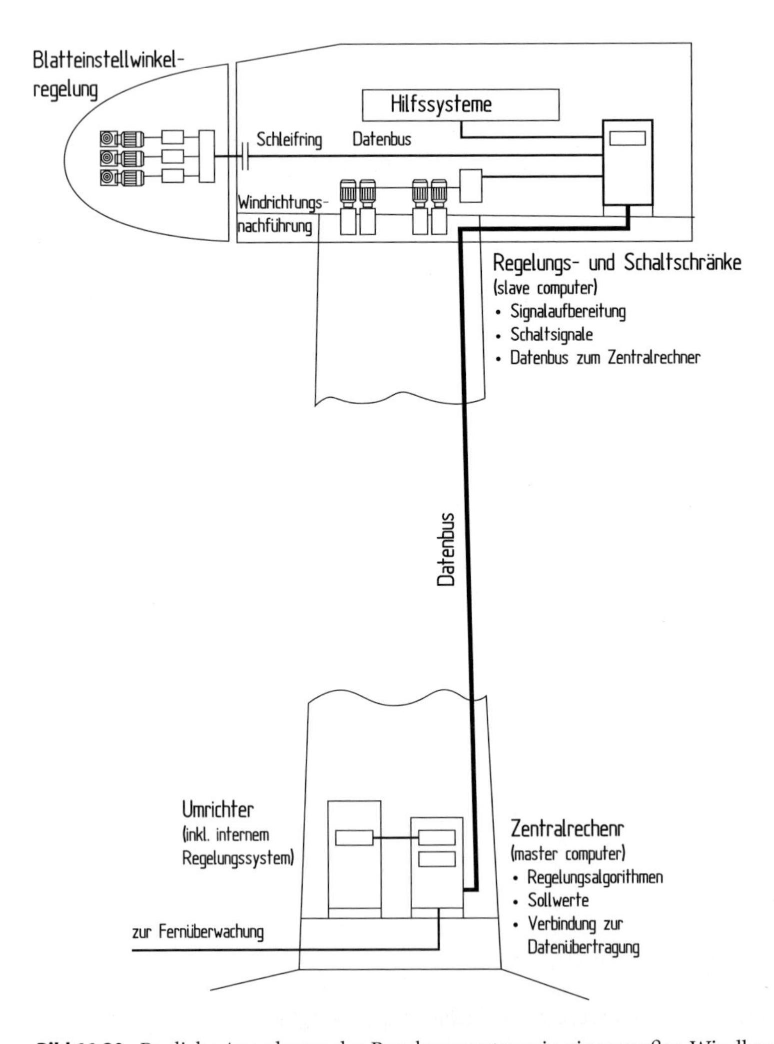

Bild 11.20. Bauliche Anordnung des Regelungssystems in einer großen Windkraftanlage

Verhältnis mit dem, oder den Rechnern, die in den „Schaltschränken" des Maschinenhauses untergebracht sind. Im Zentralrechner ist die übergeordnete „Intelligenz" implementiert, die das Regelungsverhalten und die Betriebsführung der Anlage steuert. Von hier auswerden die Sollwerte für die dezentralen Regler vorgegeben. Auch das immer wichtiger werdende Zusammenwirken mit dem Stromnetz wird von hier aus gesteuert und die Werte für das angeschlossene Fernüberwachungssystem, zum Beispiel SCADA, hier aufbereitet und weitergegeben.

Die Rechenkapazität, die in den Schaltschränken im Maschinenhauses installiert ist, verarbeitet die Sollwerte aus dem Zentralrechner zu den Vorgabedaten für die dezentralen Regelkreise, beziehungsweise greift die Daten von diesen auf und bereitet sie so auf, daß sie als Information an den Zentralrechner weitergegeben werden können. Auch alle Schaltsignale für die Hilfsaggregate und die Überwachung des Betriebsdaten der wichtigsten Komponenten (Condition Monitoring) im werden hier im Maschinenhauses verarbeitet Auf diese Weise werden viele Daten im Maschinenhauses lokal aufbereitet und nur die Ergebnisse brauchen an den Zentralrechner weitergegeben werden.

Eine gewisse Sonderstellung nimmt die Blatteinstellwinkelregelung ein. Die Hardware ist üblicherweise in der Rotornabe untergebracht (Bild 11.21). In den sog. „Pitchboxen" werden bei den neueren Systemen nahezu alle Eingabedaten wie der Istwert des Blatteinstellenwinkels und die Rotordrehzahl sowie die Daten für die Überwachung der Komponenten, zum Beispiel den Ladezustand der Batterien, autonom verarbeitet und die Blattverstellmotoren angesteuert. Die aufbereiteten Daten werden über einen Schleifring-Verbindung mit

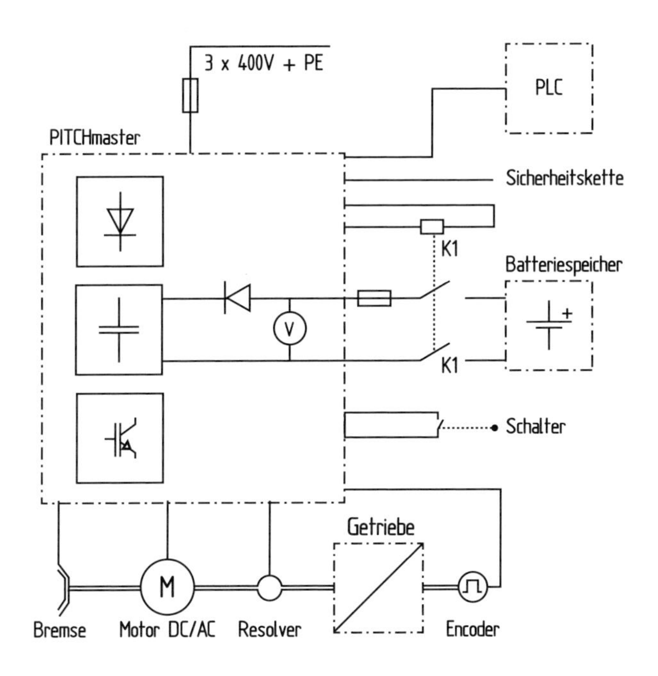

Bild 11.21. Blatteinstellwinkelregelung in der Rotornabe (Pitchmaster)

einem Datenbus in das Maschinenhauses übertragen. Die Windrichtungsnachführung wird bei manchen Anlagen in ähnlicher Weise durch einen dezentralen Regler autonom geregelt.

Die Komponenten des Regelungssystems, einschließlich der Datenübertragungselemente, werden zunehmend standardisiert und sind heute unabhängig vom Anlagentyp einsetzbar. Auch Softwarepakete für die Regelung von Standardsituationen werden von der einschlägigen Industrie mit angeboten. Selbst die in der Industrie weit verbreiteten universellen Prozeßsteuerungen, wie zum Beispiel die SIEMATIC von Siemens, lassen sich für den Einsatz in Windkraftanlagen programmieren. Dazu werden die Regelungsalgorithmen auf den spezifischen Anlagentyp angepasst. In den meisten Fällen kann die Programmierung über handelsübliche PC erfolgen. Zur Standardisierung gehören auch die Datenübertragungssysteme mit Hilfe von Datenbussystemen nach den üblichen Industriestandards wie PROFIBUS oder EtherCAT.

11.8 Zusammenwirken mit dem Stromnetz

Die Grundidee der Regelung und Betriebsführung im Netzparallelbetrieb besteht darin, daß das Netz sowohl hinsichtlich der elektrischen Parameter, insbesondere der Frequenz und Spannung, als auch im Hinblick auf die Aufnahmefähigkeit der eingespeisten Leistung, eine aus dem Blickwinkel der Windkraftanlage unveränderliche bzw. unbegrenzte Situation darstellt. Solange die eingespeiste Windleistung im Vergleich zur Netzbelastbarkeit klein ist, trifft dies auch zu. Mittlerweile beginnen sich jedoch die Verhältnisse zu ändern, auch im starken europäischen Verbundnetz. Die eingespeisten Windleistungen werden immer größer, während sich die Einspeisepunkte in Gebieten mit schwachen Netzausläufern befinden.

Mit der zunehmenden Verbreitung der Windenergienutzung gewinnt deshalb die Fähigkeit der Windkraftanlagen, auf bestimmte Restriktionen im Verbundnetz reagieren zu können, an Bedeutung. Einige Windkraftanlagenhersteller statten die Regelung und Betriebsführung ihrer Anlagen schon heute so aus, daß die elektrischen Netzparameter bzw. deren Veränderung, registriert werden und die Regelung und Betriebsführung der Anlagen so reagiert, daß nicht nur keine unerwünschten Belastungen des Netzes entstehen, sondern auch ein schwaches Netz unterstützt wird. Voraussetzung ist eine elektrische und regelungstechnische Konzeption der Windkraftanlage, die dazu in der Lage ist. Die besten Voraussetzungen bieten hierfür drehzahlvariable Systeme, insbesondere Synchrongeneratoren mit Vollumrichter (vergl. Kap. 10.3.2).

Der größte deutsche Netzbetreiber die E-on Netz GmbH (ENE) hat im Januar 2003 detaillierte Netzanschlußregelungen für ihren Netzbereich herausgegeben [8]. Abgesehen von der Tatsache, daß in Deutschland die Mehrzahl der Windkraftanlagen in das Netz der ENE einspeisen, ist abzusehen, daß diese Regeln in Europa, wenn auch mit lokalen Abweichungen, allgemein verbindlich werden. Die Regeln gelten für das Hoch- und Höchstspannungsnetz. Die meisten Forderungen beziehen sich auf den Betrieb eines ganzen Windparks, der an einem bestimmten Netzverknüpfungspunkt angeschlossen ist, und müssen deshalb nicht unbedingt auf die Einzelanlagen angewendet werden. In Deutschland werden für die Zulassung zum Netzparallelbetrieb entsprechende Prüfungen beziehungsweise Zertifikate gefordert. Dabei wird zwischen dem sog. „Einheitenzertifikat", das sich auf die einzelne Windkraftanlage beziehungsweise den Anlagentyp bezieht, und dem „Anlagenzertifikat", das die elektrischen Eigenschaften am Verknüpfungspunkt des Windparks bestätigt, unterschieden. Die wichtigsten Forderungen aus diesem Regelwerk sind:

Begrenzung des Einschaltstroms

Der Einschaltstrom des Windparks darf nicht größer als der 1,2-fache Strom sein, welcher der Netzanschlußkapazität entspricht. In diesem Zusammenhang sind die hohen Einschaltströme bei der Netzaufschaltung von direkt netzgekoppelten Ansynchrongeneratoren zu beachten. Moderne Asynchrongeneratoren in Windkraftanlagen werden deshalb mit einer thyristorgesteuerten „Sanftaufschaltung" ausgerüstet (vergl. Kap. 10.3.2).

Wirkleistungsabgabe und Erzeugungsmanagment

Der Anstieg der Wirkleistung eines Windparks darf nach Spannungslosigkeit einen Gradienten von 10 % der Netzanschlußkapazität pro Minute nicht überschreiten. Darüber hinaus behalten sich die Netzbetreiber vor, bei bestimmten Lastzuständen im Netz die Wirkleistungsabgabe der Windkraftanlagen von ihrer Netzleitstelle aus durch ein Signal zu begrenzen. Dieses sog. „Erzeugungsmanagment" ist weniger ein regelungstechnisches als ein wirtschaftliches Problem für die Windanlagenbetreiber.

Nach dem bis 2014 gültigen Erneuerbare-Energien-Gesetz ist der Netzbetreiber verpflichtet, für derartige Abschaltungen oder Leistungsbegrenzungen Ausgleichszahlungen zu leisten. Im Rahmen der Neuregelung des EEG soll eine Grenze, zum Beispiel bis zu 5 % gelten, ohne daß ein finanzieller Ausgleich gezahlt werden muss.

Betrieb innerhalb vorgegebener Spannungs- und Frequenzwerte

Wenn bestimmte vorgegebene Grenzwerte von Netzspannung oder -frequenz über- bzw. unterschritten werden, muß sich die Windkraftanlage innerhalb einiger zehn Millisekunden vom Netz schalten. Damit wird gewährleistet, daß die Leistungseinspeisung tatsächlich nur innerhalb der vom Netzbetreiber vorgegebenen Grenzen des Netzparallelbetriebes stattfindet. Kommt es zum Beispiel bei Nacht durch die Abnahme der Verbraucher zu einem Spannungsanstieg im Netz, muß die Leistungsabgabe der Windkraftanlage automatisch reduziert werden. Innerhalb eines Frequenzbereiches von 47,5 Hz bis 51,5 Hz darf keine automatische Trennung vom Netz erfolgen. Außerhalb dieses Frequenzbereiches muß der Windpark unverzögert vom Netz getrennt werden.

Kurzunterbrechungen

Kommt es im Netz zu einem kurzzeitigen Spannungsabfall (Kurzschluß), muß der Windpark bis zu einem Spannungsabfall auf 15 % der Netzspannung über einen Zeitraum von bis zu 300 Millisekunden mit dem Netz verbunden bleiben. Es darf keine Abschaltung erfolgen. Diese Forderung, gelegentlich als „low voltage ride thru" bezeichnet, ist bei vielen Windkraftanlagen ein kritischer Punkt und wird von älteren Anlagen oft nicht erfüllt. Kurzzeitige Kurzschlüsse sind bei Freileitungen relativ häufig und sind eine Folge von dichtem

Schneefall, eines herabfallenden Astes oder der Berührung von zwei Leitern durch einen Vogel.

Blindleistungsaustausch

Bei Wirkleistungsabgabe muß der Windpark entsprechend der Netzsituation mit einem bestimmten Leistungsfaktor sowohl induktiv als auch kapazitiv betrieben werden können. Je nach Netzsituation werden Werte bis zu 0,95 induktiv und kapazitiv gefordert. Ein solcher Wert ist für manche elektrische Konzeptionen nur schwer erfüllbar (vergl. Kap. 10.3.4). In diesem Zusammenhang ist auch zu berücksichtigen, daß die elektrischen Eigenschaften der Anlage (Einheitenzertifikat) sich bei größeren Windparks mit entsprechenden Kabellängen bis zum Netzverknüpfungspunkt (Anlagenzertifikat) noch verändern können. Entscheidend ist nach den gültigen Vorschriften der Leistungsfaktor am Netzverknüpfungspunkt. Von Anlagen, die über einen Frequenz-Vollumrichter mit dem Netz verbunden sind, kann diese Netzanforderung relativ einfach erfüllt werden.

Oberschwingungen und Flicker

Die einzuhaltenden Parameter für zulässige Netzströmungen hinsichtlich Oberwellen und Flicker sind in den Netzanschlußregeln mit Bezug auf die „Grundsätze für die Beurteilung von Netzrückwirkungen“ (VDEN 1992 und DIN EN 50160) festgelegt.

Vor einigen Jahren waren die von Windkraftanlagen ausgehenden Oberwellen Gegenstand heftiger Kontroversen mit den Netzbetreibern. Drehzahlvariable Anlagen mit Frequenzumrichtern erzeugen aufgrund der nicht-sinusförmigen Ströme des Wechselrichters Oberschwingungen im Netz. Vor allem die älteren 6-pulsigen Wechselrichter, die heute allerdings nicht mehr Stand der Technik sind, haben einen großen Oberschwingungsanteil. Die neueren 12-pulsigen Umrichter liefern eine wesentlich geglättetere Sinusspannung. Mit den jüngsten Entwicklungen der Leistungselektronik, zum Beispiel von pulsweitenmodulierten Wechselrichtern, können quasi-sinusförmige Ströme auch von drehzahlvariablen Anlagen erzeugt werden (vergl. Kap. 10.4.1).

Die neuen Netzanschlußregeln laufen im Prinzip darauf hinaus, daß die Windparks in Zukunft „netzunterstützend“, zumindest bei gewissen Netzzuständen, betrieben werden können. Angesichts der zunehmenden Windleistung im Netz ist diese Forderung auch berechtigt. Die Stromerzeugung aus Windenergie erreicht eine Größenordnung, die es erforderlich macht, daß die Windenergiekapazitäten in die gesamte Erzeugungsplanung der EVU mit einbezogen werden müssen (vergl. Kap. 16.4).

Die elektrischen Eigenschaften einer Windkraftanlage im Hinblick auf mögliche Netzrückwirkungen und ihre Fähigkeit, die geforderten Netzanschlußregeln zu erfüllen, werden anhand einer sog. *Netzverträglichkietsprüfung* festgestellt. Diese Prüfung ist seit einigen Jahren zumindest in Deutschland üblich und wird im Rahmen der Zulassung neuer Windkraftanlagen durchgeführt [3]. Dabei werden die angesprochenen Effekte gemessen und darüber hinaus noch die Qualität der Leistungsabgabe der Windkraftanlage beurteilt. Die Leistungsspitzen in Form der Momentanwerte (gemittelt über 8 Netzperioden) und die Mittelwerte über eine und zehn Minuten werden ebenfalls gemessen. Unter anderem wird auch die Flickerwirkung ermittelt, die von periodischen Leistungseinbrüchen und dementsprechenden Spannungsschwankungen, z. B. durch den Turmvorstau bzw. Turmschatteneffekt, ausgelöst werden kann.

Literatur

1. Kleinkauf, W; Leonhard, W. et al.: Betriebsverhalten von Windenergieanlagen, Gesamthochschule Kassel, Institut für Elektrische Energieversorgungssysteme und Technische Universität Braunschweig, Institut für Regelungstechnik, BMFT Forschungsvorhaben Nr. 03E-4362-A, 1982
2. Leonhard, W.: Control of Electrical Drives Berlin, Heidelberg, New York, Springer 1985
3. IEC: Wind Turbines – Part 121 Power Performance Measurements of Grid Connected Wind Turbines, Draft CDV 14/11–2003
4. Huß, G.: Anlagentechnisches Meßprogramm an der Windkraftanlage WKA-60 auf Helgoland, BMFT-Forschungsvorhaben 0328508D, 1993
5. Bichler, U. J.: Synchronous Generators with Active Damping for Wind-Power Stations Institut für Regelungstechnik der Technischen Universität Braunschweig, 1982
6. Gasch, R.; Twele, G.: Windkraftanlagen, 4. Auflage, Teubner, Wiesbaden, 2005
7. Cramer, G.: Anforderungen an die elektrische Ausrüstung und Regelung von Windenergieanlagen im Inselbetrieb, KFA-Seminar: Einsatz kleiner Windenergieanlagen in Entwicklungsländern, Göppingen, 14./15. Mai 1985
8. E-on Netz GmbH: Netzanschlußregeln für Hoch- und Höchstspannung, Bayreuth, Stand 1. August 2003

Kapitel 12

Turm und Fundament

Der Turm ist ein wesentlicher Bestandteil einer Horizontalachsen-Windkraftanlage. Dieser Umstand ist sowohl ein Vor- als auch ein Nachteil. Nachteilig sind natürlich die Kosten, die einen beträchtilichen Teil der Gesamtkosten einer Windkraftanlage ausmachen können. Auf der anderen Seite steigt die spezifische Energielieferung des Rotors mit zunehmender Turmhöhe an. Theoretisch ergibt sich die optimale Turmhöhe im Schnittpunkt der beiden Wachstumsfunktionen Baukosten und Energielieferung. Leider kann dieser Schnittpunkt nicht in allgemeingültiger Form angegeben werden. Eine entscheidende Rolle spielt der Aufstellort. Unter diesen Bedingungen die optimale Turmhöhe und die geeignete Bauart zu finden, erfordert ein komponenetenübergreifendes Verständnis der Windenergietechnik und -nutzung.

Neben der Höhe ist die Steifigkeit des Turms der zweite wichtige Entwurfsparameter. Vor allem die Festlegung der ersten Biegeeigenfrequenz ist für die Konstruktion, den erforderlichen Materialaufwand und damit letztlich für die Baukosten entscheidend. Ziel der Turmauslegung ist es, die gewünschte Turmhöhe mit der notwendigen Steifigkeit zu möglichst geringen Baukosten zu realisieren.

Mit zunehmender Höhe wird auch die Transportierbarkeit des Turmes zum Aufstellort ein Kriterium für die Auswahl der geeigneten Bauart und Konstruktion. Die heutigen Turmhöhen der großen Anlagen mit über 100 m rücken dieses Problem zunehmend in den Vordergrund. In den letzten Jahren sind aus diesem Grund sehr verschiedenartige Turmbauweisen entwickelt worden. Auch ältere Konzepte, die zeitweise von den lange Zeit vorherrschenden Stahlrohrtürmen verdrängt waren, werden wieder aktuell.

Als Materialien stehen Stahl oder Beton zur Verfügung. Die Bandbreite der Ausführungen reicht von Gitterkonstruktionen über Stahlrohrtürme mit und ohne Seilabspannung bis zu massiven Betonbauten. Die vom Gesamtsystem gestellten technischen Anforderungen sind mit fast jeder Variante erfüllbar, das wirtschaftliche Optimum wird jedoch nur mit einer sinnvollen Zuordnung der gewählten Turmbauweise zu den gestellten Anforderungen erreicht. Damit wird deutlich, daß der Turm einer Windkraftanlage für sich betrachtet zwar ein konventionelles Bauteil darstellt, seine Auslegung jedoch ein beträchtliches Maß an übergreifendem Systemverständnis erfordert.

Neben diesen funktionellen Gesichtspunkten sollte nicht vergessen werden, daß der Turm noch mehr als das Maschinenhaus das äußere Erscheinungsbild der Windkraftanlage prägt. Dem ästhetischen Eindruck sollte deshalb ein gewisser Stellenwert eingeräumt werden, auch wenn damit Mehrkosten verbunden sind.

Die Standsicherheit der Windkraftanlage wird selbstverständlich auch durch die Gründung des Turmes im Boden bestimmt. Die Bauart des Fundamentes wird mehr noch als der Turm von den örtlichen Bedingungen bestimmt. Dennoch haben sich einige Standardbauweisen herauskristallisiert, die für die meisten Standorte anwendbar sind.

12.1 Turmbauarten und Varianten

Die ältesten „Windkraftanlagen", die Windmühlen, hatten keine Türme sondern Mühlenhäuser. Diese waren im Verhältnis zum Rotordurchmesser niedrig und entsprechend ihrer Funktion als Arbeitsraum voluminös gebaut. Die notwendige Steifigkeit ergab sich damit von selbst. Bald erkannte man jedoch den Vorteil der Höhe, und die Mühlenhäuser wurden schlanker und turmartiger. Erst moderne Konstruktionen, zunächst die kleinen amerikanischen Windturbinen und später dann die ersten stromerzeugenden Windkraftanlagen, verwendeten „Masten" oder „Türme", deren Funktion allein auf das Tragen des Rotors und der mechanischen Komponenten des Turmkopfes beschränkt war. Als Folge dieser Entwicklung nahm die Vielfalt der Bauarten und Materialien für den Bau der Türme zu. Stahl und Beton lösten die Holzbauweise der Windmühlenhäuser ab. In den ersten Entwicklungsjahren der modernen Windenergietechnik wurde eine Reihe der verschiedensten Turmbauarten erprobt. Im Laufe der Zeit hat sich die Bandbreite dann auf freitragende Konstruktionen vorwiegend aus Stahl und aus Beton konzentriert.

Gitterbauart

Hohe und steife Turmkonstruktionen sind am einfachsten als räumliche Fachwerke, als sog. *Gittertürme* oder *Fachwerktürme*, zu verwirklichen. Sie waren die bevorzugte Bauart der ersten Versuchsanlagen und in den ersten Jahren auch für die kleineren kommerziellen Anlagen (Bild 12.1). Die Gitterbauart ist für die sehr hohen Türme, die bei großen Anlagen für den Einsatz im Binnenland erforderlich sind, wieder zu einer Alternative zur Stahlrohrbauweise geworden, da der Materialeinsatz deutlich günstiger als bei freitragenden Stahlrohrtürmen ist.

Betonbauweise

In den dreißiger Jahren wurden in Dänemark Türme aus Beton mit Stahlarmierung für die sog. „Aeromotore" verwendet (vergl. Kap. 2.1). Sie wurden in dieser Form auch für die großen dänischen Versuchsanlagen übernommen (Bild 12.2). In der Folgezeit dominierten allerdings auch in Dänemark bei den kommerziellen Anlagen Türme in Stahlbauweise. Erst mit Turmhöhen von über 100 m wird die Betonbauart in Form der Hybridbauweise seit einigen Jahren wieder stärker favorisiert.

Freitragende Stahlrohrtürme

Freitragende Stahlrohrtürme stellen heute die am meisten verwendete Turmbauart dar (Bild 12.3 und 12.5). Die Beherrschung des Schwingungsverhaltens hat die Anwendung

Bild 12.1. Gitterturm der MOD-1 (1982)

Bild 12.2. Betonturm der Tjaereborg-Versuchsanlage (1986)

dieser Bauweise erleichtert, so daß heute Stahlrohrtürme mit sehr niedriger Steifigkeitsauslegung realisiert werden. Die Baumasse und damit die Kosten konnten mit biegeweichen Türmen erheblich gesenkt werden.

Abgespannte Stahlrohrtürme

Schlanke Stahlrohrtürme wurden in Verbindung mit im Lee laufenden Rotoren notwendig, um den Turmschatteneffekt möglichst klein zu halten. Um die notwendige Biegesteifigkeit zu gewährleisten, wurden sie mit Seilen oder in einigen Fällen auch mit biegesteifen Stützen, sog. „Padunen", abgespannt (Bild 12.4). Von den Kosten her gesehen sind abgespannte Türme trotz ihrer vergleichsweise niedrigen Baumasse nicht besonders günstig. Die Kosten für die Seilabspannung und die dazu notwendigen zusätzlichen Fundamente treiben die Gesamtkosten in die Höhe. Außerdem ist die Seilabspannung auf landwirtschaftlich genutzten Flächen hinderlich.

Hybridtürme

Es liegt nahe die Beton-und Stahlrohrbauweise miteinander zu kombinieren. Einige frühere Experimentalanlagen verfügten zum Beispiel über einen massiven Betontsockel mit aufgesetztem Stahlrohr (Bild 12.6). In jüngerer Zeit hat die Tendenz zu immer höheren Türmen an Binnenland-Standorten die Hybridbauweise zunehmend in den Vordergrund des Interesses gerückt.

Bild 12.3. Freitragender Stahlrohrturm der MOD-2 (1982)

Bild 12.4. Abgespannter Stahlrohrturm einer Carter-Anlage (1985)

Bild 12.5. Abgestufter Stahlrohrturm einer Bonus-Anlage (1985)

Bild 12.6. Stahlrohrturm auf Betonsockel der Versuchsanlage HAT-25 (1983)

Holzbauweise

Holz, als der älteste Baustoff überhaupt, verfügt über einige unabweisbare Vorzüge. Es ist, so weit es sich um einfaches Fichtenholz handelt, in großen Mengen verfügbar und emittiert bei seiner „Produktion" kein CO_2. Im Hinblick auf die Eigenschaften als Baumaterial ist seine große Ermüdungsfestigkeit hervorzuheben.

Diese Vorzüge haben dazu geführt, daß auch Türme aus Holz für Windkraftanlagen entwickelt werden. Die Konstrukteure weisen darauf hin, daß die Kosten für einen 100 m hohen Turm nicht höher seien als für einen Stahlrohrturm und mit zunehmender Höhe, bis zu 200 m, Kostenvorteile erzielt werden. Die Lebensdauer wird bei entsprechender Verarbeitung und einem wirksamen Oberflächenschutz mit bis zu 40 Jahren angegeben (Bild 12.7).

Bild 12.7. Holzturm für eine Vensys 77 mit 100 m Nabenhöhe (TimberTower)

Innovative Konzeptionen und Ideen

Zu der Aufzählung der unterschiedlichen Turmbauarten ist auch eine Bemerkung über die zahlreichen innovativen Konzepte und Ideen angebracht. Abgesehen von technisch unsinnigen Ideen wie das Anbringen von Windrotoren (und Maschinenhäusern!) an bestehende Hochspannungsmasten, gibt es einige Vorschläge die zumindest überlegenswert sind. Die Integration von Windkraftanlagen in Hochbauten wäre technisch durchführbar, wirtschaftlich allerdings nur sinnvoll wenn eine ausgeprägte Hauptwindrichtung existiert, da die Windrichtungsnachführung des Rotors sehr aufwendig und problematisch würde.

Ein deutlich näher an der heutigen Realität liegender Vorschlag ist die Anbringung von mehreren Rotoren an einem Turm. Bereits Honnef hat 1930 diese Idee verfolgt (vergl. Kap. 2, Bild 2.6). In neuerer Zeit wurde diese Konzeption in einigen Fällen auch in kleinerem Maßstab erprobt (Bild 12.8). Um den dynamischen Erfordernissen und den sich ergebenden speziellen Lastfällen zu genügen werden die Turmkonstruktionen aber sehr schwer. Die Baumasse bezogen auf die Fläche der Rotoren liegt ungünstiger als bei Einzelanlagen.

Bild 12.8. Multi-Windturbine von Lagerwey mit sechs 75kW Rotoren, 1985

12.2 Festigkeits- und Steifigkeitsanforderungen

Die Dimensionierung des Turmes wird von mehreren Festigkeits- und Steifigkeitsanforderungen diktiert. Die Bruchfestigkeit bei extremen Windgeschwindigkeiten, die Ermüdungsfestigkeit im Betrieb und die Steifigkeit im Hinblick auf das Schwingungsverhalten der Windkraftanlage sind zu berücksichtigen. Unter bestimmten Umständen kann auch das „Beulen“ der Turmwand zum dimensionierenden Kriterium werden.

Bruchfestigkeit

Die statische Belastung wird vom Gewicht des Turmkopfes, dem Eigengewicht des Turmes und der aerodynamischen Rotorschubkraft bestimmt. Der Rotorschub ist bei Anlagen mit Blatteinstellwinkelregelung im allgemeinen bei laufendem Rotor im Nennbetriebspunkt am größten, während er im Stillstand bei extremen Windgeschwindigkeiten, durch die Möglichkeit die Rotorblätter in Fahnenstellung zu drehen, vergleichsweise gering ist. Bei Stall-Rotoren mit festen Rotorblättern hat die höhere Belastung im Stillstand, bei extremen Windgeschwindigkeiten, erhebliche Konsequenzen für die Dimensionierung. Im Regelfall wird sich die Frage nach der Bruchfestigkeit auf das Biegemoment im Turmfuß reduzieren.

Ermüdungsfestigkeit

Die dynamischen Lastanteile aus dem Rotorschub im Betrieb sind im Hinblick auf die Betriebsfestigkeit bei schlanken Türmen durchaus von Bedeutung. Auch Lastüberhöhungen, die aus dem Schwingungsverhalten in Resonanzzuständen resultieren, müssen berücksichtigt werden (vergl. Kap. 7.5). Ein rein statischer Festigkeitsnachweis, wie er noch vor Jahren von den Baubehörden für übliche Bauwerke gefordert wird, genügt deshalb für den Turm einer Windkraftanlage nicht mehr (vergl. Kap. 12.3).

Steifigkeit

Die Steifigkeitsforderung leitet sich aus dem gewählten schwingungstechnischen Konzept der Gesamtanlage ab (vergl. Kap. 7.4.1). Sie konzentriert sich im allgemeinen auf die Forderung nach einer bestimmten ersten Biegeeigenfrequenz, wenngleich auch andere Eigenfrequenzen, vor allem die Torsionseigenfrequenz, im Hinblick auf die Dynamik der Windrichtungsnachführung zu überprüfen sind. Die Lage der ersten Biegeeigenfrequenz zur Frequenz der Rotordrehzahl ist kennzeichnend für die Steifigkeit des Turmes. Nach diesem Kriterium wird die Turmauslegung als „steife“ oder „weiche“ Turmauslegung bezeichnet (vergl. Kap. 7.1).

Beulsteifigkeit

Ein Stabilitätskriterium, das zumindest bei dünnwandigen Stahlrohrtürmen mit niedriger Biegeeigenfrequenz unterhalb der 1P-Anregung eine Rolle spielt, ist die Beulsteifigkeit der Rohrwand. Mit der zunehmenden Gewichtsoptimierung der modernen Stahlrohrtürme wird nicht selten die Beulsteifigkeit zum dimensionierenden Faktor, zumindestens für die lokal erforderlichen Wandstärken.

Knicken

Das Stabilitätsproblem „Knicken“ tritt bei schlanken Bauteilen auf, die unter Druckbelastung stehen. Diese Situation ist nur bei Gittertürmen gegeben, so daß hier für die unter großer Druckbelastung stehenden Gitterstäbe ein entsprechender Nachweis geführt werden muß.

Zu welchen Ergebnisse diese Anforderungen im Hinblick auf die erforderliche Turmwandstärke in einem konkreten Fall geführt haben, wird am Beispiel des Stahlrohrturmes der MOD-2 deutlich (Bild 12.9). Obwohl es sich um eine „weiche“ Turmauslegung handelt, bestimmt die Steifigkeitsforderung die notwendige Wandstärke. Dieses Ergebnis ist typisch für fast alle vergleichbaren Turmkonzeptionen. Es fällt noch deutlicher aus, wenn die Turmhöhe im Vergleich zum Rotordurchmesser größer gewählt wird als dies bei der MOD-2 der Fall war. Der dimensionierende Lastfall für die Turmauslegung ist deshalb — von wenigen Ausnahmen abgesehen — die Steifigkeitsforderung.

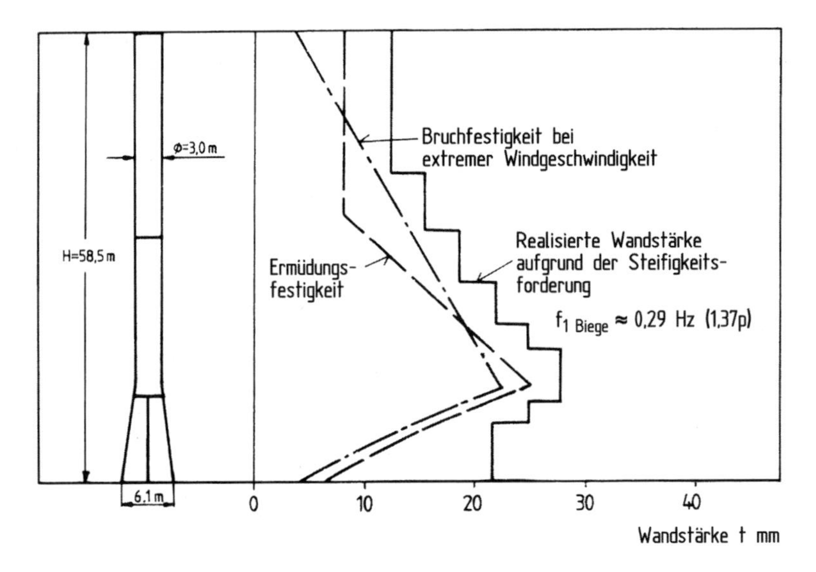

Bild 12.9. Kriterien für die Dimensionierung der Turmwandstärke beim Stahlrohrturm der MOD-2 [1]

12.3 Turmauslegung nach deutschen Bauvorschriften

In Deutschland wird eine Windkraftanlage im baurechtlichen Sinne als „Bauwerk“ bestehend aus Turm mit Fundament eingestuft. Das Maschinenhaus mit dem Rotor gelten als aufgesetzter „Maschinenteil“. Für die Turmauslegung und die Fundamentberechnung gelten deshalb die „Richtlinie für Windenergieanlagen — Einwirkungen und Standsicherheitsnachweise für Turm und Fundament“, herausgegeben vom Deutschen Institut für Bautechnik (DIBt).Diese Richtlinie wurde 1993 erarbeitet und ist mittlerweile in der neuesten

Fassung von Januar 2012 erschienen (vergl. Kap. 6.4.1) [2]. Hinsichtlich des Lastannahmen („Einwirkungen") bezieht sich die DIBt-Richtlinie auf die DIN EN 61 4100-1.

Das DIBt schreibt zwei Verfahren für den Nachweis der „Standsicherheit" vor, einmal eine sog. „Gesamtdynamische Berechnung" und als Alternative dazu, unter bestimmten Voraussetzungen, die „Vereinfachte Berechnung".

Gesamtdynamische Berechnung

Die Beanspruchungen des Gesamtsystems, bestehend aus Turm mit Fundament und Maschinenteil sollen nach der „Elastizitätstheorie" ermittelt werden. Hierbei sind für Wind, Aerodynamik, Strukturdynamik und Funktion (Regelung) geeignete Modelle zu berücksichtigen, wie beispielsweise in Kap. 6.7 beschrieben. Als Ergebnis der gesamtdynamischen Berechnung sollen die Zeitverläufe der Schnittgrößen in den relevanten Querschnitten dargestellt werden. An Hand dieser Ergebnisse sind die Nachweise für den „Grenzzustand der Tragfähigkeit" und für die sog. „Gebrauchstauglichkeit" zu führen.

Der Nachweis der Standsicherheit soll mit den aus einer gesamtdynamischen Berechnung sich ergebenden Schnittgrößen an der Schnittstelle Maschinenteil/Turm als Lastannahmen („Einwirkungen") für den Turm geführt werden. Die Belastungswerte dürfen vereinfachend nur mit ihren Maximal- bzw. Minimalwerten angesetzt werden.

Vereinfachte Berechnung

In den älteren Ausgaben der DIBT-Richtlinie war eine vereinfachte Berechnung dann zulässig, wenn im dauernden Betrieb ein ausreichender Abstand der Eigenfrequenzen des Turmes zu den Erregerfrequenzen gewährleistet war. Dieser wurde als gegeben angesehen, wenn die maximale Drehfrequenz des Rotors (1P) mindestens 5 % unter der ersten Biegefrequenz des Turmes liegt und die Durchgangsfrequenz der Rotorblätter (3P bzw. 2P) mindestens 5 % Abstand von den ganzzahligen Eigenfrequenzen des Turmes haben. Bei dieser Art der Berechnung wurd der Festigkeits- bzw. Stabilitätsnachweis für den Turm ohne zeitabhängige Lastverläufe durchgeführt.

Die neuere Ausgabe der Richtlinie aus dem Jahre 2012 sieht eine vereinfachte Berechnungsmethode nur noch für kleine Windanlagen mit bis zu 200 m^2 Rotorkreisfläche vor. Die Einwirkungen für diese Anlagengröße sind in der Norm DIN EN 61400-2 festgelegt.

Der Standardsicherheitsnachweis für Turm und Fundament wird je nach Windverhältnissen des Standortes in vier „Windzonen" mit unterschiedlichen Windvorgaben gefordert. Wie bereits in Kap. 6 erwähnt, entsprechen diese *Windzonen* nicht den „wind turbine classes" nach der IEC 61.400-1, sodaß für die Erlangung der Baugenehmigung in Deutschland immer eine Entsprechung der Windzone und Windanlagen-Klasse hergestellt werden muß (vergl. Kap. 6.4.2).

12.4 Freitragende Stahlrohrtürme

Freitragende Stahlrohrtürme sind heute die bevorzugte Bauart für kommerzielle Windkraftanlagen. Der wichtigste Grund hierfür liegt in der schnellen Montierbarkeit am Aufstellort und in der Vergangenheit in den vergleichsweise niedrigen Stahlpreisen. Die Türme können unter günstigen Umständen in einem Stück im Werk gefertigt und am Aufstellort mit dem Fundament verschraubt werden. Die bis heute bevorzugte Standardbauweise besteht jedoch aus mehreren Sektionen, die am Aufstellort miteinander verschraubt werden. Größere Türme von 100 m Höhe müssen in bis zu fünf Sektionen gefertigt werden.

12.4.1 Steifigkeit und Baumasse

Die Turmsteifigkeit wird grundsätzlich durch mehrere Eigenfrequenzen gekennzeichnet. Von praktischer Bedeutung sind nur die ersten Biege- und Torsionseigenfrequenzen. Bei den meisten Türmen liegt die erste Torsionseigenfrequenz um ein Mehrfaches höher als die erste Biegeeigenfrequenz. Freitragende Stahlrohrtürme besitzen eine etwa dreifach höhere Torsionseigenfrequenz, wenn sich das Verhältnis von Durchmesser und Wandstärke im Rahmen des Üblichen bewegt. Für einen groben Überblick genügt es deshalb, sich auf die Betrachtung der ersten Biegeeigenfrequenz zu beschränken. Für eine bestimmte Turmhöhe und ein gegebenes Turmkopfgewicht muß der Turm so ausgelegt werden, daß die geforderte erste Biegeeigenfrequenz erreicht wird.

Vom schwingungstechnischen Standpunkt ist eine steife Turmauslegung in jedem Fall die einfachere und auch sicherere Lösung. Leider steigt bei großen Anlagen der dazu notwendige Materialaufwand für den Turm unverhältnismäßig stark an. Bei Windkraftanlagen mit Turmhöhen von über 80 m ist eine steife Turmauslegung praktisch nicht mehr zu realisieren. Aus wirtschaftlichen Gründen besteht deshalb die Notwendigkeit, die Steifigkeitsforderung für den Turm niedrig zu halten.

Für einfache Turmgeometrien, zum Beispiel für ein zylindrisches Stahlrohr, sind Dimensionierungsmodelle entwickelt worden, mit deren Hilfe sich auf der Basis der genannten Lastfälle bei vorgegebener Höhe, Turmkopfmasse und dem gewählten Steifigkeitskonzept der Windkraftanlage die erforderliche Wandstärke mit relativ einfachen geschlossenen Ansätzen berechnen läßt [3]. Diese Modelle eignen sich vor allem dazu, den Einfluß der dimensionierenden Parameter aufzuzeigen und damit ihren Stellenwert im Hinblick auf die Turmoptimierung zu verstehen.

Die zu erwartende, auf die Rotorkreisfläche bezogene, spezifische Baumasse von freitragenden Stahlrohrtürmen für Windkraftanlagen unterschiedlicher Größe und Konzeption zeigen die Bilder 12.10 und 12.11. Den Diagrammen liegen verschiedene vereinfachende Annahmen zugrunde. Die Turmhöhe ist gleich dem Rotordurchmesser gewählt worden. Die Turmkopfmasse in Abhängigkeit vom Rotordurchmesser ist für Zwei- und Dreiblattanlagen unterschiedlich angenommen worden, entsprechend den Ansätzen nach Kap. 19.1.3. Die Steifigkeitsforderung, das heißt die erste Biegeeigenfrequenz des Turmes in Relation zur Rotordrehzahl, ist mit 1,5P und mit 0,75P angenommen worden (vergl. Kap. 7.5.1).

Die Diagramme zeigen in den schraffierten Bereichen die zu erwartende spezifische Turmmasse bei den getroffenen Annahmen. Die leichtesten Türme sind erwartungsgemäß mit einer ersten Biegeeigenfrequenz unterhalb von 1P zu finden. Die neueren Anlagen tendieren fast ausnahmslos zu einer sehr weichen Turmauslegung mit etwa 0,7P. Die damit erreichbare Massen- und Kosteneinsparung wird offensichtlich von den Herstellern für unverzichtbar gehalten.

Es fällt auf, daß die Baumasse einiger ausgeführter Türme teilweise erheblich von den berechneten Erwartungsbereichen abweicht. Die Gründe liegen in der anders gewählten

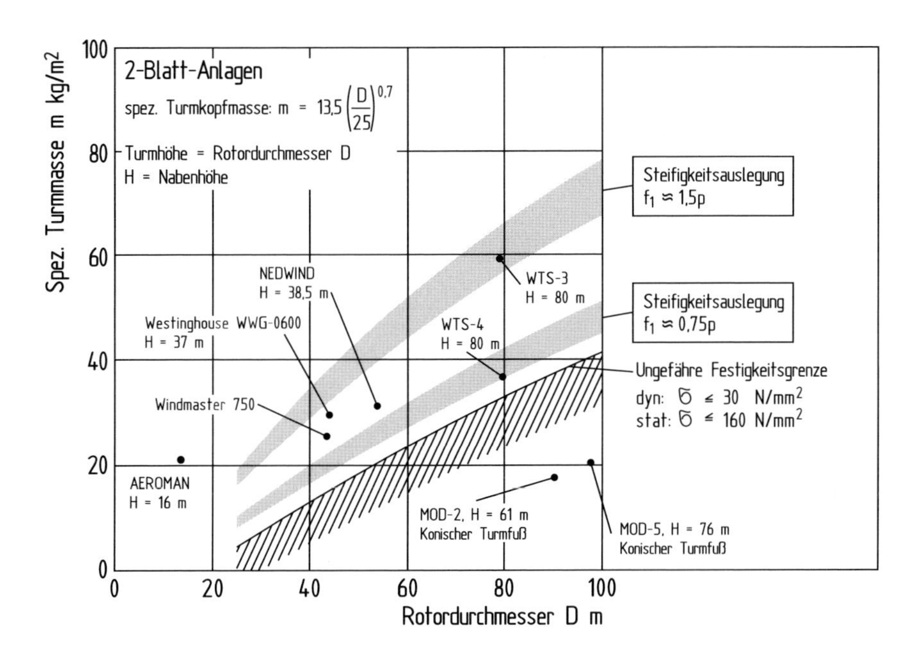

Bild 12.10. Spezifische Baumasse bezogen auf die Rotorkreisfläche von freitragenden zylindrischen Stahlrohrtürmen für Windkraftanlagen mit Zweiblattrotor

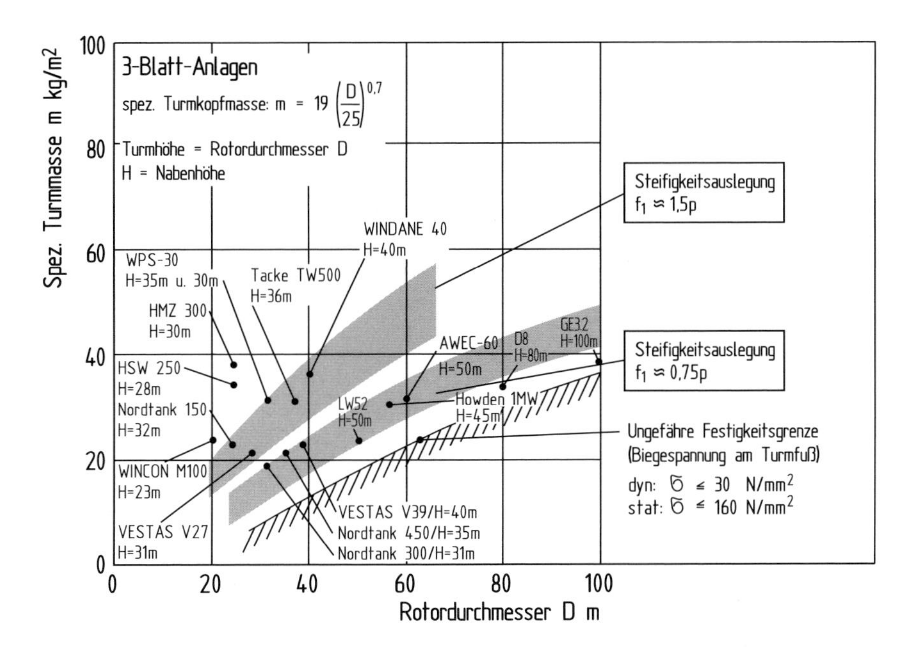

Bild 12.11. Spezifische Baumasse von freitragenden zylindrischen Stahlrohrtürmen für Windkraftanlagen mit Dreiblattrotor

Relation von Rotordurchmesser und Turmhöhe, aber auch in einer abweichenden, oft besser angepaßten Geometrie. Zum Beispiel erhöht ein konischer Turmfuß die Steifigkeit bzw. verringert die Baumasse bei vorgegebener Steifigkeit. Der gleiche Effekt wird mit einem optimal gestuften Wandstärkeverlauf erreicht. Die berechneten Baumassen in den Diagrammen 12.8 und 12.9 werden deshalb von ausgeführten Türmen teilweise unterschritten.

12.4.2 Konstruktion und Fertigungstechnik

Die Türme der heutigen großen Anlagen haben fast ausnahmslos eine konische Form mit sich vom Turmfuß bis zum Turmkopf verjüngendem Durchmesser. Damit wird bei vorgegebener Steifigkeitsforderung Gewicht gegenüber einer zylindrischen Geometrie gespart. Die Türme werden in zwei unterschiedlichen Bauweisen hergestellt und montiert.

Standardbauweise aus verschraubten Sektionen

Die Türme bestehen üblicherweise aus mehreren im Werk vorgefertigten Sektionen mit einer Länge von bis zu etwa 30 m. Die Sektionen werden aus 10–50 mm dicken Stahlblechen hergestellt. Die etwa 2 m breiten Bleche werden auf einer Walzanlage in eine kreisrunde Form gewalzt (Bild 12.12). Aus diesen Teilstücken wird die Turmsektion zusammengeschweißt. Meistens werden hierfür automatische Schweißanlagen eingesetzt. Die Schweißtechnik erfordert angesichts der Belastungssituation der Türme besondere Aufmerksamkeit. Die Qualitätsprüfung erfolgt mit den üblichen Verfahren wie Ultraschall, Röntgen

Bild 12.12. Rollen der Bleche für eine Turmsektion (CAS)

und Oberflächenrißprüfung. Die Turmbleche bestehen aus handelsüblichem Baustahl der Qualität St52, seltener St48. Für die meist geschmiedeten Anschlußflansche und die Fundamentsektion wird Material mit höherer Festigkeit verwendet.

An den Enden jeder Turmsektion werden die innenliegenden Flansche angeschweißt (Bild 12.13). Die Formgebung und das Anschweißen der Flansche erfordert einige Erfahrung, da es sehr leicht zu einem Verziehen der Bauteile beim Schweißen kommen kann. Die Folge sind dann nicht plan aufeinanderliegende Flansche bei der Montage. Die sich daraus ergebenden „Klaffungen" zwischen den Turmsektionen sind ein nicht selten zu findender Qualitätsmangel bei Stahlrohrtürmen (Bild 12.14).

Bild 12.13. Anschweißen der Flansche (CAS)

Die Verbindung zum Fundament erfolgt in der Regel über eine sog. *Fundamentsektion.* Diese wird separat gefertigt und beim Bau in das Fundament eingegossen (Bild 12.15). Der Anschluß des Turmes an das Maschinenhaus erfolgt über den *Azimutflansch.* Dieser nimmt das Azimutlager auf, sofern ein Wälzlager verwendet wird. Der Azimutflansch wird in der Regel als Gußteil ausgeführt.

Die Oberflächenbehandlung ist ein wichtiges Qualitätsmerkmal der Stahltürme. Korrosion muß auch in aggressiver Umgebung („Seeatmosphäre") über Jahrzehnte verhindert werden. Nach dem Sandstrahlen werden die Sektionen mit einer thermisch aufgebrachten Zinkbeschichtung versehen und mehrfach lackiert.

Die Fertigung von Stahlrohrtürmen bis zu einem Durchmesser von etwa 4 m ist konventionelle Technik, die keine großen Ansprüche an die Ausrüstung der Hersteller stellt. Bei Turmhöhen von über 90 m wird der Durchmesser am Turmfuß größer als 4 m und die erforderliche Blechdicke übersteigt 40 mm. Die Formgebung der Bleche, d.h. das Rund-

Bild 12.14. Innenliegende Flanschverbindung der verschraubten Turmsektionen

walzen, erfordert dann bereits spezielle Maschinen, die in normalen Stahlbauunternehmen nicht immer verfügbar sind. Hinzukommt, daß der Straßentransport der unteren Turm-

Bild 12.15. Fundamentsektion eines Stahlrohrturmes mit 80 m Höhe

sektion aufgrund des großen Durchmessers kaum noch möglich ist. Für Turmhöhen über 120 m kommen Stahlrohrtürme kaum noch in Frage.

Einteilige Türme

Wenn die Transportwege vom Herstellerwerk zum Aufstellort ohne große Hindernisse sind oder auch das Schweißen des Turms vor Ort möglich ist, werden gelegentlich auch einteilige Türme eingesetzt. Man spart sich hierbei die relativ aufwendigen und gelegentlich auch fehlerbehafteten Schraubverbindungen der Sektionen. Die Firma SAM aus Magdeburg fertigt für bestimmte Aufstellorte einteilige Stahlrohrtürme für Enercon bis zu einer Höhe von 97 m. Das Fußstück dieser Türme mit einem Durchmesser von 5,5 m ist für den Straßentransport zu groß und wird vor Ort aus mehreren Segmenten zusammengeschweißt. Daran anschließend wird der gesamte Turm in liegender Position aus vorgefertigten Sektionen zusammengeschweißt. Der gesamte Turm wird dann mit Hilfe eines relativ kleinen Krans in die vertikale Position aufgerichtet.

Bauweise mit vorgefertigten Längsplatten

Die zunehmenden Probleme beim Transport der unteren Turmsektionen mit Durchmessern über 4,5 m haben einige Hersteller veranlasst die Turmsektionen nicht mehr aus gerollten und verschweißten Blechen sondern aus vorgefertigten Längsplatten aufzubauen (Bild 12.16). Auf diese Weise ergibt sich ein Vieleck-Querschnitt der Türme. Die Elemente werden ausnahmslos zusammengeschraubt.

Die Entwickler dieser Bauweise nennen als Vorteile, daß die Elemente ohne Spezial-Transporter mit normalen Lkw zum Aufstellort gebracht werden können. Außerdem kön-

Bild 12.16. Untere Sektion eines Stahlturmes aus vorgefertigten Längsplatten (Andresen)

nen sehr große Fußdurchmesser und damit auch große Turmhöhen realisiert werden. Die Firma Andresen in Dänemark hat als einer der ersten Anwendungen dieser Bauweise einen Turm für eine Siemens 2,3 MW-Anlage geliefert (Bild 12.17).

Bild 12.17. Stahlturm aus vorgefertigten Längsplatten einer Siemens 2,3 MW Anlage

12.4.3 Aufstiegshilfen und Einbauten

Der Turm muß einen sicheren Aufstieg zum Maschinenhaus ermöglichen und außerdem bestimmte elektrische Installationen enthalten, insbesondere die Abführung der Stromübertragungskabel zum Turmfuß. Aus diesem Grund sind bestimmte innere Einbauten erforderlich. Je nach Höhe sind mehrere Zwischenplattformen üblich, typischerweise für jede Turmsektion eine Plattform (Bild 12.18). In der Regel werden für den Aufstieg einfache Steigleitern mit einer Steigsicherung (Fallschutzseil oder Fallschutzschiene) verwendet. Für Turmhöhen ab 80 m werden auf Wunsch des Betreibers auch einfache sog. „Kletteraufzüge“ eingebaut.

Die Kabel zur Übertragung der elektrischen Energie hängen mit einer Kabeldrehschlaufefrei im oberen Turmabschnitt. Die Befestigungselemente für die Einführung der Kabel in den Turm gehören zu den Turmeinbauten (Bild 12.19). Darüber hinaus ist eine Turminnenbeleuchtung für Wartungsarbeiten unerläßlich.

Bei größeren Anlagen ist es mittlerweile üblich geworden den Transformator, die Schaltschränke mit den Kontrollanzeigen und den Umrichter im Turmfuß unter zu bringen. Diese Einbauten haben einen nicht unerheblichen Platzbedarf und erfordern zudem noch eine aufwendige Kühlung und Belüftung. Damit wird die Montage und die Zugänglichkeit im Turmfuß zu einem Problem. Aus diesem Grund werden die Einbauten auf dem Fundament mit entsprechenden Befestigungsrahmen montiert und die untere Turmsektionen bei der Errichtung darüber gestülpt (Bild 12.20).

Der Turm ist nur durch eine relativ kleine und gesicherte Eingangstüre zugänglich. Sie wird üblicherweise gegenüber dem Gelände hoch gesetzt um bei Unwetter das Eindringen von Wasser zu verhindern.

Die Türme von kleinen Windkraftanlagen sind wesentlich einfacher aufgebaut. Teilweise kann für die Fertigung auf vorhandene Rohrelemente aus anderweitigen Halbzeugen

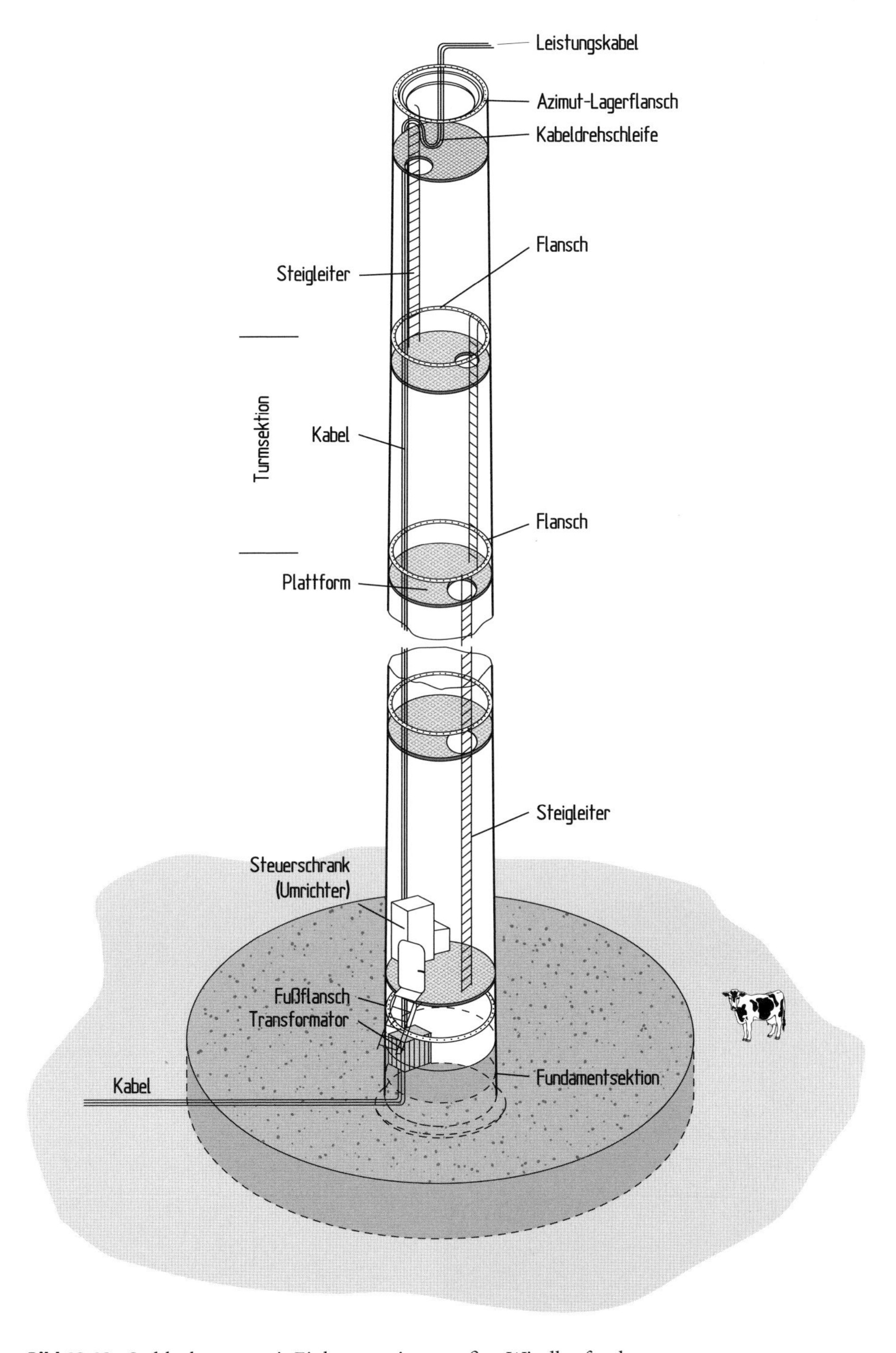

Bild 12.18. Stahlrohrturm mit Einbauten einer großen Windkraftanlage

Bild 12.19. Frei hängende Leistungskabel im oberen Turmbereich einer Vestas V-66

Bild 12.20. Einbauten (Umrichter, Schaltschränke, Transformator) im Turmfuß einer Enercon E-70 (Windstrom KWK)

zurückgegriffen werden. Der Aufstieg erfolgt bis zu Turmhöhen von etwa 15 m von außen. In einigen Ländern sind in bezug auf den Außenaufstieg besondere Arbeitsschutzvorschriften und Versicherungsauflagen zu beachten, so daß auch bei kleineren Anlagen die Tendenz vorhanden ist, den sicheren Innenaufstieg zu ermöglichen.

12.5 Gittertürme

In den ersten Jahren der kommerziellen Windenergienutzung waren Gitter- oder Fachwerktürme bei kleineren Anlagen weit verbreitet (Bild 12.21). Mit der Gitterbauweise ließen sich steife Trumkonstrktionen, deren Eigenfrequenz über den Anregenden aus der Rotordreh-

Bild 12.21. Kleine Windkraftanlagen mit Gittertürmen (1985)

zahl liegt bei vergleichsweise geringer Baumasse realisieren. Mit wachsender Größe der Windkraftanlagen wurden die Gittertürme zunehmend von Stahlrohrtürmen verdrängt, die dann auch als „weiche" Türme gebaut wurden, um den Anstieg der Baumassen zu begrenzen (vergl. Kap. 7.5). In jüngster Zeit ist das Interesse an den Gittertürmen wieder neu erwacht, insbesondere im Zusammenhang mit großen Anlagen, deren Nabenhöhen 100 m und mehr betragen.

Die Gittertürme von Windkraftanlagen werden nicht wie Hochspannungsmasten aus einfachen Winkelprofilen zusammen geschweißt oder geschraubt. Dafür sind die dynamischen Belastungen zu hoch. Die Türme bestehen aus Stahlrohrstreben oder in den meisten Fällen aus speziellen offenen Profilen, deren Form und Querschnitt auf die Belastung und das Montageverfahren optimiert sind. Als Verbindungselemente werden hochfeste Schraubverbindungen verwendet. Ein gewisses Problem besteht in der Notwendigkeit die Schraubverbindungen in Abständen zu kontrollieren und gegebenenfalls nachzusehen.

Der Querschnitt der Türme hat eine polygonale Form, zum Beispiel hexa- oder oktogonal (SeeBA). Im oberen Bereich geht der Gitterturm oft in ein aufgesetztes Stahlrohr über. Insgesamt gesehen ist der konstruktive Aufwand für Gitterkonstruktionen, die den Belastungen und der Lebensdauerforderung von Windkraftanlagen gewachsen sind, nicht unbeträchtlich.

Zu den Vorteilen der Gittertürme gehört unzweifelhaft, daß bei vorgegebener Höhe und Steifigkeit der Materialaufwand geringer als bei Rohrtürmen ist. Die Baumasse ist bis zu 40 % geringer [4]. Hieraus ergibt sich trotz der aufwendigeren Montage ein beträchtlicher Kostenvorteil. Außerdem wird bei sehr großen Türmen der Transport zum Aufstellort deutlich erleichtert. Stahlrohrtürme mit Höhen von 100 m stoßen an die Grenze der Transportierbarkeit auf der Straße. Rohre mit Durchmessern von über 4 m können auf vielen Straßen nicht mehr mit LKW transportiert werden, während zerlegte Gittermasten zu fast jedem beliebigen Aufstellort gebracht werden können. Der bisher höchste Turm einer Windkraftanlage mit 160 m wurde für den Prototypen der Fuhrländer W2E im Jahre 2006 in der Nähe von Magdeburg gebaut. Die von der Firma SeeBA entwickelte Bauweise besteht aus speziellen Stahl-Hohlprofilstäben, die mit hochfesten Dehnschrauben verbunden werden (Bild 12.22).

Als Nachteile von Gittertürmen werden die wesentlich längere Montagezeit am Aufstellort und der höhere Aufwand für die Wartung angesehen. Diese Argumente sind sicher stichhaltig. Die Frage bleibt jedoch, inwieweit dadurch die Wirtschaftlichkeit der Investition quantitativ beeinflußt wird. Hierüber liegen bis heute keine verallgemeinerbaren Erfahrungswerte vor.

Das Hauptargument, mit dem die zunächst weitverbreiteten Gittertrürme verdrängt wurden, war der Hinweis auf ihre „Häßlichkeit". Bei differenzierter Betrachtungsweise ist dieser Einwand nicht ganz so eindeutig wie es scheint. Gittertürme wirken optisch aus der Nähe wenig ansprechend. Aus größerer Entfernung betrachtet wirkt die filigrane Gitterstruktur jedoch wesentlich transparenter und beginnt sich vor dem Hintergrund „optisch aufzulösen". Auch die Lichtreflexion, die bei geschlossenen Strukturen (Stahlrohre) wesentlich stärker ist, spielt dabei eine Rolle (Bild 12.23). Die Befürworter von Gittertürmen halten die optische Wirkung aus größerer Entfernung für weniger belastend für das Landschaftsbild als die stärker hervortretenden Rohrtürme.

Bild 12.22. Gitterturm der Fuhrländer W2E (2,5 MW) mit 160 m Höhe (SeeBA)

Bild 12.23. Windkraftanlagen mit Gittertürmen und mit Stahlrohrturm (Foto Sinning)

12.6 Betontürme

Obwohl die Betonbauweise für Türme von Windkraftanlagen, zumindest in Dänemark, eine lange Tradition hat, wurden die Betontürme, ähnlich wie die Gittertürme, lange Zeit von den Stahlrohrtürmen verdrängt. Mit Beton lassen sich sehr hohe Türme bauen, ohne daß damit unlösbare Transportprobleme verbunden sind. Auch die lange Bauzeit kann heute mit verschiedenen Fertigteilbauweisen verkürzt werden.

Betonbauwerke werden in unterschiedlichen Bauweisen und statischen Prinzipien realisiert. Die Aushärtung des Betons auf der Baustelle wird als *Ortbeton* bezeichnet. Demgegenüber steht die Verwendung von vorgefertigten Betonbauteilen, die auf der Baustelle zusammengefügt werden. Das statische Prinzip ist dadurch gekennzeichnet, ob die Stahlarmierung ohne Vorspannung ist oder ob die Armierung vorgespannt wird oder spezielle Spannelemente vorhanden sind, mit deren Hilfe die zulässigen Zugspannungen im Beton erhöht werden können. Im ersten Fall spricht man von „einfachem" *Stahlbeton*, im zweiten Fall von *Spannbeton*.

Die Betontürme für Windkraftanlagen werden nach diesen fertigungstechnischen Verfahren und mit diesen statischen Konzeptionen, die jeweils ihre spezifischen Vor- und Nachteile haben, gebaut. Die Abwägung der am besten geeigneten Bauweise ist vom Aufstellort abhängig, wobei nicht nur die Lage des Aufstellortes im Hinblick auf die Zugänglichkeit von Bedeutung ist, sondern auch die Verfügbarkeit der bautechnischen Infrastruktur. Auch die Kosten werden davon nicht unwesentlich beeinflußt, so daß Kostenvergleiche von

Betontürmen sowohl im Hinblick auf die unterschiedlichen Betonbauweisen als auch im Vergleich zu Stahlrohr- oder Gittertürmen nicht in abstrakter Weise durchgeführt werden sollten. Das gleiche gilt auch für die Bauzeit, die ebenfalls ein Kostenfaktor ist.

12.6.1 Ortbeton-Bauweise

In der klassischen Stahlbetonbauweise werden der Beton entweder in flüssiger Form an der Baustelle gemischt oder wie heute meistens üblich mit Spezialfahrzeugen angeliefert. Der Beton wird in eine Holzschalung eingefüllt, in der vorher die Stahlarmierung in Form eines Geflechtes aus Stahldraht eingebaut wurde. In dieser Verschalung bindet der Beton ab, das heißt er wird fest, so daß nach Entfernen der Schalung die gewünschte Form entstanden ist.

Nach dieser als *Ortbeton* bezeichneten Bauweise werden auch Türme von Windkraftanlagen hergestellt. Die Schalung wird dabei als *Kletter- oder Gleitschalung* stufenweise von unten nach oben vorangetrieben (Bild 12.24). Da immer der untere Teil abgebunden haben muß, bis eine neue Stufe aufgesetzt werden kann, ist die Bauzeit sehr lang. Darüber hinaus ist das Abbinden des Betons temperaturabhängig. Bei strengem Frost kann, trotz heute verwendeter Frostschutzmittel, nicht gearbeitet werden. Die Ortbetonbauweise erfordert außerdem eine entsprechende Bau-Infrastruktur im Hinblick auf die Herstellung oder die Zulieferung des Betons. Aus diesem Grund ist das Verfahren für eine einzelne oder wenige Anlagen in der Regel nicht wirtschaftlich. Erst wenn ein Windpark mit einer größeren Zahl von Anlagen entsteht, kann die Ortbetonbauweise eine wirtschaftliche Alternative sein. Der Turm des Prototyps der Enercon E-112 mit einer Turmhöhe von 120 m in Ortbeton ausgeführt (Bild 12.25).

Bild 12.24. Gleitschalung zur Herstellung eines Turmes aus Ortbeton (Enercon)

Türme in Ortbetonbauweise können auch als Spannbeton ausgeführt werden. Die Spannbetonbauweise kommt ursprünglich aus dem Brückenbau und wird auch für an-

Bild 12.25. Ortbeton-Turm des Prototypes Enercon E-112, Höhe 120 m

dere dynamisch hoch belastete Betonbauteile angewendet. Hierbei wird die Stahlarmierung oder spezielle Spannelemente (Seile oder Stahlstangen) in die Betonstruktur eingebracht und vorgespannt, das heißt es wird eine Druckspannung im Betonkörper erzeugt, so daß Zugspannungen, die zum Beispiel aus einer Biegebeanspruchung herrühren, weitgehend aufgehoben werden. Spannbetonbauwerke sind wegen der zusätzlichen Spannelemente vergleichsweise teuer. Die Belastbarkeit ist höher als bei normalem Stahlbeton, außerdem kann die Steifigkeit (Eigenfrequenz) in gewissen Grenzen durch Variation der Vorspannung beeinflußt werden. Einige große Versuchsanlagen der achtziger Jahre wurden auf Spannbetontürmen errichtet (WTS-75, AEOLUS-I und LS-1). Für kommerzielle Windkraftanlagen kommen Spannbetontürme aus Ortbeton aus Kostengründen kaum in Frage.

12.6.2 Beton-Fertigteilbauweise

Um den Nachteil der Ortbetonbauweise, die lange Bauzeit, zu vermeiden, wurden in den letzten Jahren verschiedene Fertigbauweisen entwickelt. Damit läßt sich die Bauzeit erheblich verkürzen. Ein weiterer Vorteil der Fertigbetonbauweise ist, daß damit sehr hohe Türme gebaut werden können, ohne, wie Stahlrohrtürme, unüberwindliche Transportprobleme zu verursachen.

Vorgefertigte Segmente

Eine bewährte Fertigteilbauweise für Betontürme basiert auf im Werk vorgefertigten Segmenten [5]. Die etwa 3,8 m langen Segmente werden im Werk mit konventioneller Schalung hergestellt (Bild 12.26). Auf der Baustelle werden die Segmente aufeinandergesetzt und mit

Bild 12.26. Herstellung von Turmsegmenten für einen Fertigteil-Spannbetonturm (WEC-Turmbau)

Bild 12.27. Errichtung eines Fertigteil-Spannbetonturmes (WEC-Turmbau)

einer Beton-Kunstharz-Mischung „verklebt“ (Bild 12.27). Die einzelnen Segmente erhalten auf dem Umfang verteilte Leerrohre, in die beim Bau Spannseile eingebracht werden. Mit deren Hilfe werden die Segmente noch zusätzlich fixiert und verspannt.

Die Fertigteilbauweise wird vor allem bei Hybrid-Türmen, deren obere Teil aus einem Stahlrohr besteht angewendet (vergl. Kap.12.5.3). Bei Turmhöhen über 120 m führt eine reine Betonbauweise zu einem hohen Gewicht im oberen Turmbereich. Damit wird die Erfüllung der Steifigkeitsanforderungen problematisch.

Schleuderbeton

Eine Fertigteilbauweise, die für kleine und mittelgroße Windkraftanlagen gelegentlich angewendet wird, sind sog. *Schleuderbetontürme* [6]. Die Turmteile bis etwa 35 m Länge und 50 t Gewicht werden auf speziellen Schleudermaschinen hergestellt (Bild 12.28). Der Beton und die Armierung werden in Formen eingebracht und geschleudert. Dabei kann die Armierung auch vorgespannt werden, so daß eine Spannbetonbauweise erreicht wird. Unter der Einwirkung der Fliehkräfte beim Schleudern entstehen sehr dichte Betonstrukturen, die zur Aufnahme von dynamischen Belastungen gut geeignet sind. Ein Turm von zum Beispiel 50 m Höhe besteht aus zwei oder drei Segmenten, kleinere Türme auch aus einem Stück.

Bild 12.28. Herstellung von Schleuderbetontürmen (Foto Pfleiderer)

12.7 Beton/Stahl-Hybridtürme

Die Forderungen nach immer höheren Türmen für windschwächere Standorte im Binnenland führt in fast allen Fällen zu einer Hybridbauweise. Wie bereits erwähnt, lassen sich extreme Turmhöhen weder als reine Stahlrohrkonstruktion noch als Betonbauweise wirtschaftlich realisieren. Es bleiben nur hohe Gittertürme oder hybride Bauweisen, die im unteren Teil aus Fertigbetonteilen bestehen, auf die ein Stahlrohrstück aufgesetzt wird (Bild 12.29 und Bild 12.30). Die Betonsegmente werden mit Stahlseilen, die entweder in Bohrungen in den Betonteilen eingeführt werden (Enercon) oder die an der Innenseite des Turmes befestigt werden (Bögl) verspannt.

Bild 12.29. Hybridturm der Repower 3,4 MW Anlage. Höhe 123 m (Max Bögl Gruppe)

Die Bauweise derartiger Türme ist relativ komplex, demgegenüber stehen aber bedeutsame Vorteile. Die geringe Masse des oberen Turmteiles im Vergleich zur Betonbauweise verringert den Anstieg der Turmmasse mit der Höhe (vergl. Kap. 12.8). Außerdem sinken

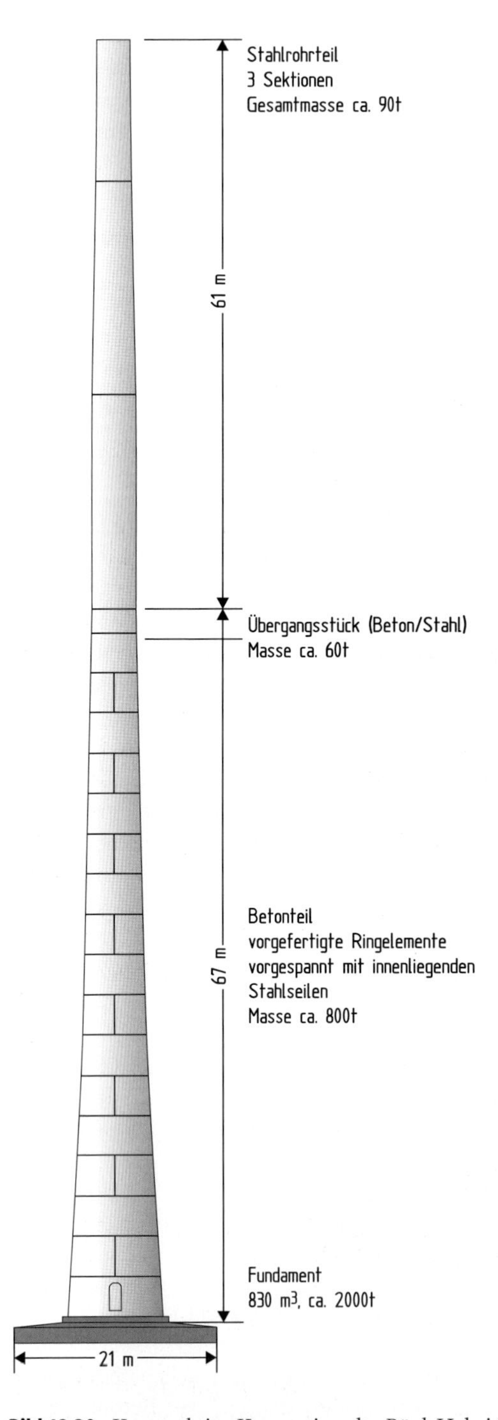

Bild 12.30. Konstruktive Konzeption des Bögl-Hybridturmes für die Repower 3,4 MW Anlage

die Eigenfrequenzen mit zunehmender Höhe nicht so stark ab, sodaß sie nicht mit den Anregenden aus der Rotordrehung in Resonanz geraten.

12.8 Turm-Konzeptionen im Vergleich

Die verschiedenen Turmbauweisen legen einen Vergleich nahe. Auch wenn das wichtigste Kriterium, die Baukosten, aus den erwähnten Gründen nicht immer in allgemeingültiger Form bewertet werden kann, werden an einem Vergleich dennoch die wichtigsten Unterschiede deutlich. Der Vergleich wurde für die Versuchsanlage WKA-60 durchgeführt (Tabelle 12.31). Die Kennzahlen dieser Anlage mit Bezug auf die Turmkopfmasse entsprechen nicht mehr den heutigen Verhältnissen, davon bleiben jedoch die Unterschiede der Turmbauweisen zueinander im wesentlichen unberührt. Die Stahlrohrtürme sind als weiche Türme mit einer ersten Biegeeigenfrequenz entsprechend etwa 1,5 P ausgelegt, genauso wie der Fertigteil-Spannbetonturm. Für die nicht vorgespannten Ortbeton-Türme wurde die Steifigkeit mit ca. 2,5 P höher gewählt.

Beim Vergleich der berechneten Baumassen zeigt sich, daß ein freistehendes zylindrisches Rohr mit gleichbleibender Wandstärke zwar fertigungstechnisch einfach herzustellen, aber keineswegs statisch optimal ist. Mit anderen Konfigurationen läßt sich die Baumasse bei vorgegebener Höhe und Steifigkeitsanforderung deutlich verringern. Eine konische Basisverbreiterung der freitragenden Stahltürme ist offensichtlich günstig, um die geforderte Steifigkeit bei verringerter Baumasse zu erreichen. Freitragende Stahlrohrtürme dieser Geometrie findet man deshalb bei den meisten Anlagen.

Mit einer Seilabspannung lassen sich der Durchmesser und die Masse deutlich verringern. Dem gegenüber stehen jedoch die Kosten für die Seilabspannung und die zusätzlichen Fundamente. Abgespannte Türme sind außerdem hinsichtlich der ersten Torsionseigenfrequenz in der Regel wenig steif, da die Seilabspannung keine torsionsversteifende Wirkung hat. Außerdem werden an vielen Aufstellorten Seilabspannungen als störend empfunden, da sie die landwirtschaftliche Nutzung des Geländes in der unmittelbaren Umgebung der Windkraftanlage behindern.

Die Baumasse der Turmvarianten läßt sich mit guter Genauigkeit berechnen, während die Baukosten nur grob abgeschätzt werden können. Stahlrohrtürme werden 2007 mit spezifischen Kosten von ca. 2 Euro/kg produziert — allerdings wegen der schwankenden Stahlpreise mit steigender Präsenz. Bei Betontürmen gibt es eine erhebliche Bandbreite von etwa 250 bis 400 Euro/Tonne. Obwohl die Baumasse der Betontürme um den Faktor 4 bis 5 höher liegt, sind die Unterschiede in den Baukosten offensichtlich nicht gravierend. Die niedrigeren spezifischen Materialkosten des Betons gleichen die höhere Baumasse praktisch wieder aus. Insgesamt gesehen sind die Betonbauweisen in diesem Vergleich sogar deutlich kostengünstiger. Insbesondere die Beton-Fertigteilbauweise schneidet in dem Vergleich gut ab. Der Kostenvorteil der Betonbauweise läßt sich jedoch in vielen Fällen nicht realisieren. Wo keine geeigneten örtlichen Fertigungsmöglichkeiten vorhanden sind, können die hohen Transportkosten für die schweren Betonbauteile den Kostenvorteil wieder zunichte machen.

Die berechnete Gitterturm-Variante liegt hinsichtlich der Fertigungskosten ebenfalls vergleichsweise günstig. Die Gitterbauweise liegt bis zu 20 % unter den Kosten eines Stahl-

Tabelle 12.31. Turmentwüfe aus Stahl und Beton für die Windkraftanlage WKA-60

Windkraftanlage	Stahl					Beton		
Rotor: 3-Blatt Durchmesser: 60 m Drehzahl: 23 U/min Kopfmasse: ca. 180 t Nabenhöhe: 50 m Turmhöhe: 46,6 m	zylindrisch	zylindrisch mit konischem Fuß	konisch	zylindrisch mit Abspannung	Gitter-bauweise	Fertigteil-bauweise	Ortbeton	Ortbeton
1. Biegeeigenfrequenz [Hz]	0,567	0,577	0,570	0,551	0,60	0,65	0,941	0,947
Vielfaches der Nenndrehzahl [P]	1,48	1,51	1,49	1,44	1,57	1,70	2,45	2,47
Oberer Durchmesser [m]	3,5	3,5	3,5	2,5	3,5	3,5	3,5	3,5
Unterer Durchmesser [m]	3,5	7,1	4,4	2,5	11,6	3,5	8,4	5,5
Wandstärke [mm]	55 ÷ 15 gestuft	25 15 gestuft	30 15 gestuft	20/15 gestuft	16/10	520/250 gestuft	300	300
Masse								
- Turm[1] [t]	150	120	111	40	110	465	485	477
- Einbauten [t]	22	22,5	22,8	20	22,5	21	22,5	22,5
Gesamtmasse[2] [t]	172	142,5	133,8	60+Spannseile	ca. 120	486	507,5	499,5
Ungefähre Kostenrelation [%]	100	90	85	95	70	60	75	75

[1] inkl. Aussteifungen und Anschlussflansche
[2] inkl. Einbauten

rohrturmes. Bei diesem Vergleich dürfen jedoch die höheren Montage- und Wartungskosten von Gittertürmen nicht vergessen werden.

Die in Tabelle 12.31 angegebene Kostenrelationen zeigen zumindest die qualitativen Unterschiede der berechneten Varianten, wenn auch das berechnete Beispiel nicht mehr den aktuellen Bedingungen entspricht.

12.9 Optimale Turmhöhe

In der Anfangsphase der modernen Windkraftnutzung wurden die größeren Windkraftanlagen mit vergleichsweise niedrigen Türmen gebaut. Die großen Versuchsanlagen der Achtzigerjahre hatten vielfach Turmhöhen, die geringer als der Rotordurchmesser waren, zum Beispiel die Anlagen der amerikanischen MOD-Baureihe (vergl. Kap. 2.6). Mit dem Vordringen der Windkraftnutzung in schwächere Windgebiete im Binnenland wurden die Türme immer höher. Höhere Türme mit 100 m und mehr erwiesen sich als ein entscheidender Faktor für die wirtschaftliche Nutzung der Windenergie unter den dort gegebenen Bedingungen.

Auf der anderen Seite die steigenden die Kosten naturgemäß mit zunehmender Turmhöhe. Der Kostenanstieg verhält sich deutlich unterschiedlich je nach Bauweise der Türme, so daß die Auswahl der Turmbauart vor allem unter diesem Gesichtspunkt getroffen werden muss.

Stahlrohrturm

Die Baumasse frei tragender Stahlrohrkonstruktionen nimmt mit zunehmender Höhe sehr stark zu (Bild 12.32). Diese Türme werden damit unverhältnismäßig schwer und teuer. Hinzukommt daß Stahlrortürme bei einer Höhe über 100 m an die Grenze der Transportfähigkeit stoßen. Der Fußdurchmesser übersteigt bei diesen Dimensionen die für den Straßentransport zulässige Grenze von ca. 4,5 m (Brückendurchfahrten) Auch den notwendigen Wandstärken im unteren Bereich erreichen 5 cm mehr und werfen Fertigungsprobleme auf. Die unteren Sektionen können zwar aus Halbschalen vorort zusammengeschweißt oder geschraubt werden, damit steigen aber die Montagekosten.

Außerdem ist bei reinen Stahlkonstruktionen zu berücksichtigen, daß die Kosten für den Baustahl in den letzten Jahren erheblichen Schwankungen unterworfen waren. Nach einem drastischen Anstieg in den Jahren 2005 bis 2008 sind als Folge der weltweiten wirtschaftlichen Rezession die Stahlpreise ab 2009 wieder erheblich gefallen (vergl. Kap. 19.1.5).

Gitterturm

Die Gitterbauweise eignet sich besser um Turmhöhen von über 100 m zu erreichen. Der Anstieg der Baumasse mit zunehmender Höhe ist bei der Gitterbauweise deutlich geringer (Bild 12.32). Ein Gitterturm mit 150 m Höhe hat praktisch keine grössere Baumasse als ein Stahlrohrturm mit 100 m Höhe. Generell beträgt die Baumasse eines Gitterturmes nur etwa 60 % derjenigen eines vergleichbaren Stahlrohrturms. Wegen der aufwendigeren Verarbeitung und Montage schrumpfte der Kostenvorteil bei einer Höhe von 100 m jedoch auf etwa 20 %. Bei größeren Höhen wird der Kostenvorteil deutlicher (Bild 12.33).

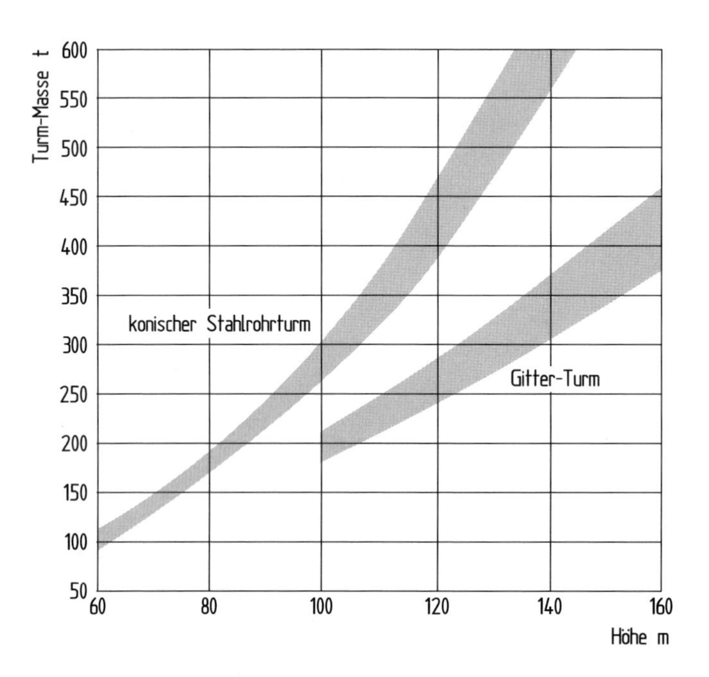

Bild 12.32. Anstieg der Baumasse mit der Höhe für Stahlohr- und Gittertürme am Beispiel einer 3 MW Windkraftanlage mit 100 m Rotordurchmesser

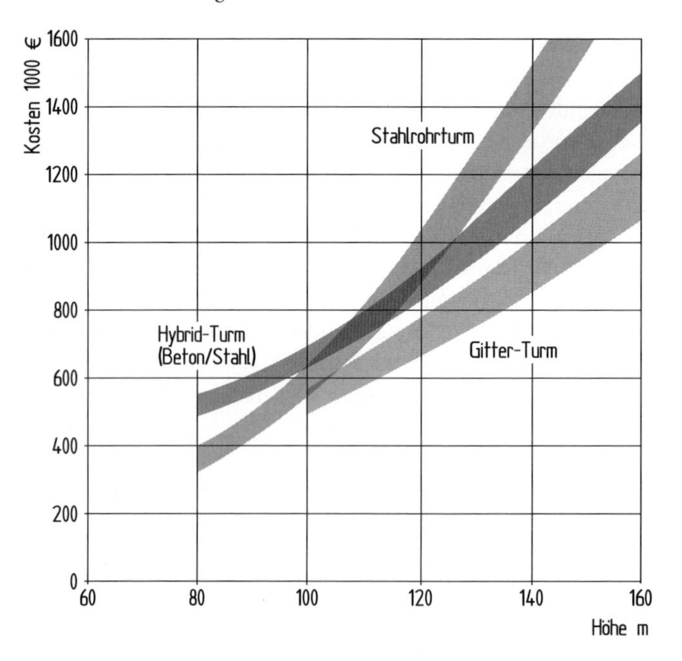

Bild 12.33. Anstieg der Kosten mit der Höhe für verschiedene Turmkonzeptionen am Beispiel einer Windkraftanlage mit 3 MW Nennleistung und 100 m Rotordurchmesser

Betonturm

Die Masse der Betontürme liegt zwar in einer anderen Größenordnung aber der Anstieg mit der Höhe ist ebenfalls weniger steil als beim Stahlrohr. Die reine Betonbauweise ist jedoch für extreme Höhen wegen der schwer erfüllbar Steifigkeitsanforderungen für Windkraftanlagen problematisch. Hinsichtlich der Kosten zeigt die Betonbauweise eine relativ starke Abhängigkeit von lokalen Gegebenheiten. Die Nähe zu einem Beton-Mischwerk sowie die logistischen Voraussetzungen spielen eine große Rolle.

Hybridturm

Mit der hybriden Bauweise aus Beton und Stahl lässt sich der Anstieg der Kosten mit der Höhe wirksam begrenzen. Der Kostenvorteil wird mit zunehmender Höhe immer deutlicher. Im unteren höheren Bereich unter 100 m sind Hybrid konstruktionen allerdings teurer als Stahlrohrtürme und deshalb sehr selten zu finden.

Wirtschaftlich optimale Turmhöhe

Um die wirtschaftlich optimale Turmhöhe für einen bestimmten Aufstellort zu ermitteln muss der Kostenanstieg des höheren Turmes durch eine höhere Energielieferung kompensiert werden. Die Berechnung der Zunahme der Windgeschwindigkeit bei Höhen über 100 m ist mit einigen Unsicherheiten verbunden (vergl. Kap. 13). Mittlerweile liegen jedoch Erfahrungen aus dem Betrieb von tausenden von Windkraftanlagen mit unterschiedlicher Rotornabenhöhe im Binnenland vor. Danach kam im norddeutschen Binnenland mit einer durchschnittlichen Zunahme der Energielieferung von etwa 0,7 % pro Höhenmeter im Bereich von 100 bis 150 m gerechnet werden. Der Wert schwankt zwischen 0,5 bis 1 %, abhängig von den topographischen Bedingungen.

Mit diesem statistisch begründeten Erfahrungswert lässt sich die Amortisationszeit eines höheren Turmes berechnen. Allerdings sollte aus den erwähnten Gründen immer eine Einzelfallbetrachtung durchgeführt werden. Das Ergebnis wird an folgendem Beispiel deutlich:

Eine große Anlage mit 100 m Rotordurchmesser und einer Nennleistung von 3,0 MW liefert bei einer typischen mittleren Windgeschwindigkeit im Binnenland von 6,5 m/s in 100 m Höhe etwa 6,5 Mio kWh unter Berücksichtigung der üblichen Verluste. Die Kosten für einen 100 m hohen Stahlrohrturm liegen bei etwa 500 000 €. Für einen Hybridturm mit 140 m Höhe sind etwa 1 Mio € aufzuwenden. Die Kostendifferenz bedrängt somit 500 000 €. Da auch die erhöhten Kosten für das Fundament und die Montage zu berücksichtigen sind, wird dieser Wert mit einem Faktor von 1,2 multipliziert, so daß eine Mehrinvestition von 600 000 € zu finanzieren ist.

Die vermehrte Energielieferung durch den Anstieg der Rotornabenhöhe von 100 auf 140 m beträgt nach der erwähnten Faustformel 28 %, also ca. 1,8 Mio kWh. Mit der Stromvergütung nach dem EEG (2013) von ca. 0,09 € pro Kilowattstunde bedeutet dies einen Mehrerlös von ca. 163 800 € pro Jahr. Damit ist zu erkennen, daß sich die Mehrinvestitionskosten von 600 000 €, bei Berücksichtigung des Zinseffektes, in etwa vier Jahren amortisieren.

Das Ergebnis dieser Überschlagrechnung zeigt auch, daß es kein eigentliches wirtschaftliches Optimum für die Turmhöhe gibt. Gesteht man den Mehrkosten für den höheren

Turm eine längere Amortisationszeit zu, rechnen sich auch noch größere Turmhöhen. In der Praxis sind für die Wahl der Turmhöhe natürlich noch viele andere Gesichtspunkte maßgebend. Montage und Transportprobleme sind ab einer gewissen Höhe sowohl für den Turm selbst als auch für die Windkraftanlage immer schwieriger zu lösen. Außerdem ist die Genehmigungspraxis zu beachten. In vielen Gebieten gibt es Höhenbeschränkungen für Windkraftanlagen, zum Beispiel auf eine Gesamthöhe von 150 m. Bei einem Rotordurchmesser von 100 m wäre damit nur ein Turm mit 100 m Höhe zulässig.

12.10 Fundament

Die Gründung des Domes erfolgt mit einem sog. „Schwerkraftfundament" dessen Masse und räumliche Ausdehnung so groß sein müssen, daß die Standfestigkeit in Hinblick auf die maximalen Kippomente und die sog. „Grundbruchfestigkeit" gewährleistet ist. Die Größe der Windkraftanlage und die Beschaffenheit des Bodens sind somit die maßgebenden Einflüsse. Daneben spielt die Bauart des Turmes eine gewisse Rolle.

12.10.1 Dimensionierende Lasten und Bodenbeschaffenheit

Dem auf die Windkraftanlage einwirkenden Kippmoment wirkt das gegen Moment aus der exzentrischen Schwerpunktverlagerung das Gesamtgewichtes aus Windkraftanlage und Eigengewicht desFundamentes entgegen.

Der erste Lastfall, der geprüft werden muß, ist derjenige mit den höchsten Belastungen während des Betriebs. Das maximale Kippmoment für das Fundament wird im Betrieb vom Rotorschub bestimmt. Dieser ist bei blattverstellgeregelten Anlagen im Nennbetriebspunkt am größten, bei stallgeregelten Anlagen steigt er auch nach Erreichen der Nennleistung noch weiter an (vergl. Kap. 5.3.2). Unter bestimmten Umständen kann auch das Kippmoment aus dem Rotorschub der Windkraftanlage im Stillstand maßgebend sein.

Dabei spielt die Bauart der Windkraftanlage eine Rolle. Stallgeregelte Anlagen verfügen nicht über die Möglichkeit, die Rotorblätter in Fahnenstellung zu drehen, so daß bei dieser Bauart vergleichsweise hohe Stillstandskräfte auftreten können. Diese Tatsache ist für die Dimensionierung und damit für die Kosten des Fundaments von Bedeutung.

Neben den aerodynamisch bedingten Lasten spielen auch Kräfte die mit der Bodenbeschaffenheit zusammenhängen eine Rolle. Je nach Höhe des Grundwasserspiegels oder auch durch in die Fundamentgrube eindringendes Oberflächenwasser ergibt sich ein sog. „Sohlwasserdruck" auf das Fundament. Diese Kraft kann die Standfestigkeit erheblich herabsetzen. Unter bestimmten Bedingungen muß deshalb diese Auftriebskraft berücksichtigt werden. Die erforderlichen Fundamentmasse kann damit erheblich größer werden.

Als Grundlage für den Fundamententwurf wird deshalb immer ein Bodengutachten gefordert. Das aufgrund von Bohrproben am Aufstellort erstellt wird. Wichtig ist die grundsätzliche Beshaffenheit des Bodens „bindiger Boden" (lehmartiger Boden) oder „nichtbindiger Boden" (sandartig). Die ermittelte „Bodensteifigkeit" wird durch Federsteifigkeiten beschrieben.

Der von den Baubehörden geforderten Standsicherheitsnachweis erfolgt in Deutschland in Verbindung mit dem Turm. Turm und Fundament werden als „Bauwerk" eingestuft. Hierfür gelten die Vorschriften des DIBt (vergleiche Kapitel 12.3). In der neuesten Ausgabe aus dem Jahre 2012 sind die Auslegungsvorschriften detailliert beschrieben. Die maximalen Lasten und die daraus resultierende Fundamentauslegung zeigt Bild 12.34 am Beispiel einer Vestas V 66.

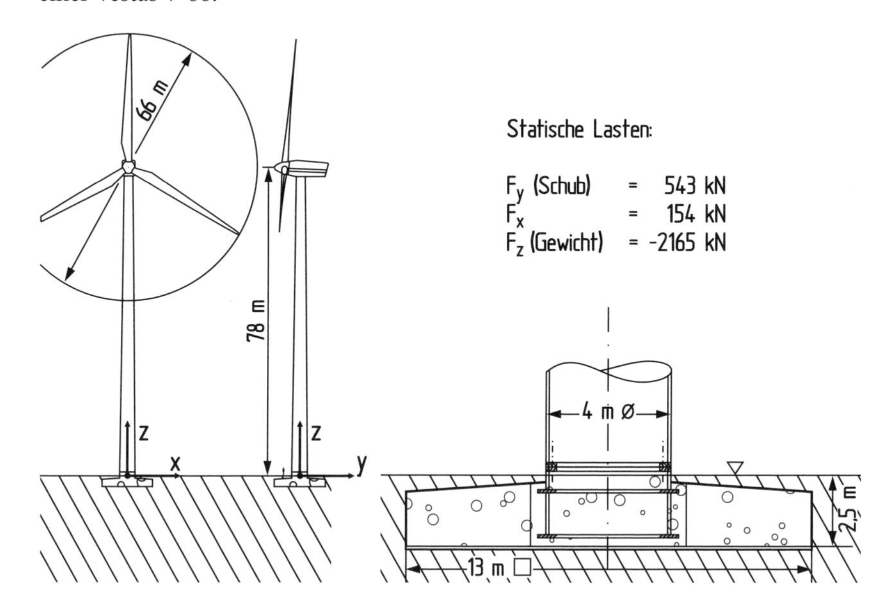

Bild 12.34. Dimensionierende Lasten und Fundamentabmessungen

12.10.2 Fundamentbauarten

Abhängig von den Bodenverhältnissen werden die Fundamente als Flach- oder Tiefgründungen ausgeführt. Entscheidend hierfür ist die Frage, in welcher Tiefe man genügend feste Bodenschichten findet, um die auftretenden Belastungen aufnehmen zu können.

Bei den *Flachgründungen* handelt es sich um kreisrunde oder um recht- oder mehreckige Plattenfundamente. Diese Bauart wird auch als „Standardfundament" bezeichnet. Die Hersteller der Windkraftanlagen geben als Teil ihrer Lieferspezifikationen die Eigenschaften und Anforderungen für diese Standardbauweise vor (Bild 12.35).

Bei der sog. *Tiefgründung* werden die Fundamentplatten mit Pfählen versehen, welche die Lasten bis in tragfähige Bodenschichten ableiten (Bild 12.36). Für diesen Zweck werden sog. „Bohrpfähle" oder vorgefertigte „Rammpfähle" verwendet. Die Tiefgründung der Fundamente ist vor allem im norddeutschen Küstenvorfeld, dem Marschland, erforderlich. Hier liegen die festen Sandschichten des Festlandsockels teilweise erst in einer Tiefe von 20 bis 25 m. Entsprechend lange Pfähle, bei einer mittelgroßen Windkraftanlage bis zu 20 Stück, sind erforderlich, um die Tragfähigkeit des Fundaments zu gewährleisten. Die Kosten der Fundamentierung werden dadurch um 30 bis 50 % erhöht.

Ein weiteres Kriterium, das die Fundamentbauart beeinflußt, ist die Höhe des Grundwasserspiegels im Boden. Bei erhöhtem Sohlwasserdruck sind schwerere Fundamente, sog. *Auftriebsfundamente* erforderlich (vergl. Kap. 19.2.2).

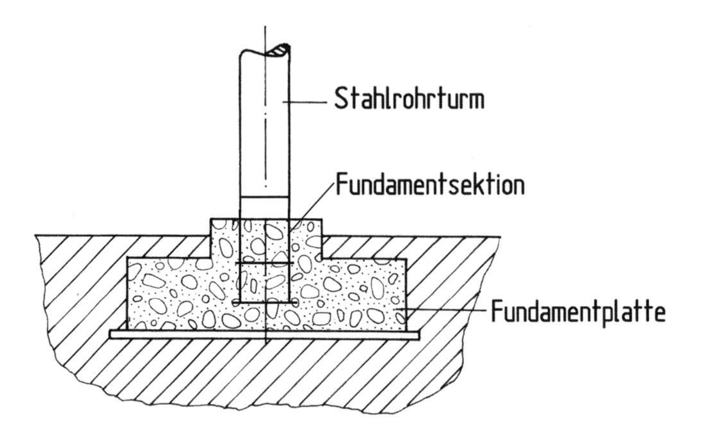

Bild 12.35. Standardfundament

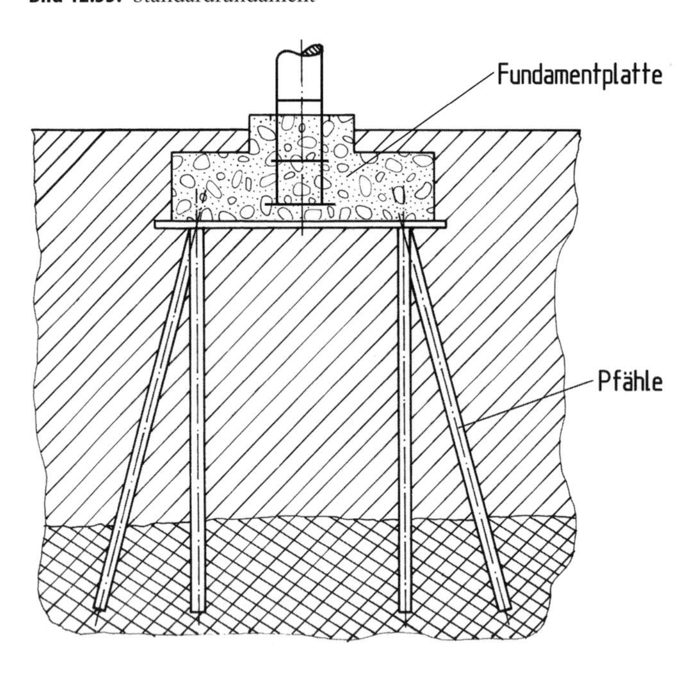

Bild 12.36. Pfahlgründung

12.10.3 Einbindung des Turmes im Fundament

Die Einbindung des Turmes in das Fundament erfordert besondere Sorgfalt. Eine oberflächige Befestigung des Turmflansches auf dem Fundament genügt nicht den gestellten Anforderungen. Die Turmlasten müssen tief in die Struktur des Fundaments eingeleitet werden. Hierfür haben sich zwei Strukturbauteile bewährt, die in den meisten Fällen verwendet werden (Bild 12.37).

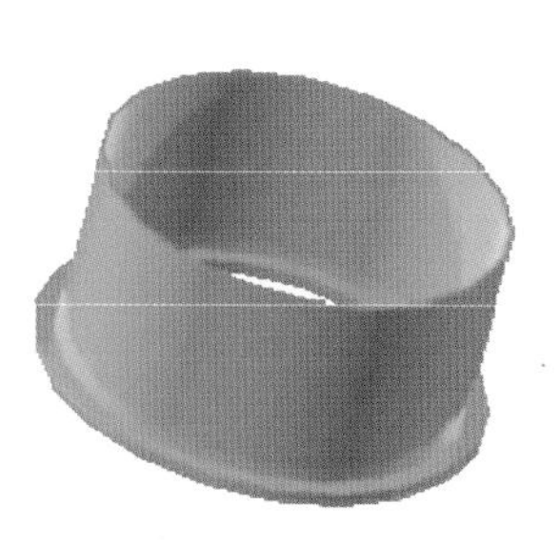

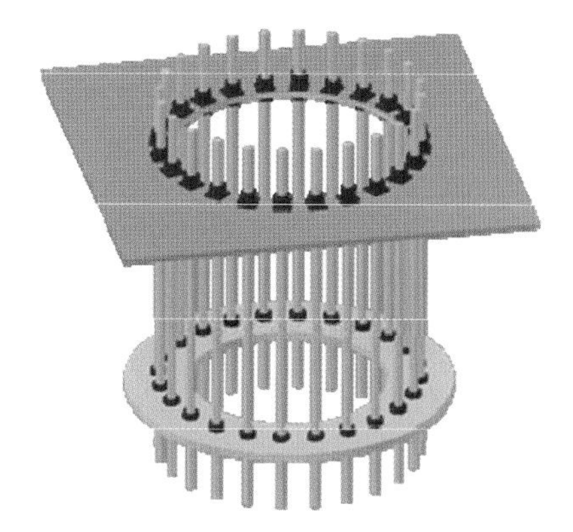

Bild 12.37. Fundamentsektion und Ankerkorb zur Einbindung von Stahlrohrtürmen in das Fundament [7]

Fundamentsektion

Bei Stahlrohrtürmen wird in Verbindung mit der Turmherstellung eine sog. „Fundamentsektion" mitgeliefert. Sie ist praktisch die Verlängerung der unteren Turmsektion in das Fundament hinein. Das ein bis anderthalb Meter lange Rohrstück wird vollständig in das Fundament einbetoniert. Der Fußflansch des Turmes wird auf dem Gegenflansch der Fundamentsektion verschraubt.

Ankerkorb

Eine leichtere und damit möglicherweise preisgünstigere Alternative zu der kompakten Fundamentsektion ist ein so genannter „Ankerkorb". Die Ankerstreben zwischen den Flanschen werden gegen den erhärtenden Beton vorgespannt.

Die Einbindung der Fundamentsektion beziehungsweise des Ankerkobs erfordert besondere Aufmerksamkeit. Um ein Schiefstehen des Turms zu vermeiden, muß der Flansch der Fundamentsektion mit einer sehr geringen Toleranz horizontal und plan liegen. Bei einer Windkraftanlage der 500-kW-Klasse, mit einem Durchmesser des Fundamentflansches von ca. 3,6 m, liegt die zulässige Abweichung von der Horizontalen im Bereich von ± 2 mm.

Bodensteifigkeit

Es liegt auf der Hand, daß die *Bodensteifigkeit,* besser gesagt die *Einspannsteifigkeit* des Turmes im Boden, einen Einfluß auf die Eigenfrequenz hat. Der Einfluß ist bei festen Böden gering und kann in erster Näherung vernachlässigt werden. Bei sehr lockeren Böden ist dies jedoch nicht in jedem Fall gegeben. Bild 12.38 zeigt anhand eines Beispiels mit einer einfachen Fundamentplatte, in welcher Größenordnung eine Abminderung der ersten Biegeeigenfrequenz des Systems zu erwarten ist.

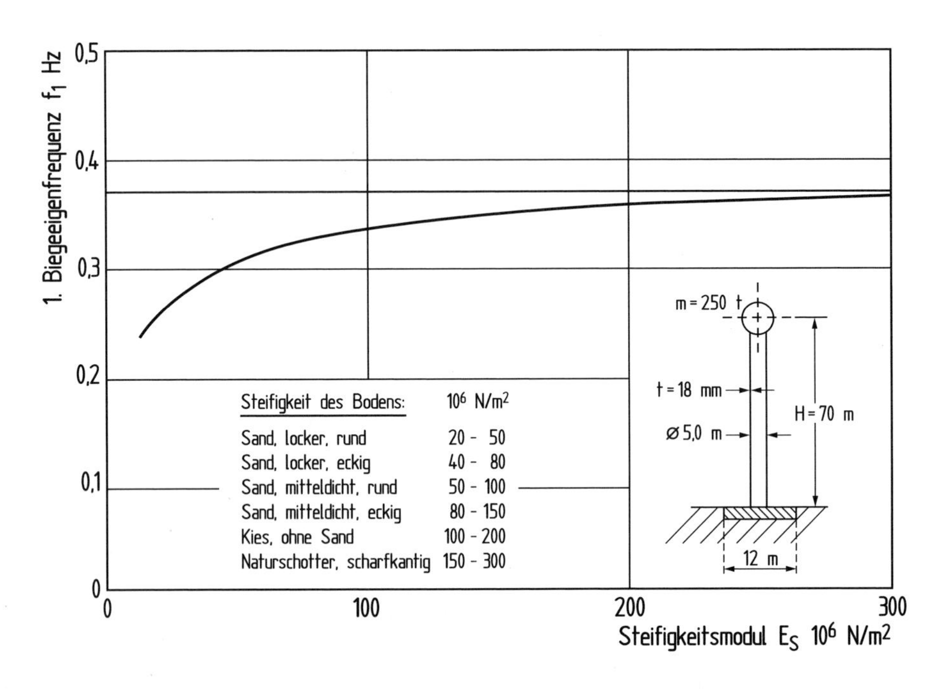

Bild 12.38. Einfluß der Bodensteifigkeit auf die erste Biegeeigenfrequenz einer Turmkonfiguration

12.10.4 Typische Ausführungsbeispiele

Der Bau des Fundaments des beginnt mit dem Aushub der Fundamentgrube. Danach wird die sogenannte „Sauberkeitsschicht" eingebracht. Sie besteht aus einer etwa 50 cm dicken und verdichteten Kiesschicht. In der üblichen Art wird eine Verschalung in die Baugrube eingebracht und Stahlarmierung vor dem Gießen der Betonmasse geflochten. Gleichzeitig werden auch die Turmsektion bzw. der Ankerkorb eingebracht.

Der Beton für das Fundament muss einer bestimmten Festigkeitsklasse entsprechen. In der Anfangszeit begnügte man sich mit „normalen" Bauqualitäten, zum Beispiel der Klasse B 25 (alte Norm). Heute werden höhere Ansprüche gestellt und Festigkeitsklassen von C 30/37 gefordert. Außerdem haben Erfahrungen der Vergangenheit gezeigt, daß unter gewissen Bedingungen Risse im Fundament auftreten können. Das eindringende Wasser verursacht dann erhebliche Schäden. Um dieser Gefahr zu begegnen, werden heute die Fundamente mit speziellen Kunststoffmassen, insbesondere an der Oberfläche, sorgfältig abgedichtet.

Die Bauart für Stahlrohr- und Betonfertigteil-Türme ist etwas unterschiedlich. Das typische Standardfundament für eine Windkraftanlage mit Stahlrohrturm zeigt Bild 12.39. Bei den vorgespannten Fertigteiltürmen werden die Spannelemente im Fundament so befestigt, daß ein Nachspannen möglich ist (Bild 12.40). Die Fundamentbauarbeiten für eine große Windkraftanlage erfordern bei geeigneten Wetterbedingungen eine Bauzeit von etwa einer Woche zuzüglich einer Aushärtungszeit von ein bis zwei Wochen (Bild 12.41).

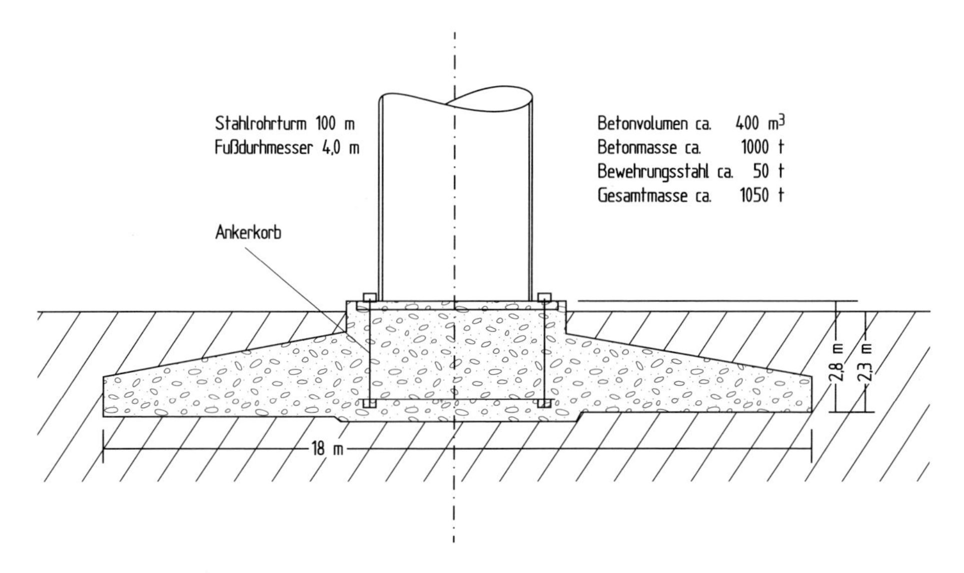

Bild 12.39. Typisches Standardfundament für eine 3 MW Windkraftanlage mit Stahlrohrturm von 100 m Höhe

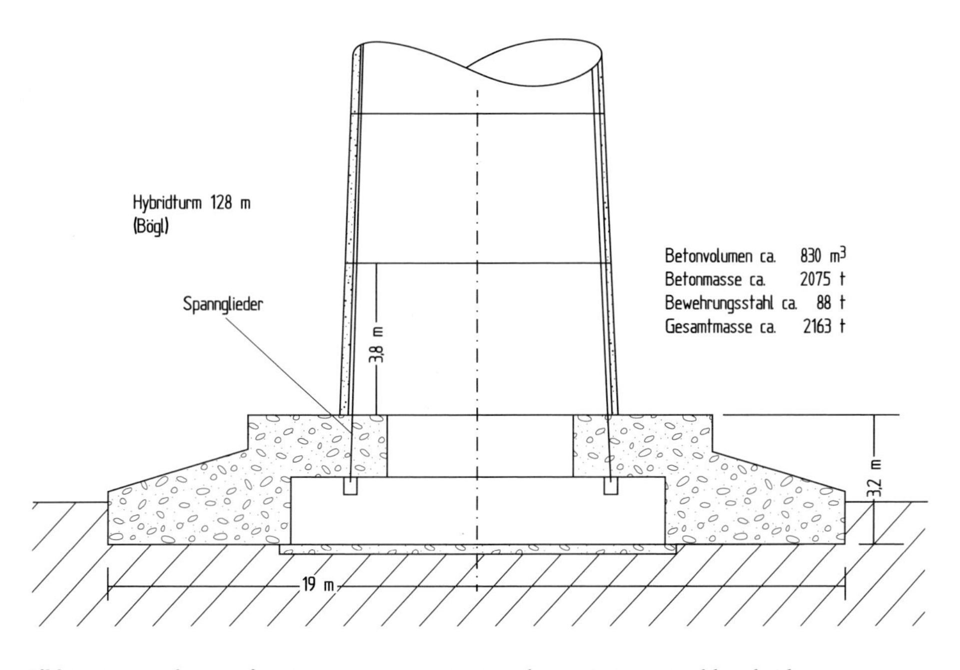

Bild 12.40. Fundament für eine Repower 3,4 MW Anlage mit Beton/Stahl Hybridturm von 120 m Höhe (Bögl)

Bild 12.41. Fundamentbau für eine Windkraftanlage

Literatur

1. MOD-2 Wind Turbine System Concept and Preliminary Design Report. DOE/NASA CR-159 609, 1979
2. Deutsches Institut für Bautechnik (DIBt): Richtlinie für Windenergieanlagen, Einwirkungen und Standsicherheitsnachweis für Turm und Gründung, 2012, Berlin
3. Hau, E.; Harrison, R.; Snel, H.: Next Generation of Large Wind Turbines, Final Report, EC-Contract JOUR-0011-D(AM), 1991
4. Sinning, F.: „Fachwerktürme für Windkraftanlagen die bessere Wahl", im Auftrag von SeeBA-Energiesysteme GmbH, Stemwede, 2001
5. Hölscher, N.: Erfolgreiche Serienproduktion von Fertigtürmen in Magdeburg, Windblatt (Enercon), 3/2001
6. Fual, F.; Sherman, D.; Werner, R.: Spun, Prestressed Concrete Pole-Mast, Present and Future, Concrete International Nov. 1992
7. Svenson, Henrik: Design of Foundations for Wind Turbines, Masters Dissertation, LUND University, Sweden, 2010

Kapitel 13

Windverhältnisse

Winddaten wurden in der Vergangenheit fast ausschließlich unter meteorologischen Gesichtspunkten gemessen und ausgewertet. Diese älteren Daten sind jedoch mit Blick auf die technische Nutzung des Windes durch Windkraftanlagen nicht ausreichend. Sie sagen nur wenig über die Eigenschaften des Windes in Höhen bis zu 150 m aus, insbesondere über die Zunahme der Windgeschwindigkeit mit der Höhe, oder die lokalen Windverhältnisse eines speziellen Geländes aus. Erst seit etwa dreißig Jahren werden umfassende Windmessungen unter den besonderen Gesichtspunkten des Einsatzes von Windkraftanlagen vorgenommen. Mittlerweile stehen in den Ländern, in denen die Windenergienutzung verbreitet ist, flächendeckende Winddaten zur Verfügung. Außerdem bildet die langfristige Auswertung der Energielieferung von existierenden Windkraftanlagen eine zusätzliche Datenbasis.

Ungeachtet dessen bleibt die Ermittlung der Windverhältnisse am vorgesehenen Aufstellort der Windkraftanlagen eine wichtige Aufgabe, die nicht mit den zur Verfügung stehenden großräumigen Windkarten alleine gelöst werden kann. Die Beschaffung zuverlässiger Winddaten muß deshalb am Anfang jeder Einsatzplanung stehen. Da nicht in jedem Fall neue, langfristige Messungen durchgeführt werden können, ist die kritische Überprüfung der vorliegenden Daten die erste Aufgabe. Danach wird man mit Hilfe der zur Verfügung stehenden halbempirischen Methoden ein sog. *Windgutachten* erstellen lassen.

Darüber hinaus sollte auch nicht der Wert mündlicher Informationen der am Standort beheimateten Bewohner und natürlicher Indikatoren unterschätzt werden. Deutlich schief wachsende Bäume sind zum Beispiel ein zuverlässiges Kriterium für hohe Windgeschwindigkeiten. Neben der Ermittlung der durchschnittlichen Windgeschwindigkeit, ist die Kenntnis bestimmter Eigenschaften des Windes und einiger seiner für die technische Nutzung wichtigen Gesetzmäßigkeiten für die erfolgreiche Planung von Windenergieprojekten unverzichtbar.

13.1 Ursachen des Windes und und Energieinhalt

Die Bewegung von Luftmassen in der Atmosphäre wird als Wind wahrgenommen und hat verschiedene Ursachen. Die erste und wichtigste Ursache ist die Erwärmung der Erde durch die Sonne. Die Windenergienutzung ist deshalb eine indirekte Form der Sonnenenergienutzung. Die Sonnenstrahlung wird von der Erdoberfläche absorbiert und dann in die darüberliegende Atmosphäre zurückgegeben. Da die Erdoberfläche nicht homogen ist (Land, Wasser, Wüste, Wald usw.) variiert die Absorption der Sonnenenergie sowohl hinsichtlich der geographischen Verteilung, als auch in bezug auf die Tages- und die Jahreszeit. Diese ungleichförmige Wärmeabsorption verursacht starke Unterschiede in der Atmosphäre, in bezug auf die Temperatur, die Dichte und den Druck, so daß die dadurch entstehenden Kräfte die Luftmassen von einem Ort zum anderen in Bewegung setzen. Vor allen Dingen absorbieren die tropischen Gebiete auf der Erde während des Jahres viel mehr Sonnenenergie als die Polarregionen. Da hierdurch die tropischen Gebiete immer wärmer und die Polargebiete immer kälter werden, gibt es eine starke Konvektionsströmung zwischen diesen Gebieten.

Nach der ungleichförmigen Erwärmung der Erdatmosphäre durch die Sonne ist die Rotation der Erde die zweite wichtige Ursache für den Wind. Die Erdrotation übt eine zweifache Wirkung auf die Windverhältnisse aus. Zum einen lenken die durch die Rotation entstehenden sog. *Coriolis-Kräfte* die Luftmassen in der nördlichen Hemisphäre nach rechts ab (in Strömungsrichtung gesehen) und auf der südlichen Halbkugel nach links. Der Vorgang verursacht die bekannten spiralförmigen Luftausgleichsbewegungen, wie sie aus den Wolkenbildern der Tiefdruckgebiete bekannt sind. In größerer Höhe bewegt sich die Luft auf den Linien gleichen Druckes (*Isobaren*). Diese Luftmassenbewegung in einer Höhe über etwa 100–2000 m, je nach dem vorherrschenden Bedingungen, wird als *geostrophischer Wind* bezeichnet.

Der zweite Effekt der Erdrotation wird in mittlerer Höhe wirksam. Jedes Luftteilchen hat einen Rotationsimpuls, der von West nach Ost gerichtet ist. Wenn das Teilchen sich in Richtung der Pole bewegt, kommt es näher zur Rotationsachse der Erde. Die Impulserhaltung verursacht mit zunehmender Annäherung an die Pole als Ausgleich eine Zunahme der Geschwindigkeitskomponente von West nach Ost. Dieser Effekt ist in der Nähe des Äquators kleiner und verursacht die sog. *Westdrift,* die der globalen Windrichtung entgegengesetzt ist (Bild 13.1).

In Bodennähe bewirkt die Oberflächenreibung eine Abnahme der Windgeschwindigkeit, damit verringert sich auch die Wirkung der Corioliskräfte. Deshalb ist die Windrichtung in Bodennähe in den europäischen Breiten um ca. 30 °C weniger abgelenkt als der geostrophische Wind. Über See, wo die Reibung wegen der relativ glatten Oberfläche geringer ist, beträgt der Richtungsunterschied zum geostrophischen Wind nur etwa 10 °C. Da der Ausgleich zwischen den unterschiedlichen Druckgebieten hauptsächlich durch den abgelenkten Wind in Bodennähe stattfindet, haben zum Beispiel die Tiefdruckgebiete über der See länger Bestand und sind auch von höheren Windgeschwindigkeiten begleitet.

Neben diesen globalen Luftausgleichsbewegungen in der Atmosphäre werden die bodennahen Windströmungen auch durch kleinräumige topographische Gegebenheiten beeinflußt. Zum Beispiel werden der Sonne zugewandte Berghänge schneller erwärmt. Große zusammenhängende Waldgebiete unterscheiden sich in der Erwärmung und Abkühlung von nahe gelegenen Wasserflächen. Speziell geformte Taleinschnitte, die in Hauptwindrichtung liegen, können düsenähnliche Wirkungen hervorrufen, welche die Windgeschwindigkeit lokal beschleunigen. Diese Effekte sind durchaus von Bedeutung für die lokalen

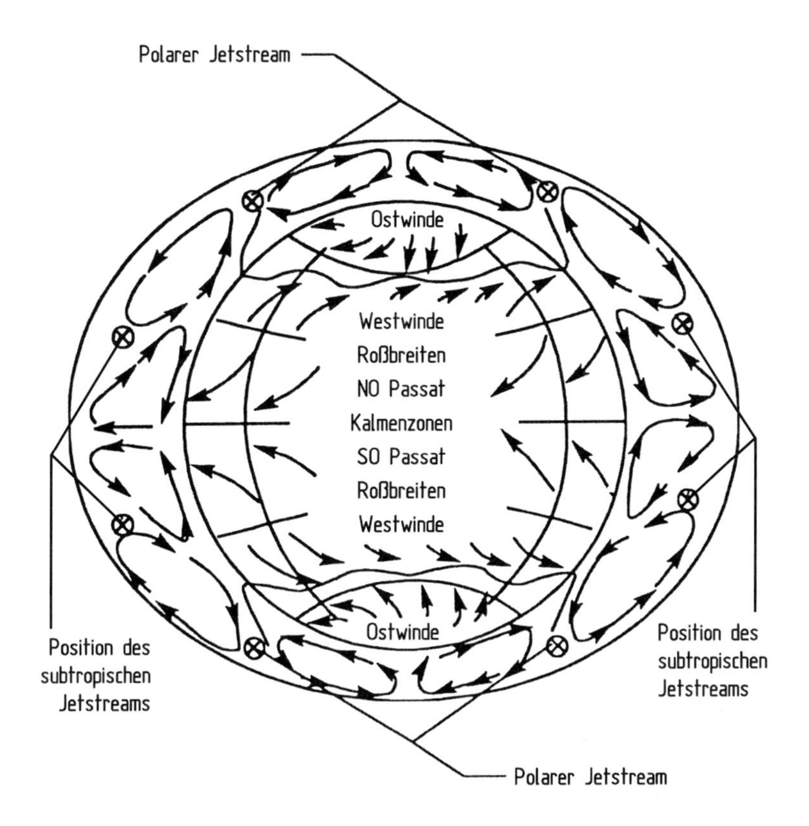

Bild 13.1. Globale Windströmungen [1]

Windverhältnisse; sie müssen bei der Standortauswahl von Windkraftanlagen berücksichtigt werden und können auch vorteilhaft ausgenutzt werden.

Die von der Erdatmosphäre jährlich aufgefangene Sonnenenergie von $1{,}5 \times 10^{18}$ kWh wird nur zu etwa 2 % in Bewegungsenergie der Lufthülle umgesetzt. Dennoch resultiert daraus eine rechnerische Leistung des Windes von rund 4×10^{12} kW. Das ist hundertmal mehr als die gesamte auf der Erde installierte Kraftwerksleistung. Nun sagen solche Zahlenwerte so gut wie nichts über das technisch nutzbare Potential aus. Schon allein deshalb, weil die durchschnittlichen Windgeschwindigkeiten sehr ungleichmäßig über die Erde verteilt auftreten. Über den offenen Meeren sind die Windgeschwindigkeiten bekannterweise am höchsten, während sie über den Landflächen schnell abnehmen. Außerdem ist die Windenergienutzung — zumindest mit der heute verfügbaren Technik — nur in der untersten Schicht der Atmoshäre bis zu einer Höhe von vielleicht 200 m denkbar.

Im Hinblick auf die Nutzung durch Windkraftanlagen wird die reale Windgeschwindigkeit als stetige Windgeschwindigkeit in einem längeren Zeitraum (mittlere Windgeschwindigkeit) mit sich überlagernden Fluktuationen (Windturbulenz) betrachtet. Die Windkarten zeigen die räumliche Verteilung des langfristigen Mittelwerts der Windgeschwindigkeit (mittlere Jahreswindgeschwindigkeit) an.

Die aus dem Wind entnehmbare Leistung steigt mit der dritten Potenz der Windgeschwindigkeit

$$P_W = \frac{1}{2}\varrho \cdot F \cdot v_W^3 \qquad (W)$$

mit:

ϱ = Luftdichte bei Normalatmosphäre (1,23 kg/m³)
v_W = Windgeschwindigkeit (m/s)
F = Bezugsfläche (Durchströmfläche) (m²)

Der Leistungsfluß pro Flächeneinheit, zum Beispiel pro Quadratmeter Rotorkreisfläche, wird auch als Windleistungsdichte (wind power density) bezeichnet, ist:

$$P_{spez} = \frac{1}{2}\varrho \cdot v_W^3 \qquad (W/m^2)$$

Die mit dieser Windleistung pro Jahr erzielbare Energiemenge erhält man durch Integration der dritten Potenz der Windgeschwindigkeit zu bestimmten Zeiten über ein Jahr:

$$E = \frac{1}{2}\varrho \frac{1}{8760} \int_{\text{Jahr}} v_W^3 dt$$

Die Zeitabschnitte können aus einer gemessenen Verteilungsfunktion entnommen werden:

$$E = \frac{1}{2}\varrho \cdot v_W^3 f(v_W)$$

Hierbei ist $f(v_W)$ die Windhäufigkeitsverteilung, in der Regel eine Weibullfunktion. Statt der mathematischen Weibullverteilung kann man auch den Mittelwert aus den dritten Potenzen der Windgeschwindigkeiten in den einzelnen Abschnitten einsetzen (nicht die dritte Potenz der mittleren Jahreswindgeschwindigkeit!) (vergl. Kap. 14.5.1).

13.2 Globale Verteilung der mittleren Windgeschwindigkeiten

Die herausragendste Eigenschaft des Windes ist eine große Variabilität, sowohl in geographischer wie auch in zeitlicher Hinsicht. Der Eindruck wird auch dadurch verstärkt, weil der Energieinhalt des Windes mit der dritten Potenz der Windgeschwindigkeit steigt. Für die globalen Windverhältnisse sind in erster Linie die Klimazonen verantwortlich. Aber auch innerhalb eines klimatischen Bereiches ist die Variabilität beträchtlich. Die Unterschiede zwischen Land und offener See, aber auch Unterschiede, durch die Topographie an Land bis hin zur vorherrschenden Vegetation bedingt sind, spielen eine Rolle.

Eine sehr umfassende Darstellung der globalen Windverhältnisse wurde in den letzten Jahren von der Stanford Universität in den USA veröffentlicht [2]. In dieser Untersuchung wurden die Daten von 7753 landbasierten Stationen und 446 Radarmessstationen ausgewertet. Die Windgeschwindigkeiten in einer Höhe von 80 m und wurden mit den üblichen Ansätzen, der logarithmischen Höhenformel und dem Potenzansatz nach Hellmann, angepasst an die entsprechenden Verhältnisse, berechnet. Der Untersuchungszeitraum erstreckte sich von 1998 bis 2002. Der Mittelwert entsprach dem Jahr 2000, das weltweit als durchschnittliches Windjahr angesehen wurde. Die Windgeschwindigkeiten sind, wie in den USA üblich, als „wind power density classes" dargestellt (Tabelle 13.2). Die technische Nutzbarkeit wird uneingeschränkt ab Klasse 3 angenommen, in der Klasse 2 dagegen nur an einzelnen herausragenden Standorten, während die Klasse 1 als generell ungeeignet angesehen wird. Die Bilder 13.3 bis 13.9 zeigen die Verteilung der mittleren Windgeschwindigkeit in der berechneten Höhe von 80 m für die einzelnen Kontinente und Regionen.

Tabelle 13.2. Windleistungsklassen (wind power density classes) nach [2]

Wind power class	Annual average wind power density (W/m²)		Equivalent mean wind speed (m/s)		
	10 m elevation	50 m elevation	10 m elevation	50 m elevation	80 m elevation
1	0 - 100	0 - 200	0.0 - 4.4	0.0 - 5.6	< 5.9
2	100 - 150	200 - 300	4.4 - 5.1	5.6 - 6.4	5.9 - 6.9
3	150 - 200	300 - 400	5.1 - 5.6	6.4 - 7.0	6.9 - 7.5
4	200 - 250	400 - 500	5.6 - 6.0	7.0 - 7.5	7.5 - 8.1
5	250 - 300	500 - 600	6.0 - 6.4	7.5 - 8.0	8.1 - 8.6
6	300 - 400	600 - 800	6.4 - 7.0	8.0 - 8.8	8.6 - 9.4
7	400 - 1000	800 - 2000	7.0 - 9.4	8.8 - 11.9	> 9.4

Weltweites Potential

Der globale Mittelwert der Windgeschwindigkeit in 80 m Höhe wird mit 4,6 m/s angegeben. Aus diesem Wert wird das weltweite Windenergiepotential abgeleitet, wobei nur die Windgeschwindigkeitsklassen 3 und höher berücksichtigt wurden. Der berechnete Wert beträgt 72 TW. Wenn davon nur 20 % genutzt werden könnten, würde der Weltenergiebedarf gedeckt werden. Im Hinblick auf die Erzeugung von elektrischer Energie bedeutet das den siebenfachen Wert (Bild 13.3).

Nordamerika

In Nordamerika konzentrieren sich die windreichsten Gebiete an den Küsten im Nordwesten und Nordosten. Aber auch in ausgedehnten Gebieten im Binnenland der USA gibt es relativ hohe durchschnittliche Windgeschwindigkeiten. Sie erstrecken sich von den großen Ebenen im Süden, in Texas, bis nach Nebraska im Norden. In Kanada sind es Gebiete im Osten von Vancouver und die Küste von Labrador im Westen, die im letzteren Fall sogar Windgeschwindigkeiten bis zur Klasse 7 aufweisen (Bild 13.4).

Südamerika

Auf dem südamerikanischen Subkontinent findet man hohe durchschnittliche Windgeschwindigkeiten vorwiegend an der Ostküste in Chile und im äußersten Süden, sowie in der karibischen Region. Im Binnenland herrschenden in den großen Ebenen in Brasilien

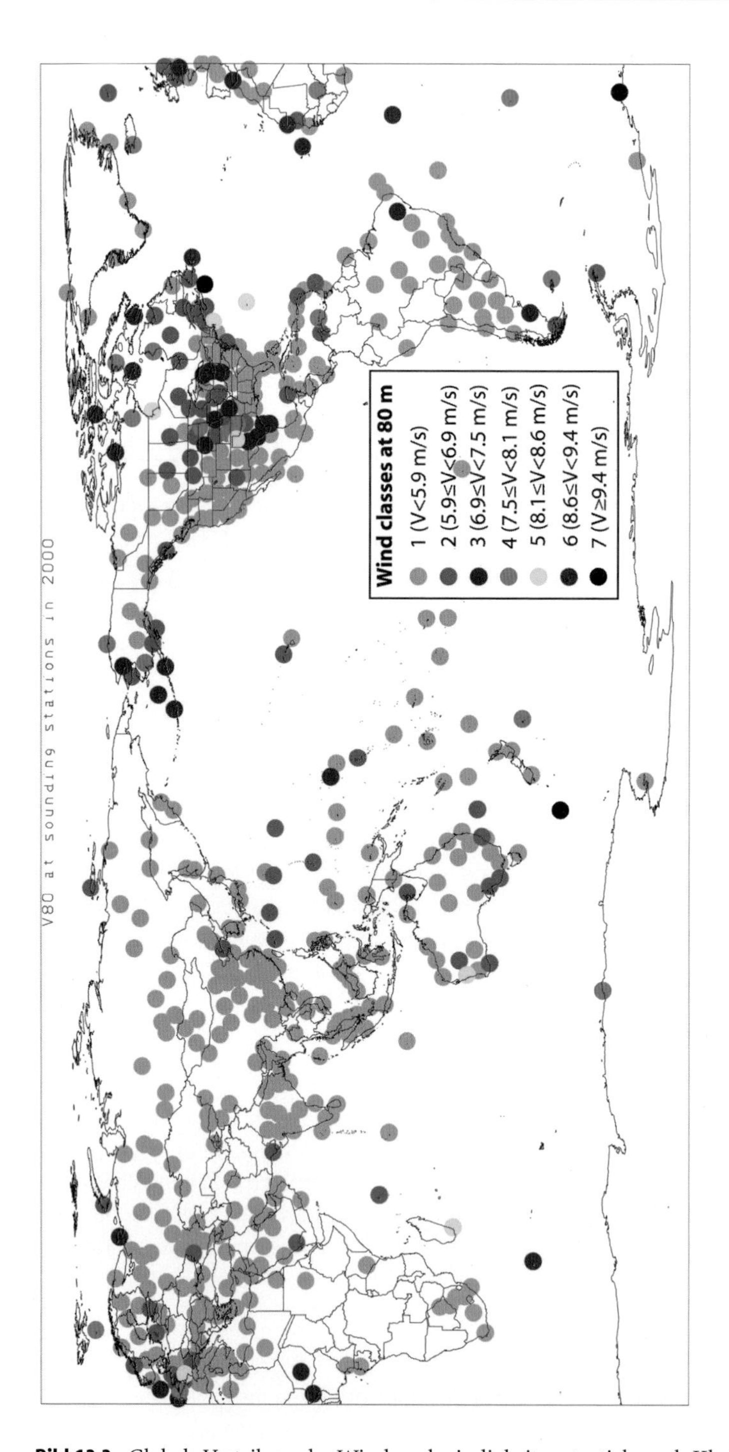

Bild 13.3. Globale Verteilung des Windgeschwindigkeitspotentials nach Klassen in 80 m Höhe [2]

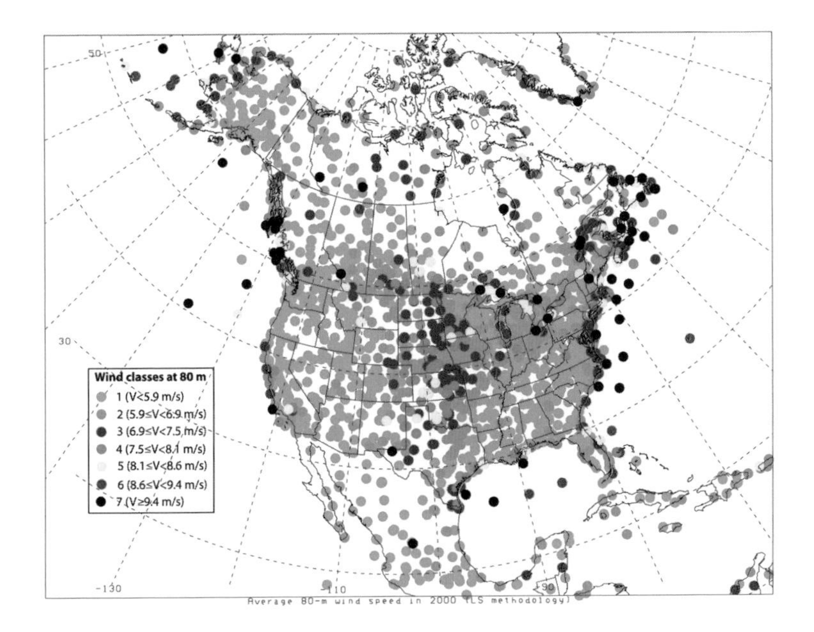

Bild 13.4. Nordamerika [2]

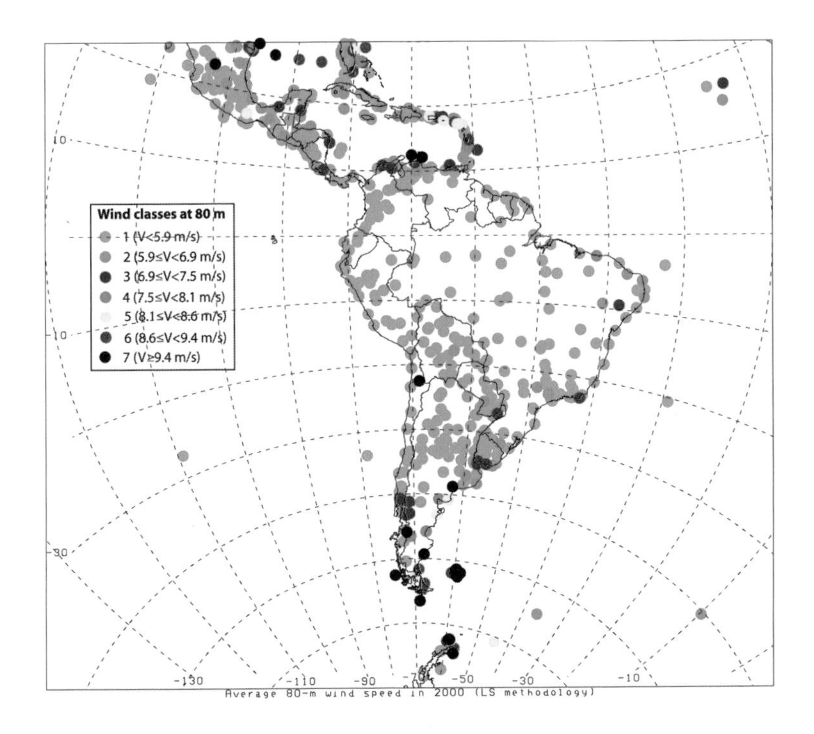

Bild 13.5. Südamerika [2]

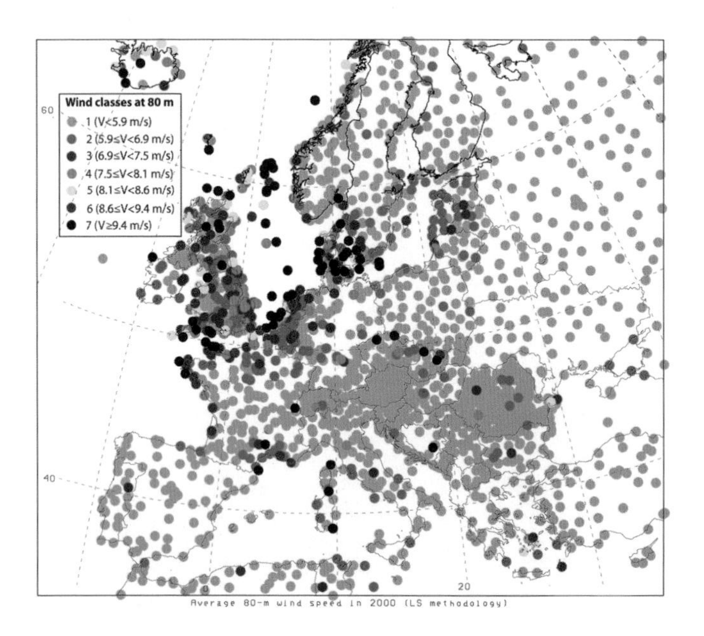

Bild 13.6. Europa [2]

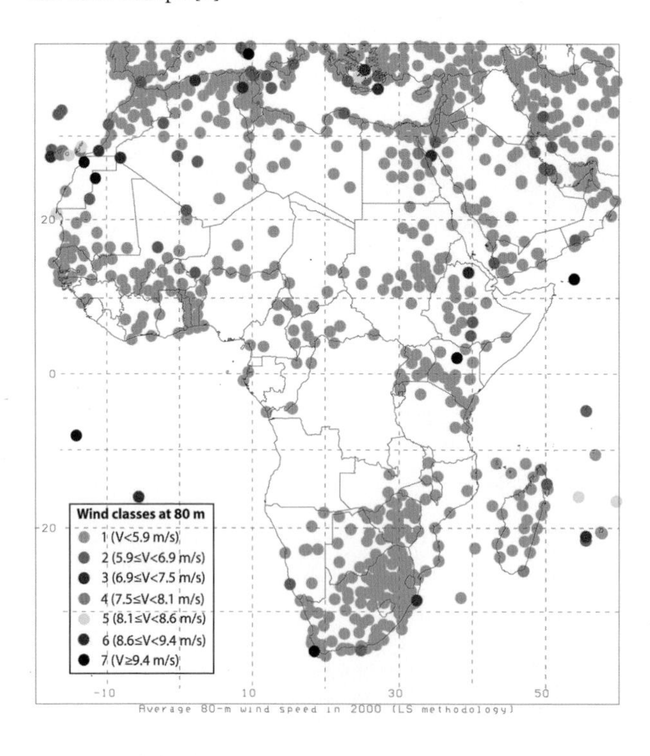

Bild 13.7. Afrika [2]

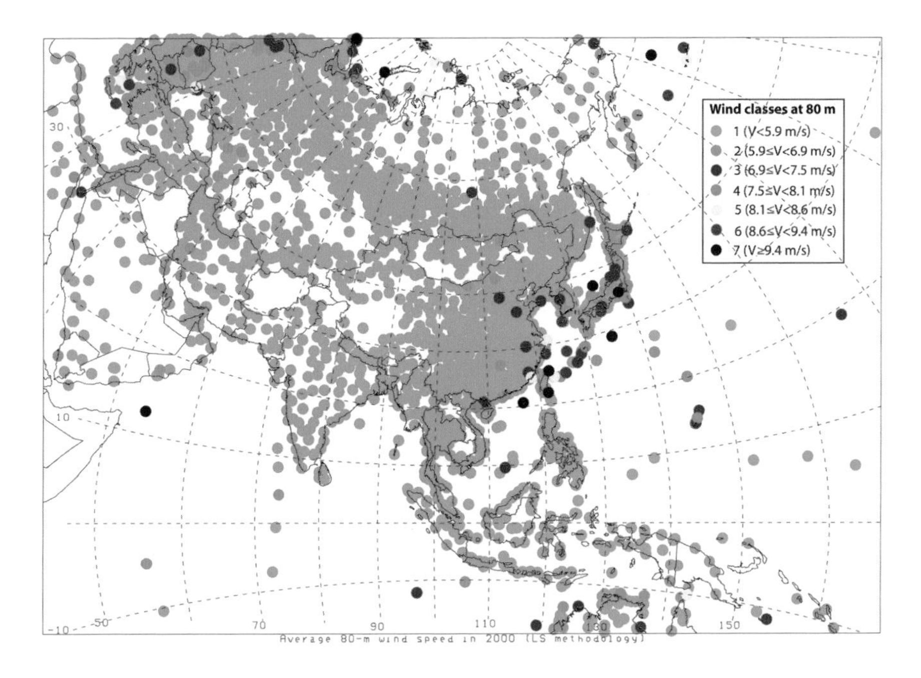

Bild 13.8. Asien [2]

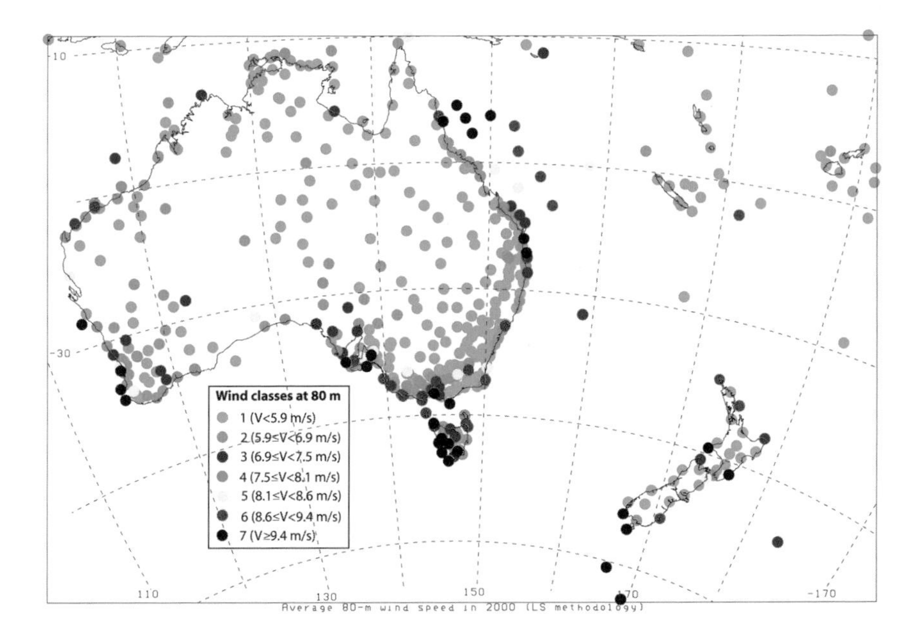

Bild 13.9. Australien [2]

und im Norden von Argentinien relativ hohe Windgeschwindigkeiten, so daß auch diese Gebiete für die Windenergienutzung interessant sind (Bild 13.5).

Europa

Durch die hohe Diversität der Regionen in dem stark gegliederten europäischen Subkontinent sind auch die meteorologischen Bedingungen sehr unterschiedlich (Bild 13.6).

Im Norden bestimmen die wandernden Hoch- und Tiefdruckgebiete das Wettergeschehen und damit auch die Windgeschwindigkeiten. Die durchschnittlichen Windgeschwindigkeiten sind in dieser Region am höchsten. Bei den britischen Inseln,an der irischen Küste sowie im Norden von Skandinavien erreichten die Windverhältnisse die höchste Klasse 7 mit Jahresdurchschnittswerten von 9 bis 10 m/s in 80 m Höhe.

Im Mittelmeerraum werden die Windverhältnisse vorwiegend durch thermische Effekte zwischen Atlantik und Mittelmeer bestimmt. Hohe Windgeschwindigkeiten gibt es vor allem im östlichen Mittelmeerraum auf den zahlreichen Inseln.

In den europäischen Binnenländern, von der tschechischen Republik bis zum westlichen Russland, gibt es in den ausgedehnter Ebenen, zum Beispiel in der Ukraine, Gebiete mit höheren Windgeschwindigkeiten, die für die technische Nutzung infrage kommen.

Afrika

Ähnlich wie Südamerika ist auch der afrikanische Kontinent keine Regionen mit hohen Windgeschwindigkeiten. In einigen Gebieten in Nordafrika, im Süden und auf einigen vorgelagerten Inseln sind für die Windenergienutzung von Interesse (Bild 13.7).

Asien

Bemerkenswerterweise gibt es in Asien vom Iran im Westen bis nach China im Osten nur in sehr beschränktem Maße Gebiete mit hohen Windgeschwindigkeiten. Die Windverhältnisse bieten deshalb nur in einigen Gebieten in Indien, an der südwestlichen Küste von China und auf den japanischen Inseln gute Voraussetzungen für die Windenergienutzung (Bild 13.8).

Australien

In Australien konzentrieren sich die Gebiete mit hohen Windgeschwindigkeiten auf die nördlichen und süd-östlichen Küstenbereiche. Im Binnenland kommen nur relativ wenige ausgezeichnete Regionen in Frage (Bild 13.9).

Offshore

In der zitierten Stanford-Studie wird die durchschnittliche globale Windgeschwindigkeit über der offenen See mit 8,6 m/s in 80 m Höhe angegeben. Im Vergleich zur globalen mittleren Windgeschwindigkeit über Land von 4,6 m ist diese Tatsache allein Grund genug um auf die Offshore-Windenergienutzung große Hoffnungen zu setzen. Bild 13.10 zeigt wie sich die Windgeschwindigkeiten über die großen Ozeane verteilen. Bemerkenswert sind die Unterschiede zwischen Sommer und Winter. Im Winter treten die hohen Windgeschwindigkeiten in der nördlichen Hemisphäre auf, insbesondere im Nordatlantik und nördlichen Pazifik. Diese Regionen sind deshalb besonders interessant für die Windenergienutzung. In den Sommermonaten werden die Windgeschwindigkeiten in der südlichen Hemisphäre höher. Dieser Bereich ist jedoch aus mehreren Gründen, vor allem wegen der fehlenden größeren Stromverbraucher, zumindest unter den heutigen Bedingungen, für die Windenergienutzung nur von begrenztem Interesse.

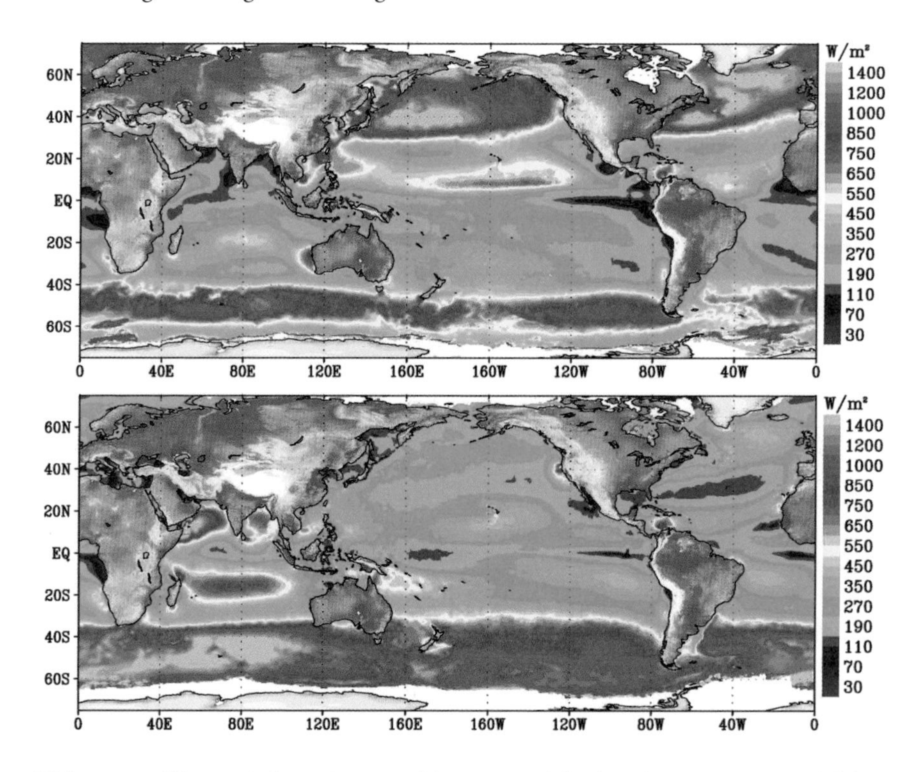

Bild 13.10. Offshore Windenergiepotential im Sommer(oben) und im Winter (unten) [3]

Auf der anderen Seite sind derartige globale Daten wenig hilfreich für die konkrete Einsatzplanung. Auch im Offshorebereich gibt es beträchtliche Unterschiede, insbesondere spielt die Entfernung von der Küste eine Rolle. Im küstennahen Bereich werden die globalen Windgeschwindigkeitswerte der offenen See nicht erreicht. In weiterer Entfernung von der Küste nehmen aber die technischen Schwierigkeiten und damit auch die Kosten der Windenergienutzung sehr stark zu (vergl. Kap. 17.4.1).

13.3 Windverhältnisse in Europa und in Deutschland

Die Windverhältnisse in Europa variieren wie das allgemeine Klima vom maritim geprägten Klima in Nordeuropa und den britischen Inseln über das Kontinentalklima in Mittel-

und Osteuropa bis zum mediterranen Klima im Mittelmeerraum. Mit dem speziellen Bezug auf die Windverhältnisse sind zwei unterschiedliche Bereiche vorhanden:

- der nördliche Bereich mit den ausgeprägten, von West nach Ost wandernden maritimen Tiefdruckgebieten
- das Gebiet in Südeuropa, das nur teilweise von den wandernden Tiefdrucken erfaßt wird und stark im Einflußbereich der thermisch bedingten Windströmungen des Mittelmeerraums liegt.

Mit Blick auf die energetische Nutzung der Windgeschwindigkeit wurde in den letzten Jahren vom dänischen Forschungszentrum in Risø mit Unterstützung der Europäischen Kommission der *Europäische Windatlas* entwickelt [4]. Er beruht auf der Auswertung der Daten von ursprünglich über 200 Meßstationen und einem speziell entwickelten Rechenverfahren, mit dessen Hilfe das *regionale Windklima* in einem bestimmten Gebiet ermittelt wird. Die regionalen Winddaten werden von den örtlichen „Besonderheiten" (Windhindernissen wie Gebäuden usw., Bodenrauhigkeit und Orographie) bereinigt und als in der „Region" herrschende Windverhältnisse angegeben. Aus diesen regional gültigen Winddaten können die lokalen Winddaten an einem speziellen Aufstellort ermittelt werden (vergl. Kap. 13.6.3).

Die Windkarten des europäischen Windatlasses zeigen die mittlere Jahreswindgeschwindigkeit in 50 m Höhe, aufgeteilt in fünf Zonen. Außerdem werden die Daten für fünf Rauhigkeitsklassen, vom „offenen Meer" bis zu „geschütztem Gelände" angegeben. Der Windatlas gibt darüber hinaus den mittleren spezifischen Jahresenergieinhalt in Watt pro Quadratmeter durchströmter Rotorfläche an (Bild 13.11).

In Deutschland werden die Windverhältnisse im Norden durch den Zug der maritimen Tiefdruckgebiete geprägt. Weiter im Binnenland spielen topographische Gegebenheiten, insbesondere die Höhenlage, eine entscheidende Rolle (Bild 13.12). In der vordersten Küstenlinie an der Nordsee und den vorgelagerten Inseln liegt der Jahresdurchschnitt in 10 m Höhe zwischen 6 und 6,5 m/s. Einige Kilometer landeinwärts verringert sich die mittlere Windgeschwindigkeit auf etwa 5 m/s. Insgesamt gesehen ergibt sich somit ein flächenmäßig ausgedehntes Gebiet mit einer Jahreswindgeschwindigkeit von mehr als 5 m/s. Im Bereich der Ostseeküste sind die Windgeschwindigkeiten generell etwas geringer, sie erreichen aber in vielen Gebieten Werte von deutlich über 5 m/s und sind damit für die Windenergienutzung interessant. Über der See, im Offshore-Bereich, steigen die durchschnittlichen Windgeschwindigkeiten noch erheblich an. Sie erreichen in der Deutschen Bucht, aber auch in der Ostsee, Jahresmittelwerte bis zu 8 m/s in 10 m Höhe.

Die Windverhältnisse im Binnenland, das heißt in einer Entfernung von mehr als fünf Kilometern von der Küste, sind natürlich schwächer. Dennoch wird heute im gesamten Bereich der Norddeutschen Tiefebene, mit Windgeschwindigkeiten von etwa 4,5 m/s in 10 m Höhe, die Windenergie genutzt.

Die Mittelgebirge in Deutschland weisen je nach Höhenlage eine mittlere Jahreswindgeschwindigkeit zwischen 4 und 5 m/s auf. Zum Beispiel die Hocheifel, mit den sich nach Belgien fortsetzenden Ardennen, verfügt über sehr gute Jahresdurchschnittswerte von bis zu 5 m/s, die flächig in dem vergleichsweise dünnbesiedelten Gebiet verteilt sind. Die Voraussetzung für eine zahlenmäßig nennenswerte Aufstellung von Windkraftanlagen sind in diesem Gebiet gegeben. Außer der Eifel gibt es im Westen noch im Sauerland, Hunsrück

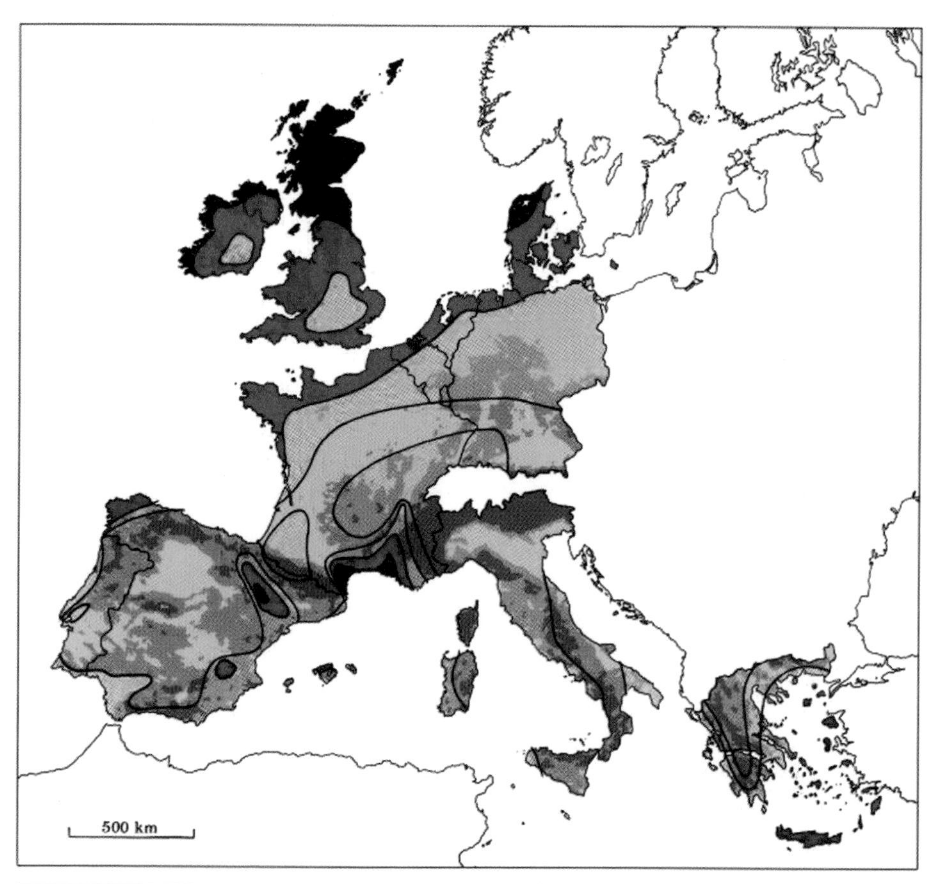

Wind resources[1] at 50 metres above ground level for five different topographic conditions										
	Sheltered terrain[2]		Open plain[3]		At a sea coast[4]		Open sea[5]		Hills and ridges[6]	
	$m s^{-1}$	Wm^{-2}	$m s^{-1}$	Wm^{-2}	$m s^{-1}$	Wm^{-2}	$m s^{-1}$	Wm^{-2}	$m s^{-1}$	Wm^{-2}
	> 6.0	> 250	> 7.5	> 500	> 8.5	> 700	> 9.0	> 800	> 11.5	> 1800
	5.0-6.0	150-250	6.5-7.5	300-500	7.0-8.5	400-700	8.0-9.0	600-800	10.0-11.5	1200-1800
	4.5-5.0	100-150	5.5-6.5	200-300	6.0-7.0	250-400	7.0-8.0	400-600	8.5-10.0	700-1200
	3.5-4.5	50-100	4.5-5.5	100-200	5.0-6.0	150-250	5.5-7.0	200-400	7.0- 8.5	400- 700
	< 3.5	< 50	< 4.5	< 100	< 5.0	< 150	< 5.5	< 200	< 7.0	< 400

Bild 13.11. Europäischer Windatlas: Gebiete mit unterschiedlichen Windgeschwindigkeiten in 50 m Höhe [4]

und Harz, in der südlichen Schwäbischen Alb, im hessischen Bergland und Südschwarzwald kleinere Gebiete mit Jahresmittelgeschwindigkeiten von bis zu 5 m/s. In Ostdeutschland ist das sächsische Bergland hervorzuheben, das gute Voraussetzungen für die Windenergienutzung bietet.

Der Deutsche Wetterdienst und mittlerweile auch andere Organisationen geben heute detaillierte Karten über die Windverhältnisse in Deutschland heraus. Die Übersicht über die Windverhältnisse in Deutschland wird ergänzt durch zahlreiche regionale Karten. Diese

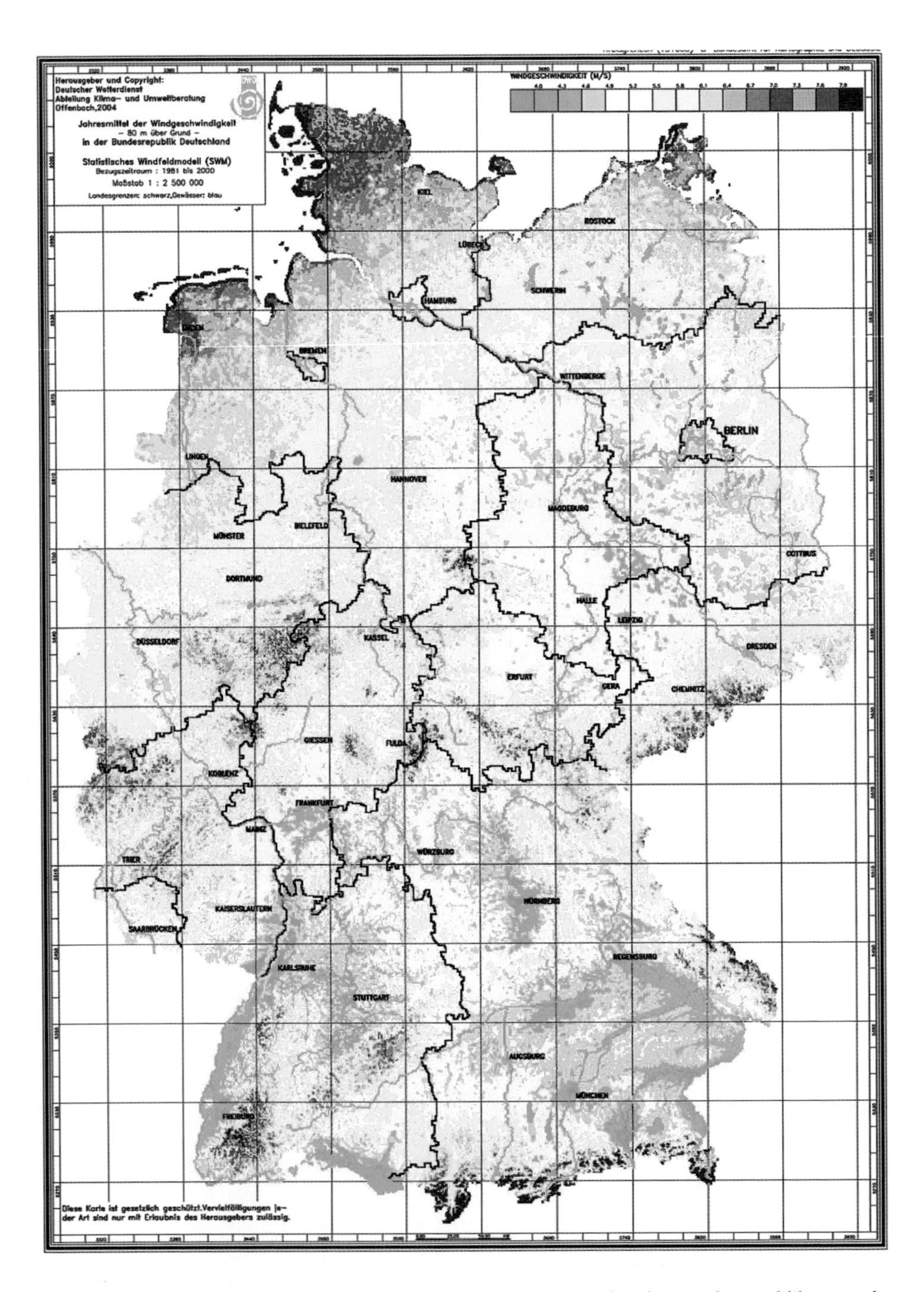

Bild 13.12. Jahresmittel der Windgeschwindigkeit 80 m über Grund in der Bundesrepublik Deutschland (Deutscher Wetterdienst)

Karten sind dazu geeignet, einen Überblick über eine Region zu vermitteln, sie sind jedoch für eine konkrete Standortplanung nicht detailliert genug (vergl. Kap. 13.6).

13.4 Charakteristische Größen und Gesetzmäßigkeiten

Für die technische Nutzung des Windes zur Energiegewinnung ist die Kenntnis bestimmter Parameter und physikalischer Abhängigkeiten von besonderer Wichtigkeit. Das Kurzzeitverhalten des Windes, die Turbulenz, steht im Hinblick auf die Strukturfestigkeit und die Regelungsfunktion einer Windkraftanlage im Vordergrund, während der Langzeitcharakter für die Energielieferung relevant ist. Die Langzeiteigenschaften des Windes sind nur mit Hilfe statistischer Ermittlungen über mehrere Jahrzehnte zu gewinnen. Auf diesen Daten basiert die Ermittlung der Energielieferung einer Windkraftanlage (vergl. Kap. 14). Die Erörterung dieser Kennwerte ist zugleich ein Leitfaden für die Beschaffung der erforderlichen Winddaten eines vorgesehenen Aufstellortes.

13.4.1 Mittlere Jahreswindgeschwindigkeit und Häufigkeitsverteilung der Windgeschwindigkeiten

Die Kenntnis der mittleren Jahreswindgeschwindigkeit ist für eine genauere Energieberechnung nicht ausreichend. Es muß dazu eine Information vorliegen, mit welcher zeitlichen Häufigkeit die einzelnen Windgeschwindigkeiten des Gesamtspektrums statistisch gesehen erwartet werden können. Die Häufigkeitsverteilung der jährlichen Windgeschwindigkeiten wird aus Meßwerten in einer bestimmten Höhe gewonnen. Üblicherweise werden die zeitlichen Mittelwerte von zehn Minuten über ein Jahr ausgewertet und in definierten Windgeschwindigkeitsklassen zusammengefaßt.

Eine ausreichend zuverlässige statistische Basis dürfte dann gegeben sein, wenn mindestens ein Zeitraum von mehreren Jahren, nach Ansicht der Meteorologen bis zu zehn Jahren, auf diese Weise ausgewertet wurde. Die Häufigkeitsverteilung wird als *relative Häufigkeitsverteilung* oder als *Summenhäufigkeit* angegeben (Bild 13.13). Die relative Häufigkeit erhält man mathematisch aus der Summenhäufigkeit durch eine Differentation nach der Windgeschwindigkeit v_W. Die relative Häufigkeitsverteilung zeigt sofort das Vorkommen der häufigsten Windgeschwindigkeiten an. Die Summenhäufigkeit gibt prozentual an, in welcher Zeitdauer innerhalb eines Jahres die Windgeschwindigkeit kleiner ist als der Wert eines bestimmten Kurvenpunktes. Anhand der Summenhäufigkeit läßt sich die mittlere Jahreswindgeschwindigkeit exakt definieren und geometrisch darstellen (Bild 13.14). In der Literatur wird gelegentlich die sog. *Medianwindgeschwindigkeit* verwendet. Sie ist definiert als die Windgeschwindigkeit mit einer Summenhäufigkeit von 50 % und liegt in der Regel 0,3 bis 0,5 m/s niedriger als die mittlere Windgeschwindigkeit.

In der Praxis stellt sich oft das Problem, daß keine ausreichenden Daten über die Häufigkeitsverteilung der Windgeschwindigkeiten an einem vorgesehenen Standort vorliegen. Es bleibt dann nichts anderes übrig, als sich mit einer mathematischen Näherungsfunktion für die Verteilungskurve zu behelfen. Für normale Windverhältnisse wird mit einer Verteilungsfunktion nach *Weibull* eine gute Näherung erreicht (Bild 13.15).

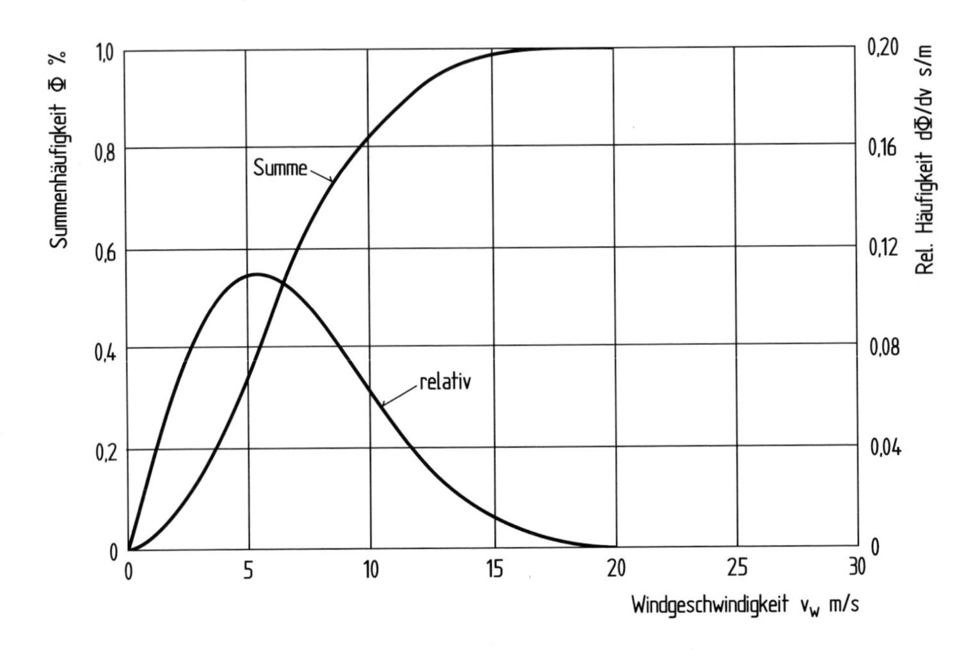

Bild 13.13. Häufigkeitsverteilung der Windgeschwindigkeiten für List auf Sylt, gemessen in 10 m Höhe

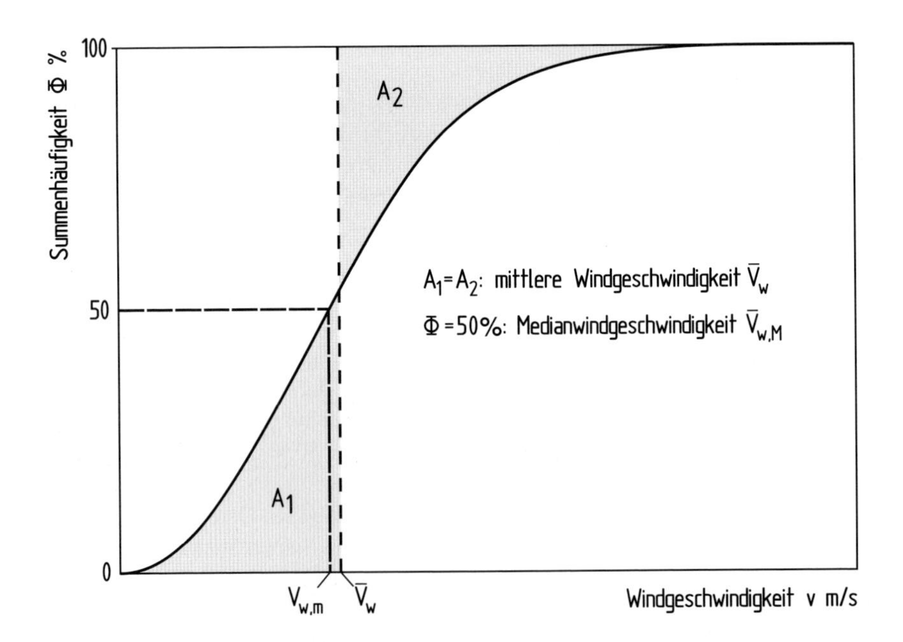

Bild 13.14. Definition der mittleren Jahreswindgeschwindigkeit und der Medianwindgeschwindigkeit

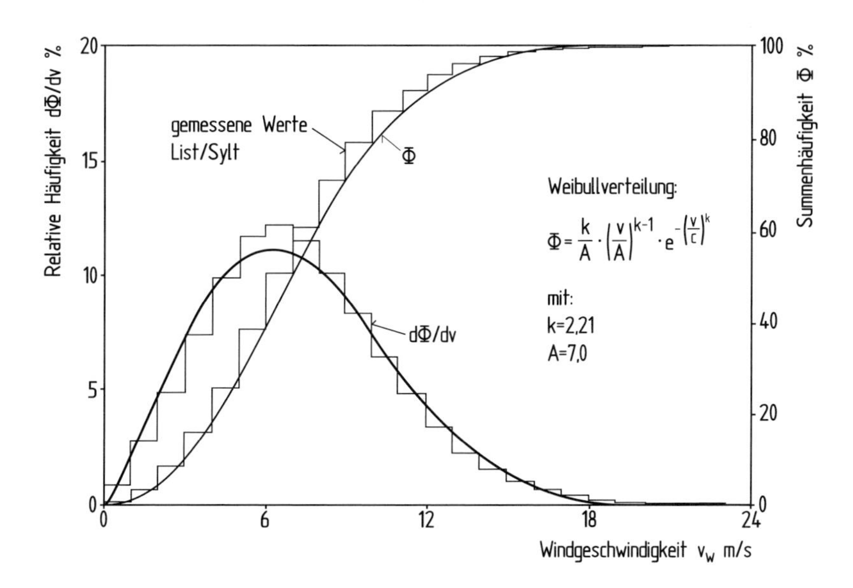

Bild 13.15. Annäherung der gemessenen Windhäufigkeitsverteilung von List auf Sylt durch eine mathematische Verteilungsfunktion nach Weibull

Die Weibullfunktion Φ ist definiert:

$$\Phi = 1 - e^{-\left(\frac{v_W}{A}\right)^k}$$

mit:

Φ = Verteilungsfunktion
c = logarithmische Basis (in der Regel der natürliche Logarithmus, $e = 2{,}781$)
A = Skalierungsfaktor [m/s]
k = Formparameter [—]

Wie der Name schon sagt, beschreibt k die Form der Verteilungsfunktion und charakterisiert bestimmte Windbedingungen. Relativ konstante Windverhältnisse sind durch große k-Werte gekennzeichnet. Unstetigere Windverhältnisse mit großen Schwankungen um den Mittelwert erzeugen ein kleineres k. Darüberhinaus ist der Formfaktor von der Höhe abhängig. Es ist deshalb für eine möglichst genaue Berechnung der zu erwartenden Energielieferung wichtig den k-Wert in der Nabenhöhe des Rotors möglichst genau einzuschätzen.

Ist nur die mittlere Windgeschwindigkeit bekannt und kann man eine „übliche“ Häufigkeitsverteilung unterstellen, so wird diese mit dem Formparameter $k = 2$ gekennzeichnet. In diesem Sonderfall wird die Weibull-Verteilung als *Rayleigh-Verteilung* bezeichnet.

$$\Phi = 1 - e^{-\left(\frac{v_W}{A}\right)^2}$$

13.4.2 Zunahme der Windgeschwindigkeit mit der Höhe

Eines der bedeutendsten Phänomene für die Windenergienutzung ist die Zunahme der Windgeschwindigkeit mit der Höhe. Durch die Reibung der bewegten Luftmassen an der Erdoberfläche wird die Windgeschwindigkeit von einem ungestörten Wert in großer Höhe (geostrophischer Wind) auf Null unmittelbar an der Erdoberfläche abgebremst. Der Bereich bis zur ungestörten Windgeschwindigkeit beträgt je nach Tageszeit und Wetterlage 600 bis 2000 m über Grund und stellt die *atmosphärische Grenzschicht* dar.

Der bodennahe Bereich der Grenzschicht wird als sog. *Prandtl-Schicht* bezeichnet. Die Strömungsverhältnisse in diesem Bereich werden von der Reibung der Luftströmung an der Erdoberfläche dominiert. Die darüber liegende atmosphärische Schicht wird als Ekman-Schicht bezeichnet. Der Einfluß der Bodenrauhigkeit geht zurück, während die Windrichtung durch die Corioliskräfte stärker beeinflußt wird (Ekman-Spirale) (Bild 13.16).

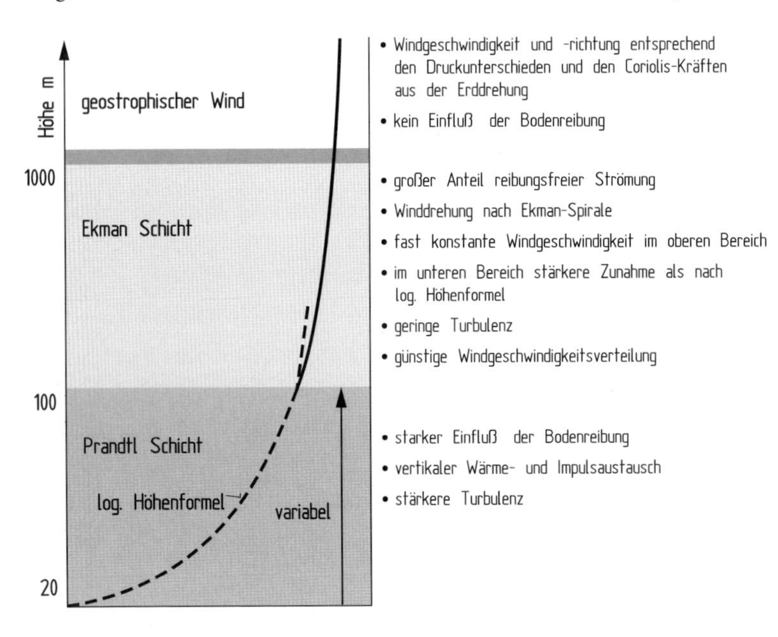

Bild 13.16. Untere Atmosphäre mit Prandtl- und Ekman-Schicht [5]

Die Höhe der Prandtl-Schicht verändert sich mit den meteorologischen Bedingungen. Während der Nachtstunden beträgt die Mächtigkeit nur 10 bis 50 m, während tagsüber die vertikale Erstreckung in der Regel zwischen 50 und 150 m liegt. Untersuchungen haben ergeben, daß zum Beispiel eine Rotornabenhöhe von 60 m nur etwa 30 % der Jahresstunden innerhalb der Prandtl-Schicht liegt, während es bei einer Nabenhöhe von 100 m lediglich noch etwa 7 % sind [5]. Die Charakteristika der Ekman-Schicht werden damit für große Windkraftanlagen von Bedeutung. Diese Tatsache wurde zu Beginn der modernen Windenergienutzung zu wenig Beachtung geschenkt.

Die momentane Zunahme der Windgeschwindigkeit mit der Höhe hängt von einer Reihe meteorologischer Faktoren ab. Die Temperaturschichtung und die Feuchtigkeit spielen unter anderem eine Rolle. Sie bestimmen weitgehend die *atmosphärische Stabilität*. Der längerfristig statistisch zu erwartende Mittelwert in einer gewissen Höhe wird dagegen weitgehend von der Rauhigkeit der Erdoberfläche bestimmt (vergl. Kap. 14.6.6). Die Bodenrauhigkeit der Erdoberfläche wird über die sog. *Rauhigkeitslänge* z_0, die in Metern angegeben wird, definiert (Tabelle 13.17).

Die Beschreibung der Zunahme der Windgeschwindigkeit mit der Höhe versteht sich als statistischer Mittelwert einer als stationär angenommenen Geschwindigkeitsverteilung. Diese Vereinfachung reicht aus, wenn es um Problemstellungen geht, die auf dem längerfristigen, statistischen Mittelwert der Windgeschwindigkeit beruhen, also die Berechnung der Energielieferung einer Windkraftanlage. Selbstverständlich überlagern sich diesem Mittelwert momentane Schwankungen, die für bestimmte Probleme der Festigkeitsberechnung zum Beispiel der Rotorblätter von Bedeutung sein können (vergl. Kap. 6).

Ein üblicher Ansatz für die Beschreibung des Höhenprofils der Windgeschwindigkeitszunahme ist die *logarithmische Höhenformel*:

$$\bar{v}_H = \bar{v}_{\text{ref}} \cdot \frac{\ln \dfrac{H}{z_0}}{\ln \dfrac{H_{\text{ref}}}{z_0}}$$

mit:

$\bar{v}_H$ = mittlere Windgeschwindigkeit in der Höhe H (m/s)
$\bar{v}_{\text{ref}}$ = mittlere Windgeschwindigkeit in der Referenzhöhe H_{ref} (m/s)
H = Höhe (m)
H_{ref} = Referenzhöhe (Meßhöhe) (m)
ln = Natürlicher Logarithmus (Basis e = 2,7183)

Die Gültigkeit der logarithmischen Höhenformel beschränkt sich streng genommen auf die bodennahe Prandtl-Schicht. Außerdem gilt sie nur für eine neutrale Schichtung und für eine ebene Landschaft mit einheitlicher Oberflächenrauhigkeit. Es gibt zahlreiche Ansätze, die Genauigkeit dieser Formel zu verbessern und zum Beispiel den Einfluß der atmosphärischen Stabilität zu berücksichtigen (vergl. Kap. 14) oder auch der Tatsache Rechnung zu tragen, daß die Zunahme der Windgeschwindigkeit mit der Höhe auch eine Abhängigkeit von der Windgeschwindigkeit selbst zeigt. Zur praktischen Handhabung der genaueren Verfahren müssen jedoch mehrere, in der Regel unbekannte Parameter geschätzt werden, so daß es fraglich ist, ob in jedem Fall bessere Resultate erzielt werden.

Eine vergleichsweise einfache Beschreibung der Windgeschwindigkeitszunahme mit der Höhe ist der *Potenzansatz nach Hellmann*, der allerdings den Einfluß der Bodenrauhigkeit weniger genau berücksichtigt. Dennoch ist die Formel für viele ingenieurmäßige Aufgaben ausreichend genau.

$$\bar{v}_H = \bar{v}_{\text{ref}} \cdot \left(\frac{H}{H_{\text{ref}}}\right)^{\alpha}$$

mit:

$\bar{v}_H$ = mittlere Windgeschwindigkeit in der Höhe H (m/s)
$\bar{v}_{\text{ref}}$ = mittlere Windgeschwindigkeit in der Referenzhöhe H_{ref} (m/s)

Tabelle 13.17. Rauhigkeitslängen und Rauhigkeitsklassen für verschiedene Oberflächencharakteristiken [1]

z_0 [m]	Typen von Geländeoberflächen	Rauhigkeits-Klasse
1.00	Stadt Wald	
0.50	Vorstädte	3
0.30	Bebautes Geländе	
0.20	Viele Bäume und/oder Büsche	
0.10	Landwirtschaftliches Gelände mit geschlossenem Erscheinungsbild	2
0.05	Landwirtschaftliches Gelände mit offenem Erscheinungsbild	
0.03	Landwirtschaftliches Gelände mit sehr wenigen Gebäuden, Bäumen usw. Flughäfen mit Gebäuden und Bäumen	1
0.01	Flughäfen, Start- und Landebahn Weidegras	
$5 \cdot 10^{-3}$	Blanke Erde (glatt)	
10^{-3}	Schneeoberflächen (glatt)	
$3 \cdot 10^{-4}$	Sandoberflächen (glatt)	0
10^{-4}	Wasserflächen (Seen, Fjorde und das Meer)	

H = Höhe (m)
H_{ref} = Referenzhöhe (m)
α = Hellmann-Exponent (—)

Der Zusammenhang des Hellmann-Exponenten mit der logarithmischen Formel kann näherungsweise mit der Formel:

$$\alpha = \frac{1}{\ln \frac{H}{z_0}}$$

berechnet werden.

Im Hinblick auf die Berechnung der Energielieferung einer Windkraftanlage ist zu beachten, daß die logarithmische Höhenformel und noch mehr der Hellmannsche Potenzansatz für größere Rotorhöhen (über 100 m) oft ungenaue Werte liefert. In der Regel wird die mittlere Windgeschwindigkeit in größeren Nabenhöhen unterschätzt (vergl. Kap. 14.6.6).

13.4.3 Stetigkeit des Windes

Die Unstetigkeit des Windes war ein zu Anfang oft genanntes Argument gegen die Nutzung der Windenergie. In der Tat ist das Windangebot weniger stetig als zum Beispiel die direkte Solarstrahlung, die jedoch den erheblichen Nachteil hat, in der Nacht praktisch ganz aufzuhören. Die Variation der Windströmung wird im wesentlichen durch zwei Faktoren geprägt: Die Breitenlage des Ortes auf der Erde und die umgebende Verteilung von Land und Wasser.

In mittleren kontinentalen Breitenlagen schwankt der Wind sehr stark mit dem Durchzug der Tiefdruckgebiete. Die mittlere Windgeschwindigkeit ist in diesen Regionen im Winter höher als in den Sommermonaten. Die Nähe von Wasser und Landflächen hat ebenfalls einen erheblichen Einfluß. Zum Beispiel können auf Gebirgspässen oder in Flußtälern, die in Küstennähe liegen, im Sommer höhere Windgeschwindigkeiten herrschen, weil durch thermische Effekte die kühle Seeluft in die wärmeren Landgebiete strömt. Ein besonders spektakuläres Beispiel sind die Paßregionen des Küstengebirges in Kalifornien mit den darunterliegenden, wüstenartigen, heißen Landflächen in Kalifornien und Arizona (vergl. Kap. 2.5).

Im Hinblick auf die Verläßlichkeit der Energielieferung einer Windkraftanlage interessieren, wie bereits erwähnt, in erster Linie die längerfristigen Schwankungen der Windgeschwindigkeit. Sie äußern sich als Tagesganglinie, als jahreszeitliche Veränderungen und Schwankung der mittleren Jahreswindgeschwindigkeit über längere Zeiträume.

Tagesgang

Eine ausgeprägte, periodische Änderung der Windgeschwindigkeit über den Tageszeitraum 24 Stunden tritt dann auf, wenn thermische Effekte eine Rolle spielen. So entstehen zum Beispiel in den vorher erwähnten Gebieten in Kalifornien erst um die Mittagsstunden höhere Windgeschwindigkeiten. Die Erwärmung der Landgebiete hinter den Küstengebirgen dauert bis in die Mittagsstunden. Dann erst wird die kühle Luft vom Pazifik über die Gebirgspässe „gezogen". Der Wind hält bis spät in die Nacht hinein an. Diese Tagescharakteristik ist dann von Bedeutung, wenn die Bedarfskurve eine dem Stromverbrauch gleichgängige oder auch umgekehrte Charakteristik aufweist. In Kalifornien paßt das Windangebot sehr gut zu der Strombedarfscharakteristik, die hier stark durch die Raumklimatisierung geprägt wird. Die Versorgungsunternehmen bieten unter diesen Bedingungen von der Tageszeit abhängige, und in diesem Fall mittags günstige Tarife an. In Nord- und Mitteleuropa gibt es keine so ausgeprägten Schwankungen der Windgeschwindigkeit im Tagesverlauf, spürbar ist er am ehesten an der Küste (Bild 13.18).

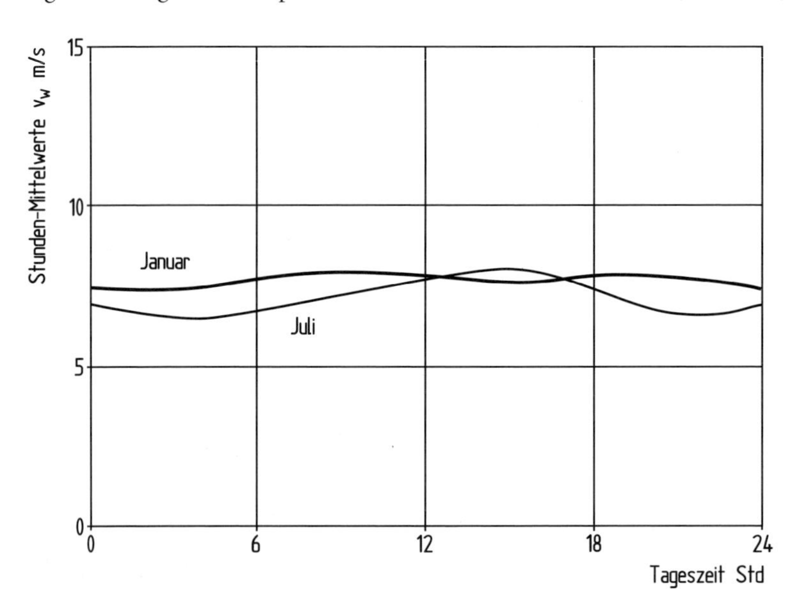

Bild 13.18. Tagesganglinie (Stundenmittelwerte) der Windgeschwindigkeit in List/Sylt, gemessen in 12 m Höhe (1971–80) [7]

Jahreszeitliche Variation

Die jahreszeitliche Veränderung der Windgeschwindigkeit ist eine allgemein bekannte Tatsache. Sie wird sehr stark von der geographischen Lage auf der Erde bestimmt. Die Jahresganglinie der Monatsmittelwerte für List/Sylt zeigt zwei Maximalwerte. In den Wintermonaten werden die höchsten Windgeschwindigkeiten gemessen. Das zweite Maximum im Frühjahr (März) ist weniger ausgeprägt (Bild 13.19). Diese Charakteristik der jahreszeitlichen Veränderung der durchschnittlichen Monatsmittelwerte ist typisch für die meisten Standorte, allerdings mit sehr unterschiedlicher Ausprägung. Im Binnenland sind die jahreszeitlichen Schwankungen in der Regel größer.

In diesem Zusammenhang ist zu erwähnen, daß nach den Erkenntnissen der Klimatologen die zunehmende Erwärmung der Atmosphäre ihre Dynamik vergrößert. Aus diesem Grund ist es nicht unwahrscheinlich, daß die jahreszeitlichen Schwankungen in der Zukunft zunehmen werden.

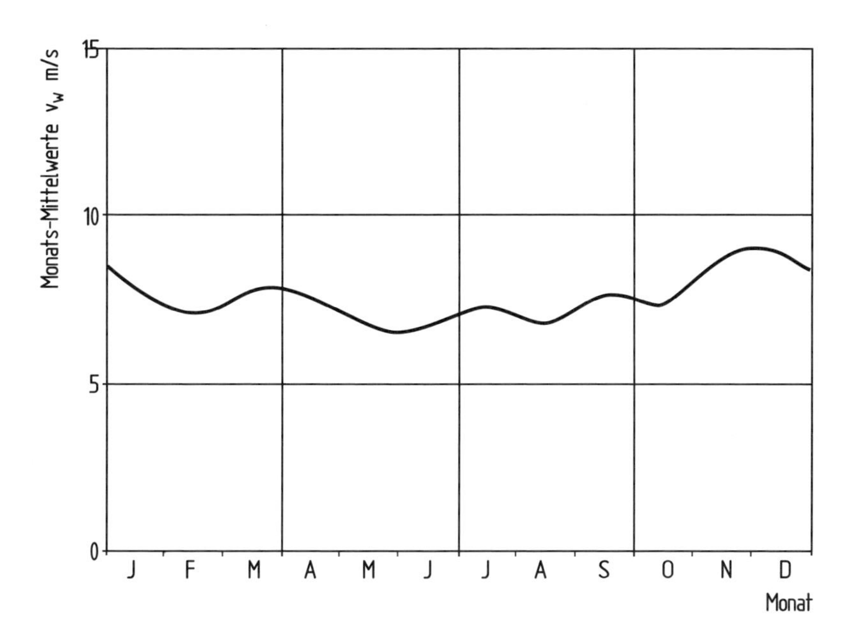

Bild 13.19. Monatsmittelwerte der Windgeschwindigkeit für List/Sylt, gemessen in 12 m Höhe (1971–80), mittlere Jahreswindgeschwindigkeit 7,1 m/s [7]

Langfristige Schwankungen der mittleren Jahreswindgeschwindigkeit

Die tages- und jahreszeitlichen Schwankungen der Windgeschwindigkeit sind für netzgekoppelte Windkraftanlagen im Regelfall von geringer Bedeutung. Ganz anders sind die Schwankungen der mittleren Jahreswindgeschwindigkeit von Jahr zu Jahr zu bewerten. Windkraftanlagen sind Investitionen, die über relativ lange Zeiträume, bis zu 20 Jahre, aus ihrem Ertrag finanziert werden müssen (vergl. Kap. 20). Der Betreiber ist deshalb darauf angewiesen, die langfristige mittlere Jahreswindgeschwindigkeit als Grundlage für seine Wirtschaftlichkeitsberechnung möglichst genau zu kennen. Die Schwankungen der Energieerträge von Jahr zu Jahr können bei knapper Liquiditätsvorhaltung erhebliche Probleme bei der Finanzierung verursachen. Das Problem wird noch dadurch verschärft, daß sich die Energielieferung einer Windkraftanlage grob gesprochen mit der dritten Potenz der mittleren Jahreswindgeschwindigkeit ändert. Relativ klein erscheinende Änderungen der Windgeschwindigkeit verursachen deshalb eine drastische Änderung der Energielieferung und damit der Erlöse. Das Problem wurde in der Anfangszeit der kommerziellen Windenergienutzung völlig unterschätzt und ist erst mit der Aufeinanderfolge der windschwachen Jahre, von etwa 2000 bis 2006, so richtig ins Bewußtsein der Betreiber gedrungen. Seitdem werden die Windprognosen zu Recht viel kritischer betrachtet, bis hin zu Spekulationen über die Änderung der Windverhältnisse im Zuge der allgemeinen Klimaveränderung.

Alle Windprognosen beruhen auf der Vorhersage eines langfristigen Mittelwertes, der sich auf die Erfahrungen, besser noch auf Messungen, in der Vergangenheit stützt. Die Meteorologen weisen darauf hin, daß der Betrachtungszeitraum „mindestens 30 Jahre" sein muß um eine verläßliche Aussage über den langfristigen Mittelwert treffen zu können. Das Problem der kommerziellen Windenergienutzung ist, daß es für die konkreten Standorte so gut wie nie verläßliche Windmessungen über einen so langen Zeitraum gibt. Die Windprognose muß deshalb mit teils theoretisch, teils empirisch gestützten „Windmodellen" arbeiten (vgl Kap. 13.6.3).

Es gibt nur wenige verläßliche Daten über die mittleren Windgeschwindigkeiten eines Standortes oder einer Region über Zeiträume von Jahrzehnten. In Bild 13.20 ist der relative Energieinhalt der mittleren Windgeschwindigkeit für Dänemark über hundert Jahre aufgetragen. Der Verlauf beruht teils auf gemessenen Daten für die letzten Jahrzehnte und teils aber auch auf einer Schätzung der Windgeschwindigkeit aus anderen Klimadaten. Unabhängig von den fehlenden langjährigen Jahresmittelwerten der Windgeschwindigkeit deren Ableitung aus Bild 13.21 offensichtlich als zu unsicher eingeschätzt wurde, zeigt der Verlauf die Schwankungsbreite des Energieinhaltes. Dieser liegt bei ± 20–25 % um den 100 % Wert des dargestellten Zeitraumes. Die Schwankungsbreite des Energieinhaltes darf aber nicht mit der Variabilität der mittleren Windgeschwindigkeit verwechselt werden. Durch die kubische Abhängigkeit der Energielieferung von der Windgeschwindigkeit ist die zu Grunde liegende Schwankungsbreite der mittleren Windgeschwindigkeit viel geringer.

In den letzten Jahren wird das Problem der jährlichen und regionalen Schwankungen in Deutschland durch sog. *Windindices* beschrieben. Verschiedene Organisatoren und private Firmen führen eine Statistik über die Energielieferung der vorhandenen Windkraftanlagen und veröffentlichen auf dieser Basis die Schwankungen um den 100 %-Wert des Betrachtungszeitraumes. Die Windindices sind in fast allen Fällen „Produktionsindices"

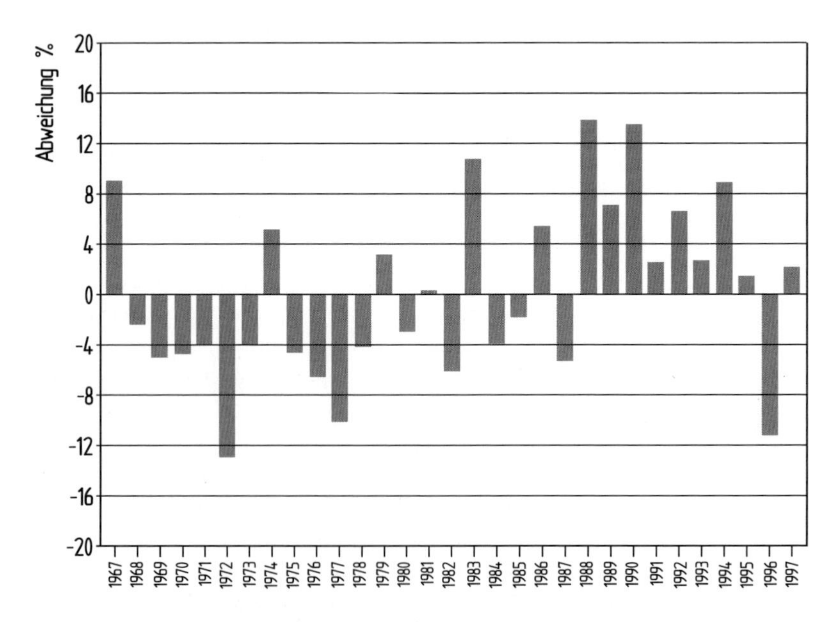

Bild 13.20. Relativer Energieinhalt des Windes in Dänemark (5-Jahres-Mittelwerte) über einen Zeitraum von hundert Jahren [4]

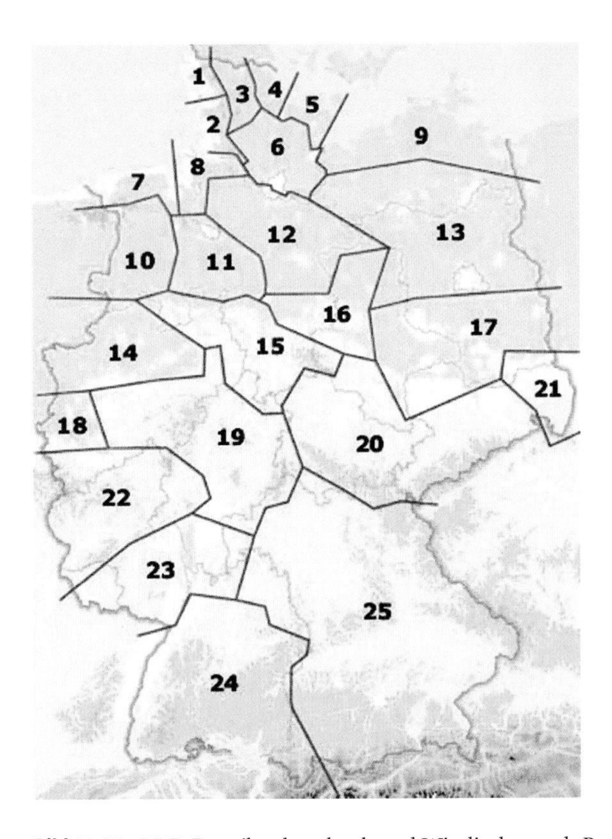

Bild 13.21. BDB-Betreiberdatenbank und Windindex nach Regionen [8]

und im strengen Sinne keine „Windindices". Am bekanntesten ist der „BDB (früher IWET) Windindex" [8]. Dieser beruht auf den Monatsmittelwerten der ausgewerteten Windkraftanlagen in 25 Regionen in Deutschland (Bild 13.21). Der Index wird für diese Regionen veröffentlicht und zeigt die Abweichung vom 100 % Wert. Die Statistik wird seit etwa 1989 systematisch geführt und umfaßt damit einen Zeitraum von etwa 15 Jahren. Bei der Interpretation der Ergebnisse sind zwei Faktoren wichtig. Die erfaßte Energielieferung der vorhandenen Windkraftanlagen hängt nicht nur von den Windverhältnissen ab, sondern auch die Effizienz und die Verfügbarkeit der Anlagen beeinflussen das Ergebnis. Die Bearbeiter der Datenbank weisen darauf hin, daß sie zahlreiche Korrekturen eingeführt haben um die Daten von derartigen Einflüssen zu bereinigen.

Der zweite schwerwiegende Einwand ist die im meteorologischen Sinne nicht ausreichend lange Zeitdauer der Statistik. Das Bezugsniveau (100 %-Wert) mußte deshalb mit der stufenweisen Fortschreitung des Windindex mehrfach korrigiert werden (Bild 13.22 und 13.23). Solange der Betrachtungszeitraum nicht an die meteorologisch Forderung von „mindestens 30 Jahre" heranreicht, kann der Bezugswert nicht als langfristiger meteorologisch begründeter Mittelwert interpretiert werden. Mit anderen Worten: Eine Abweichung des Bezugswertes für einen Zeitraum von 15 Jahren, vom angenommenen langjährigen Jahresmittelwert, zum Beispiel aus einer Windprognose, ist kein Beweis für die Unrichtigkeit des meteorologisch begründeten Langzeitwertes. Ungeachtet dessen ist der Windindex ein hilfreiches Instrument für Planungsaufgaben und Wirtschaftlichkeitsbewertung — wenn man die Mängel kennt.

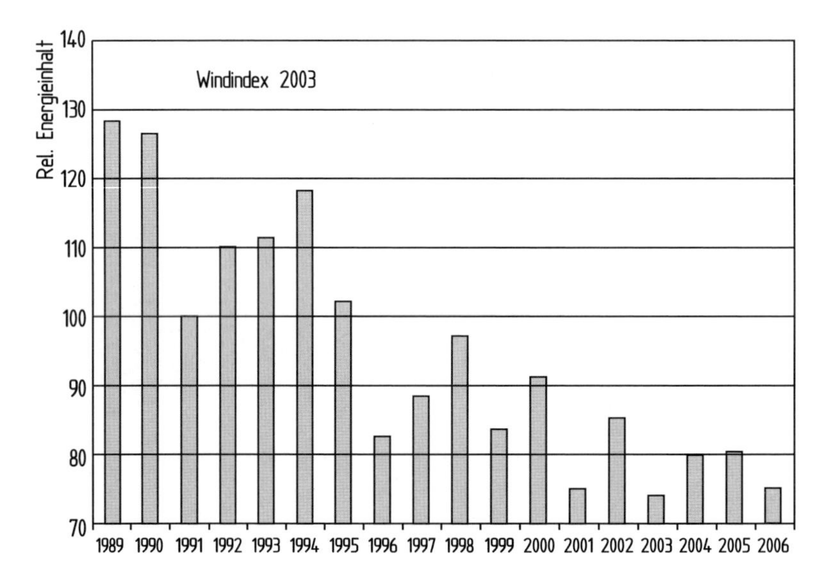

Bild 13.22. BDB-Windindex für die Region 6 auf der Basis der 2003 zur Verfügung stehenden Daten

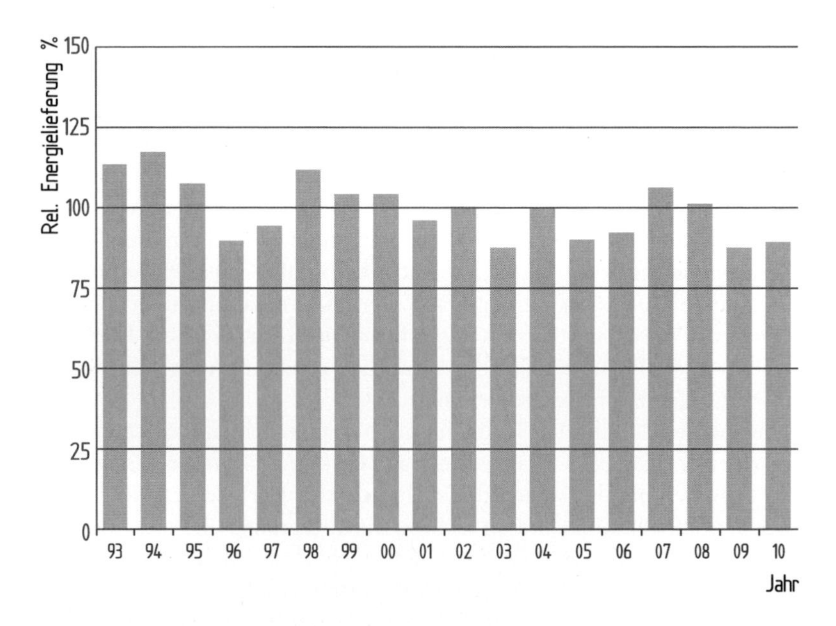

Bild 13.23. Fortgeschriebener BDB-Windindex für die Region 6 bis zum Jahre 2010

Die Windgutachter in Deutschland verwenden für ihre Gutachten in aller Regel, ungeachtet der erwähnten Mängel, Produktionsindices wie den DBD-Index. Allerdings berücksichtigen sie Langzeitkorrekturen in ihren Prognosen um auf den meteorologisch begründeten Langzeitmittelwert der Windgeschwindigkeit bzw. der Energielieferung zukommen. Sie stützen sich dabei meistens auf die unten genannten globalen Winddaten wie die NCAR-Daten. Danebenwerden aber auch Referenzdaten von benachbarten Windkraftanlagen, soweit diese längerfristige Betriebsdaten aufweisen, für die Langzeitextrapolation herangezogen.

In diesem Zusammenhang wird oft die Befürchtung geäußert, daß der Klimawandel die langfristige, mittlere Windgeschwindigkeit verändern, das heißt verringern könnte. Die Kima-Wissenschaftler sagen dazu folgendes: Die unstreitige Erwärmung der Atmosphäre führt zu einer stärkeren Verdunstung über den Meeren und damit zu einem höheren Wasserdampfgehalt in der Atmosphäre. Dies wiederum erhöht die Dynamik in der Atmosphäre mit der Folge einer Zunahme von extremen Wetterlagen. Dazu gehört natürlich auch das vermehrte Auftreten extremer Windgeschwindigkeiten in Form von Orkanen, Hurricans, Tornados und ähnlichen Erscheinungen. Eine völlig andere Frage ist jedoch die Veränderung der durchschnittlichen Windgeschwindigkeiten. Die Klimatologen des Potsdamer Instituts haben versucht auch diese Frage zu beantworten. Sie kommen zu dem Schluß das abhängig von den verwendeten Klimamodellen nicht mit einer Veränderung der durchschnittlichen Windgeschwindigkeiten zu rechnen ist sondern eher mit einer leichten Erhöhung [9].

Beim Betrachten der BDB-Statistik von 1989 bis 2006 fällt auf, daß auch für diesen relativ kleinen Zeitraum jährliche Schwankungen des Energiegehaltes um den Bezugswert von ± 20–25 % vorhanden sind. Das ist natürlich auf dieser schmalen Basis noch kein Beweis für die aus Bild 13.20 abgeleitete Schwankungsbreite, aber zumindest ein Hinweis. Außerdem fällt auch hier auf, daß es offensichtlich ein Zyklus für die Aufeinanderfolge von überdurchschnittlichen und unterdurchschnittlichen Windjahren gibt. Den windschwachen Jahren nach 1996 stehen die überdurchschnittlichen Jahre von 1987 bis 1995 gegenüber. Zeiträume von fünf bis sieben Jahren mit einer Folge von über- bzw. unterdurchschnittlichen Windjahren sind offensichtlich statistisch zu erwarten. Mit dieser Charakteristik des Windes und des daraus folgenden Energieangebots muß die Windenergienutzung unter wirtschaftlichen Gesichtspunkten zurechtkommen.

Neben den in Deutschland üblichen Windindices, gibt es seit einigen Jahren Versuche auch großräumigere, meteorologisch gestützte Statistiken über die jährlichen, regionalen und globalen Schwankungen der Windgeschwindigkeit, also nicht über Produktionsdaten von Windkraftanlagen, zu entwickeln. Eine dafür benutzte Grundlage sind globale Wetterdaten, die laufend von der NCEP (National Center for Environmental Research) und der NCAR (National Center for Atmospheric Research) in den USA erfasst werden. Zum Teil handelt es sich dabei um Daten aus Satellitenmessungen. Auf bereits beobachtete Daten werden Wettermodelle angewendet und mit einem „Reanalyse-Verfahren" geeicht. Mit den so entwickleten Rechenmodellen werden dann Windprognosen erstellt. Diese aufwendigen Verfahren werden vor allem dort angewendet, wo sich die Prognose nicht auf längerfristige Erfahrungswerte aus der Existenz von Windkraftanlagen stützen kann und auch die Datenbasis für die Ermittlung der Windgeschwindigkeit nach dem europäischen Windatlas fehlt.

Im Zusammenhang mit den Betrachtungen über die Stetigkeit des Windes ist noch zu erwähnen, daß auch die statistisch zu erwartende Windrichtungsverteilung Schwankungen unterliegt [7]. In einem Jahr herrschen zum Beispiel mehr Ostwindlagen als in einem anderen. Die Schwankungen haben jedoch, von Ausnahmefällen abgesehen, wenig Einfluß auf die Energielieferung, so daß sie an dieser Stelle nicht im einzelnen analysiert werden.

13.4.4 Windturbulenz und Böen

Während für die Leistungsabgabe und die Energielieferung einer Windkraftanlage die längerfristigen Schwankungen der Windgeschwindigkeit von Bedeutung sind, werden die Belastungen durch die kurzfristigen Fluktuationen der Windgeschwindigkeit, die Windturbulenz und die Windböen, geprägt. Die permanent vorhandene Windturbulenz liefert einen wesentlichen Beitrag zur Materialermüdung, insbesondere für die Rotorblätter. Die seltener auftretenden extremen Windgeschwindigkeiten müssen ebenfalls für die Ermüdungsfestigkeit berücksichtigt werden und können darüber hinaus die Belastungen bis zur Bruchgrenze steigern (vergl. Kap. 6.6.1).

Betrachtet man einen gemessenen Windgeschwindigkeitsverlauf über der Zeit mit einer genügend hohen Auflösung, so lassen sich davon ausgehend die wichtigsten Begriffe definieren (Bild 13.24). Das Niveau der herrschenden Windgeschwindigkeit, ohne Rücksicht auf die kurzzeitigen Schwankungen, bestimmt die *mittlere Windgeschwindigkeit* $\bar{v}_W$. Sie wird üblicherweise über eine Zeit von zehn Minuten gemittelt. Längere Mittelungszeiten bringen praktisch keinen Gewinn an Genauigkeit mehr. Unter Verwendung dieser mittleren Windgeschwindigkeit kann die momentane Windgeschwindigkeit zu einem Zeitpunkt t wie folgt angegeben werden:

$$v_W(t) = \bar{v}_W + v_B(t)$$

Der überlagerte fluktuierende Anteil der Windgeschwindigkeit $v_B(t)$ rührt von der *Turbulenz* des Windes her. Die Turbulenz ist somit die momentane, zufällige Abweichung von der mittleren Windgeschwindigkeit. Das Ausmaß und die Charakteristik der Turbulenz sind von einer Vielzahl meteorologischer und geographischer Gegebenheiten abhängig, die in der einschlägigen meteorologischen Fachliteratur beschrieben werden [10].

Da ein zeitlicher Ausschnitt der Windgeschwindigkeit mit entsprechender Auflösung immer begrenzt ist, läßt sich die Windturbulenz in vollständiger Weise nur statistisch mit einer spektralen Darstellung erfassen. Diese Darstellungen enthalten meistens den Energieinhalt der Windgeschwindigkeitsfluktuationen in Abhängigkeit von der Frequenz der Auftretenswahrscheinlichkeit. Häufig verwendete Darstellungen sind das *Kaimal-Spektrum*, das *Von Kármán-Spektrum* und das Spektrum von *Davenport*. Obwohl die Spektren von Kármán und Davenport die Verhältnisse in der freien Atmosphäre weniger genau abbildet, werden sie wegen der besseren Handhabbarkeit häufiger verwendet (Bild 13.25). Die Berechnung der Ermüdungsfestigkeit der Struktur stützt sich vorwiegend auf die spektrale Darstellung der Turbulenz (vergl. Kap. 6.7).

Zur Charakterisierung der Turbulenz wird der Begriff der *Turbulenzintensität,* gelegentlich auch als Turbulenzgrad bezeichnet, gebraucht. Die Turbulenzintensität σ_0 ist definiert als das Verhältnis der Standardabweichung σ_v der Windgeschwindigkeit zur mittleren

Windgeschwindigkeit $\bar{v}_W$ in einem bestimmten Mittelungszeitraum und wird in Prozent angegeben:

$$\sigma_0 = \frac{\sigma_v}{\bar{v}_W} \qquad (\%)$$

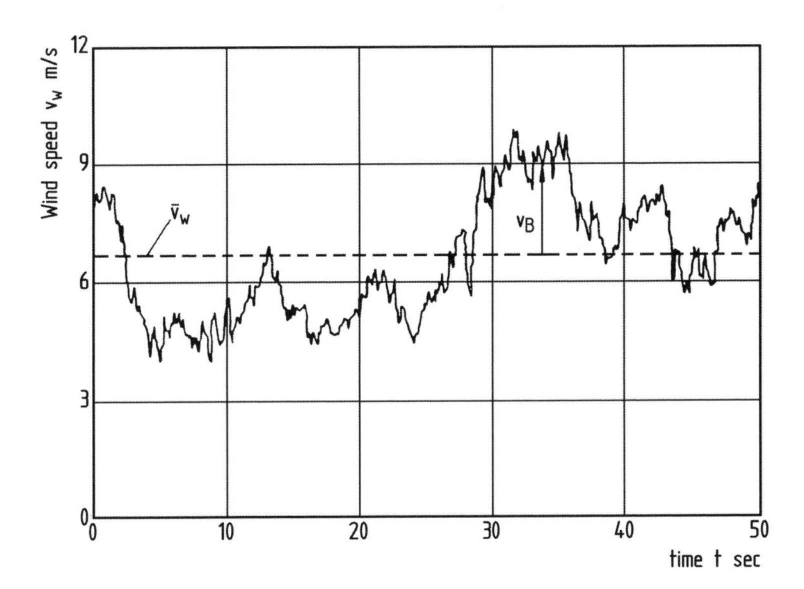

Bild 13.24. Gemessener Verlauf der Windgeschwindigkeit [1]

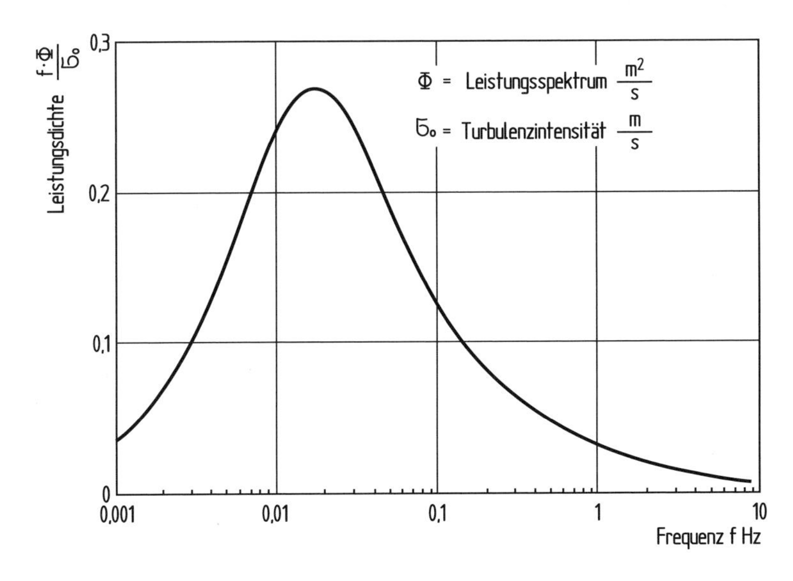

Bild 13.25. Energiespektrum der Windturbulenz nach Davenport [10]

Die Turbulenzintensität ändert sich mit der mittleren Windgeschwindigkeit, mit der Bodenrauhigkeit, mit der atmosphärischen Stabilität und mit den topographischen Gegebenheiten. Die niedrigsten Werte werden über dem offenen Meer gemessen (5 % und weniger), während die höchsten Werte (20 % und mehr) über dicht bebauten Gebieten oder Waldgebieten auftreten. In den *Lastannahmen* für Windkraftanlagen werden je nach *Windkraftanlagen-Klasse* Werte zwischen 18 und 20 % angenommen (vergl. Kap. 6).

Die Windturbulenz tritt in der freien Atmosphäre nicht in der hier idealisierten „eindimensionalen" Form auf, sondern die Windfluktionen sind räumlich nach allen Richtungen verteilt. In der Meteorologie gibt es deshalb sehr komplexe Modelle der räumlichen, mehrdimensionalen Turbulenz des Windes. Diese mehrdimensionalen Turbulenzmodelle spielen für die Windenergietechnik allerdings kaum eine Rolle.

Im Turbulenzspektrum lassen sich gelegentlich auftretende „erhebliche" Abweichungen von der mittleren Windgeschwindigkeit im Bereich von einigen bis einigen zehn Sekunden feststellen. Diese Spitzen werden als *Böen* bezeichnet. Eine allgemein anerkannte Definition existiert nicht. Es hat sich aber weitgehend durchgesetzt, die Böen mit Hilfe eines *Böenfaktors* zu klassifizieren. Nach Frost ist eine Bö die über eine gewisse Zeit gemittelte erhöhte Windgeschwindigkeit, bezogen auf die mittlere Windgeschwindigkeit. In der Windenergietechnik ist es üblich, auch ein plötzlich auftretendes Abfallen der Windgeschwindigkeit vom mittleren Wert als *Negativbö* zu bezeichnen.

In den Lastannahmen für Windkraftanlagen werden idealisierte Böenformen angenommen, die mit einer definierten Auftretenswahrscheinlichkeit als Belastung bei der Strukturauslegung angesetzt werden (vergl. Kap. 6.7). In der einschlägigen Literatur gibt es Hinweise über die Auftretenswahrscheinlichkeit, die Zeitdauer und die räumliche Ausdehnung der Böen [10].

In diesem Zusammenhang stellt sich auch die Frage nach den höchsten vorkommenden Windgeschwindigkeiten, die in ihren Extremwerten böenartig auftreten und oft als sog. *Jahrhundertbö* bezeichnet werden. In der meteorologischen Fachliteratur wird über Extremwerte der gemessenen maximalen Windgeschwindigkeiten berichtet. Danach wurden im norddeutschen Küstenraum über einen Zeitraum von 20 bis 30 Jahren Extremwerte von bis zu 47 m/s registriert. Über der offenen See wird dieser Wert überschritten und erreicht Maximalwerte von über 60 m/s. In exponierten geographischen Lagen, unter anderem in der Antarktis, sollen Werte von 95 m/s beobachtet worden sein. Vor diesem Hintergrund sind die extremen Windgeschwindigkeiten für vier verschiedene Windkraftanlagen-Klassen nach IEC in den Lastannahmen für Windkraftanlagen festgelegt worden (vergl. Kap. 6.3).

13.5 Lokale Windverhältnisse – Topographie und Hindernisse

Bei der Betrachtung der globalen Windverhältnisse und grundsätzlichen Gesetzmäßigkeiten darf nicht vergessen werden, daß die Windverhältnisse an jedem Ort lokal geprägte Besonderheiten aufweisen, die für die Aufstellung einer Windkraftanlage von entscheidender Bedeutung sein können. Das orographische Relief der näheren Umgebung ist umso wichtiger, je kleiner die Windkraftanlage ist, und je mehr die Umgebung vom Ideal des „flachen Landes" abweicht. Es ist deshalb zweckmäßig, sich zunächst darüber klarzuwerden, ob die Umgebung als flach und frei von Hindernissen angesehen werden kann (Bild 13.26 und 13.27).

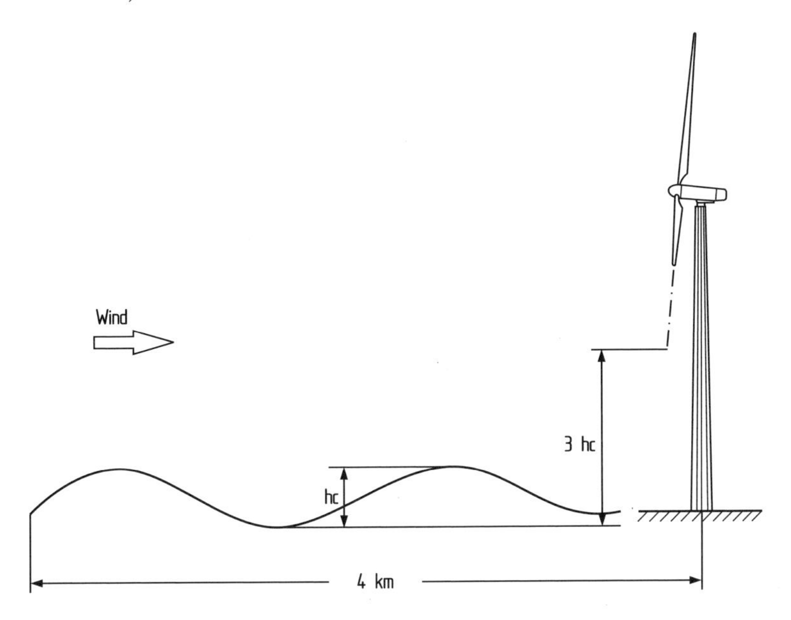

Bild 13.26. Definition „flaches Land" in der Umgebung einer Windkraftanlage [10]

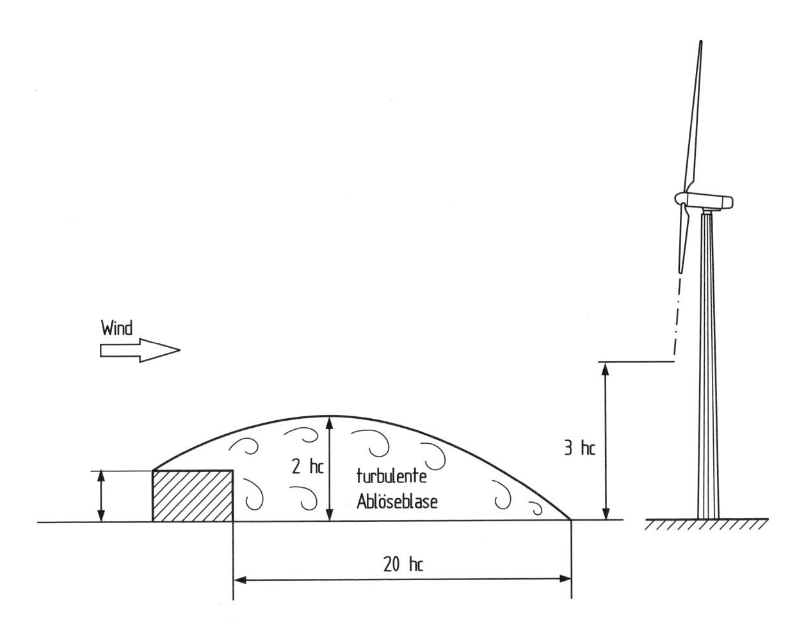

Bild 13.27. Turbulente Strömung nach einem Hindernis [10]

Nach Frost kann das Land in der Umgebung einer Windkraftanlage als flach bezeichnet werden, wenn:

- die Höhenunterschiede in einem Umkreis von 11,5 km nicht größer als 60 m sind,
- das Verhältnis des maximalen Höhenunterschiedes h_C zur horizontalen Entfernung dieser beiden ausgezeichneten Punkte für eine Entfernung von 4 km windaufwärts und 0,8 km windabwärts kleiner als 0,032 ist und
- die Höhe des Rotors gegenüber dem innerhalb einer Entfernung von 4 km windaufwärts gelegenen niedrigsten Punkt mindestens dreimal höher ist als der größte vorkommende Höhenunterschied h_C.

Das Vorhandensein von Höhenunterschieden kann selbstverständlich auch positiv für die Aufstellung von Windkraftanlagen genutzt werden. Die Windgeschwindigkeitsüberhöhungen auf Bergrücken, die besonders günstig geformt sind (Hangsteigung 1:3 bis 1:4), kann bis zum Zweifachen des Ausgangswertes in weiterer Entfernung von der Erhöhung betragen [8].

Die topographische Umgebung einer Windkraftanlage wird neben den Höhenunterschieden des Geländes durch die Rauhigkeit der Erdoberfläche und durch das Vorhandensein von „Hindernissen“ gekennzeichnet. Die Rauhigkeit der Oberfläche wird durch gleichmäßig oder zufällig verteilte Oberflächeneigenarten gebildet, in erster Linie durch die Art des Bewuchses (Wald, Wiesen etc.) oder durch den Unterschied von Land und Wasser (vergl. Tabelle 13.17). Im Europäischen Windatlas sind umfangreiche Hinweise und Rechenverfahren zu finden, mit deren Hilfe für bestimmte Oberflächentypen die Rauhigkeitslänge bestimmt werden kann [2].

Die Rauhigkeit bestimmt die großräumige Charakteristik der Windverhältnisse in einem Gebiet. Das Vorhandensein von Hindernissen von eng begrenzter lokaler Bedeutung wie Gebäuden, Bäumen oder Baumgruppen erzeugt Turbulenzen, die für den Betrieb und die Lebensdauer einer Windkraftanlage sehr unerwünschte Folgen haben können. Die Störungen, die von einem Gebäude ausgehen, zeigt. Die Luftströmung im Lee eines solchen Hindernisses ist etwa bis zur zweifachen Höhe des Hindernisses abgelöst und mehr oder weniger turbulent (Ablöseblase). Die Strömung erstreckt sich windabwärts bis zum Zwanzigfachen der Hindernishöhe. Will man jeden Einfluß auf die Windkraftanlage mit Sicherheit vermeiden, so sollte der Rotor in der dreifachen Hindernishöhe und entsprechend weit windabwärts plaziert werden.

Die Zusammenhänge zwischen der Orographie der Umgebung und den Windverhältnissen sind naturgemäß außerordentlich komplex. Es gibt zahlreiche Versuche, theoretische Modellvorstellungen und Berechnungsverfahren zu entwickeln [9] (vergl. auch Kap. 13.6.4). Auch die praktische Erfahrung und Beobachtung spielt gerade in diesem Bereich eine nicht unwesentliche Rolle.

13.6 Ermittlung der Windgeschwindigkeit

Der potentielle Betreiber oder Planer einer Windkraftanlage wird fast immer mit der Situation konfrontiert, zunächst Daten über die Windverhältnisse am vorgesehenen Aufstellort zu beschaffen. Dazu stehen ihm grundsätzlich nur zwei Möglichkeiten zur Verfügung. Entweder er stützt sich auf ein theoretisches Verfahren, wie es zum Beispiel im Europäischen

Windatlas beschrieben wird, oder er führt eigene Messungen am vorgesehenen Standort durch. Es versteht sich fast von selbst, daß man, wo immer es möglich ist, zur Sicherheit beide Wege gehen sollte, um die Ergebnisse miteinander vergleichen zu können.

Die Durchführung von Windmessungen am Standort ist zwar grundsätzlich der zuverlässigste Weg. Oft werden jedoch falsche Erwartungen an die Möglichkeiten und die Ergebnisse solcher Messungen geknüpft, oder es werden Messungen durchgeführt, deren Ergebnisse nicht ausreichen, um richtige und zuverlässige Antworten auf die tatsächlich interessierenden Fragen zu bringen. Was kann der Betreiber vor diesem Hintergrund mit eigenen Windmessungen erreichen?

Die Voraussage der Energielieferung einer Windkraftanlage ist nur mit statistisch gesicherten Werten für die durchschnittliche Windgeschwindigkeit, die Windgeschwindigkeitsverteilung und den Höhenwindgradienten möglich. Statistisch verläßliche Werte erfordern jedoch Langzeitmessungen. So wird im allgemeinen für die Angabe der Jahresdurchschnittsgeschwindigkeit der Mittelwert aus mindestens dreißig Jahren gefordert (vergl. Kap. 13.4.3). Das bedeutet aber, daß der Betreiber sich auf die veröffentlichte Literatur von meteorologischen Instituten und Organisationen stützen muß. Eigene Messungen über wenige Monate mit einfachem Gerät sind für diesen Zweck untauglich.

Darüber hinaus sind die Wind- und Klimakarten in der Regel so großräumig angelegt, daß die darin enthaltenen Angaben nicht auf bestimmte lokale Situationen übertragen werden können. Dies gilt vor allem für „schwieriges Gelände". Bergige Topographien oder besondere Bebauungsverhältnisse können erhebliche lokale Abweichungen von den großräumig ermittelten Daten verursachen. Diese Unsicherheiten können mit einer kurzzeitigen Messung beseitigt werden.

Eine Windmessung über einen kürzeren Zeitraum, zum Beispiel ein Jahr, ermöglicht es, die gemessenen Werte mit den für den selben Zeitraum gemessenen Werten des nächstgelegenen Ortes, an dem der langfristige Mittelwert bekannt ist, zu vergleichen. Damit ist ein Rückschluß möglich, ob und in welchem Ausmaß der lokale Wert unter oder über dem großräumig gültigen Wert liegt. Wird zusätzlich noch der zeitliche Verlauf der Windgeschwindigkeit mit höherer Auflösung registriert, so können aus den Windschwankungen Hinweise auf eine eventuelle außergewöhnliche Turbulenz abgeleitet werden. Aus der Sicht des vorsichtig planenden Betreibers sind Windmessungen mit dieser Zielsetzung durchaus sinnvoll, oft sogar notwendig.

Ist die Aufstellung mehrerer Windkraftanlagen oder eines Anlagenparks beabsichtigt, so stellt sich außerdem die Frage nach der Hauptwindrichtung oder besser noch nach der Windrichtungsverteilung. Man wird immer bestrebt sein, die Aufstellanordnung nach der bevorzugten Windrichtung zu orientieren (vergl. Kap. 18.3). Diese Messungen erfordern allerdings einen beträchtlichen Aufwand, so daß man sich oft mit qualitativen Hinweisen auf die Hauptwindrichtung begnügen muß. Die Wuchsform von Bäumen und Sträuchern ist besonders im Hinblick auf die Hauptwindrichtung ein zuverlässiger Indikator (Bild 13.28).

Neben der Einsatzplanung von Windkraftanlagen erfordert auch der Betrieb der Anlagen gelegentlich irgendeine Art von ständiger Windmessung. Zwar verfügen größere Anlagen fast ausnahmslos über ein eigenes Betriebswindmeßsystem, dennoch besteht oft ein Interesse, eine zusätzliche Information über die unbeeinflußte Windgeschwindigkeit zu haben. Der Betreiber möchte die tatsächliche Energielieferung mit der theoretisch möglichen vergleichen. Bereits hierfür ist ein zusätzliches Windmeßsystem notwendig, das

Bild 13.28. Schiefgewachsene Bäume unter dem Einfluß von hohen mittleren Windgeschwindigkeiten

von der Anlage soweit entfernt steht, daß es aus dem Einflußbereich des Rotors herauskommt (vergl. Kap. 11.1.1). In manchen Fällen wird, vor allem bei größeren Anlagenparks, die anlagenunabhängige Windmessung auch für die Betriebsführung herangezogen. So möchte man zum Beispiel das Ein- und Abschalten aus verschiedenen Gründen gruppenweise durchführen. Dazu werden die Signale von einem anlagenunabhängigen Meßpunkt verwendet.

Entschließt man sich eigene Windmessungen durchzuführen, stellt sich zunächst die Frage, welche Geräte und Meßverfahren sich für derartige Windmessungen eignen. Eine momentane „Messung" der Windgeschwindigkeit mit einem der üblichen Schalenkreuzanemometer „aus der Hand" ist zwar gelegentlich ganz demonstrativ, ihr Wert für technische Zwecke ist jedoch so gut wie Null. Verwertbare Aussagen lassen sich nur mit einer längerfristigen Messung, bei der die Meßwerte registriert werden, gewinnen.

13.6.1 Messungen mit Anemometern und stationärem Windmeßmast

Das klassische Windmeßsystem besteht aus einem stationären Windmeßmast, der in verschiedenen Höhen mit Anemometern bestückt ist. Die gemessenen Daten werden über längere Zeiträume aufgezeichnet und ausgewertet (Bild 13.29).

Die Meßwertaufnehmer bestehen zweckmäßigerweise aus einer Kombination von Anemometer und Windfahne. Seit geraumer Zeit werden auch Meßwertaufnehmer auf Ultraschallbasis, die ohne bewegte Teile auskommen, eingesetzt (Bild 13.30).

Die Genauigkeit der Meßgeber gibt immer wieder Anlaß zu Diskussionen. Deshalb kommt der Kalibrierung der Anemometer eine erhebliche Bedeutung für die Qualität der Meßdaten zu. Die Anemometer müssen in regelmäßigen Abständen überprüft und neu ka-

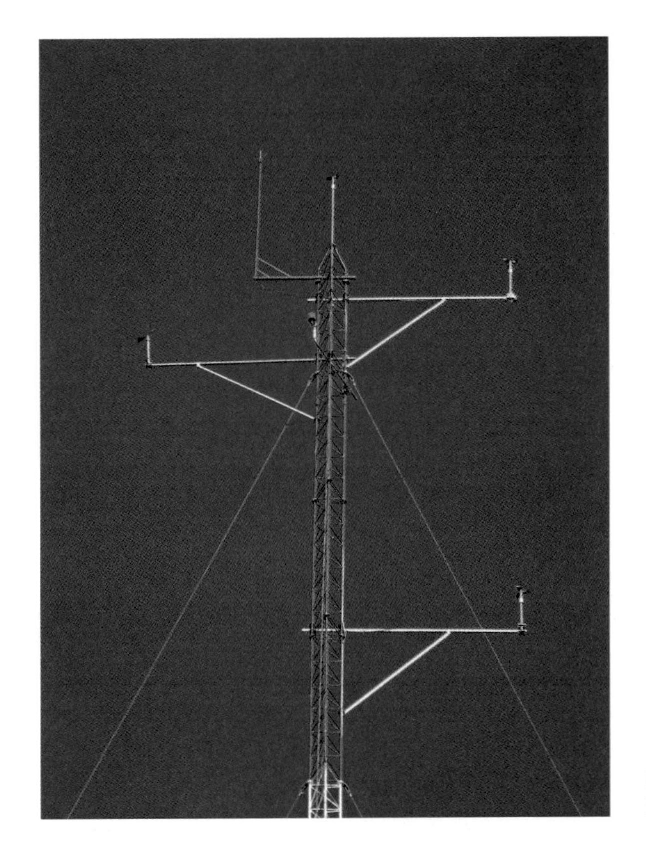

Bild 13.29. Windmeßmast mit Meßgebern (Foto anemos-jacob)

Bild 13.30. Windmeßgerät auf Ultraschallbasis (Thies)

libriert werden. Mittlerweile gibt es von unabhängigen Instituten vorgenommene Anemometer-Eichungen. Ein Betreiber ist gut beraten, hierauf zu achten (vergl. auch Kap. 14.2).

Die Meßgeber werden auf einem Windmeßmast angebracht. Die erforderliche Masthöhe richtet sich nach den Anforderungen. Zielt man nur auf einen Vergleich mit den in den meteorologischen Windkarten angegebenen Daten ab, genügt die Standardmeßhöhe von 10 m. Bei größeren Anlagen stellt sich dann allerdings das Problem, die Windgeschwindigkeit auf die Nabenhöhe des Rotors hochzurechnen. Mißtraut man den Angaben für den Höhenwindgradient, so bleibt nichts anderes übrig, als den Windmeßmast bis zur Nabenhöhe des Rotors zu bauen. Aber ein Windmeßmast von dreißig oder mehr Metern Höhe ist ein Kostenfaktor und erfordert gegebenenfalls eine Baugenehmigung (Bild 13.29).

Für die Registrierung der Meßdaten wurden früher mechanische Windschreiber verwendet, die auf einem Papierband die Windgeschwindigkeit und die Windrichtung als Kurve aufzeichneten. Die Mittelwerte konnten mit Hilfe eines Auswertelineals gefunden werden. Heute werden ausschließlich elektronisch arbeitende Auswertegeräte verwendet, welche die Meßdaten auf Bändern oder in Chips speichern. Damit ist eine rechnergestützte Auswertung der Daten unmittelbar möglich. Die einschlägige Industrie bietet eine kaum zu übersehende Vielfalt geeigneter Speicher- und Auswertegeräte an.

Speziell für den Einsatz von Windkraftanlagen wurden in den letzten Jahren sog. *Windklassenzähler* entwickelt oder häufiger als *Datenlogger* bezeichnet. Diese Geräte zählen die Zeitdauer der Windgeschwindigkeit innerhalb eines bestimmten Geschwindigkeitsbereiches (Klasse) und vermitteln auf diese Weise eine Information über die Häufigkeitsverteilung der Windgeschwindigkeiten (Bild 13.31). Außerdem sind oft zusätzliche Abfragen über die momentane Windgeschwindigkeit oder die im letzten Monat erreichte durchschnitt-

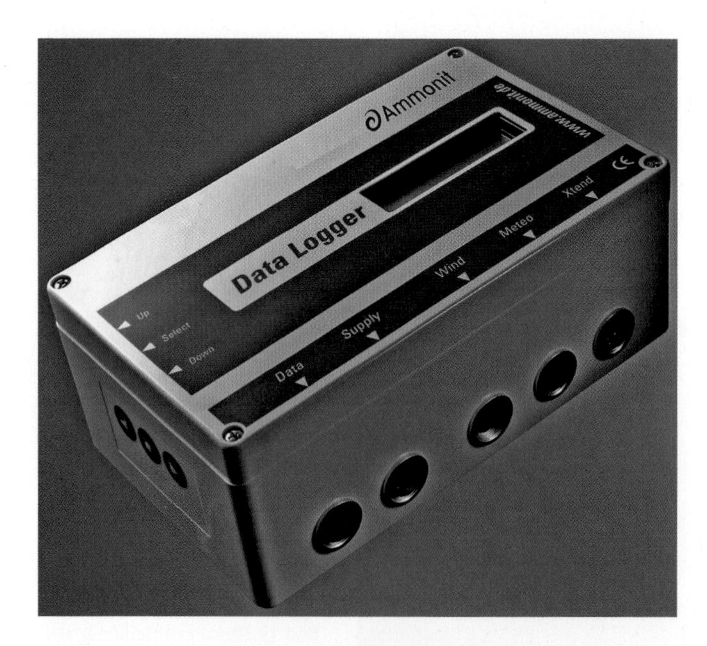

Bild 13.31. Datenlogger für die Winddatenregistrierung und Auswertung (Ammonit)

liche Windgeschwindigkeit und ähnliches möglich. Die Registrierung der Windgeschwindigkeitsverteilung, und damit auch der mittleren Windgeschwindigkeit, über ein Jahr mit Hilfe eines solchen Datenloggers ist in Verbindung mit einigen langjährigen Winddaten, die möglicherweise aus benachbarten Orten zur Verfügung stehen, eine brauchbare Basis, um die Energielieferung einer Windkraftanlage zuverlässig einschätzen zu können. Diese Geräte können damit für den Windkraftanlagenbetreiber wertvolle Informationen liefern. Allerdings sind sie kein alleiniger Ersatz für langfristige Windstatistiken.

Die Windgeschwindigkeit wird im physikalisch-technischen Meßsystem in Metern pro Sekunde angegeben. Ungeachtet dessen ist die Maßeinheit der *Windstärken* noch vielerorts geläufiger und vielleicht auch anschaulicher (Tabelle 13.32). Vor allem die Zuordnung der Windgeschwindigkeit, sei es in Metern pro Sekunde oder in Windstärken, zu optisch wahrnehmbaren Kriterien ist gerade für den Laien, aber auch für den Windkrafttechniker eine hilfreiche Stütze zur Einschätzung der Windverhältnisse.

Tabelle 13.32. Zuordnung von Windgeschwindigkeit und Windstärke nach Beaufort

Windgeschwindigkeit in m/s von	bis	Windstärke nach Beaufort	Bezeichnung der Windstärke	Auswirkung im Binnenland
0,0	0,2	0	Stille	Rauch steigt gerade empor
0,3	1,5	1	leiser Zug	Rauch zeigt Wind an, Windfahne noch nicht
1,6	3,3	2	leichte Brise	Wind am Gesicht fühlbar, Windfahne bewegt sich
3,4	5,4	3	schwache Brise	Blätter und dünne Zweige bewegen sich, Wind streckt Wimpel
5,5	7,9	4	mäßige Brise	dünne Äste bewegen sich, Staub und Papier werden gehoben
8,0	10,7	5	frische Brise	kleine Laubbäume beginnen zu schwanken, auf Seen bilden sich Schaumkronen
10,8	13,8	6	starker Wind	starke Äste bewegen sich, Telegraphenleitungen pfeifen
13,9	17,1	7	steifer Wind	ganze Bäume in Bewegung, Hemmung beim Gehen
17,2	20,7	8	stürmischer Wind	Wind bricht Zweige von Bäumen
20,8	24,4	9	Sturm	kleine Schäden an Häusern (Dachziegel)
24,5	28,4	10	schwerer Sturm	Bäume werden entwurzelt, bedeutende Hausschäden
28,5	32,6	11	orkanartiger Sturm	(im Binnenland sehr selten) Sturmschäden
32,7	56	12 – 17	Orkan	schwerste Verwüstungen

13.6.2 SODAR und LIDAR

In den letzten Jahren sind zu den klassischen Verfahren der Windgeschwindigkeitsmessung neue Meßverfahren hinzugekommen. Unter dem Namen SODAR (Sonic Detecting and Ranging) und LIDAR (Light Detecting and Ranging) stehen elektronische basierte Geräte zur Verfügung mit denen ohne hohe Windmeßmaste die Windgeschwindigkeiten bis zu einer Höhe von mehreren hundert Metern vom Boden ausgemessen werden können. SODAR-Geräte senden Schallimpulse in die Höhe. Die Impulse werden von Luftschichten mit unterschiedlichen Temperatur -und Druckverhältnissen reflektiert. Bewegt sich die Luft wird das zurückgeworfene Signal frequenzverschoben aufgefangen (Doppler-Effekt). Mit computergestützten Datenanalysen können die Windgeschwindigkeiten und die Windrichtungen in verschiedenen Höhen ermittelt werden. Die Genauigkeit der Messergebnisse nimmt mit zunehmender Höhe ab. Außerdem werden bei nahezu stabilen Wetterlagen die Signale sehr schwach. Auch starke Störgeräusche in der Umgebung können die Signale stören. Ungeachtet dieser Einschränkungen werden heute SODAR- und LIDAR-Geräte mit gutem Erfolg eingesetzt (Bild 13.33).

Bild 13.33. Messwagen mit SODAR-Gerät (anemos-jacob)

LIDAR-Geräte verwenden statt Schallwellen Laserstrahlen, die an kleinen Luftpartikeln (Aerosole) reflektiert werden. In ähnlicher Weise wie bei SODAR können aus der aufgefangenen Rückstreuung die Windgeschwindigkeiten und die Windrichtungen in verschiedenen Höhen ermittelt werden. LIDAR-Geräte liefern bei sehr reiner Luft oder bei Regen oder Nebel keine verwertbaren Ergebnisse. Bei guten Bedingungen sind die Meßergebnis aber genauer als bei SODAR. Ein Vergleich der Ergebnisse anhand einer konkreten Messung zeigt Bild 13.34.

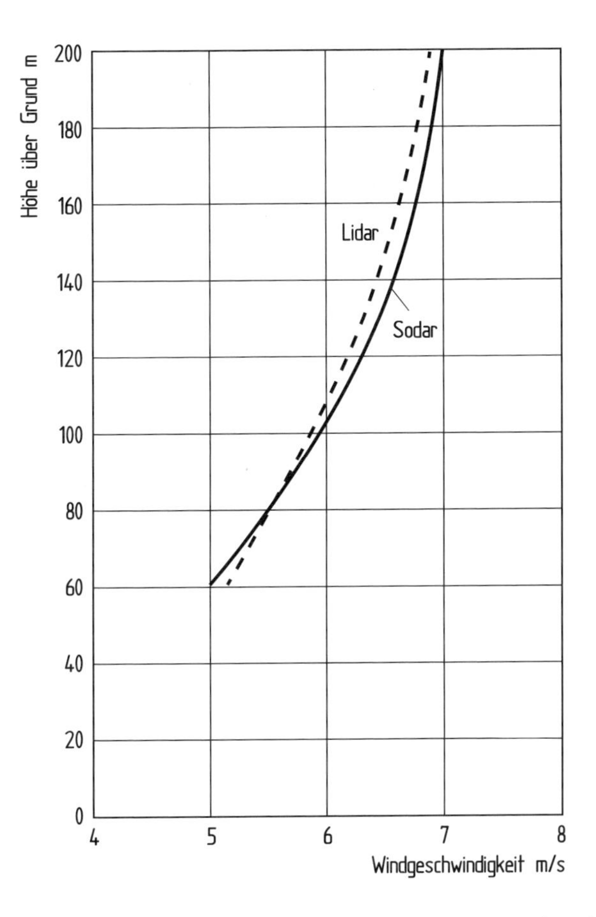

Bild 13.34. Gemessene Höhenprofile der mittleren Windgeschwindigkeit mit SODAR und LIDAR (Messung: anemos-jakob)

13.6.3 Ermittlung der Winddaten und der Energielieferung nach dem Europäischen Windatlas

Der Europäische Windatlas mit der darauf aufbauenden Computer-Software ist eines der wichtigsten Handwerkszeuge bei der Standortbestimmung für Windkraftanlagen und der Voraussage der zu erwartenden Energielieferung entwickelt. In den europäischen Ländern werden die üblichen „Windgutachten" fast ausschließlich nach dieser Methode erstellt, soweit sie sich nicht auf die Auswertung von Messungen am Standort selbst stützen können. Die Wirtschaftlichkeitsberechnungen, und damit die Investitionsentscheidung für viele Projekte, verlassen sich auf die Aussagen dieser halbempirischen Methode. Aus diesem Grund sind einige grundsätzliche Anmerkungen zur Methodik und Zuverlässigkeit unumgänglich. Für die korrekte Anwendung des Verfahrens ist eine sehr gute Dokumentation einschließlich auf Disketten erhältlicher Datenquellen und Berechnungsverfahren im Handel erhältlich [4]. Die Handhabung ist nicht schwierig, jedoch ist das Verfahren wenn es rein formal angewendet wird, d. h. ohne ausreichende allgemeine Erfahrung auf dem Gebiet der Windverhältnisse und Standortfaktoren, nicht „ungefährlich".

Der Europäische Windatlas besteht aus zwei Teilen: Der erste Teil beschreibt die Windverhältnisse in Europa, der zweite Teil enthält ein Rechenverfahren, mit dem aus diesen Daten an einem bestimmten Standort die Windverhältnisse und die Energielieferung einer oder mehrerer Windkraftanlagen vorausgesagt werden können.

Der erste Teil stützte sich anfangs auf etwa 220 Meßstationen, von denen Meßdaten über einen längeren Zeitraum vorliegen (im wesentlichen von 1970 bis 1980). Diese Meßdaten, meistens in der meteorlogischen Standardmeßhöhe von 10 m gemessen, liefern die sog. Rohdaten des Atlasses. Aus diesen Rohdaten wird die sog. „regionale Windklimatologie" unter Anwendung des geostrophischen Reibungsgesetzes ermittelt. Das *geostrophische Reibungsgesetz* ist ein grundlegender theoretischer Ansatz zur Beschreibung der Windverhältnisse in der Grenzschicht der Erdatmosphäre. Die aus den Druckgradienten der Atmosphäre resultieren Kräfte werden mit den Oberflächenreibungskräften der Erdoberfläche ins Gleichgewicht gesetzt. Dabei werden die örtlichen Daten der Meßstationen von den lokalen Einflüssen wie Orographie, Umgebungsrauhigkeit und Hindernisse „befreit" und die Weibull-Parameter (A und k) für „regional" gültige Winddaten berechnet. Diese Daten gelten dann für „flaches und gleichmäßiges" Gelände und „keine Abschattung durch Hindernisse" und für eine neutrale Schichtung der Atmosphäre. Sie werden für vier unterschiedliche Rauhigkeitsklassen berechnet. Sie werden außerdem in Richtungssektoren angegeben und repräsentieren in dieser Form die Windverhältnisse, die für eine Region von etwa 200 × 200 km anwendbar sind. Bei der Hochrechnung auf größere Höhen entsprechen den Winddaten der Windverhältnisse des geostrophischen Windes. Im Windatlas werden die so ermittelten Daten in einer Höhe von 50 m mit Karten und Tabellen dargestellt.

Im zweiten Teil des Windatlasses, dem „Wind Atlas Analysis and Application Programme" (WASP), wird beschrieben, wie aus den regionalen Winddaten die Winddaten für einen konkreten potentiellen Standort für eine Windkraftanlage ermittelt werden können. Das Verfahren ist eine Umkehrung der Berechnung der regionalen Daten aus den zugrundeliegenden örtlichen Rohdaten der Meßstationen und bedient sich derselben physikalischen und rechnerischen Modelle. Die praktische Handhabung erfolgt so, daß aus den regionalen Winddaten des Windatlasses eine geeignete, in der Nähe des geplanten Standortes der Windkraftanlage, eine gelegene Station ausgewählt wird. Dann wird der Standort nach den Kriterien Orographie, Oberflächenrauhigkeit und Abschattung durch Hindernisse eingeordnet. Hierzu wird die Landschaft in 5 verschiedene Landschaftstypen eingeteilt und es werden 4 Oberflächen-Rauhigkeitsklassen definiert. Die Rauhigkeitslänge z_0 wird dann unter anderem aus den sog. „Rauhigkeitselementen" (z. B. große Bäume, Häuser usw.) bestimmt. Mit Hilfe von daraus abgeleiteten Korrekturfaktoren werden aus den regionalen Winddaten die standortspezifischen Daten berechnet, insbesondere die Parameter der Windhäufigkeitsverteilung (Weibull-Verteilung) in der Nabenhöhe des Rotors. Dies WASP-Programm transformiert, grob gesagt, die Winddaten eines Punktes A über den geostrophischen Wind zu einem beliebigen Punkt B in der Nähe von A (Bild 13.35).

Im WASP-Programm kann mit der Eingabe der Leistungskennlinie der vorgesehenen Windkraftanlagen und den ermittelten Weibull-Parametern in Rotornabenhöhe die durchschnittlich erzielbare Leistung bzw. die Energielieferung berechnet. Die Leistung und Energielieferung wird als azimutale Verteilung in 12 Richtungssektoren ermittelt.

Das WASP-Rechenmodell wird laufend verbessert und hat sich in der vorliegenden Form hervorragend für die offenen und flachen Küstenregionen und auch die ebenen Gebiete im Binnenland bewährt. Problematisch werden die Ergebnisse im bergigen Gelände, da hier die Einordnung des Standortes nach den genannten Kriterien sehr schwierig wird und zudem die Windverhältnisse durch sehr kleinräumige orographische Gegebenheiten beeinflußt werden.

Eine weitere Ungenauigkeit zeigt sich bei der Berechnung der mittleren Windgeschwindigkeit in Höhen von über 100 m, zumindestens bei älteren WASP-Varianten. Die zugrundeliegende logarithmische Höhenformel ist nur im unteren Bereich der Grenzschicht der Prandtl-Schicht, die oft nur bis 60 m Höhe reicht, zuverlässig. Die mittlere Windge-

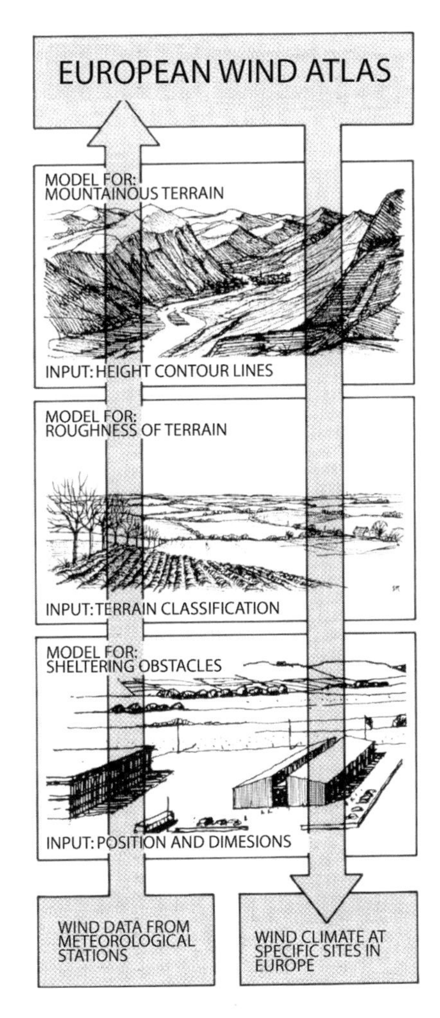

Bild 13.35. Grundsätzliche Verfahrensweise der Windgeschwindigkeitsermittlung für einen Standort nach dem Europäischen Windatlas (WASP) [4]

schwindigkeit in über 60 m Höhe wird mit der Berechnung nach WASP oft beträchtlich unterschätzt. Die neueren Versionen von WASP berücksichtigen diesen Effekt jedoch besser.

Eine häufig gestellte Frage ist die Frage nach der Genauigkeit der Prognoseberechnung nach dem WASP-Verfahren. Die Herausgeber des Windatlasses schätzen die Abweichung der ermittelten Winddaten mit ungefähr 5 % ein und den möglichen Fehler für die mittlere Windleistung (Energieertrag) mit etwa 10 %. Diese sehr vorsichtige Angabe sollte jedoch nicht zu dem Schluß verleiten, daß eine umfassendere Windprognose, die neben der Berechnung nach WASP auch Vergleiche mit vorhandenen Messungen einschließt, diese Fehlertoleranzen aufweisen muß. In den Hauptgebieten der Windenergienutzung, zum Beispiel in Dänemark oder der Norddeutschen Tiefebene, liegen mittlerweile so viele Referenzpunkte durch die zunehmende Anwahl von Windkraftanlagen vor, daß unter richtiger Einbeziehung dieser Erfahrungen und Daten zumindest in solchen Gebieten Wind- und Ertragsprognosen mit einer deutlich größeren als der genannten Genauigkeit erstellt werden können.

Das nationale dänische Windenergieinstitut in Risoe hat das WASP-Programm zu einem umfassenden Softwarepaket weiterentwickelt mit dessen Hilfe auch viele andere planerische Aufgaben im Rahmen der Windparkplanung bearbeitet werden können. Das Programmpaket wird unter dem Namen WINDPRO vertrieben [11].

13.6.4 Numerische Modelle zur Simulation von dreidimensionalen Windfeldern

Das Vordringen der Windenergienutzung in das Binnenland, mit seinen wesentlich komplexeren topographischen Bedingungen im Vergleich zu den offenen und flachen Küstenregionen, hat die Notwendigkeit einer genaueren Ermittlung der lokalen Winddaten deutlich werden lassen. Die weitverbreitete Methode nach dem Europäischen Windatlas, die den gängigen „Windgutachten" zugrunde liegt, zeigt an Binnenlandstandorten, insbesondere in „komplexem Gelände" wie bereits erwähnt, deutliche Schwächen.

Vor diesem Hintergrund werden zunehmend numerische Simulationsmodelle verwendet, die zwar wesentlich aufwendiger und damit zwangsläufig auch mit höheren Kosten verbunden sind, dafür jedoch genauere Ergebnisse liefern. Derartige Modelle werden in vielen Bereichen der Meteorologie eingesetzt, unter anderem in der Wettervorhersage, aber auch zur Beurteilung von Schadstoffausbreitungen in der Atmosphäre. Der Grundgedanke dieser Simulationsrechnungen beruht auf einem digitalen dreidimensionalen Modell der Orographie mit den relevanten Oberflächenmerkmalen. Diesem Modell wird das Windfeld des von Relief- und Oberflächenmerkmalen unbeeinflußten geostrophischen Windes überlagert. Das Ergebnis ist ein dreidimensionales Windfeld, das den Einfluß der Geländeform mit seinen Oberflächeneigenschaften wiedergibt und ohne eine Extrapolation der Windgeschwindigkeit von bodennahen Meßstationen auf größere Höhen auskommt. Eine gewisse Untersicherheit ist — ähnlich wie im WASP-Verfahren — mit der richtigen Einschätzung der Oberflächenbeschaffenheit gegeben. Eine gewisse Erfahrung im Umgang mit diesen Modellen ist deshalb auch hier unverzichtbar.

Ein Modell, das in letzter Zeit erfolgreich für die Ermittlung von Winddaten insbesondere im Binnenland eingesetzt wurde, ist unter dem Namen „FITNAH" bekannt [12]. FITNAH ist ein sog. *Mesoskalen-Modell*, das mit einer Maschenweite (räumliche Auflösung) zwischen 25 und 50 m eingesetzt werden kann. Bild 13.36 zeigt das Ergebnis einer Windfeldsimulation für ein 10 × 10 km großes Untersuchungsgebiet. Das Jahresmittel der Windgeschwindigkeit ist in einem Raster von 200 m dargestellt. In dem komplexen bergigen Gelände kann mit dieser Information die Standortwahl für die Windkraftanlagen sehr genau auf die Unterschiede der lokalen Windverhältnisse im Untersuchungsgebiet angepaßt werden oder es können die Unterschiede im Energieertrag der einzelnen Anlagen berechnet werden, falls deren Standorte bereits festliegen.

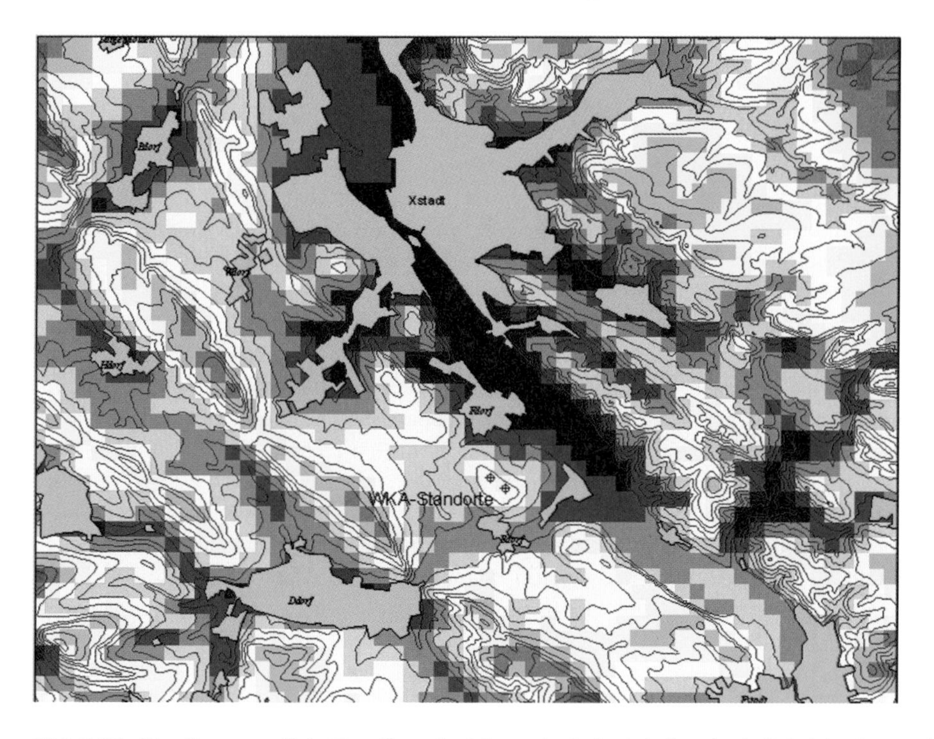

Bild 13.36. Simulierte räumliche Verteilung des Jahresmittels der Windgeschwindigkeit in einer Höhe von 98 m über Grund für einen Mittelgebirgsstandort mit dem Modell FITNAH [12]

Zu den Vorzügen dieser Mesoskalen-Modelle gehört, daß sie neben der räumlichen Darstellung der Topographie ohne Kenntnis oder Messungen der örtlichen Windparameter aufgebaut werden können. Die Vorgabe einer großflächigen, regionalen Windverteilung, im Zweifelsfall des geostrophischen Windes in großer Höhe, genügt. Auch die Hochrechnung der Windgeschwindigkeit auf große Höhen, die oft mit den üblichen Methoden im komplexen Gelände unsicher ist, gelingt mit einem Mesoskalen-Modell oft besser.

Die Simulationsmodelle stoßen allerdings an ihre Grenzen, wenn es um sehr kleinteilige Rauhigkeitseinflüsse oder Hindernisse im Gelände geht. Die Maschenweite des Gitternetzes liegt bei etwa einem Kilometer, sodaß zum Beispiel kleine Waldflächen, die innerhalb der Gitterweite liegen, nicht erfasst werden. Zu den Nachteilen gehören auch die erheblichen Kosten. Deshalb werden diese Verfahren für „normale“ Standortbeurteilungen im Allgemeinen nicht eingesetzt.

13.6.5 Über das Windenergiepotential

Die technische Funktionsfähigkeit und Zuverlässigkeit der Stromerzeugung aus Windenergie kann heute nicht mehr ernsthaft in Frage gestellt werden. Auch die Wirtschaftlichkeit ist an guten Windstandorten nicht mehr strittig (vgl. Kap. 20). Diese Tatsachen müssen heute auch von den Kritikern der Windenergienutzung zur Kenntnis genommen werden.

Das Hauptargument der Befürworter einer unveränderten Fortsetzung der überkommenen Energieversorgungsstrukturen setzt deshalb auch zunehmend bei der angeblich fehlenden energiewirtschaftlichen Perspektive der Windenergie – wie der erneuerbaren Energiequellen ganz allgemein – an. Man bescheinigt den regenerativen oder „additiven" Energiequellen großzügig ihre Nützlichkeit in bestimmten Nischensituationen, um dann in einem Atemzug zu erklären, daß natürlich „Wind und Sonne" keinesfalls ein Ersatz für die zuverlässige Kohle- und Atomenergieversorgung sein könne. Der Beitrag der „Erneuerbaren" bleibe grundsätzlich auf „wenige Prozent" beschränkt.

Im Rahmen der energiepolitischen Diskussion stellt sich vor diesem Hintergrund auch immer die Frage nach dem Potential der Windenergie. Für den einzelnen Anwender ist sie im Grunde nicht von Bedeutung. Er wird eine Technik, die erwiesenermaßen funktioniert und wirtschaftlich ist, in jedem Fall nutzen, unabhängig davon, ob das Potential nun eher groß oder klein ist, vorausgesetzt die energiewirtschaftlichen Rahmenbedingungen lassen ihm die Chance, in seinem wirtschaftlichen Einzelinteresse zu handeln. Die Rahmenbedingungen sind aber insbesondere in der Energiewirtschaft unter politischen Gesichtspunkten gesetzt und entscheiden deshalb über den wirtschaftlichen Handlungsspielraum des Einzelnen.

Das Potential – das Vermögen, Arbeit zu verrichten – ist im physikalischen Sinn eine Zustandsgröße, die exakt definiert werden kann und insoweit nicht interpretationsbedürftig ist. Im Falle der Windenergie kann man darauf hinweisen, daß etwa 2 % der von der Erdatmosphäre aufgefangenen Sonnenenergie in Bewegung der Luftmassen umgesetzt wird. Rechnerisch ergibt dies eine Leistung (Leistung deshalb, weil die Energiemenge nur in einem bestimmten Zeitraum zählbar ist) von etwa 4×10^{12} kW. Das ist hundertmal mehr als die gesamte auf der Erde installierte Kraftwerksleistung (vgl. Kap. 13.1). Natürlich ist das *ausschöpfbare* Potential sehr viel kleiner, aber alle weiteren Einschränkungen sind zunächst technischer, dann wirtschaftlicher Natur und letztlich eine Frage des gesellschaftlichen Konsens über den Stellenwert, den man der Windenergienutzung einzuräumen bereit ist. Abgesehen von dem erwähnten physikalischen Ausgangswert sind also alle anderen Zahlen über das Windenergiepotential immer ein „*Wenn man unterstellt, daß ... dann ergibt sich ein Potential von ...*". Umstritten sind dabei weniger die Resultate als vielmehr die zugrundeliegenden Annahmen.

Nahezu alle seriösen Studien über das Windenergiepotential kommen zu dem Ergebnis, daß unter realistischen Voraussetzungen das Windenergiepotential die Größenordnung von „Hunderttausenden von Megawatt" hat. Eindeutige und vergleichbare Ergebnisse kann man allerdings nicht aus diesen Untersuchungen erwarten. Man muß berücksichtigen, daß das technisch nutzbare Windenergiepotential, wie bereits erwähnt, keine physikalisch definierte Zustandsgröße ist und deshalb auch keine exakten und unumstrittenen Zahlen erwartet werden können. Die den Zahlenwerten zugrundegelegten Annahmen bestimmen das Ergebnis in sehr weiten Grenzen. Eine Bewertung der Zahlen ist deshalb nur mit einer

Wertung der getroffenen Voraussetzungen möglich. Demgegenüber sind noch vorhandene Lücken in der Kenntnis der Windverhältnisse weit weniger von Bedeutung. Regional gesehen können unzuverlässige Winddaten durchaus zu Fehleinschätzungen des Potentials führen, auf die globalen Ergebnisse hat dies jedoch keinen nennenswerten Einfluß.

Der Versuch, die Ergebnisse der Schätzungen im Zusammenhang mit den zugrundeliegenden Voraussetzungen in einem Überblick zusammenzufassen, führt auf die folgenden Stufen der Einschätzung des Windenergiepotentials:

Das atmosphärische Windenergiepotential

Das globale atmosphärische Potential der Windenergie übertrifft die weltweit installierte Kraftwerksleistung um zwei Größenordnungen. Diese Tatsache ist zwar energiewirtschaftlich heute nicht von Interesse, dennoch sollte man sie auch nicht völlig beiseite lassen. Dieses Energiepotential ist tatsächlich vorhanden, und wenn es gelänge, weniger als ein Prozent davon zu nutzen, wären alle Energieprobleme – zunächst im Hinblick auf die Stromerzeugung – gelöst.

Grundsätzlich gibt es keine physikalisch-technischen Hindernisse, die einer Nutzung dieses Potentials entgegenstehen. Zum Beispiel ist die Nutzung der Windenergie in einer Höhe von tausend Metern über dem offenen Meer technologisch nicht weiter von der heutigen Wirklichkeit entfernt als die energiewirtschaftliche Nutzung der Kernfusion. Der entscheidende Grund, warum in die Erforschung der Kernfusion hunderte von Millionen investiert werden, liegt wahrscheinlich nur darin, daß die etablierte wissenschaftlich-technische Lobby der Kernphysik und der entsprechenden Industrie diese enormen Geldausgaben politisch durchsetzen kann.

Das technisch-wirtschaftlich nutzbare Windenergiepotential

Mit der heute verfügbaren Technologie läßt sich das atmosphärische Windenergiepotential nur auf Landflächen und in den küstennahen Flachwasserbereichen der Meere nutzen. Die mittleren Jahreswindgeschwindigkeiten müssen mindestens 4 m/s in 10 m Höhe erreichen und der Transport der erzeugten Energie zum Verbraucher darf sich nicht über kontinentale Entfernungen erstrecken. Außerdem ist die Energienutzung nur bis zu einer Rotornabenhöhe von etwa 150 m möglich. Mit anderen Worten: Nur dort wo Windkraftanlagen der heute bekannten Bauart und Dimension aufgestellt werden können, ist eine technisch-wirtschaftliche Nutzung möglich. Nach diesem Kriterium ist das technisch nutzbare Windenergiepotential im Raum der Europäischen Union immer noch enorm. Die installierbare Leistung liegt mit Sicherheit in der Größenordnung von einigen hunderttausend Megawatt, entsprechend einer erzeugbaren Energiemenge in der Größenordnung von einer Milliarde Kilowattstunden. Das ist mehr als die Hälfte des gesamten Stromverbrauchs der EU im Jahre 1991 (ca. 1,8 Milliarden kWh).

Derartige Energiemengen können allein unter technischen Vorzeichen aus Windenergie gewonnen werden. Auch die wirtschaftlichen Aspekte sind keineswegs utopisch. In Gebieten mit Windgeschwindigkeiten von mehr als 5 m/s (in 10m Höhe) liegen die Stromerzeugungskosten auf dem Niveau der heutigen Erzeugungskosten von konventionellen Kraftwerken. Selbst in schwächeren Windgebieten werden immer noch volkswirtschaftlich akzeptable Stromerzeugungskosten erzielt.

Die Nutzung der Windenergie in diesem Ausmaß wäre natürlich nicht ohne schwerwiegende Veränderungen der heutigen technischen Erzeugungsstruktur möglich. Das Problem der Versorgungssicherheit müßte gelöst werden. Ohne eine sehr genau überlegte Kombination der verschiedensten solaren Erzeugungsanlagen und möglicherweise auch der Beibehaltung erheblicher Teile der konventionellen Erzeugungsanlagen wäre die Versorgungssicherheit nur mit einer nach heutigem Stand der Technik extrem teuren Speichertechnologie zu lösen. Längerfristig gesehen könnte die Energiespeicherung über die Wasserstofferzeugung eine wirtschaftlich tragbare Lösung darstellen.

Dieses skizzierte Szenario ist natürlich energiepolitisch revolutionär, aber keinesfalls technologisch utopisch – auch wenn dies noch so oft behauptet wird. Die Utopie liegt nicht in den technischen Möglichkeiten, sondern in der Abkehr von überkommenen Prioritäten in der Energiewirtschaft und politisch akzeptierten Zugeständnissen an technologische und wirtschaftliche Entwicklungen.

Das politisch durchsetzbare Windenergiepotential

Viele Windenergiepotentialschätzungen beginnen mit einer Feststellung derjenigen Gebiete, in denen die mittlere Jahreswindgeschwindigkeit den aus wirtschaftlichen Gründen für notwendig gehaltenen Mindestwert erreicht. Anschließend wird eine lange Reihe von einschränkenden Bedingungen angenommen, die einer Aufstellung von Windkraftanlagen entgegenstehen, zum Beispiel:

- Siedlungsgebiete
- Landschaftsschutzgebiete
- Verkehrswege
- besonders geschützte Biotope
- Gebiete mit besonderem Tourismus
- Hochspannungsfreileitungen
- Richtfunktrassen, Sendeanlagen und Richtfeuerstrecken
- usw.

Nach den Vorstellungen der entsprechenden Interessenverbände sollen diese Gebiete frei von Windkraftanlagen bleiben und möglichst große „Sicherheitsabstände" eingehalten werden.

Auf den Flächen, die dann noch übrig bleiben, wird die Aufstellung von Windkraftanlagen für zulässig erachtet. Davon ausgehend wird das „Windenergiepotential" unter Annahme der technisch notwendigen Mindestabstände der Anlagen errechnet. Es ist erstaunlich, daß selbst in dicht besiedelten Gebieten immer noch ein beträchtliches Potential übrig bleibt, aber dieses beträgt natürlich nur einen Bruchteil des technisch nutzbaren Potentials. Mit anderen Worten: Es werden alle bestehenden Ansprüche an die Flächennutzung als unveränderbar angesehen. Die Windenergienutzung wird auf die verbleibenden Nischen verwiesen.

Man stelle sich einmal vor, diese Maßstäbe würden an den Ausbau der Verkehrswege, vor allem des Straßenbaus, oder an die Entwicklung der konventionellen Primärenergieträger angelegt werden. Die Ausbeutung der Kohlevorräte hat nicht nur ganze Landschaften verändert, sondern im Falle des Braunkohletagebaus auch völlig zerstört. Die Umsiedlung ganzer Dörfer gehört in diesem Zusammenhang noch zu den humaneren Auswirkungen. Die in den Revieren lebenden Menschen sind seit mehr als einem Jahrhundert in ihrer Lebensqualität in extremer Weise eingeschränkt. Dies wurde und wird von der Gesellschaft als nun mal notwendiger Tribut an die technische Zivilisation hingenommen und akzeptiert.

Wer die Verlegung einer Richtfunkstrecke zugunsten der Windenergienutzung fordert, wird als weltfremder Phantast diskriminiert. Daran wird deutlich, welchen Stellenwert die Gesellschaft bereit ist, einer ökologisch orientierten Energieversorgung einzuräumen. Nur dann, wenn alle anderen Interessen nicht berührt werden – von der optimalen Position der Richtfunkstrecken bis zur Beibehaltung eines naturnahen Landschaftsbildes – ist man bereit, die Aufstellung von Windkraftanlagen zu dulden.

Mit der zunehmenden Diskussion über die Veränderung des Klimas hat sich diese Einstellung verändert – zumindestens in der öffentlichen Meinung. Die Zukunft wird zeigen, ob dies tatsächlich in der Sache zu Fortschritten führt.

Die Entscheidung über das zur Verfügung stehende Windenergiepotential fällt praktisch allein unter diesen Gesichtspunkten. Die natürlichen Voraussetzungen und die technische Realisierbarkeit setzen keine wirklichen Grenzen für den Ausbau der Windenergienutzung. Auch volkswirtschaftlich untragbare Kosten stellen im Falle der Windenergienutzung kein Hindernis dar. Es ist wichtig, sich diese Tatsachen vor Augen zu halten. Für die Windenergienutzung gilt in exemplarischer Weise, was H. Scheer insgesamt für die Sonnenenergienutzung feststellt [13]: *„Die oft gestellte Frage, wie groß der Sonnenenergieanteil an der Energieversorgung sein könnte, ist eigentlich unsinnig: Da das Potential der Sonnenenergie für die menschlichen Energiebedürfnisse mehr als ausreichend ist, gibt es auch keine Grenze des nutzbaren Sonnenenergieanteils. Die Größenordnung des Sonnenenergieanteils ist allein eine Frage des ›Inputs‹: Je mehr politische Initiativen und wirtschaftliche Investitionen, desto größer der Anteil.“*

Es wäre sicher falsch jetzt einen „harten Weg“ zur Nutzung des Windenergiepotentials zu fordern. Diesen sollte man jedoch als eine Option für den Notfall nicht aus den Augen verlieren. Sollte es zu krisenhaften Entwicklungen, verursacht durch die Fortsetzung der heutigen Energiepolitik kommen, wird auf lange Sicht gar nichts anderes übrigbleiben, als die Nutzung der Windenergie auf diese Weise voranzutreiben. Die Windenergie ist die einzige emissionsfreie Energiequelle, die mit heute verfügbarer Technologie und zu volkswirtschaftlich vertretbaren Kosten in die Bresche springen könnte.

Diese Situation ist jedoch – noch – nicht gegeben. Die weitere Ausschöpfung des Windenergiepotentials kann deshalb nur in sozial akzeptierten Grenzen weiterverfolgt werden. Allerdings ist eine total restriktive Vorgehensweise abzulehnen. Sie ist „gewollt oder naiv“ eine Strategie der Beibehaltung überkommener Strukturen zum Nachteil der Ökologie und zum Vorteil der Protagonisten der jetzigen Energiewirtschaft. Der Windenergie muß eine bestimmte Priorität eingeräumt werden. Sie darf im Einzelfall nicht an der Verlegung einer Richtfunkstrecke oder der bloßen Vermutung, daß bestimmte Vogelarten die Aufstellgebiete von Windkraftanlagen meiden könnten, scheitern.

Wenn man die Aufklärung der Öffentlichkeit über diese Zusammenhänge konsequent fortsetzt, werden mit Sicherheit entsprechende gesetzliche Rahmenbedingungen zugunsten der Windenergienutzung verstanden und akzeptiert werden. Damit würde der Weg frei, mit Strom aus Windenergie einen ganz beträchtlichen Anteil des Energiebedarfs zu decken. Dieser Anteil ist mit Sicherheit nicht auf „einige Prozent" des Energiebedarfs beschränkt. Ob das im Verlauf des nächsten Jahrhunderts ausschöpfbare Windenergiepotential - zum Beispiel im Bereich der Europäischen Union - nun hunderttausend oder zweihunderttausend Megawatt sein wird, kann man getrost der Zukunft überlassen. Entscheidend ist vielmehr die Feststellung, daß das Windenergiepotential groß genug ist, um damit einen bedeutenden Anteil an der Stromerzeugung zu ermöglichen.

Literatur

1. Frost, W.D.; Asphiden, C.; "Characteristics of the Wind" aus Spera, D. A. (Hrsg.): Wind Turbine Technology, ASME Press, New York, 1994
2. Archer, C.L.; Jacobson, M.Z. Evaluation of Global Wind Power, Stanford University, Stanford CA, 2005
3. Süddeutsche Zeitung: NASA Ocean windpower maps, SZ No 160, 2008
4. Troen, T.; Peterson, E.: The European Wind Atlas, Risø National Laboratory, Roskilde, Denmark, 1989
5. Steinmann, R.: Potentiale Binnenland, Windconcept Germany, 2008
6. Deutscher Wetterdienst; Windkarten der BRD, Deutscher Wetterdienst, Dept.: Klima und Umweltberatung, Offenbach, 1995
7. Molly, J. P.: Windenergie, Verlag C. F. Müller Karlsruhe, 2nd edition, 1990
8. Häuser, H.; Keiler, J.; Allgeier, Th.: Betreiber-Datenbasis Hamburg, 2001
9. Potsdam-Institut für Klimaforschung: PIK-Report Nr. 99, KLARA, 2005
10. Frost, W.; Long, B.H.; Turner, R.E.: Engineering Handbook on the Atmospheric Environmental Guidelines for Use in Wind Turbine Generator Development. NASA Technical Paper 1359, 1978
11. WIND PRO, Risø Test Station, Denmark, 2005
12. Gross, G.; Frey, T.; Trute, P.: Die Anwendung numerischer Simulationsmodelle zur Berechnung der lokalen Windverhältnisse in komplexem Gelände, DEWI-Magazin, No. 20, February 2002, Wilhelmshaven, 2002
13. Scheer, H.: Sonnenstrategie, Piper-Verlag, 1993

Kapitel 14

Leistung und Energielieferung

Die Bewertung der Leistungsfähigkeit von Windkraftanlagen ist häufig Anlaß für kontroverse Diskussionen. Wie bei allen Systemen zur Nutzung der Solarenergie sind die von der konventionellen Energietechnik übernommenen Kennwerte nur bedingt oder nur unter ganz bestimmten Voraussetzungen übertragbar.

Im Gegensatz zu den konventionellen Energieerzeugungsanlagen ist die Nennleistung des elektrischen Generators einer Windkraftanlage eine wenig signifikante Größe. Auf diese Tatsache kann man nicht oft genug hinweisen, da hierin die Ursache für manche Fehleinschätzung dieser Technik liegt. Dies gilt insbesondere für viele Betreiber, die verständlicherweise gewöhnt sind, in Leistungseinheiten, das heißt in „Kilowatt", zu denken.

Der richtige Maßstab für den wirtschaftlichen Wert einer Windkraftanlage ist die Energielieferung, welche die Anlage aufgrund ihrer Leistungscharakteristik bei vorgegebenen Windverhältnissen erbringen kann. Wie auch bei anderen Systemen zur Nutzung der Solarenergie ist hierfür in erster Linie die Fläche des Energiesammlers, also die Rotorkreisfläche, verantwortlich. Windkraftanlagen sind deshalb in erster Linie nach ihrem Rotordurchmesser und nicht nach der Nennleistung hinsichtlich ihrer Größe und Leistungsfähigkeit zu klassifizieren. Natürlich hat auch die installierte Generatorleistung einen Einfluß auf die Energielieferung, aber eben nur in zweiter Linie.

Die Aufgabe des Entwicklungsingenieurs besteht darin, bei vorgegebenem Rotordurchmesser die Leistungsabgabe der Anlage über den gesamten Windgeschwindigkeitsbereich zu maximieren. Die aerodynamische Auslegung des Rotors, das Regelungsverfahren, die Betriebsführung, die installierte Generatorleistung sowie der Wirkungsgrad der mechanisch-elektrischen Energiewandlungskette müssen auf dieses Ziel hin optimiert werden.

Die Leistungskennlinie ist aber nicht nur das Ergebnis der technischen Eigenschaften der Anlage, sondern bis zu einem gewissen Grad auch der Winddaten, die dem Anlagenentwurf zugrunde gelegt werden. Die Windverhältnisse erfordern eine bestimmte optimale Rotordrehzahl und in gewissen Grenzen auch die Wahl der günstigsten Generatornennleistung. Die Windkraftanlage erweist sich auch unter diesem Aspekt als ein „umweltbezogenes" Energieerzeugungssystem, dessen technische Auslegung an seine Umweltbedingungen angepaßt werden muß.

Das Ergebnis dieses Prozesses ist die Abhängigkeit der elektrischen Leistungsabgabe von der Windgeschwindigkeit, die sog. „Leistungskennlinie". Sie stellt das wichtigste Leistungszeugnis der Windkraftanlage aus der Sicht des Betreibers dar. Auf der Grundlage der Leistungskennlinie ergibt sich bei vorgegebenen Windverhältnissen die zu erwartende Energielieferung.

14.1 Vom Rotorleistungskennfeld zur effektiven Anlagenleistung

Der Ausgangspunkt zur Ermittlung der Leistungsfähigkeit einer Windkraftanlage ist das aerodynamische Rotorleistungskennfeld. Seine Entstehung und Bedeutung ist in Kapitel 5 beschrieben. Das Leistungskennfeld beschreibt jedoch nur das Leistungsvermögen des Rotors. Die effektive Leistung der Windkraftanlage wird aber noch von einer Reihe von anlagenbezogenen technischen Parameter beeinflußt. Bis aus den Rotorleistungsbeiwerten die effektiven Anlagenleistungsbeiwerte entstehen sind noch eine Reihe von Verlusten zu berücksichtigen. Die Beschränkung auf die zulässige Höchstleistung des elektrischen Generators, die Verluste im mechanisch-elektrischen Triebstang, die Regelung und Betriebsführung der Anlage, aber auch die Windrichtungsnachführung und die Ein- und Ausschaltcharakteristik der Anlage beeinflussen die effektive Anlagenleistung und damit auch die Energielieferung.

14.1.1 Installierte Generatorleistung und Rotordrehzahl

Der erste Schritt vom Rotorleistungskennfeld zur effektiven Leistungskennlinie der Windkraftanlage ist die Festlegung der zu installierenden Generatorleistung. Die höchste zulässige Dauerleistung des Generators, die Nennleistung, hat nach dem Rotordurchmesser den größten Einfluß auf die Leistungsabgabe und Energielieferung. Darüber hinaus beeinflußt sie die optimale Rotordrehzahl. Die wirtschaftlich optimale Kombination von Rotordurchmesser und installierter Generatorleistung auf der Basis einer vorgegebenen Windgeschwindigkeitsverteilung theoretisch zu ermitteln ist nicht einfach [1]. Die Optimierung erfordert die Einbeziehung der Herstellkosten der Windkraftanlage da diese mit zunehmender Nennleistung ansteigen. Damit muß ein weiteres Optimum zwischen zunehmender Energielieferung und steigenden Herstellkosten gefunden werden, da nicht allein die Maximierung der Energielieferung sondern die Minimierung der Stromerzeugungskosten das Ziel aller Bemühungen ist. Die Herstellkosten einer Windkraftanlage werden aber von zahlreichen, mathematisch nicht greifbaren, Faktoren beeinflußt, so daß in der Praxis die Nennleistung bei vorgegebenen Rotordurchmesser aus der Erfahrung heraus unter Berücksichtigung der vorgesehenen Einsatzbedingungen, in erster Linie der Windverhältnisse, festgelegt wird (vergl. Kap. 14.6.5).

Nach der Festlegung auf eine bestimmte Nennleistung bei vorgegebenen Rotordurchmesser, oder umgekehrt, stellt sich das Problem die „richtige" Rotordrehzahl zu finden. Das Leistungskennfeld des Rotors, genauer gesagt die Form der c_{PR}-Linien, zeigt, daß nur bei einer bestimmten Schnellaufzahl der maximale Leistungsbeiwert erzielt wird. Trägt man bei festgehaltener Rotordrehzahl eine c_{PR}-Linie über der Windgeschwindigkeit auf, so erkennt man unmittelbar, daß das Maximum des Leistungsbeiwertes bei einer bestimmten Windgeschwindigkeit erreicht wird. Für unterschiedliche Rotordrehzahlen läßt sich das

Maximum zu niedrigeren oder höheren Windgeschwindigkeiten verschieben (Bild 14.5). Auf der anderen Seite zeigt die Häufigkeitsverteilung der Windgeschwindigkeiten an einem vorgegebenen Standort ihr Maximum auch nur bei einer bestimmten Windgeschwindigkeit.

Es liegt auf der Hand, daß das Windangebot am besten ausgenutzt werden kann, wenn ein möglichst großer Anteil von Windgeschwindigkeiten mit hohen Rotorleistungsbeiwerten genutzt wird. Mit anderen Worten: Die Rotordrehzahl muß so ausgewählt werden, daß die höchsten Leistungsbeiwerte des Rotors im Windgeschwindigkeitsbereich genutzt werden, wo die Energiedichte der Windhäufigkeitsverteilung ihr Maximum hat. Nur dann wird die Energieausbeute den höchsten Wert erreichen. Die Lage der maximalen Energiedichte einer Windhäufigkeitsverteilung ist allerdings nicht identisch mit dem Maximum der Windgeschwindigkeitsverteilung, sondern liegt bei höheren Windgeschwindigkeiten (Bild 14.1).

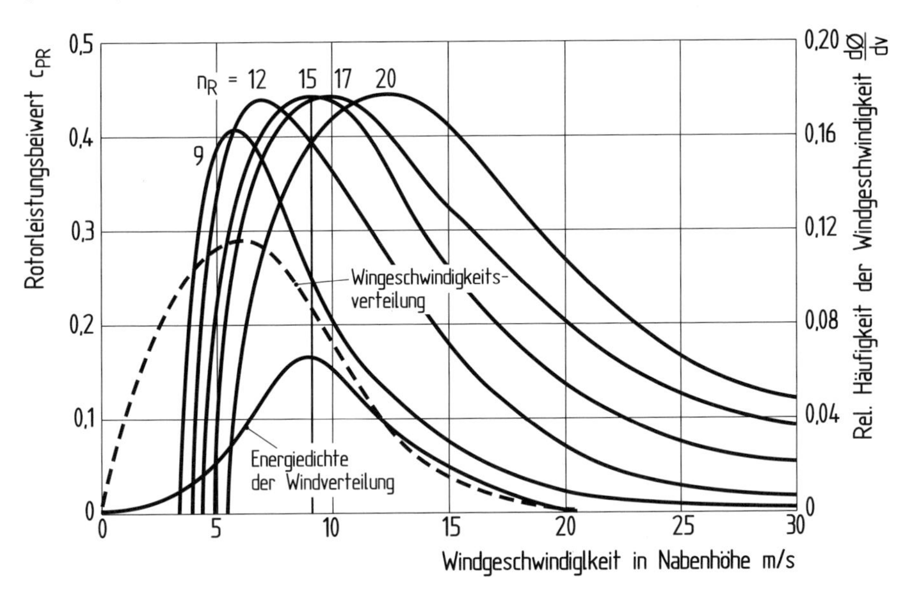

Bild 14.1. Verlauf des Rotorleistungsbeiwertes über der Windgeschwindigkeit für unterschiedliche Rotordrehzahlen und Häufigkeitsverteilung der Windgeschwindigkeit

Da die Maximierung der Energielieferung das Ziel ist, kann die optimale Rotordrehzahl nur mit der gleichzeitigen Berechnung der Energielieferung gefunden werden. Dazu muß eine bestimmte Häufigkeitsverteilung der zu erwartenden Windgeschwindigkeiten, die sog. *Entwurfs-* oder *Auslegungswinddaten* vorgegeben werden. Die Windgeschwindigkeit beim Maximum der Energiedichteverteilung wird zur sog. *Auslegungswindgeschwindigkeit* v_A. Darüber hinaus hat auch die Wahl der Abschaltwindgeschwindigkeit, das heißt der Windgeschwindigkeit bei der die Leistungserzeugung aufhören soll, einen gewissen, wenn auch nur sehr kleinen, Einfluß. Die Verwendung eines Generators mit direkter Netzkopplung erzwingt eine konstante Drehzahl des Rotors, sodaß in diesem Fall die optimale Rotordrehzahl besonders wichtig ist. Aber auch für eine drehzahlvariable Anlage muß der begrenzte Drehzahlbereich im Hinblick auf die Maximierung der Energielieferung festgelegt werden.

Theoretisch ist die Optimierung der Rotordrehzahl für jeden Aufstellort mit einer bestimmten Windgeschwindigkeitsverteilung erforderlich. Da die Abhängigkeit der optimalen Drehzahl bei den üblichen Häufigkeitsverteilungen der Windgeschwindigkeit nicht so gravierend ist und eine Änderung der Rotordrehzahl aus technischen Gründen nicht für jeden Standort vorgenommen werden kann, erfolgt die Optimierung für die zugrundegelegten Entwurfswinddaten. Diese müssen jedoch im Hinblick auf das vorgesehene Einsatzspektrum der Windkraftanlage sorgfältig ausgewählt werden.

Der Rechengang zur Optimierung der Rotordrehzahl und gleichzeitigen Berechnung der Energielieferung läuft wie folgt ab: Für eine vorgewählte Rotordrehzahl wird aus dem Rotorleistungskennfeld eine bestimmte c_{PR}-Linie des Rotors über der Windgeschwindigkeit ermittelt (Bild 14.2). Mit dem mechanisch-elektrischen Wirkungsgradverlauf ergibt sich der Verlauf des Anlagenleistungsbeiwertes.

$$c_{\mathrm{P}} = c_{\mathrm{PR}}\, \eta_{\mathrm{mech.-elektr.}}$$

Damit kann die elektrische Abgabeleistung als Funktion der Windgeschwindigkeit berechnet werden.

$$P_{\mathrm{el}} = c_{\mathrm{P}}\, \frac{\varrho}{2} v_{\mathrm{W}}^3\, F_{\mathrm{Rotor}}$$

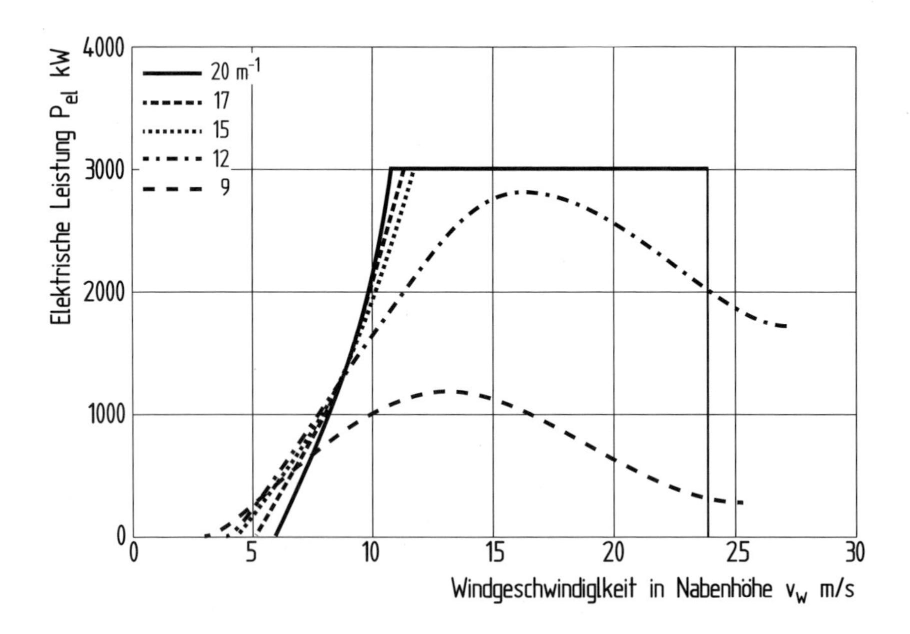

Bild 14.2. Verlauf der elektrischen Leistung für verschiedene Rotordrehzahlen

Mit diesen Leistungskurven, die jeweils für eine Rotordrehzahl gelten, wird die Energielieferung mit der vorgegebenen Windgeschwindigkeitsverteilung berechnet. Die Energielieferung in einem Zeitabschnitt ist gleich der abgegebenen Leistung bei einer bestimmten

Windgeschwindigkeit, multipliziert mit dem Zeitintervall, in dem diese Windgeschwindigkeit innerhalb des vorgegebenen Zeitraums zu erwarten ist. Man benützt dazu die relative Häufigkeits- oder die Summenhäufigkeitsverteilung, teilt diese in Windgeschwindigkeitsklassen „Δv“ ein und liest auf der Verteilungsfunktion den Häufigkeitswert ab (vergl. Kap. 14.5). Die Energielieferung erhält man durch Aufsummieren über die Windgeschwindigkeit von der Einschaltwindgeschwindigkeit v_E bis zur Abschaltwindgeschwindigkeit v_A:

$$E = \sum_{v_E}^{v_A} \Delta E = \sum_{v_E}^{v_A} P_{el}(v_W)\ \Delta t$$

Mit der numerischen Auswertung erhält man die Energielieferung für eine vorgewählte Rotordrehzahl. Der Rechengang muß für mehrere angenommene Rotordrehzahlen durchgeführt werden. Die graphische Auftragung der Ergebnisse über die Rotordrehzahl ergibt das Maximum der Energielieferung mit der zugehörigen optimalen Rotordrehzahl (Bild 14.3). Mit der Bestimmung dieser Rotordrehzahl, in dem angeführten Beispiel 18,5 U/min, liegt der Teillastbereich der Leistungskennlinie fest. Die Vollastlinie ergibt sich ohnehin aus der vorher festgelegten Nennleistung.

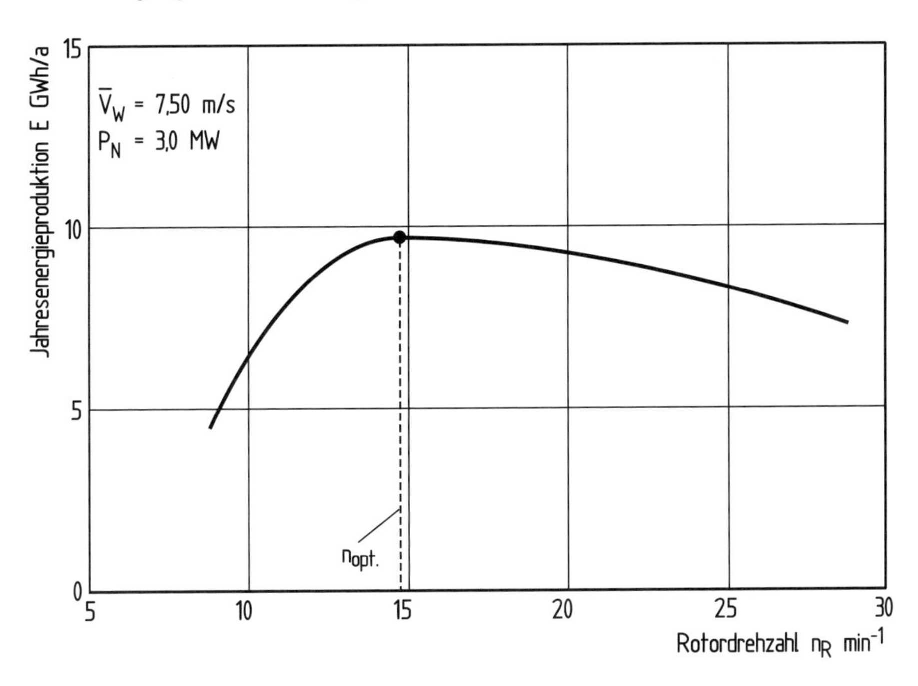

Bild 14.3. Jahresenergielieferung als Funktion der Rotordrehzahl und optimale Rotordrehzahl

Das nachstehende Schema vermittelt einen Überblick über den gesamten Rechenablauf, sowie die Vorgaben und die Verknüpfung der beteiligten Parameter (Bild 14.4). Die vielfachen Abhängigkeiten und Einflußgrößen auf die Energielieferung einer Windkraftanlage werden anhand des Schemas nochmals deutlich. Diese Zusammenhänge sind natürlich in erster Linie für den Entwurf einer Windkraftanlage von Bedeutung. Für den Betreiber der Anlage vereinfacht sich das Verfahren. Er hat mit dem hier beschriebenen Optimierungs-

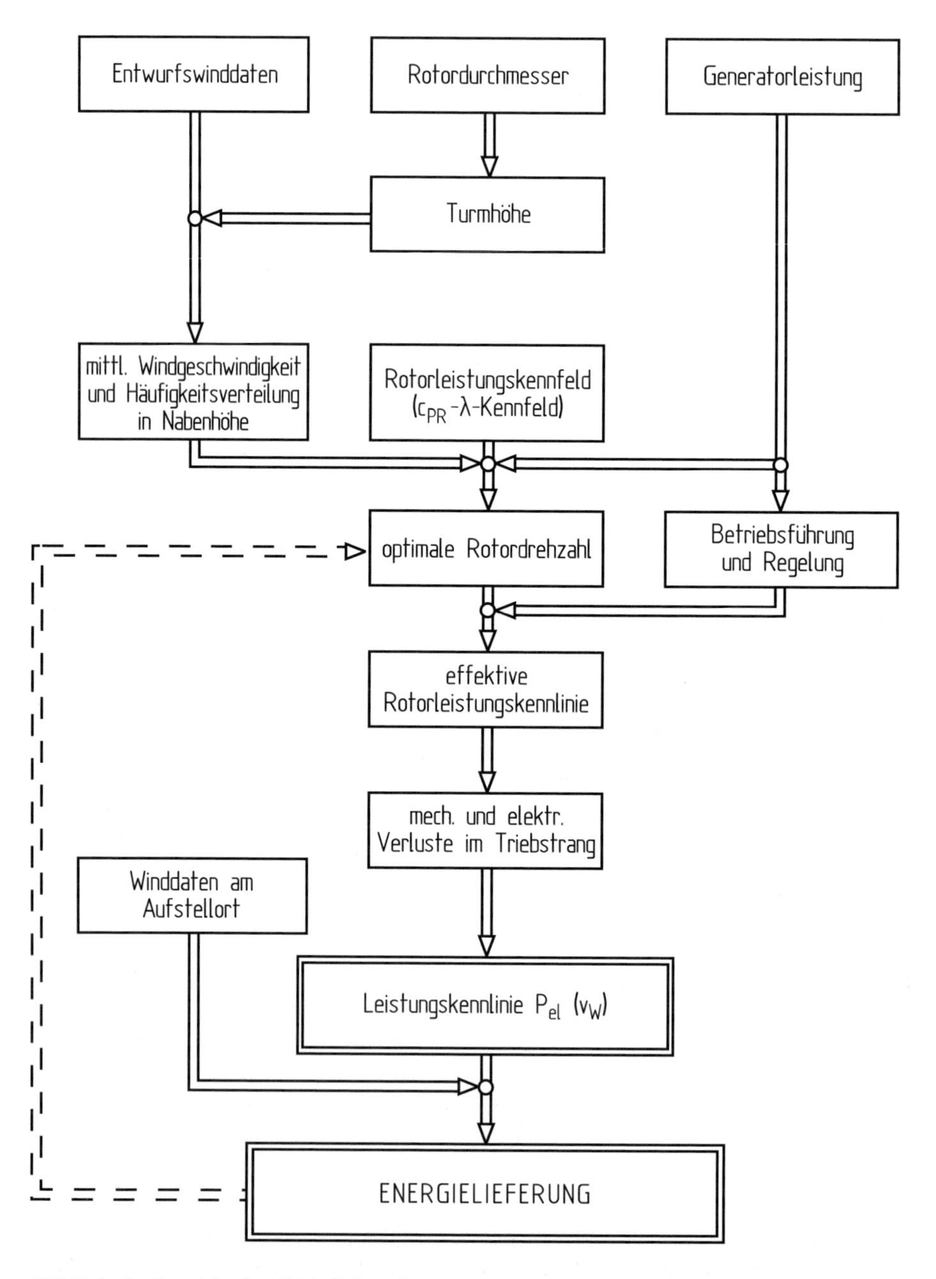

Bild 14.4. Rechenablauf und Einflußgrößen zur Ermittlung der optimalen Rotordrehzahl und der Energielieferung

verfahren nichts zu tun, sondern geht von der festliegenden Leistungskennlinie der Anlage aus. Diese verknüpft er mit den Winddaten des vorgesehenen Aufstellortes und erhält damit die zu erwartende Energielieferung der Anlage. Das dazu erforderliche Rechenverfahren wird in Kap. 14.5 erläutert.

14.1.2 Leistungsverluste durch Regelung und Betriebsführung

Die Regelung und die Betriebsführung legen den Betrieb der Windkraftanlage unvermeidlich gewisse Beschränkungen auf, die zu Leistungsverlusten in Bezug auf das theoretisch mögliche Leistungsvermögen führen. Bei der Wertung der aerodynamisch bedingten Leistungsverluste — wie auch der Verluste im mechanisch-elektrischen Triebstrang — ist zu berücksichtigen, daß diese nur im Teillastbereich wirksam werden. Im Vollastbereich, also bei Windgeschwindigkeiten oberhalb der Nennwindgeschwindigkeit, steht mehr als genug Windleistung zur Verfügung, so daß die Windkraftanlage praktisch unabhängig von ihrem Wirkungsgrad die Höchstleistung des Generators abgeben kann.

Leistungsregelung

Die Betriebsweise des Rotors, das heißt die Drehzahlführung und die Regelung des Blatteinstellwinkels, kann unter praktischen Gesichtspunkten nicht so gestaltet werden, daß gegenüber dem theoretischen Leistungsvermögen keine Leistungsverluste auftreten. Mehrere Einschränkungen verhindern eine leistungsoptimale Betriebsweise des Rotors:

- Windkraftanlagen, die mit einem direkt netzgekoppelten elektrischen Generator ausgerüstet sind, müssen mit konstanter Rotordrehzahl betrieben werden. Damit entfällt die Anpassung der Schnellaufzahl an die sich verändernde Windgeschwindigkeit. Der Rotor kann nur mehr in einem Punkt mit dem theoretisch besten Leistungsbeiwert betrieben werden. Die Festlegung einer konstanten, aber im Hinblick auf die Maximierung der Energielieferung optimalen, Rotordrehzahl erfordert die Einbeziehung der Häufigkeitsverteilung der Windgeschwindigkeiten (vergl. Kap. 13.4.1). Die so ermittelte optimale Rotordrehzahl und die installierte Generatornennleistung legen den Nennbetriebspunkt im Rotorleistungskennfeld fest. Bei den üblichen Verhältnissen liegt der Nennbetriebspunkt links und unterhalb des maximalen c_{PR}-Wertes im Rotorleistungskennfeld (Bild 14.1).
- Im Teillastbereich, das heißt im Bereich einer Windgeschwindigkeit unterhalb der Nennwindgeschwindigkeit, kann die Generatorleistung nicht als Führungsgröße für die Regelung des Blatteinstellwinkels herangezogen werden. Aus diesem Grund wird der Rotor in diesem Bereich in der Regel mit konstantem Blatteinstellwinkel betrieben. Auch diese Beschränkung führt zu einem — wenn auch geringfügigen — Leistungsverlust. Nur mit einem aufwendigen, sog. adaptiven Regelverfahren, kann der Rotor ohne Leistungseinbuße entlang der Einhüllenden des c_{PR}-λ-Kennfeldes mit variablem Blatteinstellwinkel betrieben werden.
- Im Vollastbereich, bei Windgeschwindigkeiten oberhalb der Nennwindgeschwindigkeit, in dem die Generatorhöchstleistung erreicht wird, begrenzt diese das theoretische Leistungsvermögen des Rotors. Der Blatteinstellwinkel wird so geregelt, daß die zulässige Generatorhöchstleistung nicht überschritten wird.

Mit diesen Einschränkungen ergeben sich die Betriebslinien für den Teillast- und Vollastbetrieb im Rotorleistungskennfeld (Bild 14.5).

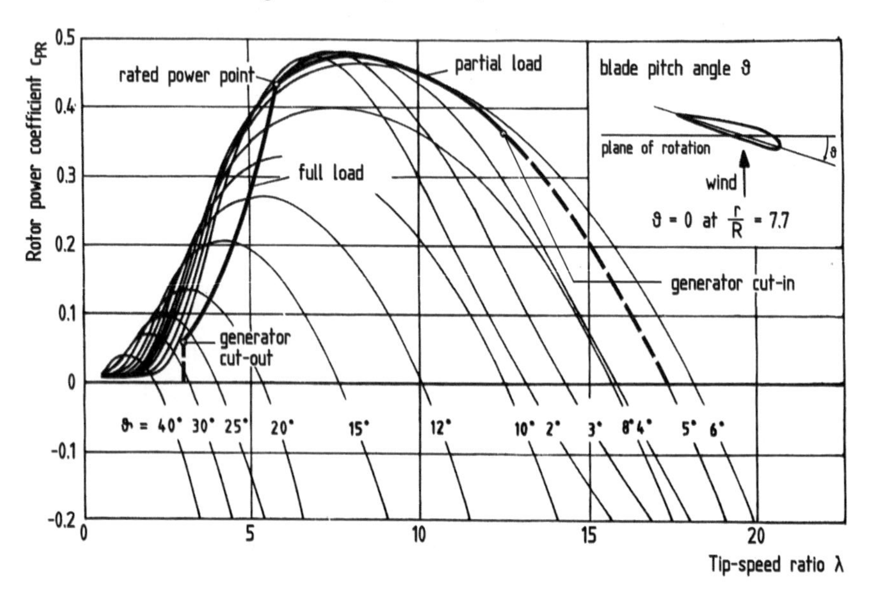

Bild 14.5. Betriebslinien für den Teillast- und Vollastbereich im Rotorleistungskennfeld

Für Rotoren ohne Blatteinstellwinkelregelung existiert ein Rotorleistungskennfeld in dem beschriebenen Sinne nicht. Das Kennfeld reduziert sich auf eine Kennlinie mit einem konstruktiv festgelegten Blatteinstellwinkel. Diese Kennlinie entspricht im rechten Teil des Kennfeldes der Betriebslinie „Teillast" der geregelten Rotoren bei konstantem Blatteinstellwinkel. Im linken Teil des Kennfeldes wird statt der geregelten Vollastlinie die Leistungsaufnahme durch die Strömungsablösung an den Rotorblättern, den „Stall", begrenzt (vergl. Kap. 5.3.2). Rotoren deren Leistungsbegrenzung durch den aerodynamischen Stall erfolgt, können deshalb mit einer einzigen Kurve für den Verlauf des Rotorleistungsbeiwertes gekennzeichnet werden.

14.1.3 Verluste im mechanisch-elektrischen Triebstrang

Die unvermeidlichen Leistungsverluste, die auf dem Weg durch den mechanisch-elektrischen Triebstrang entstehen, haben unterschiedliche Ursachen:

- Reibungsverluste in Lagern und Dichtungen der Rotorwelle
- Wirkungsgrad des Übersetzungsgetriebes
- Wirkungsgrad des elektrischen Generators und des Frequenzumrichters
- Verluste bei der Energieübertragung zum Netz
- Eigenstrombedarf der Anlage

Die Größe der Leistungsverluste hängt nicht nur vom Wirkungsgrad der beteiligten Komponenten ab, auch die Größe der Anlage spielt eine Rolle. Bei kleinen, einfach gebauten Anlagen sind die Triebstrangverluste in der Regel größer.

Beispiel Versuchsanlage WKA-60

Am Beispiel der Versuchsanlage WKA-60 zeigt Bild 14.6 den Leistungsfluß durch den Triebstrang im Nennleistungspunkt. Auf dem Weg durch den Triebstrang bis zum Netztransformator entsteht bei dieser älteren Anlage ein Verlust von etwa 140 kW. Außerdem ist ein Eigenbedarf von ca. 34 kW zu berücksichtigen, der bei der WKA-60 direkt aus dem Netz bezogen wird. Der vergleichsweise hohe Eigenbedarf erklärt sich aus dem Umstand, daß diese Versuchsanlage über eine Reihe meß- und versuchstechnischer Einrichtungen verfügt und die Nebenaggregate keineswegs auf minimalen Verbrauch ausgelegt sind. Außerdem ist zu berücksichtigen, daß nicht immer alle Verbraucher gleichzeitig betrieben werden, so daß der angegebene Wert nur den theoretischen Spitzenwert angibt. Der für den „Energieverlust" maßgebende Durchschnittswert liegt erheblich darunter und bei kommerziellen Anlagen in der Größenordnung von 1 %.

Einen Überblick über die Größenordnung der Leistungsverluste im Rotorleistungskennfeld, ausgehend von der theoretisch möglichen Rotorleistung bis zur effektiven elektrischen Leistungsabgabe, vermittelt Bild 14.7. Ausgehend von der Einhüllenden des Rotorleistungskennfeldes, das heißt vom aerodynamisch möglichen Optimum, reduziert zunächst der gewählte, konstante Blatteinstellwinkel im Teillastgebiet die tatsächlich aufgenommene Rotorleistung, wobei der Verlust ist relativ gering ist. Bedeutsamer sind die Verluste im

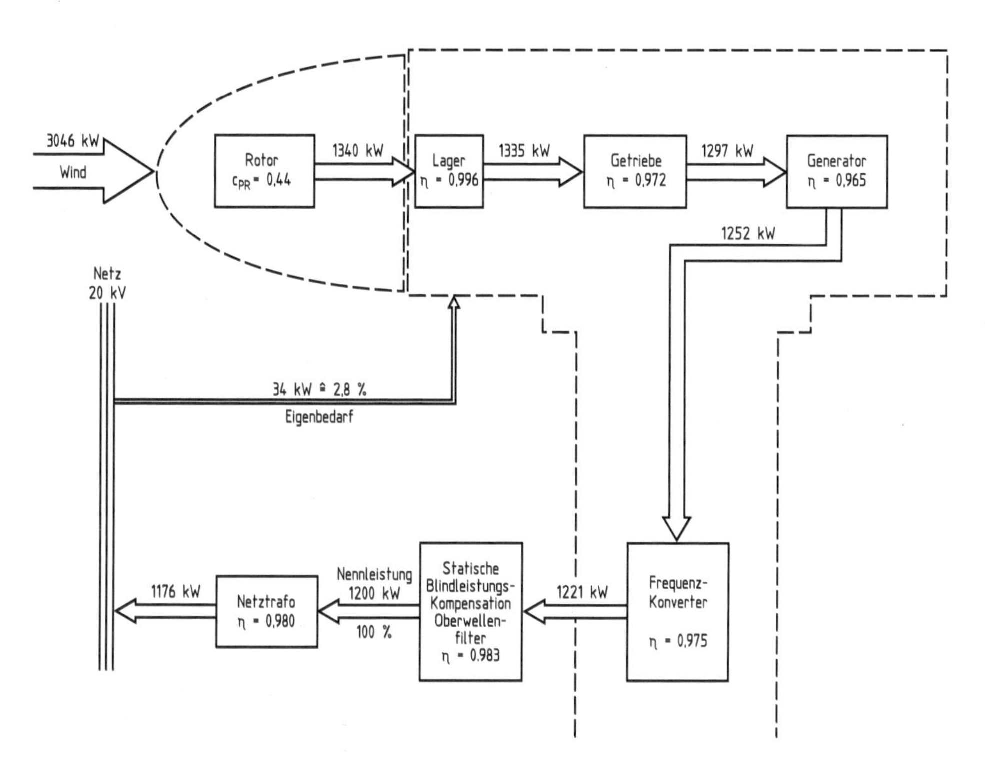

Bild 14.6. Leistungsfluß durch die mechanisch-elektrische Energiewandlungskette im Nennbetriebspunkt am Beispiel der WKA-60

mechanisch-elektrischen Triebstrang, aber auch diese Verluste sind nur im Teillastgebiet vorhanden.

Im Vollastbereich begrenzt die zulässige Generatorleistung, die effektive Anlagenleistung auf einen konstanten Wert. Der Rotor kann so geregelt werden, daß die aufgenommene Rotorleistung um so viel höher liegt, wie die Verluste im Triebstrang sind. Die erforderlichen Leistungsbeiwerte zur Erreichung der Nennleistung nehmen mit zunehmender Windgeschwindigkeit ab. Der damit verbundene Leistungsverlust ist vergleichsweise groß, während der Verlust der Energielieferung geringer ausfällt, da die höheren Windgeschwindigkeiten nur mit vergleichsweise geringer Häufigkeit vorkommen. Nach Berücksichtigung dieser Verluste ergeben sich aus den aerodynamisch bedingten Rotorleistungsbeiwerten die effektiven Anlagenleistungsbeiwerte. Der Verlauf des Anlagenleistungsbeiwertes über der Windgeschwindigkeit bildet die unmittelbare Grundlage für die Leistungskennlinie der Windkraftanlage.

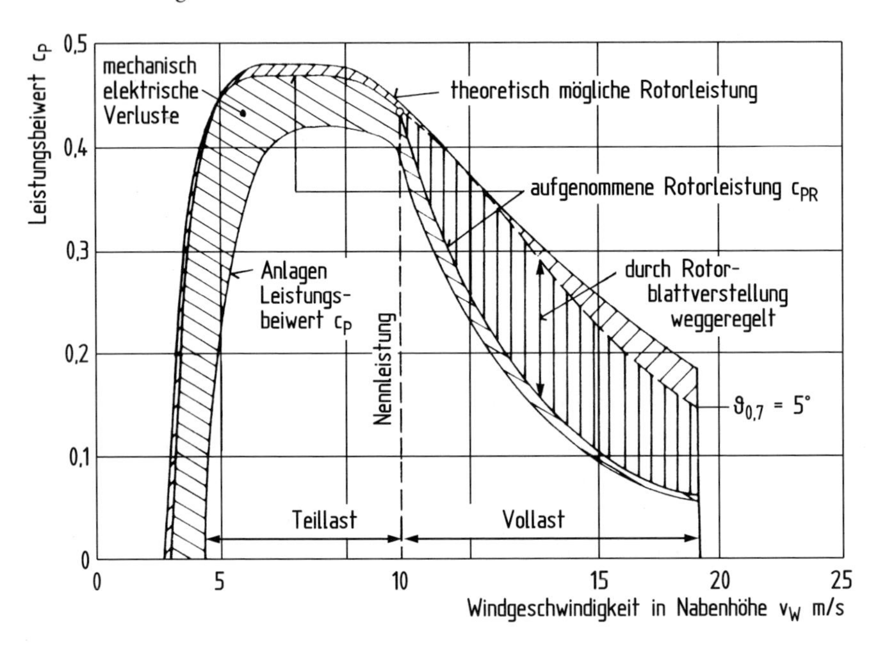

Bild 14.7. Leistungsverluste, dargestellt im Rotorleistungskennfeld der Versuchsanlage WKA-60

Wirkungsgradverläufe für verschiedene Triebstrangkonzeptionen

In dem betrachteten Beispiel handelt es sich um eine drehzahlvariable Anlage mit Synchrongenerator und Umrichter mit Gleichstromzwischenkreis. Es versteht sich von selbst, daß andere elektrische und mechanische Konzeptionen unterschiedliche Verluste aufweisen und damit der mechanisch-elektrische Wirkungsgrad anders ausfällt.

Die neueste Generation von Frequenzumrichtern hat über einen weiten Lastbereich elektrische Wirkungsgrade um 98 % (vergl. Kap. 10.6, Bild 10.42). Auf der Grundlage dieser elektrischen Wirkungsgradverläufe ergibt sich der Wirkungsgrad für den gesamten

Triebstrang mit Einschluß des Getriebewirkungsgradverlaufs über der Last, soweit ein Getriebe vorhanden ist. Die Verluste in der Rotorlagerung wurden pauschal mit 1 % berücksichtigt.

Aus dem Vergleich ist zu entnehmen, daß die unterschiedlichen Konzeptionen im Vollastbereich nicht sehr weit auseinander liegen. Das klassische Konzept mit fester Rotordrehzahl und Asynchrongenerator mit Getriebe erreicht einen Gesamtwirkungsgrad von knapp 90 %. Unter den heute fast ausschließlich realisierten drehzahlvariablen Systemen erreicht der getriebelose Triebstrang mit Permanentmagnetgenerator den höchsten Wirkungsgrad mit bis zu 94 %.

Im Teillastgebiet zeigen sich noch deutlichere Unterschiede. Die Triebstränge mit direkt angetriebenen Generatoren, aber auch die Kombination von schnellaufenden Permanentmagnet-Generatoren mit Getriebe, weisen bessere Teillastwirkungsgrade auf. Für Standorte mit schwächeren Windverhältnissen ist dieser Vorteil durchaus von Bedeutung (Bild 14.8).

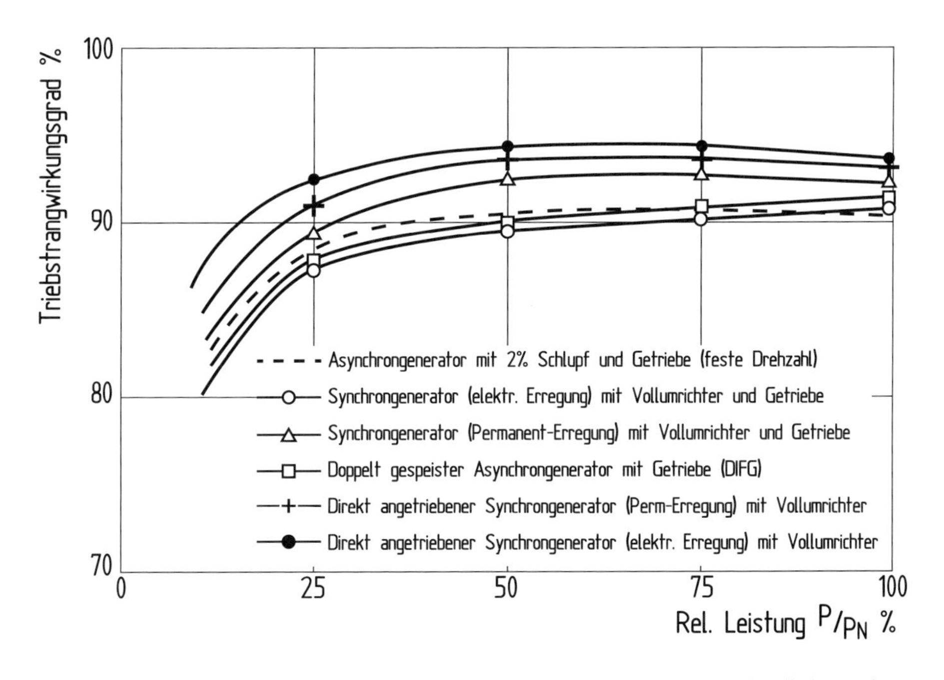

Bild 14.8. Verlauf des Triebstrangwirkungsgrades über der Leistung für unterschiedliche Triebstrangkonfigurationen

14.1.4 Leistungsbeiwerte ausgeführter Anlagen

Die Leistungskennlinien der heutigen Windkraftanlagen zeigen bei näherer Betrachtung deutliche Unterschiede, die für die wirtschaftliche Bewertung durchaus bedeutsam sind. Eine günstigere Leistungskurve, besser am Verlauf des Anlagenleistungsbeiwertes über der Windgeschwindigkeit zu erkennen, bedeutet einen merklichen Vorteil hinsichtlich der zu erwartenden Energielieferung. Die vorhandenen Unterschiede werden dabei weniger von den Verlusten im mechanisch-elektrischen Triebstrang geprägt als viel mehr von der aerodynamischen Qualität des Rotors und der Drehzahlführung des Rotors (Bild 14.9).

Vor etwa zehn Jahren lag der maximale Leistungsbeiwert der Windkraftanlagen noch bei knapp über 0,40 (Bild 14.9). Der Verlauf des Leistungsbeiwertes über der Windgeschwindigkeit hatte bei den mit konstanter Drehzahl betrieben Anlagen nur ein eng begrenztes Maximum. Mit der drehzahlvariablen Betriebsweise konnte ein deutlich größerer Bereich mit nahezu maximalen Leistungsbeiwerten genutzt werden.

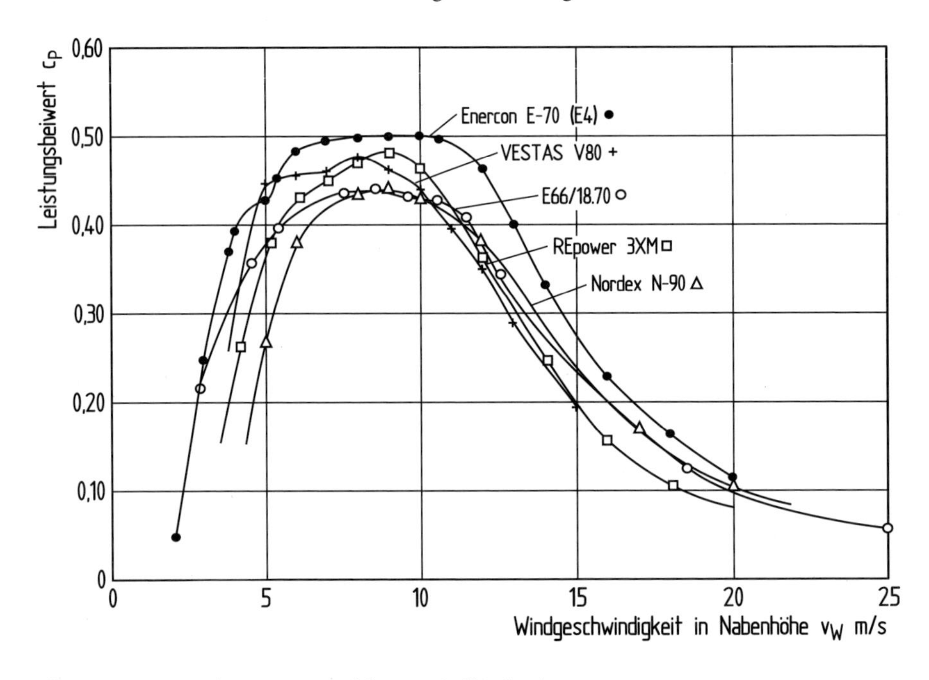

Bild 14.9. Leistungsbeiwerte ausgeführter Windkraftanlagen

Der größte Fortschritt wurde in den letzten Jahren mit aerodynamisch optimierten Rotorblättern erzielt. Insbesondere die Leistungsfähigkeit der neueren Modelle von Enercon, ab etwa 2004, haben den dominierenden Einfluß der Rotoraerodynamik deutlich werden lassen. Die ertragsoptimierten, neu entwickelten Rotorblattprofilen zusammen mit der ebenfalls neuartigen Rotorblattform am Blattwurzelbereich hat dazu geführt, daß bei diesen Anlagen der erzielte maximale Leistungsbeiwert deutlich herausragt und ein Niveau erreicht hat, das noch vor einigen Jahren unbekannt war.

Die dargestellten Beispiele zeigen insgesamt einen bemerkenswerten Fortschritt, den die neuen Windkraftanlagen in den letzten zehn Jahren in Bezug auf die Effizienz erreicht haben. Im wesentlichen sind die aerodynamisch optimierten Rotorblätter und die drehzahlvariable Betriebsweise des Rotors dafür verantwortlich. Aber auch die immer besser werdenden Frequenzumrichter haben diesen Fortschritt ermöglicht.

14.2 Leistungskennlinie

Die elektrische Abgabeleistung einer Windkraftanlage in Abhängigkeit von der Windgeschwindigkeit wird als *Leistungskennlinie* bezeichnet. Die rechnerische Ermittlung beruht, wie in den Kap. 5.2 und 14.1 erörtert, auf dem Rotorleistungskennfeld, dem Wirkungsgrad der mechanisch-elektrischen Energiewandlung, der Drehzahlführung des Rotors vor dem Hintergrund einer vorgegebenen Windhäufigkeitsverteilung und schließlich der Begrenzung der aufgenommenen Rotorleistung durch die zulässige Höchstleistung des elektrischen Generators. Sie faßt damit alle wesentlichen Eigenschaften zusammen, die für die Energielieferung der Windkraftanlage maßgebend sind. Die Leistungskennlinie stellt das offizielle Leistungszeugnis der Windkraftanlage dar. Der Hersteller der Windkraftanlage hat diese Eigenschaft zu garantieren, deshalb ist die genaue Beschreibung und Bestätigung der Leistungskennlinie von besonderer Bedeutung.

14.2.1 Normierte Leistungskennlinie

Eine Expertengruppe der International Energy Association (IEA) hat bereits in den achtziger Jahren Empfehlungen für die Definition und Vermessung der Leistungskennlinie erarbeitet [2]. Diese wurden in der Folgezeit ständig verbessert und dann in eine Richtlinie der IEC übernommen [3]. Diese Richtlinie, IEC 61400-12, wird allgemein als verbindliche Grundlage für die Definition und Vermessung der Leistungskennlinie akzeptiert. Danach ist die Leistungskennlinie zunächst durch drei Eckpunkte der Zuordnung von Leistungsabgabe und Windgeschwindigkeit gekennzeichnet (Bild 14.10):

- Die *Einschaltwindgeschwindigkeit* v_E (v_{CI}) ist die Windgeschwindigkeit, bei der die Anlage beginnt Leistung abzugeben. Mit anderen Worten, der Rotor muß bereits so viel Leistung liefern, daß die Verlustleistung im Triebstrang und der Eigenbedarf abgedeckt sind.
- Die *Nennwindgeschwindigkeit* v_N (v_r) ist die Windgeschwindigkeit, bei der die Generatornennleistung erreicht wird. Diese ist identisch mit der zeitlich unbegrenzt zulässigen Höchstleistung des Generators.
- Die *Abschaltwindgeschwindigkeit* v_A (v_{CO}) ist die höchste Windgeschwindigkeit, bei der die Anlage mit Leistungsabgabe betrieben werden darf.

Die Leistung ist als Nettoleistung zu verstehen. Es ist die elektrische Leistungsabgabe unter Abzug aller Leistungsverluste für den Eigenbedarf der Anlage. Nur der Leistungsverlust des Netztransformators bleibt unberücksichtigt, da dieser nicht anlagenspezifisch, sondern vom Aufstellort abhängig ist. Bei Windkraftanlagen, bei denen der Mittelspannungstransformator integrierter Bestandteil des elektrischen Systems ist, muß dies entsprechend berücksichtigt werden.

Die atmosphärischen Voraussetzungen basieren auf der Normatmosphäre nach DIN 5450 (Luftdichte 1,225 kg/m^3 bei N.N., Temperatur 15 °C). Die Luftdichte und damit die Höhenlage und die Temperatur beeinflussen die Leistungsabgabe. Die Nennwindgeschwindigkeit kann in der Praxis nicht „punktgenau" bestimmt werden. Bedingt durch das Regelungsverfahren ergibt sich immer eine gewisse „Ausrundung" der Kennlinie mit dem Einsetzen der Nennleistung (Bild 14.11).

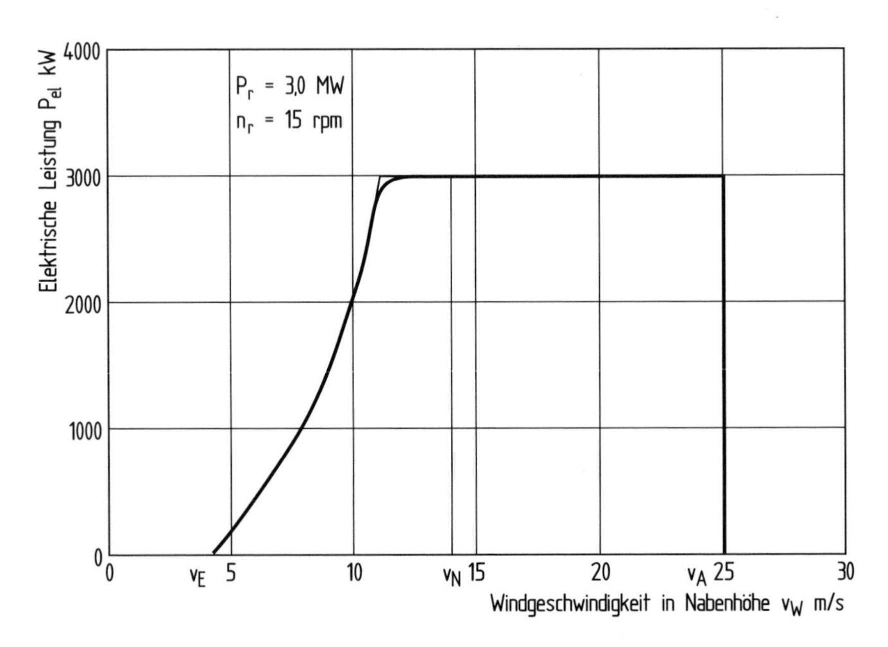

Bild 14.10. Berechnete Leistungskennlinie einer 3 MW Anlage mit einem Rotordurchmesser von 100 m

Der Hersteller der Windkraftanlage muß dem Käufer die Leistungskennlinie garantieren. Die Kennlinie wird im allgemeinen in graphischer Form und als Tabelle angegeben. Wie jede technische Eigenschaft, insbesondere wenn sie das Produkt komplexer Zusammenhänge ist, ist eine gewisse Toleranz unvermeidlich. Eine Abweichung der Kennlinie im unteren Windgeschwindigkeitsbereich hat andere Auswirkungen auf die Energielieferung und damit auf die Wirtschaftlichkeit, als im Bereich der Nennwindgeschwindigkeit. Während Minderleistungen im Teillastbereich auf technische Defizite bei den Rotorleistungsbeiwerten oder den anderen beteiligten mechanischen und elektrischen Wirkungsgraden hinweisen, kann eine geringere Leistung im Vollastbereich durch eine andere Einstellung der Leistungsregelung beseitigt werden, sofern es sich um eine Anlage mit Blatteinstellwinkelregelung handelt.

Bei Anlagen mit festem Rotorblatteinstellwinkel ist oft ein nicht korrektes Stallverhalten die Ursache für Beanstandungen. Fehler im Verwindungsverlauf der Rotorblätter oder ungenaue Blatteinstellwinkel können dafür verantwortlich sein. Nicht selten setzt der Stall und damit die Leistungsbegrenzung später als erwartet ein und die maximale Leistung überschreitet die angegebene Nennleistung bei höheren Windgeschwindigkeiten, während andererseits die Leistungskennlinie bei niedrigeren Windgeschwindigkeiten schlechter als erwartet ausfällt (Bild 14.11). Hinzu kommt, daß Stall-Anlagen oft eine „individuell" geprägte Leistungskennlinie zeigen. Kleine Bauabweichungen bei den Rotorblättern haben einen deutlich größeren Einfluß auf die Form der Leistungskennlinie als bei Anlagen mit Blatteinstellwinkelregelung.

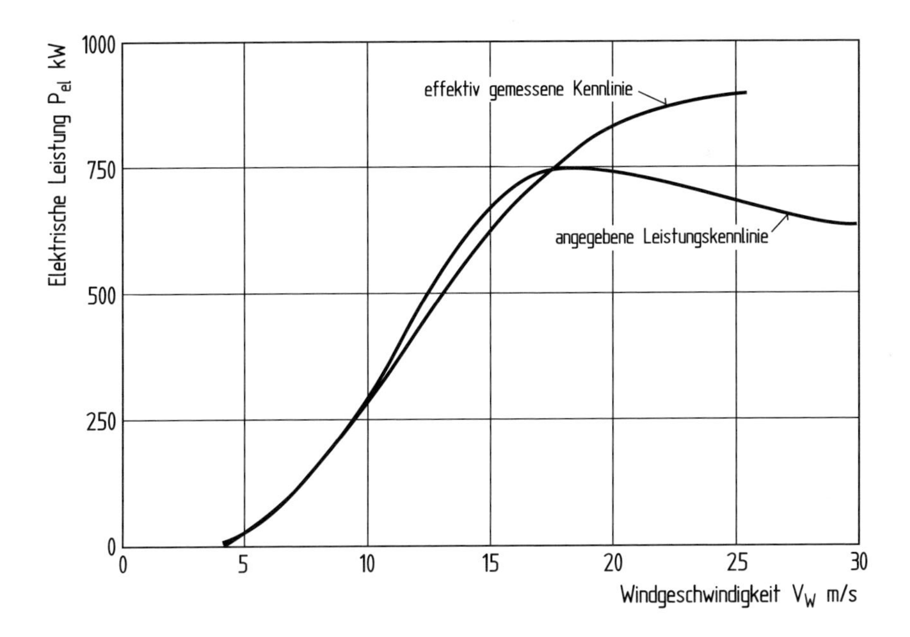

Bild 14.11. Typische Abweichung einer gemessenen von der berechneten Kennlinie bei einer Windkraftanlage mit Stallregelung

Angesichts dieser Probleme ist es nicht sinnvoll, die Garantie auf die Einhaltung der geometrischen Form der Leistungskennlinie zu beziehen. Stattdessen wird die mit der Leistungskennlinie rechnerisch erzielte Energielieferung von den Windkraftanlagen-Herstellern garantiert. Dies setzt jedoch voraus, daß sich Hersteller und Käufer auf die Grundlagen des rechnerischen Vergleichs verständigen. Es muß vereinbart werden, welche Windgeschwindigkeitsverteilung dem Vergleich zugrunde gelegt werden sollen. Die IEC-Richtlinie empfiehlt, eine Rayleigh-Verteilung mit einer mittleren Windgeschwindigkeit in einem Bereich von 4 bis 11 m/s in 10 m Höhe zugrunde zu legen. Der Schadensersatzanspruch bei Nichteinhaltung der Kennlinie wird in der Regel entsprechend dem monetären Wert der Minderenergielieferung vereinbart.

14.2.2 Vermessung der Leistungskennlinie

Der Verkauf von Windkraftanlagen, die nur über eine berechnete Leistungskennlinie verfügen, findet heute nur noch in Ausnahmefällen statt. Im Zusammenhang mit der *Typenprüfung* wird in der Regel für alle kommerziellen Windkraftanlagen die Leistungskennlinie von unabhängigen Instituten vermessen und zertifiziert (vergl. Kap. 6.4.1). In Europa haben sich die nationalen Windenergieinstitute auf diese Aufgabe spezialisiert, in Deutschland das „Deutsche Windenergie Institut“ (DEWI) und die „Windtest-Kaiser-Wilhelm-Koog“ (KWK), in Dänemark das Nationale Institut und Windkraftanlagen Teststation in Risø und in Holland das Niederländische Energie Forschungsinstitut (ECN) in Petten. Diese Institute sind über eine von der EU-Kommission initiierte Organisation (Measnet) verbunden und arbeiten ständig an der Verbesserung und Vereinheitlichung der Meßverfahren [4].

Die Vermessung der Kennlinie hat ihre besonderen Schwierigkeiten. Wegen der besonderen Bedeutung der Leistungskennlinie und ihrer Genauigkeit werden die Haupteinflußgrößen entsprechend den Vorgaben der IEC 61400-12 hier erörtert.

Ort der Messung

Der Aufstellort der Windkraftanlagen an dem die Messung stattfindet soll nur kleinere Abweichungen von einer ebenen Fläche haben und frei von größeren Hindernissen sein. Die zu vermessende Windkraftanlage darf nicht von benachbarten Windkraftanlagen beeinflußt werden. Wenn diese Bedingungen nicht gegeben sind, kann eine sog. *Kalibrierung des Aufstellortes* erfolgen, bei der die Einflüsse von nicht ebenen Gelände und vorhandenen Hindernissen quantifiziert werden und bei den Ergebnissen berücksichtigt werden.

Messung der Windgeschwindigkeit

Die richtige Korrelation von Leistung und Windgeschwindigkeit gelingt nur mit einer für die Leistungserzeugung repräsentativen Windgeschwindigkeit. Der Meßort für die Windgeschwindigkeitsmessung muß dazu möglichst unbeeinflußt vom Strömungsfeld des Rotors sein, um die „wahre" ungestörte Windgeschwindigkeit zu erfassen (Bild 14.12). Daraus ergibt sich aber wegen der notwendigen räumlichen Entfernung zum Rotor, die in der Regel

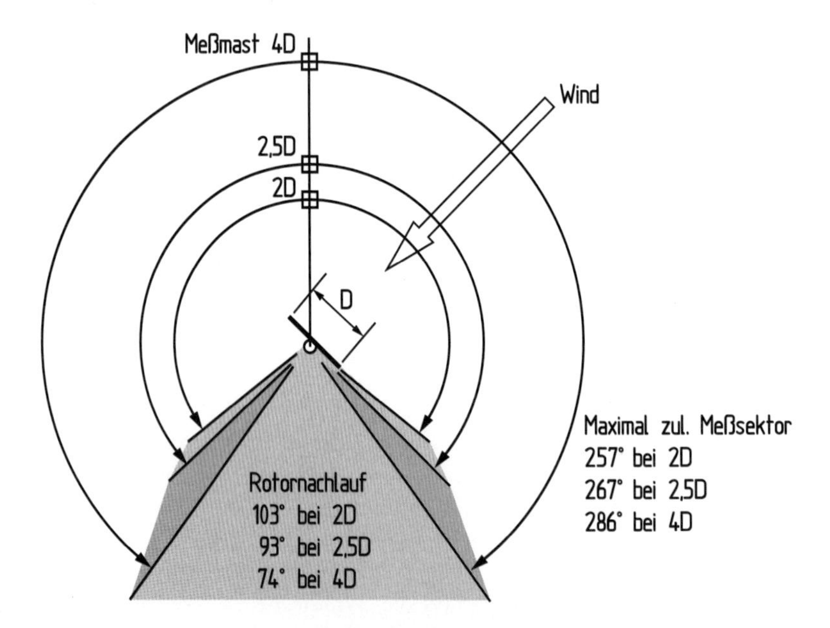

Bild 14.12. Vermessung der Leistungskennlinie nach IEC 61400-12 [2]. Windmessung 2 bis 4 Rotordurchmesser von der Windkraftanlage (empfohlener Abstand 2,5 *D*)

mehrere Rotordurchmesser vor der Rotorebene beträgt, ein Zeitverzug zwischen der momentanen Messung der Windgeschwindigkeit und der Leistungsabgabe der Windkraftanlage. Außerdem ist ein einziger Meßpunkt bei größeren Rotoren nie wirklich repräsentativ für die ganze Rotorkreisfläche (vergl. Kap. 11.1).

Im Zusammenhang mit der Windgeschwindigkeitsmessung muß auf den Einfluß der Anemometerbauart hingewiesen werden. In der Vergangenheit wurden Anemometer verschiedener Bauart verwendet, die unterschiedlich auf die Strömungsverhältnisse in der turbulenten Atmosphäre reagieren. Vor allem in Dänemark wurden von der Teststation in Risø entwickelte Anemometer eingesetzt, die bauartbedingt im wesentlichen die Horizontalkomponente des Windgeschwindigkeitsvektors registrieren. In Deutschland übliche Anemometer reagierten eher auf den Gesamtvektor der Windgeschwindigkeit einschließlich der lateralen Komponenten. Bei einer gegebenen Leistung der Windkraftanlagen wurde damit eine höhere Windgeschwindigkeit registriert, sodaß die Leistungskennlinie weniger gut erschien. Die Unterschiede betrugen, abhängig vom Turbulenzgrad, während der Messung 5–7 % [5]. Seit einigen Jahren wird die Anemometerbauart durch die IEC 61400-12 einheitlich vorgeschrieben, so daß dieser Konflikt bei neueren Messungen beseitigt wurde.

Elektrische Leistungsmessungen

Die elektrische Leistungabgabe der Windkraftanlage soll mit einem Leistungsumformer vorgeschriebener Genauigkeit in jeder Phase hinsichtlich des Stroms und der Spannung gemessen werden. Die Leistungsmessung soll zwischen Windkraftanlage und Netzanbindung erfolgen, sodaß der Energieverbrauch der Anlage bereits abgezogen ist (elektrische Nettoleistung). Außerdem ist anzugeben, ob die Messung auf der Anlagen- oder Netzseite des Transformators durchgeführt wurde.

Normalisierung der Meßwerte

Die Meßdaten sollen auf zwei Bezugsebenen normalisiert werden. Zum einen auf die ISO-Standardatmosphäre ($\varrho = 1{,}225 \mathrm{kg/m^3}$) und zum anderen auf die durchschnittliche Luftdichte, die am Meßort über den Meßzeitraum geherrscht hat.

Datenbasis

Die normalisierten Meßdaten sind nach der „method of bins" mit einer Schrittweite von 0,5 m/s zu sortieren. Es müssen Daten für einen Windgeschwindigkeitsbereich von einem Meter pro Sekunde unterhalb der Einschaltwindgeschwindigkeit bis zum 1,5-fachen der Windgeschwindigkeit die zum Erreichen von 85 % der Nennleistung erforderlich ist vorhanden sein.

Definition der Leistungskennlinie

Die gemessene Leistungskennlinie wird nach der „method of bins" mit einer Schrittweite von 0,5 m/s durch die normalisierten Meßdaten definiert. Die Leistungswerte sind die 10-Minuten-Mittelwerte in jedem „bin" der Windgeschwindigkeit. Das Ergebnis ist die normalisierte und gemittelte Leistungskennlinie („normalized and averaged power curve").

Leistungsbeiwerte

Die Leistungsbeiwerte werden aus der normalisierten Leistungskennlinie berechnet und sind gesondert anzugeben.

Unsicherheitsanalyse

Die Angabe der Leistungskennlinie soll durch eine Abschätzung der Unsicherheiten ergänzt werden (uncertainty analysis). Das dabei anzuwendende Verfahren richtet sich nach der ISO-Richtlinie: „Guide to the expression of uncertainty in measurement". Darin werden zwei Kategorien der Unsicherheiten von gemessenen Ergebnissen unterschieden. Die Kategorie A erfaßt alle Unsicherheiten die mit der Messung verbunden sind, aber nicht systematisch erfaßt werden können, wie physikalisch bedingte Fluktuationen der Leistungsabgabe, klimatische Einflüsse insbesondere die Windturbulenz. Die Kategorie B enthält die systematisch zu erfassenden Fehlertoleranzen der Meßinstrumente, der Datenaufbereitung und die Einflüsse aus der Topographie des Gebäudes (test site calibration). Die Unsicherheiten in beiden Kategorien sind als Standardabweichungen anzugeben (standard deviation).

In diesem Zusammenhang sei darauf hingewiesen, daß die Unsicherheitsangabe nicht als notwendiger Abzug von der berechneten Jahresenergielieferung mißverstanden wird. Die Unsicherheit geht nach beiden Seiten. Das bedeutet die berechnete Energielieferung ist wahrscheinlichkeitstheoretisch ein P 50-Wert (vergl. Kap. 14.5.5).

Präsentation der Meßergebnisse

Die Leistungskennlinie soll als Diagramm und in Form einer Tabelle angegeben werden (Bild 14.13 und 14.14). Für jedes Windgeschwindigkeitsintervall (bin) ist anzugeben:

- normalisierte und gemittelte Windgeschwindigkeit
- normalisierte und gemittelte elektrische Leistungsabgabe
- Anzahl der Datensätze
- berechnete Leistungsbeiwerte
- Standardabweichung der Unsicherheiten nach Kategorie A
- Standardabweichung der Unsicherheiten nach Kategorie B
- kombinierte Standardabweichung der Unsicherheiten

Jahresenergielieferung

Die Jahresenergielieferung (annual energy production AEP) der Windkraftanlage soll auf der Basis der normalisierten Leistungskennlinie berechnet werden. Das Jahr ist mit 8760 Stunden anzunehmen. Für Vergleichszwecke sollen die Winddaten mit einer Rayleigh-Verteilung und einer mittleren Windgeschwindigkeit von 5,5 m/s in Rotornabenhöhe zugrunde gelegt werden.

Die so ermittelte Energielieferung berücksichtigt allerdings keine standortspezifischen Einflüsse, wenn die normierte Leistungskennlinie zugrundegelegt wird. Insbesondere wenn es sich um schwieriges Gelände handelt (complex terrain) muß eine sog. „site calibration" durchgeführt werden. Damit werden diese Einflüsse ermittelt und als Korrekturen eingeführt, beziehungsweise in den Unsicherheiten angegeben (vergl. Kap. 14.2.2).

Auszug aus dem Prüfbericht

Seite 1/2

Stammblatt „Leistung", entsprechend den „Technischen Richtlinien für Windenergieanlagen, Teil 2: Bestimmung von Leistungskurve und standardisierten Jahresenergieerträgen

Rev. 14 vom 01. März 2004 (Herausgeber: Fördergesellschaft Windenergie e. V., Stresemannplatz 4, D-24103 Kiel

Auszug aus dem Prüfbericht DEWI-PV 0511-016.3 zur Leistungskurve
der Windenergieanlage vom Typ ENERCON E-82 mit einer Nennleistung von 2000 kW
Datenbasis B (WEA Status: Verfügbarkeit, ohne Abschalthysterese)

Anlagentyp:	ENERCON E-82	Herstellerangaben	
Anlagenhersteller:	ENERCON GmbH	Nennleistung:	2000 kW
	Dreekamp 9	Nennwindgeschwindigkeit:	13 m/s
	D-26605 Aurich	Rotordrehzahlbereich:	6 - 19.5 rpm (Betrieb 0)
Anlagen-Standort (ca.):	x: 2592260 y: 5914843	Rotordurchmesser:	82 m
	(Gauß Krüger, Bessel)	Nabenhöhe:	98 m
Seriennummer:	82001	Blatteinstellwinkel: pitch	Blatt-Typ: ENERCON 82-1

Messumfang und Angaben zu den Sensoren

Messzeitraum (MEZ):	26.10.2006 (17:00) – 30.03.2007 (10:30)		
		Messgenauigkeit	
Ausgewerteter Windrichtungssektor:	189° - 251° und 343° - 18°	bzgl. Leistungsmessung:	18.25 kW
Windmessung / Nabenhöhe:	97.5 m	bzgl. Anemometerkalibration: Thies 1st Class 4.3350.10.000	0.1 m/s
Referenz-Luftdichte:	1.225 kg/m³	bzgl. Luftdichtebestimmung:	0.4 %

Abweichungen gegenüber der Richtlinie

Keine Abweichungen von der Richtlinie.

Leistungskurve entsprechend „Technischer Richtlinie"

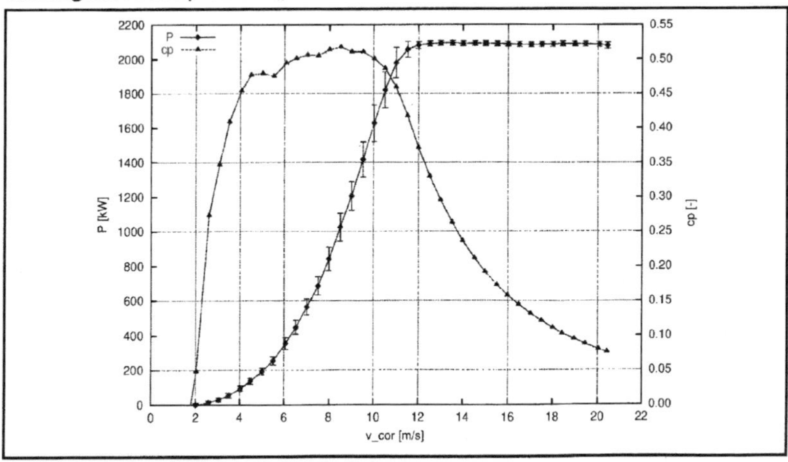

Gemessene Leistungskurve bei Referenzluftdichte 1.225 kg/m³; dargestellt sind nur vollständige Bins (mindestens drei Werte).

Dieser Auszug aus dem Prüfbericht enthält 2 Seiten.

Bild 14.13. Gemessene und zertifizierte Leistungskennlinie einer Enercon E-82

Auszug aus dem Prüfbericht „Leistung" Seite 2/2

Gemessene Leistungskurve der ENERCON E-82 Bezugs-Luftdichte 1.225 kg/m³					Unsicherheit Kategorie A	Unsicherheit Kategorie B	Kombinierte Unsicherheit
Bin-Nr.	Windgeschwindigkeit in Nabenhöhe V_i [m/s]	Wirkleistung P_i [kW]	$c_{p,i}$-Wert [-]	Anzahl der Datensätze N_i [-]	Standard-unsicherheit s_i [kW]	Standard-unsicherheit u_i [kW]	Standard-unsicherheit $u_{c,i}$ [kW]
3	1.48	-0.69	-0.07	6	0.1	10.6	10.6
4	2.00	1.28	0.05	8	0.9	10.6	10.6
5	2.57	15.14	0.27	17	1.1	11.0	11.0
6	3.04	31.70	0.35	25	1.4	11.5	11.6
7	3.48	55.83	0.41	25	2.1	12.9	13.1
8	4.03	96.00	0.46	29	3.4	14.9	15.3
9	4.47	138.47	0.48	48	2.6	17.7	17.9
10	5.00	194.46	0.48	38	4.7	19.8	20.3
11	5.50	255.42	0.48	33	5.6	23.2	23.9
12	6.05	355.07	0.50	36	7.7	33.3	34.2
13	6.51	448.18	0.50	73	6.1	38.8	39.3
14	7.01	564.52	0.51	88	5.0	46.4	46.7
15	7.49	687.56	0.51	156	4.8	53.3	53.5
16	7.98	844.06	0.51	152	5.6	68.4	68.7
17	8.50	1027.11	0.52	188	5.2	79.5	79.7
18	9.00	1204.86	0.51	199	6.2	83.2	83.4
19	9.51	1418.47	0.51	256	5.8	102.6	102.7
20	10.01	1627.90	0.50	348	4.6	105.4	105.5
21	10.50	1821.44	0.49	335	4.7	105.5	105.6
22	10.99	1979.36	0.46	331	3.7	87.9	88.0
23	11.50	2057.04	0.42	263	2.4	45.4	45.4
24	12.00	2081.39	0.37	326	1.1	20.0	20.0
25	12.51	2089.98	0.33	244	0.8	14.7	14.7
26	12.99	2093.23	0.30	241	0.5	13.9	13.9
27	13.51	2093.56	0.26	239	0.5	13.8	13.8
28	13.98	2091.68	0.24	197	0.5	13.8	13.8
29	14.51	2092.23	0.21	182	0.4	13.8	13.8
30	14.98	2090.97	0.19	127	0.6	13.8	13.8
31	15.50	2089.95	0.17	122	0.6	13.8	13.8
32	15.98	2088.23	0.16	119	0.8	13.8	13.9
33	16.48	2085.72	0.14	110	0.9	13.9	13.9
34	17.01	2083.06	0.13	79	2.0	13.9	14.0
35	17.49	2085.46	0.12	81	2.3	13.9	14.1
36	18.00	2085.60	0.11	53	4.0	13.7	14.3
37	18.43	2088.97	0.10	37	1.7	14.2	14.3
38	18.97	2088.28	0.10	20	1.7	13.8	13.9
39	19.44	2087.64	0.09	3	4.8	13.8	14.6
40	20.04	2085.77	0.08	3	1.4	13.8	13.9
41	20.42	2079.04	0.08	4	9.3	16.1	18.6

Berechnete Jahresenergieerträge		Referenzluftdichte: 1.225 kg/m³, Abschaltwindgeschwindigkeit: 25 m/s (Extrapolation mit konstanter Windgeschwindigkeit ab dem letzten Bin-Intervall)		
Jahresmittel der Windgeschwindigkeit (Rayleigh-Verteilung) [m/s]	Gemessener AEP (gemessene Leistungskurve) [MWh]	Unsicherheit der gemessenen Leistungskurve, dargestellt als Standardabweichung des AEP [MWh]	[%]	Extrapolierter AEP (extrapolierte Leistungskurve, 100 % Verfügbarkeit) [MWh]
4	1673.1	182.6	10.9	1673.1
5	3158.1	258.5	8.2	3158.1
6	4890.5	317.2	6.5	4892.1
7	6605.6	349.0	5.3	6624.0
8	8111.7	358.4	4.4	8198.5
9	9296.8	353.0	3.8	9540.7
10	10121.6	339.0	3.3	10617.1
11 *	10603.9	320.4	3.0	11417.4

*) Unvollständig gemäß IEC 61400-12-1(Gemessener AEP ist kleiner als 95% des extrapolierten AEP)

Dieser Auszug aus dem Prüfbericht gilt nur in Verbindung mit der Herstellerbescheinigung vom 21.04.2006.

Ausgestellt durch: DEWI GmbH
Ebertstraße 96
D-26382 Wilhelmshaven

DEWI GmbH Deutsches Windenergie-Institut DEWI

Datum: 11.04.2007

H. Mellinghoff M. Bunse

(i.V. Dipl.-Phys. H. Mellinghoff) DEWI

(i.A. Dipl.-Ing. U. Bunse) DEWI

Leistungskennlinie FGW Fördergesellschaft Windenergie 2008 Konformitätssiegel

Dieser Auszug aus dem Prüfbericht enthält 2 Seiten.

Bild 14.14. Zertifizierte Leistungskennlinie, Leistungsbeiwerte, Abschätzung der Unsicherheiten und berechnete Jahresenergielieferung

14.3 Aufstellortbezogene Einflüsse auf die Leistungskennlinie

Die vom Hersteller angegeben Leistungskennlinie garantiert die Leistungsabgabe der Windkraftanlage unter den Bedingungen wie sie im Meßverfahren nach IEC 61400-12 beschrieben und festgelegt sind. Die Leistung einer Windkraftanlage wird darüber hinaus aber noch von bestimmten Faktoren am konkreten Aufstellort beeinflußt. Diese leider nicht wegzudiskutierende Tatsache ist oft ein Anlaß für Streitigkeiten zwischen dem Hersteller und dem Betreiber. Die aufstellortbezogene Einflüsse abzuschätzen ist die Aufgabe der technischen Projektplanung, in die, wenn möglich, der Hersteller miteinbezogen werden sollte. Ob der Hersteller in diesem Fall die Leistungskennlinie „am Aufstellort" garantiert ist eine andere Frage, die von Fall zu Fall vereinbart werden muß.

14.3.1 Schwieriges Gelände

Die Erfahrung der letzten Jahre hat gezeigt, daß die garantierte Leistungskennlinie durch Umgebungseinflüsse in schwierigem Gelände merklich beeinflußt werden kann (Bild 14.15). Insbesondere die zunehmende Aufstellung von Windkraftanlagen in bergigen und bewaldeten Binnenland hat in einigen Fällen eine deutliche Abweichung der tatsächlich erreichten Jahresenergielieferung vom Erwartungswert gezeigt. Zahlreiche Streitfälle hinsichtlich der Gültigkeit der vom Hersteller angegebenen Leistungskennlinie waren die Folge.

Bild 14.15. Windkraftanlagen in „schwierigem Gelände", an der Meerenge von Gibraltar (Thyssen Krupp)

Die Strömungsverhältnisse in komplexem Gelände sind schwierig im Detail abzuschätzen aber sie verändern die Anströmverhältnisse für den Rotor. Spezielle topographische Formen wie Senken oder schräg zur Anströmrichtung verlaufende Hänge beeinflussen das Strömungsfeld. Waldgebiete verursachen je nach Windrichtung sich stark verändernde Höhenprofile der Windgeschwindigkeit. Bergrücken oder andere Hindernisse führen bei der Überströmung zu turbulenten Nachlaufgebieten. Diese und ähnliche Effekte verhindern eine gleichmäßige Rotoranströmung, wie sie bei Testbedingungen auf dem in der Regel ebenen und hindernisfreien Testgelände vorhanden sind. Die Erfahrung hat gelehrt, daß die Leistungskennlinie einer Windkraftanlage dadurch merklich verschlechtert werden kann. Die Einflüsse sind umso stärker je niedriger die Turmhöhe in Relation zum Rotordurchmesser gewählt wurde. Hohe Türme sind deshalb auch unter diesem Gesichtspunkt bei komplexen Gelände im Binnenland nahezu unverzichtbar.

14.3.2 Luftdichte

Die Dichte der Luft in der Atmosphäre ändert sich mit der Höhe und der Temperatur. Die Abhängigkeit von der Höhe wurde mit dem Vordringen der Windenergienutzung in das Binnenland insbesondere in die Mittelgebirgslagen deutlich. Die Höhe der Aufstellorte überschreitet in den deutschen Mittelgebirgen selten 600 m. In anderen Ländern kommen noch höhere Lagen für die Windenergienutzung in Frage. In Italien zum Beispiel werden in einigen Gebieten der Abruzzen Windkraftanlagen in Höhenlagen bis zu 1500 m errichtet.

Die vom Hersteller angegebene, auf „Normal Null" (N. N.) bezogene Leistungskennlinie muß unter diesen Bedingungen mit der Luftdichte am Aufstellort korrigiert werden. Die Abnahme der mittleren Luftdichte, abhängig von der Temperatur in der Höhe Null, läßt sich mit der barometrischen Höhenformel berechnen:

$$\varrho_H = \varrho_0 \frac{T_0}{273{,}15\, t} \frac{p_H}{p_0}$$

mit:

ϱ_H = Luftdichte in Höhe H über N. N.
ϱ_0 = Luftdichte in Höhe N. N. ($\varrho_0 = 1{,}225$ kg/m^3)
T_0 = 288,15 K bei 15 °C in Höhe N. N.
p_0 = Luftdruck in Höhe N. N. (p_0 = 1013,3 mbar)
t = Temperatur in Höhe H (°C)

Die graphische Darstellung zeigt, daß die Abnahme der Luftdichte bereits bei einigen hundert Metern durchaus merklich ist, so daß der Einfluß auf die Anlagenleistung nicht vernachlässigt werden kann (Bild 14.16). Die Leistung ändert sich direkt proportional zur Luftdichte. In bezug auf die technische Konzeption der Windkraftanlage gibt es jedoch erhebliche Unterschiede.

Windkraftanlagen, deren Leistungsaufnahme durch den Stall begrenzt wird, erfahren über den gesamten Windgeschwindigkeitsbereich eine Leistungsminderung. Der Stall tritt ungefähr bei der gleichen Windgeschwindigkeit auf, die Leistung liegt jedoch proportional zur Luftdichte unter der Leistung bei Normatmosphäre. Ein teilweiser Ausgleich des Leistungsdefizits läßt sich mit einer Korrektur des Blatteinstellwinkels erreichen, die

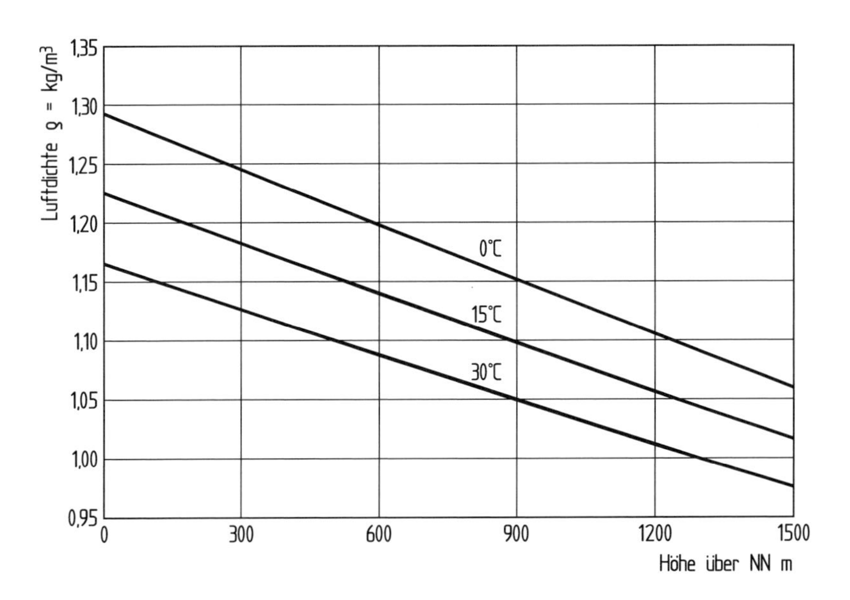

Bild 14.16. Luftdichte in Abhängigkeit von der geographischen Höhenlage und der Temperatur

jedoch die maximale Leistung (Nennleistung) zu höheren Windgeschwindigkeiten verschiebt (Bild 14.17). Die Verschiebung der Leistungskurve zu höheren Windgeschwindigkeiten hat aber wiederum Einfluß auf die energetisch optimale Rotordrehzahl, so daß bei größeren Verschiebungen auch die Rotordrehzahl korrigiert werden muß, wenn man eine optimale Anpassung an die Höhenlage erreichen will. Der Einfluß auf die Energielieferung mit den oben genannten Anpassungen verhält sich in dem Beispiel nach Bild 14.17 bei einer Höhenlage von 600 m wie folgt:

- Energielieferung bei Normalatmosphäre 100 %
- nach Korrektur der Luftdichte ohne technische Anpassungen 94 %
- mit korrigiertem Blatteinstellwinkel 96 %
- mit korrigiertem Blatteinstellwinkel und korrigierter Rotordrehzahl 98 %

An diesen Zahlen wird deutlich, daß die Berechnung der Energielieferung ohne eine Korrektur der Luftdichte bei 600 m Höhe zu einer nicht unbeträchtlichen Überschätzung des zu erwartenden Betrags führt. Der Einfluß der korrekt eingesetzten Luftdichte auf die Energielieferung ist so groß, daß sich die Kosten für die technischen Anpassungsmaßnahmen lohnen (vergl. Kap. 5.3.3).

Da die Luftdichte auch mit zunehmender Temperatur geringer wird, gibt es spürbare Leistungsunterschiede von Sommer zu Winter, insbesondere in den wärmeren Ländern. Anlagen mit festem Blatteinstellwinkel haben keine Möglichkeit, den Blatteinstellwinkel an den Betrieb im Sommer bzw. Winter anzupassen, so daß auch bei Temperaturenänderungen gewisse Leistungsverluste, insbesondere im Sommer, unvermeidlich sind. Im Sommer, bei wenig Regen verschmutzen die Rotorblätter auch noch stärker, so daß die älteren Stall-Anlagen mit festem Blatteinstellwinkel im Sommer eine deutliche Leistungs-

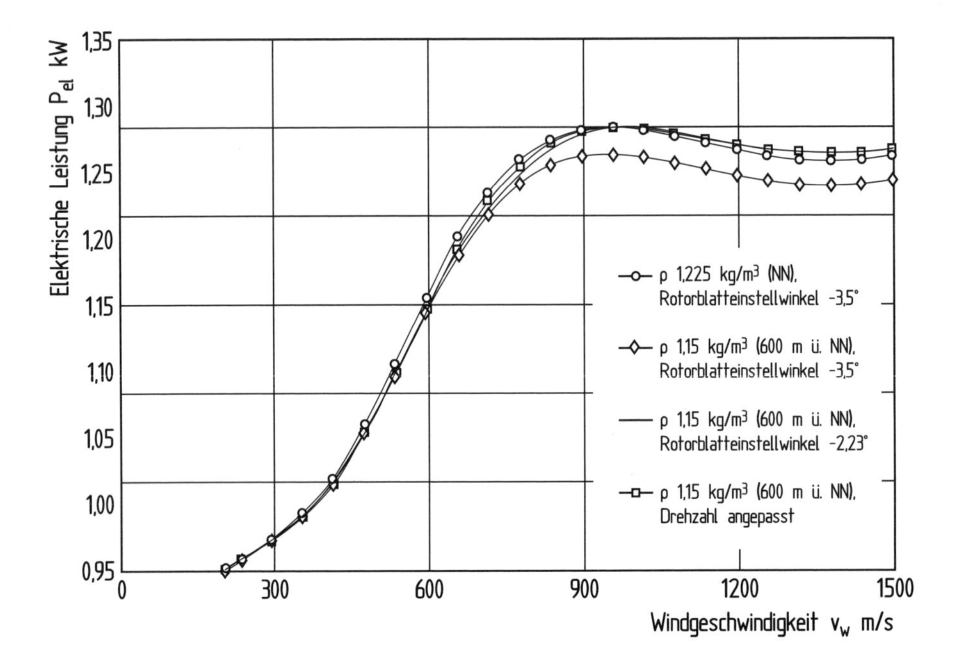

Bild 14.17. Veränderung der Leistungskennlinie einer Anlage mit Stallregelung in einer Aufstellhöhe von 600 m über N. N.

einbuße erleiden. Eine bessere Anpassung ist nur mit einer aktiven Stall-Regelung möglich (vergl. Kap. 5.3.3). Anlagen mit Blatteinstellwinkelregelung und variabler Rotordrehzahl sind dagegen, auch was den Sommer- und Winterbetrieb angeht, wesentlich unproblematischer.

Bei Anlagen mit Blatteinstellwinkelregelung ist der Einfluß der mit zunehmender Aufstellhöhe abnehmenden Luftdichte nicht so gravierend wie bei Stall-Anlagen. Im Volllastbereich ist die abgegeben elektrische Leistung die Führungsgröße für die Regelung, so daß es in diesem Bereich keine Minderleistung gibt. Im Teillastbereich reduziert sich die Leistungskurve zunächst proportional zur Luftdichte wie bei einer Stall-Anlage. Der Nennleistungspunkt verschiebt sich zu einer höheren Windgeschwindigkeit (Bild 14.18). Näherungsweise gilt für die Verschiebung der Nennwindgeschwindigkeit:

$$v_{\mathrm{H}} = v_0 \cdot \left(\frac{\varrho_{\mathrm{H}}}{\varrho_0} \right)^{1/3}$$

Die Anpassung des Blatteinstellwinkels bei Teillast ist ohne technische Modifikation möglich, das gleiche gilt meistens auch für die Rotordrehzahl, da fast alle neueren Anlagen mit Blatteinstellwinkelregelung auch drehzahlvariabel betrieben werden. Anlagen mit Blatteinstellwinkelregelung erleiden somit einen geringen Verlust an Energielieferung bei zunehmender Aufstellhöhe.

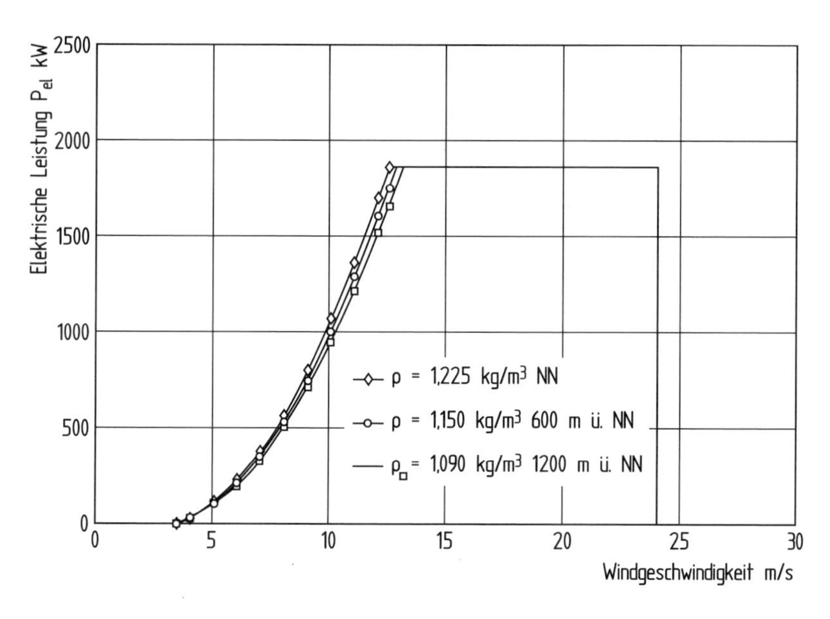

Bild 14.18. Veränderung der Leistungskennlinie bei einer Anlage mit Blatteinstellwinkelregelung in einer Aufstellhöhe von 600 m über N. N. (ohne Anpassung der Rotordrehzahl und des Blatteinstellwinkels)

14.3.3 Turbulenz

Neben der Luftdichte hat auch die Turbulenz einen gewissen Einfluß auf die Leistungskennlinie einer Windkraftanlage. Hierbei gibt es zwei unterschiedliche und gegenläufige Wirkungen. Zunächst erhöht die Turbulenz die Leistungsdichte des Luftstroms, der den Rotor durchströmt. Die Verwendung von 10-Minuten-Mittelwerten als Basis für die Darstellung der Leistungskennlinie anstelle momentaner Werte führt zu einer Unterschätzung der Leistungsdichte. Die Leistung hängt von der dritten Potenz der Windgeschwindigkeit ab. Die Beiträge der momentanen Windgeschwindigkeitsspitzen zum Energiefluß sind somit oberhalb des Mittelwertes größer als diejenigen unter dem Mittelwert. Als unmittelbare Folge wird der Energiefluß bei zunehmender Turbulenz größer als aus dem 10-Minuten-Mittelwert berechnet.

Dennoch wird ein positiver Beitrag der Turbulenz zur Leistungsdichte im allgemeinen nicht berücksichtigt. Durch die flächige Ausdehnung des Rotors gleicht sich ein Großteil des Turbulenzeinflusses wieder aus. Außerdem basiert die Windgeschwindigkeitsmessung, auf die sich die elektrische Leistungsabgabe bezieht, auch auf 10-Minuten-Mittelwerten und enthält damit selbst einen Beitrag der Turbulenz zur Leistungsdichte (vergl. Kap. 14.2.2).

In der Praxis ist ein positiver Effekt der Turbulenz auf die Leistungskennlinie nur im unteren Windgeschwindigkeitsbereich, wenn überhaupt, feststellbar. Dagegen steht ein negativer Einfluß im Bereich der Nennleistung. Die Trägheit der Blatteinstellwinkelregelung bewirkt eine stärkere Ausrundung der Kennlinie (Bild 14.19). Ein Beispiel für die Unterschiede in der Leistungscharakteristik bei verschiendenen Turbulenzintensitäten zeigt

Bild 14.20. Daraus wird zumindestens deutlich, daß für eine exakte Messung der Leistungskennlinie die Berücksichtigung der Turbulenz unverzichtbar ist. Im praktischen Einsatz, aus der Sicht des Betreibers, ist der Einfluß der Turbulenz auf die Energielieferung der Anlage in der Regel nicht so gravierend.

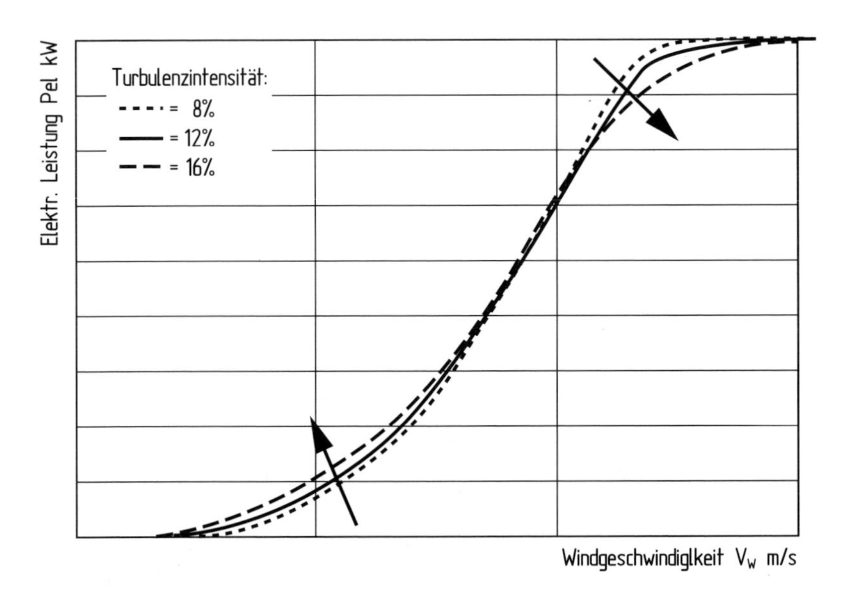

Bild 14.19. Auswirkung der Turbulenzintensität auf die Leistungskurve [6]

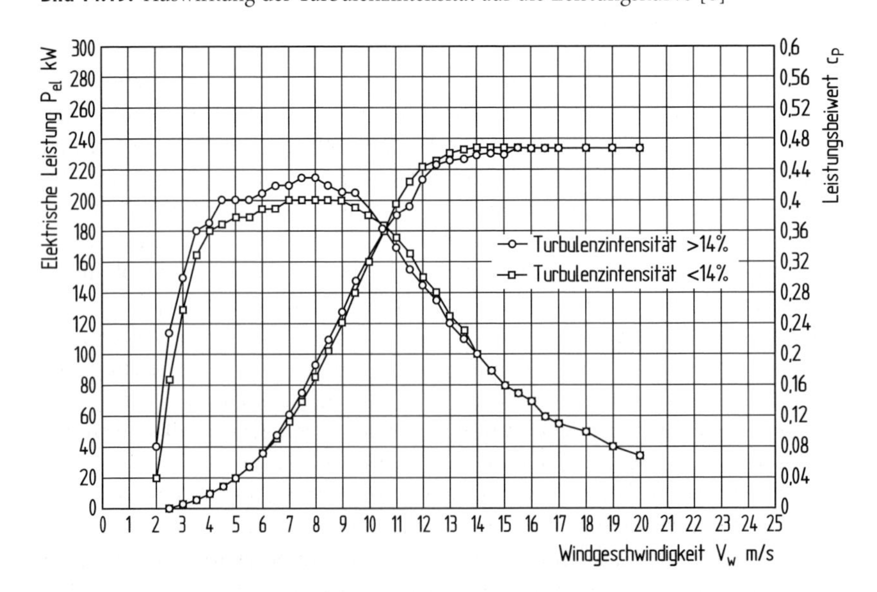

Bild 14.20. Gemessene Leistungskennlinie bei zwei verschiedenen Niveaus der Turbulenzintensität am Beispiel der Enercon E-30 [7]

14.3.4 Sonstige wetterbedingte Einflüsse

Neben der Turbulenz des Windes können noch weitere wetterbedingte Faktoren die Leistung des Kennlinie beeinflussen. In erster Linie kann die an manchen Standorten auftretende Vereisung der Rotorblätter, deren aerodynamisches Profil so verändern, daß die Rotorleistung völlig zusammenbricht (vergl. Kap. 18 und 9.2). Es ist jedoch nicht sinnvoll den Einfluß der Vereisung auf die Leistungskennlinie zu berücksichtigen, da bei Vereisung die Anlage aus Sicherheitsgründen abgeschaltet werden muß.

Eher von praktischer Bedeutung kann der Einfluß von starkem und länger andauerndem Regen, eventuell auch Schneefall, sein. Hierzu gibt es einige Untersuchungen [1]. Danach wurde bei Regen ein durchaus messbarer Leistungsverlust gemessen. Als Ursache wird weniger der Impulsverlust des Rotors durch die Kollision mit den Regentropfen angesehen, als vielmehr die Änderung der Oberflächenrauhigkeit der Rotorblätter durch die auf die Profilnase auftreffenden und zersteubenden Regentropfen. Dadurch wird die Profilgrenzschicht bereits im Nabenbereich turbulent mit den entsprechenden Folgen für die Profilleistung (vergl. Kap. 5.4.3). Die IEC-Norm 61400-1 enthält noch keine Standards für die Leistungsmessung bei Regen.

14.3.5 Verschmutzung und Abnutzung der Rotorblätter

Die Rotorblätter von Windkraftanlagen weisen nach einer gewissen Betriebszeit mehr oder weniger deutlich Verschmutzungserscheinungen auf. Außerdem stellen sich auf der Profilnase Abnutzungserscheinungen an der Oberfläche durch Erosion mit kleinen Partikeln in der Luft ein. Die außerordentliche Empfindlichkeit der verwendeten Laminarprofile auf eine Zunahme der Oberflächenrauhigkeit wurde in Kap. 5.4.3 eingehend erörtert. Verschmutzte Rotorblätter können deshalb die Ursache für eine erhebliche Verschlechterung der Leistungskennlinie sein.

Der Schmutz auf der Oberfläche der Blätter entsteht bei längerer Trockenheit und höheren Temperaturen im Sommer. Er besteht aus einer Mischung von feinem Staub und toten Insektenkörpern, die besonders im Sommer an der Oberfläche an der Profilnase kleben bleiben, ähnlich den Verhältnissen auf der Frontscheibe eines Autos. Diese Art der Verschmutzung ist nicht nur wetterabhängig sondern hängt auch vom Standort ab. Extreme Verhältnisse werden bei wüstenartigen Standorten (Kalifornien oder auch bestimmte Gebiete in Spanien) beobachtet, wo im Sommer bei entsprechendem Wind, viel Staub in der Luft ist. In Deutschland, wo das umgebende Gelände aus Wiesen und Wäldern besteht ist die Verschmutzung wesentlich geringer. Auch die Größe der Anlagen, genauer gesagt die Höhe des Rotors über dem Boden spielt eine Rolle. Bei Turmhöhen von 100 m und mehr nimmt der Staub und auch die Anzahl der Insekten in der Luft deutlich ab.

Was die Auswirkungen auf die Windkraftanlagen betrifft, reagieren Stallanlagen mit festen Rotorblättern in besonderem Maße auf verschmutzte Rotorblätter. Nicht nur die Gleitzahl der Profile wird herabgesetzt sondern auch das Einsetzen des Stalls wird zu geringeren Windgeschwindigkeiten verschoben. Die Folge ist eine dramatische Verschlechterung der Leistungskennlinie. Auf den kalifornischen Windfarmen wurde nach längeren Betriebszeiten im Sommer bei kleineren stallgeregelten Anlagen oft nur noch die Hälfte der Nennleistung erreicht. Die Rotorblätter mussten in kürzeren Abständen mit großem Aufwand gereinigt werden.

Ein Beispiel für die Verschlechterung der Leistungskennlinie durch verschmutzte Rotorblätter zeigt Bild 14.21. Es handelt sich dabei um eine 750 kW Stall-Anlage mit 50 m Turmhöhe, die in einem Windpark in Nordspanien auf einem wenig bewachsenen Plateau in etwa 600 m über N. N. steht. Die Anlage wurde nach einer Betriebszeit von etwa drei Monaten im Sommer vermessen. Die Verschmutzung der Blattoberfläche wird zu einem Teil durch Regen wieder abgewaschen — aber fast nie vollständig. Das relativ aufwendige Waschen der Rotorblätter kann deshalb an manchen Standorten sinnvoll sein. Ein längerer Betrieb mit stark verschmutzten Rotorblättern hätte einen zu starken Verlust an Energieausbeute zur Folge.

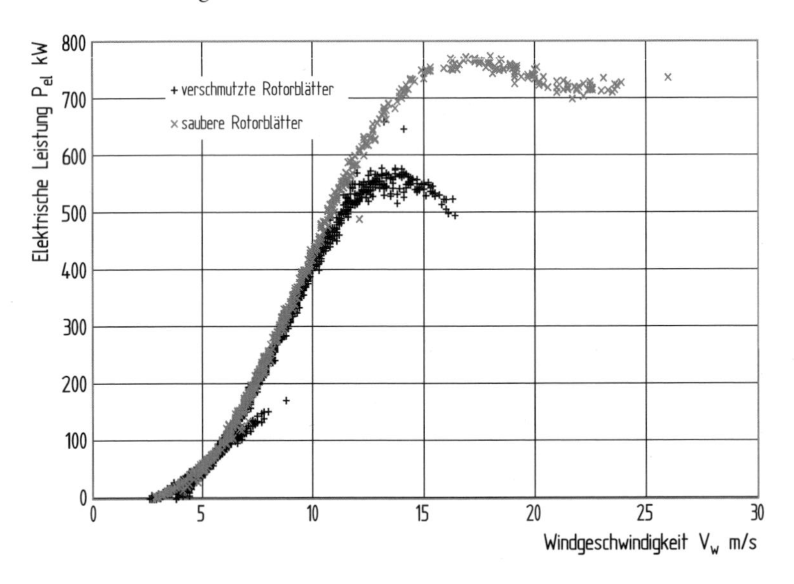

Bild 14.21. Gemessene Leistungskennlinie bei sauberen Rotorblättern und mit verschmutzten Rotorblättern nach drei Monaten im Sommerbetrieb

Anlagen mit Blatteinstellwinkelregelung reagieren weniger heftig auf die Zunahme der Oberflächenrauhigkeit der Rotorblätter durch Verschmutzung, weil das zu frühe Einsetzen des Stalls nicht auftreten kann und die Blatteinstellwinkelregelung bis zu einem gewissen Grade auf die Veränderung der Profileigenschaften reagiert. Aber auch bei diesen Anlagen wird jedoch im Teillastgebiet eine spürbare Leistungsminderung beobachtet. Die Säuberung der Rotorblätter und eine gelegentliche Überarbeitung der Profilnase ist aus diesem Grund eine Frage der Wirtschaftlichkeit.

14.3.6 Schallreduzierter Betrieb

Windkraftanlagen werden bei den immer knapper werdenden, geeigneten Landflächen mittlerweile oft an Standorten aufgestellt, bei denen im Normalbetrieb die zulässigen Immissionswerte an den nächstgelegenen bewohnten Gebieten überschritten werden. Die Hersteller bieten deshalb schallreduzierter Betriebsweisen an, die den Schalleistungspegel der Anlage spürbar verringern. Die heutigen drehzahlvariablen Anlagen verfügen über die technischen Voraussetzungen mit geringerer als der energetisch optimalen Drehzahl betrieben zu werden. Dazu passend wird die Blatteinstellwinkelregelung geändert. Die Leistungskennlinie ändert damit ihre Form (Bild 14.22).

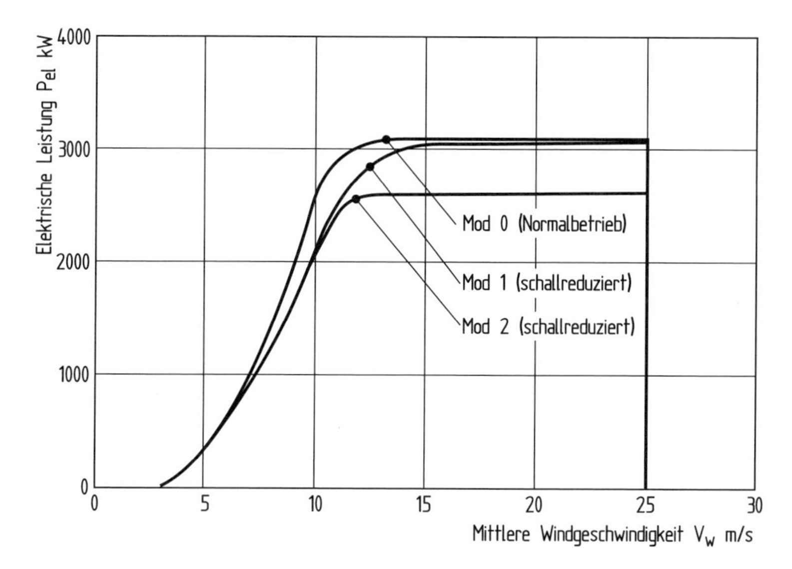

Bild 14.22. Schallreduzierte Leistungskennlinie der Vestas V112

Die Frage, die sich natürlich sofort aufdrängt, ist in welchem Ausmaß die Energielieferung der Anlage verringert wird. Hierbei ist zu berücksichtigen, daß die Lärmvorschriften in der Nacht nur geringere Immissionswerte zulassen, so daß in vielen Fällen ein schallreduzierter Betrieb nur in der Zeit von 22:00 Uhr abends bis 6:00 Uhr morgens erforderlich ist (vergl. Kap.15.2.3). Am Beispiel der Vestas V 112 wird deutlich, in welchem Ausmaß die Energielieferung verringert wird, wenn zwei schallreduzierte Betriebsweisen mit den entsprechenden Kennlinien gefahren werden. Der schallkritische Bereich liegt bei einer Windgeschwindigkeit von etwa 12 m/s in Rotornabenhöhe entsprechend ungefähr 8 m/s in 10 m Höhe (Tabelle 14.23).

Tabelle 14.23. Schallreduzierte Betriebsweise der Vestas V 112–3,0 MW und Energieverlust bei einer mittleren Windgeschwindigkeit von 6,5 m/s ($k = 2,4$)

Betriebsweise	Rotordrehzahl U/min	Schalleistungspegel dBA	Verlust nachts (8h)	Verlust 24h
Normal Mod0	13,6	106,5	0	0
Schallreduziert Mod1	nur bei Teillast reduziert	105,0	2,5 %	7,5 %
Schallreduziert Mod2	ca. 11	102,5	3,33 %	10 %

14.4 Gleichförmigkeit der Leistungsabgabe

Die Leistungskennlinie einer Windkraftanlage gibt Auskunft über das quantitative Leistungsvermögen, sie sagt jedoch nichts über die Qualität der erzeugten elektrischen Leistung aus. Neben den elektrischen Qualtitätskriterien, die an anderer Stelle erörtert wurden (vergl. Kap. 10.2), ist die Gleichmäßigkeit der Leistungsabgabe ein Qualtitätskriterium. Die Bandbreite der Leistungsschwankungen für unterschiedliche technische Konzeptionen wird anhand der Bilder 14.24 bis 14.26 deutlich.

Ältere Windkraftanlagen ohne Blatteinstellwinkelregelung weisen besonders starke zeitliche Schwankungen ihrer Leistungsabgabe auf (Bild 14.24). Für neuere Stall-Anlagen gilt dies jedoch nicht mehr in gleichem Maße. Mit der zunehmenden Optimierung der aerodynamischen Eigenschaften des Rotors wurde auch beim Stallprinzip eine Vergleichmäßigung der Leistungsabgabe erzielt.

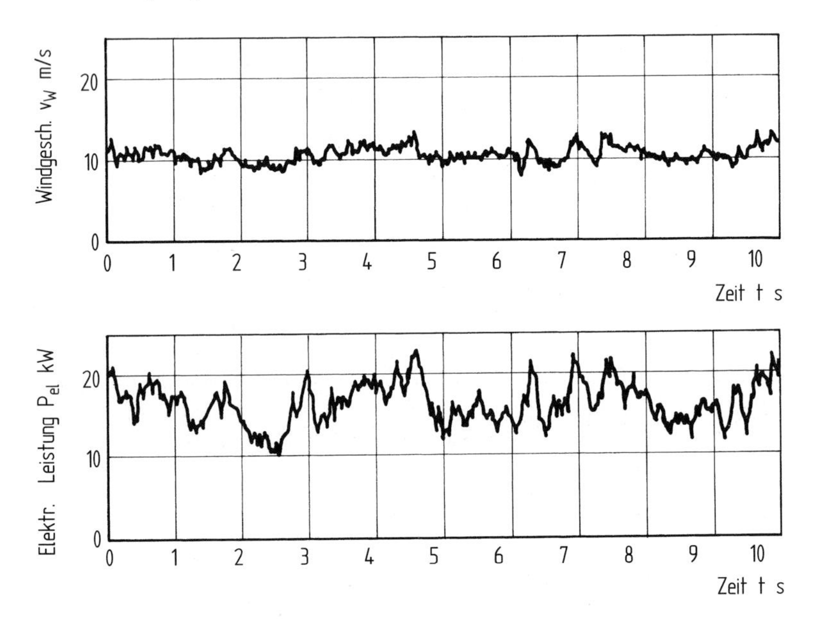

Bild 14.24. Elektrische Leistungsabgabe einer kleinen Windkraftanlage mit festem Blatteinstellwinkel und direkt netzgekoppeltem Asynchrongenerator

Die Leistungsschwankungen von Windkraftanlagen mit Blatteinstellwinkelregelung sind von der Regelungscharakteristik und insbesondere der Blattverstellgeschwindigkeit abhängig. Untersuchungen zeigen, daß nur bei bestimmten Stellgeschwindigkeiten günstige Verhältnisse erreicht werden [8]. In jedem Fall ist eine nicht unerhebliche Ungleichförmigkeit, die bei entsprechender Zeitauflösung sichtbar wird, vorhanden (Bild 14.25). Alle neueren Anlagen mit Blatteinstellwinkelregelung werden jedoch mit drehzahlvariablem Generatorsystem gebaut, sodaß sich die Verhältnisse heute anders darstellen. Die Drehzahlvariabilität in Verbindung mit einer Blatteinstellwinkelregelung führt zu einer weitgehend geglätteten Leistungsabgabe (Bild 14.26).

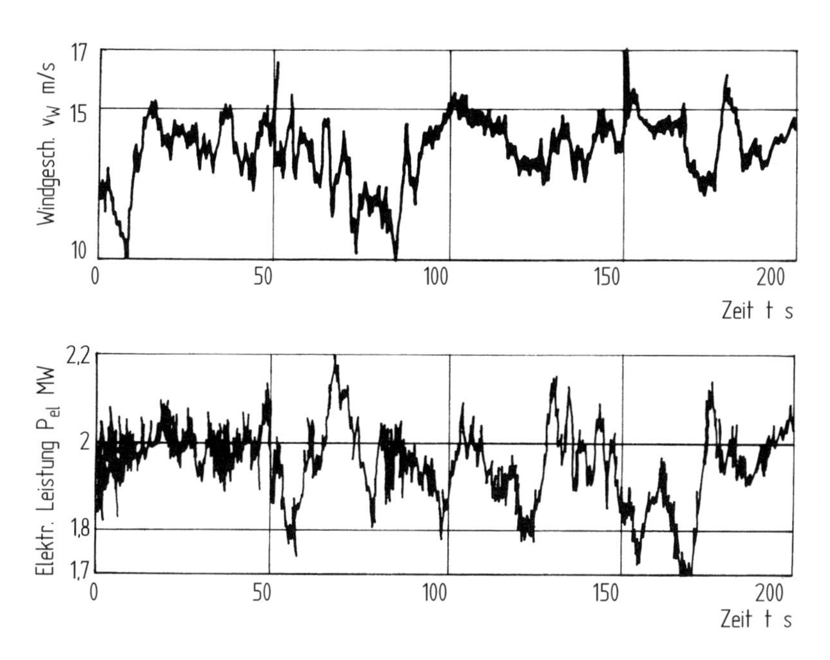

Bild 14.25. Leistungsabgabe der Tjaereborg-Windkraftanlage mit Blatteinstellwinkelregelung und direkt gekoppeltem Asynchrongenerator (Schlupf ca. 2 %) [9]

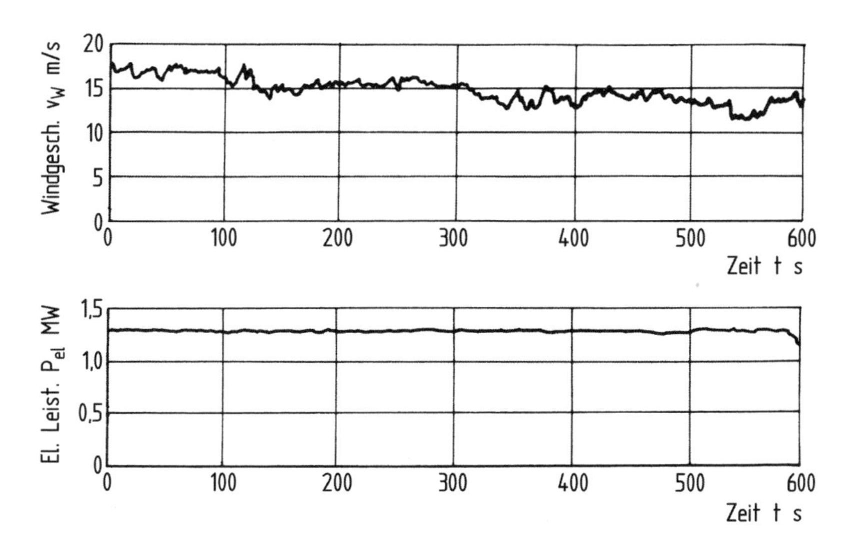

Bild 14.26. Leistungsabgabe der Windkraftanlage WKA-60 mit Blatteinstellwinkelregelung und drehzahlvariablem Generatorsystem (Drehzahlvarianz ±15 %) [10]

Welchen Stellenwert man der Gleichmäßigkeit der Leistungsabgabe einräumt, hängt vom Einsatzfall ab. Bei der Einspeisung in ein großes frequenzstarres Netz können größere Leistungsschwankungen hingenommen werden. In einem kleinen Inselnetz, zum Beispiel bei der Kombination von Windkraftanlagen mit kleineren Dieselkraftstationen, verursachen große kurzzeitige Leistungsschwankungen Regelungsprobleme. Außerdem sei auch in diesem Zusammenhang daran erinnert, daß große Leistungsschwankungen gleichbedeutend mit hohen dynamischen Belastungen der Anlage sind. Die Vergleichmäßigung der Leistungsabgabe ist deshalb in jedem Fall ein erstrebenswertes Ziel.

14.5 Jahresenergielieferung

Die Energielieferung einer Windkraftanlage wird in der Regel über einen Zeitraum von einem Jahr als „Jahresenergielieferung" angegeben, sie ist neben den Investitionskosten die entscheidende zweite Größe im Hinblick auf die Wirtschaftlichkeit der Windenergienutzung. Aus der Sicht des Betreibers ist deshalb die Zuverlässigkeit der Prognoserechnung von grundlegender Bedeutung für jene unternehmerische Entscheidung eine Windkraftanlage zu betreiben. Vor diesem Hintergrund stehen die Zuverlässigkeit der Leistungskennlinie und die standortbezogenen Einflußgrößen im Vordergrund. Darüber hinaus ist aber auch eine gewisse Vorstellung über den Einfluß der wichtigsten technischen Entwurfsparameter der Windkraftanlage auf die Energielieferung von großem Nutzen. Mit diesem Verständnis wächst in der Regel auch das Vertrauen in die Aussagen der „Experten", die wie üblich nicht im Detail vom Betreiber überprüft werden können.

14.5.1 Berechnungsverfahren

Zur Berechnung der jährlichen Energielieferung einer Windkraftanlage an einem vorgegebenen Standort wird die Leistungskennlinie der Anlage und die Häufigkeitsverteilung der Windgeschwindigkeiten in Rotornabenhöhe am Standort benötigt (Bild 14.27 und 14.28). Der Rechengang verläuft üblicherweise so, daß die Summenhäufigkeitsverteilung der Windgeschwindigkeit in Intervalle mit einer Breite von $\Delta\vartheta_W = 1$ m/s aufgeteilt und auf der Leistungskennlinie für das entsprechende Intervall die mittlere erzeugte Leistung abgelesen wird.

Mit P_{el} in kW und Φ in % ergibt sich die jährliche Energielieferung durch Aufsummieren von ϑ_E bis ϑ_A, wobei die Zeitdauer der Windgeschwindigkeit innerhalb eines Intervalls entsprechend der Häufigkeitsverteilung in Stunden eingesetzt wird.

$$E = \frac{8760}{100} \sum_{\vartheta_E}^{\vartheta_A} P_{el}\, \Phi \quad \text{(kWh/a)}$$

Die Energielieferung einer Windkraftanlage wird, wie bereits erwähnt, überlicherweise auf ein Jahr bezogen und als jährliche Energielieferung angegeben. Eine anschauliche Vorstellung der jährlich erzeugten Energiemenge erhält man mit der sog. *geordneten Jahresdauerlinie der Leistungsabgabe* (Bild 14.29). In dieser Darstellung wird die Anzahl der Vollast-, Teillast- und der Stillstandstunden geordnet hintereinander über die Jahresstunden aufgetragen. Die jährliche Energielieferung — als Integral der Leistung über der Zeit —

erscheint als Fläche unter der Jahresdauerlinie der Leistung. Die Jahresdurchschnittsleistung der Windkraftanlage ist durch ein flächengleiches Rechteck mit 8760 Stunden als Grundlinie und der durchschnittlichen Leistung auf der Ordinate gekennzeichnet. In der Energietechnik ist es üblich, die Energielieferung mit der Nennleistung und den sog. *äquivalenten Vollaststunden* oder der *Nutzungsdauer* zu charakterisieren. Die Energielieferung berechnet sich als Produkt aus der Nennleistung und der Nutzungsdauer.

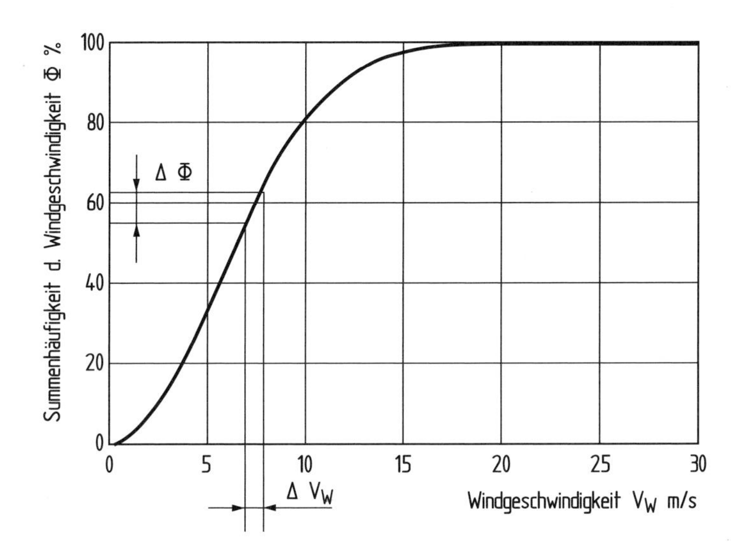

Bild 14.27. Häufigkeitsverteilung der Windgeschwindigkeiten und ihre Einteilung in Windgeschwindigkeitsintervalle

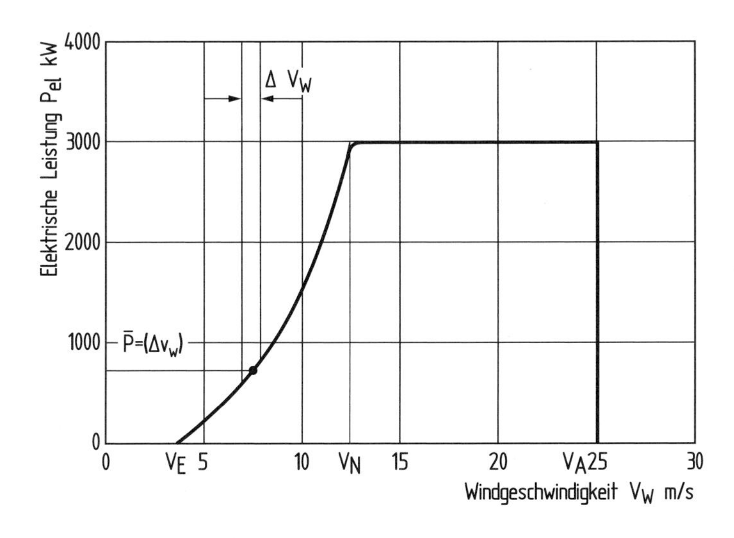

Bild 14.28. Leistungskennlinie der Windkraftanlage

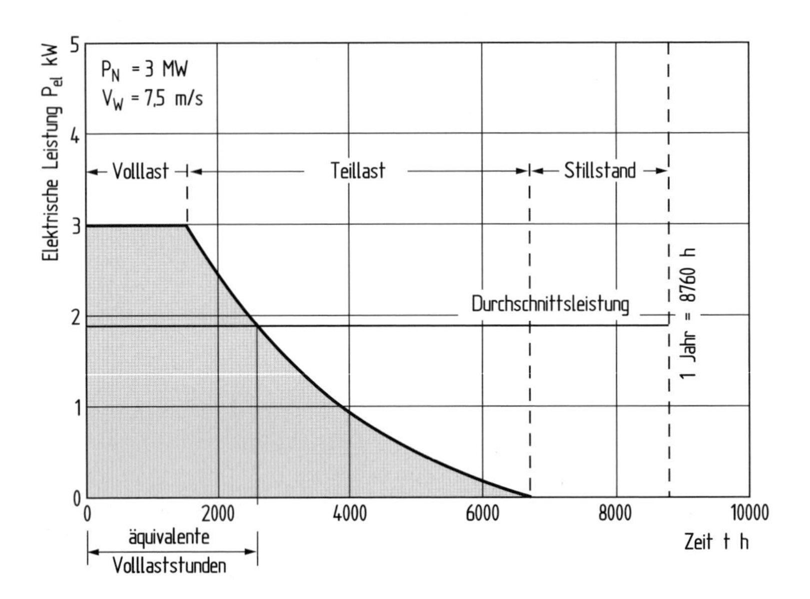

Bild 14.29. Geordnete Jahresdauerlinie der Leistungsabgabe

Ebenso wie bei der Definition der Leistungskennlinie sind auch für die Angabe der jährlichen Energielieferung einige Voraussetzungen und Vereinbarungen zu klären. Diese sind besonders dann wichtig, wenn es sich — wie in den meisten Fällen — um rechnerisch ermittelte Werte handelt. Die IEC 61400-12 gibt auch hierzu einige Empfehlungen [2]:

- das Leistungsvermögen der Windkraftanlage wird durch die „normierte Leistungskennlinie" repräsentiert
- das Jahr wird mit 8760 Stunden angenommen
- sofern keine besondere Angabe vorhanden ist, unterstellt der angegebene jährliche Energiebetrag eine theoretische technische Verfügbarkeit von 100 %.

Um die Energielieferung verschiedener Anlagen miteinander vergleichen zu können, empfiehlt die IEC, eine mittlere jährliche Windgeschwindigkeit im Bereich von 5,5 m/s in Rotornabenhöhe anzunehmen. Die Häufigkeitsverteilung der Windgeschwindigkeiten soll entsprechend einer Weibullfunktion mit dem Formparameter $\beta = 2$ (Rayleigh-Verteilung) angenommen werden (vergl. Kap. 14.2.2).

14.5.2 Näherungsweise Ermittlung der Energielieferung

Im Zusammenhang mit der Einsatzplanung von Windkraftanlagen stellt sich sehr häufig das Problem, die Energielieferung ohne die Möglichkeit einer genauen Berechnung abschätzen zu wollen. Oft sind von der ins Auge gefaßten Windkraftanlage nur der Rotordurchmesser und die Nennleistung bekannt. Vom vorgesehenen Standort muß natürlich die mittlere Jahreswindgeschwindigkeit vorliegen. Handelt es sich bei der Windkraftanlage um eine moderne Anlage mit einem aerodynamisch ausgelegten Dreiblattrotor, so unterscheiden sich die Rotorleistungsbeiwerte und die Wirkungsgrade der mechanisch-elektrischen Energiewandlung der meisten Anlagen nur wenig. In erster Näherung kann deshalb ein einheitlicher Anlagenleistungsbeiwert unterstellt werden.

Zunächst kann man aus dem Rotordurchmesser und der installierten Generatornennleistung die Nennwindgeschwindigkeit mit einer Näherungsformel ermitteln:

$$v_{\mathrm{N}} = \sqrt[3]{\frac{\pi}{\frac{\varrho}{2} c_{\mathrm{p\,N}}}}$$

mit:
π = spezifische Flächenleistung (W/m^2)
ϱ = Luftdichte (1,225 kg/m^3 bei N. N.)
$c_{\mathrm{p\,N}}$ = Leistungsbeiwert im Nennbetriebspunkt, hier mit 0,45 im Maximum angenommen

Bild 14.30 zeigt anhand einiger Beispiele, daß sich mit dieser Näherungsformel die Abhängigkeit der Nennwindgeschwindigkeit von der spezifischen Flächenleistung gut darstellen läßt. Die Formel eignet sich ebenfalls zur Beantwortung der Frage, wie stark die Nennwindgeschwindigkeit bei einer Erhöhung der installierten Generatorleistung ansteigt.

Die Unterschiede werden jedoch von der zu Grunde liegenden Windgeschwindigkeit beeinflußt, vor allen Dingen wenn die installierte Generatorleistung pro Rotorkreisfläche der Anlagen unterschiedlich ist. Anlagen mit höherer spezifischer Flächenleistung gewinnen bei einem Vergleich auf der Basis höherer mittlere Windgeschwindigkeiten überproportional (vergl. Kap. 14.6.5).

Die näherungsweise Ermittlung der zu erwartenden Energielieferung erfolgt über die jährlichen äquivalenten Vollaststunden. Bild 14.31 zeigt die Abhängigkeit der Nutzungsdauer von der mittleren Windgeschwindigkeit in Nabenhöhe des Rotors und seiner spezifischen Flächenleistung. Die Jahresenergielieferung ergibt sich sehr einfach aus der Multiplikation der abgelesenen jährlichen äquivalenten Vollaststunden mit der Nennleistung.

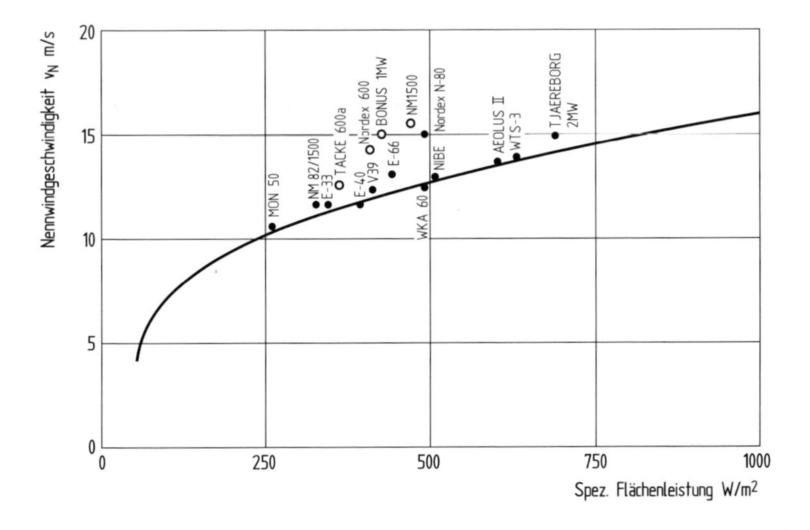

Bild 14.30. Näherungsweise Abhängigkeit der Nennwindgeschwindigkeit von der spezifischen Flächenleistung

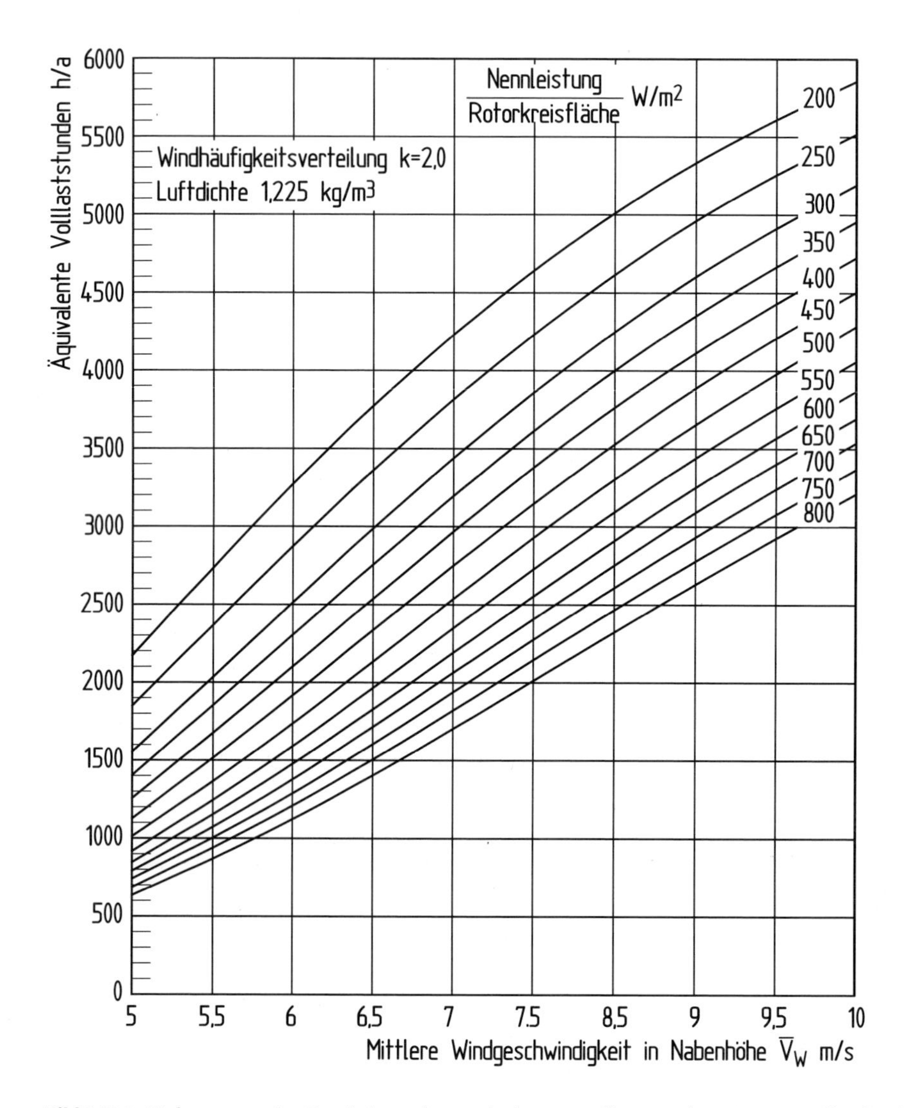

Bild 14.31. Näherungsweise Ermittlung der äquivalenten Vollaststunden einer Windkraftanlage in Abhängigkeit von der mittleren Jahreswindgeschwindigkeit und der spezifischen Flächenleistung (angenommene technische Verfügbarkeit 100 %)

Das skizzierte Überschlagsverfahren zur Ermittlung der Nennwindgeschwindigkeit und der Energielieferung eignet sich nur für Windkraftanlagen üblicher Konzeption und Auslegung. Wenn vom Durchschnitt abweichende Verhältnisse vorliegen, muß eine genaue Berechnung unter Berücksichtigung der Anlagedaten durchgeführt werden. Stallgeregelte Anlagen verhalten sich zum Beispiel etwas anders. Ein Zusammenhang von Generatornennleistung und tatsächlich aufgenommener Rotorleistung besteht bei höheren Windgeschwindigkeiten für stallgeregelte Anlagen nicht zwangsläufig. Hinzu kommt, daß viele dieser Rotoren mit einer niedrigeren als der energetisch optimalen Drehzahl betrieben werden (vergl. Tabelle 14.42). Auf der anderen Seite verfügen stallgeregelte Anlagen meistens über eine höhere spezifische Flächenleistung als Anlagen mit Blatteinstellwinkelregelung, so daß der Nachteil der energetisch nicht optimalen Rotordrehzahl wieder etwas ausgeglichen wird.

Die älteren dänischen Windkraftanlagen mit festem Rotorblatteinstellwinkel und vergleichsweise niedriger Rotordrehzahl, die teilweise unter der energetisch optimalen Drehzahl liegt, erreichen durchwegs um etwa 10 bis 15 % geringere Werte. Die neueren Anlagen mit Leistungsbegrenzung durch den aerodynamischen Stall werden mit annähernd aerodynamisch optimaler Drehzahl betrieben und vermeiden weitgehend diesen Leistungsverlust. Anlagen mit Blatteinstellwinkelregelung der neuesten Generation und mit ertragsoptimierter Rotoraerodynamik (z. B. Enercon E-70 E4) erreichen eine 5–8 % höhere Energieausbeute als die im Diagramm angegebenen durchschnittlichen Verhältnisse. Für Anlagen mit Zweiblattrotor ist ein Abschlag von etwa 5 % zu berücksichtigen.

14.5.3 Sensitivität bezüglich der Winddaten

Selbst bei noch so sorgfältiger Daten Auswertung und Planung bleiben bei fast allen Investitionsvorhabenzweifel an den Windverhältnissen bestehen. Die Sensitivität der Druck loser Rechnung für die Energielieferung im Hinblick auf die Winddaten am auftaucht ist deshalb fast immer ein besonderes Thema.

Der mit Abstand einflußreichste Parameter auf die Energielieferung ist die mittlere Jahreswindgeschwindigkeit (Bild 14.32). Theoretisch steigt die Energielieferung der Anlage mit der dritten Potenz der mittleren Windgeschwindigkeit an. Dies gilt allerdings nur,

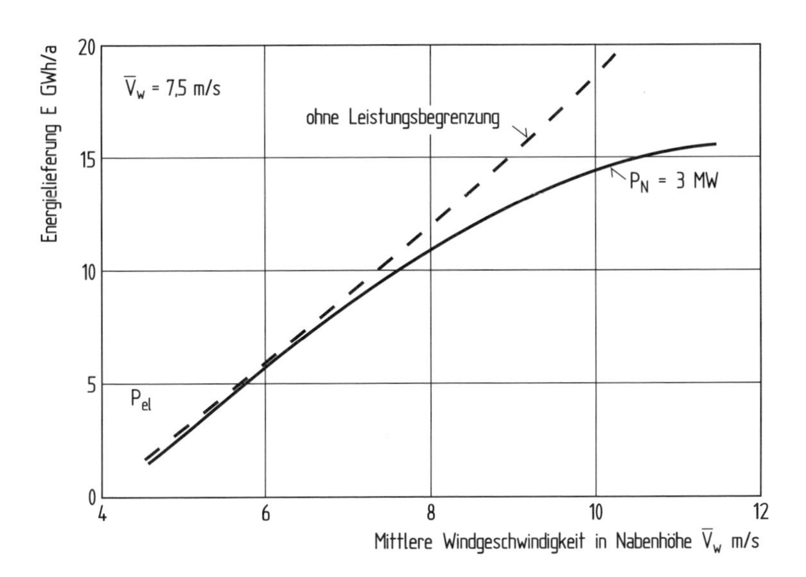

Bild 14.32. Jahresenergielieferung mit zunehmender mittlerer Windgeschwindigkeit am Beispiel einer 3 MW Anlage mit 100 m Rotordurchmesser

solange die vom Rotor aufgenommene Leistung nicht durch die Regelung begrenzt wird, also nur im Teillastbereich. Der Anstieg der Energielieferung unter Berücksichtigung aller Betriebszustände ist vom Verhältnis Teillast zu Vollast, also von der installierten Leistung pro Rotorkreisfläche abhängig. Sie fällt geringer als der theoretisch mögliche Anstieg aus.

Von erheblich geringerem Einfluß auf die Energielieferung ist die Häufigkeitsverteilung der Windgeschwindigkeiten. Die Häufigkeitsverteilung in Form ihrer bezeichnenden Parameter k und A wird von einer Reihe von Faktoren beeinflußt (vergl. Kap.13). In Bezug auf die geographische Abhängigkeit erstreckt sich die Bandbreite von $k = 1{,}5$ über See oder auf kleinen Inseln bis zu Werten von $k = 2{,}5$ für typische Binnenlandstandorte mit großer Oberflächenrauigkeit und mäßigen Windgeschwindigkeiten. Der Formfaktor $k = 2{,}0$ (Ragleigh-Verteilung) charakterisiert die Küstenstandorte an Land ganz gut. Außerdem ist zu beachten daß der k-Faktor in der Regel mit der Höhe zunimmt. Die Abhängigkeit der Energielieferung von der Windgeschwindigkeitsverteilung mit verschiedenen k-Faktoren bei unterschiedlicher mittlerer Windgeschwindigkeit zeigt Bild 14.33.

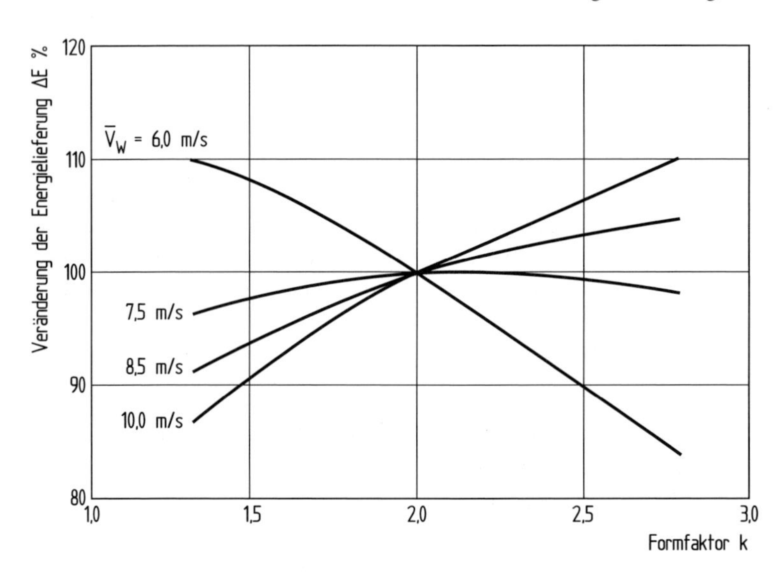

Bild 14.33. Relative Energielieferung für unterschiedliche Windgeschwindigkeitsverteilungen (k-Faktoren) und mittleren Windgeschwindigkeiten

14.5.4 Technische Verfügbarkeit und Kapazitätsfaktor

Der theoretisch mögliche Höchstwert der Energielieferung wird im praktischen Einsatz nie zu hundert Prozent erreicht. Für die routinemäßige Wartung und Instandsetzung, aber auch für unvorhergesehene Reparaturen gibt es Ausfallzeiten, die zu einer verminderten Jahresenergielieferung führen. Wie nahe die Anlage an die theoretisch mögliche Betriebszeit herankommt, oder mit anderen Worten, in welchem Maße sie „verfügbar" ist, wird durch den Begriff der *technischen Verfügbarkeit* ausgedrückt.

In der Energiewirtschaft ist die Verfügbarkeit eines Kraftwerks von zentraler Bedeutung. Aus diesem Grund ist der Begriff der Verfügbarkeit und die damit zusammenhängenden Bedingungen sehr genau definiert [11]. Die Verfügbarkeit kennzeichnet die Fähigkeit einer Anlage, Energie zu erzeugen oder eine sonstige betriebliche Funktion auszuüben. Drei verschiedenen Verfügbarkeitsbegriffe werden unterschieden:

- Zeitverfügbarkeit
- Leistungsverfügbarkeit
- Arbeitsverfügbarkeit

Der wichtigste Begriff ist die Zeitverfügbarkeit, da diese sich am genauesten definieren und messen läßt. Sie steht unmittelbar in Zusammenhang mit der technischen Zuverlässigkeit und Wartungsarmut des Systems. Die veröffentlichten Verfügbarkeitszahlen beziehen sich im allgemeinen immer auf die zeitliche Verfügbarkeit. Für ein Wärmekraftwerk wird die Zeitverfügbarkeit aus der *verfügbaren Zeit* T_v und der *Nennzeit* T_N gebildet:

$$K_T = \frac{T_\mathrm{v}}{T_\mathrm{N}}$$

Die Nennzeit ist die gesamte zusammenhängende Berichtszeitspanne ohne jegliche Unterbrechung (Kalenderzeit). Im allgemeinen ist diese ein „Norm-Jahr" mit der Kalenderzeit von 8760 Stunden. Die Bezugszeitspanne ist insofern von Bedeutung, da sich mit kürzeren Zeitspannen immer eine hohe Verfügbarkeit vortäuschen läßt. Man sollte sich deshalb beim Vergleich von Verfügbarkeitszahlen immer vergewissern, ob tatsächlich die Jahresverfügbarkeit gemeint ist. Die Verfügbarkeitszeit ist die Summe aus *Betriebszeit* T_B und *Bereitschaftszeit* T_R:

$$T_\mathrm{v} = T_\mathrm{B} + T_\mathrm{R}$$

Die Betriebszeit ist die Zeitspanne, in der die Anlage nutzbare Energie erzeugt, die Bereitschaftszeit ist die Zeit, in der die Anlage betriebsbereit ist.

Die heute im Kraftwerksbetrieb erreichten Verfügbarkeiten werden an einigen Zahlenwerten deutlich. Die Gesamtverfügbarkeit der fossilen Wärmekraftwerke beträgt in der Bundesrepublik ca. 85 %. Für die verschiedenen Kraftwerktypen ergaben 2008 sich folgende Werte [12]:

- Kernkraftwerke 95 %
- Steinkohlekraftwerke 91 %
- GuD Kraftwerke 91 %
- Gasturbinen 56 %

Die Verfügbarkeit einer Windkraftanlage wird von zwei Faktoren bestimmt, der Verfügbarkeit des Windes und der technischen Verfügbarkeit der Anlage selbst. Aus diesem Grund hat man in der Vergangenheit als Nennzeit gelegentlich nur die Zeit gezählt, in der die Windgeschwindigkeit innerhalb des Betriebswindgeschwindigkeitsbereiches lag. Diese Definition hat sich als unpraktisch erwiesen, da sie eine zuverlässige — von der Windkraftanlage unabhängige — Windgeschwindigkeitsmessung voraussetzt. Heute ist es üblich, die Nennzeit auch bei Windkraftanlagen auf die volle Kalenderzeit zu beziehen. Die üblicherweise in der Gewährleistungszeit zugesicherte Verfügbarkeit wird analog den Begriffsbestimmungen der Kraftwerkstechnik definiert. Wichtig in den vertraglichen Festlegungen sind die Zeiten, die *nicht* als Nichtverfügbarkeit angerechnet werden, zum Beispiel:

- Regelzeiten für die Routinewartung
- Stillstandszeiten durch Eingriffe des Betreibers oder Dritter (behördliche Eingriffe)
- Stillstandszeiten wegen äußerer Ursachen (Netzausfall, Blitzschlag, Eisansatz)
- Zeiten mit zu schwachem oder zu starkem Wind
- „geringfügige" Stillstandszeiten, aus welchen Gründen auch immer, unterhalb von zum Beispiel 5 Stunden pro Jahr.

Ein wesentlicher Gesichtspunkt der Verfügbarkeitsdefinition ist eine für den Betreiber nachvollziehbare Erfassung und Dokumentation der genannten Zeiten. Die Erfahrung hat gezeigt, daß sehr häufig die Verfügbarkeit im Kauf- oder Wartungsvertrag zwar präzise definiert ist, die Datenerfassung im Betrieb jedoch nicht ausreicht, um die tatsächlich erzielte Verfügbarkeit gemäß den vertraglichen Vereinbarungen zu berechnen. Ein potentieller Käufer ist gut beraten, wenn er sich beim Abschluß der Verträge die entsprechende Datenerfassung und Dokumentation erläutern und sich ihre Durchführung vertraglich zusichern läßt. Gerade in den ersten Betriebsjahren, in denen wegen technischer Nachbesserungen die garantierte Verfügbarkeit oft nicht in vollem Umfang erreicht wird, geht es für den Betreiber um „bares Geld".

Welche Verfügbarkeit darf man heute von Windkraftanlagen erwarten? In den ersten Jahren der kommerziellen Windenergienutzung lagen die durchschnittlich erreichten Verfügbarkeiten noch auf bescheidenem Niveau (Bild 14.34). Die Zuverlässigkeit der Anlagen stieg aber kontinuierlich an. Seit etwa 10 Jahren werden Verfügbarkeitswerte von 98 % und

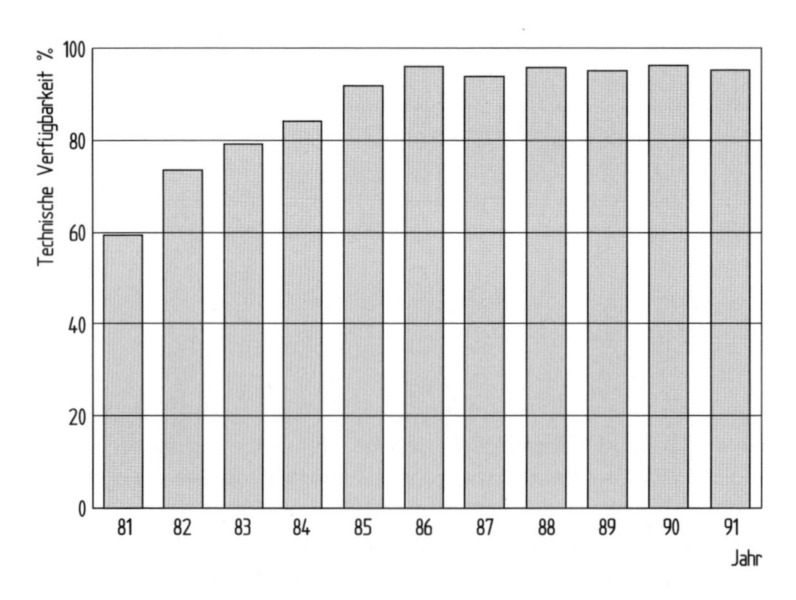

Bild 14.34. Entwicklung der technischen Verfügbarkeit der dänischen Windkraftanlagen [13]

darüber erreicht [12]. Windkraftanlagen weisen damit auch im Vergleich zu anderen energieerzeugenden Anlagen außerordentlich hohe Verfügbarkeitswerte auf.

Bei der Wertung der Verfügbarkeitszahlen darf der erforderliche Wartungsaufwand nicht vergessen werden. Eine technische Verfügbarkeit von 98 %, die mit einem Aufwand für Wartung und Instandsetzung von zum Beispiel 10 % der Investitionskosten erkauft wird, ist betriebswirtschaftlich gesehen ein katastrophales Ergebnis. Eine kommerziell tragbare Situation erfordert eine Verfügbarkeit von deutlich über 95 % mit einem jährlichen Wartungsaufwand von nicht mehr als 2–3 % der Investitionskosten (vergl. Kap. 19.3).

Aus betriebswirtschaftlicher Sicht ist manchmal ungeachtet der Vermischung von technischen und meteorologischen Bedingungen eine Aussage über die Gesamtverfügbarkeit einer Windkraftanlage an einem bestimmten Standort erwünscht. Hierzu ist der dem angelsächsischen Sprachgebrauch entlehnte Begriff des *Kapazitätsfaktors* (capacity factor) üblich. Der Kapazitätsfaktor c wird mit der durchschnittlichen Leistung $\overline{P}$, welche die Windkraftanlage bezogen auf das Kalenderjahr abgibt, und der Nennleistung P_N definiert:

$$c = \frac{\overline{P}}{P_N}$$

Der Kapazitätsfaktor kann auch aus der Jahresenergielieferung berechnet werden:

$$\text{Kapazitätsfaktor} = \frac{\text{Jahresenergielieferung (kWh)}}{\text{Nennleistung (kW)} \cdot 8760 \text{ h}}$$

Die bereits erwähnte Nutzungsdauer oder die äquivalenten Vollaststunden errechnen sich noch einfacher aus der Jahresenergielieferung:

$$\text{Nutzungsdauer} = \frac{\text{Jahresenergielieferung (kWh)}}{\text{Nennleistung (kW)}}$$

Beide Begriffe sind insoweit etwas problematisch, da sie über die installierte Generatornennleistung manipuliert werden können.

Ein Maßstab für die Bewertung des Kapazitätsfaktors bzw. der Nutzungsdauer läßt sich an zwei Beispielen ableiten. Unterstellt man einen Standort mit einer mittleren Jahreswindgeschwindigkeit von 6 m/s in 10 m Höhe (Deutsche Nordseeküste), so sind folgende Kapazitätsfaktoren erreichbar:

- Kleinanlage: Rotordurchmesser 15 m, Nennleistung 55 kW, Rotornabenhöhe 20 m
  spez. Flächenleistung 311 W/m^2, Jahresenergielieferung 120 000 kWh
  Kapazitätsfaktor = 0,25
  Nutzungsdauer = 2180 Stunden
- Großanlage: Rotordurchmesser 77 m, Nennleistung 1500 kW, Rotornabenhöhe 80 m
  spez. Flächenleistung 322 W/m^2, Jahresenergielieferung 5 Mio. kWh
  Kapazitätsfaktor = 0,38
  Nutzungsdauer = 3333 Stunden

Der Vergleich von Kapazitätsfaktoren und Nutzungsdauern verschiedener Windkraftanlagen ist nur bei annähernd gleicher spezifischer Flächenleistung möglich, ansonsten müssen die Nennleistungen auf gleiche Flächenleistung umgerechnet werden. Dieses Verfahren ist aber nur bei Windkraftanlagen sinnvoll, die annähernd gleich groß sind.

14.5.5 Energielieferungsprognosen für Projektfinanzierungen

Die Prognoserechnung für die zu erwartenden Energielieferung ist von großer Bedeutung für die wirtschaftliche Bewertung des Investitionsvorhaben „Windkraftanlage an einem bestimmten Standort". Deshalb wird von den finanzierenden Banken und von den Investoren die Forderung nach einem bestimmten „Sicherheitsabschlag" von der berechneten Jahresenergielieferung erhoben. Diese Forderung ist auch nicht von der Hand zu weisen, wenn man sich die in diesem Kapitel erörterten Einflußfaktoren auf die Energielieferung vor Augen hält. Bevor man jedoch um die Angemessenheit eines Sicherheitsabschlages streitet ist es unverzichtbar zunächst sich zu vergegenwärtigen auf welchen Grundlagen die Prognoserechnung beruht. Erfahrungsgemäß gibt es hier erhebliche Unterschiede. Ein großzügiger Sicherheitsabschlag macht sich optisch gut, ist aber wenig wert, wenn die Prognoserechnung bereits auf unsicheren Voraussetzungen beruht. Eine systematische Prüfung der Grundlagen für die Prognoserechnung sollte die folgenden Punkte und die damit verbundenen Fragen beantworten.

Leistungskennlinie der Windkraftanlage

Die angenommene Leistungskennlinie der Windkraftanlage sollte auf einer von unabhängigen Institutionen nachgemessenen Leistungskennlinie nach IEC-Norm beruhen. In diesem Zusammenhang stellen sich folgende Fragen: Wurde die Leistungskennlinie den Standardbedingungen angepaßt, zum Beispiel im Hinblick auf die Aufstellhöhe über N. N.? Ist die Leistungskennlinie nur an einem Prototypen vermessen worden oder ist sie bereits durch eine breitere Erfahrungsbasis aus dem Betrieb mehrerer Anlagen im praktischen Einsatz „erhärtet"? Sind bereits bei der Leistungskennlinie Sicherheitsabzüge vorgenommen worden? Diese Vorgehensweise ist ansich nicht üblich, es sei denn es liegt nur eine berechnete Kennlinie vor, an deren Zuverlässing keit berechtigte Zweifel bestehen.

Technisch bedingte Verluste

Die Berücksichtigung technisch bedingter Energieverluste hat nichts mit Sicherheitsabzügen zu tun. Der sog. Parkwirkungsgrad bei Windparkaufstellung und die elektrischen Übertragungsverluste zum Netz müssen berücksichtigt werden. Diese treten in jedem Fall auf.

Technische Verfügbarkeit

Die Annahme einer realistischen technischen Verfügbarkeit gehört ebenfalls zur Diskussion über einen angemessenen Sicherheitsabschlag. Wie in Kap. 14.5.4 erörtert, erreichen Windkraftanlagen heute hohe Verfügbarkeitswerte. Werte über 98 % sollten jedoch nicht unterstellt werden.

Windgutachten

In diesem Bereich liegen die größten Unsicherheiten. Für größere Investitionsvorhaben werden deshalb mehrere voneinander unabhängige „Windgutachten" erstellt. In diesem

Zusammenhang stellt sich die Frage, ob man bei unterschiedlichen Ergebnissen einen Mittelwert zugrunde legt oder ob man aus Vorsichtsgründen das schlechteste Gutachten für die Wirtschaftlichkeitsberechnung heranzieht. Darüber hinaus ist zu fragen inwieweit die „theoretischen" Gutachten durch Erfahrungswerte, insbesondere von benachbarten Windkraftanlagen bestätigt werden können.

In Deutschland sind Windprognosen nach den WASP Verfahren weitgehend üblich (vergl. Kap. 13.6.3). Für die Berechnung nach WASP wird ein pauschaler Unsicherheitsbereich von ± 10 % angegeben. Geht man davon aus, daß der ohne Abzug berechnete Energielieferungswert im Rahmen einer gleichmäßig verteilten Wahrscheinlichkeitskurve (Gauß'sche Verteilung) liegt, so wird dieser mit fünfzigprozentiger Wahrscheinlichkeit erreicht, in der englischen Literatur oft als „P50-Wert" (probability 50 %) bezeichnet. Eine Über- oder Unterschreitung wird als nach beiden Seiten gleich wahrscheinlich angenommen.

Pauschaler Sicherheitsabzug

Wie in Kap. 14.3 erörtert, können weitere Energieverluste auftreten. Häufiges Windrichtungsnachführen, Hystereseerscheinungen bei dem Ein- und Abschalten der Windkraftanlage, negative Einflüsse bei komplexen Gelände, hohe Turbulenz am Aufstellort, Luftdichteeinflüsse bei Sommer und Winterbetrieb und Verschmutzung der Rotorblätter im Betrieb wurden bereits erwähnt. Im allgemeinen werden diese Verluste, da sie nicht immer auftreten, nicht quantifiziert. Sie müssen deshalb durch einen pauschalen Sicherheitsabzug von der berechneten Energielieferung berücksichtigt werden.

Können in den oben genannten Punkten enthaltene Fragen alle im positiven Sinne beantwortet werden, ist ein zusätzlicher pauschaler Sicherheitszuschlag von 5 % hoch genug, um diese nicht quantifizierbaren, eventuell auftretenden Verluste abzudecken. Anstelle eines Sicherheitsabzuges ist es heute üblich im Rahmen von Prognoserechnungen im Hinblick auf die Finanzierung statt des P 50 Wertes für die Energielieferung einen reduzierten Wert zum Beispiel den P 75 Wert zu nehmen, dessen Unterschreitungswahrscheinlichkeit nur 25 % ist. Gegenüber dem P 50 Wert entspricht dies bei mittleren Windverhältnissen einem Abzug von 6 bis 7 % vom Erwartungswert der Energielieferung. Werden die Verhältnisse jedoch als außergewöhnlich unsicher eingeschätzt, sollten die Windprognose und die Aufstellbedingungen im einzelnen analysiert werden. Es macht wenig Sinn mit immer größeren pauschalen Sicherheitsabzügen Planungsmängel zu überdecken. Zumindestens bei größeren Investitionsvorhaben muß einer umfassenden und genauen Planung unbedingt der Vorrang gegeben werden.

14.6 Wichtige Entwurfsparameter und Energielieferung

Im Entwurfsstadium wie auch bei der Einsatzplanung einer Windkraftanlage stellt sich laufend die Frage, in welchem Ausmaß sich technische Änderungen oder Standortfaktoren auf die Leistungskennlinie und die Energielieferung auswirken. Ein potentieller Betreiber interessiert sich natürlich in erster Linie für den Einfluß auf die zu erwartende Energielieferung. Auch ohne Zuhilfenahme eines Computers sollte der Betreiber ein Gefühl für die quantitative Bedeutung dieser Einflußgrößen entwickeln. Diese Einschätzung ist für die Standortsuche, aber auch im Hinblick auf die Anpassung verschiedener technischer Parameter der Anlage wichtig. Zum Beispiel stehen die installierte Generatorleistung und die Turmhöhe innerhalb gewisser Grenzen zur Disposition.

Vorweg sollte man sich nochmals in Erinnerung rufen, daß die Einflußgrößen auf die Leistungskennlinie für Anlagen mit Blatteinstellwinkelregelung nur im Teillastbereich wirksam sind (vergl. Kap. 14.1.2). Nach Überschreiten der Nennwindgeschwindigkeit wird die Leistung ohnehin „weggeregelt". Das bedeutet, daß alle Verbesserungs- oder auch Verschlechterungsmaßnahmen umso stärkeren Einfluß auf die Energielieferung haben, je ausgedehnter der Teillastbereich einer Anlage ist, das heißt, je höher die installierte Generatorleistung pro Rotorkreisfläche bzw. je schwächer der Windstandort ist. Für Anlagen, deren Leistungsaufnahme durch den aerodynamischen Stall begrenzt wird, gilt dieser Hinweis nur bedingt. Bei diesen Anlagen gibt es keine scharfe Abgrenzung von Teil- und Vollastbereich.

Die folgenden Kapitel zeigen den Einfluß der wichtigsten Parameter auf die Energielieferung beispielhaft an einer Windkraftanlage mit 3 MW Nennleistung und einem Rotordurchmesser von 100 m. Die Winddaten sind durch eine mittlere Windgeschwindigkeit von 7,5 m/s in Rotornabenhöhe (100 m) und eine Rayleigh-Verteilung ($k = 2{,}0$) gekennzeichnet. Die Windverhältnisse entsprechen in Deutschland einem Standort in Küstennähe, oder einem guten Binnenlandstandort mit einer Rotornabenhöhe von etwas 140 m. Die Leistungskennlinie der Beispielanlage entspricht dem heute typischen Verlauf für eine drehzahlvariable Anlage mit Getriebe.

14.6.1 Anlagen-Leistungsbeiwert

Insbesondere bei der aerodynamischen Auslegung des Rotors einer Windkraftanlage stellt sich das Problem, die wirtschaftlichen Auswirkungen veränderter aerodynamischer Leistungsdaten abzuschätzen. Dies betrifft zum Beispiel die Wahl und die Herstellungsgüte der Rotorblattprofile und die Form der Rotorblätter. Aerodynamisch hochwertige Rotorblätter kosten mehr, deshalb muß dieser Aufwand dem wirtschaftlichen Nutzen gegenübergestellt werden. Die Auswirkungen zeigen sich im Rotorleistungsbeiwert oder genauer gesagt im Verlauf der c_{PR}-Linien im Rotorleistungskennfeld. Etwas vereinfacht läßt sich der erzielte maximale Rotorleistungsbeiwert als Kriterium verwenden (vergl. Kap. 5.5). Aus der Sicht des Betreibers stellt sich die Frage, wieviel ein besserer Anlagen-Leistungsbeiwert unter wirtschaftlichen Gesichtspunkten „wert" ist.

Die Auswirkungen einer Veränderung des Rotorleistungsbeiwerts auf die Energielieferung hängen außerdem noch von den Winddaten des Standorts und von der installierten Generatorleistung ab. Je größer der Teillastbereich im Betrieb der Anlage ist, umso spürbarer wird der Einfluß auf die Energielieferung. Insbesondere bei schwächeren Windverhältnissen ist die aerodynamische Güte des Rotors entscheidend. Bild 14.35 zeigt den Einfluß des maximalen Rotorleistungsbeiwertes auf die Energielieferung, allerdings für einen Standort mit hoher mittlerer Windgeschwindigkeit.

An Standorten mit schwächeren Windverhältnissen ist der maximale Leistungsbeiwert nicht allein entscheidend. Hier wird der Verlauf des Leistungsbeiwertes über der Windgeschwindigkeit wichtig, das heißt ein besserer Leistungsbeiwert im niedrigen Teillastgebiet hat durchaus einen spürbaren Einfluß auf die Energielieferung.

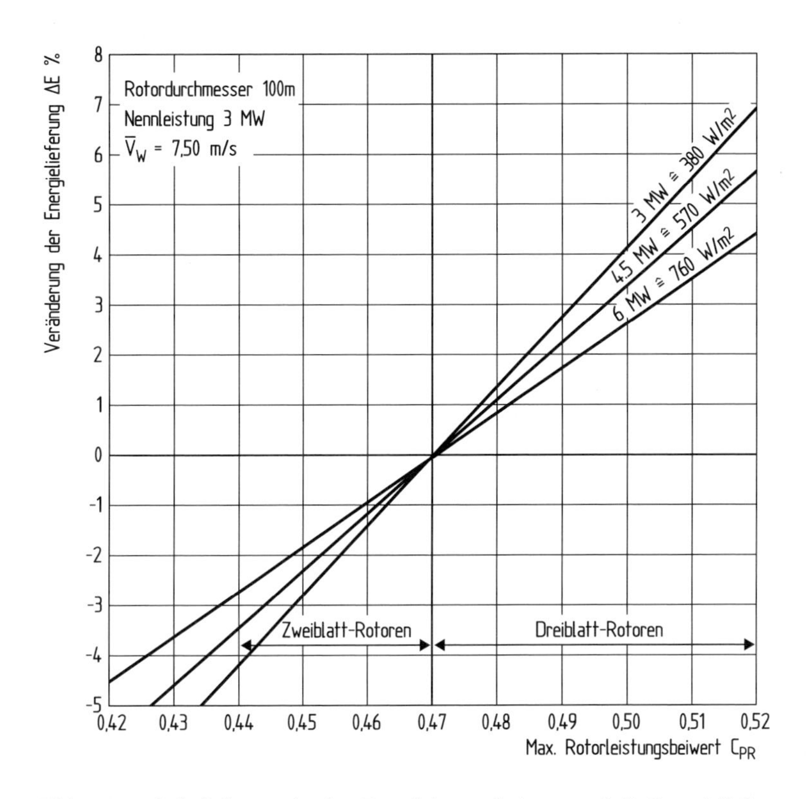

Bild 14.35. Einfluß des maximalen Rotorleistungsbeiwerts auf die Energielieferung

14.6.2 Rotordurchmesser

Bei der Erörterung des Zusammenhangs von Rotordurchmesser, Leistungskennlinie und Energielieferung sollte man nicht dem Trugschluß anheimfallen, der Rotordurchmesser sei ein beliebig zur Disposition stehendes Merkmal einer Windkraftanlage. Die Größe des Rotors ist gleichbedeutend mit der Größe der Windkraftanlage, mit allen Konsequenzen im Hinblick auf die Belastungen und die Herstellkosten (vergl. Kap. 19.1). Das nicht selten gebrauchte Argument „Dann machen wir eben den Rotor ein paar Meter größer" wenn es darum geht, schlechtere Leistungen einer bestimmten Konfiguration auszugleichen, ist falsch. Es kommt vielmehr darauf an, bei vorgegebener Größe der Windkraftanlage das technisch-wirtschaftliche Optimum zu erreichen. Auch die in der Praxis öfter zu beobachtende Tendenz, bestehende Anlagen mit größerem Rotor weiterzuentwickeln, ist kein Gegenbeweis. Entweder war der Rest der Anlage mit dem kleineren Rotor nicht bis an die zulässigen Festigkeitsgrenzen ausgenutzt oder die Anlage kann mit dem größeren Rotor nur in einer niedrigeren Windkraftanlagen-Klasse betrieben werden (vergl. Kap. 6.4.2).

Eine Änderung des Rotordurchmessers hat zunächst einen erheblichen Einfluß auf die aerodynamisch optimale Rotordrehzahl. Es ist deshalb kaum möglich, den Rotordurchmesser zu ändern, ohne gleichzeitig die Rotordrehzahl, das heißt die Getriebeübersetzung, zu ändern (Bild 14.36). Bei einer Vergrößerung des Durchmessers steigt die Energielieferung theoretisch proportional mit der Rotorkreisfläche, also mit dem Quadrat des Rotordurchmessers, an. Für das berechnete Beispiel mit einem bestimmten Verhältnis von Teillast zu Vollast zeigt Bild 14.37 den realen Anstieg. Man erkennt, daß in diesem Fall

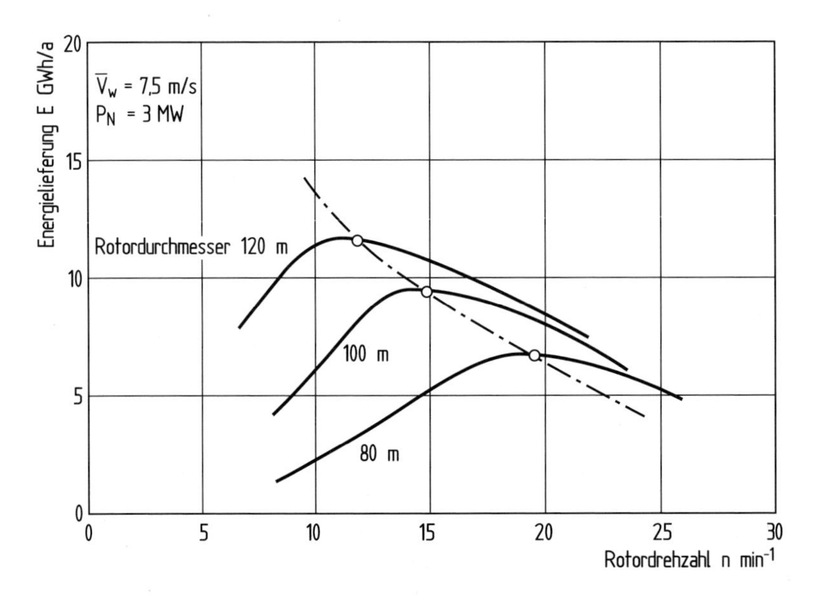

Bild 14.36. Änderung der optimalen Rotordrehzahl bei unterschiedlichem Rotordurchmesser

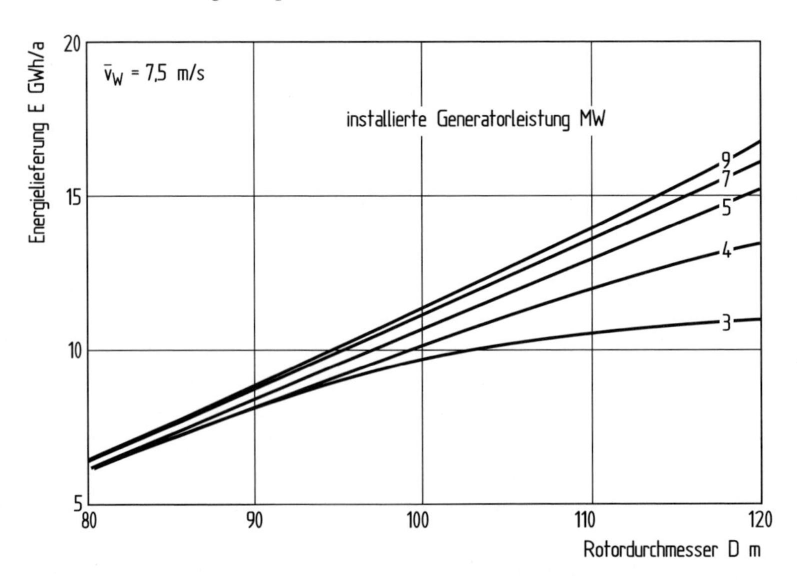

Bild 14.37. Jahresenergielieferung in Abhängigkeit vom Rotordurchmesser und der installierten Generatorleistung

ein nennenswerter Gewinn an Energielieferung nur mit einer gleichzeitigen Erhöhung der Generatornennleistung erreicht wird.

Ungeachtet dieser grundsätzlich gültigen Überlegungen bieten viele Hersteller ihre Anlagen mit unterschiedlichem Rotordurchmesser an. Die Varianten mit größerem Rotordurchmesser sind in der Regel nur für ein geringeres Belastungsniveau geeignet, das heißt, sie werden für eine niedrigere Windkraftanlagen-Klasse zugelassen. Oft wird auch die Abschaltwindgeschwindigkeit auf einen niedrigeren Wert gesetzt, um die Belastungen zu verringern (vergl. Kap. 6.4.2).

14.6.3 Optimale Rotordrehzahl und Drehzahlvariabilität

Die Bedeutung der gewählten Rotordrehzahl für die Energielieferung wurde bereits in Kap. 14.1 erörtert. Die Tatsache, daß die energetisch optimale Rotordrehzahl von den zugrundeliegenden Windverhältnissen abhängt, sollte nicht zu der Schlußfolgerung führen, daß damit für jeden Aufstellort die Rotordrehzahl zu optimieren und unterschiedlich festzulegen sei. Der technische Aufwand, etwa durch ein geändertes Übersetzungsgetriebe, wäre hierfür zu hoch. Bild 14.38 zeigt, in welchem Ausmaß unterschiedlich hohe Auslegungswindgeschwindigkeiten den Verlauf der optimalen Rotordrehzahl beeinflussen.

Die Maxima liegen in sehr flachen Abschnitten der Energiekurven, so daß auch beträchtliche Abweichungen von der optimalen Drehzahl nicht sehr stark ins Gewicht fallen. In der Entwurfspraxis wird man deshalb die Winddaten eines repräsentativen Standortes zugrunde legen, die typisch für eine große Anzahl der ins Auge gefaßten Aufstellorte sind. Lediglich bei erheblich abweichenden Windverhältnissen lohnt eine Änderung der Rotornenndrehzahl. In der Praxis wird man in diesen Fällen jedoch eher über eine Änderung des Rotordurchmessers nachdenken. Wenn diese Anpassung möglich ist, und außerdem noch die installierte Generatorleistung entsprechend angepasst werden kann, wird man mit diesen Maßnahmen wesentlich näher an eine wirtschaftlich optimale Lösung kommen, selbst wenn der technische Aufwand größer ist als die Änderung der Getriebeübersetzung.

Eine immer wieder gestellte Frage lautet: Lohnt sich eine variable Rotordrehzahl vom Standpunkt der Energieausbeute? Um einen effektiven windgeführten Betrieb zu realisieren, muß die Drehzahlvariation erheblich sein. Sie sollte möglichst den gesamten Teillastbetrieb von der Einschalt- bis zur Nennwindgeschwindigkeit umfassen. Bei den üblichen Werten der spezifischen Flächenleistung von 300–400 W/m^2 bedeutet das eine Drehzahlspanne von ca. 40 bis 100 %.

Die Schnellaufzahl des Rotors kann damit in diesen Grenzen der Windgeschwindigkeit angepasst werden mit der Folge, daß der Verlauf des optimalen Leistungsbeiwertes über der Windgeschwindigkeit über einen weiten Bereich des Teillastgebietes nahe dem Optimum liegt (Bild 14.39). Insbesondere bei schwächeren Windverhältnissen ist ein effizienterer Teillastbetrieb von erheblicher Bedeutung für die Energielieferung. Die Leistungskennlinie gewinnt insbesondere im oberen Teillastbereich bis zur Nennwindgeschwindigkeit (Bild 14.40).

Aus diesen Zusammenhängen wird deutlich, daß der Energiegewinn durch eine variable Rotordrehzahl nicht nur von der Drehzahlspanne sondern auch von den Windverhältnissen abhängt. Die Drehzahlvariabilität wirkt sich umso mehr aus je schwächer die Windverhältnisse sind. In Gebieten mit hohen Windgeschwindigkeiten liegt der Energie-

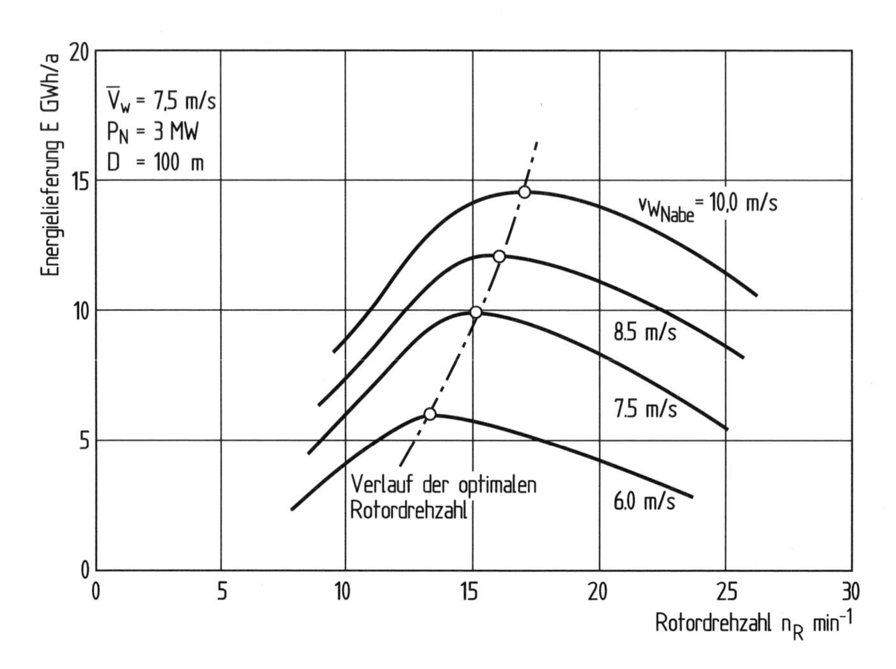

Bild 14.38. Optimale Rotordrehzahl in Abhängigkeit von der Auslegungswindgeschwindigkeit am Beispiel einer 3 MW Anlage mit 100 m Rotordurchmesser

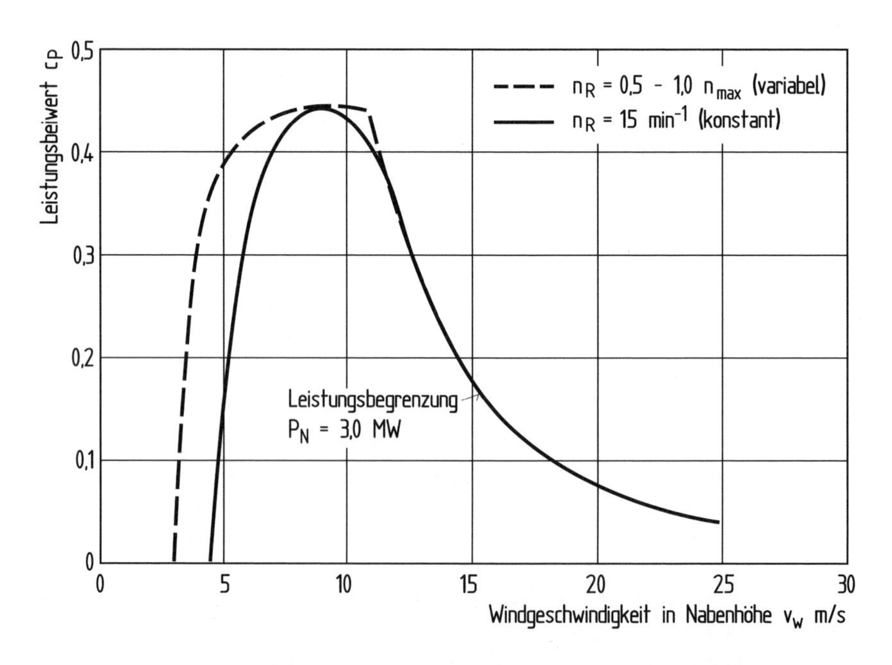

Bild 14.39. Verlauf des Anlagenleistungsbeiwertes bei variabler und bei konstanter Rotordrehzahl

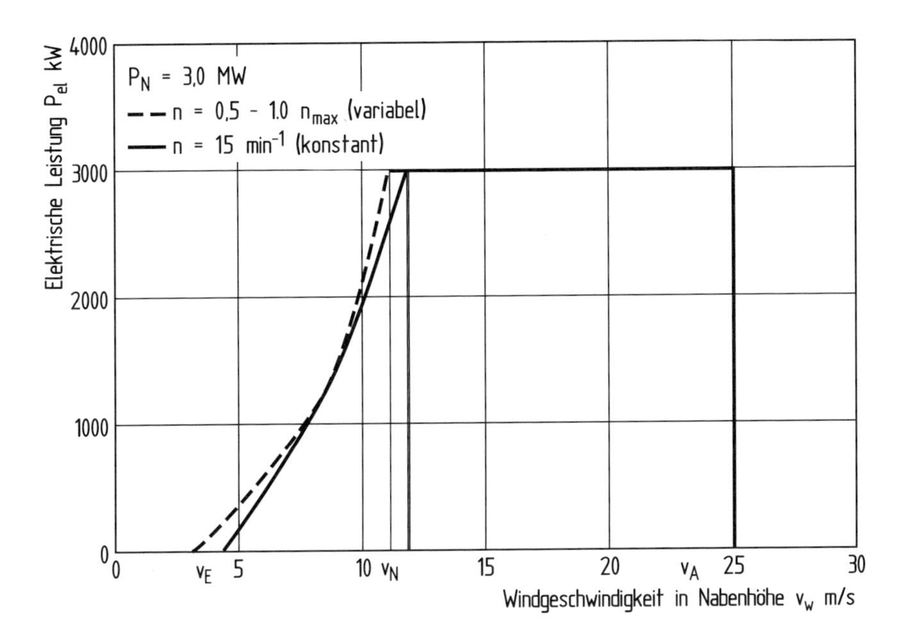

Bild 14.40. Leistungkennlinie mit variabler und konstanter Rotordrehzahl

gewinn bei 2 bis 3 %, in Gebieten mit schwächeren Windverhältnissen, zum Beispiel im Binnenland, können bis zu 5 % erreicht werden. Aus diesem Grund werden heute alle größeren Anlagen im Megawatt-Leistungsbereich mit einem drehzahlvariablen elektrischen System ausgerüstet.

Dem Energiegewinn gegenüber stehen die Kosten für ein drehzahlvariables elektrisches System und bei älteren Anlagen ein geringerer elektrischer Wirkungsgrad. Durch die Fortschritte in der Umrichtertechnik spielt heute der Wirkungsgradverlust durch den Umrichter praktisch keine Rolle mehr (vergl. Bild 14.8). Die Mehrkosten für den Umrichter werden bei den modernen Anlagen durch den Energiegewinn mehr als ausgeglichen.

Außerdem ist zu berücksichtigen, daß die Vorteile eines drehzahlvariablen Rotorbetriebs nicht allein auf den Energiegewinn beschränkt sind. Die verringerten dynamischen Beanspruchungen der mechanischen Komponenten und die Verringerung der aerodynamischen Geräusche im Teillastbetrieb sind unter Umständen ebenso wichtig wie der Energiegewinn.

Statt einer kontinuierlichen Drehzahlvariation verfügen viele kleinere Anlagen über zwei Generatoren, mit deren Hilfe eine Drehzahlstufung realisiert werden kann (vergl. Kap. 10.3.4). Viele ältere, dänische Anlagen machen von dieser Möglichkeit Gebrauch. Man erzielt mit zwei festen Rotordrehzahlen nahezu den gleichen energetischen Gewinn wie mit einer kontinuierlichen Drehzahlvarianz. Auf der anderen Seite führt dieses Verfahren weder zu einer Vergleichmäßigung der Leistungsabgabe, noch zu einer Verringerung der dynamischen Belastungen, da diese Anlagen mit zwei „festen“ Drehzahlen am Netz betrieben werden.

14.6.4 Leistungsregelung

Mit Blick auf kleinere Windkraftanlagen ohne Blatteinstellwinkelregelung wird oft die Frage gestellt, ob die Blatteinstellwinkelregelung gegenüber der Leistungsbegrenzung durch den aerodynamischen Stall Vorteile im Hinblick auf die Energielieferung bringt. Diese Frage läßt sich nicht generell beantworten, da beide Verfahren positive wie auch negative Merkmale unter diesem Gesichtspunkt aufweisen.

Anlagen mit Blatteinstellwinkelregelung können im Teillastbereich nicht immer optimal betrieben werden. Das übliche Verfahren, im Teillastbereich mit konstantem Blatteinstellwinkel zu fahren, verursacht einen gewissen Verlust an Leistung und Energielieferung. Je nach aerodynamischer Auslegung liegt dieser bei etwa 1–2 % der Jahresenergielieferung (vergl. Kap. 14.1.2). Weiter fortgeschrittene Regelungsverfahren versuchen deshalb, im Teillastbereich einen an die Windgeschwindigkeit angepaßten optimalen Blatteinstellwinkel zu verwenden (adaptive Regelung).

Rotoren mit einem festem Blatteinstellwinkel haben im Teillastbereich den gleichen Nachteil. Außerdem werden sie nicht mit der energetisch optimalen Rotordrehzahl betrieben. Um den Stall bei der gewünschten Windgeschwindigkeit herbeizuführen, wird vor allem bei älteren Anlagen oft eine niedrige Betriebsdrehzahl gewählt. Der damit verbundene Energieverlust kann bis zu 20 % vom aerodynamisch möglichen Optimum betragen. In einigen Fällen setzt die aerodynamische Strömungsablösung aus Sicherheitsgründen schon bei so niedrigen Windgeschwindigkeiten ein, daß auch im Vollastbereich Leistungsverluste entstehen. Positiv im Hinblick auf die Energielieferung sind bei stallgeregelten Anlagen die in der Regel hohe spezifische Flächenleistung und die Tatsache, daß vor allem bei Windgeschwindigkeiten um den Nennbetriebspunkt keine Verluste durch schlecht arbeitende aktive Regelungssysteme auftreten.

Anlagen mit Blatteinstellwinkelregelung verfügen spiegelbildlich dazu über den Vorzug, mit der aerodynamisch optimalen Rotordrehzahl betrieben werden zu können. Auf der anderen Seite bedeutet die strikte Begrenzung der Leistungsaufnahme auf die vorgegebene Nennleistung je nach den vorherrschenden Windverhältnissen einen Energieverlust. Aus Festigkeitsgründen werden die Anlagen oft für relativ niedrige Flächenleistung ausgelegt. Darüber hinaus arbeiten gerade bei kleineren Anlagen die Regelungssysteme keineswegs immer optimal. Insbesondere bei niedrigen Windgeschwindigkeiten neigen manche Anlagen zu unerwünscht häufigen Anfahr- und Abfahrvorgängen. Abgesehen vom mechanischen Verschleiß sind damit auch gewisse Leistungsverluste verbunden.

Im konkreten Einzelfall entscheidet die Qualität dieser Merkmale darüber, ob die Blatteinstellwinkelregelung oder die Leistungsbegrenzung durch den Stall Vorteile im Hinblick auf die Energielieferung hat. Generell läßt sich allenfalls sagen, daß bei optimaler Auslegung und Funktion und unter der Voraussetzung einer ausreichend hohen Generatornennleistung entsprechend den vorherrschenden Windverhältnissen die Blatteinstellwinkelregelung die besseren Voraussetzungen zur vollen Ausschöpfung des Energiepotentials bietet.

Die neueren Windkraftanlagen mit Blatteinstellwinkelregelung werden heute fast ausschließlich drehzahlvariabel betrieben. Drehzahlvariable Anlagen erzielen in jedem Fall eine höhere Energielieferung als Anlagen mit Leistungsbegrenzung durch den Stall. Der Vergleich Blatteinstellwinkelregelung gegenüber Leistungsbegrenzung durch den Stall auf der Basis konstanter Rotordrehzahl ist deshalb eigentlich nicht mehr relevant.

14.6.5 Installierte Generatorleistung

Die Nennleistung des installierten Generators ist zwar nicht das signifikante Merkmal für das Leistungsvermögen einer Windkraftanlage, dennoch ist die installierte Generatorleistung nicht ohne Bedeutung für die Energielieferung. Die spezifische Flächenleistung, das ist die installierte Generatorleistung bezogen auf die Rotorkreisfläche, ist deshalb oft Gegenstand kontroverser Diskussionen. Da sich kein mathematisch faßbares Optimum berechnen läßt, zeigen die ausgeführten Windkraftanlagen in diesem Punkt eine gewisse Bandbreite (Bild 14.41).

Für die unterschiedlichen Werte der installierten Generatornennleistung pro Rotorkreisfläche gibt es mehrere Erklärungen: Ein wesentlicher Grund ist bei den Windverhältnissen zu suchen, die dem Anlagenentwurf zugrunde liegen. Höhere mittlere Windgeschwindigkeiten rechtfertigen eine höhere spezifische Flächenleistung, wenn man das theoretische Optimum möglichst weitgehend ausschöpfen will. Die nutzbare mittlere Jahreswindgeschwindigkeit steigt auch mitzunehmender Nabenhöhe des Rotors. Aus diesem Grund werden größere Anlagen in der Regel auch „höher installiert". Weiterhin spielt auch die Art der Rotorleistungsregelung eine Rolle. Stallgeregelte Anlagen müssen relativ hoch installiert werden, damit das elektrische Drehmoment des Generators ausreicht, um die Anlage auch bei größeren Windböen im Netzparallelbetrieb zu „halten" (vergl. Kap. 10.1.1).

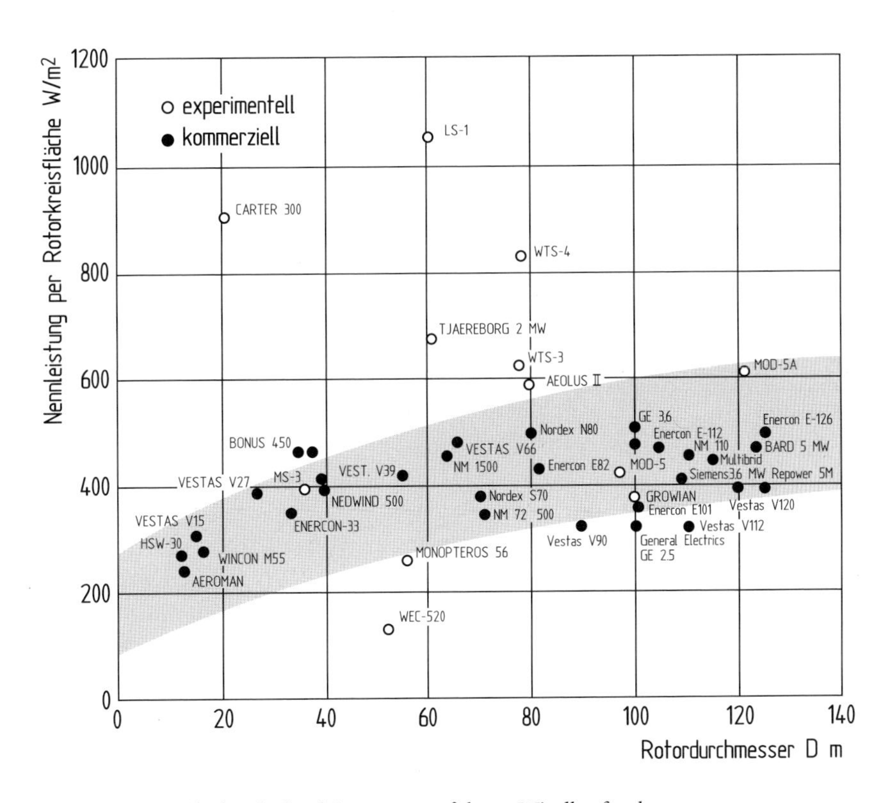

Bild 14.41. Spezifische Flächenleistung ausgeführter Windkraftanlagen

Im Grunde genommen spricht gegen eine hohe spezifische Flächenleistung nur das ansteigende Belastungsniveau mit zunehmender Generatornennleistung. Dieser Einfluß ist jedoch schwierig einzuschätzen. Daß die Belastung der Anlage grundsätzlich mit zunehmender Generatorleistung bzw. mit zunehmendem Generatormoment ansteigt, ist unbestritten. In welchem Ausmaß dies der Fall ist und mit welchem Einfluß auf die Baukosten der Anlage, darüber sind allgemeingültige Aussagen kaum möglich.

Das technische Konzept der Anlage spielt eine entscheidende Rolle. Eine steife und schwere Konzeption, deren Dimensionierung weitgehend vom Eigengewicht der Komponenten geprägt wird, reagiert hinsichtlich des Belastungsniveaus auf eine hohe spezifische Flächenleistung weit weniger empfindlich als eine ausgesprochene Leichtbaukonzeption. Aus diesem Grund findet man die hohen spezifischen Flächenleistungen vorwiegend bei den relativ älteren schwer gebauten Anlagen der „dänischen Linie", während die moderneren, leicht gebaute Anlagen sehr zurückhaltend in bezug auf die installierte Generatorleistung sind.

Die theoretisch maximale Energielieferung ergibt sich aus aerodynamischer Sicht bei „unendlich" hoher Generatorleistung. In der Praxis führt jedoch der zunehmende Einfluß des schlechteren elektrischen Wirkungsgrades bei Teillast wieder zu einer Abnahme der Energielieferung bei extrem hohen spezifischen Flächenleistungen. Eine interessante Frage ist, inwieweit die theoretisch mögliche Energielieferung mit den heute üblichen Flächenleistungen ausgeschöpft wird (Bild 14.42).

In einem schwächeren Windgebiet mit einer mittleren Windgeschwindigkeit von 6 m/s wird mit einer spezifischen Flächenleistung von 300 W/m^2 die theoretisch mögliche Ener-

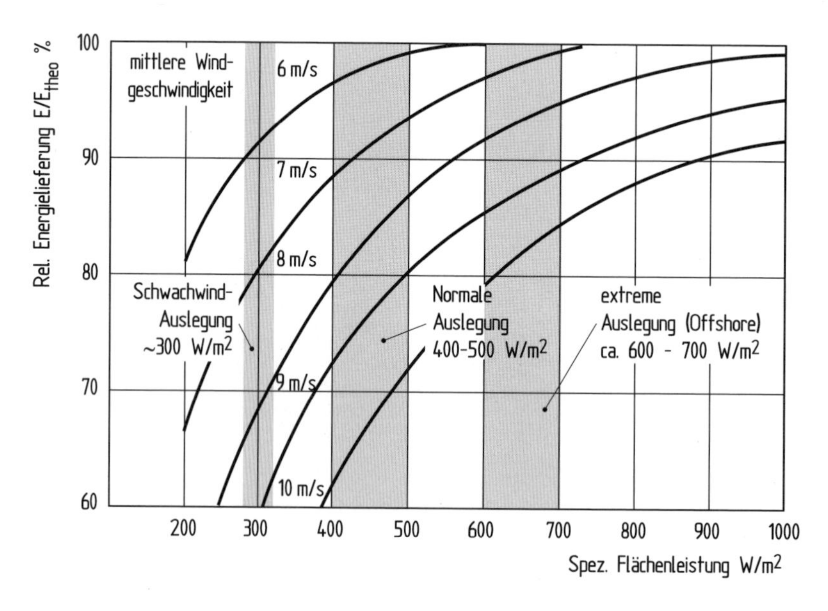

Bild 14.42. Ausschöpfung der theoretisch möglichen Energielieferung bei unterschiedlichen mittleren Windgeschwindigkeiten und spezifischen Flächenleistungen (Nennleistung pro Quadratmeter Rotorkreisfläche)

gielieferung zu 90 % realisiert. Für eine Anlage mit 100 m Rotordurchmesser bedeutet das eine Nennleistung von 2,3 MW. Bei einer höheren mittleren Windgeschwindigkeit, von z. B. 7 m/s, muss die spezifische Flächenleistung bei 400 bis 500 W/m^2 liegen, um 90 % der theoretischen Energieausbeute zu erreichen. Im Offshorebereich mit Windgeschwindigkeiten bis zu 10 m/s sind etwa 800 W/m^2 erforderlich. Dies entspricht bei einer Anlage mit 125 m Rotordurchmesser einer Nennleistung von annähernd 10 MW. Die derzeitigen Offshoreanlagen in dieser Klasse sind noch niedriger installiert, aber die Entwicklung wird mitzunehmendem Vertrauen in die Technik in die Richtung höherer Nennleistungen gehen.

14.6.6 Nabenhöhe des Rotors

Mehr noch als die installierte Generatorleistung steht die Höhe des Turmes einer Windkraftanlage in gewissen Grenzen zur Disposition. Vorausgesetzt, daß der Turm die erforderliche Steifigkeitsforderung im Sinne des Schwingungsverhaltens erfüllt, kann seine Höhe den Bedingungen des Aufstellortes angepaßt werden. Die wirtschaftliche Turmhöhe, ungeachtet der Frage der Baugenehmigung, hängt vom lokalen Höhenwindgradienten ab (vergl. Kap. 13.4.2). Insbesondere unterscheiden sich Offshore- und küstennahe Landstandorte von typischen Binnenlandstandorten (Bild 14.43). Wegen der größeren Bodenrauhigkeit im Binnenland nimmt die Windgeschwindigkeit mit der Höhe deutlich langsamer zu. Unter diesen Bedingungen „lohnen" sich höhere Türme eher als in Küstennähe. Die seit einigen Jahren realisierten Turmhöhen von 100 m und mehr sind eine entscheidende Voraussetzung für die wirtschaftliche Nutzung der Windenergie im Binnenland.

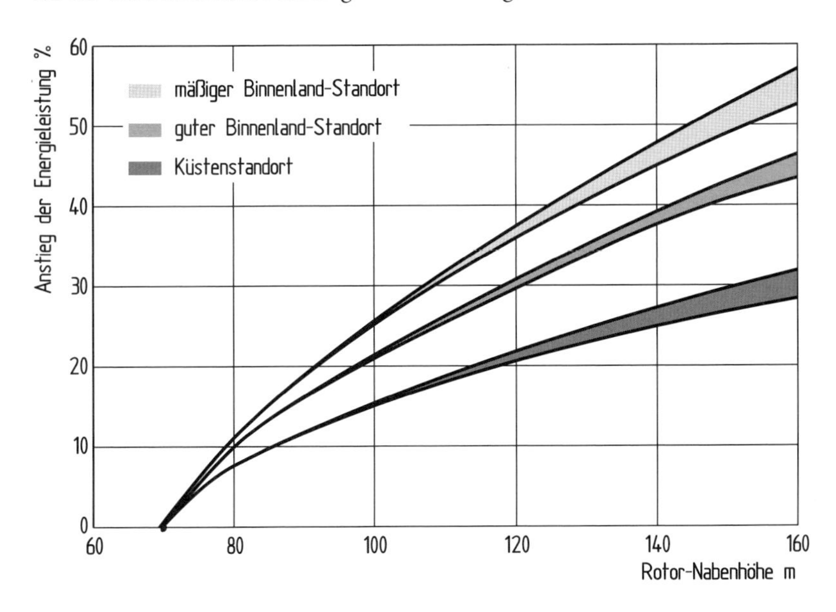

Bild 14.43. Energielieferung bei unterschiedlicher Rotornabenhöhe (Turmhöhe) für einen Küsten- und einen Binnenlandstandort

Die Bestimmung der optimalen Turmhöhe erfordert die quantitative Kenntnis der Relation Mehrenergielieferung zu Mehrkosten für die ansteigende Turmhöhe. Während sich die Turmkosten relativ genau ermitteln lassen ist die Berechnung der Mehrenergielieferung wesentlich schwieriger und ungenauer. Wie in Kap. 13.6.3 erörtert, sind die heute gebräuchlichen Ansätze zur Ermittlung des Anstiegs der mittleren Windgeschwindigkeit in Höhen über 100 m nicht sehr zuverlässig.

14.6.7 Betriebswindgeschwindigkeitsbereich

Die Einschalt- und Abschaltwindgeschwindigkeiten der Windkraftanlage sind bis zu einem gewissen Grade willkürliche Festlegungen. Die Einschaltwindgeschwindigkeit wird zwar durch die notwendige Rotorleistung zur Überwindung der Reibungsverluste im Antriebstrang nach unten begrenzt. Aus betrieblichen Gründen, das heißt um ein zu häufiges Ein- und Abschalten bei geringen Windgeschwindigkeiten zu vermeiden, wird sie jedoch mit einer gewissen Toleranz nach oben festgelegt.

Bei sehr hohen Windgeschwindigkeiten, in der Regel zwischen 20 und 25 m/s, wird der Lastbetrieb der Anlage aus Sicherheitsgründen beendet. Dabei ist es vom Standpunkt der Energielieferung gleichgültig, ob der Rotor festgebremst wird oder in lastlosem Zustand weiterdreht. Ein allgemeinverbindliches Kriterium, bei welcher Windgeschwindigkeit die Abschaltgeschwindigkeit liegen soll, existiert nicht.

Vor diesem Hintergrund stellt sich die Frage, welchen Einfluß die Eingrenzung des Betriebswindgeschwindigkeitsbereichs auf die Energielieferung hat: An einem Beispiel zeigt Bild 14.44, wie sich eine Abweichung der Ein- und Abschaltwindgeschwindigkeit vom festgelegten „Normalzustand" auf die jährliche Energielieferung auswirkt. Der relativ kleine Energieinhalt der niedrigen Windgeschwindigkeiten einerseits und die geringe Häufigkeit der hohen Windgeschwindigkeiten andererseits führen dazu, daß der Einfluß des

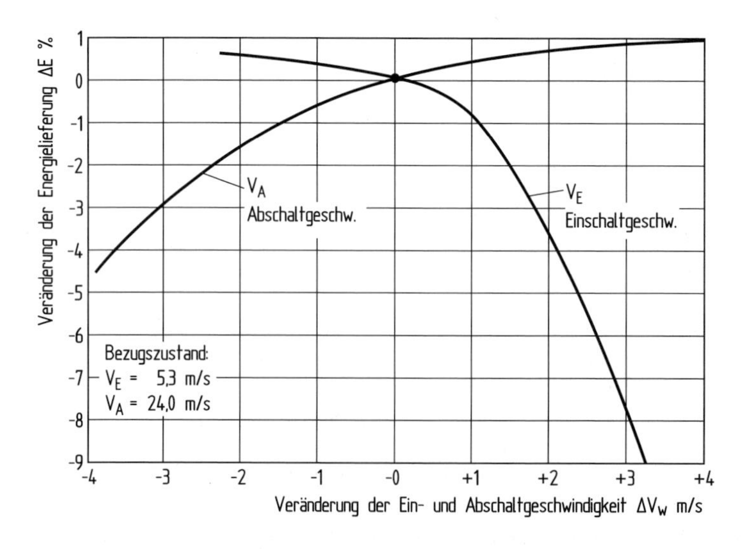

Bild 14.44. Einfluß des Betriebswindgeschwindigkeitsbereichs auf die Jahresenergielieferung

Betriebswindgeschwindigkeitsbereich auf die Energielieferung nicht zu groß ist, sofern die Veränderungen in vernünftigen Grenzen bleiben.

14.6.8 Die Windkraftanlage als Energiewandler – eine grundsätzliche Betrachtung

Die Bedeutung der verschiedenen Einflußgrößen auf die Energielieferung einer Windkraftanlage wird für das Verständnis — und für das Gefühl — besonders deutlich, wenn man sie in einem bilanzierenden Gesamtüberblick betrachtet. Diesem Zweck dient die Graphik nach Bild 14.45.

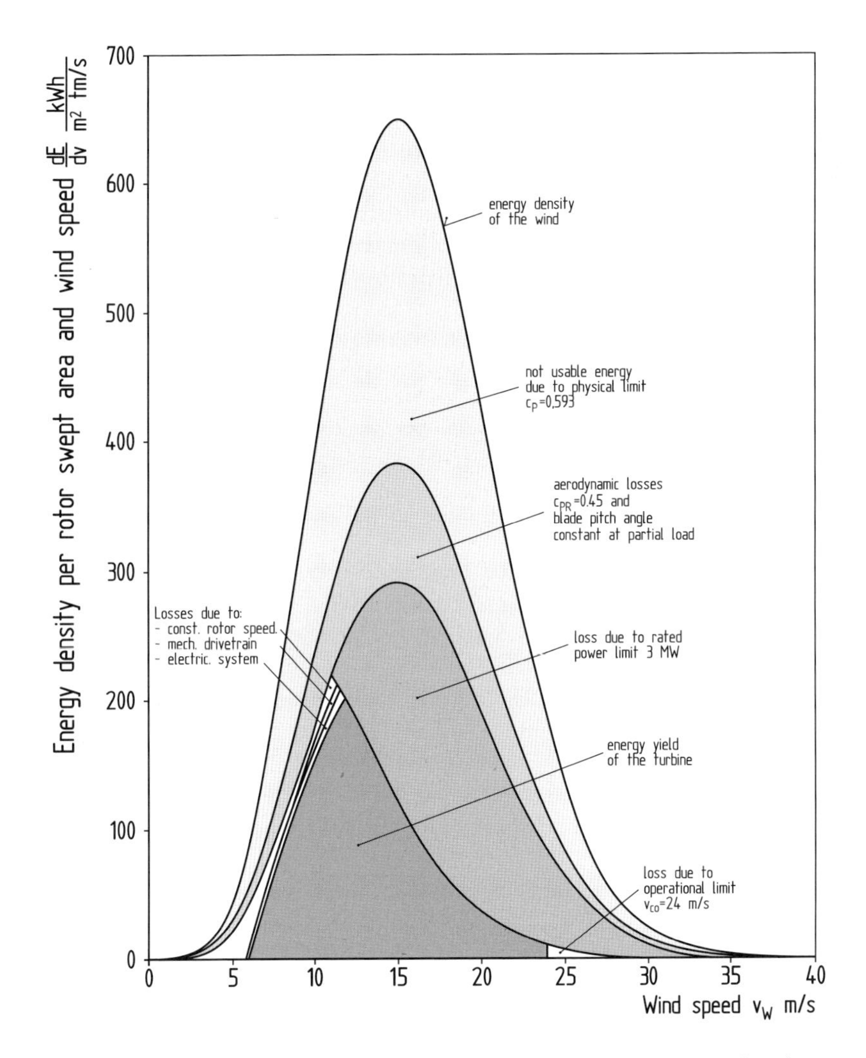

Bild 14.45. Die Windkraftanlage als Energiewandler am Beispiel der Versuchsanlage Growian

In dieser Darstellung ist der auf die Rotorkreisfläche bezogene Energieinhalt über den mittleren Windgeschwindigkeiten einer zugrundeliegenden Häufigkeitsverteilung der Windgeschwindigkeit aufgetragen. Dieser etwas unanschauliche Parameter „$kWh/m^2 \cdot m/s$" hat den Vorteil, daß er, über der Windgeschwindigkeit aufgetragen, den spezifischen Energieinhalt pro Rotorkreisfläche, die dem Wind entzogen wird als Fläche unter der Kurve zeigt.

Ausgehend von dem kinetischen Energieinhalt der Windgeschwindigkeiten und ihrem Anteil an der Jahresenergielieferung gibt der erste Flächenanteil über der oberen Kurve die nicht nutzbare Windenergie aufgrund des physikalischen Prinzips der Windenergiewandlung in mechanische Arbeit wieder (Impulstheorie nach Betz). Dieser Verlust ist unvermeidlich. Der zweite Verlustanteil zeigt die aerodynamischen Verluste des realen Windrotors im Vergleich zum idealen Windenergiewandler nach Betz. Diese Verluste sind bereits technisch bedingt und geben Aufschluß über die aerodynamische Güte des Rotors. Einen bemerkenswert großen Verlustanteil an der möglichen Energielieferung zeigt der dritte Flächenanteil, der durch die Begrenzung der Leistungsaufnahme des Rotors auf die installierte Generatornennleistung entsteht. Hierbei ist allerdings zu berücksichtigen, daß in dem vorliegenden Beispiel die spezifische Flächenleistung mit 380 W/m^2 für eine so große Anlage sehr niedrig war. Die Verlustanteile aufgrund der mechanischen und elektrischen Wirkungsgrade und der Einschränkung des Betriebswindgeschwindigkeitsbereiches erscheinen in der Darstellung optisch sehr klein. Es ist jedoch zu berücksichtigen, daß sie auf den ebenfalls relativ kleinen Bereich der nutzbaren Energie zu beziehen sind und damit an Bedeutung gewinnen.

Literatur

1. Molly, G. P.: Windenergie, Theorie, Anwendung, Messung, Verlag C. F. Müller, Karlsruhe, 1990
2. IEA Expert Group Study: Recommended Practices for Wind Turbine Testing and Evaluation, 1. Power Performance Testing, 2. Edition, 1990
3. IEC 61400-12: Wind Turbine Generator Systems, Part 12 Wind Turbine Performance Testing, 1998
4. Molly, J. P.: Measnet: Network of EUREC-Agency Recognized Measuring Institutes, EWTS Bulletin ECN, Petten (NL), 1996
5. Troen, I.; Petersen, E.: Europäischer Windatlas Risø National Laboratory Roskilda Dänemark, 1990
6. Gasch, R.; Twele, J. (Hrsg.): Windkraftanlagen, 4. Auflage, Teubner, Wiesbaden, 2005
7. Enercon: Windblatt 2/2003
8. Holten van, Theo: Next Generation of Large Wind Turbines, Final Report, EC-Contract JOUR-0011-D (AM), 1991
9. Elsam Projekt: The Tjaereborg Wind Turbine Final Report, CEC EN3W.0048.DK, 1992
10. Huß, G.: Anlagentechnisches Meßprogramm an der Windkraftanlage WKA-60 auf Helgoland. BMFT-Forschungsvorhaben 032850 8D, 1993
11. VDEW: Begriffsbestimmungen in der Energiewirtschaft. Teil 5, Verfügbarkeit von Wärmekraftwerken, Verlags- und Wirtschaftsgesellschaft der Elektrizitätswerke

12. Dena: Kurzanalyse der Kraftwerks- und Netzplanung in Deutschland bis 2020, 2005 und 2013
13. Schmid, G.; Klein, H.P.: Performance of European Wind Turbines. Elsevier Science, London, 1991

Kapitel 15

Umweltverhalten

Von Energieerzeugung zu sprechen oder zu schreiben, ohne gleichzeitig die Auswirkungen auf die Umwelt abzuwägen, ist heute nicht mehr möglich. Windkraftanlagen verunreinigen weder die Atmosphäre mit Kohlendioxyd, Schwefel, Kohlenwasserstoffen oder Stickoxyden noch stellen sie diese und folgende Generationen vor die Probleme des Umganges mit radioaktiven Abfällen. Angesichts dieser Tatsachen verdient die Nutzung der Windenergie unbesehen das Prädikat „umweltfreundlich". Dennoch, völlig ohne Auswirkungen auf die Umwelt ist auch der Betrieb von Windkraftanlagen nicht.

Umweltauswirkungen, die von einzelnen Windkraftanlagen ausgehen, beschränken sich zunächst auf die unmittelbare Umgebung, anders als bei konventionellen Großkraftwerken. Die Begrenzung der Umweltprobleme auf die nähere Umgebung bedeutet, daß sie standortspezifisch gesehen werden müssen und deshalb mit einer vernünftigen Standortwahl weitgehend vermieden werden können. Selbst in dichtbesiedelten Industrieländern sind die Gebiete, die für die Windkraftnutzung in Frage kommen, nicht so dicht bebaut, daß nicht ein begrenzter Spielraum vorhanden wäre. Auf der anderen Seite sind menschenleere Aufstellgebiete nur in Ausnahmefällen zu finden. Windkraftanlagen müssen deshalb in mehr oder weniger dicht besiedelten Gebieten hinsichtlich ihrer Umweltauswirkungen, zum Beispiel der Geräuschentwicklung, akzeptabel sein. Vor diesem Hintergrund ist das Umweltverhalten zu sehen.

Die wichtigsten Einwirkungen auf die unmittelbare Umgebung, die von Windkraftanlagen ausgehen, lassen sich in objektiver Weise berechnen und können mittlerweile durch langjährige Erfahrungen belegt werden. Hierzu zählen die Geräuschentwicklung, der Schattenwurf oder eventuelle Störungen von Funk und Fernsehen. Weniger gesichert sind eventuelle Auswirkungen auf die Tier- und Pflanzenwelt, insbesondere in bezug auf das Verhalten von Vögeln. Nachhaltige Veränderungen in diesen Bereichen, die durch die Aufstellung und den Betrieb von Windkraftanlagen verursacht werden, lassen sich nur über sehr lange Zeiträume feststellen. Ein Umweltaspekt, der zunehmend Anlaß für kontroverse Diskussionen und auch teilweise für heftigen Widerstand gibt, ist die optische Wirkung von Windkraftanlagen in der Landschaft. Die Bewertung dieses Aspektes wird immer subjektiv geprägt sein. Dahinter verbirgt sich auch eine generelle Einstellung zum Stellenwert der erneuerbaren Energien. Je nach dem, ob ihr Beitrag zum globalen Umweltschutz oder die Erhaltung eines unberührten Landschaftsbildes höher bewertet wird, ändert sich die persönliche Einstellung des Einzelnen.

Die globalen Auswirkungen der Windkraftnutzung sind im allgemeinen für den Einzelnen nicht unmittelbar erfahrbar, aber sie sind dennoch von erheblicher Bedeutung. Jede Kilowattstunde an elektrischer Energie, die mit Windkraft erzeugt wird, vermeidet in den meisten Ländern die entsprechende Stromerzeugung aus fossilen Brennstoffen und die damit verbundenen Emissionen in die Atmosphäre. Die Nutzung der Windkraft ist deshalb auch ein Faktor in den zunehmend wichtigeren Bemühen das Klima stabil zu halten.

15.1 Gefahren für die Umgebung

Besondere Gefahren für die Umgebung können bei einer Windkraftanlage nur durch wegfliegende Rotorteile entstehen. Die Gefahr, daß bei extremen Windgeschwindigkeiten die gesamte Anlage umstürzt und Menschen, die sich in unmittelbarer Nähe befinden, unter sich begräbt, ist zwar grundsätzlich gegeben, die Gefahr ist jedoch nicht größer als bei jedem anderen Bauwerk auch. Eine reale Gefahr bilden allenfalls losbrechende Rotorblätter oder Teile davon. Das Problem der Sicherheit für die Umgebung konzentriert sich deshalb bei einer Windkraftanlage im wesentlichen auf die Frage, wie weit losbrechende Rotorblätter weggeschleudert werden können und welches Risiko damit verbunden ist.

15.1.1 Wie weit kann ein Rotorblatt fliegen?

Zur Beantwortung dieser Frage sollte man sich zuerst vergegenwärtigen, unter welchen Bedingungen ein Rotorblattbruch vorkommen kann und was die Haupteinflußgrößen auf die Flugweite sind. Ein Ereignis, das grundsätzlich zum Bruch der Rotorblätter führen kann, ist das „Durchgehen" des Rotors. Wenn alle Rotorbremssysteme versagen, kann die Rotordrehzahl bis zu ihrer aerodynamisch möglichen Grenzdrehzahl ansteigen. Diese wird dann erreicht, wenn sich die Anströmgeschwindigkeit im Blattaußenbereich der Schallgeschwindigkeit nähert. Dann kommt es bekanntlich zu einem scharfen Anstieg des Luftwiderstandes. Es stellt sich eine Gleichgewichtsdrehzahl hinsichtlich der antreibenden Auftriebskräfte des Profils und dem bremsenden Widerstand ein — die aerodynamisch bedingte Grenzdrehzahl.

Diese Drehzahl hängt von den aerodynamischen Eigenschaften des gewählten Profils, von der Blattgeometrie und nicht zuletzt von der Windgeschwindigkeit ab. Auf eine genauere Erörterung muß in diesem Rahmen verzichtet werden. Theoretische Untersuchungen kommen zu dem Ergebnis, daß bei modernen Rotorformen die aerodynamische Grenzdrehzahl etwa beim Dreifachen der Auslegungsschnellaufzahl liegt [1]. Bei festgehaltener Windgeschwindigkeit bedeutet das die dreifache Rotordrehzahl.

Die Grenzdrehzahl für die Bruchfestigkeit der Rotorblätter liegt üblicherweise unterhalb der aerodynamisch möglichen Drehzahl. Die quadratisch mit der Drehzahl ansteigenden Zentrifugalkräfte werden zumindest bei großen Rotoren zu einem früheren Bruch führen. Wo diese Grenze liegt, ist eine Frage der Festigkeitsdimensionierung und kann theoretisch vorausberechnet werden. Im allgemeinen kann man davon ausgehen, daß die Festigkeitsgrenze bei großen Rotoren etwa beim Zwei- bis Dreifachen der Rotornenndrehzahl erreicht wird.

Neben der Rotordrehzahl zum Zeitpunkt des Bruchs spielt natürlich die Blattstellung eine Rolle. Die bekannten Gesetzmäßigkeiten des „schrägen Wurfes" oder der einfachen Ballistik lassen sofort erkennen, daß die Position 45 Grad vor der Vertikalen im Drehsinn des Rotors zu der maximalen Wurfweite führt.

Wegfliegende Rotorblätter als Folge eines durchgehenden Rotors waren vor allem bei älteren Kleinanlagen eine Gefahr, wenngleich statistisch betrachtet auch dieser Fall äußerst selten auftrat. Moderne Anlagen verfügen über mindestens zwei unabhängige Rotorbremssysteme und mehrfach redundante Auslösemechanismen, so daß dieser Gefahr wirksam begegnet wird. Bei Großanlagen sind aufwendige Rotorbremssysteme ohnehin vorhanden (vergl. Kap. 9.8).

Der andere denkbare Fall eines Rotorblattbruchs kann sich als Folge einer unentdeckten Materialermüdung einstellen. Ein fortschreitender Ermüdungsriß führt auch ohne eine besondere Belastung der Rotorblätter nach einer gewissen Zeit zum Bruch. Für die Windkraftanlage bedeutet dies einen möglichen Blattbruch bei Nenndrehzahl des Rotors, also im Normalbetrieb. In der Tat war auch in dem bis jetzt einzigen Fall, wo von einer großen Anlage ein Rotorblatt losgebrochen ist und weggeschleudert wurde, ein Ermüdungsbruch die Ursache. Die Smith-Putnam-Anlage verlor nach etwa dreijähriger Betriebszeit ein Rotorblatt als Folge eines Ermüdungsschadens an der Blattwurzel (vergl. Kap. 2.3). Das 8 t schwere Rotorblatt wurde dabei etwa 230 m weit geschleudert. Es muß jedoch den Konstrukteuren der Anlage zugutegehalten werden, daß die schwache Stelle vorher bekannt war, obwohl damals die Mechanismen der Materialermüdung bei weitem noch nicht so erforscht waren wie heute. Eine vorsorgliche Reparatur unterblieb jedoch wegen der Geldknappheit und des mittlerweile erlahmten Interesses an dem Projekt.

Nicht ganz einfach einzuschätzen ist das Flugverhalten eines losgebrochenen Rotorblattes oder eines Teiles davon. Immerhin handelt es sich bei einem Rotorblatt um ein aerodynamisch geformtes Gebilde, das seiner Bestimmung nach große Auftriebskräfte erzeugt. Da liegt die Vermutung nahe, ein abgebrochenes Rotorblatt könne, einem Segelflugzeug ähnlich, weite Strecken im Gleitflug zurücklegen. Bei näherer Betrachtung der Flugstabilitätsverhältnisse scheidet diese Möglichkeit jedoch aus. Die Lage des Schwerpunktes im Verhältnis zum Luftangriffspunkt gestattet keine stabile Fluglage.

Das Rotorblatt wird sich zunächst „torkelnd", dann mit seinem schweren Ende voraus auf der Flugbahn bewegen. Eine nennenswerte Vergrößerung der Wurfweite durch aerodynamische Auftriebskräfte ist deshalb nicht zu erwarten [2]. Das Problem reduziert sich auf die Frage, welcher durchschnittliche Luftwiderstandsbeiwert auf der Wurfbahn wirksam wird. Eine theoretische Analyse, in der die Flugweite und die Flugbahn an einem Beispiel unter Berücksichtigung des aerodynamischen Auftriebs und des Widerstandes berechnet worden sind, kommt zu dem Ergebnis, daß mit einem durchschnittlichen Luftwiderstandsbeiwert von $c_W = 0{,}25$ zu rechnen ist [3].

Rotordrehzahl, Blattstellung und Schwerpunktlage sind die Haupteinflußgrößen für die Flugweite eines losbrechenden Rotorblattes. Darüber hinaus sind der Blatteinstellwinkel zum Zeitpunkt des Bruchs und die Windgeschwindigkeit von Bedeutung. In welcher Größenordnung die Flugweiten eines losbrechenden Rotorblattes zu erwarten sind, wird an einem Beispiel deutlich. Der äußere Teil eines Rotorblattes kann aufgrund des Verhältnisses von aerodynamischen Kräften und Massenkräften am weitesten fliegen (Bild 15.1).

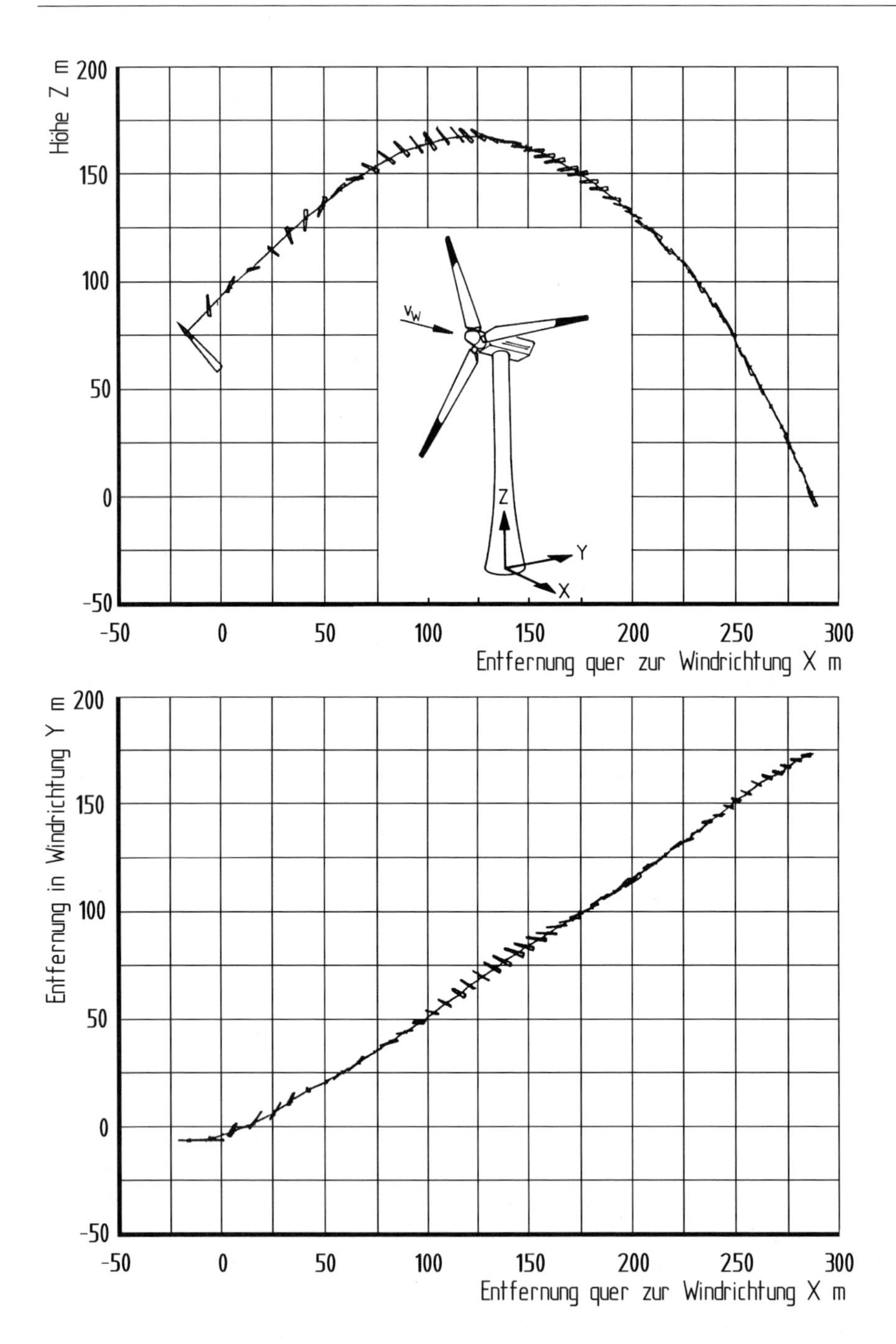

Bild 15.1. Flugbahn des äußeren Rotorblattdrittels in der Rotorebene, berechnet für die dänische Tjaereborg Windkraftanlage (Turmhöhe 60 m, Rotordurchmesser 60 m, Blattgewicht 8 t, Ausgangsbedingungen: Blattspitzengeschwindigkeit 100 m/s, entsprechend 50 % Überdrehzahl, $\vartheta_w = 10$ m/s) [3]

Im Zusammenhang mit den Gefahren, die von wegschleudernden Teilen des Rotors ausgehen können, muß auch auf das Problem des Eisansatzes an den Rotorblättern hingewiesen werden (vergl. Kap. 18.9.2). Beobachtungen an der amerikanischen Versuchsanlage MOD-0A in Clayton haben gezeigt, daß tatsächlich nennenswert große Eisbrocken über beträchtliche Distanzen weggeschleudert wurden. Theoretische Untersuchungen zu diesem Problem wurden ebenfalls in Dänemark veröffentlicht [4]. Für gewisse Aufstellorte muß deshalb dieser Gefahr begegnet werden. Eine Möglichkeit ist die Installierung eines Eiswarnsystems, das die Anlage bei kritischen Wetterbedingungen abschaltet.

15.1.2 Risikobetrachtungen

Angesichts der möglichen Gefahren durch wegschleudernde Rotorteile oder Eisbrocken sind verschiedentlich Wahrscheinlichkeitsberechungen angestellt worden, mit dem Ziel, das statistische Risiko für eine in der Nähe befindliche Person zu berechnen. In Anbetracht des äußerst zweifelhaften Nutzens derartiger mathematischer Sicherheitsvoraussagen, deren Ergebnis bei näherem Hinsehen fast nur von der möglichen Bandbreite der Eingabeparameter abhängt, sollte man im Zusammenhang mit Windkraftanlagen besser davon Abstand nehmen. Die Windkrafttechnologie braucht dieses „Hexeneinmaleins" nicht, um ihre Ungefährlichkeit vor der Öffentlichkeit unter Beweis zu stellen. Stattdessen seien einige allgemeine Anmerkungen zum Sicherheitsrisiko einer Technologie an dieser Stelle gestattet.

Die „Gefährlichkeit" einer Technik muß unter zwei verschiedenen Aspekten gesehen werden: Zum einen stellt sich die Frage nach der Häufigkeit von Unglücksfällen, zum anderen nach dem Ausmaß der zu erwartenden Folgen beim Auftreten eines Unglücksfalles. Man könnte die Gefährlichkeit als das Produkt von Häufigkeit und Folgenschwere definieren.

Zwei Beispiele mögen dies veranschaulichen: Der automobile Straßenverkehr zeichnet sich durch eine erschreckende Häufigkeit von Unfällen aus. Obwohl die jährliche Anzahl der Unfallopfer die bekannte Größenordnung erreicht, wird man feststellen müssen, daß sich die Folgen jedes einzelnen Ereignisses — so bitter sie für die jeweils Betroffenen auch sind — in überschaubaren Grenzen halten. Möglicherweise ist dies ein Grund dafür, daß diese Technik, trotz der jährlich 5 000 Verkehrstoten allein in Deutschland von der Gesellschaft nicht abgelehnt wird.

Bei der Kernenergietechnik liegen die Verhältnisse genau anders herum. Die Auftretenswahrscheinlichkeit eines Unfalles ist, dies muß man den Befürwortern dieser Technologie zugestehen, sehr gering. Aber die möglichen Folgen eines Unfalls sind katastrophal. Das Reaktorunglück von Tschernobyl 1986, obwohl noch lange nicht der „Größte Anzunehmende Unfall" (GAU), hat dies zum ersten Male deutlich werden lassen. Diese Technik wird deshalb immer von einem Teil der Gesellschaft abgelehnt werden. Sind Autoverkehr und Kernenergietechnik nun gefährliche Technologien? Eine Antwort auf die Frage zu geben, ist nicht Aufgabe dieses Buches. Hier soll nur diese Betrachtungsweise auf die Windenergietechnik angewendet werden.

Zunächst kann man feststellen, daß die Häufigkeit von Rotorblattbrüchen bei professionell gebauten Windkraftanlagen sehr gering ist. Noch weitaus geringer ist die Wahrscheinlichkeit, daß ein Mensch getroffen wird. Man wird deshalb die Auftretenshäufigkeit von tödlichen Unfällen durch losbrechende Rotorteile, selbst wenn man eine örtlich konzentrierte Massenaufstellung von Windkraftanlagen in Betracht zieht, mit Recht als äußerst gering einstufen können.

Wie sieht es nun mit dem denkbaren Ausmaß einer durch Windkraftanlagen verursachten „Katastrophe“ aus? Ein losbrechendes Rotorblatt kann selbst bei pessimistischen Annahmen nicht die gleichen Folgen haben wie zum Beispiel ein vergleichbar kritisches technisches Versagen bei einem Auto oder einem Flugzeug. Der Vergleich mit einem Kernkraftwerk braucht gar nicht bemüht zu werden, er ist völlig unangemessen. Die Windkrafttechnik kann somit unter den beiden Aspekten „Auftretenshäufigkeit“ und „Folgenschwere“ im Hinblick auf die Gefahren für Leib und Leben als ausgesprochen ungefährlich bezeichnet werden. Wahrscheinlich ist sie die am wenigsten gefährliche Technologie der Energieerzeugung überhaupt, zumindest dann, wenn man an den Megawatt-Leistungsbereich denkt.

15.2 Schallemissionen

Windkraftanlagen laufen nicht völlig lautlos. Sie erzeugen ein Laufgeräusch, das bis zu einer bestimmten Entfernung hörbar ist. Während das Geräusch bei den traditonellen Windmühlen im allgemeinen nicht als störend empfunden wurde, hat das Problem bei modernen Windkraftanlagen eine andere Qualität. In der Frühphase der modernen Windenergienutzung hat die amerikanische Versuchsanlage MOD-1 mit unangenehmen und damals noch nicht erklärbaren Geräuschen von sich reden gemacht. Dieses Ereignis hat zunächst in den USA und wenig später auch in einigen europäischen Ländern zahlreiche wissenschaftliche Untersuchungen über die Geräuschemission von Windkraftanlagen ausgelöst.

Heute läßt sich feststellen, daß die Entstehungsmechanismen der Geräuschbildung von Windkraftanlagen im großen und ganzen bekannt sind. Wie bei anderen Maschinen auch, sind es bestimmte technische Merkmale, die für eine stärkere oder weniger starke Geräuschemission verantwortlich sind. Mit einfachen Worten: Es gibt leise Anlagen, deren Geräusch in geringer Entfernung praktisch nicht mehr wahrnehmbar ist, und es gibt ausgesprochen laute Anlagen, die in bewohnten Gebieten nicht toleriert werden können.

Die Beschäftigung mit der Geräuschentwicklung von Windkraftanlagen ist deshalb für den Konstrukteur der Windkraftanlage wie auch für den Betreiber unerläßlich. Wenn hierbei gravierende Fehler gemacht werden, können die Einsatzmöglichkeiten der Anlage so eingeschränkt werden, daß an vielen Orten Projekte zum Scheitern verurteilt sind.

15.2.1 Akustische Kenngrößen und zulässige Immissionswerte

Bevor die spezifischen Geräuschquellen an Windkraftanlagen näher erörtert werden, ist es zweckmäßig, sich zunächst die wichtigsten Kennwerte aus der Akustik zu vergegenwärtigen. Geräusche sind in hohem Maße ein Problem der Beurteilungsmaßstäbe. Leider wird die mit der Geräuschentwicklung verbundene Belästigung auch noch subjektiv sehr unterschiedlich empfunden. Diese Tatsache stellt die objektiven Beurteilungskennzahlen in Frage. Dennoch, ohne objektive Maßstäbe geht es nicht.

Die wichtigste Kennzahl für die pauschale Geräuschintensität am Ort der Wahrnehmung ist der *Schalldruckpegel,* meistens als amplitudenbewerteter Pegel angegeben und dann mit dem Symbol „dB(A)“ bezeichnet. Obwohl in der Akustik von Fall zu Fall auch anders bewertete Pegel sinnvoll sind, kommt der dB(A)-Kennwert dem subjektiven Höreindruck am nächsten und wird deshalb am häufigsten verwendet.

In der DIN 45645-1 werden verschiedenartige Mittelungsverfahren zur Bewertung gemessener Schalldruckkurven vorgeschlagen [5]. Unter anderem wird ein sog. *Beurteilungspegel* definiert. Dieser Kennwert berücksichtigt die Erfahrung, daß stark tonhaltige und impulshafte Geräusche stärker wahrgenommen werden. Zu dem Dauerschallpegel wird entsprechend der Tonhaltigkeit und dem Impulscharakter noch ein Zuschlag addiert.

Der Charakter des Geräusches wird anhand eines Frequenz- oder Terzspektrums dargestellt. Dieses Spektrum zeigt die gemessenen Schalldruckpegel über der Frequenz. Mit Hilfe der Frequenzspektren sind Rückschlüsse auf die Ursachen der Geräuschentwicklung möglich. Die Frequenzspektren sind deshalb in erster Linie für den Konstrukteur von Interesse (vergl. Kap. 18.8.3).

Der zulässige Schalldruckpegel, den eine Geräuschquelle als „Dauerbelästigung" an einem bestimmten Ort verursachen darf, ist gesetzlich vorgeschrieben. Die einschlägigen Vorschriften sind in den verschiedenen Staaten unterschiedlich. In der Bundesrepublik Deutschland gelten die Richtwerte der erwähnten DIN-Norm, die früher auch als „Technische Anleitung Lärm" (kurz „TA-Lärm") bezeichnet wurde [5]. Die Grenzwerte sind abhängig vom Charakter der Umgebung und der Tageszeit:

- Umgebung mit vorwiegend gewerblichen Anlagen (Gewerbegebiet)
  Tag: 65 dB(A)
  Nacht: 50 dB(A)
- Umgebung mit gewerblichen Anlagen und Wohnungen (Mischgebiet)
  Tag: 60 dB(A)
  Nacht: 45 dB(A)
- Umgebung mit vorwiegend Wohnungen (allgemeines Wohngebiet)
  Tag: 55 dB(A)
  Nacht: 40 dB(A)
- Umgebung mit ausschließlich Wohnungen (reines Wohngebiet)
  Tag: 50 dB(A)
  Nacht: 35 dB(A)
- Kurgebiete, Krankenhäuser und Pflegeanstalten
  Tag: 45 dB(A)
  Nacht: 35 dB(A)

Diese Vorschriften müssen auch für den Betrieb von Windkraftanlagen beachtet werden. Sie haben den Charakter von gesetzlichen Bestimmungen. Der Nachweis, daß eine Geräuschquelle an einem bestimmten Ort diese Grenzwerte nicht überschreitet ist in der immissionsrechtlichen Genehmigung vorgeschrieben. Eine nachgewiesene Überschreitung berechtigt den Betroffenen die Geräuschquelle, in diesem Fall die Windkraftanlage, mit einer gerichtlichen einstweiligen Verfügung sofort stillsetzen zu lassen.

15.2.2 Geräuschquellen bei Windkraftanlagen

Die Schallemission einer Windkraftanlage hat unterschiedliche Ursachen. Aerodynamische Geräusche, die in erster Linie vom Rotor ausgehen, und die verschiedenartigsten mechanischen Geräusche bestimmen den gemessenen Gesamtschalleistungspegel. Die verschiedenen Geräuschquellen müssen in der Entwicklung erkannt und sorgfältig analysiert werden. Jede einzelne Ursache erfordert spezielle Maßnahmen um eine insgesamt geräuscharme Konstruktion zu realisieren.

Aerodynamische Geräusche

Die primäre Geräuschquelle einer Windkraftanlage ist die aerodynamische Umströmung des Rotors. Die davon ausgehenden Geräusche sind bis zu einem gewissen Grad unvermeidlich und können auch nicht gedämpft werden. Sie stellen deshalb das eigentliche Problem dar, mit dessen Entstehungsmechanismus man sich genauer auseinandersetzen muß.

Für die aerodynamisch bedingte Geräuschentwicklung eines Windrotors sind bei genauerem Hinsehen verschiedenartige Effekte verantwortlich. Die turbulente Grenzschicht und die Wirbelbildung an der Profilhinterkante sind die wesentlichen Ursachen. Hinzu kommen die ebenfalls mit Geräuschen verbundenen Strömungsablösungen und die Turbulenz des Rotornachlaufs, wenn auch in viel geringerem Maße. Eine besondere Rolle spielen die Wirbelablösungen am Rotorblattende. Die Gestaltung des sog. „Randbogens" ist deshalb im Hinblick auf die Geräuschbildung von Bedeutung (vergl. Kap. 5.5.2). Auch der Einfluß anderer wirbelerzeugender Kanten, Spalten oder Verstrebungen sollte nicht unterschätzt werden. Bei vielen Rotoren älterer Bauart sind hierin die Ursachen für laute aerodynamische Geräusche zu suchen.

Die Umströmung der Rotorblätter verursacht ein ähnliches Geräusch wie ein umströmter Flugzeugtragflügel. Ein tieffliegendes Segelflugzeug, das im Bahnneigungsflug eine vergleichbare Anströmungsgeschwindigkeit erfährt wie das Rotorblatt einer Windkraftanlage, erzeugt dasselbe breite „Zischen" oder „Rauschen" im Frequenzbereich von etwa einem Kilohertz (Bild 15.2).

Neben dem breiten aerodynamischen Rauschen des Rotors im Frequenzbereich von etwa 1000 Hz können Windkraftanlagen pulshafte, niederfrequente Schallschwingungen erzeugen. Diese entstehen dann, wenn die Auftriebskräfte an den Rotorblättern infolge unstetiger Anströmbedingungen einem schnellen Wechsel unterliegen. Insbesondere schnelle Veränderungen des aerodynamischen Anstellwinkels und damit der aerodynamischen Auftriebskraft sind hierfür die Ursache. Schnelle Auftriebsveränderungen werden zum Beispiel durch die Windturbulenz bei sehr böigem Wind oder auch durch Strömungsablösungen an den Rotorblättern hervorgerufen. Stallgeregelte Rotoren mit unverstellbaren Rotorblättern weisen unter diesen Umständen charakteristische, niederfrequente Schallemissionen auf.

Extrem niederfrequente, im unhörbaren Infraschallbereich liegende, Frequenzen lassen sich in geringem Maß auch in den Frequenzspektren der Geräuschemission von modernen Windkraftanlagen mit Blatteinstellenwinkelregelung nachweisen. Gelegentlich wird die Befürchtung geäußert, daß diese „Geräusche" zu gesundheitlichen Beeinträchtigungen führen könnten. Da der Infraschall jedoch in geringer Entfernung nicht mehr wahrnehmbar ist, gibt es bis heute keine belastbaren Beweise, daß diese Befürchtung zutrifft.

Ganz anders ist dagegen die niederfrequente Geräuschentwicklung zu bewerten, die als Folge der Turmschattenstörung bei leeseitig angeordneten Rotoren auftritt (Bild 15.3). Das damit verbundene Geräusch erwies sich bei der bereits erwähnten MOD-1-Anlage

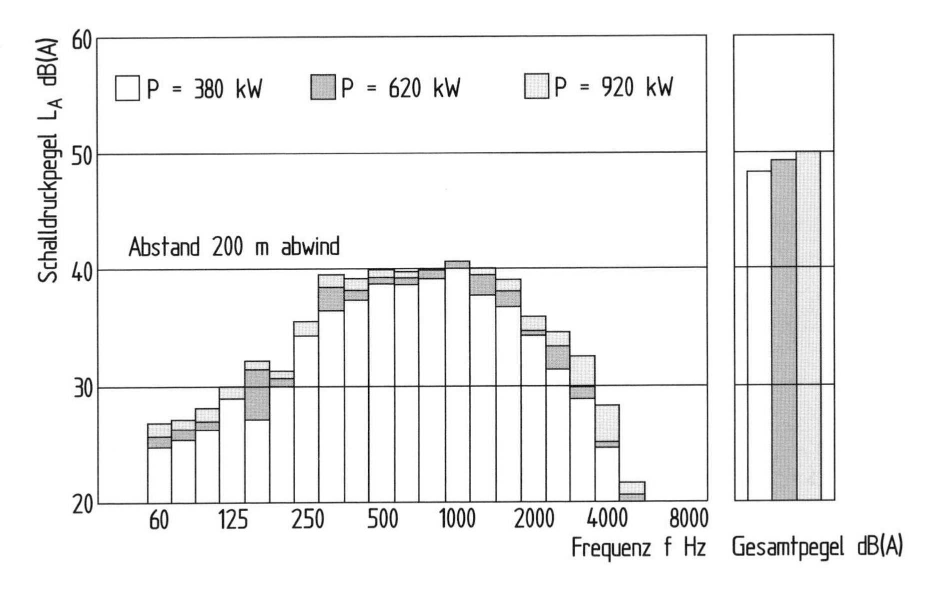

Bild 15.2. Gemessenes Frequenzspektrum (A-bewertetes Terzspektrum) des Schalldruckpegels in 200 m Entfernung (windabwärts) der Versuchsanlage WKA-60 auf Helgoland [6]

in den USA als Ursache für die Beschwerden der Anwohner. Der Stahlgitterturm der Anlage erzeugte einen erheblichen Turmschatten für den in geringem Abstand leeseitig angebrachten Rotor. Außerdem begünstigte die topographische Situation die atmosphärische Ausbreitung der scharfen Druckimpulse, die durch den periodischen Wechsel der Rotorauftriebskräfte hervorgerufen wurden. Die sehr niederfrequenten, im unhörbaren Infraschallbereich liegenden Schwingungen lösten darüber hinaus Resonanzerscheinungen an den Hauswänden und Fenstern der leichtgebauten Wochenendhäuser in der Umgebung aus. Die von den Anwohnern festgestellten rätselhaften „Psi-Phänomene", wie das Klirren von Tassen in den Schränken und ähnliches, fanden darin ihre Erklärung. Die Situation war also extrem ungünstig, sowohl im Hinblick auf die technische Charakteristik der Anlage als auch auf die spezifischen Bedingungen des Aufstellortes.

Niederfrequente Geräuschemissionen sind bei allen Leeläufern zu beobachten, wenn auch mit sehr unterschiedlicher Intensität. Das Problem muß deshalb beim Entwurf der Anlage sorgfältig beachtet werden. Zu den technischen Parametern, die für die Intensität maßgebend sind, zählen neben der Turmbauart vor allem der Abstand des Rotors zum Turm und die Rotordrehzahl. Die Rotordrehzahl ist insofern von Bedeutung, als die Frequenz der den Turmschatten passierenden Blätter im ungünstigsten Fall mit der Ablösefrequenz der Kármánschen Wirbel am Turm zusammenfallen kann. Damit kann es bei bestimmten Windgeschwindigkeiten zu einem „Triggereffekt" für die Wirbel kommen und damit die Geräuschentwicklung noch verstärkt werden. Die Ablösefrequenz der Kármánschen Wirbel läßt sich mit Hilfe der sog. *Strouhalzahl*, die eine Funktion der Reynoldszahl ist, ermitteln.

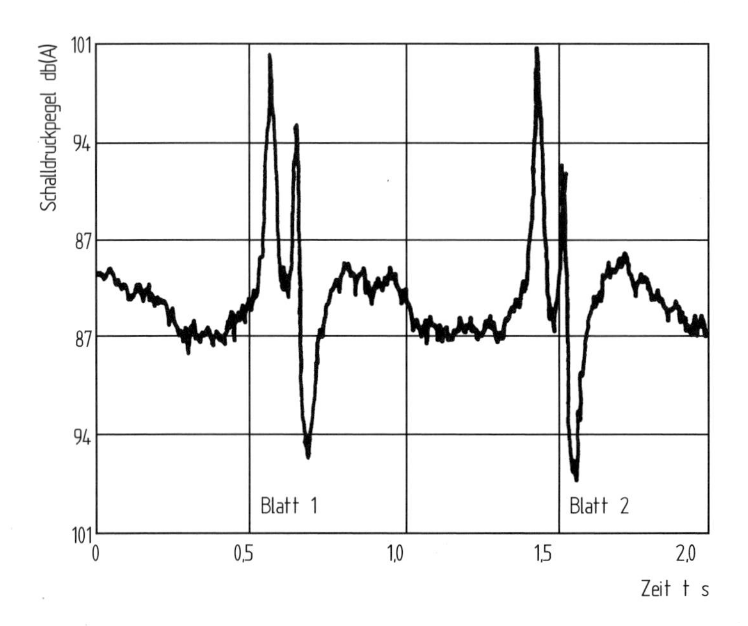

Bild 15.3. Schallimpulse, hervorgerufen durch den Turmschatteneffekt, gemessen in unmittelbarer Nähe der amerikanischen MOD-1-Anlage [7]

Allen aerodynamisch bedingten Geräuschen ist gemein, daß sie mit wachsender Anströmgeschwindigkeit sehr stark zunehmen. Die Geräuschabstrahlung nimmt etwa mit der 5. Potenz (!) der Anströmgeschwindigkeit zu, die im wesentlichen von der Umfangsgeschwindigkeit des Windrotors geprägt wird. Eine Verringerung der Blattspitzengeschwindigkeit (Rotordrehzahl) um 25 % bewirkt eine um ca. 6 dB(A) verminderte Geräuschabstrahlung [8].

Rotoren mit niedriger Schnellaufzahl sind aus diesem Grund im Vorteil. Unter diesem Aspekt gewinnt der drehzahlvariable Betrieb des Rotors eine zusätzliche Attraktivität, da gerade bei niedrigen Windgeschwindigkeiten, wenn das Hintergrundgeräusch noch nicht durch die Windgeschwindigkeit angehoben wird, der Rotor mit niedriger Drehzahl betrieben werden kann. Nach der Anströmgeschwindigkeit beeinflußt noch die Leistungsabgabe — allerdings in wesentlich geringerem Maße — das aerodynamische Geräusch (vergl. Kap. 15.2.3). Der aerodynamisch bedingte Schalleistungspegel eines Windrotors läßt sich mit Hilfe verschiedener Theorien näherungsweise abschätzen [9]. Schwieriger und weniger genau ist dagegen die theoretische Ermittlung des Frequenzspektrums.

Maschinengeräusche

Bei vielen Windkraftanlagen, insbesondere bei kleinen, wird das aerodynamische Laufgeräusch von den mechanischen Geräuschen des Triebstrangs übertönt. Da diese im Gegensatz zu den aerodynamischen Geräuschen vermieden oder stark gedämpft werden können, müssen sie als Zeichen einer mangelhaften Konstruktion gewertet werden. Die Vermeidung mechanischer Geräusche erfordert allerdings eine gewisse Aufmerksamkeit und eventuell auch zusätzliche Kosten für Schalldämmaßnahmen oder Körperschallisolierungen. In erster Linie ist die Geräuschemission des Getriebes zu beachten. Lautlos arbeitende Getriebe gibt es praktisch nicht (vergl. Kap. 9.9.4). Die Übertragung durch Luftschall muß deshalb durch eine entsprechende Schalldämmung der Maschinenhausverkleidung abgefangen werden. Im allgemeinen stellt dies kein besonderes Problem dar. Wesentlich schwieriger ist die Körperschallübertragung zu verhindern. Die Getriebe müssen aus statischen Gründen fest mit der tragenden Maschinenhausstruktur und diese wiederum mit dem Turm verbunden werden. Der Schall wird somit auf diese Strukturen übertragen und es kann zu erheblichen Resonanzverstärkungen der Schallemission kommen. Ein hohler Stahlturm oder stählerne Wände eines Maschinenhauses bilden geradezu ideale Resonanzkörper.

Die Körperschallisolierung des Getriebes und auch einiger anderer lärmerzeugender Aggregate ist deshalb bei jeder modernen Windkraftanlage unverzichtbar. Hierfür stehen die verschiedenartigsten Gummi- oder gummiartigen Kunststoffelemente zur Verfügung, mit denen insbesondere das Getriebe an den tragenden Strukturbauteilen befestigt wird. Alle neueren Anlagen verfügen über derartige Konstruktionselemente (vergl. Kap. 9.9 und 9.12). Was für das Getriebe gesagt worden ist, gilt bis zu einem gewissen Grad auch für andere lärmerzeugende Aggregate im Maschinenhaus. Hydraulische Pumpen und Antriebsmotoren stellen zum Beispiel besondere Geräuschquellen dar. Auch die Generatorkühlung sollte nicht übersehen werden. Bei manchen Anlagen arbeitet sie viel zu laut, obwohl es gerade für die lärmarme Auslegung von Lüftungseinrichtungen genügend Erfahrungen gibt.

15.2.3 Schalleistungspegel

Die Charakterisierung der Geräuschquelle erfolgt durch den *Schalleistungspegel*. Dieser Kennwert enthält eine Aussage über die Intensität und damit über das Ausbreitungspotential einer Schallquelle. Definitionsgemäß müßte er auf der Oberfläche einer Kugel mit 1 m Radius um die Geräuschquelle gemessen werden. In der Praxis sind verschiedene Verfahren üblich. Für Windkraftanlagen hat die IEC eine Empfehlung ausgearbeitet [10]. Danach werden an 5 festgelegten Meßpunkten einer bestimmten geometrischen Anordnung die Schalldruckpegel auf einer sog. „schallharten" Platte gemessen und daraus der Schalleistungspegel (L_W) nach der Formel ermittelt:

$$L_W = L_A + 10 \lg(4\pi R_i^2) \text{ dB(A)} - 6 \text{ dB(A)}$$

mit:

L_A = gemessener Schalldruckpegel
R_i = räumlicher Abstand vom Meßpunkt zum Rotormittelpunkt

Der Schalleistungspegel einer Windkraftanlage ist heute nach der Leistungskennlinie die wichtigste technische Kenngröße geworden. Die Käufer bzw. Betreiber von Windkraftanlagen sind gut beraten, sich die Herstellerangaben durch neutrale Prüfzeugnisse nachweisen zu lassen und entsprechende Garantien von den Herstellern zu verlangen. Das heute für jedes Windenergieprojekt geforderte Schallgutachten geht vom Schalleistungspegel der Anlage aus. Auch wenn die erzeugten Schalldruckpegel an einem bestimmten Ort von zahlreichen örtlichen Einflüssen beeinflußt werden, ein niedriger Schalleistungspegel der Windkraftanlage ist die beste Voraussetzung, um die gesetzlich vorgeschriebenen Werte einhalten zu können.

Die in der Praxis erreichten Schalleistungspegel von Windkraftanlagen werden, wie erwähnt, von zahlreichen aerodynamischen und konstruktiven Merkmalen bestimmt. Solange es sich um Anlagen vergleichbarer technischer Konzeption handelt, zum Beispiel um Dreiblattrotoren mit einer Auslegungsschnellaufzahl von 6 bis 7, die mit einer festen Rotordrehzahl betrieben werden, dominiert die Anlagengröße, so daß größenabhängige Richtwerte möglich sind:

- kleine Anlagen bis ca. 20 m Rotordurchmesser / 100 kW — ca. 95 dB(A)
- mittlere Anlagen bis ca. 40 m Rotordurchmesser / 500 kW — ca. 100 dB(A)
- große Anlagen 70–80 m Rotordurchmesser / 1 000 kW — 102–105 dB(A)
- Multi-Megawatt Anlagen bis zu 130 m Rotordurchmesser — 105–107 dB(A)

Diese Richtwerte gelten für moderne Anlagen, die bereits im Hinblick auf eine geringe Geräuschemission ausgelegt wurden. Ältere Anlagen liegen oft noch beträchtlich über diesen Werten. Die erste Generation der großen Versuchsanlagen mit Zweiblattrotoren erzeugte Werte von bis zu 120 dB(A) (Bild 15.4).

Der Schalleistungspegel wird im wesentlichen von der Größe der Anlage und der Blattspitzengeschwindigkeit des Rotors bestimmt. Die Blattspitzengeschwindigkeit wird durch die Schnellaufzahl festgelegt und liegt bei modernen Dreiblattrotoren in einem Bereich von 60 bis 80 m/s. Da die heutigen Anlagen fast ausschließlich drehzahlvariabel betrieben werden, steigt die Blattspitzengeschwindigkeit bis zum Erreichen der Nenndrehzahl, be-

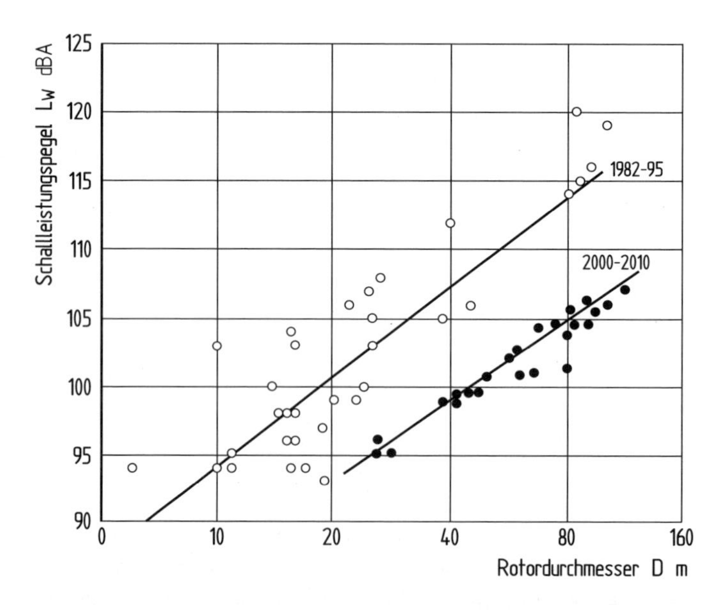

Bild 15.4. Gemessene Schalleistungspegel von Windkraftanlagen in Abhängigkeit vom Rotordurchmesser [11]

ziehungsweise Nennleistung mit zunehmender Windgeschwindigkeit an und bleibt dann nahezu konstant. Entsprechend verhält sich der Schalleistungspegel (Bild 15.5).

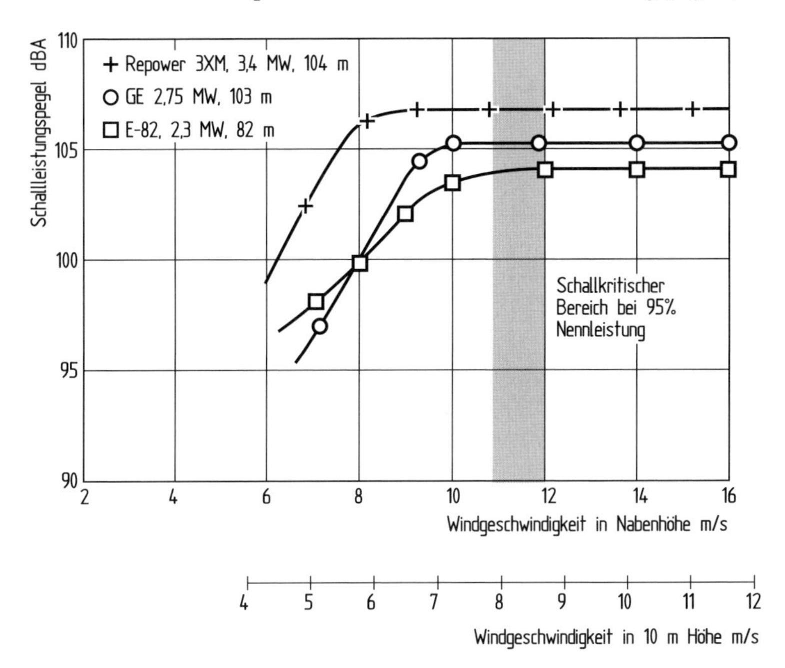

Bild 15.5. Verlauf des Schalleistungspegels über der Windgeschwindigkeit für verschiedene Windkraftanlagen

Der kritische Bereich im Verhältnis zu den Umgebungsgeräuschen liegt kurz vor Erreichen der Nennleistung. Dementsprechend wird — zumindest in Deutschland — der Schalleistungsspegel bei 95 % der Nennleistung zur Beurteilung herangezogen. Bei höheren Windgeschwindigkeiten wird die Schallabstrahlung der Windkraftanlage durch die zunehmenden Umgebungsgeräusche maskiert, da der Schalleistungspegel praktisch nicht mehr ansteigt (vergl. Kap. 15.2.4).

Die drehzahlvariable Betriebsweise bietet auch die Möglichkeit durch Absenken der Betriebsdrehzahl den Schalleistungspegel zu verringern (Bild 15.6). Fast alle Hersteller bieten ihre Anlagen mit verschiedenen schallreduzierten Betriebsweisen für schallkritische Standorte an (vergl. Kap. 14, Bild 14.22). Mit der verringerten Drehzahl wird auch die Blatteinstellwinkelregelung verändert. Allerdings führt die nicht mehr leistungsoptimale Drehzahl zu einer verringerten Energielieferung. Da in der Regel der schallreduzierte Betrieb nur in der Nacht zwischen 22:00 Uhr abends und 6:00 Uhr morgens erforderlich ist, bleibt der Energieverlust in wirtschaftlich vertretbaren Grenzen.

Ältere Anlagen verfügen teilweise über zwei Generatoren, wobei der kleinere Generator mit niedrigerer Drehzahl betrieben wird. Damit wird im Teillastbereich bei Windgeschwindigkeiten von 8 bis 10 m/s auch eine Verringerung des Schalleistungspegels erreicht. Der heute relevante Wert bei 95 % der Nennleistung wird damit aber nicht verringert, da bei dieser Windgeschwindigkeit der größere Generator im Einsatz ist.

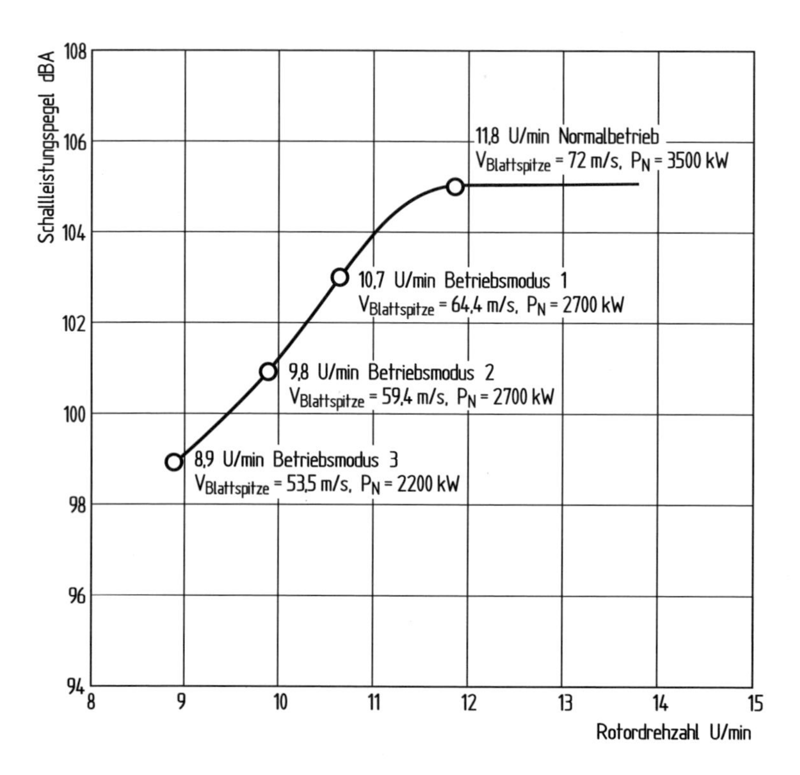

Bild 15.6. Absenkung des Schalleistungspegels durch Verringerung der Drehzahl und veränderte Blatteinstellwinkelregelung am Beispiel der e.n.o 3,8 MW Anlage (rechnerische Werte) [12]

Die Beispiele zeigen den heute erreichten Stand der Geräuschentwicklung von Windkraftanlagen. Selbstverständlich sind für die Zukunft noch weitere Verbesserungen zu erwarten. Man sollte jedoch in diesem Punkt auch keine übertriebenen Hoffnungen nähren. Das unvermeidliche aerodynamische Geräusch wird weitestgehend durch die Rotordrehzahl bestimmt. Optimierungen der Rotorblattform, insbesondere im Bereich des Randbogens, oder die Wahl anderer aerodynamischer Profile haben nur einen sehr begrenzten Einfluß. Eine konstruktiv niedrige Rotordrehzahl zugunsten der Geräuschemission gerät sehr schnell in einen Konflikt mit der Wirtschaftlichkeit. Bei geringer Drehzahl muß die Leistung mit höheren Drehmomenten erzeugt werden. Das aber hat unmittelbare Auswirkungen auf die Baumassen und damit auch auf die Herstellkosten (vergl. Kap. 19.1).

15.2.4 Schallausbreitung

Ausgehend vom Schalleistungspegel der Geräuschquelle kann die *Schallausbreitung* mit halbempirischen Rechenverfahren ermittelt und somit der Schalldruckpegel an einem vorgegebenen Immissionsort berechnet werden (Bild 15.7). Eine Anleitung zur Ermittlung der Schallausbreitung gibt die VDI-Richtlinie 2714 „Schallausbreitung im Freien" [13]. Die Ausbreitung des Schalls wird von einer ganzen Reihe von Faktoren bestimmt:

- Eigenschaften der Schallquelle
  (emittierte Schalleistung, Richtcharakteristik, Ton- und Impulshaltigkeit)
- Geometrie des Schallfeldes
  (Höhe und Entfernung der Schallquelle zum Immissionsort)
- Topographie
  (Geländeform, Bewuchs, Bebauung)
- Witterungsbedingungen
  (Windrichtung, Windgeschwindigkeit, Luftfeuchtigkeit, Temperatur)

Der Schalldruckpegel (L_A) am Immissionsort wird unter Berücksichtigung der genannten Einflüsse mit folgendem Ansatz bestimmt:

$$L_A = L_W + DI + K_0 - D_S - D_L - D_{BM} - D_D - D_G + D_W$$

mit:

L_W = Schalleistungspegel
DI = Richtwirkungsmaß
K_0 = Raumwinkelmaß
D_S = Abstandsmaß
D_L = Luftabsorptionsmaß
D_{BM} = Boden- und Meteorologiedämpfungsmaß
D_D = Bewuchsdämpfungsmaß
D_G = Bebauungsdämpfungsmaß
D_W = Windeinfluß

Die zitierte DIN-Norm sowie die einschlägige Fachliteratur enthalten Hinweise, wie diese Parameter aus den örtlichen Verhältnissen abzuleiten sind.

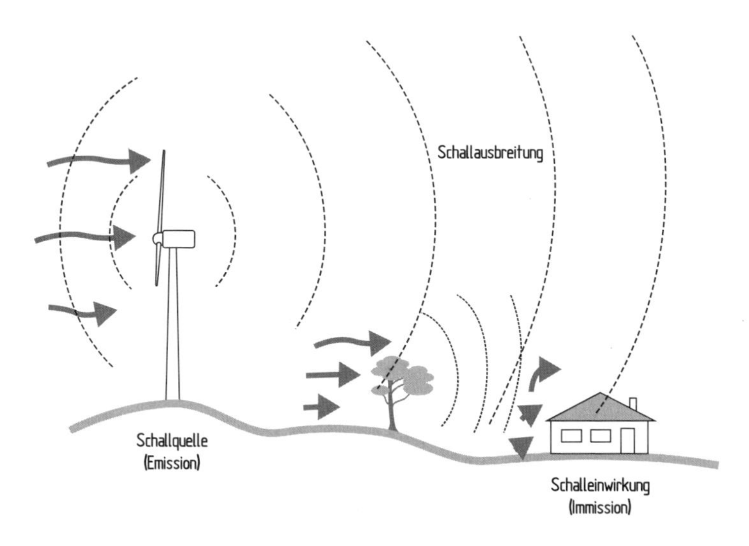

Bild 15.7. Schallausbreitung ausgehend vom Schalleistungspegel bis zum Ort der Schalleinwirkung (nach DEWI)

In vereinfachter Form kann die Schallausbreitung auch mit folgender Formel abgeschätzt werden:

$$L_A = L_W - 10 \lg \left(2\pi R^2\right) - \alpha \cdot R + K$$

mit:

R = Entfernung zur Schallquelle (m)
α = Absorptionskoeffizient (dBA)
K = Zuschlag für Ton- und Impulshaltigkeit (dBA)

Der Wert für den Absorptionskoeffizient liegt je nach Bodenbeschaffenheit und Bewuchs zwischen null und eins. Für offenes Gelände mit geringem Bewuchs beträgt er typischerweise etwa 0,5. Nach einer Faustformel verringert sich der Schalldruckpegel mit einer Verdoppelung der Entfernung zur Schallquelle und ca. 6 dBA. Eine typische große Windkraftanlage mit einem Schalleistungspegel von 105 dBA erzeugt in einer Entfernung von 800 m einen Schalldruckpegel von etwa 40 dBA. Dieser Wert wird für reine Wohngebiete in der Nacht gefordert (vergl. Kap. 15.2.1, Bild 15.8).

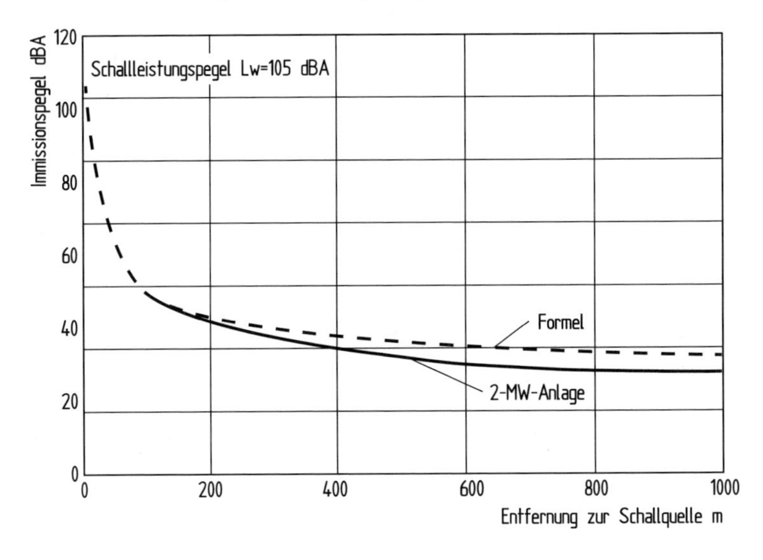

Bild 15.8. Abnahme der Schalldruckpegels für eine 2 MW Windkraftanlage mit einem Schalleistungspegel von 105 dBA

Eine wichtige und notwendige Ergänzung darf jedoch nicht übersehen werden, nämlich die Zunahme der natürlichen Umgebungsgeräusche mit der Windgeschwindigkeit.

Das Hintergrundgeräusch, das bei zunehmender Windgeschwindigkeit durch die Umströmung von Hindernissen (z. B. Gebäude, Bäume, Gras usw.) entsteht, steigt pro m/s Windgeschwindigkeit um etwa 2,5 dB(A) an. Liegen keine Messungen über den Hintergrundpegel vor, so läßt sich der Hintergrundschalldruckpegel (L_A) mit der folgenden Formel abschätzen [8]:

$$L_A = 27{,}7 \text{ dB} + 2{,}5 v_W \text{ dB}$$

mit:

L_A = Schalldruckpegel (dB(A))
v_W = Windgeschwindigkeit (m/s)

Erfahrungsgemäß nimmt das Geräusch einer Windkraftanlage um etwa 1 dB(A) pro m/s Windgeschwindigkeit zu. Daraus folgt zwangsläufig, daß ab einer bestimmten Windgeschwindigkeit das Geräusch der Windkraftanlage durch das Hintergrundgeräusch überlagert wird. Liegt der Hintergrundschallpegel um ca. 6 dB(A) über dem rechnerischen Immissionswert der Windkraftanlage, trägt dieser praktisch nicht mehr zu einer merklichen Erhöhung des Schalldruckpegels am Immissionsort bei [8].

Tragen verschiedene Schallquellen, zum Beispiel mehrere Anlagen eines Windparks, zum erzeugten Schalldruckpegel an einem Immissionsort bei, so werden die erzeugten Schallpegel der Anlagen einzeln berechnet und die Schallenergien addiert. Der erzeugte Gesamtschalldruckpegel (L_{AZ}) ergibt sich nach der Formel:

$$L_{AZ} = 10 \lg \sum_{i=1}^{n} 10^{0,1\, L_i}$$

mit:

n = Anzahl der Schallquellen
L_i = Einzelschalldruckpegel der Schallquelle i

Im Rahmen der immissionsrechtlichen Genehmigung von Windkraftanlagen werden ausführliche Schallgutachten gefordert. Eine Reihe von Instituten und Planungsbüros haben sich auf diese Aufgabe spezialisiert. Ein typisches Ergebnis sind sog. „Lärmkataster"

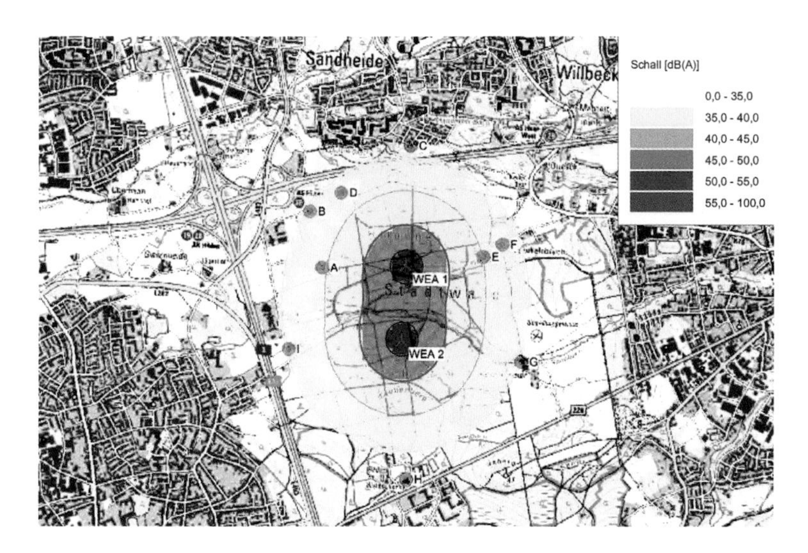

Bild 15.9. Lärmkataster für die Umgebung von zwei Windkraftanlagen vom Typ REpower 3,2 M 114 mit 143 m Nabenhöhe (Schalleistungspegel : 103,3 dB(A)), gerechnet mit WindPro (GEO-NET/plan-GIS)

für die Umgebung der Windkraftanlage bzw. des Windparks. In diesen Gutachten spielen oft auch die bereits vorhandenen Lärmquellen z. B. benachbarte Windkraftanlagen eine Rolle (Bild 15.9). In manchen Gebieten mit zahlreichen Windkraftanlagen werden heute regelrechte „Schallkontingente" zwischen den einzelnen Betreibern ausgehandelt auf deren Grundlage erst die Errichtung von neuen, zusätzlichen Windkraftanlagen möglich wird.

15.3 Schattenwurf

Wie alle größeren Gebäude werfen auch Windkraftanlagen bei Sonnenschein ihren Schatten auf die Umgebung. Der Schattenwurf von Windkraftanlagen weist im Gegensatz zu „normalen Gebäuden" jedoch eine Besonderheit auf, die unter bestimmten Bedingungen von den Anwohnern als erhebliche Belästigung empfunden werden kann.

Bei stillstehendem Rotor wirft die Windkraftanlage einen stationären Schatten in der gleichen Weise wie jedes andere Gebäude oder ein Baum (Bild 15.10). Durch die Drehung der Erde wandert dieser Schatten und ist an einen bestimmten Punkt (Immissionspunkt) nur von kurzer Dauer. Die Belästigung durch diesen Schattenwurf, der zudem nur in unmittelbarer Nähe der Windkraftanlage auftritt, ist normalerweise kein Problem.

Bild 15.10. Schattenwurf einer Windkraftanlage in unmittelbarer Nähe (Foto Oelker)

Anders liegen die Verhältnisse bei drehendem Rotor. Die mit der dreifachen Drehfrequenz (beim Dreiblattrotor) das Sonnenlicht „durchschneidenden" Rotorblätter verursachen dann, wenn der Schatten auf einen Beobachter fällt, periodische Helligkeitsschwankungen, die als unangenehm empfunden werden. Werfen mehrere laufende Anlagen gleichzeitig ihren Schatten auf einen Immissionspunkt, überlagert sich der Effekt und tritt mit höherer Frequenz auf. Diese Art von zeitlich veränderlichem Schattenwurf fällt unter diejenigen Umwelteinwirkungen einer Windkraftanlage, die nur bis zu einer gewissen Grenze als zumutbar angesehen werden.

In einer 1999 durchgeführten Studie im Auftrag des Landes Schleswig-Holstein wurde der zeitlich veränderliche Schattenwurf durch drehende Windrotoren eingehender untersucht [14]. Die in dieser Studie empfohlenen Grenzwerte wurden in der Folge von den meisten Bundesländern als Richtwerte im Rahmen des Genehmigungsverfahrens übernommen. Danach beträgt die höchstzulässige Schattenwurfdauer an einem Immissionspunkt auf der Grundlage der astronomisch möglichen Maximaldauer 30 Stunden pro Jahr bzw. 30 Minuten pro Tag.

Seit die Schattenwurfproblematik bei der Planung von Windenergieprojekten zu einem Genehmigungskriterium geworden ist, wurden die verschiedensten Rechenmodelle für die Erstellung von Schattengutachten entwickelt. Verbreitet sind zum Beispiel das „Wind Pro Shadow" oder ein spezielles Modul aus dem „Windfarmer" Programmpaket. Das WindPro Shadow geht, wie die meisten anderen Verfahren, für die Berechnung des astronomisch möglichen Schattenwurfs von folgenden Vereinfachung aus [15]:

- die Sonne wird als Punktquelle angenommen
- die Windrichtung entspricht dem Azimutwinkel der Sonne, d.h. die Rotorkreisfläche steht senkrecht zur Sonneneinstrahlung
- es wird ein sog. „Verdeckungsanteil" der Sonne in bezug auf die gesamte Rotorkreisfläche angenommen. Dieser leitet sich aus einer üblichen und als konstant angenommenen Rotorblattiefe bei vorgegebenem Rotordurchmesser ab (Annahme: 20 %). Mit dieser Annahme ergibt sich eine Schattenreichweite von 1,5 bis 2 km bei einer großen Windkraftanlage
- ein Sonnenstand (Elevationswinkel) von unter 3 % wird nicht berücksichtigt, da unterstellt wird, daß bei derart niedrigen Sonnenständen die atmosphärische Trübung, die umgebende Bebauung oder der Bewuchs den Schattenwurf verhindern.

Mit Blick auf das betroffene Objekt bzw. den Imissionsort, sind die folgenden Eingabedaten erforderlich:

- Position der Windkraftanlage (x, y, z) Koordinaten
- Nabenhöhe und Rotordurchmesser der Windkraftanlage
- Position des betreffenden Objekts (x, y, z) Koordinaten
- Größe des betroffenen Objekts und Ausrichtung nach der Himmelsrichtung
- geographische Längen- und Breitenlage
- Zeitzone

Als Ergebnis dieser Berechnung erhält man die astronomisch möglichen Schattenwurfzeiten für eine bestimmte Konfiguration von Windkraftanlagen oder Windparks und Immissionspunkten. Die Schattenwurfzeiten an den berechneten Immissionspunkten werden tabellarisch aufgelistet oder auch graphisch dargestellt (Bild 15.11 und 15.12).

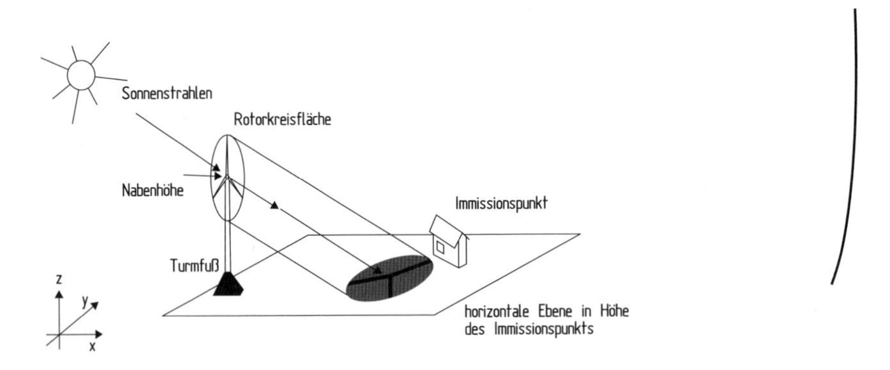

Bild 15.11. Geometrische Verhältnisse für die Berechnung des zeitlich räumlichen Schattenwurfs durch eine laufende Windkraftanlage [15]

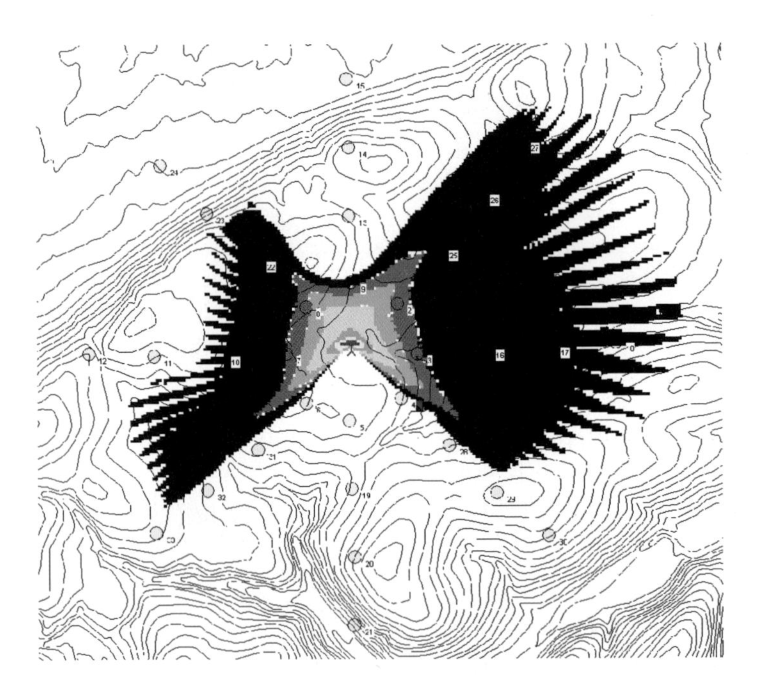

Bild 15.12. Astronomisch möglicher Schattenwurf für eine bestimmte Windparkkonfiguration [16]

In der Regel werden folgende Einzelergebnisse angegeben:

- Zeitplan für den Sonnenauf- und untergang entsprechend der Ortszeit
- Anzahl und Position der Windkraftanlagen die den Schattenwurf verursachen können
- Zeitplan für die Zeiten in denen ein Schattenwurf erwartet werden kann

- Gesamte Stunden für einen möglichen Schattenwurf im Monat oder im Jahr
- Verringerung des astronomisch möglichen Schattenwurfs durch die statistisch zu erwartenden Wetterverhältnisse und durch Stillstandszeiten der Windkraftanlagen

Nach deutschen Vorschriften muss eine Windkraftanlage, wenn die astronomisch mögliche Zeit für eine Beeinträchtigung durch Schattenwurf auf ein bestimmtes Objekt die Zeit von 30 Stunden im Jahr überschreitet über eine Schattenabschaltautomatik verfügen. Eine maximale Schattendauer von 30 Minuten pro Tag sollte ebenfalls nicht überschritten werden.

Die astronomisch mögliche Schattenwurfdauer wird natürlich durch die Wetterbedingungen in der Praxis erheblich verringert. Berücksichtigt man die statistischen Wetterverhältnisse in bezug auf die Häufigkeitsverteilung der Windrichtung und der Sonnenscheindauer, so verringert sich in mitteleuropäischen Lagen die effektive Schattendauer auf 20 bis 30 % der astronomisch möglichen Maximaldauer. Aus den zulässigen 30 Stunden pro Jahr werden statistisch gesehen nur 8 Stunden im Jahr oder 30 Minuten pro Tag.

Die Schattenabschaltautomatik hat die astronomisch möglichen Schattenwurfzeiten einprogrammiert und schaltet die Anlage mit Hilfe eines Lichtsensors ab, sobald die Wetterlage einen kritischen Schattenwurf ermöglicht. Angesichts der statistisch geringen Anzahl von Stunden ist der Verlust an Energielieferung praktisch vernachlässigbar. Er liegt im ungünstigsten Fall bei ein bis zwei Prozent der jährlichen Energielieferung.

Bei Sonnenschein können die Rotorblätter, abgesehen vom Schattenwurf, einen unangenehmen „Blinkeffekt“ oder „Discoeffekt“ bei starker Reflexion des Sonnenlichtes verursachen. Man begegnet dieser Erscheinung mit einem reflexionsarmen Farbanstrich, der den nach DIN 67530 definierten *Glanzgrad* herabsetzt.

15.4 Störungen von Funk und Fernsehen

Windkraftanlagen können ebenso wie andere große Bauwerke die Übertragung von elektromagnetischen Wellen stören. Grundsätzlich sind hiervon alle Arten von navigations- oder nachrichtentechnischen Systemen betroffen. Da die Störeinflüsse lokal eng begrenzt sind, kann eine Störung von Navigationseinrichtungen oder Richtfunkstrecken durch eine entsprechende Standortwahl vermieden werden. Anders ist die Situation im Hinblick auf Rundfunk und Fernsehempfang, da diese praktisch überall genutzt werden.

Das Problem der Störeinflüsse auf Funk und Fernsehen wurde in den USA und in Schweden in den letzten Jahren eingehender untersucht. Zunächst wurden Beobachtungen an den vorhandenen Versuchsanlagen vom Typ MOD-0 bis MOD-2 systematisch ausgewertet. Es zeigte sich, daß merkliche Störungen des Rundfunkempfangs nicht festgestellt werden konnten, wohl aber des Fernsehempfangs. Die Erfahrungen waren bei den einzelnen Versuchsanlagen unterschiedlich hinsichtlich der Intensität der Störungen und der Entfernung von der Windkraftanlage.

In der Umgebung der MOD-1-Anlage in Boon (North Carolina) waren etwa 30 Haushalte in einer Entfernung von bis zu zwei Kilometern betroffen. Geringere Störungen wurden bei den MOD-0-Anlagen festgestellt, zum Beispiel auf Block-Island bei New York. Die Auswertung dieser Beobachtungen sowie daran anschließende systematische Untersuchungen an der MOD-0-Versuchsanlage der NASA in Plum Brook ergaben, daß die Fernsehstörungen im wesentlichen auf zwei Ursachen zurückzuführen sind (Bild 15.13).

- Einmal kann das Direktsignal des Fernsehsenders, sofern die Windkraftanlage auf der direkten Verbindungslinie zum Empfänger liegt, durch die drehenden Blätter gestört werden. Dieser Effekt ist am stärksten im UHF-Band zu beobachten.
- Die zweite, weit weniger bedeutende Störung entsteht durch eine Reflexion des Direktsignals an der Windkraftanlage, so daß der im entsprechenden Reflexionswinkel liegende Empfänger ein zweites, unerwünschtes Signal empfängt. Dieser auch von anderen großen Gebäuden ausgelöste Effekt verursacht die bekannten Geisterbilder. Diese Störung tritt auch bei stehendem Rotor auf.

Das Problem der Funk- und Fernsehstörung wurde nach diesen Erfahrungen mit den ersten größeren Versuchsanlagen an zahlreichen weiteren Windkraftanlagen untersucht. Die Ergebnisse waren sehr unterschiedlich.

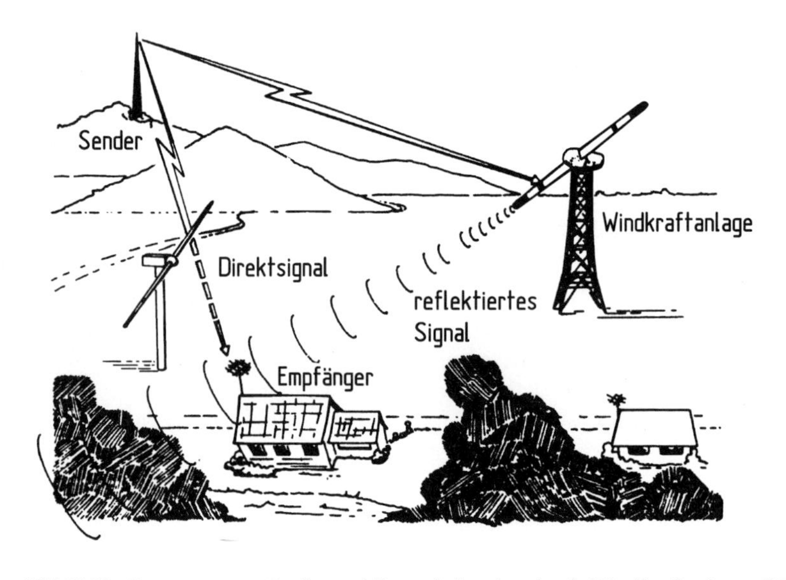

Bild 15.13. Störungen von Funk- und Fernsehsignalen durch Windkraftanlagen [17]

Die unterschiedlich starke Intensität der Störeffekte war einerseits auf die technische Konzeption der Anlagen, andererseits auf die topographische Situation der Aufstellorte zurückzuführen. Mit Blick auf die technische Konzeption der Anlagen zeigte sich, daß vor allem die Bauart der Rotorblätter von Bedeutung ist. Rotorblätter, die ganz oder überwiegend aus Stahl bestehen, wie bei der MOD-1, verursachten den größten Störeffekt. Rotorblätter aus Glasfaser-Verbundmaterial oder Holz erwiesen sich als weit weniger störend. Im Stillstand hat die Stellung des Rotors zumindest bei Zweiblattanlagen einen merklichen Einfluß.

Ausgehend von den empirischen Ergebnissen wurden theoretische Modelle entwickelt, um die zu erwartenden Störungen des Fernsehempfangs vorausberechnen zu können. Nach

Sengupta und Senior läßt sich die zu erwartende Störzone mit folgender Formel abschätzen [17]:

$$r = \frac{c\,\eta\,A}{\lambda\,m_0}$$

mit:

A	=	Projektionsfläche der Rotorblätter (m^2)
η	=	Reflektionswirkungsgrad der Rotorblätter (Metallblätter: 0,7; GFK-Blätter: 0,3)
λ	=	Wellenlänge des TV-Signals
c	=	Konstante für die räumlich geometrische Anordnung von Sender, Empfänger und WKA ($c = 2$, wenn WKA und Empfänger in Sichtlinie mit dem Sender; $c = 2$ bis 5, wenn WKA hinter dem Radiohorizont des Senders)
m_0	=	Index für die Störintensität (0,15)

Die Auswertung dieser Beziehung ergibt beispielsweise eine Störzone von 2 bis 3 km für die MOD-2-Anlage mit Rotorblättern aus Stahl. Wenn auch die angegebene Formel aufgrund zahlreicher Vereinfachungen eine zu grobe Abschätzung für eine spezifische Situation bildet, so liegt ihr Nutzen zumindest in der Identifizierung der Haupteinflußparameter.

Bei der schwedischen WTS-3-Anlage in Maglarp wurden ebenfalls Fernsehstörungen beobachtet. Obwohl hier die Rotorblätter vollständig aus Glasfaser-Verbundmaterial bestehen, zeigten sich dennoch merkliche Störeffekte. Die in die Blattstruktur eingelegten Aluminiumnetze für den Blitzschutz hatten hieran offensichtlich einen merklichen Anteil. In dem zwei Kilometer entfernt liegenden Ort Skare, der direkt auf der verlängerten Verbindungslinie vom Sender zur Windkraftanlage liegt, wurden die Störungen in einigen Häusern festgestellt. Ernsthafte Beeinträchtigungen des Fernsehempfangs ergaben sich allerdings nur bei laufender Anlage. Ein Hilfssender mit einer Leistung von zwei Watt, der auf dem von der Anlage etwas entfernt stehenden Windmeßmast angebracht wurde, behob die Störungen der betroffenen Fernsehteilnehmer.

Insgesamt gesehen stellt die Störung des Fernsehempfangs durch Windkraftanlagen kein allzu schwerwiegendes Problem dar. Wo Probleme dieser Art auftreten, kann durch relativ einfache technische Maßnahmen Abhilfe geschaffen werden. Die Erfahrungen in den USA haben gezeigt, daß in einer Reihe von Fällen bereits eine bessere Ausrichtung der vorhandenen Empfangsantennen die Störungen beseitigte. Wo dies nicht genügte, wurde ein kleiner Hilfssender angebracht oder die relativ wenigen betroffenen Fernsehteilnehmer über ein Kabel versorgt. Angesichts der ohnehin geplanten Digitalisierung der Programmausstrahlung, einer zunehmenden Verkabelung der Fernsehübertragung und des Direktempfangs von geostationären Satelliten wird sich dieses Problem mittelfristig von selbst lösen.

15.5 Störungen der Vogelwelt

Ein Thema beschäftigt in besonderem Maße die Tierfreunde — zu denen sich der Verfasser unbedingt zählt. Gehen von Windkraftanlagen besondere Gefahren für Tiere aus?

Beobachtungen an verschiedenen Anlagen haben gezeigt, daß die „ortsansässigen" Vögel sehr schnell das Hindernis erkennen lernen und umfliegen. Die vergleichsweise langsam drehenden Rotorblätter werden offensichtlich von ihnen wahrgenommen. Anders sind die Voraussetzungen bei nicht ortskundigen Vögeln, also Zugvögel. Zugvogelschwärme fliegen jedoch selten tiefer als zweihundert Meter, so daß diese Gefahr auch hier nicht sehr groß ist (Bild 15.14). Die Frage einer möglichen Gefährdung der Zugvögel durch Windkraftanlagen war in der Vergangenheit Gegenstand verschiedener Untersuchungen. Vor einigen Jahren waren in Südspanien bei Tarifa gelegene Windparks ein Anlaß für Meldungen, daß man eine größere Zahl toter Vögel gefunden hätte — eine bei weitem übertriebene Zahl, wie sich später herausstellte. Insgesamt gesehen haben die Erfahrungen der letzten Jahre gezeigt, daß gelegentlich Vögel gefunden werden, die nachweislich durch Windkraftanlagen getötet wurden. Die Zahlen stehen jedoch in gar keinem Verhältnis zu der Anzahl die beispielsweise Opfer des Straßenverkehrs werden.

Bild 15.14. In der Nähe eines Windparks vorbeiziehender Zugvogelschwarm (Foto Windkraft-Journal)

Gelegentlich wird das Argument vorgebracht, daß die Installation von Windkraftanlagen die Vögel davon abhalten könnte, diese Gebiete aufzusuchen, insbesondere mit Blick auf ihre Brutstätten. Selbstverständlich muß man bemüht sein, besondere Brutplätze von Windkraftanlagen freizuhalten. Andererseits muß man feststellen, daß jede Art von Bebauung Vögel, die dort vorher gelebt haben, in ihrem Lebensraum weiter einschränkt. In diesem Konflikt befindet sich auch die Windkraftnutzung.

15.6 Landverbrauch

Grund und Boden werden immer knapper. Nahezu 10 % der Landfläche der Bundesrepublik Deutschland sind bereits für Straßen, Industrie und Wohnungsbau asphaltiert und betoniert. Diese Tatsache zwingt dazu, auch den Landverbrauch einer Technik unter dem Aspekt der Umweltauswirkungen zu berücksichtigen. Wie sieht es damit bei Windkraftanlagen aus? Die Grundfläche, die zur Aufstellung einer Windkraftanlage unabdingbar benötigt wird, ist die Fläche für den Turm und das Fundament. Nebengebäude für Meß- und Versuchseinrichtungen, die bei den großen Versuchsanlagen oft zu finden waren, entfallen bei den heutigen Serienanlagen weitgehend. Die für den Betrieb notwendigen Einrichtungen werden im Turmfuß untergebracht. Die Betriebsgebäude von größeren Windparks fallen, gemessen an der Anlagenzahl, kaum ins Gewicht.

Gelegentlich wird die Auffassung vertreten, man müsse zu der benötigten Grundfläche für den Turm und die Fundamente noch große Sicherheitszonen hinzurechnen, damit zum Beispiel abbrechende Rotorblätter keinen Schaden anrichten können. Dieser Betrachtungsweise muß entschieden widersprochen werden. Würden derartige Maßstäbe auch an andere Technologien angelegt, so müßten neben jeder Autostraße oder unter jeder Einflugschneise eines Flughafens breite, menschenleere Sicherheitszonen vorhanden sein. Ein katastrophales technisches Versagen führt dort zu ungleich größeren Gefahren für unbeteiligte Personen. Der Schaden, den ein losbrechendes Rotorblatt anrichten kann, ist demgegenüber vergleichsweise gering. In Gebieten, wo die Windkraftnutzung Tradition hat, ist eine realistische Einstellung zu den möglichen Gefahren, die von Windkraftanlagen ausgehen können, selbstverständlich, wie Bild 15.15 beweist.

Bild 15.15. Windkraftanlage auf dem Gelände eines kleinen Hafens in Dänemark

Die Querschnittsfläche des Turmfußes selbst einer großen Anlage beträgt nur wenige Quadratmeter. Die Fläche des Fundaments liegt bei einer 3 MW-Anlage bei ca. 300 m^2.

Bezieht man die installierte Leistung auf diese Grundfläche, so ergibt sich ein Flächenbedarf von etwa 100 m^2/MW.

Mit diesem Platzbedarf schneiden Windkraftanlagen vergleichsweise günstig ab (Bild 15.16). Mit zunehmender Größe wird der Wert noch günstiger. Wie eine diesbezügliche Untersuchung zeigt, haben alle anderen regenerativen Energiesysteme einen erheblich höheren Flächenbedarf. Windkraftanlagen liegen auf dem Niveau konventioneller Kraftwerke, sofern man den Bruttobedarf der Kraftwerke einschließlich aller Nebenanlagen für die Brennstofflagerung und ähnliches miteinbezieht [18].

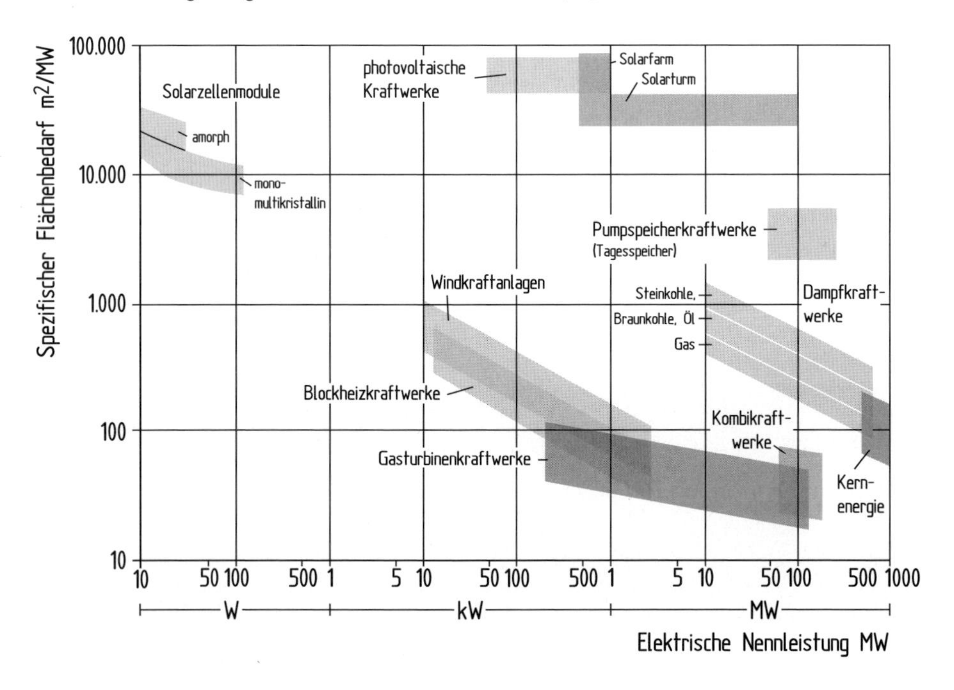

Bild 15.16. Spezifischer Flächenbedarf von Stromerzeugungsanlagen [18]

Wichtiger als die Kennziffer für die installierte Leistung ist die gewinnbare Energiemenge bezogen auf die Bodenfläche. Geht man von einer Jahresenergielieferung von ca. 6,4 Mio. kWh für eine 3 MW-Anlage aus, so errechnet sich ein Wert von ca. 21 MWh/m^2 im Jahr. Auch dieser Wert ist für einen regenerativen Energieerzeuger außerordentlich hoch. Der Vergleich mit einem konventionellen Kraftwerk fällt ebenfalls günstig aus. Ein 750-MW-Steinkohleblock mit 4000 Stunden Nutzungsdauer hat einen Kennwert von 15 bis 20 MWh/m^2. Der oft behauptete übermäßige Platzbedarf ist also kein stichhaltiges Argument gegen eine breite Nutzung der Windenergie.

Auf der anderen Seite muss man sehen, daß bedingt durch die geforderten Abstände der Windkraftanlagen von der Wohnbebauung, und anderen geschützten Bereichen, der genehmigungstechnische Raum für die Aufstellung von Windkraftanlagen, ungeachtet des relativ geringen physischen Flächenverbrauchs, in dicht besiedelten Ländern wie Deutschland außerordentlich knapp ist.

15.7 Optische Beeinträchtigung der Landschaft

Unter allen Umweltauswirkungen, die von Windkraftanlagen ausgehen, ist ihre optische Wirkung in der Landschaft der am schwierigsten zu beurteilende Faktor. Die Diskussion wird entsprechend kontrovers geführt und gleitet nicht selten ins Polemische ab. In den ersten Jahren der Windenergienutzung wurden gelegentlich Bauanträge für die Errichtung selbst kleinster „Windräder" von den zuständigen Behörden mit dem ausdrücklichen Hinweis auf die nicht hinnehmbare optische Wirkung in der Landschaft abgelehnt. Heute sind es oft die örtlichen Naturschutzgruppen, die Einsprüche gegen die optische Wirkung von Windkraftanlagen geltend machen und damit nicht wenige Windkraftprojekte verhindern.

Bereits in der Frühphase der kommerziellen Windenergienutzung hat das schwedische „National Board of Energy" (NE), das für das schwedische Windenergieprogramm verantwortlich zeichnet, die Frage der optischen Wirkung von großen Windkraftanlagen versucht wissenschaftlich zu untersuchen [19]. Danach sind drei Faktoren für den optischen Eindruck bestimmend:

- Psychologische Faktoren: Was assoziiert der Betrachter?
- Die Art der Landschaft: Die optische Wirkung in offenen Landschaften unterscheidet sich deutlich von derjenigen in geschlosseneren Gebieten (bewaldet oder bebaut).
- Die Größe der Windkraftanlagen: Anlagen mit weniger als 50 m Höhe gehen optisch in den meisten kultivierten und bebauten Landschaften sehr schnell unter. Anlagen mit einer Höhe von mehr als 50 m Höhe dominieren das Landschaftsbild über größere Entfernungen.

Die Studie kommt zu dem Schluß, daß die Parkaufstellung von großen Windkraftanlagen in den meisten Landschaftstypen akzeptiert werden kann, sofern der Abstand der Einzelanlagen in der Größenordnung von 8 bis 10 Rotordurchmessern liegt. Lediglich für einige wenige Gebiete wird die optische Wirkung für so dominierend gehalten, daß mit berechtigten Einwänden gerechnet werden müsse. Die Studie räumt aber ein, daß die optische Wirkung mit den zur Verfügung stehenden Methoden und Erfahrung nicht vollständig geklärt werden konnte, da umfassende Erfahrungen nur mit statischen Gebäuden dieser Größe vorliegen. Inwieweit die drehenden Rotoren auf die Dauer eine zusätzliche optische Belästigung auslösen, könne nicht zuverlässig vorausgesagt werden.

Die erste praktische Erfahrung mit einer großen Anzahl von Windkraftanlagen und ihrer optischen Wirkung in der Landschaft kamen Mitte der achtziger Jahre aus den USA. Bilder von den kalifornischen Windfarmen — nicht selten mit übertreibender Optik fotographiert — wurden oft als Beweis für die nicht akzeptable optische Wirkung herangezogen. Daran war sicherlich richtig, daß amerikanische Windfarmen mit Tausenden von kleinen Anlagen scheinbar ungeordnet auf engstem Raum zusammenstehend kein brauchbares Vorbild für Europa waren.

In Europa stützt sich die Windenergienutzung im wesentlichen auf große Anlagen. Die Mehrzahl der unvoreingenommenen Besucher betrachtete sie anfangs mit einer Mischung aus Neugier, Bewunderung und Unverständnis — wie andere technische Neuheiten auch. Je nach Informationsgrad überwog die eine oder andere Grundstimmung. Nur sehr wenige Betrachter äußerten sich spontan negativ über das Aussehen der großen Windkraftanlagen. Heute gehören Windkraftanlagen in vielen Regionen zum Landschaftsbild. Viele beklagen dies immer noch, sodaß die öffentliche Diskussion darüber weiter anhält. Die Einsicht, daß der globalen Auswirkungen der bisherigen Energiepolitik in Zukunft nicht mehr hinnehmbar sind und deshalb auch die Windenergienutzung eine Notwendigkeit ist, hat den psychologischen Faktor: „Was assoziiert der Betrachter?" hat nur bei einem Teil der Öffentlichkeit verändert. Die Haltung „Windenergie ja — aber nicht bei mir".

In diesem Zusammenhang ist auch ein besonderer Aspekt zu beachten. Aus der Sicht eines Betrachters, in einem Abstand von einigen Kilometern, sind die Größenunterschiede von Windkraftanlagen ab einer bestimmten Größe nur sehr schwer zu unterscheiden. Eine Windkraftanlage mit 100 m Rotordurchmesser und einer Turmhöhe von vielleicht mehr als 100 m wirkt optisch in der Landschaft nicht viel anders als eine Anlage, die nur halb so groß ist. Dieser Aspekt spricht für relativ große Anlagen in einer entsprechend kleineren Anzahl. Die oben zitierte schwedische Studie hat diesen Faktor offensichtlich nicht richtig bewertet.

Insgesamt gesehen ist nicht zu bestreiten, daß die Aufstellung von Windkraftanlagen ein naturnahes Landschaftsbild beeinträchtigen. Der kritischen Einstellung der „Anwohner" müssen sich die Befürworter dieser Form der Energieerzeugung stellen. In manchen Gebieten wird man ihrer Verbreitung deshalb Grenzen setzen müssen. Dieses Schicksal werden sie, so ist zu hoffen, mit einer zunehmenden Anzahl technischer Bauwerke teilen.

Dem pauschalen Argument, die Stromerzeugung mit Windkraftanlagen in größerem Maßstab sei schon deshalb abzulehnen, da ihre optische Wirkung völlig unannehmbar sei, sollte man jedoch entscheidend entgegentreten. Würde man ähnliche Maßstäbe auch an anderen Techniken angelegen, sähe die Welt anders aus, auch wenn, die Sünden der Vergangenheit auf der anderen Seite keine Rechtfertigung für neue Fehlleistungen sein können (Bild 15.17 und 15.18).

15.8 Windenergienutzung und Klimaschutz

Seit der Schutz der Erdatmosphäre, in erster Linie die Verringerung der Emission von Kohlendioxyd in die Atmosphäre und die damit einhergehende Erwärmung des Klimas einen Spitzenplatz auf der politischen Tagesordnung einnimmt, ist der Blick, auch der Windgegner, auf die zahlreichen Windkraftanlagen etwas milder geworden. Wer will sich schon vorwerfen lassen aus seiner kleinweltlichen Sicht das große Ganze, den Schutz der Erdatmosphäre zu ignorieren?

Zwei Fragen stellen sich in diesem Zusammenhang. Kann eine massierte Aufstellung von Windkraftanlagen einen negativen Einfluß auf das nähere Umgebungsklima ausüben? Die zweite wichtigere Frage: Welchen Beitrag kann die Windenergienutzung global gesehen im Hinblick auf die Vermeidung von CO_2-Emissionen leisten?

15.8.1 Einfluß auf das Umgebungsklima

Gelegentlich werden Befürchtungen geäußert, Windkraftanlagen könnten durch „Abbremsen der Windgeschwindigkeit" das Umgebungsklima negativ beeinflussen. Auch zu diesem Aspekt einer denkbaren Umweltbeeinflussung sind deshalb einige Bemerkungen vonnöten.

Die theoretisch optimale Abminderung der Windgeschwindigkeit durch einen Windrotor beträgt ein Drittel der ungestörten Windgeschwindigkeit. Diese physikalische Ge-

Bild 15.17. Windkraftanlage Howden HWP-1000 (55 m Rotordurchmesser) aus einer Entfernung von ca. 1 km, in der Nähe eines Kraftwerkes bei Richborough (England)

setzmäßigkeit sollte man sich zunächst noch einmal in Erinnerung rufen. Praktisch wird jedoch infolge des realen Leistungsbeiwertes und des Regelungsverfahrens diese Abminderung der Windgeschwindigkeit nicht in voller Höhe realisiert. Zum Beispiel beträgt bei einer großen Anlage im Nennbetriebspunkt die Abnahme der Windgeschwindigkeit etwa 25 %. Im gesamten Betriebswindgeschwindigkeitsbereich von 5,4 bis 24 m/s wird eine durchschnittliche Verzögerung der Windgeschwindigkeit von nur 18 % bewirkt. Bezogen auf den kinetischen Energieinhalt der Luftströmung in einem lokalen Bereich von zum Beispiel 1000 m Breite und 200 m Höhe, der mit einer Windgeschwindigkeit von 12 m/s durchströmt wird, sind dies nur 0,7 %.

Aus diesem Zahlenwert wird bereits deutlich, daß eine einzelne Windkraftanlage keinen meßbaren Einfluß auf das Umgebungsklima ausüben kann. Die meteorologisch bedingten Energieumsätze in der erdnahen Grenzschicht der Atmosphäre erreichen ganz andere Größenordnungen. Eine meßbare Beeinflussung des Umgebungsklimas ist aus diesem Grund allenfalls bei einer örtlich konzentrierten Massenaufstellung von extrem großen Anlagen vorstellbar. Daß es hierbei zu wirklich negativen Auswirkungen kommt, ist jedoch äußerst unwahrscheinlich. Zum einen sind bei Windgeschwindigkeiten unter etwa 4 m/s die Windkraftanlagen ohnehin nicht in Betrieb. Damit sind die kritischen Wettersituationen, in denen eine Windströmung im Hinblick auf die Luftdurchmischung wünschenswert ist, sowieso nicht betroffen.

Bei Wetterlagen mit hohen Windgeschwindigkeiten, also dann, wenn die Windkraftanlagen in Betrieb sind, sind nicht die niedrigen, sondern die zu hohen Windgeschwindigkeiten ein Umweltproblem. Die zunehmende Austrocknung und Rodung der Landschaft führt in vielen Gebieten schon heute zu einer höchst unerwünschten Bodenerosion durch

Bild 15.18. Strommasten vor einer Großstadt

höhere Windgeschwindigkeiten. Falls überhaupt eine meßbare Windgeschwindigkeitsverringerung durch große Mengen von Windkraftanlagen eintreten würde, so ist keineswegs sicher, daß dies negative Auswirkungen auf das Klima hätte. Das Gegenteil ist wahrscheinlicher. Einer theoretisch denkbaren Auswirkung von Windkraftanlagen auf das Umgebungsklima kann man deshalb mit größter Gelassenheit entgegensehen. Die Nutzung der Windenergie muß bereits enorme Dimensionen erreicht haben, bis dieses Problem, falls es überhaupt eines werden sollte, relevant wird.

15.8.2 Nutzung der Windkraft und CO_2-Emissionen

Die Energieerzeugung ist bekanntlich mit über 40 % an den Gesamtemissionen beteiligt (Bild 15.19). Jede elektrische Kilowattstunde, die mit Windkraft erzeugt wird, vermeidet in Deutschland die Erzeugung der gleichen Menge Strom aus Kohle- und Gaskraftwerken, da die unregelmäßig eingespeiste Windenergie durch die Mittellastkraftwerke ausgeregelt werden muß. Das sind in Deutschland die mittleren und kleineren Steinkohle- und Gaskraftwerke. Detaillierte Untersuchungen der Windenergieeinspeisung in das Verbundnetz und des Zusammenwirkens mit den konventionellen Kraftwerken kommen unter diesen Voraussetzungen zu dem Ergebnis, daß eine Kilowattstunde die Emissionen von 856 g CO_2 vermeidet (Bild 15.20).

Die in Deutschland vorhandene Windenergiekapazität erzeugte im Jahre 2006 eine Strommenge von 30,5 Mrd. kWh beziehungsweise 30,5 TWh. Das entspricht einem Beitrag

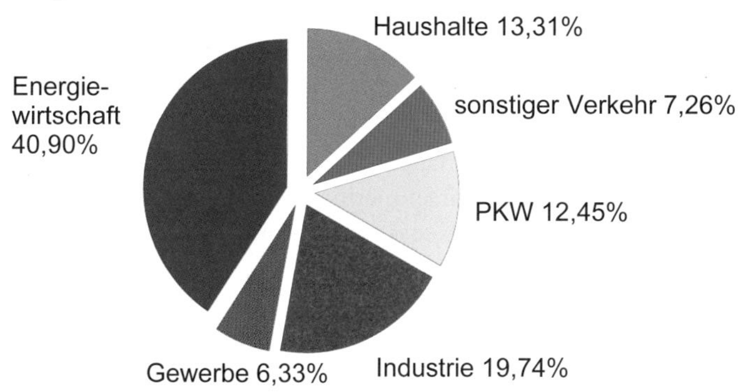

Bild 15.19. Gesamtemissionen in Deutschland 2006 (Quelle: BMU 2006) [20]

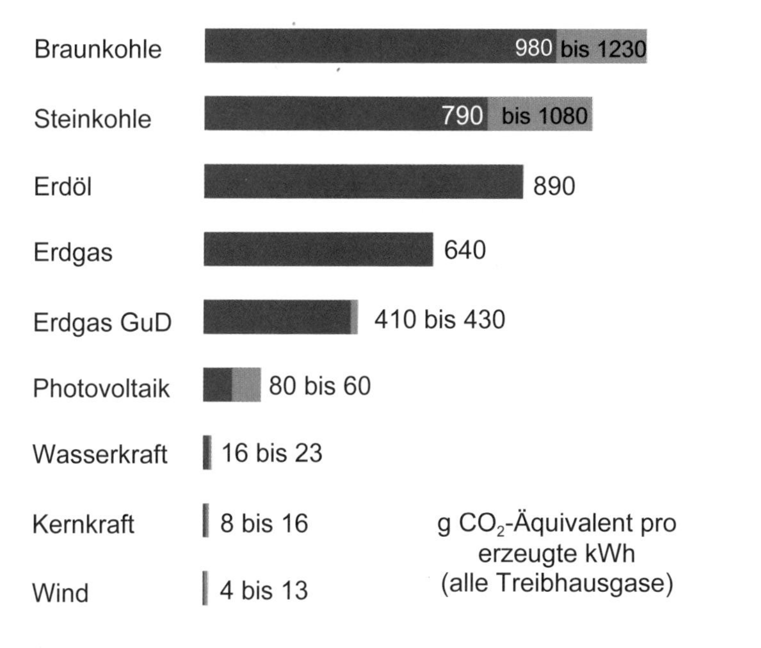

Bild 15.20. CO_2-Emissionen von Systemen zur Stromerzeugung (Quelle: PSI 2007) [20]

von 5,6 % zur Stromerzeugung. Mit der genannten Relation lässt sich leicht ausrechnen, daß die Windkraftanlagen in Deutschland 26 Mio. t CO_2 im Jahre 2006 vermieden haben. Gemessen an den Gesamtemissionen von 885 Mio. t im Jahre 2006 entspricht dies etwa 3 %. Die für die nächste Zukunft geltenden Ziele im Hinblick auf den Klimaschutz hat die EU so formuliert: Reduktion der Treibhausgasemissionen generell um 20 %, in den Industriestaaten um 30 %, und Erhöhung der Anteile von erneuerbaren Energien auf 20 % bis zum Jahre 2020.

Eine detaillierte Studie über den Ausbau der Stromerzeugung aus Windenergie kommt zu dem Ergebnis, daß bis zum Jahre 2020 mit einer Kapazität von 48 000 MW in Deutschland gerechnet werden kann [21] (daß alle Prognosen über den Ausbau der Windenergie in der Vergangenheit durch die Wirklichkeit weit überholt wurden, sei hier nur in Klammern erwähnt). Unterstellt man diese Zahl von 48 000 MW für das Jahr 2020 so bedeutet dies einen Anteil an der Stromerzeugung von knapp 15 % in Deutschland. Die vermiedene CO_2 Emission wäre dann etwa 70 Mio. t pro Jahr, immerhin etwa 10 % an den voraussichtlichen Gesamtemissionen im Jahre 2020 und eine zusätzliche, jährliche Reduktion von 44 Mio. t gegenüber dem heutigen Stand.

Den Stellenwert dieses Beitrags der Windenergienutzung zur Vermeidung von CO_2-Emissionen wird an einem Vergleich mit dem Straßenverkehr deutlich [22]. Der Pkw-Verkehr hatte in 2006 einen Anteil von 11,9 % an den CO_2 Emissionen in Deutschland. Das entspricht einer Menge von ca. 100 Mio. t CO_2. Würde man den durchschnittlichen Schadstoffausstoß der PKW von 162 g pro 100 km (2004) auf das von der EU anvisierte Ziel von 120 g pro 100 km reduzieren, so entspräche dies einer CO_2 Vermeidung von 25 Mio. t. Das heißt diese in der Öffentlichkeit heiß diskutierte Zielsetzung bringt gerade mal etwas mehr als die Hälfte an CO_2 Reduzierung, verglichen mit dem prognostizierten Ausbau der Windenergienutzung.

Auch wenn sich das hier skizzierte Szenario nur auf Deutschland bezieht und die Verhältnisse in Deutschland, wie jeder weiß, global gesehen, keinen sehr großen Einfluß auf den weltweiten Klimaschutz haben, die Windenergienutzung wird aber auch in anderen, für den Klimaschutz viel wichtigeren Ländern, ihren Beitrag zur Verringerung der globalen Emissionen leisten.

Literatur

1. Milborrow, D. J.: Wind Turbine Runaway Speeds, 5. BWEA Wind Energy Conference, Reading, U.K., 1983
2. Wortmann, F. X.: Wie weit kann ein Rotorblatt fliegen? Bericht des Instituts für Aero- und Gasdynamik der Universität Stuttgart, 1978
3. Sørensen, J. N.: Calculation of Trajectories of Detached Wind Turbine Blades and Prediction of Site Risk Levels Associated with Failures of HAWT'S, IEA-Expert-Meeting, 25./26. Sept., Munich, 1980
4. Pedersen, M. B. and Bugge, J. A. Chr.: On Safety Distances from Windmills, IEA-Expert-Meeting, 25./26. Sept., Munich, 1980
5. DIN 45645-1: Ermittlung von Beurteilungsregeln aus Messungen, Teil 1, Geräuschimissionen in der Nachbarschaft
6. Huß, G.: Anlagentechnisches Meßprogramm an der Windkraftanlage WKA-60 auf Helgoland, BMFT-Forschungsbericht Nr. 0328508D, 1993
7. Wells, R. I. General Electric: MOD-1 Noise Study, Wind Turbine Dynamics. Cleveland, Ohio, 1980
8. Klug, H.: Viel Wind um wenig Lärm – Geräuschproblematik bei Windkraftanlagen, Sonnenenergie 4/91
9. Wagner, S.; Bareiß, R.; Guidati, G.: Wind Turbine Noise, Springer Verlag, 1996

10. International Electrotechnical Commission (IEC): Wind Turbine Generator Systems, Part 11, Acoustic Noise Measurement Techniques, IEC 61400-1, 1998
11. Borg, van der, N. J. C. M.; Staun, W. J.: Acoustic Noise Measurements on Wind Turbines, ECWEC-Conference, 1989
12. e.n.o.: Technische Dokumentation der e.n.o 3,8 MW-Anlage, 2013
13. VDI Richtlinie 2714: Schallausbreitung im Freien
14. Freund, H.-D.: Systematik des Schattenwurfs von Windenergieanlagen, Forschungsbericht zur Umwelttechnik Fachhochschule Kiel, 2000
15. Wind Pro: Programmpaket 1.51, Energi-og Milijødata, Aalborg, 1998
16. Department of Energy and Climate Change: Update of UK Shadow Flicke Evidence Base, Technical Report, London, 2011
17. Sengupta, D. L.; Senior, T. B. A.; Ferris, J. E.: Television Interference Measurements near the MOD-2 Array at Codnoe Hills, Washington: SERI/STR-211-2086, 1983
18. Jensch, W.: Energetische und materielle Aufwendungen beim Bau von Energieerzeugungsanlagen, Zentrale und dezentrale Energieversorgung, FFE-Schriftenreihe Bd. 18, Springer-Verlag, 1987
19. Engström, S.; Pershagen, B.: Aesthetic Factors and Visual Effects of Large-Scale WECs. National Swedish Board for Energy Source Development, NE, 1980
20. Hau, E., Nelles, F.: Was kann man von der Windenergienutzung für den Klimaschutz erwarten?, Forum Nachhaltig Wirtschaften, Altop Verlag, München, 1/2007
21 Bundesverband Wind Energie (BWE): Ausbau der Windenergie in Deutschland, 2006

Kapitel 16

Anwendungskonzeptionen und Einsatzbereiche

Der Einsatz von Windkraftanlagen läßt sich aus verschiedenen Blickwinkeln betrachten. Die Verwendung der erzeugten Energie, die organisatorische Einbindung in die Struktur der Energieversorgung sowie die betrieblichen Anwendungskonzeptionen in bezug auf energiewirtschaftliche und räumliche Verhältnisse charakterisieren das Spektrum der Einsatzmöglichkeiten. Von wesentlicher Bedeutung ist dabei die Größe der Anlagen. Die Anwendungs- und Einsatzgebiete für kleine Windkraftanlagen mit einer Leistung von einigen zehn Kilowatt sind a priori anders als für große Anlagen im Megawatt-Leistungsbereich.

Der Zwang, die Windenergie unmittelbar am Ort des Bedarfs zu nutzen, spielt heute im Gegensatz zu früher kaum noch eine Rolle. Abgesehen von wenigen Sonderfällen werden Windkraftanlagen zur Stromerzeugung eingesetzt. Der Weg über die Elektrizität bedeutet eine universelle Nutzbarkeit der aus dem Wind gewonnenen Energie. Elektrische Energie kann über weite Entfernung transportiert und für jeden beliebigen Zweck verwendet werden. Die technischen Bedingungen der Energieerzeugung werden nahezu vollständig von denjenigen des Energieverbrauchs entkoppelt. Dieser Aspekt ist besonders für ein umweltabhängiges Energieerzeugungssystem von größter Bedeutung. Die Windkraftanlage kann in ihrer Auslegung und ihrem Standort optimal der Energiequelle Wind angepaßt werden und braucht nicht mit zusätzlichen Kompromissen belastet werden, um die Anpassung an die Charakteristik und den Ort des Endverbrauchs zu gewährleisten.

Die organisatorische Einbindung der Windkraftnutzung in die bestehende Energieversorgungsstruktur ist die eigentliche Fragestellung bei den Einsatzüberlegungen. In diesem Bereich liegen die entscheidenden Unterschiede und Alternativen. Die Bandbreite reicht von der Möglichkeit, im Inselbetrieb eine spezielle Arbeitsmaschine, zum Beispiel eine Wasserpumpe, mit Energie zu versorgen, über die vielfach gehegte Wunschvorstellung, mit einer eigenen Windkraftanlage von der öffentlichen Stromversorgung weitgehend unabhängig zu werden, bis hin zu den Bemühungen der Energieversorgungsunternehmen, große Windkraftanlagen in ihrem Kraftwerkverbund einzusetzen. Diese unterschiedlichen Bestrebungen und Ziele sind keine Gegensätze. Die Nutzung der Windenergie ist auf vielen Wegen möglich, die man nicht mit „entweder — oder" sondern mit „sowohl — als auch" überlegen und abwägen sollte.

Zu den Einsatzüberlegungen für Windkraftanlagen gehören auch die unterschiedlichen betrieblichen und räumlichen Anwendungskonzeptionen, auch wenn damit keine eigenständigen Einsatzbereiche erschlossen werden. Der Einsatz von Windkraftanlagen in Windparks schafft andere organisatorische und wirtschaftliche Verhältnisse als der dezentrale Betrieb einzelner Anlagen. Auch der zukünftige „Offshore-Einsatz" von großen Windkraftanlagen im Küstenvorfeld der See gehört mit zu diesen Überlegungen und wird wegen seiner zukünftigen Bedeutung in einem eigenen Kapitel behandelt.

16.1 Windkraftanlagen im Inselbetrieb

Die ersten Versuche, mit Hilfe der Windenergie Strom zu erzeugen, verfolgten fast immer das Ziel, in entlegenen Gebieten ohne Anschluß an die öffentliche Stromversorgung eine Selbstversorgung mit elektrischer Energie zu schaffen. Solange noch einige hundert Watt Gleichstrom genügten, um den bescheidenen Bedarf an elektrischer Energie — meistens nur für die Beleuchtung — zu befriedigen, ließ sich diese Aufgabe mit einer kleinen Windkraftanlage und einem Batteriespeicher mit vergleichsweise einfachen technischen Mitteln verwirklichen (vergl. Kap. 2.1).

Heutigen Anforderungen wird einfacher Gleichstrom kaum mehr gerecht. Die Vielfalt der elektrischen Energieverbraucher erfordert selbst bei bescheidenen Wohn- und Lebensumständen netzverträglichen Wechselstrom. Die Selbstversorgung einzelner Häuser wird damit zu einem vergleichsweise komplexen technischen Problem. Wirtschaftlich ist dieser technische Aufwand nur zu vertreten, wenn er mit größeren Leistungen verwirklicht werden kann. Darin liegt der Grund, warum der vielgehegte Wunsch, eine eigene, unabhängige Stromversorgung mit einer kleinen Windkraftanlage von wenigen Kilowatt Leistung zu schaffen, heute nicht unter wirtschaftlichen Vorzeichen zu realisieren ist. Ein autonomes Versorgungssystem, das neben einer Kleinstwindkraftanlage noch einen Batteriespeicher und einen Wechselrichter umfaßt, ist bei den heutigen spezifischen Investitionskosten nur dann sinnvoll, wenn kein Netzanschluß zur Verfügung steht.

Die grundlegende Problematik des Inseleinsatzes von Windkraftanlagen liegt in der Abhängigkeit der zu versorgenden Verbraucher von der Energielieferung der Windkraftanlage. Diese Abhängigkeit hat zwei unterschiedliche Aspekte. Im Kurzzeitbereich bedeutet sie, daß die Leistungsabgabe der Windkraftanlage auf die Leistungsaufnahme der Verbraucher abgestimmt werden muß. Zu jedem Zeitpunkt muß ein Leistungsgleichgewicht zwischen Windkraftanlage und Verbraucher bestehen. Dieses Leistungsgleichgewicht erfordert entweder eine entsprechende Regelbarkeit der Windkraftanlage oder eine Anpassung des Leistungsbedarfs auf der Verbraucherseite (vergl. Kap. 11).

Darüber hinaus wird auch im Inselbetrieb in vielen Fällen Strom mit konstanter Frequenz gefordert. Mit begrenzter Genauigkeit können Anlagen mit Blatteinstellwinkelregelung über die Drehzahlregelbarkeit des Rotors und Anlagen mit festem Blatteinstellwinkel über regelbare elektrische Lastwiderstände diese Forderung erfüllen. Wo dies nicht ausreicht, bleibt nur der Weg über einen selbstgeführten Frequenzumrichter (vergl. Kap. 11.5). Die Abhängigkeit des Verbrauchers von der Windkraftanlage im Langzeitbereich führt auf die Frage nach der *Versorgungssicherheit*. Die autonome und sichere Stromversorgung im Inselbetrieb kann naturgemäß mit einer Windkraftanlage allein nicht verwirklicht werden. Dazu ist ein Gesamtversorgungskonzept, das eine Energiespeicherung mit einschließt, erforderlich. In einigen Sonderfällen ist die Speicherung der Energie im Inselbetrieb kostengünstig lösbar. Dabei handelt es sich durchwegs um Anwendungsfälle, die das Medium Wasser zur Energiespeicherung nutzen. In nahezu allen anderen Fällen müssen teure Batterien eingesetzt werden oder die Versorgungssicherheit läßt sich nur mit einem Hybridsystem gewährleisten, das als zweite Komponente ein konventionelles Energieversorgungsaggregat, meistens ein Dieselstromaggregat, mit einschließt.

16.1.1 Autonome Stromversorgung mit Windenergie – die Speicherproblematik

Eine Stromversorgung unter den Bedingungen eines Inseleinsatzes wird nur dann den heutigen Anforderungen gerecht, wenn eine gewisse Versorgungssicherheit gewährleistet ist. Mit einfachen Worten: Auch wenn der Wind nicht bläst, dürfen die Lichter nicht ausgehen. Soll sich das Versorgungssystem ausschließlich auf die Windkraft stützen, so ist ein Energiespeicher notwendig.

Die Bemühungen um eine autonome Stromversorgung mit Hilfe regenerativer Energiequellen führt immer auf das Problem der Energiespeicherung. Die Suche nach einem brauchbaren Energiespeicher zieht sich wie ein roter Faden durch den gesamten Bereich der erneuerbaren Energiesysteme. Etwas überspitzt formuliert könnte man sagen: Sobald eine wirtschaftlich vertretbare Lösung gefunden ist, die Energie zu speichern, können alle Energieprobleme mit der Nutzung erneuerbarer Energiequellen, das heißt mit Sonnenenergie, gelöst werden. Ein solcher Energiespeicher existiert jedoch bislang nicht. Alle heute praktisch verwendbaren Speicher sind in ihrer Speicherkapazität sehr begrenzt und teuer. Sie erfordern außerdem noch aufwendige Energiewandler, da die gespeicherte Form der Energie meistens nicht mit der für die Nutzung geeigneten Form übereinstimmt.

Eine Übersicht über alle möglichen Verfahren der Energiespeicherung geben zu wollen wäre zwecklos. Die Fülle der Verfahren, Patente und Ideen zu diesem Thema ist schier unerschöpflich. Einige Energiespeicherverfahren werden jedoch häufig im Zusammenhang mit der Windenergienutzung diskutiert. Von ihnen soll an dieser Stelle die Rede sein.

Eine Windkraftanlage ist ein zweifacher Energiewandler: Einmal wandelt der Rotor die kinetische Energie der Luftbewegung in mechanische Arbeit und zum zweiten wandelt der elektrische Generator diese in elektrische Energie. Die Möglichkeit der Energiespeicherung verfügt damit über zwei Ansatzpunkte. Zunächst kann man versuchen, die mechanische Energie direkt zu speichern, mit dem Vorteil, keine weitere verlustbehaftete Energiewandlung mehr zu benötigen. Die Auswahl an mechanischen Energiespeichern ist allerdings gering.

Schwungradspeicher

Größere Mengen mechanischer Energie lassen sich in Schwungradspeichern unterbringen. Mit Schwungradspeichern wurde in den achtziger Jahren intensiv experimentiert. Neue Technologien, wie extrem schnell rotierende Schwungradrotoren aus faserverstärktem Verbundmaterial, die magnetisch und damit praktisch reibungsfrei gelagert werden, gaben Anlaß zu großen Hoffnungen. Theoretisch sind auf diese Weise Schwungradspeicher mit sehr hoher Energiedichte realisierbar, die große Energiemengen aufnehmen und über lange Zeiträume verlustarm speichern können. Die technische Realisierung erwies sich jedoch weit schwieriger als erwartet, so daß diese Möglichkeit in weite Ferne gerückt ist.

Konventioneller gebaute Schwungräder mit Schwungmassen aus Stahl und konventionellen Lagern sind dagegen viel stärker verlustbehaftet und damit als Langzeitspeicher ungeeignet. Außerdem zeigten Projektstudien für stationäre Schwungradspeicher unerwartet hohe Baukosten, die unter anderem darin begründet sind, daß zur Übertragung der mechanischen Energie in den Schwungradspeicher eine stufenlose Drehzahl- und Drehmomentenwandlung — elektrisch oder mechanisch — erforderlich ist [1, 2]. Die Ankopplung des Windrotors an den Schwungradspeicher über ein stufenloses Getriebe ist zwar technisch durchführbar, jedoch unverhältnismäßig aufwendig und auch verlustbehaftet. Anders liegen die Dinge, wenn man einen Schwungradspeicher — wozu er viel besser geeignet ist — als Kurzzeitspeicher zur Vergleichsmäßigung der Leistungsabgabe einer Windkraftanlage einsetzt. Diese Idee wurde bereits 1950 in der Sowjetunion bei einer kleineren Windkraftanlage verwirklicht [3]. In den letzten Jahren hat die Firma Enercon diese Idee wieder aufgegriffen und ein Schwungradspeicher entwickelt, der für Inselanwendungen und kleine Netze eingesetzt werden kann (Bild 16.1). Das Schwungrad hat eine Masse von 2,5 t und wird in Verbindung mit einem Asynchron-Motor/Generator-Aggregrat betrieben.

Bild 16.1. Schwungrad-Kurzzeitspeicher von Enercon [4]

Batteriespeicher

Den zweiten Ansatzpunkt für die Energiespeicherung bildet die erzeugte elektrische Energie. Der konventionellen Methode, die elektrische Energie in Akkumulatoren zu speichern, sind relativ enge Grenzen gesetzt. Auch fortschrittliche Batterien, zum Beispiel auf Nickel/Cadmium- oder Silber/Zink-Basis, oder auch Lithium/Ionen-Batterien, bieten bei noch wirtschaftlich vernünftigen Dimensionen keine Speicherkapazitäten, die ausreichen, um einen elektrischen Bedarf von einigen zehn oder gar hundert Kilowatt über Tage hinweg zu befriedigen. Der wirtschaftliche Einsatz von Batterien beschränkt sich deshalb auch auf sog. Pufferspeicher für die Kurzzeitspeicherung.

Eine interessante Konzeption für die großräumige Speicherung von elektrischer Energie mithilfe von Batterien soll, ungeachtet der erwähnten Beschränkungen, nicht unerwähnt bleiben. Mit der kommenden Elektrifizierung des Autoverkehrs wird eine sehr große Batteriekapazität zur Verfügung stehen. Die Idee ist, die Autobatterien bei Nichtgebrauch der Fahrzeuge (statistisch gesehen mehr als 90 % ihrer Lebensdauer) mit dem Netz in Verbindung zu lassen und als Speicher und für die Einspeisung von Energie in das Netz, zu benutzen. Wenn dies in größerem Umfang gelingt, stände eine sehr große Speicherkapazität im Netz zur Verfügung. Die unregelmäßige Einspeisung von Energie, vorzugsweise aus Windenergie, könnte auf diese Weise ausgeglichen werden. Natürlich sind damit Einschränkungen in der Verfügbarkeit der Autos verbunden. Dem Autofahrer sollen dafür entsprechen günstige Einspeisetarife angeboten werden.

Wasserstofferzeugung

Für die fernere Zukunft gibt die fortschreitende Entwicklung der Brennstoffzelle Anlaß für neue Hoffnungen auf einen geeigneten Langzeitspeicher. Brennstoffzellen können grundsätzlich mit einer Reihe von unterschiedlichen Brennstoffen betrieben werden, insbesondere auch mit Wasserstoff.

Über die Erzeugung von Wasserstoff ist eine indirekte Möglichkeit der Energiespeicherung gegeben, die im Zusammenhang mit der Solarenergietechnik, zunehmend in den Blickpunkt des Interesses rückt. Wasserstoff wird als alternativer umweltfreundlicher Treibstoff für Fahrzeuge mit großer Wahrscheinlichkeit auch ein wesentliches Element in der Energie- und Verkehrstechnik der Zukunft werden. Selbstverständlich kann auch der Strom aus Windkraftanlagen dazu benutzt werden, Wasserstoff zu erzeugen.

Wasserstoff kann entweder drucklos bei niedrigen Temperaturen, chemisch angelagert an ein geeignetes Medium oder gasförmig unter Druck gespeichert werden. Er ist ein hervorragender, umweltfreundlicher Brenn- und Treibstoff, der nicht nur zur Elektrizitätserzeugung eingesetzt werden kann, sondern für viele andere Anwendungen zur Verfügung steht. Darin liegt die besondere Attraktivität dieses technisch ohne weiteres durchführbaren Energiespeicherverfahrens. Leider ist jedoch die Wirtschaftlichkeit der elektrolytischen Wasserstofferzeugung und -speicherung für eine großtechnische Anwendung heute noch nicht gegeben. Die Erzeugung eines Norm-Kubikmeters Wasserstoff erfordert einen Energieaufwand von ca. 4 bis 5 kWh. Da Windstrom keineswegs zum Nulltarif zu haben ist, läßt sich die Wirtschaftlichkeit leicht abschätzen. Hinzu kommen noch die nicht unbeträchtlichen Aufwendungen für die Speichertechnik.

Dennoch ist die Erzeugung und Speicherung von Wasserstoff mit Hilfe der Solartechnik langfristig eine Zukunftsperspektive. Der energiewirtschaftliche Stellenwert der erneuerbaren Energien wird erst dann eine zentrale Bedeutung erlangen, wenn eine wirtschaftliche Möglichkeit der Energiespeicherung und damit auch des nicht leitungsgebundenen Transports vom Ort der Energieerzeugung zum Verbraucher gefunden wird. Selbst mit den fortschrittlichsten leitungsgebundenen Energietransportverfahren, wie der HGÜ, ist ein interkontinentaler elektrischer Energietransport kaum vorstellbar. Die solare Wasserstofftechnologie ist deshalb weniger eine zwangsläufige technologische Symbiose als vielmehr eine umfassende energiewirtschaftliche Konzeption [5]. Vom Standpunkt der Windenergie bleibt nur übrig, die Entwicklung der Wasserstofftechnologie abzuwarten, bis eine wirtschaftliche Anwendung möglich wird. Wenn dies der Fall ist, werden sich auch für die Windenergie neue Perspektiven ergeben.

Pumpspeicherwerke

Auf der Suche nach geeigneten Energiespeicherverfahren für Windkraftanlagen bleibt die Frage, ob nicht wenigstens ein Verfahren mit den heute verfügbaren technischen Mitteln wirtschaftlich realisierbar ist. Die Antwort ist unter technologischen Gesichtspunkten enttäuschend. Lediglich die älteste Form der Energiespeicherung ist auch heute die einzige, die unter gewissen Voraussetzungen wirtschaftlich anwendbar ist. Ein Wasserreservoir als Energiespeicher bietet die besten Voraussetzungen, Windenergie über längere Zeit wirt-

Bild 16.2. Pumpspeicherwerk (Talsperren Sachsen-Anhalt)

schaftlich zu speichern. Mit Wasser als Speichermedium lassen sich auch Anwendungen, wie z. B. Wasserpumpen, Meerwasserentsalzung oder die Raumheizung im Inselbetrieb, realisieren.

Gelegentlich wird vorgeschlagen, Pumpspeicherwerke, wie sie in der öffentlichen Stromversorgung als Spitzenlastkraftwerke verwendet werden, in Verbindung mit Windkraftanlagen zu realisieren (Bild 16.2). Vom wirtschaftlichen Standpunkt ist es jedoch nur in Einzelfällen möglich, Pumpspeicherwerke zu bauen, nur um die Windkraft besser nutzen zu können. Pumpspeicherwerke haben spezifische Investitionskosten von mehr als 5000 €/kW. Mit anderen Worten: Auch Wasser ist unter den heutigen Bedingungen nur dann ein wirtschaftlicher Energiespeicher, wenn besonders günstige Voraussetzungen vorliegen, oder die Windkraft in ein Versorgungskonzept integriert werden kann, in dem ohnehin die Speicherung von Wasser vorgesehen ist.

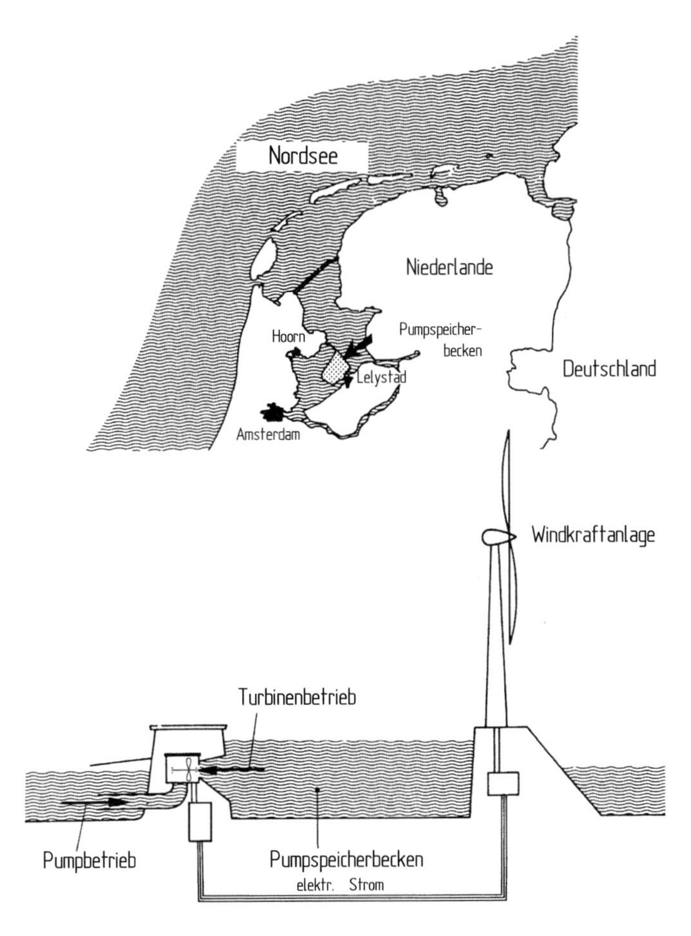

Bild 16.3. Projektvorschlag für den Einsatz von großen Windkraftanlagen in Verbindung mit einem Pumpspeicherbecken im Ijsselmeer [6]

Auf der anderen Seite sind auch großräumige Konzeptionen denkbar, sofern hierfür günstige topographische Verhältnisse vorliegen. Einen älteren aber immer noch interessanten Vorschlag aus Holland, der aufgrund der natürlichen Gegebenheiten und der bereits vorhandenen Wasserbauwerke in dieser oder ähnlicher Form wirtschaftlich realisiert werden könnte, zeigt Bild 16.3. Es wird ein Pumpspeicherbecken im Ijsselmeer vorgeschlagen, auf dessen Staumauern eine größere Anzahl von Windkraftanlagen Platz finden soll [6].

Druckluftspeicher

Seit einigen Jahren wird der Einsatz von sog. *Druckluftspeicher-Kraftwerken*, in der Fachliteratur oft als CAES-Kraftwerke (Compressed Air Energy Storage) bezeichnet, für die Speicherung von Windenergie diskutiert, insbesondere im Zusammenhang mit den sich abzeichnenden Netzproblemen beim Ausbau der Offshore-Windenergiekapazitäten in der Nordsee (Bild 16.4). Die Realisierung von Druckluftspeichern ist, ähnlich wie diejenige von Pumpspeicherwerken, an das Vorhandensein natürlicher oder von Menschen geschaffener Speichermöglichkeiten für die komprimierte Luft gebunden. Insbesondere die durch den Salzbergbau entstandenen unterirdischen Kasernen eignen sich dafür. In Huntdorf/Niedersachsen existiert seit 1978 ein derartiges Kraftwerk, mit dessen Hilfe die Netzlast für ein nahegelegenes Großkraftwerk vergleichmäßigt wird [7]. Mithilfe von Luftverdichtern, die durch Gasturbinen angetrieben werden, wird die Luft auf ca. 50 bis 70 bar komprimiert und in einem Salzstock gespeichert. Mit dieser Energie kann das Kraftwerk im Bedarfsfall etwa 290 MW über einen Zeitraum von etwa zwei Stunden abgeben. Auch in den USA ist seit 1991 ein ähnliches Kraftwerk in Betrieb.

Der Nachteil des Verfahrens liegt, neben den beträchtlichen Investitionskosten — selbst bei vorhandenen Speichermöglichkeiten, im geringen Gesamtwirkungsgrad. Da die beim

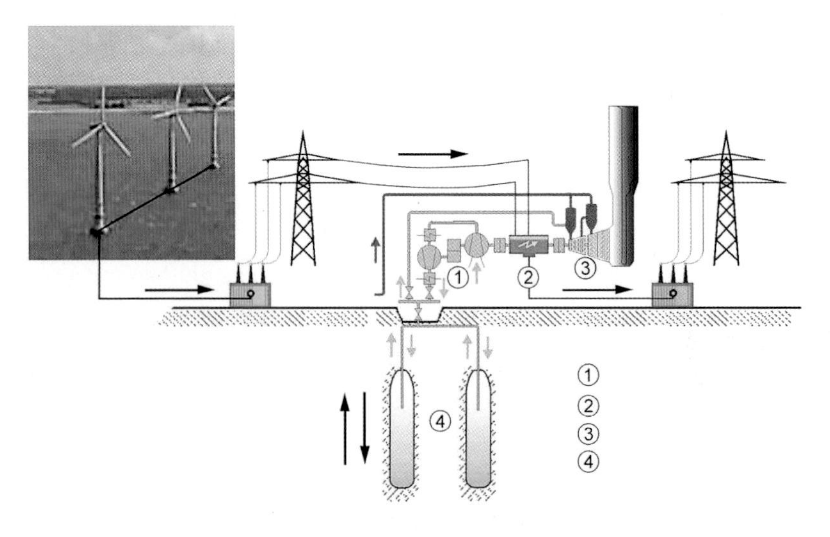

Bild 16.4. Konzeption eines Druckluftspeicher-Kraftwerkes in Verbindung mit der Windenergienutzung [7]

Komprimieren der Luft enstehende Wärme verloren geht, liegt der Wirkungsgrad nur im Bereich von 40 bis 50 %. Neuere Konzepte verfolgen eine sog. adiabatische Speicherung bei der die anfallende Wärme in einem zusätzlichen Wärmespeicher gespeichert wird und im Bedarfsfall den Antriebsturbinen wieder zugeführt wird. Auf diese Weise wird der Wirkungsgrad auf bis zu 70 % erhöht und der Brennstoffeinsatz (Erdgas) auf einen kleinen Rest reduziert oder ganz eliminiert. Adiabatische Druckluftspeicher-Kraftwerke stehen jedoch erst ganz am Anfang ihrer Entwicklung. Die Realisierung erfordert noch umfangreiche Forschungs- und Entwicklungsarbeiten. Die EU fördert in einem europäischen Forschungsprogramm diese Technologie. Mit dem industriellen Einsatz wird nicht vor 2015 gerechnet.

Bivalente Systeme

Solange kein geeigneter Speicher zur Verfügung steht, müssen konventionelle Stromaggregate zusätzlich zur Windkraftanlage betrieben werden. Ein solches autonomes Versorgungssystem, bestehend aus Windkraftanlage, Batteriespeicher mit Frequenzumrichter, Verbrauchersteuerung und zusätzlichem Notstromaggregat, stellt einen beträchtlichen technischen Aufwand dar (Bild 16.5). Dieser Aufwand ist wirtschaftlich jedoch nur dann zu rechtfertigen, wenn die Brennstoffkosten für die alleinige Versorgung mit einem Dieselaggregat extrem hoch sind (vergl. Kap. 16.2).

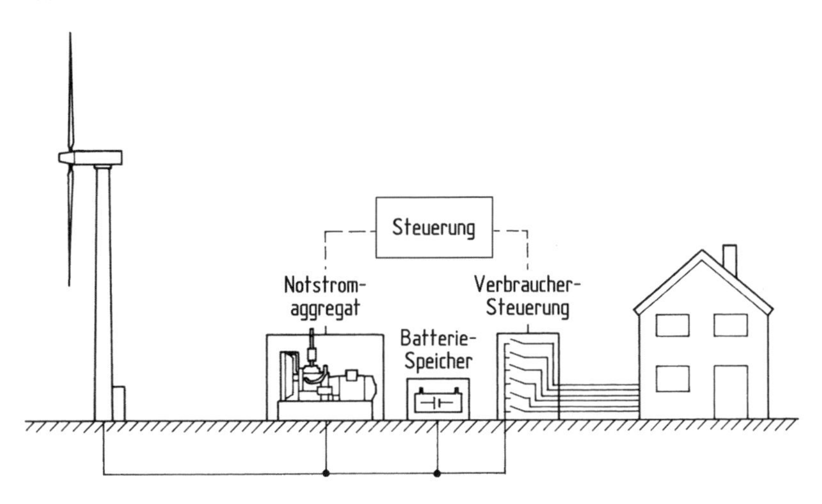

Bild 16.5. Autonomes Stromversorgungssystem mit Windkraftanlage, Batteriespeicher und zusätzlichem Notstromaggregat

16.1.2 Heizen mit Windenergie

Eine Reihe von Gründen spricht für den Gedanken, die Windenergie zum Heizen zu nutzen. Das vielleicht wichtigste Argument wird mit einem Blick auf den Energieendverbrauch deutlich. Der Sektor „Haushalte und Kleinverbraucher" stellt mit ca. 45 % den größten Anteil am gesamten Primärenergieverbrauch in der Bundesrepublik Deutschland dar. Der

Energiebedarf dieser Gruppe wird zu etwa 6 % mit Kohle, zu 16 % mit Gas und zu 60 % mit Mineralöl gedeckt (1994) [8]. Den überwältigenden Anteil am Energieverbrauch dieser Gruppe hat die Raumheizung. Dafür müssen etwa 80 % des Energiebedarfs eines privaten Haushalts aufgewendet werden. Diesem Anteil stehen nur ca. 5 % für die Erzeugung von Kraft und Licht und ca. 15 % für Prozeßwärme (Brauchwasser) gegenüber. Der Einsatz einer Windkraftanlage zur Heizstromerzeugung würde also besonders wirksam die Primärenergieträger Mineralöl und Erdgas ersetzen.

Nicht zuletzt wird als Argument für den Einsatz von Windkraftanlagen zu Heizzwecken die einfachere und billigere Technik hervorgehoben. Um Strom für eine elektrische Widerstandsheizung zu erzeugen, ist die Konstanthaltung von Frequenz und Spannung von untergeordneter Bedeutung. Inwieweit sich die daraus ableitbaren geringeren Anforderungen an die Regelbarkeit der Windkraftanlage tatsächlich in niedrigeren Investitionskosten niederschlagen, bleibt allerdings noch zu beweisen. Hierbei ist auch zu bedenken, daß aus wirtschaftlichen Gründen in den meisten Fällen der nicht nutzbare Strom in das Netz gespeist werden soll und damit die volle Netzqualität des Stroms gefordert wird.

Im Rahmen der Diskussion über die Energiewende in Deutschland wird argumentiert, daß es bei einem weiteren Ausbau der Windenergie zu gewissen Zeiten zu einem Überschuss an Windenergie kommen werde, der nicht genutzt werden könne und deshalb Windkraftanlagen zeitweise abgeschaltet werden müßten — ungeachtet des Vorranges für die erneuerbaren Energien. Um dies zu vermeiden wird der Vorschlag gemacht, die zeitweise überschüssige Windenergie zu Heizzwecken zu nutzen. Bei den heutigen günstigen Stromerzeugungskosten der großen Windkraftanlagen ist dieser Vorschlag wirtschaftlich gesehen nicht völlig indiskutabel. Allerdings müssen die Kosten für die Umwandlung von Strom in Wärme und die Wärmeverteilung hinzugerechnet werden. In jedem Fall wäre die Nutzung der Windenergie zum Heizen sinnvoller, als das Abschalten vorhandener Windenergiekapazitäten.

In welchem Ausmaß der Heizenergiebedarf mit Windkraft abgedeckt werden kann, ist an einem konkreten Fall in einer rechnerischen Simulation untersucht worden [10]. Hierbei wurde die Charakteristik der kleinen Windkraftanlage Aeroman mit einer Nennleistung von 11 kW zur Versorgung eines Einfamilienhauses mit 140m^2 Wohnfläche unterstellt. Für den angenommenen Standort List auf Sylt beträgt der Deckungsanteil des Heizwärmebedarfs 77 %. Etwa 32 % der von der Windkraftanlage erzeugten Strommenge können nicht genützt werden (Bild 16.7).

Der Wärmebedarf für die Raumheizung eines Wohnhauses setzt sich aus dem sog. Lüftungswärmebedarf und Transmissionswärmebedarf zusammen. Die Berechnung erfolgt üblicherweise nach der DIN-Vorschrift 4701. Der Lüftungswärmebedarf, das heißt der Wärmestrom, der erforderlich ist, um die über Undichtigkeiten wie Fensterfugen und Außentüren einströmende Außenluft zu erwärmen, hängt von der Windgeschwindigkeit und der Windanströmrichtung ab. Nach DIN 4701 wird diese Abhängigkeit in der Regel nur sehr pauschal, wenn überhaupt, berücksichtigt (Bild 16.6).

Der Einfluß der Windgeschwindigkeit besteht im wesentlichen darin, daß der äußere Wärmeübergangskoeffizient mit der Windgeschwindigkeit zunimmt. Die tendenzielle Übereinstimmung von Windenergieangebot und Heizwärmebedarf ist somit gegeben, ganz im Gegensatz zu Heizsystemen, die sich auf die Nutzung der direkten Sonnenenergie stützen.

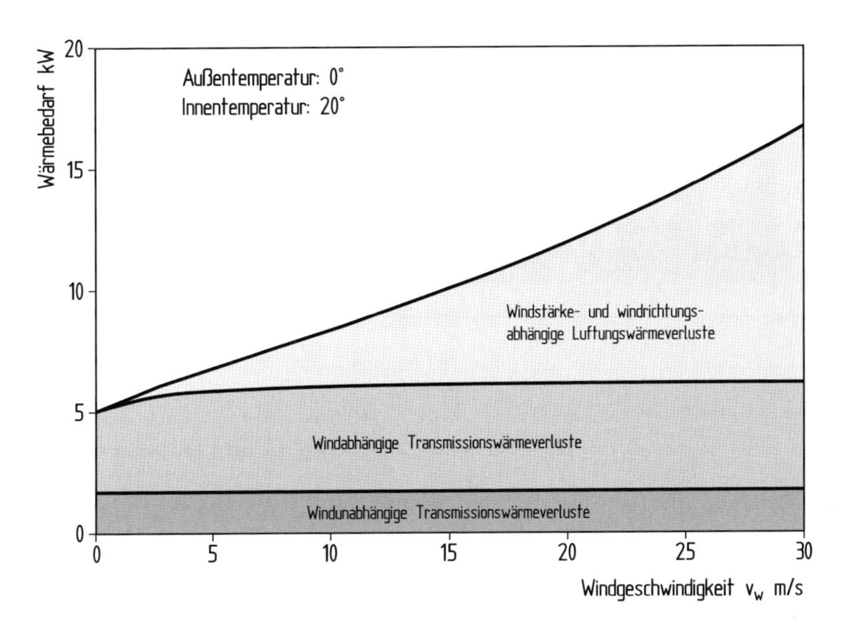

Bild 16.6. Wärmeverluste eines Einfamilienhauses (Wohnfläche 140 m^2) in Abhängigkeit von der Windgeschwindigkeit [10]

Ein Blick auf die zeitliche Korrelation von Windenergieangebot und Heizbedarf zeigt, daß es nicht möglich ist, den Bedarf allein mit der Windkraftanlage zu decken. Nur mit der Verwendung eines Speichers kann die momentan überschüssige Windenergie gespeichert und damit das Energieangebot und der Energiebedarf zeitlich entkoppelt werden. Bei der gewählten Größe der Windkraftanlage könnte theoretisch mit dem Einsatz eines Speichers der gesamte jährliche Heizwärmebedarf des Hauses mehr als gedeckt werden. Die rechnerische Simulation zeigt allerdings, daß ein Speicher, der die Bedarfsdeckung für die gesamte Heizperiode nur aus Windkraft ermöglicht, unwirtschaftlich groß würde.

Die realistische Möglichkeit ist aus diesem Grund ein Hybridsystem: eine Windkraftanlage in Verbindung mit der konventionellen Heizung. Dieses hybride System kann aus einer zusätzlichen Elektroheizung oder aus einer elektrischen Widerstandsheizung bestehen, die in den Wasserkreislauf einer thermischen Heizung integriert wird. Die zweite Möglichkeit kommt eher für die Nachrüstung einer bestehenden Zentralheizung in Frage. Hierbei kann ein kleiner Zusatzspeicher durchaus sinnvoll sein, um zumindest einen gewissen Anteil der sonst nicht nutzbaren Windenergie speichern und nutzen zu können. Der Deckungsanteil der Windkraft am Gesamtwärmebedarf könnte auf diese Weise in dem gezeigten Beispiel auf etwa 90 % erhöht werden.

Ganz allgemein sollte man die Wirtschaftlichkeit der Verwendung einer kleinen Windkraftanlage zu Heizzwecken illusionslos sehen. Heizenergie aus einer konventionellen Öl- oder Gasheizung kostete im Jahr 2010, etwa 6–8 Cent/kWh. Das ist selbst an einem guten Windstandort noch zu „billig", um die Windkraftanlage in einem vernünftigen Zeitraum amortisieren zu können. Selbst wenn es gelänge, die Windkraftanlage für die spezielle

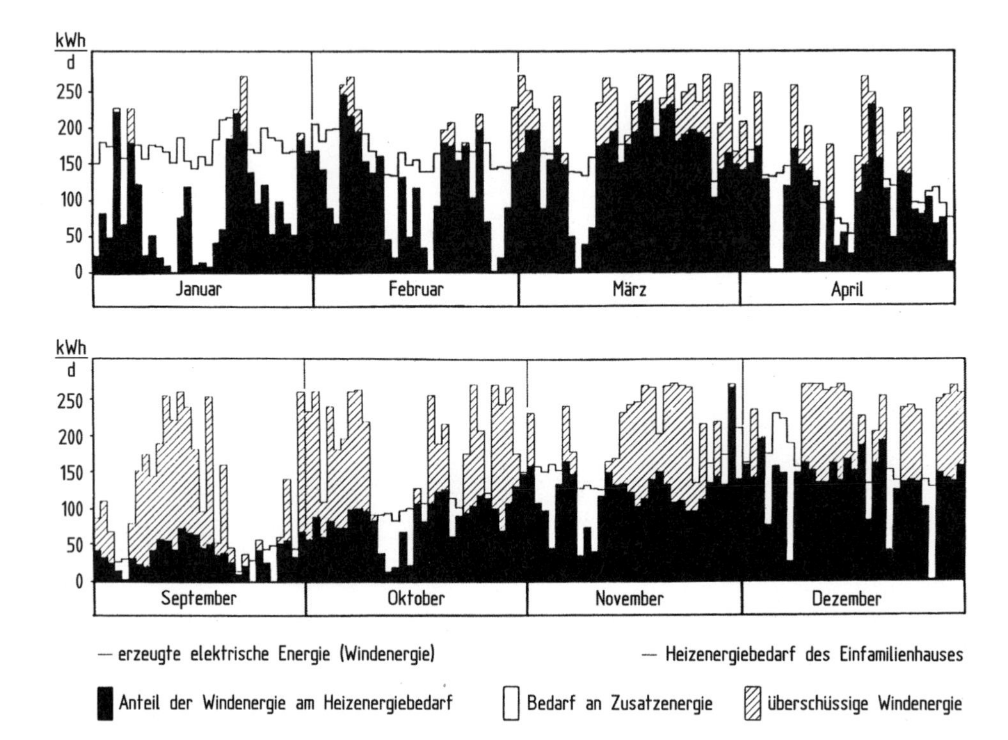

Bild 16.7. Rechnerische Simulation des Einsatzes einer kleinen Windkraftanlage vom Typ Aeroman zur Heizwärmeversorgung eines Einfamilienhauses (Wohnfläche 140 m^2), angenommener Standort: List auf Sylt, mittlere Windgeschwindigkeit in 10 m Höhe 6,8 m/s

Anwendung technisch zu vereinfachen und damit zu verbilligen, bleiben die zusätzlichen Aufwendungen für das konventionelle System. Nur wenn diese Einrichtungen bereits vorhanden sind und mitgenutzt werden können, halten sich die Investitionskosten in vertretbaren Grenzen.

Aus wirtschaftlichen Gründen sollte der Nutzungsgrad der Windenergie annähernd 100 % betragen. In der Regel ist dies nur möglich, wenn die nicht nutzbare Energie in das Netz eingespeist werden kann. Damit entfällt aber die Möglichkeit, technische Vereinfachungen an der Windkraftanlage einzuführen. Vor diesem Hintergrund hat „Heizen mit Wind" unter den heutigen Bedingungen allgemein noch keine wirtschaftliche Chance. Am ehesten noch mit sehr kleinen Anlagen, die ohne große Aufwendungen in eine vorhandene Heizungsanlage integriert werden können.

16.1.3 Wasserpumpen

Das Pumpen von Wasser gehört zu den ältesten Anwendungen der Windkraft überhaupt. Von den letzten Jahrzehnten des neunzehnten Jahrhunderts bis in die heutige Zeit wurde die amerikanische Windturbine mit ihrer mechanisch angetriebenen Kolbenpumpe neben der europäischen Windmühle zum zweiten Symbol für die Nutzung der Windenergie. Diese

Technik eignet sich besonders gut für Gebiete mit mäßigen Windgeschwindigkeiten und für die Förderung geringer Wassermengen aus großer Tiefe, in erster Linie für die Trinkwasserversorgung. Für diesen Anwendungsbereich ist die amerikanische Windpumpe auch heute noch nahezu unschlagbar in ihrer Einfachheit und Zuverlässigkeit.

Die moderne Bewässerungstechnik, vor allem in der Landwirtschaft vieler Entwicklungsländer, stellt jedoch andere Anforderungen. Hier werden große Wassermengen bei oft geringer Förderhöhe gebraucht. Außerdem ist in vielen Fällen nicht derselbe Standort für die Windkraftanlage wie für die Wasserpumpe geeignet. Unter diesen Voraussetzungen gewinnt die stromerzeugende Windkraftanlage zum Antrieb elektrischer Wasserpumpen eine erhöhte Attraktivität, auch wenn diese Technik weit komplizierter ist. In vielen Fällen wird die Windkraftanlage auch hier als hybrides System in Verbindung mit einem Dieselstromaggregat eingesetzt oder in ein bereits bestehendes System integriert werden. Ihre Wirtschaftlichkeit muß sich dann aus der eingesparten Kraftstoffmenge des Dieselaggregates ergeben.

Stromerzeugende Windkraftanlagen können grundsätzlich in Verbindung mit einer Kolbenpumpe oder einer Kreiselpumpe betrieben werden. Kolbenpumpen weisen einen hohen Wirkungsgrad auf, ca. 80 bis 90 %, der auch bei verringerter Drehzahl annähernd gleich bleibt. Die Wirkungsgrade von Kreiselpumpen liegen niedriger, ca. 50 bis 75 %, und fallen mit sinkender Drehzahl schnell ab. Die Fördercharakteristik und damit die Leistungsaufnahme in Abhängigkeit von der Drehzahl zeigt ebenfalls deutliche Unterschiede. Kolbenpumpen fördern einen Volumenstrom, der zur Drehzahl proportional verläuft und nahezu unabhängig von der Förderhöhe ist. Der Volumenstrom einer Kreiselpumpe ist stark von der Förderhöhe abhängig. Außerdem ist für eine bestimmte Förderhöhe eine Mindestdrehzahl notwendig.

Ein Vergleich der Arbeitskennlinien der beiden Pumpenbauarten mit der Leistungscharakteristik einer schnellaufenden Windkraftanlage zeigt, daß die Anpassung der Arbeitskennlinie der Wasserpumpe an die Leistungskennlinie einer Windkraftanlage mit einer Kreiselpumpe besser gelingt (Bild 16.8). Die Charakteristiken von zwei Strömungsmaschinen, Windrotor und Kreiselpumpe, passen eben besser zueinander [9]. Die elektrische Kraftübertragung von der Windkraftanlage zur Wasserpumpe bedeutet zwar eine zweifache Energiewandlung mit entsprechenden Verlusten von insgesamt etwa 30 %. Dieser Verlust wird jedoch in vielen Fällen durch die optimale Wahl des Aufstellortes für die Windkraftanlage mehr als ausgeglichen.

Eine moderne Konzeption eines Wind-Pumpensystems zeigt Bild 16.9. Die Windkraftanlage vom Typ Aeroman ist mit einem Synchrongenerator von 14 kVA ausgerüstet und versorgt über eine Drehstromniederspannungsleitung die beiden elektrischen Unterwasserpumpen im Brunnen. Die elektrische Steuerung schaltet je nach Windleistungsangebot nur eine oder beide Pumpen ein und nimmt auf diese Weise eine grobe Anpassung der Pumpenleistung an die verfügbare Windleistung vor. Die Pumpen laufen mit der vom Synchrongenerator der Windkraftanlage vorgegebenen Frequenz. Diese Frequenz ist in einem Bereich von 40 bis 50 Hz variabel, womit die Leistungsaufnahme der Pumpen im Bereich von 50 bis 100 % der Nennleistung schwankt. Die Frequenzgrenzen sind die Schaltkriterien für das Zu- und Abschalten der Pumpen. Die obere Frequenzgrenze wird bei zunehmender Windgeschwindigkeit durch die Blatteinstellwinkelregelung der Windkraftanlage eingehalten. Ist die Windgeschwindigkeit niedriger, so daß das Leistungsangebot der Windkraftan-

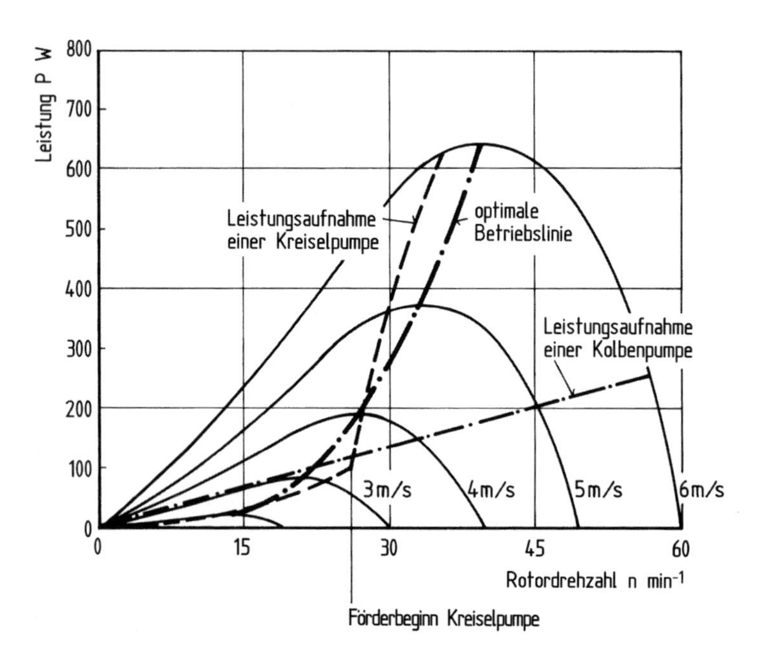

Bild 16.8. Leistungsaufnahme einer Kolben- und einer Kreiselpumpe im Vergleich zur optimalen Betriebslinie einer schnellaufenden Windkraftanlage [11]

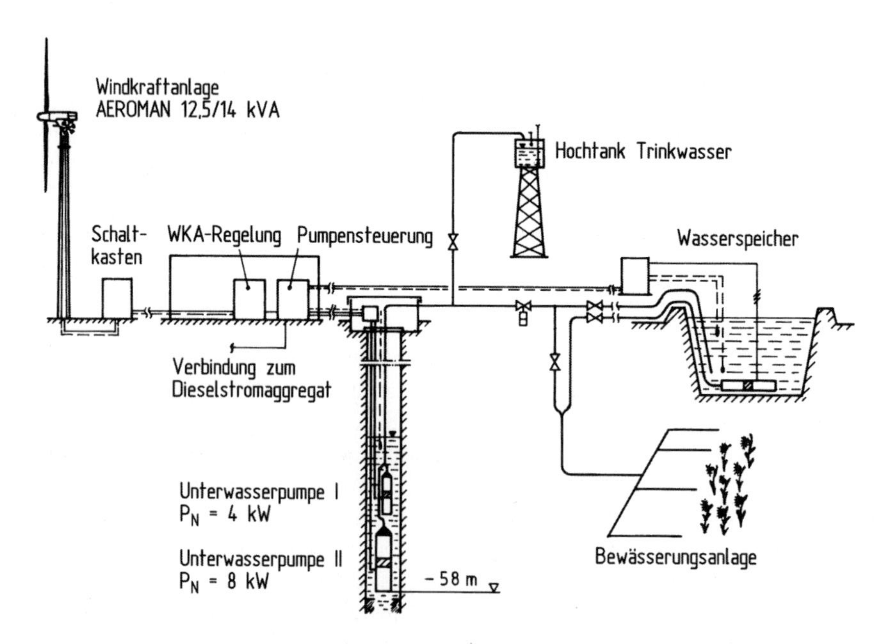

Bild 16.9. Wind-Pumpensystem mit stromerzeugender Windkraftanlage und zwei elektrisch betriebenen Unterwasser-Brunnenpumpen [12]

lage unter der maximalen Leistungsaufnahme beider Pumpen liegt, stellen sich innerhalb des variablen Frequenzbereichs Betriebspunkte ein, die einem Leistungsgleichgewicht von Windkraftanlage und Pumpen entsprechen. Die Blatteinstellwinkelregelung der Windkraftanlage ist in diesem Bereich nicht aktiv. Das Windpumpensystem kann grundsätzlich ohne Hilfsstromquelle anlaufen, da die Windkraftanlage durch eine rein hydraulische Versorgung des Regelungssystems startet und bis zu einer Generatordrehzahl hochläuft, bei der die Generatorspannung die Versorgung des elektronischen Regelsystems gewährleistet. Das dynamische Zusammenspiel der unsteten Leistungsabgabe der Windkraftanlage mit der Leistungsaufnahme der Wasserpumpen erfordert eine sehr sorgfältig abgestimmte Regelung und Betriebsführung, andernfalls sind erhebliche Leistungseinbußen die Folge.

Die Förderleistung des Windpumpensystems ist natürlich von den Windverhältnissen und der Förderhöhe abhängig. Für einen Standort mit 5,5 m/s mittlerer Jahreswindgeschwindigkeit und einer Förderhöhe von 50 m beträgt die jährlich geförderte Wassermenge etwa 130 000 m^3. Windbetriebene Wasserpumpen dieser oder ähnlicher Konzeption werden in der Dritten Welt breite Anwendungschancen vorausgesagt, sobald die heute noch zu hohen Investitionskosten durch eine Serienfertigung gesenkt werden können.

16.1.4 Entsalzen von Meerwasser

Nicht wenige Fachleute prophezeien der Welt einen katastrophalen Mangel an Trinkwasser noch lange vor einer Energiekrise. Diese Voraussage dürfte, vor allem für einige Länder der Dritten Welt, nicht so falsch sein, wenn sie nicht überhaupt schon in einigen Gebieten Wirklichkeit geworden ist. Die Nutzung von Meerwasser für den Trinkwasserbedarf scheint die einzige globale Lösung zu sein.

Technische Verfahren zur Meerwasserentsalzung wurden bereits im vorigen Jahrhundert für Schiffe entwickelt. Zur Trinkwasserversorgung an Land werden Meerwasserentsalzungsanlagen erst seit einigen Jahrzehnten eingesetzt. Praktische Bedeutung haben Entsalzungsverfahren erlangt, die entweder das Destillationsprinzip oder den selektiven Stofftransport durch eine semipermeable Membrane zur Trennung von Wasser und Salz anwenden.

Destillationsverfahren ermöglichen eine nahezu vollständige Entsalzung des Meerwassers. Der spezifische Energiebedarf ist kaum abhängig von der Salzkonzentration. Die Verfahren benötigen vorwiegend thermische Energie. Heute werden Anlagen nach dem Destillationsprinzip, die sog. Vielstufenentspannungsverdampfung, mit Tagesleistungen von 30 000 bis 40 000 m^3 Trinkwasser gebaut. Der Leistungsbedarf von Anlagen dieser Größenordnung liegt bei etwa 150 Megawatt.

In letzter Zeit finden die Membranverfahren Elektrodialyse und Umkehrosmose zunehmende Anwendung. Insbesondere die umgekehrte Osmose (RO, Reverse Osmosis) ist mit der Verfügbarkeit moderner Werkstoffe für die Membrane in den Vordergrund des Interesses gerückt. Die Wirkungsweise beruht auf der unterschiedlichen Durchlässigkeit semipermeabler Membranen für Wasser und Salz. Im Aufbau entspricht die Umkehrosmoseanlage einer osmotischen Zelle. In einem Behälter trennt eine Membrane (Polyamid- oder Celluloseacetat) einen Salzwasserraum von einem Reinwasserraum. Das Salzwasser wird dieser Zelle kontinuierlich mit einem Druck, der über dem osmotischen Druck der Salzlösung liegt, zugeführt. Ein Teil des Wassers diffundiert durch die Membrane in den

Reinwasserraum und gelangt von dort in einen Vorratsbehälter. Die verbleibende, konzentriertere Salzlösung wird aus der Zelle abgeführt.

In der Bundesrepublik wurde 1984 auf der Nordsee-Hallig Süderoog eine kleine Versuchsanlage in Betrieb genommen. Eine kleine Windkraftanlage vom Typ Aeroman wurde zum Antrieb einer RO-Anlage eingesetzt. Bei den vorherrschenden Windverhältnissen, Jahresmittelwert ca. 7 m/s, betrug die durchschnittliche Tageskapzität 3 m^3 Trinkwasser. Die maximale Produktionsmenge wurde bei Windgeschwindigkeiten von über 8,5 m/s mit einem Kubikmeter pro Stunde erzielt. Eine weiterentwickelte Meerwasserentsalzung auf der Basis eines speziellen Destillationsverfahrens, der sog. Dampfkompression, wird seit geraumer Zeit auf der Ostsee-Insel Rügen erprobt [13]. Die Anlage wird von einer älteren 300-kW-Windkraftanlage angetrieben (Bild 16.10). Das Verfahren scheint sich bewährt zu haben, so daß weitere Anlagen im Mittelmeerraum geplant sind.

Bild 16.10. Windgetriebene Meerwasserentsalzungsanlage auf der Insel Rügen mit einer Tacke TW 300-Windkraftanlage und einer druckbeaufschlagten Verdampfungsanlage (System WME, Foto Oelker)

Ausgehend von den Erfahrungen mit der Versuchsanlage auf Süderoog wurden weiterentwickelte Konzeptionen mit höherer Leistung entwickelt (Bild 16.11). Bei dem dargestellten System wird die Leistungsanpassung der RO-Anlage an die Windkraftanlage durch Zu- und Abschalten der einzelnen Module erreicht. Bei einer mittleren Jahreswindgeschwindigkeit von 7 m/s beträgt die durchschnittliche Tagesproduktion etwa 13 m^3 Trinkwasser aus Meerwasser mit einer Salzkonzentration von 36 g/kg [15].

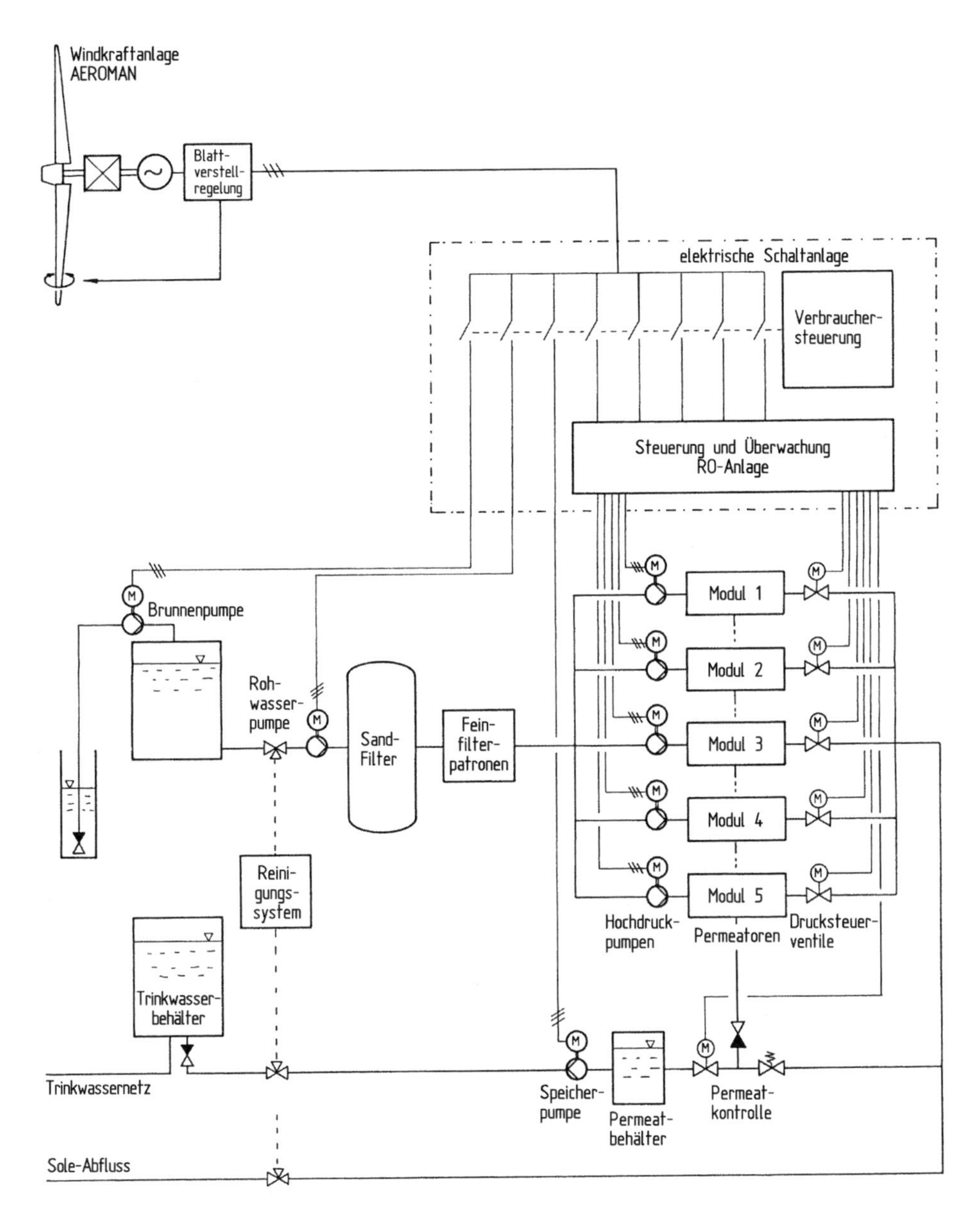

Bild 16.11. Konzeption einer windgetriebenen Meerwasserentsalzungsanlage nach dem RO-Verfahren [12]

In den neunziger Jahren hat Enercon einige Versuchsanlagen auf Teneriffa, in Griechenland und in Indien in Verbindung mit seinen 500kW-Windkraftanlagen realisiert. Die Anlagen arbeiten alle nach dem Verfahren der umgekehrten Osmose und sind modular aufgebaut. Die technische Ausstattung und die Kapazität soll damit ohne großen

Entwicklungsaufwand den lokalen Anforderungen angepasst werden können. Sie wurden für private Verbraucher und für mittlere gewerbliche Anlagen, wie zum Beispiel Hotels, angeboten. Nach dem Probebetrieb dieser Anlagen ist bis jetzt allerdings eine breitere Anwendung ausgeblieben.

Der Energiebedarf — es ist nur mechanische bzw. elektrische Antriebsenergie für die Pumpen erforderlich — steigt mit der Salzkonzentration des verfügbaren Meerwassers. Aus diesem Grund wird das Verfahren bis heute vorwiegend für die Entsalzung von Meerwasser mit niedrigem Salzgehalt (Brackwasser) eingesetzt. Mit modernen Membranen ist jedoch auch das Meerwasser mit 35 g Salz pro kg Wasser (Nordsee) Trinkwasser mit einem Restsalzgehalt von 0,5 g/kg herstellbar. Der Energiebedarf bei dieser Salzkonzentration beträgt 10 bis 15 kWh elektrische Energie für die Entsalzung von einem Kubikmeter Salzwasser. Allerdings ist bei der umgekehrten Osmose eine umfangreiche Vorbehandlung des Seewassers erforderlich. Organische Schwebstoffe und verschiedene Mineralien müssen ausgefiltert werden, um ein vorzeitiges Verstopfen der Membranen zu verhindern.

Die umgekehrte Osmose bietet günstige Voraussetzungen, um in Verbindung mit einer Windkraftanlage betrieben zu werden, da die benötigte Antriebsleistung für die Pumpen aus elektrischer Energie besteht. Außerdem verfügt die Wasserentsalzung über den generellen Vorteil aller Wasseraufbereitungs- und -bereitstellungsverfahren, der einfachen Speichermöglichkeit des Wassers. Eine kontinuierliche Produktion mit gleichbleibender Menge ist deshalb nicht unbedingt erforderlich. Die Nutzung der Windenergie für die Entsalzung von Meerwasser in Verbindung mit der umgekehrten Osmose ist deshalb für die Windenergienutzung gut geeignet.

Die Wirtschaftlichkeit der Trinkwasserproduktion mit Windkraft wird in erster Linie von den Investitionskosten bestimmt. Diese liegen bei den heute angeführten Versuchsanlagen noch sehr hoch. Auch die Kosten für Wartung und Instandsetzung sind gerade bei den RO-Anlagen nicht außer acht zu lassen. Es zeigt sich jedoch heute schon, daß an entlegenen, windreichen Standorten die Wassererzeugungskosten im Vergleich zu dieselmotorisch angetriebenen Anlagen wettbewerbsfähig sind.

16.2 Inselnetze mit Dieselgeneratoren und Windkraftanlagen

Eine Energieversorgung, die sich allein auf eine regenerative Energiequelle stützt, führt unter den heutigen Bedingungen, von Einzelfällen abgesehen, zu keiner wirklich brauchbaren Lösung. Das wird auch für die absehbare Zukunft so bleiben, es sei denn, das Energiespeicherproblem kann auf überzeugende Weise gelöst werden. Der Weg zu einer breiteren Anwendung der regenerativen Energiequellen ist deshalb die hybride Versorgung. Sie basiert auf dem Grundgedanken, das regenerative Energiesystem in dem Maße zu betreiben, wie es das Energieangebot erlaubt, und ein zusätzliches, konventionelles System zu verwenden, um die Versorgungssicherheit zu gewährleisten. Beide Systeme müssen dazu regelungstechnisch so zusammenwirken, daß entweder ein lückenloser Alternativ- oder, wie in den meisten Fällen, nur Parallelbetrieb möglich ist. Eine hybride Kombination, die in Zukunft eine weitverbreitete Anwendung finden könnte, ist die Energieversorgung durch eine Dieselkraftstation zusammen mit einer oder mehreren Windkraftanlagen, die als „Brennstoffsparer“ eingesetzt werden. Im Fachjargon werden sie kurz als „Wind-Diesel-Systeme“ bezeichnet.

Dieselkraftstationen werden in vielen Ländern — vor allem in der Dritten Welt — eingesetzt. Vielfach handelt es sich um Aggregate mit einer Spitzenleistung von einigen hundert Kilowatt bis zu einigen Megawatt, die über ein lokales Netz die umliegenden Verbraucher mit Strom versorgen. Diese technisch unproblematische und zuverlässige Stromversorgung leidet jedoch in zunehmendem Maß unter den hohen Kosten für den Brennstoff. Sofern es sich um größere Aggregate handelt, kann das billigere Schweröl eingesetzt werden; kleine Dieselmotoren bis etwa einem Megawatt benötigen das erheblich teurere leichte Dieselöl. Der Einsatz einer Windkraftanlage ist unter diesen Bedingungen wirtschaftlich besonders attraktiv. An windgünstigen Standorten kann der Brennstoffverbrauch einer derartigen Stromversorgung auf einen Bruchteil gesenkt werden und darüber hinaus die Umweltbelastung durch die Dieselabgase drastisch reduziert werden. Der Betrieb einer Windkraftanlage in einem von Dieselaggregaten gespeisten lokalen Stromnetz ist der eigentliche Einsatzfall des Inselbetriebes. Korrekterweise sollte man von einem *Inselnetzbetrieb* sprechen.

Wind-Diesel-Stromversorgungssysteme wurden in den vergangenen Jahren in verschiedenen Ländern versuchsweise realisiert. In den USA hat die NASA bereits 1979 eine der vier MOD-0A-Versuchsanlagen auf der Insel Block Island in Verbindung mit einer Dieselkraftstation betrieben. In Kanada wurden in den folgenden Jahren mehrere Wind-Diesel-Systeme mit Darrieus-Windkraftanlagen im Leistungsbereich bis zu 250 kW erprobt [14]. In Europa wurde zum Beispiel auf der griechischen Insel Kythnos 1982 ein Wind-Diesel-Inselnetz installiert [16].

Das bisher größte und technisch aufwendigste Wind-Diesel-System wurde für die Energieversorgung der Nordseeinsel Helgoland gebaut. Die Energie- und Wasserversorgung der Insel Helgoland mit ihren etwa 2000 Einwohnern wurde in den Jahren 1988 bis 1990 vollständig neu organisiert [17]. Die Versorgung mit Strom und Wärme stützt sich auf zwei Dieselaggregate mit je 1800 kW Leistung, deren Abwärme für das lokale Fernheiznetz der Gemeinde genutzt wird. Zusätzlich wurde eine große Windkraftanlage vom Typ WKA-60 als „Brennstoffsparer" für die Dieselmotoren eingesetzt. Zu Zeiten, in denen das Windenergieangebot den momentanen Bedarf der Gemeinde übersteigt, wurde die elektrische Energie zum Antrieb einer Meerwasserentsalzungsanlage benutzt und das erzeugte Trinkwasser gespeichert. Auf diese Weise beinhaltete das Gesamtsystem einen, wenn auch begrenzten, Energiespeicher (Bild 16.12).

Die Windkraftanlage vom Typ WKA-60 wurde eigens für diesen Einsatzfall ausgerüstet. Der Synchrongenerator der Anlage mit Frequenzumrichter wurde in einem relativ weiten Bereich drehzahlvariabel betrieben. Die dadurch geglättete Leistungsabgabe war bei dem hohen Leistungsanteil der Windkraftanlage im Inselnetz eine wesentliche Voraussetzung für das regelungstechnische Zusammenspiel mit den Dieselstromaggregaten. Darüber hinaus verfügte die Windkraftanlage über eine autonome Blindleistungsversorgung und eine weitgehende Ausfilterung der vom Umrichter erzeugten Oberwellen (vergl. Kap. 10, Bild 10.19).

Die Windkraftanlage wurde von 1988 bis 1995 auf der Insel Helgoland betrieben. Allerdings waren die Betriebserfahrungen nicht zufriedenstellend. Die übergeordnete Lastregelung im Inselnetz bevorzugte den Betrieb der Dieselaggregate, so daß die vom Windenergieangebot her theoretisch mögliche Auslastung der Windkraftanlage nicht erreicht wurde. Die Windkraftanlage selbst wurde mehrfach durch Blitzeinschläge erheblich be-

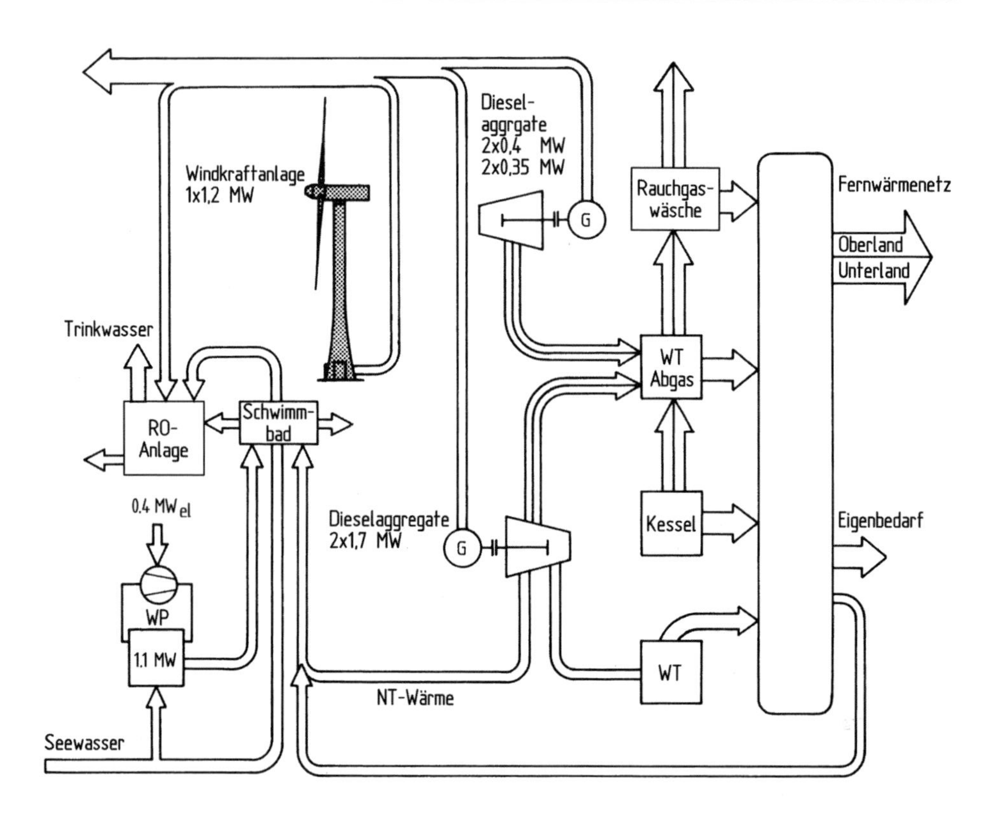

Bild 16.12. Energie- und Wasserversorgungssystem der Insel Helgoland mit einer großen Windkraftanlage vom Typ WKA-60 (Gesamtsystem Krupp/MaK)

schädigt. Daraufhin nahm der Betreiber die Anlage 1995 außer Betrieb und demontierte sie wenig später.

Der Konzipierung von Wind-Diesel-Versorgungssystemen oder die Integration einer Windkraftanlage in ein bereits bestehendes Inselnetz wirft eine Reihe systemtechnischer Probleme auf. Zuerst stellt sich die Frage nach der zulässigen Höchstleistung der Windkraftanlage, gemessen an der installierten Leistung der Dieselaggregate bzw. der Netzlast. Aus energetischen Gründen wird man bestrebt sein, die Windkraftanlage so groß wie möglich zu wählen. Das betriebliche Zusammenwirken von Dieselaggregat und Windkraftanlage setzt jedoch Grenzen für die „Windleistung" im Netz.

Je höher der Windleistungsanteil im Netz ist — und zwar unter Beachtung der momentanen Verhältnisse —, umso mehr wird die Netzfrequenz von der Windkraftanlage beeinflußt. Es ist offensichtlich, daß dabei die Regelbarkeit der Windkraftanlage eine entscheidende Rolle spielt. Mit einer Anlage, die über eine Blatteinstellwinkelregelung verfügt und damit selbst zur Frequenzhaltung beitragen kann, läßt sich ein höherer Leistungsanteil verwirklichen als mit einer nicht regelbaren Anlage, die völlig von der Netzfrequenz geführt werden muß. Der zweite begrenzende Faktor für die Größe der Windkraftanlage liegt im

Teillastverhalten des Dieselmotors. Werden Dieselmotoren unter etwa 25 % ihrer Nennlast betrieben werden, fällt der Wirkungsgrad stark ab, das heißt der spezifische Kraftstoffverbrauch steigt an.

Einige weitere Fragen stellen sich hinsichtlich der Betriebsführung. Grundsätzlich ist ein Alternativbetrieb von Diesel und Windkraftanlage möglich, jedoch schwierig zu realisieren, da in diesem Fall das Inselnetz zeitweise allein von der Windkraftanlage „gehalten" werden muß. Im einfacheren Fall wird man die Windkraftanlage immer nur parallel zum Dieselaggregat betreiben. Seine Leistung wird entsprechend dem momentanen Leistungsanteil der Windkraftanlage gedrosselt. Der Parallelbetrieb von Windkraftanlage und Dieselaggregat hat außerdem noch den Vorzug, daß das Dieselaggregat, üblicherweise mit einem Synchrongenerator ausgerüstet, die Netzfrequenz führen und außerdem noch den erforderlichen Erregerstrom für die Windkraftanlage liefern kann. Diese kann dann ohne besondere Schwierigkeiten mit dem üblichen Asynchrongenerator ausgerüstet werden.

Die technische Realisierung von Inselnetzen wird erleichtert, wenn mehrere Dieselaggregate vorhanden sind. Aus Gründen der Redundanz ist dies in den meisten Fällen ohnehin gegeben. Damit wird anstelle einer unerwünscht großen Leistungsdrosselung das Zu- und Abschalten einzelner Aggregate möglich. Es muß jedoch darauf geachtet werden, daß zu häufige treibstoffschluckende Warmlaufphasen der Dieselmotoren vermieden werden. Die oftmals geäußerte Befürchtung, es könnten sich durch den vermehrten instationären Betrieb eines Dieselmotors im Zusammenwirken mit einer Windkraftanlage ungünstige Auswirkungen auf den Verbrauch ergeben, hat sich nicht bestätigt. Diese Einflüsse erwiesen sich im Gegensatz zu den Kaltläufen als vernachlässigbar klein [18].

Die technische Konzeption eines Wind-Diesel-Versorgungssystems, das auch komplexeren Anforderungen gerecht wird, zeigt Bild 16.13. Das System besteht aus mehreren kleinen Windkraftanlagen, die über eine elektrohydraulische Blatteinstellwinkelregelung verfügen. Die Anlagen sind mit Asynchrongeneratoren ausgerüstet. Der Synchrongenerator des Dieselaggregats ist über eine schaltbare Kupplung mit dem Motor verbunden. Zusätzlich ist eine Speicherbatterie, die über einen Wechsel- bzw. Gleichrichter entladen und geladen werden kann, vorhanden.

Mit dieser Ausstattung kann das System völlig autonom sowohl im Parallelbetrieb als auch im Alternativbetrieb arbeiten. Laufen die Windkraftanlagen ohne Dieselaggregat, wird die Netzfrequenz durch die Drehzahlregelung der Rotoren gewährleistet. Der vom Dieselmotor abgekoppelte Synchrongenerator läuft als rotierender Phasenschieber mit und übernimmt die Spannungsregelung im Netz. Mit Hilfe des Batteriespeichers, dessen Kapazität für etwa 30 Minuten Nennleistung ausgelegt ist, können kurzzeitige Flauten oder Schwachwindperioden überbrückt werden, ohne daß ein zu häufiges Starten des Dieselaggregats notwendig wird. Die Pufferbatterie kann darüber hinaus eingesetzt werden, um die Lastschwankungen für den Dieselmotor zu vergleichmäßigen, so daß dieser in einem betriebsgünstigeren Bereich gehalten werden kann. Die Regelung des Gesamtsystems erfolgt über eine Leistungsstatik, welche die momentane Netzfrequenz als Führungsgröße benutzt.

Auf der irischen Insel Cape Clear wurde 1987 ein Wind-Diesel-System verwirklicht, das weitgehend der skizzierten Konzeption entspricht. Leider waren auch hier die Betriebserfahrungen nicht so positiv, daß ein wirtschaftlicher Betrieb über längere Zeit aufrechterhalten hätte werden können. Auch in diesem Fall zeigte sich, daß diese eher improvisierten

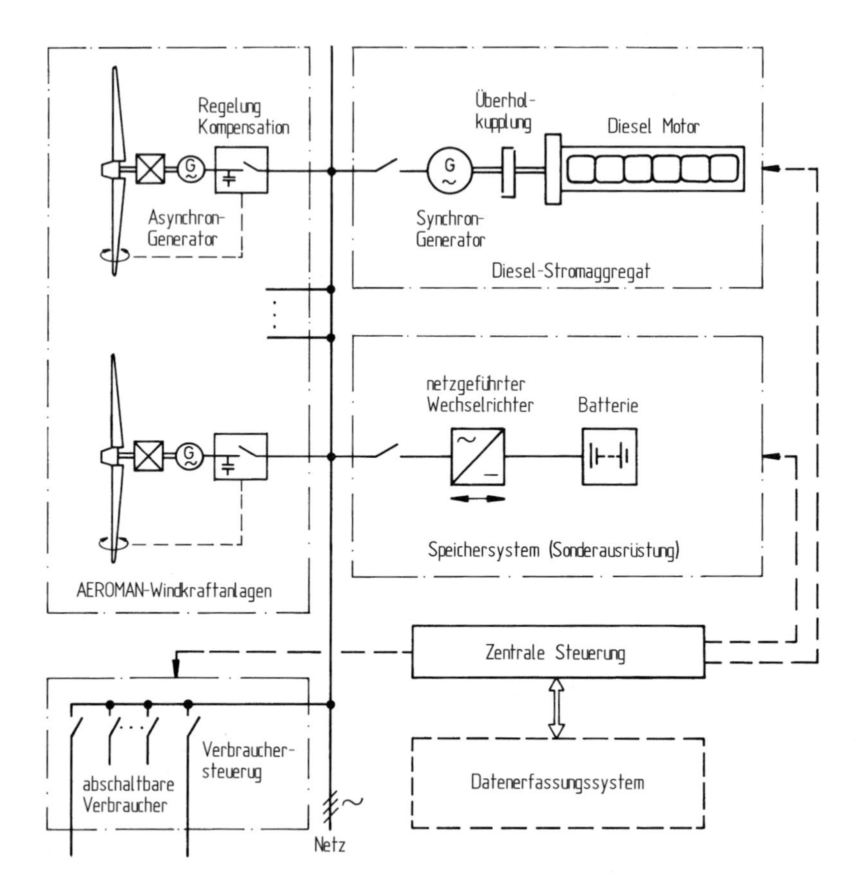

Bild 16.13. Schema eines autonomen Wind-Diesel-Systems für Alternativ- und Parallelbetrieb von Windkraftanlagen und Dieselaggregaten [19]

Systeme eine intensive technische Betreuung erfordern, die an den abgelegenen Standorten nicht gewährleistet werden kann. Offensichtlich ist die Realisierung wirklich kommerziell einsetzbarer „Wind-Diesel-Systeme" noch eine Zukunftsaufgabe.

16.3 Windkraftanlagen im Verbund mit dem Stromnetz

Die heute existierenden Windkraftanlagen sind zu weit mehr als 95 % mit einem Stromnetz verbunden und speisen dort ihren erzeugten elektrischen Strom ein. Der Betrieb an einem Verbundnetz hat einige entscheidende Vorteile für die Nutzung der Windenergie. Die Leistungsabgabe der Windkraftanlagen braucht nicht in Abstimmung mit einem einzelnen Verbraucher geregelt werden und — noch wichtiger — die gesicherte Leistung für die Verbraucher wird in einem Verbundnetz durch die konventionellen Kraftwerke gewährleistet. Nicht zuletzt wird auch die Netzfrequenz durch große konventionelle Kraftwerke konstant gehalten und kann als Führungsgröße für die Regelung der Windkraftanlagen benutzt werden (vergl. Kap. 10). Unter diesen Voraussetzungen ist der technische Betrieb der Windkraftanlage wesentlich einfacher zu organisieren als im Inselbetrieb und als Folge davon auch die Wirtschaftlichkeit der Windenergienutzung viel leichter zu erreichen.

16.3.1 Einzelanlagen im Netzparallelbetrieb

Der dezentrale Einsatz von einzelnen oder wenigen Windkraftanlagen bei privaten oder gewerblichen Stromverbrauchern war der erste Anwendungsbereich, der eine wirtschaftliche Bedeutung erlangt hat. In erster Linie in Dänemark werden seit etwa 1978 Windkraftanlagen von Privatleuten, überwiegend mit landwirtschaftlichen Anwesen, kleinen Gewerbebetrieben und seit einigen Jahren auch von Gemeinden, gekauft und im Verbund mit dem Stromnetz betrieben. Die dänische Gesetzgebung und eine zu Beginn erhebliche öffentliche Förderung der Stromerzeugung aus Windenergie ermöglichte diese Entwicklung. Außerdem spielt die in Dänemark vorhandene technische Erfahrung im Bau und Betrieb von kleinen Windkraftanlagen eine nicht unbedeutende Rolle (vergl. Kap. 2.5).

Ab etwa 1990 wurden einzelne Windkraftanlagen auch in anderen Ländern zunehmend eingesetzt. Insbesondere in Deutschland fand eine nahezu stürmische Entwicklung statt. Mit dem sog. „Einspeisgesetz für Strom aus regenerativen Energien" im Jahre 1990 wurde eine verläßliche Grundlage für die Vergütung von Strom aus Windenergie geschaffen. In anderen Ländern setzte die Entwicklung etwas später ein. Im Gegensatz zu den Anfängen in Dänemark wurden die Windkraftanlagen aber fast ausschließlich im Rahmen größerer Windparks eingesetzt. Die Aufstellung von Einzelanlagen bei privaten Verbrauchern bildete die Ausnahme. Der dezentrale Einsatz von kleineren Einzelanlagen ist jedoch in Ländern der Dritten Welt immer noch eine Option, auch wenn die Wirtschaftlichkeit, das heißt die Stromerzeugungskosten, eher problematisch ist. Der technische Fortschritt in den letzten Jahren hat eben in erster Linie bei den Großanlagen stattgefunden. Die Entwicklung von kostengünstigen und zuverlässigen kleinen Anlagen bleibt eine Herausforderung für die Zukunft. Die entscheidende Voraussetzung für die Entwicklung war in allen Fällen die Etablierung eines verläßlichen Vergütungssystems für den erzeugten Strom. Nur auf dieser wirtschaftlichen Grundlage sind einzelne Investoren bereit, die langfristige Finanzierung einer Windkraftanlage zu riskieren (vergl. Kap. 20).

Vom technischen Standpunkt aus gesehen ist der dezentrale Einsatz von Windkraftanlagen vergleichsweise problemlos. Die Anlagen werden fast ausschließlich im Netzparallelbetrieb betrieben. Das heißt, die Windkraftanlagen sind elektrisch direkt mit dem frequenzstarren Netz verbunden, so daß die Drehzahlführung vom Netz übernommen wird. Damit können auch Windkraftanlagen ohne Blatteinstellwinkelregelung ohne weiteren Regelungsaufwand am Netz betrieben werden (vergl. Kap. 11.4.2).

Die Anbindung an das Netz wurde anfangs auf verschiedene Arten praktiziert. Heute wird die Stromlieferung der Anlage über einen Zähler direkt in das Stromnetz gespeist. Der Verbraucher behält seinen normalen Netzanschluß über den vorhandenen Zähler bei (Bild 16.14). Die Stromerzeugung der Windkraftanlage wird also nicht unmittelbar für den eigenen Bedarf verwendet. Die Abrechnung mit dem zuständigen Elektrizitätsunternehmen erfolgt über getrennte Zähler für die Energieeinspeisung und den -bezug. Nur in wenigen Fällen ist ein Verbraucher direkt angeschlossen, zum Beispiel eine elektrische Widerstandsheizung, und nur der Überschuß wird ins Netz gespeist.

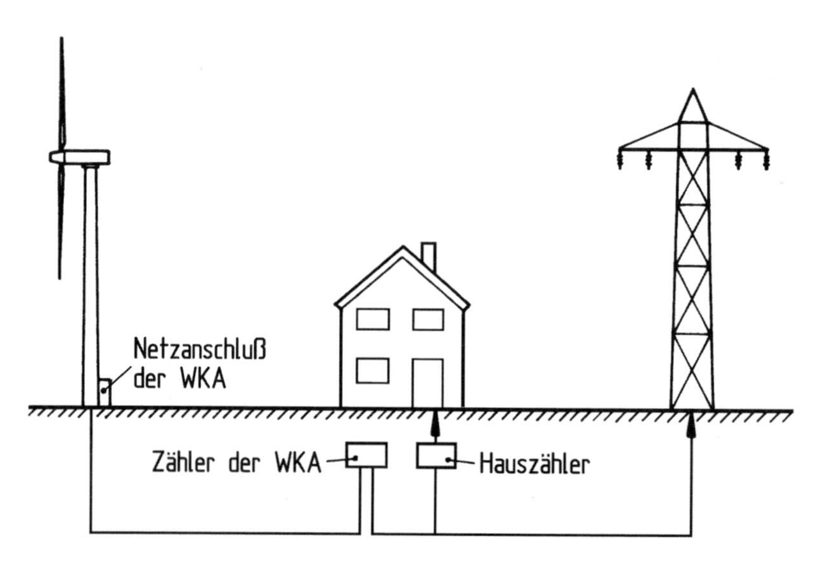

Bild 16.14. Windkraftanlagen beim Stromverbraucher im Verbund mit dem Stromnetz

16.3.2 Windfarmen und Windparks

Die Leistung einer einzelnen Windkraftanlage ist, selbst wenn man die derzeit größten Anlagen mit Nennleistungen von einigen Megawatt zugrundelegt, im Vergleich zu der Leistung eines konventionellen Kraftwerks gering. Wenn die Windkraft einen nennenswerten Anteil an der Gesamtversorgung ausmachen soll, so stellt sich das Problem der „großen Zahl". Die dezentrale Aufstellung von Windkraftanlagen nach dem Motto: „Jedem Verbraucher seine eigene Windkraftanlage!" stößt in dichter besiedelten Ländern schnell an ihre Grenzen. So sehr eine völlig dezentralisierte Versorgungsstruktur auf der Basis anderer Technologien unbestreitbare Vorteile aufweisen würde, bei Windkraftanlagen spricht eine Reihe von Gründen dagegen. Die Gebiete mit technisch nutzbaren Windgeschwindigkeiten sind in den meisten Ländern regional beschränkt. Von daher besteht bereits ein Zwang, in solchen Regionen unabhängig vom lokalen Energiebedarf eine möglichst große Anzahl von Anlagen zu konzentrieren.

Die räumliche Zusammenfassung mehrerer oder gar vieler Einzelanlagen hat außerdem erhebliche Vorteile für den technischen Betrieb. Das Betreiben einer einzelnen Anlage ist vergleichsweise aufwendig. Für eine größere Anzahl von Anlagen, die in räumlicher Nähe stehen, ist die Bereitstellung entsprechender Kran- und Montagevorrichtungen vom wirtschaftlichen Standpunkt weit weniger problematisch (vergl. Kap. 18.3).

In ähnlicher Weise gilt dies auch für die Betriebskosten. Sofern die größere Anzahl der Anlagen die ohnehin erforderliche Organisation und Verwaltung wirtschaftlich rechtfertigt, werden günstigere Verhältnisse erreicht. Ein weiterer wirtschaftlicher Gesichtspunkt sind die Kosten für die Netzanbindung. Weite Entfernungen bis zu einem geeigneten Netzanbindungspunkt sind nur für eine größere Anzahl von Anlagen, die auch elektrisch zusammengefaßt werden können, zu rechtfertigen.

Diesen Vorteilen stehen auf der anderen Seite natürlich auch Nachteile gegenüber. Das größte Problem, zumindest in kleineren Ländern, ist die Verfügbarkeit geeigneter Aufstellgebiete. Aber selbst in der dicht besiedelten Bundesrepublik gibt es in der Küstenregion noch viele zusammenhängende Flächen, die weitgehend landwirtschaftlich genutzt werden. In diesen Gebieten ist eine räumliche Konzentration von Windkraftanlagen durchaus möglich. Der Platzbedarf für die Türme ist vergleichsweise gering und die weitere landwirtschaftliche Nutzung der Flächen ist ohne allzu große Einschränkungen möglich (vergl. Kap. 15.6).

Im Jahre 1981 wurden im US-Bundesstaat Kalifornien die ersten größeren Anlagenfelder aufgebaut. Sie bestanden anfangs aus vergleichsweise kleinen Anlagen mit Leistungen von 20 bis 100 kW, meistens aus amerikanischer Produktion. Die dänischen Hersteller von Windkraftanlagen erkannten ihre Chancen, so daß sich das weitere Wachstum der kalifornischen „Windfarmen" sehr schnell auf dänische Importanlagen stützte. Die Entwicklung kam 1985/86 zum Stillstand, da zu diesem Zeitpunkt die Steueranreize für die Investoren weitgehend wegfielen (vergl. Kap. 2.5). In Europa waren es wiederum die Dänen, die neben den bereits zahlreichen dezentralen Anlagen auch die ersten „Windparks" errichteten, allerdings in viel kleinerem Ausmaß als die amerikanischen Vorbilder. Wegen der beschränkten Platzverhältnisse ist der weitere Ausbau in Dänemark in den letzten Jahren jedoch stark zurückgegangen.

Mit der Einführung des sog. Einspeisegesetzes im Jahre 1990 wurden auch in Deutschland die wirtschaftlichen Voraussetzungen für den Bau von größeren Windparks geschaffen. Die Windenergienutzung in Deutschland, wie auch im übrigen Europa, stützte sich von Beginn an auf größere Anlagen (Bild 16.15). Während in den ersten Jahren Windkraftanlagen fast nur in unmittelbarer Küstennähe errichtet wurden, wurden in den letzten Jahren auch weite Bereiche im Binnenland für die Windenergienutzung erschlossen. Mittlerweile bilden Windparks mit Leistungen von bis zu mehreren hundert Megawatt in vielen Ländern einen nicht mehr zu übersehenden Teil der Energieversorgung. In Europa wurden in Spanien, nach Deutschland, die meisten Windkraftparks gebaut (Bild 16.16). Mit einiger Verzögerung folgten nahezu alle anderen europäischen Länder. In den USA wurde nach einer längeren Pause, nach Errichtung der kalifornischen Windfarmen, in vielen anderen Staaten neue Windfarmen mit großen Anlagen realisiert (Bild 16.17). Auch zum Beispiel in Australien wurde eine beträchtliche Windenergiekapazität realisiert. In den letzten Jahren hat sich in China die Entwicklung so beschleunigt, daß China mittlerweile zum größten Windenergienutzer geworden ist (Bild 16.18).

Die Begriffe *Windfarm* bzw. *Windpark* bezeichnen die Zusammenfassung mehrerer Windkraftanlagen zu einem räumlich und organisatorisch verbundenen Anlagenfeld, dessen Betrieb in der Regel kommerziell organisiert ist. Eine technische Verbindung zwischen den einzelnen Anlagen besteht nicht zwangsläufig. Die Anlagen werden zwar über eine interne Verkabelung und eine gemeinsame Übergabestation mit dem Netz verbunden, sie laufen jedoch völlig autonom im Netzparallelbetrieb. Auf diese Weise entsteht zwar keine eigenständige technische Einsatzkonzeption für Windkraftanlagen, wohl aber eine besondere organisatorische Anwendungsform.

Die beiden Begriffe „Windfarm" und „Windpark" werden parallel gebraucht. Im amerikanischen und internationalen Sprachgebrauch hat sich „Windfarm" eingebürgert.

Bild 16.15. Windpark Schweringhausen mit Enercon E70-Anlagen (Enercon)

Bild 16.16. Windpark La Muela in Spanien mit 132 NEG MICON 750 kW-Anlagen (Thyssen)

Bild 16.17. Windpark in Kalifonien, USA mit GE 1,5 MW-Anlagen (im Hintergrund ältere Kenetech 100 kW-Anlagen) (Foto Oelker)

Bild 16.18. Windpark in China bei Urumqi mit Dongfang-Anlagen (1,5 MW) (Foto Oelker)

16.4 Windkraftanlagen im Kraftwerksverbund

Wenn die Windkraftnutzung in Zukunft einen nennenswerten Anteil an der elektrischen Gesamtversorgung haben soll, wirft dies eine Reihe von Fragen auf, die das Zusammenwirken einer großen Zahl von Windkraftanlagen mit den konventionellen Kraftwerken betreffen. Im wesentlichen sind es zwei Problembereiche, die auf dieselbe charakteristische Eigenart der Stromerzeugung mit Windkraft zurückzuführen sind, nämlich auf die nicht vorhersehbare, ungleichförmige Leistungseinspeisung in das überregionale Verbundnetz.

Einmal können sich daraus regelungstechnische Probleme beim Zusammenwirken mit den konventionellen Kraftwerken ergeben. In den außerordentlich leistungsstarken Verbundnetzen der Industrieländer ist dies bei dem heutigen Anteil der Windkraft an der Netzlast allenfalls in Ausnahmefällen relevant, grundsätzlich liegt hier jedoch ein allgemeines Problem (vergl. Kap. 11.8 und 18.8.2). Zum anderen führt die nicht planbare Windleistungseinspeisung auf die grundsätzliche Frage, ob und in welchem Ausmaß Windkraftanlagen andere Kraftwerke ersetzen können.

Diese beiden Fragestellungen deuten bereits darauf hin, daß die Windkraftnutzung, wenn sie im großen Stil betrieben wird, als integraler Bestandteil der konventionellen Energieversorgung organisiert werden muß. Damit sind die Stromerzeuger, die Energieversorgungsunternehmen, direkt angesprochen. Langfristig müssen sie die Windstromerzeugung in die Kapazitätsplanung ihres konventionellen Kraftwerksparks einbeziehen. Der erste Schritt wurde 2001 in Deutschland mit den neuen Netzanschlußvorschriften getan, die bereits eine gewisse „Abstimmung“ der Windkrafteinspeisung mit den momentanen Netzbedingungen fordern (vergl. Kap. 11.8).

Die Problematik ist in verschiedenen theoretischen Untersuchungen behandelt worden. Für die Bundesrepublik Deutschland hat Jarras bereits 1981 rechnerische Simulationen durchgeführt, mit dem Ziel, Möglichkeiten und Grenzen der Integration von Windkraftanlagen in das bundesdeutsche Verbundnetz aufzuzeigen [20]. Die Ergebnisse sind — wie immer in solchen Fällen — von einer Reihe verschiedenster Annahmen abhängig und deshalb auch im Detail nicht unumstritten. Bei dem heutigen Ausmaß der Windenergienutzung ist die Frage nicht mehr von akademischer Bedeutung, sondern sie ist für die langfristigen Perspektiven der Windenergienutzung von entscheidender Bedeutung. Aus diesem Grunde werden einige wesentliche Zusammenhänge hier erörtert, die zunächst einen kleinen Exkurs in die technische Organisation der Stromversorgung erfordern.

Der Kraftwerkpark, der ein überregionales Verbundnetz speist, das über die Landesgrenzen hinweg einen europäischen Verbund bildet, ist üblicherweise dreifach unterteilt:

- *Grundlastkraftwerke* mit großer Leistung, die ohne Rücksicht auf die momentane Netzbelastung im Dauerbetrieb mit ihrer Nennleistung gefahren werden. Kernkraftwerke und große thermische Kraftwerke sind typische Grundlastkraftwerke. Sie erreichen mehr als 6000 Vollaststunden im Jahr. Die Leistungsabgabe wird nur innerhalb von Tagen geregelt.
- *Mittellastkraftwerke,* die entsprechend der Bedarfskurve eingesetzt und geregelt werden können. Mittelgroße Kraftwerkblöcke mit Leistungen um 300 MW und mit einer Nutzungsdauer von 3000 bis 4000 Stunden werden hierfür eingesetzt. Bevorzugte Brennstoffe sind Steinkohle und Erdgas. Die Regelzeiten liegen im Bereich von einigen Stunden.
- *Spitzenlastkraftwerke* zum Ausgleich kurzfristiger Schwankungen des Bedarfs. Diese wesentlich kleineren Einheiten werden mit Gas, Öl oder Wasserkraft betrieben. Die Rege-

lungszeiten sind sehr kurz. Wasserkraftwerke können zum Beispiel innerhalb weniger Minuten in ihrer Leistungsabgabe geregelt werden.

Der so strukturierte Kraftwerkpark wird von den Elektrizitätsversorgern zur Deckung des Bedarfs nach einer *Einsatzplanung*, die für den nächsten Tag auf Grund statistischer Erfahrungen, von Trendanalysen und unter Einbeziehung der Wettervorhersage vorgenommen wird. Das Ziel ist, die unterschiedlichen Kraftwerkstypen so einzusetzen, daß die Versorgung der Verbraucher zu jedem Zeitpunkt gewährleistet ist und dieses Ziel mit minimalen Stromerzeugungskosten erreicht wird.

16.4.1 Die Regelungsproblematik

Da sich die elektrische Energie auch in einem großen Verbundnetz nicht in größerem Umfang speichern läßt, muß zu jedem Zeitpunkt so viel Energie in das Netz eingespeist werden, wie zur gleichen Zeit verbraucht wird. In Deutschland wird diese Forderung innerhalb bestimmter, definierter, sog. *Regelzonen*, die nicht das ganze Verbundnetz umfassen, erfüllt. Die Regelzonen sind identisch mit den Zuständigkeitsbereichen der vier großen Energieerzeuger, die gleichzeitig die Netzeigentümer und Betreiber sind (Bild 16.19).

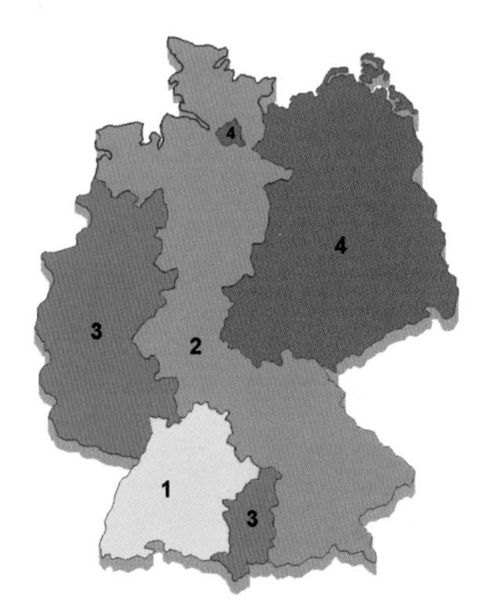

Bild 16.19. Regelzonen der deutschen Überlandnetz-Betreiber, Stand 2002, nach VDN

Die Leitwarte der Regelzonen versuchen zunächst innerhalb der Zone den Ausgleich zwischen Erzeugung und Stromverbrauch durch Anpassung der Erzeugungsleistung der Kraftwerke herbeizuführen. Soweit dies nicht möglich ist wird Strom „von außen" zugekauft bzw. abgegeben. Hierzu wird die am Tag vorher auf der Verbrauchsprognose zugekaufte *Reserveleistung* bestellt. Da die Bereitstellung Geld kostet wird versucht diese möglichst klein zu halten.

Im realen Betrieb gibt es jedoch immer Abweichungen zwischen der Prognose und der Istlast, so daß für diesen momentanen Abgleich sog. „Regelleistung" erforderlich ist. Diese sogenannte *On-line-Regelung* regelt die momentanen Lastschwankungen im Netz aus. Eine steigende Last im Netz nimmt die notwendige Energie zunächst aus der Rotationsenergie der Generatoren (Primärregelung). Ihre Drehzahl zeigt eine fallende Tendenz, bis das Drehmoment der Antriebsmaschinen nachgeregelt werden kann. Da dieser Vorgang bis zu einer Minute dauern kann, ist eine sog. *drehende Reserve* der laufenden Generatoren notwendig, um die Spannung und Frequenz während dieser Zeitspanne aufrecht zu erhalten. Die Sekundärregelung im Minutenbereich erfolgt durch schnell regelbare Kraftwerke, z. B. durch Gasturbinenkraftwerke und Pumpspeicherwerke. Längerfristige Schwankungen der Netzlast insbesondere im Tag-/Nachtrythmus werden durch Zu- und Abschalten von Kraftwerksblöcken ausgeglichen.

Wird in das Verbundnetz im größeren Ausmaß Leistung aus Windkraftanlagen eingespeist, so wird sowohl die Einsatzplanung für den nächsten Tag, als auch die Online-Regelungskapazität in erhöhtem Maße gefordert. Ein Beispiel aus einer älteren schwedischen Studie zeigt, in welchem Ausmaß dies der Fall sein könnte [21]. Die rechnerische Simulation geht von einer Windenergiekapazität mit einer Gesamtleistung von 3000 MW mit ca. 1500 Einzelanlagen aus. Diese Leistung ist räumlich über ein größeres Gebiet verteilt. Unter Berücksichtigung der statistisch zu erwartenden Windverhältnisse in diesem Gebiet ergaben sich folgende Schwankungen in der Gesamtleistung der Windkraftanlagen:

- innerhalb von acht Stunden 100 %
- innerhalb von einer Stunde 10–20 %
- innerhalb von zehn Minuten 2 %

Die Ergebnisse zeigen, daß sehr kurzfristige Schwankungen vom Sekunden- bis in den Minutenbereich durch die große Anzahl räumlich verteilter Einzelanlagen im Verbund selbst ausgeglichen werden. Die kurzzeitigen Schwankungen stellen insoweit kein Problem dar. Im Bereich von einem oder mehreren Tagen kann die Leistung jedoch völlig ausfallen. Der Wind kann über größeren Gebieten, zum Beispiel Südschweden, nahezu völlig abflauen, so daß eine technische Nutzung nicht mehr möglich ist. Dieser Fall ist kein Regelungsproblem mehr sondern führt auf die Frage nach dem Beitrag der Windleistung zur sog. *gesicherte Leistung* eines Kraftwerkparks, die im nächsten Kapitel angesprochen wird. Das eigentliche Regelungsproblem sind die erheblichen Schwankungen der Windleistungseinspeisung im Stundenbereich.

Diese Schwankungen werden mittlerweile auch durch die praktische Erfahrung bestätigt. Im Jahre 2003 fiel die gesamte Windleistung in der E-on-Regelzone innerhalb von 6 Stunden von etwa 4500 MW um 3640 MW auf etwa 900 MW (Bild 16.20). Dies entspricht einem Gradienten von 600 MW/Stunde oder 13 % der Ausgangsleistung. Auch ein Anstieg der Windleistung wird man in dieser Größenordnung erwarten müssen. Es liegt auf der Hand, daß der dafür notwendige Leistungsausgleich nur noch durch Zu- und Abschalten ganzer Kraftwerksblöcke beherrschbar ist.

Das zitierte Versorgungsunternehmen macht geltend, daß um derartige Schwankungen auszugleichen sog. „Schattenkraftwerke“ vorgehalten werden müßten und beziffert die notwendige Reserveleistung mit bis zu 60 % der installierten Windleistung. Dagegen kann man allerdings einwenden, daß diese Schlußfolgerung auch ein Ergebnis der „Regelzone“ ist. Würde man die Regelzonen, die heute in erster Linie aus organisatorischen und nicht aus technischen Gründen festgelegt sind, vereinen und damit vergrößern, wäre das Ergebnis für die erforderliche Reserveleistung völlig anders. Auch eine verbesserte Windprognose und damit eine geringere Differenz zwischen bestellter und tatsächlich genutzter Reserveleistung würde die Situation verbessern.

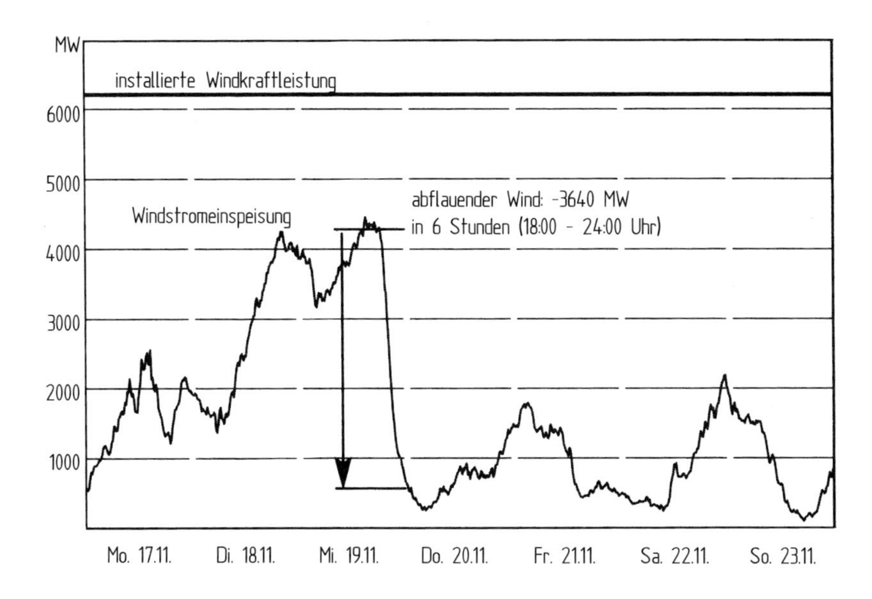

Bild 16.20. Kurzfristiger Rückgang der Windstromeinspeisung in der Regelzone von E-on am 19.11.2003 [22]

Unabhängig von der gewonnenen Höhe der erforderlichen Reserveleistung kann man für Deutschland feststellen, daß der Lastausgleich in erster Linie durch Mittellastkraftwerke stattfinden muß. Je höher der Mittellastanteil in einem Kraftwerksverbund ist, umso mehr Windkraft läßt sich in das Netz integrieren. In der Bundesrepublik Deutschland wird somit durch den Einsatz von Windkraft vorwiegend Steinkohle und Erdgas als Brennstoff eingespart werden.

Die Regelungsproblematik und der Leistungsausgleich im Netz ist jedoch keineswegs nur eine Folge der Windleistungscharakteristik, sondern auch die Struktur des Kraftwerkparks und der Übertragungsnetze bestimmen die heutige Situation. Die Frage muß deshalb gestellt werden wie in Zukunft Kraftwerkpark und Verbundnetz verändert werden müssen um den Erfordernissen einer sich verändernden Energietechnik besser gerecht zu werden.

16.4.2 Das Verbundnetz

In Europa sind die nationalen Verbundnetze miteinander vernetzt, so daß heute Strom über weite Entfernungen und über die Landesgrenzen hinweg „verschoben" werden kann. Die technische Struktur der Netze ist jedoch über Jahrzehnte gewachsen und auf eine bestimmte Stromerzeugungsstruktur ausgerichtet.

Die Stromeinspeisung erfolgt an relativ wenigen zentralen Punkten mit großen Kraftwerken. Von dort aus wird der Strom mit großen Leitungen zu den großen Verbrauchern geleitet und über weite Entfernungen mit schwachen Netzausläufern in die ländlichen Gebiete, insbesondere die Küstenregionen in Deutschland.

Die Windstromerzeugung und in Zukunft auch viele andere dezentrale, erneuerbare Energieerzeugungssysteme befinden sich jedoch genau in diesen ländlichen Regionen. Der Leistungsfluß kehrt sich damit tendenziell um. Mit dem Ausbau der erneuerbaren Energien muß deshalb zwangsläufig eine Umgestaltung des Verbundnetzes einhergehen. Diese Forderung ist unabdingbar wenn man einen höheren Anteil an erneuerbaren Energien realisieren will. Eine Reihe von verschiedenen Maßnahmen sind in diesem Zusammenhang zu nennen:

Um die Regelungsproblematik und den Leistungsausgleich zu bewerkstelligen fordern die Versorgungsunternehmen die Windkraftanlagen einem „Erzeugungsmanagment" zu unterwerfen. In Schleswig-Holstein gibt es diese Forderung seit 2003. Nach einer Richtlinie aus dem Jahre 2008 des Bundesverbandes der Energie- und Wasserwirtschaft (BDEW) müssen Windkraftanlagen einen Beitrag zur Spannungsregelung im Netz leisten können. In einigen lokalen Fällen hat sich auch die Temperaturüberlastung der Leitungen, die ein unzulässiges „Durchhängen" verursacht, als ein begrenzender Faktor für die eingespeiste Windleistung herausgestellt. Das Abschalten der Windkraftanlagen durch das Versorgungsunternehmen bei bestimmten Netzlastzuständen ist für viele private Betreiber jedoch eine unzumutbare Bürde. Die Wirtschaftlichkeit ihrer Investition wird dadurch noch schwerer kalkulierbar.

Das Leitungsnetz muß deshalb an den neuralgischen Punkten der Windstromeinspeisung verstärkt werden. Dieses Problem stellt sich in besonderem Maße bei der Offshore-Nutzung der Windenergie. Die heute bereits abzusehenden Offshore-Kapazitäten erfordern einen Ausbau der Hochspannungsleitung in Nord-Süd-Richtung um die Offshore-Windleistung überhaupt „abtransportieren" zu können. Auch der weiträumige Stromtransport in Europa von Norden nach Süden ist ein wichtiges Ziel. Die Netzhöchstlast taucht in den nördlichen Ländern im Winter auf, während im Süden, oft durch den Bedarf an Klimatisierung, die Netzhöchstlast im Sommer liegt. Dieser Ausgleich könnte genutzt werden.

Auch die Regelung der Netzlast darf in Zukunft kein Tabu mehr sein. Viele größere Verbraucher können zu bestimmten Zeiten abgeschaltet werden. Auf diese Weise ließen sich die Lastspitzen im Netz verringern.

Mit Blick auf die fernere Zukunft stellt sich die Frage, ob im Netz nicht bestimmte Speichermöglichkeiten bereitgestellt werden können. Die Anzahl der Pumpspeicherwerke läßt sich leider nicht mehr nennenswert erhöhen. Neue technische Möglichkeiten wie zum Beispiel Druckluftspeicher könnten eine Entlastung sein. In Niedersachsen ist seit längerem ein entsprechendes Projekt in Vorbereitung. Ein alter Salzstock wird dazu genutzt die Druckluft zu speichern [7]. Die Erzeugung von Wasserstoff mit zeitweise im Netz nicht nutzbarem Strom ist eine weitere Möglichkeit. Nicht zuletzt könnte eine schon ältere Idee, nämlich magnetisch gelagerte und in evakuierten Gehäusen rotierende Schwungräder einzusetzen um auch längerfristig Energie zu speichern in den Bereich des technologisch und wirtschaftlich Machbaren kommen (vergl. Kap. 16.1.1).

Aus diesen Beispielen wird deutlich, daß die organisatorische und technologische Weiterentwicklung der Stromübertragungssysteme eine unverzichtbare, komplementäre Aufgabe zur weiteren Entwicklung der erneuerbaren Energiesysteme ist. Die Windenergienutzung mit ihrer rasanten Entwicklung in den letzten zwanzig Jahren hat die Notwendigkeit zuerst deutlich werden lassen. Die Problematik ist jedoch keineswegs auf die Nutzung der Windenergie beschränkt.

16.4.3 Beitrag zur gesicherten Leistung

Die Integration von Windkraftanlagen in den Kraftwerksverbund führt auch zu einer Frage, die immer wieder im Zusammenhang mit der technischen Nutzung der Windenergie gestellt wird: „Können Windkraftanlagen konventionelle Kraftwerke ersetzen?" Vorschnelle Antworten, etwa von der Art: „Der Wind ist nicht vorhersehbar und wenn man ihn braucht, nicht verfügbar, deshalb können Windkraftanlagen auf gar keinen Fall herkömmliche Kraftwerke ersetzen", sind wenig hilfreich. Die Verhältnisse sind komplizierter und bedürfen einer qualifizierten Antwort sowie einer vorurteilslosen Beschäftigung mit dieser Frage.

Ein Energieversorgungssystem, bestehend aus einem Kraftwerkepark von Einzelkraftwerken unterschiedlicher Bauart, liefert eine sog. *gesicherte Leistung*. Die gesicherte Leistung ist die Leistung, die mit einer vorgegebenen Wahrscheinlichkeit (*Versorgungssicherheit*) zum Zeitpunkt der Jahreshöchstlast mindestens zur Verfügung steht. Bei gegebener Jahreshöchstlast wird zur Erreichung der Versorgungssicherheit gerade eine so große installierte Gesamtleistung benötigt, daß deren gesicherte Leistung die Jahreshöchstleistung abdecken kann. Die Differenz zwischen installierter und gesicherter Leistung ist die notwendige *Reserveleistung*. Jedes Einzelkraftwerk liefert einen Beitrag zur gesicherten Leistung. Die Höhe dieses Beitrages hängt von der installierten Gesamtleistung des Kraftwerkeverbunds und der technischen Verfügbarkeit des Einzelkraftwerks ab. Die Verfügbarkeit eines Einzelkraftwerks ist gleichzeitig die Wahrscheinlichkeit, mit der seine Leistung verfügbar ist. Ein Kraftwerksverbund besteht aus Einzelkraftwerken unterschiedlicher Bauart und damit zwangsläufig auch unterschiedlicher Verfügbarkeit.

Windkraftanlagen verfügen, wie jedes andere Kraftwerk, über eine bestimmte Verfügbarkeit, auch wenn diese im Vergleich zu thermischen Kraftwerken viel niedriger liegt. Die Verfügbarkeit von Windkraftanlagen ergibt sich aus dem Produkt der windbedingten und der technischen Verfügbarkeit. Zum Beispiel erreicht eine große Windkraftanlage im norddeutschen Küstengebiet etwa 3000 äquivalente Vollaststunden pro Jahr. Das entspricht einer windbedingten Verfügbarkeit von 34 %. Multipliziert man diese mit einer angenommenen technischen Verfügbarkeit von 95 %, so ergibt dies eine Gesamtverfügbarkeit von etwa 30 %. Dieser Wert wird in der amerikanischen Literatur auch als *Kapazitätsfaktor* bezeichnet (vergl. Kap. 14.5.4).

Die Bestimmung der gesicherten Leistung eines Kraftwerkeparks ergibt sich nach einem bestimmten Formalismus aus den Einzelverfügbarkeiten [23]. Dabei ist es gleichgültig, wie die Einzelverfügbarkeiten zustandekommen. Es gibt keinen wahrscheinlichkeitstheoretischen Unterschied zwischen der zufälligen Nichtverfügbarkeit von konventionellen Anlagen und derjenigen von Windkraftanlagen. Windkraftanlagen erbringen damit grundsätzlich einen Beitrag zur gesicherten Leistung eines Kraftwerkeparks wie konventionelle Kraftwerke, auch wenn dieser Beitrag wesentlich geringer ist. Bis heute wird dieser Beitrag von den EVU noch nicht wirtschaftlich bewertet.

Die Höhe des Beitrags, den Windkraftanlagen zur gesicherten Leistung des Kraftwerkeverbundes leisten, der sog. *Kapazitätseffekt* der Windkraft, hängt im wesentlichen von zwei Einflußgrößen ab:

- von der Verfügbarkeit der Windkraftanlage

- von dem Verhältnis der eingespeisten Windkraftleistung zur Standardabweichung der Leistungsabgabe des vorhandenen Kraftwerkparks. (Die Standardabweichung ist wiederum von der Anzahl, der Größe und den Verfügbarkeiten der Einzelkraftwerke abhängig.)

Für kleine Windleistungsanteile an der Kraftwerksgesamtleistung entspricht der Beitrag zur gesicherten Leistung ungefähr dem Wert der Verfügbarkeit [24]. Das Ergebnis wird an einem Beispiel deutlich. Eine mittelgroße Windkraftanlage mit 1200 kW Nennleistung erreicht bei einer mittleren Jahreswindgeschwindigkeit von 6 m/s in 30 m Höhe 2750 äquivalente Vollaststunden pro Jahr. Bei Annahme einer technischen Verfügbarkeit von 95 % entspricht dies einer Gesamtverfügbarkeit oder einem Kapazitätsfaktor von 30 %. Da die eingespeiste Windleistung nur sehr klein im Verhältnis zur Kraftwerksgesamtleistung ist, trägt sie mit 30 % ihrer Nennleistung, also zu 400 kW, zur gesicherten Leistung bei. Mit anderen Worten: 1 kW Windleistung ersetzt in dem vorliegenden Beispiel 0,30 kW konventionelle Kraftwerksleistung. Das hier angeführte Beispiel ist wie erwähnt nur unter der Voraussetzung gültig, daß die Windleistung klein im Verhältnis zur Kraftwerksgesamtleistung ist. Bezogen auf die heute installierte Windleistung ist diese Voraussetzung nicht mehr gegeben. Der Beitrag zur gesicherten Leistung fällt damit geringer aus und ist nicht mehr so einfach abzuschätzen. In jedem Fall muß man den Effekt berücksichtigen, wenn man den wirtschaftlichen Wert der Windkraftnutzung fair bewerten will. Die betriebswirtschaftliche Rentabilität einer Windkraftanlage bemißt sich deshalb nicht nur an der Brennstoffeinsparung der konventionellen Kraftwerke, sondern auch an ihrem Beitrag zur gesicherten Leistung.

In der Literatur wird gelegentlich darauf hingewiesen, daß die skizzierten Zusammenhänge zwar im Prinzip für die Einspeisung von Windleistung gültig sind, aber einer spezifischen lokalen Situation nicht immer gerecht werden. In Gebieten, wo die jährliche Windgeschwindigkeitsverteilung in ungünstiger Weise mit der jährlichen Verteilung der Netzlast korreliert, müsse dieser Effekt berücksichtigt werden. Zum Beispiel sei die Betrachtung auf die kältesten Wintertage anzuwenden. Der Beitrag der Windkraftanlagen zur gesicherten Kraftwerksleistung sei deshalb geringer anzusetzen, da gerade in dieser Zeit das zu erwartende Windangebot voraussehbar unterdurchschnittlich ausfalle.

16.5 Windkraftanlagenindustrie und Absatzmärkte

Die Vielfalt der Anwendungsmöglichkeiten liegt die Vermutung nahe, daß der Markt für Windkraftanlagen nahezu unbegrenzt sein müsse. In Bezug auf die Anwendungsbereiche konzentriert sich der Absatzmarkt unter den heutigen Bedingungen fast ausschließlich auf stromerzeugende Windkraftanlagen zur Einspeisung in große Verbundnetze. Da für diesen Einsatzzweck möglichst große Anlagen vorteilhaft sind, werden heute fast ausschließlich Anlagen im Megawatt-Leistungsbereich produziert und verkauft. Die Absatzmärkte haben sich in erster Linie dort gebildet, wo eine verlässliche, möglichst gesetzlich garantierte, Vergütung für die Stromeinspeisung in das Verbundnetz garantiert wird. Nur unter dieser Voraussetzung sind die Investoren bereit mit Aussicht auf eine Rendite des eingesetzten Kapitals in diese Technik zu investieren.

Mittlerweile hat die Windenergienutzung ein Kostenniveau erreicht, auf dessen Basis an guten Standorten Stromerzeugungskosten im Bereich der konventionellen Stromerzeugung möglich werden (vergl. Kap. 20). Damit wird diese Art der Stromerzeugung auch für die großen Stromerzeuger wirtschaftlich interessant. Entsprechend ändert sich die Struktur der Absatzmärkte und passt sich der klassischen Energiewirtschaft an. Dieser Wandel hat auch Konsequenzen für die Windkraftanlagenindustrie. Die großen Industriekonzerne, die immer schon die Partner und Zulieferer der Stromerzeuger waren, haben die Windkraftanlagen als „Produkt" entdeckt und spielen zunehmend eine Rolle auf dem Markt für Windkraftanlagen.

Neben der Stromeinspeisung in das Netz haben die zahlreichen „Kleinanwendungen", zum Beispiel Heizen mit Windenergie, Wasserpumpen oder Entsalzen von Meerwasser, bis heute keine nennenswerte kommerzielle Bedeutung erreicht. Die Hoffnungen, daß mit diesen Technologien größere Absatzmärkte in der Dritten Welt zu finden seien, haben sich bis heute nicht erfüllt. In diesen Ländern fehlt das Kapital, und die organisatorischen Voraussetzungen. Die Zukunft wird zeigen, ob in diesem Bereich die Windenergienutzung eine größere Rolle spielen wird.

16.5.1 Historische Entwicklung der Absatzmärkte

Die kommerzielle Nutzung der Windenergie zur Stromerzeugung begann etwa 1980 in Dänemark. Die Anzahl der Windkraftanlagen stieg zunächst nur langsam an: 1980 waren es dort nur etwa 50 Anlagen mit einer Gesamtleistung von ca. 2 Megawatt, bis 1982 in Kalifornien die staatliche Förderung der Windkraftnutzung über die „tax credits" eingeführt wurde. Innerhalb weniger Jahre, bis etwa 1986, entstanden die kalifornischen Windfarmen mit etwa 16000 Windkraftanlagen, entsprechend einer Gesamtleistung von 1500 Megawatt (vergl. Kap. 2.5). Als Folge dieses ersten „Booms" der Windkraftnutzung in den USA entwickelte sich die dänische Windkraftanlagenindustrie, die etwa 40 % der in Kalifornien installierten Kapazität liefern konnte.

Nach dem Auslaufen der „tax credits" in Kalifornien und als Folge des Einbruchs des amerikanischen Absatzmarktes verlagerte sich der Schwerpunkt der Windenergienutzung nach Europa. Bedingt durch den Aufbau der industriellen Kapazitäten in Dänemark — und in weit geringerem Umfang in Deutschland, Belgien und Holland — begannen die Hersteller ihren Absatzmarkt verstärkt in Europa zu suchen. Die Anzahl der Windkraftanlagen in Dänemark stieg schnell an. Das Preisniveau der Anlagen war mittlerweile so weit gesunken, daß die Windenergienutzung auch ohne massive Subventionen an guten Windstandorten zumindest für den Stromverbraucher wirtschaftlich interessant wurde.

In der Bundesrepublik verbesserten sich die wirtschaftlichen Rahmenbedingungen durch das 1990 verabschiedete „Einspeisegesetz für Stromerzeugung aus regenerativen Energien" und die Förderung im Programm „250 MW Wind", so daß sich auch hier ein erster Absatzmarkt bildete. Dieser heimische Markt bildete die Grundlage für einige deutsche mittelständische Unternehmen, die Windkraftanlagen in Konkurrenz zu den dänischen Anbietern entwickeln und in beträchtlichen Stückzahlen verkaufen konnten. Weitere anwenderbezogene Förderprogramme wurden Ende der achtziger Jahre auch in den meisten anderen Ländern der Europäischen Union etabliert. Hinzu kamen verstärkte Initiativen und Fördergelder der Kommission der Europäischen Gemeinschaft zur Unterstützung von Forschung und Anwendung auf dem Gebiet der Windenergie. Vor diesem Hintergrund stieg die Zahl der Windkraftanlagen in Europa ab 1990 schnell an.

In Deutschland wurde das „Einspeisegesetz" im Jahr 2000 durch das „Gesetz für den Vorrang erneuerbaren Energien" (Erneuerbare-Energien-Gesetz, EEG) abgelöst [25]. Damit verbesserten sich die wirtschaftlichen Rahmenbedingungen für die Windenergienutzung nochmals. Dieses Gesetz wurde ein Jahr nach seiner Verabschiedung trotz erheblicher Anfechtungen, auch von der Kommission der EU, in den wesentlichen Punkten bestätigt. Damit war die erforderliche Rechtssicherheit für die Finanzierung der Investitionen vorhanden. Andere europäische Länder verabschiedeten ähnliche Regelungen, so daß nach Dänemark und Deutschland insbesondere in Spanien und mit einiger Verzögerung in Italien sowie jüngst in Frankreich, die erforderlichen wirtschaftlichen Rahmenbedingungen für die Windenergienutzung auf breiter Basis geschaffen wurden.

Ende 2010 lag die installierte Windkraftleistung in Deutschland bei knapp über 27 000 MW aus etwa 19 000 Windkraftanlagen. Mit dieser Leistung kann in einem durchschnittlichen Windjahr ein Beitrag zur Stromproduktion von etwa 7–9 % erzielt werden. Die reale Einspeisung im relativ windschwachen Jahr 2006 betrug 30,5 Terawattstunden und entsprach damit einem Anteil von 5,6 % am Stromverbrauch. Die Zubaurate erreichte im Jahre 2003 einen Spitzenwert von 3100 MW, und betrug 2010 noch 2300 MW. Die Marktprognosen sagen für Deutschland zwar sinkende Zubauraten voraus, prognostizieren aber immer noch einen Zuwachs zwischen 1500 und 2000 MW für die nächsten Jahre. Deutschland lag im Jahre 2006 noch an der Spitze der Windenergiemärkte. Die anderen Länder haben aber sehr rasch aufgeholt, so daß sich dieses Bild in wenigen Jahren geändert hat (Tabelle 16.21).

Tabelle 16.21. Die zehn wichtigsten Märkte für Windkraftanlagen im Jahre 2010 [26]

Land	Ende 2009 MW	Anfang 2010 MW	Kummuliert Ende 2010 MW
China	1 334	3 446	6 050
USA	2 454	5 215	16 818
Deutschland	2 233	1 625	22 247
Indien	1 840	1 730	ca. 8 000
Spanien	1 587	3 530	15 145
Frankreich	810	887	2 064
Kanada	776	397	1 856
Portugal	631	434	2 150
Großbritannien	629	187	2 389
Italien	417	603	2 726
Andere Länder	417	603	2 726
Gesamt	**12 711**	**18 054**	**79 445**

Die weltweit installierte Windleistungskapazität wurde Ende 2010 auf etwa 200 000 MW geschätzt. Die jährliche Zubaurate betrug ca. 15 000 MW pro Jahr. Der Schwerpunkt des Weltmarktes wird von Europa in andere Regionen der Welt verlagert (Bild 16.22). Seit einigen Jahren beschleunigt sich die Entwicklung aber auch in anderen Teilen der Welt. In den USA, wo die Entwicklung Ende der achtziger Jahre praktisch zum Stillstand gekommen war, ist die Windenergienutzung „wiederentdeckt“ worden. Das Wachstum übertrifft mittlerweile die Entwicklung in Europa. Neben den USA werden auch in anderen großen Flächenländern wie in Asien, insbesondere in Indien und China sowie in Australien zunehmend Windkraftanlagen zur Stromerzeugung eingesetzt. Das Wachstum in diesen Ländern ist so groß, daß in wenigen Jahren die Windenergienutzung zur Stromerzeugung dort größere Dimensionen angenommen hat als in Europa. Der jährlich vom dänischen Büro BTM Consult herausgegebene Bericht „Wind Energy Development World Markets Update“ enthält umfassende und sorgfältig recherchierte Marktanalysen und Prognosen. Diese Statistiken und Prognosen bilden eine wichtige Planungsgrundlage für die Windenergiebranche [26].

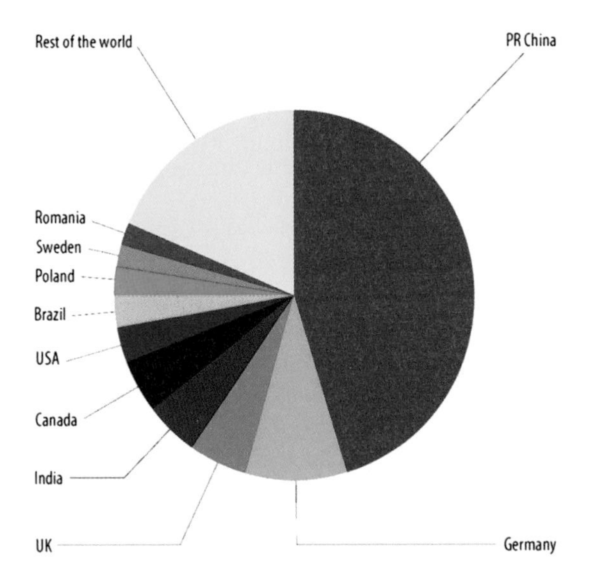

Bild 16.22. Neu installierte Windleistung im Jahre 2013 (Global Wind Energy Council)

16.5.2 Die Windkraftanlagenhersteller

Windkraftanlagen zur Stromerzeugung werden zwar seit mehr als 100 Jahren hergestellt. Bis vor etwa 25 Jahren konnte man dennoch nicht von einer „Windkraftanlagenindustrie“ sprechen. Die historischen Anlagen waren Einzelstücke, die entweder von Enthusiasten gebastelt oder auch in einzelnen Fällen von größeren Industrieunternehmen gefertigt wurden. Lediglich in Dänemark entwickelten sich in den zwanziger und dreißiger Jahren kleine Ansätze für eine etwas größere Windanlagenproduktion (vergl. Kap. 2.7).

Nach der vielfach zitierten „Energiekrise“ im Jahre 1973 setzte eine weltweite Forschungs- und Entwicklungstätigkeit auf dem Gebiet der Windenergietechnik ein (vergl. Kap. 2.6). Die Entwicklung wurde weitgehend von großen Industrie- und Technologiekonzernen getragen, da diese Unternehmen den besten Zugang zu den staatlichen Fördermitteln hatten. Der Markt für Windkraftanlagen wurde bei den klassischen Stromversorgungsunternehmen vermutet. Diese zeigten jedoch keine Neigung, wegen der damals noch weit entfernt liegenden Wirtschaftlichkeit, aber nicht nur aus diesem Grund, Windkraftanlagen zu kaufen. Als dann auch noch die staatlichen Fördermittel versiegten, verloren die Großunternehmen das Interesse an diesen „Produkten". Es ist eine bemerkenswerte Tatsache, daß die großen Konzerne, mit Namen wie MBB (heute EADS), MAN, Dornier in Deutschland oder Boeing, Westinghouse und andere in den USA keinen Zugang zu dem Markt finden konnten, wie er sich dann Anfang der achtziger Jahre tatsächlich entwickelte. (Der Autor dieses Buches, der selbst versucht hat, diese Phase der Windenergietechnik mitzugestalten, könnte eine Menge Gründe dafür nennen.)

Die Entstehung eines Absatzmarktes für Windkraftanlagen bei privaten Verbrauchern und Investoren wurde zuerst von kleinen dänischen Unternehmen, die vorwiegend landwirtschaftliche Maschinen herstellten, genutzt. Sie hatten den richtigen Zugang zu diesen Kunden. Namen wie Vestas, Bonus, Nordtank und andere standen dann auf den ersten Windkraftanlagen. Die Serienfertigungen dieser Anlagen wurde mit dem Bau der amerikanischen Windfarmen beschleunigt, so daß Ende der achtziger Jahre eine kleine mittelständische Windkraftanlagenindustrie in Dänemark existierte. Bemerkenswerterweise konnten sich die amerikanischen Hersteller, die natürlich ebenfalls am Bau der Windfarmen in den USA partizipierten, nicht behaupten. Ihre Anlagen waren im Vergleich zu den dänischen Produkten zu unausgereift und die organisatorische Struktur der Unternehmen in den meisten Fällen zu improvisiert.

Den zweiten großen Impuls setzte das Deutsche Einspeisegesetz für erneuerbare Energien im Jahre 1990. Dieses Gesetz markiert den Beginn des sich entwickelnden „Windenergie-Booms" in Deutschland. Nur unter dieser Voraussetzung konnten sich in Deutschland eine Reihe von erfolgreichen Windkraftanlagenhersteller entwickeln. Einige Jahre später kamen auch andere europäische Märkte und damit auch andere Hersteller hinzu.

Mit der weltweiten Entwicklung der Windenergienutzung und der zunehmenden Größe der Windkraftanlagen wird die Windkraftanlagenindustrie vor neue Herausforderungen gestellt. Dazu gehört auch die sich abzeichnenden Perspektiven für die Offshore-Windenergienutzung. Angesichts dieser Aussichten wenden sich auch die großen Industriekonzerne wieder dem Produkt „Windkraftanlage" zu. Wie üblich bildete oft die Übernahme von kleinen Herstellern den Eintritt in den mittlerweile als lukrativ eingeschätzten Markt (z. B. General Electric/Tacke oder Siemens/Bonus).

Der nächste „Boom" in der weltweiten Entwicklung der Windkraftanlagenindustrie zeichnet sich in Asien ab. Die bekannte Erfahrung, daß die Industrie den Märkten folgen muß, gilt auch hier. In Ländern wie Indien und China sind neue Windkraftanlagenhersteller entstanden, die für den eigenen Markt produzieren aber auch auf die Exportmärkte drängen. Die Exportquote der deutschen und dänischen Hersteller lag im Jahre 2006 aber immer noch bei etwa 70 Prozent ihrer Produktion. Damit hat sich auch eine Hoffnung erfüllt, an die noch vor zehn Jahren niemand so recht glauben wollte. Für die deutsche Industrie sind Windkraftanlagen zu einem „Exportschlager" geworden. In Deutschland umso mehr als die deutsche Zuliefererindustrie in hohem Maße auch von den in anderen Ländern hergestellten Anlagen profitiert. In fast allen serienmäßig produzierten Windkraftanlagen liegt der Wertanteil der aus Deutschland stammenden Zulieferungen bei etwa 50 %.

Die Windkraftanlagenhersteller verfolgen in der Entwicklung und Produktion unterschiedliche Strategien. Die „Großen" zum Beispiel Vestas und Enercon entwickeln und produzieren alle wesentlichen Komponenten in eigenem Hause oder in Tochterfirmen. Dies gilt insbesondere für die Rotorblätter und die Regelungssysteme. Diese Vorgehensweise wird offensichtlich für nötig gehalten um selbst das Tempo des technischen Fortschritts bestimmen und um eine Spitzenstellung einnehmen zu können. Außerdem bietet die Eigenentwicklung der Schlüsselkomponenten eine bessere Möglichkeit, die Komponenten hundertprozentig auf die Anforderung des Gesamtsystems hin zu optimieren. Dies erfordert zwar höhere Entwicklungskosten aber die Komponenten werden in der Produktion kostengünstiger. Diese Firmen verzichten damit auf die Möglichkeit Zulieferkomponenten aus großen Serien einzukaufen ohne daß sie selbst hohe Entwicklungskosten aufwenden müssen. Für die kleineren Hersteller ist diese Möglichkeit dagegen wichtig und in vielen Fällen die Voraussetzung um überhaupt Windkraftanlagen herstellen zu können. Allerdings sind sie hinsichtlich der Entwicklung neuer Typen vom Fortschritt auf der Zuliefererseite abhängig. In besonderem Maße gilt das für neue Rotorblätter, deren Verfügbarkeit entscheidend für die Entwicklung immer größere Anlagen ist.

Im Jahre 2012 arbeiteten in Deutschland über 100 000 Personen in der Windkraftanlagenindustrie und den Hauptzulieferbetrieben. Weltweit waren es einige hunderttausend mit einem Branchenumsatz der auf ca. 20 Milliarden Euro geschätzt wird. Im Jahre 2013 wurden ca. 70 % der Windkraftanlagen von zehn führenden Herstellern geliefert (Bild 16.23).

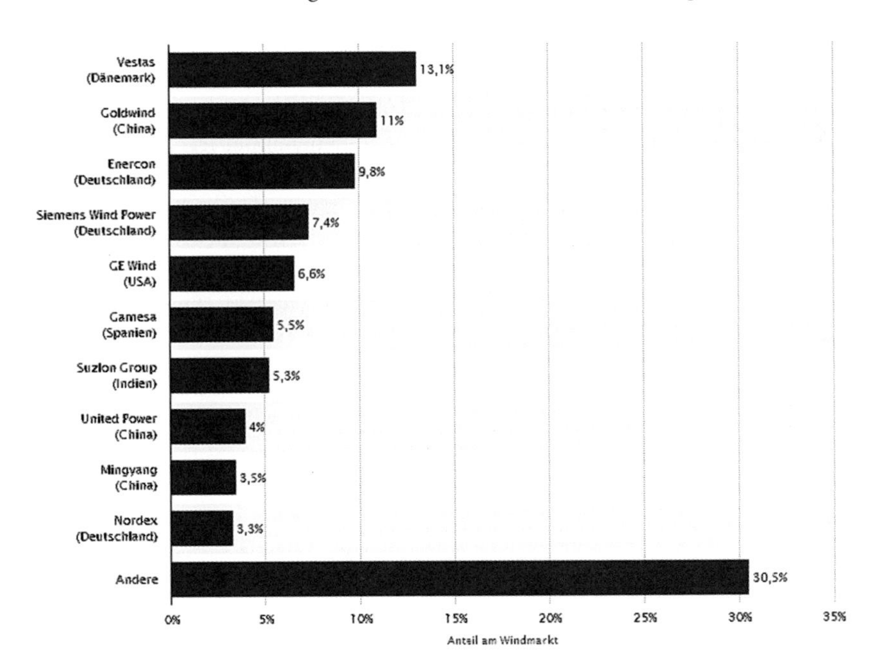

Bild 16.23. Die zehn führenden Hersteller von Windkraftanlagen, Marktanteile weltweit, 2013 (statista)

16.5.3 Zuliefererindustrie und Dienstleistungsunternehmen

Die Windkraftanlagenindustrie ist in weiten Bereichen in ganz besonderem Maße ein Zusammenspiel von Herstellerfirmen und Zulieferern. Viele kleine Hersteller sind weder in der Lage die zunehmend höheren Entwicklungskosten für neue Anlagen vollständig selbst aufzubringen, noch verfügen sie über entsprechende Entwicklungs- und Produktionskapazitäten um alle wesentlichen Komponenten selbst herstellen zu können. Wie bereits erwähnt, beträgt der Wertanteil der Zulieferkomponenten bei Windkraftanlagen im Durchschnitt etwa 50 %, bei einigen Typen sogar noch erheblich mehr, so daß die Wertschöpfung bei den Anlagenherstellern vergleichsweise gering ausfällt. Die Zulieferer entwickeln viele Schlüsselkomponenten auf eigene Kosten und auf eigenes Risiko und tragen damit einen erheblichen Teil der gesamten Entwicklungskosten in der Windkraftanlagenindustrie.

Rotorblätter

Die Rotorblätter sind die Schlüsselkomponente in einer Windkraftanlage. Nahezu die Hälfte der Rotorblätter werden von herstellerunabhängigen Zuliefererfirmen entwickelt und produziert. Der weitaus größte Hersteller ist die dänische Firma LM Glasfiber A/S, die aus einer ehemaligen Bootswerft hervorgegangen ist. Daneben gibt es eine Reihe kleinerer Hersteller in mehreren Ländern. In Deutschland zum Beispiel SINOI, Euros oder Abeking & Rasmussen.

Getriebe

Die Getriebe, soweit in der Windkraftanlage vorhanden, werden ausschließlich von speziellen Getriebeherstellern zugeliefert. Die deutsche Maschinenbauindustrie ist traditionell in diesem Bereich gut vertreten. Getriebe von Winergy (Renk), Flender, Lohmann & Stolterfoht, Eichhoff und andere sind in zahlreichen deutschen und ausländischen Windkraftanlagen zu finden. In den letzten Jahren hat die Getriebeindustrie mit der Entwicklung spezieller Getriebe die den hohen Anforderungen des Einsatzes in Windkraftanlagen angepasst wurden ganz erheblich zur Zuverlässigkeit und Lebensdauer der Windkraftanlagen beigetragen (vergl. Kap. 9.9 und 18.10).

Wälzlager

Die begrenzte Lebensdauer von Wälzlagern für die Lagerung der Rotorblätter, der Rotorwelle oder die Lager im Getriebe und Generator, hat in der Vergangenheit viele Schäden und Kosten bei Windkraftanlagen verursacht (vergl. Kap. 18.10). Die Lagerindustrie hat in den letzten Jahren große Anstrengungen unternommen die Qualität der Lager zu optimieren und konstruktive Lagerkonzeptionen gemeinsam mit den Anlagenherstellern zu entwickeln die den außerordentlichen Anforderungen in einer Windkraftanlage gerecht werden.

Elektrische Generatorsysteme

Die Entwicklung kostengünstiger und effizienter, drehzahlvariabler Generator/Umrichter-Systeme ist in erheblichem Maße ein Ergebnis der Anforderungen aus dem Windkraftanlagenbau. Die Elektrofirmen haben in diesem Bereich Pionierarbeit leisten müssen, die der Windenergietechnik, aber auch anderen Anwendungen, zugute kommt. In letzter Zeit zeigt die einschlägige Elektroindustrie auch ein Interesse an getriebelosen Vielpol-Generatorensystemen, insbesondere auf der Basis von Permanentmagneten.

Regelungssysteme

Die Regelungs- und Betriebsüberwachungssysteme wurden anfangs vielfach von herstellerunabhängigen Zulieferfirmen entwickelt und geliefert, zum Beispiel von Mita oder Dancontrol aus Dänemark. In einigen Fällen wurden auch so genannte speicherprogrammierbare Steuerungen aus dem Kraftwerksbau für die Regelung von Windkraftanlagen eingesetzt. In letzter Zeit gibt es jedoch eine verstärkte Tendenz gerade das Regelungssystem im Hause selbst oder zumindest exklusiv von einem Zulieferer entwickeln und fertigen zu lassen. Die Regelungsfähigkeiten einer Windkraftanlage, insbesondere unter dem Aspekt des Zusammenwirkens mit dem Stromnetz (vergl. Kap. 11) wird immer wichtiger und spielt deshalb im Wettbewerb eine zunehmende Rolle.

Türme

Die Türme von Windkraftanlagen gehören zwar technologisch gesehen nicht zu den Schlüsselkomponenten. Die zunehmende Größe stellt jedoch so hohe Anforderungen an den Transport und die Montage, daß daraus wieder spezielle Bauarten und Konzeptionen für Windkraftanlagen entstehen. In der Regel versuchen die Windkraftanlagenhersteller lokale Fertigungsbetriebe in der Nähe der Projekte zu finden. Steigende Stahlpreise und vergleichsweise niedrige Transportkosten führen jedoch dazu, daß Türme auch über weite Entfernungen zugeliefert werden.

Sonstige Komponenten

Die Vielfalt der sonstigen, kleineren Komponenten aus den Bereichen Maschinenbau und Elektrotechnik sind in einer Windkraftanlage so groß, daß eine Aufzählung den hier gesetzten Rahmen sprengen würde. Einige Komponenten die in den letzten Jahren von der Zulieferindustrie als windkraftanlagenspezifische Produkte entwickelt wurden, sind aber besonders zu nennen. Hierzu gehören zum Beispiel regelbare Rotorblatt- und Azimuthverstellantriebe oder hochwertige Gußbauteile für Rotornaben und Maschinenträger. Auch derartige Komponenten, die heute dem allgemeinen Trend folgend, von den Zulieferern als komplette „Subsysteme“ geliefert werden, sind für den „Stand der Technik“ in der Windkraftanlagenindustrie mitentscheidend.

Dienstleistungen

Zum Umfeld der Windkraftanlagen- und ihrer Zuliefererindustrie gehören auch die Dienstleistungsunternehmen. Auch diese haben sich in den letzten 20 Jahren von kleinen Ingenieurteams teilweise zu ausgewachsenen Unternehmen entwickeln können. Zum Beispiel hat sich das englische Ingenieurunternehmen Garrad Hassan zu einem weltweit operierenden Beratungs- und Entwicklungsunternehmen entwickelt. In Deutschland arbeitet die

Firma Aerodyn als Systementwickler für viele größere Windkraftanlagenhersteller oder vergibt Lizenzen für Windkraftanlagenentwürfe.

Entsprechend viele Arbeitsplätze wurden auch im Dienstleistungsbereich geschaffen. Die nachgefragten und angebotenen Dienstleistungen sind so vielfältig, daß eine vollständige Übersicht hier nicht möglich ist. Die wichtigsten sind:

- Ingenieurdienstleistungen in der technischen Entwicklung und Produktion von Windkraftanlagen. Viele kleine Hersteller sind auf diese Dienstleistungen angewiesen.
- Erstellung von Gutachten in den Bereichen Meteorologie (Windgutachten), Umweltauswirkungen, technische Prüfung und Zertifizierung von Windkraftanlagen und Schadensbegutachtung
- Meßtechnische Untersuchungen an Windkraftanlagen
- Wirtschaftliche Analysen und Gutachten für Investoren und Banken im Rahmen der Realisierung und Finanzierung von größeren Windpark-Investitionsprojekten
- Rechtliche Beratung bei der Abfassung von Verträgen und in Streitfällen
- Planungen von Windparkprojekten in den Bereichen technische Planung, Ausschreibungsverfahren und Genehmigungsplanung
- Herstellerunabhängige Wartungs- und Instandsetzungsarbeiten

Es ließen sich sicher noch mehrere erwähnenswerte Dienstleistungsbereiche aufzählen. In einer Industriegesellschaft, die sich selbst zunehmend als „Dienstleistungsgesellschaft" versteht, werden auch im Bereich der Windkraftnutzung immer mehr Dienstleistungen nachgefragt und angeboten. Ob dieser Trend, immer mehr Dienstleistungen und damit auch mehr Verantwortung „outzusourcen", in die richtige Richtung weist, sei dahingestellt. Das Handeln und die Schaffung von „anfassbaren Werten" mit eigener Kompetenz und in eigener Verantwortung werden vielleicht doch mal wieder stärker in den Vordergrund rücken.

Forschungstätigkeiten

Zu den Dienstleistungen im weiteren Sinne gehören auch die Forschungstätigkeiten an wissenschaftlichen Instituten und Universitäten. In der Anfangsphase der Windenergietechnologie, insbesondere in den achtziger Jahren im Zusammenhang mit dem Bau der großen Experimentalanlagen waren die staatlich finanzierten Forschungs- und Entwicklungstätigkeiten ein Motor der Entwicklung. Mittlerweile, mit der zunehmenden Größe der Windkraftanlagenhersteller und der Bedeutung des Wettbewerbs hat sich in diesem Bereich jedoch eine Wandlung vollzogen.

Heute liegt der Schwerpunkt des theoretischen Grundlagenwissens weitgehend bei den großen Herstellerfirmen und wird auch dort sorgsam gehütet. Die außerindustriellen Forschungstätigkeiten in der Windenergietechnologie konzentrieren sich deshalb heute auf die peripheren Bereiche wie z. B. Meteorologie, Netzintegration und meßtechnische Untersuchungen an Windkraftanlagen. Eine derartige Entwicklung ist nicht unüblich in der Industrie, zum Beispiel in der Luftfahrttechnik lassen sich Phasen erkennen, in denen das theoretische Grundlagenwissen zur Entwicklung von Flugzeugen schwerpunktmäßig von staatlichen Forschungsinstitutionen erarbeitet wurde und Phasen, in denen über längere Zeit diese theoretischen Grundlagen von der Industrie selbst generiert wurden.

Auch an den Universitäten und Fachhochschulen hat das Thema Windenergie mittlerweile Einzug gehalten. Die ersten Lehrstühle bzw. Professorenstellen für Windenergietechnik wurden in den letzten Jahren eingerichtet.

Literatur

1. Hanselmann, G.; Hau, E.: Schwungrad-Energiespeicher für Straßenfahrzeuge. VDI Nachrichten, Nr. 36, 1977
2. Gilhaus, A.; Hau, E.: Stationäre Schwungradspeicher für industrielle Anwendungen. Kommission der europäischen Gemeinschaften Nr. 318-78-1 EED, 1978
3. Fatajew, E. M.; Rodschetwenski, I. W.: Errungenschaften der sowjetischen Windtechnik. Energietechnik 3. Jg., Heft 2, 1953
4. Enercon Windblatt, 2004
5. Winter, J. (Hrsg.): Wasserstoff als Energieträger. Springer-Verlag, 1987
6. Lievense: Windenergie en Waterkracht. Publikatie van de Voorlichtingsdienst Wetenschapsbeleid, ISBN 9012 035414, 1986
7. Crotogino, F.: Druckluftspeicher-Gasturbinen-Kraftwerke zum Ausgleich flukturierender Windenergie-Produktion, Universität Hannover, Juni 2005
8. Bundesministerium für Wirtschaft BMWi: Energie Daten '94, Bonn, Okt. 1994
9. Kaiser, U.: Heizen mit Windenergie. Kraftanlagen Planungs GmbH, Heidelberg. BMFT-Forschungsvorhaben ET 4231 A, 1978
10. Hüttenhofer, K.: Heizen mit Wind. Diplomarbeit an der Technischen Universität München, Lehrstuhl für Thermodynamik C, 1982
11. Gasch, R.; Siekmann, H.; Twele, J.: Windturbine mit Kreiselpumpe. Windkraft-Journal 2/84
12. Amann, T.: Antrieb von Wasserpumpen durch eine schnellaufende Windkraftanlage. KFA-Seminar „Einsatz kleiner Windkraftanlagen in Entwicklungsländern", 1985
13. Plantikow, U.: Windgetriebene Meerwasserentsalzungsanlage bei WME, Clean Energy Power, Berlin, 24.-25. Jan. 2007
14. Amann, T.; Hau, E.: Concept of a Small Wind Driven Water Desalination Plant. Delphi, Griechenland: International Workshop on Wind Energy Applications 1985
15. Templin, R. J.; Rangi, R. S.: Measurement on the Magdalen Island VAWT and Future Projects. National Research Council of Canada, 5th Wind-Workshop, 1981
16. Cramer, G.; Caselitz, P.; Hackenberg, G.; Kleinkauf, W.; Amann, T.; Pernpeintner, R.: Erstellung einer Konzeption und Durchführung eines Meßprogramms sowie Aufbau und Inbetriebnahme eines digitalen Systems zur Meßwerterfassung und -verarbeitung für das Projekt Windpark auf Kythnos. BMFT-Forschungsbericht T86-194, 1986
17. Feustel, J.: A Medium Large Wind Power Plant for the New Diesel-Powered Energy Supply System of Helgoland, European Wind Energy Conference, Hamburg, 1984
18. Caselitz, P.; Hackenberg, G.; Kleinkauf, W.: Short-time Behaviour of Diesel-Generators when Integrated with Wind Energy Converters. European Wind Energy Conference, Hamburg, 1984
19. Cramer, G.; Kleinkauf, W.: Modular System for an Autonomous Electrical Power Supply Wind Diesel Combination. San Francisco: Windpower, 1985

20. Jarras, L.: Windenergie. Berlin, Heidelberg, New York: Springer-Verlag, 1980
21. Walve, K.: Integration of Wind Power in the Swedish Power System. Jülich: IEA Expert Meeting LS-WECs, 1982
22. E-on: Windreport 2004, E-on Netz GmbH, Bayreuth, 2004
23. Nissen, H. H.: Methoden der Wahrscheinlichkeitsrechnung zur Bestimmung der Leistungsreserve und Ausfalldauer der Belastung in Kraftwerken. Elektrizitätswirtschaft Heft 20 und 22, 1954
24. Timm, M.: Wirtschaftliche Windenergienutzung im Verbund mit herkömmlichen Kraftwerken. BMFT/KFA-Statusseminar Windenergie, 1978
25. Gesetz für den Vorrang erneuerbarer Energien (EEG), Bundesdrucksache Nr. 14/2776, 23. Febr. 2000
26. BTM Consult: International Wind Energy Development World Market Update 2001, Ringkøbing, Dänemark, 2001

Kapitel 17

Windenergienutzung im Küstenvorfeld der Meere

Die Nutzung der Windenergie „Offshore", das heißt die Seeaufstellung von Windkraftanlagen im Küstenvorfeld der Meere, ist in den letzten Jahren zur Realität geworden und wird zumindest in Deutschland als ein entscheidendes Zukunftspotential der erneuerbaren Energien angesehen. Die Entwicklung schreitet in diesem Bereich mit großen Schritten voran — allen Skeptikern zum Trotz. Welche Motive treiben diese Entwicklung an?

Vordergründig wird oft behauptet, daß dem weiteren Ausbau der Windenergie an Land der notwendige Flächenbedarf in absehbarer Zeit enge Grenzen setzen würde. Dies trifft sicher für einige Länder zu, so zum Beispiel für Holland oder für Dänemark zum Teil auch für Deutschland. Generell ist dieses Argument aber nicht stichhaltig. In vielen Ländern — auch in Europa — sind die geeigneten Landflächen für die Windenergienutzung noch bei weitem nicht ausgenutzt. Die Ausschöpfung des Windenergiepotentials an Land wird deshalb noch lange dominierend bleiben.

Ein anderes Argument für die Offshore-Aufstellung von Windkraftanlagen sind die höheren Windgeschwindigkeiten über dem offenen Meer. Auch dieses Argument ist richtig und wichtig, aber dennoch nicht das entscheidende Motiv. Die höhere spezifische Energielieferung im Offshore-Bereich wird nach heutigem Erkenntnisstand durch die höheren Bau- und Betriebskosten kompensiert, so daß die wirtschaftlichen Perspektiven nicht zwangsläufig besser sein müssen.

Ein drittes Argument für die Offshore-Windenergienutzung gewinnt in der öffentlichen Diskussion zunehmend an Bedeutung und scheint zum eigentlichen Motor für die Entwicklung zu werden. Die Aufstellung von Windkraftanlagen im Meer befördert aus mehreren Gründen die Tendenz „zur Größe". Die für die Offshore-Windenergienutzung geeigneten Windkraftanlagen werden immer größer und die Projekte werden mit Windparks in der Größe von 1000 Megawatt und mehr geplant. Die Windenergienutzung wird damit im Offshore-Bereich, auch in den Einzelvorhaben, eine kraftwerksähnliche Größenordnung erreichen. Diese Perspektive hat mittlerweile auch die etablierte Energieversorgungswirtschaft auf den Plan gerufen. Im Gegensatz zu der Windenergienutzung an Land, die bis heute von den privaten Stromverbrauchern vorangetrieben wird, scheint die Offshore-Nutzung wieder eine Domäne der „Großen" zu werden. Ob diese Entwicklung Folgen für die gesellschaftliche Akzeptanz der Windenergienutzung, zumindest in bestimmten Kreisen, haben wird, soll hier nicht erörtert werden.

Man kann aber in diesem Zusammenhang feststellen: Wenn das Potential der Windenergienutzung im Offshore-Bereich konsequent ausgeschöpft wird — an technischen Problemen wird dies mit Sicherheit nicht scheitern — werden die zukünftigen Offshore-Windparks eine Alternative zu einem Teil der heutigen konventionellen Großkraftwerke darstellen. Dieses Argument sollte man bei der Abwägung der ökologischen und wirtschaftlichen Argumente berücksichtigen.

17.1 Technische Probleme der Offshore-Aufstellung von Windkraftanlagen

Offshore-Bauwerke, insbesondere Plattformen für die Öl- und Erdgasgewinnung, gibt es in großer Zahl seit mehr als fünfzig Jahren. Ölbohrplattformen stehen in Extremfällen in Wassertiefen von mehreren hundert Metern. Aus diesem Bereich gibt es allgemeine Erfahrungen mit dem Transport, der Errichtung und dem Betrieb derartiger Bauwerke, ebenso wie eine Vielzahl technischer Lösungen. Dennoch wirft die Offshore-Aufstellung von Windkraftanlagen wieder neue Fragen auf, insbesondere deshalb, weil die wirtschaftlichen Grenzen viel enger gezogen sind, als zum Beispiel bei den Bohrplattformen, die millionenschwere Investitionen darstellen und außerdem von einer großen Bedienungsmannschaft betrieben werden. Die anwendbaren Techniken zur Errichtung von Windkraftanlagen im Offshore-Bereich sind zwar weitgehend mit „Anleihen" aus der bekannten Offshore-Technologie zu bewerkstelligen, der Betrieb von großen Offshore-Windparks — ohne Bedienungspersonal — ist dagegen eine vollständig neue technisch-organisatorische Herausforderung. Mittlerweile liegen auch aus dem Betrieb der bisherigen Offshore-Windparks spezifische Erfahrungen vor, die für die nächsten Projekte genutzt werden können.

17.1.1 Technische Anforderungen an die Windkraftanlagen

Die erste Voraussetzung für die erfolgreiche Windenergienutzung im Offshore-Bereich ist eine geeignete Konstruktion und technische Ausrüstung der Windkraftanlagen selbst. Die bisher gebauten Windkraftanlagen sind für die Aufstellung an Land konzipiert. Eine in der See aufgestellte Windkraftanlage ist naturgemäß anderen äußeren Bedingungen unterworfen. Diese müssen bei der Konstruktion berücksichtigt werden.

Zuverlässigkeit und Reparaturfreundlichkeit

Die problematische Zugänglichkeit der Windkraftanlagen, die nun mal die Offshore-Aufstellung mit sich bringt, stellt ganz besondere Anforderungen an die Zuverlässigkeit und — da es nie ganz ohne Reparaturen geht — an die Reparaturfreundlichkeit. Längere Stillstandszeiten sind aus wirtschaftlichen Gründen nur schwer zu verkraften. Die Forderungen nach besonderer Zuverlässigkeit und einfacher Reparatur und Wartung kann unter Umständen die gesamte technische Konzeption entscheidend beeinflussen, in jedem Fall aber die Konstruktion und die Qualitätsanforderungen für bestimmte Komponenten.

Turmhöhe

Die Offshore-Aufstellung von Windkraftanlagen erfordert zur Nutzung hoher Windgeschwindigkeiten weniger hohe Türme als die Aufstellung im Binnenland. Das Windgeschwindigkeitsprofil ist „bauchiger“, so daß niedrigere Turmhöhen genügen, um das wirtschaftliche Optimum zu erreichen. Die Turmhöhe wird, abgesehen vom Rotordurchmesser, von den ozeanographischen Verhältnissen bestimmt. Die normale Wassertiefe über Grund, der Tidenhub, die zu erwartende maximale Wellenhöhe und ein ausreichender Freiraum zum Rotor sind zu berücksichtigen. Bild 17.1 zeigt für eine angenommene Wassertiefe von 20 m und den Wasserstandsverhältnissen der Nordsee die vorgeschlagene Mindesthöhe für eine große Windkraftanlage mit 100 m Rotordurchmesser.

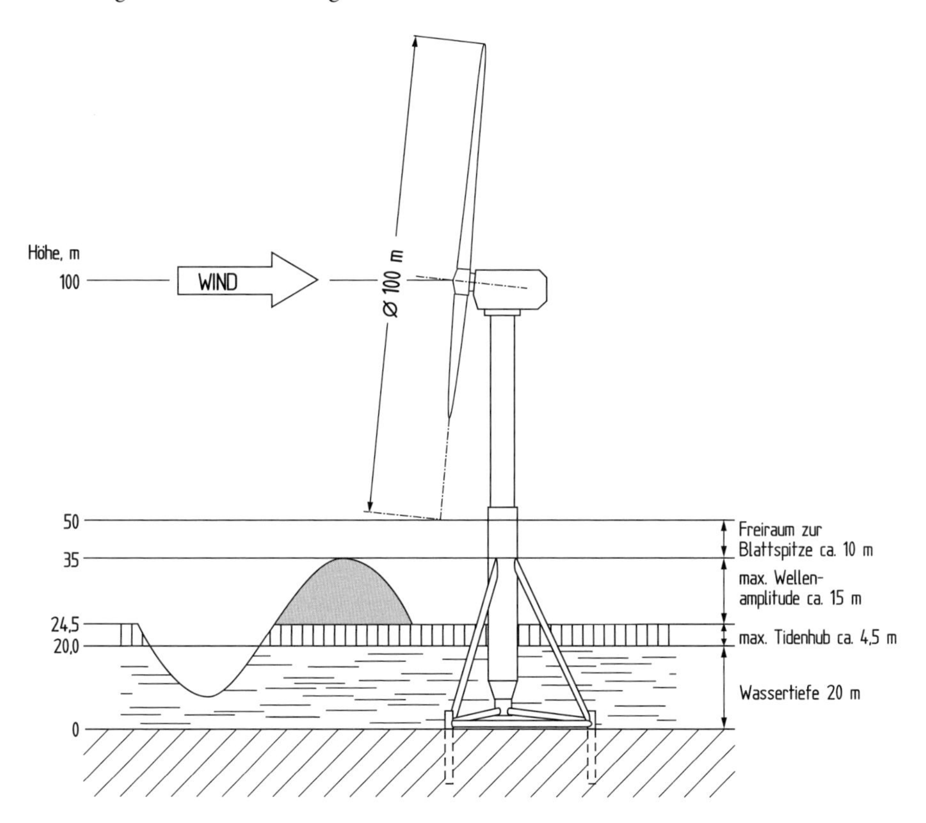

Bild 17.1. Wasserstandsverhältnisse in der Nordsee im Hinblick auf die Turmhöhe einer Windkraftanlage [1]

Belastungsspektrum

Die Belastungen, die im Offshore-Einsatz bei der Festigkeits- und Steifigkeitsauslegung der Konstruktion zu berücksichtigen sind, unterscheiden sich in einigen Punkten erheblich von denjenigen „an Land". Das Lastspektrum ist vor allem durch die Kombination von aerodynamischen und hydrodynamischen Lasten komplexer. Im wesentlichen sind folgende Faktoren zu beachten:

- Die mittlere Windgeschwindigkeit ist in der Regel höher.
- Die Turbulenzintensität über der offenen See ist geringer, aber je nach den gewählten Anlagenabständen ist mit einer höheren induzierten Turbulenz im Feld zu rechnen (vergl. Kap. 5.1.4).
- Die Wellenbewegung des Wassers kommt als neuer wesentlicher Belastungseinfluß hinzu. Dies gilt für die Extrembelastungen aus der sog. „Jahrhundertwelle" ebenso wie für das dynamische Antwortverhalten der Struktur auf die periodischen Wellenlasten. Hierbei ist das Zusammenspiel der Anregung durch Wellenbewegung und Windturbulenz zu berücksichtigen.
- Der Eisgang im Meer kann insbesondere in der Ostsee zu sehr hohen Extremlasten führen. Darüber hinaus ist auch der Eisansatz an der Anlage zu berücksichtigen.
- Die Veränderung der Meeresspiegelhöhe durch die Gezeiten hat unter Umständen einen Einfluß auf das Belastungsspektrum.
- Meeresströmungen können in einigen Seegebieten so stark sein, daß sie im Lastspektrum eine Rolle spielen.
- Die mit der Meeresströmungen verbundene „Auskolkung" des Seebodens hinter den Fundamentstrukturen kann die Steifigkeit der Fundamentstruktur beeinflussen.
- Nicht zuletzt spielt die stärkere Korrosion — wenn sie nicht durch entsprechende Schutzmaßnahmen verhindert wird — eine erhebliche Rolle für die Dauerfertigkeit der Strukturbauteile.

Ein wichtiger Aspekt im Belastungsspektrum ist die Überlagerung von Wind- und Wellenlasten. Sie spielt für die dynamische Strukturauslegung im Hinblick auf die Ermüdungsfestigkeit eine Rolle. Hiervon sind in erster Linie die Turm- und die Fundamentstruktur betroffen, während der Rotor und der mechanische Triebstrang nach wie vor fast ausschließlich von den Windlasten beaufschlagt werden. Die Wellenbelastung wird in ähnlicher Weise wie die Windturbulenz nach der Zeitverlaufs- oder Spektralmethode bei der Strukturauslegung berücksichtigt. Häufig verwendete Frequenzspektren sind die Ansätze von Pierson-Moskowitz oder Gonswap [2]. Bemerkenswert ist, daß die überlagerten Belastungsspektren aus Wind und Wellen in der Summe geringer sein können, als die unabhängige Aufsummierung der Einzelbetrachtungen. Der Grund liegt in der aerodynamischen Dämpfung des laufenden Rotors, der die Anregung durch die Wellenbewegung dämpft, in ähnlicher Weise wie die Segel eines Segelschiffes die Schiffsbewegung bei Wellengang dämpfen [3].

Die ersten umfassenden Lastannahmen wurde von der Norske Veritas im Jahre 2004 herausgegeben [4]. Sie stützten sich zum Teil auf die Erfahrungen mit anderen See-Bauwerken, insbesondere den Ölbohr-Plattformen. Die Systematik der Lastannahmen hält sich weitgehend an die IEC 61 400-1 und ergänzt diese durch die spezifischen maritimen Belastungen. Eine weitere umfassende Lastannahmen-Systematik für Offshore-Windkraftanlagen wurde 2005 auch vom Germanischen Lloyd veröffentlicht [6]. Mittlerweile sind diese Vorschriften in die IEC 61 400-25 „Wind Turbines — Part 3 Design Requirements for Offshore Wind Turbines", erschienen im Jahre 2009, eingeflossen [5].

Technische Ausrüstung der Anlage

Der Offshore-Einsatz von Windkraftanlagen stellt erheblich höhere Anforderungen an ihre technische Ausrüstung als der Landeinsatz. Es ist zum Beispiel heute noch nicht klar, in welchem Ausmaß die Redundanz bestimmter Funktionen erhöht werden muß, um die geforderte Zuverlässigkeit zu erreichen, die angesichts der erschwerten Zugänglichkeit wirtschaftlich unverzichtbar ist. Auch die Maßnahmen, die für die Wartungsfreundlichkeit im Offshore-Einsatz notwendig sind, werden erst im längerfristigen Einsatz erkennbar werden. Die erste Generation von Offshore-Anlagen unterscheidet sich von den Landversionen insbesondere in folgenden Merkmalen:

- deutlich erhöhter Korrosionsschutz an fast allen Strukturbauteilen
- besser abgedichtete Maschinenhäuser und geschlossenes Generatorkühlsystem
- Wesentlich umfangreichere Überwachungssysteme (Condition Monitoring)
- Bordkran im Maschinenhaus zur Erleichterung von kleineren Wartungs- und Reparaturarbeiten
- Spezielle Hebezeuge im Maschinenhaus und im Turm für schwere Komponenten und Lasten
- in einigen Fällen Plattformen auf dem Maschinenhaus zum Absetzen von Personal und Ausrüstung aus der Luft
- Anlandeplattformen für Wartungsboote mit speziellen Anlandehilfen und Befestigungen für die Zugänglichkeit bei rauher See
- Beleuchtung entsprechend den Vorschriften des Luft- und Seeverkehrs

Die vollständige technische Ausstattung der Windkraftanlagen muß bei den kommerziellen Offshore-Windparks als integraler Bestandteil eines umfassenden Logistik- und Wartungskonzeptes entwickelt werden.

17.1.2 Gründung auf dem Meeresgrund

Die weitestreichende Anpassung der Windkraftanlage an die Seeaufstellung ist mit der Gründung auf dem Meeresgrund verbunden. Dieses Bauwerk, obwohl gemeinhin als Fundament bezeichnet, ist weit mehr als ein einfaches Fundament wie für die Landaufstellung. Bei größeren Wassertiefen stellt die dazu erforderliche Konstruktion einen wesentlichen Kostenbestandteil dar und greift unter Umständen erheblich in das Schwingungsverhalten der Gesamtanlage ein.

Aus der allgemeinen Offshore-Technik sind eine Vielzahl von Konstruktionen bekannt, die je nach Wassertiefe und Größe des darauf ruhenden Bauwerkes ihre Vor- und Nachteile haben. Der Versuch, eine vollständige Übersicht zu geben, ist wenig hilfreich und auch nicht erforderlich, da sich die für die Aufstellung von Windkraftanlagen geeigneten technischen Lösungen auf wenige Konzeptionen beschränken [7].

Das statische Grundprinzip der Gründung ist dadurch gekennzeichnet, ob die Stabilität durch die Masse des Gründungskörpers gewährleistet wird, das heißt, ob eine *Schwerkraft-* oder *Flachgründung* vorliegt, oder ob die Konstruktion formschlüssig mit eingerammten Pfählen im Meeresgrund verankert wird, also eine *Tief-* oder *Brunnengründung* gegeben ist. Hinsichtlich der Bauart werden heute im wesentlichen drei Grundkonzeptionen in Betracht gezogen.

Schwerkraftgründung mit Senkkästen

Diese Bauart ist für flaches Wasser seit langem bewährt. Ein meistens aus Beton an Land gefertigter Senkkasten (engl. Caisson) wird schwimmend zum Aufstellort gezogen, dort versenkt und mit Füllmaterial (Sand oder Kies) auf das erforderliche Gewicht gebracht (Bilder 17.2 und 17.3). Die Masse eines Senkkastens für eine 2-MW-Anlage liegt bei ca.

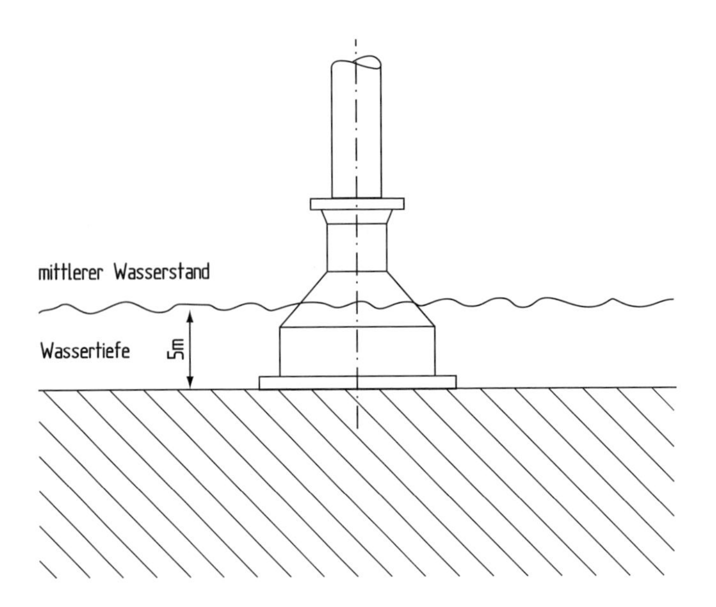

Bild 17.2. Schwerkraftgründung mit Senkkasten

Bild 17.3. Transport der Schwerkraftfundamente aus Beton für den Windpark Lillgrund in Schweden

1500 t (Middelgrunden), zuzüglich der Masse des Füllmaterials. Wegen des hohen Gewichtes der Betonkonstruktionen wird gelegentlich auch die Verwendung von Stahlkästen in Erwägung gezogen. In Meeresgebieten mit starkem Eisgang (Ostsee) sollte der aus dem Wasser ragende Teil eine konische Form aufweisen, die im Hinblick auf den Eisdruck des Packeises günstiger ist.

Senkkastenfundamente sind die preisgünstigste Lösung in flachem Wasser mit wenigen Metern Tiefe. Eine Faustregel besagt, daß die Masse, und damit auch die Kosten, nahezu mit dem Quadrat der Wassertiefe ansteigt. Aus diesem Grund ist ihre Anwendung auf Wassertiefen bis maximal 10 m beschränkt. Ein weiterer Nachteil ist, daß der Seeboden planiert und eventuell verfestigt werden muß, so daß umfangreichere Unterwasserarbeiten erforderlich sind.

Im Hinblick auf das Schwingungsverhalten sind die Schwerkraftgründungen „steif". Die aerodynamische Dämpfung des Rotors kann deshalb wenig zu einer weicheren Antwortreaktion der Struktur beitragen, so daß das Lastspektrum im Hinblick auf die Ermüdungsfestigkeit relativ hart bleibt. Ein weiterer umweltbezogener Aspekt ist die Rückbaufähigkeit der Gründung. Caissons können im Gegensatz zu den Tiefgründungen ohne großen Aufwand wieder entfernt werden.

Monopile-Gründung

Die Gründung mit einem freistehenden Stahlrohr, das in den Meeresboden eingerammt wird, ist vom statischen Prinzip her gesehen eine „Pfahl- oder Tiefgründung" (Bild 17.4). Der Ausdruck „Monopile" hat sich hier so eingebürgert, daß an dieser Stelle der An-

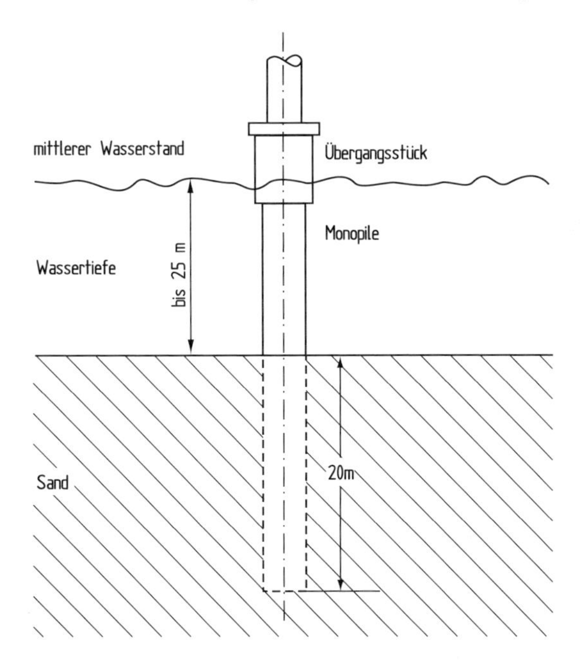

Bild 17.4. Monopile-Gründung

glizismus unvermeidlich ist. Diese vergleichsweise einfache Lösung wird vor allem aus Kostengründen immer dort bevorzugt, wo die äußeren Bedingungen hierfür geeignet sind.

Die Monopile-Gründung erfordert praktisch keine Vorbereitung des Seebettes, allerdings muß der Seegrund aus Sand oder Kies bestehen, um teure Bohrarbeiten zu vermeiden. Das Stahlrohr wird je nach Untergrund 10 bis 20 m tief mit einem hydraulischen Hammer von einer schwimmenden Plattform aus in den Seeboden gerammt. Derart schweres Montagegerät muß für diesen Zweck zur Verfügung stehen (Bild 17.5).

Bild 17.5. Aufrichten eines Monopiles vor dem Einrammen in den Meeresboden

Vom Schwingungsverhalten aus betrachtet ist die Monopile-Gründung ein „weiches" System. Die Eigenfrequenzen des Turms der Windkraftanlage können nur im Gesamtsystem „Turm mit Monopile" bestimmt werden. Die weiche Antwortreaktion der Struktur reduziert wirksam das Ermüdungslastspektrum.

Die Schwingungsanregung und damit auch die dynamischen Belastungen durch die Wellenbewegung stehen in einem engen Zusammenhang mit der Größe der Anlage. Mit zunehmender Größe werden die entscheidenden Frequenzen niedriger. Bei Rotordurchmessern von über 120 m liegen die anregende Frequenz des Rotors, wie auch die erste Biegeneigenfrequenz des Turmes, bei einem Wert von etwa 0,3 Hz oder noch darunter. Wenn dies der Fall ist, dominiert die dynamische Belastung aus der Wellenbewegung.

Die Rammtechnik ist aus ökologischen Gründen wegen des enormen Unterwasserschalls sehr umstritten. Eingerammte Monopiles sind deshalb auf Wassertiefen bis zu etwa 25 m beschränkt. Wegen des Kostenvorteils, den die Monopilestrukturen im Vergleich zu anderen Lösungen haben, werden bei einigen neueren Projekten aber auch sehr große Monopilefundamente verwendet. Sie werden in den Boden gebohrt statt eingerammt. Damit werden auch größere Wassertiefen erschlossen und die Anwendbarkeit auf Anlagen der 5 MW-Klasse ausgedehnt.

Das Monopile-Fundament besteht aus dem eigentlichen Tragrohr auf das ein sog. Übergangsstück (transition piece) aufgesetzt wird. Der Turmfuß der Windkraftanlage wird auf der Übergangstruktur montiert. Diese wird dann ausgerichtet und mit einer speziellen Technik mit dem Monopile-Tragrohr verbunden.

Tripod- oder Quadrupodgründung

Ein durch ein Drei- oder Vierbein abgestütztes, zentrales Stahlrohr wird als *Tripod* bezeichnet (Bilder 17.6 und 17.7). Andere ähnliche Varianten sind Stahlrohr- oder Fachwerk-

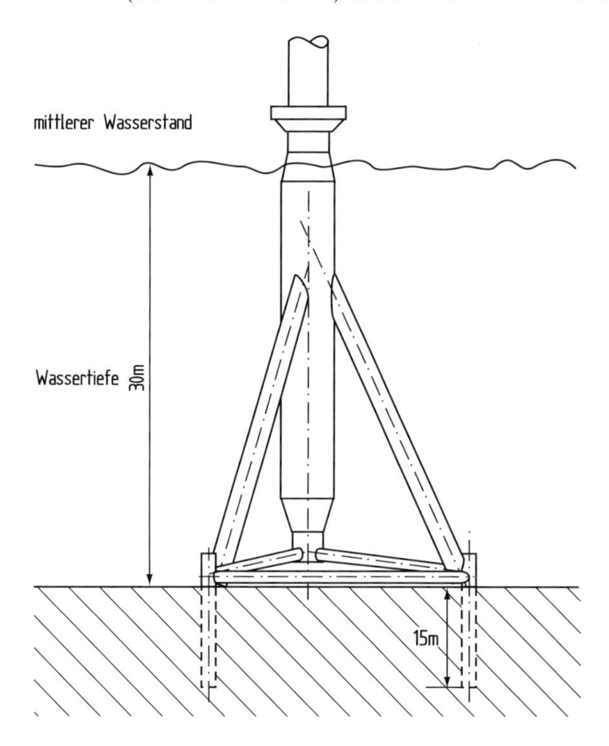

Bild 17.6. Tripod-Gründung

konstruktionen in Form eines Vierbeins (Quadrupod). Derartige Konstruktionen können vergleichsweise leicht und steif ausgelegt werden. Diese Konzeption ist deshalb für größere Wassertiefen geeignet. In der Regel werden die Auflagepunkte mit dünneren Stahlrohren (Durchmesser ca. 0,9 m) im Meeresboden verankert (Tiefgründung). Je nach Untergrund beträgt ihre Eindringtiefe bis zu 20 m. Die Standsicherheit, auch auf unebenem Meeresboden, ist damit sehr hoch.

Vorbereitende Arbeiten auf dem Seeboden sind nur in begrenztem Umfang erforderlich. Grundsätzlich ist die Gründung eines Drei- oder Vierbeins auch auf Senkkästen als

Bild 17.7. Montage der Tripod-Fundamente für die Multibrid 5MW Anlagen im Windpark Alpha Ventus in einer Wassertiefe von 35 m (Foto Multibrid)

Schwerkraftgründung möglich. Wegen des größeren Aufwandes versucht man diese Lösung jedoch zu vermeiden. Der wesentliche Nachteil der Tripod-, mehr noch der Quadrupod-Konzeption, ist der hohe Fertigungsaufwand an Land und der schwierige Transport. Für größere Wassertiefen, zum Beispiel in der Nordsee, wird diese Art der Gründung dennoch nach heutiger Auffassung als geeignete Lösung angesehen.

Jackets

Für große Wassertiefen sind auch die Stahl-Gitterkonstruktionen, so genannte „Jackets", geeignet. Diese Gründungsstrukturen werden seit Jahrzehnten für viele andere Offshore-Bauwerke verwendet und haben sich gut bewährt. Eine Jacket-Struktur verfügt über ein gutes Verhältnis von Steifigkeit, Gewicht und Kosten. Für Windkraftanlagen sind sie deshalb unter bestimmten Bedingungen eine geeignete Gründungsalternative (Bilder 17.8 und 17.7).

Die Jacket-Konstruktion besteht in der Regel aus vier nahezu senkrechten Beinen, die mit diagonalen und waagerechten Bestrebungen verbunden sind. Hierfür werden Rohre von 0,5 bis 2,0 m Durchmesser verwendet. Die Beine des Jackets werden im Meeresboden durch eingerammte oder eingebohrte Pfähle verankert. Das Gewicht der Jacket-Fundamente variiert je nach der Breite ihrer Basis, die das Kippmoment der Windkraftanlage aufnehmen muss. Kostentreibend sind die zahlreichen geometrisch komplexen Schweißverbindungen und eine schwere Übergangsstruktur von der oberen eckigen Plattform zum kreisrunden Turmflansch der Windkraftanlage. Eine spezielle Konstruktion wurde für den Windpark BARD Offshore I gewählt. Sie wird als Tripile-Gründung bezeichnet (Bild 17.10).

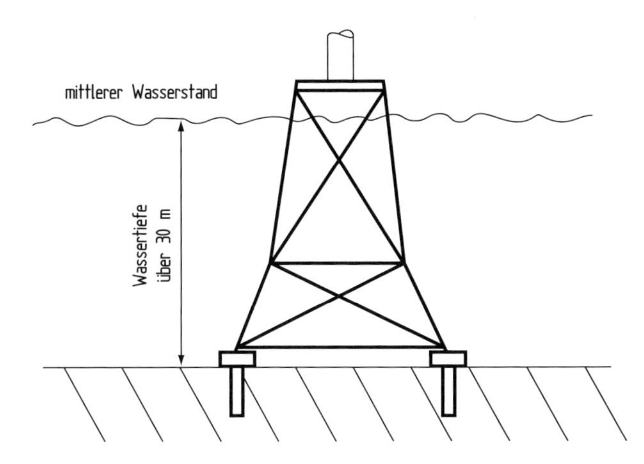

Bild 17.8. Jacket-Gründungsstruktur

Bild 17.9. Montage der Tripod-Fundamente für die Multibrid 5 MW Anlagen im Windpark Alpha Ventus in einer Wassertiefe von 35 m (Foto Multibrid)

Bild 17.10. Bard 5 MW-Anlagen mit Tripile-Fundamenten in einer Wassertiefe von 35 bis 40 m

Schwimmende Plattformen

Für die Offshore-Windenergienutzung werden auch schwimmende Plattformen entwickelt. Derartige Plattformen, die mit Trassen am Meeresgrund befestigt werden, sind in der Offshore-Technik bekannt. Für Windkraftanlagen sind sie in den Wassertiefen, die heute für die Offshore-Windenergienutzung in Frage kommen, noch keine wirtschaftliche Alternative. Außerdem verkompliziert die Bewegung der schwimmenden Plattform das dynamische Verhalten (Bild 17.11).

Ungeachtet dieser Schwierigkeiten gibt es konkrete Entwicklungsvorhaben zur Realisierung von schwimmenden Offshore-Anlagen. Mehrere Prototypen werden seit einigen Jahren getestet [8]. Ein Projekt wird unter dem Namen „Hydrowind" von einer norwegischen Firma gemeinsam mit Siemens entwickelt [9]. Eine andere Entwicklung wird von der Firma Vestas verfolgt (Bild 17.12). Die Windkraftanlage schwimmt mit Hilfe eines monopileähnlichen, getauchten Schwimmkörpers, der mit Kabeln auf dem Meeresboden festgehalten wird. Ob die Windenergie in ferner Zukunft auch in großer Entfernung von der Küste und damit in Wassertiefen, die nur mit schwimmenden Plattformen erreicht werden, wirtschaftlich genutzt werden kann, bleibt abzuwarten. Wenn die Entwicklung erfolgreich

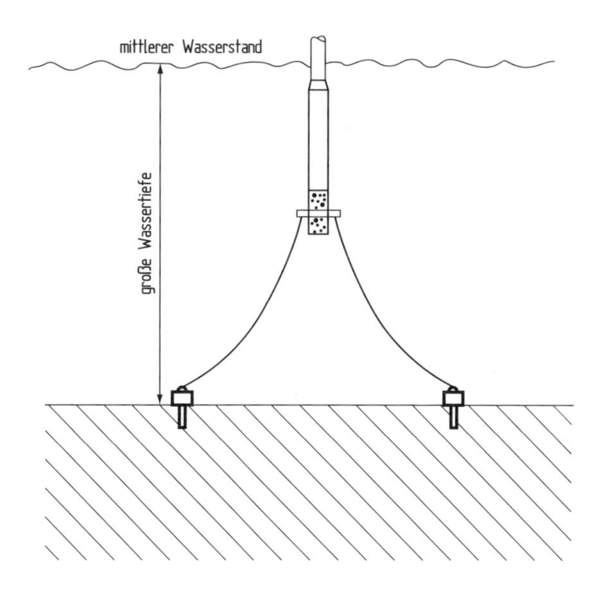

Bild 17.11. Konzeption einer schwimmenden „Plattform" in Form eines am Meeresgrund verankerten Tauchkörpers [9]

Bild 17.12. Vestas V80-2.0 MW auf dem Prototyp einer schwimmenden Plattform vor der portugisischen Küste bei Agucadoura (Vestas)

verläuft würde der Anwendungsbereich für die Offshore-Aufstellung von Windkraftanlagen nahezu unbegrenzt.

17.1.3 Elektrische Konzeption

Die elektrische Infrastruktur bildet bei großen Offshore-Windparks ein eigenständiges und vergleichsweise komplexes System, weit mehr als die Verkabelung und Netzanbindung von Windkraftanlagen an Land. Obwohl die gleichen elektrotechnischen Überlegungen wie an Land gelten, erfordern die besonderen Anforderungen andere, teilweise neue technische Lösungen. Insbesondere drei Aspekte müssen viel stärker als an Land berücksichtigt werden:

- die Zuverlässigkeit der Systeme und soweit als möglich ihre Redundanz
- die höheren Kosten, sowohl für die Komponenten als auch für die Montage und Verlegung im Meer
- die wesentlich größeren Entfernungen für den Energietransport zum Land

Unter diesen Voraussetzungen kommen auch unkonventionelle Lösungen in Betracht, zum Beispiel für die Übertragung der erzeugten elektrischen Energie über eine größere Entfernung zum Land. Die elektrische Infrastruktur läßt sich in vier Bereiche unterteilen:

- Internes elektrisches Netz des Windparks
- Offshore-Umspannstation
- Seekabelverbindung zum Land
- Verknüpfung mit dem Verbundnetz an Land

Für diese vier Teilsysteme gibt es unterschiedliche technische Lösungen, die jedoch immer nur im Rahmen des Gesamtsystems unter Berücksichtigung der elektrischen Konzeption der Windkraftanlagen ausgewählt und bewertet werden können.

Internes elektrisches Netz

Die interne Verkabelung eines Offshore-Windparks erfolgt in der Regel als Mittelspannungs-Drehstromsystem im Spannungsbereich von 20 bis 40 kV. Die Seekabel sind dreiadrige Kabel mit integriertem Glasfaser-Signalleiter. Man unterscheidet sog. „XLPE"-Kabel mit rundem Querschnitt und sog. „Flat-Type"-Kabel, bei denen die drei Leiter in einer Ebene nebeneinander liegen.

Die Kosten für heutige kunststoffummantelte Seekabel liegen bei 150–300 € pro Meter über denjenigen vergleichbarer Landkabel. Für die Verlegung müssen 80 bis 100 % der Kabelkosten veranschlagt werden, so daß ein Meter verlegtes Seekabel im Mittelspannungsbereich 300 bis 500 €/m kostet. Die Verlegung erfolgt mit speziell ausgerüsteten Kabellegeschiffen. Die Kabel werden nach einem üblichen Verfahren mit einem Wasserstrahl etwa einen Meter tief in den Meeresboden eingespült.

Die Windkraftanlagen werden über ihren eigenen Transformator, der die Generatorspannung auf die Mittelspannung des internen Kabelnetzes bringt, an eine zentrale Umspannstation angeschlossen. Für den Offshore-Bereich eignen sich Ringverbindungen für eine bestimmte Anzahl von Windkraftanlagen bis zu etwa 30 bis 40 MW pro Verbindungsring entsprechend der maximalen Übertragungsleistung der gewählten Kabelquerschnitte.

Die ringförmige Verbindung bietet den Vorteil, daß bei einer eventuellen Unterbrechung des Kabels die „dahinter“ liegenden Windkraftanlagen im Gegensatz zu den bei Landwindparks üblichen Kettenverschaltungen nicht ausfallen, sondern über den Ring umgeschaltet werden können. Das interne Kabelnetz wird in der parkeigenen Umspannstation zusammengeführt (Bild 17.13). Dort wird die Mittelspannung der internen Parkverkabelung auf die Hochspannung für den Energietransport zum Land gebracht.

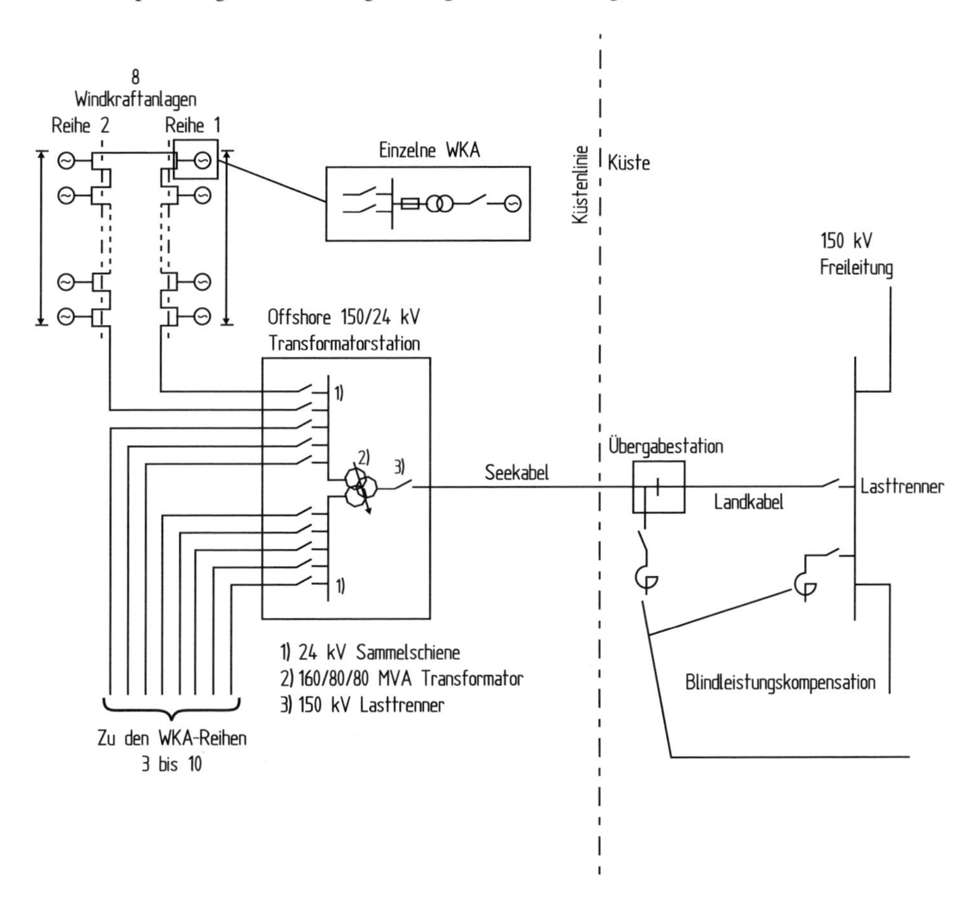

Bild 17.13. Elektrische Konzeption des Offshore-Windparks Horns Rev [9]

Grundsätzlich ist auch ein internes Gleichstromnetz denkbar. Dies ist jedoch nur sinnvoll, wenn jede Windkraftanlage mit einem geregelten Gleichrichter angeschlossen wird und auch die Verbindung zum Land als Gleichstromübertragung ausgeführt wird. Diese Option kann in Zukunft bei drehzahlvariabel betriebenen Windkraftanlagen, die ohnehin über einen Gleichstromzwischenkreis verfügen, interessant werden. Unter den heutigen Bedingungen werden jedoch Lösungen auf der Basis von Gleichstrom als zu teuer angesehen. Die gesamte Elektrotechnik im Kraftwerksbereich ist seit Jahrzehnten auf Drehstromsysteme eingestellt.

Offshore-Umspannstation

Die Energieübertragung zum Festland muß bei größeren Entfernungen und Leistungen auf Hochspannungsniveau erfolgen. Aus diesem Grund ist am Aufstellort des Windparks eine Umspannstation erforderlich. Hier werden die Leitungen von den Windkraftanlagen zentral zusammengeführt und die Energie auf Hochspannung transformiert.

Abgesehen von dieser Aufgabe enthält die Station die erforderlichen Schaltfelder und andere elektrische Einrichtungen, wie zum Beispiel Blindstrom-Kompensationsanlagen. Die Hochspannungstransformatoren sind in der Regel ölgekühlt. Die Schaltfelder müssen gasisoliert (SF6-Technik) ausgeführt werden. Die Umspannstation benötigt ein eigenes Fundament in ähnlicher Weise wie für die Windkraftanlagen, zum Beispiel als Monopile Bild 17.14.

Bild 17.14. Umspanstation des holländischen Windparks Q7 auf einem Monopile-Fundament

Seekabelverbindung zum Land

Bei größeren Entfernungen und größeren Leistungen, wie es beim Energietransport zum Landnetz erforderlich ist, reicht eine Mittelspannungskabelverbindung nicht mehr aus. Der Übergang auf das nächst höhere Spannungsniveau (110 bis 150 kV) ist zwingend erforderlich. Hochspannungs-Drehstromkabel für die Seeverlegung sind allgemein verfügbar und unterscheiden sich im Aufbau nicht von Mittelspannungs-Seekabeln (Bild 17.15 und Tabelle 17.16). Die Kosten liegen bei 800–1000 € pro Meter einschließlich der Verlegung.

Die Kabelverbindung zum Land wird in fast allen Fällen redundant ausgelegt. Ein Defekt an einem Kabel würde den ganzen Windparks außer Betrieb setzen, wenn kein Ersatz

Bild 17.15. Unterwasser-Drehstromkabel mit integrierter Glasfaser-Signalleitung (Nexans)

Tabelle 17.16. Leistungsdaten eines 145-kV-Seekabels (Nexans/Alcatel)

Nennspannung	145 kV
Type	XLPE
Anzahl der Adern	3
Nennstrom je Ader	900 A
Übertragungskapazität	205 MVA
Kupferquerschnitt je Phase	630 mm^2
Ohmscher Widerstand je Phase	0,0641 Ω/km
Induktiver Widerstand je Phase	0,1162 Ω/km
Kapazität je Phase	0,185 F/km
Ladestrom je Phase	4,7 A/km
Verluste je Phase	52 W/km
Außendurchmesser	200 mm
Gewicht	ca. 100kg/m

zur Verfügung stände. Ein 300 MW Windpark zum Beispiel wird deshalb über vier 150 kV-Kabel angeschlossen, die paarweise in einem gewissen Sicherheitsabstand zueinander, verlegt werden.

Die Wechselstromübertragung über weite Entfernung hat allerdings ihre besonderen Probleme. Die Kabel wirken ähnlich wie ein großer Kondensator, das heißt, sie verhalten sich im Hinblick auf die elektrischen Eigenschaften kapazitiv. Ab einer bestimmten Entfernung (etwa 100 km) wird der permanent erforderliche Ladestrom (Blindleistung) so groß, daß praktisch keine Wirkleistung mehr übertragen werden kann. Abhilfe können nur parallel geschaltete Drosselspulen schaffen, die den Blindstrom kompensieren. Da die erforderliche Blindleistung mit dem Spannungsniveau quadratisch zunimmt, ist die Begrenzung des Spannungsniveaus zum Beispiel auf 110 bis 150 kV sinnvoll. Bei großen Leistungen müssen eventuell mehrere Leitungen parallel verlegt werden — auch unter dem Gesichtspunkt der Redundanz. Der Spannungsabfall über die Entfernung und der damit zwangsläufig verbundene Wirkungsgradverlust ist nicht unbeträchtlich. Der Übertragungswirkungsgrad wird für ein 145-kV-Drehstrom-Seekabel wie folgt angegeben [10]:

50 km	0,95
100 km	0,92
150 km	0,88

Diese Nachteile führen dazu, daß die Wirtschaftlichkeit der Drehstromübertragung ab einer Entfernung von ca. 100 km in Frage gestellt wird und als Alternative eine Hochspannungsgleichstromübertragung (HGÜ) in Erwägung gezogen wird (Bild 17.17). Der Übertragungswirkungsgrad ist bei der HGÜ in viel geringerem Maße entfernungsabhängig und liegt bei 150 km noch bei ca. 0,92.

Bild 17.17. Gleichstrom Koaxial-Seekabel; Übertragbare Leistung 800 MW, Durchmesser 180 mm, Gewicht ca. 90 kg/m [10]

Die HGÜ vermeidet die Nachteile, die mit der Blindleistungskompensation und dem Wirkungsgradabfall verbunden sind. Allerdings sind hierfür sämtliche Systeme und Komponenten wie Schalter usw. wesentlich teurer. Ein weiterer Nachteil besteht darin, daß bei Gleichstrom der Übergang auf eine andere Spannungsebene nicht auf direktem Wege möglich ist. Die Transformation ist nur über eine teure und verlustbehaftete Wechsel- und spätere Gleichrichtung möglich.

Bei den üblichen HGÜ-Systemen werden Thyristorwechselrichter eingesetzt. Für die Anbindung von Windparks haben sie den Nachteil, daß im Windpark bei einem internen

Wechselspannungsnetz die Blindleistung nicht geregelt werden kann. Die Wechselrichter können nur netzgeführt eingesetzt werden, so daß im Windpark ein eigenes, isoliertes Wechselstromnetz (Inselnetz) aufgebaut werden muß. Thyristorwechselrichter erzeugen außerdem Oberwellen, die eine spezielle Filterung erfordern. Die Nachteile der Thyristortechnik können mit IGBT-Wechselrichtern vermieden werden. Diese werden in Verbindung mit einem Spannungszwischenkreis statt eines Stromzwischenkreises eingesetzt. Diese sog. „HGÜ-Light-Systeme“ werden bereits in einigen Fällen verwendet [11].

Verknüpfung mit dem Verbundnetz an Land

Die ersten Offshore-Windparks mit Leistungen von hundert oder zweihundert MW können an Land noch in das relativ engmaschige Hochspannungsnetz, in Deutschland 110 kV, eingespeist werden. Die zukünftigen Offshore-Windparks mit Leistungen von 1000 MW erfordern jedoch die Anbindung an das Höchstspannungsnetz (220 bis 380 kV). Heute sind Überlandleitungen im Höchstspannungsbereich nur nahe der großen Kraftwerke oder der großen Stromabnehmer, bei großen Städten oder Industriezentren zu finden. Im Bereich der deutschen Nord- und Ostseeküste werden zum Beispiel nur sechs mögliche Verknüpfungspunkte mit dem Höchstspannungsnetz genannt [12].

Wenn die Offshore-Windenergienutzung in diese Leistungsbereiche vorstößt, ist deshalb ein Ausbau der Hoch- und Höchstspannungsnetze unumgänglich. Dies ist selbstverständlich mit erheblichen Investitionen verbunden. In Deutschland haben sich die zuständigen Versorgungsunternehmen erst kürzlich bereit erklärt diese Investitionen vorzunehmen. Für den Bereich der Nordsee ist das E-on, während der Ostseeraum von Vattenfall verkabelt werden soll.

17.2 Transport und Montage

Wie bei allen Offshore-Bauwerken stellt auch die Installation und der Betrieb von Windkraftanlagen auf See besondere Anforderungen an das Transport- und Montagekonzept sowie den späteren Betrieb der Anlagen (Bild 17.18 bis 17.21). Die hiermit verbundenen Probleme und Kosten nehmen einen völlig anderen Stellenwert ein, als bei der Windenergienutzung an Land.

Die größten Schwierigkeiten stellen sich spätestens beim Transport der zukünftigen großen Anlagen in der Leistungsklasse von vier bis fünf Megawatt. Es ist kaum noch vorstellbar, daß die Turmsektionen und die Rotorblätter mit Längen von über 50 m noch weite Strecken über Land transportiert werden können. Dies gilt auch für die Offshore-Gründung, zum Beispiel dann, wenn komplexere Strukturen zum Einsatz kommen, wie z. B. Tripod- oder Quadrupod-Fundamente. Aus wirtschaftlichen Gründen wird man bestrebt sein, die Anlagen und Komponenten soweit wie möglich an Land vorzufertigen, um die teure und zumindest zeitlich unsichere Montage auf See zu vermeiden. Wenn es zum Beispiel wegen schlechten Wetters zu Verzögerungen bei der Montage kommt, ergibt sich am Fertigungsort sofort die Notwendigkeit, die Komponenten lagern zu müssen. Auch bei den heutigen Dimensionen der Offshore-Anlagen kann allein dies schon ein Problem werden.

Der Transport zum Aufstellort erfolgt in der Regel auf einer schwimmenden Montageplattform. Hierfür werden sog. *Jack-up-Plattformen* eingesetzt. Diese verfügen über

Bild 17.18. Lagerung der Bauteile an Land vor dem Transport zum Offshore-Aufstellgebiet Yttre Stengrund (NEG Micon/Vestas)

Bild 17.19. Verladen des vormontierten Rotors (Durchmesser 70 m) für die Montage des Offshore-Windparks (NEG Micon/Vestas)

Bild 17.20. Transport der Komponenten zum Aufstellort Yttre Stengrund (NEG Micon/Vestas)

Bild 17.21. Montage der Windkraftanlagen im Windpark Yttre Stengrund (NEG Micon/Vestas)

Stützfüße, die für die Montagearbeiten auf dem Meeresgrund abgesenkt werden können. Beim Transport werden die Stützen hochgezogen und die Plattform wird von einem Schlepper gezogen (Bilder 17.19 und 17.20).

Der Umfang der Montagearbeiten auf See und das dazu erforderlich Gerät werden unter anderem von der Bauart der Gründung bestimmt. Monopile-Gründungen erfordern schwere hydraulische Hammerwerke, um die Stahlrohre mit Durchmessern um die 4 m bis zu etwa 20 m tief in den Meeresboden einzurammen (vergl. Bild 17.21). Ein erheblicher Risikofaktor für die Montage ist das Wetter. Alle heute bekannten Montagetechniken können nur bei ruhiger See durchgeführt werden. Das wichtigste Kriterium ist in diesem Zusammenhang die Wellenhöhe. Bei Wellenhöhen von über einem Meter werden die Arbeiten extrem schwierig oder unmöglich, so daß die vorübergehende Unterbrechung der Arbeiten im Logistikkonzept einkalkuliert werden muß.

17.3 Betrieb von Offshore-Windkraftanlagen

Der Betrieb von Offshore-Bauwerken in einer Entfernung bis zu 100 km vor der Küste stößt grundsätzlich nicht in technisches Neuland vor. Seit Jahrzehnten werden zahlreiche Offshore-Bauwerke im Meer betrieben. Insbesondere die hochkomplexen Öl-und Gas-Fördereinrichtungen haben eine ganze Offshore-Industrie entstehen lassen. Diese Erfahrungen können selbstverständlich auch für den Bau und Betrieb von Windkraftanlagen im Offshore-Bereich genutzt werden.

Das eigentliche Problem stellt der Betrieb von Offshore-Windkraftanlagen unter wirtschaftlichen Vorzeichen dar. Der Wartungsaufwand darf unter den Bedingungen des Offshore-Einsatzes ein gewisses Maß nicht überschreiten, weil der Betrieb sonst unwirtschaftlich wird. Die Wartung und Instandsetzung wird durch mehrere Faktoren erschwert. Die Umgebungsbedingungen, insbesondere durch die extrem salzhaltige Umgebungsluft sind wesentlich härter als an Land, auch wenn ein entsprechender Korrosionsschutz bei der Konstruktion berücksichtigt wird. Der Weg von den Service-Zentren an Land führt über die offene See mit allen Konsequenzen für die Transportkosten und die Zeitabläufe. Montagearbeiten erfordern Kranschiffe, die über weite Entfernungen herangefahren werden müssen. Bei alledem spielt auf der See das Wetter eine entscheidende Rolle.

17.3.1 Wetterbedingte Zugänglichkeit

Ein erhebliches Problem der Offshore-Aufstellung von Windkraftanlagen, das sich zum ersten Mal beim ca. 12 km vor der schwedischen Westküste liegenden Windpark Bockstigen gezeigt hat, ist die Erreichbarkeit der Windkraftanlagen bei rauher See. Das Anlanden des Wartungsbootes erwies sich bereits bei einer Wellenhöhe von knapp über einem Meter als äußerst schwierig. Die Folge waren lange Stillstandzeiten aufgrund von kleineren Defekten, die bei einer an Land stehenden Anlage in wenigen Stunden hätten behoben werden können. Dieses Problem kann fatale wirtschaftliche Folgen haben. Die Versicherbarkeit gegen Erlösausfälle (Betriebsunterbrechungsversicherung) kann ein Ausschlußkriterium für ein Offshore-Projekt sein, sofern keine befriedigende Lösung gefunden werden kann. Neben schwer wiegenden Folgeschäden, die aufgrund kleinerer Defekte, die nicht in angemessener Zeit behoben werden können, ist der Erlösausfall in den langen Stillstandszeiten ein wirtschaftliches Problem für den Betreiber.

Vor diesem Hintergrund werden für alle kommerziellen Offshoreprojekte die verschiedensten Konzepte entwickelt, um die Erreichbarkeit der Anlagen zu gewährleisten. Die Versorgungsschiffe müssen über speziell bewegliche Anlandevorrichtungen verfügen, um auch bei höherem Wellengang an den Türmen festmachen zu können (Bild 17.22). Selbst der Einsatz von Unterwasserfahrzeugen wird in Erwägung gezogen, mit deren Hilfe das Wartungspersonal in Taucheranzügen unter Wasser in den Turm einsteigen kann. Ähnliche Arbeiten sind ohnehin bei der Montage der Windkraftanlagen erforderlich.

Bild 17.22. Andocken eines Versorgungsbootes bei Wellengang an einer Windkraftanlage (Maritime Journal)

Darüber hinaus wird eine gewisse Zugänglichkeit aus der Luft für zweckmäßig gehalten. Einige große Offshore-Windkraftanlagen verfügen über spezielle Plattformen auf dem Maschinenhaus mit deren Hilfe Personen und Material mit Hubschraubern abgesetzt werden können (Bild 17.23).

17.3.2 Wartung und Instandsetzung

Die logistischen Verfahren zum Betrieb von großen Offshore-Windparks in großer Entfernung vor der Küste können nur zusammen mit dem Bau der ersten großen Projekte entwickelt werden. Bis heute haben die Verfahren und die dazu notwendigen Ausrüstungen noch weit gehend experimentellen Charakter (Bild 17.24). Die dafür aufgewendeten

Bild 17.23. Absetzen von Wartungspersonal mit einem Hubschrauber auf einer Offshore-Windkraftanlage (AREVA)

Kosten sind deshalb noch nicht repräsentativ für den langfristigen kommerziellen Betrieb von Offshore-Windparks.

Ungeachtet dieser Vorbehalte werden bereits Kosten publiziert, die jedoch sehr von der individuellen Situation beeinflußt sind und kaum Allgemeingültigkeit für sich beanspruchen können. In den meisten Fällen verbergen sich auch noch „nachgezogene" Entwicklungskosten hinter den veröffentlichten Zahlen. In jedem Fall wird man jedoch feststellen können, daß der Aufwand für Wartung und Instandhaltung wesentlich höher als für landgestützte Projekte ist und auch bleiben wird. Schätzwerte gehen von 33 bis 50 % höheren Kosten aus. Zusätzlich wird man auch die Werte für die technische Verfügbarkeit der Anlagen niedriger als an Land ansetzen müssen. Man schätzt das für die überschaubaren nächsten Jahre die Verfügbarkeit nicht wesentlich über 90 % liegen wird [13]. Um den Aufwand für die Betriebskosten in Zukunft auf wirtschaftlich akzeptables Maß zu bringen, ist die Zuverlässigkeit der Anlagen von zentraler Bedeutung.

In erster Linie muß die Wartungs- und Störanfälligkeit der Anlagen, gemessen am heutigen Stand, noch deutlich verringert werden. Eine frühzeitige Fehlererkennung ist ebenso wichtig wie eine Strategie der vorbeugenden Wartung, damit diese Arbeiten dann durchgeführt werden können, wenn die Wetterbedingungen günstig sind. Ziel muß es sein, die „MTBF" (Mean Time Between Failure) zu maximieren. Die hierzu geeigneten Strategien und technischen Maßnahmen müssen in der Windenergieindustrie noch eingeführt werden. Noch weitergehende Überlegungen sehen den Einsatz von „Fernwirksystemen" vor. Man erhofft sich, mit dieser Technik zumindest einfache Wartungs- und Einstellarbeiten von Land aus durchführen zu können. Die Entwicklung eines integrierten Logistik-Konzeptes, das ausgehend von den Produktionsstandorten, über die Lagerhaltung, die Transportmöglichkeiten bis hin zu den Verfahren der Zugänglichkeit bei rauher

Bild 17.24. Wartungsarbeiten im Windpark Yttre Stengrund (Foto NEG Micon)

See und schlechter Sicht wird in Zukunft für die Wirtschaftlichkeit des Offshore-Betriebs von Windkraftanlagen von entscheidender Bedeutung sein. Der langfristige Aufwand für die Betriebskosten wird in hohem Maße davon abhängen und damit letztlich auch eine Frage der Investition in die logistischen Mittel sein.

17.4 Bedingungen für die Offshore-Windenergienutzung im Bereich der Nord- und Ostsee

Die meisten Länder, in denen die Windenergienutzung an Land bereits heute eine Rolle spielt, sind Anrainerstaaten der Nord- und Ostsee. Die Offshore-Technik für die Aufstellung von Windkraftanlagen wird deshalb auch in erster Linie hier entwickelt. Selbstverständlich gibt es weltweit zahlreiche Küstenbereiche, die ebenfalls für die Offshore-Nutzung der Windenergie in Frage kommen, deren Erschließung für die Windenergienutzung noch bevorsteht.

Das Küstenvorfeld der Nord- und Ostsee bietet im Hinblick auf die Windenergienutzung unterschiedliche Voraussetzungen, so daß auch die Entwicklung der Offshore-Windenergienutzung in den einzelnen Regionen mit unterschiedlichen Akzenten verläuft.

17.4.1 Ozeanographische Bedingungen und Windverhältnisse

Für die Offshore-Aufstellung von Windkraftanlagen sind zunächst ozeanographische und meteorologische Voraussetzungen von Bedeutung. Sie entscheiden entsprechend dem verfügbaren Stand der Technik über die technisch-wirtschaftliche Durchführbarkeit eines Projektes. Genehmigungsrechtliche Verfahren unter Berücksichtigung ökologischer und konkurrierender wirtschaftlicher Interessen sind der zweite wichtige Faktor, aber sie sind im Zweifelsfall verhandelbar.

Wassertiefe

Die wichtigste ozeanographische Einflußgröße ist die Wassertiefe. Sowohl die Nordsee als auch die Ostsee sind im Bereich der Küsten sehr flach, da sie auf dem Festlandsockel liegen. Die Wassertiefe der Nordsee geht nicht über etwa 40 m hinaus. In geringer Entfernung von der Küste ist mit einer Wassertiefe von 10 bis 20 m zu rechnen. Darüber hinaus ist noch der *Tidenhub* zu berücksichtigen, der in Küstennähe stellenweise Maximalwerte von 4,5 m erreicht. Allerdings liegt vor der deutschen Nordseeküste das Wattenmeer, wo sich

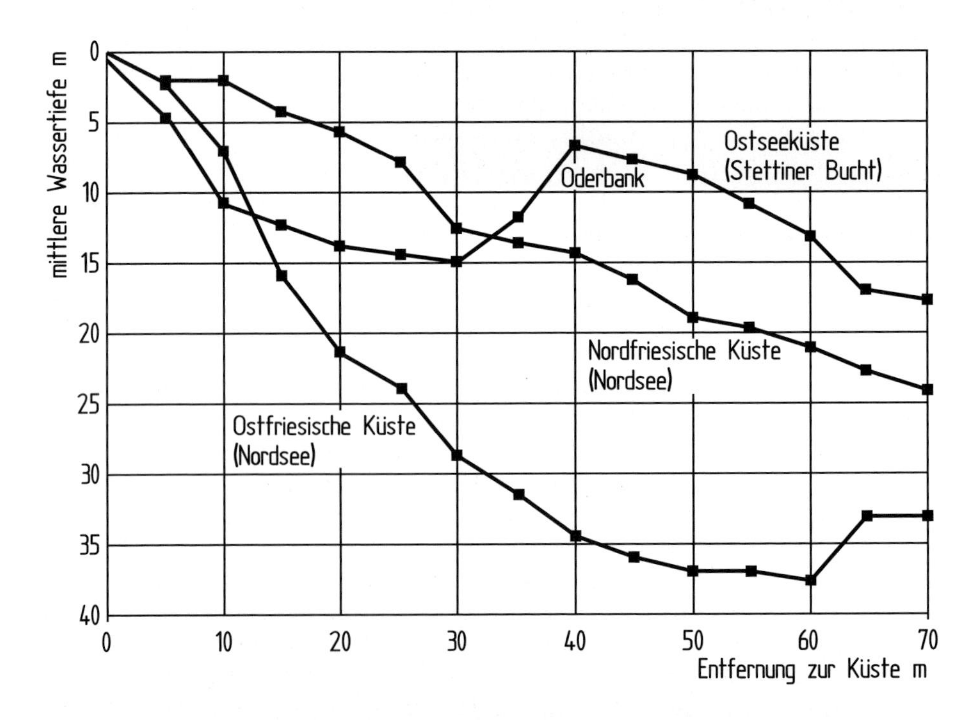

Bild 17.25. Zunahme der Wassertiefe mit der Entfernung von der Küste in der Deutschen Bucht [14]

die Aufstellung von Windkraftanlagen aus ökologischen Gründen verbietet. Aus diesem Grund sind im deutschen Nordseebereich größere Projekte nur in weiterer Entfernung vom Land und damit auch in größerer Wassertiefe (20 bis 40 m) realisierbar. Die Zunahme der Wassertiefe mit der Entfernung von der Küste zeigt Bild 17.25 [14]. Die Wassertiefe der Ostsee erreicht nur Maximalwerte von ca. 20 m. Außerdem gibt es dort kein Wattenmeer, so daß der unmittelbare Küstenbereich mit geringer Wassertiefe genutzt werden kann. Von dieser Situation profitieren insbesondere die dänischen Offshore-Projekte. Im Bereich der dänischen Ostseegewässer können selbst sehr große Offshore-Windparks in Wassertiefen von 10 bis 15 m realisiert werden.

Der Tidenhub fällt in der Ostsee praktisch weg, dafür muß im Winter mit wesentlich stärkerer Vereisung gerechnet werden. Nach der Wassertiefe sind die zu erwartenden Wellenhöhen von Bedeutung. Hierin unterscheiden sich Nord- und Ostsee erheblich. Während in der Ostsee die maximale Wellenhöhe etwa 7 m beträgt, muß in der Nordsee mit einer maximalen Wellenhöhe von 20 m gerechnet werden (sog. „Jahrhundertwelle").

Windverhältnisse

Die hohen Windgeschwindigkeiten über See sind ein wesentlicher Anreiz für die Offshore-Aufstellung von Windkraftanlagen. Einen Überblick über die Windverhältnisse vor den Küsten der Europäischen Union vermittelt Bild 17.26. Für die Nordsee werden in einer Entfernung von mehr als 10 km von der Küste im südlichen Bereich Werte von über 8 m/s in einer Höhe von 60 m angegeben. Im Norden liegen die mittleren Windgeschwindigkeiten etwa 1 m/s über diesem Wert [3]. Über der Ostsee ist die mittlere Windgeschwindigkeit generell etwas geringer. Sie nimmt von Westen nach Osten zu und erreicht vor den Baltischen Staaten ähnliche Werte wie im südlichen Bereich der Nordsee.

Besondere Beachtung im Hinblick auf die Windverhältnisse erfordert der unmittelbare Bereich vor der Küste bis zu einer Entfernung von etwa 10 km in die See. Neuere Untersuchungen weisen darauf hin, daß in diesem Bereich der Übergang von den Windverhältnissen an Land zu den Verhältnissen der offenen See stattfindet [15]. Das betrifft nicht nur die mittlere Windgeschwindigkeit, sondern auch die Veränderung des Gradienten für die Zunahme der Windgeschwindigkeit mit der Höhe. Mit anderen Worten: Die Aufstellung von Windkraftanlagen muß mindestens diese Entfernung zum Land haben, um das Offshore-Windenergiepotential wirklich ausschöpfen zu können. Nur dann ist eine Mehrenergielieferung von 30 bis 40 % gegenüber einem Landstandort zu erwarten. Diese Erkenntnis ist besonders für die Ostseeküste von Bedeutung, da hier wegen des fehlenden Wattenmeeres eine Offshore-Aufstellung dicht vor der Küste möglich ist.

Die Häufigkeitsverteilung der Windgeschwindigkeit über See läßt sich nach einer Weibull-Verteilung mit einem Skalierungsfaktor $k = 2{,}0$ bis 2,2 beschreiben. Die vorherrschende Windrichtung bewegt sich je nach Lage von Südwest bis Nordwest. Die Windgeschwindigkeit nimmt, wegen der geringeren Oberflächenrauhigkeit, schneller mit der Höhe zu als an Land. Die durchschnittliche Rauhigkeitslänge beträgt nur etwa 0,003 m. Der entsprechende Hellmann-Exponent liegt im Bereich von 0,11 bis 0,12. Damit ist der Gewinn an Energieausbeute mit zunehmender Höhe geringer als an Land, mit der Folge, daß die wirtschaftlichen Turmhöhen der Windkraftanlagen niedriger gewählt werden können (Bild 17.27).

The European Wind Atlas, complied by the Risø National Laboratory, contains comprehensive information about wind speeds and resources.

	Wind resources over open sea (more than 10 km offshore) for five standard heights				
	10m ms^{-1}/Wm^{-2}	25m ms^{-1}/Wm^{-2}	50m ms^{-1}/Wm^{-2}	100m ms^{-1}/Wm^{-2}	200m ms^{-1}/Wm^{-2}
	> 8.0 > 600	> 8.5 > 700	> 9.0 > 800	> 10.0 > 1100	> 11.0 > 1500
	7.0-8.0 350-600	7.5-8.5 450-700	8.0-9.0 600-800	8.5-10.0 650-1100	9.5-11.0 900-1500
	6.0-7.0 250-300	6.5-7.5 300-450	7.0-8.0 400-600	7.5-8.5 450-650	8.0-9.5 600-900
	4.5-6.0 100-250	5.0-6.5 150-300	5.5-7.0 200-400	6.0-7.5 250-450	6.5-8.0 300-600
	< 4.5 < 100	< 5.0 < 150	< 5.5 < 200	< 6.0 < 250	< 6.5 < 300

Bild 17.26. Windverhältnisse vor den Küsten der Europäischen Union in mehr als 10 km Entfernung von der Küste für verschiedene Höhen [16]

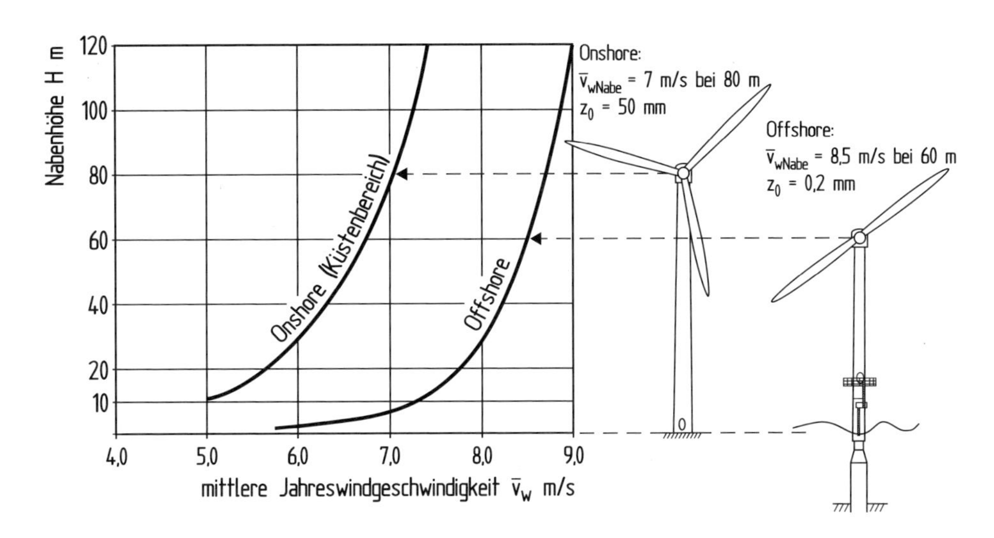

Bild 17.27. Höhenprofile der Windgeschwindigkeit für einen typischen Land- und Offshore-Standort [3]

Eine weitere wichtige charakteristische Größe ist die Turbulenzintensität. Während die Turbulenzintensität über Land im Bereich zwischen 10 und 20 % liegt, wird über dem offenen Meer eine Turbulenzintensität von unter 10 % gemessen. Typische Werte liegen bei 8 % in einer Höhe von 60 bis 70 m [5]. Diese geringere Turbulenzintensität verringert einerseits die aus der Umgebungsturbulenz resultierenden Ermüdungslasten für die Windkraftanlage, bewirkt aber andererseits ein weniger schnelles „Auffüllen" der Nachlaufströmung hinter dem Rotor. Aus diesem Grund müssen die Abstände zwischen den Anlagen größer als bei Landaufstellung sein, um den gleichen aerodynamischen Feldwirkungsgrad zu erzielen (vergl. Kap. 5.1.4 und Kap. 18.3.1). Bei geringeren Abständen erhöht sich die „feldinduzierte" Turbulenz mit wiederum entsprechenden Folgen für die Ermüdungsbelastung der Anlagen.

Meeresgrund

Die Beschaffenheit des Meeresgrundes ist für die Konstruktion der Gründungsstruktur einer Windkraftanlage von Bedeutung. Der überwiegende Teil des Seegrundes im Bereich der Nord- und Ostsee besteht aus Feinsand. Gebiete mit gröberem Sand und größeren Steinansammlungen durchsetzen den Meeresgrund. Kommen Monopile-Gründungen zum Einsatz, spielt die Bodenfestigkeit eine Rolle für das Schwingungsverhalten der Windkraftanlage [3] (vergl. Kap. 12.10). In Zusammenhang mit der Beschaffenheit des Seebodens sind die Meeresströmungen zu beachten, die bei sandigem Boden erhebliche Verschiebungen des Bodenmaterials und in Verbindung mit Hindernissen (z. B. Fundamenten), sog. *Auskolkungen*, verursachen. Diese Effekte können die Stabilität der Gründung erheblich beeinflussen. Sorgfältige Bodenuntersuchungen sind deshalb im Rahmen jeder Planung unerläßlich.

17.4.2 Völkerrechtliche Situation

„Die Meere sind frei", von dieser alten Parole der christlichen Seefahrt ausgehend herrschte zu Beginn der Diskussion über die Seeaufstellung von Windkraftanlagen die Auffassung vor, man könne auf den „Weiten der Meere" auch den Zwängen der Genehmigungsverfahren, die an Land die Grenzen der Windenergienutzung abstecken, entfliehen. Nach Bekanntwerden der ersten Pläne und der einsetzenden öffentlichen Diskussion wurde sofort klar, daß diese Hoffnung trog. Die Bedenken und Einsprüche, bis hin zu wütenden Protesten, zeigten, daß die verschiedenen Interessen in den Küstenbereichen der Länder genauso im Konflikt zueinander stehen, wie an Land. Auch auf See meldeten sich sofort zahlreiche Interessengruppen, die ihre Belange berührt sahen. Die bekannte Erfahrung, daß Neues nur entstehen soll, wenn alle bestehenden Ansprüche unberührt bleiben, galt offensichtlich auch auf dem Meer. Mittlerweile hat sich die Diskussion versachlicht und die Kriterien, seien es ökologische oder wirtschaftliche, die im Rahmen eines Genehmigungsverfahrens beachtet werden müssen, sind klarer geworden [17]. Außerdem hat sich die Erkenntnis durchgesetzt, daß das Offshore-Potential der Windenergie so bedeutend ist, daß für dessen Erschließung auch andere Ansprüche begrenzt werden müssen.

Die genehmigungsrechtliche Situation wird grundsätzlich dadurch bestimmt, ob das betreffende Seegebiet im Bereich der nationalen Hoheitsgewässer, also innerhalb der 12-Meilen-Zone liegt, oder jenseits dieser Grenze. Alle Anrainerstaaten der Nord- und Ostsee beanspruchen jenseits der 12-Meilen-Zone ein Gebiet in dem sie ihre wirtschaftlichen Interessen exklusiv verfolgen. Die Grenzen dieser „Ausschließliche Wirtschaftszone" (AWZ) wurden zuletzt 1994 in einem Abkommen der Anrainerstaaten vertraglich festgelegt (vergl. Bild 17.28).

Nationale Hoheitsgewässer

In der Bundesrepublik Deutschland gelten in den nationalen Hoheitsgewässern „im Prinzip" die gleichen planerischen und genehmigungsrechtlichen Voraussetzungen wie an Land. Die Küstenländer genehmigen die Standorte im Rahmen einer Flächenplanung (Raumordnungsverfahren) und stützen sich auf die gleichen Genehmigungskriterien und gesetzlichen Grundlagen wie an Land. Das heißt, die Umweltverträglichkeitsprüfung (UVP) wird wie an Land durchgeführt. Gleichzeitig sind die europäischen Richtlinien für die „Flora/Fauna Habitate" (FFH) und die „Important Bird Areas" (IBA) zu beachten. Formal zuständig für die Genehmigungen sind die Landesbehörden, die eine Baugenehmigung erteilen, in gleicher Weise wie an Landstandorten. Für Baumaßnahmen im Meeresgrund, z. B. die Seekabelverlegung, muß das Bundesberggesetz beachtet werden.

Ausschließliche Wirtschaftszone

Die rechtliche Situation in der Ausschließlichen Wirtschaftszone (AWZ) ist weit weniger eindeutig und führt unabhängig von der Aufstellung von Windkraftanlagen zu einer völkerrechtlichen Grundsatzdiskussion. Streng genommen enden alle nationalen und europäischen Gesetze an den Grenzen der nationalen Hoheitsgewässer. In Deutschland sind die zulässigen Verfahrensweisen in der AWZ in der „Seeanlagenverordnung" des Bundesamtes

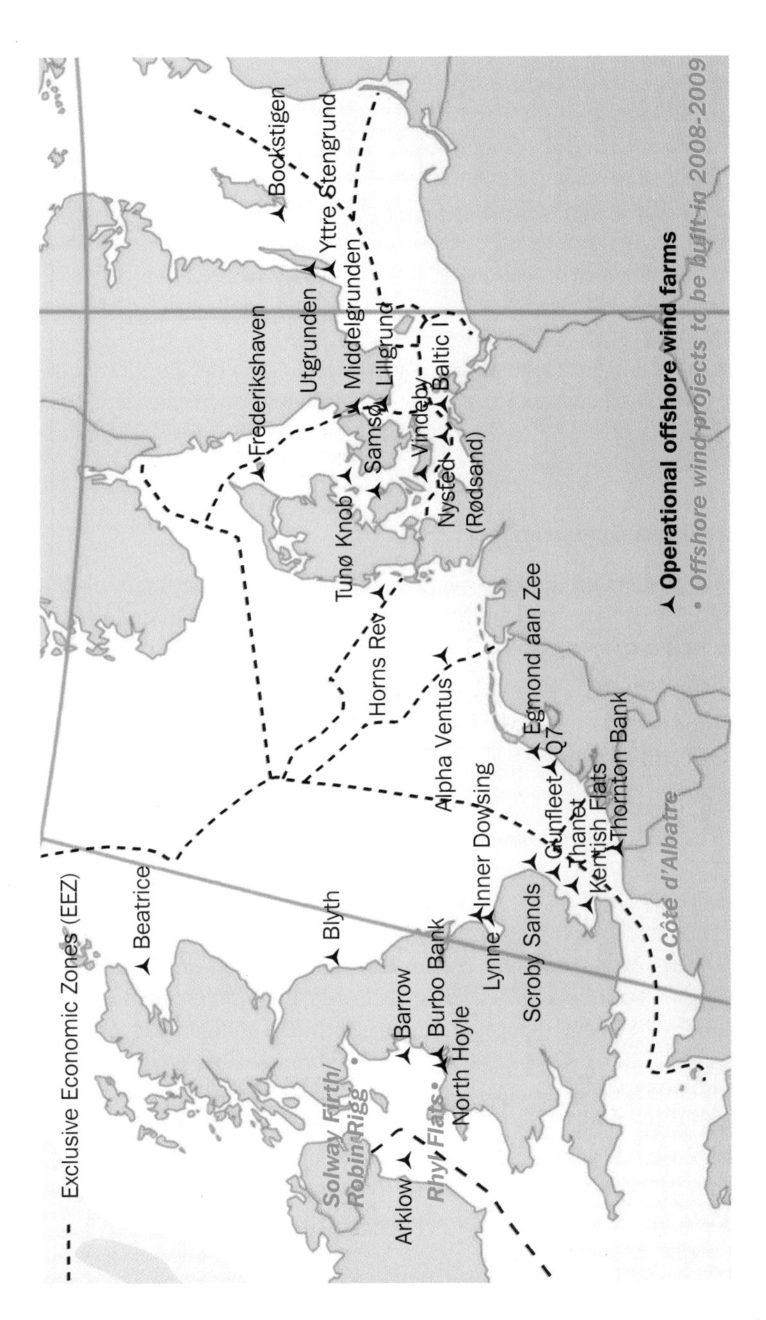

Bild 17.28. Offshore-Projekte im Bereich der Nationalen Hoheitsgewässer und ausschließliche Wirtschaftszonen (AWZ) im Bereich der Nord- und Ostsee [20]

für Seeschiffahrt und Hydrographie (BSH) festgelegt und stützen sich auf die Bestimmungen des „Internationalen Seerechts". Aus dieser rechtlichen Situation ergibt sich die Notwendigkeit, daß alle nationalen Vorschriften mit dem internationalen Seerecht „abgestimmt" werden müssen. Es geht über die Grenzen dieses Buches weit hinaus, im Detail darzulegen, welche juristischen Grundsatzprobleme oder Verfahrensschritte daraus folgen.

Aus pragmatischer Sicht wird so verfahren, daß in der Bundesrepublik Deutschland die Genehmigungskriterien, die in den nationalen Gewässern gelten, sozusagen „freiwillig" auch auf die AWZ übertragen werden. In anderen Anrainerstaaten der Nord- und Ostsee kann dies im Detail anders gehandhabt werden. Einige Länder neigen dazu, in der AWZ ein vereinfachtes Genehmigungsverfahren zuzulassen. Die Diskussion über diese Frage ist noch keineswegs abgeschlossen.

Die formale Zuständigkeit für das Genehmigungsverfahren liegt in der Bundesrepublik Deutschland bei den zuständigen Wasser- und Schiffahrtsdirektionen, die dem BSH unterstehen. Das BSH ist wiederum eine nachgeordnete Behörde des Bundesverkehrsministeriums.

17.4.3 Kriterien für das Genehmigungsverfahren

Die Kriterien, nach denen der Genehmigungsantrag zur Aufstellung von Windkraftanlagen in den nationalen Hoheitsgewässern — und zumindest in Deutschland auch in der AWZ — geprüft wird, erstrecken sich auf:

- Verkehrssicherheit für den Schiffs- und Luftverkehr
- Ökologische Auswirkungen
- Beeinträchtigung wirtschaftlicher Interessen Dritter

Der Genehmigungsantrag ist mit den üblichen Projektunterlagen bei den zuständigen Behörden zu stellen, je nachdem, ob der Standort in den Hoheitsgewässern oder außerhalb der 12-Meilen-Zone liegt. Die Behörden fordern dann die unter den oben genannten Kriterien betroffenen zuständigen Stellen und Verbände zu einer ersten Stellungnahme auf. Im Rahmen der Umweltverträglichkeitsprüfung muß der Antragsteller die geforderten Gutachten und Untersuchungen von anerkannten Personen oder Instituten erstellen lassen. Auf Grund dieser Sachlage entscheidet die zuständige Behörde über den Genehmigungsantrag und erteilt im positiven Fall eine Baugenehmigung nach den gültigen Baugesetzen.

Diese schlichte Beschreibung des grundsätzlichen Verfahrensablaufs spiegelt leider nicht die Wirklichkeit in der Praxis wider. Die Realität wird einer Vielzahl von komplexen Sachverhalten, deren wissenschaftliche Grundlagen oft noch gar nicht vorhanden oder zumindest umstritten sind, geprägt. Dieser Situation überlagert sich wie üblich ein Machtkampf der unterschiedlichsten Interessenverbände und Anspruchsträger. Vor diesem Hintergrund waren in der Vergangenheit jahrelange Genehmigungsverfahren mit ungewissem Ausgang die unvermeidliche Folge.

Die ersten Genehmigungsanträge für den Bereich der Nord- und Ostsee wurden bereits Ende der neunziger Jahre gestellt. In einem langjährigen Tauziehen wurde in den ersten Jahren praktisch kein Fortschritt erzielt. Als eines der größten Handicaps in der Nordsee erwies sich unter anderem die Genehmigung für die Stromleitungstrassen durch das Wattenmeer. Erst ab 2003 kam Bewegung in die Verfahrensabläufe, so daß bis 2007 etwa 20 Projekte genehmigt wurden (vergl. Kap. 17.4.4).

Verkehrssicherheit für den See- und Luftverkehr

Nahezu alle küstennahen Gebiete im Bereich der Nord- und Ostsee sind von Schiffahrtslinien durchsetzt. Hierbei ist nicht nur der zivile Schiffsverkehr zu beachten; das Militär beansprucht ebenfalls bestimmte Gebiete für Übungen oder Kommunikationseinrichtungen. Die zivile Luftfahrt ist in diesem Zusammenhang weniger problematisch, dennoch sind eventuelle Forderungen nach Höhenbeschränkungen, in jedem Fall aber nach optischen und elektronischen Warnsignalen zu beachten.

Ökologische Auswirkungen

Dieser Bereich ist der bei weitem umfangreichste und völlig unbestritten auch der wichtigste. Die Stichworte, unter denen die ökologischen Auswirkungen diskutiert werden, sind:

- Vögel: Vogelzug, Kollisionen mit Vögeln, Brutgebiete, Nahrungsquellen für die Vögel, usw.
- Meeressäuger (Kleinwale, Robben): Störungen der Tiere durch Unterwasserschallemissionen und eventuell durch elektrische und magnetische Felder, die von den Windkraftanlagen ausgehen.
- Fische: Einfluß auf die Brutstätten und Freßgebiete, Veränderungen von Meeresströmungen und Bodenbeschaffenheit durch die Offshore-Fundamente sowie deren Einfluß auf das Verhalten der Fische.
- Kleinlebewesen im Meeresgrund (Benthos): Insbesondere während der Bauarbeiten werden Beeinträchtigungen dieses Biotops befürchtet.
- Landschaftsschutz: Sichtbarkeit der Anlagen von Land aus.

In diesem Zusammenhang ist ein weiteres Problem, daß viele ökologische Aspekte, die in die Diskussionen eingebracht werden, den Charakter von „Vermutungen" haben oder nicht in der richtigen Bedeutung gesehen werden. Zum Beispiel die Annahme, daß die elektrischen Felder, die von den Unterwasserkabeln ausgehen, das Wohlbefinden der Kleinlebewesen im Meeresgrund (Benthos) eventuell beeinträchtigen könnten, kann man einerseits als Anlaß für noch nie durchgeführte, interessante Forschungsarbeiten betrachten und die Ergebnisse, die sich leider nur in Langzeitversuchen zeigen, abwarten, oder man ringt sich dazu durch, im Sinne einer ökologischen Güterabwägung zu entscheiden und trotz der Vermutung, daß diese Lebewesen in irgendeiner Weise tangiert werden, das Projekt durchzuführen. Immerhin leistet die zukünftige Offshore-Nutzung der Windenergie auf absehbare Zeit den wahrscheinlich bedeutsamsten Beitrag für eine ökologisch nachhaltige Energieversorgung.

Wirtschaftliche Interessen

Die Abgrenzung vorhandener wirtschaftlicher Interessen ist beim Auftreten einer neuen Nutzung in einem Gebiet immer ein Problem das zu zahlreichen Konflikten führt.

Im Offshore-Bereich geht es um:

- Behinderung des Fischfangs
- Behinderung einer evtl. Ausbeutung von Bodenschätzen
- Beachtung existierender Infrastruktureinrichtungen (Öl- und Gaspipelines, elektrische Seekabel usw.)

Die genannten Interessensphären sind im Einzelfall nicht immer klar voneinander zu trennen. Lautstark vorgetragene Einwände, daß die Offshore-Windkraftanlagen negative Einflüsse auf die Fischerei haben könnten, sind bei näherem Hinsehen weniger ökologisch als wirtschaftlich begründet. Natürlich behindern Seebauwerke wie Offshore-Windkraftanlagen die oft kritisierte Fischfangtechnik mit Grundschleppnetzen, mit denen heute auch noch die letzten, kleinen Schollen weggefangen werden.

Sichtbarkeit von Land

Der Aspekt „Sichtbarkeit von Land aus“ ist kein rechtlich relevantes Kriterium, aber er spielt in der Praxis eine Rolle und wird insbesondere von Naturschützern und der Tourismusbranche in den Vordergrund gerückt. In Dänemark wird für die großen kommerziellen Windparks ein Mindestabstand von 6 km und ein wünschenswerter Abstand von 12 km zur Küste angesetzt. Die Sichtbarkeit aus dieser Entfernung ist minimal und nur noch bei sehr klarer Sicht überhaupt gegeben. Ähnliche Vorstellungen gibt es auch in Deutschland. In diesem Zusammenhang sei daran erinnert, daß die Erdkrümmung die Windkraftanlagen ab einer Entfernung von 20 bis 30 km ohnehin hinter dem Horizont verschwinden läßt.

17.4.4 Die ersten Offshore-Windparks

Sobald Ende der achtziger Jahre die ersten ausgereiften Windkraftanlagen der 500/600-kW-Klasse zur Verfügung standen, wurden die ersten kleineren Demonstrationsvorhaben für die Offshore-Aufstellung von Windkraftanlagen in Angriff genommen. 1991 wurde in Dänemark der erste Offshore-Windpark bei Vindeby vor der Küste von Lolland in Betrieb genommen (Bild 17.29). Der Windpark besteht aus 11 Anlagen mit je 450 kW Leistung und wurde in einer Wassertiefe von 3 bis 4 Metern errichtet. Die maximale Entfernung zur Küste beträgt ca. 3 km. Die Baukosten werden mit 76,2 Mio. DKr angegeben [18]. Nach Aussage der Erbauer waren dies etwa die doppelten Investitionskosten im Vergleich zu einer Landaufstellung.

In den folgenden zehn Jahren wurden weitere kleinere Demonstrationsvorhaben in Dänemark, Holland und Schweden verwirklicht (Tabelle 17.30). Die konzeptionellen Merkmale waren sehr ähnlich:

- leicht modifizierte Windkraftanlagen der 500/600-kW-Klasse
- Wassertiefe 3 bis 10 m
- Entfernung zur Küste 1 bis 6 km

Diese Demonstrationsprojekte unterlagen damit noch nicht den Anforderungen, die eine kommerziell nutzbare Offshore-Technik in erheblich größerer Wassertiefe und Entfernung

Bild 17.29. Offshore-Windpark bei Vindeby vor der Küste von Lolland (Dänemark), 1991

Tabelle 17.30. Offshore-Demonstrationsprojekte von 1990 bis 1998

Ort	Inbetrieb-nahme	Windkraft-anlagen	Wasser-tiefe m	Entfernung zur Küste km	Spez. In-vestitions kosten €/kW
Vindeby, Ostsee (DK)	1991	11 × Bonus à 450 kW	3–5	1,5	2015
Lely, Ijsselmeer (NL)	1994	4 × Nedwind à 500 kW	5–10	1,0	2360
Lely, Nordsee (NL)	1994	4 × Nedwind à 500 kW	5–10	0,8	2600
Tunø Knob, Ostsee (DK)	1995	10 × Vestas à 500 kW	3–5	6,0	1935
Dronten, Nordsee (NL)	1996	28 × Nordtank à 600 kW	5	0,2	?
Bockstigen, Nordsee (S)	1998	5 × Wind World à 500 kW	5–6	4,5	2040

von der Küste mit sich bringt. Auch die Baukosten waren noch zu hoch, um eine mit der Landaufstellung vergleichbare Wirtschaftlichkeit zu erreichen. Andererseits waren die Erfahrungen doch so ermutigend, daß sich seitdem in nahezu allen Anrainerstaaten von Nord- und Ostsee die Pläne für große kommerzielle Offshore-Windparks gegenseitig überbieten (vergl. Bild 17.28).

In Dänemark wurden auch die ersten Schritte in Richtung einer kommerziellen Offshore-Windenergienutzung unternommen. Ende der neunziger Jahre standen die ersten erprobten Windkraftanlagen der Megawatt -Klasse zur Verfügung. Mit diesen Anlagen konnten auch größere Projekte in Angriff genommen werden. Die Voraussetzungen für vergleichsweise niedrige Investitionskosten waren in Dänemark wegen der großen Flachwassergebiete am günstigsten.

Am Standort Middelgrunden in Sichtweite des Hafens von Kopenhagen wurden 20 Bonus-Windkraftanlagen mit je 2 MW Leistung errichtet (Bild 17.31). Kurz darauf folgte 2003 das Projekt Horns Rev I mit 80 Vestas 2 MW Windkraftanlagen an der Westküste bereits in deutlich größerer Wassertiefe.

Auch in Schweden wurden die nächsten Projekte bereits unter kommerziellen Vorzeichen errichtet. Utgrunden an der südschwedischen Küste und Itre Steengrund an der schwedischen Westküste. In England wurde 2003 mit dem Projekt North Hoyle ein erster Schritt in die kommerzielle Offshore Windenergienutzung unternommen (Bild 17.32).

Diese Projekte, obwohl sie in ihrer technischen Ausstattung direkte Vorläufer der heutigen Offshore-Windparks darstellten, waren unter wirtschaftlichen Gesichtspunkten natürlich noch erheblich von einer kommerziellen Nutzung entfernt. In einigen Fällen, wie zum Beispiel in Horns Rev I traten auch schwerwiegende technische Mängel auf, die erst mit hohen Kosten behoben werden mussten.

Bild 17.31. Offshore-Windpark Middelgrunden vor der dänischen Ostseeküste in der Nähe von Kopenhagen mit 20 Bonus-Anlagen (2,0 MW), 2001 (Foto Oelker)

Bild 17.32. Windpark North Hoyle mit 30 Vestas 2 MW-Anlagen an der britischen Ostküste, 2003

17.5 Offshore-Windenergie in Europa

Die kommerzielle Nutzung der Windenergie im Offshorebereich begann in den ersten Jahren des neuen Jahrtausends. Die Erfahrungen mit den kleineren Demonstrationsprojekten und den ersten Projekten mit Windkraftanlagen der Megawatt -Leistungsklasse wurden als insgesamt ermutigend angesehen. Daraufhin bildeten sich europäische Kooperationen, die den Bau der ersten großen kommerziellen Windparks vorantrieben. Die Realisierung kamteils wegen der unklaren Regelung für die Genehmigung der Projekte teils aber auch wegen der Zurückhaltung der Banken im Hinblick auf die Finanzierung zunächst nur sehr zögerlich voran.

Dänemark

Die am weitesten fortgeschrittenen Planungen gibt es für die dänischen Gewässer. Die dänische Regierung hat die vormaligen Energieversorgungsunternehmen Elsam und Elkraft (heute E2 und DONG) dazu gebracht, sich für die Offshore-Windenergienutzung zu engagieren, so daß in Dänemark mittlerweile ein konkreter und geordneter Plan zur Erschließung des Offshore-Potentials existiert. Bis zum Jahr 2030 sollen mindestens 4000 MW Windenergieleistung an verschiedenen Offshore-Standorten installiert werden. Der dänische Plan „Energie 21" stützt sich im wesentlichen auf fünf Standorte (Bild 17.33).

Diese Standorte sollen in der ersten Phase mit jeweils etwa 150 MW bebaut werden und nach der Auswertung der dadurch gewonnenen Erfahrung schrittweise bis zum Jahr 2030 auf die geplante Kapazität, die bis über 1000 MW pro Standort vorsieht, ausgebaut werden.

Bild 17.33. Hauptstandorte für den geplanten Ausbau der Offshore-Windenergienutzung in Dänemark [19]

Bei Erreichung dieses Ziels würde Dänemark 40 bis 50 % des nationalen Stromverbrauches alleine aus der Offshore-Windenergienutzung decken können.

Die nächsten Vorhaben, deren Realisierung im Jahre 2002 in Angriff genommen wurde, befinden sich an den Standorten Horns Rev in der Nordsee und Rødsand in der Ostsee. Am Standort Horns Rev wurden in der ersten Baustufe 80 Anlagen mit je 2 MW von Typ VESTAS V80 errichtet . Die zweite Baustufe mit weiteren 200 MW befindet sich in einem

Bild 17.34. Windpark Nysted (Rødsand) mit 160 2,3 MW Siemens/Bonus-Anlagen

fortgeschrittenem Planungsstadium. In Rødsand, auch unter der Bezeichnung „Nysted" bekannt, waren es 72 Anlagen mit 2,2 MW-Anlagen von Bonus (heute Siemens) (Bild 17.34).

Großbritannien und Irland

In Großbritannien sollen bis zum Jahr 2020 etwa 20 % des Stromverbrauchs aus erneuerbaren Energien erzeugt werden. Schon vor Jahren wurden Untersuchungen für geeignete Offshore-Standorte durchgeführt [21].

Seit dem Jahre 2003 hat sich die Entwicklung beschleunigt [22]. Das britische Department of Trade and Industry (DTI) hat zunächst in einer sog. „Round I" mehr als 15 Projekte innerhalb der 12 Meilen Zone genehmigt. Die Gesamtkapazität, aufgeteilt in kleinere Windparks, betrug etwa 450 MW. Weitere Projekte wurden in der Runde II genehmigt, sie sind durchwegs größer und liegen in einer Wassertiefe, zum Teil außerhalb der nationalen Gewässer, bis zu 20 m. Ende 2008 waren etwa 600 MW realisiert. In der laufenden Runde III sind bereits weitere Windparks entstanden. Die Projekte wurden fast alle von eigens dazu organisierten Unternehmen, deren Gesellschafter große Energieversorgungsunternehmen wie RWE, E-on, Dong oder EDF, aber auch andere Großunternehmen wie Shell oder Total sind (Bild 17.35).

Bild 17.35. Windpark London Array mit 175 Siemens 3,6 MW Anlagen, Gesamtleistung 630 MW (Foto Siemens)

Andere Länder im Nord- und Ostseebereich

Zu den Nord- und Ostsee Anrainerstaaten gehören natürlich auch Länder wie Holland, Belgien, Schweden, Norwegen und nicht zuletzt auch Polen und die baltischen Länder. Die ersten Offshore-Projekte gab es in Holland (Egmond aan Zee, Q7) und in Schweden

(Utgrunden, Lillgrund). In beiden Ländern bestehen konkrete Planungen für den weiteren Ausbau der Offshore-Windenergienutzung.

Im Mittelmeerraum sind die ozeanographischen Bedingungen für die Offshore-Windenergienutzung weit weniger günstig als in Nord-Ostseebereich. Die Wassertiefe nimmt an den meisten Küsten schnell zu, außerdem sind die Windverhältnisse nicht so gut wie im Norden. Ungeachtet dessen gibt es zum Beispiel in Italien einige kleinere Küstenabschnitte für die konkrete Planungen bestehen.

Insgesamt gesehen waren Mitte 2011 im Bereich der Europäischen Union in der Nord- und Ostsee etwa 5500 MW Offshore-Windparks im Betrieb oder im Bau. Die Tabellen 17.36 und 17.37 enthalten einige technische Daten.

Die europäische Windenergievereinigung (EWEA) hat versucht die Entwicklung der nächsten Jahre in den EU-Staaten abzuschätzen [24]. Sie unterscheidet zwischen bestehenden und im Bau befindlichen Windparks und Projekte die sich in einem fortgeschrittenen, und voraussichtlich erfolgreichen, Genehmigungsverfahren befinden (Bild 17.38 und Bild 17.39).

Wind farm	Capacity (MW)	Country	Turbines and model	Commissioned
Thanet	300	United Kingdom	100 × Vestas V90-3MW	2010
Horns Rev II	209	Denmark	91 × Siemens 2.3-93	2009
Rødsand II	207	Denmark	90 × Siemens 2.3-93	2010
Lynn and Inner Dowsing	194	United Kingdom	54 × Siemens 3.6-107	2008
Walney 1	184	United Kingdom	51 × Siemens SWT-3.6-107	2011
Robin Rigg (Solway Firth)	180	United Kingdom	60 × Vestas V90-3MW	2010
Gunfleet Sands	172	United Kingdom	48 × Siemens 3.6-107	2010
Nysted (Rødsand I)	166	Denmark	72 × Siemens 2.3	2003
Bligh Bank (Belwind)	165	Belgium	55 × Vestas V90-3MW	2010
Horns Rev I	160	Denmark	80 × Vestas V80-2MW	2002
Princess Amalia	120	Netherlands	60 × Vestas V80-2MW	2008
Lillgrund	110	Sweden	48 × Siemens 2.3-93	2007
Egmond aan Zee	108	Netherlands	36 × Vestas V90-3MW	2006
Donghai Bridge	102	China	34 × Sinovel SL3000/90	2010
Kentish Flats	90	United Kingdom	30 × Vestas V90-3MW	2005
Barrow	90	United Kingdom	30 × Vestas V90-3MW	2006
Burbo Bank	90	United Kingdom	25 × Siemens 3.6-107	2007
Rhyl Flats	90	United Kingdom	25 × Siemens 3.6-107	2009
North Hoyle	60	United Kingdom	30 × Vestas V80-2MW	2003
Scroby Sands	60	United Kingdom	30 × Vestas V80-2MW	2004
Alpha Ventus	60	Germany	6 × REpower 5M, 6 × AREVA Wind M5000-5M	2009
Baltic 1	48	Germany	21 × Siemens 2.3-93	2011
Middelgrunden	40	Denmark	20 × Bonus (Siemens) 2MW	2001
Jiangsu Rudong Wind Farm	32	China	2 × 3 MW, 2 × 2.5 MW, 6 × 2 MW, 6 × 1.5 MW	2010
Kemi Ajos I + II	30	Finland	10 × WinWinD 3MW	2008

Bild 17.36. Offshore-Windparks in Betrieb, Stand 2011 (Wikipedia)

Wind farm	Capacity (MW)	Country	Turbines and model	Completion
London Array (Phase I)	630	United Kingdom	175 × Siemens 3.6-120	2012
Greater Gabbard	504	United Kingdom	140 × Siemens 3.6-107	2012
Trianel Borkum West II	400	Germany	80 × Areva Multibrid M5000	2012 (Phase 1) / 2015 (Phase 2)
BARD Offshore 1	400	Germany	80 × BARD 5.0	2012
Sheringham Shoal	315	United Kingdom	88 × Siemens 3.6-107	2012
Lincs	270	United Kingdom	75 x 3.6MW	2012
Walney Phase 2	183.6	United Kingdom	51 x Siemens 3.6	2012
Ormonde	150	United Kingdom	30 × REpower 5M	2012
Thorntonbank Phase 2	147.6	Belgium	24 x REpower 6M	2013
Datang Laizhou III	49.5	China	33 x 1.5 MW	2011

Bild 17.37. Offshore-Windparks im Bau, Stand 2011 (Wikipedia)

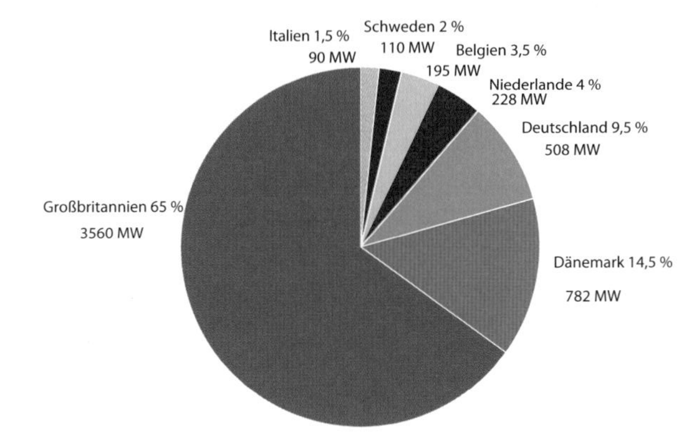

Bild 17.38. Aufteilung der realisierten und im Bau befindlichen Offshore-Kapazitäten in der EU, nach EWEA, Stand 2011

Der Planungs- und Genehmigungsstand, so wie er sich 2011 dargestellt hat, läßt erkennen welche Kapazitäten an Offshore-Windenergie im Bereich der Nord- und Ostsee

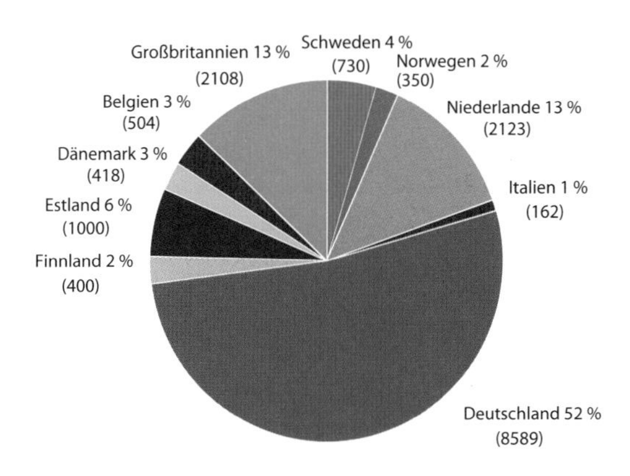

Bild 17.39. Ausblick auf die zukünftigen Offshore-Kapazitäten in den Ländern der EU (realisierte, im Bau befindliche und genehmigte Projekte bis etwas 2015)

möglich sind. Im gesamten Bereich der Nord- und Ostsee sind es mehrere hunderttausend Megawatt. Man wird zurecht einwenden können, daß nicht alle diese Blütenträume reifen werden. Einige Vorhaben, die extrem weit im offenen Meer liegen, werden vermutlich an der Wirtschaftlichkeit scheitern (vergl. Kap. 19.4). Andere Projekte stoßen an Genehmigungsgrenzen und verschwinden wieder von der Planungsliste. Dafür werden neue Standorte in die Diskussion gebracht werden. Darüber hinaus sollte man die Realisierungszeiträume nicht unterschätzen. Auch wenn mittlerweile die Genehmigungspraxis deutliche Fortschritte gemacht hat. Es gibt auch technische und wirtschaftliche Faktoren, die in vielen Fällen eine schnelle Realisierung verhindern.

Wie immer man die in zehn oder zwanzig Jahren realisierbare Kapazität einschätzt, eins wird in jedem Fall deutlich: Das Offshore-Windparkpotential ist für Europa eine bedeutende energiewirtschaftliche Option. Die realisierbare Kapazität reicht in jedem Fall aus um in Zukunft große Teile der überkommenen Energiequellen nicht nur zu ergänzen, sondern auch zu ersetzen.

17.6 Strom aus der Nordsee für Deutschland

Von besonderem Interesse sind an dieser Stelle natürlich die Pläne und Projekte im deutschen Küstenvorfeld. Hier werden die Bedingungen im Nordseegebiet dadurch geprägt, daß alle ernstzunehmenden Projekte vor dem Wattenmeer, das heißt in relativ großer Wassertiefe und Entfernung zur Küste verfolgt werden Deshalb liegen die als geeignet angesehenen Gebiete fast ausschließlich außerhalb der nationalen Hoheitsgewässer, der 12-Meilen-Zone. Aus diesem Grund ist die Realisierungsstrategie auch etwas anders als zum Beispiel in Dänemark. Die Lage der Standorte erfordert eine fortgeschrittene Technik, wenn man die gestellten Wirtschaftlichkeitsanforderungen erfüllen will. Die Windkraftanlagen müssen größer sein, vorzugsweise im Bereich der 4- bis 5-MW-Klasse, ebenso wie die Projekte insgesamt. Entfernungen bis zur Küste von über 100 km erfordern für die Netzanbindung einen technischen Aufwand, der nur für sehr große Projekte wirtschaftlich tragbar ist. Außerdem ergibt sich in diesem Zusammenhang auch die Notwendigkeit die Aufnahmekapazität der Landnetze an den zur Verfügung stehenden Verknüpfungspunkten zu erhöhen. Es gibt im Bereich der Nord- und Ostseeküste nur wenige Höchstspannungs-Schienen im Bereich von 220 oder 380 kV. Die bestehenden Einspeisepunkte reichen aber aus um die ersten größeren Offshore-Windparks an das Landnetz anbinden zu können.

Angesichts dieser technischen Schwierigkeiten aber auch wegen anfangs fehlender Genehmigungskriterien und unklarer Zuständigkeiten kam die Entwicklung nur sehr langsam voran. Die Situation änderte sich als der „Atomausstieg“ und damit die „Energiewende“ zur offiziellen Regierungspolitik wurden. Es wurde schnell klar, daß die Stromerzeugung mit Windenergie ein zentraler Bestandteil der Energiewende werden musste, wenn man einerseits die bestehenden Atomkraftwerke bis zum Jahre 2022 außer Betrieb nehmen wollte und andererseits aber auch nicht durch Kraftwerke mit fossilen Brennstoffen ersetzen wollte Die Stromerzeugung mit Photovoltaik erwies sich für die Massenanwendung als noch zu teuer und der massive Ausbau der Windenergie an Land wurde als nicht durchsetzbar angesehen Damit wurde die Stromerzeugung mit großen Offshore-Windparks im Bereich der Nord-und Ostsee „die Alternative“.

Mit dieser Perspektive für die Energiewende wurden die Projekte in mehrfacher Hinsicht gefördert. Die Vergütung für den Strom aus der Nordsee wurde mit einer Novellierung des Erneuerbare-Energien-Gesetzes auf bis zu 0,19 € pro Kilowattstunde angehoben. Noch entscheidender war aber eine Vereinbarung mit den Energieversorgungsunternehmen, vor allem mit E-on und Vattenfall, die diese veranlasste ein spezielles Nordsee-Offshorenetz zu realisieren um die Kosten für die Netzanbindung an Land nicht allein den Windparkbetreibern aufzubürden. Diese Politik ist nicht unumstritten. Die Kritiker sehen darin die Tendenz die Nutzung der Windenergie im großen Stil wieder dem Monopol der großen Energieversorger zu überlassen. Unstrittig ist jedoch, daß auf dieser Basis der Ausbau der Offshore-Windenergienutzung in Deutschland beschleunigt wird.

Nordsee-Offshorenetz

Das Problem des Energietransports zum Land für die deutschen Offshore-Windparks, die Entfernungen von über 100 km überbrücken müssen, wird durch ein großräumig geplantes noch Nordsee-Netz gelöst. Die Windparks werden über ihre parkeigenen Umspannstationen über 150 kV Kabel mit sog. „Konverterstationen" verbunden (Bild 17.40). Dort wird der Strom in Gleichstrom umgewandelt und über eine Hochspannungsgleichstromüber-

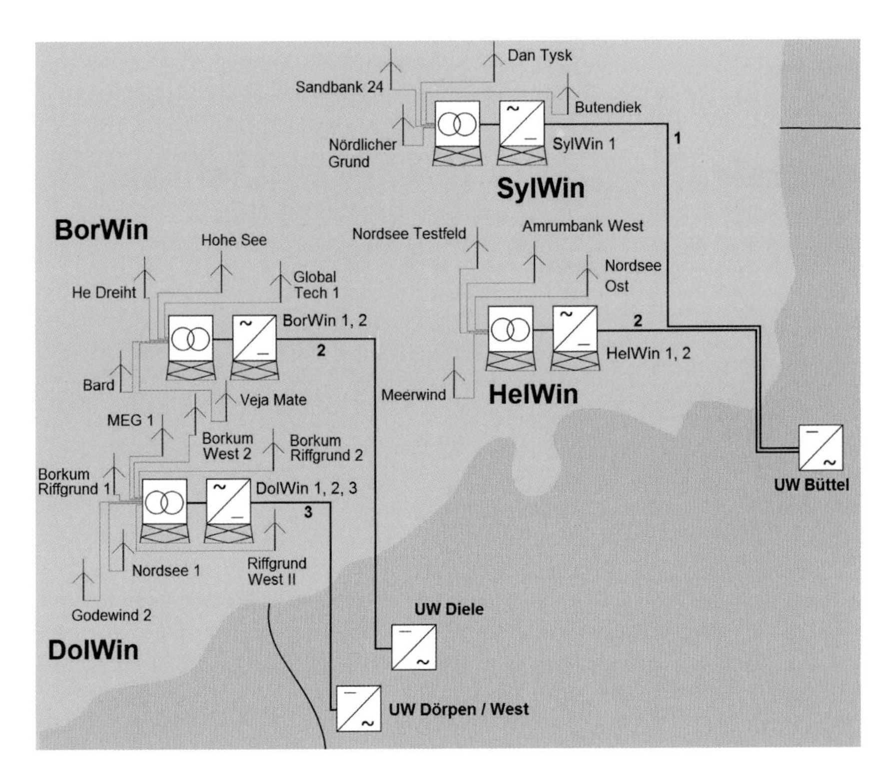

Bild 17.40. Nordsee-Netz mit fünf Konverterstationen für die Hochspannungsleistungsübertragung zum Land [25]

tragung (HGÜ) verlustarm an Land übertragen. An Land wird der Strom dann wieder in Wechselstrom umgeformt und in das Landnetz eingespeist.

Zur Zeit sind fünf Konverterstationen mit ihren Pendants an Land geplant, zwei davon sind bereits fertig gestellt bzw. im Bau. An jede Konverterstation werden mehrere Windparks angebunden. Die Windparkbetreiber errichten nur ihre parkeigene Umspannstation auf ihre Kosten. Die Stichleitungen zu der Konverterstation, in der Regel auf 150 kV Ebene, sind bereits Teil des Nordsee-Netzes.

Windparks und Projekte

Der erste Windpark mit großen Anlagen der fünf MW-Klasse wurden 2009 unter Federführung von E-on westlich von Borkum 2009 errichtet. Der Windpark Alpha Ventus mit 12 5 MW-Anlagen sollte den Charakter eines Demonstrationsvororhabens für die zukünftigen kommerziellen Projekte haben. Mit Baukosten von ca. 250 Millionen Euro war die Wirtschaftlichkeit allerdings noch nicht gegeben — selbst bei der hohen Stromvergütung. Die nächsten wesentlich größere Projekte waren BARD Offshore I mit 80 Anlagen von 5 MW und Riffgat I mit 30 Siemens-Anlagen von je 3,6 MW. Mitte 2013 waren etwa 385 MW im deutschen Offshore-Bereich realisiert und 1600 MW im Bau, Der Genehmigungstand umfaßt Projekte mit etwa 10 000 MW (Bild 17.41).

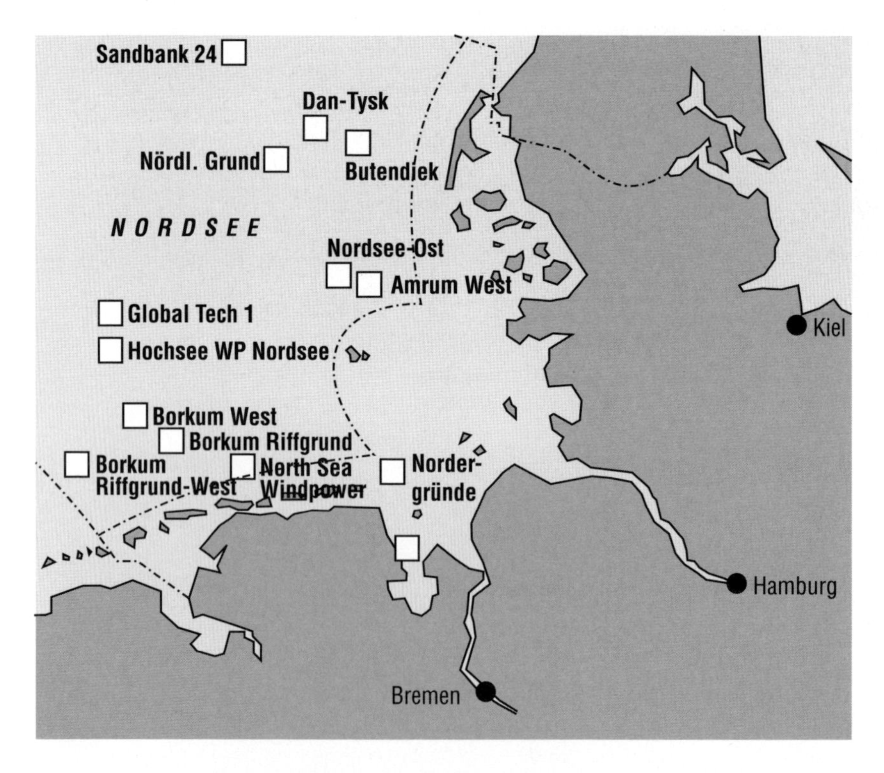

Bild 17.41. Die wichtigsten Offshore-Projekte im deutschen Bereich der Nordsee

Die Gesamtplanung in der Nordsee erreicht einer Kapazität von ca. 40 000 MW. Das Ziel im Rahmen der Energiewende ist 25 000 MW bis zum Jahre 2020 zu realisieren. Ob dieses Ziel erreicht werden kann hängt unter anderem vom Netzausbau an Land ab. Ohne neue Stromtrassen, die diese Leistung von der Küste in das Binnenland übertragen, wird sich der Ausbau verlangsamen müssen.

Ostsee-Bereich

Es gibt deshalb keine vergleichbaren Planungen wie in der Nordsee. Dennoch ist genügend Raum für einige größere Projekte, 2000 wurde der Windpark „Baltic I" mit 21 Siemens 2,3 MW-Anlagen in Betrieb genommen (Bild 17.42). Weitere Projekte sind in einer konkreten Planungs- bzw. Vorbereitungsphase.

Bild 17.42. Windpark „Baltic I" in der Ostsee mit 21 Siemens 2,3 MW Anlagen, 2011

17.7 Offshore-Projekte Weltweit

Auch wenn die Offshore-Windenergie in Europa bis heute über 90 % der weltweiten Kapazität darstellt, hat die Idee der Stromerzeugung aus Offshore-Windkraftanlagen mittlerweile eine weltweite Verbreitung erfahren. Die Küsten der Kontinente und Inseln, auch wenn nicht alle Küsten dafür geeignet sind, sind dennoch nahezu unbegrenzt und damit auch das weltweite Potential der Offshore-Windenergie.

In erster Linie eignen sich die Küsten der nördlichen Hemisphäre für die Offshore-Windenergienutzung, da hier die Windgeschwindigkeiten höher als im Süden sind (vergl Kap 13). Außerdem liegen in dieser Region die Industrieländer mit dem entsprechenden Stromverbrauch.

Nordamerika

Sowohl in den USA als auch in Kanada wurden in den letzten Jahren intensive Studien über das nutzbare Offshore-Windenergiepotential durchgeführt [26]. Zu erwähnen ist in den USA die Westküste vor dem Staat Virginia wo bereits konkrete Planungen für etwa 2000 MW in Arbeit sind [27]. In Kanada sollen vor der Küste von Britisch Columbia etwa 1750 MW demnächst realisiert werden.

Asien

In Asien richtet sich der Blick heute in erster Linie auf China. Der erste größere chinesische Offshore-Windpark wurde 2010 mit chinesischen Windkraftanlagen errichtet (Bild 17.43). Die nächsten Projekte Longya und Rundong mit Windkraftanlagen von Sinovel und Siemens werden zur Zeit vorbereitet. Darüberhinaus gibt es zahlreiche weitere Planungen, nach denen bis zum Jahre 2020 etwa 30 000 MW realisiert werden sollen [28].

Bild 17.43. Windpark Donghai mit 34 Sinovel 3 MW-Windkraftanlagen

Neben China planen auch Indien, Taiwan und Korea Offshore-Projekte. Aus Korea sind konkrete Pläne für Offshore-Windparks bekannt. Die Entwicklung wird dort auch von den koreanischen Herstellern von Windkraftanlagen wie Hunday und Samsung vorangetrieben, die mittlerweile Anlagen bis zu 7 MW Leistung entwickeln.

Ein Sonderfall für die Offshore-Windenergienutzung ist Japan. Die Küsten fallen um die japanischen Inseln steil ab. Es gibt nur wenige kleine Flachwasserbereiche. In Japan wird deshalb die Entwicklung von schwimmenden Plattformen für Offshore-Windkraftanlagen vorangetrieben. Mit Mitsubishi verfügt Japan auch einen überaus potenten Hersteller von maritimen Einrichtungen und auch von WindkraftanlagenWenn diese Entwicklungen einen kommerziellen Reifegrad erreichen, wird auch in Japan mit großer Wahrscheinlichkeit eine nennenswerte Offshore-Windenergiekapazität realisiert werden. Der Atomunfall von Fukushima wird diese Entwicklung mit Sicherheit beschleunigen.

Anderere Kontinente

Die Windverhältnisse in Afrika und Südamerika sind insgesamt gesehen schwächer als in der nördlichen Hemisphäre. Konkrete Planungen für große Offshore-Windenergieprojekte sind deshalb nicht bekannt. Grundsätzlich gibt es in den weit südlichen Bereichen von Afrika und Südamerika allerdings sehr hohe Windgeschwindigkeiten. Die Entfernungen zu den Stromverbrauchern sind jedoch im allgemeinen zu groß. Ob in ferner Zukunft auch in diesen Gebieten die Windenergie genutzt wird, bleibt abzuwarten.

Literatur

1. Pernpeintner, R.: Offshore Siting of Large Wind Energy Convertrer Systems in the German North Sea, Modern Power Systems, Vol 4, *N*º 6, 1984
2. Jamieson, P.; Camp, T. R.; Quarton, D. C.: Wind Turbine Design for Offshore, OWEMES 2000, April 13–15, 2000, Siracusa, Italien
3. Kühn, M. et al.: Structural and Economic Optimisation of Bottom-Mounted Offshore Wind Energy Converters (OWECS) Final Report, Delft University of Technology, 1998
4. SEAS: Design Regulations for Offshore Wind Farms, Denmark, 2000
5. IEC: IEC 61400-25, Wind Turbines — Part 3: Design Requirements for Offshore Wind Turbines, 2009
6. Germanischer Lloyd: Windenergy IV, Part 2, Guidelines for Certification of Offshore Wind Turbines, Ed. 2005
7. Mitzlaff, A.; Uecker, G.: Gründungsstrukturen für Offshore-Windkraftanlagen, Sonderdruck Hansa Maritime Journal 112002, Hamburg
8. Norsk Hydro ASA: Projekt Hywind, Firmenprospekt, Oslo, 2007
9. Christiansen, P.; Jørgensen, K.; Sørensen, A.: Grid Connection and Remote Control for the Horns Rev 150 MW Offshore Windfarm in Denmark, OWEMES 2000, Offshore Windenergy Conference, Siracusa, April 13–15, 2000
10. Barton, G.: E-on Offshore-Windenergieaktivitäten, Firmenpräsentation 2007
11. Weißferdt, P.: Die Netzanbindung von Offshore Windparks, Sonne, Wind und Wärme Nr. 3/2000
12. DEWI, Niedersächsische Energie-Agentur, Niedersächsisches Institut für Wirtschaftsforschung e.V.: Untersuchung der wirtschaftlichen und energiewirtschaftlichen Effekte von Bau und Betrieb von Offshore-Windparks in der Nordsee auf das Land Niedersachsen. Projekt-Nr. 2930, Hannover, 2001
13. Rehfeld, K.: Kurzgutachten im Rahmen des Erneuerbaren-Energien-Gesetzes, Teil Windenergie, Deutsche Wind Guard, 2003
14. Schwenk, B.; Rehfeld, K.: Untersuchungen zur Wirtschaftlichkeit von Windenergieanlagen im Offshore-Bereich der norddeutschen Küstenlinie, 4. Deutsche Windenergiekonferenz, Wilhelmshaven, 1998
15. Larsen, S.: Wind Resource in the Baltic Sea, Forschungsprojekt der Kommission der EU, JOU2-CT, 93-0325, 1993
16. Matthies, H. G., et al.: Germanischer Lloyd, Garrad Hassan: Study of Offshore Wind Energy in the EC, Verlag Natürliche Energie, Brekendorf, 1995

17. Bundesministerium für Umwelt, Naturschutz und Reaktorsicherheit: Windenergienutzung auf See, Referat Öffentlichkeitsarbeit D-110 55 Berlin, 25. Mai, 2001
18. Dyre, K.: Vindeby Off-Shore Wind Farm – The First Experiences, EWEA Conference Herning, Denmark, 8.–11. September, 1992
19. Rassmussen, St.: The Danish Offshore Wind Energy Programme Planning and Implementation, Danish Energy Agency, Workshop Offshore Windenergienutzung, Deutsches Windenergie Institut, 27. Juni 2000, Wilhelmshaven
20. OWEMES Offshore Wind Energy in Mediterranean Sea and other European Seas, April 13–15, Siracusa, 2000
21. EWEA: Wind Energy — The Facts, London, 2010
22. The Crown Estate: UK Offshore Wind Report 2012
23. BWE: Offshore Wind Maps, Operational and Planned Windfarms in Europe, 2009
24. EWEA: The European Offshore Wind Industry, Key Trends and Statistics, Brussels, 2010
25. Wikipedia: Offshore-HGÜ-Systems, 2013
26. Schwartz, M.; Heimiller, D.; Haynes,S.; Musial, W.: Assessment of Offshore Wind Energy Resources for the United States, Tech. Report NREL/TP-500-45889, June 2010
27. Hatcher, P.G. et.al.: Virginia Offshore Studies, Final Report 2010, Virginia Coastal Energy Consortium Research
28. GWEC: Global Wind Energy Council: Global Offshore: Current Status and Future Prospects, Sep. 2013

Kapitel 18

Planung, Errichtung und Betrieb

Die Realisierung von schlüsselfertigen Projekten zur Windenergienutzung beinhaltet weit mehr als die Herstellung oder den Kauf einer Windkraftanlage. Die Energieerzeugung aus Windenergie ist ein Eingriff in die bestehende energietechnische Infrastruktur und mehr noch in die Umwelt der unmittelbaren Umgebung. Damit stößt sie zwangsläufig auf den Widerstand derjenigen, die diesen Eingriff nicht für notwendig halten oder ihn nicht wollen. In diesem Spannungsfeld bewegt sich die Planung von Windenergieprojekten. Sie ist damit weniger ein technisches Problem als vielmehr die in der Regel langwierige Bemühung, die verschiedenen Interessen auszugleichen bis eine konsensfähige Lösung gefunden ist.

Das formelle Verfahren zur Erlangung der Baugenehmigung für eine Windkraftanlage oder einen Windpark bildet nur die Oberfläche dieser Konfliktsituation. Das Verfahren selbst ist seit geraumer Zeit von behördlicher Seite geordnet und formal eine Routineangelegenheit. Größere Windparks werden, wie andere Kraftwerke auch, im Rahmen des Bundesimmissionsschutzgesetzes (BImSchG) genehmigt. Der Umfang der geforderten Verfahrensschritte und gutachterlichen Stellungnahmen richtet sich nach der Größe des Vorhabens. Für ein Vorhaben mit bis zu zwei Windkraftanlagen genügt, wie in der Vergangenheit, eine einfache Baugenehmigung durch die örtlich zuständige Behörde.

Die Errichtung einer Windkraftanlage ist für kleine bis mittlere Anlagen mit einer Turmhöhe bis zu 40 oder 50 Metern kein technisches Problem, solange der Aufstellort für normale Hebezeuge zugänglich ist. Bei Großanlagen wird das Montageverfahren allerdings zu einem Problem für sich. Die unterschiedlichsten Lösungen sind hierfür in den letzten Jahren entwickelt und erprobt worden.

Der Betrieb einer Windkraftanlage wird von der unabdingbaren Forderung diktiert, ohne ständiges Bedienpersonal auszukommen. Aus wirtschaftlichen Gründen ist der automatische Betrieb für ein Energieerzeugungssystem mit einer Leistungsabgabe von höchstens einigen Megawatt zwingend notwendig. Den Überwachungs- und Sicherheitssystemen kommt deshalb bei einer Windkraftanlage eine besondere Bedeutung zu.

Das Betreiben einer Windkraftanlage besteht aus technischer Sicht in erster Linie in der Organisation der Wartungs- und Instandsetzungsarbeiten. Auch wenn man davon ausgehen kann, daß die Wartung und Reparaturen vom Herstellerwerk oder einem herstellerunabhängigen, fachlich qualifizierten Unternehmen im Rahmen eines Wartungsvertrages ausgeführt werden, bleibt dennoch die routinemäßige Überwachung in der Verantwortung des Betreibers. Die seit einigen Jahren weitverbreiteten Fernüberwachungssysteme mit Hilfe eines einfachen Personalcomputers und der Datenübertragung über das Telefonnetz erleichtern diese Aufgabe.

18.1 Projektentwicklung

Die Projektentwicklung eines größeren Vorhabens zur Nutzung der Windenergie, in der Regel ein Windpark, bestehend aus mehreren Windkraftanlagen, ist ein komplexer Prozeß, der keineswegs allein unter technischen Gesichtspunkten abläuft. Die erfolgreiche Durchführung des Vorhabens erfordert neben einem gehörigen Maß an planerischer Kompetenz vor allem eine einfühlsame Vorgehensweise im Hinblick auf die lokalen Gegebenheiten und Interessen. Windenergieprojekte werden — zum Glück! — nicht „von oben" geplant und diktiert, sondern sie entstehen in fast allen Fällen aus einer lokalen Initiative.

Die Projektentwicklung beinhaltet eine Reihe unterschiedlicher Aspekte und verläuft in Phasen, die sich zwar nicht klar voneinander abgrenzen lassen, die jedoch einen zunehmenden Grad der Konkretisierung und damit der Realisierungschancen kennzeichnen. Diese schrittweise Vorgehensweise ist deshalb so wichtig, da die aufzuwendenden Mittel stetig ansteigen. Nur mit zunehmenden Erfolgsaussichten ist es zu verantworten Zeit und Geld in die Projektentwicklung zu investieren. Diese Tatsache ist manchen Enthusiasten oft nicht bewußt. Sie erwarten nicht selten, daß schon eine Idee mit einer vagen Aussicht auf die Realisierung potentielle Geldgeber veranlassen müßte, im Vertrauen auf die gute Sache, eine Projektentwicklung zu finanzieren.

Standortsuche und Akquisition von Grundstücksnutzungsverträgen

Die Planung eines Projektes zur Windenergienutzung beginnt mit der Suche nach einem geeigneten Standort. Natürlich müssen ausreichende Windgeschwindigkeiten an erster Stelle der Überlegung stehen, zunehmend werden jedoch auch andere Kriterien immer wichtiger. In dicht besiedelten Ländern wie Deutschland, Holland oder Dänemark sind die räumlichen Verhältnisse in bezug auf die Besiedelung von entscheidender Bedeutung. Eine geeignete und ausreichend große Fläche für einen größeren Windpark zu finden, bei der man erwarten kann, daß sich die widerstreitenden Interessen lösen lassen, ist heute fast genau so wichtig wie gute Windverhältnisse. In anderen Ländern mit dünnerer Besiedelung bildet der Anschluß an das Stromnetz in vielen Fällen eine Hürde. Die Stromnetze müssen oft erst ausgebaut werden, bevor die Möglichkeit besteht, einen Windpark mit 50 oder 100 MW Leistung an das Netz anzuschließen.

Ist ein geeigneter Standort gefunden, kann die eigentliche Planungsarbeit beginnen. Zunächst wird man versuchen vertragliche Regelungen mit den Grundstückseigentümern für die Aufstellung der Windkraftanlagen zu erreichen. Seit die Windenergienutzung zu einem „Geschäft" geworden ist, wetteifern die potentiellen Betreiber um jeden Nutzungsvertrag mit den Landeigentümern. Der Abschluß von Pacht- oder Gestattungsverträgen für die Errichtung und den Betrieb von Windkraftanlagen und Nebeneinrichtungen stellt den ersten Schritt in der Projektentwicklung dar. Dieser Schritt ist auch deshalb so wichtig, weil die vertraglich gesicherte Nutzung das erste wichtige „Projektrecht" begründet.

Genehmigungsplanung und Beantragung der Baugenehmigung

Bevor das Projekt zur Genehmigung bei der zuständigen Baubehörde eingereicht werden kann, ist eine technische und umweltbezogene Planung erforderlich. Die Baugenehmigung ist „anlagenbezogen", sodaß das Bauwerk, bzw. die „Anlage", definiert und beschrieben sein muss. Insbesondere wenn eine Genehmigung nach dem dem BImSch-Gesetz erforderlich ist, sind umfangreiche Unterlagen zu erstellen, die auch alle umweltbezogenen Aspekte mit enthalten müssen (vergl. Kap. 18.2.3). Der Umfang dieser sogenannten „Genehmigungsplanung" ist im BImSch-Gesetz in allgemeiner Form beschrieben. Allerdings werden die Anforderungen von den zuständigen Genehmigungsbehörden im Detail ergänzt, sodaß die praktische Handhabung in den einzelnen Bundesländern unterschiedlich ist.

Mit der Erteilung der Baugenehmigung ist die erste wichtigste, weil risikoreichste Phase, der Projektentwicklung abgeschlossen. Die Baugenehmigung, wie auch die übergeordnete BImSch-Genehmigung, haben verwaltungsrechtlich den Charakter einer so genannten „Real-Konzession", das heißt sie sind anlagenbezogen und damit unabhängig vom Antragsteller bzw. Betreiber. Sie können somit auch veräußert werden.

Vor diesem Hintergrund hat sich ein regelrechter Markt entwickelt, auf dem Baugenehmigungen für Windkraftanlagen gehandelt werden. Viele kleine, örtliche Projektentwickler treiben die Entwicklung des Projektes bis zur Baugenehmigung voran und verkaufen diese dann (vergl. Kap. 19.2.1).

Rechtliche Projektorganisation und Finanzierung

Größere Windparkprojekte werden in den meisten Fällen im Rahmen von eigens zu diesem Zweck gegründeten Gesellschaften realisiert und betrieben (vergl. Kap. 20.1). Die Gesellschaft muß nach den gesetzlichen Vorschriften gegründet werden. Im allgemeinen werden auch die für die Bauabwicklung und den späteren Betrieb erforderlichen Vertragswerke mit entworfen. In Deutschland gibt es mittlerweile zahlreiche Rechtsanwälte, die sich auf diese Aufgabe spezialisiert haben.

Eine erste Wirtschaftlichkeitsabschätzung wird man bereits in einer frühen Phase der Planung durchführen, da ohne die Aussicht auf einen wirtschaftlichen Betrieb des Windparks, das Vorhaben im allgemeinen nicht weiter verfolgt wird. Nach dem Vorliegen der ersten, noch vorläufigen Genehmigung kann die Planungsarbeit im vollen Umfang beginnen. Dazu sind bereits erhebliche Mittel erforderlich, so daß sich oft in dieser frühen Phase der Projektentwicklung die Frage nach der Finanzierung stellt.

Private Betreiber oder Betriebsgesellschaften finanzieren die Projekte zum größten Teil mit Bankkrediten und wenig Eigenkapital. Die optimale Finanzierungsstrukturierung, mit Blick auf den zu erwartenden liquiden Mittelfluß aus dem Betrieb des Windparks und eventuell auch unter Berücksichtigung steuerlicher Gesichtspunkte für die Investoren, ist eine eigenständige Aufgabe und, wie bei allen größeren Projekten ein Thema für sich (vergl. Kap. 20). Ohne die Verfügbarkeit der Mittel, sei es aus Krediten oder Eigenkapital, kann kein verbindlicher Liefervertrag für die Windkraftanlagen unterschrieben werden, ohne den die Hersteller wiederum keine zeitliche Lieferzusage geben. Ein „stehendes" Finanzierungsmodell ist damit nicht nur für die Zeitplanung, sondern für die gesamte Projektrealisierung die letzte und entscheidende Voraussetzung.

Technische Ausführungsplanung und Beschaffung

Die letzte Phase der Projektentwicklung geht in die „Bauabwicklung" über. Obwohl im Rahmen des Genehmigungsverfahrens bereits eine Planung des Vorhabens gefordert war, wird im allgemeinen nach Erteilung der Baugenehmigung noch eine „technische Ausführungsplanung" erforderlich sein.

Die einzelnen Gewerke der Infrastruktur wie Wegebau, Fundamente, interne Parkverkabelung und Netzanschluß müssen auf der Grundlage der vorliegenden Planung in Auftrag gegeben werden. Oft erfolgt diese mit einer Ausschreibung und einer der damit einhergehenden technischen Detailplanung und Optimierung.

In diese Phase fallen auch die Verhandlungen der Lieferverträge für die Windkraftanlagen. Obwohl die Hersteller Standardverträge anbieten, sind in der Praxis fast immer zahlreiche individuelle Anpassungen auszuhandeln.

Ein besonderer Aspekt in diesem Zusammenhang ist, daß in der Planungsphase ein Anlagentyp bereits vorausgewählt werden musste. Kommt es zu keiner definitiven Einigung mit dem vorgesehenen Lieferanten der Windkraftanlagen, so hat der Betreiber immer noch die Möglichkeit den Anlagentyp zu wechseln. Solange die Haupt Abmessungen der genehmigten Windkraftanlage nicht wesentlich überschritten werden, behandeln die Genehmigungsbehörden dies als zulässige Änderung der Baugenehmigung, ohne daß das ganze Verfahren wiederholt werden muss.

18.2 Genehmigungsverfahren

Das formelle Genehmigungsverfahren zur Errichtung von Windkraftanlagen hat sich in den letzten zehn bis fünfzehn Jahren mehrfach geändert. In den Anfangsjahren gab es in den einzelnen Bundesländern unterschiedliche und noch eher improvisierte Verfahren, die den potentiellen Betreiber oft vor erhebliche Probleme gestellt haben. Im Jahr 2001 wurde das Genehmigungsverfahren gesetzlich neu geordnet.

18.2.1 Gesetze und Regelwerke

Die Genehmigung eines Vorhabens zur Windenergienutzung berührt eine ganze Reihe von Gesetzen und Regelwerken, die teils auf Bundesebene, teils auf Landesebene und zum Teil auf der Ebene der Gemeinden liegen und beachtet werden müssen. Im Hinblick auf die Windenergienutzung sind insbesondere die folgenden Gesetze und Vorschriften von Bedeutung (Tabelle 18.1):

Bundesbaugesetz (BauGB)

Das Bundesbaugesetz wurde 1998 novelliert. Seitdem gelten Windkraftanlagen im sogenannten „Außenbereich" der Bebauung als „privilegierte Vorhaben". Diese gesetzliche Regelung hat die Realisierung von Windenergieprojekten deutlich erleichtert, da sie jetzt nicht mehr durch den Einspruch einzelner Personen verhindert werden können. Der Bedeutung der Windkraftnutzung für die Allgemeinheit ist damit Rechnung getragen worden. Die Windkraftanlagen sollen allerdings in sog. „Windeignungsgebieten" errichtet werden (vergl. Kap. 18.2.2).

Bundesgesetzgebung

- Baugesetz BauGB
- Luftverkehrsgesetz LuftVG
- Straßenrecht
- Bundesnaturschutzgesetz BNatSchG
- Bundesimmissionschutzgesetz BImSchG
- Umweltverträglichkeits-Prüfungs-Gesetz UVPG

Regelung der Bundesländer

- Landesbauordnung
- Höhenbegrenzung und Abstandsregelungen
- Raumordnung und
- Regionalplanung

Zuständigkeit der Gemeinde

- Ausweisung von Vorranggebieten
- Erstellung von Flächennutzungsplänen
- Prüfung der Zulässigkeit
- Erteilung der Baugenehmigung

Bild 18.1. Gesetze und Regelwerke im Rahmen der Genehmigung von Windkraftanlagen [1]

Von besonderer Bedeutung für die baurechtliche Genehmigung ist das Vorhandensein einer sog. *Typprüfung* (vergl. Kap. 6.8). Für eine serienmäßig hergestellte Anlage wird diese in der Regel vorhanden sein. Für eine typgeprüfte Anlage entfallen die technischen Prüfungen. Die Baugenehmigung ist dann wesentlich schneller und billiger zu bekommen. Bei nicht typgeprüften Anlagen, zum Beispiel Selbstbauanlagen, wird eine sog. *Einzelgenehmigung* erforderlich, die mit beträchtlichen Kosten verbunden sein kann.

Raumordnungsgesetz (ROG)

Die Bundesländer erstellen in der Regel einen „Landesentwicklungsplan" in dem grundsätzliche Aussagen über die Energiepolitik und den Platz, den die erneuerbaren Energien einnehmen sollen, enthalten sind. Auf dieser Basis und unter Berücksichtigung des Raumordnungsgesetzes sowie anderer Landesplanungsgesetze werden gemeindeübergreifende Raumordnungspläne erstellt. Diese sogenannte *Regionalplanung* ist für die Genehmigung von Bauvorhaben heute von erstrangiger Bedeutung. Die darin enthaltenen Vorgaben sind ebenso wichtig wie z. B. die *Bauleitplanung* auf der Ebene der Gemeinden, die sich der Regionalplanung unterordnen muß.

Bundesnaturschutzgesetz (BNatG)

Die Errichtung von Windkraftanlagen stellt einen Eingriff in Natur und Landschaft dar. Dieser ist zulässig wenn folgende Voraussetzungen gegeben sind:

- Übereinstimmung mit den Vorgaben der Landesplanung und der Raumordnung
- erhebliche und nachhaltige Beeinträchtigungen der Natur vermieden werden
- angemessene „Ausgleichsmaßnahmen" durchgeführt werden

Über die Zulässigkeit des Vorhabens entscheiden die für Naturschutz und Landschaftspflege zuständigen Behörden. Je nach Größe des Vorhabens ist eine mehr oder weniger umfangreiche öffentliche Beteiligung vorgesehen.

Bundesimissionsschutzgesetz BImSchG

Für die größeren Windparkprojekte findet, in ähnlicher Weise wie für den Bau und Betrieb anderer technischer Großanlagen (z. B. Kraftwerke), das Bundesimissionsschutzgesetz Anwendung. Die Verfahrensweise im Einzelnen richtet sich nach der Größe des Vorhabens.

Umweltverträglichkeits-Prüfungs-Gesetz (UVPG)

Größere Projekte, im Rahmen der Genehmigung nach BImSchG erfahren eine *Umweltverträglichkeitsprüfung (UVP)*. In diesem Rahmen werden die Stellungnahmen der angesprochenen Behörden und Verbände eingeholt und außerdem die Antragsunterlagen öffentlich ausgelegt. Bei Vorliegen von Einsprüchen wird ein ebenfalls öffentlicher Erörterungstermin angesetzt und danach über die Zuständigkeit entschieden.

Straßenrecht

Das Straßenrecht regelt die einzuhaltenden Mindestabstände von Bundesautobahnen, Bundes-, Landes- und Kreisstraßen. Darüber hinaus werden so genannte „Anbauverbote" und „Anbaubeschränkungen" vorgeschrieben.

Abstandsregelungen und Höhenbeschränkungen

Auf der Ebene der Länder gibt es in fast allen Bundesländern sog. *Abstandsregeln* für die Genehmigungen von Windkraftanlagen (Tabelle 18.2). Sie sind von Land zu Land unterschiedlich und können mehr noch als das Straßenrecht einen erheblichen Einfluß auf die zur Verfügung stehenden Planungsspielräume haben. Neben diesen Abstandsregeln haben einige Bundesländer auch Höhenbeschränkungen in bestimmten Gebieten erlassen.

Luftverkehrsgesetz (LuftVG)

Die Luftfahrtbehörden müssen für die Errichtung von Windkraftanlagen im Einzugsbereich von Flughäfen ihre Zustimmung geben. Diese kann auch mit Auflagen für die maximale Höhe der Windkraftanlagen verbunden sein. Außerdem legt die Luftfahrtbehörde die Tages- und Nachtkennzeichnung der Windkraftanlagen fest (vergl. Kap. 18.9).

Tabelle 18.2. Auszug aus den Abstandsregelungen für Windkraftanlagen in Schleswig-Holstein [1]

Nutzungsart	Abstände für WKA mit Gesamthöhe $h < 100$ m (Runderlass 4.7.1995)	Abstände für WKA mit Gesamthöhe $h \geq 100$ m (25.11.2003)
Einzelhäuser und Siedlungssplitter	300 m	$3{,}5 \times h$
Ländliche Siedlungen	500 m	$5 \times h$
Städtische Siedlungen, Ferienhausgebiete und Campingplätze	1000 m	$10 \times h$
Bundesautobahnen, Bundes-, Landes- und Kreisstraßen sowie Schienenstrecken	ca. 50 m bis 100 m	i. d. R. $1 \times h$
Nationalparks, Naturschutzgebiete usw. und sonstige Schutzgebiete	mind. 200 m, im Einzelfall bis 500 m	$(4 \times h) - 200$ m
Waldgebiete	200 m	i. d. R. 200 m
Gewässer 1. Ordnung und Gewässer mit Erholungsstreifen	mind. 50 m	$(1 \times h) - 50$ m

18.2.2 Planerische Vorgaben der Gemeinden und regionalen Gremien

Die Genehmigung neuer Bauvorhaben, zu denen auch Windkraftanlagen gehören, liegt in Deutschland grundsätzlich bei der zuständigen Gemeinde (Planungshoheit der Gemeinden). Mit der Neufassung des Raumordnungsgesetzes im Jahre 1998 wurden auf regionaler Ebene, also über die Grenzen einzelner Gemeinden hinausgehende, sogenannte „Raumordnungsgebiete" eingeführt. Diese sogenannte Regionalplanung ist für die Nutzung der Windenergie von zunehmender Bedeutung. Die Regionalplanung steht nicht selten in einem gewissen Konflikt zu der örtlichen (gemeindlichen) Planung [2]. Dieser Interessenkonflikt kann dazu führen, daß die Aufstellung der Regionalpläne in einen lang andauernden, kontroversen Diskussionsprozeß einmündet und die Pläne oft mehrfach geändert werden. Das Genehmigungsverfahren von Windenergieprojekten wird nicht selten davon erfaßt und verzögert. In vielen Fällen, in denen auf gemeindlicher Ebene „alles klar" zu sein schien, sind die Projekte an der Regionalplanung gescheitert.

Die Raumordnungsgebiete werden in den Regionalplänen nach drei Kategorien unterschieden:

- Vorranggebiete
  bevorzugen bestimmte raumbedeutsame Nutzungen und schließen andere konkurrierenden Nutzungen aus
- Vorbehaltsgebiete
  legen ein besonderes Gewicht auf bestimmte Nutzungen bei der Abwägung konkurrierender Nutzungen
- Eignungsgebiete
  reservieren diese Gebiete für bestimmte bauliche Maßnahmen, die besonders geeignet sind und schließen diese in anderen Gebieten aus

Die Definition dieser Gebiete erscheint auf den ersten Blick sehr ähnlich zu sein. Aus verwaltungsrechtlicher Sicht ergeben sich jedoch Unterschiede, die besonders in strittigen Fällen rechtlich relevant sind [2]. Die meisten regionalen Pläne weisen für die Aufstellung von Windkraftanlagen Vorranggebiete aus.

Die Regionalpläne richten sich nach den Vorschriften der Landesplanungsgesetze der Länder, so daß die Ausgestaltung und die Verfahrensweisen länderspezifisch unterschiedlich sind. Die Zuständigkeit für die Aufstellung der Regionalpläne liegt bei „Regionalen Planungsverbänden" bzw. „Planungsgemeinschaften", in einigen Bundesländern auch als „Regionalräte" oder „Landesplanungsbehörde" bezeichnet. Die Mitglieder der regionalen Planungsverbände sind die Landkreise und kreisfreien Städte der jeweiligen Planungsregion. Die kreisangehörigen, kleineren Gemeinden sind in der Regel keine unmittelbaren Mitglieder. Der Entwurf des Regionalplanes wird von einem im Rahmen des regionalen Verbandes arbeiteten „Planungsausschuß" erstellt. Die Mitwirkung der Gemeinden erfolgt meistens über diesen Planungsausschuß. Der Verfahrensablauf ist meist so, daß der regionale Planungsverband einen Entwurf beschließt in dem den einzelnen Nutzungsarten bestimmte Räume zugewiesen werden. Zum Beispiel: Landwirtschaft, Industrie und Gewerbe, Natur und Landschaftsschutz, Tourismus und Erholung usw., — aber auch Windenergienutzung.

Der vom Regionalverband genehmigte Regionalplan muß öffentlich bekannt gemacht werden. Erst mit der abgeschlossenen öffentlichen Auslegung tritt der Regionalplan in Kraft. Ein Windenergieprojekt hat heute kaum noch eine Chance genehmigt zu werden, wenn es nicht in einem Windvorranggebiet im Rahmen eines genehmigt Regionalplanes liegt. Die Initiatoren und Planer der Projekte müssen sich deshalb mit dieser Planung und den Interessen der zuständigen Gemeinde gleichzeitig befassen und auseinandersetzen.

18.2.3 Genehmigung von Windkraftprojekten nach BImSchG

Größere Windkraftprojekte müssen, wie andere Kraftwerke auch, nach den Bundesimissionsschutzgesetz (BImSchG) genehmigt werden. Das BImSchG ist per Definition ein anlagenbezogenes Genehmigungsverfahren. Das bedeutet, daß die „Anlage", der Windpark mit einer vollständigen technischen Planung zur Genehmigung eingereicht werden muß. Die Verfahrensweise im Rahmen der BImSchG-Genehmigung richtet sich nach der Anzahl der Anlagen (Bild 18.3). Das gilt in besonderem Maße für die „Umweltverträglichkeitsprüfung (UVP)". Bei Projekten mit mehr als 20 Anlagen kommt das sog. förmliche Genehmigungsverfahren zur Anwendung.

In diesem Verfahren wird der Genehmigungsantrag mit allen Unterlagen die sog. „Träger öffentlicher Belange" (im Fachjargon TöB,s) geschickt und diese zur Stellungnahme aufgefordert. Danach erfolgt eine öffentliche Auslegung für einen Monat. Bis zu 14 Tagen nach Beendigung der öffentlichen Auslegung können von Jedermann Einwände vorgebracht werden. Anschließend findet ein öffentlicher Erörterungstermin statt an dem die Einwände mündlich vorgetragen werden. Auf dieser Grundlage nimmt die Genehmigungsbehörde eine Abwägung der Argumente und Fakten vor und entscheidet über den Genehmigungsantrag innerhalb einer festgelegten Frist.

Die einzureichenden Unterlagen sind im Detail in der 4. und 9. BImSch-Verordnung geregelt (BImSchV). Die zuständige Behörde klärt den Antragsteller über die in Frage

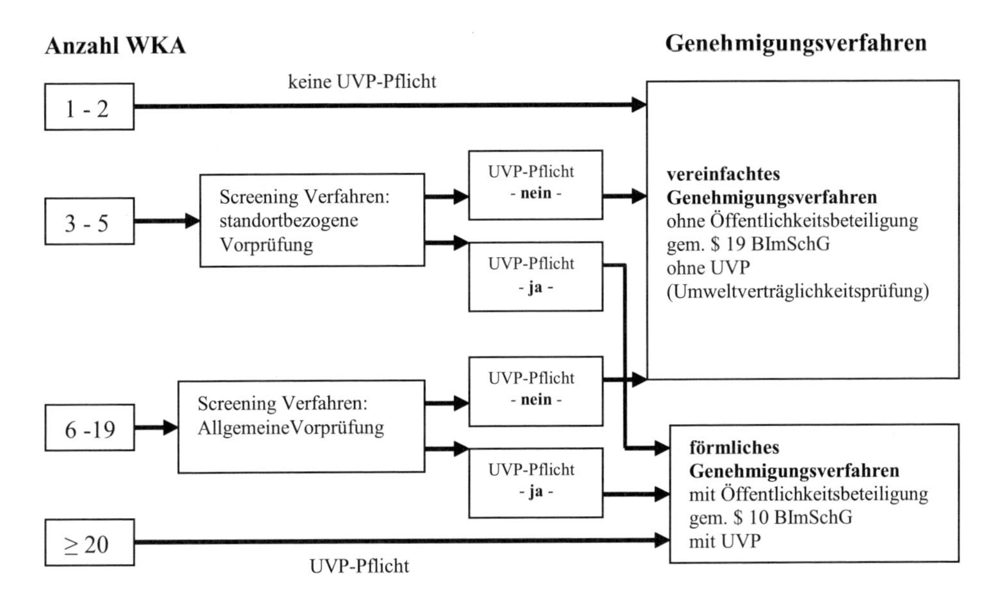

Bild 18.3. Genehmigungsverfahren nach BImSchG für unterschiedlich große Windparkprojekte [1]

kommenden Anforderungen auf. Der technische Teil der geforderten Unterlagen umfasst mindestens:

- Standortbeschreibung (geographische Lage, Flurpläne)
- Bauunterlagen für die Anlage (Beschreibung der Windkraftanlage, Typprüfung)
- Kartierung der Grundstücksflächen mit den erforderlichen Abstandsflächen
- Kabeltrassen
- Zuwegung mit Kran-Stellflächen
- Bodengutachten (eventuell auch nach der Baugenehmigung)
- Nachweis der Grundstücks -Nutzungsverträge (auch nach der Baugenehmigung)

Der zweite wichtige Bestandteil der Genehmigungsplanung sind die „Umweltverträglichkeitsuntersuchungen" nach dem BImSch-Gesetz. Die generellen Anforderungen sind im BImSchG beschrieben. Im Detail werden diese jedoch in jedem Bundesland etwas unterschiedlich gehandhabt und durch einzelne Bestimmung der Baugesetzgebung ergänzt. Im allgemeinen werden Unterlagen zu folgenden emissionsrechtlich relevanten oder umweltbezogenen Tatbeständen, das heißt eigene Untersuchungen, Bewertungen von externen Gutachtern oder Stellungnahmen der zuständigen Behörden gefordert:

- Windgutachten
- Schallemissionen
- Turbulenzeinflüsse
- Eisabwurf
- Optische Wirkung in der Landschaft (Visualisierung)
- Blitz- und Brandschutz
- Anlagensicherheit

- Arbeitssicherheit
- Flugsicherung
- Verwendete Baumaterialien (Stoffdaten)
- Abfallbehandlung
- Beendigung des Betriebes
- Menschliche Siedlungsstruktur
- Besonderer Schutzgüter (Denkmalschutz)
- Bodenbewirtschaftung
- Bodenversiegelung
- Wasserwirtschaft
- Naturräumliche Charakterisierung
- Klassifizierung der Flora und Fauna-Biotopstrukturen
- FFH-Verträglichkeit
- Artenschutz (Kartierung der Besiedlung durch Vögel, Fledermäuse und sonstige geschützte Tierarten) mit Risikoabschätzung für diese Tiere
- Archäologische Besonderheiten
- Landschaftspflegerischer Begleitplan

Das Thema Genehmigungsverfahren soll nicht ohne einige allgemeine Bemerkungen abgeschlossen werden. Die Genehmigung neuer Vorhaben entwickelt sich zunehmend zum größten Hindernis für den weiteren Ausbau der Windenergienutzung. Hierbei spielen weniger technische oder administrative Hürden eine Rolle, als vielmehr der wachsende Widerstand von Natur- und Landschaftsschutzverbänden. Ihre Interessenvertreter blockieren in vielen Fällen die Errichtung von Windkraftanlagen und beeinflussen die öffentliche Akzeptanz der Windenergienutzung.

Das Problem der Windenergienutzung unter diesem Aspekt läßt sich etwa wie folgt charakterisieren: Die globalen ökologischen Vorteile der Windenergienutzung liegen auf der Hand und werden von allen Interessengruppen lebhaft betont. Die Nachteile der Errichtung von Windkraftanlagen, vor allem ihre Sichtbarkeit in der Landschaft und eine eventuelle Geräuschbelästigung, spielen sich jedoch vor der Haustür der Anwohner ab. Dem Bürger wird also zugemutet, zugunsten der globalen, für ihn nicht unmittelbar erfahrbaren Vorteile in seiner unmittelbaren Umgebung, Einschränkungen hinzunehmen. Dies führt zu der bekannten Haltung: „Windenergie ja — aber bitte nicht vor meiner Haustüre“. Man macht es sich zu leicht, diese Haltung als „kleinkariert“ abzuqualifizieren. Hier liegt in der Tat ein Problem.

Es wird weiterhin großer Anstrengungen bedürfen, in der Öffentlichkeit deutlich zu machen, daß eine ökologisch orientierte Energieversorgung auch gewisse „Opfer“ erfordert. Diese werden besonders dann als unzumutbar empfunden, wenn sie neu sind. Die Opfer, die die Energieversorgung aus fossilen Brennstoffen in den letzten 200 Jahren gefordert haben, und die bei Fortsetzung dieser Technologie auch in Zukunft gebracht werden müssen, werden demgegenüber mit „Achselzucken“ zur Kenntnis genommen. In einer Zeit des allgemeinen Rückzugs auf die private Idylle ist die Vermittlung dieser Einsichten keine leichte Aufgabe. Sie ist im Grunde genommen gegen den gesellschaftlichen Trend gerichtet. Diese eher pessimistische Einschätzung darf jedoch keine Entschuldigung dafür sein, nicht alles zu versuchen, um in dieser Richtung aufklärerisch zu wirken.

18.2.4 Baugenehmigung für einzelne Anlagen

Für Windkraftanlagen bis zu 50 m Gesamthöhe ist eine Genehmigung nach BImSchG nicht erforderlich. Hierfür genügt eine einfache Baugenehmigung, die von den unteren Baubehörden erteilt wird. Es empfiehlt sich, zunächst eine *Bauvoranfrage* über die Gemeinde an die zuständige Bauaufsichtsbehörde zu stellen. Eine technische Beschreibung, ein Lageplan mit vorgesehenem Standort sowie eine Zeichnung oder ein Foto der Anlage sind dazu einzureichen. Die Stellungnahme der Behörde klärt die grundsätzliche Genehmigungsfähigkeit und gibt Hinweise für die weitere Vorgehensweise bezüglich eventueller Änderungen im Bebauungsplan oder auch gegebenenfalls Änderungen des Vorhabens. Weiterhin wird auf zusätzliche Genehmigungsverfahren verwiesen, zum Beispiel bei der Naturschutz- und Landschaftsschutzbehörde oder bei der Wasseraufsichtsbehörde.

Wird die Bauvoranfrage positiv beantwortet, ist die förmliche Baugenehmigung einzuholen. Hierzu ist ein *Bauantrag* an die Bauaufsichtsbehörde (Gemeinde, Landratsamt) zu stellen. Welche Unterlagen hierfür im Detail einzureichen sind, ist bis heute nicht einheitlich geregelt. Sie werden von der örtlichen Behörde im einzelnen vorgeschrieben. Üblicherweise werden verlangt:

- Lageplan bzw. Abzeichnung der Flurkarte (1:5000) mit Standort der Windkraftanlage
- Bauzeichnung der Anlage mit mehreren Ansichten, Grundriß, mindestens einer Schnittzeichnung (1:100) und einer Baubeschreibung
- Statik zum Nachweis der Standsicherheit für Turm und Fundament
- Technisches Gutachten für den maschinentechnischen Teil der Anlage (Rotor und Maschinenhaus)
- Untersuchungsergebnisse über die Geräuschemission und Nachweis über die sicherheitstechnische Ausrüstung
- Umweltverträglichkeitsgutachten, nicht unbedingt eine Umweltverträglichkeitsprüfung (UVP)

Die statischen Berechnungsnachweise und die technischen Gutachten entfallen bei „typgeprüften" Anlagen.

18.3 Technische Auslegung von Windparks

Die weitaus meisten Windkraftanlagen werden im Rahmen von Windparkprojekten aufgestellt. Die räumliche und organisatorische Zusammenfassung mehrerer Anlagen zu einem Windpark läßt diesen zu einer eigenständigen, übergeordneten „Anlage" werden. Dies kommt unter anderem auch dadurch zum Ausdruck, daß die Netzbetreiber beim Anschluß der Windkraftanlagen an das Netz den Windpark als Einheit betrachten und an diesen bestimmte Forderungen stellen und nicht an die einzelnen Anlagen (vergl. Kap. 11.8). Neben den restlichen, wirtschaftlichen und organisatorischen Aspekten erfordert die Realisierung eines Windparks deshalb auch eine technische Gesamtplanung.

18.3.1 Aerodynamik der Feldaufstellung

Die erste technische Frage, die sich im Zusammenhang mit der räumlich konzentrierten Aufstellung von Windkraftanlagen stellt, ist die Frage nach den notwendigen Abständen der

Einzelanlagen. Abgesehen von der Tatsache, daß im konkreten Fall viele Gesichtspunkte bei der Festlegung der Feldanordnung zu berücksichtigen sind — in vielen Fällen werden die Topographie des Geländes und die vorhandenen Grundstücksgrenzen die bestimmenden Faktoren sein — wird man diese Frage zunächst unter aerodynamischen Gesichtspunkten betrachten, um nicht unvertretbar hohe Leistungsverluste durch ein gegenseitiges Abschatten der Anlagen zu verursachen. Gewisse Mindestabstände zwischen den Anlagen müssen gewährleistet sein, andernfalls werden die Leistungsverluste so hoch, daß der Windpark von vornherein unwirtschaftlich werden muß.

Aerodynamischer Feldwirkungsgrad

Das Problem der aerodynamischen Interferenz von Windkraftanlagen in einer geometrischen Feldanordnung wurde zuerst in den USA im Zusammenhang mit der Verwirklichung der ersten Windfarmen untersucht, wenn auch die hierbei gewonnenen Erkenntnisse später keineswegs immer befolgt wurden. Der aerodynamisch bedingte Leistungsverlust, der durch die gegenseitige Abschattung der Anlagen entsteht, wird im sog. *aerodynamischen Feldwirkungsgrad* ausgedrückt. Dieser ist definiert als die Energielieferung des Gesamtparks im Verhältnis zur Summe der Energieausbeute, den die ungestörten Einzelanlagen liefern würden. In einem realen Feld ist der aerodynamische Feldwirkungsgrad immer kleiner als hundert Prozent, da die gegenseitige aerodynamische Beeinflussung bis zu einem Anlagenabstand von 20 Rotordurchmessern und darüber hinaus spürbar ist.

Diesen Feldwirkungsgrad gilt es für eine vorgegebene Feldanordnung zu bestimmen oder die geometrische Anordnung des Feldes so zu wählen, daß der Feldwirkungsgrad des Parks möglich hoch ist. Man kann den Feldwirkungsgrad mit Hilfe theoretischer Modelle ermitteln, die ähnlich aufgebaut sind wie die in Kap. 5.1 beschriebenen Modelle der Rotorleistungsberechnung, jedoch zusätzlich die gegenseitige Beeinflussung der Rotornachlaufströmung berücksichtigen.

Die Leistungsabgabe einer einzelnen Anlage läßt sich ohne Kenntnis der Windrichtungscharakteristik des Aufstellortes berechnen. Da die Anlage dem Wind nachgeführt wird, hängt die Leistungsabgabe nur von der Windgeschwindigkeit ab. Anders dagegen verhält sich die Leistungsabgabe einer Feldanordnung. Je nach Windrichtung werden die Abstände der Einzelanlagen in Windrichtung wie auch quer zum Wind verschieden sein, so daß die Abschattungsverluste kleiner oder größer sein können. Zur Berechnung der Energielieferung eines Anlagenparks ist deshalb neben der Häufigkeitsverteilung der Windgeschwindigkeit auch die jährliche Verteilung der Windrichtung erforderlich.

Der aerodynamische Feldwirkungsgrad wird im wesentlichen von folgenden Einflußgrößen bestimmt:

- Anlagenanzahl und Feldgeometrie (Anlagenabstand)
- Anlagencharakteristik (Rotor-Schubbeiwert, Leistung, Rotornabenhöhe)
- Turbulenzintensität am Standort
- Häufigkeitsverteilung der Windrichtung

In welcher Größenordnung der Feldwirkungsgrad aufgrund theoretischer Modellrechnungen liegt, zeigen die Bilder 18.4 und 18.5. Aus diesen Ergebnissen läßt sich die Schlußfolgerung ziehen, daß aus aerodynamischer Sicht ein Anlagenabstand von acht bis zehn

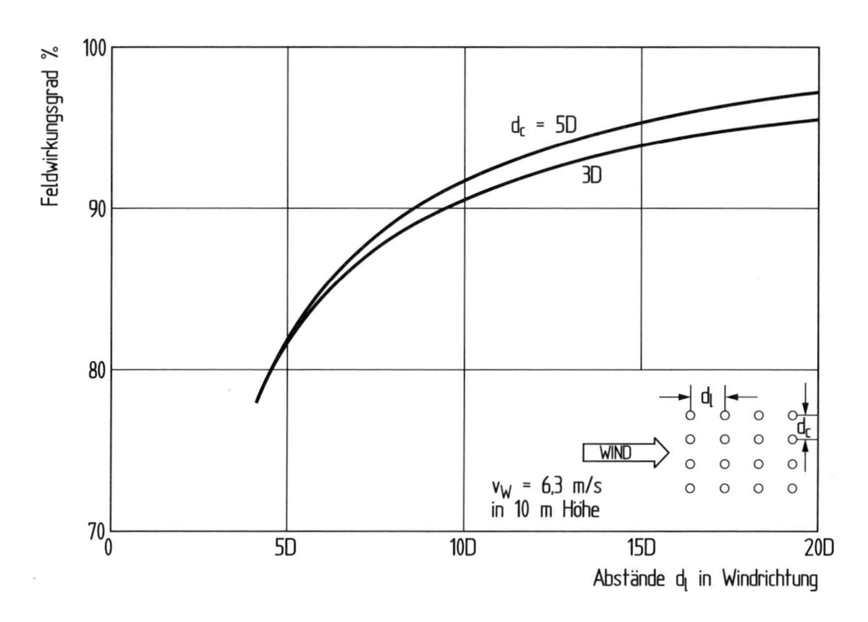

Bild 18.4. Aerodynamischer Feldwirkungsgrad in Abhängigkeit vom Rotorabstand in Windrichtung, gerechnet für ein Feld von 16 Anlagen [3]

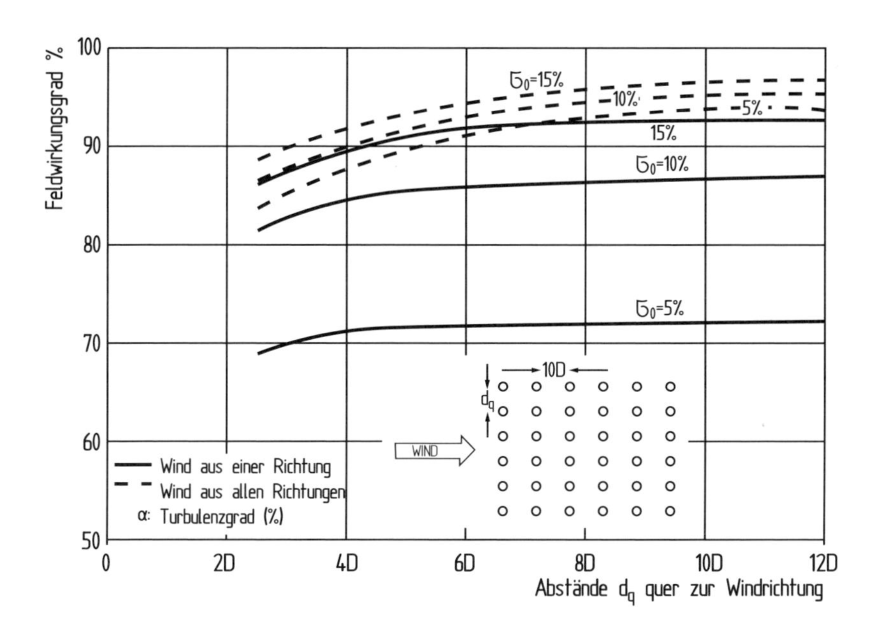

Bild 18.5. Aerodynamischer Feldwirkungsgrad in Abhängigkeit vom Rotorabstand quer zum Wind und vom Turbulenzgrad [3]

Rotordurchmessern in Hauptwindrichtung und drei bis fünf Rotordurchmessern quer zur Hauptwindrichtung eine vertretbare Feldanordnung darstellt. Der Feldwirkungsgrad beträgt bei diesen Verhältnissen ca. 90 %. Dieses Ergebnis wird auch durch praktische Erfahrungen bestätigt.

Leistungscharakteristik

Nicht nur die Energielieferung eines Feldes unterscheidet sich von der Summe der ungestörten Einzelanlagen, sondern auch die Leistungskennlinie. Bei Erreichen der Einschaltwindgeschwindigkeit werden die Anlagen der ersten Reihe zuerst anlaufen, die dahinterliegenden, bedingt durch die verzögerte Anströmung, noch nicht. Erst nach und nach werden alle Anlagen anlaufen, bis ab einer bestimmten Windgeschwindigkeit alle Anlagen eingeschaltet sind. Ab dieser Windgeschwindigkeit, die über der für die Einzelanlage spezifizierten Nennwindgeschwindigkeit liegt, laufen alle Anlagen mit Nennleistung; der Feldwirkungsgrad beträgt dann 100 %. Diese Effekte führen zu einem Unterschied in der Leistungscharakteristik der ungestörten Einzelanlage und des Anlagenparks. Die Parkcharakteristik ist außerdem noch windrichtungsabhängig (Bild 18.6).

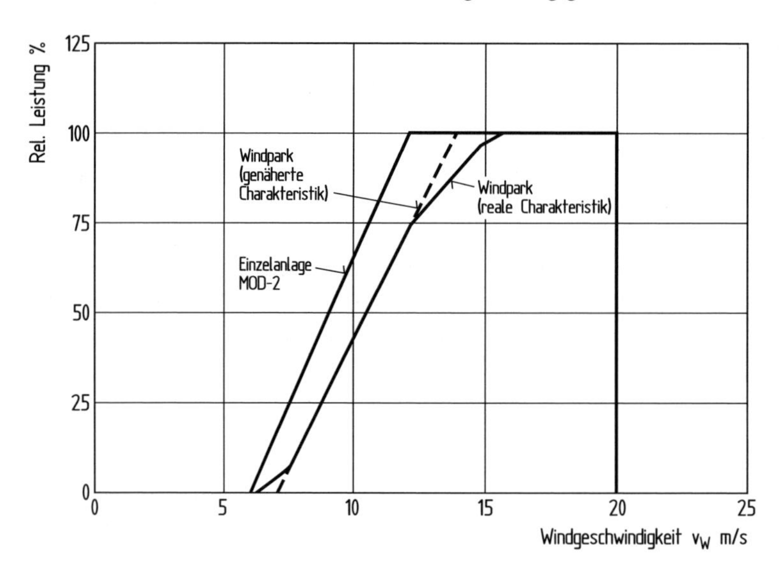

Bild 18.6. Leistungskennlinie einer ungestörten Einzelanlage und eines Windparks [3]

Induzierte Turbulenz

Die im Feld von den Windkraftanlagen hervorgerufene Turbulenz hat neben ihrem positiven Effekt, die Nachlaufströmung schneller aufzufüllen, auch die negative Auswirkung, das Ermüdungslastspektrum nicht unerheblich zu erhöhen. Zu der „natürlichen" Umgebungsturbulenzintensität am Standort addiert sich die von den Windkraftanlagen selbst erzeugte „induzierte" Turbulenz. Wie bereits in Kap. 5.1.4 erörtert, hängt dieser Effekt außer von der

Anlagencharakteristik im wesentlichen von der Entfernung zum Rotor, das heißt von den Abständen der Anlagen eines Windparkfeldes, ab. Aus diesem Grund besteht bei gegebener Turbulenzintensität am Aufstellort grundsätzlich die Gefahr, daß die Gesamtturbulenz im Windpark-Feld die in den Lastannahmen für die Einzelanlagen zugrundegelegte „Entwurfsturbulenz" überschreitet (Bild 18.7).

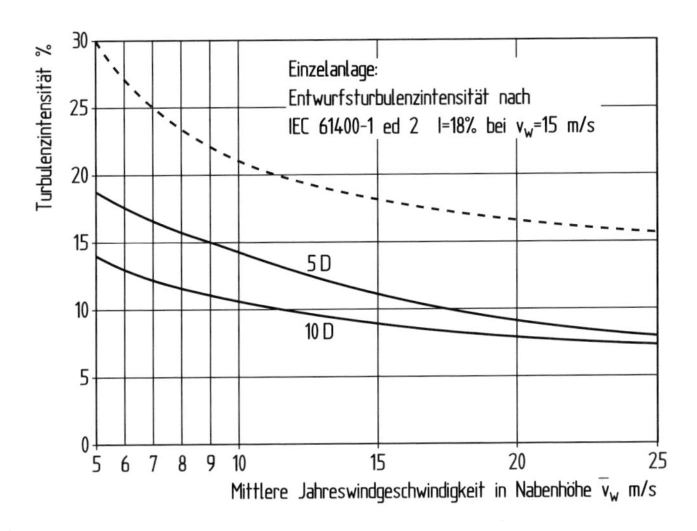

Bild 18.7. Abhängigkeit der Turbulenzintensität von der mittleren Windgeschwindigkeit und dem relativen Anlagenabstand für einen Offshore-Standort [4]

Auf der anderen Seite werden die Windkraftanlagen, die sich in der Nachlaufströmung der luvseitigen Anlagen befinden, mit einer geringeren mittleren Windgeschwindigkeit beaufschlagt, so daß das mittlere Belastungsniveau verringert wird. Es ist deshalb bei genügend großen Abstand der Anlagen a priori nicht zu entscheiden, ob die Gesamtbelastung für die Anlagen im Feld ansteigt oder nicht. Einige Hersteller sind, wohl aus Vorsichtsgründen, dazu übergegangen, einen Mindestabstand für die Feldaufstellung ihrer Anlagen vorzuschreiben.

Die Verhältnisse werden jedoch kritisch im Hinblick auf die induzierte Turbulenz, wenn die Abstände der Anlagen etwa drei Rotordurchmesser oder weniger betragen. Die Behörden in Deutschland fordern in diesem Fall ein sog. „Turbulenzgutachten" in dem nachgewiesen werden muss, daß die Auslegungs-Turbulenzintensität der zu grundliegenden Lastannahmen nicht überschritten wird. Neben diesem Nachweis wird unter Umständen auch ein Nachweis gefordert, daß benachbarte Strom-Freileitung in nicht durch die Turbulenz des Windparks in unzulässige Schwingungen versetzt werden.

Neben den Abständen der Anlagen spielt auch der Schubwert der Windkraftanlage eine gewisse Rolle. Dieser ist je nach Bauart und Anlagentyp unterschiedlich. Stallgeregelte Anlagen haben einen hohen Schubbeilwert jedoch auch bei Anlagen mit Blatteinstellwinkelregelung sind Unterschiede vorhanden (Bild 18.8). Diese können im Einzelfall darüber entscheiden, ob bei einer vorgegebenen Fläche die eine oder Anlage mehr aufgestellt werden kann, ohne daß die zulässige Turbulenzintensität überschritten wird.

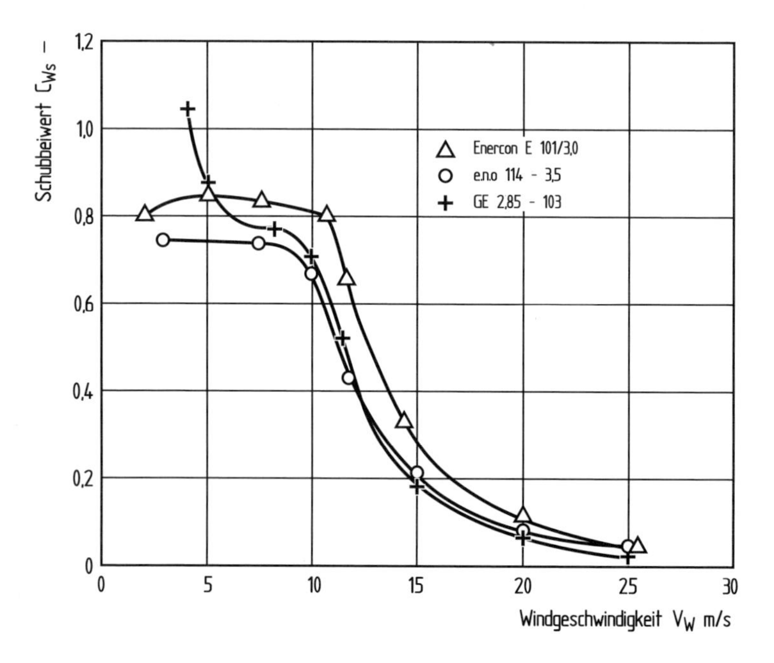

Bild 18.8. Schubbeiwerte von Windkraftanlagen

18.3.2 Interne elektrische Verkabelung und Stichleitung zum Netz

Die elektrische Infrastruktur eines Windparks wird von der Zielvorstellung bestimmt, die elektrischen Übertragungsverluste und die Kosten zu minimieren, bei gleichzeitiger Gewährleistung einer hohen Ausfallsicherheit. Die Ausfallsicherheit ist bei erdverlegtem Kabel ohnehin zwei- bis dreimal höher als bei Freileitungen. Unter den wählbaren technischen Parametern sind die Kabellängen durch die räumliche Ausdehnung des Windparks und die Entfernung zum Netzanknüpfungspunkt weitgehend festgelegt. Zur Disposition stehen deshalb nur das Spannungsniveau und die Kabelquerschnitte. Bis zu einem gewissen Grad kann auch über die Geometrie der Kabelverbindungen im Windpark Anzahl der erforderlichen Schaltfelder und eventueller Zwischentransformatoren minimiert werden.

Elektrische Kabel

Die interne Verkabelung und die Stichleitung zum Netzanbindungspunkt erfolgt bei Windparks in Deutschland ausschließlich mit erdverlegten Kabel. Die wesentlichen Bestandteile der Erdkabel sind (Bild 18.9):

- elektrischer Leiter, meistens bestehend aus gebündelten Einzeldrähten
- innere und äußere Schutzhülle
- Isolierung aus vernetztem Polyethylen
- Schirm aus Kupferdrähten
- Folie
- äußere Schutzhülle aus Polyethylen

Bild 18.9. Mittelspannungskabel NA 2X S (F) 2Y (Nexans)

Als Material für den elektrischen Leiter stehen Kupfer oder Aluminium zur Wahl. Kupfer hat eine höhere Leitfähigkeit (56 S/m) als Aluminium (35 S/m). Bei gleicher Übertragungsfähigkeit sind Kupferkabel aber mindestens doppelt so teuer wie Aluminiumkabel. Aus diesem Grund werden heute im Mittel- und Hochspannungsbereich fast ausschließlich Aluminiumkabel mit einem Leiter verwendet. Kabel mit mehreren Leitern, zum Beispiel Dreileiter-Kabel, sind etwas höher belastbar und werden im Niederspannungsbereich eingesetzt. Die Kabel werden mit den verschiedensten Leiter Querschnitten angeboten. Im Mittelspannungsbereich (20 kV) sind Leiterquerschnitte von 150 bis 630 mm^2 üblich. Hochspannungskabel mit 110 kV sind von etwa 240 mm^2 bis 1600 mm^2 handelsüblich.

Die Bezeichnung der Kabel ist genormt. Für die gebräuchlichen 20 kV und 110 kV Kabel bedeuten die einzelnen Buchstaben und Ziffern:

N Nationale Norm nach VDE
A Aluminium Leiter
2X VPE-Isolierung (vernetztes Polyethylen)
S Kupferschirm
F Bewehrung aus verzinkten Stahldrähten
2Y PE-Mantel(Polyethylen)

Kupfer als Leitermaterial wird nicht gekennzeichnet.

Für eine funktionsfähige Kabelverbindung sind neben dem eigentlichen Kabel noch die Verbindungsmuffen und die Endverschlüsse notwendig (Kabelgarnitur). Die Endverschlüsse schließen das Ende der Kabel ab und stellt die Verbindung mit anderen Anlageteilen, z. B. einer Schaltanlage, her. Dementsprechend setzen sich die Kosten für ein betriebsfähiges Kabel zusammen aus:

- Kabel
- Muffen und Endverschlüssen
- Verlegung

Die Kosten für 20 kV-Kabel liegen je nach Leiterquerschnitt bei 30 bis 35 € pro Meter (150 mm²) bis zu 55 bis 60 € pro Meter (630 mm²). Hochspannungskabel sind erheblich teurer, teils wegen der höheren Kosten für das Kabel selbst, teils wegen teurer Zusatzeinrichtungen. Erdverlegte Kabel haben eine höhere sog. Impedanz (eine Art Wechselstromwiderstand) als Freileitungen. Für Mittelspannungs-Kabel spielten dies keine große Rolle, anders jedoch bei 110 kV-Hochspannungskabel. Um den erhöhten Blindleistungsbedarf auszugleichen sind Kompensationsspulen am Leitungsende erforderlich. In einigen Fällen, bei größeren Kabellängen, müssen aufwendige sog. „Schrägregel-Transformatoren" eingesetzt werden, um die Spannung und den Phasenwinkel anzupassen. Die Kosten für ein verlegtes und betriebsfähiges 110-kV-Kabel liegen zwischen 250 bis 350 € pro Meter.

Übertragungbare Leistung

Mittelspannungskabel sind in ihrer Übertragungsleistung, je nach Leiterquerschnitt auf 10 bis 25 MVA beschränkt. Eine 110 kV Leitung kann bei einem üblichen Leiterquerschnitt von 600 mm² etwa 120 bis 130 MVA übertragen (Bild 18.10). Kurzfristige Überschreitungen sind in Grenzen möglich, sofern keine thermische Überlastung auftritt. In jedem Fall steigen aber die Übertragungsverluste an.

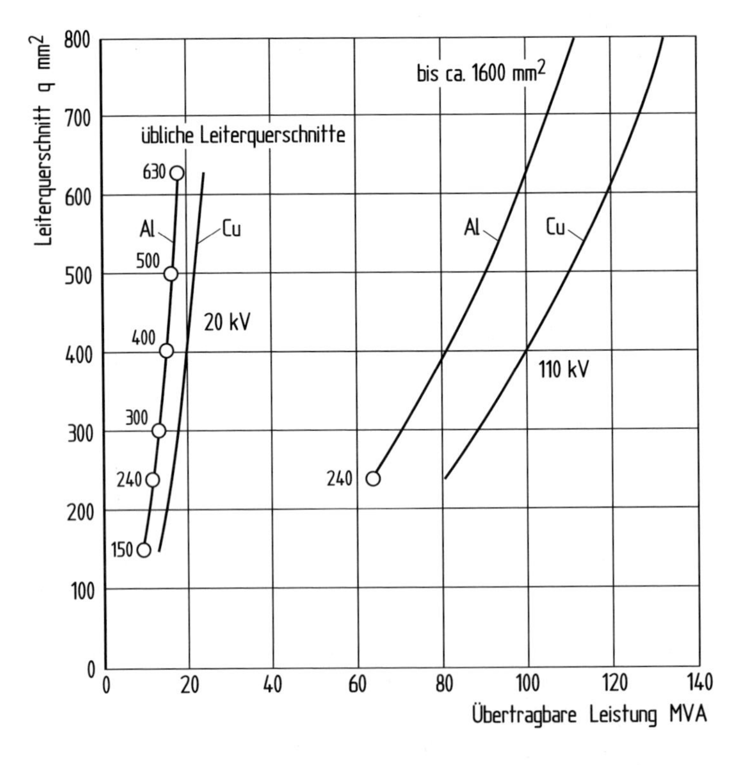

Bild 18.10. Übertragbare Leistung von Mittel- und Hochspannungskabeln mit verschiedenen Leiterquerschnitten [5]

Übertragungsverluste

Die elektrischen Verluste im Anlagenfeld sind eine unmittelbare Folge der gewählten elektrischen Parameter. Spannungsniveau, Kabellängen, Kabelquerschnitte und Anzahl der Transformatoren sind die wichtigsten Einflußgrößen. Auch für große Windparks sollte der elektrische Verlust bis zum Netzverknüpfungspunkt nicht mehr als 2 % betragen.

Die Übertragungsverluste werden durch die bekannte ohmsche Beziehung zwischen Stromstärke und Leitungswiderstand bestimmt:

$$P_V = U_V I = R I^2$$

Die elektrische Verlustleistung P_v kann durch größere Leitungsquerschnitte, also eine Verkleinerung des ohmschen Widerstandes R, verringert werden oder, wesentlich effektiver, durch eine höhere Spannung, die über die Stromstärke im Quadrat eingeht.

$$P_V = \frac{3 l I^2}{\varkappa q}$$

mit:

P_V = elektrische Verlustleistung (W)
U_V = Spannungsverlust (V)
I = Stromstärke (A)
l = Kabellänge (m)
$\varkappa$ = elektrische Leitfähigkeit (S/m)
q = Leiterquerschnitt (mm^2)

Verkabelungskonzeptionen

Kleinere Windkraftanlagen, deren Generatoren mit 690 Volt arbeiten, werden auch auf diesem Spannungsniveau mit Niederspannungskabel verbunden. Diese werden in einer sog. „Kopf oder Übergabestation" zusammengefasst. Dort wird die Spannung auf die Mittelspannung von 20 kV hochtransformiert und mit einer Stichleitung zum Netzverknüpfungspunkt geführt (Bild 18.11).

Windparks mit Anlagen der Megawatt-Leistungsklasse werden auf Mittelspannungsniveau verkabelt. In der Regel verfügt jede große Anlage über einen eigenen Transformator der die Spannung von der Generatorspannung, oft 690 Volt, auf die Mittelspannung transformiert. Die Kabel werden mit unterschiedlichen Kabelquerschnitten verlegt, je nach der zu übertragenden Leistung, das heißt der Anzahl der Windkraftanlagen, deren Leistung über das Kabel übertragen wird.

Bei größeren Windparks kann die Mittelspannung unmittelbar am Windpark mit einer Umspannstation auf 110 kV transformiert werden und die Leistung mit einem Hochspannungskabel zum Netzanschlußpunkt übertragen werden (Bild 18.12). Da in Deutschland für diesen Zweck nur erdverlegte Kabel genehmigt werden, wird diese Konzeption wegen der hohen Kosten für das 110 kV-Kabel meistens vermieden und stattdessen je nach Bedarf mehrere Mittelspannungskabel parallel verlegt. Die Umspannstation rückt dann in die Nähe des Netzverknüpfungspunktes.

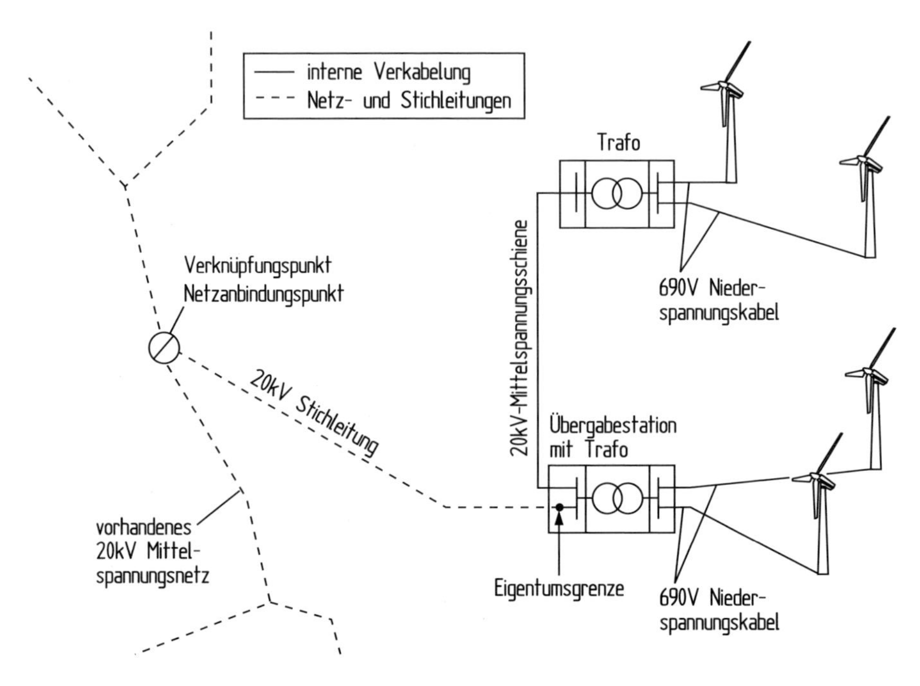

Bild 18.11. Interne Verkabelung eines kleinen Windparks und Netzanschluß an das Mittelspannungsnetz

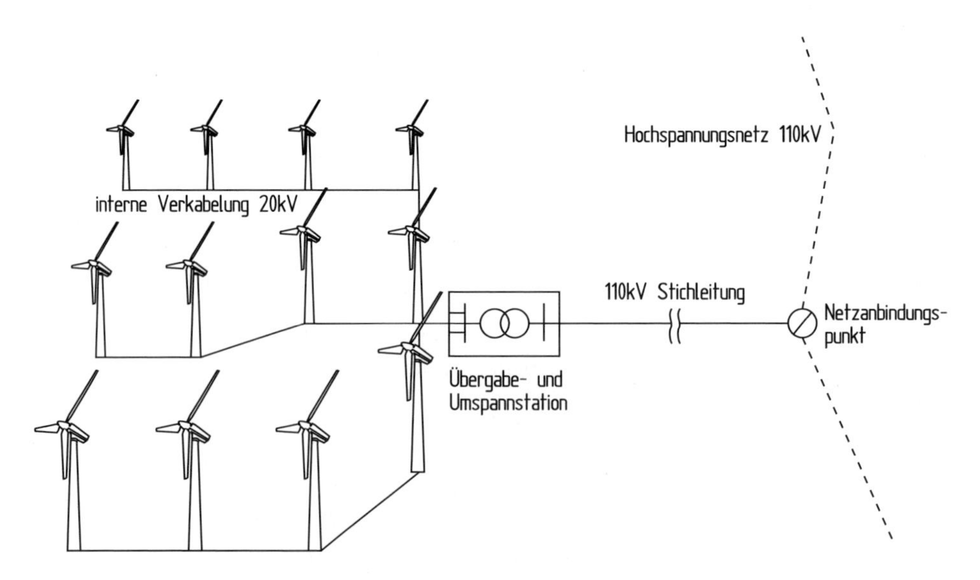

Bild 18.12. Interne Verkabelung eines großen Windparks und Netzanschluß an das Hochspannungsnetz

Die Leitungsquerschnitte sollten aus praktischen Gründen und unter Kostengesichtspunkten ein bestimmtes Maß nicht überschreiten. Der Übergang auf die nächst höhere Spannungsebene ist deshalb die wirtschaftlichere Lösung. Auf der anderen Seite ist ein Mindestquerschnitt erforderlich, um eine thermische Überlastung der Kabel zu verhindern.

18.3.3 Netzanschluß

Das Stromnetz in Deutschland wird mit Drehstrom der Frequenz 50 Hz betrieben. Es wird nach drei Spannungsebenen unterschieden:

- Hoch- und Höchstspannungsebene: 110 kV, 220 kV, 380 kV
- Mittelspannungsebene: 30 kV, 20 kV, 10 kV
- Niederspannungsebene: 400 V/230 V

Auf der *Hoch- und Höchstspannungsebene* erfolgt die verlustarme Übertragung großer Energiemengen im Rahmen des westeuropäischen Verbundnetzes, das auf eine Stromerzeugung mit großen, zentralen Elektrizitätswerken ausgerichtet ist. Größere Windparks mit Leistungen von über 10 bis 15 MW müssen in der Regel an das Hochspannungsnetz (110 kV) angeschlossen werden. In einigen Fällen wird auch ein Anschluß an das Höchstspannungsnetz (220 oder 380 kV) erforderlich. Der Anschluß an das Hochspannungsnetz bedeutet in vielen Fällen, daß für den Windpark eine neue Umspannstation errichtet werden muß.

Ausgehend von der übergeordneten Hochspannungsebene übernimmt das *Mittelspannungsnetz* die regionale Verteilung der elektrischen Energie. In der Regel beträgt hier das Spannungsniveau 20 kV. Die Netzdichte und die Übertragungsfähigkeit der Leitungen nimmt von den städtischen Ballungszentren zu den ländlichen Gebieten hin ab. Deshalb sind die Netzausläufer der Mittelspannungsebene in den besonders windreichen Regionen an der deutschen Nord- und Ostseeküste teilweise nicht für die Aufnahme großer zusätzlicher Energiemengen aus dezentraler Stromerzeugung ausgelegt. Im Hinblick auf die Windkraftnutzung war das Mittelspannungsnetz zunächst die wichtigste Spannungsebene.

Die lokalen *Niederspannungs-* oder *Ortsnetze* versorgen Haushalte und sonstige kleine Stromabnehmer wie Gewerbe, landwirtschaftliche Betriebe usw. Ein Anschluß an das Niederspannungsnetz kommt nur für relativ kleine Windkraftanlagen mit einer Leistung bis etwa 100 kW, in Ausnahmefällen auch etwas darüber, in Frage. Der Netzanschluß einer kleineren Windkraftanlage an das Niederspannungsnetz, gelegentlich auch als „Hausanschluß" bezeichnet, ist besonders einfach und kostengünstig.

Die technische Ausrüstung und damit auch die Kosten für die Netzanbindung werden grundsätzlich durch vier Faktoren bestimmt:

- Entfernung der Windkraftanlage zum Netz
- Zustand des Netzes
- elektrotechnische Ausrüstung der Windkraftanlage
- technische Anforderungen des Energieversorgungsunternehmens (EVU) an den Netzparallelbetrieb (vergl. Kap. 11.8)

Die Wahl des Netzanbindungspunktes wird dabei nicht nur durch Standort und Leistung der Windkraftanlage vorgegeben, sondern hängt in erheblichem Maß auch vom Zustand des Netzes und den von der Windkraftanlage ausgehenden Netzrückwirkungen ab.

Je gravierender diese eingeschätzt werden, um so größer kann die Entfernung zu einem geeigneten Netzanbindungspunkt sein, an dem diese Rückwirkungen verkraftet werden können. Der Netzbetreiber stellt mit einer sog. *Netzverträglichkeitsprüfung* die Eignung des ins Auge gefassten Netzanschlußpunktes fest.

Bevor die wichtigsten Faktoren, welche die Netzanschlußkonzeption bestimmen, angesprochen werden, ist eine genauere Definition der Lage der Windkraftanlage zum Netz von Nutzen (Bild 18.13). In diesem Zusammenhang sind einige Begriffe wichtig.

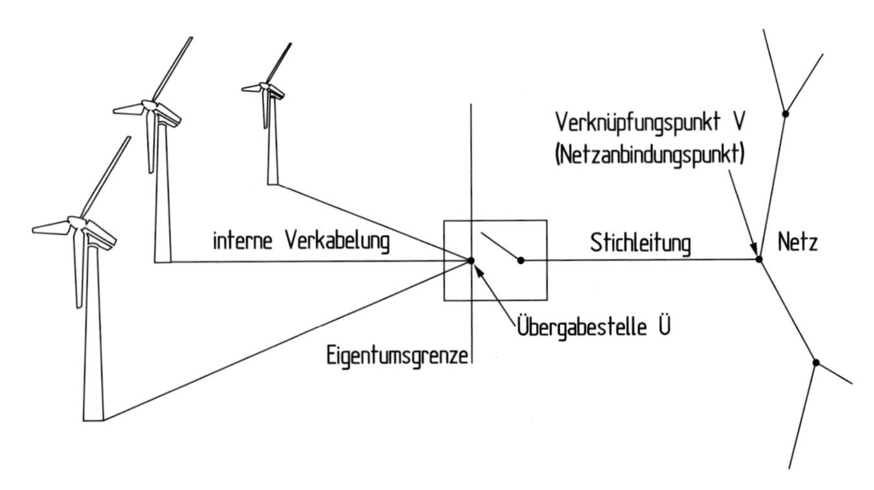

Bild 18.13. Netzanbindung von Windkraftanlagen, schematisch

Übergabestelle

Dieser Punkt markiert die Grenze der internen Windparkverkabelung zum Netz. Die sog. Übergabestation liegt bereits zum Teil in der Verantwortung des Netzbetreibers (EVU). Sie muß durch eine vorgeschriebene, jederzeit für den Netzbetreiber zugängliche Trennstelle markiert werden. Liegt die Übergabestation in der Nähe des Windparks, wie in Bild 18.12 zu sehen, fällt die Stichleitung in die Verantwortung das Netzbetreibers.

Die technische Ausführung der Übergabestelle ist vergleichsweise einfach und unterscheidet sich nicht von den Einrichtungen, die auch für andere Stromerzeugungsanlagen vergleichbarer Leistung verwendet werden. Die Elektroindustrie bietet sog. „Kompaktstationen" oder „Kopfstationen" für die Übergabestelle an. In einem kompakten wetterfesten Gehäuse sind die Schalteinrichtungen und falls erforderlich auch der Transformator (690 V/20 kV) untergebracht. Außerdem sind die notwendigen Überwachungsinstrumente enthalten (Bild 18.15).

Verknüpfungspunkt (auch: Netzanbindungspunkt)

Der Verknüpfungspunkt ist als diejenige Stelle im bestehenden Netz definiert, an der die Stromeinspeisung erfolgt. Kleinere Windparks werden fast ausschließlich an das Mittelspannungsnetz, in Deutschland üblicherweise 20 kV, angeschlossen. Wo immer diese Möglichkeit gegeben ist, stellt das die kostengünstigste Lösung dar. Zum einen sind die Schaltanlagen und Transformatoren hier wesentlich billiger als im Hochspannungsbereich und zum anderen sind die zu überbrückenden Entfernungen bis zum Netzanknüpfungspunkt in Deutschland im Durchschnitt auf wenige Kilometer begrenzt.

Für kleinere Leistungen ist die technische Ausrüstung bei Anschluß an das Mittelspannungsnetz relativ einfach. Im einfachsten Fall erfolgt die Anbindung an einen bestehenden Leitungsmast mit einem hochgestellten *Masttrennschalter* (Bild 18.14).

Bild 18.14. Netzanbindung einer Windkraftanlage mit Masttrennschaltern an das 20-kV-Mittelspannungsnetz

In Deutschland ist diese Art der Netzanbindung nicht üblich. Da die Aufstellung der großen Windkraftanlagen fast immer in kleinen Gruppen oder größeren Windparks erfolgt, wird die interne Verkabelung der Anlagen in einer Übergabe- oder Kopfstationen zusammengefaßt (Bild 18.15). Von dort wird eine Stichleitung zu nächsten Umspannstation gelegt.

Große Windparks mit Gesamtleistungen von über 20 MW können nicht mehr an das Mittelspannungsnetz angeschlossen werden. Die elektrische Netzstabilität auf Mit-

Bild 18.15. Übergabestation mit Transformator und Mittelspannungsschaltanlage in Kompaktbauweise für die Netzanbindung

telspannungsniveau läßt die punktförmige Einspeisung derartiger Leistungen, mit den spezifischen Charakteristika der Windstromerzeugung, nicht mehr zu. Bereits aus diesem Grund bleibt nichts anderes übrig als der technisch aufwendigere Anschluß an das Hochspannungsnetz mit 110 oder 220 kV, der in den meisten Fällen den Neubau einer eigenen Umspannstation erfordert (Bild 18.16). Hinzu kommt, daß die geeigneten Netzanschlußpunkte in der Regel weiter entfernt sind, da das Hochspannungsnetz weit weniger engmaschig ist als das Mittelspannungsnetz. Die Kosten für den Anschluß eines größeren Windparks an das Hochspannungsnetz sind damit erheblich.

Andererseits sind in den letzten Jahren die Kosten für Hochspannungsschaltanlagen und -transformatoren im liberalisierten Strommarkt gefallen, so daß hierin kein unüberwindliches wirtschaftliches Hindernis mehr liegt, sofern der Windpark über eine gewisse Mindestgröße verfügt.

Der Netzanschluß von Windkraftanlagen, insbesondere wenn es sich um größere Windparks handelt, erfordert die Beachtung einer Reihe von technischen Kriterien. Seit die Netzbetreiber im Jahre 2003 neue wesentliche erweiterte Netzanschlußregeln herausgegeben haben, sind die technischen Kriterien noch wichtiger geworden.

Bild 18.16. Umspannstation 20/110 kV (Foto Oelker)

Zunächst sind die geforderten Fähigkeiten der Windparkanlage hinsichtlich des Netzparallelbetriebes, wie sie in Kap. 11.8 angesprochen wurden zu beachten. Sie betreffen das Regelungs- und Betriebsführungssystem, insbesondere:

- die Begrenzung des Einschaltstromes
- die Wirkleistungsabgabe und Erzeugungsmanagment
- den Betrieb innerhalb vorgegebener Spannungs- und Frequenzwerte
- den Blindleistungsaustausch
- die Oberwellen und Flicker
- die Trennung vom Netz und
- das Verhalten bei Netzstörung.

Neben der technischen Ausrüstung der Windkraftanlagen sind aber auch bestimmte Netzeigenschaften von Bedeutung, die über die Anschlußmöglichkeit an einem vorgesehenen Netzanknüpfungspunkt entscheiden:

Übertragungsfähigkeit

Die Wahl des Netzanbindungspunktes wird auch dadurch beeinflußt, daß die für die Übertragung der erzeugten Energie verwendeten Einrichtungen (Kabel, Transformatoren, Schalteinrichtungen usw.) nicht thermisch überlastet werden dürfen. Dies gilt zunächst für die Stichleitung, die in der Verantwortung des Beteibers liegt. Bei zu geringer Übertragungsfähigkeit oder zu hohen Leitungsverlusten eines Kabels kann die Verlegung mehrerer paralleler Kabel eine gewisse Abhilfe schaffen, jedoch steigen dann die Kabelkosten. Im Hinblick auf das Netz und die Übertragungsfähigkeit der Freileitungen spielt die thermische Belastung im Hinblick auf das Durchhängen der Kabel an Tagen mit hohen Umgebungstemperaturen eine Rolle. In einigen Fällen wird nach diesem Kriterium die Einspeiseleistung begrenzt.

Kurzschlußleistung

Die zulässige, höchste Einspeiseleistung am Netzverknüpfungspunkt wird durch die sog. Netzkurzschlußleistung begrenzt. In Deutschland lassen die Netzbetreiber in der Regel nur eine Einspeiseleistung von 2 % der Kurzschlußleistung zu. Bei größeren Windparks, die über eine Umspannstation angeschlossen werden, können wesentlich höhere Einspeiseleistungen zugelassen werden.

Die Kurzschlußleistung ist ein Maß für die Fähigkeit eines Netzes, Störimpulse eines angeschlossenen Verbrauchers oder Einspeisers zu „schlucken". Eine Erhöhung der Kurzschlußleistung im Verknüpfungspunkt führt zu einer entsprechenden Absenkung der Netzimpedanz, so daß die ausgesendeten Störströme nur geringe Spannungsänderungen bzw. -schwankungen verursachen. Die Netzrückwirkungen einer angeschlossenen Anlage sinken demnach mit steigender Kurzschlußleistung im Verknüpfungspunkt. Die Kurzschlußleistung im Netz verringert sich wiederum mit der Entfernung zur nächst höheren Spannungsebene.

Netzausbau

Hinsichtlich einer grundsätzlichen Bewertung der angesprochenen Netzrückwirkungen sollte man wissen, daß die Unempfindlichkeit des Netzes gegen Störeinflüsse, das heißt die Erhöhung der Kurzschlußleistung und die Übertragungsfähigkeit, vom Netzbetreiber durch entsprechende Netzverstärkungen in der jeweiligen Spannungsebene erhöht werden kann. Im Zuge der laufend erforderlichen Ersatz- und Ausbauinvestitionen unterliegen die Stromversorgungsnetze ohnehin einem ständigen Wandel. So soll in Deutschland das Mittelspannungsnetz auf lange Sicht vollständig auf 20-kV-Erdverkabelung umgestellt werden. Es liegt in den Händen der Netzbetreiber, bei den Planungen die Einbindung von dezentralen Energieerzeugungsanlagen miteinzubeziehen. Das Erneuerbare-Energien-Gesetz (EEG) verpflichtet die Netzbetreiber grundsätzlich zum weiteren Ausbau der Netze zugunsten der Einspeisung von Strom aus erneuerbaren Energiequellen. Insbesondere für strukturschwache, aber windreiche Regionen würden sich damit die Voraussetzungen für den Parallelbetrieb von Windkraftanlagen am Mittelspannungsnetz erheblich bessern. Die derzeitige Netzsituation sollte deshalb keineswegs als unveränderlich angesehen werden. Auf der anderen Seite werden auch die Windkraftanlagen zunehmend netzverträglicher. Die Regelbarkeit im Hinblick auf die Leitungseinspeisung und die Einhaltung bestimmter vom Netz vorgegebener Parameter wird mit jeder neuen Anlagengeneration besser.

18.4 Tiefbauarbeiten am Aufstellort

Noch vor dem Transport der Windkraftanlagen zum Aufstellort müssen die notwendigen Tiefbauarbeiten vorgenommen werden. Hierzu ist ein detaillierter Aufstell- und Infrastrukturplan zu entwerfen (Bild 18.17). Eine derartige Planung wird zwar bereits im Rahmen der

Genehmigung gefordert, aber in der Regel müssen noch zahlreiche Details vor Baubeginn festgelegt werden.

Vermessungsarbeiten

Die in Deutschland üblichen Aufstellgebiete der Windkraftanlagen sind landwirtschaftlich genutzten Flächen, die oft sehr kleinteilig im die Grundstücke der Eigentümer unterteilt sind. Oft sind die Grenzen in diesen Gebieten jahrzehntelang nicht mehr festgestellt worden und auch den Grundstückseigentümern nur noch ungefähr bekannt. Die Grundstücknutzungsverträge für die Windkraftanlagen beinhalten nicht nur die Nutzungsrechte für den eigentlichen Standort, sondern auch die erforderlichen Grunddienstbarkeiten für die Flächen die vom sog. „Abstandskreis" der Windkraftanlage überdeckt werden. In den meisten Bundesländern beträgt der Radius des Abstandskreises die gesamte Bauhöhe der Anlage, das heißt bis zu Rotorblattspitze. Vor diesem Hintergrund ist eine genaue Vermessung der Windkraftanlagenstandorte und der Grundstücksgrenzen nahezu unvermeidlich. In vielen Fällen fordern die Genehmigungsbehörden auch die Vermessung im Rahmen der Baugenehmigung.

Bodenproben

Liegt die Position der Windkraftanlagen endgültig fest, werden im ersten Schritt Bodenproben an Hand von Probebohrungen durchführt um die Bodeneigenschaften zu bestimmen. Auf dieser Grundlage kann die Bauart der Fundamente im Detail festgelegt werden.

Fundamente

Die verschiedenen Bauarten der Fundamente sind in Kapitel 12 ausführlicher beschrieben. Was die Bauausführung betrifft, so erfordert diese besondere Sorgfalt und ist nicht vergleichbar mit einem beliebigen Fundament für ein Gebäude. Diese Lehre aus drei Jahrzehnten moderner Windenergienutzung sollte beachtet werden.

In den Anfangsjahren wurden die Fundamente nach den Vorgaben der Windkraftanlagenhersteller oft in der Verantwortung des Windparkbetreibers bei örtlichen Bauunternehmern in Auftrag gegeben. Dieses Verfahren hat sich nicht immer bewährt. Heute ist es üblich die Windkraftanlagen mit Fundamenten zu bestellen. Die Bauausführung erfolgt dann unter der Kontrolle des Herstellers und unter dessen Verantwortung.

Wegebau

Meistens werden gleichzeitig mit dem Bau der Fundamente die Zuwegungen zu den Windkraftanlagen gebaut. In landwirtschaftlich genutzten Gebieten wird man bestrebt seien das vorhandene Wegenetz so weit als möglich zu nutzen. Bei der heutigen Größe der Anlagen ist aber fast immer ein Ausbau der Wege erforderlich. In erster Linie muss die Tragfähigkeit für die schweren Transport- und Hebefahrzeuge erhöht werden, aber auch die Kurvenradien müssen genau überlegt und eventuelle Hindernisse beseitigt werden. Dass dies an Grenzen stößt versteht sich von selbst, so daß oft eine komplett neue Zuwegung gebaut werden muss.

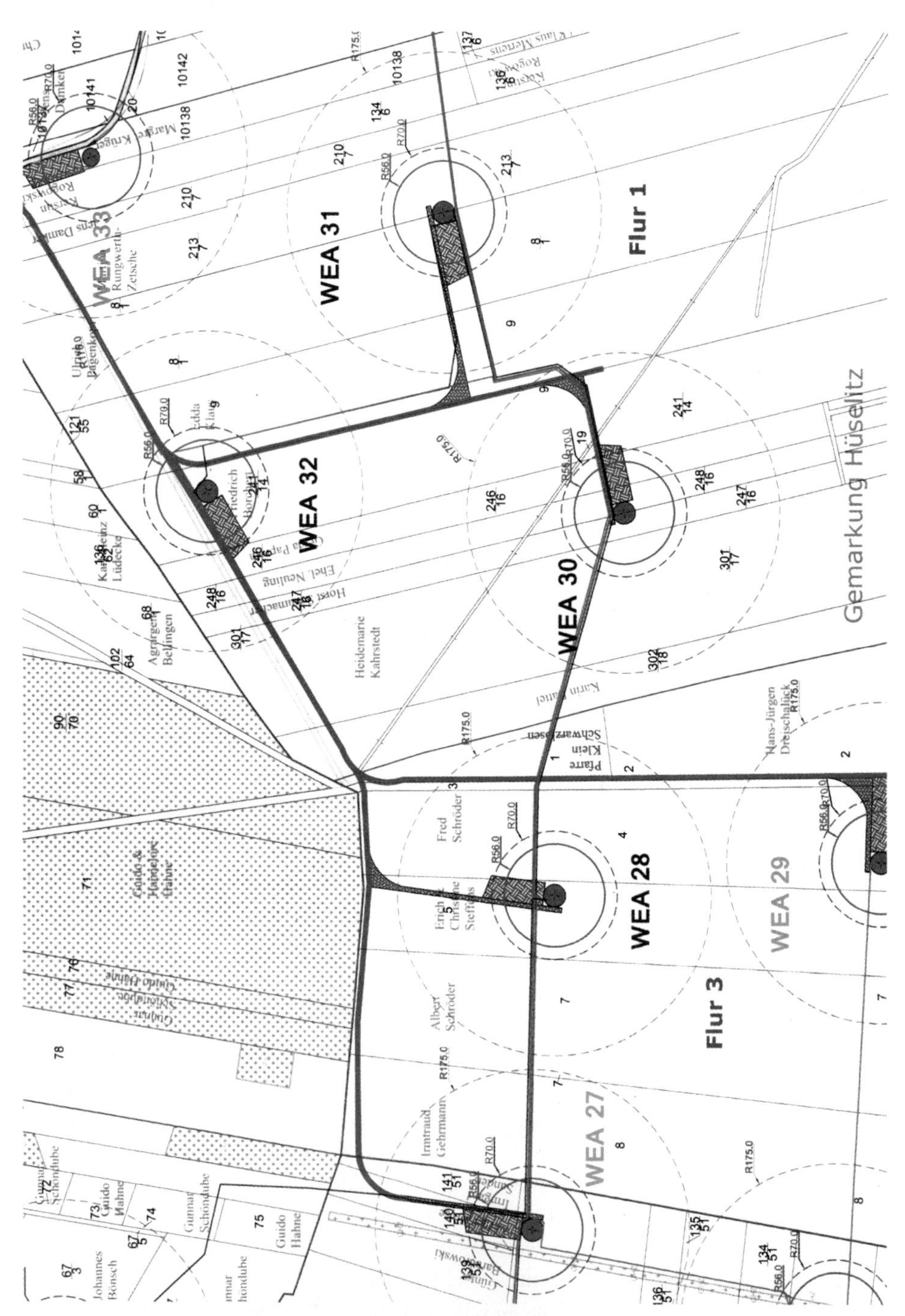

Bild 18.17. Aufstell- und Verkabelungsplan für einen Windpark (ETE Windpark GmbH)

Kran-Stellflächen

An jedem Standort der Windkraftanlage ist eine befestigte Stellfläche für den Kran erforderlich. Die Anforderungen an die Tragfähigkeit des Untergrundes und der Platzbedarf sind nicht unerheblich, zumal diese Fläche auch für eventuelle spätere Reparaturarbeiten erhalten werden muss. Ausladende Kranstellflächen sind besonders störend, wenn Windkraftanlagen in bewaldeten Gebieten errichtet werden sollen. Mit modernen Errichtungsverfahren versucht man den Platzbedarf für die Kranstellflächen zu minimieren (vergl. Kap. 18.6.1.).

Lagerflächen

Während des Baues besteht auch ein Bedarf an Lagerflächen für die Zwischenlagerung der Komponenten. Bei Rotorblattlängen bis zu 60 m und mehr und zahlreichen Turm-Sektionen mit bis zu 25 m Länge bedeutet das ebenfalls einen erheblichen Platzbedarf, der während des Baues berücksichtigt werden muss.

Netzanschlußstation/Umspannwerk

Weitere Baumaßnahmen sind mit der Netzübergabestation verbunden. Ihre Lage ergibt sich aus der Verkabelung der einzelnen Anlagen und der Entfernung zum Netz. In vielen Fällen kann die theoretische optimale Lage nicht realisiert werden, da die Lage der Übergabestation durch die Pachtsituation mit den Landeigentümern bestimmt sind.

Für ein Umspannwerk ist eine eigene Planung und eine eigene Baugenehmigung erforderlich.

Kabelverlegung

Die Verlegung der Kabel kann entweder auf die herkömmliche Art erfolgen, bei der mit einem Bagger die Kabelkanäle ausgehoben werden und nach dem Einlegen der Kabel wieder zugeschüttet werden. Rationeller ist die heute übliche Verlegung mit einem speziellen Pflug, der mit einem Pflugschwert die Erde aufpflügt und gleichzeitig das Kabel verlegt (Bild 18.18). Wo die Oberfläche nicht zerstört werden soll, unter Straßen und ähnlichem, können die Kabel auch mit einer Horizontalbohrmaschine, die mit einem Wasserstrahl den Kabelkanal aufbohrt, verlegt werden. Die Verlegungstiefe richtet sich nach den Erfordernissen der Bodennutzung. Auf landwirtschaftlich genutzten Flächen wird meistens eine Tiefe von mindestens einem Meter gefordert.

In der Regel wird man versuchen die Kabel entlang der befahrbaren Wege zu verlegen. Wo dies nicht möglich ist und die Kabeltrasse „querfeldein" verlegt werden muss, sind Vorschriften über die Bepflanzung mit Bäumen und Hecken über der Kabeltrasse zu beachten.

Insgesamt gesehen ist der Bau eines größeren Windparks für einige Zeit eine „Großbaustelle" (Bild 18.19). Nach Beendigung der Bauarbeiten müssen zwar einige zusätzliche oder ausgebaute Wege bestehen bleiben, um später Reparaturarbeiten zu ermöglichen. Das Gelände insgesamt wird aber bald sein ursprüngliches Aussehen zurückgewinnen. Die landwirtschaftliche Nutzung wird nur geringfügig beeinträchtigt (Bild 18.20).

Bild 18.18. Kabelverlegung mit einem Kabel-Pflug

Bild 18.19. Bauarbeiten auf einem Windparkgelände

Bild 18.20. Landwirtschaftliche Nutzung innerhalb eines Windparks

18.5 Transportprobleme

Für kleinere Windkraftanlagen ist der Transport weniger ein technisches als ein wirtschaftliches Problem. Um die Transportkosten niedrig zu halten, ist die Konstruktion der Anlage hinsichtlich der maximalen Bauteilgrößen ein wesentlicher Faktor (Bild 18.21). Im Zeitalter des Containerverkehrs gibt es Höchstmaße, die nicht überschritten werden dürfen, wenn ein sprunghafter Anstieg der Transportkosten vermieden werden soll.

Für große Windkraftanlagen mit Rotordurchmessern von mehr als 50 m gewinnt das Transportproblem eine größere Bedeutung. Große Anlagen werden meist in abgelegenen Gebieten aufgestellt. Ein Eisenbahnanschluß wird nur in den seltensten Fällen vorhanden sein, so daß hier nur der Straßentransport mit Lastkraftwagen bleibt.

Für den Straßentransport sind einige Restriktionen zu beachten. Brückendurchfahrten sind hierzulande üblicherweise auf eine Höhe von 4–4,2 m beschränkt. Die Transportlängen sollten 20–25 m nicht überschreiten, da sonst die LKW-Schwerlasttransporter keine ausreichende Manövrierfähigkeit mehr besitzen. Wegen dieser Beschränkungen ist eine Routenplanung im Hinblick auf Brückendurchfahrten, Oberleitungen und Kurvenradien der Straßen unerläßlich.

Das Transportproblem wird auch von der technischen Konzeption und dem Herstellverfahren der Windkraftanlage bestimmt. Zwei gegenläufige Bestrebungen stehen einander gegenüber: Auf der einen Seite will man den Zusammenbau so weit wie möglich im Herstellerwerk durchführen, um zeit- und kostenaufwendige Montagearbeiten am Aufstellort

Bild 18.21. Verladen von kleinen Windkraftanlagen vom Typ Aeroman in einen Schiffscontainer zum Transport nach Kalifornien (Foto MAN)

zu vermeiden. Auf der anderen Seite stellt sich das Problem, das komplette Maschinenhaus zu transportieren und auf den Turm zu montieren.

Die Rotorblätter der großen Anlagen werden meistens mit einem Spezialtransporter im Dreierpack hochkant transportiert. Hierbei ist nicht nur die Blattlänge von über 60 m bei Anlagen der 5 MW-Klasse ein Problem, auch kleinere Rotorblätter haben an der Blattwurzel eine Tiefe von über 3,5 m, so daß die Gesamthöhe auf dem Transportfahrzeug an die Grenze der Brückendurchfahrten gerät (Bild 18.22).

Der Transport kompletter Maschinenhäuser ist bis zu einer Anlagengröße von 2 bis 3 MW noch auf der Straße möglich (Bild 18.23). Wesentlich problematischer sind die Maschinenhäuser der 5 MW-Klasse. Der Transport ist nur noch auf wenigen Straßen über kurze Entfernungen möglich. Ein Ausweg ist der Schiffstransport, z. B. auf Kanälen.

Der Turm, sofern es sich um einen Stahlrohrturm handelt, wird im allgemeinen in Sektionen hergestellt und transportiert (vergl. Kap. 12.4.2). Im Hinblick auf den Transport ist die unterste Sektion kritisch. Bei einem 100 m Turm beträgt der Durchmesser bereits über 5 m, so daß diese Sektion kaum noch in einem Stück über die Straße transportiert werden kann. Als Ausweg bleibt nur die Fertigung in Halbschalen, die am Aufstellort zusammengeschweißt werden müssen (Bild 18.24).

In einigen Fällen wird der Turm auch bis zu einer gewissen Höhe in einem Stück im Werk gefertigt. Bei günstigen Verhältnissen kann ein Turm mit einer Länge bis zu etwa 80 m auch in einem Stück transportiert werden.

Bild 18.22. Transport der Rotorblätter für eine 5 MW-Anlage mit 126 m Rotordurchmesser (LM)

Transport und Montage werden unter den derzeitigen Bedingungen als wesentliche Kriterien für die wirtschaftlichen Einsatzmöglichkeiten von Windkraftanlagen in weniger entwickelten Gebieten gesehen. Vor allem beim Einsatz in weniger gut zugänglichen Ge-

Bild 18.23. Transport des Maschinenhauses einer REpower 5M (Foto Offshore Stiftung/Oelker)

Bild 18.24. Transport der unteren Turmsektion für eine Repower 5 M-Anlage (Repower)

bieten, also z. B. in gebirgigem Gelände, wird damit die wirtschaftliche Obergrenze für die Größe einer Windkraftanlage bestimmt. Hierbei sollte aber gesehen werden, daß sich mit der zunehmenden Verbreitung von Windkraftanlagen die heute noch gültigen Bedingungen ändern werden. Befestigte Zufahrtswege und ausreichend große Hebezeuge lohnen sich immer dann, wenn es sich um eine entsprechende Zahl von Anlagen handelt.

18.6 Errichtung am Aufstellort

Die Errichtung einer Windkraftanlage wird im allgemeinen in der Verantwortung des Herstellers durchgeführt. Die üblichen Kaufverträge schließen Transport und Montage ein (vergl. Kap. 19.1.11). Vom technischen Ablauf her sind zunächst die befestigten Transportwege für das schwere Gerät, das Fundament am Aufstellort und eine Standfläche für den Kran erforderlich. Für einen größeren Windpark erfordern diese Arbeiten eine detaillierte logistische Planung, die nicht unterschätzt werden sollte. Die Ausführung des Fundamentes richtet sich in erster Linie nach der Größe der Anlage und bis zu einem gewissen Grad nach der Bodenbeschaffenheit (vergl. Kap. 12.10).

Die Montage der Anlage wird mit sehr unterschiedlichen Verfahren durchgeführt. Bestimmend sind die Turmhöhe, die zu hebenden Gewichte und die dafür zur Verfügung stehenden Hebezeuge. Auch die Zugänglichkeit des Aufstellortes für schwere Fahrzeuge spielt eine nicht unwesentliche Rolle.

18.6.1 Standardverfahren

Die heutigen kommerziellen Anlagen mit Turmhöhen von bis zu 100 m werden mit vergleichsweise konventionellen Hebezeugen errichtet. Die Montage ist gerade noch mit mobilen Autokränen, der 500- bzw. 650-t-Klasse möglich. Die Verfügbarkeit geeigneter Kräne in dieser Klasse ist selbst in gut erschlossenen Gebieten keine Selbstverständlichkeit. Für die üblichen selbstfahrenden Mobilkräne gelten die Anhaltswerte nach Tabelle 18.25. Gelegentlich wird auch mit sog. „Aufbaukränen" gearbeitet, die erst am Aufstellort zusammengebaut werden müssen. Mit diesen Kränen können auch noch größere Lasten und Montagehöhen bewältigt werden.

Tabelle 18.25. Kennwerte von Mobilkränen mit Gitteraufsatz [1]

Hakenhöhe m	Ausladung m	Traglast t	Eigengewicht inkl. Ballast t
50	8	18	50–60
70	25	25	70–90
80	18	40	80–100
90	22	65	100–160
100	20	70	100–160

Allerdings müssen diese Kräne an jedem Standort auf- und abgebaut werden. Um in einem Windpark von einem Standort zum anderen zu gelangen, das heißt eine Entfernung von weniger als einem Kilometer zu überbrücken, müssen aller Kranteile auf LKW verladen werden. Große Aufbaukräne erfordern eine Transportkapazität von bis zu 15 LKW-Ladungen. Das Verfahren wird damit extrem zeitraubend und teuer.

Der erste Schritt bei der Errichtung besteht darin den Turm, je nach Höhe, aus 3 bis 5 Sektionen bestehend, zu montieren. Die untere Sektion wird mit dem Fundament verschraubt und danach die einzelnen Sektionen aufeinander gesetzt und ebenfalls verschraubt (Bild 18.26). Das Maschinenhaus mit einem Gewicht von etwa 60–80 t, bei einer 2 MW-Anlage wird in einem Stück angehoben und montiert. Danach erfolgt, ebenfalls in einem Stück das „Hochziehen des Rotorsterns" (Bild 18.27 und 18.28).

Das Verfahren ist mittlerweile so eingeübt, daß eine 2 MW-Anlage in einem Zeitraum von etwa 10–15 Stunden, im besten Fall also in einem Arbeitstag, errichtet werden kann. Voraussetzung ist natürlich eine ruhige Wetterlage ohne allzuviel „Wind". Allerdings sind für den Anschluß der elektrischen Verkabelungen und eine Reihe von Detailmontagen und Einstellarbeiten an den mechanischen Komponenten mehrere Tage erforderlich, so daß für die Errichtung einer großen Windkraftanlage bis zum Beginn der Inbetriebnahme ein Zeitraum von etwa einer Woche zu veranschlagen ist.

Für Errichtung einer Windkraftanlage mit den erforderlichen großen Kränen ist eine relativ große Fläche notwendig. Dies kann im Einzelfall zu erheblichen Problemen führen. Der Kran selbst erfordert eine vollkommen ebene „Kranaufstellfläche", die so verdichtet sein muss, daß die Achslasten bis zu 15 t aufnehmen kann, und deren Gefälle nicht über 1 % liegen soll. Darüberhinaus muss für die Montage des Kranauslegers ein hindernisfreier Bereich mit mindestens 150 m Länge vorhanden sein. Für die Rotorblätter sind „Lagerflächen" vorzusehen, die in der Regel mit einer Kiesschicht bedeckt sein sollen (Bild 18.29).

Bild 18.26. Montage einer 2 MW Bonus-Anlage: Montage des Stahlrohrturmes

Bild 18.27. Hochziehen des kompletten Maschinenhauses

Bild 18.28. Hochziehen des vormontierten Rotors

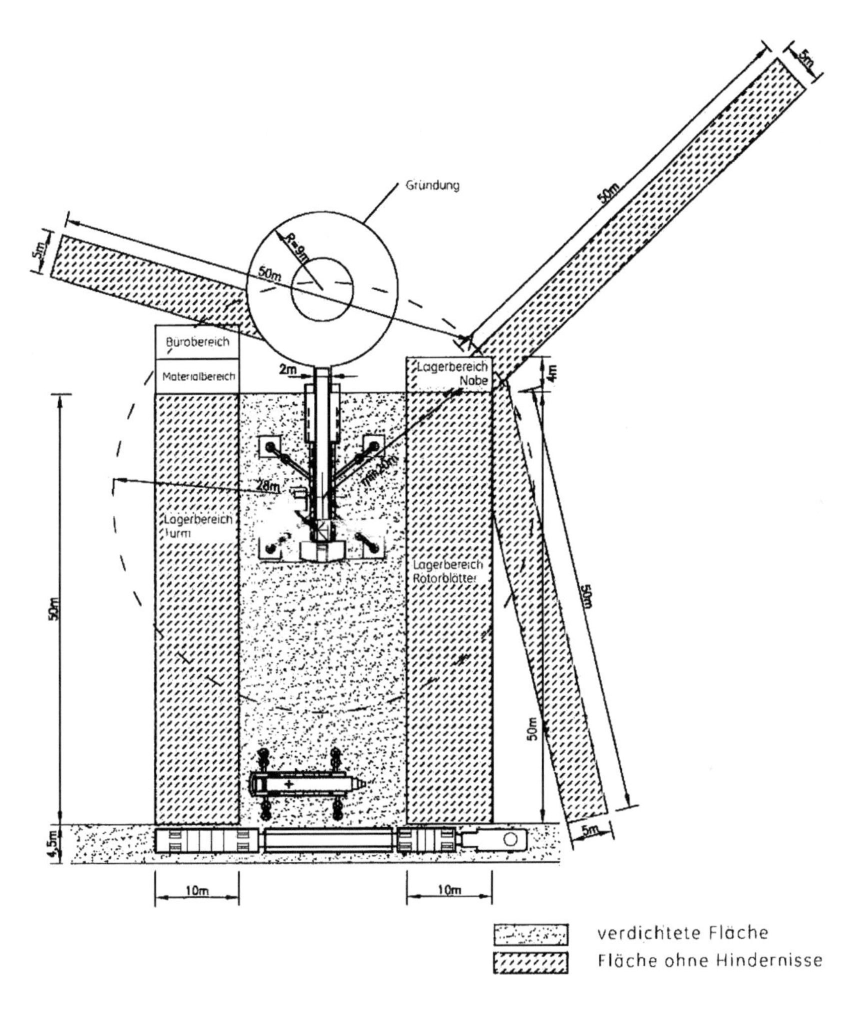

Bild 18.29. Kranstell- und Lagerflächen für die Errichtung einer 3 MW Anlage mit 103 m Rotordurchmesser (GE)

Montage mit Turmdrehkran

Ein innovatives Aufstellverfahren wurde in den letzten Jahren von Liebherr in Zusammenarbeit mit dem Turmhersteller Bögl entwickelt (Bild 18.30). Der sog. „Turmdrehkran" steht auf der Fundamentplatte der Windkraftanlage. Eine große Kranstellfläche ist somit nicht erforderlich. Das schlankere Kranturm wird gemeinsam mit dem Turm der Windkraftanlage errichtet und stützt sich in einer bestimmten Höhe am Turm der Windkraftanlage ab. Auf diese Weise ist eine vergleichsweise leichte Bauweise des Kranes möglich und der logistische Aufwand damit deutlich geringer als bei konventionellen Kränen Darüberhinaus nennt der Hersteller als weiteren Vorteil auch bei höheren Windgeschwindigkeiten montieren zu können.

Bild 18.30. Errichtung einer 3 MW Windkraftanlage mit einem Turmdrehkran (Liebherr)

18.6.2 Errichtung ohne schwere Hebezeuge

Mit zunehmender Turmhöhe wird die Verfügbarkeit geeigneter Kräne naturgemäß immer schwieriger. Deshalb werden auch heute, wie bei den großen Experimentalanlagen der achtziger Jahre bereits erprobt, gelegentlich die Türme der Anlagen als Kranersatz benutzt. Zum Beispiel wurde bei dem in Bild 18.31 gezeigten Beispiel eine Vestas V66 auf einem 117 m hohen Gitterturm ohne großen Kran montiert. Dazu wurde der Turm mit einem speziellen Kranaufsatz versehen und das Maschinenhaus und der Rotor am Turm hochgezogen.

Bild 18.31. Montage einer Vestas V-66 auf einem 117 m hohen Gitterturm mit einem Kranaufsatz auf dem Turm

Ein ähnliches Verfahren, mit einem Hilfskran auf dem 80 m hohen Stahlturm wurde für den Prototyp der Zephyros-Anlage von Lagerwey angewendet (Bild 18.32). Ob die Montage mit derartigen Turmaufsätzen schneller und billiger ist, bleibt dahingestellt. Letztlich sind für die Errichtung des Turmes selbst immer noch größerer konventionelle Kräne erforderlich — mit Ausnahme des Gitterturms. Der gesamte Montagevorgang einschließlich des speziellen Turmaufsatzes wird vergleichsweise kompliziert, sodaß dieses Verfahren nur wenige Nachahmer gefunden hat. In bestimmten Situationen kann es aber ein Ausweg sein.

Bild 18.32. Montage der Zephyros-Anlage von Lagerwey mit einem Kranaufsatz auf dem 80 m hohen Stahlrohrturm und einem zusätzlichen mobilen Autokran

Für manche Einsatzorte, vor allem in der Dritten Welt, ist die Verfügbarkeit selbst leichter Hebezeuge nicht gewährleistet. Einige Windkraftanlagen wurden deshalb so konzipiert, daß sie ohne Hebezeuge errichtet werden können. Statt mit einem Autokran wurde die gesamte Anlage mit einer hydraulischen Zugvorrichtung aufgerichtet (Bild 18.33). Im Notfall konnte die hydraulische Kraftübertragung durch reine Muskelarbeit ersetzt werden. Es darf jedoch nicht übersehen werden, daß derartige Montageverfahren nicht ohne Rückwirkungen auf die Konstruktion der Anlage sind. Vom wirtschaftlichen Standpunkt aus sind sie deshalb nur zu rechtfertigen, wenn keine normalen Hebezeuge verfügbar sind. Außerdem ist zu berücksichtigen, daß e sich bei der Voith WEC-520 um eine extrem leichte Anlage handelte (vergl. Kap. 9.2.1).

Bild 18.33. Aufrichtung der Voith-Versuchsanlage WEC-520 mit einer hydraulischen Zugvorrichtung (1982) (Foto Voith)

Dennoch ist die Konstruktion von Windkraftanlagen, die ohne größere Hebezeuge errichtet werden können, für spezielle Einsatzgebiete sicher gerechtfertigt. Neben dem gezeigten Beispiel wurden die verschiedenartigsten Lösungen, unter anderem auch teleskopartig ausfahrbare Türme, für diesen Zweck vorgeschlagen. Mit der zunehmenden Verbreitung von Windkraftanlagen in entlegenen Gebieten der Dritten Welt werden derartige Errichtungsverfahren, die bis heute nur bei Versuchsanlagen angewendet wurden, möglicherweise wieder aktuell.

Die hektische Aufbautätigkeit auf den kalifornischen Windfarmen in den Jahren 1982 bis 1986 erfolgte teilweise mit unkonventionellen Methoden. Selbst die Montage mit einem Hubschrauber kann in unwegsamem Gelände wirtschaftlich vertretbar sein (Bild 18.34).

Bild 18.34. Montage von Aeroman-Anlagen mit einem Kranhubschrauber auf einer amerikanischen Windfarm (1986)

18.6.3 Die Montage des Maschinenhauses am Aufstellort

Bei den heute größten Anlagen der 5 MW-Klasse ist für manche Aufstellorte der Transport und das Anheben des kompletten Maschinenhauses nicht mehr möglich. In diesen Fällen bleibt nichts anderes übrig als das Maschinenhaus am Aufstellort aus im Werk vorgefertigten Baugruppen mit der Errichtung der Anlage zu montieren (Bild 18.35 bis 18.38). Es liegt oft auf der Hand, daß ein solches Verfahren sehr aufwendig und zeitraubend ist und für kommerzielle Windkraftanlagen ein Hindernis bildet.

Die Montage des Maschinenhauses am Aufstellort ist nur dann zu rechtfertigen, wenn die konstruktive Auslegung des Maschinenhauses bereits darauf ausgelegt ist. Dazu müssen die großen Baugruppen im Werk vormontiert werden können, so daß das „Zusammensetzen“ am Aufstellort mit vertretbarem Aufwand möglich wird. Die Größe der Baugruppen richtet sich nach den jeweiligen Gewichtsgrenzen und den zulässigen Abmessungen für den Transport und den vorhandenen Hebezeugen.

Die Montage des Maschinenhauses aus mehreren Baugruppen steht im Konkurrenz zu der Möglichkeit immer größere Hebezeuge zum Einsatz zu bringen. Wie bereits erwähnt, ist der Einsatz von großem Aufbaukränen mit denen die Montage kompletter Maschinenhause auch sehr großer Anlagen möglich ist, extrem aufwendig. Die Hersteller der großen Anlagen von 3 MW und mehr bevorzugen heute die Teilmontage, wobei die Hub-Gewichte der einzelnen Baugruppen etwa 70 t nicht überschreiten. Damit kann der Montagevorgang noch mit einfachen und leichter verfügbaren Kränen durchgeführt werden.

Bild 18.35. Vormontage des Maschinenhauses einer Enercon E-126

Bild 18.36. Hochziehen des Generators

Bild 18.37. Montage der äußeren Sektion der Rotorblätter

Bild 18.38. Endmontage der E-126 mit mehreren Aufstell- und Mobilkränen

18.6.4 Große Experimentalanlagen mit Zweiblattrotor

Die Entwicklung und Erprobung von Montageverfahren für Windkraftanlagen mit Turmhöhen von bis zu 100 m und Turmkopfgewichten von bis zu 400 t (Growian) war ein wichtiges Anliegen beim Bau der ersten Generation von großen Versuchsanlagen in den achtziger Jahren. Die Errichtung dieser Anlagen wurde allerdings dadurch erleichtert, als diese Anlage ausnahmslos über Zweiblattrotoren verfügten. Ein Blick zurück auf die dort angewandten Verfahren ist deshalb von Bedeutung, weil derartige Montagekonzepte für die nächste Generation von kommerziellen Anlagen mit Rotordurchmessern und Turmhöhen von über 120 m und Maschinenhausgewichten von bis zu 500 t wieder aktuell werden können.

Ein vergleichsweise konventionelles Montagekonzept konnte noch bei den amerikanischen MOD-2-Versuchsanlagen angewendet werden. Die vergleichsweise niedrige Turmhöhe von 61 m gestattete die Montage des 95 t schweren Maschinenhauses mit einem üblichen Baukran. Der große Zweiblattrotor mit 91 m Durchmesser wurde in einem Stück angehoben und mit der Rotorwelle verbunden (Bild 18.39).

Bild 18.39. Montage der amerikanischen MOD-2-Versuchsanlage (1982)

Eine erheblich aufwendigere Kranvorrichtung wurde für die Aufstellung der schwedischen WTS-3-Anlage verwendet. Mit dem verwendeten Portalkran war es möglich, das Maschinenhaus mit Rotor und den vorgefertigten Turm in einem einzigen Hubvorgang emporzuheben (Bild 18.40). Das amerikanische Schwestermodell WTS-4 wurde nach einem anderen Verfahren in Medicine Bow (USA) aufgestellt (Bild 18.41). Anstelle eines Portalkrans wurde ein umlegbarer Pendelkran verwendet.

Bild 18.40. Gemeinsame Montage von Maschinenhaus mit Rotor und Turm der WTS-3 in Maglarp (Schweden) mit einem Portalkran (1982)

Um von großen Montagekränen unabhängig zu sein, wurde bei zwei großen Versuchsanlagen die Kranfunktion in die Anlagenkonzeption „eingebaut". Bei den schwedisch-deutschen Versuchsanlagen vom Typ Aeolus II wurden, wie bereits beim Vorläufer Aeolus I, die Betontürme an der Außenseite mit Gleitschienen versehen. Auf diesen glitt ein Schlitten am Turm empor, der das fertig montierte Maschinenhaus mit Rotor trug. Hierzu

Bild 18.41. Montage der WTS-4 mit einem Pendelkran in Medicine Bow, Wyoming (USA, 1984)

diente eine hydraulische Zugvorrichtung, die das Gewicht von über 160 Tonnen in etwa 20 Stunden langsam auf die 90 m hohe Turmspitze anhob (Bild 18.42).

Bild 18.42. Errichtung der Aeolus-I-Versuchsanlage auf Gotland (1981)

Dieses Montageverfahren setzt einen massiven Betonturm zur Aufnahme des Schienensystems und der Zugvorrichtung voraus. Damit sind erhebliche Rückwirkungen auf die Anlagenkonzeption verbunden, die unvermeidlich mit zusätzlichen Kosten einhergehen.

Ein außergewöhnliches Montageverfahren wurde für die große Windkraftanlage Growian angewandt. Die Turmhöhe von 100 m, verbunden mit einer Turmkopfmasse von ca. 380 t, schloß konventionelle Montageverfahren mit üblichen Kränen aus. Bereits in einem sehr frühen Entwurfsstadium wurde deshalb eine konstruktive Konzeption gewählt, die es erlaubte, das Maschinenhaus mit Rotor am Turm auf- und abzufahren, wobei der Turm das Maschinenhaus während des Hubvorganges durchdrang. Mit einem schlanken zylindrischen Stahlrohrturm von 3,5 m Durchmesser wurde dieses Verfahren ermöglicht (Bild 18.43).

Bild 18.43. Hochziehen des Maschinenhauses von Growian (1982)

18.7 Inbetriebnahme

Windkraftanlagen müssen, wie alle komplexen technischen Anlagen, „in Betrieb genommen" werden, bevor sie dem Betreiber übergeben werden können. Die Inbetriebnahme, wie sie hier verstanden wird, ist der Zeitraum nach Errichtung der Anlage bis zur Übergabe an den Betreiber in dessen ausschließliche Verantwortung. Sie geht damit über den eigentlichen technischen Vorgang der Inbetriebsetzung der Aggregate hinaus. Die Inbetriebnahme, insbesondere im Hinblick auf die vereinbarten Prüfungen und Dokumente, hat neben der Technik auch rechtliche Folgen. Um späteren Streit zu vermeiden, ist die klare Definition der einzelnen Phasen und der daran geknüpften Ergebnisse wichtig.

18.7.1 Kommerzielle Anlagen und Windparks

Die Inbetriebnahme einer Windkraftanlage, die meistens im Rahmen der Übergabe eines Windparks an den Betreiber erfolgt, ist ein längerer Prozeß, der das Zusammenwirken des Herstellers und des Betreibers erfordert. Die Verfahrensweise und die anzuwendenden Kriterien werden für die Errichtung größerer Windparks im Rahmen von „Generalunternehmerverträgen" im Detail geregelt. Die Kaufverträge für die Windkraftanlagen enthalten dazu gewöhnlich keine ausreichenden Regelungen. Ein Betreiber, der einen größeren Windpark ohne Generalunternehmervertrag in eigener Regie erstellt, ist gut beraten, wenn er ergänzend zum Kaufvertrag entsprechende Zusatzvereinbarungen mit dem Lieferanten der Anlagen aushandelt. Der Inbetriebnahmeprozeß läuft im allgemeinen in mehreren Phasen ab.

Montage- und Funktionsprüfung

Die Überprüfung der Montage und die Aktivierung der elektrischen und hydraulischen Aggregate sowie der elektronischen Systeme nach Errichtung der Windkraftanlage liegt vollständig in der Verantwortung des Herstellers. Diese Prozedur kennzeichnet die Inbetriebnahme, so wie sie in der Regel im Kaufvertrag als eine vom Hersteller zu erbringende Leistung beschrieben ist. In diesem Rahmen werden Prüfprotokolle über die durchgeführten Funktionstests erstellt und dem Betreiber übergeben. Nach erfolgreichem Abschluß wird die Anlage durch den Hersteller zum Betrieb freigegeben. Der Beginn des Probebetriebes sollte dem Betreiber schriftlich mitgeteilt werden.

Probebetrieb

Es ist üblich und zweckmäßig, mit dem Hersteller einen Probebetrieb der Anlagen zu vereinbaren. Bis heute gibt es keine verbindlichen Regeln für die Dauer und die dabei anzuwendenden Erfolgskriterien. Üblicherweise wird ein Zeitraum von zum Beispiel 250 Stunden (entsprechend etwa 10 Tagen) vereinbart. Das Erfolgskriterium besteht darin, daß die Anlage in diesem Zeitraum aus technischen Gründen, die in der Anlage selbst liegen, nicht mehr als zum Beispiel 6 bis 7 Stunden nicht verfügbar ist, oder entsprechend der vertraglich definierten technischen Verfügbarkeit einen Mindestwert von zum Beispiel 95 % erreicht. Der Betreiber hat ein Interesse daran, den Erfolg des Probebetriebes aus seiner Sicht zu kontrollieren, so daß in dieser Phase bereits die Mitwirkung des Betreibers im Hinblick auf die Auswertung der Betriebsdaten erforderlich ist.

Unabhängige technische Begutachtung

Es liegt im wohlverstandenen Interesse des Betreibers, genauer gesagt des Käufers, eine unabhängige Begutachtung des technischen Zustandes der Anlage vor der rechtsverbindlichen Übernahme der Anlage vornehmen zu lassen. Eventuelle Montagefehler oder Mängel an den Aggregaten, zum Beispiel bereits einsetzende Korrosion, können auch nach Ablauf der Gewährleistungszeit zu Schäden und damit zu Kosten führen. Die Betreiber beauftragen deshalb unabhängige technische Sachverständige, die im Auftrag des Käufers den Bauzustand der Windkraftanlagen begutachten. Bei größeren Windparks ist dies eine etwas zeitraubende Prozedur, da jede einzelne Anlage im Detail besichtigt und begutachtet werden muß. Das Ergebnis dieser technischen Prüfung ist in der Regel eine sog. „Mängelliste", die alle Beanstandungen enthält, deren Ursache der Hersteller noch beseitigen muß.

Abnahme und Übergabe

Nach dem Probebetrieb und der technischen Prüfung durch den unabhängigen Sachverständigen wird die sog. „Abnahme" durch den Betreiber vereinbart. Voraussetzung ist die erfolgreiche Durchführung des Probebetriebes und die Feststellung, daß die Windkraftanlage keine „wesentlichen" Mängel mehr aufweist. Als „wesentlich" sind alle für die Betriebssicherheit und die Leistungserzeugung relevanten Tatbestände anzusehen. Für die Beseitigung der übrigen Mängel in der Mängelliste werden entsprechende Fristen vereinbart. Mit der Unterschrift unter das Abnahmeprotokoll geht die Windkraftanlage an den Betreiber (Käufer) über. Vom rechtlichen Standpunkt bedeutet dies den „Eigentumsübergang" oder anders ausgedrückt den „Übergang von Nutzen und Lasten". Nach dieser Übergabe an den Betreiber beginnt der Gewährleistungszeitraum und der reguläre Betrieb in der Verantwortung des Betreibers.

18.7.2 Versuchsanlagen und Prototypen

Die Inbetriebnahme eines Prototyps oder einer großen Versuchsanlage hat andere Inhalte und Ziele als diejenige eines kommerziellen Projektes, das auf bereits fertig entwickelten und erprobten Anlagen aus Serienfertigung beruht. Die Inbetriebnahme erstreckt sich in diesen Fällen von der Erprobung der grundsätzlichen Funktionstüchtigkeit über die Optimierung von Funktionsabläufen bis zur Vermessung der Leistungsdaten. Damit wird die Inbetriebnahme zu einer längeren Betriebsphase, die nur in mehreren Schritten abgewickelt werden kann.

Im ersten Schritt wird man versuchen, die Funktion der einzelnen Komponenten bei stehender Anlage soweit wie möglich zu überprüfen. Nach dem allgemeinen „check out" der mechanischen und elektrischen Ausrüstung wird zunächst das Windmeßsystem der Anlage überprüft und falls erforderlich justiert. Damit ist die Voraussetzung gegeben, die Windrichtungsnachführung in Betrieb zu setzen. Die Funktion der mechanischen Rotorbremse und des Blattverstellmechanismus läßt sich ebenfalls noch bei stillstehendem Rotor überprüfen.

Die zweite Phase beinhaltet dann die Funktionsüberprüfung der laufenden Anlage ohne Netzankopplung. Die Rotordrehzahl wird schrittweise gesteigert und die Drehzahlregelung des Rotors getestet. Das Hoch- und Abfahren des Rotors kann ebenfalls überprüft werden. Die Notabschaltung des Rotors durch schnelles Verstellen der Rotorblätter oder mit Hilfe der aerodynamischen Bremsklappen wird bei entsprechender Einstellung der Auslösekriterien zunächst von Hand ausgelöst und später dem automatischen Sicherheitssystem überlassen.

Die letzte Phase der Inbetriebnahmetests beginnt mit der Netzsynchronisierung. Funktioniert diese auch bei böigen Windverhältnissen zufriedenstellend, kann der Leistungsbetrieb beginnen. Die Leistung wird schrittweise bis zur Nennleistung gesteigert und der Betrieb bis zur maximalen Betriebswindgeschwindigkeit ausgedehnt. Im Lastbetrieb wird man bereits weitgehend auf den automatischen Betriebsablauf vertrauen, vor allem da die Leistungsregelung ohnehin nur mit den automatischen Systemen funktioniert. Die Funktion der Rotorabschaltung muß in dieser Phase bei maximaler Leistung und bei höheren Windgeschwindigkeiten nachgewiesen werden. Soweit dies in der vorgesehenen Zeit möglich ist, wird man zudem punktuell die Leistungskurve in Abhängigkeit von der Windgeschwindigkeit messen.

Die Inbetriebnahme eines Prototyps erfolgt im allgemeinen im Rahmen der Entwicklung eines neuen Anlagentyps in der alleinigen Verantwortung des Herstellers. Bei sehr großen Anlagen kann jedoch die sofortige Übergabe an einen Betreiber erforderlich sein; außerdem sind die Zertifizierungsorganisationen und die Genehmigungsbehörden betroffen. Tabelle 18.44 zeigt beispielhaft die vereinbarten „Acceptance Tests" für die Übergabe der MOD-2-Versuchsanlagen an die Bonneville Power Administration.

Tabelle 18.44. Vereinbarte „Acceptance Tests" für die Übergabe der MOD-2-Anlagen an die Bonneville Power Administration

Art der geforderten Tests	Anzahl der Tests
An- und Abfahrvorgänge	
bei niedrigem v_W (6,3–8,9 m/s)	5
bei mittlerem v_W (8,9–17,0 m/s)	4
bei hohem v_W (17,0–19,7 m/s)	2
bei beliebigem v_W	4
Notabschaltung	2
Betrieb	
v_W = 6,3–8,9 m/s, min. 2 Std.	2
v_W = 8,9–17,0 m/s, min. 1 Std.	2
v_W = 17,0–19,7 m/s, min. 30 Min.	2
v_W = beliebig, min. 10 Min.	9
Ferngesteuerter Betrieb	
8 Std.-Test von der Fernleitstelle Dittmer	1
Leistungskurve $P = f(v_W)$	1
100-Std.-Lauf	1
Allgemeine Demonstration des Betriebes und der Bedienung	4

18.8 Technische Betriebsführung

Windkraftanlagen sind ausnahmslos für automatischen Betrieb ausgelegt. Wirtschaftliche Erwägungen erzwingen diese Betriebsweise. Bei einer Leistungsabgabe von höchstens einigen Megawatt wären Personalkosten für dauernd erforderliches Bedienpersonal untragbar. Ungeachtet des automatischen Betriebsablaufs ist dennoch ein gewisser Umfang an Bedienungsvorgängen für die Inbetriebnahme und zur Durchführung von Wartungsarbeiten erforderlich. Gerade weil Windkraftanlagen ohne Bedienungspersonal eingesetzt werden, kommt den automatischen Überwachungssystemen eine besondere Bedeutung für die Betriebssicherheit zu. Die Aufgaben, die in diesem Rahmen zu erledigen sind, werden unter dem Begriff „technische Betriebsführung" zusammengefaßt.

18.8.1 Erfassung der Betriebsdaten

Windkraftanlagen verfügen meistens über eine Steuer- und Überwachungseinheit mit Bedientasten und einem kleinen Bildschirm, die in der Regel im Turmfuß an gut zugänglicher Stelle montiert ist (Bild 18.45). Dieses Informations- und Bedienpult dient zunächst dem Wartungspersonal zur Erfassung von Daten, die den momentanen Betriebszustand charakterisieren und zum Abruf von Meßwerten über den Zustand der wichtigsten Aggregate. Außerdem sind gewisse Bedienvorgänge, die für die Wartung erforderlich sind, „von Hand" möglich.

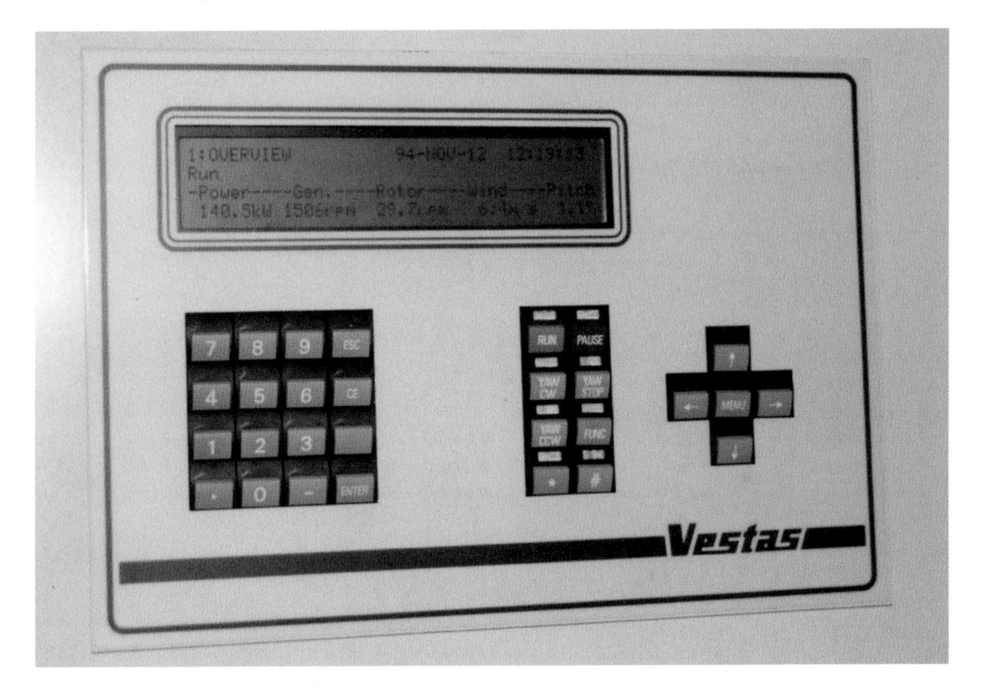

Bild 18.45. Überwachungs- und Steuereinheit einer kleinen Windkraftanlage (Vestas)

Dem Betreiber der Windkraftanlage sind diese Informationen grundsätzlich auch zugänglich. Allerdings werden zahlreiche interne Daten über den technischen Zustand der Aggregate und Fehlermeldungen nur verschlüsselt angezeigt, so daß die Informationsmöglichkeiten für den Betreiber begrenzter sind.

Die elektrischen Daten und Informationen über den Betriebszustand werden dem Datenfluß zum Regelungssystem entnommen. Es versteht sich von selbst, daß im Falle eines Fehlers im Überwachungssystem eine Rückwirkung auf das Regelungssystem oder das Sicherungssystem ausgeschlossen sein muß. Die Daten werden über längere Zeiträume gespeichert und können unter den verschiedensten Aspekten ausgewertet und tabellarisch oder graphisch aufbereitet werden. Je nach Komfort der Software sind diese Informationen direkt an der Anlage bzw. per Fernüberwachung „online" abrufbar, oder sie müssen auf Datenträger gespeichert und mit speziellen Rechnerprogrammen ausgewertet werden.

Die technische Betriebsüberwachung erfordert ein entsprechendes Datenerfassungssystem in der Windkraftanlage und wenn möglich auch die Erfassung bestimmter Daten aus ihrer Umgebung, zum Beispiel Wind- und Wetterdaten einer externen Windmeßstation oder die Erfassung bestimmter Parameter des Stromnetzes. Die benötigten Meßdaten werden an den mechanischen und elektrischen Komponenten der Windkraftanlage mit Meßwertaufnehmern erfaßt (Bild 18.46).

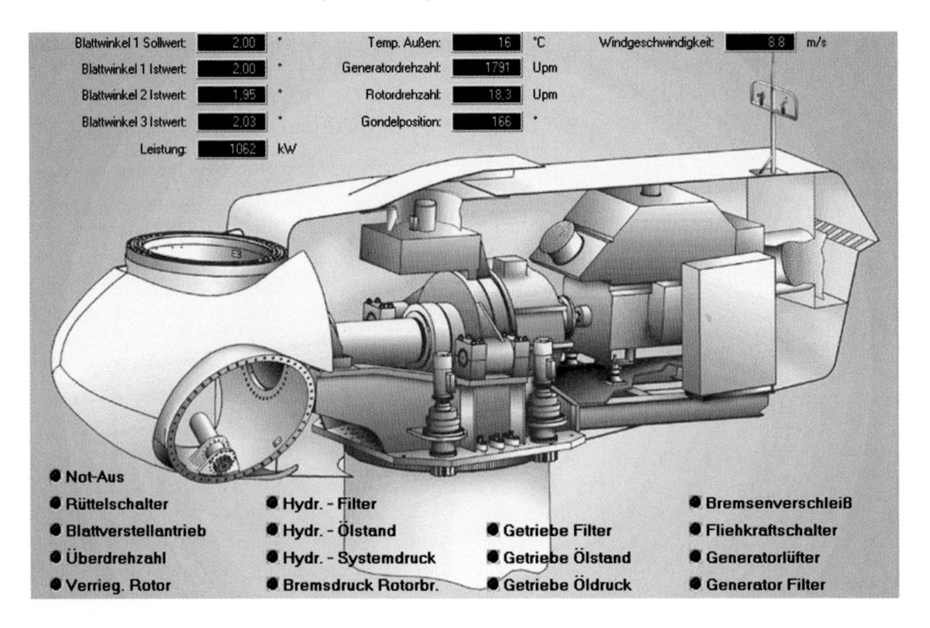

Bild 18.46. Datenerfassung im Maschinenhaus einer GE-1,5s-Anlage (GE-Wind)

Das anlagenspezifische Überwachungssystem verfügt über eine Menü-Struktur, die mit verschiedenen Ebenen arbeitet. Abgesehen von den Identifikationsdaten der Anlage und einer generellen Information über den Betriebszustand, zum Beispiel „Netzbetrieb" oder „Stillstand", zeigt das Hauptmenü zum Beispiel folgende Daten bzw. Datensätze an (Bild 18.47):

- Windgeschwindigkeit
- elektrische Leistungsabgabe
- Generatordrehzahl
- Rotordrehzahl
- Blatteinstellwinkel
- Spannung
- Frequenz
- Stromstärke

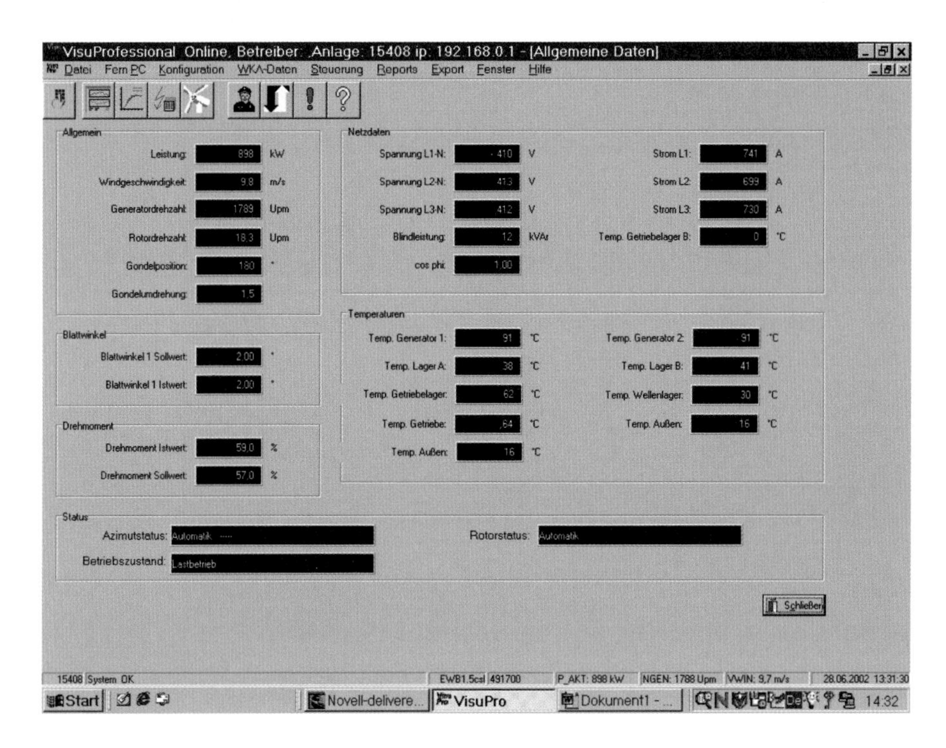

Bild 18.47. Hauptmenü der Fernüberwachung einer GE-1,5s-Anlage (GE-Wind)

Darunter liegt eine Reihe von Untermenüs, zum Beispiel für die vollständigen Wind- und Wetterdaten oder eine detaillierte Übersicht über die elektrischen Parameter wie $\cos\varphi$, Strom und Spannung in allen drei Phasen usw.

Neben diesen momentanen Informationen über den Betriebszustand bieten die Überwachungssysteme die Möglichkeit, längerfristige Datenauswertungen in statistischer oder graphischer Form abzurufen bzw. auszudrucken, zum Beispiel Leistungs- und Verfügbarkeitsstatistiken des laufenden Betriebsjahres oder auch als „Kurzzeitgraphik" der Verlauf von Windgeschwindigkeit, Rotordrehzahl und elektrischer Leistung über einen Zeitraum von mehreren Minuten (Bild 18.48).

Die Software ermöglicht in der Regel auch eine statistische Auswertung der abgegebenen elektrischen Leistung in Abhängigkeit von der Windgeschwindigkeit über einen längeren Zeitraum. Die damit darstellbare „Leistungskennlinie" ist jedoch mit Vorsicht zu genießen. Meistens ist die dabei zugrundegelegte Windgeschwindigkeit nicht korrekt. Die Windgeschwindigkeitsmessung auf dem Maschinenhaus ist bei laufendem Rotor verfälscht und muß leistungsabhängig korrigiert werden, um die wahre, unbeeinflußte Windgeschwindigkeit als Bezugsbasis zur Verfügung zu haben. Bevor weitreichende Schlüsse aus diesen „Leistungsstatistiken" gezogen werden, sollte man sich über diese Zusammenhänge genau informieren (vergl. Kap. 11.1.1).

Grundsätzlich kann man versuchen, eine Eichung des Betriebswindmeßsystems mit einem von der Anlage nicht beeinflußten, weiter entfernt stehenden, Windmeßmast durch-

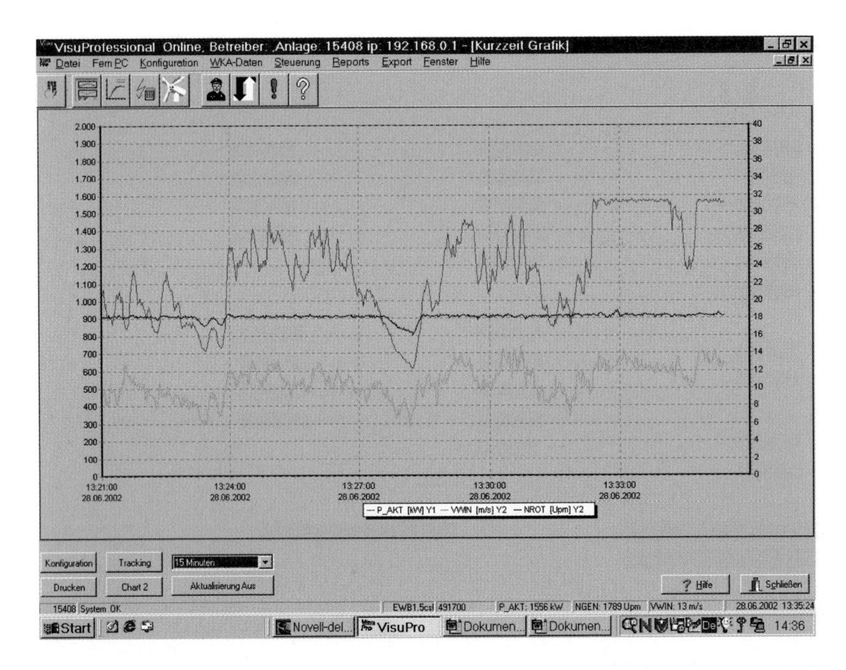

Bild 18.48. Kurzzeitverlauf (15 Minuten) von Windgeschwindigkeit, Rotordrehzahl und elektrischer Leistungsabgabe einer GE-1,5 s-Anlage (GE-Wind)

zuführen. Auf diese Weise läßt sich die „Leistungskennlinie", je nach Genauigkeit der Korrektur, zumindest näherungsweise über längere Betriebszeiträume beobachten.

18.8.2 Überwachung und Steuerung mit SCADA-Systemen

Der Betrieb größerer Windparks mit zwanzig oder mehr Anlagen stellt über das Funktionieren der Einzelanlagen hinaus zusätzliche Anforderungen an die Organisation der Betriebsführung. Werden alle Anlagen im Netzparallelbetrieb betrieben, so ist eine übergeordnete Betriebsführung grundsätzlich nicht erforderlich. Jede einzelne Anlage ist mit ihrem autonomen Regelungs- und Überwachungssystem — ebenso wie eine einzeln stehende Anlage — in der Lage, den gesamten Betriebszyklus mit allen erforderlichen Betriebszuständen vom Stillstand bis zur Notabschaltung automatisch und ohne übergeordnete Steuerung zu durchfahren. Auf der anderen Seite besteht das Bedürfnis der Hersteller der Windkraftanlagen, den technischen Zustand ihrer Anlagen zu überwachen. Außerdem nehmen die großen Windparks heute im Lastmanagement des Stromnetzes eine so wichtige Stelle ein, daß auch eine Steuerung der Leistungsabgabe und unter gewissen Umständen auch der elektrischen Netzeinspeiseparameter notwendig wird.

Zur Überwachung und Betriebsführung großer Windparks wurden spezielle Überwachungs- und Datenauswertungssysteme entwickelt, welche die Daten der Einzelanlagen in geeigneter Weise zusammenfassen. Für diese Aufgabe sind Software-Pakete entwickelt worden, die anlagenunabhängig eingesetzt werden können. Diese sog. SCADA-Systeme (Supervision, Control and Data Acquisition) bestehen aus einem zentralen Computer der mit den Schnittstellen der Windkraftanlagen, des meteorologischen Meßsystems und der Netzübergabestation durch ein lokales Netzwerk verbunden ist (Bild 18.49). Die Daten werden ins Internet eingespeist und die Nutzer können mit Hilfe eines üblichen Internet-Browsers darauf zugreifen. Damit läßt sich die Leistungscharakteristik des Gesamtwindparks darstellen und im Sinne einer übergeordneten Betriebsführung auch steuern. Das Ziel besteht darin, die Leistungserzeugung und Energieabgabe des Gesamtparks unter verschiedenen äußeren Rahmenbedingungen, zum Beispiel aufgrund von Restriktionen von Seiten der Netzeinspeisung, zu optimieren. Die Software bietet eine Vielzahl von Informationen und Auswertungen an bis hin zu vorgefertigten Berichten für die Datenauswertung [6]. Die Datenauswertung erfolgt unter den verschiedensten Aspekten, die auch betriebswirtschaftliche Gesichtspunkte, zum Beispiel die Abrechnung der Stromeinspeisung bei zeitlich unterschiedlichen Stromtarifen, mit einschließt. Auch eine statistische Auswertung des Leistungsverhaltens einzelner Anlagen ist möglich (vergl. Kap.11.1.1). Die SCADA-Systeme

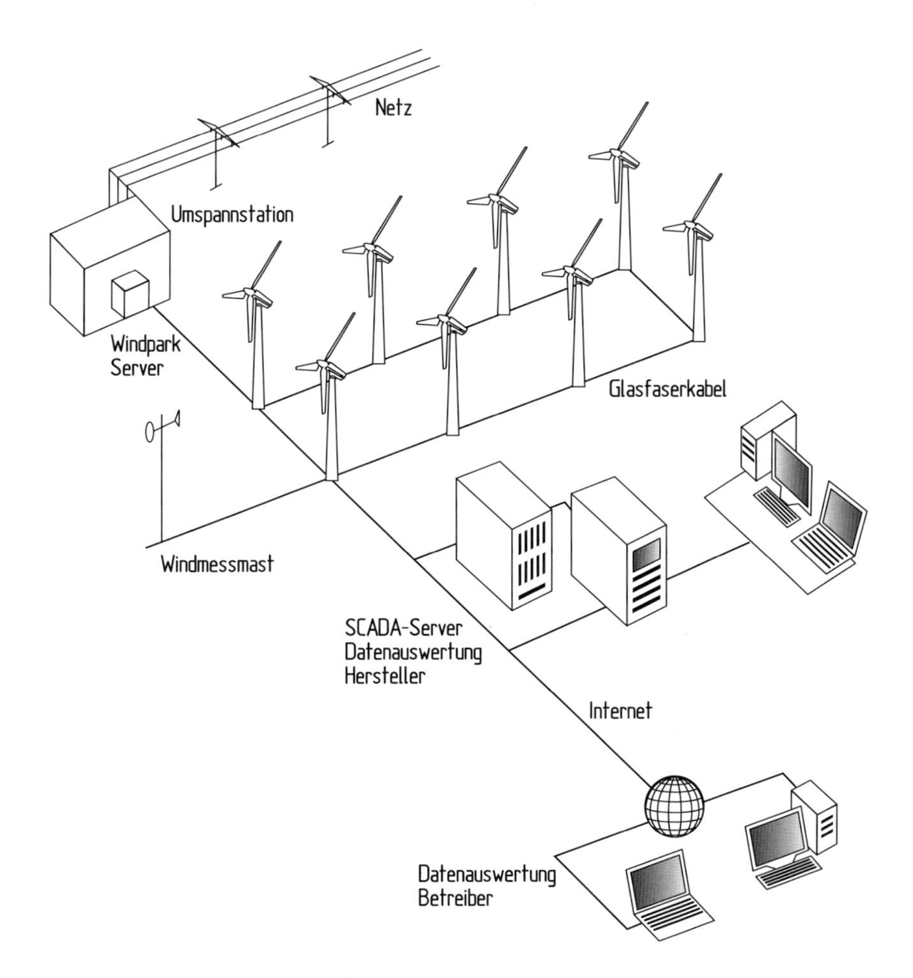

Bild 18.49. SCADA-System zur Überwachung und Steuerung eines Windparks

werden von den Windkraftanlagenherstellern in verschiedenen Leistungs- und Komfortstufen angeboten.

Die neueren Windparks werden außerdem mit einer vom Netzbetreiber administrierten Eingriffsmöglichkeit in die Steuerung des Windparks ausgestattet (Windparkserver). Auf diese Weise kann der Windpark aus der Sicht des Netzbetreibers hinsichtlich seines Leistungsverhaltens gesteuert werden. Die übergeordnete Steuerung von großen Windparks, möglicherweise sogar die betriebliche Zusammenfassung aller Windkraftanlagen in einer bestimmten Region, wird in Zukunft noch größere Bedeutung erlangen.

18.8.3 Technische Zustandsüberwachung – Condition Monitoring

Der Austausch von Komponenten ist bei Windkraftanlagen, wenn es sich um die großen und schweren Bauteile handelt, unverhältnismäßig teuer. Zum einen sind die Anfahrtswege bis zu den Standorten lang und erfordern für den Transport, z. B. von Rotorblättern, jedesmal aufwendige logistische Maßnahmen. Darüber hinaus ist die Demontage und Montage nicht weniger aufwendig, da große Kräne herangeschafft werden müssen. Nicht zuletzt wird die Zugänglichkeit nicht selten wegen schlechter Wetterverhältnisse, z. B. „zuviel Wind", über Tage verzögert.

Vor diesem Hintergrund ist der dringende Wunsch der Betreiber zu sehen, Reparaturen und Austauschvorgänge möglichst in vorausplanender Weise durchführen zu können. Dies ist aber nur dann möglich, wenn die Defekte an den Bauteilen längere Zeit vor dem eigentlichen Eintreten vorausschauend erkannt werden können. Defekte und Brüche an den mechanische Bauteilen treten im allgemeinen nicht „aus heiterem Himmel" auf, sondern sind meistens die Folge längerer fehlerhafter Betriebszustände. Wenn diese frühzeitig erkannt werden, sind in vielen Fällen größere Schäden vermeidbar, zumindest können die erforderlichen Reparaturmaßnahmen oder Austauschaktionen geplant durchgeführt werden. Allein dieser Vorteil spart im allgemeinen Kosten.

Mit dieser Zielsetzung ist in den letzten Jahren für Windkraftanlagen eine spezielle technische Zustandsüberwachung, im Fachjargon „condition monitoring", entwickelt worden, die zunehmend eingesetzt wird. Diese Datenerfassungs- und Auswertesysteme messen an kritischen Komponenten der Windkraftanlage technische Parameter wie Spannungen oder Drehmomentverläufe mit Hilfe von Dehnmeßstreifen, vor allem aber Schwingungen und Frequenzspektren mit Beschleunigungssensoren, und übertragen die Daten über das Internet an die Serviceorganisation. Insbesondere Schwingungs- und Frequenzanalysen haben sich als effektive Methode zur Erkennung von sich andeutenden Schäden und vorzeitigen Verschleißerscheinungen an mechanischen Komponenten erwiesen.

Schäden an Wälzlagern, Zahnrädern, Wellen und ähnlichen Bauteilen kündigen sich sehr frühzeitig als Veränderungen in den typischen Frequenzspektren der Komponenten an [7]. Diese Frequenzspektren werden automatisch analysiert und daraus zum Beispiel sog. „Ampelfrequenzspektren" erzeugt, die gelbe und rote Bereiche aufweisen und den Gefahrenzustand anzeigen (Bild 18.50). Bei Erreichen der gelben Bereiche werden automatisch E-Mails an die Serviceorganisation der Hersteller geschickt. Die Servicespezialisten können die Überwachungsintensität steigern und weitere Detailanalysen aktivieren. Erreichen die Veränderungen den roten Bereich, erfolgt eine Alarmmeldung und Reparaturmaßnahmen werden vorbereitet (Bild 18.48).

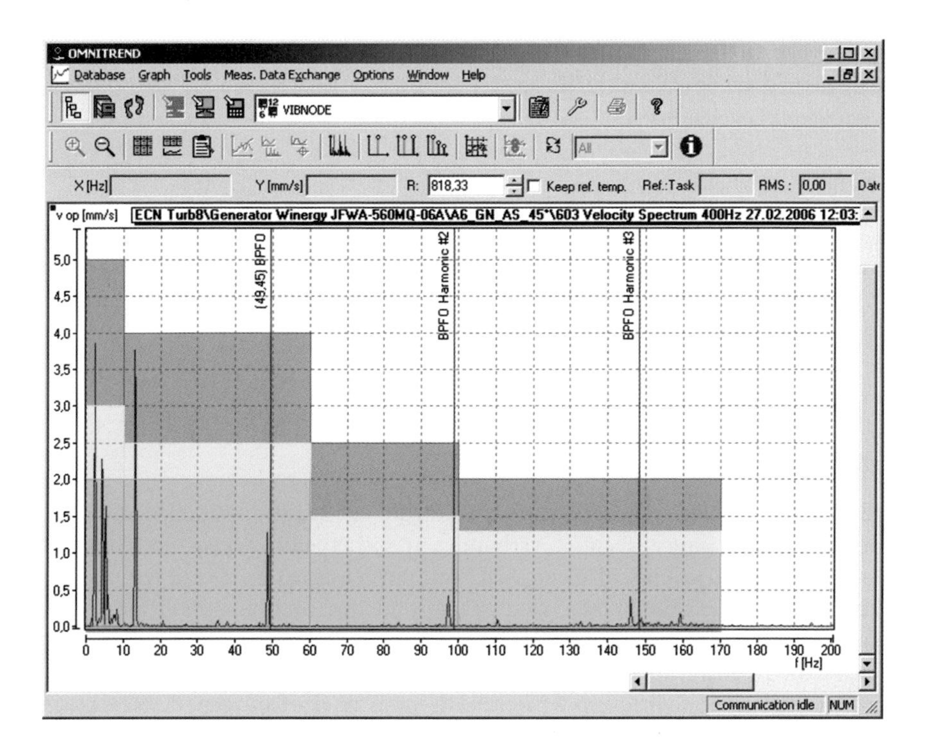

Bild 18.50. Frequenzspektrum und zugehöriges Ampelfrequenzspektrum aus einem technischen Zustandsüberwachungssystem [7]

Das „condition monitoring" wird vor allem für Windkraftanlagen, die „offshore" aufgestellt werden, für unverzichtbar gehalten. Für diesen Einsatzbereich werden auch sog. „Fernwirksysteme" diskutiert, mit deren Hilfe bestimmte Reparaturen zum Beispiel im Bereich der Elektronik vorgenommen werden können. In der Raumfahrttechnik sind derartige Systeme für unbemannte Missionen bereits relativ weit entwickelt.

18.9 Betriebssicherheit

Der Betrieb einer Windkraftanlage wirft sowohl allgemeine als auch anlagenspezifische Sicherheitsprobleme auf. Die Frage nach der Sicherheit ist unter zwei verschiedenen Blickwinkeln zu sehen: Zum einen stellt sich das Problem der Funktionssicherheit für die Anlage selbst. Für ein unbemanntes System ist diese Forderung primär eine Frage der Zuverlässigkeit und damit letztlich der Wirtschaftlichkeit. Allenfalls bei Wartungs- und Reparaturarbeiten sind Menschen unmittelbar von der Funktionssicherheit betroffen. Auf der anderen Seite muß danach gefragt werden, in welchem Ausmaß Gefahren für die Umwelt entstehen können, wenn es zu einem Funktionsversagen der Anlage kommt.

Zur Betriebssicherheit gehört natürlich auch die Sicherheit des Personals bei Wartungs- und Reparaturarbeiten. Für diese Arbeiten, in Höhen bis über 100 m, gelten zunächst die allgemeinen Arbeitssicherheitsvorschriften der Gewerbeaufsichtsämter. Diese haben sich in den letzten Jahren auch mit Windkraftanlagen beschäftigt und für diesen Bereich spezielle Vorschriften herausgegeben.

18.9.1 Technische Sicherheitssysteme

Die erste Forderung an die Sicherheit muß sein, daß weder von der strukturellen Festigkeit noch vom Funktionsablauf Sicherheitsrisiken von einer Windkraftanlage ausgehen, die das unvermeidliche Maß übersteigen. Man könnte dies als die inhärente technische Betriebssicherheit bezeichnen, die in der Verantwortung des Herstellers der Anlage liegt. Diese zu gewährleisten ist daneben auch die Aufgabe der unabhängigen Zertifizierung. Die wichtigsten Aspekte sind:

Elektrische Sicherheit

Eine große Windkraftanlage erzeugt elektrischen Strom auf kraftwerksähnlichem Spannungsniveau. Die mit dieser Technik verbundenen Sicherheitsauflagen sind deshalb unbedingt einzuhalten. Die einschlägigen VDE-Vorschriften legen im Detail fest, welche konstruktiven Sicherheitsmaßnahmen vorzusehen sind und welche Vorschriften vom Bedienungs- oder Wartungspersonal zu beachten sind.

Kleinanlagen, die Strom auf der Niederspannungsebene erzeugen, sind hinsichtlich der elektrischen Sicherheitsvorkehrungen weniger aufwendig als Großanlagen, deren elektrische Systeme im Mittelspannungsbereich arbeiten.

Abbremsen des Rotors

Die Betriebssicherheit einer Windkraftanlage wird durch kein anderes Sicherheitssystem so stark geprägt wie durch die Fähigkeit, den Rotor unter allen denkbaren Umständen mit der größtmöglichen Zuverlässigkeit und in kürzester Zeit zum Stillstand zu bringen. Das „Durchgehen" des Rotors stellt zwar auf der einen Seite ein spezifisches Sicherheitsrisiko einer Windkraftanlage dar, auf der anderen Seite bietet die Möglichkeit, den Rotor schnell abbremsen zu können, aber auch eine zusätzliche Sicherheit, die viele andere Risiken auffangen kann. Die daraus folgenden Anforderungen an die Rotorbremssysteme sind in Kap. 5.3 und 9.8 ausführlich erörtert worden und werden deshalb an dieser Stelle nur noch einmal zusammenfassend erwähnt.

Eine schnell wirksame Sicherheitsabschaltung ist gerade bei Energieerzeugungssystemen keineswegs selbstverständlich. Man denke nur an thermische Kraftwerke, die beim Auftreten eines Fehlers keineswegs auf „Knopfdruck" abgeschaltet werden können. Wirklich folgenschwere und dennoch örtlich eng begrenzte Auswirkungen als Folge eines Defektes können bei einer Windkraftanlage nur dann auftreten, wenn die Rotornotabschaltung nicht funktioniert. Aus diesem Grund ist das Rotorbremssystem das dominierende Sicherheitssystem einer Windkraftanlage.

Windkraftanlagen mit Blatteinstellwinkelregelung können durch schnelles Verstellen der Rotorblätter in Fahnenstellung den Rotor aerodynamisch bremsen und innerhalb von einigen Sekunden zum Stillstand bringen. Die Blattverstellung muß sofort und mit hoher Verstellgeschwindigkeit einsetzen, um ein Hochdrehen des Rotors zu verhindern. Beim

Lastabwurf des elektrischen Generators steht die volle Rotorleistung zur Beschleunigung des Rotors zur Verfügung. Ohne sofortiges „Bremsen" würde die Rotordrehzahl innerhalb von Sekunden unzulässig hohe Werte erreichen und der Rotor unter dem Einfluß der Fliehkräfte zerstört werden. Andererseits sind der Blattverstellgeschwindigkeit Grenzen gesetzt, um die beim aerodynamischen Bremsvorgang entstehenden Biegemomente an den Blättern nicht zu hoch werden lassen (vergl. Kap. 6.5.2).

Rotoren ohne Blattverstellung sind mit aerodynamischen Bremsklappen ausgerüstet (vergl. Kap. 5.3.2). Diese werden durch einen Fliehkraftschalter bei einer bestimmten Überdrehzahl des Rotors ausgelöst und mit einer vorgespannten Feder ausgeschwenkt. Neuere Anlagen verfügen über hydraulisch betätigte aerodynamische Bremsklappen, die den Vorteil haben, ohne manuelle Eingriffe an den Rotorblättern auch wieder eingeklappt werden zu können. Bei häufigeren Netzausfällen und den damit verbundenen Rotorbremsvorgängen ist dies ein betrieblicher Vorteil (vergl. Kap. 8.7).

Die Zuverlässigkeit der aerodynamischen Rotorbremsung erfordert mehrfach redundante Auslösemechanismen und, innerhalb wirtschaftlich vertretbarer Grenzen, auch redundante Stellglieder und Energieversorgungssysteme für die Stellantriebe (vergl. Kap. 9.6.5). Zusätzlich zu den aerodynamischen Bremsen können kleine Anlagen mit der mechanischen Betriebsbremse zum Stillstand gebracht werden. Bei großen Anlagen ist die mechanische Bremse zwischen Getriebe und Generator nur als Haltebremse ausgelegt (vergl. Kap. 9.8).

Bruchsicherheit der Rotorblätter

Die Überwachung der Komponentenfunktionen im Bereich des mechanisch-elektrischen Triebstrangs ist anhand der üblichen Indikatoren wie Öldrücke und -temperaturen u. a. vergleichsweise einfach und zuverlässig möglich. Diese Verfahren sind „Stand der Technik" und bei jeder größeren technischen Anlage üblich (vergl. Kap. 18.8.3). Wesentlich schwieriger ist die Überwachung der Strukturfestigkeit. Bei einer Windkraftanlage liegt ein besonderes Risiko in einem möglichen Strukturversagen der Rotorblätter.

Die öfter geäußerte Befürchtung, daß Rotorblätter aufgrund der Einwirkung starker Stürme brechen, ist bei Windkraftanlagen nicht begründet. Die Bruchlasten bei hohen Windgeschwindigkeiten können sehr genau berechnet werden und sind in den Lastfällen entsprechend berücksichtigt. Bei Sturm davonfliegende Rotorblätter oder gar umstürzende Anlagen sind für unprofessionelle Kleinanlagen, die oft ohne ausreichende theoretische Berechnungsgrundlagen gebaut, oder besser gesagt: gebastelt, werden, eine reale Gefahr. Moderne Großanlagen, die bei einem Sturm zerstört werden, sind zumindest äußerst selten. Die Gefahr liegt vielmehr in der Materialermüdung als Folge der hohen dynamischen Belastung im Betrieb.

Ermüdungsschäden, zum Beispiel als Folge einer lokalen Spannungskonzentration, können besonders in Verbindung mit fortschreitender Korrosion vor allem bei Stahlbauteilen nie ganz ausgeschlossen werden. Ein unentdeckter und fortschreitender Ermüdungsriß zum Beispiel im Bereich der metallischen Anschlußstruktur oder der Rotornabe birgt die Gefahr in sich, daß die Rotorblätter plötzlich wegbrechen, ohne daß die Rotornotabschaltung vorher wirksam werden konnte. Um dieser Gefahr zu begegnen, wird das zulässige Spannungsniveau in den tragenden Strukturquerschnitten so niedrig festgelegt, daß unter

Beachtung der Betriebsfestigkeitstheorien eine sichere Lebensdauer im Hinblick auf die Materialermüdung gewährleistet ist (Safe-Life-Auslegung). Darüber hinaus wird die Fertigungsqualität, besonders in bezug auf die Schweißnähte, strengstens kontrolliert. Trotz dieser Qualitätssicherungsmaßnahmen und -prüfungen in der Herstellung sind regelmäßige Kontrollen während des Betriebes notwendig.

Das Faserverbundmaterial der Rotorblätter erweist sich in bezug auf das Bruchverhalten als weniger kritisch als Stahlbauteile. Kommt es zu einem Strukturversagen im Verbundmaterial, so brechen die Blätter in der Regel nicht abrupt ab, sondern „zerfasern". Die Gefahr eines plötzlichen Bruchs konzentriert sich bei Rotorblättern aus Verbundmaterial mehr auf die metallischen Anschlußstrukturen und die Kraftüberleitung des Anschlußflansches in die Faserstruktur. Der konstruktiven Gestaltung und der Qualitätssicherung der Fertigungsverfahren kommt in diesem Bereich deshalb eine besondere Bedeutung für die Betriebssicherheit zu.

Schwingungsüberwachung

In welchem Ausmaß eine Windkraftanlage zu Schwingungen neigt, wurde in Kap. 7 ausführlich erörtert. Das Auftreten unzulässig hoher Schwingungsausschläge der Rotorblätter, des Turms oder der gesamten Anlage muß deshalb mit zu den spezifischen Sicherheitsrisiken gezählt werden. Das allgemeine Überwachungssystem beinhaltet deshalb eine besondere Schwingungsüberwachung.

Bei kleinen Anlagen sind einfache mechanische Schütteldekoder üblich. Sie bestehen aus einer Stahlkugel, die über eine Kette mit einem Schalter verbunden ist und in einer flachen Mulde oder Bohrung gelagert ist. Bei starken Schwingungen fällt die Kugel heraus und löst dadurch das Rotorbremssystem aus. Große Anlagen verfügen über eine aufwendigere, elektronisch arbeitende Schwingungsüberwachung. Die Signale verschiedener Sensoren wie Dehnmeßstreifen und Beschleunigungsmesser werden in einem Prozessor ausgewertet und bei Überschreiten der festgesetzten Grenzwerte wird das Sicherheitssystem aktiviert.

Brandschutz

Windkraftanlagen sind keine besonders brandgefährdeten Anlagen wie Fahrzeuge oder Flugzeuge mit größeren Mengen von entzündlichen Kraftstoff an Bord. Dennoch hat die Erfahrung gezeigt, daß es auch bei Windkraftanlagen zu Bränden kommen kann, die in einigen Fällen auch zur vollständigen Zerstörung von Anlagen geführt haben (Bild 18.51). Brennbare Baumaterialien, Isolierstoffe und Betriebsstoffe sind auch in Windkraftanlagen vorhanden. Zum Beispiel ist die großflächige Verkleidung des Maschinenhauses aus Glasfaserverbundmaterial entflammbar (vergl. Kap. 9.13.1). Auslöser für Brände sind in erster Linie Blitzeinschläge und elektrische Kurzschlüsse.

Brandmeldeanlagen werden deshalb in den meisten Windkraftanlagen eingesetzt und demnächst wohl allgemein vorgeschrieben. Bei Offshore-Anlagen ist die Gefahr unentdeckter Brandherde natürlich noch größer und die Bekämpfung in kürzerer Zeit besonders schwierig. Möglicherweise werden für diese Anwendungen auch komplette Feuerlöschanlagen notwendig werden. Entsprechende Geräte und Verfahren sind aus anderen Bereichen verfügbar, aber relativ aufwendig, wenn sie wirksam sein sollen.

Bild 18.51. Brennende Windkraftanlage als Folge eines Blitzeinschlages (NDR)

Flugsicherung

Bei großen Windkraftanlagen ergibt sich die Notwendigkeit, genau wie bei allen großen Gebäuden, die aus der Bebauungssilhouette der Umgebung herausragen, eine Warnkennzeichnung für den Flugverkehr vorzusehen. Die entsprechenden Vorschriften erläßt in der Bundesrepublik das Bundesministerium für Verkehr, Bau- und Wohnungswesen.

Die sog. *Tageskennzeichnung* besteht aus einem Anstrich des äußeren Teils der Rotorblätter mit roter Warnfarbe. Diese ist außerhalb von Städten und dicht besiedelten Gebieten vorgeschrieben, wenn die Höhe des Bauwerkes 100 m über Grund überschreitet. Die Kennzeichnung besteht aus zwei roten Farbstreifen, einer an der Blattspitze und ein zweiter Streifen weiter innen (Bild 18.52).

Zeitweise wurde von den Behörden anstelle der Tageskennzeichnung an den Rotorblättern ein sog. „weißblitzendes Drehlinsenfeuer" auf dem Maschinenhausdach zugelassen. Aus diesem Grund hat eine Reihe von älteren Anlagen keine rote Kennzeichnung an den Rotorblattspitzen.

Nicht ganz so einfach wie die Tageskennzeichnung ist die *Nachtkennzeichnung* zu realisieren. An sich müßten die höchsten Punkte der Anlage, also die Rotorblattspitzen, beleuchtet werden. Dies ist einerseits technisch schwierig zu lösen, da die üblichen Lampen die hohen Fliehkräfte an den rotierenden Blattspitzen nicht ohne weiteres aushalten. Darüber hinaus wäre der optische Effekt bei Nacht sicher nicht unumstritten. Rotierende Lichtkreise am nächtlichen Himmel würden auf Dauer nicht ungeteilten Beifall finden.

Für Windkraftanlagen gibt es aus diesen Gründen spezielle Verfahrensvorschriften. Diese besagen, daß die Gefahrenfeuer nur auf dem Maschinenhausdach gefordert wer-

Bild 18.52. Tageskennzeichnung an den Rotorblättern von Enercon-Anlagen

Bild 18.53. Flugsicherungsbefeuerung (Nachtkennzeichnung) an der WTS-3-Versuchsanlage mit Rundstrahlfeuern und rotierendem Blitzfeuer

den. Die Gefahrenfeuer für die Nachtkennzeichnung sind entweder „rot blinkende Rundstrahlfeuer“ oder auch rotierende „Blitzfeuer“ (Bild 18.53). Wenn die Rotorblattspitze eine maximale Höhe von 150 m überragt, wird eine zusätzliche Tageskennzeichnung in Form einer orange-roten Kennzeichnung der Blattspitzen gefordert. Diese Vorschriften werden allerdings bis heute in den einzelnen Bundesländern nicht ganz einheitlich ausgelegt, sodaß es Unterschiede gibt. Da diese Befeuerung oft als störend empfunden wird, werden elektronische Erkennungsverfahren entwickelt, mit deren Hilfe die Beleuchtung nur bei Annäherung eines Flugzeuges automatisch eingeschaltet wird.

18.9.2 Gefahren durch extreme Wetterlagen

Neben der anlagenbezogenen technischen Betriebssicherheit können Einwirkungen von außen Sicherheitsrisiken verursachen. Dies sind in erster Linie meteorologische Phänomene. Diese Einwirkungen sind zwar in bestimmtem Umfang in den Lastannahmen berücksichtigt, dennoch kann es in Extremsituationen zu Schäden kommen, die für die Betriebssicherheit von Bedeutung sind.

Extreme Stürme und Orkane

Windkraftanlagen werden je nach der zugrundeliegenden „Windkraftanlagenklasse“ bzw. der „Windzone“ auf eine maximal zulässige Windgeschwindigkeit ausgelegt (vergl. Kap. 6.4.1). In der Windklasse I wird eine maximale Windgeschwindigkeit von 60 m/s (216 km/h) angenommen. Diese Windgeschwindigkeit wird „normalerweise“ auch bei orkanartigen Stürmen nicht überschritten. Dabei wird allerdings vorausgesetzt, daß die für die maximalen Windlasten wichtigen Systeme, wie das Verstellen der Rotorblätter in Fahnenstellung und die korrekte Ausrichtung der Anlage in die Windrichtung funktionieren. Die Erfahrung hat gezeigt, daß es in einigen Fällen doch zu einer Kombination von technischen Fehlern und extremen Windgeschwindigkeiten gekommen ist und Windkraftanlagen bei schweren Stürmen zerstört wurden (Bild 18.54). Zum Beispiel treten bei extremen Wetterverhältnissen abrupte Windrichtungsänderungen auf, denen die Windrichtungsnachführung nicht schnell genug folgen kann oder es tritt ein Fehler in der Regelung auf, der nicht schnell genug durch die Sicherheitssysteme aufgefangen wird. Wie auch bei anderen Systemen üblich, ist es meistens ein unglückliches Zusammentreffen mehrerer Ereignisse, die dann zu einem Unfall führen.

Bei der Bewertung dieser „Unfälle“ sollte jedoch berücksichtigt werden, daß Stürme dieser Art überall schwere Schäden verursachen und oft auch Verluste an Menschenleben fordern. Es wäre unangemessen, und auch technisch nicht machbar, von Windkraftanlagen zu fordern, daß sie allen Naturkatastrophen trotzen können. Bei Hurrikanen, Taifunen — oder auch schweren Erdbeben — gehören zerstörte Windkraftanlagen mit Sicherheit noch zu den kleinsten Übeln.

Blitzschutz

Ein zuverlässiger Blitzschutz ist für Windkraftanlagen wichtig. Hohe schlanke Bauwerke, die im flachen Gelände stehen, ziehen Blitzeinschläge geradezu an. Die Blitzschutzanlage muß die mechanischen Bauteile vor Beschädigung schützen sowie die elektrischen und elektronischen Komponenten gegen Zerstörung und Überspannung absichern (Bild 18.55).

Die von einem Blitzeinschlag primär betroffenen Komponenten sind die Rotorblätter. Sofern die Blätter oder deren Holme aus Stahl bestehen, bilden sie einen idealen Blitzüberleiter und bedürfen keiner weiteren Blitzschutzeinrichtungen. Rotorblätter aus Glasfaser-

Bild 18.54. Beim Sturm umgestürzte Windkraftanlage (Polizei Itzehoe)

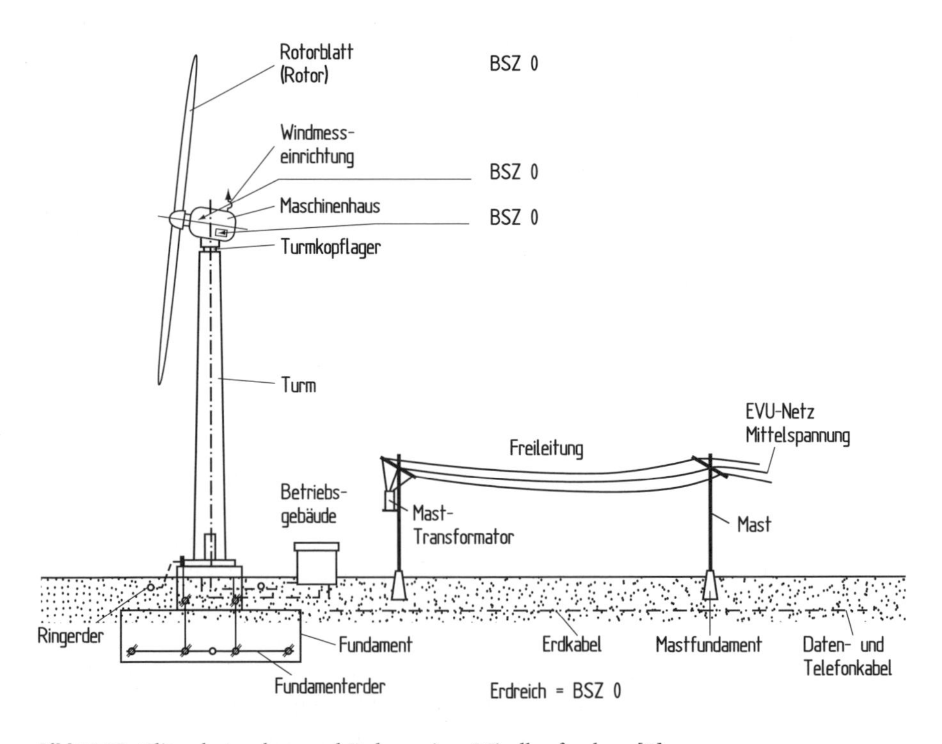

Bild 18.55. Blitzschutzanlage und Erdung einer Windkraftanlage [8]

material wurden in der Vergangenheit ohne besondere Blitzschutzmaßnahmen hergestellt. Mit der zunehmenden Verbreitung der Windkraftanlagen stieg die Anzahl der Schäden durch Blitzeinschläge jedoch stark an. In den Versicherungsstatistiken nahmen diese Schadensfälle zeitweise einen vorderen Platz ein, so daß ein wirtschaftlicher Druck entstand, diese Art von Schäden zu begrenzen. Rotorblätter verfügen heute deshalb ausnahmslos über besondere Blitzschutzvorrichtungen (vergl. Kap. 8.8). Das Blitzschutzsystem der gesamten Windkraftanlage besteht unter anderem aus „Blitzableitern" (Kupferbürsten und elastische Kupferbänder) an den kritischen Überleitungsstellen, die den Blitz in das Erdungssystem des Fundaments ableiten.

Eisansatz

Eine Umwelteinwirkung, die ebenfalls zu einer Beeinträchtigung der Betriebssicherheit führen kann, ist der Eisansatz bei bestimmten Wetterlagen. Die Gefahr der Eisbildung ist bei Wetterlagen mit Temperaturen um den Gefrierpunkt und gleichzeitiger hoher Luftfeuchtigkeit am größten. Die Häufigkeit dieser Bedingungen hängt sehr vom Standort ab. Abgesehen davon, daß natürlich nur die nördlichen Länder betroffen sind, kann man mit Blick auf Deutschland feststellen, daß die Standorte an der Küste und in der Norddeutschen Tiefebene seltener Wetterlagen dieser Art aufweisen als zum Beispiel die Mittelgebirge im Binnenland. Bisher wurden Maßnahmen gegen den Eisansatz bei Windkraftanlagen nur sehr selten ergriffen. Mit der zunehmenden Verbreitung der Anlagen wird das Problem jedoch ernster genommen.

Eis kann sich an allen Teilen einer Windkraftanlage ansetzen. Störend ist die Eisbildung insbesondere an Lüftungseinlässen und anderen Öffnungen sowie am Windmeßsystem. Das Anemometersystem auf dem Maschinenhausdach wird meistens zuerst außer Funktion gesetzt, sofern nicht ein beheiztes Anemometer die Eisbildung verhindert (Bild 18.56). Diese Art von Vereisung kann die Funktionsfähigkeit der Anlage empfindlich beeinträchtigen, speziell wenn die Anlage längere Zeit stillgestanden hat und wieder gestartet werden soll.

Eine unangenehme Folge der Eisbildung an den Rotorblättern ist die Verschlechterung der aerodynamischen Profileigenschaften. Die Vereisungsgefahr ist bei drehendem größer als bei stillstehendem Rotor. Beim typischen Eisansatz an der Profilvorderkante verringert sich die Auftriebserzeugung und erhöht sich der Profilwiderstand (Bilder 18.57 und 18.58). Die Folge ist eine Verschlechterung der Leistungskennlinie. Die Energielieferung kann damit erheblich verringert werden. An besonders eisgefährdeten Standorten können so bis zu 30 % der Jahresenergielieferung verlorengehen [9].

Befürchtungen, daß Eisansatz am Rotor zu einer unzulässigen Belastung der Rotorblätter bzw. der gesamten Windkraftanlage führt, sind unbegründet. Die Deformation des Rotorblattprofils durch den Eisansatz verschlechtert die aerodynamischen Eigenschaften so sehr, daß nicht nur die Rotorleistung, sondern auch die Luftkraftbelastungen abnehmen.

Potentiell gefahrenträchtig ist der Eisansatz an den Rotorblättern, weil der drehende Rotor losbrechende Eisbrocken von erheblichem Gewicht über mehrere hundert Meter wegschleudern kann. Untersuchungen über die Wurfweiten weggeschleuderter Eisbrocken kommen zu der Empfehlung, daß der Sicherheitsabstand das 1,5-fache der Summe aus Turmhöhe und Rotordurchmesser betragen sollte. Die Schutzmaßnahmen gegen die Ge-

Bild 18.56. Vereisung des Windmeßsystems auf dem Maschinenhaus (Foto Seifert)

fahr von weggeschleuderten Eisbrocken bestehen in einfacher Weise in einem Eiswarnsystem, das die Anlage automatisch abschaltet, sobald aufgrund der herrschenden Wetterlage mit Eisansatz gerechnet werden muß. Die Anlagenhersteller bieten derartige Systeme als Zusatzausrüstung an.

Wesentlich aufwendiger ist ein Enteisungssystem für die Rotorblätter. Einige Rotorblatthersteller bieten seit neuestem Enteisungssysteme optional an (vergl. Kap. 8.9). Eine Vorstellung über den praktischen Wert von Enteisungssystemen vermittelt das Ergebnis

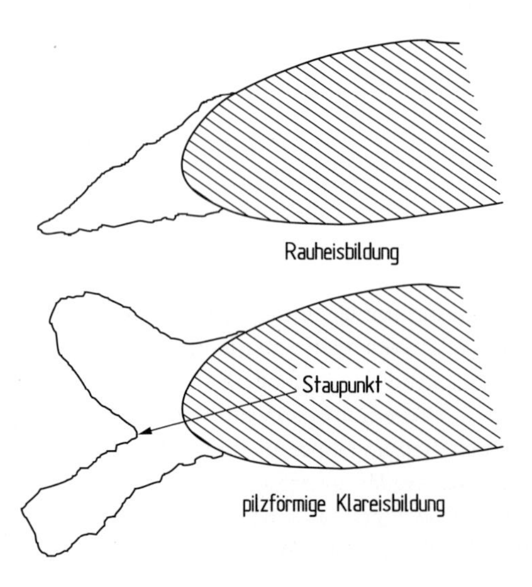

Bild 18.57. Eisbildung an der Profilnase der Rotorblätter

Bild 18.58. Eisansatz an einem Rotorblatt (Foto Jan Oelker)

einer Untersuchung, nach der an einem Standort, an dem ein Drittel der Jahresenergielieferung durch Vereisung verloren gehen würde, die Rotorblattenteisung einen Energiebedarf von 3 % der Jahresenergielieferung benötigt [9].

18.10 Wartung und Instandsetzung

Wie jedes andere technische System müssen Windkraftanlagen regelmäßig gewartet und bei auftretenden Defekten instand gesetzt werden. Die konventionellen Aggregate der mechanisch-elektrischen Energiewandlung, wie Wellen, Lager, Getriebe und Generator, erfordern in der Windkraftanlage einen ähnlichen Wartungsaufwand wie in anderen technischen Anlagen auch. Die vorgeschriebenen Wartungsarbeiten müssen im Handbuch der Anlage enthalten sein. Generell stellt sich die Frage, ob Windkraftanlagen besondere Ansprüche an die Wartung stellen oder ob sie besonders reparaturanfällig sind. Zwei Gründe scheinen für diese Vermutung zu sprechen:

Die Umgebungsbedingungen einer Windkraftanlage sind ungewöhnlich hart. Nicht nur, daß Windkraftanlagen ihrer Bestimmung nach „Wind und Wetter" über eine Lebensdauer von mindestens 20 Jahren ausgesetzt sind, darüber hinaus schafft auch die salzhaltige Luft an den bevorzugten, küstennahen Standorten ideale Voraussetzungen für starke Korrosion an allen metallischen Bauteilen. Ein weiterer Grund ist die vergleichsweise hohe Betriebsstundenzahl, die eine Windkraftanlage in ihrer Lebensdauer erreicht. Die effektive Betriebsdauer einer Windkraftanlage an einem durchschnittlichen Standort liegt bei jährlich etwa 5000 Stunden, entsprechend einer Vollastbenutzungsdauer von 2500 Stunden. Über die Auslegungslebensdauer von 20 Jahren entspricht dies einer Laufzeit von 100 000 Stunden. Im Vergleich dazu erreicht ein Auto bei einer angenommenen Fahrleistung von 20 000 km pro Jahr und einer Durchschnittsgeschwindigkeit von 80 km/h in 20 Jahren gerade mal 5000 Betriebsstunden.

Von besonderer Bedeutung ist auch die außergewöhnlich hohe dynamische Belastung der Bauteile. Die dynamischen Belastungsschwankungen führen für sich betrachtet bereits zu einer hohen Wechselbeanspruchung der Bauteile. Zusammen mit der hohen Betriebsstundenzahl ergeben sich Lastwechselzahlen in der Lebensdauer der Anlage in einer Größenordnung von 10^7 bis 10^8 (vergl. 6.4 und 6.5). Die daraus resultierenden Materialermüdungsprobleme erfordern besondere Aufmerksamkeit, vor allem dann, wenn Korrosionsschäden hinzukommen. Für viele Materialien liegen keine gesicherten Erfahrungswerte über die Ermüdungsfestigkeit bei 10^7 oder 10^8 Lastwechseln vor.

Von diesen Einsatzbedingungen ohne weiteres auf einen besonderen Aufwand für Wartung und Instandhaltung zu schließen wäre jedoch falsch. Die Erfahrung hat gezeigt, daß Windkraftanlagen trotzdem mit einem wirtschaftlich vertretbaren Aufwand an Wartung und Instandhaltung zu betreiben sind. Diese Aussage ist mittlerweile für einen Zeitraum von über zehn Jahren mit statistischen Daten belegbar. Für die vollständige, zu erwartende Lebensdauer von Windkraftanlagen liegen natürlich weniger gesicherte Daten vor.

Die unabdingbare Voraussetzung für einen wirtschaftlich erträglichen Aufwand an Wartung und Instandsetzung ist allerdings, daß die erschwerten Betriebsbedingungen bei der Materialauswahl und der Konstruktion entsprechend berücksichtigt werden. Daß Korrosionserscheinungen vielmehr ein Problem der Qualität des Produktes als der mehr oder weniger harten Einsatzbedingungen sind, beweisen die Erfahrungen mit anderen technischen Produkten, zum Beispiel Automobilen. Die Konstruktion und die Bauausführung einer Windkraftanlage müssen den erschwerten Einsatz- und Umweltbedingungen soweit Rechnung tragen, daß der Wartungsaufwand in wirtschaftlich vertretbaren Grenzen bleibt. Diese Forderung ist zum Beispiel für den Offshore-Einsatz von Windkraftanlagen eine „conditio sine qua non".

Der erforderliche Wartungsaufwand ist somit in erster Linie ein Problem der Investitionskosten. Für eine Windkraftanlage wird ein erhöhter Bauaufwand zugunsten einer wartungsarmen Konstruktion schon deshalb die wirtschaftlichere Lösung sein, weil Reparaturarbeiten wegen der aufwendigen Montagearbeiten mit den dazu notwendigen Hebezeugen vergleichsweise teuer sind. Diese Situation könnte sich allenfalls dann ändern, wenn die Anlagen in ferner Zukunft zu wesentlich geringeren Kosten hergestellt werden könnten. Unter solchen Bedingungen könnten „Verschleißkonstruktionen" wirtschaftlicher sein. Die Wahrscheinlichkeit spricht jedoch nicht für eine derartige Entwicklung.

Gegenwärtig werden alle Bemühungen auf eine zunehmend wartungsärmere Konstruktion ausgerichtet. Insbesondere der bevorstehende kommerzielle Offshore-Einsatz von Windkraftanlagen erfordert aus wirtschaftlichen Gründen eine Verlängerung der Wartungsintervalle (vergl. Kap. 17). Auf der anderen Seite gibt es bei den heutigen Anlagen immer noch Probleme mit der Lebensdauer bestimmter Komponenten (Getriebe, Lager usw.), so daß noch weitere konstruktive Verbesserungen notwendig sind mit dem Ziel, für alle Komponenten eine durchgängige Lebensdauer von mindestens 20 Jahren zu erreichen.

18.10.1 Reguläre Wartung

Neben einer wartungsarmen Konstruktion ist die zweite Grundvoraussetzung zur Minimierung der Instandsetzungskosten und zur Erreichung einer hohen Verfügbarkeit eine regelmäßige Kontrolle und damit verbunden die Durchführung der vorgeschriebenen regulären Wartungsarbeiten. Hier bilden Windkraftanlagen keine Ausnahme im Vergleich zu anderen komplexen technischen Systemen.

In den Handbüchern der Hersteller sind die Komponenten und Verfahrensweisen für die in festgelegten Zeitintervallen durchzuführenden Prüfungen beschrieben. Für den Betreiber sind die Einzelheiten nur dann von Interesse, wenn er die Wartungsarbeiten mit eigenem Personal durchführen will. Die Durchführung der Wartung in eigener Verantwortung des Betreibers erfolgt bis heute nur in wenigen Ausnahmefällen. In der Regel wird der Betreiber mit dem Hersteller der Anlage einen Wartungsvertrag abschließen. Im Gewährleistungszeitraum gibt es dazu praktisch keine Alternative. Längerfristig ist die Wartung durch ein unabhängiges Serviceunternehmen auch erwägenswert. Immer mehr Firmen spezialisieren sich auf diese Aufgabe und bieten die Wartungsarbeiten zu günstigeren Kosten als die Herstellerfirmen an.

Das Grundmuster der regulären Wartung besteht in der Regel aus einer halbjährlichen Überprüfung der wichtigen Komponenten und Funktionen. Umfassende Inspektionen sind im Rhythmus von einem oder zwei Jahren vorgesehen. Die Regelwartung bezieht sich auf folgende Bereiche:

- Überprüfung der Hauptkomponenten, z. B. Sichtprüfung der Rotorblätter, Wellen, Getriebe, Verstellmotoren, usw., sowie Kontrolle der wichtigsten Flanschverbindungen (Anzugsmomente der Schrauben)
- Ölwechsel bei Getriebe und Hydraulikkomponenten, im Halbjahresrhythmus soweit erforderlich
- Funktionsprüfungen (Blattverstellmechanismus, Hydraulikdruck, Notabschaltung)

Für diese Arbeiten werden im abgeschlossenen Wartungsvertrag Pauschalkosten berechnet (vergl. Kap. 20). Kleinere Reparaturen (z. B. bis zu 100 €) und kleine Verschleißteile sind in den Pauschalkosten enthalten. Die entsprechenden Details sowie die anfallenden Nebenkosten für An- und Abfahrt der Techniker usw. sind im Wartungsvertrag geregelt. Der Wartungsvertrag tritt im allgemeinen nach Ablauf der normalen Gewährleistungsfrist von zwei Jahren in Kraft. Eine Verlängerung der Gewährleistung auf zum Beispiel fünf Jahre verbinden die Hersteller fast immer mit der Forderung nach Abschluß eines längerfristigen Wartungsvertrages oder auch mit einem höheren Kaufpreis für die Anlagen.

18.10.2 Schadensursachen und Reparaturrisiken

Technische Defekte und Schäden sind auch bei qualitativ hochwertiger Konstruktion und sorgfältiger Wartung in einem gewissen Ausmaß unvermeidlich. Das daraus folgende Reparaturkostenrisiko versuchen kleinere Betreiber in fast allen Fällen mit einer *Maschinenbruchversicherung* abzudecken. In der Praxis werden die Reparaturkosten jedoch nicht in allen Fällen von der Versicherung übernommen, so daß immer ein gewisses Reparaturrisiko beim Betreiber verbleibt. Die richtige Einschätzung dieses Risikos, verbunden mit entsprechenden finanziellen Rücklagen, ist von fundamentaler Bedeutung für die Wirtschaftlichkeit eines Windparkprojektes (vergl. Kap. 20). Bevor die zu diesem Komplex vorliegenden Erfahrungen näher erläutert werden, ist die Erörterung einiger wichtiger Begriffe und grundsätzlicher Zusammenhänge der Schadensursachen unumgänglich. Im Betrieb auftretende Schäden an einem technischen System sind grundsätzlich auf zwei unterschiedliche Ursachen zurückzuführen:

- Eine falsche Einschätzung der einwirkenden Belastungen, eine nicht ausreichende Dimensionierung der Bauteile oder ein fehlerhaftes Zusammenwirken der Komponenten in einem komplexen System können zu einer konstruktionsbedingten Überbeanspruchung des Materials in einem Bauteil führen. Ein solcher „systematischer“ Fehler verursacht einen Schaden oder einen Bruch in jedem individuellen Gerät einer Serie gleicher Bauart. Die Versicherungen sprechen auch von einem *Serienschaden*. Sie sind nicht bereit, die Kosten für die Reparatur oder den Ausfall einer ganzen Serie zu übernehmen.
- Die zweite Schadensursache liegt in den statistisch nie ganz zu vermeidenden individuellen Fehlern eines Bauteils in bezug auf das verwendete Material, die Fertigung oder auch die Montage. Eine noch so sorgfältige Qualitätskontrolle kann diese individuellen Fehler nicht zu hundert Prozent vermeiden. Diese Art von Schäden wird durch die Maschinenbruchversicherung abgedeckt.

In der Praxis sind diese beiden Ursachen im Einzelfall oft nicht exakt voneinander zu trennen, so daß die Kosten für die Reparatur nicht selten in einem Kompromiß zwischen Versicherer und Betreiber aufgeteilt werden. In der Garantiezeit übernimmt natürlich der Hersteller die Kosten. Nach Ablauf der Gewährleistungszeit verbleibt aus den erwähnten Gründen, auch bei abgeschlossener Maschinenbruchversicherung, ein gewisses Reparaturkostenrisiko beim Betreiber. Selbst wenn die Kosten für die Schäden in breitem Umfang und über längere Zeit von den Versicherungen übernommen werden, steigen deren Prämien und es trifft damit letztlich wieder den Betreiber.

Grundsätzlich werden die Bauteile und Systeme einer Windkraftanlage für eine bestimmte Mindestlebensdauer ausgelegt (safe-life design). Diese beträgt mindestens zwanzig oder dreißig Jahre. Das heißt, die Lastkollektive sowohl hinsichtlich des mittleren Spannungsniveaus wie auch in bezug auf die Lastwechselzahlen für die dynamischen Belastungsanteile werden so hoch angesetzt, daß sie die gesamte kalkulierte Lebensdauer abdecken, während die zulässigen Materialspannungen auf diese „Zeitfestigkeit“, die bei den meisten Materialien gleichbedeutend mit der „Dauerfestigkeit“ ist, begrenzt werden. Diese Auslegungsphilosophie gilt für alle wesentlichen Komponenten, ausgenommen sind nur kleinere Verschleißteile wie Treibriemen, Filter, usw.

Aus diesem Grund gibt es bei einer Windkraftanlage während der kalkulierten Lebensdauer keinen zwangsläufigen Bedarf für „Ersatzinvestitionen“. Diese Tatsache wird oft wegen anderweitiger praktischer Erfahrung falsch dargestellt. Andererseits muß man zugeben, daß zumindest bei einigen Komponenten einer Windkraftanlage ungeachtet der „safe-life"-Auslegung gewisse Zweifel im praktischen Betrieb berechtigt sind. In den letzten Jahren wurden deshalb im Auftrag der Versicherungswirtschaft umfassende Schadensstatistiken angelegt und technisch-wissenschaftliche Institute mit Untersuchungen über die Schadensursachen beauftragt [11]. In den Untersuchungen werden folgende Schadensschwerpunkte genannt:

- Lager und Verzahnungen im Getriebe
- Wälzlager in Generatoren
- Rotorlager
- Kupplung
- Azimutantrieb
- Maschinenhausbefestigung
- Rotorblätter
- Rotorwelle
- Elektronik

Es wird darauf hingewiesen, daß Schäden am häufigsten in der Elektronik auftreten, die jedoch in der Regel schnell und mit geringem Aufwand zu beheben sind. Größere Schäden treten bei Getrieben, gefolgt von Wälzlagern und Generatoren. Windkraftanlagen mit Stall-Regelung sind mehr betroffen als Anlagen mit Blatteinstellwinkelregelung. Besonders günstig schneiden naturgemäß die getriebelosen Konzepte ab. An der Lebensdauerauslegung von Verzahnungen und Wälzlagern werden die meisten Zweifel angemeldet und es wird darauf hingewiesen, daß beim derzeitigen Stand der Technik nicht davon ausgegangen werden kann, daß die volle Lebensdauer einer Windkraftanlage ohne Austausch von Komponenten in diesen Bereichen erreicht wird [10]. Die Bilder 18.59 bis 18.62 vermitteln einen optischen Eindruck von einigen häufig auftretenden Schadenssymtomen beziehungsweise Schäden.

Größere Schäden an den Rotorblättern haben meistens ihre Ursache in Fertigungsmängeln. Insbesondere durch mangelhaft ausgeführte Klebungen können zum Beispiel das Aufplatzen der Blatthinterkante oder so genannte „Delaminationen" an der Oberfläche, die sich als Ausbeulungen zeigen, verursacht werden. Typische kleinere Schäden die man auch als Verschleißerscheinungen deuten kann, sind Beschädigungen an der Profilnase (Bild 18.59).

Noch häufiger kommt es jedoch zu Schäden an den Wälzlagern. Davon sind die Rotorblattlager, die Rotorlager oder die Lager im Getriebe und im elektrischen Generator betroffen. Unzureichende Schmierung, Einbaumängel, gelegentlich auch Überhitzung und stoßhafte Überbelastungen sind für diese Lagerschäden verantwortlich. Bild 18.60 zeigt beispielhaft eine schadhafte Laufbahn in einem Kegelrollenlager.

Nach den Lagerschäden nehmen die Schäden an Zahnrädern einen vorderen Platz in den Schadensstatistiken ein. Dies gilt für die Antriebsritzel der Blattverstell-und Azimutverstellantriebe, in besonderem Maße aber für die Zahnräder im Getriebe. Verzahnungsschäden im Getriebe kündigen sich häufig durch die so genannte „Graufleckigkeit" an. Zu hohe lokale Beanspruchungen oder ungleichmäßiges „Breitentragen" der Zahnflanken sowie „Mischreibungsbedingungen" äußern sich an den Zahnflanken durch gut sichtbare

Bild 18.59. Typische Schäden an einem Rotorblatt: Risse und Erosionen an der Profilnase

Bild 18.60. Lagerschaden an einem Pendelrollenlager: einseitiger Laufbahnschaden [10]

grau erscheinende Bereiche. Diese zu identifizieren ist eine wichtige Aufgabe bei den routinemäßigen Getriebeinspektionen (Bild 18.61). Massive Verzahnungsschäden durch extreme Überbelastungen führen gelegentlich dazu, daß die Zahnflanken ausbrechen (Bild 18.62).

Bild 18.61. Sog. „Graufleckigkeit" an den Zahnflanken (der untere Bereich der Zahnflanken ist großflächig grau verfärbt [10]) und Zahnschaden

Bild 18.62. Lagerschaden im Getriebe einer Windkraftanlage durch unzureichende Schmierung [10]

18.10.3 Statistische Auswertungen

Störungsursachen und Reparaturen von Windkraftanlagen werden seit Anfang der achtziger Jahre systematisch erfaßt und ausgewertet. Aus den ersten zehn Jahren der Windenergienutzung gibt es vor allem statistische Auswertungen aus Dänemark und aus den USA. In Deutschland werden seit 1990 im Rahmen eines „Wissenschaftlichen Meß- und Evaluierungsprogramms (WMEP)" die Betriebsergebnisse einer repräsentativen Anzahl von Windkraftanlagen erfaßt und unter den verschiedensten Gesichtspunkten ausgewertet [11]. Die Störungsursachen und -auswirkungen sowie der Bezug auf die betroffenen Komponenten der Windkraftanlagen werden darin erfaßt (Bild 18.63 und 18.64). Die Auswertung der Störungsursachen zeigt, daß der nicht näher spezifizierte „Bauteildefekt" neben dem Bereich „Anlagenregelung" etwa zwei Drittel aller Störungen verursacht.

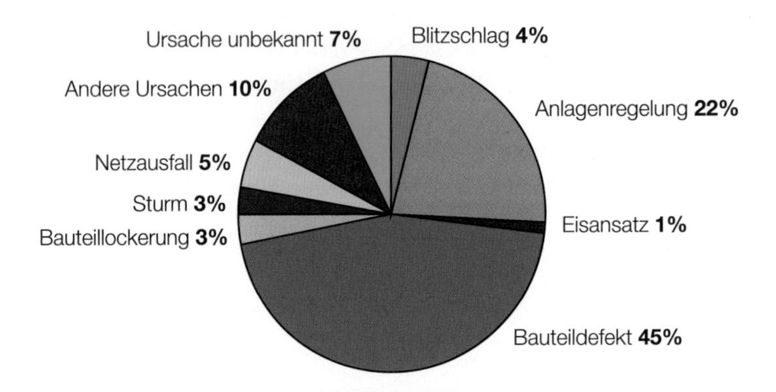

Bild 18.63. Häufigkeitsanteile der Störungsursachen nach Jahresauswertung ISET (WMEP), 2001 [11]

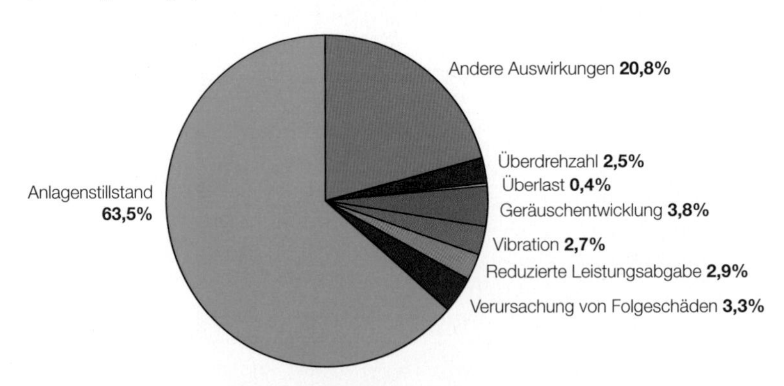

Bild 18.64. Häufigkeitsanteile der Störungsauswirkungen [11]

Diese Auswertung wirft ein Schlaglicht auf die Betriebszuverlässigkeit der Windkraftanlagen, gibt jedoch keinen Aufschluß über die echten Reparaturrisiken. Zum Beispiel können Störungen im Bereich „Elektrik" und „Regelung" oft mit sehr einfachen Maßnahmen, manchmal sogar mit einem bloßen „Knopfdruck", beseitigt werden. Das wirkliche Reparaturrisiko zeigt sich erst mit der Auswertung der Reparaturkosten (vergl. Kap. 10).

Unter diesem Gesichtspunkt wurden 1999 von einigen Instituten längerfristige Prognosen für die Betriebskosten und insbesondere für die zu erwarteten Reparaturkosten erstellt. Das Deutsche Windenergie Institut (DEWI) geht in seiner Erhebung davon aus, daß innerhalb einer zwanzigjährigen Lebensdauer 65 bis 70 % der Maschinenteile wertmäßig ersetzt, d. h. ausgetauscht oder repariert werden müssen [12]. Dieser Wert wird allgemein als zu hoch eingeschätzt, da die Prognose zugunsten der Windanlagenbetreiber im Rahmen der Diskussion um die Stromvergütung vor der Verabschiedung des Erneuerbare-Energien-Gesetzes publiziert wurde. Andere Gutachter prognostizieren nach dem zehnten Lebensjahr einen Ersatzbedarf von „30 % der Maschinenkosten" [13].

Unterstellt man zum Beispiel den Austausch des Getriebes und der Wälzlager für die Rotorblätter, den Rotor und den Generator nach zehn Jahren, so führt dies auf etwa 20 % der Maschinenkosten. Rechnet man noch einen weiteren Reparaturaufwand von etwa einem halben Prozent der Anlagenkosten pro Jahr über die gesamte Lebensdauer von zwanzig Jahren hinzu, so kommt man auf einen wertmäßigen Anteil an den Anlagenkosten von etwa 30 %. Diese Größenordnung kommt der Realität nahe und spiegelt den heute erreichten Stand der Technik wider. Hierbei ist jedoch zu berücksichtigen, daß im Anlagenbestand noch viele ältere und kleinere Anlagen enthalten sind, die einen höheren Reparaturbedarf haben. Ungeachtet dieser Abschätzung muß nochmals darauf hingewiesen werden, daß der Ersatz des Getriebes und der Lager keineswegs zwangsläufig ist. Er wird mit zunehmender Reife der Technik in Zukunft immer unwahrscheinlicher.

Literatur

1. Gasch, R.; Twele, J.: Windkraftanlagen, Teubner, 2005
2. Maslaton, M.: Regionalplanung, Kommunalpolitik und Windenergie – ein unlösbarer Konflikt oder Chance?, Vortrag „Husum wind", 21.9.2005
3. Lissamann, P. B. S.; Zalay, A.; Gyatt, G. W.: Critical Issues in the Design and Assessment of Wind Turbine Arrays. Stockholm: 4. International Symposium in Wind Energy Systems 21.22. Sep. 1982
4. Kühn, M.: Dynamics and Design Optimisation of Offshore Wind Energy Conversion System, Report 2001.002, Delft University Wind Energy Research Institute, 2001
5. Sommer, A.: Planung Windpark Hüselitz, IEE Kiel, 2013
6. Garrad Hassan: GH SCADA Allgemeines Überwachungs- und Datenerfassungssystem für Windparks, Firmenbroschüre, Oldenburg, 2005
7. Becker, E.: GearController zur Betriebsüberwachung von Windkraftgetrieben, Windkraft Journal 4/20001
8. Germanischer Llyod: Vorschriften und Richtlinien IV, Teil I Windenergie, Richtlinien für die Zertifizierung von Windkraftanlagen, 1993
9. Seifert, H.; Richert, F.: Aerodynamics of Iced Airfoils and their Influence on Loads and Power Production, European Wind Energy Conference Dublin, Ireland, October 1997

10. Bauer, E.; Gellermann, Th.; Wikidal, F.: Erhöhung der Betriebssicherheit des Maschinenstranges in WEA's durch umfassende Schadensanalytik. Allianz-Zentrum für Technik, AZT-Expertentage am 18.19. Juni 2007
11. ISET: Windenergie Report Deutschland (1999/2000), Jahresauswertung des WMEP, Institut für Solare Energieversorgungstechnik (ISET), Kassel, 2000
12. DEWI: Studie zur aktuellen Kostensituation der Windenergienutzung in Deutschland, Deutsches Windenergie Institut, Wilhelmshaven, 1999
13. Enerco: Einspeisevergütung für Strom aus Windkraftanlagen (Gutachterliche Stellungnahme), Enerco GmbH, Gesellschaft für Energiewirtschaft und Umwelttechnik, Aldenhofen, 1999

Kapitel 19

Kosten von Windkraftanlagen und Anwendungsprojekten

Die Nutzung der Windenergie zur Stromerzeugung ist aus ökologischen Gründen, insbesondere mit Blick auf den Klimawandel aber auch der Schonung der fossilen Energievorräte mittlerweile eine weitgehend akzeptierte energietechnische Notwendigkeit. Ungeachtet dieser Tatsache muß die Frage nach den Kosten gestellt und beantwortet werden. Die Nutzung der erneuerbaren Energiequellen „um jeden Preis" ist zumindest unter den heutigen Bedingungen kein realistisches Ziel. Die Diskussion um den richtigen Weg in der Energiewende hat dies überdeutlich werden lassen.

Ausgangspunkt aller Kosten- und Wirtschaftlichkeitsüberlegungen bei Systemen zur Nutzung der Solarenergie sind die Herstellkosten der Anlagen. Die geringe Dichte des Energieträgers ist dafür verantwortlich, daß alle Systeme zur Nutzung der Sonnenenergie großflächig und materialintensiv und damit letztlich teuer in der Herstellung sind. Eine Kernfrage der Solarenergienutzung lautet deshalb: Sind die spezifischen Herstellkosten der Anlagen nicht so hoch, daß die Energieerzeugungskosten wegen des hohen Kapitaleinsatzes, trotz der eingesparten Brennstoffkosten, unwirtschaftlich werden? Dieses Schicksal teilen bis heute noch viele regenerative Energieerzeugungssysteme, lediglich die Nutzung der Windenergie hat die Wirtschaftlichkeitsschwelle erreicht. Der Wind als eine bereits konzentriertere Form der Solarenergie bietet deutlich bessere Voraussetzungen für wirtschaftliche Herstellungskosten der Energiewandler.

Zur Zeit sind Windkraftanlagen bis zu einer Leistung von etwa 5000 kW aus serienmäßiger Produktion verfügbar. Während der letzten fünfzehn Jahre konnte bei Windkraftanlagen, wie bei kaum einem anderen Produkt im Bereich der Energietechnik, ein enormer Fortschritt im Hinblick auf die Senkung der Herstellkosten erreicht werden. Die ersten großen Experimentalanlagen zu Beginn der achtziger Jahre waren Einzelstücke mit extrem hohen Baukosten, die allerdings von den damit verbundenen Forschungs- und Entwicklungskosten überlagert wurden. Die ersten serienmäßig hergestellten kleineren Anlagen wurden kurz darauf für die ersten Käufer in Dänemark und für die amerikanischen Windfarmen produziert. Die spezifischen Kosten lagen bei 2000–3000 €/kW Nennleistung. Bis Ende der neunziger Jahre waren die spezifischen Verkaufspreise von serienmäßig hergestellten Windkraftanlagen auf unter 1000 €/kW gefallen. Bei diesem Kostenniveau wurde die Wirtschaftlichkeit der Stromerzeugung aus Windkraft bei der gegebenen Einspeisevergütung an vielen Standorten erreicht.

Mit Blick auf die Zukunft ist das weiterhin erschließbare Kostensenkungspotential von Windkraftanlagen von Interesse. Die Erwartungen hinsichtlich der Senkung der Herstellkosten stützen sich im wesentlichen auf zwei Faktoren: Einmal bietet der heute erreichte technische Entwicklungsstand noch zahlreiche Ansatzpunkte für kostengünstigere Lösungen. Dies gilt sowohl für weiterentwickelte technische Konzeptionen als auch für die konstruktive Verfeinerung bereits existierender Anlagen. Ein Hauptziel ist es, einfachere und leichtere und damit letztlich auch kostengünstigere Geräte zu entwickeln.

Der zweite Faktor zur Senkung der Herstellkosten ist natürlich die Fertigung in noch größeren Stückzahlen. Allerdings sollte man in diesem Punkt keine übertriebenen Hoffnungen nähren. Windkraftanlagen werden wahrscheinlich nie am Fließband produziert werden, wie zum Beispiel Automobile. Das erreichbare Kostensenkungspotential wird sich auf Serienfertigungen von einigen hundert, bei kleinen Anlagen vielleicht auf einige tausend Einheiten pro Jahr beschränken.

Preise sind nicht unbedingt identisch mit Kosten. Dieser elementare kaufmännische Grundsatz gilt natürlich auch für Windkraftanlagen. Die Hersteller setzen die Verkaufspreise auch unter Berücksichtigung der Marktlage fest, so daß ihre Gewinnmargen zeitlich und örtlich unterschiedlich ausfallen. Eine langfristige Stabilisierung der Absatzmärkte ist deshalb für eine zuverlässige Kostenkalkulation, sowohl bei den Herstellerfirmen wie auch bei den Nutzern, welche die Verkaufspreise der Windkraftanlagen als „Kosten“ in ihrer Wirtschaftlichkeitskalkulation wiederfinden, von erheblicher Bedeutung.

Die Windkraftanlagen selbst bilden den Hauptbestandteil der Investitionskosten für schlüsselfertige Anwendungsprojekte zur Windenergienutzung. Die übrigen Kostenbestandteile dürfen aber nicht unterschätzt werden. Unter diesem Aspekt sind zwei Tendenzen zu beobachten: Auf der einen Seite steigen die Planungszeiträume und damit die Entwicklungskosten für große Windparks erheblich an, während auf der anderen Seite die technisch bedingten Kosten für die bauliche und elektrische Infrastruktur eine fallende Tendenz zeigen.

Ein Sonderfall, der jedoch zusehends an Bedeutung gewinnt, ist die Offshore-Aufstellung von Windkraftanlagen. Die Investions- und Betriebskosten sind höher als an Land und außerdem ist die Bandbreite, abhängig von den Aufstellbedingungen, noch erheblich größer. Auf der anderen Seite wird durch die höheren Windgeschwindigkeiten auf dem Meer auch ein Teil der höheren Kosten wirtschaftlich wieder ausgeglichen.

19.1 Herstellkosten und Verkaufspreise von Windkraftanlagen

Eine Bestandsaufnahme der Kosten bzw. der Preise von Windkraftanlagen kann immer nur eine Momentaufnahme sein. Sie basiert auf dem erreichten Stand der Technik und den entsprechenden Produktionsverfahren. Darüber hinaus sind auch die wirtschaftlichen Rahmenbedingungen von Bedeutung. Auch wenn deshalb die zahlenwertmäßige Gültigkeit der Preisangaben schon nach wenigen Jahren überholt sein kann, so ist die Analyse des heute erreichten Standes dennoch wichtig. Eine Prognose der zukünftigen Entwicklung kann nur von einer bestimmten Situation ausgehen. Das Kostenniveau hat sich über längere

Zeit, bis etwa 2005, nicht wesentlich geändert. Erst in den letzten Jahren sind die Kosten und damit auch die Preise für Windkraftanlagen deutlich gestiegen.

Windkraftanlagen haben gegenwärtig bis zu einer Leistung von etwa dreitausend Kilowatt einen kommerziellen Status erreicht. Die erfolgreichsten Hersteller haben von ihren Erfolgstypen, in der Leistungsklasse von 1 500–2 000 kW, „einige tausend" Stück in wenigen Jahren produziert. Die maximale Jahresproduktion dieser Anlagen erreichte etwa 1 000 Einheiten. Wenn von den Herstellkosten der heute serienmäßig produzierten Windkraftanlagen gesprochen wird, so sind diese vor dem skizzierten Hintergrund zu sehen. Die Produktionsweise läßt sich am ehesten mit einer größeren „Losfertigung" auf einer Fertigungsstraße, ähnlich der Produktionsweise im Flugzeugbau, charakterisieren. Von Fließbandfertigung ist diese Produktionsweise noch weit entfernt.

Die Verkaufspreise reflektieren, wie üblich nicht allein die Herstellkosten wider, sondern auch die Marktlage. Bei wirtschaftlich günstigen Rahmenbedingungen für die Stromerlöse — oder teilweise auch noch die Gewährung von Fördergeldern, lassen sich deutlich höhere Verkaufspreise feststellen als in Ländern wo die wirtschaftlichen Bedingungen für die Windenergienutzung enger sind. Es wäre naiv anzunehmen, daß die Industrie nicht auf die Rahmenbedingungen mit ihrer Preisgestaltung reagieren würde. Insbesondere der weltweite „Boom" der Windkraftnutzung in den letzten Jahren hat sich auf die Preise ausgewirkt.

19.1.1 Spezifische Kosten und Bezugsgrößen

Eine vergleichende Analyse der Herstellkosten bzw. der Verkaufspreise, wie auch anderer kostenwirksamer Faktoren, ist für Systeme unterschiedlicher Größe und Leistungsfähigkeit nur mit Hilfe spezifischer Werte möglich. Damit stellt sich gleich zu Anfang die Frage: Auf welche Kenngröße des Systems müssen die Kosten bezogen werden, um ein objektives Bild zu vermitteln, das den Vergleich von konkurrierenden Systemen nicht verzerrt?

Die Beschäftigung mit regenerativen Energiesystemen erfordert auch in dieser Beziehung ein gewisses Umdenken. Für konventionelle Energieerzeugungsanlagen ist es eine Selbstverständlichkeit, die Nennleistung als den richtigen Kennwert für die Leistungsfähigkeit des Systems zu benutzen. Die Bau- und Betriebskosten sowie die Energielieferung von Reaktoren, Turbinen und Motoren sind in der Tat in erster Linie von der Nennleistung abhängig. Demzufolge ist die Kenngröße „Baukosten pro Kilowatt" der richtige Kennwert zur Beurteilung der Wirtschaftlichkeit.

Bei den „Erneuerbaren" liegen die Verhältnisse anders. Diese Systeme müssen zunächst einen Energieträger mit äußerst geringer Dichte, nämlich die Solarstrahlung oder den Wind, auffangen, bevor sie ihn in nutzbare Arbeit wandeln können. Bis zu einem gewissen Grad gilt dies sogar für die konventionelle regenerative Energiequelle „Wasserkraft", wenn man die Bauten für die Sammlung und Konzentration des Wasser, die Staubecken, hinzurechnet. Dies bedeutet aber nichts anderes, als daß die baulichen Dimensionen und damit auch die Kosten von der Größe des „Energiekollektors" bestimmt werden. Die Energieerzeugung wird ebenfalls von der Dimension des Kollektors bestimmt. Eine hohe Nennleistung des folgenden Energiewandlers ist nur in dem Maße von Nutzen, wie der Energiesammler in der Lage ist, die erforderliche Energiemenge auch bereitzustellen.

Aus diesem Grund ist für regenerative Energiesysteme der Bezug der Baukosten auf die Nennleistung des Energiewandlers wenig aussagekräftig, in manchen Fällen sogar völlig irreführend. Stattdessen ist die Größe des Energiekollektors die bestimmende Kenngröße. Eine Windkraftanlage wird demzufolge durch die Rotorkreisfläche bzw. den Rotordurchmesser gekennzeichnet. Dieser bestimmt in erster Linie den Bauaufwand und die Energielieferung. Will man aussagekräftige Werte für spezifische Kosten angeben, so müssen diese auf die Dimensionen des Rotors bezogen werden.

Andererseits werden der Bauaufwand und die Energielieferung nicht ausschließlich vom Rotordurchmesser bestimmt. Die Turmhöhe und die installierte Generatorleistung sind nicht ohne Einfluß (vergl. Kap. 14.6). Die Turmhöhe steht jedoch zwangsweise in einem gewissen Zusammenhang mit dem Rotordurchmesser. In erster Näherung wird der Einfluß der Turmhöhe deshalb beim Bezug auf den Rotordurchmesser mit erfaßt. Der Einfluß der installierten Generatorleistung kann im Regelfall, das heißt sofern sich die spezifische Flächenleistung „Watt pro Quadratmeter Rotorkreisfläche" (W/m^2) im üblichen Rahmen bewegt, auch für die erste Näherung vernachlässigt werden.

Die kostenbestimmenden Kenngrößen einer Windkraftanlage lassen sich somit hinsichtlich ihrer Bedeutung in der Reihenfolge: Rotorkreisfläche, Generatornennleistung und Turmhöhe einordnen. Eine pauschale Angabe für die spezifischen Baukosten ist lediglich als „Baukosten pro Quadratmeter Rotorkreisfläche" zu rechtfertigen.

Diese Tatsache erschwert zugegebenermaßen den Vergleich mit konventionellen Energiesystemen. Man ist deshalb immer wieder versucht, in „Kosten pro Kilowatt" zu denken und zu vergleichen. Daran wird sich in Zukunft wohl auch nicht viel ändern. Der Vergleich mit konventionellen Anlagen auf der Basis leistungsbezogener Kosten ist aber nur dann sinnvoll, wenn die „Jahresnutzungsdauer" vergleichbar ist. Diese Situation ist zum Beispiel beim Vergleich einer großen Windkraftanlage an einem sehr guten Windstandort mit einem thermischen Mittellastkraftwert gegeben. In beiden Fällen liegt die Jahresnutzungsdauer mit etwa 3000 bis 4000 äquivalenten Vollaststunden im selben Bereich. Unter diesen Voraussetzungen ist der Vergleich der spezifischen Baukosten bezogen auf die Nennleistung gerechtfertigt.

Für den Vergleich von Windkraftanlagen untereinander ist der Kennwert „€/kW" nur dann sinnvoll, wenn die spezifische Flächenleistung „W/m^2" in etwa vergleichbar ist. Bei stark unterschiedlichen Verhältnissen müssen die spezifischen Kostenwerte entsprechend korrigiert bzw. die spezifischen Kosten pro Quadratmeter Rotorkreisfläche herangezogen werden.

Für genaue Kosten- und Wirtschaftlichkeitsbetrachtungen genügt der Bezug auf die Rotorkreisfläche nicht. Letztlich ist die erzeugte Energiemenge, üblicherweise die jährliche Energielieferung, der gültige Maßstab. Diese ist natürlich standortabhängig oder genauer gesagt: Sie hängt von der Leistungscharakteristik der Windkraftanlage *und* den Windverhältnissen ab.

Der Kennwert „Investitionskosten pro erzeugte Kilowattstunde im Jahr" (€/kW a) eignet sich deshalb zur Charakterisierung eines konkreten Anwendungsprojekts. Mit dieser Kennzahl kann die Wirtschaftlichkeit der Investition „Windkraftanlage an einem bestimmten Standort" sehr genau beurteilt werden. Bezugsbasis müssen natürlich die schlüsselfertigen Investitionskosten sein, das heißt die Kosten der Windkraftanlage zuzüglich aller standortbezogenen Nebenkosten. Gemessen an den wirtschaftlichen Rahmenbedingungen der Stromerzeugung aus Windenergie in Deutschland im Jahre 2012 (Einspeisevergütung 0,08 €/kWh) und die vergleichsweise günstigen Zinsen für die Finanzierung darf dieser Wert nicht wesentlich über 0,6 €/kWh a liegen, um eine wirtschaftlich akzeptable Amortisationszeit von etwa 10 Jahren zu erreichen. Natürlich liegt der letztendlich gültige Maßstab für die Wirtschaftlichkeit bei den Energieerzeugungskosten. Deren Höhe erfordert jedoch die Einbeziehung weiterer Faktoren wie der Kapital- und der Betriebskosten (vergl. Kap. 20).

19.1.2 Die Baumasse als Grundlage zur Ermittlung der Herstellkosten

In der ersten Phase der neueren Windenergietechnik förderten die meisten an dieser Technologie interessierten Staaten vorzugsweise den Bau von großen Versuchsanlagen. Wie bekannt, konnte keiner dieser frühen, großen Windkraftanlagen einen kommerziellen Status erreichen (vergl. Kap. 2.6). Rückblickend wird deutlich, daß abgesehen von den damaligen technischen und organisatorischen Problemen, die außerordentlich hohen Baukosten dieser Anlagen der Hauptgrund waren. Die spezifischen Baukosten lagen im Bereich von 2000 bis 2500 €/m^2 Rotorkreisfläche. Bezogen auf die Nennleistung der Anlagen waren dies Kosten von 2000 bis 5000 €/kW. Die spezifischen Baukosten der großen Versuchsanlagen waren damit mehr als doppelt so hoch wie die Ab-Werk-Preise der ersten kleineren kommerziellen Windkraftanlagen aus serienmäßiger Produktion in dieser Zeit.

Diese außerordentlich hohen Baukosten der ersten großen Windkraftanlagen waren Gegenstand vieler kontroverser Diskussionen über die Zukunftsaussichten dieser Technik. Allgemeine Aussagen über die Stromerzeugungskosten aus Windkraft, die von den Baukosten dieser Versuchsanlagen ausgingen, konnten erst mit den kleineren kommerziellen Anlagen widerlegt werden. Von ganz anderem Gewicht war dagegen das Argument, daß mit zunehmender Größe der Windkraftanlagen der technische Aufwand aus physikalisch-technischen Gründen so ansteigt, daß große Anlagen, auch wenn sie einen kommerziellen Entwicklungs- und Produktionsstatus erreicht haben, „prinzipiell" unwirtschaftlicher als kleinere Anlagen werden. Mit diesem Argument mußte man sich ernsthaft auseinandersetzen.

Zunächst wurden prinzipielle Überlegungen angestellt, wonach ungünstige Skalierungseffekte die spezifischen Baumassen von Windkraftanlagen mit zunehmender Größe aus physikalischen Gründen immer ungünstiger werden lassen. Im einfachsten Fall wurde argumentiert, daß die Baumassen volumenbedingt mit der dritten Potenz der Abmessungen ansteigen, während die Energielieferung nur mit dem Quadrat des Rotordurchmessers ansteigt und deshalb die Wirtschaftlichkeit mit zunehmender Größe immer schlechter werden müsse.

Dieses Argument ist tatsächlich nicht ganz von der Hand zu weisen, wenngleich die Verhältnisse beim „Skalieren nach oben" komplexer sind. Zunächst ist festzuhalten, daß Skalierungsgesetzmäßigkeiten nur dann anwendbar sind, wenn die technische Konzeption und die Konstruktion unverändert beibehalten werden und nur die Abmessungen sich verändern. Diese Annahme entspricht jedoch nicht der Praxis. Zunehmende Dimensionen erlauben und erfordern, zumindestens im Detail, auch geänderte konstruktive Lösungen. Mit der konstruktiven Verfeinerung lassen sich ungünstige Skalierungseffekte zum Teil kompensieren. Darüber hinaus ist die Belastung- und Beanspruchungssituation für die

Bauteile einer Windkraftanlage sehr unterschiedlich. Am Beispiel der Rotorblätter wird deutlich, daß nicht alle äußeren Kräfte und Momente bei zunehmenden Abmessungen mit der dritten Potenz des Rotordurchmessers anwachsen. Lediglich für die Kräfte und Momente aus dem Eigengewicht der Rotorblätter gilt diese Gesetzmäßigkeit (Tabelle 19.1). Wichtiger ist noch der Blick auf die Materialbeanspruchungen. Den zunehmenden Kräften und Momenten, stehen auch quadratisch wachsende Querschnittsflächen gegenüber, so daß bei ebenfalls quadratisch ansteigenden Kräften die daraus resultierenden Materialspannungen keine Abhängigkeit von der Größe des Objektes zeigen. Nur die kubisch ansteigenden Kräfte und Momente aus dem Eigengewicht erzeugen Materialspannungen, die linear mit dem Rotordurchmesser ansteigen. Dieser Einfluß vermischt sich mit den anderen Abhängigkeiten entsprechend der komplexen Belastungssituation, so daß der zusammengesetzte Skalierungsparameter darunter liegt. Da die Baumasse unmittelbar mit der Materialspannung — bei gleichbleibendem Material — zusammenhängt, ist der Anstieg der Baumasse im gleichen Verhältnis zu erwarten.

Aus diesen Zusammenhängen wird deutlich, daß das Eigengewicht der Bauteile, insbesondere der Rotorblätter, dafür verantwortlich ist, daß der Materialeinsatz und damit die spezifische Baumasse, mit zunehmender Größe immer ungünstiger werden müssen, um der Beanspruchung standzuhalten. Jede Konstruktion bricht in letzter Konsequenz unter ihrem eigenen Gewicht bei zunehmender Größe zusammen. Diese schlichte Erkenntnis ist an sich trivial, was den extremen Zustand betrifft. Weniger offensichtlich ist jedoch der bereits vorher vorhandene ungünstige Einfluß auf die Entwicklung der spezifischen Baumassen bei zunehmender Größe.

Tabelle 19.1. Skalierungsgesetzmäßigkeiten für die konzeptionellen Parameter, die äußeren Kraftwirkungen und die Materialbeanspruchungen am Beispiel der Rotorblätter [1]

Konzeptionelle Parameter und äußere Kraftwirkungen	**Proportionalität**
Schnellaufzahl	konstant
Leistung	$\sim D^2$
Drehmoment	D^3
Schub	D^2
Drehzahl	$1/D$
Luftkräfte	D^2
Fliehkräfte	D^2
Gewicht	D^3
Beanspruchungen aus	
Luftkräften	konstant
Fliehkräften	konstant
Gewicht	D (!)
Dynamische Kenngrößen	
Eigenfrequenzen	$1/R$
Anregende Frequenzen aus Rotordrehzahl	$1/R$
Frequenzverhältnis	konstant

Das Problem wurde in den neunziger Jahren in verschiedenen Untersuchungen behandelt [2]. Darin wurden detaillierte Massenmodelle für Windkraftanlagen entwickelt und für jede Komponente unter Berücksichtigung der wesentlichen Belastungen „Skalierungsgesetze" abgeleitet. Die dimensionierenden Lastfälle sind komplex und zudem sehr unterschiedlich für die einzelnen Komponenten. Die drehenden Teile, wie zum Beispiel Rotorwelle, Lager und Getriebe, werden fast ausschließlich nach der Nennleistung oder genauer gesagt nach dem zu übertragenden Drehmoment dimensioniert. Aus diesem Grund ist eine analytische Durchdringung des gesamten Systems weit schwieriger als bei einem vergleichsweise einfachen Bauteil wie einem Rotorblatt. Dennoch können theoretische oder halbempirische Massenmodelle vor allem dann mit gutem Erfolg verwendet werden, wenn ausgehend von einer bestimmten Größe, von der die Massen bekannt sind, nach oben extrapoliert wird. Die Entwicklung der Baumasse (Turmkopfmasse) und der Herstellkosten mit dem Rotordurchmesser wurde in der zitierten Studie unter den genannten Voraussetzungen für zwei technische Grundkonzeptionen berechnet. Diese Grundkonzeptionen, eine Zweiblattanlage und eine Anlage mit Dreiblattrotor, wurden dann in gewissen Merkmalen variiert. Das Ergebnis zeigte bei den Grundkonzeptionen und allen Varianten den erwartenden Anstieg der spezifischen Baumasse mit dem Rotordurchmesser (Bild 19.2).

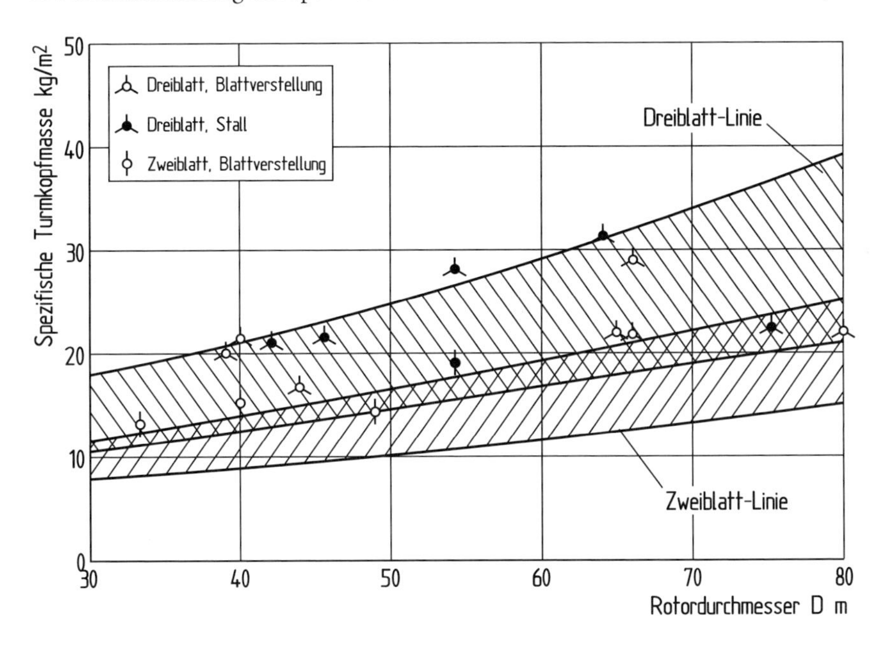

Bild 19.2. Entwicklung der spezifischen Turmkopfmasse bezogen auf die Rotorkreisfläche mit dem Rotordurchmesser [2]

Erwartungsgemäß ist der Anstieg bei der schwereren Dreiblatt-Konzeptlinie größer. Der berechnete Anstieg war jedoch keineswegs so stark, wie anfangs nach den Erfahrungen mit den ersten Großanlagen vermutet wurde. Diese Anlagen waren mit einer spezifischen Turmkopfmasse von über 60 kg/m^2 einfach falsch konstruiert (vergl. Bild 19.6)! Es zeigte sich, daß mit moderneren Konzeptionen und einer gewichtsoptimierten Konstruktion sich der Anstieg der spezifischen Baumasse so begrenzen läßt, daß die Wirtschaftlichkeit mit zunehmender Größe nicht verlorengeht. Eine neue Generation von kommerziellen Anlagen in diesem Größenbereich lieferte dann auch den Beweis. Selbst große Anlagen mit Stallregelung konnten mit wirtschaftlich vertretbaren Baumassen realisiert werden.

Die Bandbreite der spezifischen Massen und ihrer Zunahme mit der Größe ist allerdings beträchtlich. Am Beispiel der heutigen Windkraftanlagen mit Dreiblatt-Rotoren wird dies deutlich. Die konstruktive Ausführung hat einen entscheidenden Einfluß auf die Baumassen. Die Flexibilität der Struktur, insbesondere der Rotorblätter, beeinflußt die Lasten und damit auch die Baumassen. Noch entscheidender ist die konstruktive Ausbildung des mechanischen Triebstrangs und der Rotorlagerung (vergl. Kap. 9.4) Nicht zuletzt sind die zugrunde liegenden Lastannahmen, das heißt die Windkraftanlagenklasse nach IEC, von einem gewissen Einfluß (vergl. Kap. 6.4.2.).

Eine eher konventionelle Konstruktion mit steifen Rotorblättern und konventioneller Triebstranglagerung führt zu einer spezifischen Turmkopfmasse von 18 bis $22/m^2$ (Bild 19.3). Demgegenüber steht eine flexiblere Struktur mit einem kompakten Triebstrang, wie zum Beispiel bei der Vestas V90, die eine spezifische Turmkopfmasse von unter 15 $kg/^2$ aufweist (Bild 19.4).

Bild 19.3. Nordex N 90, Nennleistung 2,5 MW spez. Turmkopfmasse 22 kg/m^2

Die berechneten spezifischen Baumassen für die Zweiblatt-Linie und ihr Anstieg mit zunehmender Größe lagen im Vergleich zum Dreiblattrotor deutlich niedriger, auch wenn sich, je nach Variante, eine Überschneidung ergab. Die wenigen praktischen Beispiele für die leichtere Zweiblatt-Konzeptlinie bestätigen die berechneten Massen nicht ganz (vergl. Bild 19.2). Sie waren schwerer als die Theorie voraussagt. Die Gründe hierfür können ein-

Bild 19.4. Vestas V 90, Nennleistung 3 MW spez. Turmkopfmasse 17–18 kg/m^2

mal in den vereinfachenden Annahmen des theoretischen Modells gelegen haben, das in seiner verwendeten Entwicklungsstufe noch viele Merkmale der Improvisation aufwies. Andererseits schöpften diese Anlagen das konzeptionelle Potential für Gewichts- und Kostensenkungen offensichtlich nicht voll aus.

Die volle Ausschöpfung des Potentials für ein minimales Gewicht erfordert beim Zweiblattrotor eine effektive Methode die ungünstigen dynamischen Belastungen zu verringern (vergl. Kap. 6.8) Dies gilt vor allem für die extremen Nick-und Giermomente, die der Rotor verursacht und an die nachgeordneten Komponenten weitergibt. Mechanische Lastenausgleichselemente beim Zweiblattrotor haben sich nicht bewährt (vergl. Kap. 6.8.2 und 9.5.3). In der Zukunft werden fortschrittliche Regelungsverfahren wahrscheinlich die Lösung sein. Wenn es gelingt den Blatteinstellwinkel zyklisch und lastabhängig über den Umlauf das Rotors zu ändern, kann damit ein nahezu perfekter Ausgleich der dynamischen Belastungen erreicht werden. Eine moderne Zweiblatt-Anlage, allerdings in der ersten Entwicklungsstufe noch Lastausgleichsregelung der Rotorblätter, zeigt Bild 19.5.

Diese bis heute wenig ermutigenden Erfahrungen sollten allerdings nicht zu der voreiligen Schlußfolgerung führen, daß die Zweiblatt-Linie für alle Zeiten und für alle Einsatzbedingungen, zum Beispiel im Offshore-Bereich oder für andere Einsatzgebiete, in denen die Geräuschemission keine Rolle spielt, erledigt ist. Der leichtere Zweiblattrotor hat das größere Potential für eine weitere Verringerung der Herstellkosten, auch wenn die Entwicklungskosten für einen zuverlässig funktionierenden Zweiblattrotor mit einem effektiven Lastenausgleich für die ungünstigeren dynamischen Lasten eine Hürde bilden.

Bild 19.5. Prototyp einer Zweiblatt-Anlage Aerodyn/Minyang, Nennleistung 3 MW Rotordurchmesser 100 m, spez. Turmkopfmasse 15 kg/m^2

19.1.3 Baumassen ausgeführter Windkraftanlagen

Die Windkrafttechnik hat in den letzten fünfundzwanzig Jahren erhebliche Fortschritte gemacht. Dieser Fortschritt bezieht sich nicht in erster Linie auf die technischen Grundkonzeptionen. Windkraftanlagen sehen heute nicht viel anders aus als zu Beginn der achtziger Jahre. Die Entwicklung hat vielmehr, für den Laien weniger offensichtlich, „im Inneren" vollzogen. Die konstruktive Durchdringung und Optimierung hat dazu geführt, daß der theoretische vorausgesagte Anstieg der spezifischen Baumasse mit zunehmender Größe so begrenzt werden konnte, daß auch die spezifischen Herstellkosten und damit die Wirtschaftlichkeit der Stromerzeugung aus Windenergie mit jeder neuen Anlagengeneration günstiger wurden.

Das Ergebnis einer statistischen Analyse der spezifischen Baumassen von anderen Windkraftanlagen zeigt Bild 19.6. Dargestellt ist die Turmkopfmasse, das heißt das Gewicht von Rotor und Maschinenhaus, bezogen auf die Rotorkreisfläche. Auf den ersten Blick erkennt man kaum eine ansteigende Tendenz (Bild 19.6). Die Statistik enthält viele kleinere Anlagen, die fast ausnahmslos ältere Baujahre sind und deshalb einen zurückgebliebenen Entwicklungsstand aufweisen. Würde man ein „40-m Anlage" nach den neuesten Erkenntnissen so konstruieren, wie die neueren, größeren Anlagen, würde der Anstieg der spezifischen Baumasse mit der Größe deutlicher ausfallen. Die Marktlage der letzten Jahre hat dazu geführt, daß die Hersteller ihre Entwicklungsfortschritte mit immer größeren

Anlagen verbunden haben. Deshalb spiegelt die Statistik nicht die physikalische bedingte Zunahme der Baumasse mit der Größe wieder, so wie von den theoretischen Modellen vorausgesagt.

Die Praxis hat die physikalisch bedingte Zunahme der spezifischen Baumasse mit der Größe durch die konstruktive Weiterentwicklung der Windkraftanlagen in den letzten Jahren weit gehend kompensiert. Ungeachtet dieser Vorbehalte lassen sich, wenn man einige „Ausreißer" unberücksichtigt läßt, unterschiedliche Entwicklungslinien erkennen, die bestimmte Anlagenkonzeptionen charakterisieren.

Ältere dänische Anlagen und große Versuchsanlagen mit Dreiblattrotoren

Die kleineren stallgeregelten Dreiblattanlagen in der Größenklasse von 15 bis 20 m Rotordurchmesser mit ihrer vergleichsweise niedrigen Schnellaufzahl und schweren Bauweise wiesen eine spezifische Turmkopfmasse zwischen 25 und 35 kg/m^2 auf. Die großen Versuchsanlagen dänischer Herkunft (Nibe, Windane, Tjaereborg) und die ähnlich konzipierten Anlagen WKA-60 und AWEC-60, lagen mit Werten von über 60 kg/m^2 am höchsten. Mehrere gewichtstreibende Faktoren kamen bei diesen Anlagen zusammen: schwere Rotorblätter, Anordnung der Triebstrangkomponenten auf einer schweren Bodenplattform in einem voluminösen Maschinenhaus und eine vergleichsweise hohe spezifische Flächenleistung (Tjaereborg: 700 W/m^2). Unter den älteren großen Dreiblattanlagen waren allerdings auch schon deutlich leichtere Konstruktionen zu finden. Insbesondere die Dreiblattanlagen des damaligen britischen Herstellers Howden (HWP-750 und HWP-1000) waren mit vergleichsweise günstigen Werten von etwa 35 kg/m^2 relativ leicht.

Neuere Dreiblattanlagen

Bei den neueren Anlagen wurde eine erhebliche Verringerung der spezifischen Masse erreicht. Selbst die stallgeregelten Anlagen, sind im Laufe der Zeit leichter geworden, allerdings sind sie auf einen Rotordurchmesser von etwa 60 m begrenzt.

Die heutigen Anlagen mit Blatteinstellwinkelregelung und drehzahlvariabler Betriebsweise liegen zwischen 15 und 30 kg/m^2. Mit zunehmender Größe steigt der Wert — wenn auch schwach — aber doch tendenziell an. In der 5 MW-Klasse, entsprechend einem Rotordurchmesser von 100 bis 125 m, bewegt sich die spez. Turmkopfmasse in einer Bandbreite von 30 bis 50 kg/m^2 (Areva/Multibrid ca. 30 kg/m^2; Enercon E 112 ca. 50 kg/m^2). Bei diesen Anlagen ist allerdings zu berücksichtigen, daß es sich um Prototypen handelt, deren Entwicklung noch nicht abgeschlossen ist.

Eine Differenzierung der Turmkopfmasse nach bestimmten konstruktiven Merkmalen fällt schwer. Lediglich die getriebelosen Anlagen mit elektrisch erregten Generatoren sind erkennbar schwerer.

Anlagen mit Zweiblattrotoren

Die früheren großen Zweiblatt-Versuchsanlagen mit gelenkloser Rotornabe sind hinsichtlich ihrer spezifischen Turmkopfmasse nur schwer einschätzbar. Die Anlagen verfügten teils über gewichtsungünstige Merkmale wie schwere Stahlrotorblätter (z. B. MOD-1 und WTS-75). Auf der anderen Seite waren die selbsttragenden Maschinenhausstrukturen, zum

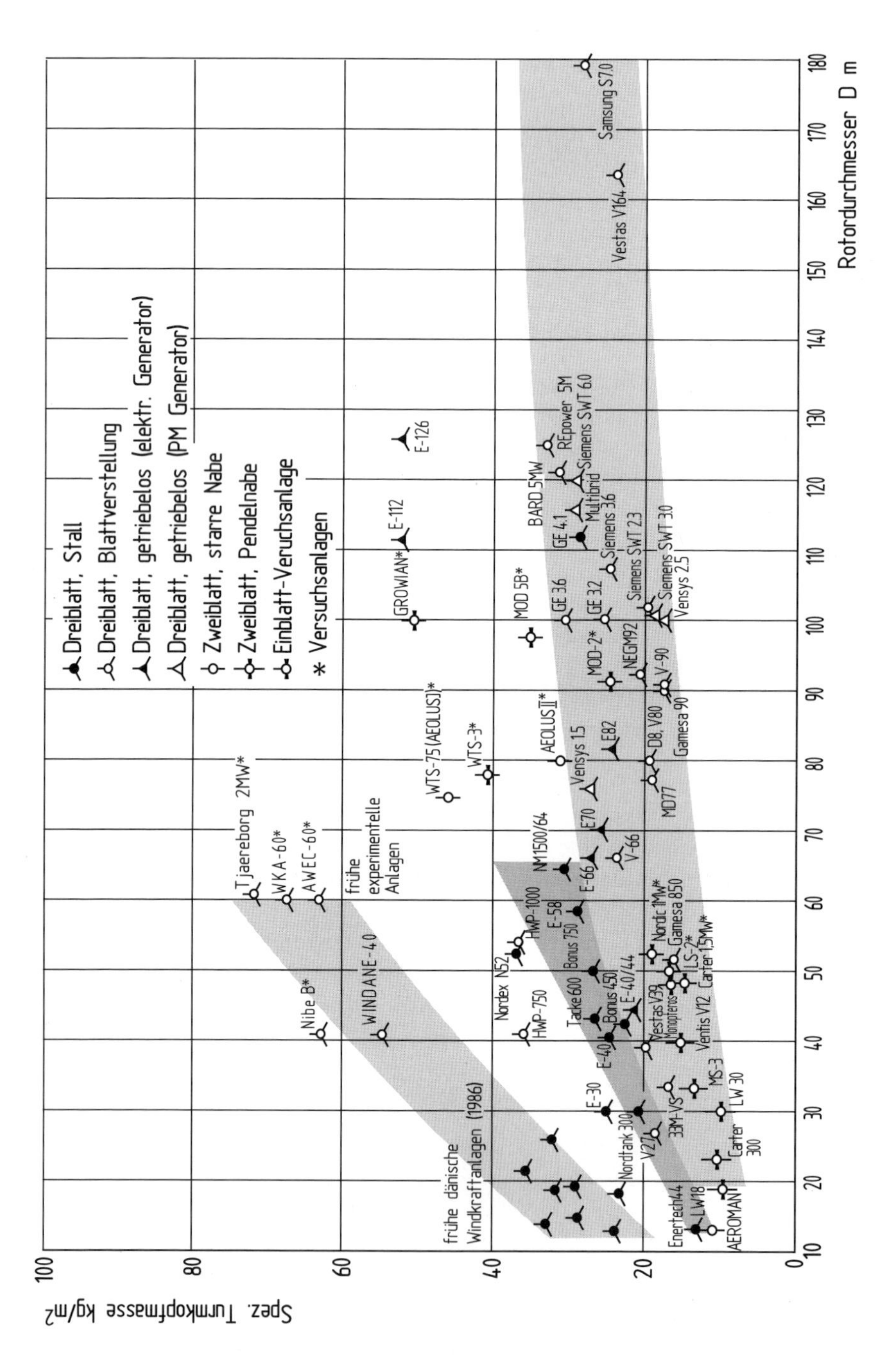

Bild 19.6. Spezifische Turmkopfmasse bezogen auf die Rotorkreisfläche von ausgeführten Windkraftanlagen unterschiedlicher Bauart

Beispiel der Newecs-45 und der WTS-75, gewichtsgünstige Konstruktionsmerkmale. Die spezifische Turmkopfmasse dieser Anlagen lag in jedem Fall deutlich unter denen der großen Dreiblattanlagen aus dieser Zeit. Die Zweiblattanlagen mit Pendelnabe hatten die besten Voraussetzungen für niedrige spezifische Baumassen. Selbst die bisher größte geplante Anlage, das Projekt MOD-5, blieb unter 40 kg/m^2. Eine neuere Zweiblattanlage, die Nordic 1 MW, lag besonders niedrig mit ihrem spezifischen Turmkopfgewicht von ca. 19 kg/m^{2}bei einem Rotordurchmesser von 54 m.

Einblattanlagen

Die Einblatt-Versuchsanlagen der Monopteros-Baureihe waren im Vergleich zu den Zweiblattanlagen mit Pendelnabe nicht gewichtsgünstiger. Darüber hinaus erwies sich dieses Konzept mit seinem schnelldrehenden Rotor und den damit verbundenen Geräuschproblemen nicht als praxisgerechte Lösung.

Analysiert man die graphische Auftragung der Baumassen nach Bild 19.6 unter diesen Gesichtspunkten, so läßt sich für die neueren Anlagen ein empirisch begründeter Trend angeben. Die Baumasse der Turmkopfes wächst in etwa mit dem Exponenten 2,4 in Abhängigkeit vom Rotordurchmesser. Die spezifische Baumasse folgt damit der Wachstumsfunktion:

$$m_1 = m_2 \left(\frac{D_2}{D_1} \right)^{0,4}$$

Diese Abhängigkeit gilt jedoch nach dem Vorhergesagten nur für Anlagen mit gleicher technischer Konzeption und vergleichbarem technologischen Standard.

19.1.4 Ermittlung der Herstellkosten mit massenbezogenen Kostenwerten

Verfügt man über ein „Massenmodell" für die Windkraftanlage, das heißt eine analytische oder statistische Abhängigkeit der Baumasse von den wesentlichen Kenngrößen der Anlage (Rotordurchmesser, Nennleistung, Turmhöhe, usw.) oder sind die Baumassen aus den Konstruktionsentwürfen der Komponenten bekannt, so lassen sich die Herstellkosten der Anlage mit spezifischen Kostenzahlen schätzen [2]. Vor allem in der Luft- und Raumfahrttechnik werden derartige „Massen-Kosten-Modelle" mit gutem Erfolg verwendet.

Im Hinblick auf die technische Homogenität der Teilsysteme lassen sich bestimmte technologische Bereiche definieren, die auch mit anderen Produkten vergleichbar sind. Diese können mit einem spezifischen Kostenwert charakterisiert werden. Die Ermittlung der Herstellkosten mit Hilfe spezifischer Massen- und Kostenwerte liefert nur dann zuverlässige Werte, wenn die Komponenten oder Teilsysteme so definiert sind, daß sie technisch homogen sind und mit *einem* spezifischen Kostenwert charakterisiert werden können. Außerdem muß die richtige Bezugsgröße gewählt werden. Während die Herstellkosten von Strukturbauteilen und Maschinenaggregaten im allgemeinen sehr gut mit massenspezifischen Kostenwerten zu erfassen sind, ist die Masse als Bezugsgröße für elektrische Bauteile wenig geeignet. Der Bezug auf die Leistung ist für diese Komponenten richtiger.

Hochfeste Leichtbaustrukturen

Unter diesen Begriff fallen nur die Rotorblätter — nicht der ganze Rotor. Die Rotorblätter stellen ihrem Charakter nach eine dem Flugzeugbau verwandte Technologie dar. Die Herstellkosten lassen sich gewichtsbezogen in €/kg angeben. Relevant für die Windkraftanlage sind jedoch nicht nur die massenbezogenen Kosten, sondern auch die Kosten bezogen auf die Rotorkreisfläche, so daß die Kenngröße €/m^2 im Kostenmodell der Windkraftanlage eine Rolle spielt. Rotoren mit zwei Rotorblättern haben aus diesem Grund bereits einen Kostenvorteil.

Maschinenbau

Der klassische Maschinenbau wird bei einer Windkraftanlage vom mechanischen Triebstrang einschließlich Rotornabe, Blattlagerung und Blattverstellmechanik repräsentiert. Zu den Maschinenbaukomponenten gehört auch die Windrichtungsnachführung, die meistens in die Struktur des Maschinenhauses integriert und deshalb oft im Kostenanteil der tragenden Maschinenhausstruktur enthalten ist.

Stahlbau

Der einfachere Stahlbau umfaßt die tragende Struktur des Maschinenhauses und, sofern es sich um einen Stahlturm handelt, auch den Turm. Mit Blick auf die spezifischen Kosten muß man allerdings eine Differenzierung vornehmen. Die vergleichsweise bearbeitungsintensive Stahlkonstruktion des Maschinenhauses erfordert höhere spezifische Kosten als der Turm. Außerdem sind im Maschinenhaus technische Systeme und Ausrüstungen mit eingeschlossen, die (wie die Windrichtungsnachführung, die Ölversorgung und die Lüftungseinrichtungen sowie die nichttragende Maschinenhausverkleidung) aus nichtmetallischen Werkstoffen bestehen.

Der spezifische Kostenwert für das Maschinenhaus bezieht sich somit auf ein ziemlich heterogenes Teilsystem. Hinzukommt, daß für tragende Strukturbauteile zunehmend Stahlguß eingesetzt wird. Bearbeitete Stahlgußbauteile sind aber eher dem klassischen Maschinenbau zuzuordnen und hinsichtlich ihrer spezifischen Herstellkosten anders einzuordnen als geschweißte Stahlbaukonstruktionen.

Elektro- und Leittechnik

Die Elektrotechnik besteht aus dem Generator, eventuell dem Umrichter, der allgemeinen elektrotechnischen Ausrüstung und der Verkabelung sowie den leittechnischen Systemen für die Regelung und Betriebsführung (vergl. Kap. 10.6). Im Gegensatz zu den mechanischen Komponenten sind die spezifischen Kosten dieses Teilsystems besser auf die Leistung zu beziehen als auf die Baumasse. Die spezifischen Kosten werden deshalb in €/kW angegeben. Die elektrischen Komponenten zeigen eine deutliche Tendenz, mit zunehmender Größe (Nennleistung) spezifisch kostengünstiger zu werden.

Eine Auswahl von vergleichbaren Produkten, die den verschiedenen Teilsystemen einer Windkraftanlage zugeordnet werden können, zeigt Tabelle 19.7. Selbstverständlich läßt sich im Einzelfall darüber streiten, ob das Produkt wirklich verläßliche Vergleichswerte für die spezifischen Herstellkosten von Windkraftanlagen bietet. Durch den Vergleich mit mehreren Produkten und der Diskussion der vorhanden Unterschiede und Nichtvergleichbarkeiten gewinnt man jedoch eine Vergleichsbasis für die Herstellkosten von Windkraftanlagen. Diese ist insofern wichtig, als an diesem Vergleich die Einordnung der heutigen Herstellkosten und die Größe des Potentials für weitere Kostensenkungen deutlich werden.

Tabelle 19.7. Spez. Preise und Herstellkosten von Produkten aus verschiedenen Bereichen

Bereich	Produkt	Produktionsstatus	spez. Preis €/kg	spez. Herstell-kosten €/kg*
Verbundwerkstoff einfach	Bootsrumpf (GFK) (ohne Ausrüstung)	Serie	7–10	5–6
Leichtbau hochfest	Segelflugzeug (GFK)	Serie	150–200	100–150
	Großflugzeug (Dural)	Serie	ca. 1500	über 1000
	Raumfahrtstrukturen GFK	Einzelfertigung	über 2000	über 1500
Maschinenbau (Fahrzeugbau)	Traktor	Serie	10–15	6–10
	Bagger	Serie	8–10	5–6
	Dieselmotor (2000 kW)	Serie	50–60	30–40
	Dieselmotor (77 kW)	Fließband	15–20	10–15
	PKW	Fließband	20–30	15–20
Stahlbau einfach	Stahl-Gittermast	Serie	1,5–2	1–1,5
	Schiff	Einzelfertigung	2–3	1,5–2
Stahlbau komplex	Kraftwerkskessel (20 MW)	Einzelfertigung	8–10	6–7
Elektrotechnik	Synchrongenerator (1 MW)	Serie (€/kW)	35–50	20–30
	Frequenzumrichter (1 MW)	Serie (€/kW)	50–70	40–60

* spez. Herstellkosten (Komponentenkosten) geschätzt ca. 60 % des spez. Verkaufspreises

Das Vergleichsprodukt muß nicht nur hinsichtlich der Bauweise, d. h. was das Material und die bauliche Komplexität angeht, vergleichbar sein, sondern auch das Beanspruchungsniveau und die geforderte Lebensdauer sollten nicht sehr verschieden sein. Nicht zuletzt ist der Produktionsstatus von großer Bedeutung. Völlig falsche Vergleichsprodukte wären zum Beispiel PKW oder Flugzeuge. PKW werden nahezu vollautomatisch am Fließband produziert, außerdem ist die Lebensdauer auf nur einige tausend Betriebsstunden ausgelegt. Deshalb können sie — obwohl sehr komplex — mit vergleichsweise niedrigen spezifischen Kosten hergestellt werden. Bei Flugzeugen verursachen die hohen Sicherheitsanforderungen und die extrem hohen Entwicklungskosten spezifische Herstellkosten und Verkaufspreise auf einem ganz anderen Niveau. Besser vergleichbar mit Windkraftanlagen sind Baumaschinen und komplexere Stahlbaukonstruktionen.

19.1.5 Herstellkosten der heutigen Windkraftanlagen

Die Kostenstruktur eines Produktes wird in erster Linie durch das Produkt selbst bestimmt — eine Selbstverständlichkeit. Weniger selbstverständlich sind einige weitere Faktoren die, wenn auch in geringem Maß, die Herstellkosten sowie deren Zusammensetzung beeinflussen.

Das Umfeld, in dem das Produkt hergestellt wird, ist von nicht zu unterschätzendem Einfluß. Neue Produkte haben zu Beginn fast immer das Handicap, daß sie in einer Produktionsstruktur hergestellt werden, die für andere Produkte gewachsen ist. Mit anderen Worten: Windkraftanlagen können nur in einer Windkraftanlagenfabrik wirklich rationell hergestellt werden. Fabriken werden für Produkte gebaut und nicht umgekehrt. Diese schlichte Tatsache scheint vielen Befürwortern einer „Diversifizierung" von überkommenen Produktionsbereichen nicht klar zu sein. Anders sind die vielfach zu beobachtenden Versuche nicht zu verstehen, die oft genug damit enden, daß sich neue Produkte als scheinbar „unwirtschaftlich" erweisen.

Ein weiterer wesentlicher Faktor ist der Produktionsstatus, den das Produkt erreicht hat. Die Einzelfertigung eines Prototyps hat eine andere Kostenstruktur als das Serienprodukt. Bestimmte Komponenten können durch die Serienfertigung erheblich billiger werden, die Kosten anderer Komponenten dagegen können auch in der Serie kaum gesenkt werden. Beispielsweise können die Rotorblätter vor allem für große Anlagen in der Serie erheblich billiger produziert werden, während Getriebe, Lager und sonstige Maschinenbauteile auch durch die Serienfertigung von Windkraftanlagen kaum billiger werden.

Nicht zuletzt spielen die Materialpreise eine Rolle. Die Rohstoffpreise für Metalle wie Stahl, Kupfer und die Seltenen Erden für das Neodym-Eisen der Permanentmagnete sind keineswegs stabil. Stahl und Kupfer zeigen generell eine steigende Tendenz, schwanken aber dennoch von Jahr zu Jahr. Extreme Schwankungen gab in den letzten Jahren es bei den Preisen für das Neodym-Material (vergl. Kap. 10.4.2). Die Kosten für die Herstellung von Windkraftanlagen werden durch die Materialkosten durchaus nennenswert beeinflußt. Zum Beispiel bestehen die Kosten für einen Stahlturm zu 50 % aus den Materialkosten.

Die Kostenstruktur einer Windkraftanlage läßt sich, wie von anderen Produkten auch, unter verschiedenen Gesichtspunkten aufgliedern. Für die kaufmännische Kalkulation ist die Aufgliederung nach Material, Zulieferteilen, Bearbeitungsstunden und Zuschlägen für die Allgemeinkosten wichtig. Diese Art der Analyse sagt jedoch wenig über die Technik aus. Wesentlich aufschlußreicher ist die Aufgliederung nach Komponenten. Das sich dabei offenbarende Bild vermittelt eine direkte Einsicht in die Technik aus wirtschaftlicher Sicht. Vor allem werden die Ansatzpunkte für Weiterentwicklungen mit dem Ziel einer kostengünstigeren Konzeption und konstruktiven Ausführung sichtbar.

Den sog. *Komponentenkosten* liegt ein bestimmtes Verständnis zu Grunde, daß zu beachten ist. Die Kosten für die zugelieferten Komponenten ergeben sich aus den Einkaufspreisen mit einem geringen Aufschlag für die Beschaffung (üblicherweise 5 %). Die Kosten für die eigengefertigten Komponenten enthalten alle Kostenbestandteile wie Material und Arbeitszeit sowie die komponentenbezogenen Allgemeinkosten, so als ob die

Komponente zum Verkauf angeboten würde. Nur so kann die wirtschaftlichere Alternative von „Zulieferung“ oder „Eigenfertigung“ überhaupt entschieden werden (vergl. Kap. 19.1.4).

Ein Wirtschaftsunternehmen, das auf eine langfristige und stabile Marktposition ausgerichtet ist, welche nicht nur die Herstellung, sondern auch eine weltweite Produktbetreuung mit einschließt, muß jedoch noch eine Reihe weiterer gesamtproduktbezogener Kostenfaktoren in den Preis mit einkalkulieren:

- Zusammenbau im Werk (Systemintegration)
- Materialgemeinkosten, Lagerhaltung
- Amortisation der Werkzeuge und Vorrichtungen
- Qualitätssicherung und -kontrolle
- Rückstellungen für Gewährleistungen
- Versicherungen
- Verwaltungsgemeinkosten
- Vertriebskosten
- Kosten für Forschung und Entwicklung
- Verpackung, Transport, Montage und Inbetriebnahme
- Markteinführungskosten
- Marktforschung, Werbung, politische Interessenvertretung
- Gewinn

Diese Kostenfaktoren, die einzeln betrachtet nur wenige Prozent der Komponentenkosten ausmachen, summieren sich im Regelfall zu einem Gesamtprozentsatz von zwischen 40 und 60 %. Dieser hohe Zuschlag von „weichen Kosten“ auf die „Hardware“ mag den mit industrieller Kostenkalkulation nicht vertrauten Leser verwundern. Die Erfahrung hat jedoch gezeigt, daß alle Hersteller, die in der ersten Euphorie glauben, es „viel billiger machen zu können“, keinen langfristigen Erfolg im Wettbewerb haben. Der Verkaufspreis muß ausreichende Reserven für Neuentwicklungen und damit verbundene Fehlschläge, größere Gewährleistungsfälle die nicht immer von Versicherungen abgedeckt werden, und vieles mehr enthalten.

Die Hersteller von Windkraftanlagen verfolgen eine sehr unterschiedliche Politik. Viele Hersteller versuchen, soviel wie möglich von Zulieferern zu kaufen. Ihre eigene Fertigungstiefe ist außerordentlich gering. Sie profitieren damit vom Preiswettbewerb und den technischen Kenntnissen der Zulieferindustrie. Andere Hersteller setzen mehr auf Eigenentwicklung und Eigenfertigung. Sie wollen vor allem die ganzheitliche Entwicklung des Systems mit allen wichtigen Komponenten eine Nasenlänge vor der Konkurrenz vorantreiben. Gewisse Kostennachteile, die mit der weniger spezialisierten Fertigung bestimmter Komponenten verbunden sind, nehmen sie in Kauf.

In der Preiskalkulation des Systems bildet die Aufsummierung der Komponentenkosten die erste wichtige Stufe. Diese Komponentenkosten können ohne eine Änderung der technischen Konzeption, des Produktionsverfahrens oder einen Wechsel der Zulieferer nicht unterschritten werden.

Die Overhead-Kosten spiegeln die organisatorische Effizienz des Herstellungsprozesses, aber auch der Bereiche Entwicklung, Vertrieb, Markteinführung u.s.w. und nicht zuletzt die Zuverlässigkeit des Produktes im Betrieb wieder.

Die Kostenkalkulation anhand von zwei typischen Beispielen zeigen die Tabellen 19.8 und 19.9. Das erste Beispiel zeigt die Kostenstruktur einer großen Windkraftanlage in konventioneller, mittelschwerer Bauweise mit Getriebe und drehzahlvariablen, doppeltgespeistem Asynchrongenerator, während das zweite Beispiel die Kostenstruktur einer getriebelosen Bauweise mit permanent erregtem Generator zeigt.

Anlagen mit Getriebe zwischen Rotor und Generator

Die meisten Hersteller von Windkraftanlagen bevorzugen die konventionelle Bauweise mit einem Übersetzungsgetriebe zwischen Rotor und Generator. Die Möglichkeit weitgehend Standard-Komponenten verwenden zu können und die geringere Baumasse des Turmkopfes im Vergleich zu den derzeitigen getriebelosen Anlagen mit ihrem schweren Generator werden als unverzichtbare Vorteile im Hinblick auf die Herstellkosten angesehen. Die Tabelle 19.8 zeigt die komponentenbezogene Kostenkalkulation für eine typische Anlage der 3 MW-Klasse. Die Summe der Komponentenkosten liegt, grob gesagt, bei etwas über einer Million Euro für eine Anlage dieser Größe.

Getriebelose Anlagen

Getriebelose Anlagen waren in den letzten fünfzehn Jahren eine fast ausschließliche Domäne von Enercon. Mittlerweile sind jedoch zahlreiche, vorwiegend neue meistens kleinere Hersteller mit getriebelosen Konzepten auf dem Markt erschienen. In fast allen Fällen verwenden sie direkt vom Rotor angetriebene Generatoren mit Permanentmagneterregung, da diese Bauart in ihren Dimensionen deutlich kompakter ist als die von Enercon entwickelten, elektrisch erregten Generatoren (vergl. Kap. 10.5).

Die Summe der Komponentenkosten liegt bei diesen Anlagen etwa 7 % höher als bei den konventionellen Anlagen (Tabelle 19.9). Der Grund liegt weniger in den Kosten für die relativ teuren Permanentmagnete als vielmehr in dem hohen Gewicht des Generators, das vor allem von der tragenden Struktur des Läufers und des Stators verursacht wird. Dafür entfallen Kosten für das Getriebe und die Rotorwelle sowie teilweise für das Maschinenhaus. Die Kosten für die Permanentmagnete machen etwa 30 % der Generatorkosten aus. Sie waren in den letzten Jahren erheblichen Schwankungen unterworfen. Die wenigen Lieferanten, vor allem aus China, haben ein weitgehendes Marktmonopol. Angesichts des großen Bedarfs sind deshalb die Preise für das Neodym-Eisen zeitweise extrem angestiegen und dann wieder stark gefallen.

Der Vergleich mit den spezifischen Preisen und Herstellkosten der Produkte in Tabelle 19.7 zeigt, daß die in größeren Serien hergestellten Windkraftanlagen heute mit vergleichsweise niedrigen spezifischen Kosten hergestellt werden. Von einer weiteren Steigerung der Stückzahlen ist bei diesen Anlagen keine wesentliche Kostensenkung mehr zu erwarten. Die weitere Senkung der Herstellkosten kann deshalb in erster Linie nur mit einer konzeptionellen Weiterentwicklung erreicht werden.

Die Verteilung der Herstellkosten auf die Einzelkomponenten macht deutlich, daß es offensichtlich nicht die Komponente gibt, welche die Kosten einer Windkraftanlage dominieren (Bild 19.10). Der Kostenanteil der Rotorblätter beträgt etwa 20 % an den Komponentenkosten. Auf den mechanischen Triebstrang und das Maschinenhaus entfallen 37 %.

Tabelle 19.8. Herstellkosten einer Windkraftanlage mit Blatteinstellwinkelregelung und drehzahlvariablen, doppeltgespeistem Asynchrongenerator. Nennleistung 3000 kW, Rotordurchmesser 100 m, Rotornabenhöhe 100 m

Komponente	**Masse kg**	**Spez. Kosten €/kg**	**Kosten €**
Rotor			
Rotorblätter (3 × 11 000 kg)	33 000	13,0	429 000
Nabe, bearbeitet	18 000	4	72 000
Blattlager (3 × 1 500 kg)	4 500	10	45 000
Blattverstellung	2 000	—	50 000
Spinner u. Sonstiges	1 500	—	6 000
Gesamt	60 500		602 000
Mech. Triebstrang und Maschinenhaus			
Vorderes Rotorlager mit Gehäuse	6 000	8	48 000
Rotorwelle	10 000	4	40 000
Getriebe (inklusive hinterem Rotorlager)	25 000	10	250 000
Maschinenhausplattform	18 000	3,5	63 000
Maschinenhausverkleidung	5 000	5	25 000
Azimutantrieb mit Turmkopflager	7 500	8	60 000
Verschiedenes (Rotorbremse, Kupplung, Generatorwelle, Hydraulik, äußere Kühlung)	12 000	—	50 000
Zusammenbau			50 000
Gesamt	83 500		586 000
Elektrisches System			
Generator	12 000	50 €/kW	150 000
Umrichter, ca. 1/3 Nennleistung (im Turm)	—	80 €/kW	80 000
Schaltanlagen, Verkabelung	3 000		30 000
Regelungssystem			20 000
Transformator, 20 kV (im Turm)	—	15 €/kW	45 000
Gesamt	15 000		325 000
Turmkopf	159 000		1 513 000
Turm			
Struktur inklusive Fundamentsektion	265 000	1,8	477 000
Kabel	2 000	—	25 000
Ausrüstung (Plattformen, Lift, etc.)	8 000	—	20 000
Gesamt	275 000		522 000
Summe der Komponenten			2 035 000
Allgemeinkostenzuschlag (50 %)			1 017 500
Verkaufspreis, kalkulatorisch			3 053 000
spez. pro kW			1 016
spez. pro m^2			388

Tabelle 19.9. Herstellkosten einer getriebelosen Windkraftanlage mit Blatteinstellwinkelregelung und drehzahlvariablem Permanentmagnet-Generator. Nennleistung 30000 kW, Rotordurchmesser 100 m, Rotornabenhöhe 100 m

Komponente	Masse kg	Spez. Kosten €/kg	Kosten €
Rotor			
Rotorblätter (3 × 11 000 kg)	33 000	13,0	429 000
Nabe, bearbeitet	18 000	4	72 000
Blattlager (3 × 1 500 kg)	4 500	10	45 000
Blattverstellung	2 000	—	50 000
Spinner u. Sonstiges	1 500	—	6 000
Gesamt	60 500		602 000
Mech. Triebstrang und Maschinenhaus			
Rotor (Generator) Achse	12 000	4	48 000
Lager (Generator mit Rotor)	5 000	10	50 000
Maschinenhausplattform	15 000	3,5	52 500
Maschinenhausverkleidung	3 000	5	25 000
Azimutverstellung mit Turmkopflager	7 500	8	60 000
Verschiedenes (Rotorbremse, Kühlung, Hydraulik etc.)	8 000	—	35 000
Zusammenbau			30 000
Gesamt	50 500		300 500
Elektrisches System			
Generator-Tragstruktur (Stahl)	26 000	3,5	91 000
Blechpakete	18 000	5	90 000
Statorwicklung (Kupfer)	5 700	16	91 200
Magnete	2 100	70	147 000
Zusammenbau			20 000
Generator, gesamt	51 800		439 200
Umrichter, 3 MW (im Turm)		75 €/kW	225 000
Regelungssystem			20 000
Schaltanlagen, Verkabelung	2 000		30 000
Transformator, 20 kV (im Turm)	—	15 €/kW	45 000
Gesamt	53 800		759 200
Turmkopf	164 800		1 661 700
Turm			
Struktur inklusive Fundamentsektion	265 000	1,8	477 000
Kabel	2 000	—	25 000
Ausrüstung (Plattformen, Lift, etc.)	8 000	—	20 000
Gesamt	275 000		522 000
Summe der Komponenten			2 183 700
Allgemeinkostenzuschlag (50 %)			1 091 850
Verkaufspreis, kalkulatorisch			3 275 550
spez. pro kW			1 092
spez. pro m^2			417

Das drehzahlvariable elektrische Systems mit einem doppeltgespeisten Asynchrongenerator hat einen Kostenanteil von etwa 16 %. Die Kosten für den Turm variieren natürlich mit seiner Höhe. Die in dem Beispiel angenommene Turmhöhe von 100 m, also etwas mehr als der Rotordurchmesser, verursacht Turmkosten in Höhe von 26 % der Komponentenkosten. Angesichts dieser Kostenverteilungen sind die Bemühungen die Herstellkosten zu senken nur dann erfolgversprechend, wenn es gelingt das ganze „System Windkraftanlage" durchgängig kostengünstiger zu konstruieren und zu produzieren. Bei allen getriebelosen Konzeptionen verlagert sich der Schwerpunkt der Herstellkosten auf den elektrischen Teil der Anlage, in erster Linie auf den Generator selbst (Bild 19.11).

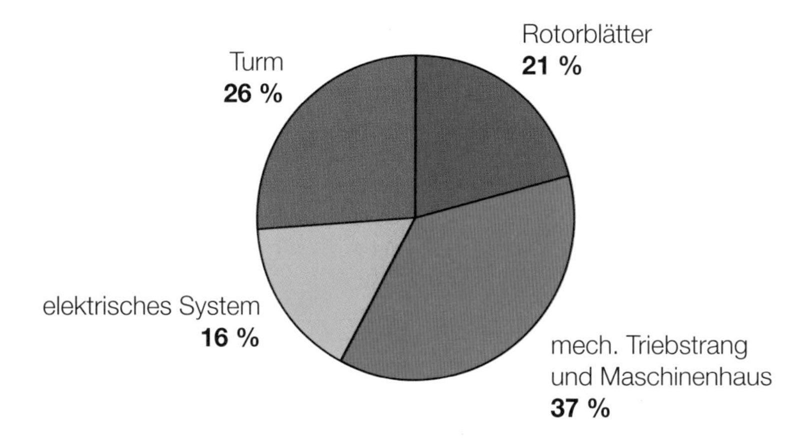

Bild 19.10. Verteilung der Herstellkosten auf die Hauptkomponenten einer Windkraftanlage in Standardbauweise mit Getriebe

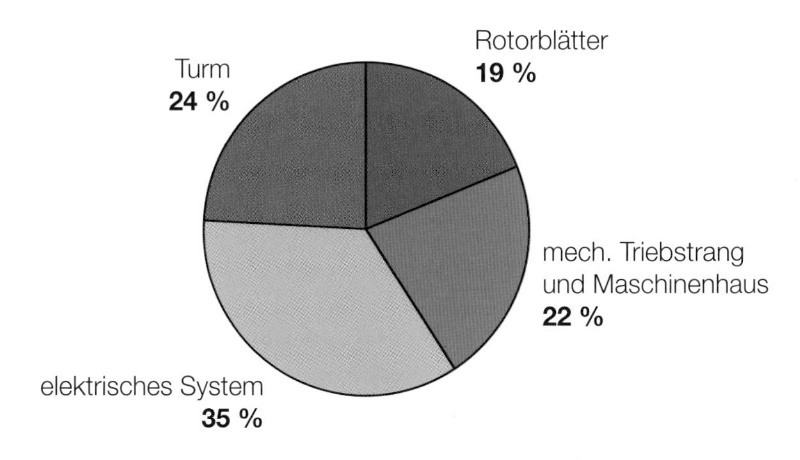

Bild 19.11. Verteilung der Herstellkosten bei einer getriebelosen Windkraftanlage mit Permanentmagnet-Generator

19.1.6 Konzeptionelle Merkmale und Herstellkosten

Den Kosten- und Preiskalkulation in den Tabellen 19.8 und 19.9 liegt jeweils eine bestimmte technische Konzeption zu Grunde. Die Massen und damit auch die Herstellkosten ändern sich selbstverständlich bei anderen konzeptionellen und konstruktiven Merkmalen.

Anlagen mit Getriebe

Die Baumasse der Getriebeanlagen wird in erheblichem Maße durch die Konzeption des mechanischen Triebstrangs beeinflußt (vergl. Kap. 9, Bild 9.10). Die stärker integrierten Konzeptionen sind leichter, allerdings bestehen sie vorwiegend aus Komponenten mit höheren spezifischen Kosten pro Gewicht so daß die Herstellkosten nicht so stark fallen, wie man aus dem Gewichtsvergleich annehmen könnte.

Das elektrische System zeigt einen erheblichen Unterschied zwischen einem einfachen, drehzahlfesten Asynchrongenerator mit direkter Netzkopplung und einem wesentlich aufwendigeren, drehzahlvariablen Generatorsystemen mit Frequenzumrichter. Während die elektrische Gesamtausrüstung auf der Basis eines einfachen Asynchrongenerators einen Kostenanteil von knapp 10 % ausmacht, muß für ein drehzahlvariables System, wie in dem gezeigten Beispiel, ein Anteil von etwa 15 % an den Komponentenkosten aufgewendet werden. Die immer mehr zu Kombinationen aus Synchron Generator und voll um Richter ist deutlich teurer als der doppelt gespeiste asynchrone Generator.

Getriebelose Anlagen

Insgesamt gesehen wird man den getriebelosen Anlagen noch ein höheres Entwicklungspotential und damit auch ein entsprechendes Kostensenkungspotential zubilligen können als den konventionellen Anlagen mit Getriebe. Die relativ hohen Kosten für die permanenterregten Generatoren, die bis heute nur als Prototypen oder in sehr kleinen Serien hergestellt werden können mit Sicherheit bei größeren Stückzahlen noch gesenkt werden. Außerdem bietet die konzeptionelle Weiterentwicklung noch einige Möglichkeiten. Zum Beispiel kann mit einer Einlagerkonzeption des Generators bzw. Rotors die Massen der tragenden Strukturen und damit deren Herstellkosten nach den jüngsten Erfahrungen noch verringert werden. Das gilt natürlich auch für die konventionellen Anlagen mit Getriebe (vergl. Kap. 9.7.4). Die Hoffnung, daß die getriebelose Bauart in Zukunft auch hinsichtlich der Herstellkosten einen Vorteil bieten kann, ist aber nicht unbegründet.

Ob die Permanentmagnettechnik gegenüber den direktgetriebenen, elektrisch erregten Generatoren einen Kostenvorteil bietet, lässt sich objektiv nicht entscheiden, da nur ein einziger Hersteller Anlagen mit elektrisch erregten Generatoren in Serie herstellt. Grundsätzlich ist die elektrische Erregung des Generators aufwendiger und teurer. Die hohen Kupferpreise und das arbeitsintensive Wickeln der Erregerspulen verursachen relative hohe Herstellkosten für den Generator (vergl. Kap. 10.) Die höheren Kosten für den Generator liegen im Bereich von 20 bis 25 % im Vergleich zu einem permanent erregtem Generator. Dieser Kostennachteil ist allerdings nicht allein entscheidend, vielmehr ist das hohe Gewicht und die großen Dimensionen der elektrisch erregten Generatoren ein Grund für höhere Kosten auch beim „Rest" der Anlage. Die Kühlung, insbesondere wenn es sich um einen geschlossenen Kühlkreislauf handelt, wie er beim Offshore-Einsatz erforderlich ist, kann nur mit größerem Aufwand realisiert werden. Als Richtwert kann man davon ausgehen daß die Summe der Komponentenkosten von Anlagen mit elektrisch erregtem direktgetriebenen Generator etwa 10 % höher sind als konventionellen Getriebeanlagen.

Zweiblattrotoren

Die alte Frage wieviel Kosten durch den Übergang auf einen Zweiblattrotor eingespart werden können, soll auch an dieser Stelle angesprochen werden. Leider gibt es nur wenige moderne Anlagen mit Zweiblattrotoren, die den heutigen Anlagen mit Dreiblattrotoren gegenübergestellt werden können. Die Kosten der älteren, großen Versuchsanlagen mit Zweiblattrotoren sind heute nicht mehr relevant, so daß auch auf dieser Basis kein Vergleich möglich ist. Stattdessen kann nur auf die Ergebnisse aus theoretischen Untersuchungen zurückgegriffen werden, wie sie im Kap. 19.1.2 erörtert wurden. Darin wurde für Anlagen mit Zweiblattrotoren eine etwa um 20 bis 25 % niedrigere Turmkopfmasse berechnet. Man kann also davon ausgehen, daß sich die Komponentenkosten ebenfalls in dieser Größenordnung verringern lassen. Dies gilt natürlich nur für den Fall, daß mit geeigneten Maßnahmen die hohen dynamischen Lasten die der Zweiblattrotor verursacht, ausgeglichen werden können (vergl. Kap. 6.8.2).

Blatteinstellwinkelregelung oder Stall

In den Anfangsjahren der modernen Windkraftanlagentechnik wurde oft die Frage gestellt ob Anlagen mit Blatteinstellwinkelregelung erheblich teurer als vergleichbare Anlagen mit festem Blatteinstellwinkel seien. Tabelle 19.12 zeigt einen direkten Vergleich am Beispiel einer kleineren Windkraftanlage, die alternativ mit Blatteinstellwinkelregelung und mit festem Blatteinstellwinkel entworfen und kalkuliert wurde [3]. Nach dieser Analyse verteuert die Einführung einer Blatteinstellwinkelregelung die Anlage nur um etwa 4 %.

Tabelle 19.12. Kostenaufgliederung für eine Windkraftanlage mit 25 m Rotordurchmesser und 200 kW Nennleistung, mit und ohne Blatteinstellwinkelregelung [3]

	mit Blatteinstellwinkelregelung	**mit festem Blatteinstellwinkel**
Rotor (3-Blatt)	20 %	24 %
Blattverstellmechanismus	6 %	—
Mechanischer Triebstrang	18 %	20 %
Maschinenhaus	15 %	18 %
Elektrisches System	19 %	16 %
Regelungs- und Überwachungssystem	9 %	4 %
Turm	12 %	18 %
Relative Gesamtkosten	104 %	100 %

Grundsätzlich ist es fraglich, ob Anlagen mit Blatteinstellwinkelregelung überhaupt teurer als stallgeregelte Anlagen sein müssen. Die Verringerung der Belastungen durch die Blatteinstellwinkelregelung muß sich in einer geringeren Baumasse der Rotorblätter und der nachgeordneten mechanischen Komponenten sowie der Strukturbauteile auswirken. Dies gilt zumindest dann, wenn die Anlagen, wie heute üblich, drehzahlvariabel betrieben werden. Die Umsetzung setzt allerdings voraus, daß die Lastannahmen dieser Tatsache Rechnung tragen und der Konstrukteur die Möglichkeiten bei der Dimensionierung der Bauteile voll ausschöpft. Bis heute scheint dies noch nicht immer zu gelingen. Zumindest in einigen Bereichen ist der Zusammenhang zwischen den technischen Merkmalen der Anlage und den daraus folgenden Lastkollektiven für die Komponenten noch nicht zuverlässig genug erfaßt.

Bei großen Anlagen zeigen sich die Unterschiede deutlicher. Große stallgeregelte Anlagen mit festen Rotorblättern sind im Vergleich zu Anlagen mit Blatteinstellwinkelregelung deutlich schwerer. Insbesondere der Lastfall „extreme Windgeschwindigkeit" führt bei unverstellbaren Rotorblättern zu höheren Lasten und damit unter anderem auch zu erheblich schwereren und teuren Fundamenten.

19.1.7 Kostendegression in der Serienfertigung

Ein wichtiger kostensenkender Faktor, der bei der wiederholten Herstellung eines Produktes zum Tragen kommt, ist der sog. *Lernfaktor.* Dieser kommt dadurch zustande, daß durch Einüben der Arbeitsgänge und kleinere Rationalisierungsmaßnahmen im Zuge der wiederholten Fertigung Arbeitsstunden eingespart werden. Die Gültigkeit einer *Lernkurve,* das heißt einer prognostizierten Verringerung der Herstellkosten mit der Stückzahl, setzt voraus, daß das Produkt, abgesehen von kleinen Verbesserungen, wiederholt und unverändert gefertigt wird, wobei die Produktionsmittel und Fertigungsverfahren im wesentlichen ebenfalls beibehalten werden. Ein üblicher Ansatz für die Kostendegression von Industrieprodukten in der Serienfertigung ist:

$$P_n = B\, n^{\ln T_f / \ln 2}$$

mit:

P_n = Kosten der n-ten Einheit
n = Stückzahl
B = Kosten der ersten Einheit
T_f = Technologiefaktor

Der Technologiefaktor liegt für industriell gefertigte Produkte meist zwischen 0,85 und 0,95. Hierzu einige Beispiele:

Ford Modell T: $T_f = 0{,}95$
Flugzeugbau: $T_f = 0{,}80 - 0{,}90$
Baukräne: $T_f = 0{,}96$

Die Kostenreduktion, die sich für verschiedene Technologiefaktoren in Abhängigkeit von der Stückzahl ergibt, zeigt Bild 19.13. Wegen der Schwierigkeit, den Technologiefaktor für ein neues Produkt schätzen zu müssen, sind Prognosen mit Hilfe der Lernkurve mit größeren Unsicherheiten behaftet.

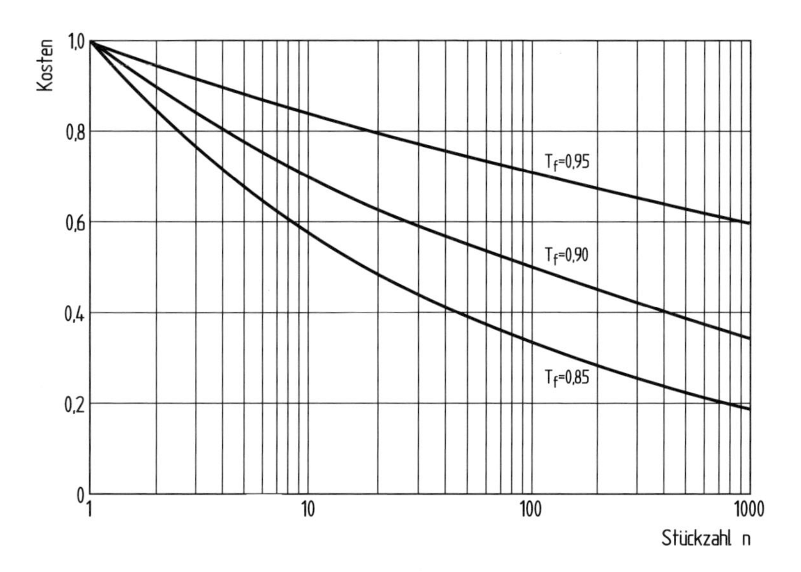

Bild 19.13. Verringerung der Herstellkosten in der Serienfertigung in Abhängigkeit vom Technologiefaktor (Lernkurven)

Verläßliche Auswertungen hinsichtlich des Technologiefaktors sind bis heute noch nicht für die Serienfertigung von Windkraftanlagen veröffentlicht worden. Durch Vergleiche mit ähnlichen Produkten könnte man erwarten, daß die Stückkosten vom Prototyp bis zur hundertsten Einheit um 40 bis 50 % sinken. Das entspricht einem Technologiefaktor zwischen 0,90 und 0,95. Voraussetzung ist natürlich eine kontinuierliche Fertigung, das heißt, die Produktionsrate (Stückzahl pro Zeiteinheit) darf nicht zu klein sein. Auf der anderen Seite muß man berücksichtigen, daß Windkraftanlagen zu einem großen Teil aus Komponenten bestehen, die bereits die Kostendegression durch Serienfertigung beinhalten. Der Lernfaktor bezieht sich insoweit nur auf die windkraftanlagenspezifischen Komponenten wie Rotorblätter.

Ein Kostendegression durch Lerneffekte in der Serienfertigung ist aus diesen Gründen bei Windkraftanlagen nur in relativ geringem Umfang zu erwarten. Der größte Effekt wird bei größeren Serien noch durch günstigere Einkaufspreise für die Zulieferkomponenten erreicht. Die erreichbaren Rabatte auf die „Listenpreise“ steigen natürlich mit der Stückzahl.

Eine Serienfertigung mit sehr großen Stückzahlen, zum Beispiel mehrere tausend Einheiten pro Jahr, ist ohne eine qualitative Änderung der Produktionstechnik nicht rationell. Damit bestimmt nicht mehr allein die Lernkurve die Kostendegression, sondern diese wird auch von den Investitionen für die Produktionsmittel beeinflußt. In diesem Bereich ist die Bandbreite enorm. Den Endpunkt bildet heute die nahezu vollautomatisierte Fließbandfertigung, wie sie im Automobilbau stattfindet. Generelle Aussagen im Hinblick auf die Herstellkosten von Windkraftanlagen sind unter diesem Aspekt kaum möglich. Dahinter verbirgt sich eine unternehmerische Entscheidung. Je nach dem Vertrauen in den zu erwartenden Absatz wird der Hersteller mehr oder weniger hohe Investitionen im Fertigungsbereich vornehmen. Für die Herstellung des Endprodukts „Windkraftanlage" werden automatisierte Fertigungsverfahren auf absehbare Zeit noch keine große Bedeutung haben.

Das bedeutet aber nicht, daß auch heute schon für bestimmte Komponenten automatisierte Fertigungsverfahren mit Erfolg eingesetzt werden. Allerdings sollte man sich nicht darüber hinwegtäuschen, daß auch die industrielle Fertigung in kleinen Stückzahlen gewisse Investitionen bei den Produktionsmitteln und eine Anpassung der Produktionsstrukturen an das Produkt erfordern. Die wirtschaftliche Herstellung eines Produkts erfordert immer eine ganzheitliche Betrachtung von Produkt und Produktionsverfahren.

19.1.8 Kostensenkung durch technische Weiterentwicklung

Die Windkraftanlagen heutiger Bauart haben bei weitem noch nicht den Endpunkt ihrer technischen Entwicklung erreicht. Diese Feststellung ist an sich trivial. Wie könnte ein komplexes System, das noch keine drei Jahrzehnte Gegenstand systematischer Forschungs- und Entwicklungsarbeit ist, schon am Ende seiner Entwicklungsfähigkeit stehen? Das vorhandene Entwicklungspotential wird nicht nur zur Steigerung von Leistungsfähigkeit und Lebensdauer, sondern auch zu einer weiteren Senkung der Herstellkosten genutzt werden. Ein Blick auf die letzten zwanzig Jahre zeigt, daß sich das Preisminimum von etwa 300 € pro Quadratmeter Rotorkreisfläche bzw. 800 €/kW zu immer größeren Anlagen verschoben hat. Im Jahre 1985/86 erreichten nur die dänischen Standardanlagen mit etwa 15 m Rotordurchmesser und 50 bis 60 kW Nennleistung diesen Wert. Drei Jahre später wurden bereits Anlagen mit 20 m Rotordurchmesser und etwa 150 kW zu diesen spezifischen Preisen angeboten. Heute werden Anlagen bis zu 3000 kW auf einem nur wenig höheren Kostenniveau in Serie hergestellt.

Der wesentliche Grund für diese Entwicklung war die konsequente konstruktive Optimierung und die damit einhergehende Gewichtsverringerung der Komponenten im Verlauf der letzten zwanzig Jahre (vergl. Kap. 19.1.2). Das Gewicht der Rotorblätter konnte durch laufend verbesserte Faserverbundbauweisen erheblich gesenkt werden, womit auch die Voraussetzungen für die Gewichtsoptimierung der nachfolgenden Bauteile geschaffen wurden. Ein weiterer, vielfach bereits vollzogener, Schritt ist der Übergang von der schweren, aufgelösten Triebstranganordnung zur kompakten, teilweise komponentenintegrierten Bauweise (vergl. Kap. 9.7). Die Fortschritte, die gerade in diesem Bereich erzielt wurden, sind vielleicht noch gravierender als diejenigen bei den Rotorblättern. Die gewichtsoptimale Konstruktion der Rotorlagerung und der tragenden Maschinenhausstrukturen wurde im Vergleich zu den Windkraftanlagen früherer Jahre erheblich verbessert. Auch der vermehrte Einsatz von gegossenen Bauteilen gehört zu den gewichtssparenden und kostenverringernden Maßnahmen.

Neben der Verringerung der Baumassen sind auch konzeptionelle Vereinfachungen des Triebstranges erreicht worden. Der Direktantrieb des Generators durch den Rotor, die getriebelose Bauweise, hat zwar keinen Gewichtsvorteil gebracht, und deshalb nicht zu geringeren Herstellkosten geführt, dennoch ist diese Bauweise zu einer echten Alternative zur klassischen Konzeption geworden. Insbesondere die Verbindung mit kompakten, permanent erregten Generator wird von vielen Herstellern als zukunftsträchtige Konzeption angesehen.

Insgesamt gesehen bietet die konstruktionsspezifische Weiterentwicklung der gegenwärtigen Windkraftanlagen im Hinblick auf niedrigere Herstellkosten noch eine Reihe von Ansatzpunkten. Dies gilt insbesondere für die älteren, kleineren Windkraftanlagen, deren weitere Entwicklung in den letzten Jahren durch die Konzentration des Marktes auf immer größerere Anlagen nicht mit Priorität betrieben wurde. Man sollte sich jedoch über den zu leistenden Entwicklungsaufwand keine Illusionen machen. Gerade die evolutionäre Weiterentwicklung vollzieht sich in kleinen Schritten und wird nur dann effektiv, wenn jedes Detail mit einbezogen wird.

19.1.9 Alternative technische Konzeptionen

Eine Hoffnung zahlreicher Erfinder, die Windenergie in der Zukunft wirtschaftlicher nutzen zu können, stützt sich auf andere technische Konzepte und Systeme, als sie heute durch die konventionellen Horizontalachsen-Windkraftanlagen mit drei Rotorblättern repräsentiert werden. Selbstverständlich kann niemand voraussehen, welche Innovationen die Zukunft noch bringen wird. Technologische Prophezeihungen dürften auch auf dem Gebiet der Windenergietechnik ein undankbares Geschäft sein. Aber auch ohne die Zukunft vorwegnehmen zu wollen, gibt es heute schon eine Reihe von alternativen technischen Konzeptionen, die in absehbarer Zeit zur Einsatzreife entwickelt werden könnten. Die Frage lautet deshalb: Kann man von diesen technischen Alternativen zu den Horizontalachsen-Anlagen heutiger Bauart eine qualitative Veränderung des Kostenniveaus erwarten?

Rotoren mit weniger als drei Rotorblättern

Es ist offensichtlich, daß die Herstellkosten des Rotors auch durch die Anzahl der Rotorblätter bestimmt werden. Grob gesehen hat ein Rotorblatt einen Anteil an den Gesamtkosten einer Windkraftanlage von etwa 5 bis 6 %. Der Gedanke liegt deshalb nahe, mit so wenigen Blättern wie möglich auszukommen. Leider sinkt jedoch der Rotorleistungsbeiwert mit abnehmender Blattzahl (vergl. Kap. 5.5.1). Damit wird der durch das Weglassen eines Blattes erzielte Kostenvorteil praktisch wieder kompensiert. Auf der anderen Seite lassen sich zumindest Anlagen mit Zweiblattrotor mit niedrigeren Baumassen und damit auch mit geringeren Herstellkosten realisieren (vergl. Bild 19.2).

Auch wenn die bisherigen Erfahrungen mit Zweiblattrotoren wegen der ungünstigen dynamischen Eigenschaften und der Geräuschemission nicht sehr positiv waren, das Kostenargument bleibt nach wie vor gültig. Für gewisse Einsatzgebiete, zum Beispiel im Offshore-Bereich, könnten große Anlagen mit Zweiblattrotoren einen wirtschaftlichen Vorteil bringen.

Einblattrotoren haben noch ungünstigere dynamische Eigenschaften als Anlagen mit zwei Rotorblättern. Die Anlagen der Monopteros-Baureihen wurden unter anderem deshalb mit sehr niedriger spezifischer Flächenleistung gebaut (ca. 300 W/m^2). An guten Windstandorten ist damit ein weiterer Energielieferungsverlust verbunden. Lediglich in Schwachwindgebieten ist eine so niedrige Flächenleistung wirtschaftlich vertretbar. Ein Rotorkonzept mit einem Rotorblatt könnte deshalb nur dann zu einer wirtschaftlich überlegenen Windkraftanlage führen, wenn es gelänge, sie zu deutlich geringeren Gesamtkosten herzustellen. Dies erscheint jedoch aus heutiger Sicht zumindest im Vergleich mit Zweiblattanlagen mehr als unwahrscheinlich.

Vertikalachsenrotoren

Im Prinzip gelten die gleichen Überlegungen auch für die zahlreichen Rotorformen mit vertikaler Drehachse. Selbst die aerodynamisch besten Rotorformen mit vertikaler Achse, der Darrieus-Rotor und der H-Rotor, erreichen nicht die Leistungsbeiwerte eines Horizontalachsenrotors (vergl. Kap. 5.8). Mit maximalen Leistungsbeiwerten von etwa 0,40 liegen sie um mindestens 10 % niedriger. Die aerodynamischen Eigenschaften im Hinblick auf die Belastungen sind bei allen Vertikalachsen-Rotoren ungünstiger. Beim Darrieus-Rotor kommt noch hinzu, daß auch die Herstellkosten des Rotors höher sind, als für einen Horizontalachsen-Rotor. Die dynamisch hoch belasteten und vergleichsweise langen Rotorblätter mit ihrer komplizierten Geometrie sind sehr aufwendig in der Herstellung (vergl. Kap. 8.3). Noch entscheidender ist der ungünstige Umstand, daß für alle Vertikalachsenformen die aerodynamische, optimale Schnellaufzahl deutlich niedriger als beim Horizontalachsenrotor liegt (vergl. Kap. 5.8). Die gleiche Leistung muß daher mit höherem Drehmoment erzeugt werden. Diese Tatsache hat einen erheblichen Einfluß auf die Baumassen und damit auf die Herstellkosten. Ein Gewichtsvergleich der heutigen Horizontalachsen- mit den Vertikalachsen-Anlagen zeigt dies sehr deutlich.

Die Nachteile geringere aerodynamische Effizienz, größere Baumasse, ungünstige aerodynamische Belastungen und hohe Rotorblattkosten müssen durch Vereinfachung bei den übrigen Komponenten ausgeglichen werden. Der Wegfall der Windrichtungsnachführung und des Turmes reichen dazu nicht aus, zumal der fehlende Turm auch noch eine geringere Energielieferung bei gleicher Windgeschwindigkeit zur Folge hat. Bis heute gibt es deshalb keine Vertikalachsen-Anlagen, die wirtschaftlich mit den Horizontalachsen-Anlagen konkurrenzfähig sind. Die Baumasse und die Baukosten sind um etwa ein Drittel höher, bei gleichzeitig geringerer Energielieferung. Wenn die Vertikalachsen-Anlagen eine wirtschaftliche Alternative zu den heute vorherrschenden Horizontalachsen-Anlagen werden sollen, brauchen sie in jedem Fall noch eine längere Entwicklungszeit.

Resumée

Die generelle Frage, ob mit alternativen technischen Konzepten eine Verringerung der Herstellkosten von Windkraftanlagen zu erwarten ist, kann insgesamt so beantwortet werden: Die heute abzusehenden technischen Alternativen zur Standardbauweise, das heißt zur Horizontalachsen-Anlage mit drei Rotorblättern, werden es schwer haben, sich gegen die bewährte Konzeption durchzusetzen. Dies schließt nicht aus, daß längerfristig gesehen einige Konzeptionen bei entsprechendem Entwicklungsaufwand Kostenvorteile erreichen können. Dies gilt zum Beispiel für Anlagen mit Zweiblatt-Rotoren. Die Unterschiede werden in einer Größenordnung liegen, die für den Wettbewerb der Konzeptionen untereinander von Bedeutung ist. Sie weisen aber nicht auf ein qualitativ anderes Kostenniveau für die Herstellkosten einer Windkraftanlage hin. Energiewirtschaftliche Hoffnungen sollten deshalb vorläufig nicht an alternative technische Konzepte geknüpft werden. Das realistische Potential für die Senkung der Herstellkosten liegt auf absehbare Zeit in der Optimierung der heutigen Systeme und deren Serienfertigung in größeren Stückzahlen.

19.1.10 Über die Entwicklungskosten von Windkraftanlagen

Die Analyse der Herstellkosten von Windkraftanlagen kann nicht ohne einige Bemerkungen über die Höhe der Entwicklungskosten für neue Windkraftanlagen abgeschlossen werden. Kaufmännisch gesehen, müssen die Entwicklungskosten auf den Verkaufspreis umgelegt werden. Wie hoch dieser Zuschlag auf die Herstellkosten ist, hängt natürlich von der angenommenen Stückzahl ab. In der Regel wird man jedoch nicht wesentlich mehr als etwa 5 bis 10 % des Verkaufspreises für die Amortisation der Entwicklungskosten ansetzen können. Die Anzahl der verkauften Anlagen muß die Größenordnung von mindestens „einigen hundert" erreichen, um die Entwicklungskosten amortisieren zu können. Ohne die Beteiligung der öffentlichen Hand an den Entwicklungskosten in der Vergangenheit und ohne begleitende, projektunabhängige Forschungsvorhaben hätte sich deshalb die technische Entwicklung sehr viel langsamer und in kleineren Schritten vollzogen.

Über die Höhe der aufzuwendenden Entwicklungskosten für ein neues Produkt sind allgemeingültige Zahlenangaben kaum möglich. Die unterschiedlichen Voraussetzungen beim „Entwickler" beeinflussen diese Kosten mindestens ebenso stark, wie das Produkt selbst. Dennoch gibt es Anhaltswerte aus vergleichbaren Bereichen der Technik und auch einige Erfahrungswerte aus der Entwicklung von Windkraftanlagen selbst.

Um diese Erfahrungswerte richtig interpretieren zu können, ist zunächst eine Definition erforderlich, was in diesem Zusammenhang unter Entwicklungskosten verstanden wird. Heute ist es weithin üblich, Kosten für Forschung und Entwicklung in einem Atemzug zu nennen. Bei genauer Betrachtung ist die technologische Forschung ein anderes Kapitel als die ingenieurmäßige Entwicklungsarbeit für ein bestimmtes Produkt. Diese baut auf verfügbaren Technologien auf und entwickelt damit ein neues oder weiterentwickeltes technisches Produkt. Diese beiden Aufgabenbereiche überschneiden sich zwar, dennoch sollte man sie nicht undifferenziert in einen Topf werfen.

Für die Entwicklung von Windkraftanlagen sind an sich keine neuen Technologien erforderlich, was nicht heißen soll, daß nicht auch Windkraftanlagen von technologischen Fortschritten, zum Beispiel auf dem Materialsektor oder dem Gebiet der Elektronik, profitieren. Die eigentliche Aufgabenstellung bei der Entwicklung einer Windkraftanlage ist jedoch die ingenieurmäßige „Systementwicklung", d. h. die Berechnung, die Konstruktion und die Erprobung der Komponenten. Diese Aufgaben können im Einzelfall auch wissenschaftliche Forschungsarbeiten mit einschließen oder sogar notwendig machen. Wenn im folgenden von Entwicklungskosten die Rede ist, so sind damit die Aufwendungen ohne technologische Forschungsarbeiten gemeint. Nur unter dieser Voraussetzung gibt es Anhaltswerte für die Höhe der Entwicklungskosten.

Geht man davon aus, daß ein komplexes System wie eine größere Windkraftanlage entwickelt werden soll, und daß beim Entwickler Erfahrungen und Hilfsmittel aus einem technisch ähnlichen Vorläuferprojekt verfügbar sind, so muß man mit Entwicklungskosten für den Prototyp rechnen, die mindestens doppelt so hoch sind wie die Baukosten für den Prototyp. Hinzu kommen noch die Investitionskosten für die Vorrichtungen und für spezielle Werkzeuge. Hierunter fallen zum Beispiel die Rotorblattformen, sofern die Rotorblätter selbst entwickelt und gefertigt werden, und die Formen für den Abguß der Rotornabe und anderer größerer Gußteile. Auch die Zulieferer verlangen in den meisten Fällen, daß die Kosten für die Formen übernommen werden. Die Kosten für die Formen und eventuelle andere spezielle Vorrichtungen müssen über die verkauften Stückzahlen amortisiert werden und deshalb in der Kalkulation des Verkaufspreises berücksichtigt werden.

Mit diesem Entwicklungsaufwand läßt sich normalerweise ein funktionsfähiger Prototyp oder eine Versuchsanlage realisieren. Es wäre aber naiv zu glauben, daß damit die Entwicklungsarbeit für ein kommerziell einsetzbares Produkt geleistet wäre. Für ein völlig neues System sind in der Regel drei Stufen in der Entwicklung notwendig, um zu einem marktreifen Produkt zu kommen. Der erste Entwurf führt im Erfolgsfall zu einem funktionsfähigen Prototyp, mit der zweiten Überarbeitung erreicht man gewöhnlich eine halbwegs sichere Funktionsweise und die Standfestigkeit für den Dauerbetrieb. Erst in der dritten konstruktiven Überarbeitung, wenn die technischen Auslegungsgrundlagen im Detail bekannt sind, kann man sich dem Problem einer kostenoptimalen Konstruktion mit Erfolg zuwenden. Erst dieser letzte Schritt der Entwicklungsarbeit schafft die Basis für die kommerzielle Produktion. In dieser letzten Phase müssen auch die Produktionsstrukturen in den Entwicklungsprozeß miteinbezogen werden.

Neben der eigentlichen Produktentwicklung dürfen die „Markteinführungskosten" nicht vergessen werden. Auch diese Kosten sind Entwicklungskosten im weiteren Sinne. Insbesondere neue Marktteilnehmer mit neuen Produkten sind davon betroffen. Sie müssen mit neuentwickelten Anlagen, die zunächst nur in wenigen Exemplaren hergestellt werden können, in Wettbewerb mit einer etablierten Konkurrenz treten, die sich auf Anlagen aus einer bereits laufenden Serienfertigung stützen kann. In dieser Situation sind nicht kostendeckende „Markteinführungspreise" unvermeidlich. Hinzu kommen noch die Kosten für erhöhte Gewährleistungen oder „nachgezogene Entwicklungskosten beim Kunden".

Die Entwicklungskosten für neue Windkraftanlagen steigen bis zur erfolgreichen Markteinführung stetig an. Die Tendenz ist die gleiche, wie auch bei anderen Produkten: Die Entwicklungskosten sinken nicht, sondern sie steigen mit zunehmender Reife und Marktdurchdringung der Produkte, eine Tatsache die oft nicht verstanden wird. Der Entwicklungsaufwand wird immer größer um auch nur kleine Vorteile im Wettbewerb zu erreichen. Diese Tatsache hat natürlich auch Konsequenzen für die Windkraftanlagenindustrie. Komplette Neuentwicklungen, vor allem dann, wenn damit, wie in den letzten Jahren, auch ein Schritt in eine größere Dimension verbunden war, erfordern immer höhere Aufwendungen. In Zukunft werden, anstelle der heute noch ausreichenden zweistelligen, dreistellige Millionensummen für Neuentwicklungen notwendig sein. Diese müssen vorfinanziert und letztlich über die verkauften Stückzahlen amortisiert werden.

19.1.11 Entwicklung der Verkaufspreise

Objektiv vergleichbare Verkaufspreise lassen sich nur dann angeben, wenn ein entsprechender Markt existiert. Abgesehen von dem früheren Markt der kleinen Windkraftanlagen für die kalifornischen Windfarmen (vergl. Kap. 2.) gibt es für die größeren modernen Windkraftanlagen im Megawatt-Leistungsbereich erst ab Mitte der 90er Jahre einen ausreichend großen Markt mit einem entsprechenden Wettbewerb. Generell zeigen die Preise der Windkraftanlagen eine fallende Tendenz, die in erster Linie dem technischen Fortschritt geschuldet ist. Dennoch gab es auch in den letzten Jahren bemerkenswerte Preisschwankungen, die auf die Bedingungen der einzelnen Märkte zurückzuführen sind. Die Preisentwicklung, zum Beispiel in den USA, zeigt Bild 19.14. Danach sind nach einem Tiefstand im Jahre 2001 die Preise pro Kilowatt wieder angestiegen.

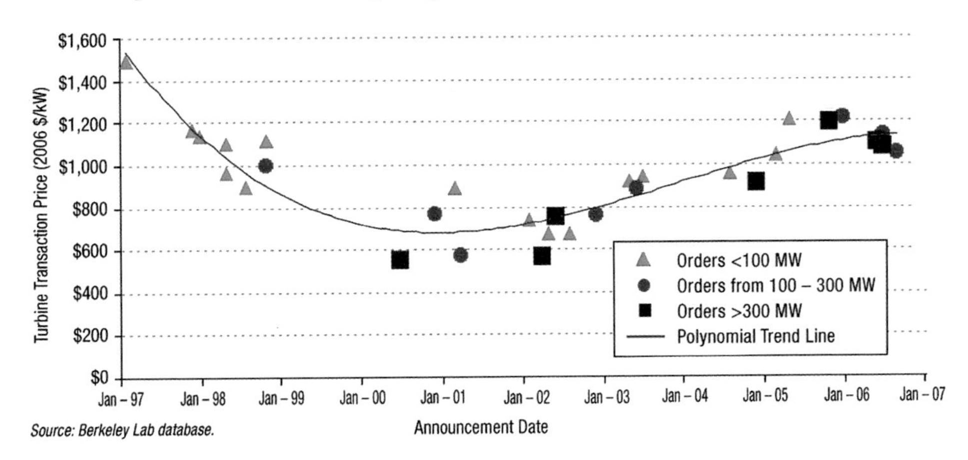

Bild 19.14. Entwicklung der Preise für Windkraftanlagen auf dem amerikanischen Markt von 1997 bis 2007 [4]

Eine statistische Auswertung der spezifischen Preise auf dem deutschen Markt in den Jahren 2012 bis 2013 zeigen die Bilder 19.15 und 19.16. Danach steigen die spezifischen Preise sowohl bezogen auf die Nennleistung als auch bezogen auf die Rotorkreisfläche mit zunehmender Rotordurchmesser leicht an. Für die heute in Deutschland bevorzugte Größe von zwei bis drei Megawatt, beziehungsweise 80 bis 100 m Rotordurchmesser liegt der durchschnittliche Preis bei knapp über 1000 Euro pro kW bzw. 400 Euro pro m^2.

Wie bereits erwähnt, werden Windkraftanlagen grundsätzlich mit zunehmender Größe spezifisch schwerer und damit auch teurer (vergl. Kap. 19.1.2). In der Praxis wird diese physikalisch begründbare Steigerung der spezifischen Baukosten bis heute offensichtlich durch technische Verbesserungen, rationellere Fertigung, möglicherweise aber auch durch schärfere Kalkulation mit zunehmender Größe aufgefangen. Allerdings muss darauf hingewiesen werden, daß es sich bei den kleineren Anlagen meistens um ältere Modelle handelt, die nicht die gleichen Entwicklungsstand aufweisen wie die jüngsten größeren Anlagen. Wäre dies der Fall, würden die kleineren Größen mit geringeren Preisen angeboten werden können und der Anstieg mit der Größe fiele deutlicher aus.

Beim Vergleich mit konventionellen Energieerzeugungsanlagen ist zu berücksichtigen, daß eine große Windkraftanlage, mit 100 m Rotordurchmesser und 3000 kW Nennleistung, an einem guten Windstandort (Jahresdurchschnittsgeschwindigkeit von 7 m/s in Rotornabenhöhe) etwa 2500 äquivalente Vollaststunden erreicht. Selbst wenn man diese Nutzungsdauer in Relation zu der Nutzungsdauer konventioneller Systeme setzt, ist ein leistungsbezogener Preis von 1000 €/kW immer noch vergleichsweise günstig. Konventionelle Mittellastkraftwerke erreichen eine durchschnittliche Auslastung von kaum mehr als 3000 bis 4000 Stunden Nutzungsdauer pro Jahr und die spezifischen Baukosten von 1000–1500 €/kW liegen mindestens so hoch wie diejenigen von Windkraftanlagen. Im Unterschied zu diesen kommen bei den konventionellen Kraftwerken zu den Kapital- und Betriebskosten noch die Brennstoffkosten hinzu.

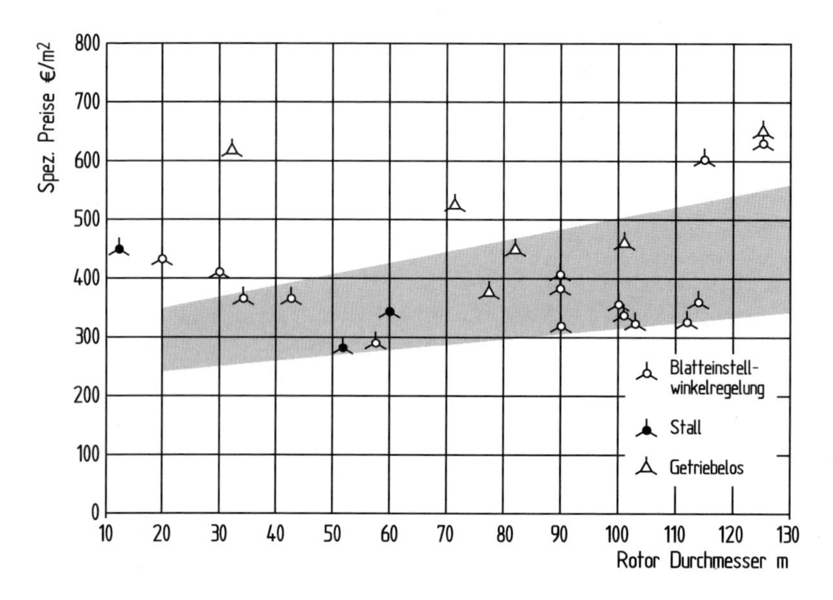

Bild 19.15. Spezifische Preise bezogen auf die Rotorkreisfläche von kommerziell angebotenen Windkraftanlagen im Jahr 2012

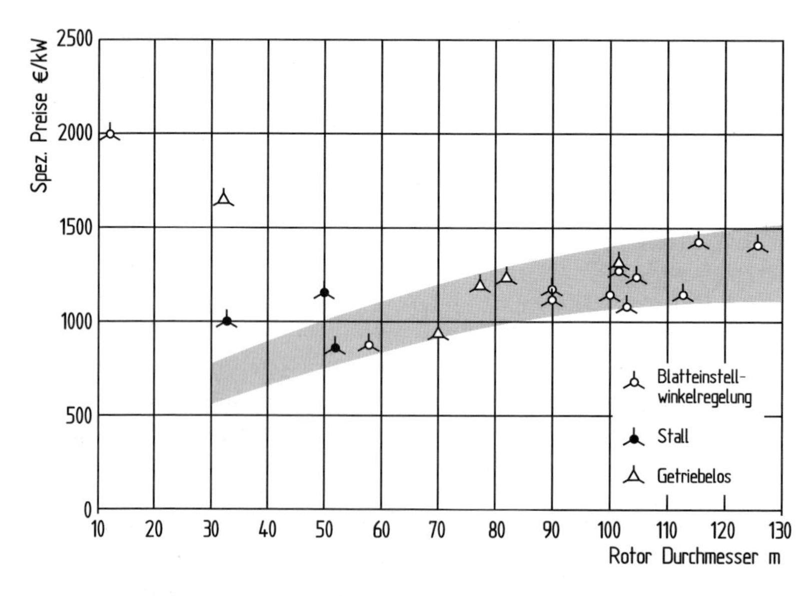

Bild 19.16. Spezifische Preise bezogen auf die Nennleistung von kommerziell angebotenen Windkraftanlagen im Jahr 2012

19.2 Investitionskosten von schlüsselfertigen Projekten

Die Grundlage für die Ermittlung der Wirtschaftlichkeit sind die gesamten Investitionskosten, die für eine schlüsselfertige, das heißt betriebsfähige Einzelanlage oder einen Windpark mit allen dazugehörigen baulichen und technischen Einrichtungen aufzuwenden sind. Die Investitionskosten für die Installation einer betriebsfertigen Windkraftanlage oder auch eines Anlagenparks werden im Fachjargon als *installierte Kosten* bezeichnet. Da die Realisierung eines größeren Projektes von der ersten Idee bis zur Inbetriebnahme nicht selten einen Zeitraum von mehreren Jahren umfaßt, fallen zunächst erhebliche Projektentwicklungskosten an. Diese werden auf den ersten Blick oft unterschätzt.

19.2.1 Projektentwicklung

Die Kosten für die Entwicklung eines Windenergieprojektes, das heißt die Kosten von der ersten Idee bis über die Akquisition der Grundstücksnutzungsrechte und die Planung mit Genehmigungsverfahren bis zur Erteilung der Baugenehmigung, sind in hohem Maße von der örtlichen Situation abhängig. Die einzelnen Schritte in der Projektentwicklung wurden in Kapitel 18. 1 skizziert. Die Kosten sind außerdem nur schwer vorhersehbar, da die Zeitabläufe im Genehmigungsverfahren — das sich in Deutschland in der Regel über Jahre hinzieht — kaum abgeschätzt werden können. Es können deshalb nur durchschnittliche Richtwerte angegeben werden, die im Einzelfall deutlich über-, aber bei günstigen Bedingungen, auch unterschritten werden können.

Für ein mittelgroßes Windparkprojekt, bestehend aus 20 3 MW-Anlagen wie in Tabelle 19.21 kalkuliert, kann man folgende Richtwerte nennen:

- Projektmanagement über drei bis vier Jahre	400 000 €
- Genehmigungsplanung mit Umweltverträglichkeitsuntersuchungen	1000 000 €
- Genehmigungsgebühren	200 000 €
- Technische Ausführungsplanung und Beschaffung	400 000 €
- Sonstige Dienstleistungen	200 000 €
Gesamtkosten	2 200 000 €

Bezogen auf eine Investitionssumme von ca. 80 Mio. € für das genannte Beispiel entsprechen die Planungskosten einem Anteil von etwa 3 % der Investitionskosten. Sie liegen damit im Rahmen von vergleichbaren technischen Infrastrukturprojekten. Auch die lange Planungszeit, die ebenfalls ein wichtiger Kostenfaktor ist, unterscheidet sich nicht wesentlich von anderen Vorhaben.

Zu den Kosten für die eigentliche Projektentwicklung kommen in den meisten Fällen noch die Kosten für die Akquisition der sog. „Standortrechte" hinzu. Die Entwicklung von Windenergieprojekten hat ihren Ursprung fast immer in einer lokalen Initiative. Oft sind es Privatpersonen oder kleine, nebenberufliche Projektentwickler, die mit den örtlichen Verhältnissen vertraut sind und die gute Kontakte zu den Grundstückseigentümern haben. Sie führen die ersten Gespräche mit diesen, schließen Nutzungsverträge ab, und nehmen Kontakt zu den Gemeinden und Genehmigungsbehörden auf. In den wenigsten Fällen können sie das Projekt aber bis zur Baugenehmigung entwickeln, sodaß sie ihre Ergebnisse (Standortrechte) an größere, überregionalen Projektentwickler oder auch direkt an potentielle Betreiber verkaufen. Die für diese Standortrechte gezahlten Preise hängen natürlich vom erreichten Stand des Genehmigungsverfahrens ab. Für genehmigte oder „genehmigungsreife“ Standorte lagen die gezahlten Preise in den vergangenen Jahren bei 50 bis 100 € pro MW der installierbaren Windkraftleistung. Diese Kosten fallen bei fast allen größeren Wildparkprojekten in Deutschland an.

19.2.2 Technische Infrastruktur

Der Begriff „technische Infrastruktur“ umfasst alle baulichen Einrichtungen, die für die Errichtung und den Betrieb der Windkraftanlagen erforderlich sind. Im Wesentlichen sind das die Fundamente, der Bau der Zugangswege und Stellflächen sowie die elektrische Verkabelung und der Netzanschluß. Diese Kosten sind standortabhängig. Die Ausführung der Fundamente wird von der Bodenbeschaffenheit beeinflußt, insbesondere sind die Kosten für die Netzanbindung in hohem Maße eine Frage des Standortes und der Netzanschlußbedingungen.

Fundamente der Windkraftanlagen

Die Kosten für das Fundament werden zunächst von der Größe der Anlage und danach von der Bodenbeschaffenheit bestimmt. Darüber hinaus spielt die technische Konzeption der Windkraftanlage eine gewisse Rolle. Stallgeregelte Anlagen mit unverstellbaren Rotorblättern erzeugen im Stillstandlastfall bei extremen Windgeschwindigkeiten erheblich größere Lasten als Anlagen mit Blatteinstellwinkelregelung, die ihre Rotorblätter in Fahnenstellung verstellen können (vergl. Kap. 5.3.2). Die Kosten für ein sog. „Standardfundament“ liegen bei stallgeregelten Anlagen im Vergleich zu Anlagen mit Blattverstellung um bis zu 50 % höher.

Im norddeutschen Küstengebiet der Nordsee werden die Fundamentkosten durch die Notwendigkeit der „Tiefgründung“ stark beeinflußt (vergl. Kap. 12.10). In manchen Gebieten sind Pfahlgründungen mit bis zu 25 m Tiefe erforderlich, so daß die Kosten im Vergleich zu einem „Standardfundament“ um 30 bis 40 % höher liegen (Tabelle 19.17).

An manchen Standorten sind das Grundwasserniveau und eventuelle oberflächennahe Wasserströmungen zu beachten. Hier sind sog. „Auftriebsfundamente“ erforderlich. Um

Tabelle 19.17. Typische Fundamentkosten für eine 3 MW Anlage mit 100 m Turmhöhe

Fundamentbauart	Kosten in €	part. Kosten in €
Standardfundament		
Aushub mit Sicherheitsschicht	5 000 €	
Bewehrungsstahl	55 000 €	
Beton	65 000 €	
Gesamt	125 000 €	42 €/kWh
Pfahlfundament		
Fundamentplatte	120 000 €	
14 Pfähle, 20 m lang	60 000 €	
Gesamt	180 000 €	60 €/kWh

dem Sohlwasserdruck zu begegnen muss die Fundamentmasse größer werden, dementsprechend steigen die Kosten um 20 bis 30 %.

Wegebau und Kranstellflächen

Die Kosten für den Wegebau und die Kranstellflächen sind insbesondere bei größeren Windparks ein nennenswerter Kostenfaktor. Als Richtwerte für befestigte Wege können 20 €/m^2 angesetzt werden. Bei etwa 4–5 m breiten Wegen entspricht dies Kosten von 100 €/m Die Gesamtkosten werden in der Praxis auch dadurch beeinflußt, inwieweit vorhandene Feldwege ausgebaut werden können. In der Investitionskostenabschätzung — ohne nähere Planung des Wegenetzes — kann für Wege und Stellflächen ein Wert von etwa 1 bis 2 % der Investitionskosten angesetzt werden.

Interne Verkabelung

Die Kosten für die interne Verkabelung lassen sich nur auf der Grundlage einer konkreten Kabeltrassen-Planung genauer ermitteln (vergl. Kap. 18.3.2). Neben der Kabellänge richten sie sich nach dem Spannungsniveau und dem Leiterquerschnitt. Bei größeren Windparks werden Mittelspannungskabel (20 oder 30 kV) mit unterschiedlichen Querschnitten, zum Beispiel von 150 bis 630 mm^2 verlegt. Die durchschnittlichen Kosten einschließlich der Verlegung liegen bei 40 bis 50 € pro Meter. Bezogen auf die technischen Investitionskosten können für eine 3 MW Anlage 30 bis 35 000 € angesetzt werden. Dies entspricht etwa einem Prozent der Investitionskosten.

Netzanschluß

Die Kosten für den Anschluß einer Windkraftanlage an das Stromnetz werden im wesentlichen von zwei Faktoren bestimmt: der Entfernung zum Verknüpfungspunkt und dem örtlichen Spannungsniveau des Netzes (vergl. Kap. 18.3). Für die Zuordnung der entstehenden Kosten ist die Eigentumsgrenze des Windkraftanlagenbetreibers zum Netzeigentümer (EVU) von Bedeutung. Bis zur *Übergabestelle,* die in der Regel auch die Eigentumsgrenze bildet, hat der Betreiber alle elektrischen Einrichtungen selbst zu bezahlen. Dazu gehört bei Windparks auch die interne elektrische Verkabelung und die eventuell vorhandenen Zwischentransformatoren, sofern die Windkraftanlagen nicht ihre eigenen Transformatoren für eine Anpassung an das vorgegebene Spannungsniveau (meist 20 kV) enthalten.

Hinter der Übergabestelle beginnt das Netz des EVU. Nach den Bestimmungen des EEG haben die Netzbetreiber die Kosten für die gegebenenfalls notwendige Netzverstärkung bzw. Netzwerweiterung zu übernehmen. Der Windparkbetreiber trägt die Kosten für die Stichleitung von Windpark zum Netzverknüpfungspunkt.

Es versteht sich nahezu von selbst, daß allgemein gültige Kostenrichtwerte für die Netzanbindung, die unmittelbar auf den Einzelfall angewendet werden können, kaum möglich sind. Die örtlichen Verhältnisse sind dafür zu unterschiedlich. Stattdessen werden an zwei konkreten Beispielen typische Netzanbindungskosten gezeigt (Tabelle 19.18 und 19.19). Extreme Situationen können hier nicht berücksichtigt werden. Um die angegebenen Werte besser verallgemeinern zu können, ist es zweckmäßig die Netzanschlußkosten als „anlagenbedingte Kosten“ zu ermitteln. Diejenigen Kosten, die nicht von der Leistung der anzuschließenden Anlage bestimmt werden, sondern nur durch die Kabellänge von der Übergabestation bis zum Verknüpfungspunkt entstehen, sollten als „entfernungsbedingte Kosten“ gesondert betrachtet werden.

Kleinere Einzelanlagen oder kleinere Windparks, die nur aus wenigen Anlagen bestehen, werden fast ausnahmslos an das Mittelspannungsnetz angeschlossen (Tabelle 19.18). Die durchschnittlichen Entfernungen zu einem geeigneten Netzverknüpfungpunkt an eine 20 kV-Leitung sind nur in seltenen Fällen länger als einige Kilometer, so daß die Netzanschlußkosten relativ günstig ausfallen. Der Anschluß an den sog. „Hausanschluß“ mit 400 V kommt nur für Kleinanlagen bis etwa 50 kW in Betracht.

Tabelle 19.18. Netzanbindungskosten für eine einzelne Windkraftanlage an das Mittelspannungsnetz

	Kosten (€)
Windkraftanlage	
Rotordurchmesser 40 m, Nennleistung 500 kW	
Investitionskosten	590 000
Netzanbindung	
Entfernung zum Verknüpfungspunkt 200 m,	
Mittelspannungsnetz 20 kV	
Anlagenseitige Übergabestation	
– Trafogehäuse mit Transport	9 000
– Niederspannungs-Schaltanlage mit Sicherungstrennern, Meßwandlern und Zählerkasten	6 000
– 0,4/20 kV-Transformator 500 kVA	8 000
– 20 kV-Mittelspannungs-Schaltanlage in SF_6-Bauweise mit 2 Feldern Sicherungs-Lasttrenner für Trafo, Lasttrenner mit Erdungsvorrichtung für Kabelabgang	7 000
– Kabelverbindungen, Elektromaterial und Montage	2 500
– Anschluß der Stichleitung	3 500
Geamt	36 000
Stichleitung	
– 20 kV-Erdkabel (200 m à 50 €/m)	10 000
Netzanbindung gesamt	46 000
Spezifische Kosten	92 €/kW
in Prozent der Investionskosten	7,8 %

Selbst kleinere Windparks mit wenigen Anlagen der heute üblichen Leistungsklasse von 2 bis 3 MW erreichen Gesamtleistungen, die vom Mittelspannungsnetz oft nicht mehr verkraftet werden können. Damit wird die Einspeisung in das Hochspannungsnetz, meistens in eine 110 kV-Leitung, notwendig. Die Entfernungen bis zu einem geeigneten Netzanbindungspunkt sind im Hochspannungsbereich deutlich größer und liegen im Deutschland im Durchschnitt zwischen 5 und 10 km.

In dem Beispiel nach Tabelle 19.19 ist unterstellt, daß die Windparkleistung von 60 MW über drei parallel verlegte 20 kV-Kabel mit 630 mm^2 Leiterquerschnitt über eine Entfernung von 6000 m in eine 110kV-Leitung eingespeist wird. Beim Netzanknüpfungspunkt ist eine Umspannstation entsprechender Leistung erforderlich. Bei sehr großen Windparks mit Leistungen von mehr als 100 MW kann unter Umständen auch eine 110 kV-Stichleitung in Erwägung gezogen werden. Die Umspannstation liegt dann in der Nähe des Windparks. Die Kosten für eine Umspannstation von 20 auf 110 kV sind in den letzten Jahren, seit das defacto-Monopol der EVU für den Bau derartiger Einrichtungen nicht mehr existiert, deutlich gefallen. Die spezifischen Kosten liegen bei 35 bis 40 € pro MVA.

Tabelle 19.19. Netzanschlußkosten eines Windparks mit 20 3 MW Anlagen und Anschluß an das Hochspannungsnetz

	Kosten (T€)
Windpark	
20 Anlagen à 3 MW, Gesamtleistung 60 MW	
Investitionskosten	80 000
Netzanbindung	
Entfernung zum Verknüpfungspunkt 6000 m,	
Hochspannungsnetz 110 kV	
Umspannstation	
- Mittelspannungsschaltanlage	350
- Hochspannungsschaltanlage	450
- Transformator 20/110 kV, 60 MVA	650
- Betriebsgebäude	120
- Verkabelung	100
- Leit- u. Sicherheitstechnik, Zähler	150
- Infrastruktur (Fundamente, Zufahrt etc.)	160
- Planung, Abnahme, Inbetriebnahme	120
Gesamt	2 100
Spezifisch	35 €/kW
Stichleitung	
- 3 × 20 kV parallel (6000 m à 150 €/m)	900
Netzanbindung gesamt	3 000
Spezifische Kosten	50 €/kW
in Prozent der Investionskosten	3,75 %

19.2.3 Sonstige Kosten

Im Rahmen der schlüsselfertigen Errichtung von Windkraftprojekten können weitere Kosten anfallen, die individuell sehr unterschiedlich zu Buche schlagen, in jedem Fall jedoch als „Merkposten“ in der Planung zu berücksichtigen sind.

Transport, Montage und Inbetriebnahme

Der Transport zum Aufstellort, die Errichtung und die Inbetriebnahme sind bei großen Windkraftanlagen ganz erhebliche Kostenfaktoren. Bei serienmäßig hergestellten kommerziellen Anlagen sind diese Kosten in der Regel im Kaufpreis eingeschlossen. Für die Transportkosten gilt dies nur, wenn die Herstellerfirmen in nicht allzu großen Entfernungen von den Aufstellorten produzieren („einige hundert Kilometer"). Für den Betreiber erscheinen sie deshalb nicht unter den „aufstellortbezogenen Kosten", obwohl sie ihrem Wesen nach natürlich dazugehören. Diese allgemeine Regel bedeutet allerdings nicht, daß in Einzelfällen die Hersteller nicht doch versuchen, zusätzliche Kosten für die genannten Leistungen bei ihren Kunden geltend zu machen. In einer Reihe von Vorhaben sind deshalb derartige Kosten auch beim Betreiber zu finden. Von abgelegenen und schwer zugänglichen Standorten abgesehen, verändern diese Kosten das allgemeine Kostenbild allerdings nur in geringem Ausmaß.

Technische Zustands- und Betriebsüberwachung

Die Windkraftanlagenhersteller liefern die Windkraftanlagen fast ausnahmslos mit einer Grundausrüstung für die technische Zustandsüberwachung und Fernübertragung der Betriebsdaten. Für Einzelanlagen und kleinere Windparks begnügen in sich die Betreiber mit einer Datenfernübertragung über ein Telefonmodem. Größere Windparks werden durch die heute üblichen SCADA-Systeme über das Internet sowohl vom Hersteller der Anlagen als auch vom Betreiber überwacht und gesteuert (vergl. Kap. 18.8.2). Die Kosten für die SCADA-Systeme sind meistens nicht im Lieferpreis eingeschlossen, so daß 20 bis 30 000 € pro Anlage an Zusatzkosten entstehen.

Ökologische Ausgleichsmaßnahmen

Die Installation von größeren Windparks stellt ohne Zweifel einen Eingriff in die Natur dar. Das unterscheidet sie nicht von anderen großen Bauwerken oder Infrastrukturprojekten. Das Landschaftsbild ist davon betroffen und bestimmte Tier- und Pflanzenarten werden im Aufstellgebiert gestört oder vertrieben. Während sich der Eingriff ins Landschaftsbild nicht kompensieren lässt, können für die beeinträchtigten Tiere und Pflanzen ökologische Ausgleichsmaßnahmen ergriffen werden. Die Genehmigungsbehörden fordern diese in Abstimmung mit den Naturschutzverbänden. Die Maßnahmen im einzelnen werden im „landschaftspflegerischen Begleitplan", den der Antragsteller vorschlägt, festgelegt. Der Kostenrahmen für diese Maßnahmen, von gelegentlichen Maximalforderungen abgesehen, liegt in Deutschland im Durchschnitt bei 1 bis 2 % der Investitionskosten.

Landpacht in der Bauzeit

Die Nutzungsverträge mit den Grundstückseigentümern sehen in der Regel vor, daß die vereinbarte Pacht ab Baubeginn bezahlt wird. Aus diesem Grund fallen auch in der Bauzeit bis zur Inbetriebnahme des Windparks Pachtzahlungen an. Diese Kosten müssen dann in den Investitionskosten berücksichtigt werden (vergl. Tabelle 19.21).

Bauleitung

Der Bau von größeren Windparks ist während der Bauzeit ohne eine vor Ort tätige Bauleitung praktisch nicht möglich. Obwohl die Errichtung der Windkraftanlagen durch den Hersteller erfolgt, ist die Koordination der gesamten Bautätigkeit eine gesonderte Aufgabe- und nicht zuletzt auch eine besondere Verantwortung, die erfahrenes Personal erfordert. Einige Hersteller bieten den Bau eines Windparks mit ihren Anlagen als „Generalunternehmer" an. In diesem Fall werden der Aufwand — und die Verantwortung — beim Betreiber natürlich deutlich geringer.

Einmalige Finanzierungskosten

Die Finanzierungskosten eines Projektes werden oft nur als Zinsbelastung und Tilgung im Rahmen der laufenden Kosten angesetzt. Die Geschäftsbanken gehen aber immer mehr dazu über, auch einmalige Finanzierungskosten als sog. „Bankgebühr" zu verlangen. Technische Investitionsprojekte mit ihren spezifischen Risiken erfordern auch auf der Seite der Kreditgeber einen hohen Prüfungsaufwand. Daraus wird die Notwendigkeit derartiger Gebühren abgeleitet. Auch ein vereinbartes Disagio gehört zu den einmaligen Finanzierungskosten und muß im Finanzierungsplan mit abgedeckt sein.

Zu den einmaligen Finanzierungskosten gehört auch die Zinsbelastung für die Zwischenfinanzierung während der Bauphase, bis das Projekt die ersten Einnahmen erzielt. Für einen kleinen Windpark mit beispielsweise zehn größeren Windkraftanlagen vergeht von dem Zeitpunkt, an dem die ersten Zahlungen zu leisten sind, bis zur Inbetriebnahme fast immer ein Zeitraum von einem halben bis zu einem Jahr. Hinzu kommt die Vorfinanzierung der gesetzlichen Mehrwertsteuer. Je nachdem, wie schnell der Fiskus diese Ausgaben zurückerstattet, entsteht eine zusätzliche Finanzierungslücke von bis zu einem Jahr. Unter dieser Voraussetzung liegt der gesamte finanzielle Aufwand für die Zwischenfinanzierung bei bis zu 45 % der Investitionskosten.

Die Finanzierung von Windenergieprojekten erfolgt in Deutschland in fast allen Fällen mit Krediten der Kreditanstalt für Wiederaufbau (KfW). Diese Kredite sind zinsverbilligt und werden über die Geschäftsbanken ausgereicht. Die Banken schlagen auf den KfW-Zinssatz eine Marge bis zu 1,5 % auf. Die verschiedenen Programme der KfW mit den aktuellen Konditionen sind öffentlich und können zum Beispiel im Internet abgerufen werden.

Die „Finanzierungsplanung" ist heute für größere Projekte eine eigenständige Planungsaufgabe, die ohne den Rat von Fachleuten kaum zu bewältigen ist. Alle Möglichkeiten auszuloten, zinsverbilligte Kredite und eventuell andere Förderungen zu erhalten, sowie die Einnahmen und Kostenbelastungen über die wirtschaftliche Laufzeit des Projektes zu optimieren, erfordert die aktive Mithilfe der Bank oder eines unabhängigen Finanzierungsberaters (vergl. Kap. 20).

19.2.4 Typische Kostenbeispiele

Die Gesamtinvestitionskosten für schlüsselfertige Installationen lassen sich nur anhand einiger typischer Beispiele darstellen. Die ausgeführten Beispiele wurden so gewählt, daß einerseits typische Situationen und andererseits die heute übliche Bandbreite der aufstellortbezogenen Kosten deutlich wird. Ausgangspunkt ist der Ab-Werk-Preis der Windkraftanlagen. Die weiteren Kostenanteile sind in Prozent des Ab-Werk-Preises angegeben.

Einzelne Anlagen am Nieder- und Mittelspannungsnetz

Die Aufstellung einer kleinen Windkraftanlage im Leistungsbereich von etwa 20 bis 30 kW bei einem privaten Stromverbraucher erfordert ansich geringe Zusatzkosten, die jedoch prozentual bezogen auf den Anlagenpreis hoch erscheinen. Voraussetzung ist, daß der Netzanschluß ohne größere Änderungen der Hausinstallation möglich ist und keine Kosten für das Grundstück anfallen. Als Richtwert kann man den Zusatzaufwand mit 25 bis 30 % des Preises angeben (Tabelle 19.20).

Tabelle 19.20. Investitionskosten von schlüsselfertig installierten Windkraftanlagen. Kleine Anlage am Niederspannungsnetz (Hausanschluß), mittelgroße Anlage am Mittelspannungsnetz

	Kleine Anlage 12 m ∅/30 kW		**Mittelgroße Anlage 40 m ∅/500 kW**	
Windkraftanlage	Kosten €	Anteil %	Kosten €	Anteil %
Preis, inkl. Transport, Errichtung und Inbetriebnahme	60 000	100	500 000	100
Kosten				
Planung und Genehmigung	5000	8,3	15 000	2,4
Geländeerschließung	3000	5,0	25 000	5,0
Fundament	5 000	8,3	30 000	6,0
Netzanschluß und Verkabelung	2 000	2,5	10 000	2,0
	Hausanschluß		200 m Kabel 20 kV	
Verschiedenes	5 000	8,3	10 000	2,0
Gesamt	20 000	33,3	90 000	17,4
Investition Gesamt	80 000	133,0	590 000	118,0

Die Installation einer mittelgroßen Anlage zum Betrieb am Mittelspannungsnetz, das in der Regel nur in einer größeren Entfernung erreicht werden kann, erfordert bereits deutlich höhere aufstellortbezogene Kosten. Die Bandbreite liegt hier zwischen 20 und 30 % des Preises. Die günstigeren Werte werden nur dann erreicht, wenn der Mittelspannungstransformator bereits in der Windkraftanlage enthalten ist.

Mittelgroßer Windpark

In Deutschland sind extrem große Windparks mit Gesamtleistungen und von mehreren hundert Megawatt die Ausnahme. Die Siedlungsstruktur erlaubt meistens nur die Zusammenfassung von einigen zehn Anlagen in einem Aufstellgebiet. Die Tabelle 19.21 zeigt die Kostenstruktur eines Windparks in dieser Größe. Zusätzlich sind für die einzelnen Positionen Richtwerte oder eine typische Bandbreite der spezifischen Kosten angegeben. Extreme

Situationen bleiben dabei unberücksichtigt. Die Bandbreite der Kosten wird durch eine Reihe verschiedener Faktoren bestimmt.

Das gezeigte Beispiel basiert auf einer Windkraftanlage mit 3 MW Leistung mit einem Rotordurchmesser von 100 m und einer Turmhöhe von 100 m. Insbesondere in Gebieten mit schwächeren Windverhältnissen werden Windkraftanlagen mit 3 MW Nennleistung aber auch mit größeren Rotordurchmessern und höheren Türmen eingesetzt. Unter diesen Voraussetzungen sind die Kosten für 3 MW-Anlage natürlich höher.

Standortfaktoren, wie die Entfernung zum Netzverknüpfungpunkt oder besondere Bodenverhältnisse in Bezug auf die Fundamente beeinflussen ebenfalls die Kosten, wenn auch zu mindestens in Deutschland meistens nur in geringerem Ausmaß.

Die Kosten von großen Windparkprojekten werden auch durch das organisatorische Konzept und die Art der Finanzierung beeinflußt. Große Windparks werden meistens von kommerziellen Organisation gebaut und betrieben. Planung und Bauabwicklung erfolgen meist in der Verantwortung eines Generalunternehmers. Die Anteile an der Projektgesell-

Tabelle 19.21. Investitionskosten eines mittelgroßen Windparks, bestehend aus 20 Anlagen mit je 3 MW Nennleistung mit Anbindung an das Hochspannungsnetz

	Kosten T€	**spez. Kosten** €/kW	**Prozent von tech. Invest.** %	**normale Bandbreite** €/kW
Akquisition der Standortrechte	3000	50	3,84	50–100
Projektentwicklung	2200	37	2,82	20–50
Windkraftanlagen inkl. Transport u. Errichtung	62 000	1033	79,43	900–1100
Techn. Infrastruktur				
Fundamente	3 000	50	3,84	40–60
Wege und Stellflächen	1 000	16,7	1,28	10–20
Interne Verkabelung	800	13,3	1,02	10–20
Umspannstation	2 000	33,3	2,5	30–40
Stichleitung 6000 m, 3 × 20 kV	900	15	1,15	10–20
Gesamt	7 700	128	9,79	
Sonstige Kosten				
Bauleitung	360	6	0,46	5–10
Landpacht in d. Bauphase	600	10	0,77	8–15
Ausgleichsmaßnahmen	1 200	20	1,54	15–30
Sonstiges (Reserve)	1 000	16	1,28	20–30
Gesamt	3 160	52,7	4,05	
Techn. Investitionskosten	78 060	1302	100	1100–1500
Finanzierung				
Zwischenfinanzierung	1200	20	1,54	10–30
Bankgebühren	700	11,7	0,89	5–15
Gesamt			2,43	
Projekt Gesamtkosten	80 050	1333,7	102,43	

schaft werden oft an private Investoren verkauft (vergl. Kap. 20.1). Unter dieser Voraussetzung fallen erhebliche Kosten für die professionelle Verwaltung, die Planung und die Finanzierung an. Dieser Aufwand schlägt sich in den Investitions- und Betriebskosten nieder.

Daneben werden zahlreiche kleinere Windparks von örtlichen privaten Initiatoren geplant und finanziert. Diese Personen arbeiten oft mit viel persönlichem Engagement, ohne daß jede Arbeitsstunde gezählt und abgerechnet wird. Wenn die Unterstützung der Windkraftanlagenhersteller noch hinzukommt, lassen sich auf diese Weise kleinere Windparks mit deutlich günstigeren Kosten realisieren.

Wie bereits in Kap. 19.2.1 erörtert, spielen die Projektentwicklungskosten für große Windparkprojekte eine nicht unerhebliche Rolle. Die Planungszeiträume werden immer länger und damit steigen automatisch auch die Kosten für die Projektentwicklung. Für große Windparkprojekte sind nicht selten Planungszeiträume von mehr als vier bis fünf Jahren erforderlich.

Generell läßt sich feststellen, daß die Bandbreite der installierten Kosten, einschließlich der Finanzierungskosten für die schlüsselfertige Installation von Windparks, etwa zwischen 125 % bis 135 % bezogen auf den Ab-Werk-Preis der Windkraftanlagen liegt. Ein Wert von 130 % stellt in den meisten Fällen eine brauchbare erste Schätzung dar. Diese Kosten beinhalten die Projektentwicklung, Finanzierung und die Abwicklung eine kommerzielle Projektgesellschaft. Mit einer schlanken Organisation und Finanzierung, zum Beispiel durch einen kapitalkräftigen Investor, lassen sich auch niedrigere Kosten erreichen.

Bei einem Blick über die Grenzen von Deutschland hinaus zeigen sich Kostenunterschiede in den einzelnen Regionen und Ländern. Innerhalb der EU waren die Kosten für schlüsselfertige Windparks in den letzten Jahren zum Beispiel in Spanien günstiger. Die andersartige Vergütungsstruktur für den Strom spielt dabei eine Rolle, sie zwingt die Anbieter der Windkraftanlagen, aber auch die Anbieter von anderen Bau- und Dienstleistungen zu schärferen Preiskalkulationen. Hinzukommen auch andere Voraussetzungen bei den Investoren, zum Beispiel für die Finanzierung der Projekte.

Im „Dollarraum", zum Beispiel in den USA oder in Kanada liegen die Kosten tendenziell auch niedriger als in der EU. Hierbei spielen Kaufkraft- und Wechselkursunterschiede zwischen Europa und Dollar eine gewisse Rolle.

Größere Unterschiede, das heißt in diesem Falle deutlich niedrigerer Kosten, gibt es erwartungsgemäß in Asien. Hier liegen die Kosten um 20 bis 25 % niedriger. Allerdings sind die veröffentlichten Zahlen nicht immer vergleichbar, unter anderem auch deshalb weil in diesen Regionen die Investoren deutlich andere Kosten- und Finanzierungsstrukturen haben und nur Kosten veröffentlichen, die sie als ihre Kosten ansehen.

19.3 Betriebskosten

Windkraftanlagen verbrauchen zwar keinen Brennstoff, aber ganz ohne Betriebskosten geht es dennoch nicht. Wartung und Reparaturen, Versicherungen und einige weitere Ausgaben verursachen laufende Betriebskosten. Die Höhe dieser Ausgaben kann man nur mit einigen Vorbehalten in allgemeingültiger Weise angeben. Ein privater Käufer, der eine kleine

Windkraftanlage neben seinem Haus betreibt und gelegentlich selbst mit Hand anlegt, hat eine andere Sicht der Betriebsausgaben als der kommerzielle Betreiber eines Windparks oder ein Energieversorgungsunternehmen. Eine genaue Betriebskostenrechnung wird bis zu einem gewissen Grade immer eine individuelle Berechnung sein.

19.3.1 Wartung und Instandsetzung

Der erforderliche Aufwand für die Wartung und Instandsetzung einer Windkraftanlage war noch vor nicht allzulanger Zeit einer der größten Unsicherheitsfaktoren in der längerfristigen Wirtschaftlichkeitsberechnung der Stromerzeugung aus Windkraft. Der offensichtliche Grund hierfür lag im frühen Entwicklungsstadium dieser Technik. In der Frühphase einer neuen Technologie werden die routinemäßigen Wartungs- und Instandsetzungsarbeiten von zahlreichen technischen Pannen und Schäden überlagert. Die dafür aufzuwendenden Kosten waren im Grunde genommen nachgezogene Entwicklungskosten. In zahlreichen Fällen haben diese Kosten jede Wirtschaftlichkeit ad absurdum geführt. Dies galt in besonderem Maße für den Betrieb der ersten großen Windkraftanlagen, die vorwiegend unter dem Vorzeichen von Forschung und Entwicklung betrieben wurden.

Diese Situation hat sich mittlerweile grundlegend geändert. Hinsichtlich der Kosten für Wartung und Instandsetzung gibt es heute von den zehntausenden kommerziell betriebenen Windkraftanlagen ausreichende Erfahrungen, auch wenn man berücksichtigt, daß die kalkulatorische Lebensdauer der Anlagen von zwanzig oder mehr Jahren bis heute nur in wenigen Fällen erreicht wurde. Die ältesten kommerziellen Windkraftanlagen werden aber immerhin schon länger als zwanzig Jahre betrieben.

Der statistisch erfaßte kommerzielle Einsatz von Windkraftanlagen beginnt etwa mit dem Jahr 1978 in Dänemark und 1982 in den USA auf den kalifornischen Windfarmen. In Dänemark werten der Verband der dänischen Windkraftanlagenhersteller und die Windkraftanlagenteststation in Risø die Betriebserfahrungen aus und veröffentlichen sie regelmäßig [6]. Welchen Fortschritt die technische Reife der Windkraftanlagen in diesem Zeitraum gemacht hat wird daran deutlich, daß 1979 noch 50 % der Anlagen mindestens einen „schweren Schaden" pro Jahr erlitten, während diese Schadenswahrscheinlichkeit bereits 1984 auf 5 % zurückgegangen war. Mittlerweile sind es vor allem die Versicherungsgesellschaften, die sehr genaue statistische Erhebungen und Analysen über die Schadensanfälligkeit von Windkraftanlagen durchführen. Die Prämien für die Maschinenbruchversicherung sind deshalb ein Indikator für die Häufigkeit und das Ausmaß der Schäden eines bestimmten Typs. Die Windkraftanlagen der neuesten Generation erreichen heute eine Zuverlässigkeit, die sich mit jeder anderen vergleichbaren Technik messen kann. Diese Feststellung gilt auch vor dem Hintergrund, daß in den letzten Jahren vermehrt Schäden bei Getrieben und Lagern, die nicht die erwartete Lebensdauer erreicht haben, aufgetreten sind (vergl. Kap. 18.10).

Standard-Wartungsverträge

Nahezu alle Hersteller bieten Wartungs- oder Serviceverträge für die von ihnen gelieferten Anlagen an. Die darin enthaltenen Leistungen sind unterschiedlich. Im einfachsten Fall werden nur die in bestimmten Intervallen vorgeschriebenen Routinewartungsarbeiten vereinbart (vergl. Kap. 18.10).

Die Wartungsverträge stehen somit in einem engen Zusammenhang mit der *Gewährleistung* des Herstellers für das Produkt. Leider gibt es in diesem Punkt bis heute keine einheitliche Regelung. Der im Maschinenbau früher übliche Gewährleistungszeitraum von einem Jahr ist heute nicht mehr gängige Praxis. Eine Gewährleistung von zwei Jahren wird heute von den meisten Herstellern angeboten. Unter bestimmten Bedingungen, das heißt mit dem Abschluß eines umfassenden Wartungsvertrages, gehen die Hersteller auch darüber hinaus. Die Vereinbarung eines günstigen „Paketes“ aus Kaufpreis, Gewährleistung und Wartungsvertrag bleibt dem Verhandlungsgeschick des Kunden überlassen. Er ist gut beraten, hier eine gewisse Hartnäckigkeit an den Tag zu legen und sich vor allen Dingen zu informieren, was die Konkurrenz anbietet.

Die Kosten für die „normalen“ Wartungsverträge richten sich nach den vereinbarten Leistungen. Wartungsverträge, die alle vorgeschriebenen Routinewartungen umfassen, kosteten im Jahr 2006 für Anlagen der Größenklasse:

- 500 kW: 5 000 bis 8 000 €/Jahr
- 1 500 kW: 10 000 bis 15 000 €/Jahr
- 3000 kW: 20 000 bis 30 000 €/Jahr

Betriebsstoffe und größere Ersatzteile werden, soweit nicht im Gewährleistungsumfang enthalten, zusätzlich berechnet. Dies entspricht einem Prozentsatz zwischen 0,7 und 0,9 % pro Jahr bezogen auf den Preis.

Vollwartungsverträge

Einige Hersteller bieten auch langfristige, bis zu 15 Jahren dauernde „VollserviceVerträge“ an, die eine Gewährleistung über die gesamte Vertragsdauer mit einschließen, zum Beispiel das sog. „Partnerschaftskonzept“ von Enercon. Die Kosten liegen bei 1 bis 1,5 Cent pro erzeugter Kilowattstunde. Der Betreiber hat damit beim Reparaturrisiko mehr zu tragen und spart sich einen Teil der Versicherungskosten. Ob ein Betreiber damit „besser fährt“ hängt letztlich von der Einschätzung des Reparaturrisikos ab.

Reparaturrücklage

Da die Wartungsverträge größere Reparaturen nicht abdecken und auch die Versicherung nicht jeden Schaden reguliert, wird der Betreiber ohne eine gewisse jährliche Rücklage für größere Reparaturen nicht auskommen. Diese Kosten sind jedoch bis zu einem gewissen Grade gegen die Kosten für eine Maschinenbruchversicherung austauschbar. Das heißt unter der Voraussetzung, daß eine solche abgeschlossen wurde, kann die Rücklage geringer angesetzt werden (vergl. Kap. 18.10.2). Außerdem spielt die Länge des Gewährleistungszeitraums eine Rolle.

Angesichts der Tatsache, daß für Windkraftanlagen noch keine statistisch relevanten Erfahrungen über eine Betriebsdauer von zwanzig oder mehr Jahren vorliegen, ist die Höhe einer angemessenen Reparaturrücklage bis heute umstritten, wie in Kap. 18.10.2 erörtert wurde. Viele kommerzielle Betreiber kalkulieren mit einem Prozent des Ab-Werk-Preises der Windkraftanlagen. Sie gehen offensichtlich davon aus, daß ein größerer Teil der zu erwartenden Reparaturkosten von der Maschinenversicherung übernommen wird.

19.3.2 Versicherungen

Ein Windkraftanlagen-Betreiber wird in der Regel bemüht sein, die mit dem Betrieb der Anlage verbundenen finanziellen Risiken soweit wie möglich durch Versicherungen abzudecken, insbesondere die privaten Betreiber haben das Bestreben vor allem das Reparatur-Risiko finanziell abzusichern. Bei einer Technik, die ihre langfristige Bewährung noch vor sich hat, spielt der Versicherungsschutz eine wichtige Rolle — und erfordert einige Sachkenntnis. Das Betriebsrisiko von Windkraftanlagen wird heute üblicherweise durch folgende Versicherungen abgedeckt:

Haftpflichtversicherung

Eine Haftpflichtversicherung ist eine nahezu unabdingbare Absicherung gegenüber Schadensersatzansprüchen Dritter, sowohl was Personen- als auch Sachschäden betrifft, die durch den Betrieb der Anlage entstehen können. Sie verursacht nur geringe Kosten von ca. 100 bis 150 €/Jahr für eine mittelgroße Windkraftanlage.

Maschinenversicherung

Die Absicherung gegen Kosten, die durch größere Reparaturen entstehen können, ist heute weitgehend üblich geworden. Man sollte jedoch nicht davon ausgehen, daß im Falle einer außergewöhnlichen Anhäufung von Reparaturen und Schäden die Versicherung alle Reparaturen „ad infinitum" abdeckt. Die Versicherungen nennen eine Reihe von Ausnahmebedingungen, insbesondere was sog. „Serienschäden" betrifft (vergl. Kap. 18.10.2). Die Kosten für die Maschinenversicherung liegen bei jährlich etwa 0,5 % des Ab-Werk-Preises der Windkraftanlage. Angesichts der in den letzten Jahren vermehrt aufgetretenen Schäden an Getrieben und Lagern werden die Versicherungsprämien wieder ansteigen, zumindest so lange, bis die Anlagen der letzten Produktionsjahre bewiesen haben, daß die betroffenen Komponenten bei sachgerechter Auslegung durchaus die geforderte Lebensdauer erreichen können.

Betriebsunterbrechungsversicherung

Eine sog. Betriebsunterbrechungsversicherung wird in der Regel für kommerziell betriebene Energieerzeugungsanlagen abgeschlossen. Private Eigentümer von Windkraftanlagen können im Zweifelsfall darauf verzichten. Diese Versicherung deckt die Einnahmeausfälle (Stromerlöse) in Stillstandszeiten ab, die durch einen technischen Defekt oder eine nicht vom Betreiber verschuldete Betriebsunterbrechung verursacht werden. Die Kosten liegen bei 0,5 % der Jahreseinnahmen aus dem Stromverkauf. Dies entspricht ungefähr jährlich 0,05 % des Ab-Werk-Preises der Windkraftanlage.

Die sachgerechte Versicherung des Betriebs von Windkraftanlagen erfordert eine spezielle Kenntnis der Risiken und Eigenarten der Windkraftnutzung ganz allgemein, wie auch der Anlagentechnik im besonderen. Ohne die fachmännische und faire Beratung durch den Versicherer ist ein Betreiber oft ziemlich hilflos. Aus diesem Grund haben sich einige Versicherungsmakler auf die Versicherung von Windkraftanlagen spezialisiert [7]. Sie bieten eine unabhängige Beratung beim Abschluß der Verträge an und sind auch bei der Schadensregulierung behilflich.

19.3.3 Sonstige Betriebskosten

Neben den Kosten für Wartung und Instandsetzung sowie den erforderlichen Versicherungen gibt es von Fall zu Fall weitere Betriebsausgaben, die in einer „Vollkostenrechnung" berücksichtigt werden müssen. Diese Kosten sind zum Teil sehr unterschiedlich und „betreiberspezifisch". Aus diesem Grund können die folgenden Zahlen nur Anhaltswerte für durchschnittliche Bedingungen sein.

Grundstückskosten und Pacht

Sofern der Betreiber nicht selbst der Grundstückseigentümer ist, müssen Pachtkosten für die Aufstellung der Windkraftanlagen bezahlt werden. Diese werden mit dem Grundstückseigentümer, meist ein Landwirt, in Form einer „Nebennutzung" vereinbart. Die Preise für die Standortnutzung sind in den letzten Jahren stetig angestiegen. Sie richten sich nach der Größe der Anlage und nach den vorherrschenden Windverhältnissen. An guten Windstandorten in Küstennähe lagen die Preise für die Standortpacht im Jahr 2006 für Anlagen der Größenklasse:

- 500 bis 1 000 kW: 5 000 bis 8 000 €/Jahr
- 1 000 bis 2 000 kW: 10 000 bis 15 000 €/Jahr
- 3 000 kW: 30 000 bis 50 000 €/Jahr

In den schwächeren Windgebieten des Binnenlandes, an der Grenze der Wirtschaftlichkeit der Windenergienutzung, werden geringere Pachtzahlungen verlangt. Viele Landeigentümer vereinbaren keine festen Pachtzahlungen, sondern eine Beteiligung an den Erlösen in Höhe der genannten Pachtkosten. Üblich sind zum Beispiel 6–7 % von den jährlichen Stromerlösen.

Abgesehen von der Höhe der Pachtzahlung haben sich in den letzten Jahren verschiedene Verfahrensweisen für die Pachtzahlung an die Grundstückseigentümer herausgebildet. Nach dem deutschen Baurecht ist um jede Windkraftanlage ein „Abstandskreis" zu ziehen, dessen Radius der Gesamthöhe der Windkraftanlage entspricht. Für alle Grundstücke, die wenn auch nur teilweise von diesem Abstandskreis überdeckt werden, müssen sog. „Abstandsbaulasten" vom Betreiber der Windkraftanlage erworben werden. Bei den vielerorts vorhandenen kleinteiligen landwirtschaftlichen Grundstücksgrößen kann der Abstandskreis oft mehrere Grundstücke berühren. Die Pachtzahlung wird dann so verteilt, daß die Gesamtpacht auf den eigentlichen Standort und die Eigentümer, welche die Abstandsbaulasten gewähren, aufgeteilt wird. Neben diesem „standortbezogenen" Pachtmodell gibt es auch sog. „Flächenpachtmodelle". Bei diesen wird die Pacht auf die gesamte Windparkfläche bezogen, so daß auch Grundstückseigentümer, deren Grundstücke zwischen den Standorten liegen, eine gewisse Pachtzahlung erhalten.

Grundsätzlich ist auch der Kauf von Landflächen für die Aufstellung von Windkraftanlagen denkbar. Eine einfache Überschlagsrechnung zeigt jedoch, daß selbst bei sehr geringen Quadratmeterpreisen ein Kauf unter wirtschaftlichen Vorzeichen nicht sinnvoll ist, es sei denn, der Windkraftanlagenbetreiber organisiert selbst eine weitere Nutzung der Flächen und damit eine zweite Einnahmequelle.

Im Zusammenhang mit den Pachtzahlungen an die Grundstückseigentümer werden oft auch Zahlungen an die zuständige Gemeinde geleistet. Die Gemeinden verlangen gewisse Ausgleichszahlungen für die Beeinträchtigungen während der Bauphase oder für die Benutzung von Wegen und Straßen während des Betriebs. Hierzu wird ein sog. „städtebaulicher Vertrag" geschlossen.

Steuern

Gewerblich arbeitende Windparkbetreiber müssen auf den erzielten Gewinn Gewerbesteuer entrichten. Bei privaten Betreibern wird das zusätzliche Einkommen versteuert. Allgemeine Richtwerte sind hier verständlicherweise nicht möglich. Ein Betreiber sollte sich jedoch darüber im Klaren sein, daß spätestens nach der Tilgung der Kredite erhebliche Steuerzahlungen auf ihn zukommen.

Verwaltung

Der Betrieb eines Windparks mit einem Investitionswert von mehreren zehn Millionen Euro ist ohne einen gewissen Verwaltungsaufwand nicht möglich. Die Erstellung von Gewinn- und Verlustrechnungen, von Bilanzen, die Ermittlung von Gewinnausschüttungen (sofern es sich um kommerzielle Betreibergesellschaften handelt), externe Dienstleistungen (wie Steuer- und Rechtsberatung) usw. verursachen Kosten. Die kommerziell organisierten Windparkgesellschaften kalkulieren hierfür etwa 1–2 % der Investitionssumme pro Jahr.

19.3.4 Jährliche Betriebskosten

Die gesamten jährlichen Betriebskosten lassen sich am besten übersehen und in ihrer Bedeutung einordnen, wenn man sie entweder auf den Preis der Windkraftanlage oder auf die jährlichen Einnahmen bezieht (Tabelle 19.22).

Tabelle 19.22. Gesamte jährliche Betriebskosten eines Windparks mit 20 3 MW-Anlagen nach Tabelle 19.21

	Prozentsatz vom WKA-Preis	**Prozentsatz der jährlichen Einnahmen**
Wartungsvertrag (Standard)	0,7–0,9	4,3–5,5
Reparaturrücklage (kal. Ansatz)	0,5–1,0	3,1–6,1
Versicherungen	0,5–0,6	3,1–3,7
Landpacht	1,0–1,2	6,1–7,4
Techn. Überwachung u. Verwaltung	0,5–0,6	3,1–3,7
Sonstiges (Strombezug, Wartung periph. Anlagen)	0,8–1,0	4,9–6,1
gesamte jährliche Betriebskosten	4,0–5,3 %	24,6–32,5 %

Bezogen auf den Preis der 3 MW-Referenzanlage mit einem Preis von 3,15 Mio € nach Tab 19.8, beträgt die Spanne für die jährlichen Betriebskosten 4,0–5,3 % des Preises der Windkraftanlage. Bezieht man die Betriebskosten auf die jährlichen Stromerlöse einer Windkraftanlage dieser Größe, so ergibt sich folgendes Bild: Bei einer mittleren Windgeschwindigkeit von 6,5 m/s in Rotornabenhöhe liefert die 3 MW-Windkraftanlage im Windparkverbund etwa 6,4 Mio. Kilowattstunden (vergl. Tabelle 20.3). Bei einer Stromvergütung von durchschnittlich 0,08 € pro Kilowattstunde ergeben sich Stromerlöse in Höhe von 512 000 €/Jahr. Die Betriebskosten ergeben dann einen Prozentsatz von 24,6 bis 32,5 % der Einnahmen, oder bezogen auf die Energielieferung 2,0 bis 2,6 Cent pro Kilowattstunde.

Die spezifischen Betriebskosten, bezogen auf die Kilowattstunde, hängen natürlich vom Standort ab. An Standorten mit hohen durchschnittlichen Windgeschwindigkeiten können sie deutlich niedriger sein als in den zitierten Beispielen. Einige Betriebskostenbestandteile steigen proportional mit den erzeugten Kilowattstunden, andere sind unabhängig von der erzeugten Energiemenge.

19.4 Offshore-Projekte

Die Kosten und die Wirtschaftlichkeit von Offshore-Projekten zur Windenergienutzung sind ein eigenes Kapitel — auch in diesem Buch. Sie unterscheiden sich in mindestens drei wesentlichen Punkten von Windparkinstallationen an Land. Die Investitionskosten sind höher, das gleiche gilt für die Betriebskosten, die zudem aus heutiger Sicht noch mit großen Unsicherheiten behaftet sind. Auf der anderen Seite sind aber auch die nutzbaren, mittleren Windgeschwindigkeiten auf dem Meer größer, so daß ein Teil der höheren Kosten durch die höhere Energielieferung wieder ausgeglichen wird.

19.4.1 Bestimmende Faktoren für die Investitionskosten

Für die höheren Investitionskosten der Offshore-Aufstellung von Windkraftanlagen sind eine Reihe von Faktoren maßgebend. Teilweise sind die damit verbundenen Mehrkosten heute schon gut überschaubar und können auch durch erste Erfahrungswerte belegt werden. In anderen Bereichen bestehen aber noch erhebliche Unsicherheiten, vor allem, wenn es um die Aufstellung in größeren Wassertiefen und größerer Entfernung vom Land geht. Dies trifft vor allem für die vorgesehenen Standorte in der Nordsee zu (vergl. Kap. 17.4.1).

Windkraftanlagen

Offshore geeignete Windkraftanlagen unterscheiden sich in einer Reihe von technischen Ausstattungsmerkmalen von den üblichen landgestützten Anlagen (vergl. Kap. 17.1.1). Darüber hinaus sind die Anforderungen an die Zuverlässigkeit und die Lebensdauer unter den erschwerten Bedingungen ebenfalls kostenerhöhende Faktoren. Demgegenüber steht die Tatsache, daß bei Offshore-Aufstellung, wegen des anderen Höhenprofils der Windgeschwindigkeit, mit niedrigeren Türmen der gleiche Effekt erzielt wird, wie auf Land. Die im Vergleich geringen Turmhöhen verringern die Kosten gegenüber der Landaufstellung. Insgesamt gesehen sind damit die Herstellkosten von Offshore-Anlagen nicht signifikant höher als von landgestützten Anlagen.

Der sich erst entwickelnde Markt für Offshore-Anlagen wird zeigen in welcher Größenordnung der Mehrpreis liegen wird. Die bis heute errichteten Anlagen, die mehr oder weniger noch alle den Charakter von Pilotanlagen aufweisen, geben dazu noch keine verläßlichen Hinweise. Hinzukommt noch, daß die für die meisten küstenfernen Offshore-Standorte vorgesehenen Anlagen der 5 MW-Klasse hinsichtlich ihrer Herstellkosten noch nicht ihre marktgerechte Entwicklungsstufe erreicht haben (vergl. Kap. 19.1.11). Aus heutiger Sicht werden die Kosten von Windkraftanlagen für den Offshore Einsatz mit etwa 10% höheren Verkaufspreisen im Vergleich zu landgestützten Anlagen angenommen.

Gründungsstruktur

Die Kosten für die Gründungsstruktur im Wasser, das Offshore-Fundament ist der Hauptfaktor für die höheren Investitionskosten. Diese Kosten ergeben sich einmal aus den Herstellkosten für die Struktur selbst, aber in fast gleicher Höhe für den aufwendigen Transport zum Aufstellort und das komplizierte Errichtungsverfahren mit den dazu erforderlichen Schiffen und Hebezeugen. Beide Kostenbestandteile sind natürlich in erster Linie von der Wassertiefe abhängig, weniger von der Entfernung zum Land. In extremen Fällen, das heißt bei Wassertiefen über 40 m, können die Kosten für die Gründungsstruktur in gleicher Höhe liegen wie für die Windkraftanlage selbst.

Stromübertragung zum Land

Die Stromübertragung zum Land ist der zweite wesentliche Faktor für die höheren Investitionskosten im Vergleich zur Landaufstellung. Die heute geplanten Offshore-Projekte im Bereich der Nordsee liegen teilweise in einer Entfernung bis über 100 km zur Küste (vergl. Kap. 17.4). Unter diesen Umständen stellen die Kosten für das Seekabel einen beträchtlichen Anteil der Investitionskosten dar. Für den Bereich der deutschen Nord- und Ostsee wurde im Jahre 2007 im Zusammenhang mit der Neufassung des EEG eine Vereinbarung mit den beiden angrenzenden Versorgungsunternehmen getroffen. Danach wird die E-on für den Nordseebereich und Vattenfall-Deutschland für die Ostsee zuständig sein.

In der Nordsee wird ein eigenes Hochspannungsnetz auf der Basis einer Hochspannungs-Gleichstrom-Übertragung (HGÜ) von den zuständigen EVU aufgebaut (vergl. Kap. 17.6). Der Windparkbetreiber wird damit von den Investitionskosten der Energieübertragung zum Land entlastet. Er trägt nur die Anschlußkosten bis zu seiner eigenen Umspannstation (vergl. Tabelle 19.25).

In der Ostsee, wo das Offshore-Windenergiepotential wesentlich kleiner ist, gibt es bis jetzt noch keine vergleichbaren Konzeptionen. Die dort entstehenden, küstennahen Windparks werden direkt an das Landnetz angeschlossen (vergl. Tabelle 19.26).

Infrastruktur an Land und Logistik

Der Bau und der Betrieb von Offshore-Windparks erfordert unmittelbar an der Küste logistische Basisstationen. Die Lagerung großer Bauteile, die man bei den Dimensionen der in Frage kommenden Anlagen nicht unterschätzen sollte, und die Vormontage bestimmter Baugruppen müssen vor dem Schiffstransport unmittelbar in Hafennähe erfolgen. Auch für den späteren Betrieb müssen in Hafennähe Serviceeinrichtungen für Material und Personen vorhanden sein. Bis sich diese Art von Infrastruktur an Land dauerhaft eingerichtet hat, werden für die ersten großen Projekte zusätzliche Kosten hinzukommen.

19.4.2 Entwicklung der Investitionskosten seit 1990

Die ersten Offshore-Projekte, die ab 1990 als kleine Demonstrationsvorhaben gebaut wurden, verfügen noch nicht über die entscheidenden Merkmale, welche die Kosten der kommerziellen Offshore-Windparks bestimmen (vergl. Kap. 17.4.4). Dennoch gaben die spezifischen Investitionskosten zumindest erste Hinweise. Die Baukosten lagen im Bereich von 2000 €/kW. Für das Projekt Vindeby in Dänemark wurde ein Vergleich mit einem entsprechenden Landstandort durchgeführt. Das Ergebnis waren etwa doppelt so hohe Investitionskosten, allerdings mit dem Hinweis, daß auf Grundlage der gewonnen Erfahrungen bei einem fiktiven weiteren Projekt die Kosten auf das 1,5-fache eines vergleichbaren Landstandortes gesenkt werden konnten [7].

Die nächste Generation von Offshore-Projekten, die bereits wesentlich näher an zukünftigen, kommerziellen Projekten lag, insbesondere was die Größe der eingesetzten Windkraftanlagen betrifft, Yttre Stengrund (S), Utgrunden (S) und Middelgrunden (DK), zeigte eine Bandbreite der spezifischen Baukosten von über 1600 €/kW (Utgrunden) bis zu relativ geringen 1200 €/kW für Middelgrunden. Der Grund hierfür liegt in den unterschiedlichen Standortbedingungen. Utgrunden liegt immerhin 14 km vor der Küste bei einer Wassertiefe von 10 m, während Middelgrunden mit wenigen Metern Wassertiefe dicht vor der Küste liegt. Die ersten Offshore-Projekte, die nahezu alle Merkmale der zukünftigen kommerziellen Offshore-Windparks aufweisen, waren der dänische Windpark „Horns Rev" mit einer Gesamtleistung von 160 MW, bestehend aus 80 Vestas 2-MW-Anlagen und der Windpark Nysted in der dänischen Ostsee. Für diese Projekte werden spezifische Investitionskosten von 1650 €/kW bzw. 1480 €/kW angegeben (Bild 19.23). Die Offshore-Windparks, die in den britischen Gewässern liegen, sind von 2003 bis 2006 unter ähnlichen Bedingungen errichtet worden. Die Investitionskosten lagen in etwa in der gleichen Höhe.

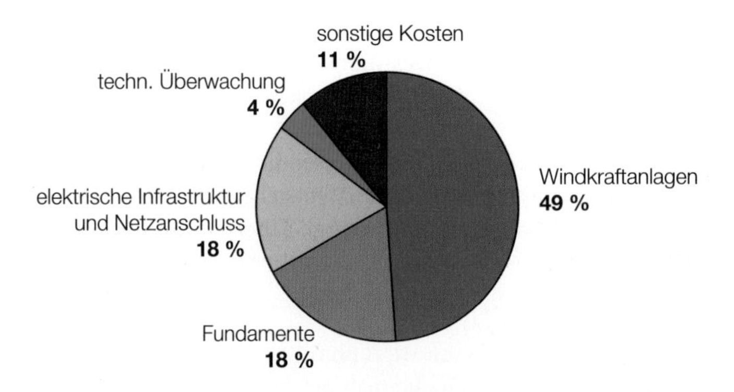

Bild 19.23. Kostenaufteilung für den Windpark Nysted, bestehend aus 72 Siemens/Bonus-Anlagen mit je 2,3 MW Nennleistung (Wassertiefe 5-10 m, Entfernung zum Land min. 10 km) [8]

In den folgenden Jahren wurden vor allen Dingen in den britischen Gewässern eine zunehmende Anzahl von Offshore-Projekten realisiert. Die Projekte wurden größer sowohl hinsichtlich der Leistung der eingesetzten Windkraftanlagen als auch in Bezug auf die Gesamtleistung. Allerdings beschränkte man sich in England immer noch auf möglichst geringe Wassertiefen bis zu etwa 20 m. Der vorläufige Höhepunkt war der 2013 in Betrieb genommene Windpark „London Array" mit einer Gesamtleistung von 630 MW bestehend aus 175 Siemens-Anlagen mit je 3,6 MW Nennleistung. Die Investitionskosten lagen bei über 3000 €/kW. Bild 19.24 verdeutlicht die Entwicklung der Investitionskosten von 1995 bis zu den Planungen für das Jahr 2018. Die Kostenzahlen beziehen sich allerdings weitgehend auf die Projekte in den britischen Gewässern.

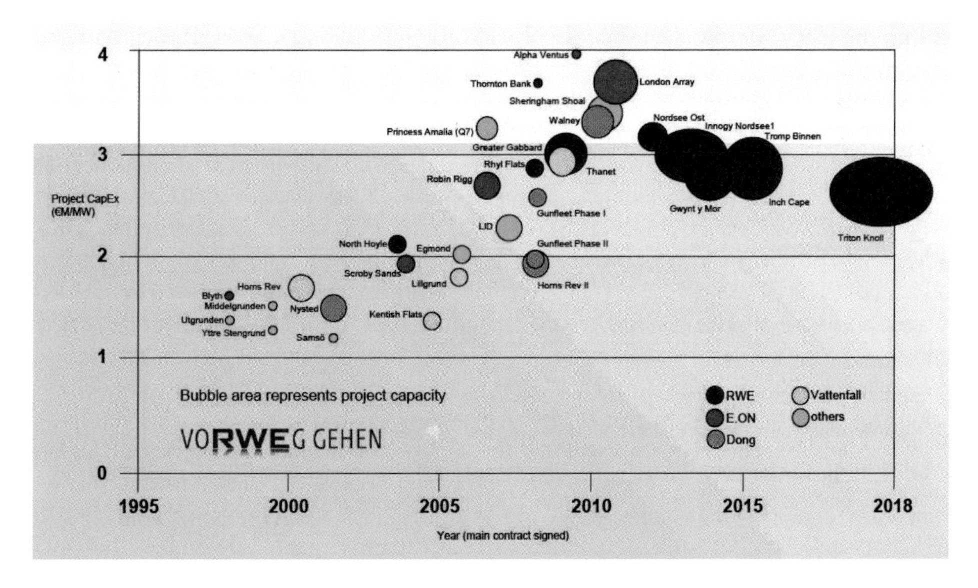

Bild 19.24. Entwicklung der Investitionskosten der europäischen Offshore-Projekte (nach RWE)

19.4.3 Typische Kostenbeispiele

Die Bandbreite der Investitionskosten für Offshore-Projekte ist, bedingt durch die unterschiedliche Wassertiefe und die Entfernung zur Küste, relativ groß. Zur Zeit lassen sich die Kosten für Projekte im küstennahen Bereich, der hier bis zu einer Entfernung von etwa 30 km und einer Wassertiefe bis zu 20 m verstanden wird, vergleichsweise gut übersehen. In diesem Bereich liegen auch bereits Erfahrungswerte vor. Die Projekte im küstenfernen Bereich der deutschen Nordsee sind wesentlich anspruchsvoller und deshalb mit größeren Unsicherheiten behaftet (Tabelle 19.25 und 19.26).

Offshore-Windparks im küstennahen Bereich

Die Tabelle 19.25 erhält eine Kostenaufteilung für einen typischen Offshore-Windpark im küstennahen Bereich. Die unterstellte Entfernung zur Küste ist 30 km und die Wassertiefe wird mit 10 bis 20 m angenommen. Der Park besteht aus 100 Windkraftanlagen der 3 MW-Klasse. Die Verhältnisse entsprechen den Bedingungen in den küstennahen Bereichen der Ostsee, aber auch an zahlreichen Standorten in den dänischen oder britischen Küstengewässern. Die Investitionskosten von ca. 2500 €/kW liegen um den Faktor 2 höher als für einen vergleichbaren Landstandort (vergl. Tabelle 19.21). Der Kostenanteil für die Windkraftanlagen ist bei der Offshore-Aufstellung nur noch die Hälfte der gesamten Investitionskosten.

Tabelle 19.25. Typische Investitionskosten für einen 300 MW Offshore-Windpark im küstennahen Bereich, bestehend aus 100 3 MW-Anlagen, Wassertiefe 10 bis 20 m, Netzanbindung an Land in einer Entfernung von 30 km

	Kosten T€	spez. Kosten €/kW	Anteil %
Projektentwicklung	30 000	100	4,1
Windkraftanlagen	360 000	1200	49,1
ab-Werk 3,6 Mio. pro Stück			
Monopile Fundamente	90 000	300	12,3
400 t, 900 T€/Stück			
Transport u. Insatllation	50 000	167	6,8
(Fundamente mit Windkraftanlagen)			
Elektrische Infrastruktur			
Interne Verkabelung (33 kV)	40 000		
Offshore-Umspannstation 33/150 kV	30 000		
Kabel zum Land (2 × 30 km)	100 000		
Umspannstation an Land	15 000		
Gesamt	185 000	617	25,3
Sonstige Infrastruktur und Logistik			
Wartungsschiffe und maritime Einrichtungen	5000		
Fernüberwachung	2500		
Einrichtungen an Land	2500		
Gesamt	10 000	33	1,4
Sonstiges und Reserve	7000	23	1,0
Technische Investitionskosten	732 000	2440	100
Finanzierung	30 000	100	4,1
Projekt-Gesamtkosten	762 000	2540	104,1

Offshore-Windparks im küstenfernen Bereich der Nordsee

Die Installation von Windparks im deutschen Bereich der Nordsee hat ihre speziellen Bedingungen. Um das vor der Küste liegende Wattenmeer zu schonen, liegen die Standorte in einer Entfernung von 100 km und mehr zur Küste. Die Wassertiefe der Nordsee beträgt dort etwa 40 m. Es versteht sich von selbst, daß unter diesen Voraussetzungen die Investitionskosten, und nicht zuletzt auch die späteren Betriebskosten, höher sein müssen als im küstennahen Bereich. Um die Investitionskosten für die für die Betreiber der Windparks in wirtschaftlich vertretbaren Grenzen zu halten, übernehmen die Netzbetreiber die Kosten für den Energietransport zu Küste indem sie ein spezielles Nordseenetz aufbauen (vergl. Kap. 17.6).

In der Tabelle 19.26 sind die Investitionskosten für einen typischen Standort in der offenen Nordsee enthalten. Bei der großen Wassertiefe werden in der Regel auch größere Windkraftanlagen eingesetzt. Für die heutigen Projekte sind Anlagen der 5 MW-Klasse verfügbar. Kostentreibend sind vor allem die Gründungsstrukturen für die Wassertiefe bis zu 40 m. Die spezifischen Investitionskosten liegen unter diesen Voraussetzungen über 4000 €/kW in extremen Fällen auch bis zu 5000 €/kW.

Tabelle 19.26. Investitionskosten für einen 300 MW Offshore-Windpark in der offenen Nordsee, bestehend aus 60 Windkraftanlagen der 5 MW-Klasse, Wassertiefe ca. 40 m Stromeinspeisung in eine Nordsee-Konverterstation

	Kosten T€	**spez. Kosten €/kW**	**Anteil %**
Projektentwicklung	60 000	200	5,0
Windkraftanlagen	510 000	1700	42,7
ab-Werk 8,5 Mio. pro Stück			
Jacket-Fundamente	240 000	800	20,1
1100 t, 4,0 Mio.€/Stück			
Transport u. Installation	240 000	800	20,1
(Fundamente mit Windkraftanlagen)			
Elektrische Infrastruktur			
Interne Verkabelung (33 kV)	50 000		
Offshore-Umspannstation 33/150 kV	30 000		
Kabel zum Land	—		
Gesamt	80 000	267	6,7
Sonstige Infrastruktur und Logistik			
Wartungsschiffe und maritime Einrichtungen	30 000		
Fernüberwachung	5000		
Einrichtungen an Land	20 000		
Gesamt	55 000	183	4,6
Sonstiges und Reserve	10 000	40	0,8
Technische Investitionskosten	1 195 000	4090	100
Finanzierung	40 000	133	3,3
Projekt-Gesamtkosten	1 235 000	4117	103,3

19.4.4 Betriebskosten

Die Betriebskosten für Offshore-Windparks sind wegen der mangelnden langfristigen Erfahrung der größte Unsicherheitsfaktor. Die bisher vorliegenden Erfahrungswerte können nur bedingt herangezogen werden. Diese Projekte haben alle mehr oder weniger den Charakter von Pilotvorhaben und sind deshalb noch mit zahlreichen technischen Anfangsproblemen behaftet. Auch die organisatorischen Strukturen für die Wartung und Instandsetzung sowie die Betriebsführung sind noch improvisiert und keineswegs optimiert. Entsprechend dem Entwicklungsstand der Offshore-Windenergietechnik kann dies auch nicht erwartet werden. Grundsätzlich lässt sich über Betriebskosten sagen, daß sie sich auf die gleichen Bereiche beziehen wie auch bei landgestützten Anlagen, wenn auch die Gewichtung der einzelnen Kostenfaktoren anders ausfällt.

Wartung und Instandsetzung

Für die Gründungsstrukturen und die elektrische Seeverkabelung gibt es Erfahrungswerte aus anderen Offshore-Bereichen, wie zum Beispiel der Öl- und Gasförderung. Das eigentliche Problem sind die Windkraftanlagen selbst. Die Kosten für Wartung und Instandsetzung werden entscheidend davon abhängen, inwieweit es gelingt, die zukünftigen Offshore-Windkraftanlagen in ihren kritischen Funktionsbereichen — wie zum Beispiel der gesamten Sensorik, der Regelung und der Betriebsüberwachung — so wartungsfreundlich wie möglich zu gestalten und, wo immer es möglich ist, redundant auszulegen. Somit soll die Anzahl der erforderlichen Wartungs- und Reparaturtermine bei der eingeschränkten Zugänglichkeit „auf hoher See" so gering wie möglich ausfallen.

Betriebsführung

Der Aufwand für die technische Überwachung und Betriebsführung von Land aus lässt sich erst dann im Hinblick auf die Kosten beurteilen, wenn es hierfür eingefahrene personelle und organisatorische Strukturen gibt. Gerade in diesem Bereich wird bei den existierenden Offshore-Windparks noch stark improvisiert.

Versicherungen

Über die Versicherbarkeit von Offshore-Windkraftanlagen in Bezug auf Reparaturen und Betriebsunterbrechungen haben die Betreiber in den letzten Jahren viele kontroverse Gespräche mit den Versicherungsgesellschaften geführt. Nach anfänglicher völliger Skepsis auf der Seite der Versicherungswirtschaft sind mittlerweile in den meisten Fällen vorübergehende Vereinbarungen erreicht worden. Ein Schlüsselfaktor, der auch von den Versicherungsgesellschaften immer wieder betont wird, ist die Zugänglichkeit bei schwierigen Wetterverhältnissen. Die Betreiber müssen in diesem Punkt ihre Vorstellungen und organisatorischen Maßnahmen im Detail erläutern.

Pachtzahlungen

Pachtzahlungen an Grundstückseigentümer wie bei der Landaufstellung gibt es im Offshorebereich nicht. Die nationalen Hoheitsgewässer und das Gebiet der Ausschließlichen

Wirtschaftszone (AWZ) befindet sich im Eigentum des Bundes beziehungsweise stehen unter dessen Verwaltung. Dennoch sind in Deutschland pachtähnliche Zahlungen an das Bundesamt für Seeschiffahrt (BSH) zu leisten.

Die Betriebskosten für Offshore-Windkraftanlagen werden in jedem Fall erheblich über den Kosten für den Betrieb von landgestützten Windkraftanlagen liegen. Schätzungen für die langfristigen Betriebskosten werden von den Planern der Projekte und von zahlreichen unabhängigen Instituten und Organisationen laufend durchgeführt. Eine plausible Prognose wurde anlässlich der Neufassung des EEG im Jahre 2003 erarbeitet [9]. In dieser Studie wird angenommen, daß für küstennahe Installationen die Betriebskosten um ein Drittel höher als an Land liegen werden und für küstenferne Projekte die Betriebskosten um die Hälfte höher sein werden.

Die Beratungsfirma Ernst & Young hat mit Bezug auf den Betrieb der britischen Offshore-Windparks von 2006 bis 2009 eine Zahl von 76 000 britischen Pfund pro Megawatt für die O&M Kosten (Operation & Maintenance) veröffentlicht [10]. Für eine 3 MW-Anlage bei küstennaher Aufstellung entspricht dies einem Betrag von ca. 200 000 € pro Jahr. Bezogen auf den Preis der Anlage von 3,6 Mio € beträgt der Aufwand etwa 5,5 % des Anlagenpreises. Für eine Installation an Land sind für eine 3 MW-Anlage Betriebskosten, bezogen auf den Preis der Anlage, von 4–5 % zu erwarten (vergl. Tabelle 19.22). Die von Ernst & Young veröffentlichten Kosten liegen somit nicht wesentlich höher. Wahrscheinlich deckt der Begriff O&M nicht die gesamten Betriebskosten ab, wie sie im Kapitel 19.3.4 dargestellt sind.

In der im nächsten Kapitel zitierten Studie über das Kostensenkungspotential werden für den Bereich der deutschen Nordsee die Betriebskosten mit 134 000 € pro Megawatt angesetzt. Bezogen auf die Kosten einer 5 MW-Anlage mit einem Preis von ca.7.5 Mio € sind dies etwa 9 % des Anlagenpreises oder 3,35 % bezogen auf die gesamten technischen Investitionskosten. Diese Kostenansätze sind sicher realistischer als die vorgenannten Werte aus der englischen Statistik. Für die nähere Zukunft wird man deshalb für die küstennahen Windparks von Betriebskosten ausgehen können, die etwa das Doppelte von dem Betriebskosten für die Windparks an Land betragen (vergl. Kap. 19.3.4). Für die küstenfernen Windparks in der deutschen Nordsee sind die Betriebskosten mit Sicherheit nochmals höher. Für die Wirtschaftlichkeitsbetrachtungen im Kapitel 20 wird für diese Windparks ein Faktor von 2,5, bezogen auf die durchschnittlichen Betriebskosten an Land, angenommen.

19.4.5 Ausblick

Spezifische Investitionskosten von über 4000 € pro Kilowatt im Bereich der deutschen Nordsee sind noch zu hoch, um wirtschaftlich konkurrenzfähige Stromerzeugungskosten zu erreichen (vergl. Kap. 20.2.2). Dies gilt zumindest für die heutige Situation. Gemessen an den über die nächsten 20 oder 30 Jahre zu erwartenden durchschnittlichen Erzeugungskosten kann das schon ganz anders aussehen. Außerdem sind sich alle Experten einig, daß es durchaus noch ein beträchtliches Potential für Kostensenkungen gibt. Die Erschließung dieses Potential setzt jedoch voraus, daß der Bau von Offshore-Windparks mit einer gewissen Kapazität und Kontinuität weitergetrieben wird. In einer umfassenderen Studie, an der fast alle namhaften Hersteller von Offshore-Anlagen und Ausrüstungen beteiligt waren, wurde das Kostensenkungspotential ermittelt [11]. Bei einem günstigen Verlauf des Ausbaus in den nächsten zehn Jahren wurde für die Windparks in der deutschen Nordsee, ausgehend von den heutigen in Investitionskosten von knapp über 4000 € pro Kilowatt, eine Senkung der Investitionskosten von 17 bis 27 % ermittelt. Die größten Kosteneinsparungen werden erwartet in den Bereichen:

- Finanzierung
- Tragstrukturen (Fundamente)
- Betrieb und Wartung
- Installation auf See

Bei den Offshore-Windkraftanlagen selbst gehen die Autoren nur vor einem relativ geringen Potential für Kostensenkungen aus. Allerdings haben sie für den Installationen im Jahre 2013 spezifische Kosten von nur 1200 € pro Kilowatt für eine 4 MW-Anlage zugrundegelegt. Die in den Jahren 2011 bis 2013 ausgelieferten auf Offshore-Anlagen der 4–5 MW-Klasse wurden aber zu höheren Preisen, etwa 1500 bis 1600 € pro kW, an die Windparkbetreiber geliefert.

Literatur

1. Gasch, R.; Twele, J.: Windkraftanlagen, Teubner, Wiesbaden, 2005
2. Harrison, R.; Hau, E.; Snel, H.: Large Wind Turbines – Design and Economics, John Wiley & Sons, LTD Chichester, New York, 2000
3. Lindley, D.: Production Costs of WECS with Respect to Series Production. ISES Solar World Congress, Hamburg, 1987
4. Virginia Coastal Research Consortium: Virginia Offshore Studies, July 2007 to 2010, Final Report 2010, 2010
5. Risø: Windstats – Betriebserfahrungen der dänischen Windkraftanlagen, 1993
6. Müller, H. G.: Versicherungsschutz für Windkraftanlagen, Wind Kraft Journal, Heft 3/1993, Verlag Natürliche Energien
7. Vesterdahl, G.: Experiences with Wind Farms in Denmark, European Wind Energy Conference, Herning, Denmark, 1992
8. Massey, G.: Offshore Starting Gun Launches Eighteen, Windpower Monthly, May 2001
9. Rehfeld, K.: Kurzgutachten im Rahmen des Erneuerbaren–Energien–Gesetz, Teil Windenergie, Deutsche Wind Guard, 2003
10. Windpower Monthly, June 2009
11. Fichtner, Prognos: Kostensenkungspotentiale der Offshore-Windenergie in Deutschland, Stuttgart, Berlin, 2013

Kapitel 20

Wirtschaftlichkeit der Stromerzeugung aus Windenergie

Die Energieerzeugung ist angesichts der Begrenztheit der fossilen Energieträger und der negativen Umweltauswirkungen die durch ihre Verbrennung verursacht werden oder der Sicherheitsfragen im Zusammenhang mit der Nutzung der Atomenergie ein Thema, das nicht allein unter wirtschaftlichen Aspekten gesehen werden darf. Das heißt jedoch nicht, daß die Nutzung der erneuerbaren Energiequellen „um jeden Preis" ein sinnvolles Unterfangen darstellt. Exorbitante Energiepreise sind weder betriebs- noch volkswirtschaftlich zu vertreten. Die betriebswirtschaftliche und die volkswirtschaftliche Realität sind jedoch zwei verschiedene Dinge.

Ungeachtet der gesamtwirtschaftlichen Bedeutung ist es das gute Recht und, sofern er kaufmännisch orientiert ist, auch die Pflicht eines Betreibers, betriebswirtschaftliche Rentabilität zu fordern. Das betriebswirtschaftliche Ergebnis wird jedoch von zahlreichen gesamtwirtschaftlichen Rahmenbedingungen mitbestimmt. Wenn von Wirtschaftlichkeit im Sinne von betriebswirtschaftlicher Rentabilität die Rede ist, so heißt dies immer: „unter den gegebenen energiewirtschaftlichen Rahmenbedingungen" ist das System wirtschaftlich oder nicht.

Inwieweit dieser Rahmen wirklich am Gemeinwohl orientiert, das heißt volkswirtschaftlich sinnvoll ist, ist eine andere Frage. Darüber zu entscheiden ist eine politische Aufgabe und nicht die Sache eines kaufmännisch arbeitenden Betreibers. Dieser kann nur unter den gegebenen Rahmenbedingungen wirtschaftlich tätig sein. Insbesondere in der Energiewirtschaft entscheiden die ökonomischen und politischen Rahmenbedingungen in hohem Maße darüber, welche Kostenanteile die Allgemeinheit tragen muß und welche Kosten in die betriebswirtschaftliche Bilanz des Energieerzeugers wirklich eingehen. Die Energiekosten wie auch der Wettbewerb der Energieträger untereinander werden dadurch beeinflußt.

Die wirtschaftliche Situation der Windenergienutzung zeigt heute zwei Gesichter. Auf der einen Seite steht ihre Anwendung auf der Seite der Stromverbraucher. Gemessen an den Verbraucherpreisen für elektrische Energie und an der gesetzlich festgeschriebenen Stromvergütung nach dem Erneuerbare-Energien-Gesetz ist die Stromerzeugung aus Windenergie wirtschaftlich, sofern es sich um einen Standort mit entsprechenden Windverhältnissen handelt. Demgegenüber steht die Stromerzeugung der Energieversorgungsunternehmen. Hier setzen die Stromerzeugungskosten der Großkraftwerke den wirtschaftlichen Maßstab. Diese wesentlich engeren wirtschaftlichen Rahmenbedingungen ließen aus der Sicht der großen Stromerzeuger eine wirtschaftliche Nutzung der Windkraft noch vor einigen Jahren nicht zu. Die Situation hat sich in den letzten Jahren bei den steigenden Stromerzeugungskosten geändert, vor allem wenn der Strom von neu zu bauenden Kraftwerken erzeugt wird. In vielen Ländern außerhalb Europas ist das heute schon der Fall. Dies gilt vor allem dann, wenn die Versorgungsunternehmen bereit sind, die Windkraftanlagen in ihren Kraftwerkpark organisatorisch so zu integrieren, daß der Stromerzeugung aus Windenergie neben der erzeugten Arbeit auch ein gewisser Beitrag zur gesicherten Kraftwerksleistung zugebilligt werden kann.

Die konkrete Wirtschaftlichkeitsberechnung eines Investitionsvorhabens ist ohne die Einbeziehung der Finanzierungsbedingungen nicht möglich. Auch wenn eine technologisch ausgerichtete Abhandlung primär auf die „abstrakte“ Wirtschaftlichkeitsbetrachtung der Technik vor dem Hintergrund ihrer Einsatzbedingungen ausgerichtet ist, kann dieser wichtige Aspekt nicht völlig unerwähnt bleiben. Innovative und mutige Finanzierungsmodelle geben oft den entscheidenden Impuls, der neuen Ideen zum Durchbruch verhilft. Auch die Windenergienutzung ist darauf angewiesen.

20.1 Unternehmensformen und Finanzierung

Der Kapitalbedarf für die Realisierung eines Windkraftanlagenprojektes wird zunächst durch die Gesamtinvestitionskosten einschließlich aller Nebenkosten vorgegeben (vergl. Kap. 19). Die Art und Weise, wie das Kapital aufgebracht wird, das heißt wie die Investition finanziert wird, ist nicht ohne Einfluß auf die einmaligen und die laufenden Kosten. Die Finanzierung ihrerseits wird wiederum von der Rechtsform beeinflußt, in dessen Rahmen das Investitionsvorhaben organisiert wird. Ist zum Beispiel eine Kapitalgesellschaft Betreiber (Rechtsträger) der Investition, so sind andere Finanzierungsformen möglich als in den Fällen, in denen Windkraftanlagen von einer Privatperson oder einer Personengesellschaft erworben und betrieben werden. Die Analyse der Wirtschaftlichkeit erfordert somit zumindest eine gewisse Berücksichtigung der Rechtsform des Betreibers und der sich daraus ergebenen Finanzierungsmöglichkeiten.

In der Regel wird man davon ausgehen, daß die Investition zu einem großen Teil durch Bankkredite (Fremdkapital) finanziert wird und dafür der Kapitaldienst für Zinsen und Tilgung zu leisten ist. Sollte die Investition in Ausnahmefällen vollständig durch Eigenkapital finanziert werden, wird ein kaufmännisch denkender Betreiber auch für sein eingesetztes Kapital eine Rendite kalkulieren, welche die Rückführung des Kapitals in einem bestimmten Zeitraum sowie eine Mindestverzinsung vorsieht. Dieser kalkulatorische Kapitaldienst liegt in der gleichen Größenordnung wie bei Fremdmitteln, so daß für eine überschlägige Kalkulation der Wirtschaftlichkeit eine Unterscheidung zwischen Eigen- und Fremdkapital nicht erforderlich ist.

Kredite werden von den Banken nur mit bestimmten Sicherheiten, die der Kreditnehmer stellen muß, gewährt. Die klassische Bankfinanzierung wird durch sog. *dingliche Sicherheiten,* das heißt Grundschulden oder die Übereignung von Gebäuden und Anlagen, abgesichert. Die Banken lassen sich jedoch auch auf sog. *Projektfinanzierungen* ein, bei denen die Kredite nicht nur dinglich abgesichert werden [1]. Der Kreditnehmer verpflichtet sich, die Einnahmen aus dem Projekt vorrangig für den Schuldendienst gegenüber der Bank bereitzustellen. Die Sicherheit für die Bank liegt damit ausschließlich im Vertrauen auf die langfristige Sicherheit der Einnahmen, das heißt die Wirtschaftlichkeit des Vorhabens. Diese Art der Finanzierung ist für größere Investitionsvorhaben weithin üblich. Es versteht sich von selbst, daß die Banken unter diesen Voraussetzungen eine sehr genaue technische und wirtschaftliche Prüfung der Projekte vornehmen und letztlich auch Einfluß auf die Investitionsentscheidung selbst nehmen. In der Regel verlangen die Banken zusätzlich einen Mindestanteil an Eigenkapital, um ihr Kreditrisiko zu verringern.

Bankkredite für Investitionsvorhaben im Energie- und Umweltbereich gibt es in Deutschland zu verbilligten Konditionen. Zum Beispiel stellen die *Deutsche Ausgleichsbank (DtA)* und die *Kreditanstalt für Wiederaufbau (KfW)* in verschiedenen Programmen zinsverbilligte Kredite bereit, die über die normalen Geschäftsbanken ausgereicht werden. Diese Kredite werden für das zu finanzierende Investitionsvorhaben von den Geschäftsbanken beantragt und stehen ihnen dann als Refinanzierungsmittel zur Verfügung. Die meisten Windkraftanlagenprojekte in Deutschland wurden in den letzten Jahren auf diese Weise finanziert. Die Zinsbelastung liegt dabei im Durchschnitt etwa 1,5 bis 2 Prozentpunkte unter den Direktkrediten der Geschäftsbanken.

Neben der Bankfinanzierung spielte in der Vergangenheit die öffentliche Förderung im Bereich der erneuerbaren Energien eine Rolle. In der Bundesrepublik Deutschland gab es eine Vielzahl von direkten und indirekten Fördermaßnahmen, sowohl auf Bundesebene wie auch in den Bundesländern. Mit der Gültigkeit des Einspeisegesetzes bzw. des Nachfolgegesetzes, des „Erneuerbare-Energien-Gesetzes" (EEG) seit 1999, in dem feste Einspeisetarife für Strom aus Windkraft festgelegt sind, wurden die öffentlichen Fördermaßnahmen für die Windenergienutzung bis auf verschwindende Ausnahmen eingestellt. Heute spielen öffentliche Fördergelder nur noch bei Forschungs- und Entwicklungsvorhaben eine gewisse Rolle.

Die Finanzierung eines Investitionsvorhabens erfordert auch aus Gründen der Haftung eine gesellschaftsrechtliche Konstruktion auf der Seite des Eigentümers bzw. Betreibers. Im einfachsten Fall, wenn der Eigentümer und Betreiber eine natürliche Person ist, meldet diese ein Gewerbe an, soweit ein solches nicht ohnehin besteht. Die Haftung gegenüber der Gläubigerbank für die Kredite und nicht zuletzt die steuerliche Veranlagung ergibt sich dann wie bei jedem anderen Gewerbe auch. Bei größeren Projekten ist in der Regel eine Gesellschaft der Träger des Vorhabens. In diesem Fall gibt es mehrere Optionen für die Rechtsform:

Gesellschaft bürgerlichen Rechts (GbR)

Die GbR ist die unkomplizierteste Rechtsform, die aus mehreren (mindestens zwei) Personen gebildet werden kann. Zu ihrer Gründung sind praktisch keine rechtlichen Formalitäten erforderlich. Die steuerlichen Vorteile (Abschreibung der betrieblichen Verluste) sind, da die GbR eine Personengesellschaft darstellt, direkt für die einzelnen Gesellschafter nutzbar. Alle Mitgesellschafter stehen bis zur Gesamtsumme der Verpflichtungen in der persönlichen Haftung. Für größere Projekte ist eine GbR aus diesem Grund nicht üblich.

Gesellschaft mit beschränkter Haftung (GmbH)

Die GmbH ist eine Kapitalgesellschaft. Die Haftung beschränkt sich theoretisch auf das sog. Stammkapital. In der Praxis verlangen die Banken aber bei kleinen GmbHs eine darüber hinausgehende persönliche Haftung oder anderweitige dingliche Absicherungen für die Kredite. Die steuerlichen Vorteile der Abschreibung bleiben in der Gesellschaft und sind für den einzelnen Gesellschafter nicht nutzbar. Die Führung größerer Projekte mit mehreren Gesellschaftern ist mit einer GmbH besser als mit einer GbR handhabbar, da ein Geschäftsführer bestellt werden muß und ein formeller Jahresabschluß erstellt wird.

Kommanditgesellschaft (KG)

Diese Rechtsform ist vor allem als GmbH & Co. KG verbreitet. Diese komplizierte Konstruktion hat den Vorteil, daß der ansonsten persönlich voll haftende *Komplementär* der KG durch eine begrenzt haftende GmbH ersetzt werden kann. In der KG ist die Kapitalaufnahme über beliebig viele *Kommanditisten*, die nur mit ihrer Einlage haften, in größerem Umfang möglich. Die Kommanditisten können die Gewinne und Verluste, die in der KG entstehen, mit ihren sonstigen Einkünften steuerlich verrechnen, da die KG eine Personengesellschaft ist und das Wirtschaftsgut (Windpark) im Eigentum der KG liegt. Zahlreiche Windparks werden in Deutschland im Rahmen einer GmbH & Co. KG finanziert und betrieben.

Im Hinblick auf die Wirtschaftlichkeit der Windenergienutzung war diese Rechtsform in der Vergangenheit von Bedeutung, da die nominelle Eigenkapitalrendite vergleichsweise niedrig sein konnte. Die Investoren (Kommanditisten) erzielten durch Steuervorteile eine höhere effektive Rendite „nach Steuern". Das Eigenkapital wurde auf diese Weise für die Projektfinanzierung billiger. Im Ausland ist die GmbH & Co. KG, oder vergleichbare Gesellschaftsformen, kaum zu finden.

Durch eine Änderung der Steuergesetze in den letzten Jahren sind heute kaum noch Steuervorteile für die Investoren mit einer GmbH & Co. KG verbunden. Dennoch bleibt diese Unternehmensform interessant, weil die Gewinne und Verluste, steuerlich mit anderen Einkünften verrechnet werden können.

Aktiengesellschaft (AG)

Die Aktiengesellschaft als typische Rechtsform für Großunternehmen spielt heute in der Windenergienutzung noch keine Rolle, wenngleich für die ersten großen Offshore-Projekte bereits Aktiengesellschaften gegründet wurden. In einer Aktiengesellschaft können keine persönlichen Steuervorteile für die Aktionäre generiert werden. Allerdings ist die Basis für die Kapitalaufnahme durch die Ausgabe von Aktien sehr groß. Aktiengesellschaften unterliegen einer strengen Aufsicht im Rahmen des Aktiengesetzes und müssen ihren Geschäftsverlauf regelmäßig publizieren. Das Aktienrecht unterscheidet zwischen „kleinen" und „großen" Aktiengesellschaften. Bei kleinen AGs sind vereinfachte Verfahren zulässig.

Eine genaue Analyse der Wirtschaftlichkeit muß die Eigenheiten dieser Rechtsformen, insbesondere die steuerlichen Wirkungen, berücksichtigen. Außerdem ist die Haftung des Windparkbetreibers gegenüber der finanzierenden Bank, oder sonstigen Gläubigern, in den verschiedenen Gesellschaftsformen unterschiedlich.

20.2 Statische Berechnung der Stromerzeugungskosten

Was kostet der Strom aus Wind? Auf diese einfache Frage konzentriert sich letztlich jede Diskussion über die Wirtschaftlichkeit. Im konkreten Fall stellt sich das Wirtschaftlichkeitsproblem jedoch oft nicht als direkte Frage nach den Stromerzeugungskosten. Vielmehr ist bei vorgegebenen Stromerlösen die *Amortisationszeit* für das eingesetzte Kapital zu finden. Für Stromerzeugungsanlagen, die ihre Energie ins Netz einspeisen, ist diese Situation fast immer gegeben, da hier auf der Grundlage gesetzlicher Regelungen oder Stromlieferverträge mit vorgegebenen Einspeisetarifen gerechnet werden muß.

Vor der Ermittlung der Stromerzeugungskosten bzw. der Amortisationszeit bei vorgegebenen Stromerlösen ist es wichtig, sich zunächst noch einmal die Rangordnung der Einflußgrößen auf die Stromerzeugungskosten ins Gedächtnis zu rufen:

- Die mittlere Jahreswindgeschwindigkeit am Standort
- Die Leistungskennlinie der Windkraftanlage
- Die Kapitalkosten für die Investition, im wesentlichen bestimmt von den Herstellkosten der Anlage
- Eine ausreichend hohe technische Verfügbarkeit (Zuverlässigkeit) der Windkraftanlage
- Die Betriebskosten, im wesentlichen für Wartung und Instandsetzung
- Die betriebswirtschaftliche Lebensdauer

Die zugestandene Amortisationszeit für das eingesetzte Kapital läßt sich aus unterschiedlichen Blickwinkeln betrachten. Volkswirtschaftlich betrachtet könnte man einer Windkraftanlage eine Amortisationszeit, die ihrer Lebensdauer entspricht, aus vielen guten Gründen zugestehen. Betriebswirtschaftlich gesehen ist eine Abschreibungsdauer von zwanzig oder mehr Jahren für ein Investitionsgut von einigen hunderttausend Euro unrealistisch. Insbesondere für kleine Anlagen, die von privaten Verbrauchern gekauft werden, sind Abschreibungszeiten von mehr als zehn Jahren nicht marktgerecht. Ein Kunde, der einer kleinen Windkraftanlage eine Amortisationszeit von zehn Jahren zugesteht, tut dies bereits mit einem Schuß Idealismus für die gute Sache.

Anders liegen die Verhältnisse bei großen Windkraftanlagen. Die Energieversorgungsunternehmen sind es gewöhnt, die großen herkömmlichen Kraftwerke über zwanzig und mehr Jahre abschreiben zu müssen. Hinzu kommt, daß eine Megawatt-Windkraftanlage sicher eine höhere Lebenserwartung aufweisen wird, als eine 50-kW-Kleinanlage. Aus diesen Gründen wird man großen Windkraftanlagen mit einiger Berechtigung auch längere Amortisationszeiten zugestehen können.

Die Amortisationszeit, oder auch „Kapitalrückführungsdauer“, lässt sich am einfachsten überblicken, wenn das eingesetzte Kapital „annuitätisch“ getilgt wird. Unter dem Begriff Annuität wird die gleich bleibende Summe aus Zins und Tilgung verstanden. Mit anderen Worten: Mit zunehmender Rückführung des Kapitals sinkt die Zinsbelastung und die Tilgung steigt so an, daß die Summe aus beiden über der Laufzeit gleich bleibt. In der Praxis wird üblicherweise eine sog. „ratierliche“ oder variable Tilgung mit der kreditgebenden Bank vereinbart, weil sich damit die Liquidität über der Betriebszeit bedarfsgerechter steuern lässt (vergl. Kap. 20.3). Auf das wirtschaftliche Gesamtergebnis hat der andere Tilgungsverlauf praktisch keinen Einfluß.

Der Annuitätsfaktor läßt sich, in Abhängigkeit von der Kapitalrückführungsdauer und dem Zinsfuß, mit der bekannten Formel berechnen:

$$A = p + \frac{p}{(1+p)^n - 1}$$

mit

A = Jährliche Kapitalkosten (Annuitätsfaktor in % des eingesetzten Kapitals)

p = Zinsfuß (%)

n = Kapitalrückführungsdauer (Jahre)

Aus Bild 20.1 läßt sich die Annuität für Überschlagsberechnungen mit ausreichender Genauigkeit ohne Taschenrechner entnehmen.

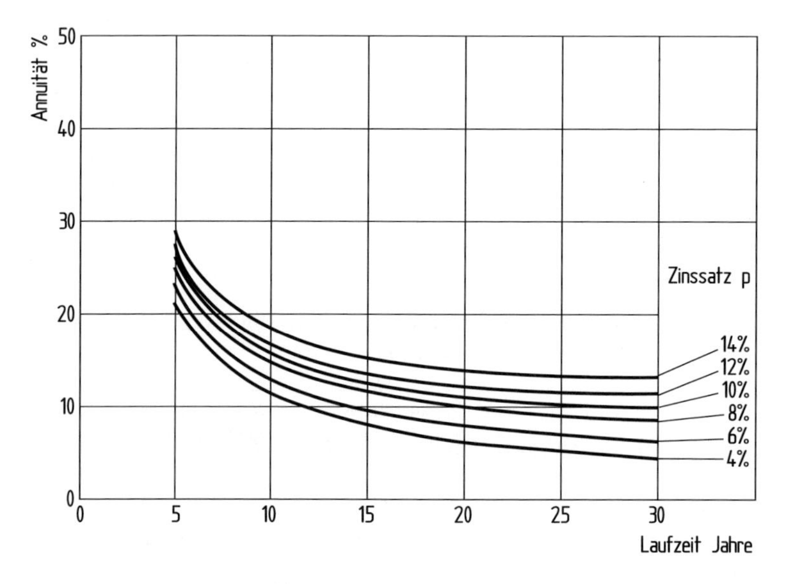

Bild 20.1. Abhängigkeit der Annuität vom Zinssatz und der Kapitalrückführungsdauer

Liegen für die genannten Einflußgrößen konkrete Zahlenwerte vor, sollte am Anfang jeder Wirtschaftlichkeitsanalyse eine einfache, sog. „statische" Berechnung der erreichbaren Stromerzeugungskosten stehen. Nur diese Betrachtungsweise zeigt das objektive Potential der zu beurteilenden Technik. Kompliziertere „dynamische" Wirtschaftlichkeitsberechnungen sind zwar für langfristige Investitionsentscheidungen unverzichtbar, sie bringen jedoch notwendigerweise spekulative Elemente in die Berechnung ein. Das Ergebnis wird dann nicht nur vom wirtschaftlichen Potential der Technik selbst bestimmt, sondern mindestens ebenso von der Einschätzung bestimmter gesamtwirtschaftlicher Rahmenbedingungen und deren Entwicklung über einen längeren Zeitraum.

20.2.1 Einzelne Anlagen und Windparks

Die Kosten der Stromerzeugung aus Windenergie lassen sich in repräsentativer Weise am Beispiel einer Kleinanlage, einer mittelgroßen Windkraftanlage der 500-kW-Klasse und eines Windparks mit großen Windkraftanlagen der 3 MW-Klasse darstellen. Um den Einfluß der unterschiedlichen Rotornabenhöhen zu erfassen, liegt der Berechnung ein Standort mit der mittleren Windgeschwindigkeit von 5,5 m/s in 30 m Höhe zugrunde. Diese Windverhältnisse entsprechen dem sog. „Referenzstandort“ im Strompreisvergütungsmodell des Erneuerbare-Energien-Gesetzes vom März 2000 [2]. Die Winddaten charakterisieren einen guten Standort im Binnenland bzw. einen Standort in größerer Entfernung von der Küste.

Kleine Anlage

Kleine Windkraftanlagen mit Nennleistungen unter 100 kW standen am Anfang der modernen Windenergienutzung im Vordergrund. Die kalifornischen Windfarmen der achtziger Jahre wurden bis auf wenige Ausnahmen aus Windkraftanlagen dieser Größe aufgebaut (vergl. Kap. 2.8). Im weiteren Verlauf der Windenergienutzung wurden sie durch immer größere Anlagen vom Markt weitgehend verdrängt. Ungeachtet dessen bieten aber einige Hersteller immer noch Anlagen in dieser Größe an (Tabelle 20.2). Für gewerbliche Verbraucher oder Gruppen von Privatverbrauchern sind sie nach wie vor interessant, da die Energielieferung in einer Größenordnung liegt, die mit dem Stromverbrauch der Betreiber korrespondiert. Grundsätzlich ist deshalb die Selbstnutzung des erzeugten Stroms möglich — ungeachtet aller anderen Fragen die damit verbunden sind (vergl. Kap. 16.3). Die heute angebotenen Anlagen sind jedoch wesentlich teurer in Bezug auf ihre Leistung

Tabelle 20.2. Stromerzeugungskosten einer kleinen Anlage mit 30 kW Nennleistung und einer mittelgroßen Anlage mit 500 kW Leistung (vergl. Tabelle 19.19)

	Kleinanlage 30 kW/12 m ∅	**Mittlere Anlage 500 kW/40 m ∅**
Investitionskosten		
Preis der Windkraftanlage	60 000 €	500 000 €
Planung, techn. Infrastruktur und Finanzierung	20 000 €	90 000 €
Gesamte Investitionskosten	80 000 €	590 000 €
Jährliche Kosten		
Betriebskosten (5 % vom WKA-Preis)	3 000 €	25 000 €
Annuitätischer Kapitaldienst (Zinssatz 5 %, Laufzeit 20 Jahre)		
Annuität 8,02 %	6 416 €	47 318 €
Aufstellort		
Mittlere Windgeschwindigkeit in 30 m Höhe	5,50 m/s	5,50 m/s
Rauhigkeitslänge z_0	0,1 m	0,1 m
Mittlere Windgeschwindigkeit in Nabenhöhe	5,2 m/s (20 m)	6,0 m/s (50 m)
Jährliche Energielieferung	55 000 kWh	950 000 kWh
elektr. Verluste, 2 %, Verfügbarkeit 98 %,		
Spezifische Investitionskosten	1,45 €/kWh	0,62 €/kWh
Stromerzeugungskosten	0,17 €/kWh	0,08 €/kWh

als die marktbeherrschenden großen Anlagen. Die spezifischen Preise liegen bei 2000 bis 3000 €/kW. Entsprechend ergeben sich daraus die Stromerzeugungskosten. In dem berechneten Beispiel nach Tabelle 20.2 liegen sie je nach der zugestandenen Amortisationszeit zwischen 0,17 bis 0,24 €/kWh während der Kapitalrückzahlzeit. Wenn die Kapitalrückzahlzeit (Kreditlaufzeit) kürzer als die Lebensdauer der Anlage ist, die mit mindestens 20 Jahren angesetzt werden kann, sind die durchschnittlichen Stromerzeugungskosten über der Lebensdauer sogar günstiger. Gemessen an den Stromverbraucherpreisen sind diese Kosten aber immer noch akzeptabel — wenn es gelingt den Strom selbst zu verbrauchen und gegen die Bezugskosten aus dem Netz gegenzurechnen. Im Hinblick auf die Einspeisevergütung nach dem EEG sind diese kleinen Anlagen aber offensichtlich unwirtschaftlich.

Mittelgroße Anlage

Windkraftanlagen der Leistungsklasse um 0,5 MW spielen zwar zur Zeit in Deutschland keine große Rolle mehr auf dem Markt, da die üblichen Windparks in der Regel aus Anlagen der 2 bis 3 MW-Klasse bestehen. Mittelgroße Anlagen sind jedoch als Einzelanlagen für private Betreiber und vor allen Dingen in Ländern der Dritten Welt nach wie vor interessant. Die spezifischen Verkaufspreise für Anlagen dieser Größe unterscheiden sich nicht wesentlich von den heutigen Anlagen der Megawatt-Klasse. Sie liegen bezogen auf die Nennleistung bei 1000 bis 1500 €/kW. Aus diesem Grund unterscheiden sich auch die Stromerzeugungskosten nicht wesentlich von diesen Anlagen.

Windparks mit großen Anlagen

Mit der Einführung von kommerziellen Windkraftanlagen der Megawatt-Klasse hat sich die wirtschaftliche Situation der Windenergienutzung um einen weiteren Schritt verbessert.

Die Anlagen werden in fast allen Fällen in mehr oder weniger großen Windparks betrieben. Die Energielieferung wird im Parkverbund durch den Parkwirkungsgrad im Vergleich zur Einzelaufstellung im Durchschnitt um etwa 10 % verringert (vergl. Kap. 17.4.1).

Zwar sind die Stromerzeugungskosten nicht wesentlich günstiger als bei den Anlagen der 500-kW-Klasse. In dem berechneten Beispiel liegen die berechneten Stromerzeugungskosten etwa auf gleichem Niveau (Tabelle 20.3). Mit den großen Turmhöhen der Megawatt-Anlagen von 100 m und mehr können die schwächeren Windverhältnissen im Binnenland jedoch besser genutzt werden, so daß sich der wirtschaftliche Anwendungsbereich der Windenergienutzung im geographischen Sinn deutlich erweitert.

Aus den Zahlenwerten der berechneten Beispiele lassen sich einige wichtige verallgemeinbare Schlüsse ziehen:

Der nach den Windverhältnissen zweitwichtigste Faktor für die Höhe der Stromerzeugungskosten ist der Kapitaldienst für die Investitionskosten. Üblicherweise werden die Mittel für die Investition zum kleineren Teil durch Eigenkapital des Investors aufgebracht und zum größeren Teil über Bankkredite finanziert. Die Banken fordern je nach der wirtschaftlichen Stabilität des Projektes, so wie sie diese einschätzen, üblicherweise zwischen 20 und 30 % Eigenkapital.

Legt man die kalkulierte technische Lebensdauer der Anlage von 20 Jahren zugrunde, betragen die Stromerzeugungskosten in den Beispielen nur 0,075–0,08 €/kWh. Sie liegen

Tabelle 20.3. Stromerzeugungskosten für eines Windparks mit 20 3 MW-Anlagen in Abhängigkeit von der Windgeschwindigkeit (vergl. Tabelle 19.20)

	Windpark
	20 Anlagen á 3 MW/100 m ∅
Investitionskosten	
Preis der Windkraftanlagen	62 000 T€
Planung, techn. Infrastruktur und Finanzierung	18 000 T€
Gesamte Investitionskosten	80 000 T€
Jährliche Kosten	
Betriebskosten (5 % vom WKA-Preis)	3 100 T€
Annuitätischer Kapitaldienst	
(Zinssatz 5 %, Laufzeit 20 Jahre)	
Annuität 8,02 %	6 416 T€
Aufstellort	
Mittlere Windgeschwindigkeit in 30 m Höhe	5,50 m/s
Rauhigkeitslänge z_0	0,1 m
Mittlere Windgeschwindigkeit in Nabenhöhe	6,5 m/s (100 m)
Jährliche Energielieferung	128 Mio. kWh
Parkverlust 10 %, elektr. Verluste, 2 %, Verfügbarkeit 98 %,	
Sicherheitsabzug 5 %	
Spezifische Investitionskosten	0,625 €/kWh
Stromerzeugungskosten	0,074 €/kWh

damit erheblich unter dem Niveau des Arbeitspreises, den ein privater Stromverbraucher im Rahmen einer üblichen Tarifgestaltung heute zu bezahlen hat. Wenn die technische Möglichkeit gegeben wäre, den erzeugten Strom selbst, also unmittelbar auf der Verbraucherseite, zu nutzen, könnte man die „Strombezugskosten“ — aus der Sicht des Verbrauchers — als nahezu konkurrenzlos günstig bewerten. Wenn die Kapitalrückzahlzeit (Kreditlaufzeit) kürzer als die Lebensdauer der Anlage ist, die hier mit 20 Jahren angesetzt wurde, sind die durchschnittlichen Stromerzeugenkosten über der Lebensdauer der Anlage sogar noch günstiger.

Die reale Situation für den Betreiber einer Windkraftanlage wird in der Praxis jedoch durch den vorgegebenen Erlös bestimmt, den er mit der Einspeisung des erzeugten Stroms in ein größeres Verbundnetz erhält. Gemessen an der Vergütung, die er im Jahr 2013 laut EEG erhält (0,087 €/kWh), ergibt sich eine Amortisationszeit von etwa 11 bis 12 Jahren. Dieser Wert ist aus der Sicht eines kommerziellen Betreibers für ein langfristiges Investitionsgut durchaus akzeptabel — anderenfalls wäre die Entwicklung der Windenergienutzung in den letzten fünfzehn Jahren nicht so stürmisch verlaufen. Bei der Festlegung der Stromvergütung im Rahmen des Erneuerbare-Energien-Gesetzes wurde eine zumutbare Amortisationsdauer von etwa 12 Jahren zugrundegelegt. Diese Zeitdauer entspricht auch einer üblichen Kreditlaufzeit für die Investitionskredite zur Finanzierung von Windenergieprojekten.

Die wirtschaftliche Kennzahl „investiertes Kapital pro jährlich erzeugter Kilowattstunde", die in dem berechneten Beispiel 0,62 €/kWh beträgt, läßt sich als Kriterium für die Wirtschaftlichkeit des Vorhabens heranziehen (vergl. Kap. 19.1). Unter den im Jahr 2013 nach EEG geltenden Bedingungen der Stromvergütung darf dieser Wert je nach den Erwartungen für die Rendite aus der Investition nicht wesentlich über 0,07 €/kWh liegen, wenn damit eine wirtschaftliche Situation „Windkraftanlage an einem bestimmten Standort" erreicht werden, das heißt die Amortisationszeit in dem oben genannten Rahmen liegen soll. Voraussetzung für die Gültigkeit dieses Kriteriums ist jedoch, daß die Betriebskosten auf dem üblichen Niveau liegen (vergl. Kap. 19.3).

Selbstverständlich müssen in einer endgültigen Wirtschaftlichkeitsberechnung auch die laufenden Betriebskosten berücksichtigt werden. In bestimmten Fällen, auch für bestimmte technische Anlagenkonzeptionen, können die Betriebskosten durchaus vom hier unterstellten Durchschnitt abweichen.

Bei diesen Zahlenwerten sollte man außerdem nie die Bedeutung der mittleren Windgeschwindigkeit am Standort aus den Augen verlieren. Aus diesem Grund ist in Bild 20.4 die Abhängigkeit der Stromerzeugungskosten vom Jahresmittel der Windgeschwindigkeit für das Beispiel nach Tabelle 20.3 dargestellt.

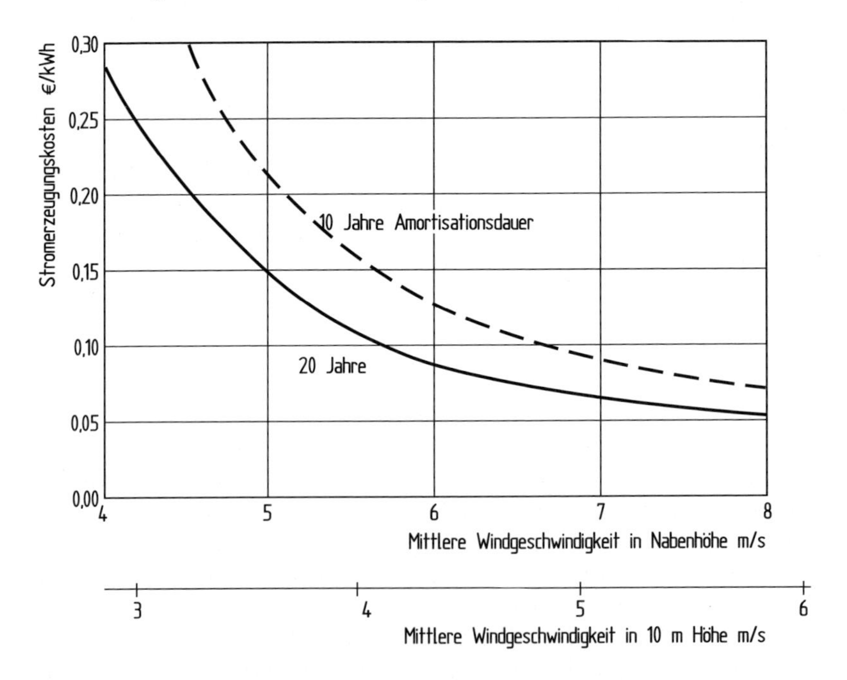

Bild 20.4. Stromerzeugungskosten für einen Windpark mit 20 3 MW-Anlagen in Abhängigkeit von der mittleren Windgeschwindigkeit

Unter Berücksichtigung des gesamten zur Verfügung stehenden Windgeschwindigkeitsspektrums in Deutschland kann man die Stromerzeugungskosten einer mittleren oder großen Windkraftanlage wie folgt bewerten: An einem guten Windstandort (5,5 m/s in 30 m Höhe) lassen sich Erzeugungskosten von etwa 0,074 €/kWh erzielen, wenn man die gesamte Lebensdauer der Anlage als Abschreibungszeitraum für das eingesetzte Kapital zugesteht. Dieser Wert ist von Bedeutung, wenn Windkraftanlagen in Konkurrenz zu konventionellen Kraftwerken auf der Seite der Stromerzeuger eingesetzt werden.

Für einen Betreiber, der die Wirtschaftlichkeit der Investition an einer ihm gewährten Einspeisevergütung für die Stromeinspeisung in ein Verbundnetz bewerten muß, läßt sich eine wirtschaftlich akzeptable Situation ab einer mittleren Jahreswindgeschwindigkeit von etwas über 6 m/s in Rotornabenhöhe erreichen. Das entspricht einer mittleren Windgeschwindigkeit von ca. 4,5 m/s in 10 m Höhe. Für noch größe Rotornabenhöhen, 100 m und darüber, bedeutet dies, daß Gebiete mit mittleren Windgeschwindigkeiten von ca. 4,5 m/s, gemessen in 10 m Höhe, wirtschaftlich genutzt werden können.

Neben diesen wirtschaftlichen Zahlenwerten spielt auch die Tatsache eine Rolle, daß in dicht besiedelten Gebieten die knappen Standorte immer wertvoller werden. Man wird deshalb immer versuchen, sie mit der größtmöglichen Anlage zu nutzen. Gerade dieses Argument ist ausschlaggebend für die Tendenz, immer größere Anlagen einzusetzen.

20.2.2 Offshore-Windparks

Die Wirtschaftlichkeit der Offshore-Aufstellung von Windkraftanlagen wird man zunächst daran messen, ob sie im Vergleich zu einem Landstandort bestehen kann. Auf der einen Seite stehen höhere Investitionskosten und ein größerer Aufwand für Wartung und Instandsetzung, auf der anderen Seite die vermehrte Energielieferung aufgrund der höheren Windgeschwindigkeiten.

Investitions- und Betriebskosten und damit die Wirtschaftlichkeit der Offshore-Aufstellung von Windkraftanlagen sind weit mehr als an Land eine Frage des Standortes. Die Wassertiefe und die Entfernung zur Küste sind die entscheidenden Kriterien. Die Bandbreite der heute geplanten Offshore-Projekte läßt sich modellhaft an zwei Beispielrechnungen verdeutlichen.

Windparks im küstennahen Offshore Bereich

Im „küstennahen" Bereich, in Gebieten in denen sich die meisten der bis heute realisierten Offshore-Windparks befinden, überschreitet die Wassertiefe selten mehr als 20 m. Die Entfernungen zur Küste bewegen sich zwischen 10 bis 30 km. Unter diesen Voraussetzungen liegen erste Erfahrungen vor, damit lassen sich die Investitionskosten relativ genau ermitteln (vergl. Kap. 19.4.1). Wesentlich unsicherer ist die langfristige Entwicklung der Betriebskosten. Alle bisher ausgeführten Projekte liefern bis heute dazu keine verläßlichen Daten. Die ersten Betriebsjahre waren in den meisten Fällen noch geprägt von allerlei Pannen und Nachbesserungen an den Windkraftanlagen. Außerdem sind die organisatorischen und logistischen Strukturen für den technischen Service noch weitgehend improvisiert und deshalb hinsichtlich der Kosten nicht repräsentativ. Ungeachtet dieser Vorbehalte sind die jährlichen Betriebskosten für die ersten Offshore-Projekte doppelt so hoch wie bei Windparks an Land angenommen worden sind (vergl. Kap. 19.4.4).

Die Tabelle 20.5 zeigt ein Berechnungsbeispiel für einen typischen Windpark im küstennahen Offshore-Bereich. Die sich ergebenden Stromerzeugungskosten bei der Amortisationszeit von 20 Jahren von etwa 0,10 €/kWh liegen deutlich höher als an Land. Die höhere Windgeschwindigkeit bzw. Energielieferung kann bei diesen Annahmen die fast doppelt so hohen Investitionskosten, im Vergleich zur Landaufstellung, nicht ausgleichen.

Tabelle 20.5. Stromerzeugungskosten eines Offshore-Windparks im küstennahen Bereich der Ostsee (vergl. Kap. 19.4, Tabelle 19.25) Wassertiefe 10–20 m, Entfernung zum Land ca. 30 km

	Windpark **100 Anlagen á 3 MW** **100 m ∅**
Investitionskosten	
Preis der Windkraftanlagen	360 000 T€
Planung, techn. Infrastruktur und Finanzierung	402 000 T€
Gesamte Investitionskosten	762 000 T€
Jährliche Kosten	
Betriebskosten (8,9 % vom WKA-Preis, 4,2 % der Investitionskosten)	32 004 T€
Annuitätischer Kapitaldienst, Annuität 8,02 % (Zinssatz 5 %, Laufzeit 20 Jahre)	61 111 T€
Aufstellort	
Mittlere Windgeschwindigkeit in 80 m Höhe	9,0 m/s
Jährliche Energielieferung	900 Mio. kWh
Parkverlust 10 %, elektr. Verluste, 2 %, Verfügbarkeit 98 %, Sicherheitsabzug 5 %	
Spezifische Investitionskosten	0,84 €/kWh
Stromerzeugungskosten	0,103 €/kWh

Offshore Windparks in der deutschen Nordsee

Im „küstenfernen" Bereich, also in den Gebieten in denen die meisten OffshoreProjekte in der deutschen Nordsee geplant sind, liegen die Verhältnisse anders. Die Entfernungen vom Land betragen bis zu 100 km und die Wassertiefe der Nordsee liegt bei etwa 35–40 m. Demgegenüber steht eine höhere Windgeschwindigkeit, die über der „offenen See" in einer Höhe von 100 m mit bis zu 10 m/s erwartet werden kann. Die in diesen Gebieten geplanten Offshore-Projekte sehen fast ausnahmslos den Einsatz von Windkraftanlagen der 5 MW-Klasse vor. Wie in Kap. 19.4 erwähnt, muß unter diesen Umständen aus heutiger Sicht mit spezifischen Investitionskosten von über 4 000 €/kW gerechnet werden (vergl. Tabelle 20.6).

Darüber hinaus wird man davon ausgehen müssen, daß die technische Verfügbarkeit unter den gegebenen Umständen niedriger liegen wird und die Betriebskosten pro Kilowattstunden gegenüber einer küstennahen Aufstellung nochmals höher sein werden. Die Tabelle 20.6 zeigt beispielhaft in welchem Bereich die Stromerzeugungskosten zu erwarten sind. Ein kommerzieller Betreiber wird angesichts der Risiken sowie der Forderung nach einer Mindestrendite über 0,16 €/kWh erlösen müssen. Die zur Zeit diskutierte Neufassung des Erneuerbare-Energien-Gesetzes muß auf diese Situation Rücksicht nehmen, wenn damit die Entwicklung der Offshore-Windenergienutzung entsprechend der angestrebten Ziele ermöglicht werden soll.

Tabelle 20.6. Abschätzung der Stromerzeugungskosten für einen „küstenfernen" Offshore-Windpark in einer Entfernung zur Küste von ca. 100 km, bei einer Wassertiefe von 40 m

	Windpark 60 Anlagen á 5 MW 125 m ∅
Investitionskosten	
Preis der Windkraftanlagen	510 000 T€
Planung, techn. Infrastruktur und Finanzierung	725 000 T€
Gesamte Investitionskosten	1 235 000 T€
Jährliche Kosten	
Betriebskosten (13,0 % vom WKA-Preis, 5,4 % der Investitionskosten)	66 900 T€
Annuitätischer Kapitaldienst, Annuität 8,02 % (Zinssatz 5 %, Laufzeit 20 Jahre)	99 047 T€
Aufstellort	
Mittlere Windgeschwindigkeit in 100 m Höhe	10,0 m/s
Jährliche Energielieferung	1050 Mio. kWh
Parkverlust 10 %, elektr. Verluste, 2 %, Verfügbarkeit 98 %, Sicherheitsabzug 5 %	
Spezifische Investitionskosten	1,18 €/kWh
Stromerzeugungskosten	0,16 €/kWh

20.3 Dynamische Berechnung der Wirtschaftlichkeit

Die statische Berechnung der Stromerzeugungskosten vermittelt nur ein momentanes Bild der Wirtschaftlichkeit. Für eine langfristige Investitionsentscheidung ist eine weiterreichende Perspektive erforderlich. Das heißt, in einer „dynamischen" Betrachtungsweise muß die voraussichtliche Entwicklung bestimmter ökonomischer Rahmenbedingungen für den Investitionszeitraum in die Betrachtung mit einbezogen werden. Damit fließen zwar unvermeidlich spekulative Elemente in die Wirtschaftlichkeitsberechnung ein, aber eine langfristige Investitionsentscheidung ist ohne diese Unsicherheit ohnehin nicht möglich.

Zu diesen spekulativen Elementen gehören vor allem die allgemeine Inflationsrate und die Steigerung der Strompreise. Nach Ansicht der Mehrzahl der Wirtschaftsexperten kann man davon ausgehen, daß die Geldentwertung langfristig einige Prozent pro Jahr betragen wird und daß die an die fossilen Brennstoffe gekoppelten Strompreise schneller steigen werden als die übrigen Kosten mit der allgemeinen Inflationsrate. Nicht zuletzt werden die zunehmenden Aufwendungen für die Umweltverträglichkeit der konventionellen Stromerzeugung für steigende Strompreise sorgen.

20.3.1 Kapital- oder Barwertmethode

Übliche Rechenverfahren der dynamischen Wirtschaftlichkeitsberechnung beruhen auf der sog. *Kapital-* oder *Barwertmethode* [3]. Kennzeichnend für dieses Verfahren ist, daß der zeitlich unterschiedliche Anfall von Kosten und Erlösen berücksichtigt wird. Dies geschieht durch Abzinsung (Diskontierung) aller Zahlungsflüsse auf einen gemeinsamen Bezugszeitpunkt. Der Wert der Zahlungsflüsse zum jeweiligen Zeitpunkt wird als *Barwert* bezeichnet. Die Summe aller Barwerte bezeichnet man als *Kapitalwert.* Durch Vergleich der auf einen Zeitpunkt diskontierten Rückflüsse mit dem Wert der anfänglichen Investition ergibt sich ein Bild von der Wirtschaftlichkeit des Vorhabens.

Der Kapitalwert berechnet sich nach der Formel:

$$c_0 = \sum_{i=1}^{n} \frac{E_i - K_i}{q^i} - \frac{R_l}{q^l} + \frac{S_n}{q^n} - I_0$$

mit:

c_0 = Kapitalwert
n = wirtschaftliche Lebensdauer der Investition in Jahren
E_i = Erlös im Jahr i
K_i = Kosten im Jahr i
q = $(1 + p)$ mit dem Diskontierungszinssatz p
S_n = Restwert der Anlage
R_l = Erneuerungsinvestition im Jahr l
I_0 = anfängliche Investition

Der Kapitalwert läßt sich für jeden Zeitpunkt der wirtschaftlichen Betriebszeit berechnen. Er entwickelt sich von negativen Werten zu Beginn der Betriebszeit zu positiven Werten am Ende der wirtschaftlichen Betriebsdauer. Eine Investition ist dann wirtschaftlich, wenn der über der Betriebszeit aufsummierte Kapitalwert positiv ist. Ein negativer Kapitalwert zeigt eine unwirtschaftliche Investition an. Für das Beispiel nach Tabelle 20.3 ergibt sich ein Verlauf des Kapitalwertes über die wirtschaftliche Betriebszeit von 20 Jahren wie in Bild 20.7 dargestellt.

Für die Berechnung wurde die Steigerung der jährlichen Betriebskosten mit 2 % pro Jahr (Inflationsrate) angenommen und darüber hinaus unterstellt, daß der Restwert der Anlage nach der wirtschaftlichen Lebensdauer von 20 Jahren gleich Null ist. Mit diesen Annahmen ergibt sich ein positiver Kapitalwert von 10,9 Mio. €.

Neben dem Kapitalwert ist die *Amortisationszeit* (Kapitalrückführungszeit) ein wichtiges Kriterium für die Wirtschaftlichkeit des Vorhabens. Formal ist dies der Zeitraum, in

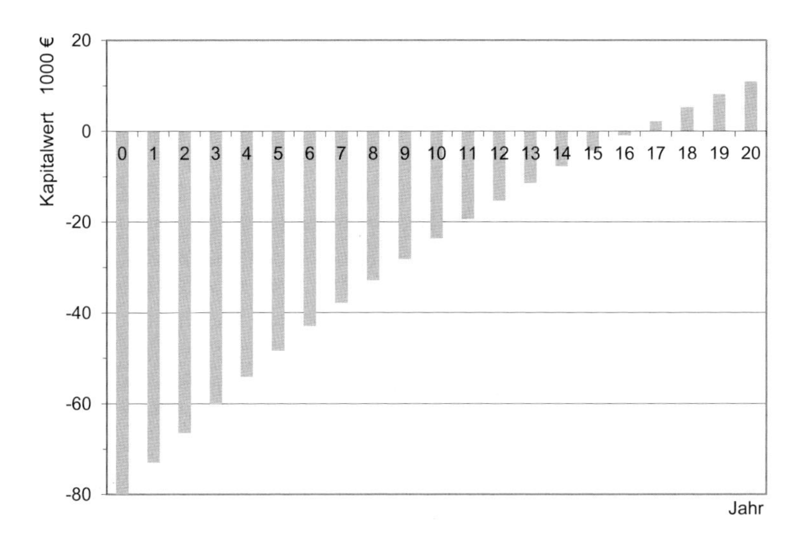

Bild 20.7. Entwicklung des Kapitalwertes über der wirtschaftlichen Lebensdauer am Beispiel der Finanzierung eines großen Windparks (vergl. Tabelle 20.3)

dem die Differenz zwischen Einnahmen und Kosten gleich hoch wie die anfängliche Investition ist. Dies bedeutet auch, daß sich die Amortisationszeit zu dem Zeitpunkt ergibt, an dem der Kapitalwert gleich Null wird. In dem betrachteten Beispiel erfolgt dies im zehnten Jahr.

Die Energieversorgungsunternehmen berechnen für ihre Investitionsvorhaben (Kraftwerke) oft die *mittleren Stromerzeugungskosten* über die wirtschaftliche Lebensdauer der Investition und vergleichen diese mit einer Alternative, um das wirtschaftlich günstigere Vorhaben zu erkennen. Selbstverständlich müssen beide Investitionen mit derselben Methode berechnet werden, keinesfalls dürfen die tatsächlichen Stromerzeugungskosten mit denen nach der Barwertmethode berechneten verglichen werden. Die mittleren Stromerzeugungskosten nach der Kapitalwertmethode sind:

$$K_\mathrm{w} = \frac{\sum\limits_{i=1}^{n} \frac{I_0 f_\mathrm{w} + K_i}{(1+p)^i}}{\sum\limits_{i=1}^{n} \frac{E_i}{(1+p)^i}}$$

mit:

K_w = mittlere Stromerzeugungskosten über die wirtschaftliche Lebensdauer
n = wirtschaftliche Lebensdauer der Investition
E_i = jährliche Energielieferung
I_0 = anfängliche Investition
f_w = Wiedergewinnungsfaktor
K_i = Kosten im Jahr i
p = Diskontierungszinssatz

Der in der Formel enthaltene Faktor f_w wird als *Annuitäts-* oder *Wiedergewinnungsfaktor* bezeichnet:

$$f_w = \frac{(1+p)^n p}{(1+p)^n - 1}$$

Für das Beispiel nach Tabelle 20.3 ergeben sich die mittleren Stromerzeugungskosten K_w = 7,4 Cent/kWh. Der Wiedergewinnungsfaktor (Annuitätsfaktor) beträgt f_w = 8,72 %. Für den Fall, daß keine Steigerungen auf der Einnahmen- und Kostenseite, oder diese gleich hoch angenommen werden, entsprechen die berechneten mittleren Stromerzeugungskosten den Werten, die mit der statischen einer Annuitäten-Methode ermittelt werden.

Diese Zahlenwerte sagen für sich betrachtet wenig aus. Sie sind dann von Bedeutung, wenn mehrere unterschiedliche Investitionen anhand dieser Kriterien verglichen werden. Dies ist bei großen Energieversorgungsunternehmen der Fall, wo oft mehrere Alternativen in bezug auf die Technik und den Standort bewertet werden. Für die Windenergienutzung stellt sich eine derartige Wahlmöglichkeit in der Regel nicht; deshalb ist für Windenergieprojekte die Kapitalflußrechnung aussagekräftiger.

20.3.2 Kapitalflußprognose für einen Windpark

Die wirtschaftliche Beurteilung von größeren Investitionen erfolgt heute fast ausschließlich anhand einer Kapitalflußberechnung über die wirtschaftliche Betriebszeit des Investitionsobjektes. Das Verfahren wird allgemein als *Cash-Flow-Berechnung* bezeichnet. (Die Bezeichnung hat sich auch im deutschen Sprachraum eingebürgert, so daß an dieser Stelle der Anglizismus kaum noch zu vermeiden ist.)

Die Cash-Flow-Berechnung zeigt für jedes Jahr der Betriebszeit die Einnahmen und die Ausgaben unter Berücksichtigung bestimmter dynamischer Faktoren, wie Preissteigerungen, veränderlicher Zinszahlungen, Tilgungen, Steuern usw. Das Ergebnis des laufenden Vergleichs von Einnahmen und Ausgaben ist der sog. Cash-Flow. Der Begriff Cash-Flow ist in der Betriebswirtschaftslehre leider nicht eindeutig definiert — auch in der angloamerikanischen Literatur nicht. Eine praktische Definition, die weit verbreitet ist, definiert den Cash-Flow als die Differenz von Einnahmen und objektbedingten Betriebsausgaben inkl. der Zinszahlungen. Hiernach ist der Cash-Flow das Betriebsergebnis vor Abschreibung, Tilgung, Steuerzahlungen und Gewinn. Anders gesagt, sind es die liquiden Mittel, die erwirtschaftet werden und für Tilgungen, Steuern und Gewinne zur Verfügung stehen.

Die Cash-Flow-Berechnung vermittelt damit einen vollständigen Überblick über die wichtigsten wirtschaftlichen Zahlen des Investitionsobjektes in seiner angenommenen Lebensdauer. Die Wahrheit ist jedoch — wie üblich — komplexer. Mit einer nur geringfügigen Veränderung der Eingabedaten, zum Beispiel der Preis- und Kostensteigerungsindizes, verschieben sich die Zahlenwerte nach wenigen Jahren dramatisch. Man könnte auch sagen, mit entsprechenden Eingabedaten läßt sich jede Investition „schön“ oder „kaputt“ rechnen. Darüber hinaus können die aus der Cash-Flow-Rechnung abgeleiteten Wirtschaftlichkeitskriterien, zum Beispiel der *interne Zinsfuß*, durch formale Manipulation, zum Beispiel durch eine Veränderung des Betrachtungszeitraumes, erheblich verändert werden.

Ungeachtet dieser Bedenken ist die Cash-Flow-Berechnung aus der Wirtschaftlichkeitsanalyse von Investitionen nicht mehr wegzudenken. Sie leistet außerdem wertvolle Dienste durch die Möglichkeit mit Hilfe von „Sensitivitätsanalysen", den Einfluß bestimmter Faktoren im Sinne einer „best case" und „worst case" Betrachtung deutlich werden zu lassen. Die wirtschaftliche Stabilität der Investition bei Veränderung von technischen oder wirtschaftlichen Einflußgrößen wird auf diese Weise sichtbar.

Am Beispiel des Windparks nach Tabelle 20.3, zeigt die Tabelle 20.8 zunächst die wichtigsten Eingabedaten für die nachstehende Cash-Flow-Prognoserechnung.

Tabelle 20.8. Eingabedaten und wirtschaftliche Rahmenbedingungen für die Cash-Flow-Berechnung zum Betrieb des Windparks nach Tabelle 20.3

Windpark	
20 Windkraftanlagen à 3 MW Nennleistung	
100 m Rotordurchmesser, Turmhöhe 100 m	
Investitionskosten	
Ab-Werk-Preis der Windkraftanlagen inkl. Transport und Errichtung	62.000.000 €
Planung, techn. Infrastruktur und Finanzierung (30% vom Ab-Werk-Preis)	18.000.000 €
Gesamte Investitionskosten	80.000.000 €
Jährliche Kosten	
Wartung und Instandsetzung	1.110.000 €
Versicherungen	66.000 €
Verwaltung, Betriebsführung	845.000 €
Landpacht	647.000 €
Sonstiges, z.B. Strombezug, Rückbaurücklage	192.000 €
Finanzierung	
Eigenkapital 20% der Gesamtinvestition	16.000.000 €
Bankkredit 80% der Gesamtinvestition (Zinsfuß 5%, Laufzeit 17 Jahre, 1 Jahr tilgungsfrei)	64.000.000 €
Abschreibungen	
Lineare Abschreibung der WKA über 16 Jahre	4.922.000 €
Dynamische Faktoren	
Kostensteigerung	2,0 % p.a.
Stromerlössteigerung	0 % p.a.
Energielieferung und Stromerlöse	
Mittlere Windgeschwindigkeit in Rotornabenhöhe	6,5 m/s
Nettoenergielieferung (Verfügbarkeit 98%, Verluste durch Parkwirkungsgrad und elektrische Übertragung, Sicherheitsabschlag)	128 Mio. kWh
Stromerlöse	0,08 €/kWh

Die Tabelle 20.9 zeigt die Cash-Flow-Darstellung über die Laufzeit von 20 Jahren in einer üblichen Form. Die relative Größenordnung der Kapitalflüsse wird besonders in der graphischen Darstellung deutlich (Bild 20.10). Man erkennt sofort die überragende Bedeutung des Kapitaldienstes über die angenommene Kreditlaufzeit von 15 Jahren. In dieser Zeit ist das Ergebnis für den Investor eher bescheiden, erst nach Tilgung des Kredits wird das Vorhaben unter wirtschaftlichen Gesichtspunkten wirklich attraktiv. Die Amortisationszeit für das eingesetzte Eigenkapital wird bei dem angenommenen Stromerlös von 0,08 €/kWh in fünfzehn Jahren erreicht (vergl. Bild 20.7).

Tabelle 20.9. Cash-Flow-Prognoserechnung für den Betrieb eines Windparks bestehend aus 20 Windkraftanlagen mit je 3 MW Nennleistung (nach Tabelle 20.3)

Ergebnis- und Liquiditätsrechnung: 20 Windkraftanlagen à 3 MW Nennleistung

(Zahlenwerte in Tsd. EUR)

Jahr	1	2	3	4	5	6	7	8	9	10	11	12	13	14	15	16	17	18	19	20	Total
A. Ergebnis der Gesellschaft																					
I. Erträge																					
1 Stromverkauf	10.240	10.240	10.240	10.240	10.240	10.240	10.240	10.240	10.240	10.240	10.240	10.240	10.240	10.240	10.240	10.240	10.240	10.049	10.055	10.256	204.439
2 Veräußerungserlös	0	0	0	0	0	0	0	0	0	0	0	0	0	0	0	0	0	0	0	9.300	9.300
Gesamterträge	**10.240**	**10.240**	**10.240**	**10.240**	**10.240**	**10.240**	**10.240**	**10.240**	**10.240**	**10.240**	**10.240**	**10.240**	**10.240**	**10.240**	**10.240**	**10.240**	**10.240**	**10.049**	**10.055**	**19.556**	**213.739**
II. Aufwendungen																					
1 Wartung	1.078	1.099	1.121	1.144	1.167	1.190	1.214	1.238	1.263	1.288	1.314	1.340	1.367	1.394	1.422	1.451	1.480	1.509	1.539	1.570	26.190
2 Wartung Netzanbindung	32	33	34	34	35	36	36	37	38	39	39	40	41	42	43	44	44	45	46	47	786
3 Versicherungen	66	67	69	70	71	73	74	76	77	79	80	82	84	85	87	89	91	92	94	96	1.604
4 Techn. Controlling	522	533	543	554	565	577	588	600	612	624	637	649	662	676	689	703	717	731	746	761	12.688
5 Techn. + kaufm. Betriebsführung	323	330	336	343	350	357	364	371	379	386	394	402	410	418	427	435	444	453	462	471	7.857
6 Landpacht	647	647	647	647	647	647	647	647	647	647	862	862	862	862	862	862	862	846	847	864	15.060
7 Strombezug u. Sonst.	162	165	168	172	175	179	182	186	189	193	197	201	205	209	213	218	222	226	231	236	3.928
8 Rückstellungen für Rückbau	30	31	33	35	37	39	41	43	46	48	51	54	57	60	63	67	70	74	78	82	1.040
9 Abschreibung	4.922	4.922	4.922	4.922	4.922	4.922	4.922	4.922	4.922	4.922	4.922	4.922	4.922	4.922	4.922	4.922	0	0	0	0	78.760
Gesamtaufwendungen	**7.783**	**7.828**	**7.874**	**7.921**	**7.970**	**8.019**	**8.069**	**8.121**	**8.173**	**8.227**	**8.497**	**8.553**	**8.611**	**8.669**	**8.729**	**8.790**	**3.930**	**3.978**	**4.043**	**4.127**	**147.913**
III. Ergebnis																					
1 EBIT	2.457	2.412	2.366	2.319	2.270	2.221	2.171	2.119	2.067	2.013	1.743	1.687	1.629	1.571	1.511	1.450	6.310	6.071	6.011	15.429	65.826
2 Kreditzinsen, Gebühren	3.179	3.123	2.924	2.724	2.524	2.324	2.124	1.924	1.724	1.524	1.324	1.124	925	725	525	325	125	-0	-0	-0	30.365
3 Zinserträge	51	123	122	122	121	111	111	110	110	109	109	108	113	112	111	110	109	98	99	101	2.160
4 Gewerbesteuer	0	0	0	0	5	68	79	90	101	111	101	111	122	132	142	152	704	686	680	1.719	5.003
5 Ergebnis	-670	-588	-435	-283	-138	-60	78	215	351	487	426	559	696	826	955	1.084	5.590	5.483	5.430	13.811	32.617
B. Liquidität der Gesellschaft																					
1 Reservekonto (Liquiditätsreserve)	0	3.551	3.461	3.361	3.261	2.746	2.667	2.588	2.508	2.429	2.350	2.270	2.461	2.361	2.261	2.161	2.061	1.500	1.500	1.500	
2 Überschuss vor Tilgung	4.282	4.366	4.521	4.674	4.822	4.902	5.042	5.181	5.320	5.457	5.399	5.535	5.675	5.808	5.941	6.073	5.661	5.557	5.509	13.894	113.617
3 Tilgungen	0	3.998	3.998	3.998	3.998	3.998	3.998	3.998	3.998	3.998	3.998	3.998	3.998	3.998	3.998	3.998	3.998	0	0	0	63.968
4 Rücklagen für Rückbau	52	52	52	52	52	52	52	52	52	52	52	52	52	52	52	52	52	52	52	52	1.040
5 Ausschüttung an Gesellschafter	679	406	571	724	1.287	931	1.071	1.211	1.349	1.486	1.429	1.294	1.725	1.858	1.991	2.123	2.172	5.505	5.457	15.394	48.661
in % vom "Eigenkapital"	4%	3%	4%	5%	8%	6%	7%	8%	8%	9%	9%	8%	11%	12%	12%	13%	14%	34%	34%	96%	**304%**
Schuldendienstdeckungsgrad	-	1,04	1,07	1,09	1,12	1,13	1,16	1,19	1,22	1,25	1,25	1,29	1,33	1,37	1,42	1,47	1,39				
Rückflüsse auf EK vor Steuern	679	406	571	724	1.287	931	1.071	1.211	1.349	1.486	1.429	1.294	1.725	1.858	1.991	2.123	2.172	5.505	5.457	15.394	48.661
Interner Zinsfuß (20 Jahre) 8,1%																					

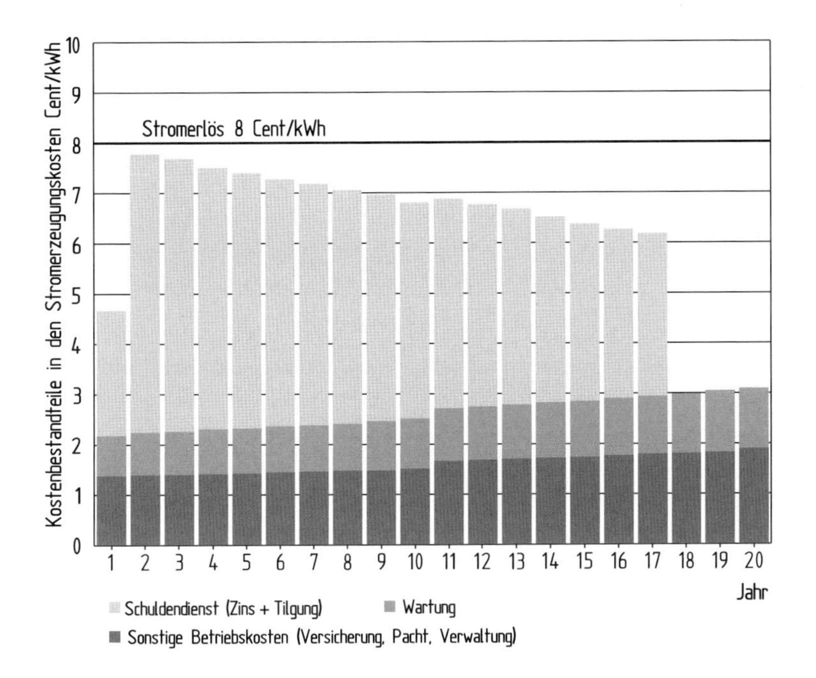

Bild 20.10. Kostenbestandteile in der Cash-Flow-Berechnung eines Windparks mit 60 MW Gesamtleistung, nach Tabelle 20.3

Der sog. *interne Zinsfuß* gibt Auskunft über die Rentabilität des eingesetzten Eigenkapitals. Der Wert hängt bis zu einem gewissen Grad von den unterstellten Zeitpunkten der Zu- und Abflüsse der Zahlungen ab, so daß immer angegeben sein sollte, wie er genau ermittelt wurde [3]. In dem berechneten Beispiel beträgt der interne Zinsfuß über die Laufzeit von 20 Jahren 10,1 %. Dieser Wert entspricht nicht ganz den Erwartungen sog. „institutioneller Investoren". Sie erwarten im allgemeinen eine interne Verzinsung von etwa 15 % ihres eingesetzten Eigenkapitals bei kürzerer Laufzeit. Für viele private Investoren, die mit ihrer Investition anfänglich noch Steuervorteile verbinden können ist dieser Wert akzeptabel. Außerdem ist die Tatsache, daß nach Rückzahlung der Kredite der verfügbare Cash-Flow sehr hoch wird, auch ein Anreiz für diese Art von Investition.

Aus Sicht der finanzierenden Banken ist der *Schuldendienstdeckungsgrad* ein Maß für die wirtschaftliche Stabilität des Projekts. Er gibt an, um wieviel der verfügbare Cash-Flow die Zahlungen für Zinsen und Tilgung für die Kredite übersteigt. Oft fordern die Banken einen Schuldendienstdeckungsgrad von mindestens 1,2–1,3.

In der Praxis werden für große Investitionsvorhaben noch wesentlich detailliertere Cash-Flow-Berechnungen durchgeführt, als in dem Beispiel nach Tabelle 20.9 gezeigt. Sie enthalten variable Zinszahlungen, Tilgungen und Laufzeiten aus verschiedenen Krediten oder auch detailliertere Zahlungsabflüsse für Steuern und andere Ausgaben.

Insgesamt gesehen sind Cash-Flow-Prognoserechnungen ein unverzichtbares Handwerkszeug bei der Entwicklung von komplexen Finanzierungsmodellen. Ohne diese sind heute große Investitionsvorhaben nicht mehr realisierbar. Das Risiko, das die langfristigen

Investitionen beinhalten, ist im allgemeinen nur mit einer Kombination von Eigen- und Fremdkapital und mit einer sehr sorgfältigen Verteilung der Risiken zu bewältigen.

20.4 Stromerzeugungskosten aus Windenergie im Vergleich zu anderen Energiesystemen

Die Wirtschaftlichkeit der Stromerzeugung aus Windenergie auf der Basis der berechneten Stromerzeugungskosten kann grundsätzlich mit drei verschiedenen Maßstäben bewertet werden:

- den Strombezugskosten eines Stromverbrauchers, der in der Lage ist, den Windstrom selbst zu nutzen,
- dem Erlös, den ein Betreiber einer Windkraftanlage bei Einspeisung des Stromes in das Netz erhält,
- den Stromerzeugungskosten eines Stromproduzenten, der alternativ zu anderen Kraftwerken Strom aus Windenergie erzeugen will.

Die Eigennutzung der Windenergie beschränkt sich aus den in Kapitel 16.1 erörterten Gründen bis heute auf wenige Ausnahmen und spielt deshalb in der Windenergienutzung praktisch keine Rolle. Windkraftanlagen werden heute fast ausnahmslos zu dem Zweck betrieben, den erzeugten Strom in das Netz einzuspeisen. Die rechtlichen Vorraussetzungen für die Einspeisung in das Netz sind heute in fast allen europäischen Ländern geregelt. Die entscheidende Frage ist deshalb, welchen Preis der Betreiber einer Windkraftanlage für eine eingespeiste Kilowattstunde angeboten bekommt. In einigen Ländern gibt es gesetzliche oder gesetzesähnliche Regelungen für die Einspeisevergütung (zum Beispiel in Deutschland, Dänemark, Spanien, Griechenland, Frankreich). In anderen Ländern muß der Betreiber einer Windkraftanlage den Strompreis mit dem Netzbetreiber mehr oder weniger aushandeln oder im Wettbewerb mit anderen anbieten (zum Beispiel in England). Tabelle 20.11 zeigt, welche Einspeisevergütungen in einigen Ländern der Europäischen Union in den letzten Jahren für Windstrom bezahlt wurden. Die Erzeugungskosten für Strom aus Windenergie werden in vielen Fällen aus Durchschnittswerten der allgemeinen Strompreise abgeleitet.

Die Liberalisierung des Strommarktes in der EU verursachte in Deutschland Ende der neunziger Jahre eine erhebliche Verunsicherung hinsichtlich der weiteren Entwicklung der Strompreise, von der auch die Einspeisevergütung für den Strom aus erneuerbaren Energien betroffen war. In Deutschland wurde daraufhin mit dem Erneuerbare-Energien-Gesetz eine politisch gewollte Entkoppelung der Einspeisevergütung von der allgemeinen Strompreisentwicklung herbeigeführt, um Investitionssicherheit für erneuerbare Energien zu schaffen. Diese für die Entwicklung der erneuerbaren Energien günstige Regelung war und ist umstritten. Auf der anderen Seite war sie aber für die Entwicklung der Windenergienutzung in Deutschland entscheidend.

Seit der Proklamierung der Energiewende ergeben sich jedoch neue Probleme. Der Anteil der erneuerbaren Energien an der Stromerzeugung ist in den letzten Jahren unerwartet gestiegen. Da die Mehrkosten, die sich aus den festgelegten Einspeisetarifen im Vergleich zum Börsenpreis für den Strom ergeben, als sog. „EEG-Umlage“ auf den Verbraucherpreis

Tabelle 20.11. Einspeisevergütungen für Strom aus Windenenergie in einigen EU-Ländern und den USA (Stand 2007) [EWEA]

Land	Vergütung Euro-Cent/kWh	Grundlage
Deutschland	8,5–8,9	EEG, 2014
Dänemark	7,5	Gesetz
Holland	7–8 (erwartet)	Zertifikatehandel
Frankreich	8,3	Gesetz seit 2002
Italien	15–20	Zertifikatehandel
Spanien	8–9	Gesetz seit 1997
Portugal	8,5	Gesetz
Griechenland	8,2	Gesetz
England	10–11	Bieterverfahren
Schweden	5–6	—
USA	4,86 + 1,7 US-Cent	Steuervergütung

addiert werden, wird dieser Umstand von den EVU als Hauptursache für die Strompreissteigerung der letzten Jahre angegeben. Dagegen werden jedoch zahlreiche andere Gründe für die Strompreissteigerungen angeführt, die hier nicht im Detail diskutiert werden können. Als Ergebnis dieser kontrovers geführten politischen Diskussion wurde für 2014 eine Reform des EEG angekündigt [4].

Ungeachtet der Diskussion um die Einspeisetarife für die erneuerbaren Energien wird die Windenergie mit Sicherheit auch auf Seite der Stromerzeuger genutzt werden. Aus dieser Perspektive ist der Vergleich mit den Stromerzeugungskosten der konventionellen Kraftwerke der entscheidende Maßstab. Hierbei sollte man sich aber nicht von kurzzeitigen, extrem niedrigen „sogenannten Stromerzeugungskosten“ verwirren lassen. Teilweise wird der Strom aus Kraftwerken mit sehr niedrigen Kosten aber hohen CO_2-Emmissionen, wie zum Beispiel den Braunkohlekraftwerken, die durch zahlreiche Ausnahmeregelungen von der CO_2-Abgabe praktisch entlastet wurden, mit Vorrang in das Stromnetz eingespeist. Aus diesen strukturellen Gründen, die im Strommarkt begründet sind, erscheinen an der Strombörse zeitweise extrem niedrige Stromkosten, so daß der Abstand zu den Stromkosten aus erneuerbaren Energien groß erscheint und diese damit als Kostentreiber für die Strompreisentwicklung diskriminiert werden.

Der Maßstab für die zukünftige Stromerzeugungskosten muss eine Vollkostenrechnung für neue Kraftwerke seien. Selbst bei den kosteneffizientesten Gas- und Dampfkraftwerken liegen die Stromerzeugungskosten schon heute bei 0,06–0,08 €/kWh. Der Strom aus Steinkohlekraftwerke mit importierter Kohle ist nicht billiger (Tabelle 20.12).

Ein zukunftsgerechter Vergleich ist außerdem nur auf der Basis der mittleren Stromerzeugungskosten über der Laufzeit der Kraftwerke möglich ist [7, 8]. Dieser Vergleich fällt nochmals günstiger für die erneuerbaren Energien aus, da alle Stromerzeugungskosten, die auf fossilen Brennstoffen beruhen, unvermeidlich schneller steigen werden.

Außerdem muss betont werden, daß sich bei den in Tabelle 20.12 ausgewiesenen Stromerzeugungskosten nur um „betriebswirtschaftliche" Kosten handelt. Die viel zitierten „externen" Kosten der Stromerzeugung aus fossilen Brennstoffen sind hier nicht berücksichtigt. Der Umstieg auf erneuerbare Energien ist deshalb langfristig der einzige Weg die Stromkosten zu begrenzen — auch wenn von interessierter Seite, die ihren Blick auf die momentane Gewinnerzielung bei der Stromproduktion gerichtet hat, etwas anderes behauptet wird.

Tabelle 20.12. Stromerzeugungskosten im Vergleich

Quelle Kosten in €Cent/kWh	Stein- Kohle	Braun- Kohle	Erdgas G. u. D.	Wind Land	Wind Offshore küstennah	Wind Offshore deutsche Nordsee
Stromerzeugungskosten im Jahr 2012						
Fraunhofer ISE [5]	5,9–7,5	4,2–6,2	6,3–9,5	6,5–8,1	ca. 11	ca. 15
Dena [6]	6	—	7	7	—	—
Tabellen 20.3, 20.5, 20.6	—	—	—	7,4	10,3	16
Durchschnittl. Stromerzeugungskosten über 25/30 Jahre (levelized costs)						
RWI [7]	10,4–10,7	—	10,6–11,8	—	—	—
Virginia Offshore Study [8]	11,7–13	—	8,7–10,4	—	9,1–11,3	—

In diesem Zusammenhang ist es auch interessant, einen Blick auf die Zusammensetzung der Strompreise vom Erzeuger bis zum industriellen oder privaten Endverbraucher zu werfen. Auch wenn die Zahlen nur als Anhaltspunkte verstanden werden können — die Versorgungsunternehmen lassen sich bekanntlich nicht in die Karten schauen — dürfte die Größenordnung richtig sein. In Deutschland ergab sich im Jahr 2013 etwa folgendes typisches Bild aus der Sicht eines privaten Stromabnehmers [9]:

- Stromerzeugung 7,0
- Netznutzung 6,5
- Konzessionsabgabe 1,7
- KWK-Umlage 0,1
- EEG-Umlage 5,3
- Offshore-Haftung 0,2
- §19 NEV-Umlage 0,3
- Stromsteuer 2,1
- Mehrwertsteuer 4,4

Verbraucherpreis 27,6

Industrielle Großabnehmer beziehen ihren Strom auf oft auf der 110 kV-Ebene so daß für sie ein Teil der Netzentgelte entfällt. Das gleiche gilt für die Konzessionsabgabe. Stromsteuer und Mehrwertsteuer fallen bei ihnen ohnehin weg. Außerdem sind zahlreiche Unternehmen von der EEG-Umlage befreit, weil sie angeblich im internationalen Wettbewerb stehen. Diese Kosten muss der private Verbraucher mittragen.

Die EEG-Umlage ging im Jahre 2013 mit 0,053€/kWh in die Kostenrechnung eines privaten Stromverbrauches ein. Den Anstieg der Stromkosten für die privaten Verbraucher allein mit der EEG-Umlage zu begründen ist absurd, da sich, wie bereits erwähnt, der Betrag aus der festen EEG -Vergütung zum aktuellen Börsenpreis für den Strom errechnet. Der Bezug auf den manipulierten Strompreis an der Strombörse ist das Problem.

Im Gesamtsystem der Energieträger müssen die Kosten richtig bewertet werden. Die Stromproduktion aus Windenergie hat in einem fairen Wettbewerb schon heute kein Problem mehr sich auch wirtschaftlich durchzusetzen.

20.5 Energetische Amortisation von Windkraftanlagen

In Verbindung mit regenerativen Energiesystemen wird häufig die Frage gestellt, ob denn der Energieaufwand zur Herstellung der Geräte nicht größer sei als die Energielieferung während der zu erwartenden Lebensdauer des Systems. Darauf läßt sich zunächst ganz allgemein sagen: Wenn ein energieerzeugendes System eine einigermaßen akzeptable wirtschaftliche Amortisationszeit aufweist, ist seine energetische Amortisation in jedem Fall kürzer, da die Energiekosten in den Herstellkosten nur einen Bruchteil ausmachen. Selbst wenn die Herstellkosten um eine Größenordnung höher liegen, als zur Erreichung der betriebswirtschaftlichen Amortisation nötig, amortisiert sich das System aus energetischer Sicht.

Bei der Ermittlung des Energiebedarfs für die Herstellung ist darauf zu achten, daß die Art der eingesetzten Energieform unterschiedlich bewertet wird. Elektrische oder mechanische Energie ist, durch den Umwandlungswirkungsgrad von 0,3 bis 0,4, etwa dreimal höher zu bewerten als thermische Energie. Die thermische Energie kann wegen des hohen Umwandlungswirkungsgrades von 0,8 bis 0,9 in erster Näherung der eingesetzten Primärenergie gleichgesetzt werden.

Die Berechnung der energetischen Wiedergewinnungszeit für eine mittlere Windkraftanlage zeigt Tabelle 20.13. Die angegebenen spezifischen Primärenergiewerte enthalten den Energieaufwand für die Halbzeugproduktion und die Verarbeitung. Der Aufwand an

Tabelle 20.13. Energieaufwand zur Herstellung einer mittleren Windkraftanlage mit 53 m Rotordurchmesser und 1000 kW Nennleistung, jährliche Energielieferung 2,4 Mio. kWh

Material	Masse (kg)	spezifischer Primärenergieaufwand (kWh/kg)	Primärenergieaufwand (kWh)
Stahl (Maschinenhaus, Turm)	105 000	15,5	1 627 500
Kupfer (Generator, Kabel)	2 700	25,0	67 500
Glasfaserverbundmaterial (Rotorblätter, Maschinenhaus)	9 600	28,0	268 000
Beton (Fundament)	100 000	0,5	56 000
Gesamtaufwand			2 013 800

Primärenergie beträgt danach ca. 2 Mio. kWh für die Herstellung der Anlage. Das primärenergetische Äquivalent für die elektrische Jahresenergielieferung von 2,4 Mio. kWh beträgt 6,85 Mio. kWh. Die energetische Amortisationszeit ergibt sich damit in 3,4 Monaten. Geht man von einer Lebensdauer der Windkraftanlage von 20 Jahren aus, so wird ein sog. *energetischer Wiedergewinnungsfaktor* von 70 erreicht. Dieser Wert ist im Vergleich zu konventionellen Kraftwerken eher günstig. Konventionelle Kraftwerke werden in der Literatur mit einem Wiedergewinnungswert von 20 bis 30 angegeben [10].

20.6 Beschäftigungseffekt der Windkraftnutzung

Eine wichtige Frage, die heute im Zusammenhang mit jeder neuen Technologie gestellt wird, und auch gestellt werden muß, ist die Frage nach den beschäftigungswirksamen Auswirkungen. Die Angst, daß die Einführung einer neuen Technik zum „Jobkiller" wird, oder die Hoffnung, daß damit neue Arbeitsplätze entstehen, berührt eine zunehmende Anzahl von Menschen.

Im Jahre 2012 waren in Deutschland etwa 100 000 Personen in der Windenergiebranche beschäftigt. In der Europäischen Union lag die Anzahl der Beschäftigten bei etwa 300 000 Personen. Abgesehen von statistischen Erhebungen läßt sich die Anzahl der generierten Arbeitsplätze auch aus dem Umsatz berechnen. Der Bundesverband Windenergie (BWE) erstellt in Zusammenarbeit mit dem Verband Deutscher Maschinen- und Anlagenbauer (VDMA) in gewissen Abständen die sog. „Arbeitsplatzstatistik für die Windenergiebranche" [11]. Demnach verteilen sich die Arbeitsplätze auf die Bereiche

- Windkraftanlagenhersteller
- Zulieferindustrie
- Betrieb und Dienstleistungen

Der Gesamtumsatz der Deutschen „Windindustrie" für die Herstellung von Windkraftanlagen — bei einer Exportquote von etwa 70 % — betrug nach einer Statistik des VDMA im Jahr 2012 ca. 6 Milliarden Euro [11]. Mit einer üblichen Kennzahl von 200 000 € Umsatz pro Beschäftigtem im Maschinen- und Anlagenbau ergeben sich damit 30 000 direkte Arbeitsplätze in der Windkraftanlagenindustrie. Weitere etwa 70 000 Personen waren in der gesamten Windenergiebranche unter Einschluß der Zulieferindustrie und der an der Installation und dem Betrieb von Windkraftanlagen beteiligten Dienstleistungsunternehmen beschäftigt.

In der Realität dürfte es noch zusätzliche Arbeitsplätze, die nur „peripher" mit der Windkraftnutzung zusammenhängen, geben und die in der Statistik nicht erfaßt werden.

Man sollte in diesem Zusammenhang auch darauf hinweisen, daß die Herstellung von Windkraftanlagen, selbst wenn es sich um große Anlagen handelt, keineswegs nur Beschäftigung für die Großindustrie bedeutet. Windkraftanlagen sind keine „Groß- oder Hochtechnologie" wie Kernkraftwerke oder Flugzeuge, wenn man einmal von einigen Aspekten in der Forschung und Entwicklung absieht. Sie sind allerdings auch keine „Bastlerartikel", die in einer heilen, grünen Welt im Selbstbau, und zur Selbstverwirklichung, hergestellt werden können. Windkraftanlagen sind Industrieprodukte mittlerer Technologie, deren Herstellung sowohl von kleineren als auch von großen Unternehmen bewältigt werden kann.

20.7 Bedeutung der energiewirtschaftlichen Rahmenbedingungen für die Nutzung der erneuerbaren Energien

Die betriebswirtschaftliche Rentabilität einer Investition ist aus dem Blickwinkel eines kommerziell wirtschaftenden Betreibers eine unverzichtbare Forderung. Dieser Forderung müssen sich auch die regenerativen Energiesysteme unterwerfen. Andere als betriebswirtschaftliche Argumente für die Nutzung der regenerativen Energiequellen, so gewichtig sie auch sein mögen, können deshalb nicht an die Adresse der Betreiber gerichtet werden. Die übergeordneten volkswirtschaftlichen Gesichtspunkte müssen sich in den energiewirtschaftlichen Rahmenbedingungen niederschlagen. Diese im Sinne des Allgemeinwohls zu setzen, ist eine politische Aufgabe.

Das wirtschaftliche Handeln des Einzelnen wird, wie jeder weiß, von zahlreichen gesamtwirtschaftlichen Rahmenbedingungen geprägt. Hierzu zählen die steuerliche Behandlung von Investitionen und Gewinnen, direkte Subventionen, aber auch weniger sichtbare Hilfen, wie die Förderung von Forschung und Entwicklung, die einem bestimmten Wirtschaftszweig zu Gute kommen, aber aus öffentlichen Mitteln bezahlt werden. Dies gilt für nahezu jeden Wirtschaftsbereich, im besonderen Maße auch für die Energiewirtschaft.

Der Wettbewerb der verschiedenen Primärenergieträger wie Kohle, Öl, Gas, Kernkraft und Wasserkraft wird auf diese Weise in erheblichem Umfang aus gesamtwirtschaftlichen Erwägungen heraus gesteuert. Das schlagendste Beispiel war die Abnahmeverpflichtung der Energieversorgungsunternehmen für die heimische Steinkohle im sog. „Jahrhundertvertrag“. Die Mehrkosten im Vergleich zu den anderen Energieträgern oder importierter Kohle werden über den Kohlepfennig von der Allgemeinheit getragen. Für die Elektrizitätsversorgungsunternehmen war der Kohlepfennig betriebswirtschaftlich gesehen ein „durchlaufender Posten“. Die Nutzung der Kernenergie wurde und wird noch aus öffentlichen Mitteln beträchtlich gefördert. Ohne die zweistelligen Milliardensummen für Forschung und Entwicklung, die aus öffentlichen Mitteln in den letzten dreißig Jahren bezahlt wurden, gäbe es entweder keine kommerziellen Kernkraftwerke, oder der Strom aus Kernenergie wäre erheblich teurer, wenn diese Summen privatwirtschaftlich hätten aufgebracht werden müssen.

Auch heute gibt es noch indirekte Subventionen für bestimmte Energieträger. Die bereits erwähnte weitgehende Entlastung der Braunkohlekraftwerke von der CO_2-Abgabe ist selbstverständlich auch eine indirekte Subvention. Der Handel mit sog. Verschmutzungsrechten, der einen Anreiz für eine saubere Stromerzeugung sein sollte, wurde damit — und aus einigen andern Gründen — praktisch unwirksam.

Diese Beispiele, man könnte noch andere nennen, zeigen, daß ein freier Wettbewerb der Energieträger im Sinne der Marktwirtschaft nicht existiert und auch nie existiert hat. Es wäre auch falsch, dieses zu fordern. Die Energieversorgung einer staatlichen Gemeinschaft, namentlich eines Industriestaates, ist von so großer Bedeutung für das Allgemeinwohl, daß man darüber nicht die Bilanzbuchhalter von gewinnorientierten Unternehmen allein entscheiden lassen kann.

Vor rund sechzig Jahren fand die gesamtwirtschaftliche Bedeutung der Energieversorgung im sog. *Energiewirtschaftsgesetz* ihren Niederschlag. Im Kernsatz, der heute noch oft zitiert wird, fordert das Gesetz, daß die Energieversorgung „sicher und preiswert" zu organisieren sei. Rückblickend darf wohl mit Recht unterstellt werden, daß die Väter des Gesetzes in erster Linie die „sichere" Energieversorgung im Sinne der strategischen Versorgungssicherheit, das heißt der weitgehenden Versorgungsunabhängigkeit des Deutschen Reiches, im Sinne hatten. Diese Versorgungssicherheit wurde tatsächlich auch in hohem Maße erreicht. Daß die Elektrizitätsversorgung selbst unter den chaotischen Verhältnissen der letzten Kriegsjahre des Zweiten Weltkrieges nicht zusammengebrochen ist, muß man aus technischer und organisatorischer Sicht als eine große Leistung der deutschen Energieversorgungsunternehmen anerkennen.

Seit damals haben sich die Zeiten aber geändert. Autarkiebestrebungen in der Energieversorgung sind ohnehin nicht mehr zu verwirklichen, allenfalls kann die Abhängigkeit von einem Primärenergieträger durch Diversifizierung gemildert werden. Mit der Novellierung des Energiewirtschaftgesetzes wurde diese Einseitigkeit des alten Gesetzes beseitigt und die zeitgemäße Forderung nach Umweltverträglichkeit mit aufgenommen. Auf der anderen Seite ist durch die Privatisierung der Elektrizitätsversorgungswirtschaft das Rentabilitätsdenken noch mehr in den Vordergrund gerückt. Hinzu kommt, daß die angestrebte Liberalisierung des Energiemarktes zumindest in Deutschland bis heute nicht sehr weit gekommen ist. Vier große Stromerzeuger beherrschen den Markt und verfügen zudem noch über das Verteilungsnetz. Insbesondere der freie Netzzugang zu fairen Bedingungen ist für die erneuerbaren Energiequellen eine entscheidende Voraussetzung für ihren Erfolg.

Der Zusammenhang von Energieerzeugung und natürlich auch des Energieverbrauches dringt immer mehr in das Bewußtsein der Öffentlichkeit. In den letzten Jahren vor allem unter dem Aspekt der Klimaveränderung durch den Ausstoß von Kohlendioxyd. Möglicherweise ist die Lösung dieses Problems eine der Überlebensfragen der Menschheit, sofern damit das Überleben in einer menschenwürdigen Umwelt gemeint ist.

Darüber hinaus beunruhigen die Gefahren, die von der Nutzung der Kernenergie ausgehen können, nach wie vor eine große Anzahl von Menschen. Eine Energieform, die prinzipiell das Risiko einer Menschheitskatastrophe in sich birgt, wird immer von einem Teil der Menschen abgelehnt werden, allen technischen Sicherheitsvorkehrungen zum Trotz. Und selbst, wenn die technischen Sicherheitsmaßnahmen so perfekt wären, wie ihre Befürworter behaupten: der Risikofaktor „menschliches Versagen" bleibt. Um diesen auszuschalten — man denke nur an politisch unsichere Zeiten — muß der gesamte Energiekreislauf überwacht werden. Viele sehen darin einen zwangsläufigen Weg in den Überwachungsstaat. Mit anderen Worten: Die „Sozialverträglichkeit" gehört neben der „Umweltverträglichkeit" ebenfalls zu den Aspekten, die in einer zeitgemäßen Formulierung der energiewirtschaftlichen Rahmenbedingungen eine Rolle spielen müssen.

Und wie steht es mit der Forderung nach preiswerter Energie? Sind niedrige Energiekosten nicht die Voraussetzung für die Wirtschaftskraft eines Industriestaates? Die Frage ist nur: Was ist für wen preiswert? Doch sicher nicht allein für die unter bestimmten energiewirtschaftlichen Rahmenbedingungen handelnden Energieversorgungsunternehmen. Das hieße Ursache und Wirkung miteinander zu vertauschen. Letztlich kann nur die volkswirtschaftliche Preiswürdigkeit der gültige Maßstab sein. Dieser Forderung müssen sich alle Arten der Energieversorgung stellen — auch die Nutzung der regenerativen Energiequellen.

Rechnet man alle kostenrelevanten Faktoren in die Energieversorgung mit ein, angefangen von der Forschung über die Aufbereitung des Brennstoffs, zum Beispiel den Kohlebergbau, die Investitionskosten für die Energieversorgungsanlagen, die Brennstoffkosten, die Entsorgung der Abfälle und nicht zuletzt die ökologischen Folgeschäden sowie die öffentlichen Sicherheitsaufwendungen, so wird die „Preiswürdigkeit" der konkurrierenden Primärenergieträger eine sehr schwierig zu beantwortende Frage. Trotz mancher verdienstvoller Ansätze zu einer quantitativen Bewertung fehlt bis heute noch eine allgemein akzeptierte Antwort auf diese Frage. Eines kann man jedoch von vornherein sagen: Die Nutzung der erneuerbaren Energiequellen kann in diesem Vergleich gar nicht schlecht abschneiden [12].

Bleibt noch die Frage nach der Versorgungssicherheit mit Blick auf den Verbraucher. Gegen die regenerative Energieversorgung, und hier vor allem gegen die Windenergienutzung, wird oft eingewendet, sie sei ihrer Natur gemäß nicht „sicher" und schon deshalb untauglich. Die Antwort hierauf ist einfach: Kein vernünftiger Mensch denkt daran, die Energieversorgung allein auf die Windkraftnutzung zu stützen. Windkraft wird immer nur einen Teil der gesamten Energieversorgung darstellen. Die Versorgungssicherheit wird, mit oder ohne Windkraftanlagen, immer vom gesamten Kraftwerksverbund getragen werden. Die vergleichsweise geringe Verfügbarkeit der Windkraftanlagen reduziert sich auf die rein technische Frage, in welchem Umfang sie einen Beitrag zur gesicherten Leistung des Kraftwerksverbundes beisteuern können und ist damit allenfalls ein wirtschaftliches Problem.

Versucht man ein Resümee aus diesen gesamtwirtschaftlichen Überlegungen zu ziehen und daraus Forderungen an eine zukünftige Energieversorgung abzuleiten, so muß man energiewirtschaftliche Rahmenbedingungen fordern, die sich in vier Kernpunkten zusammenfassen lassen:

- Sicher im Sinne der Versorgungssicherheit durch den Gesamtverbund aller Energieversorgungssysteme.
- Volkswirtschaftlich zu vertretbaren Kosten unter Einbeziehung aller kostenrelevanten Faktoren von der Primärenergiegewinnung über die Entsorgung bis zu den Umweltauswirkungen.
- Ökologisch so schonend wie nach dem Stand der Technik möglich. Im Zweifelsfall immer für die ökologisch bessere Lösung.
- Sozialverträglich mit Blick auf die inhärenten Gefahren der Technik.

Energiewirtschaftliche Rahmenbedingungen, die diesen zeitgemäßen Forderungen Rechnung tragen, werden nicht nur faire Chancen für die Nutzung der erneuerbaren Energiequellen schaffen, sie sind darüber hinaus auch unverzichtbar für eine zukünftige Energiewirtschaft, die wieder von einem breiten Konsens der Gesellschaft getragen wird.

Literatur

1. Rey, M.: Projektgesellschaften zur Finanzierung und Beteiligung kommunaler und industrieller Projekte im Energiesektor Saarberg-Forum, 1994

2. Bundesgesetzblatt, Jahrgang 2000, Teil I, Nr. 13: Gesetz für den Vorrang Erneuerbarer Energien (Erneuerbare-Energien-Gesetz-EEG) sowie zur Änderung des Energieamtschaftsgesetzes und des Mineralölsteuergesetzes, 2000
3. Rehfeld, K.: Kurzgutachten im Rahmen des Erneuerbare-Energien-Gesetzes, Teil Windenergie, Deutsche Wind Guard, August 2003
4. Bundesministerium für Wirtschaft und Energie (BMWI): Entwurf eines Gesetzes zu grundlegenden Reform des Erneuerbare-Energien-Gesetzes und zur Änderung weitere Vorschriften des Energiewirtschaftsgesetzes vom 10.2.2014, 2014
5. Kost, Chr; Schlegl, Th.: Stromgestehungskosten Erneuerbare Energien, Fraunhofer Institut (ISE), Dezember 2010
6. Deutsche Energie Agentur (Dena): Magazin Lux 5/12, 2012
7. Hildebrand, B.: Stromerzeugungskosten neu zu errichtender, konventioneller Kraftwerke, Rheinisch-Westfälisches Institut für Wirtschaftsforschung (RWI): RWI-Paper, № 47, Essen, 1997
8. Virginia Coastal Research Consortium: Virginia Offshore Studies, July 2007 to 2010, Final Report 2010, 2010
9. Verivox, Internet-Plattform
10. Jensch, W.: Energetische und materielle Aufwendungen beim Bau von Energieerzeugungsanlagen, zentrale und dezentrale Energieversorgung. FFE Schriftenreihe, Bd. 18, Springer-Verlag, 1987
11. VDMA.: Positionspapier „Fakten und Zahlen zur Windindustrie“, April 2013
12. Hohmann, F.: Die sozialen Kosten der Energieversorgung, Springer-Verlag, 1988

Glossar - englische Fachausdrücke

Deutsch – Englisch

A

Deutsch	Englisch
Abschaltgeschwindigkeit	cut-out (shut-down) wind speed
Abspannseil	guy wire, stay wire, stay cable
Achse	axle (techn.), axis (math.)
Aerodynamik	aerodynamics
Aerodynamischer Feldwirkungsgrad	array efficiency
Aktiengesellschaft	joint stock company
Akustik	acoustics
Anemometer	anemometer
Anfahrmoment	starting torque
Anlage	plant, unit
Annuität	annuity
Anstellwinkel	angle of attack
Anströmgeschwindigkeit (freie)	freestream speed, freestream velocity
Anwendungsfaktor (Getriebe)	application factor
Asynchrongenerator	induction generator, asynchronous generator
Aufstellung (Optimierung der)	micro-siting
Auftrieb	lift (force)
Auftriebsbeiwert	lift coefficient
Ausfallzeit	outage time
Auslegungswindgeschwindigkeit	design wind speed
Ausnutzungsgrad der Nennleistung	capacity factor
Autonomes System	stand-alone system
Axialschub	axial thrust
Azimutantrieb	yaw drive
Azimutbremse	yaw brake
Azimutwinkel	azimuth angle, yaw angle

B

Batteriespeicher	battery storage
Beaufort-Skala	Beaufort scale
Belastung	load
Betonturm	concrete tower
Betrieb und Wartung	operation and maintenance (O&M)
Betriebsablauf	operational sequence
Betzscher Wert	ideal power coefficient, Betz factor
Beulen (das)	buckling
Blatt (Rotor)	blade
Blatt in Fahnenstellung drehen	to feather
Blatteinstellwinkelregelung	pitch control
Blattelementtheorie	strip theory, blade element theory
Blattflächendichte	rotor solidity
Blattflansch (Rotor)	blade flange
Blattform	blade shape
Blatthinterkante	trailing edge
Blattlager	pitch bearing
Blatttiefenverteilung	cord distribution
Blattprofil	airfoil (section)
Blattsehne	blade chord
Blattspitze, abgewinkelte	blade tip, winglet
Blattspitzenbremse	blade tip brake
Blattspitzengeschwindigkeit	blade tip speed
Blattspitzenverlust (aerodynamischer)	blade tip losses
Blattverstellzylinder	pitch actuator
Blattverstellgeschwindigkeit	pitch rate
Blattverwindung	blade twist
Blattwurzel	blade root
Blindlast	dump load
Blindleistung	reactive power
Bockwindmühle	post mill
Bö, böig	gust, gusty
Bremse	brake
Bremsklappe (aerodyn.)	air brake, spoiler, aerodynamic brake
Bremszange	caliper
Brennstoffeinsparung	fuel saving
Bruchfestigkeit	breaking strength, ultimative limit strength

D

Darrieus-Rotor	Darrieus rotor
Datenerfassung	data acquisition
Dehnmeßstreifen	strain gauge
doppeltgespeister Asynchrongenerator	double-fed induction generator
Drehmoment	torque
Drehstromgenerator	alternator, generator
Drehzahl	rotational speed
Drehzahlbegrenzung	overspeed limitation
drehzahlvariabel	variable speed
Dreiblattrotor	three-bladed rotor
Druckluftspeicher	compressed air storage
Durchgehen des Rotors	runaway of the rotor
Durchschnittswindgeschwindigkeit	average wind speed, mean wind speed

E

Eigenfrequenz	natural frequency, eigenfrequency
Eigenfrequenzberechnung	modal analysis
Eigenformen	mode shape
Eigenkapital	equity
Einblattrotor	single-bladed rotor
Einpfahl- Fundament	monopile
Einschaltwindgeschwindigkeit	cut-in wind speed
Einspeisung (Netz-)	feeding (into the grid)
Eisansatz	ice accretion
Endscheibe (am Blatt)	tip vane
Energiebedarf	energy demand
Energieentzug	energy extraction
Energieertrag, Energieerzeugung	energy yield, energy generation, energy production
Energieversorgungsunternehmen (EVU)	(electric) utility
Epoxid-Harz	epoxy resin
Erdung	earthing
Ermüdung (Material-)	fatigue
Ermüdungsfestigkeit	fatigue strength

F

Fahnenstellung	feathering position
Festigkeit	strength
Flachfundament	slab foundation
Flansch	flange

flattern	to flutter
Fliehkraftgewicht	flyball weight
Fliehkraftregler	flyball governor
Flügel (Flugzeug, Vogel)	wing
Flügelsehne	chordline
folgeschadensicher	fail-safe
Freiheitsgrad	degree of freedom
freitragender Turm	cantilever tower
Frequenzumrichter	frequency converter, inverter
Fundament	foundation

G

Ganzblattverstellung (Rotor)	full-span pitch control
Gelenk (-aufhängung)	hinge
Genehmigung	permission
Generator	generator
Generatorantriebswelle	high-speed shaft
Generatornennleistung	generator rated power
geostrophischer Wind	geostrophic wind
Geräusch	noise
Geschwindigkeit	velocity, speed
Gesellschaft mit beschränkter Haftung (GmbH)	limited company
Getriebe	gear, gearbox
Getriebestufe	gear stage
Gewährleistung	warranty
Gieren	to yaw
Gitterturm	truss tower, lattice tower
Glasfasermatte (harzgetränkte)	prepreg
glasfaserverstärkter Kunststoff (GFK)	glass fibre reinforced plastic (GFRP)
Gleichstrom	direct current
Gleichstromgenerator	D. C. generator, direct generator
Gleitzahl	lift to drag ratio
Gondel	nacelle
Grenzschicht	boundary layer
Grenzschichtprofil des Windes	vertical wind profile, wind shear
Grundlast(Kraftwerk)	base load

H

Hauptwindrichtung	prevailing wind direction
Häufigkeitsverteilung der Windgeschwindigkeit	wind speed frequency distribution
Herstellkosten	manufacturing costs

Hindernis	obstacle
Hinterkante (Profil)	trailing edge
Hitzdrahtanemometer	hot wire anemometer
hochziehen (errichten)	to hoist
Holm (Rotorblatt)	spar, spar box
Horizontalachsen-Windkraftanlage	horizontal axis wind turbine (HAWT), propeller type wind turbine
Hügeliges, komplexes Gelände	complex terrain
Hydraulischer Stellzylinder	hydraulic actuator

I

IEA	International Energy Agency (IEA)
IEC	International Electrotechnical Commission (IEC)
Impuls	momentum
Impulstheorie	impuls theory
Inbetriebnahme	commissioning
instationäre Strömung	unsteady flow
Intervall	interval, bin
Intervallmethode	method of bins
Isovente	isovent

J

Jahresmittel der Windgeschwindigkeit	annual mean wind speed
Jahresenergielieferung	annual energy yield

K

Kabel	cable
Kapitalfluß	cash-flow
Kapitalrückflußdauer	pay-back period
Keilriemen	V-belt
Kevlar	organic aramide fibres
Klappe, Bremsklappe (aerodyn.)	(brake) flap
Kohlefaser	carbon fibre
Kommanditgesellschaft (KG)	limited partnership
Korrosion	corrosion
Kosten	costs, cost
Kraftwerk	power station
Kreiselkraft	gyroscopic force
Kreiselmoment	gyroscopic moment
Kreisfläche, überstrichene (Rotor)	swept area
Kugeldrehverbindung	four-point-contact-bearing

Kugellager	roller bearing
Kupplung	coupling

L

Lager	bearing
laminare Strömung	laminar flow
Lastfall	load case
Lasttrennschalter	circuit braker
Lastannahmen	load assumptions
lebensdauersicher	safe-life
Leeläufer	downwind rotor
Leerlauf, leerlaufend	idling
leeseitig	downwind
Leistung	power
Leistung, installierte	installed power
Leistungsbeiwert	power coefficient
Leistungsdauerlinie	power duration curve
Leistungsdichte (Wind)	power density
Leistungsfähigkeit	performance
Leistungsfaktor (cos φ)	power factor
Leistungskurve (Windkraftanlage)	power curve
Leistungsqualität (Strom)	power quality
Leistungsverlust an der Blattspitze	tip loss
Luftbremse (Rotorblatt)	air brake, spoiler, brake flap
Luftdichte	air density
Luftwiderstand	air drag
Luv	upwind
Luvläufer	upwind rotor

M

Mantelturbine	ducted rotor
Maschinenhaus, Gondel	nacelle
Maschinenhausrahmen (tragender)	nacelle bedplate
Maschinenhausverkleidung	cladding, fairing
Massenkraft	gravitational force
Mast	mast, tower
Medianwindgeschwindigkeit	median wind speed
mittlere Windgeschwindigkeit	average wind speed, mean wind speed
Mittellast(Kraftwerke)	medium load
Moment (Antriebs-)	torque
Moment (z. B. Biege-)	moment (e.g. bending-)

N

Nabe (Rotor-)	hub
Nabenhöhe (des Rotors)	hub height
Nachlaufströmung (Rotor)	wake
Nebenkosten (install. Windkraftanlage)	balance of plant costs
Neigungswinkel (des Rotors)	tilt angle
Nennleistung	rated power
Nennwindgeschwindigkeit	rated wind speed
Netz (elektrisches)	grid
Netzanschluß	grid connection
Netzeinspeisung	feeding into the grid
Notabschaltung	emergency shutdown
Nutzleistung	actual extracted power, effective power
Numerische Strömungssimulation	computational fluid dynamics (CFD)

O

Oberschwingung	harmonic frequency
Oberwellen	harmonics

P

Pendelnabe	teetering hub, teetered hub
Pendelwinkel	teeter angle
Pfahlfundament	pile foundation
Planetengetriebe	planetary gear
Profil (aerodyn.)	airfoil (blade section)
Profilhinterkante	trailing edge
Profilnase	leading edge
Profilpolare	polar airfoil curve
Profilsehne	airfoil chord
Pumpspeicher	pumped storage

Q

Querruder (Flügel)	aileron

R

Rauhigkeit	roughness
Rauhigkeitslänge	roughness length
Rayleigh-Verteilung	Rayleigh distribution
Regelmechanismus	control mechanism
Regelsystem	control system, controller

Regler	controller, governor
Regelkreis (geschlossener)	closed-loop control
Regelung (Leistung)	power control
Regelung (Windrichtung)	yaw control
Redundanz	redundancy
Relativgeschwindigkeit	relative velocity
Resonanz(schwingungen)	resonance
Resonanzdiagramm	resonance diagramme, Campell diagramme
Reynoldsche Zahl	Reynolds number
Riemenantrieb	belt drive
Rippe (Rotorblatt)	rib
Rohrturm	tubular tower
Rotor	rotor
Rotorblatt	rotor blade
Rotorblattaufhängung (starre)	fixed hub
Rotorblattspitze	blade tip
Rotorblattverstellmechanismus	blade pitch mechanism
Rotorkreisfläche, überstrichene	swept area
Rotornabe	rotor hub
Rotornabenverkleidung	spinner
Rotorwelle	rotor shaft

S

Savonius-Rotor	Savonius rotor
Schalenbauweise	shell structure
Schalenkreuzanemometer	cup anemometer
Schall	sound
Schallausbreitung	propagation of sound
Schalldruckpegel	sound pressure level
Schalleistungspegel	sound power level
Schaltfeld	switch gear
Schattenwurf	shadow casting
Schlagbiegung	flapwise bending
Schlaggelenk	coning hinge, flapping hinge
Schlagrichtung (in)	flapwise direction
Schleifring	slip ring
Schlupf (elektr.)	slip
Schneckengetriebe	worm gear
Schnellaufzahl	tip-speed ratio
Schräganströmung	cross wind
Schweißnaht	welding
Schwenkbiegung	chordwise, edgewise, bending
Schwenkgelenk	drag hinge, lead-lag hinge

Schwenkrichtung (in)	chordwise, edgewise
Schwingung	vibration
Schwingungsanregung	excitation of vibrations
Schwungradspeicher	flywheel storage
Sehnenlänge (Profil)	chord length
Seitenrad	fantail, side wheel
Sicherheit	safety
Sicherung (elektr.)	fuse
Skalierungsfaktor (Weibull)	scale parameter
Sollbruchstelle	rated braking point
Spannseil	guy wire, stay wire, stay cable
Spannung (elektr.)	voltage
Spannung (mech.)	stress
Spannungsschwankungen (kurzzeitige)	flicker
Speicher	storage
Spitzenlast (Kraftwerke)	peak load
Stahlrohrturm	tubular steel tower, steel shell tower
Stahlturm	steel tower
Standort	site
stationäre Strömung	steady flow
Steg (Holm, Rotorblatt)	web
steifer Turm	stiff tower
Steifigkeit	stiffness
Steigung	slope
Stellzylinder (Rotorblatt)	actuator
Stirnradgetriebe	parallel-shaft gearbox, spur gear
Streckung (Rotorblatt)	aspect ratio
Strömung, turbulente	turbulent flow
Strömungsablösung	flow separation
Strömungsabriß am Profil	stall
Strömungsgeschwindigkeit (freie)	free stream velocity
Strömungsnachlauf (Rotor)	wake
Strom (elektr.)	current
Synchrongenerator	synchronous generator

T

technische Verfügbarkeit	technical availability
Teilblattverstellung	partial span control
Tragflügel (Flugzeug)	wing
Transformator	transformer
Triebstrang	drive train
turbulente Strömung	turbulent flow
Turbulenz	turbulence
Turbulenzintensität	turbulence intensity

Turm	tower
Turmnachlaufströmung	tower wake
Turmschatten	tower shadow
Turmvorstau	tower dam

U

Überdrehzahl	overspeed
Überlebenswindgeschwindigkeit	survival wind speed
Übersetzungsverhältnis (Getriebe)	gear ratio
überstrichene Fläche (Rotor)	swept area
Überwachung (technische Daten)	monitoring
Umfangsgeschwindigkeit	tangential velocity
Umrichter (Frequenz-)	converter, inverter
Umspannstation	substation
Umwelt	environment
Umweltprüfung	ecological assessment

V

Vereisung	icing
Verfügbarkeit	availability
vermiedene Kosten	avoided costs
Vertikalachsenwindturbine	vertical axis wind turbine (VAWT)
Verwindung (Rotorblatt)	twist
Versicherung	insurance
Vielblattrotor	multibladed rotor
Vierpunktlager	four-point-contact-bearing
Vollaststunden	full load hours
Vorderkante (Profil-)	leading edge
vor der Küste im Meer	offshore
Vorzugswindrichtung	prevailing wind direction

W

Wartung	maintenance
Wasserstoffspeicher	hydrogen storage
Wärmespeicher	thermal storage
Wechselstrom	alternating current
Wechselstromgenerator	A. C. generator
weicher Turm	soft tower
WEK (Windenergiekonverter)	WEC (wind energy converter)
Welle	shaft
Widerstand (aerodynamisch)	drag (force)
Widerstand (elektr.)	resistance

Widerstandsbeiwert (aerodyn.)	drag coefficient
Windenergie	wind energy
Windfahne	wind vane
Windgeschwindigkeit	wind speed, wind velocity
Windgeschwindigkeit, mittlere	mean wind speed, average wind speed
Windhäufigkeitsverteilung	wind speed frequency distribution
Windkanal	wind tunnel
Windkraft (-leistung)	wind power
Windkraftanlage	wind turbine, wind energy converter (WEC), wind power plant
Windmeßmast	metereological tower, wind met mast
Windpark	wind farm, wind park
Windmühle	windmill
Windrichtung	wind direction
Windrichtung, vorherrschende	prevailing wind direction
Windrichtungsnachführung	yaw drive, azimuth drive
Windscherung (mit der Höhe)	wind shear
Windstärke	wind strength, wind force
Windturbine	wind turbine
Windturbine mit horizontaler Achse	horizontal axis wind turbine (HAWT)
Windturbine mit vertikaler Achse	vertical axis wind turbine (VAWT)
Windverhältnisse	wind regime
Wirbel	vortex
Wirbelerzeuger	vortex generator
Wirkungsgrad	efficiency
Wirtschaft(Volkswirtschaft)	economy
Wirtschaftlichkeit	economics

Z

Zentrifugalkraft	centrifugal force
Zertifizierung	certification
Zugänglichkeit, Zugang	access
zyklisch	cyclic

Englisch – Deutsch

A

A. C. generator	Wechselstromgenerator
access	Zugang, Zugänglichkeit
active stall	Strömungsablösung durch Verstellen des Blatteinstellwinkels
acoustics	Akustik
actual extracted power	Nutzleistung
actuator	Stellzylinder
actuator disc theory	Impulstheorie (Betz)
aerodynamic center	aerodynamisches Zentrum
aerodynamic brake, air brake	Bremsklappe (aerodynamisch)
aileron (wing)	Querruder, Ruderklappe
air density	Luftdichte
air drag	Luftwiderstand
airfoil (-section)	aerodynamisches Profil
airfoil chord	Profilsehne
alternating current	Wechselstrom
alternator	Drehstromgenerator
anemometer	Anemometer
angle of attack	Anstellwinkel
annual mean wind speed	Jahresmittel der Windgeschwindigkeit
application factor (gearbox)	Anwendungsfaktor (Getriebe)
array efficiency (wind park)	aerodynamischer Feldwirkungsgrad
aspect ratio (rotor blade)	Streckung (Rotorblatt)
availability	Verfügbarkeit
avoided costs	vermiedene Kosten
mean wind speed, average wind speed	mittlere Windgeschwindigkeit
axial thrust	Axialschub
axis	Achse (math.)
axle	Achse (techn.)
azimuth angle	Azimutwinkel, Gierwinkel
azimuth drive	Windrichtungsnachführung

B

battery storage	Batterie, elektro-chemischer Speicher
balance of plant costs	Nebenkosten (install. Windkraftanlage)
bearing	Lager
Beaufort scale	Beaufort-Skala
bedplate (nacelle)	Maschinenhausrahmen, -plattform
belt drive	Riemenantrieb
bin	Intervall

blade (rotor)	(Rotor-)Blatt
blade chord	Blattsehne
blade element theory	Blattelementtheorie
blade flange	Rotorblattflansch
blade pitch angle	Blatteinstellwinkel
blade pitch control	Blatteinstellwinkelregelung
blade root	Blattwurzel
blade section	Profil, Blattprofil
blade shape	Blattform
blade tip	Blattspitze
blade tip brake	Blattspitzenbremse
blade tip loss	Blattspitzenverlust (aerodynamischer)
blade tip speed	Blattspitzengeschwindigkeit
blade twist	Blattverwindung
boundary layer	Grenzschicht
brake	Bremse
brake flap (aerodyn.)	Bremsklappe (aerodynamische)
breaking strength	Bruchfestigkeit
buckling	Beulen

C

cable	Kabel
caliper	Bremszange
Campell diagram	Resonanzdiagramm
cantilever tower	freitragender Turm
capacity factor	Ausnutzungsgrad der Nennleistung
carbon fibre	Kohlefaser
cash flow	Kapitalfluß
centrifugal force	Zentrifugalkraft
certification	Zertifizierung
chord, chordline	Flügelsehne
chord length	Sehnenlänge
chordwise	in Schwenkrichtung
chordwise bending	Schwenkbiegung
circuit braker	Lasttrennschalter
cladding (nacelle)	Maschinenhausverkleidung
closed-loop control	geschlossener Regelkreis
commissioning	Inbetriebnahme
compliance	Nachgiebigkeit
compressed air storage	Druckluftspeicher
computational fluid dynamics (CFD)	numerische Strömungssimulation
concrete tower	Betonturm
cone angle (rotor)	Konuswinkel
coning hinge	Schlaggelenk

control mechanism	Regelmechanismus
controller, control system	Regler, Regelsystem
converter, inverter	Frequenzumrichter
complex terrain	Hügelige, komplexe Topographie
cord distribution (rotor blade)	Blatttiefenverteilung
corrosion	Korrosion (Rost)
coupling	Kupplung
cross wind	Querwind (Schräganströmung)
cup anemometer	Schalenkreuzanemometer
current (electr.)	Strom (elektr.)
cut-in wind speed	Einschaltwindgeschwindigkeit
cut-out wind speed	Abschaltgeschwindigkeit
cyclic	zyklisch

D

data acquisition	Datenerfassung
direct current (D.C.)	Gleichstrom
D.C. generator, direct generator	Gleichstromgenerator
Darrieus rotor	Darrieus-Rotor
degree of freedom	Freiheitsgrad
density, air	Luftdichte
design wind speed	Auslegungswindgeschwindigkeit
diffuser augmented wind turbine	Mantelturbine (mit Diffusormantel)
double-fed induction generator	doppeltgespeister Asynchrongenerator
downwind rotor	Leeläufer
drag (force)	Widerstand (aerodynamischer)
drag coefficient	Widerstandsbeiwert (aerodynamischer)
drag hinge (rotor blade)	Schwenkgelenk
drive train	Triebstrang
ducted wind turbine	Mantelturbine
dump load	Blindlast

E

earthing	Erdung
economy	Wirtschaft (Volkswirtschaft)
economics	Wirtschaftlichkeit
ecological assessment	Umweltprüfung
edgewise	in Schwenkrichtung
edgewise bending	Schwenkbiegung
effective power	Nutzleistung
effiency	Wirkungsgrad
eigenfrequency, natural frequency	Eigenfrequenz
emergency shutdown	Notabschaltung

energy demand	Energiebedarf
energy extraction	Energieentzug
energy generation	Energieerzeugung
energy yield, energy production	Energieertrag
environment	Umwelt
epoxy resin	Epoxid-Harz
equity	Eigenkapital
excitation of vibrations	Schwingungsanregung

F

fail-safe	folgeschadensicher
fairing (nacelle)	Maschinenhausverkleidung
fantail (rotor), side wheel	Seitenrad
fatigue	Ermüdung, Materialermüdung
feathering of the blade, to feather	Blattverstellung in Richtung „Fahne“
feathering position	Fahnenstellung(Rotorblätter)
feeding (into the grid)	Einspeisung, Netzeinspeisung
fibre glass	Glasfaser
fixed hub, stiff hub	starre Rotorblattaufhängung
flange	Flansch
flapping hinge (rotor blade)	Schlaggelenk
flaps, brake flaps (rotor blade)	Bremsklappen (aerodynamisch)
flapwise	in Schlagrichtung
flapwise bending	Schlagbiegung
flicker (electr.)	kurzzeitige Spannungsschwankungen (elektr.)
flow separation	Strömungsablösung
flutter	Flattern
flyball governor	Fliehkraftregler
flyball weights	Fliehkraftgewichte
flywheel storage	Schwungradspeicher
foundation	Fundament
four-point-contact-bearing	Kugeldrehverbindungen, Vierpunktlager
free yawing	freie Windrichtungsnachführung
freestream velocity	freie, ungestörte Strömungsgeschwindigkeit
frequency converter	Frequenzumrichter
frequency distribution	Häufigkeitsverteilung
fuel	Brennstoff
fuel saving	Brennstoffeinsparung
full-span pitch control	Ganzblattverstellung
full load hours	äquivalente Vollaststunden
fuse (electr.)	Sicherung (elektr.)

G

gear, gearbox	Getriebe
gear ratio	Übersetzungsverhältnis
gear stage	Getriebestufe
generator	Generator
generator name plate power, generator rated power	Generatornennleistung
geostrophic wind	geostrophischer Wind
glass fibre reinforced plastic (GFRP)	glasfaserverstärkter Kunststoff (GFK)
governor	Regler (mech.)
gravitational force	Massenkraft
grid (electric)	Netz (elektrisches)
grid connection	Netzanschluß
gust, gusty	Bö, böig
guy wire	Spannseil, Abspannseil
gyroscopic force	Kreiselkräfte
gyroscopic moment	Kreiselmoment

H

harmonic frequency	Oberschwingung
harmonics	Oberwellen (-schwingungen)
high-speed shaft	Generatorantriebswelle, schnelle Welle
hinge	Gelenk (-aufhängung)
to hoist	hochziehen (errichten)
horizontal axis wind turbine (HAWT)	Horizontalachsen-Windkraftanlage
hot wire anemometer	Hitzdrahtanemometer
hub (rotor)	Nabe (Rotor)
hub height	Nabenhöhe
hydrogen storage	Wasserstoffspeicher
hydraulic actuator	hydraulischer Stellzylinder

I

ice accretion	Eisansatz
icing	Vereisung
International Energy Agency	IEA
International Electrotechnical Commission	IEC
idling	Leerlauf, leerlaufend
induction generator	Asynchrongenerator
installed power	installierte Leistung
insurance	Versicherung
interval	Intervall
inverter	Frequenzumrichter
isovent	Isovente

J

(joint) stock company	Aktiengesellschaft

L

laminar flow	laminare Strömung
lattice tower	Gitterturm
lead-lag hinge	Schwenkgelenk
leading edge	Profilnase, Blattnase
life cycle	Lastwechselzahl
lift (force)	Auftrieb, Auftriebskraft
lift coefficient	Auftriebsbeiwert
lift to drag ratio	Gleitzahl
lightning	Blitz
limited company	Gesellschaft mit beschränkter Haftung (GmbH)
limited partnership	Kommanditgesellschaft (KG)
load distribution	Belastungsverteilung
load	Belastung, Last
load assumptions	Lastannahmen
low-speed shaft	Rotorwelle, langsame Welle
load case	Lastfall

M

maintenance	Wartung
manufacturing costs	Herstellkosten
mast	Mast
mean wind speed	mittlere Windgeschwindigkeit
median wind speed	Medianwindgeschwindigkeit
meteorological tower, met mast	Windmeßmast
method of bins	Intervallmethode
micro-siting	Aufstellung (Optimierung)
modal analysis	Berechnung der Eigenfrequenzen
mode shape	Eigenform
moment (e.g. bending-)	Moment (z. B. Biege-)
momentum	Impuls
momentum theory	Impulstheorie
monitoring	technische Überwachung (Datenerfassung)
monopile	Einpfahl-Fundament
multibladed rotor	Vielblatt-Rotor

N

nacelle	Maschinenhaus (Gondel)
nacelle bedplate	Maschinenhausrahmen, -plattform
natural frequency, eigenfrequency	Eigenfrequenz
noise	Geräusch

O

obstacle	Hindernis
offshore	vor der Küste im Meer
operation and maintenance (O&M)	Betrieb und Wartung
operational sequence	Betriebsablauf
organic aramide fibres	Kevlar
outage time	Ausfallzeit
overspeed	Überdrehzahl
overspeed control	Drehzahlbegrenzung

P

parallel-shaft gearbox	Stirnradgetriebe
partial-span control	Teilblattverstellung
pay-back period	Kapitalrückflußdauer
peak load	Spitzenlast, Maximallast(Kraftwerk)
performance	Leistungsfähigkeit
permission	Genehmigung
pile foundation	Pfahlfundament
pitch actuator	Blattverstellzylinder
pitch bearing	Rotorblattlager
pitch control	Blatteinstellwinkelregelung
pitch rate	Blattverstellgeschwindigkeit
planetary gearbox	Planetengetriebe
plant	Anlage
polar airfoil curve	Profilpolare
post mill	Bockwindmühle
power	Leistung
power coefficient	Leistungsbeiwert
power curve	Leistungskurve
power density	Leistungsdichte (Wind)
power duration curve	Leistungsdauerlinie
power factor (electr.)	Leistungsfaktor ($\cos\varphi$)
power output	Leistungsabgabe
power quality	Leistungsqualität (Strom)
power station	Kraftwerk
prepreg	harzgetränkte Glasfasermatte

prevailing wind direction	Hauptwindrichtung, Vorzugswindrichtung
propagation of sound	Schallausbreitung
propeller type turbine	Horizontalachsen-Windkraftanlage
pumped storage	Pumpspeicher

R

rain flow method	statistisches Zählverfahren
rated breaking point	Sollbruchstelle
rated power	Nennleistung
rated wind speed	Nennwindgeschwindigkeit
Rayleigh distribution	Rayleigh-Verteilung
reactive power	Blindleistung
rectifier	Gleichrichter
redundancy	Redundanz (Ausfallsicherheit)
resistance	Widerstand (elektr.)
resonance	Resonanz (-schwingungen)
Reynolds number	Reynolds Zahl
rib (rotor blade)	Rippe
roller bearing	Kugellager
root, blade	Blattwurzel
rotational speed	Drehzahl
rotor	Rotor
rotor blade	Rotorblatt
rotor hub	Rotornabe
rotor shaft	Rotorwelle
rotor solidity	Blattflächendichte (Rotor)
roughness	Rauhigkeit
roughness length	Rauhigkeitslänge
runaway of the rotor	Durchgehen des Rotors

S

safe-life	lebensdauersicher
safety	Sicherheit
sail wing	Segelflügel
Savonius rotor	Savonius-Rotor
scale factor	Skalierungsfaktor (Weibull)
self mass	Eigenmasse
shaft	Welle
shell structure	Schalenbauweise
short circuit breaker	Lasttrennschalter
shrouded wind turbine	Mantelturbine
shut down	Abschalten
shut-down wind speed	Abschaltgeschwindigkeit

side wheel	Seitenrad (Rosette)
single-bladed rotor	Einblattrotor
site	Standort
slab foundation	Flachfundament
slip	Schlupf (elektr.)
slip ring	Schleifring
slope	Steigung
solidity (of the rotor)	Blattflächendichte
sound	Schall
sound power level	Schalleistungspegel
sound pressure level	Schalldruckpegel
spar (rotor blade)	Holm
spinner	Rotornabenverkleidung
spoiler	Bremsklappe, Luftbremse
spur gear	Stirnradgetriebe
stall	Stall, Strömungsabriß am Profil
stall control	Leistungsbegrenzung durch Strömungsablösung
stall controlled rotor	stallgeregelter Rotor
stand-alone (system)	autonomes (System)
starting torque	Anfahrmoment
stay cable, stay wire	Abspannseil, Spannseil
steady flow	stationäre (stetige) Strömung
steel shell tower	Stahlrohrturm
steel tower	Stahlturm
stiffness	Steifigkeit
stiff tower	steifer Turm
storage	Speicher
strain gauge	Dehnmeßstreifen
strength	Festigkeit
stress	Spannung (mech.)
strip theory	Blattelementtheorie
substation	Umspannstation
survival wind speed	Überlebenswindgeschwindigkeit
swept area (rotor)	überstrichene Fläche
switch gear	Schaltfeld, Schaltausrüstung (elektr.)
synchronous generator	Synchrongenerator

T

tapered blade	Rotorblatt in Trapezform
tangential velocity	Umfangsgeschwindigkeit
technical availability	technische Verfügbarkeit
teeter angle	Pendelwinkel
teetered hub, teetering hub	Pendelnabe

tilt angle	Neigungswinkel des Rotors
tip	Rotorblattspitze
tip brake	Blattspitzenbremse
tip loss	Leistungsverlust an der Blattspitze
tip speed ratio	Schnellaufzahl
tip vane	Endscheibe (am Rotorblatt)
torque	Drehmoment
tower	Turm, Mast
tower dam	Turmvorstau
tower shadow, tower wake	Turmschatten, Strömungsnachlauf
trailing edge	(Profil-, Blatt-) Hinterkante
transformer	Transformator
transmission	Übertragung (Getriebe)
truss tower, lattice tower	Gitterturm
tubular steel tower, steel shell tower	Stahlrohrturm
tubular tower	Rohrturm
turbulence	Turbulenz
turbulence intensity	Turbulenzintensität
turbulent flow	turbulente Strömung
twist (rotor blade)	Verwindung (Rotorblatt)

U

ultimate limit strenght	Bruchfestigkeit
unit	Anlage, Einheit
unsteady flow	instationäre Strömung
upwind	Luv
upwind rotor	Luvläufer
upwind speed, upwind velocity	ungestörte Anströmgeschwindigkeit
utilisation time of rated power	Jahresbenutzungsdauer (der Nennleistung)
utility	Energieversorgungsunternehmen (EVU)

V

variable speed	drehzahlvariabel
V-belt	Keilriemen
velocity	Geschwindigkeit
velocity frequency curve	Geschwindigkeitshäufigkeitskurve
vertical axis wind turbine (VAWT)	Vertikalachsenwindturbine (VAWT)
vertical wind profile, wind shear	Grenzschichtprofil (Atmosphäre)
vibration	Schwingung
voltage	Spannung (elektr.)
vortex	Wirbel
vortex generator	Wirbelerzeuger

W

wake	Strömungsnachlauf
warranty	Gewährleistung
web (rotor blade)	Steg, Holmsteg
WEC (wind energy converter)	WEK (Windenergiekonverter), Windkraftanlage
welding	Schweißnaht
wind direction	Windrichtung
wind energy	Windenergie
wind farm	Windpark, Windfarm
wind force	Windstärke
wind speed frequency distribution	Windhäufigkeitsverteilung
wind power	Windkraft (-leistung)
wind power plant	Windkraftanlage
wind regime	Windverhältnisse
wind shear	Windscherung (mit der Höhe)
wind speed	Windgeschwindigkeit
wind strength	Windstärke
wind tunnel	Windkanal
wind turbine	Windkraftanlage
wind vane	Windfahne
wind velocity	Windgeschwindigkeit
wind mill	Windmühle
wing	Flügel (Flugzeug, Vogel)
winglet	abgewinkelte Blattspitze
worm gear	Schneckengetriebe

Y

yaw, to	gieren
yaw angle	Gierwinkel
yaw brake	Azimutbremse
yaw control	Regelung der Windrichtungsnachführung
yaw drive	Azimutantrieb

Sachverzeichnis